제2개정판

경제지리학의 이해

이 도서의 국립중앙도서관 출판예정도서목록(CIP)은 서지정보유통지원시스템 홈페이지(http://seoji.nl.go.kr)
와 국가자료공동목록시스템(http://www.nl.go.kr/kolisnet)에서 이용하실 수 있습니다.
(CIP제어번호 : CIP2015026240)

경제지리학의 이해

Economic Geography   한주성 지음

제2개정판

차례 · · ·

제3부 산업의 입지와 공간체계

제2개정판 서문 · · ·

『경제지리학의 이해』의 개정판을 출간하고 6년이 지나는 동안 지식·정보화 사회에서의 지식은 매년 폭발적으로 증가해 경제지리학 관련 연구물 발표가 홍수를 이루고 있다. 이와 같은 시대의 흐름에 부응하기 위해 제2개정판에서는 많은 부분을 수정·보완했다.

먼저 제1장 경제지리학의 본질과 연구방법의 발달에서는 그동안 논의해온 제도주의, 진화경제지리학, 네트워크론과 더불어 경제지리학의 새로운 패러다임 등에 대한 내용을 추가·보완하고 한국경제지리학의 체계화를 위한 시도에 관해서도 기술했다. 이 내용들이 현재 경제지리학 연구에서 이슈가 되는 접근방법들이기 때문이다. 또 제3장 자금·자본의 지역적 순환에서는 자본 순환과 공간 불균등 발전에 관한 이론적 틀로 마르크스의 자본 순환, 불균등 발전, 공간적 회피 등의 내용을, 제4장 노동력의 공간구조와 이동에서는 노동가치설과 최근 관심을 끄는 간접고용 및 노사관계를 나타내는 발전양식과 노동편성에 대한 내용 등을 추가했다. 제5장 경제지리학에서의 국가는 글로벌 경제에서의 국가의 역할과 영역적 전략이 경제적 기회나 경제력 분포에 어떤 영향을 미치는지 알아보기 위해 새로운 장으로 구성했다.

제3부 산업의 입지와 공간체계의 제6장 농업의 입지와 공간구조에서는 최근 선진국에서 먹을거리의 양과 질, 안전성 문제가 이슈로 떠오른 만큼 식료지리학(food geography)에 대한 내용을 추가했다. 제7장 공업의 입지와 네트워크에서는 최근 활발해진 초국적 기업의 경제활동에 대한 내용을 추가했고, 또 신경제공간학파의 산업집적론을 보완해 기술했는데, 특히 클러스터의 중요성을 감안해 이에 대한 내용을 많이 보강했으며, 공간경제학에 대한 내용도 추가했다. 제8장 유통·서비스업의 입지와 공간체계에서는 최근 선진국과 개발도상국 간 무역에서 개발도상국의 생산자를 보호하고자 제시된 공정무역 내용을 추가했으며, 세계 시스템의 관점에서 상

품사슬에 대한 관심이 높아졌으므로 이에 대한 내용도 추가했다. 그리고 제11장 지식산업과 창조·문화산업의 공간집적에서는 지식을 기반산업으로 그 중요성을 인식해 지식기반의 유형화, 지식유동과 사회 네트워크론, 창조산업에서의 공간에 대한 내용 등을 추가했다. 또 제12장 환경문제와 입지론에서는 환경의 중요성을 강조하기 위해 자연·생태계에서의 산업입지, 쓰레기 문제 접근방법에 대한 내용을 추가했다. 그 밖에 각 장마다 부분적으로 새로운 내용을 첨가했으며 통계적 기법에 대한 내용을 서술한 부분에서는 독자의 이해를 돕기 위해 박스 안에 관련 기법의 내용을 덧붙였다.

경제지리학 분야는 국민경제의 중요성이 증가하고 경제의 글로벌화가 이루어지면서 그 연구영역의 범위가 점점 넓어지고 세밀화되었으며, 인접 학문과의 융합화로 연구의 어려움이 커지고 있다. 이러한 가운데 한국 경제지리학은 60년의 역사를 지나면서 학문의 정체성이나 연구접근방법 체계화에 대한 논의 없이 선진국 학문 발달의 영향을 받아왔다고 할 수 있다. 이러한 점을 고려해 한국 경제지리학 분야가 좀 더 발전하는 데 일조하기 위해 제2개정판을 출간했으나 아직 미진한 부분이 많다.

아무쪼록 이 책이 대학의 관련 학과와 인접 학문 분야에서 경제지리학을 공부하는 학생들과 연구자들에게 도움이 되고, 나아가 한국 경제지리학의 정체성 확립에 밑거름이 되었으면 한다. 끝으로 항상 연구할 수 있도록 도와주는 아내와 제2개정판의 출간을 흔쾌히 허락해주신 도서출판 한울의 김종수 사장님과 기획·편집부 여러분에게 감사를 드린다.

2015년 10월
저자

개정판 서문 · · ·

　은사이신 시타라(設樂 寬) 선생님께서 "사회가 격변하고 있어 인문지리학자에게
는 연구가 대단히 어려운 시대"라고 연하장에 적어 보내신 글이 생각난다. 사회가
격변할수록 인문지리학자들은 새로운 방법론의 개발이나 분석방법을 찾아야 하는
어려움에 봉착한다. 더군다나 세계적인 금융위기 속에서 경제지리학의 역할과 과
제는 과연 어떠한 것인가를 생각할 시점에 와 있다고 본다. 초판을 출간하고 3쇄를
내는 동안 경제지리학의 연구영역은 점점 넓어지고 좀 더 전문화되어 가고 있다는
것을 느껴 구성내용을 보완해야겠다는 마음을 일찍부터 갖고 있었는데 이번에 개
정판을 내게 되었다.

　개정판에서는 우선 국가 및 세계경제현상을 설명하는 조절이론, 제도주의, 진화
론적 경제지리학, 네트워크론 등 여러 가지 방법론을 소개하고 공간 스케일 문제에
대한 내용도 덧붙였다. 둘째, 신·재생에너지에 대한 관심이 높아짐에 따라 이와 관
련된 내용을 더해 이해를 돕고자 했다. 셋째, 농업현상의 경제지리학적 접근방법이
종래에 지역성이나 입지모형을 구축하는 데서 나아가 농업의 산업화이론이 등장함
에 따라 이에 대한 내용을 추가해 좀 더 새로운 관점에서 농업현상을 파악하고자
했다. 넷째, 공업 분야에서는 신경제공간학파의 집적론의 연구가 활발해짐에 따라
이에 대한 내용과 다국적 기업 입지이론을 좀 더 자세하게 추가했다. 다섯째, 세계
경제의 내용 중 세계 시스템에 대한 내용을 좀 더 상세하게 기술하고, 문화산업의
공간체계에 지식과 사회 네트워크론, 문화산업과 도시집적의 내용을 지식산업의
중요성이 증가함에 따라 부가했다. 여섯째, 지역개발에서 지역혁신체제의 중요성
이 점점 높아짐에 따라 이에 대한 설명을 더했다. 그밖에 설명이 부족한 부분과 수
정해야 할 부분을 정리했으며, 주요 용어 등에 대해 되도록 많은 주석을 붙여 책을
읽는 데 도움이 되게 했다.

경제지리학 분야의 연구는 국가경제의 중요성뿐 아니라 세계경제화가 이루어지면서 그 연구영역의 시야가 점점 넓어지고, 또 세밀화되고, 인접 학문과 융합화가 이루어지고 있어 연구의 어려움이 커지고 있다. 이러한 가운데 한국의 경제지리학 역사는 반세기가 되었으나 나름의 경제지리학 방법론이 아직 정착되지 못한 점은 우리의 노력이 아직 미진하다는 것을 나타내는 것이다. 미진한 부분이 많지만 한국 경제지리학의 세계를 조금이라도 발전시킬 수 있다는 뜻에서 개정판을 낸다.

아무쪼록 이 책이 경제지리학을 공부하는 학생들과 연구자들에게 도움이 되고, 나아가 한국 경제지리학의 발달에 밑거름이 되었으면 한다. 끝으로 항상 연구할 수 있도록 도와주는 아내와 개정판을 흔쾌히 허락해주신 도서출판 한울의 기획·편집부 여러분에게 감사를 드린다.

2009년 7월
저자

초판 서문 · · ·

고등학교 때 배운 「신록예찬」은 그 당시에는 내 가슴에 와 닿는 것이 그렇게 강하지 않았다. 그러나 요즘 들어 해마다 신록의 계절이 되면 그 아름다움과 다양한 초록을 보고 많은 것을 느낀다. 그 시절의 내 자신이 신록보다 아름다워서였을까? 아니면 자연의 섭리를 보는 눈이 트이지 않아서였을까? 아마 후자가 아닐까 생각한다. 20년 전 경제지리학을 처음 집필했을 때도 이와 같지 않았나 하고 되새겨본다. 배움이 부족한 상태에서 경제지리학의 교재가 없었던 시기에 용기 하나로 출간을 한 후 몇 번에 걸쳐 증보, 개정판을 내면서 그 미진한 부분을 메우려고 노력했다. 그러나 해마다 새롭고 빠르게 바뀌어가는 세계의 경제흐름과 발맞추어 나가기에는 역부족이었다.

이 책의 제1장은 경제지리학의 본질과 연구방법의 발달에 대해 세계사적 시대변환에서 보는 관점과 발달사적 내용 및 경제지리학 지평의 확대에 대해 기술했으며, 제2장 자원의 지역적 분포에서는 새로운 에너지자원을 보완해 이해하기 쉽게 서술했다. 제3장의 자금·자본의 지역적 분포와 유동에서는 세계화로 인한 자금·자본의 국제적 분포와 유동에 대해 기술했는데, 특히 해외직접투자에 대해 좀 더 자세히 살펴보았으며, 제4장의 노동력의 공간구조와 이동에서는 노동시장의 단층화와 지방 노동시장의 형성 및 국제 노동력 이동에 대해 상술했다. 제5장의 농업의 입지와 지역구조에서는 농업입지론과 농업지역에 대해 서술했으며, 제6장의 공업의 입지와 기업지리학에서는 공업 입지론의 발달과정에서 등장한 각종 입지론과 신산업집적 및 다국적 기업에 덧붙여 세계화와 지방화의 공업입지에 대한 내용을 제시했다. 제7장의 유통·서비스업 입지와 공간체계에서는 유통의 입지 및 국제화와 정보화에 따른 유통의 공간 시스템 변화 및 생활물류와 서비스업의 성장이론도 새로운 내용으로 구성했다. 제8장의 경제적 중추관리기능의 지역구조에서는 기업의 본사·

지점망, 연구·개발기능 부문 및 창업보육센터의 가설에 대한 내용을 전개시켰다. 제9장의 교통·정보의 네트워크에 교통망의 입지와 구조, 공간적 상호작용 모델, 정보와 확산, 정보화 사회의 지리학에 대해서는 정보화 사회의 지리학에 대한 내용의 중요성을 강조하기 위해 인터넷의 공간적 분포 패턴과 정보화 사회와 사이버의 지리학, 정보화 사회와 공간변화에 대한 내용을 서술했다. 제10장과 제11장은 종래의 경제지리학에서 새롭게 펼친 부분으로, 제10장 문화산업 공간의 형성에서는 문화산업, 문화경제지리학의 출현, 장소 마케팅, 문화산업의 학습지역, 문화산업과 가치사슬에 대해 기술했다. 그리고 제11장에서는 재활용 사업의 입지에 대해 서술했는데, 그 내용은 환경문제의 접근방법, 순환형 사회, 재활용사업의 입지, 에코(eco) 사업에서 본 재활용 사업의 집적 등이다. 제12장의 경제지역에서는 경제지리학 연구의 최종목표를 경제지역에 둔다면, 산업지역과 경제권을 어떻게 결합해야 할 것인가에 대해 서술했다. 제13장의 경제발전과 지역개발에서는 각종 경제발전과 저개발지역 및 지역개발이론을 제시하고, 지역개발방식에 대해서는 환경친화적 지역개발, 지속가능한 발전, 지역혁신체제에 대해 서술했으며, 제3·4차 국토종합개발계획에 대해서도 기술했다. 마지막으로 제14장에서는 경제지리학 관련자료 분석의 기초적인 통계방법을 제시해 교재에 등장하는 각종 분석방법의 기초를 다지는 데 도움을 주고자 했다. 따라서 이 책은 오늘날 경제활동에서 중요시되고 있는 정보화와 세계화 및 문화산업, 환경문제에 대해 경제지리학적 입장에서 내용을 전개시킴으로써 지역의 경제현상을 이해하고 다가오는 통합경제의 공간 시스템을 올바로 인식할 수 있도록 학습하는 데 도움이 될 것이다.

대학 시절 서찬기 교수님께 지역의 경제현상에 대한 명쾌한 강의를 듣고 그 영향으로 이 분야를 전공하게 되었으나 은사님의 수준에는 항상 못 미치는 정도이다.

은사님께서 1998년 정년퇴임을 맞으시며 재직하셨던 학과에서 발간한 『지리교육 (地理敎育)』에 「전환기의 경제지리학(轉換期의 經濟地理學)」을 100쪽 넘게 쓰신 내용을 보고, '언제 나는 이러한 경제지리학의 세계를 볼 수 있을까, 나의 배움은 역시 태부족이구나' 하고 또 한 번 깨달았다. 비단 은사님뿐 아니라 동학의 연구자들이 발표한 연구물들을 보고도 나의 미진함을 항상 느끼면서 이번에도 새롭게 나아가야 할 경제지리학의 길을 용기를 내어 안내하고자 그 내용을 꾸몄다.

그러나 이번의 새로운 출판에서도 선학들께서는 '아직도 경제지리학 세계의 섭리를 깨닫지 못하고 있구나' 하고 부족한 점을 단번에 끄집어내시지 않을까 싶다. 이와 같은 점을 날카롭게 비판하고 지도해주시면 고맙게 받아들이고 싶다.

아무쪼록 이 책이 한국 경제지리학 반세기를 맞이하는 시기에 즈음해 발간되어 대학의 관련 학과에서 경제지리학을 공부하는 학생들과 연구자들에게 도움이 되고, 나아가 경제지리학의 발전에 밑거름이 되었으면 하는 바람이다. 끝으로 항상 연구할 수 있도록 도와주는 아내와 출판을 흔쾌히 허락해주신 도서출판 한울의 기획·편집부 여러분에게 감사를 드린다.

2006년 9월
저자

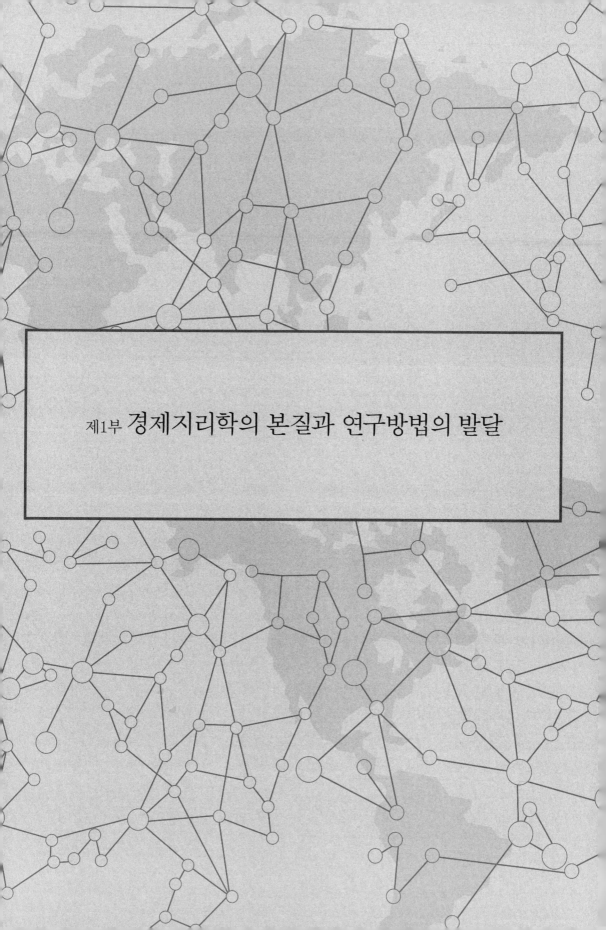

제1부 경제지리학의 본질과 연구방법의 발달

제1장
경제지리학의 본질과 연구방법의 발달

1. 경제지리학의 정의

경제지리학의 정의를 처음으로 명확하게 한 괴츠(W. Götz, 1844~1911)[1]는 지구 상의 자연이 재화의 생산과 상품의 이동에 미치는 직접적인 영향 및 후자가 전자에 끼치는 영향을 논리적으로 구명하는 것이 경제지리학이라 했다. 또 디트리히(B. Dietrich)는 지구공간과 현 경제인 사이의 교호작용에 관한 학문을 경제지리학이라 했으며, 지구의 경제적 공간형상을 구성·성립·배열의 관점(perspective)에서 연구하는 것이라고 주장했다. 한편 1976년 베리(B. J. L. Berry)는 경제지리학이 경제활동의 입지, 공간조직(spatial organization),[2] 경제체계(economic system)의 성장 및 자원의 이용과 남용에 관한 개념과 주로 관련되어 있다고 주장했다. 여기에서 경제체계[3]란 경제력의 공간적 행동(action)과 지역 경제구조, 즉 지역분화 형태와의 상호의존 관계를 말한다. 또한 1998년 슈츠와 소오자(F. P. Stutz and A. R. de Souza)는 경제지리학이 공간조직과 경제활동의 분포, 세계자원의 이용, 세계경제의 분포 및 확대와 관련되어 있다고 했고, 2000년 리(R. Lee)는 『인문지리학 사전(The Dictionary of Human Geography)』에서 하나의 삶을 살아가기 위해 투쟁하는 인간의 지리(geographies of peoples struggle to make a living)라고 주장했다.

한편 1973년 야다(矢田俊文)는 경제지리학을 경제현상의 공간적 전개와 그 과정(process)에서 만들어낸 국민경제의 지역구조,[4] 즉 국민경제의 분업체계라고 정의했다. 봉건주의체제의 경제가 농민이 영주에게 공물을 공납하는 것과 그 밖에 농가의 자급자족체계와 농촌·도시 간의 상품교환이 긴밀하지 않은 분리 상태인 데 반

<hr />

1) 괴츠는 독일 육군사관학교 교관을 지냈음.

2) 인간사회의 공간적 이용에 대한 총체적 패턴으로 효과적인 공간을 이용하기 위해 인간이 시도한 결과로, 공간조직을 결정짓는 중요한 요소는 입지, 크기, 국가의 형상이다.

3) 그리스어로 'holon'을 체계라고 하는데 'holos'(전체: whole)와 'on'(부분: proton)이 결합된 것으로 상호관련을 갖는 부분에 의해 이룩된 전체를 말한다. 이것을 식으로 나타내면 S={A, R}로 여기에서 각 요소는 A{a1, a2, a3, ..., an}, 상호관련을 나타내는 R은 rij{i, j=0, 1, 2,......, n}이다.

4) 지역구조는 지역분화의 형태와 지역 간 결합관계의 구조를 말한다.

해, 국민경제는 18세기 중엽 초기의 조기 자본주의와 중상주의하에서 국가를 매개로 그 규제를 받으며 각개 경제를 총체하고, 국가는 경제구조의 내외에 존재한다. 그리고 국민경제의 상품 교환망은 국민국가(nation-state)를 넘어 세계시장에서 나타나는 근대국가 경제의 지역분화 형태 및 지역 간 결합관계의 구조를 말한다. 그러나 2003년 야다는 경제지리학을 경제의 공간체계(spatial system)를 대상으로 한 지역구조론의 재구축을 통해 세계경제, 국민경제, 지역경제, 기업경제, 정보경제라는 5가지 분야의 공간체계와 그 상호관련성에 대해 이론적·실증적 또 정책적으로 분석하는 것이라고 주장했다.

앞에 언급한 여러 학자 중에서 야다가 주장한 경제적 현상의 공간적 전개와 그 과정에서 만들어진 국민경제의 지역구조는 오늘날 세계사적 시대변환으로 나아가는 유럽과 미국의 경제지리학과 관련지어 볼 때 다음과 같이 나아가야 할 것이다. 즉, 지역구조론은 국민경제를 하나의 단위로 파악해 산업지역과 경제권의 다양한 중층적(重層的) 편성, 도시체계, 교통·통신망 등 경제지리학의 기본적인 개념을 사용해가면서 시장경제를 담당하는 기업이라는 거시적(macro) 공간행동을 기초로 그 집합이 만들어낸 거시경제의 공간체계를 파악하는 논리로 국민경제를 개방된 블록경제(bloc economy), 나아가 세계경제의 공간체계·네트워크(network)를 파악하는 방법론으로 나아가야 할 것이다. 경제의 공간체계론·네트워크론은 정보 네트워크와 가상공간(virtual space) 등 정보경제의 공간체계(placeless space)·네트워크, 기업공간, 다국적·초국적 기업입지 등의 기업경제의 공간체계(enterprise spaces)·네트워크, 산업집적, 경제권, 지역경제 등의 지역경제의 공간체계(local spaces)·네트워크, 국토구조, 국토정책, 국토이용과 환경문제 등의 국민경제의 공간체계(national spaces), 핵심·주변, 불균등 발전, 블록경제화 등 세계 경제의 공간체계(global space)·네트워크로 구성된다. 이 책은 이와 같은 경제지리학의 내용을 담고자 한다.

2. 경제지리학의 위치

1) 지리학에서의 위치

전통적으로 지리학은 철학(방법론, 지리학 발달사), 계통지리학,[5] 지역지리학, 기법(지도학, 계량적 기법)으로 분류된다. 경제지리학은 이 중 계통지리학의 한 부분이다. 그러나 최근 지리학은 간결하고 비교 가능한 관점에 따라 새롭게 분류되고 있는데, 공간적 분석(spatial analysis), 생태적 분석(ecological analysis), 지역 복합체 분석(regional complex analysis)이 그것이다. 공간적 분석은 공간적 상호작용론, 확산이론 등을 포함하며, 생태적 분석은 환경, 생태, 천연자원, 재해평가 등을 포함한다. 지역 복합체 분석은 지역 성장이론, 지역 예측 등을 내포한다. 새로운 분류방법에 의하면 경제지리학은 공간조직과 입지론(locational theory) 등과 관련이 깊고 도시연구 그룹과도 관련이 있다. 경제지리학과 그 밖의 지리학과의 관계, 다른 학문

5) 제2차 세계대전 당시 젊은 지리학 교수들은 미국 중앙정보국(Central Intelligence Agency: CIA)의 전신인 미국 전략사무국(Office of Strategic Services: OSS)에 동원되어 해외 각국의 정보를 수집하고 정리하는 역할을 했는데, 지역지리를 연구한 군인들의 평판이 신통치 않아 계통지리학으로 선회하게 되었다.

〈그림 1-1〉 경제지리학의 위치

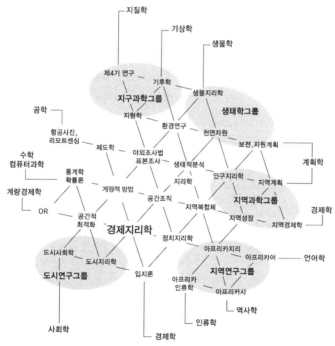

자료: Haggett(1972: 456).

과의 관련을 나타낸 것이 〈그림 1-1〉이다.

2) 경제지리학과 인접과학

경제지리학은 경제학 및 경제사와 인접한 사회과학으로 이들과의 관계를 보면
다음과 같다. 경제학은 경제체계가 어떻게 작용하는가를 정확하게 이해하기 위한
것으로 영국에서 처음으로 성립되었으며, 자원의 배치, 가격결정, 소득분배, 경제
성장 촉진의 이론 및 그 메커니즘(mechanism)을 밝혀 지대론(地代論)·무역론·완전
경쟁론 등에서 약간의 단편적인 예를 제외하고는 시공간을 초월하고 있다는 점에
서 공간 경제분석을 핵심으로 하는 경제지리학과는 다르다. 이는 경제학이 공간성
을 배제하지 않고 각 지역이 갖고 있는 구체적인 성질과 경제와의 관계를 경제학
고유의 영역에 포함시킬 경우 경제학의 이론화·조직화가 더욱 곤란하게 되기 때문
이다. 그리고 경제학이 공간을 배제한 이유로는 콜럼버스(C. Columbus, 1451~1506)
시대 이전에 인지된 세계는 좁았기 때문에 공간적 이해를 위한 이론적 기초가 비교
적 적었다는 점도 있다.

1959년 경제지리학과 경제학과의 관계를 밝힌 맥니(R. B. McNee)는 두 학문 모
두 경제현상과 관련된 자매과학(sister discipline)이라 하고, 이들 사이의 관계를 유
럽의 상업 신장시대와 도시 산업시대로 나누어 그 변천을 설명했다. 그는 경제지리
학과 경제학과의 관계를, 첫째, 경제지리학은 경제학을 어느 정도 이용할 수 있으
며, 둘째, 경제지리학과 경제학이 내포하고 있는 중심과제 및 그 사회적 배경의 변
화에서 검토했다.

먼저 경제학은 15세기 유럽의 상업 신장시대(1550~1880년)에 유럽의 상업이 세
계적으로 확대됨에 따라 시장(market) 메커니즘의 연구를 발달시켰으나, 경제지리
학은 이러한 세계체계에서 여러 지역 간의 경제적 동일성과 차이성을 경험적으로
연구하는 학문으로 발달했다. 또 경제학은 공간적 변수의 배제로 구성된 이론이기
때문에 이 공간성 배제의 공백을 메우기 위한 의식적·무의식적인 시도가 경제지리
학을 발달시켰다는 일부의 지적도 있다. 그리고 경제학은 중세 사회철학에서 발달
한 데 대해, 경제지리학은 중세 우주형상지[宇宙形狀誌(cosmography)][6]에서 발달했
으며, 또 콜럼버스 이후 매우 빨리 확대된 세계에 대한 유럽인의 지적 반응에서 발

6) 근세 초기 이래 많이 나
타난 기술적·나열적인 지
리학을 일컫는다.

달했다. 이러한 점에서 20세기 초까지 경제학과 경제지리학은 상호 협력적이 아니고 보완적이었으며, 경제지리학은 1차산업의 생산을 강조한 데 대해 경제학은 소비를 강조했다. 그러나 이들 두 분야의 중심과제는 세계의 시장경제라는 좀 더 큰 사회적 문제를 기본적으로 이해하려는 것이었다.

다음으로 도시 산업시대에는 화학공업, 전력, 내연기관의 등장으로 새로운 사회문제가 등장함에 따라 새로운 사회적 질서를 개조하려는 시대적 배경에서 경제학과 경제지리학은 그 영향을 받았다. 그 결과 경제지리학은 1차산업 생산에 관한 연구의 중심에서 벗어나 공업, 마케팅, 교통, 항만과 배후지와의 관계, 도시지리학 등을 연구해 환경결정론에서 점차 사회적인 면에 좀 더 많은 관심을 갖게 되었다. 따라서 경제지리학의 연구 분야가 더욱 넓어지면서 경제학과의 접촉영역이 커져 주제의 중복이 많아지고 경제지리학이 점점 통일된 이론(unified theory)을 전개시켜 두 학문은 보완적 이상의 협력성이 인정되었다. 이러한 것은 경제입지론의 유용성이 경제지리학자들 사이에서 인정되었기 때문이다.

또 1966년 치스홈(M. Chisholm)에 의하면 경제학과 경제지리학은 모두 경제과학으로 오랫동안 상호교류가 없이 발달해왔는데, 그 이유는 경제학자가 공간적인 문제에 주의를 기울이지 않았다는 점과 지리학이 하나의 과학으로서 분석하려고 하는 현상 간의 상호 관련성을 그다지 중시하지 않았다는 점을 들고 있다. 그러나 최근 이들 두 학문은 상호 밀접한 관련을 가지면서 연구가 진척되고 있다. 즉, 경제지리학은 두 가지 측면에서 경제학의 지식을 이용하고 있다. 하나는 경제지리학이 분석도구로서 경제학이 전개한 이론을 원용하고 있다는 점이고, 다른 하나는 경제지리학이 독자적으로 그 이론을 구성하고자 할 때 경제학이 전개한 이론을 원용할 수 있다는 점이다. 그러나 경제지리학이 개개 지역의 구체적인 경제현상을 분석하기 위해 경제학에서 원용한 이론은 경제지리학 본래의 이론이 아니고 경제학의 이론이라고 핫손(R. Hartshorne)은 지적하고 있다. 그리고 헤트너(A. Hettner)는 지리학이 여러 계통과학에서 개발한 이론을 이용해 분석한 것은 지리학 발달에 도움이 되었다고 인정했지만 이것을 기초로 해 지리학이 독자적인 이론을 구축하는 데 노력해야 한다고 주장했다.

그리고 테이프(E. Taaffe)는 〈그림 1-2〉에서와 같이 이들 두 분야가 어느 정도 중복되어 있다고 주장했다. 즉, 경제학의 핵심이 경제이론이고, 경제지리학의 핵심이

<그림 1-2> 경제지리학과 경제학의 중복영역

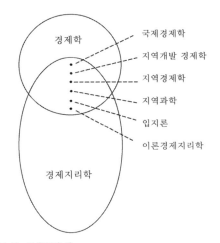

국제경제학
지역개발 경제학
지역경제학
지역과학
입지론
이론경제지리학

자료: Taaffe(1974: 9).

공간경제 분석이라고 할 때, 이들 두 분야에서 중복되는 영역은 경제학자들이 지역을 더 잘 이해하기 위해 경제학에 가장 가까운 국제경제학, 경제이론을 이용하는 지역경제학,[7] 경제지리학에 가장 가까운 공간적 전망에 아주 흥미로운 입지론 등이다. 입지론과 경제지리학과의 관계는 지리학 고유의 원리가 공간체계에 있다고 할 경우 경제지리학은 경제의 공간체계와 네트워크에 관한 원리를 밝히는 것이다. 지역이란 입지를 최소 단위로 하며, 그 자신이 좀 더 큰 지역의 구성단위가 된다. 바꿔 말하면 입지의 집합이 지역이고 지역이 모여 더욱 큰 지역을 형성하게 된다. 이러한 경제 지역구조를 거시적인 공간행동을 기초로 경제의 공간체계·네트워크 조직, 형성과정, 변동을 이론화하는 것이 이론 경제지리학으로 경제지리학에서 중핵적이며 이 중에서도 중추적인 것이 입지론이다. 이러한 관점에서 입지론은 경제지리학에 필요하며 중요하다는 것을 알 수 있다. 그러나 입지론에 대한 비판적인 입장도 있다. 첫째, 입지론은 경제·사회제도가 기본적으로 다른 경우에도 적용될 수 있을까? 둘째, 입지론은 역사적 관점을 포함하는가라는 문제이다. 그러나 이들 두 문제는 모두 해결될 수 있다. 즉, 입지론의 응용은 계획경제사회에서 좀 더 용이하며 필요하다. 그리고 경제지리학은 경제 지역구조 나아가 공간체계와 네트워크의 역사를 파악하는 것이기 때문에 당연히 연구대상에 포함되며, 역사적 사정이 경제의 공간체계에 영향을 미치는 한 그 역사적 사정은 경제지리학의 연구대상에 포함된다.

최근 경제지리학과 경제학의 교류 가능성에 대해 각각의 입장이나 논의가 이루어지고, 또 ≪Environment and Planning(A)≫의 2005년 11월호에서는 경제지리학과 경제학의 교류에 대해 특집호를 발간했는데, 여기에서 듀란톤(G. Duranton)과 로드리퀘제포즈(A. Rodríquez-Pose)는 경제지리학과 경제학이 서로의 연구방법에 대해 무리한 답을 요구하는 그 자체가 두 학문 상호간의 교류를 저해하는 것이라고 주장했다.

7) 지역을 대상으로 하는 연구에는 지리학이 가장 오래 관여했지만 경제지리학이 하나의 과학으로 성립하자 지역의 산업경제나 산업경제의 지역구조가 논의되었다. 특히 제2차 세계대전 당시 미국에서 지리학자가 가담하고 다른 전문 과학 분야 전문가들도 참가해 세계 각 지역에 대한 지역 연구(regional studies)가 활발해졌다. 이와 동시에 아이사드(W. Isard) 등이 근대 경제학 분야에서 지역 간 산업연관표를 제시하고, 지역 종합개발계획 책정에 응용했다. 이것을 두고 지역경제학 또는 지역과학(regional science)이라고 부른다.

한편 스조부르그(Ö. Sjöberg)와 스조홈(F. Sjöholm)은 신무역이론과 신경제지리학을 기둥으로 삼은 공간경제학(spatial economics) 이론이 문제점은 있지만 학문적 매력은 잃지 않았다고 주장했다. 그 논거로 공간경제학과 경제지리학 사이에 공통의 논의의 장이 있다는 점을 들었다. 즉, 두 학문 모두 인과관계적인 발전을 발생시키는 메커니즘의 해명을 목적으로 하고, 또 경로의존성(path-dependancy)[8]과 고착성(경직성, lock-in)의 중요성을 인식하고 있다는 것이 공간경제학과 경제지리학의 공통된 논의의 장이라는 점을 논거로 들었다. 그리고 그러한 공통점을 활용함으로써 경제지리학은 공간경제학에 새로운 관점을 제공할 수 있다고 주장했다. 그들은 경제지리학이 완수할 수 있는 역할로 첫째, 공간경제학에서 동태이론의 개념을 발전시키는 것, 둘째, 지식 일출(spillover)[9]이 집적을 완수하는 효과의 해명을 들었다. 또한 브레이크먼(S. Brakman)과 개릿센(H. Garretsen)은 경제지리학의 성과(performance)를 활용해 공간경제학의 미개척 분야를 확장할 수 있을 것이라고 주장했다.

한편 경제사와 경제지리학과의 관계는 경제사가 경제현상의 시간을 중시해 수직적·발전적 연구를 하는 데 대해, 경제지리학은 시공간적·수평적·분포적 연구를 하며, 경제사는 종적인 데 대해 경제지리학은 종횡적인 연구를 하는 점이 다르다.

이상에서 경제지리학은 독립된 학문으로 존재하고 있으나 현재 학제적 연구(interdisciplinary study)의 필요성이 대두되고 있기 때문에 경제학과 경제사 외에도 사회학 등의 인접과학에 대해 좀 더 깊고 자세히 연구해 그들의 연구성과나 방법을 응용해야 한다. 그러나 인접과학의 성과를 잡다하게 끌어 모아 기계적으로 나열하는 것이 아니라 독자적인 연구 분야와 방법을 찾아내야 할 것이다.

3. 경제지리학의 분류

경제지리학은 일반적 분류, 응용적 분류, 기타 분류로 나눌 수 있다. 일반적 분류는 다시 일반 경제지리학(계통 경제지리학)과 특수 경제지리학(경제지역지리)으로 나눌 수 있고, 일반 경제지리학은 〈표 1-1〉과 같이 분류할 수 있다. 1차 경제활동은 농업, 임업, 수렵채취, 어업 등 인간이 자연에서 자원을 채취하고 이용하는 채취산업이 대부분이다.[10] 2차 경제활동은 광업, 수공업에서 근대 대규모 기계화 공업에

8) 미국 스탠퍼드 대학 경제학과의 데이비드(P. David)와 아서(B. Arthur) 교수가 처음으로 주장한 개념으로 한번 일정한 경로에 의존하기 시작하면 나중에 그 경로가 비효율적이라는 것을 알아도 여전히 그 경로를 벗어나지 못하는 사고의 관습을 일컫는 말로 이전의 발전경로가 경험이나 학습, 역사적 배경에 의해 어느 시점 이후의 발전경로에 영향을 미치는 것을 말한다.

9) 어떤 개인·조직이 연구개발에 의해 새로운 기술적 지식을 만들어내면 그것이 다른 개인·조직에 유출되는 현상을 가르친다. 지역에 고유한 거래정보나 노동시장의 정보, 또는 생산기술의 정보가 기업 간에 전달되는 것으로 정(正)의 파급효과를 의미한다.

10) 최근에 매스 미디어나 농촌지역 야외조사 등에서 6차산업이라는 용어를 사용하고 있지만, 물론 산업 분류에서 6차산업은 존재하지 않는다. 6차산업이란 농림어업자 등이 생산한 농림수산물을 가공이나 판매 또는 관광 등의 서비스와 더불어 농촌에서 자원을 활용하면서 일체화해 제공하는 것으로, 1990년 도쿄대학의 농업경제학자 이마무라(今村奈良臣)가 제창한 것이다. 당초에는 1, 2, 3을 더한 것의 의미를 붙였지만 근년에는 상승효과의 의미를 넣어 이것을 곱하는 (1×2×3=6) 것으로 다루어지고 있다.

〈표 1-1〉 일반 경제지리학의 분류

이르는 산업으로 구성되어 있다. 3차 경제활동은 모든 재화·서비스를 소비자에게 이용할 수 있도록 제공하는 것이다. 최근 선진 공업국가에서 증가추세를 보이고 있는 4차 경제활동(quaternary sector)은 1961년 고트만(J. Gottmann)이 이름을 붙인 것으로 지식의 폭발, 서비스와 관련된 정보 소비의 증대와 더불어 활발한 정보 및 연구 활동을 말한다. 그리고 5차 경제활동(quinary sector)은 1977년 애블러(R. F. Abler) 와 애덤스(J. S. Adams)가 이름을 붙인 것으로 고도의 의사결정이나 관리를 행하는 기능을 말한다. 이러한 경제활동 중에서 교통과 통신은 위의 여러 경제활동과 관련이 깊어 매우 중요한 분야이다.

11) 이 용어는 유럽 진보의 뿌리라고 할 수 있는 독일 프랑크푸르트 대학 내에 있는 사회문제연구소가 모태가 된 프랑크푸르트 학파의 아도르노(T. Adorno)와 호르크하이머(M. Horkheimer)가 1947년 발간한 『계몽의 변증법(Dialektik der Aufklaerung)』에서 문화의 대중화를 비판하면서 사용하기 시작했다. 그러나 문화산업에 대한 관심이 본격적으로 구체화된 것은 문화산업 부문에서 다국적 기업의 등장과 이에 따른 국가 간의 문화적 지배와 종속, 문화적 정체성(cultural identity), 문화산업 부문에 대한 지원과 육성 등의 문제가 국가정책의 관심 대상으로 부상한 1980년대부터라 할 수 있다.

일반적으로 경제활동은 생산(production), 유통(distribution), 소비(consumption)로 나뉘고, 지식·정보산업의 경제활동은 생산·혁신·창조(production/innovation/creation), 제품화·공개·복제(packaging/publishing/reproduction), 유통·송신·유포(distribution/trans- mission/diffusion), 원활화·통합·서비스(facilitation/integration/servicing)로 분류한다. 또 문화산업(cultural industry)[11]은 문화상품(cultural commodity)의 생산·유통·소비와 관련된 산업으로 문화상품을 문화적 요소가 체화(體化, embodying)되어 경제적 부가가치를 창출하는 유·무형의 재화와 서비스 및 이들의 복합체를 말한다. 이에 대한 지리학 분야에서의 연구는 크게 세 가지로 나눌 수 있다고 하겠다. 하나는 특산품에 대한 연구이고, 또 하나는 장소 마케팅(place marketing)[12]에 대한 연구이며, 다른 하나는 게임, 음반 등의 문화산업에 대한 연구이다.

그리고 환경경제지리학은 20세기의 경제사회가 대량생산(mass production), 대량소비(mass consumption), 대량폐기의 일방통행(one-way)의 시스템으로 많은 양의 폐열과 폐기물을 발생시킴으로써 유해물질, 온실효과에 의한 생태계의 교란을 가져와 인간의 생명활동에 위험을 주게 되었다. 이에 따라 인간사회에서 발생하는 폐열과 폐기물을 가능한 한 적게 발생시키고 자원이나 에너지를 자연에서 얻어 인간사회에 제공하되 가능한 한 적게 사용하는 사회로의 전환이 추구되어야 한다는 새로운 사회, 즉 순환형 사회에서 물질이나 에너지의 유동, 그리고 폐기물의 발생을 적극 억제하고 배출되는 것은 가능하면 자원으로 이용하고, 이용할 수 없는 폐기물은 어떻게 적절하고 철저하게 처리하는가를 공간적으로 연구하는 경제지리학의 한 분야이다.

그리고 소비경제지리학은 경제적 소비를 의미하는 것으로, 슈미트(W. Schmidt)에 의하면 수요는 생존을 위한 수요와 문화적 수요로 나누어지며, 경제지리학적 고찰에서 가장 중요한 것은 생존을 위한 수요이다. 소비경제지리학의 연구는 경기변동에 의한 수요의 분포와 개별 소비재의 분포를 공간적으로 분석하는 것이다.

마지막으로 경제적 중추관리기능은 종래의 지역발전이 공업에 의존한 면이 컸다면 지금의 대도시는 경제적 중추관리기능이 지역경제의 발전을 가져오는 원동력이 되고 있다는 면에서 그 역할이 매우 중요하다고 하겠다.

크라우스(Th. Kraus)가 중요시한 경제지역지리는 경제지리학이 경제현상의 공간체계를 밝히는 것이라고 한다면, 경제현상의 공간체계의 조직, 형성과정, 변동을 기술하는 것을 말한다.

경제지리학의 응용적 분류는 자원 경제지리학과 산업 입지론으로 나누어지며, 기타 분류는 일반 경제지리학과 특수 경제지리학을 병용하는 것이다.

12) 유동자본과 기업, 관광객을 유치해 지역의 새로운 이미지를 창출해 정체성을 확립하고 그것을 적극적으로 홍보하는 활동을 말한다.

4. 경제지리학의 발달

1) 경제지리학의 전사(前史)

경제지리학은 경제사학자들의 영향을 받은 경제학자들이 소개했으며, 1880년대 이후 연구 분야가 세분되면서 발달하기 시작했다. 1880년 이전에는 고대 로마시대의 지리학자인 스트라보[Strabo(B.C. 64~A.D. 20?)]의 『지리학(Geographika)』 17권[1, 2권은 서설(序說), 3~10권은 유럽지역지리, 11~16권은 아시아지역지리, 17권은 이집트와 아프리카지역지리]이 현존하는 유럽지리서로 가장 오래된 것이다. 이 책 중에서 3~17권에는 각 대륙의 물산에 관한 내용이 담겨 있다. 동양의 경우에는 고대 중국의 전국시대 말경(B.C. 3세기 후반) 『서경(書經)』 중에 제1편 「우공편(禹貢編)」이 최고(最古)의 지리서[13]인데 이 책에도 9개 주(州) 특산물의 내용이 기재되어 있다.

그 후 중세에는 상업지리가 발달했는데 한자동맹(Hansatic League)[14]에 가입한 각 국가의 지방 상인학교에서 상인지리를 가르쳤다. 그 교과내용은 상업·교통, 각 지방 산물과 그 가격, 상품의 수급 및 그 이동, 화폐, 도량형, 세금, 법률, 풍속 등이었다. 그 후 상인지리는 영국에서 상업지리학(commercial geography)[15]으로 바뀌었는데, 이는 1778년 뷔시(J. C. Büsch)에 의해 처음 불리었다. 상업지리학은 지리적 발견시대 이후 유럽제국을 부강하게 만드는 데 그 영향을 미쳤다. 그것은 당시 외국무역, 즉 상업이 자기 나라의 부강을 달성시키는 가장 유력한 수단 중 하나라고 보았기 때문이다. 그 결과 유럽을 중심으로 세계의 상업은 크게 발달했으며, 또한 유럽의 여러 나라들은 상업을 중시해 국책으로 상업 발달을 강력히 뒷받침함으로써 17~18세기에 중상주의(mercantilism) 시대를 맞이하게 되었다. 따라서 상업지리학은 이 시대의 요청에 부응해 발달한 것이었다.

초창기 상업지리학의 내용은 그 당시 사회의 필요성에 부응한 상업학자들에 의해 발달했으며, 상업에 종사하는 사람들의 실제 생활에 필요하고 유익하며 세계 각 국가 또는 지방의 산업·경제에 관한 여러 가지 정보를 집대성한 백과사전 같은 실천적이고 가치 있는 것이었다. 슈미트(P. H. Schmidt)는 경제현상의 지리학적 서술이 지리학의 특수한 분야로 시작된 것은 상업지리학이 발달한 시기부터라고 말한다. 그러나 당시 상업지리학 지식은 백과사전에 불과해 하나의 원리로 통일된 지식

13) 동양에서 최초의 '지리'라는 용어는 B.C. 2세기경 한 나라 주역계사전(周易繫辭傳) 상전(上傳) 제4장에서 앙이관어천문 부이찰어지리(仰而觀於天文 俯以察於地理)에서 나왔다. 한편 서양에서는 B.C. 2세기경 그리스 시대 에로토스테네스(Erathosthenes)의 Geographia에서 나왔다.

14) 12~13세기 사이에 유럽에는 한자라고 불린 떠돌아다니는 편력상인(遍歷商人)들의 단체가 있었는데 14세기 중반에 그들 사이에 '독일한자' 또는 '한자동맹'이라는 도시동맹이 성장해 중세 상업사상에 커다란 역할을 했다.

15) 치스홈은 스코틀랜드 출생으로 상업지리학을 집대성해 1889년 『Handbook of Commercial Geography』를 출간했는데, 그의 상업지리학은 첫째, 상품별 생산과 무역을 기후, 지질 등의 인자를 바탕으로 세계적 분포를 설명했으며, 둘째, 국가별 생산입지를 상세하게 설명해 미래 상업발달의 과정을 제시했다.

체계가 없었다. 따라서 상업지리학은 과학 이전 단계로 과학적인 분석이나 해명이 빠졌고, 또 체계화되어 있지 않은 단편적인 지식이었으며 정보를 집대성한 것에 불과해 과학적인 경제지리학이라고 볼 수 없었다. 그래서 괴츠는 상업지리학보다 더 분석적이고 설명적인 과학으로서의 경제지리학을 성립시켰다.

2) 경제지리학의 성립과 환경 결정론

경제지리학은 지리학이 과학으로 발달하기 시작한 19세기부터 성립되기 시작했다. 이 시기에 자연과학이 비약적으로 발달해 경제지리학에 대한 인식이 높아졌기 때문이다. 이는 자본주의, 자유경제체제를 바탕으로 세계 각 국가 간 경제적 교류가 이루어지고, 탐험과 조사로 연구 자료가 많아졌고, 학회[16] 및 통계기관의 설립 등에 의해 각 지역에 대한 경제지식의 정보가 많이 알려졌기 때문이다. 괴츠는 1882년 베를린 지리학협회 학술지에 「경제지리학의 과제(Die Aufgabe der Wirtschaftlichen Geographie)」라는 논문을 발표해 경제지리학이라는 용어를 최초로 사용했는데, 이 때부터 근대적인 과학의 한 분야로서의 그 역사가 시작되었다. 미국에서 경제지리학이라는 용어를 처음 사용한 논문은 1888년에 발표되었다. 그리고 ≪경제지리학(Economic Geography)≫[17] 논문집이 1925년에 미국 클라크(Clark) 대학에서 처음으로 출간되었다. 와그너(H. Wagner)는 프랑스의 지리학계에서 괴츠가 논문을 발표하기 10년 전에 이미 경제지리학이라는 용어를 사용해왔다고 주장하며, 또 구소련의 그리고리예프(A. A. Grigoriyev)는 제정 러시아 시기 지리학자인 로모노소프(M. V. Lomonosov)가 18세기 중엽에 경제지리학이라는 용어를 사용했다고 주장하지만, 현재 세계의 경제지리학계는 독일의 경제지리학 계보에 의한 괴츠를 따르는 견해가 주류를 이루고 있다.

1882년 당시의 경제지리학은 내용상으로는 종래 상업지리학의 내용을 그대로 사용하면서 그 명칭만 바꾸었다. 괴츠의 경제지리학은 체계화된 과학으로서, 그 원리는 지표공간에서 자연과 인간의 관계로 발생하는 경제활동을 환경으로 설명한 것이다. 즉, 괴츠는 경제현상을 지리적 자연조건에서 해명하는 학문, 이를테면 환경론(environmentalism)적 경제지리학을 전개시켰다. 그가 1882년에 발표한 논문에도 경제지리학 고유의 과제는 토지공간(Erdraum)을 인간의 경제생활(Erwerbsleben)

16) 런던 왕립지리학협회, 파리 지리학협회, 베를린 지리학협회가 가장 오래된 학회로서 1830년에 각각 창립되었다.

17) 미국의 지리학자 애트우드(W. W. Atwood)가 매사추세츠 주의 클라크 대학장이 되면서 창립한 지리대학원(Graduate School of Geography)의 교수들이 1925년부터 편집·출판한 경제지리학 중심의 학술지로 1년에 4번 출판되고 있다.

의 기초로서 해결해야 할 문제였다. 그 후 독일에서는 하이드리히(F. Heiderich) 등이 환경론적 경제지리학을 발달시켰으며, 미국의 드라이어(C. R. Dryer), 존스(W. D. Jonse), 휘틀지(D. S. Whittlesey) 등도 경제지리학은 자연환경과 인간 상호간의 경제활동을 구명하는 것이라 했다. 이처럼 자연환경과 인간생활과의 관계를 연구하는 환경론적 연구는 고대 그리스 시대 이후 오랜 역사를 갖고 있지만 대개 18세기 말까지는 지리학 이외의 분야에서도 연구되었으며 19세기 들어 지리학에서도 이 연구를 시작하게 되었다. 그 결과 환경론은 실증적인 자료를 기초로 크게 발달했다. 생물학과 출신으로 지리학과 교수가 된 라첼(F. Ratzel, 1844~1904)[18]은 1882년 발간한 『인류지리학(Anthropogeographie)』[19] 제1권에서 환경론적 인문지리학관이 독일의 지리학계에서 유력하게 인식되었으며, 이는 독일 외 국가의 지리학자들의 지지도 받았다.

　　환경론은 인간생활과 사회현상을 규정한다. 따라서 자연과 인류와의 관계는 자연과학의 보편적 법칙으로 이해해야 한다. 그러나 이러한 환경론은 자연환경의 영향력이 큰 것이 사실이지만, 그것이 인간생활이나 사회현상을 전적으로 지배하는 원동력은 되지 못하고 단지 인간생활이나 사회현상을 규정짓는 여러 인자 중 하나에 불과하다고 비판한다. 그 이유로 첫째, 지리적 환경의 변화는 사회변화에 비해 너무 느려 거의 고정적이라 할 수 있기 때문에 자연환경은 급속히 변화하는 사회와 밀접한 상관관계를 가지고 있다고 단언할 수 없다. 둘째, 자연환경의 변화는 대체로 반복적이므로 일정 기간을 통해 볼 때 거의 고정된 것이라 할 수 있다. 따라서 환경론이 지리학 또는 경제지리학의 과학화에 공헌한 점은 크다. 그리고 경제현상을 설명할 때 자연인자의 중요성을 강조한 점에서 지리학자 외의 다른 학자들에게는 환경론이 지표의 경제현상을 설명하는 데 참고할 만한 방법론이다. 그러나 과거이 이론의 영향이 지리학계에 너무 강력하게 영향을 미쳤던 나머지 오늘날에도 지리학자들은 무의식적으로 환경론에 빠지는 경우가 많다.

3) 환경론적 경제지리학의 비판

　　독일에서 환경론적 인류지리학관이 유력했던 1907년에 헤트너가 발표한 논문 중에서 자연환경과 인간생활과의 관계를 밝힌 부분이 있는데, 그는 이들 양자의 관계를 하나의 과학 분야로서 해답을 얻는 것이 아니고 인류지리학 본래의 목표인 인간과 인간문화의 지표상에서의 분포를 구명하는 것이라고 보았다. 슐리터(O. Schlüter) 또한 1906년 발표한 「인류지리학의 목표(Die Ziele der Geographic des Menschen)」에서 자연이 인간에 미치는 영향은 인간 생활 현상의 모든 부문과 관련되며, 지리학이 이러한 관계를 취급한다면 이것을 대상으로 하는 사물의 범위는 무한하고, 이론상 실제 연구에서 이는 인류지리학 최고의 원리라고 볼 수 없다고 주장했다. 또 헤트너의 경제지리학관은 환경론적 경제지리학의 입장인 것처럼 보이지만, 그는 인간의 경제생활은 지표공간에서 공간적으로 전개되고 장소에 따라 다르게 형성되므로 경제지리학은 본질적으로 경제활동의 지역별 특색을 밝히는 것이라고 했다. 따라서 지역별 특색은 인과관계의 인지에 의한다고 주장하고 인과관계의 인지에서 인간을 움직이는 근본은 자연 중의 생성력으로 이것이 모든 발전의 원천이 되고 자연이 생성력을 갖게 된다고 하더라도 그것은 항상 인간의 의지와 행동에 관한 것이므로 항상 의욕이 있는 인간 및 행동하는 인간을 고찰하지 않으면 안 된다고 했다. 여기에서 헤트너의 유명한 자연과 인간과의 교호작용론이 전개된다. 이것은 자연과 인간과의 관계를 설명한 라첼의 환경론과 반대되는 것으로 인간의 고찰에 중점을 두면서 양자의 인과관계를 밝히려 한 것이다. 그러나 지리적 인과관계의 연구가 자연과학과 같이 인문지리학에서도 탐구될 수 있는가의 문제와, 현대 지리학이 다른 사회과학과 관련을 맺고 있기 때문에 인간과 자연과의 인과성(因果性) 해명만으로 모든 문제를 해결할 수 없다는 점이 교호작용론에 영향을 미쳤다.

4) 교호작용론[상호작용론, 지인(地人)상관론, 변환(變換)작용론]

디트리히[20]는 경제지리학을 경제의 공간구조의 과학이라고 주장한 옵스트(E. Obst)의 영향을 받아 분포론적 입장에서 경제공간의 구조가 경제입지의 배열·분포에 따라 형성된 것이라고 주장했다. 그는 1927년 「일반 경제지리학 원리(Grundzuge der Allgemeinen Wirtschaftsgeographie)」와 1933년 「경제지리학 방법·문제·제기 (Wirtschaftsgeographie Methoden-Probleme-Anregungen)」를 발표했다. 그는 경제지리학이 인류지리학에 속하고, 지리학이 모과학(母科學)이지만 경제학과 긴밀한 관계를 맺고 있으며 그 소재들은 두 학문 간 경계가 없고 방법론상의 차이가 있을 뿐이므

20) 1886년 독일의 포스담(Potsdam)에서 출생했으며 당시 빈 상과대학 교수였다.

로 지리학과 경제학의 중간과학이라 했다. 디트리히는 경제지리학을 지구공간 (Erdraum)과 경제인(Wirtschaftender Mensch) 사이의 상호작용을 밝히는 학문으로 정의하고, 지구의 경제형상을 그 조직, 성립 및 배열의 관점에서 고찰했다. 이 정의에 따르면 경제지리학은 자연환경과 인간 사이의 상호작용과 지표공간의 경제형상을 밝히는 학문이다. 그러나 디트리히는 경제지리학을 지표공간에서 나타나는 경제형상이 자연환경과 인간 사이의 상호작용의 결과라고 이해했다. 디트리히의 자연환경과 인간 사이의 상호작용이 시간의 흐름에 따라 변화하는 것을 나타내면 다음과 같다.

① 자연(Natur) ⟷ 인간(Mensch)의 경제적 공간형상

② 환경(Milieu)[21] ⟷ 경제인(Wirtschaftender Mensch)의 경제적 공간형상

③ 환경력(Milieukraft) ⟷ 문화력(Kulturkraft)의 경제적 공간형상

④ 원시경관(Urlandschaft) + 문화경관(Kulturlandschaft) ⟷ 경제인 × 문화수준(Funktion des Kulturniveaus)의 경제적 공간형상

⑤ 원시경관 + 문화경관 ⟷ 경제인 × 문화수준 × 시대상(時代相, Temporität)의 경제적 공간형상

여기에서 교호작용론의 발전에 관해 살펴보면 다음과 같다. 자연환경은 지형·기후·토양 등 개별적 환경요소가 아니고 종합적인 환경력을 말하며, 인간은 경제행위를 행하는 경제인의 육체적인 힘이 환경력에 대응되는 것이 아니고 문화력에 대응한다. 이와 같이 인간은 문화력에 의해 경제행위를 영위하며 자연환경에 영위한다. 따라서 자연환경과 노동하는 경제인 사이에 교호작용이 이루어져 경제성과가 나타난다. 그리고 경제인이 자연에 작용하는 힘 여하에 따라 그 경제성과는 다르게 나타나며, 경제인의 힘, 즉 문화력은 문화수준의 여하에 따라 다르게 나타나며 경제성과는 문화수준과 함수관계에 있다고 할 수 있다. 또 문화수준이 상승해 인간의 욕망이 향상되고 인간의 경제능력이 강화됨에 따라 경제성과도 높아지고 경제수준도 올라가게 된다.

그러나 인간이 자연환경에 영위해 경제활동을 하는 데 인간의 영향을 조금도 받지 않는 원시공간은 점점 없어져 결국 문화공간을 형성하게 된다. 이 문화경관은 상호작용에서 경제인과 대립되며, 원시경관과 문화경관이 합해 환경과 환경력이 된다. 그러므로 환경력은 원시경관에 문화경관이 부과된 형태로 나타난다. 그리고

21) 장소(place)와 중간 (middle)이라는 말의 프랑스어 합성어로 백과전서(全書)파[18세기 프랑스의 지식사회를 성장시킨 지식인들을 말한다. 백과전서파의 디드로(Diderot, 1713~1787)가 편찬한 백과전서에 기고했던 볼테르(Voltaire), 몽테스키외(B. B. Montesquieu), 루소(J.-J. Rousseau), 달랑베르(J. R. D'Alembert), 뷔퐁(G. L .L. Buffon), 튀르고(A. R. J. Turgot), 케네(F. Quesnay), 돌바크(D'Holbach) 등의 계몽사상가들이 주도했던 백과전서파는 20여 년간 발매금지와 발행권 취소 등의 억압을 받았으나 프랑스의 변화를 앞에서 이끌고 간 지적 동력이었다.]에 따르면 물리학의 용어로 물질이 운동할 때 통과하는 물리적 공간으로 운동하는 물질을 주체로 볼 때 통과하는 물질공간은 주체에 대한 외계환경에 해당된다. 환경은 풍토의 실체적 측면에 해당된다.

교호작용의 발전은 원시경관, 문화경관과 경제인, 문화수준의 교호작용으로 이룩되며 특정시점에서만 그 중요성을 가지는 것이 아니라 시대가 흐름에 따라 문화수준도 변화하게 되므로 문화수준에서 시대상을 중시해야 한다. 특정시대에 생활하며 일정한 문화수준을 가진 경제인은 원시경관과 문화경관이 복합된 환경으로부터 영향을 받으며 그 시대의 문화력을 구사해 환경에 작용한다. 경제성과는 이러한 환경을 변용해가면서 얻어진다. 그러므로 경제성과는 이들 중 어느 한 요소만 달라져도 바뀔 수 있다.

교호작용의 사고방식은 경제지리학 사상(事象)의 기술적 방법에서의 구출이며 형이상학적·자연과학적 숙명론으로부터 후퇴하려는 것을 인과적 방법으로 설명하려고 시도한 것이다. 따라서 지금까지 자연과 인간 사이의 교호작용에 일반적인 개념을 부여함으로써 환경론의 자연편중에 대한 오류를 방지하고, 교호작용의 개념을 정식화해 간단하고 명료하게 설명했으며, 경제현상의 무질서한 나열을 시대적으로 정리해 발전상의 면에서 취급한 점이 우수하다. 그러나 디트리히의 교호작용론에는 몇 가지 결점이 있다. 첫째, 자연과 인간 사이의 교호작용에 무엇이 매개하고 있으며, 어떤 원인에 의해 야기되는가의 중간 항이 결여되어 있다. 둘째, 시대상의 개념이 막연하며 실제적 적용이 곤란하다. 셋째, 세계의 경제지역이 현재 도달한 모습을 정적으로 취급하고 있으며 단지 이것을 시간이라는 종적 계열로 배열한 것에 불과하다는 점이 비판을 받고 있다.

5) 변증법적 교호작용론(Dialeklische Weshelwir Kungslehre)

비트포겔(K. A. Wittfogel)은 『지정학, 지리적 유물론과 마르크스주의(Geopolitik, Geographischer Martertialismus und Marxisums')』(1929)[22]에서 종래의 지리학자는 자연적 조건을 열거했을 뿐 그 요소의 내부적 관계 및 그 중요성을 이해하려 노력하지 않고 간단한 결론을 내렸으며, 또 인간이 자연을 점점 지배하고 자연적 제약에서 탈피한다는 해방관을 아무런 검토 없이 단순히 받아들였다고 비판하고 환경론자의 공통된 오류를 다음과 같이 지적했다. 첫째, 자연환경의 여러 요소를 나열만 하고 이들 각 요소의 역사적 단계와 내부관계, 이들 각 요소에서 지배적인 요소 파악, 요소를 결정하는 확고한 규범을 분석하지 못한 일속주의(Die En-bloc Methode)였다. 둘

22) 일본의 가와니시(川西 正鑑) 교수가 지리학 비판으로 번역했다.

〈표 1-2〉 역사적 과정에서 생산과정의 3 기본 요소 내의 변동

생산 유형		(I) 노동력	(II) 노동수단	(III) 노동대상
원시사회 (채취자·수렵자· 어로자)		· 사회적 측면: 발달은 II 를 매개로 III에 의존 · 자연적 측면: 종족 생리 적 분업	· 사회적 측면: 발달이 충 분하지 않은 도구 · 자연적 측면: 거의 발달 되어 있지 않음	채취요소가 절대적으로 지배
전자본주의적 농업 계급사회		· 사회적 측면: 더욱 II에 의존 · 자연적 측면: 종족(?)	· 사회적 측면: 도구 · 자연적 측면: 결정적	채취 요소는 공업의 부산물 에 대해서만 중요하고, 농업 에는 유기적 원료가 우세
공업 자본주의 적 사회	수공업	· 사회적 측면: 획기적(사 회적 자연력으로 협동)	· 사회적 측면: 도구 · 자연적 측면: 수력	· '전자본주의적 농업 계급사 회'의 '(III) 노동대상'의 내 용과 같음. · 섬유공업이 지배적일 경우 채취요소는 그다지 중요하 지 않음
	기계 공업	· 사회적 측면: II에 의해 규정(과학) · 자연적 측면: 생리적 분 업의 왜곡	· 사회적 측면: 기계 · 자연적 측면: 공업에 이 용되는 자연력의 거대한 의의	채취요소가 매우 중요. 원료 를 공급하기 위한 채취산업 의 의의의 비약적인 중요성

자료: 陸芝修(1959: 29).

째, 지금까지의 분석방법은 환경과 인간 사이에 가장 중요한 중간 항을 소홀히 했으며 조급한 결론과 추론방법(Die kurzschluss Methode)으로 환경론을 인식했다. 셋째, 인간은 점차 자연의 지배자가 되어 환경으로부터 탈출하려고 한다. 그러나 이것이 정당한가에 대한 생산수단의 사회형성과 그 사회 역사 발전과정을 근본적으로 결정한다는 유물론적 고찰법을 적용하지 않고, 또한 적당한 판단을 내리지 못했다. 그리고 교호작용론자는 이 문제를 해결하지 못하고 포기했으며, 설사 해결했다 하더라도 원리적인 관념론에 귀착되었을 것이고, 그 결과는 오류적인 분석이 되었을 것이다. 이러한 점이 교호작용론의 내용적 결함인 자연에서의 해방관이다.

비트포겔은 자연과 인간 사이에는 교호작용이 존재하나 그들 사이에 노동과정을 삽입해 생산을 설명했다. 즉, 그의 노동과정은 세 기본 계기(노동력, 노동수단, 노동대상)를 다음과 같이 나타냈다.

사회적 측면	조직·자격 (기술·지식)	기계도구	원료
노동과정	노동력	노동수단	노동대상
자연적 측면	인간의 성질 {생리적 특질 종족, 국민성}	자연력 {토지, 물, 바람 열, 증기, 전력}	자연적 요소 {인간이 노동에서 독립해 존재}

노동과정의 세 기본 계기는 자연적·사회적 측면을 가지고 있는데, 이들 노동과정의 세 기본 계기가 기술적으로 결합하면 생산력이 되며, 이 생산력은 세 기본 계기의 두 측면 중 어느 하나라도 달라질 경우 다르게 나타난다. 또 그는 이들 세 기본 계기 안에서 자연적 요소는 역사적 발전에 따라 그 의의를 변화시킨다고 했으며, 이 변화를 역사적 발전의 단계, 즉 생산유형에 대해서도 설명했다(〈표 1-2〉).

이상 비트포겔의 변증법적 교호작용론은 인간과 자연이 노동과정을 매개로 교호작용함으로써 경제성과를 얻는다는 것인데, 이 경제성과는 노동과정의 자연적·사회적 측면에서 각각 영향을 받을 뿐 아니라 역사적 또는 생산유형의 발전 단계에 따라서도 변화한다는 것을 의미한다. 이러한 변증법적 교호작용론은 첫째, 인간과 자연과의 교호작용을 생산의 여러 가지 관계에 의해 설명하려고 했으며 교호작용을 하도록 하는 그 원인에 중점을 두었다. 즉, 사회의 여러 가지 생산관계가 자연과 인간 간의 교호작용에서 나타나므로 경제지리학은 생산관계 면에서 연구되어져야 한다. 둘째, 생산력이 일정한 역사적 순간에 생산양식을 규정한다고 하면 그 때 능동적인 요소로서 변화를 일으키게 하는 것은 사회적 계기이며, 이 변화를 어떤 방향으로 이끌어 나가도록 하는 것은 자연적 계기이다. 따라서 각 경제지역에서 경제현상의 설명은 사회적 계기에 의해 연구할 필요가 있는 것은 사실이지만, 그중 사회적 측면에 더욱 중점을 두어야 한다는 변증법적 교호작용론은 교호작용론보다 방법론상 더 구체적이고 역사적·사회적·경제적 측면을 중시한 점을 통해 경제지리학 발달에 큰 공헌을 했다고 할 수 있다.

6) 1930~1960년대의 경제지리학

환경이 모든 경제활동을 결정짓는다는 환경결정론의 영향이 강하게 작용했던 1920년대 후반에도 경제지리학에 대한 새로운 방법론이 개발되고 있었다. 즉, 경제지리학은 경제현상의 지리적 차이와 지리적 분포를 주제로 그 형성과정과 변화를 분석하고 해명하는 것이라고 륄(A. Rühl)[23], 슈미트 등이 주장했다. 그리고 사회현상의 분석에서 처음으로 과학적 방법을 개발한 플레이(F. L. Play)는 경제활동이 환경이라는 단일 인자의 인과관계에 의한 것이 아니고 여러 가지 인자의 상호의존 관계에 의한다고 강조했다. 이러한 상호의존 관계는 1926년 비달(P. Vidal. de la

23) 독일의 경제지리학자인 륄은 라이프치히 대학, 베를린 대학에서 지리학·자연지리학을 공부한 뒤, 1905년 리히트호펜(F. von Richthofen)으로부터 마지막으로 학위를 받았다. 경제지리학은 1918년경부터 연구하기 시작해 사회과학, 특히 경제학에 기초를 둔 방법론적·체계적 연구를 목표로 했다.

Blache)[24]에 의해 문화와 자연의 상호의존 관계를 밝힌 『인문지리학의 원리(Principes de Géographie Humaine)』에서도 이미 밝혀진 바 있다.

이 외에도 벵트선(N. A. Bengtson)과 로엔(W. von Royen)이 저서 『경제지리학(Economic Geography)』에서 지적한 것을 보면 1935년에는 자연환경의 차이가 인간의 육체적 활동뿐 아니라 사고와 아이디어에서도 나타난다고 했으나, 1942년 그들이 저술한 개정판에서는 생산활동의 차이가 종종 자연환경의 차이에서 온 결과라고 했다. 그러나 1956년에는 자연환경이 경제활동이나 인간의 생활양식을 결정짓는 것이 아니라고 한 점에서 그동안 환경결정론에서의 탈피과정을 잘 엿볼 수 있다. 또한 브로크(J. Broek)는 1941년 미국의 지리학 잡지 ≪지리학평론(The Geographical Review)≫에서 「경제지리학의 논의(Discourses on economic geography)」라는 논문을 통해 환경결정론을 사라지게 했으며, 카터(W. H. Carter)와 다지(R. E. Dodge)는 1939년 그들의 저서 『경제지리학(Economic Geography)』에서 경제지리학은 모든 산업활동을 경제원리에 의해 분석해야 한다고 주장했다.

한편 세계 경제공황과 뉴딜 정책(New Deal)[25]의 실시로 많은 미국의 경제지리학자들은 자원과 환경보존 및 지역개발에도 관심을 가졌으며, 이와 같은 사고는 1960년대에도 계속되었다. 1963년 알렉산더(J. W. Alexander)는 생산재·교환재·소비재와 관련된 지표상 인간의 모든 경제활동에 관한 지역적 변동(areal variation)을 연구하는 것이 경제지리학이라 했다. 그리고 1968년 토머스(R. S. Thomas)에 의하면 경제지리학은 재화와 서비스의 생산, 교환, 이송[移送(transfer)]과 소비에 관한 지역 내 및 지역 간 유사성과 차이성, 경제활동에 의한 지역 간 결합을 연구하는 것이라고 했다. 이와 같은 경제활동의 지역적 유사성과 차이성에 관한 연구는 1940년대부터 점진적으로 발전해왔는데, 이러한 경향은 경제지리학을 포함한 지리학이 일반화를 추구하려는 점에서 기인한 것이다. 그러나 애커먼(E. A. Ackerman, 1911~1973)은 이러한 지역적 분화가 지리학에서 중요한 과제라고는 하지 않았는데, 그것은 지역적 분화가 다른 학문과 공통적인 배경을 전혀 갖고 있지 않는 고립된 과제이기 때문이라고 했다.

제2차 세계대전 이후 각 국가에서는 경제지리학이 급속히 발달했는데, 그 이유 중 하나가 오래 전부터 경제학이 사용해온 지대이론과 입지론을 주축으로 한 경제지리학의 수립을 목표로 했기 때문이다. 또 다른 하나는 경제학 이론, 특히 신고전학파의 이론 중에서 경제의 공간적 전개와 분화, 공간적 관련이나 구조에 관계되는 여러 가지 이론을 재편성하고 체계화함에 따라 경제지리학의 이론화를 시도했기 때문이다. 치스홈의『지리학과 경제학(Geography and Economics)』이 그중 한 예이다.

한편 앞에서 서술한 이론적 지향과는 달리 지역지리학의 전통에 따라 경제지리학이 지역의 경제적 특성을 해명하고 기술(記述)을 목적으로 하는 경제지역지리 학문의 성격도 강하게 존속했다.

7) 1960년대 이후의 경제지리학

1960년대 이후의 경제지리학은 연구의 특징이나 내용에서 지리학 전반에 나타난 현상과 같이 뚜렷한 변화를 가져왔다. 이러한 변화는 직접 체험한 사상(事象)만을 바탕으로 한 경험적 접근방법을 시작으로 그 후에는 경험을 검증하는 실증주의 (positivism)적 접근방법을 거쳐 구조주의, 정치경제학적 방법으로 변화했다. 먼저 실증주의는 1970년대에 들어오면서 심각한 내적 반성과 강력한 외적 비판을 받아 최근에는 개인의 주관적 세계에 대해 지혜를 제일로 생각하는 행동주의적 접근방법이나 직접적인 관찰의 대상이 되지 않는 심층의 구조문제를 연구대상으로 하는 구조주의적 접근방법, 마르크스(K. Marx) 사상[26]의 현대적 해석을 제시하는 정치경제학적 접근방법[27]을 대두시켰다. 즉, 계량적 기법, 그 후의 행동과학, 특히 심리학

26) 마르크스의 사회구성체의 생산양식은 ① 씨족 (원시공산제), ② 아시아적 생산양식, ③ 고전고대 (노예제), ④ 봉건, ⑤ 자본주의로 미래 사회구성체는 사회주의라고 했다.

27) 정치활동과 경제의 상호작용으로 생기는 일련의 문제를 연구하는 경제학, 또는 경제학적 방법론을 인간이 정치사회적 의사결정분석에 적용시키는 학문 분야를 말한다.

〈그림 1-3〉 인문지리학 방법론의 전개과정

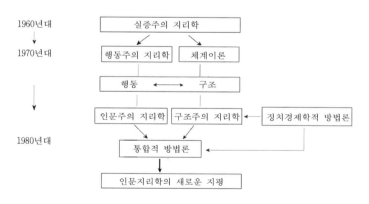

자료: 崔炳斗(1988: 35).

에서 원용해온 행동주의 연구방법과 현상학적 인문주의 연구방법이 나타났으며, 이어서 마르크스주의에 기반을 둔 구조주의, 그리고 사회와 상호 변증법적인 정치경제학적 접근방법이 등장한 것이다.

그리고 이와 같은 다양한 접근방법이 등장하면서 1970년대 후반 들어 행동이론과 구조분석을 새롭게 통합하고 그 통합된 방법론으로 사적(史的) 유물론을 재해석하려는 노력도 제시되었는데, 기든스(A. Giddens)의 구조성 이론, 푸코(M. Foucault)의 계보학적 권력분석, 하버마스(J. Habermas)의 의사소통적 행동이론(communicative action)이 대표적이다(〈그림 1-3〉).

(1) 실증주의적 접근방법

실증주의는 18세기를 전후해 형이상학인 신학과 철학의 인식론에 대응해 1830년대 사회학의 아버지 콩트(Comte)에 의해 주창된 과학사상이며, 그 후 1920년대 오스트리아 빈 대학에서 물리학을 전공한 철학자인 슐리크(Schlick)에 의해 연구가 추진되었다. 논리 실증주의를 바탕으로 하는 지리학 연구에 계량적 기법은 과학의 발달, 특히 계량경제학의 발달과 컴퓨터의 보급을 통해 도입된 것으로 1955년 미국 워싱턴 대학에서 시작해 1965년에는 영국으로 건너가 계량혁명이 전개되었다. 계량혁명의 지지자들은 예외주의의 아버지인 칸트(I. Kant)[28]를 비롯해 헤트너, 핫손이 주장한 개개 기술적 접근방법(idiographic approach)[29]과 경험주의 지역지리 연구를 비판했다. 그리고 쉐이프(F. K. Schaefer)[30](1904~1953)가 발표한 「지리학에서의 예외주의(Exceptionalism in geography)」라는 논문을 통해 지역이 갖고 있는 특징에는 공간적으로 규칙성과 질서가 존재하므로 법칙을 발견할 수 있다고 주장했다. 이러한 계량적 기법에 의한 법칙 정립적 접근방법(nomothetic approach)은 경제지리학에도 그 영향을 미쳐 큰 변화를 가져왔다.

경제지리학도 사회과학이므로 계량적 기법을 통해 경제지리학 내부에 존재하는 특유의 이론 구성을 목표로 하는 것은 당연하지만 계량적 기법을 사용한다고 해서 반드시 이론이 만들어지는 것은 아니다. 이러한 점에 대해 버턴(I. Burton)도 계량기법을 이용한 분석은 이론구성에 가장 유력한 방법이 될 수는 있지만 유일한 방법은 아니라고 했다. 그리고 그는 계량혁명이 지리학에서 신결정론(new determinism)을 등장시켰다고 주장했다.

28) 18세기 말 코비스베르크 대학 교수였던 칸트는 세계지와 유사한 자연지리학을 강의한 바 있으며, 연구실에서 각종 기록물들을 보고 1802년 『자연지리학(physische Geographie)』을 출간했는데, 이는 경험적 지식 전반에 대한 철학적 사고를 한 데 기인한 것으로 자연지리학도 그 대상이 되었으며, 그로부터 논리 실증주의가 유래되었다.

29) 헤트너의 주요 저서 중에서 개개의 기술적 접근방법(idiographisch), 법칙 정립적 접근방법(nomothetisch)이 대두되었다.

30) 독일인으로 나치 정부가 대두된 후 런던에서 5년간 망명생활을 한 뒤 미국으로 건너가 아이오아 대학에 재직하는 동안 과학 철학자로서 논리 실증주의 빈 학파 중 한 명인 베르그만(G. Bergmann)(1906~1987)의 영향을 받았다. 논문 「지리학에서의 예외주의」는 사망하기 6개월 전 투고했으나 사망 후인 1953년 9월에야 미국지리학협회 기관지(≪Annals of the Association of American Geographer≫)에 게재되었다.

경제지리학에서 실증주의에 바탕을 둔 공간적 상호작용과 입지론은 1960년대 계량혁명의 직접적인 영향을 받은 유산 중 하나이다. 공간적 상호작용은 사람과 재화, 아이디어의 유동에 관한 연구로 오래 전부터 경제지리학자들이 흥미를 갖고 있었으며, 입지론 또한 경제지리학자들에게 전통적으로 흥미를 끈 것으로, 이에 대한 연구를 촉진시킨 것은 계량혁명이었다.

공간분석[31]을 통해 객관적인 공간구조나 그 과정을 파악하기 위해 지리학에 등장한 실증주의는, 첫째, 형이상학의 배제, 둘째, 경험적 가설의 타당성 검토라는 원리, 셋째, 일반적 장면에 적용시킬 수 있는 일반적인 명제의 생산이라는 목적, 넷째, 객관적인 지식에서 최종적으로 보편적인 법칙을 도출하는 4가지 틀을 가지고 있다. 이와 같은 실증주의 접근방법의 문제점은 첫째, 행동과 실증주의를 둘러싼 문제이다. 실증주의적 연구에서 전제로 하는 합리적인 경제인(Homo economicus)[32] 등의 개념은 실체와 결부되어 있는 것이 아니라 규범적인 행동이론에서만 구축할 수 있는 것이다. 이에 대해 인지나 태도가 이루어지는 과정을 중시하는 행동지리학파의 주장에 따르면, 이 접근방법은 실증주의 절차에 따라 일반화하기 위한 것이지 엄밀히 말해 실증주의 이론을 바탕으로 한 것은 아니다. 둘째, 가설의 검증에 관한 문제이다. 지리학에서는 이론을 구축하기 위해 대부분 통계학적 기준으로 가설을 채택·기각하고 있지만 그때의 모집단의 실체는 어떠하고 또 표본집단은 무엇을 나타내는 것인지의 문제이다. 셋째, 연구 초점과 이와 관련된 공간적 자기상관(自己相關)[33]의 문제로 통계적 수법을 이용할 때 심각한 문제가 대두된다고 지적한다.

1960년대에 전성기를 가진 실증주의지리학은 공간과학이라는 별명을 갖고 있었는데, 이는 첫째, 자연적 방법론의 기초인 합리성(rationality)을 바탕으로 했기 때문이고, 둘째, 합리성을 바탕으로 한 과학의 경우 특정 현상에 대한 진위 판단은 가능하지만 가치 판단은 불가능하다. 따라서 자연과학 방법론을 인문사회과학에 그대로 적용하는 데에는 문제가 있다.

(2) 행동주의적 접근방법

1970년대에 들어와서는 개인 및 집단에 의해 부가된 공간에 대한 경제적 행동에 더 큰 관심을 가지게 되었다. 그것은 계량적 기법에 의한 실증주의적 접근방법만으로는 공간분석과 입지론 연구를 할 수 없다는 불만과, 인간은 그의 의사와 무관한

31) 공간분석지리학은 윈델반두(Windebandu), 리커트(Rickert) 등 신칸트학파의 철학적 배경과 신고전경제학파의 영향을 받았다.

32) 문명이 발달함에 따라 인간종류의 진화는 고대에 놀이하는 인간인 호모 루덴스(Homo Ludens), 중세에 고백하는 인간인 호모 아베우(Homo Aveu), 17세기의 생각하는 인간인 호모 사피언스(Homo Sapiens), 18세기의 경제적 인간인 호모 에쿠노미쿠스(Homo Economicus), 19세기의 노동하는 인간인 호모 파버르(Homo Faber), 20세기의 권력적 인간인 호모 폴리티쿠스(Homo Politicus), 21세기의 상호 의존하는 인간인 호모 레시프로쿠스(Homo Reciprocus), 공생하는 인간 호모 심비우스(Homo Symbious)로 바뀌었다. 여기에서 Economicus는 Egonomy로 개인을 위한 경제라는 의미이다. 경제인의 중요한 특징의 하나는 생활경험도 정체성(identity)도 의사결정에 영향을 미치지 않는다는 것이다.

33) 어떤 시점에서의 분포 값이 가까이 있는 어떤 지점의 값과 상호관계를 가지고 있다는 것을 나타내는 개념이다.

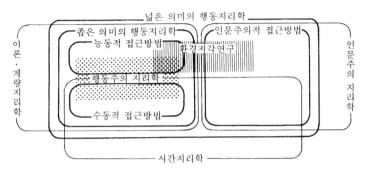

〈그림 1-4〉 행동지리학과 관련된 연구영역

자료: 若林芳樹(1985: 155).

생물학적·규범적·지각적·인문주의적(humanistic)·가치 지향적·우연적 속성에 의해 행동한다는 점에서 행동주의적 접근방법이 대두되었다. 행동주의적 접근방법은 경제지리학의 인간화·사회화를 추구하는 것이었다.

행동주의지리학의 접근방법은 행동론적 접근방법(behavioral approach)과 인문주의적 접근방법(humanistic approach)으로 나눌 수 있는데, 행동론적 접근방법은 기존의 이론이나 모델의 행동론적 기초와 이론적 정치화(精緻化)를 실증주의의 틀에서 행한 것이다. 그리고 인문주의적 접근방법은 반실증주의 해석학적 접근방법(hermeneutics approach)으로, 인간이 공간에 어떤 의미와 가치관을 가지고 있는가에 대한 분석의 관점에서 장소에 담긴 감성적·미학적·상징적 요소를 이해하는 방법으로 적극적인 연구의 의의를 제시했다. 인문주의적 접근방법은 관념론(idealism),[34] 현상학(phenomenology)[35] 및 실존주의(existentialism)[36]의 세 가지 철학에서 그 특징을 지리학에 접목시킨 것으로 인문주의지리학이란 이름으로 지리학자에 의해 이름 지어졌다. 〈그림 1-4〉는 행동지리학과 관련된 영구영역을 나타낸 것으로 넓은 의미의 행동지리학은 트리프트(N. Thrift)가 말한 능동적(active)인 연구와 수동적(reactive) 연구로 나눌 수 있는데, 능동적인 연구에는 환경인지(environmental cognition) 연구가, 수동적인 연구에는 환경선호(environmental preference) 연구가 있다. 그리고 좁은 의미의 행동지리학이 오늘날의 일반적인 행동지리학이다.

행동지리학의 행동론적 접근방법과 인문주의적 접근방법은 인간활동의 주관적인 측면을 강조하며 경제활동의 의사결정 과정과 공간적 행동의 이론화를 추구함

34) 관념론은 모든 존재의 본질은 인간에게 지각되는 표상이라는 입장으로 콜링우드(R. G. Collingwood, 1899~1943)의 역사학의 사상이 최근 괼케(L. T. Guelke)에 의해 강조된 것으로, 괼케는 지리학의 과제를 합리적인 행위와 그 배후에 놓여 있는 사고를 재구성하는 것이라 규정했다.

35) 현상학은 독일의 철학자 후설(E. Husserl)이 처음 주장한 것으로 사물이 가진 본질에 대한 철학이다. 렐프(E. Relph)의 현상학적 지리학은 관념론과 다소 다른 뉘앙스를 보이는데, 사회학자 슈츠(A. Schutz, 1899~1959)의 연구에 의하면 반실증주의의 입장을 명확히 하고 개인의 경험이나 생활세계의 인식을 제일로 생각하는 것이다.

36) 사르트르(J. P. Sartre)와 하이데거(M. Heidegger)가 시작한 실존주의 입장은 사무엘스(M. S. Samuels)에 의하면 인간에 의한 장소의 창조라는 관점, 즉 인간집단의 경험을 반영하는 경관을 이해하는 데 있다고 했다.

으로써 인문지리학 각 분야에서 널리 사용되는 접근방법의 틀로서의 그 기초를 다졌으나 다음과 같은 문제점을 내포하고 있다. 현상학적 지리학은 방법론상으로 애매하고 실제 연구에 적용하기 어렵다. 또한 복잡한 인간세계를 확정적인 언어로 옮길 수 없는 언어적 제약이 있다. 직감이나 이미지(image) 등도 연구자의 개성에 좌우되는 경우가 많아 논의가 불가능할 수 있다. 이러한 점에서 실증주의자들은 행동지리학이 비과학적인 접근방법이라고 비판하고, 구조주의자들은 원자론적이라고 비판한다. 그리고 인간과 환경과의 관계, 인산 상호산의 관세를 주세로 하는 행동주의지리학은 다른 차원의 존재론에서 탐구해야 한다고 지적한다. 그러나 2002년 노벨경제학상 수상자인 카네만(D. Kahneman)이 인지과학의 이론이나 방법을 경제행동에 응용해 초기의 행동지리학과 같은 경제인 모델의 수정을 의도해 행동경제학이 주목을 받았다.

(3) 구조주의적 접근방법

1950~1960년대 프랑스의 실존주의가 막을 내리자 대체 사상으로 마르크스주의를 구조주의로 처음 이름붙인 학자는 그레고리(D. Gregory)인데, 사회활동이나 여러 관계의 배후에 존재하는 '깊은 구조'를 해명하는 것을 시도한 구조주의는 실증주의지리학을 비판하고 이에 대한 대안을 제시하기 위해 논의된 것이다. 이는 인문주의 접근방법과 유사하게 다양한 학파나 경향을 내포하고 있기 때문에 쉽게 정의할 수는 없지만, 좀 더 좁은 의미로는 다음과 같은 전제를 바탕으로 한다. 즉, 요소 간 관계로 구조화된 총체(totality)는 그 자체의 자율적 속성과 변화 법칙을 가지며 개별 요소들의 특성을 결정한다. 또한 이렇게 구조화된 본질(essence)은 표출세계의 이면에 존재하며 표출세계의 사건들을 지배한다. 이러한 구조주의의 방법론은 뒤르켐(E. Durkheim)의 사회학과 구조 인류학자 레비스트로스(C. Lévi-Strauss)[37]에 의해 완전히 정형화되었다.

이 방법론은 라첼, 비달, 뒤르켐 사이의 고전적 논쟁을 통해 근대지리학에서 이미 인식되었으며, 현대 지리학에서는 레비스트로스나 발생학적 구조주의자 피아제(J. Piage)의 구조주의가 지리학에 재해석, 원용되었다.

구조주의의 접근방법은 현상의 기층에 존재하는 일반 구조를 밝히는 것으로, 존스턴(R. J. Johnston)은 두 가지 다른 형식을 제시했다. 즉, 다양한 문화현상을 어떤

37) 프랑스의 구조인류학자로 지성계의 '살아 있는 전설'로 알려진 그는 '문화에 우열이 없다'라는 상대주의적 문화론을 제시해 서구 중심적 문화의 우열관을 비판했다. 그는 나치 점령하에 파리를 탈출해 브라질 원주민 탐사에 몰두해 『슬픈 열대(Tristes Tropiques)』(1955년)를 집필한 것으로 유명하며 『구조인류학(Structural Anthropology)』(1958년) 등의 저서가 있다.

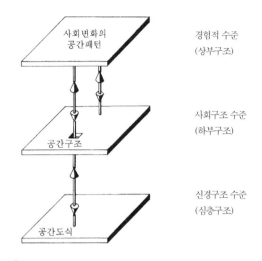

〈그림 1-5〉 구조주의적인 공간구조 모델

경험적 수준
(상부구조)

사회구조 수준
(하부구조)

신경구조 수준
(심층구조)

자료: Gregory(1978a: 100).

기본 구조의 변형이라고 생각하는 레비스트로스의 방법을 기초로 한 구성으로서의 구조(structure as construct)이다. 이 구조주의는 어떤 면에서는 현상학적인 것과 유사성을 갖고 있지만 한편으로는 심층구조와 그 변형의 규칙성을 밝히고자 하는 점에서 과학적이라고 지적한다. 또한 그 과정으로서의 구조(structure as process)는 단적으로 말해 마르크스주의적인 사회 구조를 이해하는 것이다. 레비스트로스는 이것을 '조각 그림 맞추기 장난감(jig-saw puzzle)'으로 설명한다. '조각그림 맞추기 장난감'의 윤곽이 기계톱으로 자동적으로 끊어져 톱의 움직임이 캠 축(cam-shaft)에 의해 규칙적으로 변경

되면 같은 과정에서 다른 장난감이 생산된다. 즉, 지표면에 나타난 패턴에서 그 과정을 유추하려면 실증주의의 입장에서는 하부구조를 알 수 없다. 구조주의자들은 과정의 이론을 추구하는 것이지 형태 그 자체를 구하는 것은 아니다(〈그림 1-5〉).

마르크스주의가 지리학에 도입된 것은 사적 유물론에 의한 지리학 사상과 실천의 재편성, 사회과학의 통일을 목적으로, 접근방법은 다른 접근방법의 문제점을 부각시킨다는 의미에서 비판적이다. 또 이 이론의 검증은 실증주의적인 기준에 의한 것이 아니고 실천이 가능한 기초로 제공하는가, 그렇지 않는가에 대해 이루어지는 것이다.

1960년대 말부터 1970년대에 걸쳐 경제지리학에 등장한 급진지리학(radical geography)[38]방법론은 세계 각 국가가 당면한 환경문제, 지역 간 부(富) 분배의 불공평 문제에 대한 공간정책뿐 아니라 가능한 공공정책 고찰의 필요성과 자본주의 사회의 구조[M(자본) → C(상품) < LP(노동력) / MP(생산수단: 원료, 기계, 공장설비) → C' → M']분석을 통해 지리학자로서의 사회적 책임을 해결해 나가고자 하는 인식론적 반성에서 나온 것이다. 마르크스주의와 구조주의가 사회현상을 지배하는 조건지우는 구조를 강조한다면, 후기(post)구조주의에서는 이러한 구조의 특성이 나타나는 부분의 역할을 강조한다. 그러나 구조주의 방법론도 다음과 같은 문제점을 갖고 있다. 첫째,

사회의 구조적 총체가 어떻게 생산, 재생산되는가라는 의문을 무시하고 있으며, 둘째, 사회구조의 이론적 모형을 지나치게 강조함으로써 실증주의 방법론으로 편향하는 경향이 있고, 셋째, 공시성[共時性(synchrony)]과 통시성[通時性(diachrony)] 또는 '체계로서의 언어(langue)(기표)[39]'와 '구체적 언어행위(parole)(기의)[40]' 간을 이원론적으로 구분해 언어 사용자(또는 언어 행위자)의 능력을 경시하고, 넷째, 사회 행동자의 주체적 의식에 기반을 둔 실천성을 배제하고 있다.

39) 후기산업사회에서 공통된 문화의식으로 후기구조주의, 해체주의의 인식론을 바탕으로 한 문화의식을 말한다.

40) 소쉬르(F. de Saussure)가 정의한 기호는 그 의미인 기의(signified)와 그 의미를 전달하는 운반체라고 할 수 있는 기표(signifier)로 구성되어 있다.

(4) 정치경제학적 방법론

생산으로 창출된 부에 대한 자본과 노동 사이의 투쟁에 초점을 둔 정치경제학적 방법론은 실증주의에 대한 대안적 방법론일 뿐 아니라 공간이론의 발전에도 급격한 변화를 가져왔다. 마르크스의 후기 저작이 기반이 된 정치경제학적 방법론의 기초는 다음과 같다. 역사의 모든 단계에서 생산은 어떤 특성을 공유하며, 이러한 특성은 '합리적 추상(rational abstraction)'에 의해 해명된다. 추상으로서의 생산(즉, 자연과 인간 사이의 물질적 교환관계)은 사회 구성체의 초역사적인 기반이 되며 이와 연계된 분배, 교환, 소비를 결정한다. 여기에서 '추상'이란 물론 구체성을 상실한 것이 아니라 항상 역사적으로 특정한 추상(자본, 임금노동, 계급 등)에서 공통적으로 나타나는 것이며, 구체적 결정자들(노동의 분업, 교환, 가격 등)에 관한 성찰과정에서 집약된 것이다. 또한 그 반대 과정에서 구체적인 사건들은 이론적 추상을 배경으로 관찰되고 개념화된다. 즉, "추상은 항상 구상(具象) 속에 있으며, 구상은 항상 추상 속에 있다".

이러한 정치경제학적 방법론에 기초를 둔 사적 유물론의 기본 틀은 다음과 같이 요약될 수 있다. 즉, 한 사회의 생산은 '노동과정'을 통한 인간과 자연과의 물질적 교환관계가 그 사회 안의 구성원 사이에 사회적 관계를 맺고 있으며, 이러한 이원적 관계들은 노동력, 원자재와 생산도구(생산수단), 생산과 노동력의 조직을 위한 지식 등으로 구성되는 '생산력'과 노동력이 생산수단과 결합되는 방식을 결정하는 제도나 메커니즘을 의미하는 '생산관계'로 설명된다. 한 사회의 생산력과 생산관계의 총체로 구성되는 '생산양식'[41]은 그 사회의 성격을 결정하며, 세계사에서는 5가지(또는 6가지) 다른 생산양식인 원시 공동체, 고대, 봉건, 자본주의, 사회주의가 존재한다.[42] 한 사회의 생산력과 생산관계는 지배적 생산양식에 따라 그 사회의 '하

41) 인간사회에서 생산활동을 조직하고 이에 따라 사회생활을 재생산하는 방식을 말한다.

42) 브루노(M. Bruneau)의 아시아의 생산양식은 후에 추가되었다. 아시아의 생산양식은 마르크스, 엥겔스(C. L. E. Engel)에 의한 공동체적 전유(專有)의 형태를 포함하는 생산양식을 말한다.

43) 마르크스주의 사회학자로 1974년 『공간의 생산(La Production de l'espace)』을 저술했는데, 공간의 생산이란 공간의 물질적 재생산이라는 경제적 차원에서 상품화와 국가권력에 의한 일상생활의 지배에 주목한 것이다.

44) 카스텔은 1942년 에스파냐에서 출생해 프랑코 독재에 저항한 학생운동가로 프랑스로 망명해 1967년 25세로 파리대학에서 박사학위를 취득한 천재적인 사회학자이다. 그가 새 밀레니엄 무렵 출간한 정보사회학 저서 '카스텔 3부작'(『정보시대: 경제·사회·문화』 중 제1권 『네트워크 사회의 도래(The Rise of the Network Society)』, 제2권 『밀레니엄의 종언(End of Millenium)』과 제3권 『정체성의 권력(The Power of Identity)』)은 마르크스의 『자본론』에 비견할 만한 21세기의 새로운 고전이 되었다.

45) 개념적으로 생산의 물질적 틀로 기능 하는 고정자본(fixed capital)과 소비의 물질적 틀로 기능하는 소비기금(consumption fund)으로 나눌 수 있지만 어느 것이든지 구체적으로 주택, 도로, 공장, 사무소, 하수도, 공원, 문화·교육시설 등 도시공간을 구성하는 물리적 제 구조의 총체에 해당한다. 또 광범위하고 인공적으로 창출되고 자연환경에 합체되어 사용가치로 자원체계로 기능을 하는 것으로 생산·교환 및 소비에 이용할 수 있다. 이 개념은 주체에 의해 야기되는 공간적 과정과의 변증법적 관계를 중시하는 특색을 가지고 있다. 도시화는 산업자본의 생산물, 즉 건조환경에 대한 새로운 수요를 창출한다.

46) 영국 출신으로 미국으로 건너가 도시공간에 관한 사회과학의 기초에 마르크스주의 이론을 둔 도시의 위기(도시사회학의 위기)를 제시했다.

부구조', 즉 경제적 '토대'를 형성하며 이러한 물적 토대는 다른 사회체계, 즉 정치적·법적, 지적 제도들로 구성된 상부구조(항상 또는 마지막 단계에서)를 규정한다. 이들 간의 구조적 조응(調應)은 점차 발전하는 생산력이 기존의 생산관계의 모순관계로 변화됨에 따라 계급갈등에 의한 새로운 생산양식으로 전환하게 된다.

마르크스에 의하면 노동과 토지 간의 공동체적 결합으로 이루어지는 전 자본주의적 생산양식은 도시와 농촌 간 대립관계와 그 후 도시에 의한 농촌통합을 통한 도시적 자본축적과정의 확대로 자본주의적 생산양식으로 변화한다. 이러한 도시화 과정은 화폐지대와 함께 토지시장을 등장시키고, 공간을 새로운 생산수단으로 상품화한다. 또한 자본주의적 도시화 과정은 지역적 노동분업의 발전을 통해 자본과 노동의 공간적 이동을 촉진시키고 세계적 규모의 시장 확대를 통해 가치를 실현시킴으로써 자본의 축적을 가능하게 한다. 자본주의적 공간의 이러한 이론적 틀은 1970년대 초부터 르페브르(H. Lefebvre),[43] 도시문제를 집합적인 소비과정의 개념에서 분석한 신도시 사회학을 주장한 카스텔(M. Castells),[44] 건조(建造) 환경론(built environment)[45]을 주장한 하비(D. Harvey),[46] 노동의 공간적 분업에서 구조주의적 접근방법을 주창한 매시(D. Massey) 등에 의해 대표되는 정치경제학적 지리학자들이나 공간 이론가들에 의해 새롭게 주목 받고 발전적으로 재구성되었다. 이들 가운데 르페브르는 마르크스 공간이론에서 정치경제학적 이론을 도입한 최초의 이론가이다.

(5) 통합적 방법론

실증주의가 퇴조되면서 행동주의와 구조주의 방법론이 그 대안으로 제시되었지만 이들은 사회의 특정한 차원, 즉 주관적 행동 또는 객관적 구조를 배타적으로 강조함으로써 주체와 객체 또는 행동과 구조를 양분하는 이원론적 방법론으로 지속되고 있다. 사실 이러한 방법론은 칸트의 철학과 마르크스의 사회이론에 의해 분화되었으며, 베버(M. Weber)의 사회이론은 이들을 통합하고자 한 최초의 시도라고 볼 수 있다. 그러나 이러한 시도에도 불구하고 이원론적인 방법론들은 여전히 서로 평행한 채 상호 보완적 또는 갈등적 관계를 갖고 최근까지 병존해왔다. 그러나 1970년대 후반으로 들어오면서 이러한 행동이론과 구조분석을 새롭게 통합시키고 그 통합된 방법론으로 사적(史的) 유물론을 재해석하려고 하는 노력이 제시되었다. 이러한 노력 중 대표적인 것이 사회학자 기든스의 구조성(structuration)이론, 고고학자 푸코의 계보적 권력분석과 철학자 하버마스의 의사소통적 행동이론이다.

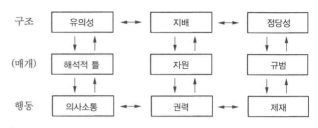

〈그림 1-6〉 기든스의 구조이론에서 구조와 행동 간의 관계

자료: Gregory(1978a: 9).

기든스의 구조성 이론은 19세기 근대사회 이론가들의 이론에 대한 재해석뿐 아니라 현대 사회이론에서 세 가지 주요 패러다임으로 간주되는 해석학적 사회학, 기능주의, 구조주의에 대한 비판과 이를 종합화한 것을 바탕으로 한다. 이 이론은 실천에 의한 사회행동과 이를 통해 만들어진 사회구조 간의 상호관계를 이론화하기 위해 개발된 것이다. 이 이론에 의하면 행동인은 항상 능동적이며 지혜롭고, 사회구조의 조건하에서 그 행동은 의도적 또는 비의도적으로 사회구조를 생산하고 재생산한다. 사회구조는 행동체계의 속성으로 행동을 인식적 또는 비인식적으로 조건 지으며 이를 제약할 뿐 아니라 이를 가능하게 한다. 즉, 구조는 행동의 매개체이자 재생산되는 행위의 산물로 행동의 의도적 또는 비의도적 결과인 동시에 행동의 인식적 또는 비인식적 조건이다. 기든스는 이를 '구조의 이원성'이라 하고 행동주의와 구조주의를 연결하는 기본 개념으로 간주했다. 행동의 차원과 구조의 차원 사이를 좀 더 구체적으로 표현하면 〈그림 1-6〉과 같다.

기든스에 의하면 사회행동은 항상 행동인 사이의 상호행동으로 이루어지며, 상호행동은 세 가지 기본 요소, 즉 의미 있는 의사소통, 규범적 제재, 권력관계로 구성된다. 이들은 각각 공동의 지식을 바탕으로 해석적 틀, 권리의 실현 및 의무의 수행과 관련된 사회적 규범, 행동인의 능력 실현을 위해 동원된 인적·물적 자원을 매개로 이루어진다. 이와 관련해 구조는 행동인들이 상호행동에서 도출되고, 또 재생산하는 규칙(해석학적 틀과 규범)과 권위적(정치적) 및 할당적(경제적) 자원으로 구성된다. 한 사회체계의 구조적 속성은 상호행동 속에 내재되어 있는 구조들의 세 가지 측면, 즉 유의성, 정당성, 지배로 성격 지워진다. 이들은 각각 해석적 틀을 매개로 해 이루어지는 의미 있는 의사소통을 통해, 규범 적용에 의해 이루어지는 사회적 제재를 통해, 자원 동원에 의해 이루어지는 권력관계를 통해 재생산되며, 또한

<〈그림 1-7〉 생산체계의 유형

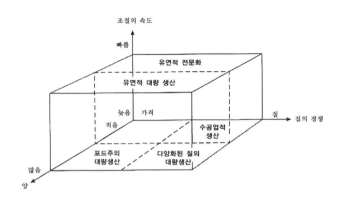

자료: Dicken(2003: 109).

이러한 세 가지 유형의 상호행동을 조건 짓는다. 기든스는 이렇게 생산되거나 재생산된 사회구조가 유지 또는 전환되는 조건을 '구조성'이라 부르고, 사회이론에서 가장 중요한 점은 이 구조성을 밝히는 것이라고 주장했다.

푸코의 계보학적 분석은 1955년~1960년대 중반까지는 구조주의 연장에서의 내용이었으나 1970년대에 니체(F. Nietzsche) 철학의 재구성을 통해 정립된 계보학적(genealogical) 방법론으로 전환되었다. 그는 지식이 어떻게 권력과 관계를 맺고 인간주체를 지배하게 되는가라는 의문을 갖게 되었다. 그의 계보학적 '권력-지식'의 분석은 인간의 의식이나 행동과 억압적 사회구조 사이에 어떠한 관계가 성립될 수 있는가를 암시하는 것이다. 즉, '권력에 대한 의지'에 바탕을 둔 사회적 상호행동에서 권력관계는 특정 사회에 복잡하게 구성된 전략적 상황으로부터 의도적으로 도출되지만 이러한 전략적 행동에 의해 생산 또는 재생산된 권력구조는 개인의 의도를 능가하는 비주체적인 것이 된다. 그러나 권력관계는 언제나 억압적으로만 행사되는 것이 아니라 인간실천을 통한 저항의 다원성을 항상 동반하며, 또한 저항은 기본 지배구조 속에서 항상 수동적으로 패배를 자인하는 반작용적인 것이 아니라 실천적 차원에서 억압적 권력관계를 생산적으로 해체시키는 것이다.

하버마스는 서부 유럽의 마르크스주의 전통을 이어받고 이를 더욱 발전시킨 프랑크푸르트 학파의 제2세대의 대표자로서 마르크스의 저작뿐 아니라 근·현대 철학과 사회이론들을 재구성해 사회 비판이론, 즉 의사소통적 행동이론을 정립하고자 했다. 하버마스는 기든스나 푸코와는 달리 사회의 공간적 측면을 전혀 고려하지 않고 행동의 합리성이나 사회의 합리화가 공간의 문제와는 무관하게 실현될 수 있는 것처럼 이해했다. 이상의 세 가지 통합적 방법론 중 기든스의 구조성 이론을 제외하고는 지리학에 적용된 예가 없다.

〈그림 1-8〉 산업분수령

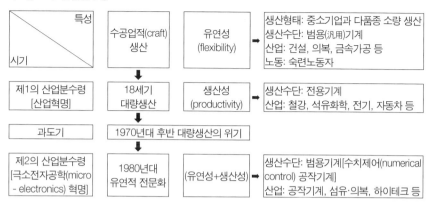

47) 유연성은 그 대상영역의 공간적 의미가 아닌 넓고 좁음에 대응한 계층구조를 이룬다. 유연적 전문화는 작은 지역을 기초로 한 작은 롯(lot)·수요 반응형의 생산을 편성(coordinate)한 소규모 전문화된 기업에 의해 특징지을 수 있는데, 다품종 소량 생산방식의 제품 유연화, 널리 사용되는 수치 제어(numerical control) 공작기계에 의한 생산과정의 유연화, 기존의 위계적 조직을 분리해 수평화하는 조직 운영방식의 기업조직 유연화, 정규직 고용을 축소하고 시간제 고용 등 비정규직을 늘리는 노동의 유연화를 말한다. 노동의 유연성은 스토퍼와 스콧(M. Storper and A. J. Scott)의 내적 유연성과 외적 유연성으로 나누어지는데, 내적 유연성에는 기능적 유연성, 중핵적 노동력으로 다면적 기능(技能), 넓은 직업의 영역이나 범위, 배치전환, 팀워크가 있고, 외적 유연성에는 수량적 유연성, 주변적 노동력으로 해고와 채용, 시간제 노동, 하청·청부, 재택취업이 있다.
한편 게틀러(M.S. Gertler)는 유연성을 다음과 같이 정의했다. 첫째, 노동자와 기계에 의한 유연적인 이용이다. 한 사람의 노동자가 인접해 있는 여러 대의 기계나 여러 생산 공정을 동시에 맡아 만능공업화나 여러 공정화를 맡는 것으로 설정되어 있다. 둘째, 보다 유연적인 기업 상호 관계로 수직적 분업·하청·기업동맹(alliance)이 이것에 상당한다. 셋째, 시장과의 보다 유연적인 관계이다. 시장경쟁이 심해짐에 따라 좀 더 많은 생산물의 다양성이 도모되어 신제품의 납기(lead time)와 생산물의 제품수명주기(life cycle)가 단축화된다. 넷째, 현시점 즉시 판매 방식(JIT: Just-in-Time) 방식의 도입 등에 의해 재고에 낭비되는 자본의 감소가 도모된다. 다섯째, 보다 유연적인 고용관계를 육성하기 위한 사회적 제도의 변화를 들 수 있다. (계속)

　이상의 논의는 1980년대에 구조·주체논쟁(structure and agency)으로 전개되어 지리학의 방법론에 큰 영향을 미치고 있다. 또 전통적인 마르크스주의의 재검토가 진행되어 새로운 마르크스주의의 관점에서 인간성의 다양성이나 우발적·경험적인 사실을 중시하는 경향으로 나아가게 되었다. 동시에 입지론에서 수송비 모델, 신고전파 경제학의 일반 균형모델이 현실을 설명하기에 충분하지 않다는 주장도 있다. 더욱이 임금 노동관계나 자본의 축적제도·조정이라는 조절(regulation)이론을 위시해 유연적 전문화(flexible specialization),[47] 유연적 생산체계(flexible production system)[48](〈그림 1-7〉), 후기 포드주의(post-Fordism)의 연구에도 관심을 기울이게 되었다. 포드주의,[49] 후기 포드주의의 논의는 대부분이 선진공업경제에서 산업조직의 지배적인 양식과 경제성장에 대한 그 역할을 기간으로 나누어 이해하는 것과 관련되어 있다.

　특히 대량생산의 위기로 등장한 '제2의 산업 분수령'(〈그림 1-8〉)은 극소전자공학(micro-electronics) 혁명으로 이루어졌다. 컴퓨터의 원리를 응용한 유연적 생산방식[50]이 생산과정에 도입됨으로써 작업과정에서 하나의 장애가 발생하더라도 이것이 모든 생산 라인으로 전파되는 것을 막을 수 있게 되었다. 또 작업과 작업사이의 공백을 최대한 제거할 수 있게 되어 노동력을 최대한 효율적으로 사용할 수 있게 되었다. '제2의 산업분수령' 이후의 현대 산업사회에서는 제조와 경영관리가 일체화되고 기능적으로 분리될 수 없는 점과, 상대적으로 대기업이 쇠퇴하는 가운데 일부의 새로운 중소기업이 약진하는 가능성도 나타났다. 이러한 상황을 배경으로 새로운 '기업지리학'이 제안되었다. 그 목적은 개개 기업의 변화, 기업과 사회 환경과의 관계에 대해 기능적·공간적으로 연구하는 것이라고 할 수 있다.

구체적으로는 기업조직의 여러 가지 형태의 복합관계나 기업전략의 공간적 행동이나 외부환경에 대한 대응 등이 분석되어 산업지리학과 산업 조직론이 서로 관련되는 것으로 나아가고 있다. 즉, 최근 유럽과 미국의 경제지리학의 방법론은 입지 연구에 덧붙여 산업구조의 전환에 대응한 기업조직·생산체계의 공간적 구조 연구에 좀 더 많은 관심을 가지고 있고, 생산기술의 역할이나 산업구조의 전환[51][재구조화(restructuring)] 분석도 중시한다.

5. 최근의 경제지리학 접근방법

1) 조절이론

조절이론(regulation theory)은 종래 마르크스 경제학과 케인스 경제학의 성과를 답습해 새로운 설명을 시도한 프랑스의 연구자에 의해 제시된 이론이다. 이 이론은 경제사회를 재생산해나가기 위해 채택된 제도적 조정을 의미하는 것으로 사회적·경제적 동태의 해명을 기본 과제로 자본주의의 재생산에서 개인과 집단의 행동 총체로서 사회관계의 구체적 형태를 규명한다. 이를 나타낸 것이 〈그림 1-9〉이다. 조절이론은 1976년 아글리에타(M. Aglietta)가 『자본주의 조절과 위기: 미국의 경험(A Theory of Capitalist Regulation: The US Experience)』을 발간한 것이 계기가 되었으며, 그 후 프랑스 연구자들을 중심으로 발전·계승된 이론으로, 최근의 자본주의 구조재편에 관한 새로운 정치경제학적 접근방법이라 할 수 있다. 조절학파는 경제성장이나 경제위기를 만드는 내생적 요소로서 여러 사회적 관계에 초점을 두고 연구자들이 장기적인 구조적 경제변화의 동적인 설명을 시도하는 원대한 구상의 지적 프로젝터이다. 순수이론과 정형화된 사실의 중간에 위치하고 [그들의 표현에 의하면 '메소(meso)이론'에 해당], 신고전

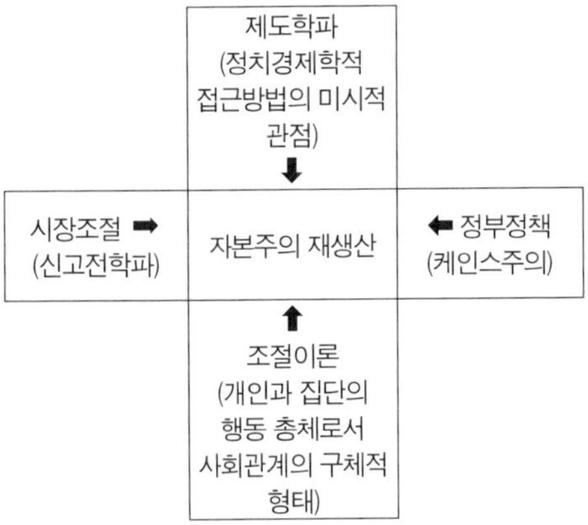

여섯째, 보다 많은 생산물이나 서비스가 자본주의 시장에서 제공되는 가운데 많은 규제완화나 재구조화(restructure)가 행해져 왔다. 예를 들면 산업 부문 간, 지역 간(국가 간)의 자본이동장벽의 제거이다.

유연적 전문화의 특징은 첫째, 유연적인 생산체제에 있어서 공장은 시작품(試作品)이나 주문제작(custom made)의 기계 및 부품의 가공 또는 생산을 행한다. 둘째, 노동편성은 화이트칼러와 숙련노동자, 비숙련노동자의 세 가지 수준에서 성립된다. 셋째, 경영자와 임금노동자 사이에서의 사회적 유동가능성이 있어 노동자는 경험으로 기능을 획득한 후 독립경영자가 될 수 있다. 넷째, 유연적 생산체제는, 특히 수주생산에 있어서 고객과의 사이에 밀접한 협조관계를 필요로 한다. 다섯째, 유연적 생산은 산업지역 내에서 조직된 중소공장에서 행해진다.

48) 생산체계의 유형은 질적 경쟁, 조정속도(adjustment speed), 양에 의해 수공업적 생산, 다양화된 질의 대량생산, 포드주의 대량생산, 유연적 대량생산, 유연적 전문화의 5가지로 나누어진다. 유연적 생산체계(계속)

〈그림 1-9〉 자본주의 재생산 관점

제도학파
(정치경제학적 접근방법의 미시적 관점)
↓

시장조절 ➡ 자본주의 재생산 ← 정부정책
(신고전학파)   (케인스주의)

↑
조절이론
(개인과 집단의 행동 총체로서 사회관계의 구체적 형태)

〈그림 1-10〉 조절이론의 구성

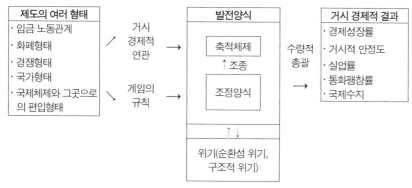

자료: 矢田俊文·松原宏 編(2000: 219).

는 1984년 정치경제학자 피오리(M. Piore)와 사벨(C. Sabel)에 의해 제시된 것으로, 경직된 대량 생산체제인 포드주의(조절이론에서 제기된 포드주의는 포드적인 생산방식을 기축으로 하고 봉급의 인상이나 사회보장제도의 정비 등을 통해 지금까지 19세기형의 외연적인 축적체제를 20세기형의 내포적인 것으로 한데 묶어 경제 전체로서 포괄적인 양산체제를 만든 것)에서 급변하는 국제경제 환경과 다양화된 소비자의 취향을 효율적으로 대처하기 위한 다품종 소량 생산체제를 말한다. 다품종 소량 생산방식이 도입됨으로써 노동자 한 사람이 담당해야 할 작업과정이 늘어나게 되었고, 노동의 강도도 현저하게 증대되었다.

49) 미국 자동차 왕 헨리 포드(H. Ford)에서 딴 것으로 포드사의 생산방식이라는 의미는 아니다. 1913년을 출발점으로 1960년대 종언을 고한 고효율 생산조직의 지배적 형태이고, 미국 제조업부문의 생산성을 극적으로 향상시킨 주요 요인으로 보며, 이것이야말로 20세기 미국경제를 산업 초에 대국으로 만든 것이다. 이것은 1970년대부터 1980년대에 걸쳐 조절이론학파라고 불리는 프랑스의 마르크스 경제학자나 미국의 노동경제학자의 한 단체에 의해 널리 주장된 것이다.

50) 제품의 생산을 효율적으로 수행하는 사회기술 체계(social-technical system)로 생산방식을 개념화한 사람은 스쓰먼과 체스(G. I. Susman and R. B. Chase)다. 그리고 포괄적 의미에서의 생산방식이란 제품개발과 노동과정, 부품공급구조까지 포괄하는 것으로 규정할 수 있다.

51) 옛 산업지리(the old industrial geography)의 한계를 극복하고 경제지리학의 새로운 틀을 제시하기 위한 방법인 재구조화 접근방법은 산업·노(계속)

경제학과 마르크스경제학의 불가사의한 혼성물로서의 양상을 나타내며, 역사와 이론, 사회구조, 여러 제도, 경제적 규칙성의 상호작용 관점에서 자본주의의 진화를 본 독특한 틀을 내포하고 있다.

또한 조절학파는 국민경제를 부정적으로 파악한 세계 시스템론(world system theory)을 비판하면서 등장했는데, 리피츠(A. Lipiets) 등이 이 학파에 속한다. 이 학파는 선진국 국민경제의 자립적 발전을 중시하고, 그 기술혁신에 바탕을 둔 대량생산·대량소비라는 내포적 축적양식과 노사협조·복지국가라는 독점적 조절양식을 포드주의로 파악했다. 그리고 이 학파의 가설은 자본주의 경제의 모순과 갈등을 방향지어 발전의 추진력으로 변하도록 하는 장치가 존재한다고 주장했다. 조절이론은 제도의 여러 형태(institutional form), 축적체제(regime of accumulation), 조절양식(mode of regulation), 발전양식(mode of development), 위기(crisis)의 개념으로 자본주의를 파악한다(〈그림 1-10〉). 이 5가지의 개념 도구를 구사해 제2차 세계대전 이후 30년 동안 선진공업국의 경제발전을 정식화하는 데 성공했고, 포드주의라는 이름도 붙였다.

조절이론에는 제도의 여러 형태가 있는데, 여러 제도 속에는 그들을 인식해 성립시킨 사람들의 합의와 타협이 존재한다. 이를테면 인간사회의 본질이 숨어 있다. 따라서 경제의 복잡한 움직임은 각종 제도에 주목함으로써 정리된다는 발상이다. 제도의 여러 형태 중 리피츠는 노동편성에 관한 여러 형태를 중시하고, 이것을 '기술적 패러다임'이라고 이름 붙였다. 이들 여러 제도는 세계 각 국가가 시대별로 독

동·계급의 공간분포를 상
호의존적인 관계로 해명
하려고 하며, 산업입지이
론과 도시발전, 노동시장
과 노동-자본관계를 재평
가하려는 접근방법으로
인식하는 것이다.

자성을 가지고 각각 고유의 자본주의를 만들어낸다. 다음으로 축적체제(경제성장률 등으로 나타나는 거시 경제적 연관)와 조정(regulation)양식[경제 여러 주체의 행동을 특정 방향으로 유도하는 게임 규칙(game rule)]은 상호보완적으로 결합되고 안정된 통일체(coupling)를 만든다. 양자의 구조적 결합체를 발전양식 또는 발전 모형이라고 부르며, 각 국가, 각 시대의 자본주의적 경제성장의 특징에 대응한 특정한 발전궤도를 나타낸다. 리피츠에 의하면 발전양식은 자동적으로 만들어지는 것이 아니고 오히려 양자의 구조적인 결합의 가능성은 뜻밖의 발견이며, 사회적·이념적 투쟁 의도의 산물이라고 한다.

축적체제의 특징은 위기로 향하는 경향을 내재하고 있다. 축적체제의 이러한 경향은 때에 따라 완화되거나 도래가 지연되거나 하지만(순환성 위기), 그 움직임은 조정양식에 따라 조정된다. 조정양식의 능력이 어느 한계를 넘으면 축적체제는 붕괴의 길에 이른다(구조적 위기). 조절이론의 5가지 기본 개념은 구별하기 어렵게 결합되어 있지만, 그중에서도 같은 이론으로서 강한 독자성을 부여하는 것은 제도의 여러 형태 및 조정양식의 두 개념이다. 공간적 이점에서 보면 각 개념이 상정하고 있는 무대는 국민경제, 즉 국토공간이다.

조절이론에서의 첫 번째 매개개념으로 조절양식에 의해 일정 기간 무리 없이 재생산되는 경제구조를 말한다. 즉, 생산조건(투하자본의 규모, 산업 부문 간 분배 및 생산규범)의 변화와 최종 소비조건(임금생활자의 소비규범과 기타 계급의 소비규범 및 집단적인 지출 등)의 변화 사이에서 장기간 특정 상응관계를 만들어내는 사회적 생산물의 체계적인 분배와 재배치의 양식을 말한다. 경제성장률 등으로 나타나는 거시경제와 관련이 있다.

축적체제에서 외연적 축적체제(extensive regime of accumulation)는 포드주의 이전의 생산방식으로 불변하는 생산기술 아래에서 생산과정이 단순히 확대되는 것이며 생산재 제조업의 자본주의적 경제발전을 하는 것이다. 그리고 경제 여러 요소의 벡터가 축적체제의 안쪽 방향으로 작용해 경제성장을 달성한다는 의미로 집약적이라고 부르기도 한다. 내포적 축적체제(intensive regime of accumulation)는 좀 더 우월한 생산성에 의해 생산규범을 스스로 변화시키는 것으로, 소비재 제조업 부문에 이르기까지 자본주의 경제영역이 확대되어 소비재 제조업 부문이 경제발전에 주요 성장축으로 부상한다. 내포적 축적체제 아래에서는 먼저 노동과정 내부에서 기술혁신이 일어나면, 그것을 토대로 실질생산성이 향상된다. 나아가 그것이 실질임금의 향상과 연결되어 대중 소비시장의 출현을 가능하게 한다. 이러한 예로 1913년 4월 1일 미국 미시간 주 하일랜드 파크(Highland Park)의 포드 자동차공장에서 컨베이어 시스템을 이용한 자동차 생산이 처음 이루어지면서 대량생산 → 가격저하 → 대량소비가 가능해졌고 이에 따라 모델 T 자동차의 가격이 2,100달러에서 825달러로 낮아졌다. 그래서 조절이론은 외연적 형태의 자본축적에서 내포적 형태의 자본축적으로의 변화를 촉진했다.

그러나 이러한 축적체제의 구분은 조절양식의 구분(경쟁적 조절양식과 독점적 조절양식)과 마찬가지로 역사상에 나타난 축적체제를 분석하기 위한 개념적인 구분일 뿐 실제 역사적 발전 단계를 의미하는 것은 아니다. 실제 역사에서는 외연적 축적체제와 내포적 축적체제가 혼합되어 자본축적이 이루어진다.

조절양식은 사회관계에서의 상태에 상응하는 것은 물론 분쟁적인 성격을 넘어한 축적제도의 틀 내에서 자본주의적 행위양식들의 조화를 보장하는 제도적 형태, 네트워크 및 명시적이거나 묵시적인 규범들의 총체로, 이 조절양식에 의해 자본주의적 재생산이 일정 기간 큰 위기 없이 이루어진다고 본다. 이러한 사회적 조정양식이란 자본주의적 경제발전의 궤도를 의미하는 축적체제에서 특정 성장과 분배의 양식(축적 시스템)을 성립시키는 제도나 습관, 사회규범이라는 사회관계의 총체이다. 예를 들면 미국의 자본주의의 발달은 개척정신, 기업가정신, 아메리카주의(Americanism) 등과 같은 사회규범과 가치관 및 역사적 전통과 헌법정신 등의 조절양식을 이루는 요소들로 발달했다. 이것은 경제 여러 주체의 행동을 특정한 방향으로 유도하는 게임 규칙이다.

조절이론은 조절양식과 축적체제 등의 개념을 가지고 각 국가에서 이것들이 결합하는 방식을 분석함으로써 시간과 공간에 따라 다양하게 나타나는 자본주의적 발전과 위기의 형태 및 이에 대한 각 국가의 대응양식을 설명하려는 이론이다. 또 기존의 근대화이론이나 종속이론이 시공간적으로 무차별적이며, 단선적인 자본주의적 발전이나 저개발을 상정함으로써 최근 들어 자본주의적 발전과 민주화에서 다양한 양태를 나타내고 있는 제3세계 국가들의 분화현상을 제대로 설명하지 못하는 데 반해, 조절이론은 시공간적으로 다양한 자본주의적 발전과 위기 및 이와 결부된 정치체제의 변화에 대한 이론적인 틀을 개발하고 있기 때문에 기존의 지역 연

52) 상품사슬이란 최종적인 성과가 최종제품이 되는 노동제과정과 생산과정이 되는 네트워크를 의미한다. 생산체계 내 일련의 과정으로 자원을 수집하는 생산체계, 부품이나 생산물을 변형시키고, 마지막으로 제품을 시장으로 유통시키는 순차적 과정을 말한다.

구의 접근방법에 대한 대안으로 주목 받고 있다. 이는 지역 연구를 위한 접근방법이 요구하는 보편성과 특수성의 이론적 매개를 제공할 수 있다는 기대감 때문이다. 또 세계 시스템론과 다르게 조절이론학파는 세계경제를 좀 더 잘 이해하기 위해 생산 시스템의 논의와 국제적인 역학관계의 논의를 조합시키고 있다. 이러한 의미에서의 조절이론학파는 글로벌 상품사슬(Global Commodity Chain: GCC)[52] 접근방법과 유사하지만 그것에 선행한 논의이다.

조절이론은 서구 중심적인 단선론을 이론 내재적으로 배제하면서 시간과 공간에 따라 다양하게 나타나는 자본주의적 발전과 위기의 특수성을 분석하고 지역 연구의 총합으로써 전지구적인 조망을 제시할 수 있는 일반 이론을 제시하려고 시도한다. 또한 조절이론은 기존 지역 연구의 접근방법과 달리 경제적 발전과 위기가 수반된 정치체제의 변동을 이념 - 문화적인 지배를 포괄하는 주도권(hegemony)구조라는 차원에서 분석하기 때문에 사회에 대한 총체적인 설명을 제공할 수 있다고 간주된다. 특히, 제도주의에 바탕을 둔 조절이론과 자본주의국가의 형태 규정성과 구조 규정성을 강조하는 국가이론이 통합됨으로써 시공간적으로 다양한 국가사회에 대한 구체적인 분석이 가능하고, 사회 중심이론과 국가 중심이론이 제도주의적으로 극복되고 구조와 행위가 상호작용하는 제도적 기저를 밝힐 수 있는 이론적 틀이 마련되었다고 본다. 그러나 개념의 애매함을 비판하는 점도 있지만 어느 정도 경직된 시대 구분이 분석을 한정되게 한다는 이견을 제시하는 점도 있다. 결국 이 학파에 의해 전개된 틀은 규범적이라기보다는 설명적이고, 정책 적용의 전개는 한정적이다.

이러한 조절주의 이론에서는 주로 기본적인 분석단위를 국민국가로 해 각 국가를 분석 비교해왔다. 또 1970년대 이후 신흥공업지역의 성장을 포드주의의 주변화에서 파악하고, 새로운 국제분업론을 구축하려는 시도도 제시되어왔다. 나아가 최근에는 각 국가 간 합의된 규범, 규칙(rule), 수속의 총체로서 '국제체제(regime)'에 주목한 논의나 지역경제의 수준에서 제도의 여러 형태에 주목한 논의도 이루어지고 있다.

2) 제도주의

제도는 사회를 구조화하고 일일생활을 좀 더 착실하게 예측 가능한 것으로 하는 일련의 행동패턴이다. 또 법률이나 규칙, 사회문화적 관행, 규범, 공유신념이라는 형태를 취한다. 행위자의 행동이나 선호는 제도의 영향을 받고, 행위자가 여러 경제활동을 원활하게 행하도록 조정하는 것이 제도이다. 또한 제도는 개인이나 기업, 국가 행위자의 특정한 행동패턴을 촉진하거나 방해하는 것에 따라 경제활동을 조정하는 것이고, 제도에 관한 연구는 지역경제나 국민경제의 통시적인 발전에 대한 중요한 관점을 제공하는데, 신제도경제학파의 연구자로는 윌리엄슨(O. E. Williamson)을 들 수 있다.

제도를 공식적(formal)인 것과 비공식적(informal)인 것으로 나누어 살펴보면 공식적인 제도란 명문화된 정부·행정에 의해 정해진 법률이나 규제, 고용·교육·법제도 등을 가리킨다. 이를 테면 공적인 규칙의 다발로 일반적인 사람들이 갖는 제도 이미지와 일치한다. 한편 비공식적인 제도는 관행, 신념, 생각이나 행동패턴이다. 사람은 어떠한 생각과 행동을 하는가라는 사고·행동의 관습을 행한다. 이러한 비공식적인 제도를 경제학에서는 제도라고 표현하는 것을 좋아한다. 또 비공식제도는 거래 등의 상호작용을 통해서 또는 모방에 의해 널리 빈번하고 밀도 높게 지속적으로 상호작용이 행해지는 개인, 조직 간에 공유되는 규칙·규범으로서 기능하는 등 개인이나 조직의 행동에 영향을 미치는 것이다.

그리고 제도는 관습이나 도덕, 법률 따위의 규범이나 사회 구조의 체계로 인간의 적극적인 개입과 파괴가 없는 한 자생력을 가지고 지속하는 질서로 모든 제도는 정도의 차이는 있지만 생성, 변화, 소멸의 과정에 있는 것이다. 신고전경제학은 인간의 합리성을 절대불변으로 가정하며, 제도보다는 개인의 합리적 선택을 좀 더 중요하게 여겨왔다. 그러므로 제도에 대한 관심은 경제학 내에서도 일탈적인 것으로 이해되어 신고전 경제학이 주류경제학으로 제도학파 경제학이 비주류경제학으로 분류되어왔다.

제도적인 이론의 기원은 20세기 초로, 베버(M. Weber)나 베블런(T. Veblen)이 자본주의의 조직적 구조(예를 들면, 기업, 시장, 재산권)의 진화나 힘에 대해 비판적으로 연구한 것이 시초이다. 베블런에 의하면 자본주의의 여러 가지 제도는 문화적·지리적으로 다양해 세계경제를 통합하는 보편적인 규칙이나 규범체계로의 도달을 곤란하게 하는 것이다. 여러 제도는 하나의 사회에서 시간을 초월해 진화 혹은 표류하는 정신적인 습관이라서 역사나 문화적 전통, 사회적 가치라는 맥락에 개재하는 복합적 요인을 통해서 나타나는 것이다. 제도는 젠더와의 관계, 기업 내 관계, 노동관계를 구조화하고, 글로벌 가치사슬(value chain)이나 네트워크를 조직화해 경제활동에 착근되어 사회적 맥락으로 기능하고, 정부가 경제활동을 통치하는 중심적인 메커니즘으로 작용한다.

제도학파(institutional school)는 미국에서 19세기 말부터 1930년대에 걸쳐 발달한 학파인데 경제현상을 역사적으로 발전·진화하는 사회제도의 일환으로 파악하려 했다. 이 학파의 창설자는 베블런, 미첼(W. S. Mitchell), 커먼즈(T. R. Commons) 등이다. 19세기 초부터 미국에는 영국 고전학파경제학이 도입되었는데 남북전쟁 이후의 급속한 독점기업의 발전과 농민·노동자의 빈곤화에 따라 고전학파의 이론과 정책을 비판하는 독일역사학파의 경제학과 사회정책사상이 유입되었다. 그러나 얼마 안 가서 역사학파의 극단적인 이론 경시에 대한 반발이 일어나 한계효용이론의 수용도 시도되었다. 이러한 사정을 배경으로 창설된 제도학파는 행동심리학·실용주의(pragmatism)·진화론·사회개량주의를 기초로 해 고전학파경제학을 비판하고 이론적 연구와 더불어 귀납적·역사적 연구를 중요시하는 제도학파경제학이 성립되었다. 1960년대 이후 제도는 신고전파의 연구영역으로도 편입되어 제도경제학을 탄생시켰다.

제도주의(institutionalism)는 국민경제를 미시적(micro) 관점에서 보는 접근방법이라 할 수 있다. 사회적 동물인 사람과 그들이 만들어낸 조직의 행위를 사회, 즉 제도의 관점에서 설명하는 이론이다. 따라서 제도주의는 인간의 합리성을 존중하는 기존의 이론들을 거부한다. 개인의 합리성은 절대적인 것이 아닌 한계를 가진 불완전한 것이며, 우리가 주목해야 하는 것은 조직 및 개인의 합리성을 결정하는 사회, 즉 제도인 것이다. 고전경제학파의 이론경제학에 반대해 그 대립적 유파(流派)로서 발전했으며, 기본적으로 실용주의에 입각해 행동심리학, 진화론, 사회 개량주의에 기초를 두고 있으므로 역사학파와 같은 보수적·유기적 발전의 역사이념에는 반대할 뿐 아니라 도리어 실천을 강조하고 전통에 비판적이며 정치적으로는 개혁적 성격을 띠고 있다.

경제지리학에서 제도의 연구는 여러 제도를 비즈니스의 관계론(relational) 속에서 행위자의 행동을 좌우하는 규칙이나 가이드라인의 제공에 의해 여러 가지 경제를 조직하는 구조로서 개념화했다. 효과적인 제도가 시장의 실패(예를 들면, 공해)를 방지하고 혁신을 촉진하며 위험에 보답하고 창업정신을 높이도록 작용하는 데 반해, 발전을 방해하는 제도도 있는데 이것은 사회로 하여금 제도를 끊임없이 수정하도록 한다. 경제지리학의 제도적 선회(turn)로의 배경에는 조절이론의 영향이나 경제학, 사회학, 정치학 등에서 제도적 접근방법이 활발해졌고 현재 일어나고 있는 자본주의 제도의 격심한 변화가 있다. 국지적(local) 제도적 환경과 혁신과의 관계, 단체교섭제도의 변화와 지역노동시장의 재편, 제도와 행위와의 상호관계의 이력을 더듬는 새로운 지역사 등 제도를 둘러싼 경제지리학적 과제는 풍부하다. 무엇보다 제도를 파악하는 방법은 다양하고, 제도를 채택한 공간적 스케일의 문제도 포함하며, 해결해야 할 과제가 많은 것도 확실하다. 제도주의적 경제지리학을 위한 개념적 틀의 관점을 마틴(R. Martin)은 다음 세 가지로 구분했다. 먼저 합리적 선택 제도주의(rational choice institution)는 공간적 집적과 경제활동의 국지화(localization)는 낮은 거래비용의 전문화된 제도를 창조한다. 그래서 경제적 효율성을 증대시키는 점에 역점을 둔 것이다. 둘째, 사회학적 제도주의(sociological institution)는 기업의 국지적 착근성(embeddedness)을 촉진시키는 데 신뢰, 협력(cooperation), 지식의 국지적이고 전문화된 공식적이고 비공식적인 네트워크의 역할을 이전한다. 그래서 경제가 사회에 매몰되는 점을 강조한다. 그리고 역사적(진화적) 제도주의는 사회적 조절(social regulation)과 국지 경제의 거버넌스(governance)[53]에서 성질(nature)과 국지적 제도주의적 체제(regimes)의 진화와 그들의 역할을 말한다. 따라서 진화경제학(evolutionary economics)이나 제도주의 이론을 포함한다.

조절이론이 주로 국민경제를 대상으로 거시적인 조정양식을 검출한 데 반해 개인이나 기업 등 상호 커뮤니케이션이나 거래를 통해 형성된 합의나 당사자 간 자명한 관습이나 규칙인 컨벤션(convention)이론[54]은 미시적인 주체 간 조정에 대해 고찰함으로써 산지분석에 유효한 이론적 도구(tool)로 농업경제학이나 경제지리학에 도입되었다. 컨벤션 학파는 1980년대의 프랑스에서 컨벤션이라는 용어를 바탕으로 점진적으로 형성되어온 제도경제학의 일파이다.

53) 종래에 '정부가 독점했던 권력의 행사를 대체하는 정책 행위자들 간의 상호작용 네트워크' 또는 '정부와 정부 외의 행위자들, 즉 시민사회, 시장이 상호의존적이며 대화와 협력을 통해 공동목표를 함께 추구할 때 선의의 결과가 있을 것이라는 신뢰를 바탕으로 조직 간 네트워크를 통한 공동 문제해결 방식, 또는 조정양식'으로 정의된다.

54) 컨벤션(관행 또는 공유된 신념) 이론이란 컨벤션을 중심개념으로 하며, 여러 개인 간의 합의를 통해 형성된 협약이나 반드시 명문화되지 않은 습관적 규칙을 의미한다. 컨벤션이라는 개념은 케인스(J. M. Keynes)와 루이스(W. A. Lewis)에 의해 처음 사용되었다. 컨벤션 이론은 1980년대 프랑스에서 나타난 경제이론으로, 보이어(R. Boyer)와 올리언(A. Orléan)은 컨벤션 이론과 조절이론은 보완적 관계에 있다고 주장했지만, 코리아(B. Coriat)는 컨벤션 이론이 조절이론과는 결정적으로 다르다는 점을 세 가지로 지적했다. 그것은 컨벤션 이론이 역사를 거부한 점, 여러 가지 수준에서 제도의 여러 형태의 계층을 인식하지 않은 점, 자본과 노동의 관계 등 기본적 모순에서 역사적으로 나타난 제도를 미시적인 행위재(agent)의 합의로 한 곳으로 묶는 점이다.

3) 진화경제지리학

생물학의 진화론이 사회과학의 영역에 본격적으로 등장한 것은 1950년 알키안(A. Alchian)의 연구가 제기된 이후 1982년 스미스(J. M. Smith)의 진화게임이론이 다양한 경제현상을 분석하는 방법론으로 사용되고 1982년에 신슘페터주의(Neo-Schumpeterian) 경제학의 기반을 제공한 넬슨과 윈터(R. Nelson and S. Winter)의 『경제변동의 진화이론 (An Evolutionary Theory of Economic Change)』이 발표되면서부터이다. 진화경제학적 시각에서 바라보는 경제는 이질적인 행위자들의 선택과 혁신, 학습에 기초한 동태적인 시장 메커니즘에 기초하는데, 그 도달점은 기업행동이론에 바탕을 둔 동적 균형모델[55]을 구축하는 것이다. 이는 생물학적 진화론에서 논의하는 자연선택, 돌연변이, 유전의 메커니즘과 유사하지만 본질적으로는 상이한 차이가 있다.

55) 한정합리성에 바탕을 둔 미시적 주체(기업)가 의사결정을 행한다고 상정하고 있고, 그래서 결정은 개개인에 따라 다르며, 의사결정행동에 연속성(즉, 규칙적인(routine) 행동]을 나타내고 있다.

진화경제학에 관한 논의는 다양한 경제학파를 중심으로 발전했는데 행위자들의 이질성과 장기적인 경제성장에서의 혁신과정을 강조하는 신슘페터주의자[콰스니키(W. Kwasnicki), 루이스(P. Lewis), 앳킨슨(G. Atkinson) 등], 사회와 문화의 진화적 과정을 논의한 오스트리아 학파[슘페터(J. A. Schumpeter), 쿠즈네츠(S. S. Kuznets), 콘드라티에프(N. Kondratiev)], 경제의 제도적 변화과정에 관심을 둔 제도학파로 전개되었다.

진화경제학은 제도학파 경제학이 경제학의 진화현상을 주로 제도적 측면에 주안점을 두는 데 반해, 제도의 핵심주체인 인간과 기술의 바탕이 되는 '지식의 진화현상'에 초점을 맞추었다. 그래서 경제진화와 생물진화가 구조적인 유추성을 가지고 있는 것처럼 인간생태계도 생물생태계와 마찬가지로 진화하며 이 가운데 '지식의 진화'가 이를 주도한다고 보았다. 이에 따르면 현대경제는 정태적 균형이 아닌 동태적 균형 속에서 시간적 요소와 함께 질적으로 변이(變異)한다. 경제는 내적인 원인에 의해서 자기변화를 하는 질서이다. 따라서 신고전학파의 역학적 개념, 즉 시간의 가역성, 균형론 등은 경제질서를 설명하기 부족하다. 특히 한국의 경우 지난 40년 동안 경제성장이 정부 주도와 기업조직에 의해 단기간 내에 성공적으로 이루어졌고, 정통경제이론만으로 기술, 생산성, 기업경영에서의 이러한 성공에 설명력을 발휘하지 못하는 시점에서 하나의 대안적 접근이 바로 진화경제학이라 할 수 있다.

한편 경제활동의 공간적 특성에 관한 분석을 시도하는 경제지리학의 영역에서도 진화경제학에 기초한 논의가 확산되고 있다. 진화경제학의 대표적인 논자인 넬슨과 윈터는 신고전경제학 논의의 전제인 최대화(최적화)와 균형이 혁신과 기술변화의 분석을 왜곡시킨다고 비판하며 그 대안으로 기업의 규칙적이며 예상 가능한 행동패턴인 규칙성(routine)을 변화시키는 과정의 탐색을 모델화했다. 그들의 이론에 따르면 규칙성은 생물학의 진화론에서 유전자 역할을 하며, 탐색 개념은 생물학의 진화론에서 돌연변이에 대응한다. 그 후 진화경제학에서 여러 논의가 축적되었는데, 첫째 동태적인 과정에 착안한 점, 둘째 시간은 뒤로 돌이킬 수 없는 과거의 유산으로 현재나 미래에 영향을 미치는 불가역적인 과정에 관심을 가진다는 점, 셋째 자기변화의 원천으로서 신기성의 중요성이나 세대를 강조하는 점이 대개 진화경제학의 공통된 합의사항이다.

진화경제학에서는 규칙성을 주요 개념으로 기업의 진화를 논의하고 있고, 진화경제지리학에서는 진화경제학의 특성이나 개념이 유전되어 지역에서 여러 가지 시스템의 진화에 대한 논의를 확대하고 있다. 보쉬마(R. A. Boschma), 람보이(J. G. Lambooy), 프랜캔(K. Frenken)에 의하면 진화론적 경제지리학(evolutionary economic geography)은 기존의 경제지리학에서 사용하던 방법론에 기초하면서도 선택(selection)의 과정과 동태적인 경로의존성(path-dependent dynamics)[56]을 강조한다는 점에서 진화적 메커니즘을 도입했으며, 특히 공간적 개념과 시간의 흐름을 동시에 고려하면서 기업과 산업의 성장, 쇠퇴, 기술, 네트워크, 제도 등 경제활동을 둘러싼 전반적인 요인에 대한 포괄적인 인식을 시도한다. 진화경제지리학이 등장한 배경은 경제지리학에서 혁신의 창출·파급과 지리와의 관계에 대해 근년 높은 주목을 받고 있다는 것이다. 혁신의 창출과 그 과정은 습숙(慣熟)에 의해 서서히 효과를 미치는 것이 많고, 경제지리학이 혁신을 새로운 연구대상으로 삼음으로써 경제현상을 진화의 관점에서 파악하는 진화경제학과의 결합이 쉬워졌기 때문이다. 보쉬마와 프랜캔은 진화론적 경제지리학을 〈그림 1-11〉과 같이 설명한다.

먼저 미시적 영역에서는 이질적 기업의 선택과 경쟁, 혁신에 기초한 기업의 동태성을 설명하며, 중간적 영역에서는 산업의 공간적 집적과 분산, 자기강화 과정으로 산업의 동태성을 강조하며, 동시에 네트워크의 개념을 중시하면서 지식 파급의 매개체로서 네트워크의 역할을 강조한다. 마지막으로 거시적 영역에서는 산업부

56) 경로이론(path theory)은 경로의존론과 경로창조론(path creation theory)으로 나뉘는데, 경로의존은 우연한 사건(contingent events or historical accidents)이나 의도된 일탈행위(mindful deviation)에 의해 출현한다고 한다. 그런데 의도적으로 일탈된 행위의 사례가 실리콘밸리이다. 그리고 의도된 일탈행위를 주장하는 연구자들은 기업가들이 기존의 관습, 규제 또는 구조로부터 의도적으로 탈피하려는 행위가 새로운 경로의 선택을 가능하게 한다고 주장하면서 이를 경로창조론이라 한다.
마틴과 선리(R. Martin and P. Sunley)는 경로의 형성과 발전, 또는 쇠퇴의 원인을 크게 5가지로 나누었는데, 지역산업과 기술 내부적 변화, 지역산업의 자체적인 혁신과 재조정, 외부 기술과 산업의 유입, 쇠퇴한 산업의 핵심기술이 새로운 산업의 동력이 되는 것, 기존 산업에 신제품·신서비스가 접목되는 것이다.

〈그림 1-11〉 진화론적 경제지리학의 범주

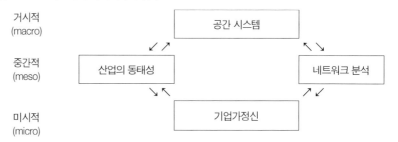

자료: 김성주·임정덕·이종호(2008: 511).

문과 네트워크의 결합이 공간 시스템으로 나타나는 과정을 설명한다.

진화론적 경제지리학은 네트워크의 공간적 진화를 설명하는 것과 깊은 관련이 있으며, 기업 특유의 특징과 역량이 클러스터(cluster)에서의 학습과 혁신과정에서 중요하게 고려되어야 한다는 점을 주장한다. 진화론적 경제지리학의 특성을 방법론적 측면에서 보면 제도적 경제지리학(institutional economic geography)이 공식 모델화(modelling)를 거부하고 통계적 이론검증에 대해 회의적인 데 반해 진화론적 경제지리학은 모델화를 중시한다. 그러나 한편으로는 신고전주의 경제지리학적 사고와 달리 안목을 통한 감지적 이론화(appreciative theorizing)의 틀로서 사례연구의 가치를 인정한다는 특징도 있다.

진화경제지리학의 접근방법으로 경로의존성, 일반 다윈주의(Darwinism)는 신기성, 다양성, 도태, 적응, 유전, 보유 등 진화생물학의 개념을 이용해 기업이나 산업의 진화를 설명하고, 복잡계(複雜系)는 산일(散逸), 비균형, 창발(創發), 자기조직화, 임계, 공진화(共進化, co-evolution) 등 복잡계의 개념을 경제지리학에 도입하는 시도를 했다. 경로의존성에서는 기술이나 산업의 장기적인 발전을 설명함과 동시에 외부성이나 수확체증효과를 통해 산업·기술발전경로의 자기강화에 대해 검토한다. 또 경로의존성은 기존의 경제지리학에서 사용하던 방법론에 기초하면서도 선택(selection)의 과정과 동태적인 경로의존성을 강조한다는 점에서 진화적 메커니즘을 도입하고 있으며, 특히 공간적 개념과 시간의 흐름을 동시에 고려하면서 기업과 산업의 성장, 쇠퇴, 기술, 네트워크, 제도 등 경제활동을 둘러싼 전반적인 요인에 대한 포괄적인 인식을 시도한다.

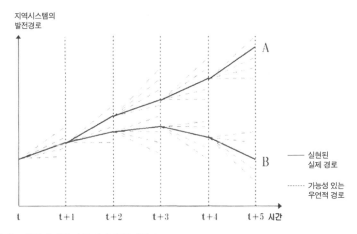
〈그림 1-12〉 고착성의 축적과 지역시스템의 발전경로

A: 긍정적 고착성의 연속적인 단계의 발전경로.
B: 긍정적 고착성이 부정적 고착성으로 변할 때의 발전경로.
자료: Martin and Sunley(2006: 418).

경로의존적 접근방법에서는 기업이나 산업이 어떻게 고착성을 갖는가에 대해 특히 초점을 맞추고 있다. 독일의 성숙한 산업지역인 루르공업지역의 쇠퇴에 대해 충실한 경제하부구조와 기업 간의 밀접한 관계 등이 과거에 산업집적을 이루는 우위성이었는데, 이 유연성이 없어져 혁신에 강한 장애가 된다고 한다. 이러한 지역은 '사회경제적 요인'이 고착성을 이루었다고 할 수 있다. 고착성의 축적과 지역의 발전경로는 긍정적(positive), 부정적(negative)인 고착성의 축적에 의해 이념적으로 나타낼 수 있다(〈그림 1-12〉).

또 고착성의 종류로 기능적 고착성은 기업이 공급사슬(supply chain)이나 시장의 관계성이 고도의 구조화된 일련의 상황에 착근되어 그들의 변화가 곤란할 때 발생한다. 그리고 인식적 고착성은 새로운 정체성이 그 정당성이나 능력을 획득하는 것을 저지하는 것과 같은 관점에서 산업이나 지역의 리더(leader)의 생각이 과도하게 착근되어 있을 때 발생한다. 한편 정치적 고착성은 가령 산업을 통치·지원하는 업계 조직이나 여러 제도가 새로운 부문이나 성장산업을 전통적 혹은 쇠퇴산업을 과도하게 도와줄 경우에 발생한다.

다음으로 일반 다윈주의 접근방법은 진화경제학에서 경제현상을 설명하기 위해 생물학의 개념이나 원리를 그대로 가져온 것에 대해 지금까지도 여러 논의가 이루어지고 있다. 자연선택설과 유전학을 기초로 형성된 신다원주의(Neo Darwinism) 접근방법은 자연도태나 유전의 영향을 강조하는 데 지나지 않으며 인간의 의도가 개재한 경제활동의 설명에는 적절하지 않다. 한편으로는 다윈진화론의 원리를 과제 발견이나 은유(metaphor)로 이용하고, 규칙성의 복제에 의해 나타나는 다양성이 논의의 중심이 되는 일반 다원주의라는 접근방법이 있는데, 진화경제학이나 진화경제지리학은 후자를 채택한다.

일반 다원주의는 경제 진화를 기업 간의 규칙성이 선택적으로 이전한 것으로 이해하고 산업집적으로 발생한 일출(spillover)이나 노동력의 이동에 의해 어떤 기업으로부터 다른 기업으로 규칙성이 복제되었다는 논리를 들어 이를 설명한다. 규칙성의 복제는 불완전하고 규칙성은 겨우 변이하면서 유전되고, 규칙성의 다양성은 긴 시간에 걸쳐 지속한다. 그런데도 규칙성의 다양성은 기업 간 경쟁을 위해 끊임없이 감소한다. 한편으로 혁신적인 규칙성이 도입되면 이는 그 기업이 살아남기 위해 이용되는 것만이 아니고 다른 기업에도 이용된다. 이러한 규칙성의 복제에 의한 산업집적의 다양성은 국지적 현상이 된다고 설명한다.

끝으로 복잡계(complex systems, complexity system)는 자연과학, 수학, 사회과학 등 다양한 영역에서 연구되며, 초기 경제학 영역에서는 현대의 복잡한 경제현상을 해명하기 위해 사용되었지만 현재는 여러 분야에서 적용되고 사용하는 이론이다. 복잡계의 기본을 이루는 것은 원인과 결과의 관계에 대한 종래의 견해가 하나의 원인에 대응하는 하나의 결과라는 단순한 관계의 설정이었다는 것에 대한 비판이다. 그러나 복잡계에서는 어느 장소에서 일어난 작은 사건이 그 주변에 있는 다양한 요인에 영향을 끼치고, 그것이 복합되어 차츰 큰 영향력을 갖게 됨으로써 멀리 떨어진 곳에서 일어난 사건의 원인이 된다고 생각한다. 이것이 복잡계의 기본적 관점이다. 현대 세계는 갖가지 복잡한 요소가 다양하게 얽혀 성립되어 있으며, 복잡계라는 견해는 이런 현실세계에 대응해 필연적으로 생겨난 것이다.

최근에는 경제학뿐 아니라 사회학·물리학·화학·생명과학 등 여러 분야에서도 복잡계에 대한 관심이 높아지고 있다. 이러한 학제 간 접근은 이 개념이 다양한 분야에서 널리 적용될 수 있다는 것을 보여주는 것이다. 생물학적 계에서 일어나는 행동은 경제학적 계에서 그 유사 사례를 발견할 수 있고, 물리적 계의 연구로부터 얻은 착상은 민주주의와 같은 사회적 계를 이해하는 데 통찰을 제공할 수 있다는 것이 알려지게 되었다.

경제학에서는 복잡계적 사고가 주류경제학과 5가지 측면에서 차이를 나타낸다고 했다. 첫째, 복잡계는 경제를 열린 비선형적인 시스템으로 보고, 둘째, 행위주체들은 제한된 합리성으로 인해 학습·적응해가는 대상으로 본다. 셋째, 네트워크를 통해 행위자 간 상호작용이 이루어지고, 넷째, 미시적 수준의 행위와 거시적 수준에서 나타나는 패턴 및 질서는 서로 영향을 끼치는 관계이며, 다섯째, 차별화(differentiation), 선택(selection), 증폭(amplification)이 반복되는 진화과정에 의해 시스템이 새롭게 변모한다는 관점을 취한다는 것이다. 모든 사회·경제 시스템이 복잡하게 얽혀 있고, 행위자들이 환경과 공존하며 영향을 주고받는다는 논의는 경제지리학의 관심사인 경제공간의 역동성과 불균형의 이슈를 설명하는 데 유용할 것으로 보인다.

마틴과 선리는 복잡적응 시스템(comlex adaptive system)으로 경제경관을 바라보는 관점이 공간의 불균형발전과 변형, 즉 일부 지역이 환경의 변화에 좀 더 잘 적응한다거나 특정 산업이 특정 영역에서만 발전하는 문제 등을 이해하는 데 유용한 통찰력을 제공하기 때문에 진화경제지리학의 구축에 기여할 수 있는 부분이라고 주장했다.

이와 같이 경제의 진화적 메커니즘에 관한 논의는 상이한 학문적 배경에 있는 경제학파의 특성에 따라, 그리고 진화경제학에서 진화경제지리학의 영역까지 확장되면서 다양한 주제에 관한 연구영역으로 발전하고 있다. 특히 산업의 동태성과 진화적 발전경로에 관한 논의는 개별 산업에서 관찰되는 특수성으로 인해 좀 더 중요한 문제로 부각되고 있다.

4) 네트워크론

네트워크[57]는 사람이나 기업군, 여러 장소를 상호 연결하는 사회·경제적 구조이고, 지역 내, 지역 간에서의 지식이나 자본, 상품의 유동을 가능하게 한다. 이 개념은 경제활동이 공간을 넘어 어떻게 조직화되어 경제적인 관계성이 장소에서 성장이나 발전으로 영향을 미치는가를 설명하는 것이다.

네트워크는 권력의 강제(계층성)를 통한 것이 아닌 가격 설정의 메커니즘(시장)

57) 영(H. W. C. Yeung)은 기업 내(내부조정), 기업 간(합병사업, 하청, 전략적 제휴 등) 및 기업 외(국가, 연구시설, 비영리조직(NPO), 비정부기구(NGO) 등)에서 착근된 경제적·비경제적 관계가 통합·조정된 세트(set)를 네트워크라 했다.

58) 자발적 유동적인 동일
산업, 동일 장소·지역 내에
서 사람이나 기업의 대면
접촉, 그리고 그것과 더불
어 존재하고 근접해 입지
하므로 창조된 정보·커뮤
니케이션 생태를 말한다.

59) 클러스터 내 기업과 거
리적으로 떨어진 지식생산
중심과의 거리를 두고 상
호관계에 사용되는 커뮤
니케이션 경로(channel)로, 중
요한 지식유동은 네트워크
를 통해 생겨난다는 것을
말한다.

을 통해 사회·경제적인 관계성으로 경제의 조직화를 도와주는 것이다. 네트워크는
두 개의 메커니즘을 통해 새로운 지식의 창조나 전파에 공헌한다. 첫째, 종업원이
나 기업, 국가·주(州)의 기관 사이에 공간적으로 근접한 관계성을 통해 클러스터 내
부의 버즈(buzz)[58]나 정보의 유동을 창조하는 메커니즘이다. 둘째, 로컬 기업과 비
로컬 기업 사이에 정보나 지식을 교환하는 파이프라인(pipeline)[59]을 만든다는 메
커니즘이다.

1980년대 이후 영어권 국가의 경제지리학의 연구방향은 관계론이라는 단어를
많이 사용했다. 경제발전을 지리적인 관점에서 보면 관계론 경제지리학은 자원의
존재나 비용요소라는 지역의 특질과 그에 대한 개별 행위자(기업, 사업체 등)의 합리
적인 행동을 고찰하는 것만으로는 불충분하다고 인식되어 행위자 간 관계를 조정
하는 제도·관습의 중요성을 강조했다. 이런 관계론 경제지리학 조류(潮流)의 일부
가 네트워크를 주목하게 되었다.

네트워크가 주목을 받는 또 하나의 배경은 경계로 구분된 국지적 지역(종종 지방
자치단체 단위)의 내부를 연구하고, 지역의 특질을 파악하는 방법이 행위자의 이동
성(mobility)이 높아짐에 따라 한계를 보인다는 지적이다. 또 다른 하나는 전 세계
적으로 활동하는 자본의 유동이 국지적인 현상을 일방적으로 결정한다는 단순한
글로벌화론에 대한 비판이다. 이들 배경은 두 가지 모두 글로벌적·국지적이라는
이분법을 전제로 하는 것이 공통점이다. 그러나 네트워크는 국지적이면서도 글로
벌적이고, 경계로 구분된 영역과 유동과의 중간을 묶는 것이다. 이러한 행위자의
네트워크를 지리적인 관점에서 고찰하는 것이 유효하다는 지적은 근년 여러 나라
의 경제지리학에서도 공통적으로 나타나고 있다.

네트워크라는 용어는 첫째, 수송·통신 인프라의 형태 및 인프라 그 자체를 가르
키는 경우에 사용된다. 둘째, 조직의 존재상태인 거버넌스 형태를 가르치는 경우도
있다. 네트워크 조직은 행위자 간 자율적이고 대등한 관계가 존재한다는 것을 전제
로 한다. 셋째, 사물을 파악하는 관점 또는 분석 도구로서 네트워크가 사용된다. 경
제지리학에서의 네트워크는 국가, 지역, 기업, 기관, 개인 등 행위주체 간 관계를
의미하며 다양한 차원에서 연구가 행해진다. 그리고 그 범위와 의미는 생산의 가치
사슬상에서 행위주체 간 물자 연계의 의미에서 정보교류 및 기술개발을 위한 혁신
네트워크에 이르기까지 다양하다.

관점으로서의 네트워크는 행위자를 고립된 것이라고 가정하고 그 행동을 고찰하는 것이 아니고 행위자 간 관계의 존재를 중시하는 것이다. 예를 들면 서로 다른 기업이 어떤 관계를 맺으면 그것은 기업 네트워크로서 파악되는 것이다. 또 기업은 행정기관이나 자치단체, 대학, 시민단체 등의 행위자와 여러 형태로 관계를 맺고 있는데, 이를 기업 외(extra-firm) 네트워크로 간주한다. 또 기업 그 자체도 여러 가지 부문이나 사업소의 네트워크로 파악되지만, 사업소뿐 아니라 관리자나 노동자 개인 간도 네트워크로 파악할 수 있다. 이것을 기업 내(intra-firm) 네트워크라 한다. 이러한 네트워크에서는 행위자가 대등하고 수평적인 관계에 있다는 것을 반드시 전제로 하지 않고 종종 어떤 역학관계(power relation)가 존재한다.

관점으로서의 네트워크의 예로는 글로벌 상품사슬, 행위자 네트워크론(Actor-Network Theory: ANT), 사회 네트워크론이 있다. 글로벌 상품사슬은 네트워크라는 용어는 사용하지 않지만 상품의 생산에서 소비까지의 글로벌적인 사슬을 파악한다는 관점에서 네트워크론에 속한다. 그리고 행위자 네트워크론은 인간과 사물로부터 이루어지는 행위자의 네트워크로서 사물을 파악해 분석하는 관점이다. 한편 사회 네트워크론은 행위자 간 관계와 구조, 즉 행위자가 네트워크에 어떻게 결합되어 있는가에 착안해 분석하는 것이다. 또 사회 네트워크론의 일부로 네트워크를 객관적으로 가시화하고 정량화하며 수학적으로 분석하는 도구로서의 사회 네트워크 분석도 있다.

네트워크는 경제적 조직으로서의 네트워크, 사회적 조직으로서의 네트워크, 행위자 네트워크론으로 나누어 살펴볼 수 있는데, 먼저 경제적 조직으로서의 네트워크에서는 스케일에서의 네트워크 형태나 기능, 영향을 연구하는 것이다. 또 사회적 조직으로서의 네트워크는 개인이나 기업의 사회적 성질에 초점을 맞추는 것으로, 이 영역의 연구는 경제사회학이나 조직이론으로 진행해온 연구와 일맥상통하는 것이다. 경제지리학에서는 이러한 생각을 확장해서 사회 네트워크가 어떻게 소규모 기업이나 지역의 발전과정에 영향을 미치는지, 네트워크의 구조가 어떻게 사회적 불평등을 반영하는지, 네트워크가 개인 간 사회적 상호작용을 통해 어떻게 전개하는지를 이해하려는 것이다.

(1) 행위자 네트워크

행위자 네트워크는 인류학, 사회학에 의한 과학기술론 연구에서 시작했는데, 1990년대 초 행위자 네트워크론 연구를 시작한 초기 제창자 크랭(M. Crang)은 과학적 발견이나 연구의 원동력이 되는 사회적·기술적·물질적 과정을 좀 더 잘 이해하는 데 흥미를 가졌다. 그리고 행위자 네트워크론은 사람과 사물과의 복잡한 관계성을 문제시한 논의로, 프랑스로부터 영국에 도입되었다. 라투르(B. Latour)나 로(J. Law), 캘론(M. Callon)이 주도한 이 이론은 행위주체의 주체적 행위가 가져온 다방향적 또는 다층적인 영향력이 주시되었지만, 이 행위주체는 인간에 한정되지 않고 인간 외의 동물이나 기계 등에도 행위능력이 있고 인간, 비인간의 구분 자체의 생성을 문제 삼아 양자를 합친 것을 행위소(actant)[60]라 부른다.

60) 라투르가 인간에게 국한해 행위자 대신 사용한 것으로, 네트워크 내에서의 관계를 통해 성취 또는 수행(performance)을 하며 지속적으로 결합되거나 탈락되기도 한다는 것이다.

행위자 네트워크론은 인간적·비인간적 요소 사이의 경계를 허물어뜨리고 모두에게 동등한 설명적 역할을 부여하는 일반화된 대칭성(generalized symmetry)의 원칙을 바탕으로 이들 요소 간 상호작용 분석에 주력한다. 그리고 행위자 네트워크론에서는 행위자 간 확립된 네트워크 결과로 지리적 규모를 다룬다. 행위자 네트워크론은 쿤(T. Kuhn)의 과학혁명연구, 세레(M. Serres)의 과학철학, 그리고 현상학, 후기 구조주의, 사회심리학, 민속방법론(ethnomethodology)을 시작으로 다양한 철학적 전통에서 중요한 착상이나 영향을 받아 카론, 라투르, 로 등을 중심으로 사회학에서 연구된 이론으로 자연과 사회라는 이분법적 사고에서 벗어나 최근 사회과학 연구에서 주목을 받고 있다. 특히 그 특징 중 하나는 전통 사회학과는 달리 사물(비인간)에게도 행위성(agency)을 부여하는 것인데, 실제 지리학에서는 어떻게 공간적 관계가 복잡한 네트워크로 둘러싸이게 되었는가에 대한 사고를 통해 유용한 방법을 제공할 수 있다. 행위자 네트워크는 경제적인 여러 행위자를 그들의 행동에서 분리해 이해하는 것은 불가능하다. 이러한 행동은 다양한 형태로 다양한 무게를 갖는 관계성에 뿌리를 두기 때문이다.

경제지리학자들은 행위자 네트워크를 이론화하는 데 지대한 영향을 미쳤다. 경제지리학에서의 네트워크는 국가, 지역, 기업, 기관, 개인 등 행위주체 간 관계를 의미하며 다양한 차원에서 연구가 행해지고 있다.[61] 행위자 네트워크론의 접근방법은 네트워크의 관계성이 시공간 속에서 어떻게 형성·유지되며 확장되는가에 대한 논의에 의의 깊은 공헌을 해왔다. 그리고 글로벌 네트워크가 어떻게 구축되어

61) 트리프터(N. Thrift)는 영국 런던에서 전기통신망 건설사 분석을 위해 행위자 네트워크론을 이용했다.

여러 개인이나 기업, 장소를 평등하지 않은 역학관계 위에 위치시킬 수 있는지 이해하는 데 유효한 틀로도 제공된다.

(2) 그라노베터의 사회 네트워크론

그라노베터(M. Granovetter)의 사회 네트워크론은 1973년 발표된 「약한 유대(紐帶)의 강도(The strength of weak ties)」라는 논문에서 시작되었다. 사람들은 전직할 때 필요한 정보를 인저 유대에서 알아보는 경우가 많다. 그라노베터는 전직자가 어떠한 유대를 통해 직업에 대한 정보를 얻는지 조사한 결과 가족이나 친구와 같은 친밀도가 높고 강한 유대(strong ties)보다는 상대적으로 밀접하지 않은 약한 유대(weak ties)에서 정보를 얻는 경우가 많다는 것을 밝혀냈다. 이러한 점에서 새롭고 유익한 정보를 획득하는 경로는 약한 유대라고 주장했는데, 이것이 약한 유대의 강도이다.

이 성과를 기반으로 그라노베터는 착근성의 논리를 전개했는데, 이는 경제지리학에도 큰 영향을 미쳤다. 이 착근성은 행위자의 경제적 행위가 사회관계나 사회제도에 뿌리를 내리고 있다고 생각하는 것이다. 착근성 개념 자체는 포라니(K. Polanyi)에 의해 제기되었지만, 그라노베터는 구체적인 사회관계의 내용이나 사회 네트워크 구조의 의의를 특히 강조했다. 분석의 초점은 추상적인 사회로부터 구체적인 행위자와 네트워크의 관계로 바라보는 데 있다. 즉, 경제적 행위를 설명할 때 거시적 사회구조나 제도뿐 아니라, 또 미시적인 행위자의 합리적인 선택만이 아니라 행위자 간 구체적인 관계, 다시 말해 네트워크에 주목한 관점이라고 말할 수 있다.

나아가 그라노베터는 착근성을 관계적 착근성과 구조적 착근성 두 종류로 분류했다. 관계적 착근성은 일대일의 관계와 그 내용, 직접적인 결합과 유대의 강도를 문제 삼는 것이다. 한편 구조적 착근성은 행위자군이 결합한 네트워크의 구조형태 특성과 그곳에서의 행위자 위치를 문제로 삼는 개념이다. 구조적 착근성의 논의는 네트워크 전체의 구조에 관점을 넓히는 것으로, 그 논의에는 정량적 수법으로서 사회 네트워크 분석이 종종 이용된다. 이러한 구조나 위치는 교섭에서 우위성이나 정보의 입수 가능성에 영향을 미친다. 앞에서 서술한 약한 유대의 강도 논의는 양자 간의 관계의 강도라는 관계적 착근성의 시점만이 아니고 양자를 포함한 네트워크의 구조라는 구조적 착근성의 문제도 된다.

그라노베터에 의해 제기된 사회 네트워크론은 주로 개인의 관계를 고찰한 것이지만 그것을 조직 간 관계나 기업의 경영전략론에 적용한 사람은 우치(B. Uzzi)이다. 우치는 기업 간 결합관계를 착근된 유대와 독립적인 유대로 구별했다. 착근된 유대란 밀도가 강한 유대로, 이 유대에는 상대의 기대나 행동을 조정하는 세 가지 기능이 있다. 첫째, 신뢰[62]이다. 착근된 유대로 결합된 기업이란 신뢰관계를 지키기 위해 상대편의 감시가 필요 없기 때문에 의사결정에서 시간과 자원을 절약할 수 있다. 둘째, 매우 세밀한 정보 이전이다. 시장과의 거리가 먼 관계에서는 가격과 수량이라는 정보만을 주고받을 수밖에 없는데, 착근된 유대에서는 암묵적으로 분배가 많이 이루어진 정보교환이 조정이나 학습을 가능하게 한다. 셋째, 공동에 의한 문제해결이다. 시장에서는 거래를 할 경우 거래가 잘못되면 퇴출(exit)되는 선택지밖에 없지만, 착근된 유대에서는 직접의 환류(feedback), 학습, 혁신이 가능하다.

다만 우치는 착근된 유대가 독립적인 유대보다 모든 경우에서 우수하다고 주장하지는 않았다. 우치는 정보를 공적인 것과 사적인 것으로 구분하고 착근성 관계는 사적인 정보의 원천으로서 중요하고, 반대로 공적인 정보의 이전은 독립적인 거래에 의해 촉진되어 정보의 특성에서 서로 다르다는 것을 지적했다. 그는 독립적인 유대와 착근된 유대 양쪽의 균형을 잘 맞춘 네트워크 구조가 기업의 달성 잠재력(performance potential)을 최적화한다고 논했다. 이러한 우치의 논의는 네트워크 구조를 포함해도 어디까지나 그 역점은 결합관계의 질, 내용, 즉 관계적 착근성에 있다고 말할 수 있다.

경제지리학에서는 행위자의 직접적인 결합이라는 내용에 초점을 맞춰 그것이 지식의 상호 이전이나 학습을 가져오는 것을 상정하는 것이 많아 이는 그라노베터가 말한 관계적 착근성을 중시하는 것이라고 말할 수 있다.

(3) 사회 네트워크 분석

사회 네트워크 분석은 행위자로서 개인이나 집단이 의도적·비의도적인 상호행위에 의해 맺어진 사회적 관계를 집단 내 규범과의 관계만으로 설명하는 것이 아니라 인간끼리 서로 만든 관계 그 자체를 분석대상으로 하는 것을 말한다. 일대일의 착근된 유대는 제3자에 의해 중개 혹은 이전되어 개인적인 관계 등으로부터 발전, 확대되어 네트워크가 형성된다. 사회 네트워크 분석이란 행위자 간 관계의 유무를 0, 1

[62] 신뢰는 관계를 착근시키고 안정화시켜 지식이나 기술파급을 생기게 한다. 신뢰는 계약적 신뢰, 능력적 신뢰, 선의에 바탕을 둔 신뢰(goodwill trust)로 구분되는데, 이 가운데 선의에 바탕을 둔 신뢰가 경제적 효율성에 가장 중요한 영향을 미친다.

의 행렬로 나타낸 사회 행렬(socio-matrix)이나 관계를 나타내는 결절(node)과 연쇄선(link)으로 구성된 그림으로 소시오그램(sociogram)을 이용해 네트워크 구조를 분석하는 것이다. 이러한 소시오그램에 나타난 네트워크 구조는 중심성(centrality), 파벌(clique), 밀도(density), 매개성(betweenness) 등의 지표에 의해 정량화된다.

네트워크 분석은 일대일 관계만으로는 알 수 없는 것을 밝힌다는 의미가 있지만, 한편으로 결합을 1, 0의 행렬로 나타낼 때 버리게 되는 부분도 있다. 바로 그 결합의 질, 내용이다. 네트워크 분석은 구조와 그것을 성량화하는 방법을 중시하는 나머지 행위자 및 그 관계의 실질과 내용을 경시할 우려가 있다. 수학과 컴퓨터 과학으로의 의존이 실제 네트워크의 존재와 괴리될 위험성도 부정할 수 없다. 지식과 네트워크라는 시점에서는 행위자 간 관계의 유무보다도 그 내용에 초점을 맞추어야 한다는 비판도 있다. 일반적으로 경제지리학의 논의에서 관계의 내용과 과정 및 양자 간 역학관계의 문제가 좀 더 중시되는 경향이 있다. 네트워크 전체의 구조를 정량화해 분석한 네트워크 분석의 가능성은 인식되었지만 실제로 경제지리학에서 어떠한 것이 밝혀질 것인가는 지금부터의 과제로 남아 있다고 말할 수 있다.

네트워크 개념은 경제지리학에 널리 영향을 끼쳐왔지만 이에 대한 중요한 비판도 몇 가지 있다. 첫째, 네트워크는 과도하게 긍정적으로 표현되고 있고, 네트워크 연구에는 구조적 형태의 권력 혹은 그것을 영속화시키거나 재생산하는 불평등에 몰두하는 게으름이 있다는 주장이다. 둘째, 네트워크 연구, 이를테면 행위자 네트워크로부터 응용된 생각은 과도하게 설명적이고 사례연구 지향적인 미시적 사회학이라는 관점이다. 이러한 초점에 한정해보면 그러한 접근방법은 지역경제 혹은 국민경제에서 좀 더 대국적인 사회·경제적 현상(예를 들면 여러 제도)이 어떻게 출현하게 되었는가를 엄밀히 설명하는 데는 한계가 있기 때문이 아닌가라는 의문을 갖게 된다. 셋째, 공간경제에서 여러 행위자를 결부하는 신뢰할 수 있는 결속(trusting bonds)이나 강한 유대에만 강조점을 둔 것은 아닌지에 대한 논의가 있다. 오히려 이것을 초월한 약한 유대나 그레이버(G. E. Grabher)가 지금까지 없었던 사회적 관계성이 발생하는 잠시 동안의 공통기회(public moments)로서 새롭게 성격 지우려는 것에 눈을 돌릴 필요가 있다. 넷째, 네트워크 연구는 방법론적으로 과도하게 특별(ad hoc)해 기업이나 클러스터, 산업지역에서 성과의 정도가 네트워크 구조나 넓이, 안정성의 정도에 부적절하게 결부되었다는 주장도 있다.

✔ 사회 네트워크 분석

사회 네트워크 분석은 네트워크의 구조적 특징을 고찰하고 네트워크상에 나타나는 행위자들의 지위나 위치를 파악하는 것으로 결절(node)과 연결선(link)의 구조적 역동성을 분석하는 것이라 할 수 있다. 사회 네트워크 분석은 크게 두 가지로 나눌 수 있는데, 하나는 네트워크 전체의 특성에 대한 것이고, 다른 하나는 네트워크를 구성하는 각 행위자들에 대한 분석이다. 먼저 네트워크 전체의 구조 특성을 파악하기 위해 규모와 밀도(density), 집중도(centralization)를 측정한다. 밀도란 네트워크에서 행위자 간 관계가 맺어지는 정도, 즉 행위자 간 연결된 정도를 말한다. 집중도란 한 네트워크 전체가 중심에 집중되는 정도를 나타내는 것으로, 행위자 간 교류가 특정 결절에 몰려 있는가를 파악하는 데 유용하다.

한편 사회 네트워크와 같은 관계적 네트워크에서 행위자가 어떤 위치에 있느냐에 따라 기회와 제약도 달라지므로 각 행위자의 지위는 매우 중요하다. 일반적으로 네트워크 구조에서 각 행위자들이 차지하는 위치나 지위 및 역할을 파악하기 위해서는 중심성 및 구조적 등위성(structural equivalence) 네트워크에서 행위자가 수행하는 역할이 무엇이냐에 따라 각 행위자를 구분하는 것으로 행위자의 지위나 수행하는 역할에서의 유사성 정도를 분석해 동일한 그룹으로 구분함을 분석한다. 사회 네트워크 분석에서 각 행위자의 중심성을 측정하는 방법은 다양한데, 연결중심성(degree centrality), 근접중심성(closeness centrality), 매개중심성(betweenness centrality), 위세중심성(prestige centrality, Bonacich power centrality) 등 여러 지표로 산출할 수 있다.

〈그림 1-13〉 인용문헌에 의한 네트워크 구조

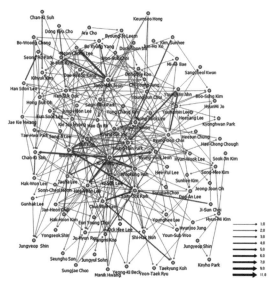

자료: 韓柱成(2012: 988).

5) 경제지리학의 패러다임 변화

경제지리학은 지역의 경제활동에 대한 개개기술·종합이라고 일컫는 나열에 그치는 지역지리도 아니고, 주류경제학의 입장에서 수치로 계량화할 수 있는 공간현상만을 취급하는 경제지리학도 아닌 새로운 패러다임을 겨냥한다. 배델트와 그리크러(H. Bathelth and J. Glückler)는 이를 관계론 경제지리학이라고 부르고, 사회과정을 분석의 초점에 둔 경제지리학으로 이해할 수 있다고 했다. 관계론 경제지리학의 접근방법은 제도적 변화의 견인이나 제도가 경제적 행동으로 나타나는 영향을 결정하는 데 행위주체나 권력의 역할에 초점을 둔 것이다. 관계론은 이 접근방법의 틀에서 경제활동을 조건 짓는 것뿐 아니라 노동자, 창업자, 비즈니스 엘리트라는 개인이 정체성을 나타낼 때에도 중요한 역할을 한다.

독일의 경제지리학을 오랫동안 지배해온 지역지리학적 패러다임, 1960년대 후반부터 융성한 지리과학적 패러다임, 배델트와 그리크러가 주장한 관계론 경제지리학 세 가지를 요약한 것이 〈표 1-3〉이다. 이 세 가지 패러다임의 차이를 이해하기 위해 연구 설계를 5가지 차원으로 나누어 살펴보면 다음과 같다.

첫째 공간을 어떻게 개념화 하는가라는 연구 설계의 차원에서 보면 지역지리도 지역과학도 공간이 연구대상이 되고 인간 활동을 규정짓는 요인으로서 공간을 본

〈표 1-3〉 경제지리학의 세 가지 패러다임의 차이

패러다임 연구 설계의 여러 차원	지역지리학적 패러다임	지역과학(공간분석)적 패러다임	관계론 패러다임
공간을 어떻게 개념화 하는가?	대상으로서의 공간, 인과관계에서 요인으로서의 공간	대상으로서의 공간, 인과관계에서 요인으로서의 공간	견지로서의 공간(지리학적 렌즈)
지식의 대상	어떤 경관(지역)에 특수한 경제적·공간적 구성체	활동이 공간적으로 표출된 결과(구조)	맥락적인 경제 제 관계(사회적 실천, 과정)
활동을 어떻게 개념화 하는가?	환경결정론·환경가능론	개인이 기초라는 생각(방법론적 개인주의)	관계론: 네트워크론·사회적 착근의 견지
인식론적 전망	현실주의/자연주의	신논리실증주의/비판적 합리주의	비판적 현실주의/진화론적 견지
연구의 목적	어떤 경관(지역)의 자연의 개성을 이해하는 것	경제적 행동의 공간적 여러 법칙을 발견하는 것	공간적인 견지에 의해 경제적 교환의 여러 원리를 탈맥락화 하는 것

자료: Bathelth and Glückler(2003: 124).

<그림 1-14> 관계론 관점, 제도·문화적 관점, 네트워크적 관점의 관계

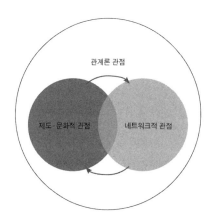

관계론 관점

제도·문화적 관점

네트워크적 관점

자료: 水野眞彦(2013: 461).

다는 점에서는 같다. 다른 점이 있다면 지역지리학적 패러다임은 공간이라는 용어를 사용하지 않고 지표면상의 여러 현상을 중시한다. 이것을 인식하는 틀로서 지역이란 용어를 사용하고, 지역의 자연환경을 중시하는데, 환언하면 지역은 자연에 의해 규정된다고 생각하는데 대해 지역과학적 패러다임은 공간이라는 용어를 적극적으로 사용하고 거리, 방향, 넓이 등의 기하학적 요소, 수량화할 수 있는 요소를 중시하는 점이다. 그리고 전자가 지역의 개개기술을 중시하는데 대해 후자가 인간생활을 규정짓는 공간법칙을 추구하는 것을 중요하다고 생각한다.

위 두 가지 패러다임에 대해 관계론 패러다임은 기업이나 개인 등 행위자의 경제적 행동이나 행위자 간의 상호작용에 초점을 두고 이들에 접근성, 국가나 지역의 제도·문화 등의 지리적 요소가 어떻게 영향을 주고 어떠한 영향을 받는가를 고찰하는 것으로, 공간을 절대시 하지 않고 지식의 대상인 인간의 구체적인 경제활동이나 이들이 집합해 성립하고 있는 사회 전체로서 경제의 실태를 공간적 관점, 즉 지리학적인 렌즈(lens)[63]를 통해 고찰한다는 점의 특징을 갖는다(<그림 1-14>). 그러므로 경제·사회를 개개 행위자의 합리적인 행동으로 환원해서 설명하는 개인주의적 관점이 아니고, 또 경제·사회 전체에서 개개의 행위자 행동을 설명하는 전체론적인 관점이지도 않고, 개개 행위자의 상호관계에 초점을 두는 것이다. 그래서 공간은 인간의 경제활동에 대해 주어진 것이 아니고, 인간의 경제활동 그 자체가 공간(지역에 존재하는 환경, 또는 지역이라는 환경)을 만들어낸다는 것을 강조한다. 그것도 개별의 경제활동은 다른 사람의 경제활동과 관계없는 것이 아니고 과거에 행해진 경제활동과 무관한 것도 아니다. 이 의미에서 관계론 경제지리학의 연구대상인 인간의 경제활동 그 자체는 사회에 뿌리내리고 있고, 역사를 짊어진다는 것이다. 즉, 개별 경제활동은 경로의존성을 가진다.

이상에서와 같이 공간을 어떻게 개념화화는가의 문제는 경제지리학의 제2의

63) 장소에 의한 차이에 착안한다는 의미로 이해하지만 그것뿐 아니라 특정지역에서 행해진 경제활동이기 때문에 그 지역에 존재하는 다른 여러 요소와의 관계 여부와 관계가 있다면, 그것은 어떠한 것일까라는 관점에서 생각하는 것도 지리학적 렌즈라고 할 수 말할 수 있다. 이 후자의 관점은 생태학적 관점이라고 환언할 수 있다.

차원인 지식의 대상, 조사연구의 대상이고, 제3의 차원인 활동을 어떻게 개념화하는 문제, 제5의 차원인 연구의 목적과 밀접하게 얽혀 있다.

관계론 경제지리학의 인식론적 기초는 비판적 현실주의에 있다. 이는 인간 활동을 어떻게 파악하는가 하는 것으로 논리실증주의에 연결되는 싹을 가져온 영국의 철학자·역사가·정치 및 경제 사상가 흄(D. Hume)의 필연적 인과론[64]과 대칭하는 인식론이다. 흄은 인간의 본성을 논해 그 활동에는 규칙성이 있고, 규칙성에는 일정한 조건을 바탕으로 한 필연적인 귀결이 생긴다는 사고방식을 제시한 사상가이다.

64) 사상(事象) A가 사상 B와 관련해 생겨난 것이라면, 그것은 항상 사상 A와 사상 B와 관련하고 있는 것을 관찰한다고 하면 그 두 개의 사상 간에는 필연적인 관계가 있다는 것이다.

6. 한국 경제지리학의 발달과 접근방법의 체계화

1) 시기별·연구 분야별 경제지리학의 발달

한국의 경제지리학은 1945년 대한지리학회[65]의 창립과 더불어 성립되었다고 볼 수 있다. 그러나 한국의 경제지리학은 광복 후 미국과 일본의 영향을 크게 받아 블랙홀과 같이 발달해온 것이 사실이다. 그리고 짧은 학문적 역사로 연구업적의 축적도 적지만 연구 분야도 농업·공업지리학, 지역개발 분야에 국한되었다고 보아도 과언이 아니다. 그러나 경제발전에 따라 최근에는 그 연구 분야도 다양화되고 있다.

먼저 1950년대의 경제지리학은 박동묘(朴東昴), 표문화(表文化), 육지수(陸芝修), 송종극(宋鐘克) 등이 대학교재로서 각각 『경제지리(經濟地理)』, 『경제지리학(經濟地理學)』, 『신경제지리학(新經濟地理學)』을 출간한 바 있다. 특히 육지수의 『경제지리학』은 제1부만 출판되었는데, 그 내용은 경제지리학의 과제(개념과 방법론)와 자원론으로 구성되어 있었으며, 그 밖의 저자들은 경제지리학의 내용을 대체로 산업분야별로 구성하고 입지론도 단편적으로 소개했다. 같은 시기 최복현(崔福鉉)이 번역한 『경제지리학(經濟地理學)』(C. F. Jones and G. G. Darkenwald, 1954, Economic Geography, Macmillan)이 출판되어 한국에서는 처음으로 미국의 경제지리학의 내용이 소개되었다. 이 번역서의 내용은 각종 자원과 그 수급관계, 자원과 국제문제 등으로 구성되어 있다. 이상의 저서 및 역서의 출판시기가 한국 경제지리학 발달의 출발점이 된다고 하겠다.

65) 1945년 중등학교 지리교사의 모임으로 발족한 조선지리학회(朝鮮地理學會)라는 명칭에서 1949년 학회총회에서 그 이름이 대한지리학회로 바뀌었다.

1960년대는 한국에서 경제개발 5개년 계획이 실시된 시기로 사회 각 분야에서 경제지리학적 지식이 강력하게 요청되어 경제지리학의 응용적 논문이 많이 발표되었다. 그리고 현실사회의 요청과 미국의 경제지리학의 영향을 받아 지역개발이론이나 입지문제가 연구주제로 등장했으며, 계량적 기법을 사용한 경제지리학의 법칙추구도 시도되었다. 그 후 1974년에 임한수(林漢洙)의 『경제지리(經濟地理)』는 지역개발, 공해, 입지문제 등을 다룬 단행본으로 출간되었고, 1970년대 이후에는 1982년에 형기주의 『공업활동 입지화의 변화과정』, 1985년에 최운식(崔雲植)의 『산업지리학』이, 1986년에는 한주성(韓柱成)의 『경제지리학(經濟地理學)』이, 1988년에는 이희연(李喜演)의 『경제지리학(經濟地理學)』이 발간되어 경제지리학 개론서의 내용적 정립이 이루어졌으며, 1999년 박삼옥의 『현대경제지리학』은 이론과 실제를 다룬 연구서이다. 또한 경제지리학의 연구 방법론도 실증주의, 행동주의, 구조주의, 정치경제학적 방법론, 기든스의 구조성 이론 등 다양한 방법론을 이용한 연구물들이 등장했다.

여기에서 과거 한국 경제지리학의 주류였던 농업 및 공업지리학의 연구에 대해 살펴보면 다음과 같다. 농업지리학의 최초의 연구는 1956년 이정면(李廷冕)의 「서울시의 소채 및 연료에 관한 지리학적(地理學的) 고찰(考察)」이고, 그 후 1958년 서찬기(徐贊基)의 「경상북도 농업지역 연구(慶尙北道 農業地域 硏究)」와 뉴질랜드인인 던(G. A. Dunn)의 「한국 미작 연구(韓國 米作 硏究)」 등이 있다. 농업지리학의 단행본으로는 1988년에 발간된 김재광(金在珖)의 번역서 『농업지리학 입문(農業地理學 入門: D. B. Grigg, 1984, An Introduction to Agricultural Geography)』과 1993년에 발간된 형기주(邢基柱)의 『농업지리학(農業地理學)』이 있다. 공업지리학의 최초의 연구는 1960년 형기주가 경인지방의 공업구조를 밝힌 논문과 그 후 1964년에 임한수(林漢洙)가 울산 공업지역을 연구한 논문 등이 있다. 그밖에 경제지리학의 분야별 단행본으로는 경제와 금융 분야에 2000년 남영우·이희연·최재헌의 『경제·금융·도시의 세계화』, 자본분야에 1995년 최병두(崔炳斗)의 번역서 『자본의 한계』, 노동력 분야에 2002년 박영한·이정록·안영진의 번역서 『노동시장의 지리학』, 토지이용 분야에 2005년 황만익의 『토지이용 변화와 환경』, 농업지리학 분야에 1999년 김기혁의 번역서 『서유럽의 농업변화』, 공업지리학 분야에 1998년 박삼옥·주성재·남기범·황주성의 번역서 『경제구조조정과 산업공간의 변화』, 2000년 권오혁의 『신산업지구』, 유통지리학 분

〈표 1-4〉 한국 경제지리학의 시기별·연구 분야별 연구물 수 변화

구분 / 시기	경제지리학방법론	경제지리학일반	자원및환경문제	소득과자본및금융	노동력	농·임·수산업	광공업	유통·서비스·중추관리기능	교통·정보산업	문화산업	경제지역·지역개발	계 (%)
'56~'60			5		1	4	2				1	18 (1.1)
'61~'70			10			49	25	6	3		22	119 (7.3)
'71~'80			15			70	64	21	35		55	270 (16.7)
'81~'90		4	2			20	106	38	57		4	231 (14.3)
'91~'00	1	17	7	5	9	24	85	45	51	1	25	270 (16.7)
'01~'10	3	17	35	26	26	27	167	88	114	78	132	713 (44.0)
계 (%)	4 (0.2)	57 (3.5)	74 (4.6)	31 (1.9)	36 (2.2)	194 (12.0)	449 (27.7)	198 (12.2)	260 (16.0)	79 (4.9)	239 (14.7)	1,621 (100.0)

자료: 한주성(2011: 249).

야에 1992년 홍순완(洪淳完)·이재하(李宰夏)의 『한국의 장시(場市)』, 1994년과 2003년 한주성의 『유통의 공간구조(流通의 空間構造)』, 『유통지리학』, 교통지리학 분야에서는 1995년 최운식(崔雲植)의 『한국의 육상교통』, 1985년 한주성의 『교통유동(交通流動)의 지역구조(地域構造)』, 1996년의 『교통지리학(交通地理學)』, 지역개발 분야에 이학원의 『한국의 경제개발·국토개발·공업개발정책과 국토공간구조의 변화』, 경제지역지리로 박인성·문순철·양광식의 『중국경제지역론』 등이 있다.

이정면의 「서울시의 소채 및 연료에 관한 지리학적 고찰」이 한국 경제지리학 최초의 논문이라고 하면 1956~2010년 사이 반세기 동안 발표된 한국의 경제지리학 관계 논문 및 저서(번역서 포함)를 내용에 따라 시기별로 나타낸 것이 〈표 1-4〉 이다.

한국 경제지리학 분야의 연구 발달을 국내 연구물 수로 살펴보면 1956~2010년에 모두 1621편이 발표되었다. 이를 시기별로 보면 2001~2010년에 713편이 발표되어 44.4%로 가장 많았고, 그 다음으로 1971~1980년, 1991~2000년이 각각 270편 (16.7%), 1981~1990년이 231편(14.3%), 1961~1970년이 119편(7.3%), 1956~1960년이 18편(1.1%)을 차지해 최근 들어 연구물 수가 점점 많아지고 있음을 알 수 있다. 즉, 1994년 경제·사회지리학 전공자 수는 122명이고, 1991~1995년의 연구물 수가 94편으로 5년간 1인당 0.77편을 발표했으나, 2009년 경제지리학 전공자 수가 172

명이고, 2006~2010년의 연구물 수는 419편으로 5년간 1인당 2.44편의 연구물을 발표해 3배 이상 증가했다고 할 수 있다. 그 이유로 최근으로 올수록 경제지리학 연구자 수가 많아진 점, 대학의 연구 분위기 조성, 대학 경쟁력 강화를 위한 교원업적 평가 실시와 각종 연구비 증가, 지역개발 등과 관련된 정부기관의 연구과제 수 증가 등을 들 수 있다.

다음으로 연구 분야별로 보면 광공업 분야가 449편으로 27.7%를 차지해 가장 많고, 그 다음으로 교통·정보산업 분야 260편(16.0%), 경제지역·지역개발 분야 239편(14.7%), 유통·서비스·중추관리기능 분야 198편(12.2%), 농·임·수산업 분야 194편(12.0%)의 순이다. 광공업 분야 중 공업 분야의 연구물 수가 많은 점은 한국이 공업을 기반으로 한 가공무역을 시작으로 중화학공업, 첨단산업(high-tech industry)으로의 경제발전을 도모해 공업이 발달했고, 최근에는 신공간경제학파의 등장으로 공업지리학 분야의 연구방향 전환이 이루어져 이에 대한 연구가 많아졌기 때문이다. 그리고 교통·정보산업 분야 연구물의 비율이 높은 것은 이들 분야가 경제활동의 하부구조라는 점과 최근 한국에서 자동차산업이 발달하고 정보화 사회가 도래

〈그림 1-15〉 한국 경제지리학의 시기별·연구 분야별 연수물 수 추이

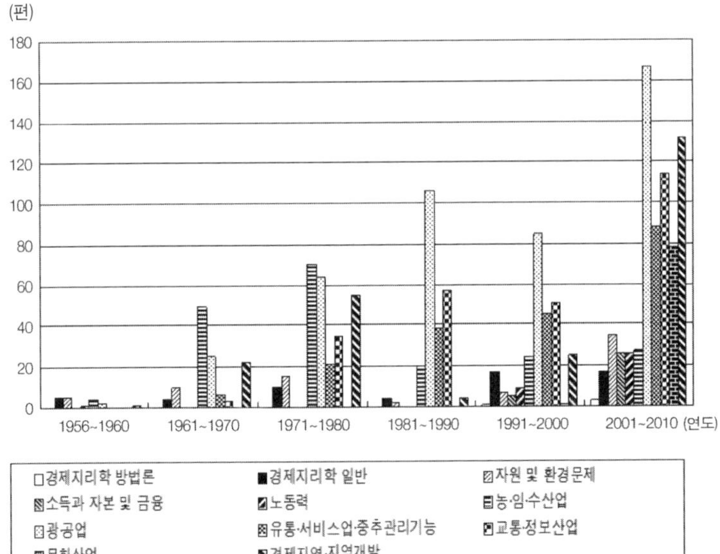

자료: 한주성(2011: 250).

했기 때문이라고 할 수 있다. 그리고 경제지역·지역개발 분야의 비율이 높은 이유로는 수차에 걸친 국토종합개발계획 실시와 최근의 지역균형발전 및 지역혁신체제 (Regional Innovation System: R.I.S.) 이론의 적용 등을 들 수 있다. 또 유통·서비스·중추관리기능 분야 연구물이 증가한 것은 소득 증대로 소비가 증가됨에 따라 규제완화 및 각종 새로운 유통업태가 등장하고, 신제품 개발을 위한 연구·개발기능 활성화, 자사(自社)제품의 지역 소비증가를 촉진하기 위한 각종 사무소 기능이 증가했기 때문이라고 생각된다. 마지막으로 농·임·수산업 분야의 경우 1970년대까지는 연구 활동이 활발했으나 그 이후는 안정적인 상태이다. 이는 농업이 경제활동에서 차지하는 비율이 낮기 때문이라고 생각된다. 이에 반해 2000년대 들어 문화산업 분야에서 활발한 연구가 이루어지는 것은 선진국들의 대규모 제조업체 쇠락에 대신한 문화산업 발달과, 한국에서 지방자치단체 출범으로 지역의 정체성, 이미지 부각 및 글로벌화를 추진한 결과라고 생각된다〈(그림 1-15)〉.

다음으로 시기별·연구 분야의 구성비 변화를 보면 1960년대까지는 농·임·수산업 분야 연구가 40.1%, 광공업이 19.7%를 차지했는데, 1970년대에는 농·임·수산업 분야 연구가 25.9%로 연구물 수는 많아졌으나 그 비율이 낮아졌고, 광공업이

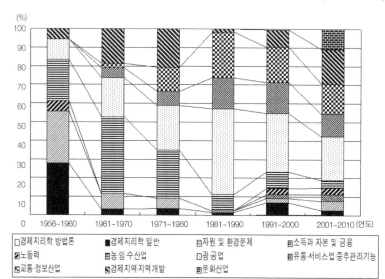

〈그림 1-16〉 한국의 경제지리학 관련 연구물의 시기별·연구 분야별 구성 변화(1956~2010년)

자료: 한주성(2011: 251).

23.7%를 차지해 그 비율은 높아졌다. 그리고 경제지역·지역개발 분야의 연구물이 차지하는 비율은 20.4%로 증가했다. 1980년대에는 총 231편의 연구물 중 광공업 분야의 연구가 45.9%를 차지해 가장 많았고, 그 다음으로 교통·정보 분야(24.7%)의 순이었다. 1960~1970년대에 비해 2·3차산업 분야의 구성비가 높아진 데 반해 농·임·수산업 분야, 경제지역·지역개발 분야 연구물의 비율은 낮아졌다. 이러한 현상은 1990년대 전반기에도 나타나 광공업 분야의 연구물이 31.5%로 가장 높았고, 이어서 교통·정보 분야(18.9%), 유통·서비스업·중추관리기능 분야(16.7%)의 순으로 나타났다. 2000년대에는 광공업 분야가 23.4%를 차지해 가장 높았고, 그 다음으로 경제지역·지역개발 분야(18.5%), 교통·정보 분야(16.0%), 유통·서비스업·중추관리 기능 분야(12.3%), 문화산업 분야(10.9%)의 순이었다. 이와 같이 광공업 분야의 연구물 구성비와 문화산업 분야의 점유율이 높아진 것은 최근 신경제공간학파가 제시한 새로운 접근방법의 등장 및 탈공업화(deindustrialization)와 소득증대에 따른 문화산업의 중요성이 높아짐에 따른 결과라고 본다(〈그림 1-16〉).

2) 경제지리학 접근의 체계화

한국 경제지리학의 체계화를 시도하는 접근방법으로, 먼저 경제지리학의 인식론적 접근방법과 지역을 기반으로 연구를 전개하는 지리학의 존재론 측면에서 살펴보면 다음과 같다.

(1) 인식론적·존재론적 경제지리학의 연구방법

경제지리학의 인식론[66]적 연구방법론은 1960년대 이전 경험주의 등장 이후 논리실증주의, 행동주의, 구조주의 등이 발달해 그 축을 이루어왔다고 할 수 있다. 논리실증주의의 분석은 객관성, 관찰자와 대상의 독립성을 전제로 하며 입지분석이 그 예라고 할 수 있다. 또 행동주의는 경험에 의한 체계적 관찰과 실증적 근거의 객관성보다 인간화·사회화를 중시하는 것으로 환경인지, 환경선호연구가 그 예이다. 구조주의는 관찰자의 위치성(positionality), 직접 관찰할 수 없는 구조를 중시하는 등의 언설적(言說的) 분석이 그 예이다.

한편 경제지리학에서의 존재론[67]은 실체로서 발현한 '지역'을 중시하는 것과 주

66) 지식의 본질, 기원, 근거, 한계 등에 대한 철학적 연구 또는 이론을 말한다. 인식론(Erkenntnistheorie, epistemology)은 근대의 소산이며 1789년 라인홀드(K. Reinhold)의 『인간의 표상능력(表象能力) 신론(新論)의 시도』에서 사용되었다. 영어의 'epistemology'는 그리스어 'epistēmē'(지식) + 'logos'(논리·방법론)에서 유래되었지만, 이 용어를 최초로 사용한 사람은 페리(J.F. Ferrier)로 저서 『형이상학원론』(1754년)에서 사용했다.

67) 존재자 일반을 다루는 철학의 한 분야로, 라틴어로는 ontoligia라고 하는데 이것은 그리스어의 on(존재자)과 logos(논)로 이루어진 합성어로 데카르트파의 철학자 크라우베르그(J. Clauberg)와 볼프(Wolf)학파 등이 사용하면서 널리 알려졌다. 여기에서 말하는 '존재'란 '있다', '존재한다'라고 일컬어지는 사물 전체를 뜻한다. 따라서 존재론은 존재의 특수한 형태와 관계없이 '존재하는 것 그 자체의 근본적 규정을 연구대상으로 삼는다.

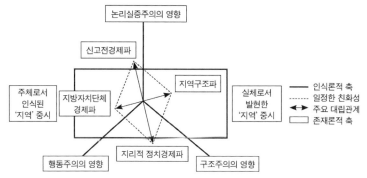

〈그림 1-17〉 한국경제지리학의 접근방법 체계화

주: 존재론적 축의 평면도형은 지역을 대상으로 하는 지리학에서 지역을 강조하기 위함.
자료: 한주성(2012: 458).

체에 인식된 '지역'을 중시하는 것으로 구분할 수 있는데, 전자의 예로 시장지역이 있고, 후자의 예로 지역사회가 있다. 이와 같은 인식론과 존재론 축을 기준으로 〈그림 1-17〉과 같이 논리실증주의에 가까운 신고전경제파와 구조주의에 가까운 지리적 정치경제파[68]로 나눌 수 있다. 그리고 실체로서 발현한 '지역'과 논리실증주의에 가까운 지역구조파, 주체에 인식된 '지역'과 행동주의에 가까운 지방자치단체 경제파가 대칭되는 관계를 인식론적 축의 지역현상 이해라는 측면과 존재론 축의 지역개념으로 분류할 수 있다.

(2) 한국경제지리학 접근방법의 체계화

① 신고전경제파

19세기 말부터 20세기 초 사이에 영국의 자본주의 모순을 해결하기 위해 등장한 신고전경제파는 일반성과 보편성을 중시하며 집적의 이익, 쿠즈네츠와 윌리엄슨(J. G. Williamson)의 역U자 사이클[69] 등의 특징을 가지고 있다. 이 신고전경제파는 한국 경제지리학의 입지분석에 많은 영향을 미쳤다고 할 수 있다. 경제지리학분야 석사 학위논문을 처음 발표한 이정면의 연구를 위시해 농·공·상업의 입지분석과 최근의 신경제공간학파의 신산업집적에 관한 연구에 이르기까지 다양한 연구가 이루어져왔다고 할 수 있다. 그러나 신고전경제파는 개인행동의 집합으로 구성된 세계(미시적 기초)를 상정하는 오류를 범했다고 할 수 있으며, 또 인식론적으로도 개인

68) 지리적 정치경제학을 신고전경제파에 대응하도록 지리적 정치경제파라고 했다.

69) 1955년에 발표한 이론으로 후진국이 성장하면서 초기에는 소득분배가 악화되나 이후 점차 분배가 개선되면서 불평등도와 경제발전은 역U자형의 관계를 갖는다는 것이다.

의 선택행동에서 수리 모델을 만들어 전체를 설명하는 것을 왕도로 함으로써 행동주의의 영향도 받았다고 할 수 있다.

② 지리적 정치경제파

정치경제학을 바탕으로 한 지리적 정치경제(geographical political economy)파에 대한 엄밀한 정의는 없지만 최근 셰퍼드(E. Sheppard)는 지리적 정치경제파가 1970년대 후반부터 매시, 하비 등으로 대표되는 급진지리학의 흐름에 다소 영향을 받아왔다고 주장했다. 지리적 정치경제파는 특수성과 고유성을 중시하며 개발주의, 역U자의 역사적 특수성 등의 특징을 가지며 좁은 의미의 마르크스주의, 경제지리학에 흡수되지 않고 유물론적·경제주의적 접근방법에 비판적인 조류도 포함되어 있다는 것이 매우 중요하다고 할 수 있다.

지리적 정치경제학은 오늘날 유럽과 미국에서 고유한 대상·방법에 관한 합의를 얻어내려는 결집력이 약해 다양성이 풍부하게 열려 있는 상황이다. 그래서 펙(K. Peck)과 올드스(K. Olds)는 경제지리학 전체를 결합하려는 구심점인 공통과제와 인식이 부족한 도넛(doughnut)에 비유하면서도 대상과 방법 사이에 전혀 공통항이 없는 것은 아니라고 주장했다. 지리적 정치경제파는 신고전경제파와 대치되면서 존재론과 인식론에서 일정한 특징을 보인다. 존재론에서는 지리적 정치경제파가 주체와 구조의 변증법적 상호작용으로 구성된 세계관을 갖고 있다.

지리적 정치경제파는 비경제요소를 포함한 구조와 그것에 착근한 위치성을 갖는 주체의 역동적인 상호관계 분석을 중시한다. 덧붙여 말하면 전통적인 마르크스주의 경제학이 공간 차원을 경시한 보편적인 법칙정립(예를 들면, 계급대립)을 지향하는 데 반해 지리적 정치경제파가 경우에 따라 수리적인 방법을 사용해왔다는 것은 물질적인 넓이를 갖는 공간경제에서 그러한 일반법칙은 성립하기 어렵다는 것을 나타낸다. 이는 지리적 정치경제파의 지리적이라는 수식어가 결코 단지 기존의 마르크스 경제학의 지역판에 머물지 않고 그 식견을 비판적(radical)으로 수정한 관점이라는 의미를 내포한다고 말할 수 있다.

지리적 정치경제파는 예를 들면 주체행위의 결과로 출현한 지역 또는 분업체계에 주목한다는 의미에서 존재론적 접근성이 존재한다. 또 지리적 정치경제파는 주류경제학과의 인식론적 '거리'에 비하면 지방자치단체 경제론과 지역구조론과 모두 일정한 친화성을 갖고 있고, 또 이들 간의 차이는 그렇게 본질적인 것으로 나타나지는 않는다. 물론 이러한 다른 '거리감'의 존재는 유럽과 미국, 일본에서 경제지리학을 둘러싼 제도적 역사(또는 정치학)와 관계가 있다고 할 것이다.

③ 지역구조파

존재론적 판단기준을 바탕으로 합의할 수 있는 경제지리학 고유의 연구대상이 필요하디면 지역구조라 할 수 있는데, 이는 사람, 상품 및 화물, 화폐, 정보 등의 순환에 의해 가장 단적으로 나타나는 경제지역(시장지역)의 실체이다. 이를 경제지리학계에서 독자적인 연구대상으로 삼는 것이 지역구조론이라 할 수 있다.

한편 경제지리학의 연구과제는 현재 경제학이 이론 편중 경향에서 현실인식의 중요성을 강조하고 있다는 점과 경제현상 자체가 변화하고 있다는 점에서 모색해야 할 것이다. 이를 구체적으로 보면 경제의 여러 부문과 농·공업, 유통산업, 서비스업, 정보산업 등의 기능 입지 및 이를 바탕으로 한 재화와 서비스, 소득과 자금 및 정보의 지역적 순환을 분석하고, 이들에 의해 형성된 여러 경제의 지역구조를 해명하는 것이다. 또 이와 관련된 지역문제[과밀·과소(過疎)[70]문제]의 발생 메커니즘을 명확히 파악하는 것이다. 이를 위해 생산활동의 입지·배치의 지역적 전개에 관한 일반적 법칙성의 해명과 경제권(시장·금융·관리권) 등 기능적 경제현상에 관한 윤리문제를 밝혀야 한다. 그리고 경제발전의 특수성과 국토기반이 다른 각 국가 경제의 지역구조가 역사적으로 어떻게 형성되어왔는가를 규명해야 한다. 또 산업지역과 경제권의 설정 및 그들의 중층적인 구성에 대한 해명을 하고, 각 국가 경제의 지역구조를 비교해야 할 것이다.

지역구조론은 상대적으로 지방자치단체 내의 경제구조보다는 공간적 분업체계의 이해를 중시한다고 할 수 있지만 그 차이는 결정적으로 크다고 할 수 없다. 또 최근의 존재론적 관점에서 '지역'의 경우 시장지역과 지역사회가 친화와 반목을 되풀이하는 양면성을 가지고 존재하기 때문에 통일적으로 파악해야 한다는 관점도 제안되고 있다. 지역구조론에서 보면 인식론적 견지에서는 논리실증주의적 접근방법을 지향하는 신고전경제파와는 일정의 친화성을 가지며 입지론의 적극적인 포섭을 나타내고 있다.

경제발전으로 글로벌 경제가 등장함으로써 지역구조론은 공간체계론[71]으로 재

70) 일본의 과소법에 의하면 전회(前回)에 실시한 센서스 인구에 대한 인구감소율이 10% 이상일 경우, 과거 3년 동안 평균 재정력 지수[(기준 재정수입액/기준 재정수요액)×100]가 40% 미만일 경우이다.

71) 경제의 공간체계는 세계경제의 공간체계, 국민경제의 공간체계, 지역경제의 공간체계, 기업경제의 공간체계, 정보경제의 공간체계로 구성된다.

구축되며, 나아가 기업과 정보경제는 공간 네트워크로 재편되어야 할 것이다.

④ 지방자치단체 경제파

존재론의 관점에서 시장지역과 대치되는 지역사회의 존재를 전제로 하는 것이 지방자치단체 경제파의 연구대상이다. 지역사회란 인간관계에 의해, 지리적·행정적 분할에 의해 나누어진 일정 지역의 사회로, 이는 인위적인 지방자치단체를 가리킨다고 할 수 있다. 지역경제활동은 지방자치단체를 중심으로 야기되는 경제현상을 규명하는 것이라 할 수 있다.

지방자치의 개념은 각 지역의 여러 가지 조건을 개선하고 기본적인 인권을 옹호하는 지역의 민주주의운동(주민운동)부터 각 지역에서 기본적인 인권을 보장하고 실현해 민주적으로 자치를 행하는 제도나 조직까지도 포함한 것으로 이해하는 것이다. 여기에서 지역은 인간의 생활권으로서, 주민운동과 지방자치단체의 관점에서 인식하는데, 지방자치단체 경제파는 그 경제활동, 경제기반으로서의 지역경제를 파악한다.

경제지리학이 국민경제 내부의 임의지역에서 나타나는 경제현상을 법칙 정립적·현상 기술적으로 파악하는 것이 타당하다면 임의지역의 대상은 국가의 하부구조에 해당하는 특정 지방자치단체 등으로 해 경제현상을 법칙정립적·현상 기술적으로 파악하는 것이 타당하다. 지방자치단체 경제파는 지방자치단체 내의 공간적 분업체계보다는 경제구조를 좀 더 중시한다.

1956년부터 시작된 한국의 경제지리학 연구는 그동안 학문의 독자성이나 연구 접근방법의 체계화에 대한 논의 없이 선진국 학문의 발달 속에서 이루어져왔다고 할 수 있다. 그래서 접근방법의 체계화를 위한 인식론과 존재론의 축을 기준으로 신고전경제파, 지리적 정치경제파, 지역구조파, 지방자치단체 경제파로 나누어 체계화의 구축을 시도할 수 있다.

7. 경제지리학의 연구대상과 과제

1960년대까지 세계의 경제에서 선진국의 경제는 자본주의적 축적에 의해 급성장을 거듭해왔으나 1960년대 말부터 점차 경기가 침체되었고, 또 1970년대에는 두 차례에 걸친 석유파동으로 선진국은 제2차 세계대전 이후의 생산체제인 대량생산, 대량소비의 포디즘(Fordism)체계를 포기하지 않을 수 없었다. 그 결과 1980년대에 선진국의 생산체계는 포스트포디즘 노는 유연적 전문화인 다품종 소량 생산체계로 바뀌게 되었다. 그리고 1980년대에는 구소련과 동유럽의 체제붕괴로 이데올로기의 대립인 냉전시대가 끝나고 국제경쟁과 기술혁신을 바탕으로 하는 자본주의의 단일 시장체제로 통합되어 가는 급변한 경험을 하게 되었다. 한편 1995년에 출범한 세계무역기구(WTO)의 등장은 세계경제가 점점 같은 목적으로 향해 공동체로서의 지구촌을 형성해가는 데 대해 세계경제 속에서 자국과 블록의 경제적 이익을 얻기 위해 블록경제화가 더욱 강화되고 있어 세계는 경제전쟁이 일어나고 있다고 해도 과언이 아니다.

이러한 경제환경의 변화로 기술의 중요성은 더욱 높아져 가고, 교통·통신의 발달로 시장의 글로벌화는 더욱 촉진되며, 자본의 국제이동은 다국적 기업의 해외직접투자로 더욱 많아지고, 노동력의 지역분화와 국제적 이동이 활발해지고 있다. 그리고 선진국은 제조업 중심에서 탈공업화(deindustrialization)로 서비스 경제가 활발하게 전개되고 있다. 이와 같은 세계경제의 변화 속에서 세계 각국은 종래 선진국의 공업화 과정에서 화석 에너지 등 각종 유해 물질을 대량소비하므로 환경오염을 유발시켜 지금은 생산활동에서 환경을 정화하는 데 많은 부담을 안게 되었다. 또 지식·정보사회에서 선진국이 세계경제를 주도해 선진국과 제3세계 국가 사이의 빈부 격차가 더욱 심화되어 하나의 세계경제를 형성해가는 데 이들은 큰 걸림돌이 되고 있다.

이러한 세계경제의 변화 속에서 경제지리학의 연구대상을 규정하는 데는 논자 간에 견해가 통일되어 있지 않은데 비교적 많은 논자가 주장하는 것은 지역의 경제에 관한 여러 가지 현상을 경제지리학의 독자의 대상으로 보는 견해이다. 그러나 지역의 범위가 국가이고 국민경제인 경우에는 연구대상이 경제학과 거의 같으므로 경제지리학의 독자성은 결여되게 된다. 그렇다면 경제지리학의 연구대상이 세계경제 안의 블록을 의미하는지 아니면, 국민경제 내부의 지역적 범위를 의미하는지는 명확하지 않다. 블록을 의미할 경우에는 경제지리학의 독자성을 강조하는 데는 그다지 설득력이 없다. 세계 경제론과 각 국가 경제론의 협력 없이는 경제지리학이 독자적인 지위를 구축하는 것은 거의 불가능하기 때문이다. 따라서 경제지리학은 국민경제 내부의 임의지역에서 나타나는 경제현상을 법칙 정립적·현상 기술적으로 파악하는 것이 타당하다.

경제지리학의 연구과제는 먼저 지식의 중요성이 강조됨에 따라 지식경제의 부문(sector)이론, 서비스 경제의 대두와 밀접한 관련이 있는 고도산업화 경제에서 지식노동자의 중요성을 인식하고 있다. 한편 인터넷이 새로운 경제(new economy)에서 지식노동의 중요성을 증폭시켜 경제의 조직화에 새로운 가능성을 창출함으로써 지식경제의 지리는 지식노동자가 특정 도시나 지방 내에 직주하는 경향이 있어 혁신의 공간적 집중을 시사하고 있다. 이러한 면에서 지식경제에 대한 연구를 과제로 들 수 있다

또 오늘날 세계경제에서 금융경제의 규모나 중대성이 증대된 것은 의심할 여지가 없는데, 그것은 자본주의에서 체계적인 변화를 가리키는 것이다. 규제가 경제의 금융화에서 중심적 역할을 담당하고, 벤처자본(venture capital) 금융을 통해 혁신을 유발하고, 각 가구가 투자기회를 창출함에 따라 경제성장을 촉진할 수 있다. 그래서 금융 산업에서 지리적 접근성의 중요성은 금융센터를 창출시키고, 이것이 제조업의 지역 특화나 불균형적인 영역 발전을 조장한다는 점에서 경제의 금융화가 연구과제가 될 수 있다.

또한 글로벌화와 글로벌 상품사슬에 관한 광범위한 의존은 소매 부문의 조직화와 소비자의 구매 선택에 근본적인 변화를 가져왔다. 경제활동에서 소비의 역할에 관한 관점은 일신상의 소비, 소비자운동, 기업과의 공동제작, 이용자 주도의 혁신 등을 통해 적극적으로 변화하기 때문에 소비에 관한 연구 과제로 들 수 있다.

끝으로 경제지리학과 지속가능한 발전(sustainable development)에서 ① 산업의 지속가능성, ② 도시나 농촌생활에서의 지속가능성, ③ 글로벌 기후변동, 경제의 글로벌화, 사회경제의 취약성과의 관련성이라는 세 가지 주제를 중요하게 다루고, 환경산업 클러스터, 재생산업, 농촌의 지속가능성, 기후변화에 대한 내용도 연구과제로 들 수 있다.

8. 등방성 공간과 단위지역 크기 및 공간 스케일 문제

1) 등방성 공간과 단위지역 크기

지표상의 공간에는 자연적·인문적인 여러 현상이 불균등하게 분포되어 있어 연역적 접근방법에 의한 이론을 도출해내기에는 많은 제약조건이 필요하다. 이러한 제약조건을 무시하고 여러 경제현상의 법칙을 추구하기 위해 이론 경제지리학자들이 많이 사용하고 있는 등방성(等方性) 공간(isotropic space)은 하나의 실험실에 해당된다. 등방성 공간이란 그리스어로 'isos('같다'는 뜻)'와 'tropus[표면(surface)란 뜻]'가 결합된 것으로, 스웨덴의 지리학자 헤거스트란드(T. Hägerstrand)에 의해 처음으로 소개되었다. 등방성 공간에서는 가정하려고 하는 사상(事象)은 다르나 그 밖의 모든 사상은 모두 같다고 가정하는 이차원의 공간으로, 거리나 공간을 시간과 비용으로 측정할 경우 이 공간을 조작공간(operational space)이라 한다. 조작공간을 비용과 시간의 차원에서 고찰해보면 〈그림 1-18〉 (가)는 파렌더(T. Palander)에 의해 개발된 거리에 따른 여행비용(travel cost)을 나타낸 등운임선(isotims)이고, 〈그림 1-18〉 (나)는 거리에 따른 여행시간(travel time)을 나타낸 등시간선(isochrones)이다. 등운임선의 거리와 운송비와의 관계에서 모든 운송비용은 거리에 비례하지 않고 원거리일수록 운임률이 감소하는 것을 나타낸 것이며, 등시간선은 등방선 공간에서 작용하는 사람이나 재화 등은 비등방성으로, 자동차의 속도가 시 중심부에서는 교통이 혼잡해 시간이 많이 소요되나 교외에 가까울수록 같은 거리라도 빨리 갈 수 있다는 현상을 잘 나타낸 것이다. 그러나 등방성 공간이 어느 정도의 분석수준(level of resolution)에 해당하는가에 대해서는 일반적으로 국지적 수준(local level), 지역적 수준(regional level), 국가

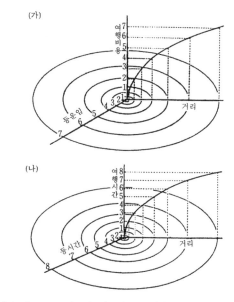

〈그림 1-18〉 거리에 따른 여행비용과 여행시간의 변화

자료: Thoman and Corbin(1974: 159~160).

적 또는 국제적 수준(national or international level)으로 구분하고 있다. 이런 분석 수준은 연구의 문제의식에 따라 고찰하려고 하는 수준이 다르게 나타날 수 있다.

다음으로 연구 단위지역의 크기는 경제지리학을 포함한 지리학의 모든 분야에서 매우 중요하다. 특히 법칙을 추구하려고 하는 이론지리학에서 단위지역의 크기는 매우 중요하다. 일반적으로 통계자료는 행정 구역별로 되어 있어 행정구역의 크기가 다름에 따라 각 단위지역이 갖고 있는 성격도 다르게 나타난다. 따라서 일정한 크기의 단위지역이 경제지리학의 이론을 도출하기에 가장 적당하나, 그 연구지역이 광범위할 경우에는 자료수집이 개인적으로 불가능하게 된다. 그러나 최근 몇몇 국가에서 단위지역의 일반화가 시도되고 있다. 미국의 센서스 구역(census tract)은 인구 4,000명을 단위구역으로 하고, 대도시지역 내부를 소지역으로 세분해 통계자료를 얻을 목적으로 설정된 것이다. 그리고 표준 대도시 통계지구(Standard Metropolitan Statistical Area: SMSA)는 인구 5만 명 이상의 도시를 포함하는 군(county)의 집합체로, 인구·공업·상업 센서스의 자료에도 적용하고 있다. 또 영국의 표준 대도시 노동지구(Standard Metropolitan Labour Area: SMLA), 일본의 인구 집중지구(Densely Inhabited District: DID)[72] 등은 일정한 크기의 방안(mesh)을 단위지역으로 해 그 단위지역에 대한 자료가 발표되고 있다. 한국에서도 1985년 「소지역 통계(Statistical on Small Area Basis)」[73]가 조사되었는데, '기준 소지역'(1km×1km)은 표준경위선을 중심으로 전국에서 9만 9,000개였다. 이 기준 소지역에 인구 및 주택 통계자료를 사용해 지도화된 자료도 발간되었다.

2) 공간 스케일의 문제

최근에 인문지리학에서 공간 스케일(scale)의 문제가 대두되고 있다. 스미스(N. Smith)는 스케일이란 경제사회의 공간적 분화를 촉진하는 일종의 조직원리이고, 특정한 스케일은 특정한 사회경제활동의 기반이 되는 것으로 이해했다.

지리학에서 스케일에 대한 연구는 오랜 전통을 가지고 중요하게 생각해왔는데, 그 이유는 스케일이 지리학 연구의 구성, 그 내용분석, 분석방법, 결과의 해석, 그리고 도출되는 결과에 영향을 미치기 때문이다. 스케일은 4가지로 분류할 수 있다. 첫째, 지도 스케일(cartographic scale)로서 실제 세계의 거리와 지도상의 거리 비율

72) 인구밀도가 1km²당 4,000명 이상의 조사구가 시·구·정·촌(市·區·町·村) 내에서 서로 인접해 있고, 1959년 10월 현재 인구 5,000명 이상의 지역일 때 이것을 인구 집중지구라 한다.
73) 기준 소지역은 표준 위선과 표준 경선을 기준으로 해 동서, 남북방향으로 나누어지는데, 한국의 경우 경위도 원점은 국토지리정보원이 위치한 위도 북위 37° 16′33.3659″, 경도 동경 127° 03′14.8913″이다.

을 말하며, 이는 지도상에 공간형상이 얼마나 상세하게 표현되는가와 관련된다. 둘째, 지리적 스케일(geographical scale)로서 연구지역의 공간크기(size)나 범위(extent)를 말한다. 셋째, 측정 스케일로서 이는 공간형상을 인지하는 최소단위를 말하며, 해상도(resolution), 정밀도(precision), 그레인(grain) 등의 개념과 함께 많이 사용된다. 마지막으로 작동 스케일(operation scale)로서 공간상에서 공간 프로세스가 작동하는 공간범위를 말한다. 그러나 이러한 4가지 유형의 스케일이 존재하지만 실제 연구를 할 때에는 개별 유형을 따로 분류하기 어려우며, 또한 두 가지 이상의 스케일들이 복합적으로 결합되는 경우가 많다.

일반적으로 공간 스케일의 효과가 발생하는 근원은 공간 데이터가 가지고 있는 공간적 종속성(spatial dependency)에 기원하는데, 공간상에서 공간사상(事象) 간에 공간 자기상관이 발생함으로써 공간단위가 가지는 속성의 변이에 영향을 준다. 이때에 공간단위의 스케일이 달라지면 공간단위가 가지는 속성의 변이가 달라지는데, 일반적으로 공간단위가 커질수록 속성의 변이는 작아지고 자기상관은 감소한다. 반대로 공간단위가 작아지면 변이는 커지고 자기상관은 증가하게 된다. 이러한 이유로 연구자가 임의로 데이터의 공간단위를 재구성할 경우 데이터가 가지는 속성의 변이와 자기상관 효과가 달라지므로 원하는 연구취지와는 다른 분석결과가 나올 수 있다. 또한 같은 연구지역이라 하더라도 특정 스케일에서의 분석결과는 다른 스케일에서의 분석과 다르게 나타나므로 이를 유의할 필요가 있다.

공간 스케일은 먼저 분포의 설명원리에 스케일에 의한 차이가 존재한다. 이것은 분포나 공간적 사상(事象)의 범위를 설명할 경우에 어느 정도의 공간 스케일에서 그것을 파악할 것인가를 명시하지 않으면 안 된다. 예를 들면 같은 지역이더라도 1:5000만의 지도와 1:500만의 지도, 1:5000의 지도에서 나타나는 각각의 토지이용은 다르게 나타날 수 있고, 이를 설명하는 원리도 각각 다르다. 이와 같은 설명의 원리가 다른 것은 공간적 스케일에서만의 것이 아니고 시간적 스케일에서도 말할 수 있다. 같은 축척의 공간적 스케일에서 특정한 지역의 토지이용은 시대에 따라 다르게 나타나기 때문이다.

둘째, 사상의 공간적 범위에 대한 것이다. 통근권은 교통의 발달 정도에 따라 그 범위가 달라질 수 있으며, 또 여가권, 생활권도 전업주부인가, 직장 남성인가에 따라 달라진다. 현대에서도 개발도상국의 경우 일상생활권이 반경 수십km에 미치는 계층도 있고, 교통요금 때문에 일상적인 이동은 거의 걸어 다녀 생활권의 범위가 수km인 계층과는 큰 격차가 있다.

인간의 이동이 아니고도 통신판매나 금융기관간의 거래에 의한 개인의 관계권과 같이 더욱 넓은 것도 있다. 나아가 세계 각 국가 간의 무역에 의한 물류를 통해 세계를 결합시키는 것, 신문, 인터넷과 같은 정보 네트워크도 세계적인 범위를 갖고 있다. 일상적 생활권이 반경 수km 이내의 개발도상국의 빈곤층인 경우에도 편의재의 경우 세계적인 범위를 갖는 경우가 많다. 그들이 근처 도로상에서 구입한 일상생활용품의 유래도 그들이 관여하지 않는 유통기구를 통해 세계적인 범위를 가지고 있다. 통신이나 정보 네트워크를 통한 결합에 관해서는 공업화된 국가의 주민과 개발도상국의 빈곤층 사이에 그 범위는 큰 격차가 있다.

셋째, 공간 스케일에서 사회문제의 다른 점이 존재한다. 인간의 공간적 범위, 즉 영역에 대해 정체성(identity)을 갖고 있는 것은 거의 지적되었지만 정체성의 대상이 되는 영역은 중층적인 범위를 갖고 있다. 국가적(national) 스케일에서는 국가권력이 존재하므로 시민생활의 국가적 최소한도(minimum)가 유지되고 사회계층간 또는 국내의 다른 지역 간의 격차·불균등이 커지면 국가 그 자체의 존속이 위험하기 때문에 일정한 범위 내에서, 즉 국가적 최소한도를 실현하기 위해 사회계층간 또는 지역 간의 소득의 재분배를 행한다. 그러나 세계적 스케일에서 대기·해양오염, 산성비 등의 환경문제가 발생하면 그 문제의 성격은 대단히 다르고 그 해결방법도 다르다. 지구온난화의 원인이 되는 이산화탄소나 프레온가스의 문제는 그에 대한 규제를 세계적 규모에서 하지 않으면 안 된다. 현실적으로 세계환경회의 등의 결론을 각 국가가 비준을 하지 않으면 안 되지만 각 국가 간의 1인당 에너지 소비량에는 생활수준의 차이를 반영하면 큰 격차가 있기 때문에 세계 각 국가에 일률적으로 규제를 하면 개발도상국은 현존하는 국가 간의 경제격차를 고정시킨다고 반발을 하고, 공업국가는 국민의 생활수준을 낮추면서까지 에너지 소비를 감소시키는 것은 현실적으로 불가능한 일이다. 그리고 국지적 차원에서도 제도적 규제에 의한 환경문제를 해결하는 것은 어느 정도 가능하나 환경문제는 인접효과에 의한 외부경제(external economies of scale), 또는 외부불경제로 피할 수 없는 것이다.[74]

넷째, 공간 스케일에 따른 지역구분(regionalization)의 문제이다. 지역구분의 문제에서 공간 스케일이 다름에 따라 지역구분의 방법도 다르며, 유형화된 지역의 본

74) 세방화(glocalization)는 스윈게도우(E. Swyngedouw)에 의해 국가 스케일에서 여러 제도나 조정기능이 국가를 초월한 스케일로 부분적으로 상승하는 한편, 별도의 한 부분은 국지적인 스케일로 하강하는 현상으로 정의되었다. 세방화는 글로벌화와 국지화가 동시에 진행하는 과정이지만 중요한 점은 두 과정이 단지 동시에 진행하지 않고 상호작용 관계에 있다는 것이다.

질에도 큰 차이가 있다. 세계농업지역구분을 하면 한국은 몬순아시아 벼 재배지역 또는 가족노동 소규모 경영 탁월지역 등으로 1~3개 정도의 지역구분이 될 수 있다. 그러나 국가적 수준에서 한국의 농업지역을 구분하면 어떤 기준에 의해 구분하는 가에 따라 많은 농업지역이 나타나게 된다. 나아가 국지적 수준에서 농업지역을 구분하면 농업의 지역유형도 대단히 다르게 나타난다. 좀 더 큰 문제는 사상의 분포 상태를 선으로 긋는 것은 어디까지나 조작상의 것이고, 이 선이 국경선과 같이 정치적, 경제적, 나아가 군사적인 의미를 가질 경우에는 큰 분제가 발생할 수 있다. 지역구분이 권력을 통해서 현실화되는 경우에는 항상 위험성을 동반한다.

다섯째, 글로벌화(globalization, mondialisation)와 공간크기간의 관계이다. 1990년대에 들어와 글로벌화의 논의는 매우 활발하게 이루어졌는데 대해 2000년 시애틀에서의 WTO 회의반대, 2001년의 런던의 항의집회에 이르기까지 글로벌화는 세계의 불평등을 조장하는 것이라고 글로벌화를 반대하는 운동도 활발했다. 이러한 새로운 운동은 무엇보다도 공간적 크기에 관한 것이기 때문에 인문지리학으로서는 중요한 문제이다. 국민국가는 국민이 국정에 참여하는 권리를 갖고 있고 병역과 납세를 위시해 국가에 대한 의무를 가지는 것에서 원칙적으로 국민국가가 성립된다. 현대세계에서 인류의 대부분이 국적 선택의 자유가 없고, 또 국경선은 사람, 물자, 화폐가 선택적으로 통과한다는 의미에서 국가적 크기는 대개 지적되어온 바와 같이 현대에서 가장 중요한 의미를 가지고 있다. 제2차 세계대전 이후 국제통화기금(IMF)체제를 바탕으로 물자나 화폐의 유동성이 높아지고 자본이 국경을 넘어 활동하는 다국적 기업화가 이루어졌다. 또 공업이 발달한 몇몇 국가나 산유국에서 노동력의 부족이 국민경제 성장에 장애가 됨과 동시에 자본과 노동력의 유동화가 이루어지게 되었다. 이러한 현상에 대해 경제적인 면뿐 아니라 사회적·문화적으로도 대응하지 않으면 안 되는 요청에서 나온 것이 국제화(internationalization)이다. 국제화는 어디까지나 주권국가의 국민발의권(initiative)에서 나온 것이라고 이해해왔다.

자본과 노동력의 유동화뿐 아니라 채무관계를 통해 국가 간의 경제적·금융적 결합이 강해지고 광역경제권이 각 지역에서 나타나는 것과 더불어 경제·금융정책에 관해서 세계은행, IMF 등의 국제기관의 지도와 개입이 빈번하게 나타나게 되었다. 광역경제권으로서 뚜렷한 것은 가장 역사가 오래되었고, 또 노동력·상품·자본 이동의 자유화뿐 아니라 통화통합과 부분적인 정치적 통합을 목표로 하는 점에서 가장 진전된 것이 유럽연합(EU)이다. 또 국제기구의 개입이 뚜렷한 것은 국제적 채무문제에 관한 것이다. IMF와 세계은행의 지도로 몇몇 국가에서 채무문제가 해결방향으로 나아간 것도 사실이다. 이러한 것은 다른 면에서는 주권국가의 권한이 후퇴또는 제한을 받은 것을 의미한다.

국가적 크기의 역할이 감소하는 것은 국경을 넘는다는 의미에서 세계적 크기의역할 증대를 의미한다. 국가적 크기의 역할 감소는 동시에 가장 작은 공간 단위, 국지적 크기가 사회적·경제적 단위로서 중요한 의미를 갖는 것을 결과로 하지만 동시에 종래 주권국가가 행해온 소득재분배정책, 공간적 평등화가 일어나기 어려운 것을 의미한다. EC·EU에서 공통지역정책이 그 예이다. 국지적 크기, 지방정부의 자치권 확대, 경우에 따라 분리·독립운동의 격화 등이 지적된다. 주권국가의 지역 간소득재분배정책의 후퇴는 지역 간 격차를 증대시키고, 국제기관이 경제·금융정책에 대한 발언권이 강해지는 것은 이 경향을 더욱 조장했다. 이와 같이 국가적 수준대신에 세계적, 국지적인 수준에서 의미가 증대되는 현상을 글로벌화라고 부르지만 세계적인 수준에서의 지역 간 격차의 증대를 보기 위해서는 상대적으로 빈곤한국가의 통화가치의 하락이 뚜렷한 것도 염두에 두지 않으면 안 된다. 또 격차라는경우 소득 간 격차뿐 아니라 정보격차(정보에 접근하는 기회의 격차), 복지격차 등도주목하지 않으면 안 된다.

글로벌화의 귀결로서 좀 더 주목하지 않으면 안 되는 것은 계층 간 격차의 증대이다. 하나의 국가, 하나의 지역 속에서도 세계적 크기에서 전개되는 경제순환 속에서 어떤 소수의 사람들과 거기에서 제외된 다수의 사람들의 격차는 규제완화를위시한 신자유주의적 여러 정책의 결과로서 커지고, 그것을 나타내는 실증적 연구도 이루어졌다. 1930년대부터 1970년대 초까지 자본주의국가는 공공투자에 의해국민경제의 안정적인 성장을 유지해왔고, 그것이 계층 간의 격차를 축소시키는 복지국가의 실현, 계층 간의 대립의 감소를 가져왔지만 경제성장이 둔화된 1970년대중반부터 그러한 공공투자에 의한 경제성장의 유지와 복지국가의 실현이 많은 국가에서 곤란해졌다. 1980년대 말 사회주의체제의 붕괴는 시장기구의 밖이지만 어느 정도 실현된 계층 간의 평등화가 일거에 무너져 계층 간 및 지역 간 격차가 커지게 되었다.

어떠한 공간 스케일에서 규제가 실현되어 소득과 부의 재분배가 이루어질까 라는 것이 중요하다는 것은 이상에서 밝혀졌다. 공간 스케일은 문제의 설명에 대해 중요할 뿐 아니라 어떠한 공간에서 정책이 실현되는가라는 실천적인 과제이기도 하다. 현실세계에서는 이러한 크기의 정책이 중요한 의미를 갖고 있다.

지리학에서 공간 스케일은 가장 중요한 개념 중의 하나이지만 스케일은 경제사회에 선행해서 존재하는 것이 아니고, 어디까지나 경제사회를 취급할 때의 하나의 접근방법이다. 공간 스케일의 강조가 '공간 물신숭배(fetishism)'에 빠지지 않게 유의해야 한다.

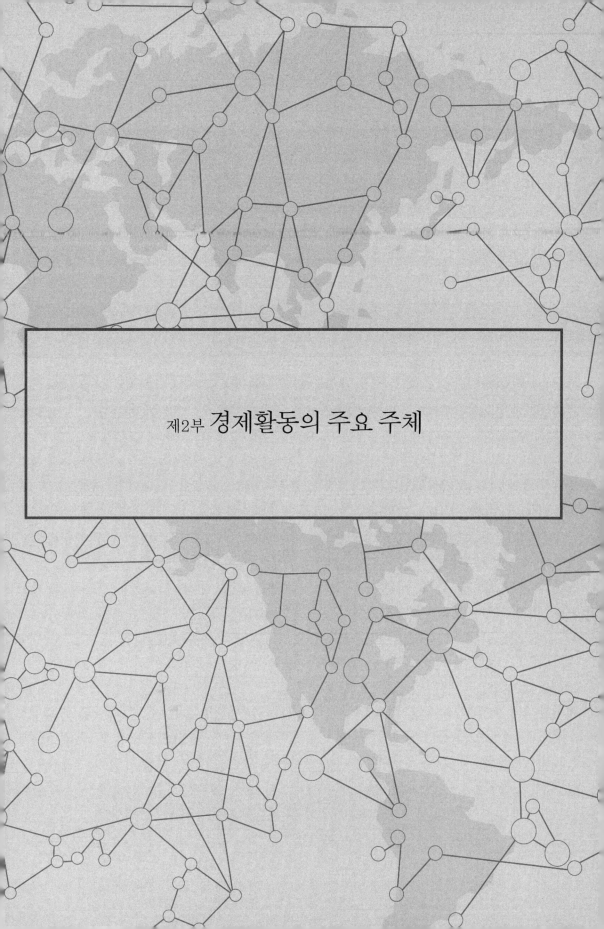

제2부 경제활동의 주요 주체

제2장
자원의 지역적 분포

　인간과 환경의 관계를 분석하는 것이 지리학의 본질이라고 한다면 자원은 지리학, 특히 경제지리학의 연구대상으로 충분히 연구할 만한 가치를 가지고 있다. 그리고 현실적으로 인간과 환경과의 관계에서 인간이 많은 자원을 이용함으로 적지 않는 문제가 야기되고 있기 때문에 최근에 이에 대한 연구가 더욱 긴요하다고 할 수 있다.

　경제지리학의 연구대상인 자원의 국지적 분포는 자원산업의 입지와 배치를 결정짓고 국가 전체의 지역구조를 형성하는 데 영향을 미친다. 또 이렇게 형성된 국가의 지역구조 그 자체는 한 나라의 자원이용에 구체적인 형태를 규정짓기 때문에 자원문제는 경제지리학과 밀접한 관계를 갖고 있다. 따라서 자원의 생산배치에 대한 역사적 형성과정과 과거 사용했던 자원의 방기과정(放棄過程) 및 자원의 남용, 폐기에 대한 지역적 연구가 필요하다.

1. 자원의 개념

　일본 과학기술청은 자원을 "인간의 사회생활을 유지·향상시키는 원천으로 움직이는 대상이 되는 사물"이라고 정의했다. 또한 미국 국가자원위원회(National Resources Committee)에서는 자원을 다음과 같이 분류했다.

　첫째, 욕망을 충족시키기 위해 소비되는 자원, 즉 ① 천연자원: 토지, 광물, 삼림, 물, 야생조수, 어류, ② 인공설비: 공장, 주택, 댐, 발전소 설비, 관개시설 등 자연을 개조할 수 있는 것, ③ 인적 자원: 노동력, 기능, 숙련도, 노동의 사기.

둘째, 비소비적 자원, 즉 ① 기후, 지형, ② 생산의 기술, ③ 제도 및 생산조직, ④ 국민의 도덕, 건강, 사기, 사회적 융화 및 관습 등.

이와 같은 자원의 개념은 대단히 넓은 범위의 내용을 포함하고 있기 때문에 보통 좁은 의미에서의 자원개념은 인적·문화 자원을 포함시키지 않는 물적 자원에 한해 사용하고 있다. 물적 자원은 자연 중에서 천연자원과 이것을 인간이 1차적으로 가공한 제1차 자원으로 분류된다. 일본의 자원조사회에서 분류한 좁은 의미의 자원, 즉 물적 자원은 다음과 같다.

첫째, 천연자원, 즉 ① 무생물 자원: 토지, 물, 광물, ② 생물자원: 삼림, 야생조수, 어류.

둘째, 제1차 자원, 즉 ① 식량자원 ② 원료자원: 공업원료, 에너지원.

이러한 물적 자원이 자원론의 연구대상이 된다.

2. 자원 이용에 영향을 미치는 변수

자원의 이용에 영향을 미치는 변수를 보면 다음과 같다. 첫째, 시장입지가 자원의 이용에 영향을 미친다. 즉, 시장의 수요량이 적은 경우 매장지가 시장 가까이 분포해 있으면 그 자원은 이용된다. 그리고 수요량이 많으면 자원의 매장지가 시장으로부터 멀리 떨어져 있어도 산출된다. 둘째, 매장자원의 질, 즉 매장량, 품위, 가치가 자원의 이용에 영향을 미친다(〈그림 2-1〉). 자원의 이용 여부는 매장량의 질 여하와 관계가 깊으나 너무 거리가 먼 곳에 품위가 높은 자원이 매장되어 있고, 시장으로부터 가까운 곳에 품위가 낮은 자원이 분포해 있을 경우에는 시장의 접근성에 의해 품위가 낮은 자원을 이용하

〈그림 2-1〉 부존량의 크기에 영향을 미치는 인자

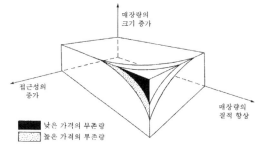

주: 자원의 매장량 중 매장량이 확인되어 합법적으로 채굴할 수도 있고, 경제적 가치도 높아 실제 이용할 수 있는 자원의 양을 부존량(reserves)이라 함.
자료: Haggett(1972: 184).

는 만큼 시장으로부터 멀리 떨어져 있고 품위
가 높은 자원도 이용된다. 〈그림 2-2〉는 시장
의 접근성과 자원의 질이 단일시장에 작용하는
관계를 나타낸 것으로, 시장으로부터의 거리가
멀어짐에 따라 거리 운임지대 1, 2, 3이 분포하
고 있다. 그리고 매장지역의 품위는 A가 가장
높고, 그 다음으로 B, C, D의 순이다. 개발된
자원의 지역별 분포로 보면 품위가 높은 자원
은 시장에서 먼 곳이지만 개발되고, 품위가 낮

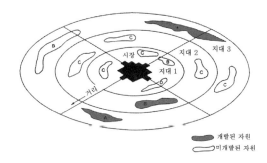

〈그림 2-2〉 자원의 질과 시장으로부터의 거리

자료: Boyce(1978: 148).

은 자원은 시장으로부터 가까이 매장되어 있는 자원만이 개발되어 자원의 이용에
서 시장의 접근성(운송비)과 자원품질(생산비)의 중요성을 제시했는데, 여기에 자원
의 시장가격과 매장량이 부가되어 산출입지를 파악할 수도 있다.

다음으로 자원이용에 영향을 미치는 변수 중 운송비에 대해 살펴보면 먼저 거리
에 비례하는 운임과 자원의 여러 매장지 사이의 관계를 나타낸 것이 〈그림 2-3〉이
다. 이 그림에서 M은 시장을, 가로축은 시장에서의 거리를 나타낸 것으로, A, B, C,
D는 자원의 매장지를 나타내며 이들 각 지점에서의 수직선분은 자원의 각 산출지
에서 톤당 평균 생산비(채취비)를, 실사선(實斜線)은 운송비 구배선을 나타내고, 세
로축은 생산비와 운송비에 의한 판매가격을 나타낸다. 시장에서의 판매가격이 P_1
이면 어떤 자원 매장지에서도 경제적인 채취가 불가능하며, 시장 판매가격이 P_2가
되면 A지점에서만 경제적 채취가 가능하게 된다. 그리고 시장 판매가격이 P_4이면
C지점에서도 자원채취가 가능하게 되고 A지점에
서는 순이익이 발생하게 된다. 시장 판매가격이
P_5이면 이 가격을 나타내는 운송비 구배선은 생
산비 상한선이 된다. 따라서 자원의 매장지가 시
장 판매가격 P_5에 해당하는 D지점의 안쪽에 위
치해 자원의 생산비와 운송비가 DP_5로 연결되는
선보다 많으면 자원채취가 불가능하나 DP_5를 연
결하는 선보다 작을 경우에는 이윤이 발생하게
된다. 그리고 자원 매장지가 D지점의 바깥쪽에

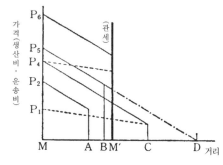

〈그림 2-3〉 거리비례의 운임과 여러 자원지역

자료: 西岡久雄(1976: 124).

위치하면 생산비가 0이더라도 자원의 채취는 불가능하게 된다.

〈그림 2-3〉에서 자원 매장지와 시장 사이에 수상교통에 의해 자원 수송이 가능하거나 국경선을 통과함에 따라 관세가 부가된다고 생각해보자. 먼저 수상교통을 이용할 경우에는 C지점에서의 생산비 및 운송비가 P_1의 점선일 경우에는 C의 자원 매장지에서 판매가격이 가장 낮아 자원채취가 가능하게 된다. 한편 자원이 M'의 국경을 통과할 경우에는 P_1P_4에 상당하는 관세가 부가되어 자원 매장지에서의 산출품은 M에서 P_6의 판매가격이 된다. 따라서 생산비 상한선 P_5에서 볼 때 C지점에서의 자원채취는 불가능하게 된다.

다음으로 자원과 기술과의 관계를 살펴보면 다음과 같다. 자원과 기술은 지역적으로 모두 편재되어 있는데, 자원과 기술을 모두 갖추고 있는 지역, 자원은 부존되어 있지만 기술이 발달되지 못한 지역, 자원은 부존되어 있지 않으나 기술은 발달된 지역, 자원과 기술이 모두 없거나 발달되지 못한 지역 등으로 나눌 수가 있다. 일반적으로 경제발전과 개발정도에 따라 세계는 선진지역과 후진지역으로 나눌 수 있는데, 선진지역은 기술이 축적되어 있으며 새로운 기술을 창조하고 이를 다른 지역으로 파급시킨다. 그러나 후진지역은 기술의 발달이 뒤떨어졌으며 선진 기술지역으로부터 기술을 도입하며 자원의 개발도 불충분한 지역이다. 한편 자원은 그 지역의 인구수에 비해 부존량이 많은 지역과 적은 지역으로 나누어지는데, 앞에 서술한 기술의 발달 정도에 따라 선진·후진지역과를 종합해 유형화시키면 4개의 자원 충족도 유형으로 나눌 수가 있다(〈그림 2-4〉).

1) 이용할 수 있는 자원에 대한 인구압을 말한다.

이 유형의 설정을 시도한 학자가 애커먼(A. E. Ackerman)이다. 그는 기술은 발달했으나 1인당 이용할 수 있는 자원부여(resource endowment)[1] 가 낮은 유럽형은 해외에서의 자원 의존률이 매우 높다고 했다. 그리고 기술이 발달되었고 1인당 이용할 수 있는 자원부여가 높은 미국형은 자원의 제약이 인구에 영향을 미치지는 않지만 생활수준에는 영향을 미칠 때가 있다고 했으며, 해외자원에 대한 경제적 경쟁력이 강하다고 했다. 다음으로 기술이 미발달된 상태이고 1인당

〈그림 2-4〉 자원 충족도에 의한 유형

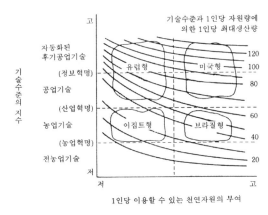

자료: Abler, Adams and Gould(1971: 343).

〈그림 2-5〉 자원 충족도에 의한 유형 분포

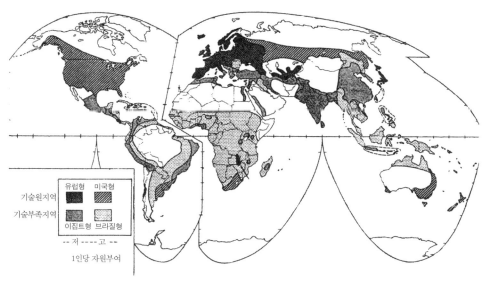

자료: Abler, Adams and Gould(1971: 344).

이용할 수 있는 자원부여도 낮은 이집트형은 장래에 있을 자원문제를 의식해 해외 자원에 의존하려는 압력이 증대된다. 마지막으로 기술은 미발달 상태이나 1인당 이용할 수 있는 자원부여가 높은 브라질형은 국내자원이 풍부하므로 자원제약이 인구에는 영향을 미치지는 않는다. 이들 유형 이외에도 인간이 거의 거주하지 않고 기술수준도 아주 낮은 사막과 극지역의 사막·극지형도 있다. 세계 각 국가를 자원 충족도에 의해 유형화하면 〈그림 2-5〉와 같다.

3. 에너지자원

생산 에너지의 역사는 인류 자신의 근육 에너지에서 베이징 원인(猿人)이 저우커우뎬(周口店)에서 불을 처음 사용함에 따라 신탄(薪炭)을 이용하게 되었다. 그리고 근육 에너지를 제공하는 말, 소, 낙타 등을 가축화함에 따라 생물 에너지를 이용하는 기술도 알게 되었다. 이와 같이 인류가 그 자신 이외의 자연물 중에서 생산활동에 필요한 에너지를 이용하는 것과 함께 무생물 에너지인 바람, 물 등을 이용할 수 있는 것도 이와는 별도로 발전시켰다. 무생물 에너지에 대한 욕구는 산업혁명을 계기로 그 후 석탄·석유·천연가스 등 새로운 동력·연료자원의 개발로 확대되었다.

신탄에서 석탄으로의 에너지 이용 변화는 산업혁명에 의한 증기기관의 발명과 무게 1단위당 열량이 신탄보다 높고 수송비용이 낮은 점에 기인한 것이다. 따라서 산업혁명 이후 자본주의의 지속적인 발전은 열효율이 높은 석탄의 풍부한 공급이 그 동력이 되었다고 볼 수 있다. 일반적으로 경제성장이 급속히 이룩되면 될수록 에너지의 소비는 열효율이 높은 에너지로 대체되는데, 석유가 대규모로 소비시장에 공급된 것은 1850년 이후로 1886년 독일에서 내연기관이 발명됨으로써 농업·교통부문에 액체연료인 석유가 압도적으로 유리해졌다. 석유는 석탄보다 높은 열효율과 운반의 편리성, 연소 조작의 용이성, 저장면적의 절약, 재처리의 불필요성 등의 특성을 가지고 있다. 그러나 석유의 소비량이 본격적으로 증가한 원인은 세계인구의 증가와 선진 공업국가의 경제성장에 기인된 것이다. 오늘날 석유가 다른 에너지에 비해 소비량이 압도적으로 많으나 그 매장량이 유한하기 때문에 대체 에너지의 개발이 시급하다. 이러한 대체 에너지의 전환은 1973년과 1978년의 두 차례에 걸친 석유파동으로 더욱 촉진되었다. 그러므로 현재는 석유 대체 에너지 시대의 과도기로서 세계적으로 에너지 부족이 문제가 되고 있다. 따라서 에너지 소비를 줄이고 에너지 이용효율을 높이며, 에너지를 다양하게 개발하고 순환 에너지자원도 개

〈그림 2-6〉 세계의 1차 에너지 산출 구성비의 변화(1870~2010년)

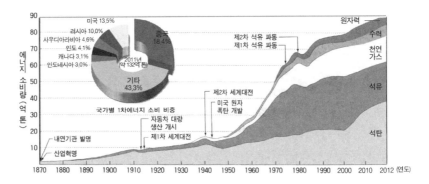

주 1: 에너지 소비량은 각 에너지의 열량을 석유로 환산한 것임.
주 2: 1차 에너지란 생산, 수출입 및 재고증감에 의해 국내 공급된 에너지이며, 다른 에너지로 전환되기 위해 투입되는 에너지와 산업, 수송, 가정, 상업용으로 소비되는 최종에너지의 합으로 계산함.
자료: 에너지경제연구원(2013: 226); 矢野恒太記念會 編(2014: 169~170) 자료 참고하여 필자 작성.

발할 필요가 있다. 〈그림 2-6〉은 세계의 에너지원 산출 구성비의 변화를 나타낸 것으로 제2차 세계대전 이후 에너지의 소비량은 급증하고 있다. 에너지 소비량은 1970년 이후 석유가 가장 많고, 그 다음은 석탄, 천연가스의 순이다. 국가별 1차 에너지의 소비량은 중국이 18.4%, 미국이 13.5%, 러시아가 10.0%를 차지해 많다.

1) 에너지자원의 존재형태

에너지자원은 다음 세 가지 다른 존재형태가 있다.

첫째, 항상 그 자체를 재생해 인간이 사용해도 고갈되지 않는 자원으로, 이들 자원의 분포는 일반적으로 특정 지역에만 한정되어 있지 않고, 세계의 어느 장소에서도 존재하는 태양열, 조력, 풍력 등이 이에 속한다.

둘째, 장소적으로 한정되어 있으며 사용하면 감소하는 자원, 즉 축적된 에너지로서의 사용은 1회에 한하는 석탄, 석유, 천연 가스, 우라늄 등이 이에 속한다.

셋째, 장소적·양적으로는 한정되어 있지만 그 자체는 재생하는 자원으로 하천, 호소의 수력 등이 이에 속한다.

이상에서 첫 번째와 세 번째는 모두 고갈되지 않는 자원인 순환(재생)자원이고, 두 번째는 고갈(축적)자원이다. 에너지 경제의 이상적인 면에서 볼 때 고갈되는 에너지자원을 소비의 대상으로 삼기보다는 순환자원의 활용이 바람직하지만 현재 공업과 교통분야에서 많이 요구되는 에너지는 주로 고갈자원이다. 또 자원의 분포의 면에서는 두 번째와 세 번째는 지표에 편재되어 있으나 첫 번째는 어디에서나 널리 존재하므로 이들 사이에는 큰 차이가 있다. 그러나 자원의 분포가 보편적인 태양열, 풍력 등은 지표상에 균등하게 분포해 있지 않아 균등한 보편이 아니고 불균등한 보편이다.

2) 에너지자원의 산출과 소비

(1) 석탄

석탄은 고생대 데본(Devon)기 이후에 식물이 대기와 차단된 환경에서 생성된 것으로, 특히 고생대 석탄·이첩기의 지층에서 세계 산출량의 약 80%가 채굴된다. 이와 같은 석탄의 탄층 형성은 식물의 생육 장소에서 퇴적되어 그 곳에서 탄화되었다는 원지설(原地說)과 식물체가 물에 의해 운반되어 해저·호저에 퇴적되어 생성되었다는 이동설이 있다. 그러나 현재 탄전지역의 분포로 보아 석탄산지는 지질시대의 식물 번성지역과 일치하는 경우가 많다. 베게너(A. L. Wegener)에 의하면 석탄기 당시의 적도(열대 우림대)는 미국의 애팔래치아산맥~독일~우랄지방~시베리아~만주지방을 연결하는 곳으로, 이들 지역이 현재 석탄의 주요 산출지역이다.

석탄은 수천만 년 이상 동안 지압과 지열에 의해 매장된 식물의 수분과 가스분이 소실되는 과정에서 탄화 정도가 진행되었고, 이 밖에 분화작용, 화성암의 개입, 단층작용 등에 의해서도 탄화가 촉진되었는데, 석탄은 고정탄소의 비율이 높아짐에 따라 이탄, 갈탄, 역청탄, 무연탄[2] 등으로 나누어진다.

2010년 세계의 석탄 가채[3] 매장량은 4,031억 97백만 톤으로, 2010년 중국이 세계 산출량(58억 7,862만 톤)의 55.0%를 차지해 매우 많았고, 그 다음으로 인도(9.1%), 미국(7.8%), 오스트레일리아(5.3%), 인도네시아(5.4%)의 순으로 산출되었다. 그러나 1937년 당시는 미국, 영국, 독일이 주요 산출국이었으나 1992년에는 중국, 미국, 인도, 러시아가 주요 산출국이 되었다. 그 결과 1937~1992년 사이에 주요

2) 석탄은 탄화도(炭化度)에 따라 탄소분이 60%인 이탄(泥炭), 70%인 아탄(亞炭) 및 갈탄, 80~90%인 역청탄, 95%인 무연탄으로 나뉜다.
3) 가채매장량은 기술적, 경제적으로 채굴이 가능한 매장량으로 가채연수의 측정은 (매장 확인량)/(특정 연도 산출량)으로 측정하는데, 측정 방법은 산술급수적 지수(static index)와 기하급수적 지수(exponential index)가 있다. 산술급수적 지수는 현재 소비되고 있는 소비율로 사용할 경우 부존량의 80%가 고갈될 때까지 걸리는 기간을 측정하는 것이고, 기하급수적 지수는 연평균 2.5%의 증가율로 자원의 소비량이 계속될 때 부존량의 80%가 고갈될 때까지 걸리는 기간을 측정하는 것으로 산술급수적 지수보다 정확하다.

⟨표 2-1⟩ 주요 국가의 석탄 산출량과 소비량

국가	산출량(100만 톤)					소비량(100만 톤)			
	1937년	1970년	1992년	2010년	%	1992년	2010년	%	1인당(kg)
중국	-*	360	1,116.4	3,235.0	55.0	1090.8	3,197.7	56.9	2,350
미국	448	550	823.3	457.7	7.8	727.1	420.4	7.5	1,362
러시아	-	432***	193.5	245.6	4.2	199.1	147.5	2.6	1,033
폴란드	36	140	131.6	76.7	1.3	111.2	84.8	1.5	2,201
남아프리카 공화국	15	55	174.9	254.5	4.3	132.3	190.0	3.4	367
인도	25	74	238.2	532.7	9.1	240.4	589.9	10.5	495
오스트레일리아	12	45	175.1	314.3	5.3	52.7	24.1	0.4	1,121
우크라이나	-		127.8	55.0	0.9	133.1	65.0	1.2	143
영국	244	147	84.9	18.4	0.3	100.4	51.4	0.9	814
독일	171**	116	72.2	12.9	0.2	82.0	58.6	1.0	716
카자흐스탄	-		126.5	103.7	1.8	-	72.7	1.3	4,638
인도네시아	-			319.2	5.4	-	28.0	0.5	12
세계	1,310	2,143	3,527.3	5,878.6	100.0	3,498.6	5,622.2	100.0	785

* 아탄·갈탄을 포함.
** 제2차 세계대전 이전 동독과 서독으로 분리되기 이전.
*** 구소련 시기 독립국가연합.
자료: 古今書院(2005: 37); 矢野恒太記念會 編(2014: 181) 자료 참고하여 필자 작성.

산출국의 변화가 나타났으나, 1992~2010년 사이에는 세계 산출량도 증가했고 주요 산출국가의 순위도 바뀌었다. 또 1937~2010년 사이에 세계 총 산출량은 4.5배가 증가했다(〈표 2-1〉).

한편 석탄의 주요 소비국을 보면(〈표 2-1〉) 2010년 세계 총 소비량은 1992년에 비해 1.6배 증가했는데, 소비량 중 중국이 56.9%를 차지해 가장 많았고, 그 다음으로 인도(10.5%), 미국(7.5%), 남아프리카공화국(3.4%), 러시아(2.6%)의 순으로, 이들 5개국의 소비량이 세계 총 소비량의 80.9%를 차지했다.

석탄의 주요 수출입 국가를 보면 먼저 수출의 경우 2010년 현재 오스트레일리아가 세계 수출량(10억 8,420만 톤)의 27.0%를 차지해 가장 많았고, 그 다음으로 인도네시아(26.8%), 러시아(12.2%), 콜롬비아(6.3%), 미국(6.2%), 남아프리카공화국(6.1%), 캐나다(3.1%), 카자흐스탄(2.7%), 베트남·중국(1.8%), 몽골(1.5%)의 순이었다. 한편 같은 연도의 수입은 일본이 수입량(9억 8,025만 톤)의 18.9%를 차지해 가장 많았고, 그 다음으로 중국(16.6%), 한국(11.6%), 인도(7.0%), 독일(4.7%), 영국(2.7%), 러시아(2.5%), 이탈리아(2.2%), 터키(2.2%), 말레이시아·네덜란드(2.1%)의 순이었다. 석탄의 국가 간 이동은 미국과 캐나다에서 서부 유럽의 여러 나라, 일본으로의 유동과, 오스트레일리아에서 일본과 인도로, 중국에서 한국으로의 유동이 탁월하다.

(2) 석유

석유는 유기설에 의하면 수중의 동·식물질이 이토(泥土)에서 오랫동안 불완전 산화작용을 받아 지압·지열·박테리아 작용에 의해 건류(乾溜)되어 생성되며, 가스압, 수압, 중력 등에 의해 이동되어 주로 다공질의 사암층 배사층에 유층이 형성된다. 이와 같이 형성된 유층은 퇴적암 지대에 분포하며 신생대 제3기 습곡운동에 의해 생긴 배사층에 약 90%의 석유[4]가 집중 매장되어 있다.

세계 주요 산유국의 매장량 분포를 보면 〈표 2-2〉와 같이 2014년 추정확인 매장량(2,614억 7,800만 *kl*)의 48.6%가 페르시아만 여러 나라에 부존해 있으며 여기에 북아프리카 지역을 더하면 52.6%라는 압도적인 양이 이들 지역에 집중 매장되어 있다. 그 다음으로 미국, 멕시코, 베네수엘라를 중심으로 한 멕시코만, 카리브해 연안 제국에 20.7%가 매장되어 있다. 이 밖에 러시아와 중앙아시아에 7.3%, 나이지

4) 석유제품은 증류온도에 따라 4가지로 나눌 수 있다. 즉, 40~200℃에서 증류되는 석유제품은 휘발유이고, 150~300℃에서 증류되는 것은 등유, 200~300℃에서 증류되는 것은 경유, 300℃ 이상에서 증류되는 것은 중유이다.

〈표 2-2〉 세계 주요 국가의 원유 매장량, 산유량, 수출입량

국가	가채 매장량 (100만 kl) (2014년)	산유량 (만 kl) (2013년)	%	가채 년수	국가	수출량 (만 톤) (2011년)(%)	국가	수입량 (만 톤) (2011년)(%)
베네수엘라	47,341	14,428	3.3	328.1	사우디아라비아	3,5115(16.9)	미국	46,814(21.7)
사우디아라비아	42,668	56,137	12.9	76.0	러시아	24,449(11.8)	중국	25,378(11.8)
캐나다	27,539	19,558	4.5	140.8	이란	11,515(5.5)	인도	17,173(8.0)
이라크	22,308	17,869	4.1	124.8	아랍에미리트	11,380(5.5)	일본	16,847(7.8)
이란	25,011	15,565	3.6	160.7	나이지리아	1,0961(5.3)	한국	12,520(5.8)
쿠웨이트	16,536	16,267	3.7	101.7	이라크	10,824(5.2)	독일	9,052(4.2)
아랍에미리트	15,550	15,739	3.6	98.8	캐나다	10,742(5.2)	이탈리아	7,222(3.4)
러시아	12,720	60,490	13.9	21.0	베네수엘라	9,326(4.5)	프랑스	6,418(3.0)
리비아	7,707	5,229	1.2	147.4	쿠웨이트	8,936(4.3)	싱가포르	5,759(2.7)
나이지리아	5,905	11,334	2.6	52.1	앙고라	7,889(3.8)	에스파냐	5,215(2.4)
미국	5,053	43,323	9.9	11.7	노르웨이	7,205(3.5)	영국	4,965(2.3)
카자흐스탄	4,770	9,413	2.2	50.7	멕시코	7,036(3.4)	네덜란드	4,897(2.3)
카다르	4,013	4,248	1.0	94.5	카자흐스탄	6,870(3.3)	타이	4,145(1.9)
중국	3,876	24,241	5.6	16.0	오만	3,871(1.9)	타이완	3,987(1.9)
브라질	2,102	12,303	2.8	17.1	아제르바이잔	3,727(1.8)	캐나다	3,324(1.5)
알제리	1,940	6,639	1.5	29.2	알제리	3,242(1.6)	벨기에	2,985(1.4)
세계	261,478	436,603	100.0	45.3	세계	207,585 (100.0)	세계	215,308 (100.0)

자료: 矢野恒太記念會 編(2014: 184~186) 자료 참고하여 필자 작성.

리아(2.3%), 중국(1.5%), 북해 연안제국(영국, 노르웨이)(0.5%), 인도네시아(0.2%)에
분포해 있다.

산유국의 채굴 가능연수에 의한 각 국가의 석유부존 장래성을 살펴보면 최대 매
장지역인 서남아시아가 95.5년으로 세계 평균 45.3년보다 크게 상회하고 있다. 이
에 비해 베네수엘라는 328.1년, 이란 160.7년, 캐나다 140.8년 순으로 길며, 타이는
5.1년으로 가장 짧다.

2013년 원유 산출량은 러시아가 세계 산유량(43억 6,603만 kl)의 13.9%를 차지해
가장 많았고, 그 다음으로 사우디아라비아(12.9%), 미국(9.9%), 중국(5.6%)의 순이
었다. 한편 2011년 석유의 수출입국가를 보면 먼저 수출의 경우 사우디아라비아가
세계 수출량(20억 7,585만 톤)의 16.9%를 차지해 가장 많았고, 그 다음으로 러시아
(11.8%), 이란(5.5%), 아랍에미리트(5.5%), 나이지리아(5.3%), 이라크(5.2%), 캐나다
(5.2%)의 순이었다. 한편 수입은 미국이 세계 수입량의 21.7%를 차지해 가장 많았
고, 그 다음으로 중국(11.8%), 인도(8.0%), 일본(7.8%), 한국(5.8%)의 순으로, 페르시
아만 산유국에서 미국, 유럽의 여러 국가, 일본, 한국 등으로, 러시아와 북아프리카
의 산유국에서 유럽으로, 캐나다와 북해 산유국에서 미국으로, 인도네시아에서 일

〈표 2-3〉 1·2·3차 오일 쇼크(oil shock) 비교

기간		배럴당 국제유가 추이(달러)*	원인	한국 경제 충격
1차 오일 쇼크	1973~1974년	3.2 → 11.6	중동 전쟁, 석유무기화	1974년 물가 상승률 약 25%, 경제성장율 7.4%
2차 오일 쇼크	1978~1981년	10 → 40	이란의 호르무즈 해협 봉쇄, 석유수출 중단	1980년 물가 상승률 28.7%, 경제성장률 -5.7%
3차 오일 쇼크	2008년 1월~6월 30일	89.2 → 136.2	국제저금리, 핫머니(hot money) 유입, 농농성세 불안	?

* 두바이 유 기준.

〈사진 2-1〉 캐나다 앨버타 주의 유사

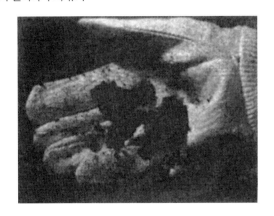

본, 한국 등으로 수출한다.

　석유와 유사한 고체 또는 반유동체로 탄화수소를 함유한 퇴적암 또는 토사(土砂)로 석유를 함유하고 있는 것으로 유모혈암(油母頁岩: oil shale)[5]과 유사(油砂: Tar sand, oil sand)[6]가 있다. 석유의 채굴과정에서 그동안 버려졌던 유모혈암은 1973년 석유파동 이후 각 산유국에서 석유의 중요성을 인식하고 개발해 사용하게 되었다(〈표 2-3〉). 유모혈암은 석유의 함유량이 5~6%인데, 세계의 매장량은 약 3,200억 톤으로 이 중 미국이 약 50%를 차지하고 있다. 그리고 유사(油砂)는 미국의 로키산맥의 동부, 캐나다 앨버타 주[7], 베네수엘라에 약 99% 매장되어 있다(〈사진 2-1〉).

　석유의 역할은 20세기에 들어와서 서서히 높아지기 시작해 미국에서는 드라크 (E. L. Drake)가 1859년 8월 27일 펜실베이니아 주 타이터스빌(Titusville)에서 석유

5) 석유를 포함한 점토질의 퇴적암으로 건류시키면 인조석유를 얻는다.

6) 지하에서 생성된 원유가 지표면 근처까지 이동해 수분이 없어지면서 돌·모래와 함께 굳어진 원유를 말한다.

7) 2005년 캐나다 앨버타 주의 원유 생산량은 캐나다 전체 생산량의 약 $\frac{1}{2}$을, 북아메리카 생산량의 약 10%를 차지한다.

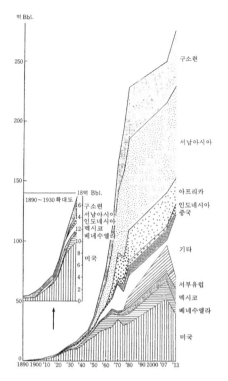

〈그림 2-7〉 국가·지역별 원유 산출량의 추이(1890~2013년)

억 Bbl.

구소련

서남아시아

아프리카
인도네시아
중국

기타

서부유럽
멕시코
베네수엘라

미국

1890~1930 확대도
18억 Bbl.
구소련
서남아시아
인도네시아
멕시코
베네수엘라
미국

'1890 1900 '10 '20 '30 '40 '50 '60 '70 '80 '90 2000 '07 '13

자료: 矢田俊文(1981: 78); 矢野恒太記念會 編(2005: 194~195, 2008: 192~193, 2014: 184~186) 자료 참고하여 필자 작성.

를 채취한 이래 19세기 말까지 주로 등유와 윤활유로서 사용해왔다. 그러나 1901년 텍사스 주에서 대규모의 분유정(噴油井)이 발견된 이래 그 유질이 무겁고 유황이 많이 포함된 석유를 영국 해군이 연료로 처음 사용했는데, 이때의 석유는 주로 선박용·산업용 보일러의 연료유로 사용했다. 그 후에 독일에서 발명된 디젤엔진에 다임러(G. Daimler)가 개량해 1889년에 완성한 4기통 내연기관 자동차의 개발과 보급으로 1910년대 이후 휘발유의 사용이 시작되었다. 그리고 제1차 세계대전 중에 군함, 항공기, 자동차용 연료로서 현대전에 석유의 군사적 중요성이 강하게 인식되었고, 그 후 근대 산업경제에 석유의 역할이 급속히 커지게 되었다.

제2차 세계대전 이후 에너지 시장에서 석유의 지위는 결정적이었으며 1950년대 말부터 1966년, 1970년대에 에너지 혁명이라 할 정도의 폭발적인 신장을 했다. 이러한 석유시장의 움직임에 부응해 석유 산출량도 크게 늘어났다(〈그림 2-7〉). 즉, 20세기에 들어와 산유량은 꾸준히 증가했지만 그 속도는 제2차 세계대전 이후 한층 높아졌다.

산유를 지역별로 살펴보면 몇 가지 중요한 특징을 찾아볼 수 있다. 즉, 19세기 말부터 20세기 초까지 한 때를 제외하고 제2차 세계대전까지 세계 산유량의 2/3 이상을 미국이 계속 차지해왔는데 제2차 세계대전 이후에는 서남아시아의 지위가 급속히 상승해 1960년대에는 미국을 앞질러 2013년 세계 산유량의 약 50%를 차지했다. 한편 미국은 그 지위가 상대적으로 낮아져 현재 세계 산유량의 7.6%를 차지하고 있다. 이러한 미국의 절대적 우위에서 서남아시아로의 중심(重心, gravity center) 이동은 제2차 세계대전 전후의 세계 석유산출의 뚜렷한 변화라 할 수 있다.

이와 같은 산유량의 중심이동과 더불어 몇 가지 부차적인 산지의 성쇠가 나타났다. 즉, 구소련은 19세기말에서 20세기에 이르기까지 미국과 거의 같은 산유량을

✔ 중심

특정지역 내에 분포하는 사상(事象)의 지역적 분포에 대한 평형점이 중심이다. 이 방법이 가장 잘 사용되는 것은 인구중심으로, 미국은 1900년 인구센서스 보고서에서 1870~1900년 사이의 각 센서스 실시연도의 인구중심을 발표했다. 중심은 사상의 분포영역이 균등한 평면이라고 간주하고, 또한 분포 사상이 어디나 같은 무게라고 가정할 경우 그 평면을 지탱하는 평형점이며, 통상 이 점의 위치를 위도, 경도로 나타낸다. 중심의 위치는 좌표 $\overline{x}$, $\overline{y}$로 하면 다음과 같이 중심을 구한다. 즉, 〈그림 2-8〉과 같이 특정지역 내에 임의의 직각 좌표 축 OY, OX에서 각 단위지역의 i중심에서 OX, OY까지의 x_i, y_i값을 각각 측정한다. 그리고 각 단위지역에서 통계량(예를 늘변, 인구)는 보는 단위지역의 숭심에 있다고 가성하고 이것을 p_i로 나타내면 $\overline{x}$, $\overline{y}$ 는 다음과 같이 구한다.

$$\overline{x} = \frac{\sum p_i x_i}{\sum p_i}, \ \overline{y} = \frac{\sum p_i y_i}{\sum p_i} \text{이다.}$$

미국의 인구중심 이동은 〈그림 2-9〉와 같이 제9회 인구센서스를 실시한 1870년에는 대서양 연안의 북위 39°부근에 있었지만, 그 후 매회 센서스를 실시해 북위 39°선을 따라 계속 서쪽으로 이동해 1970년의 인구중심은 일리노이 주 세인트루이스 부근에, 1990년의 인구중심은 미주리 주 제퍼슨시티 부근에 위치했다는 것을 알 수 있다.

〈그림 2-8〉 중심의 측정

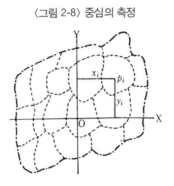

〈그림 2-9〉 미국의 인구중심 이동

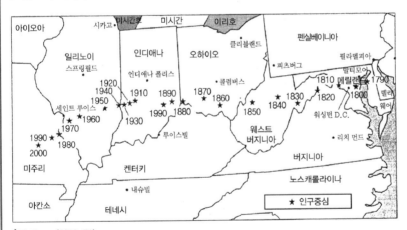

자료: Bruce(2010: 71).

인구중심 또는 다른 지표사상의 중심을 구하는 데 번잡한 것은 각 단위지역의 좌표축의 거리(x_i, y_i)를 하나하나 측정하는 것이다. 이런 번잡함을 줄이기 위한 방법으로 다음과 같은 방법을 이용하기로 한다. 첫째, 대상지역의 최하단에 수평선을 긋고 이 선을 기준으로 해 등간격으로 평행하는 횡선을 대상지역 최상단까지 그으며, 아래에서 위 칸으로 각 칸에 홀수인 1, 3, 5 … 를 적는다. 둘째, 대상지역의 각 단위지역에 인구수를 기입한다. 그리고 각 홀수가 적힌 칸의 인구의 합과 각 칸의 홀수를 곱해 그 합을 구한 다음 인구의 합으로 나누어 y축의 좌표를 구한다. 이것을 나타낸 것이 〈그림 2-10〉이다. 이와 같은 방법으로 $\bar{x}$도 구할 수 있다〈표 2-4〉).

〈그림 2-10〉 간편법에 의한 인구중심의 계측

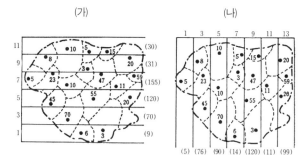

주: 그림 중의 숫자는 인구수로 단위는 천 명임.
자료: 大友 篤(1982: 44).

〈표 2-4〉 간단한 방법에 의한 인구 중심의 계산

(가)

행 번호(1)	인구의 합(2)	(1)×(2) (3)
1	9	9
3	70	210
5	120	600
7	155	1,085
9	31	279
11	30	330
합 계	415	2,513

$$\bar{y} = \frac{2,513}{415} = 6.06$$

(나)

열 번호(1)	인구의 합(2)	(1)×(2) (3)
1	5	5
3	76	228
5	90	450
7	14	98
9	120	1,080
11	11	121
13	99	1,287
합 계	415	3,148

$$\bar{x} = \frac{3,148}{415} = 7.59$$

인구중심을 포함해 지표사상의 중심은 그 사상의 지역적 분포의 산술평균에 지나지 않기 때문에 대상지역내에서 사상의 빈도가 가장 높은 지역이라고 볼 수 없다. 예를 들면, 군도(群島)의 경우에는 중심이 해상에 존재할 경우도 있다. 이러한 점이 중심개념의 단점이지만 중심위치의 시계열적인 변동을 파악할 수 있다는 점에서는 유용하다.

유지했으나 러시아 혁명 이후 대폭 감소했다가 다시 증산해 2013년 세계 산유량의 13.9%를 차지했다. 멕시코의 경우는 1910년대에 들어와 산유량이 급증해 1921년에 1.9억 배럴의 가장 많은 석유를 생산해 세계 산유량의 약 25%를 차지했으나 그 후 감산하는 경향을 나타내다 1970년대에 들어와 대유전의 재발견·개발에 의해 다시 급속한 증산으로 전환되었으나 지금은 3.4%의 생산에 불과하다.

베네수엘라는 멕시코와 반대의 현상을 나타내었는데 멕시코가 감산을 시작한 1920년대에 마라카이보 호 주변의 유전개발에 의해 급속한 증산을 하고, 그 후 동부 베네수엘라에서의 개발도 진행되어 1940년대에서 1960년대에 걸쳐 세계 생산량의 10~15%를 차지해 대산유지의 지위를 확보했다. 그러나 1960년대 후반부터 산유가 정체되고 산유량도 감소해 2004년 현재 3.1%를 차지해 지위가 낮아졌다.

인도네시아도 중요한 산유국으로 20세기에 들어와 산유량이 증가되었고 제2차 세계 대전 중과 그 이후를 제외하고는 계속 세계 산유량의 약 2% 전후의 지위를 유지했다.

1960년대에 들어와서 알제리, 리비아 등의 북부 아프리카 여러 나라와 나이지리아의 석유개발이 궤도에 올라 중요한 산지를 형성하게 되어 현재 북아프리카 두 나라가 세계 산유량의 2.7%를, 나이지리아가 2.6%를 차지했다. 또 영국과 노르웨이 영해 내 북해에서의 산유가 1970년대에 들어와 본격화되었고 2004년 현재에는 세계 산유량의 6.7%를 차지하고 있다. 중국도 1970년대 이후 산유가 활발해 지금 세계 산유량의 4.9%를 차지했다.

이상에서 세계 석유자원의 생산 독점의 역사적 형성은 자본·국가 간의 경쟁과 제휴의 역사라 할 수 있다. 즉, 원유의 탐사, 채굴, 회수 등 상류부문(up-stream)에서 파이프라인이나 탱크에 의한 수송, 정제, 판매, 석유화학 등 하류부문(down-stream)에 이르기까지 일관된 조업을 세계적인 규모에서 행하는 회사인 메이저(국제석유자본: International Oil Majors)[8])가 19세기 말에 형성되어 처음에는 자기 나라의 석유개발을 했으나 석유제품의 수요 급증으로 낮은 비용의 유전으로 발길을 옮기게 되었다. 이 같은 역할을 하는 메이저는 엑슨(Exxon), 모빌(Mobil Oil)(두 정유회사가 합병해 엑슨모빌이라 함), 걸프(Gulf Oil)[9], 소칼[Socal(Standard Oil Company of California)], 텍사코(Texaco)[10)(이상, 미국자본)와 로열 더치 셸(Royal Dutch Shell)(영국과 네덜란드 자본), BP(Briteneu Petroleum Co. Ltd.)(영국 자본)로 이들을 7대 메이저라 하고 이것에 콤파누 오브 프랑스 드 패트올(Company of Frances de Petrol)(프랑스 자본)을 더하면 8대 메이저가 되었으나 지금은 프랑스 자본을 뺀 4대 메이저가 되어 세계 매장

8) 원유 채굴이나 정제업의 일부분만 취급하는 것을 독립계(Independent)라고 하는데 대해 모든 단계를 취급하는 대기업을 메이저라 한다.

9) Gulf 에은 1984년 3월 Socal에 흡수되었다.

10) 2001년에 셰브론(Chevron)에 흡수되어 셰브론 텍사코가 되고, 그 후 2005년에 셰브론이 되었다.

〈표 2-5〉 주요 국가의 원유 소비량 변화

국가	소비량(백만 톤)					
	1980년	%	2001년	%	2009년	%
미국	667	22.3	776	22.5	738.4	20.1
중국	93	3.1	215	6.2	381.3	10.4
일본	215	7.2	206	6.0	171.0	4.7
러시아	-	-	188	5.4	228.0	6.2
한국	25	0.8	118	3.4	112.1	3.1
독일	122	4.1	107	3.1	101.1	2.8
인도	25	0.8	107	3.1	193.0	5.3
사우디아라비아	30	1.0	94	2.7	99.3	2.7
이탈리아	92	3.1	87	2.5	80.3	2.2
프랑스	110	3.7	87	2.5	72.7	2.0
브라질	52	1.7	82	2.4	90.5	2.5
영국	82	2.7	76	2.2	70.9	1.9
멕시코	66	2.2	70	2.0	-	-
세계	2,990	100.0	3,450	100.0	3,665.7	100.0

자료: 古今書院(2005: 38); 二宮書店(2014: 85) 자료 참고하여 필자 작성.

량의 약 3%, 생산량의 약 10%를 차지하고 있다.[11]

8대 메이저는 공산권을 제외한 세계 산유량의 1/2과 원유가격 결정권을 장악했으나 1960년 결성한 석유수출국기구(Organization of Petroleum Exporting Countries: OPEC)는 그 세력을 확대하고 산유국의 국유화 정책[12]의 추진 등으로 자유세계의 산유량 점유율이 50% 이하로 내려가고 원유가격 결정권도 장악하게 되었다. 엑슨모빌 등의 메이저는 석유의 정제나 판매부문에서는 그대로 강력한 지배력을 갖고 있지만 상류부문의 기술수준도 타의 추종을 허락하지 않고 있다.

다음으로 원유의 주요 소비 국가를 보면 〈표 2-5〉와 같이 1980년에는 미국이 세계 석유 소비량의 약 22%를 차지해 가장 많았고, 이어서 일본, 프랑스, 중국과 이탈리아의 순이었다. 그러나 2001년에는 미국의 점유율은 거의 변화가 없었으나 중국, 러시아, 한국, 인도, 사우디아라비아, 브라질의 점유율은 올라가고 일본, 독일, 이탈리아, 프랑스 등은 내려갔다. 한편 2009년에는 미국이 세계 원유소비량(36억 6,570만 톤)의 약 1/5을 차지했고, 이어서 중국, 러시아, 인도의 순으로 나타났다. 석유 소비량이 가장 많은 미국의 경우 운송연료가 석유 소비량의 3/5를 차지해 석유 소비량은 소득증대 및 공업화와 깊은 관계가 있다.

2012년 한국의 부문별 석유소비량을 보면 수송부문이 70.2%를 차지해 가장 많았고, 이어서 전환부문[13], 가정부문의 순이었다. 이를 석유제품별로 보면 휘발유,

<표 2-6> 한국의 부문별 석유 소비량(2012년)

단위: 천 배럴

구분		휘발유	등유	경유	중유	항공유	계
산업부문	농·임·수산업	1,046(1.5)	1,903(8.6)	11,391(8.3)	618(1.1)	0(0.0)	14,958(4.7)
	광업	3(0.1)	39(0.2)	370(0.3)	135(0.2)	0(0.0)	547(0.1)
	제조업	316(0.5)	1,463(6.6)	3,458(2.5)	11,706(21.5)	0(0.0)	16,944(5.3)
	건설업	138(0.2)	281(1.3)	4,354(3.1)	485(0.9)	0(0.0)	5,257(1.7)
	계	1,503(2.1)	3,686(16.7)	19,573(14.3)	12,944(23.7)	0(0.0)	37,706(12.0)
수송부문		69,624(97.0)	126(0.6)	106,908(78.2)	17,859(32.8)	26,751(88.6)	221,268(70.2)
가정부문		106(0.1)	12,940(58.8)	3,510(2.6)	837(1.5)	0(0.0)	17,393(5.5)
상업부문		171(0.2)	4,518(20.5)	1,369(1.0)	697(1.3)	15(0.1)	6,770(2.1)
공공부문		357(0.5)	457(2.1)	4,225(3.1)	142(0.3)	3,439(11.4)	8,620(2.7)
전환부문		3(0.0)	283(1.3)	1,140(0.8)	22,034(40.4)	0(0.0)	23,460(7.4)
합계		71,764 (100.0)	22,009 (100.0)	136,725 (100.0)	54,512 (100.0)	30,206 (100.0)	315,216 (100.0)

자료: 에너지경제연구원(http://www.keei.re.kr) 자료 참고하여 필자 작성.

<표 2-7> 한국의 지역별 석유 소비량(2011년)

시·도	소비량 (천 배럴)	%	석유제품(천 배럴)				
			휘발유	등유	경유	중유	항공유
서울특별시	46,361	5.8	10,733(15.4)	948(3.7)	9,640(7.2)	577(1.2)	8,931(31.4)
부산광역시	25,009	3.1	3,987(5.7)	1,132(4.5)	8,383(6.3)	4,687(8.5)	419(1.5)
대구광역시	12,967	1.6	2,999(4.3)	1,203(4.7)	3,920(2.9)	840(1.5)	27(0.1)
인천광역시	47,465	5.9	3,262(4.7)	851(3.3)	6,876(5.1)	3,687(6.7)	16,575(58.3)
광주광역시	7,771	1.0	1,855(2.7)	476(1.9)	2,910(2.2)	177(0.3)	43(0.2)
대전광역시	7,954	1.0	1,945(2.8)	595(2.3)	2,574(1.9)	495(0.9)	0(0.0)
울산광역시	153,085	19.1	1,908(2.7)	410(1.6)	5,505(4.1)	14,272(26.0)	844(3.0)
경기도	87,347	10.9	18,126(26.1)	4,493(17.7)	30,289(22.6)	8,283(15.1)	40(0.1)
강원도	13,841	1.7	2,467(3.5)	1,514(6.0)	5,944(4.4)	538(1.0)	5(0.0)
충청북도	16,101	2.0	2,651(3.8)	1,733(6.8)	6,430(4.8)	977(1.8)	162(0.6)
충청남도	129,542	16.2	3,890(5.6)	2,664(10.5)	10,295(7.7)	4,372(8.0)	231(0.8)
전라북도	17,120	2.1	2,705(3.9)	1,603(6.3)	6,864(5.1)	1,658(3.0)	321(1.1)
전라남도	169,982	21.2	2,661(3.8)	1,965(7.7)	10,369(7.7)	5,091(9.3)	3(0.0)
경상북도	27,364	3.4	4,553(6.5)	3,082(12.1)	10,756(8.0)	2,368(4.3)	8(0.0)
경상남도	30,317	3.8	5,166(7.4)	2,226(8.8)	11,616(8.7)	3,018(5.5)	26(0.1)
제주특별자치도	9,203	1.1	666(1.0)	516(2.0)	1,726(1.5)	3,832(7.0)	809(2.8)
전국	801,431	100.0	69,574 (100.0)	25,411 (100.0)	134,098 (100.0)	54,872 (100.0)	28,445 (100.0)

자료: 통계청(http://kosis.kr/statisticsList) 자료 참고하여 필자 작성.

항공유, 경유는 수송부문이 가장 많았고, 등유는 가정·상업부문에서, 중유는 전환·
수송부문과 제조업에서 많이 소비되었다. 한편 지역별 석유소비량을 보면 전남이
전국 소비량(8억 143만 천 배럴)의 21.2%를 차지해 가장 많았고, 그 다음으로 울산
시(19.1%), 충청남도(16.2%), 경기도(10.9%)의 순으로, 석유화학공업이 발달한 지역

에서 소비율이 높다는 것을 알 수 있다. 이를 석유제품별로 보면 휘발유는 경기도
와 서울시의 소비량이 많은데, 이는 자동차의 보급 대수가 많은 것에 기인한다. 등
유는 경기도와 경상북도, 충청남도가 많은데, 이는 가정용 보일러의 사용량이 많기
때문이고, 경기도에서 경유 소비량이 많은 것은 경유자동차의 보급 대수가 많기 때
문이다. 중유는 울산시와 경기도가 탁월한데, 이는 비에너지용으로의 전환과 선박
용 연료의 사용량이 많기 때문이다(〈표 2-6〉, 〈표 2-7〉).

(3) 천연가스

천연가스는 공해가 없고 열효율이 높으며 매장량도 꽤 많아 석유 대신의 에너지
자원으로서 기대가 되는데 1994년의 가채년수는 약 65년이다. 천연가스는 메탄
(CH_4), 에탄올(CH_3CH_3), 프로판($CH_3CH_2CH_3$)과 부탄(C_4H_{10})으로 구성된다. 세계
천연가스 매장량은 〈표 2-8〉과 같이 이란, 러시아, 카타르, 투르크메니스탄이 세계
매장량의 58.3%를 차지했다. 세계의 주요 산출 국가는 러시아가 19.8%로 가장 많
고, 그 다음으로 미국(18.4%)의 순으로, 이들 두 나라의 산출량이 세계 산출량의
38.2%를 차지한다. 산출량이 두 번째로 많은 미국의 천연가스 산출지역(〈그림
2-11〉)은 유전지대와 일치하며 천연가스는 북동부의 주요 수요지로 공급되고 있다.
천연가스의 소비량을 국가별로 보면 미국이 세계 소비량의 21.4%로 가장 많았고

〈표 2-8〉 세계의 천연가스 매장량과 산출량

국가	매장량 (2012년) (100억m³)	국가	산출량 (2010년) (PJ*)	%	국가	소비량 (2009년) (PJ*)	%
이란	3,362	러시아	25,128	19.8	미국	25,122	21.4
러시아	3,292	미국	23,288	18.4	러시아	16,300	13.9
카타르	2,506	캐나다	6,157	4.9	이란	5,369	4.6
투르크메니스탄	1,750	이란	5,957	4.7	일본	3,753	3.2
미국	850	카타르	4,992	3.9	캐나다	3,660	3.1
사우디아라비아	823	노르웨이	4,992	3.9	영국	3,634	3.1
아랍에미리트	609	중국	3,534	2.8	독일	3,562	3.0
베네수엘라	556	알제리	3,349	2.6	중국	3,342	2.8
나이지리아	515	인도네시아	3,141	2.5	이탈리아**	2,973	2.5
알제리	451	사우디아라비아	3,094	2.4	사우디아라비아	2,855	2.4
세계	18,729	세계	126,793	100.0	세계	117,556	100.0

* Peta Joule. 에너지의 실용단위로 1,000조 Joule.
** 산마리노 포함.
자료: 二宮書店(2014: 88)의 자료 참고하여 필자 작성.

〈그림 2-11〉 미국의 천연가스 산출의 지역적 분포

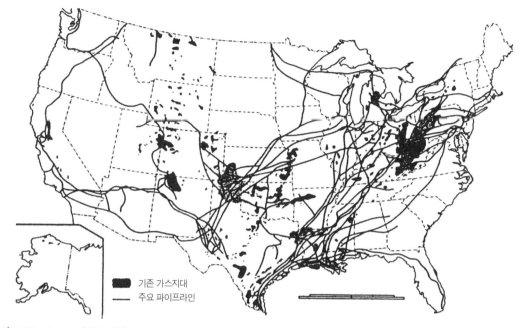

자료: Wheeler et al. (1998: 284).

이어서 러시아(13.9%), 이란(4.6%), 일본(3.3%)의 순으로 미국과 러시아가 세계 소
비량의 35.3%를 차지했다.

천연가스의 수송방법은 천연가스를 -160℃로 액화시켜 액화 천연가스(Liquefied
Natural Gas: LNG)화한 후에 저온탱크로 수송하는데, 국가 간 유동을 보면 주요 수출
국은 러시아, 캐나다, 알제리, 투르크메니스탄, 네덜란드, 인도네시아, 말레이시아,
카타르 등이고, 주요 수입국은 미국, 독일, 일본, 이탈리아, 우크라이나, 프랑스, 에
스파냐, 한국, 터키 등으로 캐나다에서 미국으로, 북아프리카에서 서부 유럽 여러
나라로의 유동이 탁월하다.

한국은 2004년 11월 5일 울산 남동쪽 58km 해상의 해저 3,425m에 입지한 동해
-1 가스전이 상업 산출에 들어갔는데, 이곳의 매장량은 2,500억ft^3(LNG 환산 500만
톤)로 2018년까지 향후 15년 동안 연간 40만 톤의 LNG를 울산·경남지역에 공급할
예정이다. 이 양은 12억 달러에 이르는 천연가스를 수입 대체할 수 있다. 그리고
종래 외국에서 수입하는 액화 천연가스는 평택 LNG기지에 입고되고 있다.

<표 2-9> 주요 국가의 셰일가스 매장량

국가	매장량(m³)	%	국가	매장량(m³)	%
중국	31조 6,000억	15.3	캐나다	16조 2,250억	7.9
아르헨티나	22조 7,100억	11.0	멕시코	15조 4,320억	7.5
알제리	20조 200억	9.7	오스트레일리아	12조 3,740	6.0
미국	18조 8,300억	9.1	세계	206조 6,840억	100.0

주: 매장량은 기술적·경제적으로 채굴 가능한 매장량을 기준으로 한 것.
자료: 미국에너지정보청(EIA) 자료 참고하여 필자 작성.

한편 최근 석유 외의 값싼 새로운 에너지원으로 등장한 셰일(shale)가스(암반층 천연가스)는 오랜 세월 모래·진흙이 쌓여 단단하게 굳은 셰일에 갇혀 있는 가스·원유를 뜻한다. 셰일가스층에서는 가스 외에도 셰일가스와 함께 묻혀 있는 석유인 타이트 오일(tight oil)도 나온다. 셰일가스는 난방·발전용으로 쓰이는 메탄(methane)이 약 70~90%, 석유화학 원료인 에탄(ethane)이 약 5%, LPG 제조에 쓰이는 콘덴세이트(condensate)가 약 5~25%로 구성되어 있어 화학적 성질은 기존 가스와 동일하다. 셰일가스는 그동안 채굴기술의 미발달로 경제성이 부족해 개발이 어려웠지만, 1998년 미첼(G. Mitchell)이 물과 모래, 화학약품을 섞은 혼합액을 고압으로 분사하는 수압파쇄법 등을 상용화하면서 본격적으로 대량생산이 가능해져 차세대 에너지원으로 주목을 받고 있다.

셰일가스는 현재 확인된 매장량만 전 세계가 약 60년 동안 사용할 수 있을 정도로 규모가 크다. 쓰촨분지에 약 69%가 매장되어 있는 중국이 세계 매장량의 15.3%를 차지해 가장 많고, 이어서 아르헨티나(11.0%), 알제리, 미국, 캐나다, 멕시코 순이다(<표 2-9>).

(4) 전력

전력은 국민생활이나 산업활동에 없어서는 안 되는 중요한 에너지이다. 즉, 전력은 가스·수도사업과 더불어 공공성이 매우 높으며 수요자가 필요로 하는 양을 항상 싼값에 안정적으로 공급해야 한다.

전력은 몇 가지 장점을 갖고 있는데, 첫째 경공업 수요자에 대한 신규 입지를 자유롭게 해 준다. 예를 들면 미국의 알루미늄 공업입지를 보면 초기에는 수력발전소 부근에 입지했으나 그 후 화력발전소가 입지한 지역에 입지했으며, 그 다음은 원자력발전소가 분포한 지역에 입지했다.[14] 둘째, 필요로 하는 양을 정확하게 사용할 수

14) 1910년대에는 세인트 로렌스 강 하구에서 탄전 지대로, 1940년대에는 북서부 지역으로, 1950년대 전반에는 멕시코만안 유전 지대로, 1950년대 후반에는 천연가스 지대로 입지 변동을 했다.

〈표 2-10〉 세계의 주요 수력·화력발전소의 분포(2013년)

수력발전				화력발전			
발전소	하천	국가	최대출력(MW)	발전소	소재지	국가	최대출력(MW)
싼샤(三峽)	양쯔(長江) 강	중국	18,460	훗쓰(富津)	지바(千葉) 현	일본	6,105
이타이푸(Itaip)	파라나(Paraná) 강	브라질	14,750	보령	충청남도	한국	5,954
구리(Guri)	카로니(Caroní) 강	베네수엘라	10,055	타이중(臺中)	타이중	타이완	5,834
투쿠루이(Tucuruí)	토칸칭스(Tocantins) 강	브라질	8,370	알 쿠라이야(Al Kurayya)		사우디아라비아	5,646
그랜드쿨리(Grand Coulee)	컬럼비아(Columbia) 강	미국	6,765	수르구트 제2(Surgut)	한티만시(Khanty-Mansi)	러시아	5,606
사야노 슈셴스크(Sayano-Shushensk)	예니세이(Yenisey) 강	러시아	6,500	알 소아이바(Al Shoaiba)		사우디아라비아	5,600
룽탄(龍灘)	홍쇼이(紅水河) 강	중국	6,426	벨하토프(Belc hatow)	로고포베츠(Rogo-wfowec)	폴란드	5,298
크라스노야르스크(Krasnoyarsk)	예니세이(Yenisey) 강	러시아	6,000	가시마(鹿島)	이바라키(茨城) 현	일본	5,204
처칠 폴스(Churchill Falls)	처칠(Churchill) 강	캐나다	5,249	와이가오차오(外高橋)	상하이 시	중국	5,160
로버트 바우라사(Robert Baurasa)	라그랜디(La Grande) 강	캐나다	5,328	베이룬(北侖)	닝보(寧波) 시	중국	5,000
브라츠크(Bratsk)	안가라(Angara) 강	러시아	4,500	쿠오후아타이산(國華泰山)	광둥성	중국	5,000

자료: 二宮書店(2014: 89) 자료 참조하여 필자 작성.

〈표 2-11〉 세계 주요 국가의 발전량(2010년)

단위: %

국가	수력	화력	원자력	신에너지	발전량(억kWh)
미국	6.5	71.6	19.2	2.7	43,784(20.3)
중국	17.2	79.2	1.8	1.9	42,072(19.5)
일본	8.1	65.2	25.8	0.9	11,192(5.2)
러시아	16.2	67.3	16.2	0.0	10,380(4.8)
인도	12.0	85.3	2.8	-	9,545(4.4)
독일	4.3	65.4	22.3	7.9	6,290(2.9)
캐나다	57.8	25.7	14.9	1.6	6,080(2.8)
프랑스	11.7	11.0	75.3	1.9	5,691(2.6)
브라질	78.2	19.0	2.8	-	5,158(2.4)
한국	1.3	68.6	29.7	0.3	4,995(2.3)
영국	1.8	79.2	16.3	2.7	3,811(1.8)
에스파냐	15.0	47.6	20.5	16.9	3,031(1.4)
이탈리아	18.0	76.6	-	5.4	3,021(1.4)
멕시코	13.7	81.2	2.2	2.9	2,710(1.3)
남아프리카공화국	2.0	93.4	4.7	0.0	2,596(1.2)
오스트레일리아	5.2	92.7	-	2.1	2,416(1.1)
세계	35,162 (16.3)	147,902 (68.7)	27,563 (12.8)	4,557 (2.1)	215,184 (100.0)

주: 표의 괄호 안 숫자는 발전량의 %임.
자료: 二宮書店(2014: 89).

있고, 셋째 전력의 응용은 무한하고 다양성을 가지고 있어 이상적인 에너지이다.

전력생산은 수력·화력·원자력·지열발전 등에 의하는데, 여기서는 수력과 화력의 발전에 대해 살펴보기로 한다. 먼저 대륙별 포장수력(하천의 평균유량×수원의 해발고도)을 보면 1960년 세계 포장수력은 27억 6,200만kW로 이 가운데 아시아가 23.4%를 차지해 가장 많고, 그 다음으로 아프리카(23.1%), 남아메리카(16.9%), 독립국가연합(16.8%), 북아메리카(8.9%), 유럽(6.0%), 오세아니아(4.9%)의 순이다. 이들 대륙별 포장수력 중에서 이미 세계에서 개발된 양은 1억 5,460만kW로, 이 가운데 유럽이 38.6%로 가장 많이 개발했으며, 그 다음으로 북아메리카(34.7%), 아시아(10.7%), 독립국가연합(9.5%), 남아메리카(3.6%), 오세아니아(1.8%), 아프리카(1.1%)의 순이다.

세계의 주요 수력·화력발전소를 보면(〈표 2-10〉) 먼저 세계의 주요 수력발전소는 중국, 브라질, 베네수엘라, 미국, 러시아, 캐나다 등에 주로 분포하는데, 이들 국가는 하천유량이 많거나 혹은 열대우림기후지역에 속해 강수량이 많거나 빙하지형이 분포해 낙차가 큰 지형을 이용해 발전을 많이 한다. 그리고 주요 화력발전소는 일본, 한국, 타이완, 러시아, 사우디아라비아, 폴란드, 중국 등에 분포해 있다. 2010년 발전량이 많은 세계 주요 국가를 보면(〈표 2-11〉), 미국이 세계 발전량(21조 5,184억 kWh)의 20.3%를 차지해 가장 많았고, 그 다음이 중국, 일본, 러시아, 인도, 독일, 캐나다의 순이었다. 발전방식별 발전량을 보면 수력은 브라질, 캐나다가, 화력은 남아프리카공화국, 오스트레일리아를 포함한 대부분의 국가가, 원자력은 프랑스가 매우 높았고, 한국, 일본, 독일, 에스파냐 등이 세계 평균보다 그 구성비가 높았다. 그리고 신에너지는 에스파냐가 탁월하게 높았다.

한국 최초의 발전소는 1887년 초봄 경복궁에 밝혀진 물불(水火) 또는 묘화(妙火)로 이 전기에 사용된 물은 향원정의 연못물이었다.[15] 그러나 이 최초의 전등은 도참적(圖讖的) 사고방식에 의해 오래가지 못했다. 즉, 발전기의 뜨거운 물이 향원정으로 흘러들어 연못 안 고기들이 죽은 것에 대해 증어(蒸魚)가 망국의 흉조임을 옛 사기에도 많이 나온다고 주장하는 도참설을 믿는 신하들의 생각과, 미국인 발전기 기사가 가지고 있던 권총을 기사의 조수가 잘못 다루어 기사를 사살하게 된 것이 개화를 싫어하는 보수파가 사주를 해 일어난 사건이라는 등의 이유 때문에 같은 해 3월 8일에 꺼져 버렸다.

15) 한국의 첫 번째 발전소이자 전기등소(電氣燈所)는 경복궁 내 향원지(香遠池) 남쪽과 영훈당(永薰堂) 북쪽 사이로 1887년 1월 미국 에디슨전기회사가 완공했고, 점등(點燈)은 같은 해 1~3월 사이로 추정되며, 발전규모는 16촉광(1촉광은 양초 1개 밝기)의 백열등 750개를 점등할 수 있는 설비였다.

〈그림 2-12〉 한국 발전소의 분포(2013년)

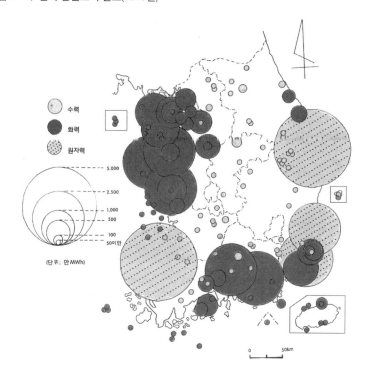

　　2012년 한국의 총 발전량은 5억 3,062만 8,098MWh로, 이는 세계 발전량의 약 2%에 불과하다. 한국 발전량 중 화력이 차지하는 발전량은 64.8%이고 다음으로 원자력이 29.5%를 차지했다. 발전소의 분포를 보면 수력발전소는 한국 3대 다우지 중 한 곳인 북한강 유역에 많이 입지하고, 화력발전소는 남동임해공업지대와 수도권, 충남 해안의 공업지역에 주로 입지해 있다(〈그림 2-12〉).

　　1981~2012년에 한국의 용도 및 산업별 전력사용량을 보면 제조업이 가장 많고, 그 다음으로 서비스업, 주택용, 공공용 순서로, 최근 제조업이 크게 증가했고, 서비스업과 주택용은 미증했다(〈그림 2-13〉).

　　한국 전력 판매량을 용도별, 산업별로 나눠 그 지역적 분포를 보면(〈표 2-12〉), 먼저 전력 소비량은 경기도가 가장 많고, 그 다음이 충청남도, 경상북도, 서울시, 경상남도, 울산시, 전라남도 순으로 이들 6개 시·도의 전력 사용량이 62.9%를 차지한다. 용도별 전력 사용량 구성비를 보면 주택용은 서울시와 제주도를 포함한 대도시에서 그 비율이 높으며, 공공용은 대전시가 높다. 한편 산업용 전력 사용 구성비

〈그림 2-13〉 한국의 전력 소비량 변화(1981~2012년)

단위: GWh

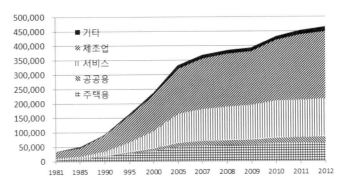

자료: 에너지경제연구원(http://www.keei.re.kr)자료 참고하여 필자 작성.

〈표 2-12〉 한국의 전력 판매량의 지역별, 용도·산업별 구성비(2013년 12월)

단위: %

시·도	판매량 (MWh)	%	용도별(%)		산업별(%)			
			주택용	공공용	농·임·수산업	광업	제조업	서비스업
서울특별시	3,891,171	9.3	28.6	7.9	0.0	0.0	4.5	59.0
부산광역시	1,727,743	4.1	21.8	5.9	0.5	0.1	35.7	36.0
대구광역시	1,303,660	3.1	20.4	4.8	0.4	0.0	39.1	35.2
인천광역시	1,989,829	4.7	16.1	4.0	0.5	0.3	51.5	27.7
광주광역시	715,192	1.7	22.4	6.1	0.8	0.0	34.0	33.6
대전광역시	792,494	1.9	20.1	10.8	0.3	0.0	28.1	40.7
울산광역시	2,620,046	6.3	4.8	1.4	0.3	0.1	81.2	12.3
세종특별자치시	-	-	6.7	6.8	2.8	0.8	62.6	20.3
경기도	9,104,717	21.7	15.2	5.2	2.0	0.2	48.0	29.3
강원도	1,483,914	3.5	11.9	7.8	2.9	2.2	37.5	37.7
충청북도	1,956,964	4.7	8.8	5.3	2.7	0.5	61.7	20.9
충청남도	4,110,711	9.8	5.4	2.3	3.5	0.6	74.2	14.1
전라북도	1,978,985	4.7	10.5	4.2	5.0	0.3	58.4	21.6
전라남도	2,532,116	6.0	7.3	2.8	8.0	0.2	64.9	16.7
경상북도	4,087,491	9.8	7.0	3.1	3.1	0.4	68.5	17.9
경상남도	3,014,662	7.2	12.1	3.8	5.1	0.2	54.4	24.4
제주특별자치도	351,214	0.8	16.1	6.1	28.6	0.2	5.1	43.9
계	41,892,174	100.0	13.5	4.6	2.8	0.3	51.0	27.8

자료: 통계청(http://www.kosis.kr) 자료 참고하여 필자 작성.

에서 농·임·수산업은 제주도가 매우 높으며, 광업은 강원도가, 제조업은 울산시, 충청남도, 경상북도, 전라남도, 세종시, 충청북도 순으로 높고, 제주도가 가장 낮으며, 서비스용은 서울시와 제주도, 대전시가 높다.

3) 신·재생 에너지자원

  석탄·석유·천연가스 등의 화석연료(fossil fuel)는 지구에 수억 년에 걸쳐 축적된 부존자원(stock resource)이다. 최근 인류는 수십 년, 수백 년에 걸쳐 이것을 소비하고 있기 때문에 이대로 소비를 할 경우 자원의 고갈은 멀지 않다. 예를 들면 석유의 경우 전 세계에 확인 매장되어 있는 원유를 완전 개발한다 해도 금후 50년 정도 사용하면 고갈이 된다. 이러한 에너지 위기를 계기로 인류는 지금까지의 화석연료에 의존해온 경제·사회체계를 근본적으로 변혁해야 할 시기에 이르렀다. 단지 에너지 절약이란 소극적인 대책은 일시적인 것에 불과하며 새로운 에너지 개발은 지금 인류에게 매우 중요한 과제이다. 신에너지는 기존의 화석을 변환시켜 이산화탄소 발생량을 줄이는 수소연료전지 등을 의미한다. 그리고 재생에너지는 햇빛, 바람 등을 에너지로 사용하는 태양광, 풍력, 지열·조력발전 등을 말한다. 이런 신·재생 에너지자원(new renewable energy)은 어떤 것이 좋을까 라는 점에서 볼 때 우선 지리적 환경에 입각한 자연 동력원이 적합하다고 할 수 있다. 이들 자원의 생산과 소비관계는 영구적 재순환의 조건을 구비한 유동자원(flow resources)이며, 공해가 없는 깨끗한 자원이어야 한다.

  한국의 신·재생 에너지의 비중은 2.1%로 선진국(미국, 일본, EU 등)에 대한 경쟁력은 태양광의 경우 75, 폐기물은 70, 태양열, 소수력,[16] 풍력, 연료전지는 50에 머

16) 소수력발전이란 일반적인 수력발전 규모 이하로 발전하는 것을 일컫는 말로 국제적으로 발전용량 15,000kW 이하의 발전량을 말한다.

〈그림 2-14〉 국가별 신·재생 에너지의 비중(왼쪽, 2001년)과 선진국에 대한 한국의 경쟁력(오른쪽, 2002년)

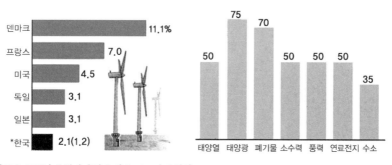

* 한국은 2003년 수치이며 괄호 안은 2001년 수치임.
주: 오른쪽 그래프는 100에 대한 경쟁력임.
자료: 국제에너지기구(2001); 에너지관리공단 에너지통계(2002).

물고, 수소개발은 35에 불과하다(〈그림 2-14〉).

(1) 신에너지

① 핵에너지

1956년 10월에 영국에서 세계 최초의 상업 원자력발전소인 콜더 홀 1(Calder Hall-1)이 가동되었고, 1957년 12월 미국의 쉬핑스포트(Shippingsport) 원자력발전소가 세계 최초로 상업 운영을 시작한 이래 핵에너지는 석유대체 에너지의 과도기 에너지로서 주요한 역할을 하고 있는데 연료용으로만 사용될 수 없는 자원 성질상의 제약이 있다. 그리고 최근 에너지의 챔피언으로 사용되고 있는 원자력의 이용은 여러 가지 문제가 있다. 그 첫째 이유로는 사용한 핵연료의 재처리, 즉 잔류 우라늄, 플루토늄(Plutonium), 방사성 폐기물의 세 구분 과정에서 그 처리가 매우 어려워 미국의 펜실베이니아 주 해리스버그 스리마일(Three Mile)섬, 일본의 쓰루가시(敦賀市), 구소련의 체르노빌 원자력발전소의 방사능 누출사고가 일어났으며, 이런 사고들은 인간과 자연환경의 생태계에 중대한 위협이 되었다. 그리고 원자력발전소는 엄청난 양의 냉각수를 소요하게 되는데 이 많은 냉각수를 얻고 배출하기 위해 해안에 입지한다. 바다로 배출되는 냉각수는 바다의 생태계를 파괴시키고 있다(〈사진 2-2〉).[17] 원자력의 두 번째 문제는 우라늄 자체가 유한 매장자원으로, 스토너(C. H. Stoner)에 의하면 21세기 초까지 사용할 양밖에 없기 때문에 원자력이 화석연료 대신 인류의 에너지 문제를 해결할 것이라고 생각하는 점은 근시안적이다.

세계 주요 국가의 원자력발전소 설비용량을 보면(〈표 2-13〉), 운전 중인 설비용량 중 26.7%를 미국이, 그 다음이 프랑스(17.1%), 일본(11.5%)이 차지하고 있다. 한국은 세계 발전용량의 5.4%를 차지하는데, 영광의 한빛 원자력발전소 6기의 설비용량은 약 590만kW이다(〈사진 2-3〉).

17) 냉각수가 자연 해수보다 7℃ 높으며, 해수에 비해 밀도가 조금 낮은 온배수는 수심 5m 이하로 거의 내려가지 않는다. 원자력발전소에서 900m 떨어진 지점에서 온배수가 해수의 온도와 같아진다.

〈사진 2-2〉 랜드새트 인공위성이 촬영한 고리 원자력발전소의 냉각수 배출(열 적외선 방식에 의함, 1991년 2월)

주: 사진에서 연안을 흐르는 연한색은 냉각수이고, 검은 점들은 미역 등의 양식장임.
자료: 한국해양연구소.

〈표 2-13〉 세계의 원자력발전소 운전과 주요 발전소

국가	운전 중(2014년)		주요 발전소(2012년)			
	1,000kW	기(基)	발전소명	소재지	국가	최대출력 (MW)
미국	103,284	100	가시와자키(柏崎)·가리와(刈羽)	니가타(新潟)현	일본	7,965
프랑스	65,880	58	브루스(Bruce)	온타리오(Ontario) 주	캐나다	6,234
일본	44,264	48	한울	경상북도	한국	5,908
러시아	25,194	29	하빌	전라남도	한국	5,890
한국	20,716	23	자포로제(Zaporozh'ye)	자포로제 주	우크라이나	5,700
중국	14,788	17	그라부리누	로렌(Lorraine) 현	프랑스	5,460
캐나다	14,240	19	빠뉴엘	센·마르팀므(Seine-Maritime) 현	프랑스	5,320
우크라이나	13,818	15	카토논	모젤(Moselle) 현	프랑스	5,200
영국	10,862	16	오오이(大飯)	후쿠이(福井) 현	일본	4,494
세계	386,356	426	후쿠시마(福島) 제2	후쿠시마 현	일본	4,268

자료: 矢野恒太記念會 編(2014: 195)의 자료 참고해 필자 작성.

〈사진 2-3〉 영광 원자력발전소(1995년)

② 수소연료전지

수소와 산소를 결합시키면 물이 만들어지면서 많은 전기와 열이 발생한다. 이것을 응용해 풍력이나 태양열에서 얻은 전기로 물을 분해해 수소를 얻거나 천연가스에서 얻은 수소를 연료를 사용하는 방법이 있으나 후자가 가장 먼저 실용화될 전망이다. 연료전지는 연료가

공급되는 한 전기를 계속 발생시키는 장치로 2차 전지[18]보다 효율이 훨씬 높다. 가정용 연료전지 시스템은 도시가스에서 수소를 추출하는 연료변환기, 수소에서 전기를 생산하는 스탁(stack), 생산된 전기를 직류에서 교류로 바꾸는 인버터(invert), 연료전지에서 나오는 폐열(廢熱)로 난방용 온수를 공급하는 폐열회수장치, 제어장치로 구성된다(〈그림 2-15〉). 수소연료전지의 핵심은 스탁이라 불리는 장치로 연료변환기에서 나오는 가스를 이용해 전기를 발생시키는 장치이다. 이것은 가정의 소형 수소발전소로 먼지·진동·소음이 거의 없으며, 전기요금과 난방비를 줄일 수 있으며, 재래식 발전에서 나오는 이산화탄소량도 감소시킬 수 있으나 안전성과 내구

18) 니켈, 리튬 전지와 같은 2차 전지는 화학 에너지를 저장했다가 전기 에너지로 전환하는 장치로 저장된 에너지를 다 쓰면 새로 충전을 해야 한다.

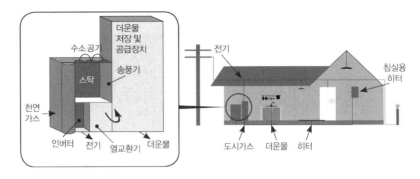

〈그림 2-15〉 수소연료전지 가상도

성의 확보가 가장 큰 과제이고, 설치비용이 비싼 점을 해결하면 수요가 많아질 것이다.

(2) 재생 에너지

① 태양광(열) 에너지[19]

태양의 표면에서 방사되는 에너지는 약 3.8×10^{23} kW이며, 이 가운데 지구상에 도달하는 에너지는 연간 약 1.6×10^{18} kWh로서 이는 세계 1차 에너지[20] 소비량의 약 1만 5,000배에 해당하는 양이다. 그러나 현재 세계의 연간 에너지 소비량은 지구상의 태양 에너지 약 1시간의 양에 지나지 않는다고 한다.

태양열 이용에서 가장 중요한 일조율은 태양이 비치는 일조시간을 낮 시간으로

〈표 2-14〉 세계 각 지역의 일조시간과 일조율

장소	위도	연간 일조시간	일일 평균 일조시간	일조율(%)
시베리아 북안[北岸(160°E)]	73°N	1,250	3.4	25
스톡홀름	59.3°	1,773	4.9	39
독일 북부(동부)	54°	1,680	4.6	37.5
독일 북부(서부)	54°	1,570	4.3	35
밴네비스(Ben Nevis)산(1,343m 영국)	56.8°	736	2.0	16
빈	48.3°	1,804	4.9	40
마드리드	40.3°	2,920	8.0	65
아덴(예멘)	38°	2,757	7.5	60
도쿄	35.7°	2,119	5.8	49
유마(Yuma)(미국)	32.7°	3,900	10.7	88

19) 태양광 발전은 무한정, 무공해의 태양 에너지를 직접 전기 에너지로 변환하는 기술이다. 한편 태양열 발전 시스템의 종류는 크게 세 가지로, 중앙 집중형 시스템(central receiver solar thermal electric power system), 분산형 시스템(distributed solar thermal electric power system), 독립형 시스템으로 구분된다. 중앙 집중형 시스템은 태양 추적 장치(heliostat)라고 불리는 거대한 태양 추적 반사경에서 반사된 태양광을 중앙에 위치한 탑의 한 점에 모아 고열을 얻고, 이 고열로 열교환기 등을 이용해 고압 수증기를 발생시켜 전기를 얻는 방식이다.

20) 1차 에너지란 장기간 자연의 역학적인 절차의 반복으로 형성된 자연 상태의 에너지로서 전환과정을 거치지 않는 에너지를 말한다. 이에 대해 최종 에너지는 최종 소비부문의 에너지 이용시설에 알맞은 형태로 사용되는 에너지로서, 1차 에너지 중 직접 에너지로 사용되는 것은 그 자체, 일정한 전환과정을 거쳐서 다른 형태의 에너지로 전환되는 것은 그 산물로서 일명 2차 에너지라 부른다.

나눈 값의 비율로, 적도 부근은 계절에 의한 일조
율의 변화는 거의 없지만 고위도 지방일수록 여
름철의 낮은 길고 겨울철의 낮은 짧기 때문에 일
조율의 계절적 변화가 심하다. 이밖에도 그 날의
구름의 양에 영향도 받으며, 또 해발고도에 의해
서도 일조량이 달라진다. 따라서 일조율은 자연
적 조건에 따라 지역차가 나타나는데(〈표 2-14〉),
중위도 고압대가 최고이고 반대로 산악지대·해안
사면은 낮다. 1988년에서 2007년 사이 한국 일사
량 분포를 구름의 양 등 기후요소까지 고려해 살
펴보면 목포시가 5,110.9MJ(Mega Joule)로 가장
많았고, 그 다음으로 진주시(5,047.09MJ), 광주시
(4,864.33MJ) 순으로 남서부와 서부해안에 일사량
이 상대적으로 풍부하고 서울시, 경기도 등은 전
국 평균(4,675MJ)을 밑돌았다(〈그림 2-16〉).

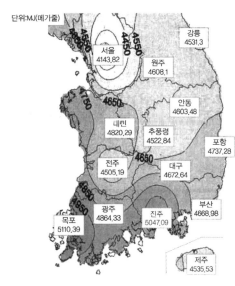

〈그림 2-16〉 한국 연평균(1988~2007년) 일사량의
지역적 분포

자료: ≪조선일보≫, 2009년 1월 11일 자.

　태양광 이용에 가장 효율적인 것은 일조율과 일사율이 많은 지역에 태양광 발전
소를 건설하는 것이 좋다. 세계 최초의 태양광 발전소는 일본 가가와현(縣) 니오읍
(仁尾町)의 염전에 설립된 것이다. 이밖에도 미국 캘리포니아, 프랑스 피레네산맥,
에스파냐, 이탈리아 등에도 태양광 발전소가 입지하고 있다. 2013년 태양광 발전
시설용량으로 보면 독일이 가장 많고, 이어서 이탈리아, 에스파냐, 미국, 중국의 순
이다(〈표 2-15〉).

　1961년부터 대체 에너지 개발에 들어간 한국의 태양광 이용은 광 에너지를 전기
에너지로 변환시키는 반도체인 태양전지를 이용한 무연료·무공해의 직접 발전방
식으로 도서지방과 산간벽지 주민들을 위해 개발되었는데, 1991년 마라도에
30kW(〈사진 2-4〉), 1993년 충남 호도에 100kW급 태양광 발전 시스템을 건설해 운
전 중에 있다. 그 후 2006년 경북 문경시, 영덕·봉화군에 각각 3,000kW(5kW 태양전
지 모듈 600개)의 발전소를 건설하는 등 2013년 한국의 태양광 발전량은 9억kWh이
었다.

　한국에서 전라도지역은 일사량이 매우 풍부해 태양광 발전소가 입지하기에 적

〈표 2-15〉 주요 국가의 태양광 발전량(2011년)

국가	발전량(억kWh)	%	국가	발전량(억kWh)	%
독일	193	30.5	프랑스	21	3.3
이탈리아	108	17.1	벨기에	12	1.9
에스파냐	87	13.7	한국	9	1.4
미국	62	9.8	오스트레일리아	9	1.4
중국	25	3.9	그리스	6	0.9
체코	22	3.5	세계	633	100.0

자료: 矢野恒太記念會 編(2014: 200~201)의 자료 참고하여 필자 작성.

〈사진 2-4〉 마라도의 태양광 발전(왼쪽, 1996년)과 에스파냐 세비야(Seville) 아벤고아(Abengoa) 사
태양광 타워형 발전소(오른쪽, 2009년)

합한 자연조건을 갖추고 있으며, 태양광 발전소가 81개나 입지해 있어 전국에서 가장 많다(〈그림 2-17 가〉). 그러나 지금까지 전라도지역의 태양광 발전소는 면밀한 사전조사 없이 산지 등에 무분별하게 설치된 경우가 많아 각종 환경적·사회적 문제를 야기하고 있다. 전라도지역의 태양광 발전소의 입지 타당성을 평가하기 위해 〈표 2-16〉과 같이 태양광 발전소 입지기준 요소를 이용해 분석한 결과 최종 입지 적합지역은 〈그림 2-17〉(나)와 같다. 여기서 기존의 태양광 발전소 입지와 최종 입지 적합지역을 비교·평가한 결과 〈그림 2-17〉(다)와 같이 81개 태양광 발전소 가운데 23개가 부적합한 것으로 판단되었다. 즉, 축사 시설로부터 거리가 가까워 가축에 영향을 줄 수 있는 태양광 발전소 6개, 국토환경성 평가 등급에서 환경적 가치가 높은 지역에 입지한 태양광 발전소 17개가 이에 해당한다. 또 기후·지형·인문요인에서 '매우 적합'이나 '적합'지역이 아닌 '보통'지역에 속하면서 동시에 환경적·사회적으로 영향을 줄 수 있는 제외지역에 포함된 기존 시설은 세 곳으로, 이들은 장수·해남·보성군 일대에 있다. 이 세 곳은 전라도지역에 입지한 가장 부적합한 태양광 발전소로 판단되며 대책 마련이 시급한 곳이라 할 수 있다. 부적합한 지역에 입지한 태양광 발전소는 〈표 2-17〉과 같다

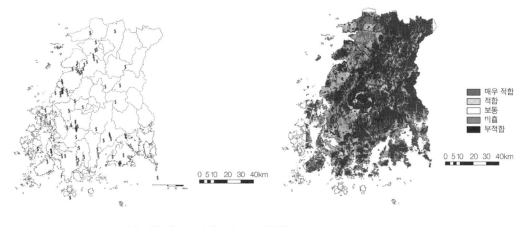

〈그림 2-17〉 (가) 전라도 태양광발전소 현황   (나) 환경·사회적 영향을 추가로 고려한 최종 입지 적합도

매우 적합
적합
보통
미흡
부적합

0 5 10 20 30 40km

(다) 기존 태양광 발전소의 입지 타당성

적합지의 시설
국토환경평가 시 부적합 시설
축산농가 고려 시 부적합 시설
가장 부적합한 시설

매우 적합
적합
보통
미흡
부적합

주: $ = 현존 태양광 발전소.
자료: 박유민·김영호(2012: 449).

태양열 주택은 지붕에 있는 집열판과 물탱크를 이용해 태양열을 온수로 전환해 냉난방 등에 활용한다. 태양열 주택이 매년 상품화되어 보급되고 있는데, 가격이 비싸다는 점과 일조율이 높지 않은 지역에서는 효율성이 낮다는 문제가 있다. 전자는 정부의 경제적 지원을 통해 메이커 개발비 보조 및 대부 이자율을 낮춰 해결할 수 있지만, 후자는 인력으로는 해결하기 어려운 문제이다. 한편 이스라엘은 전체가정의 약 1/2이 태양열 온수기를 이용하고, 인도에서는 태양열을 이용한 냉장고·오븐 등이 보급되고 있다.

〈표 2-16〉 태양광 발전소 입지기준과 요소

기준	요소
기후	1. 일사량 2. 평균기온 3. 강수량 4. 습도 5. 전 운량
지형	1. 경사도 2. 방향
인문	1. 토지매입비(표준지 공시지가)
환경·사회 (제외 기준)	1. 국토환경성평가 등급 2. 축사 시설과의 이격(離隔)거리 3. 주거 밀집지역과의 이격거리

자료: 박유민·김영호(2012: 440).

〈표 2-17〉 부적합한 태양광 발전소의 입지

부적합 요인	발전소 입지
축사 시설 고려 시 부적합	전라북도 정읍시 감곡면 방교리 1002-4 동원태양광발전 전라남도 신안군 지도읍 내양리 59-15 수성이앤씨 전라북도 정읍시 덕천면 도계리 40 양명태양광발전소 전라남도 고흥군 포두면 상포리 15-4 에스비에너지 전라남도 영광군 백수읍 약수리 498 영광태양광발전소 전라남도 장성군 삼서면 금산리 290-20 청산태양광발전
국토환경성 평가기준 고려 시 부적합	전라북도 정읍시 덕천면 하학리 산102 대신태양광발전소 전라남도 강진군 도암면 석문리 산190 동원산업솔라파크태양광 전라남도 신안군 지도읍 태천리 산445 신안성환에너지 전라북도 정읍시 소성면 신천리 산125-1 신천쏠라에너지 전라남도 해남군 화원면 장춘리 산55 쏠라미1 전라남도 해남군 화원면 장춘리 산94 쏠라미2 전라남도 해남군 황산면 원호리 산27 쏠라미4 전라남도 고흥군 동강면 오월리 산60-1 엔에이치 전라남도 보성군 겸백면 도안리 3 와이피피쏠라 전라남도 해남군 문내면 용암리 산83-1 용암태양광 전라남도 해남군 황산면 일신리 산9-16 일신태양광발전소 전라북도 남원시 주생면 낙동리 태양광발전 전라북도 장수군 산서면 오산리 888-1 토탈에너지 전라남도 신안군 증도면 대초리 산4-1 한국지역난방공사 신안증도태양광발전소 전라북도 고창군 부안면 상암리 산14-2 한양솔라파크 전라남도 장흥군 용산면 동발리 산197-1 해전 전라남도 고흥군 도화면 가화리 산14-3 흥양태양광에너지(유한)
기후·인문·지형·환경 사회 등 종합적 기준에서 가장 부적합	전라북도 장수군 산서면 오산리 888-1 토탈에너지 전라남도 해남군 황산면 일신리 산9-16 일신태양광발전소 전라남도 보성군 겸백면 도안리 3 와이피피쏠라

자료: 박유민·김영호(2012: 450).

태양열 포장계수(potential sun-heat coefficient)는 일사량 × 일조율로 나타내는데, 사막지방에서 이 계수값이 가장 높고, 일사량이 많은 열대지방에서도 계수값이 높다. 장차 태양열을 본격적으로 많이 이용하는 시대가 오면 태양열의 효율이 높은 사막이나 열대지방은 태양열 에너지 공장의 최고 입지조건을 갖춘 곳으로 거기서 얻는 싼값의 전력을 콘덴서에 충전시켜 세계 각 지역에 공급할 가능성이 크다. 한편 지구 근거리 궤도에서 전력을 생성, 지구로 보내게 될 우주발전소는 태양 에너지를 이용하는데, 지구로의 전력 송출방식은 적외선 파장에서 레이저 주파수에 이르기까지 다양한 방안이 검토 중에 있다.

② 지열 에너지

화산이 분출할 때 지표에 나오는 마그마(magma)의 온도는 1,000℃ 이상으로 지구 내부에 매우 높은 온도의 지층이 존재한다는 것을 알 수 있다. 특히 화산지대에는 지각이 약하고 지표 가까이에 고온의 마그마가 분포해 지하로 100m씩 내려감에 따라 10~20℃씩 기온이 높아진다. 따라서 이러한 지대에 지하 1,000m 내외에서 보링을 하면 뜨거운 지하수가 분출해 거대한 보일러의 기능을 하게 된다. 이러한 분출력으로 터빈을 돌려 전기를 일으키는 것을 지열발전이라 한다. 전력생산 이외에 뜨거운 분출물을 부근의 취락으로 보내어 가정에서 사용할 수 있고, 또한 채소의 온실재배도 가능해 그 용도가 다양하다. 그러나 지하를 순환하는 지하수가 마그마의 열에 의해 더운물로 분출되므로 발전소의 크기는 한정되는데 지표에서 지하에 물을 주입시키면 그 효과가 적다는 것이 결점이다.

인류는 반세기 전부터 지열을 개발해 사용해왔으나, 지열의 본격적인 개발은 1973년 이탈리아의 라르데레로(Larderello)에서 60만kW 발전를 선두로 미국, 필리핀, 에

〈표 2-18〉 주요 국가의 지열 발전량(2011년)

국가	발전량(억kWh)	%
미국	179	25.9
필리핀	99	14.3
인도네시아	94	13.6
멕시코	65	9.4
뉴질랜드	61	8.8
이탈리아	57	8.2
아이슬란드	47	6.8
일본	27	3.9
세계	692	100.0

자료: 矢野恒太記念會 編(2014: 200~201)의 자료 참고하여 필자 작성.

〈그림 2-18〉 미국의 지열자원 분포

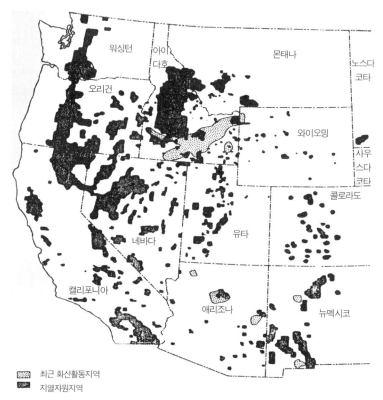

워싱턴
아이다호
몬태나
노스다코타
오리건
와이오밍
사우스다코타
콜로라도
네바다
유타
캘리포니아
애리조나
뉴멕시코

최근 화산활동지역
지열자원지역

자료: Wheeler and Muller(1981: 284).

〈사진 2-5〉 아이슬란드 네시아베틀리르 지열발전소(2008년)

주: 해저 200m의 지열로 데운 바닷물로 터빈을 돌려 전기를 생산함.

스파냐, 멕시코, 덴마크 등에서 지열을 사용하면서부터이다. 이들 국가에서 지열을 이용하는 지역은 신생대 제3기층이 분포한 지역이다. 특히 북극권에 접해 있는 화산국 아이슬란드에서는 에너지의 80% 이상을 지열에 의존하고 그 이용도 다양하다(〈표 2-18〉). 세계에서 가장 지열 발전량이 많은 미국은 세계 발전량의 약 1/4을 차지하고, 이어서 필리핀, 인도네시아로 환태평양조산대 일대에 비율이 높다. 미국에서 화산지대와 지열 자원지역은 〈그림 2-18〉과 같이 서부지역에 많다. 〈사진 2-5〉는 뉴질랜드의 지역발전소 전경이다.

③ 풍력 에너지

네덜란드란 네덜란드어로 '저지(低地)'란 뜻이다. 국명과 같이 이 나라 국토의 1/4이 해수면보다 낮아 바다 쪽으로 제방을 쌓았는데 이로 인해 생겨난 저지를 폴더(polder)라 부르며, 이에 따른 간척지가 매우 넓다. 그러므로 해수를 풍차에 의해 배수를 하고 있으나 최근에는 전력을 이용해 펌프로 배수를 시키고 있어 풍차는 관광용으로 조금 남아 있는 실정이다. 또 미국의 로키산맥 동부 대평원에는 남북전쟁 때 농가에서 풍력발전을 했으나 그 후 석탄으로 화력발전을 해 전기를 공급하므로 농촌의 자가 풍력발전은 없어졌다. 그러나 오늘날에도 스위스의 알프스 산중의 관광호텔·레스토랑에서는 자가용 풍력발전에 의한 전력이 공급되고 있어 완전한 전화생활(電化生活)을 실현한 예도 있다. 이 밖에도 오스트레일리아의 내륙 건조지대에서 관개용 풍차가 25대, 중국의 황허 강 이북지역에 관개용 풍차가 6천 대 분포하고 있으나 아직도 세계적으로 그렇게 많이 분포한 것은 아니다.

일반적으로 풍력발전에 의한 전력은 풍속의 3승에 비례하고 날개 직경의 2승에 비례한다. 따라서 풍력발전의 입지조건으로서는 풍력이 꽤 강하고 연간 항상 바람이 부는 곳으로, 해안·섬·고원·도시의 고층빌딩 등이 풍력발전에 가장 좋은 입지지점이다. 그러나 1998년부터 일본의 경우 초미풍(1.5㎧)이 부는 지역에서도 하루에 평균 320w의 소규모 가정용 풍력발전이 가능하게 되었다.

세계에서 현대식 풍력 터빈을 가동해 전력을 얻을 수 있는 지역은 1,000군데 이상으로 이들 지역에서 발전할 수 있는 양은 72TW(테라와트)(1TW는 100만MW)로 추정되고 있다. 풍력발전량이 많은 국가는 미국이 전 세계의 27.8%를 차지해 가장 많고, 그 다음으로 중국, 독일의 순이다(〈표 2-19〉).

한국에서 최근 5년간(2001~2006년)의 500여개 지상 관측지점과 5개 고층 관측지점의 고밀도 기상관측자료를 사용해 풍력자원 지도를 나타낸 것이 〈그림 2-19〉이다. 이 지도에서는 풍력발전에 활용 가능한 바람고도는 50~100m인 데 반해 기상청에서 기상예보를 위해 관측하는 바람고도는 10m로 우선 연직(鉛直)바람(vertical wind)[21]분포에 대한 관계식을 이용해 10m 바람을 50m와 80m 바람으로 보정했다.

21) 물리량의 연직 방향의 분포, 특히 평균 풍속, 난류(亂流)의 세기, 난류의 스케일 등 바람의 특성 변화를 가리킨다.

<표 2-19> 주요 국가의 풍력발전량(2011년)

국가	발전량(억kWh)	%	국가	발전량(억kWh)	%
미국	1,209	27.8	영국	155	3.6
중국	703	16.2	프랑스	122	2.8
독일	489	11.3	캐나다	102	2.3
에스파냐	424	9.8	이탈리아	99	2.2
일본	238	5.5	세계	4,342	100.0

자료: 矢野恒太記念會 編(2014: 200~201)의 자료 참고하여 필자 작성.

<그림 2-19> 한국의 평균 풍력의 지역적 분포(2001~2006년)

단위: m/s

자료: 기상청(http://www.kma.go.kr).

그리고 5개 고층 관측지점에서 실제로 관측한 50~100m 바람자료를 사용해 데이터를 보정함으로써 자료의 정확도를 높였다. 풍력발전이 가능한 5m/s 이상 바람의 특성, 주풍향이 차지하는 비율, 주풍향별 바람의 세기 등을 종합적으로 분석해 월별, 계절별, 연별 바람자원을 평가할 수 있는 기초자료를 산출했다. 연평균풍속이 크다 해도 바람의 방향이 수시로 변하거나 5m/s 이상의 바람비율이 높지 않다면 풍력발전에 효율적이지 못할 것이다. 한국은 주로 해안과 높은 산지에서 바람의 속도가 빠르게 나타난다.

〈사진 2-6〉은 한국 경상북도 영덕군 영덕읍의 풍력발전소를 나타낸 것이다. 영덕 풍력발전기는 높이가 80m, 날개 반지름 41m로 3㎧ 이상의 바람이 불면 24대가 전력을 일으켜 영덕군 2만여 가구가 소비할 수 있는 연간 96,680MW를 발전하게 된다. 또한 제주시 한경면 판포~금등~두모리 바다에 타워 10개의 해상 풍력발전기

<사진 2-6> 경상북도 영덕군 풍력발전소(2005년)

지가 건설되어 제주도 총 전력생산설비의 5.4%를 분담하고 있다.

④ 기타 재생에너지

앞에 서술한 4가지 이외의 재생에너지로 먼저 열대·아열대 지방의 해양 온도차 발전을 들 수 있다. 일사량이 큰 열대·아열대 지방의 해양은 수면의 온도가 꽤 높아 해저의 수온과 큰 차이가 나타나는데, 이 차이를 이용한 발전이 해양 온도차 발전이다(<사진 2-7>). 서아프리카 코트디부아르의 상아해안의 해면과 심해와의 온도차를 이용한 발전을 하고 있는데, 한국 포항 동쪽 35~55km 해역의 경우 표층수와 수심 500m 이하의 심층수 간 온도차가 15℃ 이상으로 나타나는 기간이 연중 215일로 나타나 해양 온도차 발전의 최적지로 밝혀졌다. 그러나 해양 온도차 발전은 1kW급 발전소를 짓는데 원자력발전소가 900달러, 석탄 화력발전소는 720달러 드는 반면에 해양 온도차 발전소는 건설비용이 1,500달러가 들어 경제성의 문제가 있다.

또 조차가 큰 해안에서의 조력발전이 그것이다. 세계에서 조차가 큰 대표적인 해안은 캐나다의 펀디만(16m), 영국의 서안, 영국과 프랑스 사이의 해협, 마젤란해

<사진 2-7> 해양 온도차 발전의 개념도(가)와 해양온도차 원리(나)

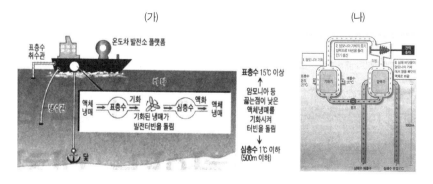

〈사진 2-8〉 시화호 조력발전소(2011년)

〈사진 2-9〉 울돌목 조류발전소 개념도(2008년)

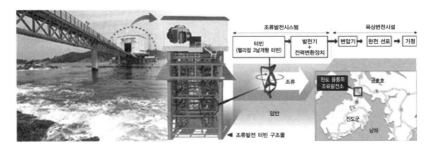

협 등으로 그 차이가 10m 이상이다. 이러한 간만의 차이가 큰 해안 하구에 댐을 건설해 만조 때 저수지에 해수를 유입시켜 그 물로 발전한다. 한국의 조력발전 가능 지점과 발전 가능량을 살펴보면 천수(淺水), 조차 7m]가 46만kW로 가장 많고, 이어서 가로림(7.9m, 33만kW), 아산(9.9m, 32만kW), 인천(9.5m, 17.8만kW), 서산(7.9m, 13만kW), 시흥(9.5m, 12만kW), 남양(9.5m, 11만kW) 순이다. 시화호 조력발전소는 국내 최초로 단류식(單流式) 창조(漲潮)발전방식[22]이며, 연간발전량이 552.7GWh로 프랑스 브르타뉴 지방의 조차 13.5m, 하폭 750m의 랑스(Rance)조력발전소의 연간 발전량(544GWh)보다 많아 세계에서 가장 큰 규모이다(〈사진 2-8〉). 이 밖에도 캐나다의 펀디만, 러시아의 백해에도 조력발전소가 입지해 있다.

조류발전은 바닷물이 빠르게 흐르는 곳에 터빈을 설치해 전기를 일으키는 것으로, 바닷물의 흐름이 끊기지 않아 안정적으로 전기를 생산할 수 있고 댐을 짓지 않아도 돼 환경파괴 논란을 피할 수 있는 장점이 있으나 발전소에 적합한 지형을 확보하기 어렵다는 단점이 있다. 조류발전소를 운영 중인 국가는 한국과 영국뿐으로, 한국은 2009년 5월 전남 진도군 군내면 녹진리와 해남군 문내면 우수영리 사이의

22) 밀물 때에 외해(外海) 와 조지(潮池)의 수위차를 이용해 발전을 하고, 간조 때에 조지의 물을 방류하는 발전방식을 말한다.

해협인 울돌목(鳴梁)에 1,000kW급 발전용량의 '진도 울돌목 조류발전소'를 준공해 부근 430가구에 전력을 공급하게 되었다. 발전용량을 9만kW로 늘리는 2단계 공사를 2013년까지 완공하면 울돌목 조류발전소는 세계 최대의 상용 조류발전소가 된다. 울돌목은 바닷물 빠르기가 최고 초당 6.5m로 세계 5위 안에 들고, 평균 폭 (500m)은 넓으면서 수심(20m)도 얕아 조류발전의 최적지로 꼽힌다(〈사진 2-9〉).

이밖에도 해안의 파력(波力)발전, 고온 다습한 열대·아열대 지방에서 감자류 작물로 석유의 대체연료인 알코올을 대량생산하는 바이오매스(bio mass) 에너지 등도 있고, 도시에서는 공영으로, 농·어촌에서는 개인적으로 메탄가스를 사용할 수도 있다. 이 중 파력발전소는 파도에 의해 밀려오는 공기의 힘으로 터빈을 돌려 발전하는 것으로 〈사진 2-10〉은 영국의 스코틀랜드 서해 연안 아이레섬에 건설된 영국 최초의 파력발전소이다. 파력발전소는 건설비가 싸고 건립하기가 쉬운 점 때문에 연안에 파력발전소의 건설은 유리하다고 생각하지만 상업화하기 위해서는 어느 정도 규모가 커야 한다.

지구상의 파력 에너지는 약 20억kW로 추정되는데, 삼면이 바다인 한국은 발전 잠재력이 6,500MW이다. 제주도 서쪽 차귀도와 비양도 사이에 500kW 파력발전소가 2013년부터 상용발전을 하게 된다. 제주도에 세워질 파력발전소는 파도의 힘을 공기의 흐름으로 바꾸는 '진동수주형'이다(〈사진 2-10〉 나). '월파형'은 파도가 칠 때 위로 올라간 바닷물을 가뒀다가 아래로 떨어지게 해 터빈을 돌리는 형태이다. 그리

〈사진 2-10〉 (가) 영국 스코틀랜드 서해 연안의 파력발전소(1991년 12월), (나) 제주도 파력발전소 원리

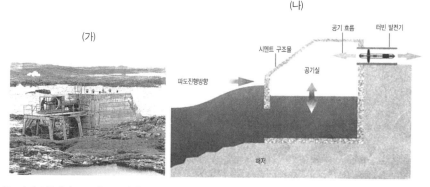

주: 사진 (가)에서 콘크리트로 되어 돌출된 앞 부문에 부딪히는 파도가 실내에 들어왔을 때의 공기의 힘으로 터빈을 돌림.

고 파력발전 중 가장 널리 개발되고 있는 것은 '가동 물체형'으로, 이것은 말 그대로 바닷물의 흐름에 민감한 물체를 앞바다에 띄우고 그 움직임에 따라 전기 에너지로 바꾸는 장치이다.

4. 식량자원

생산요소로서 토지자원은 매우 중요한데, 이는 농지자원, 임지자원, 간척자원, 유휴지자원, 수자원으로 구성된다. 이 중 식량의 공급원인 농경지와 목재공급, 임산연료, 경제림, 방풍, 산사태 방지의 역할을 하는 삼림지가 중요한데, 농경지는 논과 밭, 농가로 구성된다.

23) 농지는 경지와 목장, 목초지, 과수원, 농가로 구성된다.

식량자원은 농지[23]에서 생산되는 쌀, 밀 등의 곡물 외에도 수산물, 축산물 등을 포함한다. 2011년 식량자원의 기초가 되는 대륙별 농지면적 비율은 〈그림 2-20〉과 같다. 세계의 농지면적은 세계 육지면적(1억 3,612만 7,000km²)의 36.5%를 차지한다. 대륙별 농지 구성비를 보면 아시아가 세계 농지면적(49억 1,162만 3,000ha)의 33.2%를 차지해 가장 넓고, 그 다음이 아프리카(23.8%), 남아메리카(12.4%), 북아메리카(12.4%), 유럽(9.6%), 오세아니아(8.6%)의 순이다. 한편 대륙별 면적에 대한 농지면적 비율은 아시아가 51.2%로 가장 넓고, 그 다음으로 오세아니아(49.4%), 아

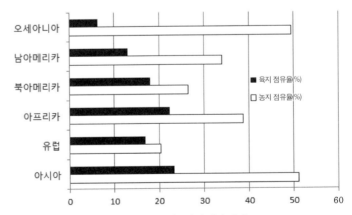

〈그림 2-20〉 대륙별 육지면적과 농지 점유율(2011년)

자료: 二宮書店(2014: 18~24, 54~55)의 자료 참고하여 필자 작성.

〈표 2-20〉 주요 국가별 육우, 돼지고기, 양고기 생산량(2012년)

단위: 천 톤

국가	육우	%	국가	돼지고기	%	국가	양고기	%
미국	11,849	18.7	중국	49,000	44.9	중국*	2,080	24.6
브라질	9,307	14.7	미국	10,555	9.7	오스트레일리아	556	6.6
중국	6,250	9.9	독일	5,474	5.0	뉴질랜드	448	5.3
아르헨티나	2,500	4.0	에스파냐	3,466	3.2	구 수단	325	3.8
오스트레일리아	2,125	3.4	브라질	3,465	3.2	인도	296	3.5
멕시코	1,821	2.9	베트남	3,160	2.9	영국	275	3.2
러시아	1,642	2.6	러시아	2,559	2.3	터키	272	3.2
세계	63,289	100.0	세계	109,122	100.0	세계	8,470	100.0

*홍콩, 마카오 제외.
자료: 矢野恒太記念會 編(2014: 254)의 자료 참고하여 필자 작성.

〈표 2-21〉 대륙별 토지이용과 농업 종사자당 농지면적(2010년)

단위: 만ha

대륙	토지면적	농지				삼림		농업종사자 1인당 농지면적(ha)
		경지·과수지	총면적에 대한 비율(%)	목축지	총면적에 대한 비율(%)	면적(만ha)	총면적에 대한 비율(%)	
아시아	309,354	55,338	17.9	108,000	34.9	59,251	19.2	1.6
유럽	220,723	29,067	13.2	17,855	8.1	100,500	45.5	21.6
아프리카	296,477	25,645	8.6	91,141	30.7	67,441	22.7	5.4
북아메리카	213,299	25,416	11.9	35,353	16.6	70,539	33.1	32.5
남아메리카	175,624	14,123	8.0	46,261	26.3	86,435	49.2	23.5
오세아니아	84,885	4,521	5.3	36,715	43.3	19,138	22.6	127.5
세계	1,300,341	154,110	11.9	335,326	25.8	403,305	31.0	3.7

자료: 二宮書店(2014: 54~55)의 자료 참고하여 필자 작성.

프리카(38.6%), 남아메리카(34.1%), 북아메리카(24.8%), 유럽(20.4%)의 순이다.

세계 농지면적 중 목축지의 면적 구성비는 68.4%를 차지해 경지 및 과수지의 면적은 적은 편이다. 2011년 대륙별로 농업용지 중 목축지의 면적 구성비가 가장 넓은 대륙은 오세아니아로 88.1%를 차지하며, 그 다음으로 아프리카(77.9%), 남아메리카(76.2%), 아시아(66.1%), 북아메리카(58.2%), 유럽(37.8%)의 순이다. 주요 국가의 육우, 돼지고기, 양고기 생산량은 〈표 2-20〉과 같이 육우는 미국과 브라질, 중국의 순으로 많이 생산되고, 돼지고기는 중국, 미국, 독일의 순이며, 양고기는 중국, 오스트레일리아, 뉴질랜드의 순으로 그 생산량이 많았다.

대륙별 토지이용과 농업종사자 1인당 농지면적을 보면(〈표 2-21〉) 먼저 농지의 경우 유럽만 경지와 과수원 비율이 목축지에 비해 넓고 나머지 대륙은 목축지가 넓다. 농업종사자 1인당 농지면적을 보면 오세아니아가 가장 넓고 이어서 북아메리

카, 남아메리카, 유럽의 순으로 아시아의 농업종사자 수 1인당 농지면적은 세계의
1/2 이하를 차지해 아시아가 가장 영세적인 경영으로 나타났다.

1) 식량작물의 생산

주요 식량작물의 생산량을 살펴보면 다음과 같다. 먼저 2012년 쌀 생산량을 보
면 중국이 세계 쌀 생산량의 28.4%를 차지해 가장 많았고, 그 다음이 인도(21.2%),

〈표 2-22〉 주요 국가의 쌀·밀 생산량(2012년)

단위: 만 톤

쌀			밀		
국가	생산량	%	국가	생산량	%
중국	20,429	28.4	중국	12,058	17.2
인도	15,260	21.2	인도	9,488	13.5
인도네시아	6,905	9.6	미국	6,176	8.8
베트남	4,366	6.1	프랑스	4,030	5.7
타이	3,780	5.3	러시아	3,772	5.4
방글라데시	3,389	4.7	오스트레일리아	2,991	4.3
미얀마	3,300	4.6	캐나다	2,701	3.9
필리핀	1,803	2.5	파키스탄	2,347	3.3
브라질	1,155	1.6	독일	2,243	3.2
일본	1,065	1.5	터키	2,010	2.9
파키스탄	940	1.3	우크라이나	1,576	2.2
캄보디아	929	1.3	이란	1,380	2.0
미국	905	1.3	영국	1,326	1.9
한국	642	0.9	카자흐스탄	984	1.4
이집트	591	0.8	아르헨티나	820	1.2
세계	71,974	100.0	세계	70,140	100.0

자료: 矢野恒太記念會 編(2014: 208~211)의 자료 참고하여 필자 작성.

〈표 2-23〉 쌀과 밀의 주요 수출입국(2011년)

단위: 만 톤

쌀						밀					
수출			수입			수출			수입		
국가	수출량	%	국가	수입량	%	국가	수출량	%	국가	수입량	%
타이	1,067	29.4	인도네시아	275	8.2	미국	3,279	22.1	이집트	980	6.7
인도	500	13.8	나이지리아	219	6.5	프랑스	2,035	13.7	알제리	745	5.1
미국	317	8.7	방글라데시	131	3.9	오스트레일리아	1,766	11.9	이탈리아	732	5.0
베트남	711	19.6	이란	113	3.4	캐나다	1,634	11.0	일본	621	4.2
브라질	129	3.6	사우디아라비아	111	3.3	러시아	1,519	10.2	브라질	574	3.9
파키스탄	341	9.4	중국	106	3.0	아르헨티나	841	5.7	인도네시아	560	3.8
아르헨티나	73	2.0	말레이시아	103	3.1	독일	617	4.2	터키	475	3.2
세계	3,626	100.0	세계	3,355	100.0	세계	14,827	100.0	세계	14,721	100.0

자료: 二宮書店(2014: 56)의 자료 참고하여 필자 작성.

인도네시아(9.6%), 베트남(6.1%), 타이(5.3%)의 순이었다(〈표 2-22〉, 〈그림 2-21〉).

한편 2011년 쌀의 수출입 국가를 보면(〈표 2-23〉) 주요 수출국으로는 타이가 세계 쌀 수출량의 29.4%를 차지해 가상 많았고, 그 다음으로 인도, 미국, 베트남의 순이었다. 한편 수입국을 보면 인도네시아가 세계 쌀 수입량의 8.2%를 차지해 가장 많았고, 그 다음으로 나이지리아, 방글라데시, 이란의 순이었다. 쌀의 국제적 이동을 보면 동남아시아에서 동남아시아 지역 내뿐 아니라 동아시아, 서남아시아, 아프리카로 이동되고, 미국에서 유럽, 아프리카로 이동되고 있다.

다음으로 2012년 밀의 생산량을 보면 중국이 세계 밀 생산량의 17.2%를 차지해 가장 많았고, 그

〈그림 2-21〉 세계 쌀 생산량의 분포

쌀
한 점은 1,500만
부셸을 나타냄.

자료: Berry et al.(1987: 94).

〈그림 2-22〉 세계 밀 생산량의 분포

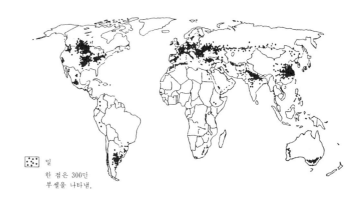

밀
한 점은 300만
부셸을 나타냄.

자료: Berry et al.(1987: 94).

다음으로 인도, 미국, 프랑스의 순이었다(〈표 2-22〉, 〈그림 2-22〉).

한편 2011년 밀의 수출입 국가를 보면(〈표 2-23〉) 주요 수출국으로는 미국이 세계 밀 수출량의 22.1%를 차지해 가장 많았고, 그 다음으로 프랑스, 오스트레일리아, 캐나다의 순이었다. 한편 수입국을 보면 이집트가 세계 밀 수입량의 6.7%를 차지해 가장 많았고, 그 다음으로 알제리, 이탈리아, 일본, 브라질의 순이었다. 밀의 국제적 이동을 보면 북아메리카에서 유럽, 아시아로, 오세아니아에서 동아시아, 서남아시아로 이동하고 있다. 다음으로 2012년 주요 식량작물의 생산량 분포를 보면 먼저 보리의 경우 러시아, 프랑스, 독일, 오스트레일리아, 캐나다 등이, 호밀은 러

〈그림 2-23〉 주요 식량작물의 국가별 생산량(2012년)

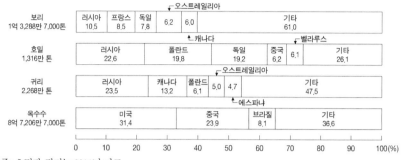

주: 호밀과 귀리는 2011년 자료.
자료: 矢野恒太記念會 編(2014: 208~211); 二宮書店(2014: 57)의 자료 참고하여 필자 작성.

24) 관세 및 무역에 관한 일반 협정(GATT)의 우루과이 라운드(다각적 무역교섭)는 1986년 9월 시작해 농업을 포함한 15개 부문에서 교섭을 벌여 1993년 12월 합의에 도달했고, 1995년 7월까지 각 국가는 포괄적인 무역협정을 맺었다. 농업 교섭에 관해 살펴보면 과거의 다각적 무역교섭이 관세인하를 했는데 대해 우루과이 라운드에서는 각 국가의 비관세 장벽을 철폐하는 것이 목적이다. 공통 농업정책을 바탕으로 보조금에 의한 농산물 수출에 공세를 가한 EU, 이에 대항해 보조금을 붙여 수출을 부활시킨 미국과 그 밖의 다른 수출국 간 많은 무역마찰이 생긴 것이 그 배경이 되었다. 미국, EU, 일본이 서로 양해하므로 7년 이상 끌어오던 교섭이 드디어 협정을 맺어 최소한 수출기회(minimum access)의 의무, 수출 보조금의 삭제, 각 국가의 국내 농업 보호수준의 삭제 등이 채택되었다. 금후 세계의 자유무역의 유지발전은 GATT를 흡수·확대한 WTO에 의해 계속될 것이다.

시아, 폴란드, 독일, 중국, 벨라루스 등이, 귀리는 러시아, 캐나다, 폴란드, 오스트레일리아 등이, 옥수수는 미국, 중국, 브라질 등의 생산량이 많았다(〈그림 2-23〉).

1993년 수출액을 바탕으로 선진국의 곡물의 수출액을 보면 선진국에서 선진국으로의 수출은 48.2%를 차지했는데, 이 중 미국과 캐나다에서의 수출액이 가장 많았다. 선진국에서 개발도상국으로의 수출액은 40.5%를 차지했는데, 선진국에서 개발도상국으로의 수출액 중 아시아로의 수출액이 개발도상국으로의 수출액의 49.2%를 차지했고, 아프리카로의 수출액이 25.6%를 차지했다(〈그림 2-24〉). 선진국에서 개발도상국으로의 곡물 수출은 우루과이 라운드 협정24)에 따라 더욱 증가하고 있다.

2) 식량증산 방안

인구의 증가에 따라 식량 소비량의 증대는 불가피한 현상이다. 이와 같은 식량 소비량의 증대를 충족시키기 위한 세계에서의 식량 증산 방안을 살펴보기로 하자.

〈그림 2-24〉 수출액에 의한 선진국으로부터의 곡물 수출(1993년)
단위: 억 달러

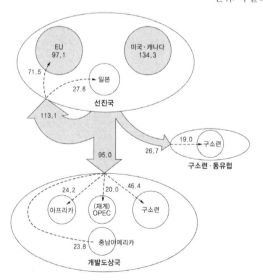

자료: 國勢社(1995: 246).

(1) 농경지 면적의 확대

세계 육지면적의 29.6%가 삼림이며, 33.0%가 이용할 수 없는 가경지·시가지·황무지·도로·호소·하천 등으로 세계 육지 면적의 약 2/3가 경지로 이용할 수 없다. 1970년 대륙별 육지면적 중에서 경지로 이용되는 정도를 보면(〈그림 2-25〉의 검은 부분), 유럽, 아시아, 구 독립국가연합의 경우 상당한 부분이 경지로 이용되고 있지만 아프리카·북아메리카·남아메리카·오스트레일리아는 잠재적 가경지(〈그림 2-25〉의 흰 부분)가 넓게 분포하고 있다. 그러나 아프리카의 경우 잠재적 가경지 중에는 체체파리에 의한 수면병 등의 풍토병이 만연되는 지역이 많아 농업이 불가능하다. 또 남아메리카의 경우는 열대우림기후지역이 많아 개간에는 많은 비용이 필요해 현재의 기술수준으로는 비경제적이다. 이러한 면에서 볼 때 식량증산을 위한 농경지 면적의 확대는 경제성이 적어 새로운 경작지의 개간은 어렵지만 각 국가에서 소규모의 개간·간척사업 등을 해 경작지는 확대되고 있다.

그러나 인구증가에 따라 주택, 공장, 도로, 공공시설 등이 건설되므로 경작지의 면적은 줄어들게 되고, 또 환경오염에 의한 토양파괴, 토양 비옥도의 저하 등에 의한 토지 생산력도 낮아져 경작지 확대를 통한 식량증산은 한계가 있다고 볼 수 있다.

(2) 단위 면적당 수확량의 증대

농경지의 확대는 어느 정도 한계가 있으며, 또 농경지 개발을 위한 경제성이 문제가 되어 식량증산을 위한 방법으로는 단위 면적당 수확량의 증대를 들 수 있다. 단위 면적당 수확량의 증대를 위해 관개시설의 확충과 화학비료의 사용25), 살충제의 보급26), 신품종의 개발, 유전자 재조합 농산물(Genetically Modified Organism: GMO) 재배면적 증가 등이 있다.

관개시설의 확충은 건조지역에 그 필요성이

25) 1950~2000년 사이에 화학비료 사용량은 14톤에서 1억 6,000만 톤으로 늘어났는데, 화학비료 1톤을 생산하는데 필요한 석유는 3톤이다.
26) 1950~2000년 사이에 농약 살포량은 25배가 증가했다.

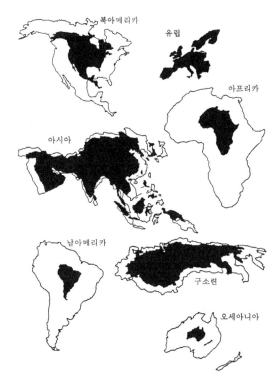

〈그림 2-25〉 대륙별 잠재적 가경지 면적(1970년)

자료: de Souza(1990: 84).

높다. 현재 세계 경작지의 약 12%가 관개를 하며, 이들 지역에서 생산되는 식량은 세계 식량 생산량의 약 반을 차지한다. 물은 농산물의 생산증대를 위한 중요한 인자로 많은 학자들은 녹색혁명(green revolution)의 일부의 실패를 물의 불균등한 공급 때문이라고 지적한다.

농가에서는 오래 전부터 비료를 사용해왔으나 화학비료의 사용은 1960년대 이후 급격히 증대되었다. 이와 같은 화학비료의 사용은 선진국의 경우에는 경지 면적당 소비량은 많아졌지만 개발도상국의 경우는 그 소비량이 매우 적다. 따라서 개발도상국에서 화학비료의 사용량을 증대시켜야 할 것이다.

다음으로 살충제와 제초제의 사용량 증대로 생산량을 올릴 수 있다. 동물과 곤충에 의해 많은 식량작물이 소실됨에 따라 인간은 그동안 많은 살충제를 살포했으며 식량생산에 위협이 되는 잡초를 제거하기 위해 많은 제초제를 사용했다. 식량증산을 위한 살충제와 제초제의 사용은 필수적이지만 이것들을 많이 사용함에 따라 환경오염을 유발시켜 인간과 그 거주공간을 위협하게 된다.

또 새로운 품종의 개량이 식량의 증산을 가져온다. 1943년경 제2차 세계대전 이후에 식량문제가 야기될 것에 대비해 록펠러재단의 후원으로 옥수수와 밀의 신품종 개발이 성공했다. 이 신품종은 냉량 건조한 기후에도 잘 적응하며 병충해에 대한 저항력도 강해 재래종보다 훨씬 많은 수확량을 올렸다. 이러한 신품종은 1960년대에 "기적의 곡식"으로 알려져 세계 각지로 확산되었다. 그 후 록펠러·포드재단의 지원으로 필리핀에 국제미작연구소(IRRI)를 세우고 10여 년의 연구 끝에 IR-5와 IR-8 등의 신품종의 볍씨를 개발했다. 이러한 기적의 곡식은 파키스탄, 인도네시아, 필리핀, 인도 등으로 전파되어 단위 면적당 수확량을 증대시켜 녹색혁명을 일으켰다.

1996년부터 유전자 재조합 농산물의 재배가 상업화되어 본격적으로 생산되고 있는데, 재배면적은 1996년 170만ha에 불과하던 것이 2000년에는 4,300만ha로 무려 25배나 증가했다. 작물별 재배면적은 콩이 2,500만ha로 가장 넓고, 그 다음으로 옥수수(1,000만ha), 목화(500만ha)로 나타났으며, 콩의 경우 대부분 제초제 저항성을 갖고 있는 품종이다. 유전자 재조합 농산물을 상업적으로 생산하는 국가는 1999년 12개국으로 생산량에서 미국이 전체 생산량의 약 70%를 차지했고, 그 다음으로 아르헨티나(약 21%) 캐나다(약 7%), 중국(약 1%)의 순이었다.

(3) 해양자원의 공급증대

해양은 장차 인류의 식량 공급원으로 큰 역할을 할 것이다. 특히 어류는 단백질을 많이 함유하고 있어 소득수준이 높아질수록 그 수요량도 증가될 것이다. 그러나 식량 공급원으로 계속 수요량을 충족시키는 데는 한계가 있다고 생각한다. 연간 최적 어획량은 약 1억 톤인데 머지않아 이 수치에 도달할 것으로 생각한다. 따라서 과잉어로를 규제하는 국제적인 법규를 마련해 국가 간 경쟁을 어느 정도 완화하고 양식어업도 발달시켜야 한다.

2011년 주요 국가별 어획량을 보면(〈표 2-24〉) 중국이 세계 어획량(9,245만 8,000톤)의 17.8%를 차지해 가장 많았고, 이어서 인도네시아, 미국, 인도, 페루, 러시아의 순이었다. 2011년 해역별 어획량을 보면(〈표 2-25〉) 북서 태평양 어장이 세계 어획량(9,236만 톤)의 22.9%를 차지해 가장 많았고, 이어서 남동 태평양 어장, 중서 태평양 어장, 북동 대서양 어장, 중동 대서양 어장, 인도양 동부, 인도양 서부의 순으로, 태평양에 세계 3대 어장이 분포한다. 수산물의 주요 수출입 국가를 보면(〈표

〈표 2-24〉 주요 국가별 어획량(2012년)

단위: 천 톤

국가	어획량	%
중국	16,425	17.8
인도네시아	5,823	6.3
미국	5,138	5.6
인도	4,863	5.3
페루	4,845	5.2
러시아	4,338	4.7
일본	3,743	4.0
미얀마	3,579	3.9
칠레	3,009	3.3
베트남	2,622	2.8
세계	92,458	100.0

자료: 矢野恒太記念會 編(2014: 261)의 자료 참고하여 필자 작성.

〈표 2-25〉 수역별 어획량 분포(2011년)

수역		%	수역		%	수역		%
태평양	북서부	22.9	대서양	북동부	8.6	대서양	지중해, 흑해 등	1.7
	남동부	13.1		중동부	4.5	인도양	동부	7.7
	중서부	12.3		북서부	2.1		서부	4.5
	북동부	3.2		남서부	1.9		내수면	11.8
	중동부	2.0		중서부	1.6	세계	9,349만 톤	100.0
	남서부	0.6		남동부	1.3			

자료: 二宮書店(2014: 69)의 자료 참고하여 필자 작성.

〈표 2-26〉 수산물의 주요 수출입 국가(2011년)

단위: 백만 달러

수출국	수출량(%)	수입국	수입량(%)
중국	17,229(13.2)	일본	17,728(13.5)
노르웨이	9,484(7.2)	미국	17,633(13.4)
타이	8,160(6.3)	중국	7,798(5.9)
베트남	6,260(4.8)	에스파냐	7,342(5.6)
미국	5,901(4.5)	프랑스	6,629(5.0)
칠레	4,631(3.5)	이탈리아	6,250(4.7)
덴마크	4,507(3.5)	독일	5,565(4.2)
캐나다	4,225(3.2)	영국	4,296(3.3)
에스파냐	4,225(3.2)	한국	3,976(3.0)
네덜란드	3,579(2.7)	스웨덴	3,637(2.8)
세계	130,453(100.0)	세계	131,683(100.0)

자료: 矢野恒太記念會 編(2014: 264)의 자료 참고하여 필자 작성.

2-26)) 먼저 수출국의 경우 중국이 세계 수출량의 13.2%를 차지해 가장 많았고, 그 다음으로 노르웨이, 타이, 베트남, 미국 등의 순이었다. 주요 수입국은 일본이 세계 수입량의 13.5%를 차지해 가장 많았고, 그 다음으로 미국, 중국, 에스파냐, 프랑스 순이었다.

(4) 대용식량의 개발

식량자원의 부족량을 보충하기 위해 대용식량(Synthetic food)의 개발을 들 수 있다, 첫 번째 대용식량으로 제조된 것이 마가린이고, 현재에는 합성 비타민, 합성 아미노산류 등이 개발되었다. 그러나 현대의 과학기술로서는 많은 양의 대용식량을 제조해 내기에는 그 가능성이 너무 희박하다. 1967년 미국의 제너럴 밀스(General Mills) 회사에서 콩을 인조육으로 만들었으나 생산비가 너무 비싸 제조가 불가능해졌다. 따라서 대용식량을 개발하기보다는 식량작물 증산에 더욱 힘써야 할 것이다. 그러나 우주탐사 때 사용하는 우주식량의 개발이 향후 우리의 식량자원에 어떤 영향을 미칠 것인지도 생각해보아야 한다.

5. 삼림자원

임업은 삼림자원을 이용하는 경제활동으로 벌채와 육성으로 나누어지는데, 경

〈그림 2-26〉 세계의 삼림 분포지역

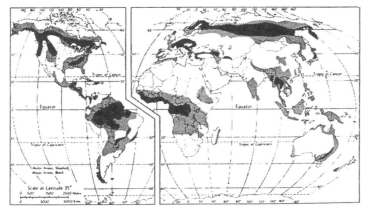

자료: Alexander and Gibson(1979: 67).

〈표 2-27〉 주요 국가의 원목 생산량과 목재의 수출입량(2012년)

국가	원목 생산량 (100만m³)	%	원목 및 목재 수출입량		
			국가	수출량(만m³)	%
미국	377	10.6	러시아	3,814	16.0
인도	331	9.3	캐나다	3,150	13.2
중국	285	8.0	미국	1,840	7.7
브라질	285	8.0	뉴질랜드	1,567	6.6
러시아	216	6.1	스웨덴	1,259	5.3
캐나다	163	4.3	세계	23,674	100.0
인도네시아	116	3.3	국가	수입량(만m³)	%
에티오피아	107	3.0			
콩고민주공화국	83	2.4	중국	6,095	25.3
나이지리아	73	2.1	미국	1,877	7.8
세계	3,548	100.0	독일	1,117	4.6
			일본	1,107	4.6
			오스트리아	1,000	4.1
			세계	24,127	100.0

자료: 二宮書店(2014: 68) 자료 참고하여 필자 작성.

제현상을 파악하기 위해서는 경제림을 그 연구대상으로 해야 한다고 비류카와(尾留川 正平)는 주장하고 있다. 그러나 그에 의하면 이에 대한 충분한 실증적 연구가 없다고 했다.

세계의 삼림의 분포는 크게 두 지역으로 나눌 수 있는데(〈그림 2-26〉), 첫째는 북반구의 중위도 지방인 남부 알래스카, 캐나다에서 미국으로 연결되는 지역과 중부 유럽, 스칸디나비아 반도에서 러시아의 북부지방과 일본을 연결하는 지역이다. 둘째는 중앙·남아메리카의 열대지방, 아프리카의 중부, 동남아시아 등에 분포하고 있다. 세계 주요 국가의 원목 생산량은 〈표 2-27〉과 같이 미국이 세계 원목 생산량의 10.6%를 차지해 가장 많았고, 이어서 인도(9.3%), 중국(8.0%), 브라질(8.0%), 러시아(6.1%), 캐나다(4.3%)의 순이었다.

목재의 주요 수출입국을 보면(〈표 2-27〉) 러시아가 세계 목재 수출량의 16.0%를 차지해 가장 많았고, 그 다음으로 캐나다(13.2%), 미국(7.7%), 뉴질랜드(6.6%)의 순이었으며, 목재 수입은 중국이 세계 목재 수입량의 25.3%를 차지해 가장 많았으며, 그 다음으로 미국(7.8%), 독일과 일본(4.6%), 오스트리아(4.1%)의 순이었다. 세계의 목재의 유동을 보면 대부분의 목재가 북부에서 남부로 유동되는데, 캐나다에서 미국으로, 스웨덴·핀란드에서 영국과 오스트리아로의 유동이 그 좋은 예이다. 그러나 목재는 계속 벌채만 하는 것이 아니라 육성림도 조성시켜야 한다. 여기에서 임업의 경제활동 면에서 육성림에 대해 살펴보기로 한다.

임산물의 생산은 입목(立木)의 벌채·반출의 수확과정뿐 아니라 식목·육성의 과정을 포함해 파악하지 않으면 안 된다. 삼림자원이 풍부하고 목재수요가 적었던 시기에는 수확과정만 존재했던 채취적 임업이 그 의미를 갖고 있었다. 그러나 산업혁명 이후 목재의 수요가 급증해 벌채면적의 증가가 삼림자원의 고갈지역을 가져오게 했다. 그러나 목재의 상품적 성격에 의해 벌채면적은 무한정 확대되는 것이 아니고 벌채범위가 공간적으로 한계점에 도달해 그 권역 내에서 새로운 식재(植栽)를 가능하게 한다. 이것이 육성림의 성립을 가져오게 한다. 육성림은 19세기 중엽 이후 독일에서 시작되었다. 튀넨(von Thünen)의 고립국 제2권인 임업권은 거의 인공림에서 법정림을 전제로 당시 육성림의 동향을 반영한 것이라 볼 수 있다. 영국은 북부 유럽 여러 나라로부터 목재를 수입하고 있는데 본격적인 육림의 성립은 제2차 세계대전 이후이고, 미국은 아직도 채취적 임업이 탁월한 국가이다.

임업지대의 관점에서 보면 육성림은 육성과정을 거쳐 수확과정이 나타나는 것이고, 채취임업은 육성과정

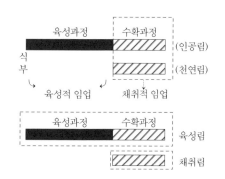

〈그림 2-27〉 2 범주 임업의 구분

자료: 伊藤郷平·浮田典良·山本正三(1977: 280).

없이 수확과정만 존재하는 경우를 말한다(〈그림 2-27〉).
여기에서 채취·육성 임업권의 성립을 보면 다음과 같다
(〈그림 2-28〉). 먼저 채취임업의 경우 단일 시장이 존재해
있고 그 시장 주변에 원시·천연림이 분포해 있다고 하면,
그 분포지역은 도시에서 이용되는 소재(素材)의 시장가
격의 영향을 받게 된다. 그리고 생산자는 그러한 조건 아
래에서 시장에 소재를 공급하기 위해 입목을 벌채해 운
송비를 부담하고 도시에 수송하게 된다. 목재의 경우 무
게가 무겁고 부피가 큰 상품적 성격 때문에 운송비 부담
이 큰데, 운송비가 거리에 비례한다고 하면 도시에서 목
재 운송비 구배선과 시장가격이 교차하는 점의 범위 안

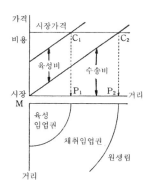

〈그림 2-28〉 2 범주 임업의 성립기구와 공간분포

자료: 伊藤鄕平·浮田典良·山本正三(1977: 283).

에서 채취 임업지대가 성립하게 된다. 이것을 채취임업권이라 부른다. 채취임업권
은 삼림자원의 자연적 성장량과 수요에 따른 벌채량 사이에 균형이 이룩되면 안정
되고 고정적이 된다.

다음으로 육성임업권의 성립을 보면 목재수요가 삼림자원의 자연적 성장량을
넘어 증가하게 되면, 시장가격은 올라가 채취임업권은 더욱 확대된다. 그 때 목재
자원량이 한정되어 있을 때는 목재의 공급량은 0에 도달한다. 그리고 멀리 떨어진
지역에서 채취림을 수송하는 것보다 시장 부근에서 식목에 의한 육성비를 투자해
채산이 가능하면 육성임업공간이 성립하게 된다. 이것이 육성임업권의 성립으로
종래의 운송비에 육성비를 더한 비용이 시장가격과 교차하는 점의 범위 안에서 육
성임업지대가 성립하는데, 이것은 채취임업권 안쪽에 성립된다.

이상에서, 육성임업이 성립되는 공간의 범위는 시장가격, 운송비, 육성비의 변
수의 크기에 의해 규정된다는 것을 알 수 있다. 그리고 이 육성임업권의 변화는 이
들 세 변수의 변화에 의해 나타난다. 즉, 시장가격이 다른 생산물보다 상대적으로
올라가거나 교통망의 정비로 목재 운송비가 저렴해짐에 따라 육성 임업권은 확대
된다.

6. 광물자원

자원은 인간과 자연의 상호관계에 의해 개발되며, 자원의 종류나 중요성, 필요량, 경제·기술수준, 문화정도, 정치체제 등에 의해 이용되는 자원이 달라진다. 즉, 경제·기술수준, 문화정도의 향상과 더불어 지하자원의 이용은 다양화되고 확인 매장량도 증대된다. 지하자원 중 광물은 인간의 평가와 인식에 의해 많은 광물이 생산의 무대에 등장했다. 따라서 광물은 어떤 순서에 의해 자원화되어왔다. 역사적·지역적으로 최초 채굴된 자원은 금이고, 그 다음으로 은, 비철금속인 동·연·아연이며, 마지막에 철이 출현해 지금은 철의 시대라고 할 수 있다. 니켈, 크롬, 망간, 중석, 몰리브덴과 같은 새로운 광물은 고도의 공업기술의 발달과 더불어 오늘날 그 가치가 인정되었다. 그리고 우라늄은 원자탄의 개발로 가장 극적으로 등장해, 현재 원자력이 연료가 되어 에너지원으로서 주목받고 있다.

철과 철합금은 현대의 생산기구에서 중심을 이루고 있으며 특수강 생산을 위해 합금을 시키고 있다. 경금속광물은 풍부하지만 제련이 일반적으로 어렵고 생산비가 많이 드는 결점이 있다. 이런 점을 해결하면 경금속광물은 생산재로서 크게 각광을 받게 되므로 가까운 장래에 철강과 경합되리라 생각한다. 그 예로 구리, 철강의 대체품으로서 알루미늄의 비약적인 신장이 시작되었다. 즉, 알루미늄의 소비량은 1900~1979년 사이에 약 2,300배의 증가를 가져왔다.

건설용 광물은 저렴한 생산비로 대량생산을 필요로 하기 때문에 개발하기 쉬운 곳의 광상에서 기계로 채굴해야 한다. 또 화학 및 공업용 광물은 용도가 한정되어 있으며, 인광석, 유황은 주로 비료생산의 원료가 된다.

지머만(E. W. Zimmerman)에 의하면 지각내부에 매장되어 있는 광물자원 중 금속의 구성비를 보면 은이 80, 동이 15,000, 철이 8,000,000, 알루미늄이 15,680,000으로, 알루미늄이 가장 풍부하게 매장되어 있다.

1) 광업의 성립배경

각종 광물의 대량소비가 시작된 것은 20세기에 들어와서 이다. 광업이 발달한 초기에 탐광과 채굴은 함유량이 많은 광물만을 대상으로 했다. 그리고 지표에 가까운 고품위의 광물이 매장된 광상과 시장에 가까운 곳에서만 광업이 발달했다. 이 시기는 광업에 대한 자연적 제약이 매우 컸다. 광업이 성립하는 데는 광상의 품위가 채굴·제련·운송의 각 비용과 깊은 관계를 가지고 있고, 그 수지(收支)의 기초는 채굴·제련의 규모와 기술·수송의 난이도와 관련이 있다. 그리고 기술이 발달하고 부광(富鑛)이 차츰 고갈되어 저품위 광상에서 대량의 채굴을 하게 되었다.

대량채굴의 필요는 사갱(斜坑), 입갱(立坑)에 의한 갱내채굴에서 노천채굴로의 이행을 촉신하고 대규모 토목기계의 발달은 이것을 가능케 했다. 또 저품위광의 제련설비는 좀 더 고가로 대량 처리되어 채산을 맞추었으며 또한 막대한 투자가 필요하게 되었다. 여기에서 광물자원의 산출 및 소비량에 영향을 미치는 자연적·경제적·기술적·정치적 요인을 살펴보면 다음과 같다.

(1) 자연적 요인

광물자원은 세계 각 지역에 골고루 매장되어 있는 것이 아니라 국지적으로 분포하고 있다. 따라서 광물자원은 주요 소비지에서 멀리 떨어져 있는 경우가 대부분이며 인간이 거주하지 않는 지역, 교통이 아주 불편한 지역에 매장되어 있기도 하다. 그리고 자원이 풍부하게 매장되어 있어도 기술과 자본이 부족해 외국의 힘을 빌려 개발하는 경우도 있다. 이와 같은 광물자원의 분포는 공급과 수요에 큰 영향을 미치기도 한다.

(2) 경제적 요인

광물의 시장가격이 상승하면 경제적으로 개발될 광물의 양도 증대되고 생산지역도 확대되며, 반대로 광물의 시장가격이 하락하면 산출비도 축소되며 심지어는 폐광에 이르게 된다. 또 새로운 광맥을 발견하는 기술이 발달되고 광물을 효과적으로 선광(選鑛)[27]하는 기술이 발달됨에 따라 광물의 시장가격도 낮아진다. 인류가 광물을 사용한 이래 광물의 수요가 꾸준히 증가했음에도 가격저하 경쟁이 나타나는 것은 이러한 이유에서이다.

(3) 기술적 요인

기술개선은 경제적으로 광물자원의 개발을 확대시켜주었다. 최근 기술혁신으로

27) 한국 무산철산의 경우 품위 30~40%의 빈광이었으나 자력(磁力)선광으로 50~69%의 철 함유량을 얻었다.

저품위의 철광석이 경제적으로 개발이 가능하게 된 예로 미국의 메사비(Mesabi) 철산에서 고품위의 철광석을 1940년까지 채굴한 후 비록 저품위나 풍부하게 매장되어 있는 타코나이트(taconite, 철 함유량 20~30%)를 베니피케이션(benefication)이라는 광물의 정제방법을 개발함으로써 1950년 중반부터 본격적으로 타코나이트 철광석을 개발하기 시작했다. 이와 같은 기술 개발은 새로운 광물자원을 발견하기 위한 것일 뿐 아니라 새로운 기술로서 새로운 자원을 개발해야 하며 폐기된 광물을 다시 이용할 수 있도록 기술을 발달시키고 원료의 대체기술로 이어져야 할 것이다.

(4) 정치적 요인

광물자원을 보유하고 있는 국가들은 광물의 공급과 가격을 정치적으로 통제하거나 과거 식민지 국가와 지속적인 관계를 유지하려고 하며, 광물 수출국 간의 카르텔[28]을 형성하도록 주장하기도 한다.

28) 기업 상호간의 경쟁제한이나 완화를 목적으로 동종 또는 유사산업 분야의 기업 간에 결성되는 기업결합 형태를 말한다.

(5) 다국적 기업의 출현

개발도상국에 매장된 광물자원은 선진국이 자본과 기술을 제공하고 소비시장에서 판매를 맡음으로써 다국적 기업이 세계의 광물공급에 그 중요성을 높여가고 있다. 이와 같은 현상은 개발도상국이 저렴한 노동비와 노동조합의 결성이 약해 노동쟁의가 적다는 점에 기인된 것이다. 그리고 다국적 기업의 광물개발은 정치적으로 안정된 지역을 택하며 개발도상국의 정치적·경제적 불안정으로 인한 피해를 줄이기 위해 대기업은 여러 국가와 관련을 맺고 지속적인 자원 공급을 도모하려고 한다.

2) 주요 광물자원의 산출과 소비

지각에 매장되어 있는 광물자원은 약 1,600종으로 이들은 물리적·화학적·경제적 입장에서 크게 금속광물과 비금속광물로 나눌 수 있다(〈표 2-28〉).
여기에서 철광석과 비철금속의 산출과 소비에 대해 살펴보기로 한다.

(1) 철광석
근대 산업에서 가장 많이 사용되고 있는 금속광물인 철광석은 금속광물 중에서

<표 2-28> 금속광물과 비금속광물

금속광물		비금속광물	
철	철광석	건축석재	석회석
철과 합금광물	망간		모래 자갈
	크롬		시멘트
	니켈	화학광물	유황
	몰리브덴		소금
	코발트	비료광물	인
	바나듐		칼륨
기본 금속	구리		초신엄
	납	도기(陶器)광물	점토
	아연		
	주석		장석
경금속	알루미늄	내화성 및 용해성 광물	점토
	마그네슘		산화마그네슘
	티타늄	연마재	사암
귀금속	금		
	은		공업용 다이아몬드
	백금	인슬란트(Insulant)	석면
희귀광물	우라늄		운모
	라듐	안료(pigment)와 충전재(filler)	점토
			규조토
			중정석(重晶石)
	베릴륨	귀금속	보석 다이아몬드
			자수정

자료: Butler(1980: 230).

양에 비해 값이 가장 싸며 지각 중에서 두 번째로 많은 광물이다. 그리고 매장되어 있는 거의 모든 형태의 철광석을 개발할 수 있는 기술이 발달되어 있다. 철광석은 철의 함유량에 따라 자철광(磁鐵鑛, $FeO \cdot Fe_2O_3$), 적철광(赤鐵鑛, Fe_2O_3), 갈철광(褐鐵鑛, $2Fe_2O_3 \cdot 3H_2O$), 능철광(菱鐵鑛, $FeCO_3$), 침철광(針鐵鑛, $Fe_2O_3 \cdot H_2O$) 등으로 구분된다.

2012년 세계 철광석 매장량은 800억 톤으로, 매장량은 오스트레일리아(21.3%)가 가장 많았고, 이어서 브라질(20.0%), 러시아(17.5%), 중국(9.0%), 인도(5.6%)로, 이들 중 상위 세 나라의 매장량이 세계 매장량의 58.8%를 차지했다. 2011년 철광석의 산출량은 중국이 세계 총 산출량(13억 9,000만 톤)의 29.6%를 차지해 가장 많았고, 그 다음으로 오스트레일리아(19.9%), 브라질(17.8%), 인도(11.1%), 러시아(4.3%), 우크라이나(3.2%) 순이었다(<그림 2-29>).

2009년 철광석의 주요 수출국을 보면 오스트레일리아가 세계 수출액(9억 2,462만 톤)의 41.2%를 차지해 가장 많았고, 그 다음으로 브라질(28.8%), 인도(9.8%), 남

〈그림 2-29〉 세계 철광석 산출량의 분포

자료: Berry et al. (1987: 124).

아프리카공화국(4.8%), 캐나다(3.4%), 우크라이나(3.0%) 순이었으며, 주요 수입국은 중국이 세계 수입액(9억 6,198만 톤)의 65.3%를 차지해 가장 많았고, 그 다음으로 일본(11.0%), 한국(4.4%), 독일(3.0%), 네덜란드(2.2%) 순이었다. 철광석의 주요 유동을 보면 오스트레일리아에서 일본으로, 브라질에서 유럽의 여러 나라, 일본, 한국으로, 캐나다에서 유럽의 여러 나라로 유동되고 있다.

(2) 비철금속

비철금속은 철 이외의 거의 모든 금속을 말하는데, 일반적으로 보크사이트, 구리, 납, 아연, 주석, 니켈, 수은, 텅스텐 등의 금속을 말한다. 비철금속은 공업의 기초자재로서 매우 중요하기 때문에 산업의 발달과 국민생활을 유지시키는데 큰 역할을 하고 있다. 비철금속광물은 세계적으로 자원이 고갈되기 시작해 구리의 경우 앞으로 약 64년, 납은 약 46년, 아연은 약 48년, 주석은 약 60년 정도 채굴해 사용할 수 있는 것으로 추정된다.

세계의 주요 비철금속광물의 산출량을 나타낸 것이 〈그림 2-30〉이다. 비철금속광물 중 구리광은 칠레, 보크사이트·납광은 오스트레일리아, 아연·주석·텅스텐·망간광은 중국, 니켈광은 러시아, 크롬광은 남아프리카공화국이 각각 세계에서 가장 많이 산출되었다.

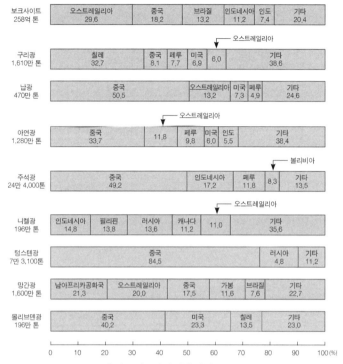

〈그림 2-30〉 비철금속광물의 국가별 산출량(2011년)

보크사이트 258억 톤	오스트레일리아 29.6	중국 18.2	브라질 13.2	인도네시아 11.2	인도 7.4	기타 20.4
구리광 1,610만 톤	칠레 32.7	중국 8.1	페루 7.7	미국 6.9	오스트레일리아 6.0	기타 38.6
납광 470만 톤	중국 50.5		오스트레일리아 13.2	미국 7.3	페루 4.9	기타 24.6
아연광 1,280만 톤	중국 33.7	오스트레일리아 11.8	페루 9.8	미국 6.0	인도 5.5	기타 38.4
주석광 24만 4,000톤	중국 49.2	인도네시아 17.2	페루 11.8	볼리비아 8.3		기타 13.5
니켈광 196만 톤	인도네시아 14.8	필리핀 13.8	러시아 13.6	캐나다 11.2	오스트레일리아 11.0	기타 35.6
텅스텐광 7만 3,100톤	중국 84.5				러시아 4.8	기타 11.2
망간광 1,600만 톤	남아프리카공화국 21.3	오스트레일리아 20.0	중국 17.5	가봉 11.6	브라질 7.6	기타 22.7
몰리브덴광 196만 톤	중국 40.2	미국 23.3	칠레 13.5	기타 23.0		

자료: 矢野恒太記念會 編(2014: 157)의 자료 참고하여 필자 작성.

3) 한국의 주요 광물 매장량과 해외 자원개발

한국의 주요 광물자원의 매장량을 광물별로 보면 금속광물의 경우 철광석이 가장 많고, 그 다음으로 납·아연광, 중석광의 순이다. 금속광물의 자급률은 130~ 140%를 차지하는 티타늄을 제외하면 모두 아주 낮다. 한편 비철금속광물 중에서는 석회석이 가장 많이 매장되어 있고, 그 다음으로 규석, 고령토, 장석의 순으로 규조토, 규사, 활석을 제외하면 자급률이 아주 높은 편이다(〈표 2-29〉).

2013년까지 한국의 해외 자원개발 총 진출사업은 1977년 처음으로 파라과이 산안토니오(San Antonio)의 우라늄 탐사 프로젝트를 시작한 이래 원유·천연가스는 37개국에서 200개 사업을, 광물자원은 50개국에서 343개 사업을 진행하고 있다. 원유·천연가스의 경우 남아시아를 제외하고 생산은 74개 사업, 개발은 40개 사업, 탐사는 86개 사업이 진행 중인데, 베트남, 미국, 페루에서는 원유와 천연가스를, 리비

〈표 2-29〉 한국의 주요 광물 총 매장량과 자급률

광물의 종류		총 매장량 (천 톤)	자급률 범위(%)
금속광물	금	6,249.4	1~10
	은	8,426.2	1 미만
	납·아연광	17,212.7	10 미만
	철광석	49,670.7	1~10
	중석광	16,616.7	1 미만
비철금속광물	석회석	12,928,099.0	90~100
	규석	2,646,946.2	90~100
	활석	11,106.1	1~10
	납석	72,861.2	140~150
	고령토	116,537.2	80~90
	장석	102,998.8	90~100
	규조토	3,427.2	50
	규사	5,848.2	40~50

자료: 한국지질자원연구원(2014: 18, 163)의 자료 참고하여 필자 작성.

〈표 2-30〉 해외 자원개발 진출현황(2013년)

국가	주요 원유·천연가스 확보 및 탐사실적 추정 매장량	
	원유(배럴)	천연가스(Tcf*)
베트남	2억 5,000만	0.8
미얀마	-	2.9
리비아	4억	-
모잠비크	-	87
미국	2억 3,000만	2.8
페루	2억 6,000만	3.7

사업					
지역	생산	개발	탐사	계	진출국 수
동·동남아시아	10	6	18	34	12개국 34개 사업
서남아시아	5	4	7	16	5개국 16개 사업
구 독립국가연합	4	2	14	20	4개국 20개 사업
유럽·북아메리카	48	18	26	92	5개국 92개 사업
아프리카	7	1	6	14	6개국 14개 사업
중앙·남아메리카		9	15	24	5개국 24개 사업

주요 해외 광물자원 확보 및 탐사실적	
국가	광물자원
중국	구리광 1억 7,700만 톤
인도네시아	유연탄 3,731만 톤
마다가스카르	니켈 12,500톤
캐나다	철광석
멕시코	구리

국가	광물자원
오스트레일리아	유연탄 198만 7,500톤

사업					
국가	사업 수	국가	사업 수	국가	사업 수
중국	21	알바니아	1	캐나다	15
몽골	56	러시아	5	멕시코	3
타이	1	카메룬	9	페루	13
베트남	2	차드	1	파나마	1
캄보디아	6	짐바브웨	2	코스타리카	1
라오스	8	잠비아	1	칠레	4
미얀마	3	시에라리온	1	에콰도르	3
말레이시아	2	말리	1	아르헨티나	1
필리핀	18	마다가스카르	1	브라질	2
인도네시아	55	니제르	2	볼리비아	7
스리랑카	1	남아프리카공화국	3	베네수엘라	1
파키스탄	5	나이지리아	1	파라과이	1
카자흐스탄	6	가나	3	오스트레일리아	35
우즈베키스탄	4	탄자니아	5	통가	1
키르기스스탄	13	콩고	1	파푸아뉴기니	5
사우디아라비아	1	세네갈	2	뉴칼레도니아	2
터키	1	미국	6		

* Trillion cubic feet(10^{12}입방피트).

자료: 산업통상자원부(http://www.motie.go.kr)의 자료 참고하여 필자 작성.

〈그림 2-31〉해외자원개발의 총 투자액 추세

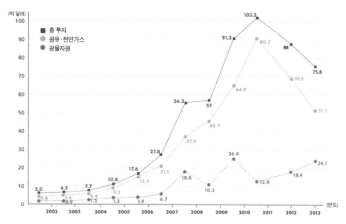

자료: 산업통상자원부(http://www.motie.go.kr).

아에서는 원유를, 미얀마와 모잠비크에서는 천연가스를 확보하기 위한 탐사를 진
행하고 있다. 한편 중국과 멕시코에서는 구리광, 인도네시아와 오스트레일리아에
서는 유연탄, 캐나다에서는 철광석, 마다가스카르에서는 니켈광 등의 주요 광물자
원 확보 및 탐사가 진행 중이다. 최근 한국은 경제적으로 해외투자 여력 증대 및 북
방권 자원 보유국의 개방화 영향 등으로 민간기업의 해외 자원개발 진출이 활기를
띠고 있다(〈표 2-30〉).

　2002년 한국은 동태평양 하와이 동남방 2,000km에 위치한 클라리온 클리퍼튼
(Clarion-Clipperton: C-C)해역 15만km² 가운데 7만 5,000km²의 심해저 개발광구를
확보하게 되었다. 이 심해저에는 약 5억 1,000만 톤의 망간단괴가 부존된 것으로
추정되며, 매년 300만 톤을 캐도 100년 동안 개발할 수 있는 양이다. 그리고 2008
년 남태평양 통가에서 2만 4,000km²의 광구를, 2011년 피지에서는 배타적 경제수
역(EEZ) 내의 2,948km²의 광구를 독점탐사하게 되었다. 피지에서의 광물탐사는 수
심 1,000~3,000m에서 마그마로 가열된 물이 온천처럼 솟아나는 과정에서 금속이
온이 차가운 물에 접촉하면서 침전되어 형성된 금·은·구리 등 주요 금속을 함유하
고 있는 해저열수광상(海底熱水鑛床)으로 2017년까지 독점탐사하게 되었다.

　다음으로 해외자원개발의 총 투자액의 추세를 보면(〈그림 2-31〉), 2011년을 경계
로 그 이전에는 증가하다가 그 이후에는 감소하는 데 다만 광물자원의 경우는 조금
씩 증가하는 경향이 있다.

7. 경제발전과 자원의 소비량 및 자원의 정치경제지리

  자원의 소비량은 인구와 경제발전에 크게 영향을 받는데, 인구가 증가하면 자원의 소비량이 증가하고 경제가 발전할수록 1인당 자원 소비량도 증가하게 된다. 여기에서 주요 자원의 소비량과 경제발전과의 관계를 살펴보면 다음과 같다.

  먼저 금속광물 중 연 생산량의 약 95%를 차지하는 철의 국민 1인당 연간 소비량과 경제발전과의 관계를 살펴보면(〈그림 2-32〉), 국민 1인당 강철 소비량과 국민소득과의 관계는 S자 모양으로 나타나 1인당 국민소득이 높으면 그 소비량이 많아지고, 경제발전의 정도가 낮으면 강철의 소비량도 적다는 것을 알 수 있다. 이러한 변화는 무한히 계속되는 것이 아니라 경제발전이 어느 수준에 도달하면 그 소비량이 둔화된다는 것을 알 수 있다. 〈그림 2-33〉은 미국의 1인당 강철 소비량을 나타낸 것으로 1969년부터 그 소비량이 둔화되고 있다. 이러한 현상은 강철에 국한된 것이 아니고 에너지 소비량에서도 잘 나타나고 있다. 즉, 1인당 국민소득과 1인당 연간 에너지 소비량과의 관계에서 1인당 국민소득이 높으면 높을수록 1인당 연간 에너지 소비량도 많아진다(〈그림 2-34〉).

  이러한 에너지 소비에서 에너지 집적도는 1,000달러의 국내총생산(GDP)에 투입되는 에너지 양으로 '에너지 단위'로 불리는데, 2030년까지 에너지 집적도를 2005년보다 25% 낮추기로 아시아태평양경제협력체(APEC)정상회의에서 결정했다. 즉, 같은 가치의 상품을 생산하는 데 들어가는 에너지를 그만큼 줄

〈그림 2-32〉 각 국가의 강철 소비량과 1인당 국민소득과의 관계(1968년)

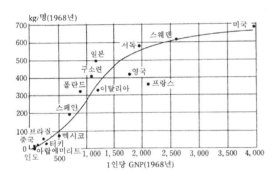

자료: Berry et al.(1987: 123).

〈그림 2-33〉 미국의 국민 1인당 강철 소비량의 변화(1890~1969년)

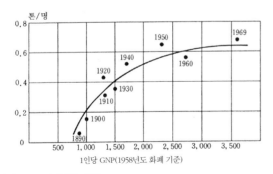

자료: Berry et al.(1987: 123).

이겠다는 뜻으로, 전 세계적으로 에너지 절약과 대기오염에 힘쓰고 있다고 할 수 있다. 이와 같이 에너지와 자원을 절약하고 효율적으로 사용해 기후변화와 환경훼손을 줄이고, 청정에너지와 녹색기술의 연구·개발을 통해 새로운 성장 동력을 확보하며 새로운 일자리를 창출하는 등 경제와 환경이 조화를 이루는 성장을 저탄소 녹색성장 기본법에 의하면 녹색성장이라 한다. 쉽게 말하면 경제성장과 환경개선을 동시에 추구하는 성장전략을 말한다.

　다음으로 자원의 정치경제학적 접근방법은 사회와 자연 간의 변증법적 관계를 강조하는 정치생태학과 통합된 정치경제학적 관점에서 적절하게 살펴볼 수 있다. 경제발전이 이루어짐에 따라 자원의 투입 증가와 가격의 상승으로 국가는 자원 확보(안보)를 위한 지정학적 전략들을 중요하게 고려해 여러 국가들과 공유하며, 또한 협력을 촉진하기도 한다. 그러나 이러한 현상은 사실 국제적 헤게모니 지배와 자본축적의 선도적 역할을 장악하기 위한 국가 간의 경쟁과 갈등을 유발시킨다. 그 결과 새로운 대안적 자원 공급지의 등장으로 자원의 공급지역과 수요지역 간의 재편을 가져오는데, 이것은 자본의 형성

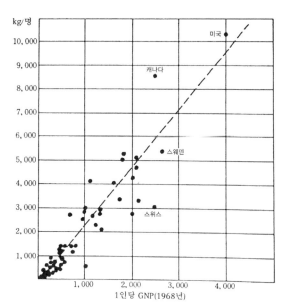

〈그림 2-34〉 에너지 소비량과 1인당 국민소득과의 관계

주: 무게는 석탄무게로 환산한 값임.
자료: Berry, Conkling and Ray(1976: 57).

〈그림 2-35〉 다칭(大慶) 라인과 태평양 라인의 개요도

자료: 이채문(2004: 113).

과 세계 자원시장의 경제적 재구조화를 촉진시킨다. 이와 같은 현상을 정치경제학은 세계 자본주의 작동조건들을 고찰할 수 있는 주요 개념, 즉 자연자원과 인간노동의 이용과 착취를 위해 역동적으로 변화하는 국제정치적·경제적 관계를 분석하기 위해 도입되었다.

예를 들면 이라크전쟁 이후 동아시아 국가들은 에너지자원 공급원의 다변화와 이를 안전하게 수송할 수 있는 방안을 모색하기 위해 지정학적·지경제학적 전략 추구가 민감한 문제로 대두되었는데, 이러한 상황에서 러시아의 동부 유전지대는 동아시아 여러 국가에게 대안적 에너지 공급원으로 부각되어 동아시아 국가의 석유 공급원 확보와 자국에게 유리한 수송로 건설을 위한 외교적 노력을 강구하도록 했다. 〈그림 2-35〉는 러시아의 앙가르스크 유전지대에서 중국으로 송유관을 건설하는 다칭 라인(Daqing line, from Angarsk to Daqing)과 일본으로 건설되는 태평양 라인(Pacific line, from Angarsk to Nakhodka)을 나타낸 것이다. 중국은 다칭 라인을, 일본은 태평양 라인을 주장해 중국과 일본 간의 경쟁이 심화되고 있어 러시아 정부는 송유관 노선의 결정을 미루고 있다. 이와 같은 문제를 국내적 요인으로 러시아 정부, 러시아의 석유 메이저, 환경보호단체와 해당 지역 주민의 관점 등에서 살펴보고, 또 러시아, 중국, 일본의 국제적 요인 등으로 접근하는 것이 정치경제학적 접근 방법이다.

제3장
자금·자본의 지역적 순환

1. 자금·자본의 순환과 지역적 집중

자금·자본(money capital)은 경제활동을 하는 데 매우 중요하다. 그러나 경제지리학의 연구에서 이 분야의 연구는 거의 이루어지지 않았다고 해도 과언이 아니다. 그 이유는 이에 대한 연구 자료를 구하기가 매우 어렵기 때문이다. 본 장에서는 자금의 지역적 분포와 그 유동 및 글로벌시대의 선진 자본주의국가의 자본수출에 대해 살펴보기로 한다.

인간이 지표에 건축물을 지어 인문경관을 형성해가는 과정에는 자금은 항상 작용하고 있다. 따라서 인간의 여러 가지 활동을 자금의 지역적 분포와 지역 간 유동의 결과로 파악할 수 있다. 이 때문에 보슬러(K. A. Boesler)는 1974년 지리학에서 자금에 대한 연구의 필요성을 제창했다.

자금의 지역적 유동은 민간자금 및 재정자금(government funds)이라는 성질이 다른 자금유동과 구별된다. 민간자금은 일반적으로 농촌지역에서 도시로 민간 금융기관을 통해 자금의 지역적 유동이 나타나고, 도시 중에서도 아주 일부 지구에 자금이 집중·투자된다는 것이다. 이에 대해 재정자금은 국민으로부터 징수된 조세를 주로 자금 공급원으로 하고 국가, 지방 공공단체, 정부계통 금융기관 등을 매개로 여러 분야에 걸쳐 전국적인 투자활동이 행해진다. 이 때문에 도시에 집중된 민간자금의 일부는 이 재정자금의 움직임에 따라 국가 전체에 재분배된다.

국가 내에서 농·공·상업 등의 경제활동에 참가한 노동자의 소득이 국가 내에서 어떻게 자금화되고 있는가를 일본의 예를 들어 나타낸 것이 〈그림 3-1〉이다. 이 그

〈그림 3-1〉 자금의 지역적 집중 개념도

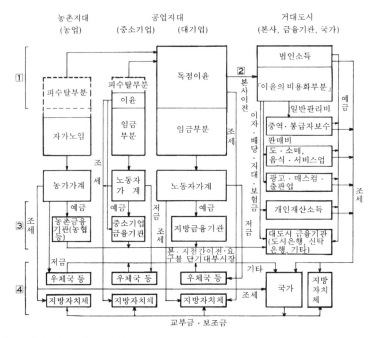

자료: 野原敏雄·森龍建一郎 編(1975: 213).

림에서 자금·자본의 순환은 4가지로 설명할 수 있다. 첫째, 독점적 대기업과 중소
영세·자영기업 간의 불평등 교환(unequal exchange)에 의해 농촌지대나 지방공업지
대에서 대공업지대로 가치의 일부가 이전된다(〈그림 3-1〉 ①). 둘째, 공업지대에서
생산된 소득은 임금부분만을 공장이 입지한 지역의 노동자에게 지불됨에 따라 지
역경제의 순환을 촉진하며, 다른 부문, 다른 기업에서 획득되어 독점된 초과이윤을
포함한 방대한 이윤부분의 대부분이 본사가 입지한 거대도시로 집중된다. 그리고
본사에 집중된 이윤의 일부는 일반 관리비, 판매비, 금융적 제비용으로 대도시에
배분되며, 이것에 의존해 많은 봉급자가 생활을 하고 광고산업, 매스 커뮤니케이션
산업, 각종 음식업, 서비스업 등의 제3차산업이 활발하게 된다. 거대도시가 발달하
는 것은 이러한 이윤이 본사로 집중함에 따른 것으로, 이것이 자금의 지역적 불균
등 확대의 요인이 된다(〈그림 3-1〉 ②). 셋째, 지방에서 예금된 자금의 일부가 은행
본·지점 간에 또는 은행 간의 요구불 단기대부(call), 어음 교환시장을 통해서 다른
금융기관으로 이동되고, 최종적으로는 설비투자를 위해 특수·시중은행 등에서 대

량의 자금을 빌려가 성장을 촉진하기 위해 대기업 본사가 입지한 거대도시로 자금이 집중된다. 즉, 지방에서 예금된 자금의 일부가 대도시에 집중해 대기업 본사 등에 대부되는데, 이것이 자금의 지역적 집중의 요인이 된다(〈그림 3-1〉 ③). 넷째, 자금 및 가계에 귀속된 소득의 일부와 기업의 법인이윤 일부는 조세로서 국가나 지방자치단체에 흡수된다. 이 중 소득세, 법인세, 각종 간접세 등의 국세는 전국 각지에서 국가 중추기능이 입지한 수도로 모인다. 그리고 지방 각 지역에 분포한 우체국을 통한 우편서축, 사송 연금 등의 영세자금도 수도로 모이게 된다. 이렇게 중앙에 모인 재정자금은 국가의 통일된 의지에 의해 각종 정책의 관철을 위한 수단으로서 지출되고 전국에 배분된다. 이 배분과정에서 지방 자치단체를 경유하는 것을 제외하면 대체로 대도시로 집중하는 경향이 강해 재정자금의 지역적 재분배도 부(富)의 지역적 편재를 한층 촉진하는 요인이 된다(〈그림 3-1〉 ④).

이러한 자금의 지역적 편재가 경제의 지역적 불균등 발전을 확대시키는 중요한 요인이 된다. 그리고 대도시로 자본이 집중하면 할수록 그 자본 활동의 범위는 광역화되고 그 잉여가치의 범위도 확대된다.

2. 자본 순환과 공간 불균등 발전

자본 순환의 개념은 마르크스에 의해 명확하게 제시되었고, 급진주의 정치경제학의 핵심 내용으로 계승되고 있다. 간추려 말하면 이 개념은 노동자와의 불평등 교환관계를 통해 자본가가 부와 권력을 연속적으로 축적하게 하는 자본 순환 시스템으로 성립되는 경제를 설명하는 것이다. 자본 순환의 개념은 이를 자본주의와 비판적 이론으로 확장한 지리학자 하비(D. Harvey)에 의해 널리 알려지게 되었다. 그 적용은 구조적 요인, 다시 말해 자본 순환 시스템이 도시, 지역, 글로벌 경제의 불균등 발전을 어떻게 이끄는가를 설명하는 역할을 하는 것이다. 또 이 개념은 '공간적 회피(spatial fix)'[1]를 통해 자본유동을 바꿈에 따라 자본주의체제를 뒤흔드는 위기적 경향을 극복하기 위해 국가나 자본가가 어떻게 노력하는가를 나타내는 것이다. 지리학자는 이러한 생각을 글로벌 금융, 문화와 지식의 국제적 유동, 노동자 이동의 연구로 확장하고 있다.

1) 자본이나 국가가 취하는 전략으로, 자본유동을 내·외적으로 연결을 바꿈으로 자본 순환을 수정해 위기의 회피 내지는 완화를 꾀하는 것으로, 예를 들면 생산의 영역적 확장이나 국제무역활동 등으로 다양하다.

1) 마르크스와 자본 순환

본래 마르크스의 『자본(Das Capital)』에서 가져온 자본 순환의 개념은 자본주의가 어떻게 기능을 발휘하는가에 대해 확실한 설명을 한다. 그 중핵이 되는 것은 세 가지의 제1차 순환을 통해 장소를 겨냥한 자본이 순환하는 것이라는 인식이다. 세 가지의 제1차 순환이란 화폐자본의 순환, 생산자본의 순환, 상품자본의 순환이다. 이들 순환이 자본주의 시스템의 제1차적인 토대가 되고 미지불 임금에서 유래한 초과이윤인 잉여가치가 끊임없이 노동으로부터 착취되어 자본가의 수중으로 들어가 재생산 수단으로 공급된다. 가장 중요한 것은 순환 시스템이 자본주의의 재생산에서 필요조건이라는 것이다.

마르크스의 사적(史的) 유물론의 분석은 자본주의 시스템의 진화를 묘사하고 신용시장, 새로운 생산기술, 그리고 보편적으로 인식된 형태로서 화폐의 발달이 어떻게 자본가의 힘을 증폭시키는가를 나타내는 것이다. 사용가치의 척도로서 화폐는 마르크스의 이론에서 사회적 권리이고 공간적으로 이동할 수 있어 정당성을 널리 인식한다는 화폐형태의 발달이 인류사상 주요한 혁신의 하나라는 것이다. 엄밀하게 말하면 상품만을 거래하는 시대에는 교환의 역동과 가치가 대단히 균형 잡힌 것이었지만, 이것은 부나 사회적 권력의 축적을 어느 정도 제약했다. 보편적인 화폐형태의 발달과 함께 교환의 관계는 상품만의 거래($C-C$)에서 상품에서 화폐로의 교환($C-M$) 혹은 화폐에서 상품으로의 교환($M-C$)이라는 관계성으로 변화했다. 이 변화는 불평등 교환의 관계성에서 불가결한 전제조건을 만들어냈다. 마르크스의 주요한 통찰 중 하나는 가치를 축적한 장소로서의 역할에 화폐를 동반하고, 상품과 화폐의 순환($C-M-C$)은 다른 상품의 사용가치 사이에서 균형을 달성할지도 모른다는 것이다. 한편 만약 화폐 공급자가 어떤 상품을 구입하거나 투자에 대한 위험을 감수하면서 인수해 같은 양의 화폐로 팔아 이윤을 얻는다면 화폐의 순환($M-C-M$)은 성립하게 된다. 다시 말해 그러한 위험을 무릅쓴다면 장려책(incentive)이 필요한데, 이것이 잉여가치의 착취를 통해 자본축적의 순환 시스템과 관련되는 이유이기 때문이다. 이 시스템의 기능을 발휘하기 위해서는 자본가(M의 주요 소유자이고 저축자이기도 함)가 화폐의 순환에서 초과이윤을 실현하지 못하면, 이것은 마르크스에 의하면 $M-C-M'$($M' = M+$노동에서 착취된 초과이윤 m)이다. 그 결과가 상품자본 순환

<그림 3-2> 마르크스의 자본 순환 시스템

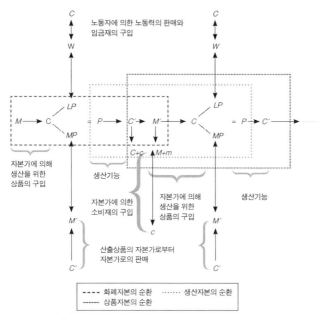

자료: 小田宏信 外(2014: 106).

C-M-C'와 화폐자본 순환 M-C-M'라는 두 가지의 순환 혹은 순환 시스템이다(〈그림 3-2〉). 마르크스는 이러한 관계에서 세 번째 순환, 즉 상품생산이 실현하는 단계(P)로 확대했으며 이 불가결한 단계가 때로는 이 시스템에서 자본의 유동을 방해한다고 인식했다.

화폐자본 순환, 생산자본 순환, 상품자본 순환보다도 자본축적 성립에 중요한 채취, 교환, 생산활동은 자본주의사회의 영속적인 확대를 가능하게 한다. 화폐자본, 즉 자본가의 힘은 시스템의 원동력으로 그 시스템에서 순환에 불가결한 상품이나 고정자본(즉, 기술, 공장, 토지 등이 일체가 된 생산수단), 노동력의 구매를 가능하게 한다. 화폐는 먼저 상품, 생산수단(MP), 노동력(LP)의 생산적 소비에 이용되고, 그들은 상품(C)을 제조해 가치를 부가시켜 상품으로 전형시킨다. 노동력은 노력의 대가로 임금을 받지만 이는 임금재(식료품이나 의류 등의 기본적인 필수품) 구입에 할당된다. 이 임금재도 상품의 순환에서 생산된 것이다. 자본가도 이러한 상품을 소비하지만 노동 착취를 통해 얻어진 초과이윤에 의해 높은 가치로 사치스러운 상품도 구매할 수 있다. 시간과 더불어 이들 세 가지 단계 혹은 세 개의 순환은 자본주의적인 축적의 증진이라는 목적을 위해 노동력과 사회에서 물질적 행복보다 평등한 분배를 희생으로 하며 이러한 과정 자체를 연속적으로 재생산해가는 것이다.

2) 자본 순환, 불균등 발전, 공간적 회피

지리학자와 마르크스의 개념을 접목시킨 유래는 하비가 자본의 순환개념을 경제발전의 과정에 확대 설명시킨 1970년대부터이다. 하비의 상징적인 저서 『자본의 한계(The Limits to Capital)』는 자본 축적, 잉여가치 착취, 자본 순환에 대해 마르크스의 생각을 어떻게 작용하고, 그것이 어떻게 그 자체를 지탱하기 위해 자본의 이동성이나 공간적 경제통합, 그리고 불균등 발전을 필요로 하는가를 설명하기 위한 이론으로 발전시켜 응용한 것이다.

하비는 자본의 이동성이 지리학이나 도시경제, 지역경제의 현대적 진화를 어떻게 만드는가를 설명하기 위해 제2차, 제3차 순환을 마르크스의 제1차 순환(즉, 화폐자본, 상품자본, 생산자본)에 부가했다. 이들의 평행(parallel)적인 두 개의 순환은 자본주의의 과잉축적과 값을 줄이는 위기, 즉 경제적 후퇴와 통화팽창의 위기로 향하

〈그림 3-3〉 하비의 자본 순환의 틀

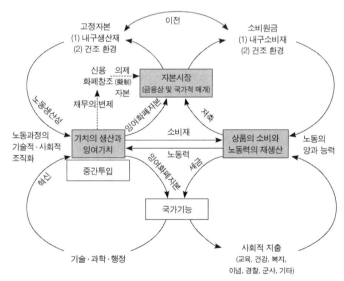

자료: 小田宏信 外(2014: 108).

는 자본주의의 경향성에 따라 필요하며, 그러한 위기를 막기 위한 목적으로 제1차 순환에서 얻어진 초과이윤을 전환하거나 변환하는 수단이 된다. 이를 바탕으로 제2차, 제3차의 순환은 국가나 민간부문의 행위자(actor)가 장래의 생산수단이나 노동의 사회적 재생산으로 계속적인 투자를 가능하게 한다(〈그림 3-3〉).

제2차 순환은 국가에 의해 조정되는 것이지만 민간부문의 행위자에 의해 제어되는 것으로, 제1차 순환이 금융시장이나 고정자본, 건조 환경으로 전환될 경우 중요한 기구가 된다. 이 순환은 소비원금도 포함하고, 상품소비에 필요한 경제 하부구조나 내구소비재에 대한 효과적인 투자가 확실한 것이다(쇼핑몰, 전자레인지, 냉장고 등). 금융·투자시장은 제2차 순환의 중심에 있고, 이들은 자본이 장래 생산이나 이윤의 목표에 대한 투자를 하게끔 하나의 시스템을 공급한다. 이것을 마르크스나 하비가 자본의 의제적(擬制的) 형태라고 부른 것이다.

제3차 순환은 과학·기술연구나 사회적 지출(헬스케어, 교육, 안전, 복지계획 등)에 대한 과잉이윤이나 세금의 이전이고, 공공재(국방시설 등) 공급, 행정비용의 지불, 기술적인 발견이나 혁신을 위한 자금 공급, 기능·훈련 및 노동의 사회적 재생산 촉진의 형태로 도시·지역발전에 열쇠가 되는 역할을 하는 것이다. 국가가 책임을 지는 것은 잉여자본, 세금을 제1차 순환에서 앞에서 언급한 여러 활동에 어떻게 지출하는가의 결정에 따른다. 즉, 신자유주의국가,[2] 개발도상국가, 케인스주의의 복지국가까지를 포함하는 주어진 형태 국가들은 제3차 순환에서 자본유동의 작용, 규모, 범위에 대해 다대한 영향력을 가진다.

하비의 세 가지 순환 모형은 하나의 지역에서 자본유동을 간결하게 묘사하고 있지만, 이들의 상호관련성이 갖는 현실세계에서의 역동성은 자본유동의 시공간적 특징에 따라 회로구성의 특정 부분에서 다른 특정 부분으로 자본이 언제, 어디로 이전하는가에 대응하는 것이다. 또 이 역동성은 복잡해진 외부의 시장이나 장소와 결부됨으로서 아주 의미가 있는 형태를 만들어 각각의 지역에 독자적으로 역사적·지리적 상황에 따라 어느 정도 결정된다. 거기에 자본주의에 의한 고유의 위기라는 끊을 수 없는 위협은 이러한 순환이 내외적으로도 연속적으로 재구성될 필요가 있다는 것이다. 즉, 이는 세 가지 순환 각각의 유동, 상호간의 유동을 변화시키는 내부적인 형태를 바꿈으로써, 그리고 다른 장소나 순환과 도시, 지역, 국가와 결부시켜 바꾸는 외부적인 전형을 통해 재구성되기 때문이다. 이러한 전략은 자본주의의

2) 하비에 의하면 강력한 사적 소유권, 자유 시장, 자유무역을 특징으로 한 제도적 틀의 범위 내에서 개개인의 기업 활동 자유와 그 능력을 무제약적으로 발휘함에 따라 인류의 부와 복리가 가장 최대로 되는 것을 말하는 정치경제학적 실천의 이론이다.

내적 모순에 관계없이 축적이 확대되고 불균등 발전이 존속하는 것과 같이 자본의 광역 확산 및 심화(국지적 집중)를 야기한다. 예를 들면 생산은 하나의 사회적 과정이지만 생산수단은 사적(私的)으로 보유되는 것이고, 자본은 지리적인 차이에서 동시에 이익을 창출해 세계적인 것이 된다. 다시 말해 자본유동을 내적으로(국지적으로) 또는 외적으로(다른 지역·장소로 향해) 방향을 바꿔 '공간적 회피'를 통해 시스템이 균등화하는 경향(즉, 과잉축적과 저감)을 피해야 하기 때문이다. 예를 들면 아리기(G. Arrighi)는 미국 정부가 글로벌 금융자본유동을 자유화해 외국투자안을 미국에 끌어들이는 것으로 1970년대의 경제위기를 해결하려고 했다.

지리학자는 공간적 회피가 도시, 지역, 국가에 어떻게 이용되어왔는가에 대해 매우 상세하게 검토해왔고, 그들이 어떻게 다양한 공간 스케일에서, 또 공간 스케일 상호간에서 조직되어 있는가를 나타냈다. 도시의 스케일에서는 젠트리피케이션(gentrification)[3]이나 새로운 도시성(new urbanism)과 같은 도시발전 전략이 국지적 자본가에 의해 글로벌 자본유동을 이용하는 수단으로 제공된다. 국가적 수준에서 국가나 다국적기업은 글로벌 자본유동이 도시·지역경제에 집중되는 것을 막기 위한 하나의 전략으로 제조활동의 해외 이전(off-shoring)이나 수출지향공업화(Export-Oriented industrialization: EOI)정책으로의 이행(shift)을 통해 공동으로 외향적 형태를 바꿔 활용해왔다. 마지막으로 글로벌화는 세계경제의 기능적 통합, 그리고 초국가적인 조정의 증진을 나타내지만 '공간적 회피'의 설계, 실행, 또는 그 결과를 복잡하게 한다. 도시나 지역경제, 국민국가가 각각의 경제를 좀 더 경쟁적이고 자본유동을 향수하기 쉽도록 지금까지와는 다른 스케일에서 조정하기 때문이다. 그렇지만 이와 같은 해결책은 글로벌 경제에서 과잉축적을 유발해 국민경제에 불안정성을 가져왔고, 도시 스케일에서의 구조적 불균등을 재생산할지도 모른다는 희생을 지불하는 것이다.

3) 도시에서 비교적 빈곤계층이 많이 거주하는 도심 부근의 주거 지역, 즉 정체 지역에 비교적 물질이 풍부한 사람들이 유입되는 인구 이동현상을 말한다. 이에 따라 빈곤지역의 임대료가 올라 지금까지 살던 사람들이 살 수 없게 되거나, 지금까지의 지역특성이 손실되는 경우를 말한다.

3. 민간 금융자금의 지역적 분포와 그 유동

자금을 취급하는 것은 금융기관으로 이것을 대별하면 〈표 3-1〉과 같이 은행금융기관, 비은행금융기관, 보험회사, 증권회사, 기타 금융기관, 금융 중계보조기관

〈표 3-1〉 한국의 금융기관

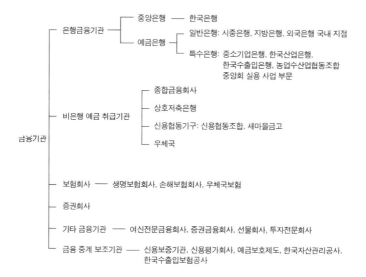

으로 구분할 수 있다.

일본에서의 자금의 지역적 편재와 지역 간 유동을 알아보기 위해 전국적인 지점
망을 갖춘 은행이 취급하는 자금량의 전국적 분포에 대해 파악해 보기로 한다.
1973년 전국적인 은행은 모든 시중 금융기관 예금액의 47.0%, 대출액은 45.6%를
차지했다. 1976년 전국적인 은행의 도·도·부·현(都道府縣)별 대출액은 〈그림 3-4〉와
같이 도쿄도(東京都)에 굉장히 집중되었다.

이와 같은 자금의 지역적 편재현상으로 자금의 지역적 유동이 발생한다. 여기에
서 예금액과 대출액의 비율[(대출액 / 예금액)×100]을 산출해 이 비율이 낮은 지역에
서 높은 지역으로 자금이 유동한다고 추정할 수 있다. 다음으로 예금액에 대한 대
출액 비율의 전국 평균값(74.1%)을 기준으로 표준편차[4] 값으로 그 비율을 계급·구분
했다(〈그림 3-5〉). 이 비율이 100%를 넘는 지역은 도쿄(116.7%), 오사카(大阪)(106.1%),
히로시마(廣島)(101.6%)의 3개 도·부·현(都府縣)이며, 이밖에 후쿠오카(福岡)(98.3%), 아
이치(愛知)(91.6%), 가가와(香川)(88.9%)로 상기 3개 도·부·현과 함께 이들 지역은 태평
양 벨트지대에 입지하고 있다. 이밖에 미야기(宮城)(94.5%)와 이시카와(石川)(97.0%)
두 개 현(縣)도 높은 비율을 나타내는데, 이들 두 개 현은 광역중심도시를 포함하고
있기 때문에 대출액의 비율이 높다.

4) $\sigma = \sqrt{\dfrac{\sum_{i}^{n}(x_i - \bar{x})^2}{n}}$ x_i:
i변수값, $\bar{x}$: 변수 평균값,
n: 단위지역 수

제3장 자금·자본의 지역적 순환 **165**

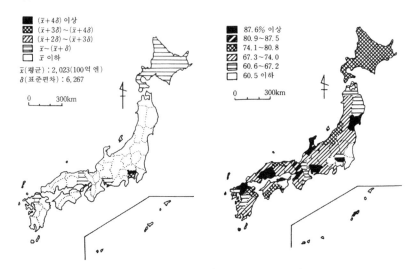

〈그림 3-4〉대출액의 지역적 분포

- ■ $(\bar{x}+4\delta)$ 이상
- ▨ $(\bar{x}+3\delta)\sim(\bar{x}+4\delta)$
- ▨ $(\bar{x}+2\delta)\sim(\bar{x}+3\delta)$
- ▤ $\bar{x}\sim(\bar{x}+\delta)$
- ☐ $\bar{x}$ 이하

$\bar{x}$(평균) : 2,023(100억 엔)
δ(표준편차) : 6,267

0   300km

자료: 高橋伸夫(1983: 158).

〈그림 3-5〉예금과 대출비율의 지역적 분포

- ■ 87.6% 이상
- ▨ 80.9~87.5
- ▨ 74.1~80.8
- ▨ 67.3~74.0
- ▤ 60.6~67.2
- ☐ 60.5 이하

0   300km

자료: 高橋伸夫(1983: 160).

한편 예금액에 대한 대출액의 비율이 낮은 지역은 농업생산을 기초로 하고 있는 여러 현들과 대도시 주변에 입지한 여러 현들이다. 따라서 농촌지역의 자금이 도시 지역으로 흡수되고 있다. 그리고 대도시 주변 여러 현들에서의 자금유동은 대도시 주변지역의 인구가 교외로 분산·거주함에 따라 봉급소득자가 증가하고, 또 예금액이 증가하는 반면에 대출액은 적기 때문이다. 따라서 대도시로의 자금은 광범위한 농촌지역과 대도시권 주변지역에서 유입된다. 이러한 자금의 지역적 유동에서 매우 한정된 범위에서의 자금의 대부공간(貸付空間)과 그 배후에 전개된 예금공간이 분화된 금융공간의 양극분해 현상이 나타난다.

한국의 지역자금이 금융기관을 통해 서울시로 유출된 현황을 보면 1997년 30.3% 의 유출률에서 2001년 1월에는 37.4%로 상승했다. 지역자금 유출 비율이란 지역

〈표 3-2〉시·도별 지역자금 중 서울시로의 유출 비율(2001년 1월)

시·도	%	시·도	%	시·도	%
부산광역시	48.3	울산광역시	39.1	전라북도	35.1
대구광역시	42.7	경기도	33.0	전라남도	22.7
인천광역시	28.4	강원도	38.2	경상북도	39.1
광주광역시	42.1	충청북도	42.6	경상남도	29.1
대전광역시	54.4	충청남도	35.0	제주도	31.9

자료: 대한상공회의소의 자료 참고하여 필자 작성.

금융기관이 받은 예금 중 지역 기업들에 대출되지 않고 다른 지역으로 유출된 예금의 비율을 뜻한다. 시·도별 자금 유출비율을 보면 〈표 3-2〉와 같이 대전시가 서울시로의 유출률이 가장 높고 그 다음으로 부산·대구·광주시와 충북의 순서이다.

4. 재정자금과 지역경제

1) 재정과 지역경제

재정(財政)활동이란 공공단체가 재정자금을 조달해 지출하는 형태로 이루어지는 경제활동이라고 할 수 있다. 이 중 지출활동은 재화·서비스의 구입 내지 이전지출(移轉支出)[진체지불(振替支拂)]로 나누어진다. 재화·서비스의 구입은 다시 정부 소비와 정부 투자공적(公的) 자본 형성로 구성된다. 한편 재정활동이라는 관점에서 보면 지역은 스스로 재정활동의 주체인 지방 공공단체의 행정구역과 거의 일치한다고 할 수 있다.

이상의 내용을 부언하면 첫째, 공공단체의 구성과 지역경제와의 관계이다. 공공단체는 한국의 경우는 단일 국가형태를 취하고 있기 때문에 중앙정부(통상 국가로 부름)와 지방정부로 구성되며, 지방정부는 시·도와 시·군·구로 나누어진다. 이에 대해 연방제의 국가형태에서는 중간 단계에 주(州) 정부가 개입하기 때문에 정부 간 관계는 단일제에 비해 복잡하다.

중앙정부와 지방정부와의 관계는 연혁(沿革)적 발전에 맡기는 것이 많고, 한국은 중앙정부와 지방정부 사이의 관계가 집권적이고, 이것을 조건으로 해 비교적 많은 지방 세출활동이 유지되고 있다. 집권적 틀을 재정적 면에서 보면 국고 보조금을 중심으로 하고, 이것을 지방교부세[5], 지방채의 허가제로 보완하는 '삼위일체'적 통제를 하고 있지만, 어떻든 지역경제에 미치는 영향과의 관계에서 중요한 점은 국가와 지방의 재정활동이 국가 주도 아래에서 조직적·통제적으로 운용되고 있다는 것이다. 〈표 3-3〉은 이러한 관계를 나타낸 것이다. 즉, 중앙정부는 국가 세입의 약 38%를 지방에 교부세, 국고 지출금(보조금이라고도 함) 등의 형태로 부여하고 있다.

둘째, 이상의 의미에서 볼 때 앞에서 서술한 바와 같이 재정활동이 지역경제에

5) 지방교부세는 지방자치단체의 행정운영에 필요한 재원을 국가에서 교부하여 그 재정을 조정함으로써 지방행정의 건전한 발전을 기하는 것을 목적으로 하는데, 보통교부세와 특별교부세로 나누어진다.

<표 3-3> 국가와 지방의 세출통계

단위: 억 엔

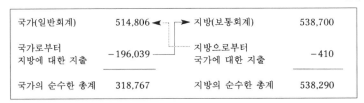

자료: 千葉立也 外(1988: 198).

미치는 영향의 정도를 보면 재정활동은 재정자금의 조달과 그 지출로 구성되어 있다. 재정활동을 넓게 보고, 더욱이 경제 성질별로 재정수입과 재정지출을 비교한 것이 <표 3-4>이다. <표 3-4>에서 먼저 수입과 지출은 성질이 전혀 다르다. 재정수입은 유상적 혹은 무상적으로 구분되지만, 재정지출은 비이전경비와 이전경비로 나누어진다. <표 3-4>에서는 마치 무상적인 조세수입이 이전적 경비에 대한 보조금으로 대응하는 것 같이 작성되어 있지만 수입의 조달과 지출 목적의 결정과는 본래 상호적인 관련을 갖고 있지 않다.

다음으로 비이전적 경비는 재화·서비스의 구입을 의미한다. 이 재화·서비스 구입은 국민경제 계산상에 정부소비와 정부투자로 나누어진다. 그래서 재정지출이 고정자본으로 형성이 되는지 아닌지를 기준으로 하면, 재정지출은 정부 투자와 비정부 투자(정부 소비 및 이전지출)로 다시 나누어진다. 이때에 주의하지 않으면 안되는 것은 국가와 지방의 재정활동의 순수한 총계에서 상쇄되지만 국가의 이전지출의 상당액이 국가가 지방에 대한 지출이고, 이것은 지방 지출의 단계에서 지방정

<표 3-4> 공공경비와 공공수입의 대조적 분류

화폐의 유동		공공수입	공공경비	경비
유상적	매매과정	판매가격 수입	구매가격 지출	비이전적 경비
		공기업 요금, 사용료, 수수료, 물품·부동산 등의 불하 등	인건비 물건비	
	대차과정 (貸借過程)	금융적 수입	금융적 지출	이전적 경비
		공채수입, 우편저금, 간이보험료, 사회보험 보험료, 재정 투·융자자의 원리(元利) 회수금 등	공채 원리(元利)상환, 우편 저금 지출, 간이 보험료 지불, 연금 급부, 출자·대부 그 밖의 재정 투·융자 등	
무상적	강권적·일방적 과정	조세	보조금	
		조세, 벌금, 과태료 등	산업보조금, 사회보장 부조금 등	

자료: 千葉立也 外(1988: 199).

부의 투자와 비정부 투자로 다시 구분된다.

2) 행정투자와 지역경제

지역경제에서 정부투자의 역할을 좀 더 상세하게 살펴보면 통계상 행정투자의 개념을 들 수 있다. 행정투자는 공적 자본 형성에 포함되지 않는 용지비, 보상비, 민간으로의 자본적 보조금(모두 이전자본) 및 유지 보수비(정부 소비의 일부)를 포함하는 것이다.

행정투자의 지역배분을 일본을 대상으로 살펴볼 경우 〈그림 3-6〉과 같다. 즉, 1980~1984년 사이 5년 동안 평균값을 부·현(府縣)별로 1인당 배분액(실선) 및 면적당(거주가 가능한 면적 1km², 점선) 배분액의 지수화를 비교한 것이다. 이 그래프에서

〈그림 3-6〉 행정투자의 지역배분

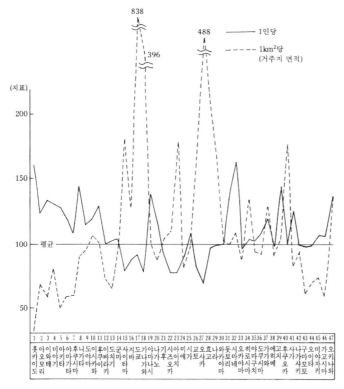

자료: 千葉立也 外(1988: 207).

쉽게 알 수 있는 점은 간토(關東), 도카이(東海), 긴키(近畿)의 여러 블록(bloc)에서 대도시권[도카이도(東海道) 지방]에서는 2~3개 현을 제외하고 나머지 현에서는 1인당 행정 투자액이 전국 평균 이하이지만, 1km²의 면적당 배분액의 평균을 훨씬 넘고 있다. 한편 동일본 및 서일본의 지방권에서는 특히 1인당 배분액이 거의 전국 평균을 상회한다.

그러나 자세히 살펴보면 몇 가지 특징을 알 수 있다. 즉, 대도시권의 사이타마(埼玉), 도쿄, 가나가와(神奈川), 아이치, 오사카의 5개 도·부·현의 1인당 배분액은 전국 평균보다 낮으나, 면적당 배분액은 높은 경향을 나타내고 있으며, 도쿄는 행정 투자액이 거액이기 때문에 면적당 배분액은 매우 많으나 인구 집중지역이라 1인당 배분액은 전국 평균에 가깝다.

또 지방권에서도 동일본과 서일본에서는 무척 다른 경향을 나타내고 있다. 동일본에서는 대개 1인당 배분액이 많으나 면적당 배분액은 적은 뚜렷한 대조를 보이고 있다. 이에 대해 서일본에서는 좀 더 복잡해 남규슈(南九州)가 면적당 배분액은

〈그림 3-7〉 재정자금의 순환

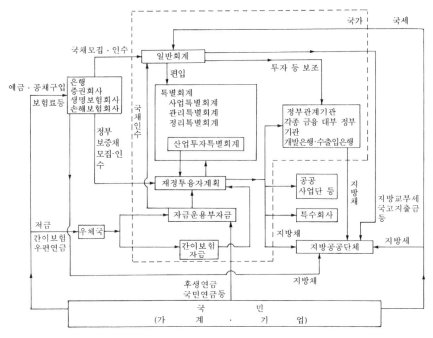

출처: 千葉立也 外(1988: 220).

전국 평균보다 상당히 낮으나 1인당 배분액은 전국 평균이라는 점은 주목되지만, 나머지 서일본에서는 면적당, 인구당 배분액이 모두 전국 평균을 상회하는 현들이 많다.

재정자금은 두 가지 형태로 공급된다. 하나는 국가에 의해 강제적으로 징수되는 조세이고, 다른 하나는 가계나 기업이 여유자금을 손쉬운 이자나 인환(引換)에 공급하는 형태이다. 이러한 재정자금의 이동과 그 틀은 매우 복잡한데 이 현상을 개략적으로 나타낸 것이 〈그림 3-7〉이다.

2013년 한국 각 시·군·구의 일반회계 총계 예산규모에 대한 지방세와 세외 수입에 의한 재정자주도[6]의 분포를 보면 다음과 같다. 먼저 시·도별로 보면 서울시가 88.8%로 가장 높고, 이어 경기도(71.8%), 울산시(70.7%), 인천시(67.3%), 대전시(57.5%), 부산시(56.6%), 대구시(51.8%) 순이며, 전국 평균 51.1%보다 낮은 시·도는 광주시(45.4%), 경남(41.7%), 세종시(38.8%), 충남(36.0%), 충북(34.2%), 제주(30.6%), 강원(26.6%), 경북(28.0%), 전북(25.7%)의 순으로 전남이 21.7%로 가장 낮다. 다음으로 2009년 시·군·구별로 보면 서울시 중구(95.3%), 과천시(95.2%), 서초구(91.3%), 강남구(91.2%), 수원시(89.0%), 안양시(87.1%), 안산시(85.3%), 성남시(83.9%), 용인

6) [자체수입(지방세+세외수입)+자주재원(지방교부세+재정보전금+조정교부금)×100]/일반회계 총계예산규모

〈그림 3-8〉 한국 시·군·구별 재정자주도의 분포(2013년)

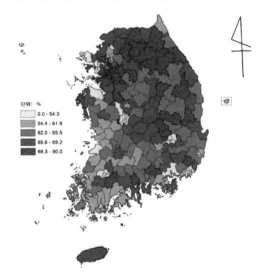

단위: %

	0.0 - 54.3
	54.4 - 61.9
	62.0 - 65.5
	65.6 - 69.2
	69.3 - 90.0

자료: 김동진 외(2014: 97).

시(83.8%), 고양시(81.6%), 창원시(80.6%)이고, 아주 낮은 군은 경남 함양군(9.8%),
산청군(9.7%), 경북 봉화군(9.6%), 전남 신안군(9.3%), 경북 영양군(9.2%) 순으로 높
다(〈그림 3-8〉).

5. 자본 수출의 중층성과 지역성

7) 외국인 직접투자란 외
국인이 경영활동에 참여할
목적으로 국내 기업에 투
자하는 것을 말한다. 구체
적으로 외국인이 국내 기
업의 의결권이 있는 지분
을 10% 이상 취득하거나
임원 파견, 기술 공여 등으
로 국내 기업의 경영에 참
여하는 경우를 말한다. 이
중에서 특히 외국인이 새
로운 공장을 짓거나 서비
스를 제공하는 사업장을 만
드는 것을 그린필드(Greenfield)
형 투자라고 하고, 기존 기업
의 주식을 취득해 경영에
참가하는 것을 인수합병(Ac-
quisitions and Mergers: M&A)
형 투자라 한다.

2000년을 기준으로 지난 30년 동안의 해외직접투자[7] 누적 잔액 분포를 보면 미
국에 가장 많고, 그 다음은 서부 유럽의 영국, 네덜란드, 독일, 프랑스 등 여러 나
라, 홍콩, 중국과 일본, 캐나다, 오스트레일리아 등의 국가로 대부분 선진국이 세계
투자액의 88%를 차지하고 개발도상국은 12%에 불과하다(〈그림 3-9〉). 이러한 해외
직접투자 잔액의 주요 국가별 추세를 1960~2000년 사이에서 살펴보면 미국과 영
국, 프랑스의 증가율은 점진적으로 증가하고 있지만 독일과 일본은 1970년 이후
급속하게 증가했다(〈그림 3-10〉). 여기에서 주요 국가의 해외 자본투자 잔액을 살펴
보면 다음과 같다.

〈그림 3-9〉 해외직접투자 잔액 분포

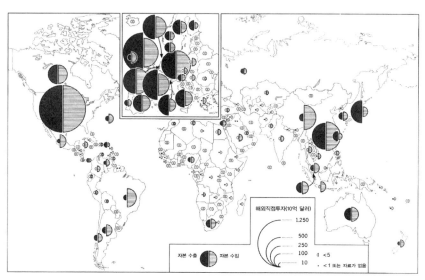

자료: Dicken(2003: 55).

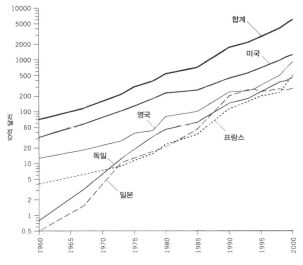

〈그림 3-10〉 해외직접투자 잔액 성장

자료: Dicken(2003: 56).

1) 미국의 자본 수출

1955년 미국은 세계 GNP의 36.3%를 차지해 경제적으로 압도적인 강대국이었
다. 그러나 그 후 미국의 GNP는 세계 GNP의 33.7%(1960년), 30.2%(1970년), 21.5%
(1980년)로 낮아졌는데, 이는 유럽의 경제부흥과 일본 경제의 급성장, 1970년대
OPEC와 신흥공업경제지역군(Newly Industrializing Economic Regions: NIEs)의 대두
가 그 원인이 되었다. 1970년대 이후에는 1971년에 달러를 기축으로 한 IMF,
GATT 체제가 고정 상장제[8]에서 변동 상장제[9]로 바뀜에 따라 자본주의 경제권은
비록 미국을 선두로 해나가고 있지만 미국에만 의존하던 일극체제에서 EU나 일본
등의 선진국이 가세된 삼극체제로 변화했다.

이와 같은 세계 경제의 다극화는 자본의 국제적 이동, 즉 자본수출로 나타났다.
1981년 말 세계의 해외 민간 직접투자 잔액은 4,822억 달러로 추정되어 1971년 말
의 1,584억 달러에서 지난 10년 동안 3.04배의 증가를 가져왔다. 1981년의 해외투
자 잔액의 국가별 구성비를 보면 미국이 47.1%로 가장 높고, 그 다음으로 영국
(16.5%), 구서독(7.7%), 프랑스(5.5%), 일본(5.0%), 캐나다(4.9%)의 순으로, 소수의
선진국이 해외투자 잔액의 86.7%를 차지했다. 해외투자 잔액의 구성비가 높았던

〈그림 3-11〉 미국의 해외직접투자 분포(2000년)

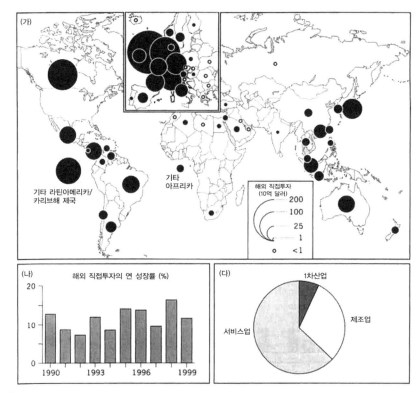

자료: Dicken(2003: 65).

미국의 자본수출을 지역별로 살펴보면 1950년대까지는 중앙·남아메리카와 캐나다에 집중해 약 70%에 달했다. 그러나 1960년대 이후는 유럽으로의 비중이 증가해 1970년대 후반에는 유럽에 약 40%, 캐나다에 약 20%, 중앙·남아메리카에 약 20%, 기타 지역에 약 2%로 그 구성비가 변화했다.

1990년대 말 미국의 해외직접투자는 유럽에 약 51%로, 이 가운데 영국이 약 37%, 네덜란드가 약 18%, 독일이 약 9%로 영국이 가장 많았다. 그리고 캐나다와 라틴아메리카에 각각 약 10%, 약 17%, 아시아가 약 13%를 차지했다. 아시아의 직접투자액 중 일본이 약 33%를 차지해 가장 많고, 그 다음으로 홍콩이 약 14%, 싱가포르가 약 17%를 차지했다. 중국과 한국, 타이완은 미국 해외직접투자의 약 16%를 차지했고, 아프리카는 약 1%에 불과했다(〈그림 3-11〉).

미국의 해외투자 잔액의 산업 부문별 구성은 제2차 세계대전 이전까지는 철도나 운하 등의 공익사업에 집중되었으나 1950년대에서 1960년대 전반까지는 제조업과 석유업에 중점을 두었으며, 1960년대 후반에는 제조업의 비중이 증가해 1970년대에는 약 45%를 차지하게 되었다. 이와 같은 투자부문의 변화는 투자지역의 변화와 관련지을 수 있는데, 전체적으로 개발도상국의 석유·광물자원 투자에서 선진국의 제조업 투자로 변화했다. 미국의 해외직접투자액을 부문별로 보면 1985년에는 2차 산업 특히 석유산업에 약 27%, 제조업에 약 41%, 서비스 부문에 약 31%를 차지했는데, 1990년대 말에는 1차 산업이 약 6%, 제조업이 약 30%, 서비스업이 약 63%로 크게 증가했는데, 서비스업 부문에서 금융·보험업, 사업 서비스업이 약 69%로 증가했다. 제조업 부문에서의 투자는 기계설비 부문은 감소했고 경공업부문과 자동차공업, 전기전자공업은 증가했다.

이와 동시에 미국은 외국으로부터 직접투자를 많이 받아들였다. 1981년 미국 내의 해외투자 잔액은 897.6억 달러로, 이것은 같은 해 세계 해외투자 잔액의 18.6%에 해당된다. 국가별로 보아 EC 10개국이 57.8%[10], 캐나다 13.6%, 중앙·남아메리카 9.3%, 일본 7.7%이고, 신흥공업경제지역군 등의 투자도 있었다. 산업별로는 제조업이 1위로 32.9%를 차지했고, 그 다음으로 석유업(19.8%), 상업(19.8%), 금융·보험업(14.9%)으로, 1970년과 비교해보면 제조업이 13.4%p 감소한 반면에 상업이 12.3%p 증가했다. 주요 국가의 산업별 투자를 보면 네덜란드의 로열 더치 셸(Royal Dutch Shell)의 석유(51.8%), 미국과 분업체제를 추진하고 있는 캐나다는 제조업(47.7%), 일본은 상업(59.9%)에 집중·특화되어 있으며, 영국과 구서독 등은 제조업, 상업이 각각 1, 2위를 차지해 비교적 다각화되었다.

2) EC의 자본 수출

미국 다음으로 해외투자 잔액이 많은 지역은 EC이다. EC의 자본 수출 국가는 미국, EC 내의 국가, EC 여러 나라의 옛 식민지 국가로 크게 구분할 수 있다. 미국과 EC 내에 대해서는, 이를테면 선진국 간의 상호침투 현상이 일어나고 있다. 첫째, 제조업 부문에서 개개 제조생산 규준에서의 비교우위와 기술적 독점성 유지를 위한 것이었고, 둘째는 지역구조적 관점을 포함한 임금수준 격차 등의 생산입지 요인의 이용에 있었다. EC의 개발도상국에 대한 자본수출은 옛 식민지 종주국과 식민지란 관계가 중심이 되었다. 특히 미국과 일본에서의 해외투자가 적은 아프리카에서는 영국과 프랑스를 중심으로 한 권역 분할적인 색채가 명료하다. EC에서의 자본수출의 특징은 각 국가의 경제구조를 반영해 각각 다르게 나타난다. 산업별 구성으로는 영국·구서독은 제조업 중심, 이탈리아는 상업 중심으로, 제조업의 경우 구서독, 스웨덴은 화학, 기계기구, 수송기구 공업 등의 높은 기술 집약적 산업이며, 영국은 식료품·음료·담배 등의 낮은 기술 집약적 산업에 집중하는 점이 다르다.

유럽 국가 중 영국과 독일의 해외직접투자의 분포를 보면 다음과 같다. 먼저 영국의 경우 국가별 투자를 보면 미국에 투자액의 약 47%를 차지해 가장 많고, 그 다음으로는 유럽이 약 40%로 이 가운데 네덜란드가 약 40%, 스웨덴 약 17%, 프랑스와 독일이 각각 약 7%, 약 6%를 차지했다. 아시아는 영국 투자액의 4% 정도로 미국보다 그 비율이 아주 낮은데, 과거 식민지였던 홍콩, 싱가포르, 말레이시아에 약

〈그림 3-12〉 영국의 해외직접투자 분포

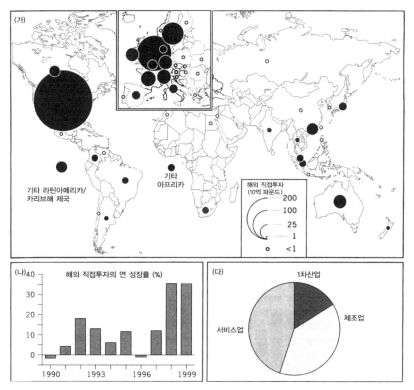

자료: Dicken(2003: 66, 68).

70%를, 일본에 약 20%를 투자했다. 1987~1990년대 말 사이에 투자의 부문별 변화
는 미미하게 이루어졌다. 1차산업 부문의 투자는 실질적으로 감소했고, 제조업 부
문은 미미하게 증가해 약 40%를 차지했으며, 서비스업은 약 45%로 증가했다. 제조
업 부문 중에서 음식료품 및 담배제조업과 석유 및 화학공업은 약 60%를 차지했으
며 전기·전자기기는 약 11%에서 0.1%로 크게 낮아졌으나 서비스 부문에서 금융·
보험 및 사업 서비스업은 약 35%에서 약 61%로 크게 증가했다(〈그림 3-12〉).

독일의 해외직접투자는 1960년대와 1970년대에 급속하게 이루어졌는데, 1985
년에서 1990년대말 사이에 유럽에 약 44%에서 약 60%로 투자율이 높아졌는데, 특
히 벨기에, 룩셈부르크, 네덜란드에 가장 집중되었으며, 영국과는 달리 동유럽의
헝가리, 체코, 폴란드에 투자가 다소 많아져 지리적 위치의 영향을 나타냈다. 북아
메리카와 라틴아메리카에서는 각각 약 33%에서 약 27%로, 약 9%에서 약 5%로 낮

〈그림 3-13〉 독일의 해외직접투자 분포

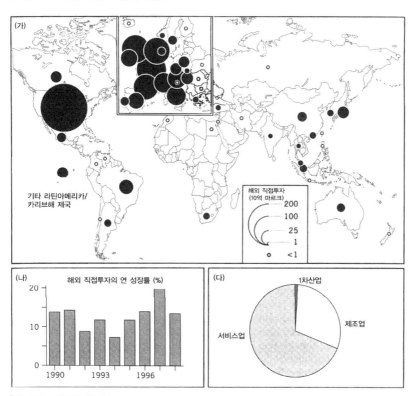

자료: Dicken(2003: 66, 68).

아졌으며, 라틴아메리카에서는 약 50%가 브라질에 투자되었다. 아시아에서는 독일 해외직접투자액이 단지 약 5%로, 이 가운데 일본에 약 30%, 싱가포르가 약 12%였으며, 1990년대 중국에 대한 투자액이 아시아 투자액의 1/5을 차지했다(〈그림 3-13〉). 다음으로 해외직접투자를 산업별로 보면 1985~1994년 사이에 제조업 부문은 약 60%에서 약 33%로 낮아졌으나 서비스 부문의 금융·보험과 사업 서비스업은 약 77%를 차지해 영국과 다른 점을 보였다.

3) 일본의 자본 수출

선진국 중에서 구서독과 더불어 해외투자 잔액을 급증시킨 국가는 일본으로, 일본이 제2차 세계대전 이후의 해외투자 잔액이 1억 달러를 넘은 것은 1951년이었으나 1973년에는 34.9억 달러, 1981년에는 89.1억 달러로 증가했다. 이것은 첫째, 경영 합리화에 따른 경영자원의 축적, 둘째 일본 내의 환경문제, 임금 상승 등에 의한 투자제약 요인이 확대된 점, 셋째 선진국의 보호무역주의 경향에서 수출 대체적 해외투자가 강화된 점, 넷째 경제 안전보장의 추진을 위해 자원 확보형 해외투자가 증가한 점이 계기가 되었다.

1982년 일본의 해외투자 목적을 지역별로 보면 〈그림 3-14〉와 같다. 즉, 현지·제3국으로의 판로확대가 모든 지역에서 1위를 차지했으며, 2위 이하의 경우는 북아메리카·유럽 등의 선진국에 대해서는 사업, 기타 부문에 비중이 큰 소비시장을 확보하기 위한 목적이 강했다. 일본의 경영력·기술력·자본력의 향상으로 유럽과 아메리카 선진국과의 임금격차가 좁아지고 보호무역주의의 대두로 선진국내의 후진·불황지역이 투자유치에 적극적인 것이 결부되어 제조업의 현지 생산화가 추진되는 것으로 나타났다.

이에 대해 개발도상국으로의 해외투자는 환태평양 경제권 구상에서의 수직적 분업의 진전이라는 현실적 상황과 경제 안전보장을 위한 자원이용 목적이 최우선으로 나타났다. 일본의 개발도상국에 대한 투자목적은 동아시아와 동남아시아에서는 값싼 임금의 이용에 있었고, 중앙·남아메리카, 오세아니아, 서남아시아, 아프리카에서는 자원획득에 있었다. 특히 동·동남아시아는 자본주의 경제권의 3극 체제 아래에서 일본의 지리적 분담지역으로서 미국 경제력의 영향이 낮아지는 것을

〈그림 3-14〉 일본기업의 대륙별 투자목적

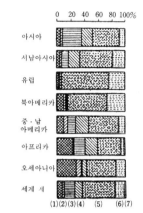

(1) 원료자원확보
(2) 자원이 풍부한 곳의 현지생산 용이
(3) 노동력이용, 비용절감
(4) 현지정부의 보호정책상 유리
(5) 현지, 제3국으로의 판로확대
(6) 정보수집
(7) 통상마찰로 수출곤란

자료: 川島哲郎 編(1986: 260).

보완하기 위한 것으로, 처음에는 제2차 세계대전의 배상금으로서, 그 후는 군사 독재 아래에 있는 이들 국가의 안전화, 공업화를 위한 대외원조로서, 최근에는 일본의 잉여자본의 배출구로서 민간의 직접투자가 나타났다. 1951~1992년 사이에 일본의 해외직접투자 잔액은 3,865억 3,000만 달러로, 이 중 북아메리카에 43.9%, 유럽(19.6%), 아시아(16.6%)(이 중 서남아시아가 1.1%), 중앙·남아메리카(11.8%), 오세아니아(6.2%), 아프리카(1.8%)의 순이다.

　일본의 해외직접투자는 1985~1990년 사이에 약 22~36%의 높은 투자율을 나타냈으나 1991년 이후 감소하기 시작해 1994년에는 거의 10%, 1997년에는 약 -12%로 급감했다. 해외직접투자의 산업별 특징을 보면 1960년대는 천연자원 획득을 위해서, 1990년대는 서비스부문에 약 66%를 투자해 미국, 영국, 독일보다 이 부문의 투자가 높았다. 1985~1990년대까지의 해외직접투자의 지역별 변화를 보면 아시아는 약 23%에서 약 26%로 증가했는데, 특히 중국은 약 2%에서 약 25%로 크게 증가했으며, 타이는 약 4%에서 약 8%로 미증했는데 대해 인도네시아는 약 43%에서 약 16%로 급감했다. 그리고 북아메리카는 약 32%에서 약 42%로, 유럽은 약 13%에서 약 19%로 증가했는데 대해 라틴아메리카에는 약 19%에서 약 6%로 감소했다. 유럽에서의 투자는 영국이 유럽 투자액의 약 50%, 네덜란드가 약 18%, 독일이 약 9%를 차지했다(〈그림 3-15〉).

〈그림 3-15〉 일본의 해외직접투자 분포

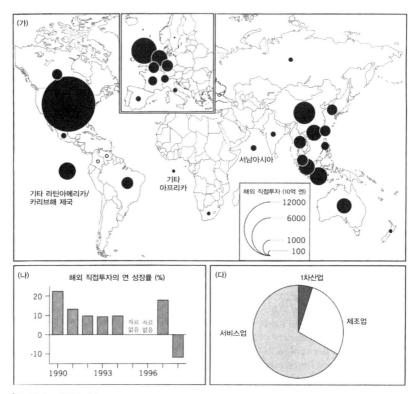

자료: Dicken(2003: 69).

4) 신흥공업경제지역군의 자본 수출

신흥공업경제지역군의 자본수출은 친척이나 지인을 통해 좀 더 발전 단계가 낮은 국가에서 행해지고 있다. 한국, 타이완, 홍콩, 싱가포르 등 아시아의 신흥공업경제지역군은 동남아시아 국가연합(ASEAN) 여러 나라에, 멕시코, 브라질 등의 중앙·남아메리카의 신흥공업경제지역군은 중앙·남아메리카의 다른 국가에 진출하고 있다. 이들의 투자목적은, 예를 들면 수익이 본국으로 송금되는 것이 아니고 투자지역에서 재투자되는데, 이것은 자기 나라의 좁은 국내시장에서 벗어나기 위한 것이고, 노동집약적 생산부문에서의 상대적 우위성을 찾는데 있었다. 그 결과 위험분산의 역할을 하게 되었다. 신흥공업경제지역군의 해외직접투자를 보면(〈그림 3-16〉), 1980년에는 싱가포르의 해외직접투자가 가장 많았고, 그 다음으로 브라질이었으

〈그림 3-16〉 신흥공업경제지역군의 해외직접투자

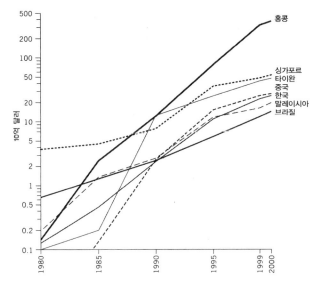

자료: Dicken(2003: 58).

며, 중국은 1985년에 투자가 이루어지기 시작했다. 그러나 2000년에는 홍콩의 투자액이 가장 많았고, 브라질이 가장 적었는데, 홍콩의 투자액은 〈그림 3-16〉에서 보는 7개 국가 투자액의 2/3를 차지했다.

이러한 자본수출은 미국-EC, 일본-신흥공업경제지역군-기타 사이에서 국제분업을 배경으로 하면서 비교우위를 유지하기 위해 산업별, 권역별에서의 경합적인 분담관계를 가지면서 미국을 정점으로 행해지고 있다.

6. 한국의 해외 투자 및 외국인 투자

한국의 해외 투자는 1960년대 말 인도네시아에 합판제조를 위해 처음 이루어졌는데, 그 후 국내 임금의 급상승, 선진국의 수입규제 강화 등 대내외적 여건 변화에 따라 1980년 후반부터 급증하기 시작해 2008년에는 2,372억 7,200만 달러가 되었다. 이와 같은 해외투자 잔액의 증가는 노동집약적 업종의 저임금 노동력 활용을 위한 중국 등으로의 생산기지 해외 이전과 절차의 간소화 등 외환 관련 규제완화, 국

〈표 3-5〉 한국의 해외투자 잔액(2013년)

지역		투자 잔액 (백만 달러)	%	산업	투자 잔액 (백만 달러)	%
아시아	일본	694	2.4	농·임·수산업	89	0.3
	중국	5,107	17.3	광업	6,026	20.4
	홍콩차이나	820	2.8	제조업	9,446	32.0
				전기, 가스, 증기 및 수도사업	389	1.3
	베트남	1,129	3.8	하수·폐기물 처리, 원료재생 및 환경 복원업	24	0.1
	싱가포르	539	1.8	건설업	546	1.9
				도·소매업	1,918	6.5
	인도	541	1.8	운수업	284	1.0
유럽	영국(저지)	722	2.4	숙박 및 음식점업	177	0.6
				출판, 영상, 방송통신 및 정보 서비스업	391	1.3
	네덜란드	1,570	5.3	금융·보험업	6,883	23.4
북아메리카	미국	5,657	19.2	부동산업 및 임대업	1,711	5.8
남아메리카	케이만 군도	1,293	4.4	전문, 과학 및 기술 서비스업	1,469	5.0
오세아니아	오스트레일 리아	2,656	9.0	사업시설관리 및 사업지원 서비스업	34	0.1
기타		8,749	29.7	교육 서비스업	18	0.1
계		29,477	100.0	계	29,477	100.0

자료: 한국수출입은행(http://www.koreaexim.go.kr)의 자료 참고하여 필자 작성.

내 기업의 국제화 전략 추진, 국내 외화사정의 호조 등에 기인된 것으로 생각된다.

국가별 해외투자 잔액을 보면 1985년에는 북아메리카에 약 32%, 아시아에 약 22%, 유럽에 약 11%를 각각 투자했다. 그러나 1990년대 말에는 아시아가 약 45%로, 이 중 40% 이상이 중국에, 약 14%가 인도네시아에 투자되었다. 유럽으로의 투자는 약 15%로 이 중 영국에 약 25%, 독일에 약 14%를 투자했으며, 동유럽에서는 특히 폴란드에 많이 투자했다. 2005년에는 미국이 25.6%를 차지해 가장 많았고, 그 다음이 중국(23.2%), 네덜란드(3.9%)의 순으로 미국과 중국이 해외 투자 잔액의 약 50%를 차지했으며, 2013년에는 미국이 19.3%로 가장 많았고, 이어서 중국(17.3%), 오스트레일리아(9.0%)의 순이었다. 업종별 해외투자 잔액을 보면 제조업 부문이 32.0%로 가장 높았고, 그 다음으로 금융·보험(23.4%), 광업(20.4%)의 순이었다(〈표 3-5〉).

한편 한국으로의 외국인 투자는 경제개발 초창기에 자본의 절대부족으로 대규모의 차관을 외국에서 도입해 각종 사회 간접자본 건설 등에 활용했다. 그러나 경제운영이 어느 정도 정상궤도에 진입하면서 차관도입은 점차 감소했고, 국내 저임금 노동력을 활용하기 위한 외국인 직접투자가 증대되기 시작했다. 1980년대 중반까지

지속되었던 이러한 경향은 1980년 후반부터 시작된 노사분규의 급증과 이로 인한 임금의 급상승으로 변화를 보이게 되었다. 즉, 임금 상승에 따라 한국은 생산기지로서의 매력을 점차 잃어갔고 이에 따라 제조업 분야의 외국인 투자가 감소하는 한편 소득의 증대로 내수 시장의 확대와 서비스 시장의 개방에 따라 서비스 분야의 외국인 투자가 급증하고 있다. 이러한 한국의 외국인 투자의 변화는 각종 규제완화로 1993년부터 회복되기 시작했다. 2013

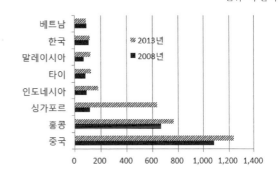

〈그림 3-17〉 동·동남아시아 주요 국가의 외국인 직접투자

단위: 억 달러

자료: UNCTAD(국제연합 무역개발회의)의 자료 참고하여 필자 작성.

년 동·동남아시아로의 외국인 직접투자를 보면 한국은 그 투자액이 적은데, 이는 높은 인건비와 낮은 노동생산성, 과도한 규제와 반기업적 경영환경 탓이다(〈그림 3-17〉). 국가별 외국인 투자액은 미국이 약 35억 달러로 가장 많았고, 이어서 일본(약 27억 달러), 몰타(약 18억 달러)의 순이었다(〈표 3-6〉).

산업별로는 제조업이 57.2%를 차지해 가장 많았고, 그 다음으로는 비즈니스 서비스업이 14.2%, 부동산·임대업이 12.1%였다. 이를 국가별로 살펴 보면 한국에 가장 많이 투자하는 미국은 서비스업에 93.4%, 일본은 서비스업에 71.8%, 몰타는 서비스업에 100.0% 투자해 서비스업 투자가 많음을 알 수 있다.

〈표 3-6〉 한국의 외국인 투자액(2013년)

지역		투자액 (천 달러)	%	산업	금액 (천 달러)	%
아시아	일본	2,689,660	18.5	농·임·축산업	1,208	0.0
	싱가포르	431,044	3.0	제조업	2,608,389	57.2
	중국	481,186	3.3	건설업	4,050	0.1
	홍콩	976,484	6.7	도·소매업	239,694	5.3
유럽	몰타	1,785,059	12.3	음식·숙박업	152,893	3.4
	네덜란드	618,008	4.2	운수·통신·창고업	72,470	1.6
	독일	359,951	2.5	금융·보험업	162,869	3.6
	프랑스	529,928	3.7	부동산·임대업	541,078	12.1
	룩셈부르크	711,570	4.9	비즈니스 서비스업	635,587	14.2
아메리카	미국	3,525,255	24.2	문화·오락산업	13,226	0.3
	캐나다	387,599	2.7	공공 기타 서비스업	52,155	1.2
	케이만 군도	450,041	3.1	전기·가스, 수도업	354	0.0
기타		3,601,890	11.0	계	4,483,974	100.0
계		14,548,344	31.5			

자료: 산업통상자원부(http://www.motie.go.kr)의 자료 참고하여 필자 작성.

7. 국제 금융 중심의 배치

다국적 은행이 세계에 본격적으로 진출한 것은 1960년대 이후로 1983년 9월 말 현재 주요 국가 소재 은행의 대외투자 잔액은 2조 2,622억 달러로, 지역적 분포는 세계 금융관리 중심인 뉴욕에 18.3%, 유로(Euro)달러[11] 예금조달 중심인 런던에 21.4%, 유로달러 자금운영의 중심지인 바하마,[12] 룩셈부르크 등에 16.6%, 아시아 달러 집중지인 싱가포르, 홍콩에 각각 3.8%, 2.8%, 금후 아시아 금융의 중심으로 기대되는 도쿄가 4.8%를 차지했다. 이밖에 취리히(7.2%), 파리(5.8%), 프랑크푸르트(3.2%), 브뤼셀(2.9%) 등이 국제금융의 중심지였다.

뉴욕이 세계 금융관리의 중심이 된 것은 미국이 제2차 세계대전 이후 정치·군사·경제적인 면에서 압도적으로 강해진 점과 경제적으로 달러를 기축 통화한 IMF, GATT체제를 유지한 점이다. 그리고 뉴욕은 IMF, 세계은행 등의 국제 금융기관, 미국 수출입은행, 국제개발국 등의 미국 정부기관, 외국은행 등이 집중했기 때문이다.

유로달러 시장은 1950년대 미국과 구소련의 냉전 하에서 탄생해 1960년대에 본격화되었으며 1970년대에 급성장했다. 1970년대의 급성장은 제1차 석유파동이 계기가 되었다. 현재 유로달러의 원자금은 OPEC 석유 잉여자금, 다국적 기업의 운전자금의 일시적 운용, 유로금리와 각 국내 금리와의 차이를 이용한 금리 재정자금, 각 국가 통화당국의 준비자금이었다. 기타 국제금융 중심인 바하마 등은 미국계 다국적 은행에 의해 운용되고, 홍콩과 싱가포르가 국제금융 중심이 된 것은 화교의 존재와 역사적인 경위도 있지만, 도쿄가 국제금융 중심으로 성숙하지 못했던 점도 있다. 2007년 세계 10대 금융의 중심지는 런던, 뉴욕, 도쿄, 시카고, 홍콩, 싱가포르, 프랑크푸르트, 파리, 로스앤젤레스 순이었다.

제4장
노동력의 공간구조와 이동

　스미스(A. Smith)나 리카도(D. Ricardo)와 같은 고전학파 경제학자들은 노동의 역할을 상품의 가치창조라고 보고 이러한 개념화를 노동가치설이라고 불렀다. 스미스, 리카도, 마르크스는 모두 노동을 상품이 다른 상품과 교환할 수 있는 교환가치와 소비를 통해 효용이 달성된다는 사용가치를 합친 것이라 생각했다. 스미스는 또 노동을 인적 자본으로서 본질적으로 생산에 반영되는 요소, 그리고 지식의 원천으로 보았다. 리카도는 스미스의 상정에 좀 더 명확한 것을 도입할 수밖에 없다고 하며, 상품가치는 노동투입의 상대량에 의해 계측된다고 주장했다. 리카도의 주요한 공헌은 상품가치(교환가치)와 노동자가 생존한 연후에 필요성에 따라 결정되는 임금과 구분 짓는 노동가치설을 주장한 것이다. 그리고 마르크스는 리카도와 달리 상품가치가 주어진 사회와 기술상태하에서 평균적인 기술수준에 의해 결정되는 사회적 필요노동시간으로 구성된다고 논했다. 마르크스에 의하면 노동은 물질적인 풍요를 유일한 원천으로 삼고, 상품가치를 경제적 법칙의 산물이 아닌 문명화의 수준에 의해 사회적·역사적으로 다르게 구성된 현상으로 보았다. 마르크스는 자본주의 출현 이전에는 노동력 또는 노동능력이 노동자 자신에게 유익했지만 본원적 축적이라는 폭력적인 과정을 거쳐 생산수단이 농민으로부터 박탈당한 후 노동은 자본가 계급에 팔기 위한 상품이 되었다고 생각했다.[1] 나아가 마르크스는 노동자에게 지불하는 임금을 초과한 가치가 있는 상품을 생산할 때 잉여가치가 발생한다고 주장했다. 그리고 자본주의는 노동자계급이 생존하기 위해서는 잉여가치를 자본가 계급에게 이전시키는 것 외에는 선택의 여지가 없는 것과 같이 구조화되어 있으므로 노동자계급이 착취당하는 상황이 만들어진다는 것이다. 또 마르크스는 자본주

1) 스미스는 대체로 본원적 축적을 개인의 장려급여나 근면을 기반으로 한 평화적인 과정으로 보았다.

의가 구조적으로 실업자를 발생시킨다고 지적하고, 그러한 잉여 노동력을 '산업예 비군'이라고 불렀다. 마르크스는 남성의 공업 노동자에게만 초점을 맞추고 여성의 경제역할을 무시한다는 등의 비판을 받았지만, 생산수단을 운용하는 권한이 없는 사람들의 불안정을 강조한 것은 그의 주요 공헌이라 할 수 있다. 마찬가지로 오늘날의 연구자나 활동가들, 즉 노동활동을 하지만 생활임금으로 생각할 정도의 임금을 받지 못하는 사람들의 영속적인 존재에 대해서도 관심을 보이는 것도 이러한 논리의 연장선상에 있는 것이다.

1. 노동력과 노동시장

노동은 생산에 투입되는 하나의 주요한 요소일 뿐 아니라 지식의 보고(寶庫)로 중요하게 작용하는 주체이다. 나아가 노동력은 하나의 사회경제계급[프롤레타리아 (prolétariat), 창조계층 등]으로, 또 가구(家口)의 재생산, 산업거래, 노동조합을 통한 집단교섭의 사회운동, 정치적 이익집단의 분석에서 열쇠가 되는 단위로 이해된다. 노동력의 소재와 이동성은 산업이 발달한 장소에 중요한 영향을 미치고, 분업과 노동시장 내부의 분단화는 가구소득, 생산성, 사회적 과정 등의 다양성에도 영향을 미친다.

경제지리학에서 노동력의 분석은 노동력 조사기간 중 한 시간 이상의 노동을 한 사람을 대상으로 한다. 그리고 노동시장은 노동력의 수급을 행하는 유통과정의 총체이다. 그리고 임금노동의 수급구조는 자본축적의 특질로 나타나며, 노동력의 공급은 농민층 분해[2]와 도시 잡업층을 포함한 노동력의 특질에 의한다.

1) 노동력

노동력은 15세 이상의 인구 중 가사, 통학 및 노령 때문에 취업할 수 없거나 일을 적극적으로 찾지 못한 비노동력을 뺀 것을 말하며, 이 노동력은 취업자와 완전실업자[3]로 구성된다. 노동력의 질은 성숙 정도와 형성과정에 따라 숙련 노동력, 반숙련 노동력, 단순 노동력으로 나누어지며, 그 형태에 따라 1일 고용노동, 상근노

2) 자본주의 경제의 발전에 따라 농민층이 지주, 차지(借地) 농업 자본가, 농업노동자 등으로 분해되어가는 것을 말한다.

3) 실업자는 현재 일을 하고 있지 않고, 일이 주어지면 할 수 있고, 최근 4주 동안 적극적으로 구직활동을 한 사람을 말한다. 그러나 돈을 벌기 위한 목적으로 일주일에 한 시간이라도 일을 하면 실업자가 아니다. 실망 실업자는 구직의사가 없거나 포기한 사람을 말한다. 사실상 실업자는 공식실업자와 취업은 했지만 주 당 36시간 미만만 일하고 있어 더 일하고 싶은 사람, 구직활동을 했지만 자신이 아프거나 자녀를 돌보아야 하는 이유로 아직 본격적으로 일 할 수 없는 사람, 최근 구직활동을 하지 않았지만 일할 의사가 있는 사람을 말한다. 그리고 실망실업자는 구직의사가 없거나 포기한 사람을 말한다.

동으로 구분된다.[4]

일반적으로 노동력은 경제발전수준과 깊은 관계를 맺고 있으며, 인구의 연령구조, 결혼상태, 여성의 취업관 등의 영향도 받는다. 북아메리카와 서부 유럽 선진국에서는 노동력이 총인구의 약 49~68%를 차지하고 있으며, 일본은 약 59%, 구 동유럽 국가에서는 약 55~69%, 저개발국의 노동력은 총인구의 약 42~90%를 차지한다. 그러나 노동력을 임금 노동력과 생계를 위해 종사하는 노동력으로 구분하는 것은 어렵다.

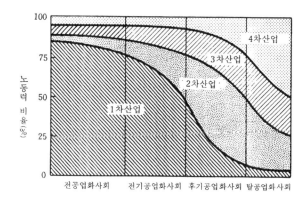

〈그림 4-1〉 경제발전과 노동력 구조의 변화

자료: Berry, Conkling and Ray(1976: 24).

4) 불완전 취업자는 취업을 했지만 단기간 근로 일용직, 임시직 등 지위가 불안정하거나 반실업인 상태의 사람을 말한다.

노동력은 경제개발의 수준에 따라 노동력의 구조가 다르게 나타나는데, 세계 총 노동력의 3/5 미만이 1차산업에 종사하며, 2차산업은 약 1/5, 3차산업에는 약 1/4이 종사하고 있다. 이와 같은 노동력의 산업별 구성비는 산업의 발달과 경제·사회 활동이 복잡해짐에 따라 노동력의 구성비가 바뀌게 된다. 이것을 나타낸 것이 〈그림 4-1〉이다. 전(前)산업화 사회에서는 농업의 비율이 매우 높았지만 산업화 사회로 들어감에 따라 2·3차산업의 비중은 높아지는데, 울산시의 2012년 농업 종사자 수는 총 종사자 수의 0.02%에 불과하나 제조업의 종사자 수는 1962년 2.1%에서 2012년에는 36.6%로 크게 증가했다(〈그림 4-2〉). 이와 같은 산업의 부문별 취업자 구성비의 변화는 다른 산업 부문 생산품에 대한 수요의 소득 탄력성 차이성과 노동 생산성의 변화율의 차이에 기인된 것이다. 즉, 소득과 수요가 다소 증대됨에 따라 식량에 대한 수요는 비탄력적이어서 잉여 소득분으로 다른 상품을 구매하게

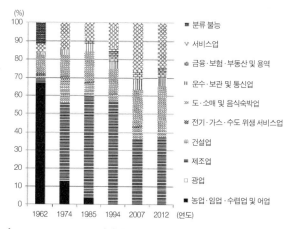

〈그림 4-2〉 울산시의 산업별 인구구성의 변화

자료: 李琦錫(1984: 20); 경제기획원 조사통계국(1985); 내무부(1995); 울산시(2008, 2013)의 자료를 참고하여 필자 작성.

된다. 이와 동시에 개선된 기술·기계화, 화학비료의 사용 등으로 농산물 생산량은 증가되나 농업수익은 다른 산업에 비해 상대적인 감소를 가져오게 된다. 그러므로 농업 노동력은 다른 부문에 취업하게 되고 소비재에 대한 수요가 증대됨에 따라 이를 생산하기 위한 노동력이 필요하게 되어 2차산업이 발달하게 된다. 그 후 제조업에서 노동력 1인당 생산량은 분업 및 특화, 기계화·자동화가 이룩됨에 따라 2차산업의 노동력은 3차산업으로 전환된다.

울산시의 노동력 구성비의 변화를 보면 〈그림 4-2〉와 같이 1962년에는 농업 취업자 수가 울산시 총 취업자 수의 67.3%를 차지해 산업 중 농업이 중심이었다는 면모를 보였으나, 1974년에는 농업 취업자 구성비가 감소하고 2차산업 취업자의 구성비가 42.9%를 차지해 공업도시로 전환되었다. 그리고 1985년에는 농업 취업자 구성비가 4.1%로 감소하고, 제조업 분야의 취업자 구성비가 55.9%로 급증해 단일 산업 분야의 취업자수가 전체 취업자 수의 과반수를 차지해 중화학공업 도시의 현상을 나타냈다. 그러나 2004년에는 서비스업과 도·소매 및 음식, 숙박업의 구성비가 매우 높아졌고, 제조업의 구성비는 상대적으로 낮아져 2012년에 도시의 성장에 따른 서비스산업의 발달을 엿볼 수 있어 노동력의 구성 변화과정을 알 수 있다.

다음으로 삼각좌표에 의한 세계 주요 국가의 산업별 인구구성을 보면 〈그림

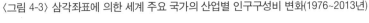

〈그림 4-3〉 삼각좌표에 의한 세계 주요 국가의 산업별 인구구성비 변화(1976~2013년)

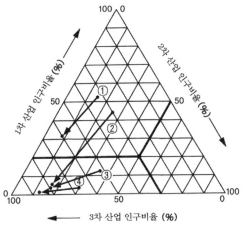

주: ① 필리핀 ② 한국 ③ 일본 ④ 미국.

4-3)과 같이 1차산업 노동력의 비율이 높은 국가로는 필리핀 같은 개발도상국이, 1·2·3차산업의 노동력 구성비가 거의 비슷한 국가(이집트, 구 유고슬라비아 등)는 중진국이 이에 속한다. 그리고 미국과 일본은 2차산업과 3차산업의 비율이 높은 선진국으로 서비스 경제화를 이루었는데, 한국은 높은 1차산업의 국가에서 산업화로 미국과 일본과 같은 유형에 속하게 되었다.

2) 노동시장

노동시장이란 추상적으로는 노동력의 공급과 수요로 구성되고, 노동력의 가치가 결정되는 기구(機構)로 공급과 수요에 대한 정보가 교환되고, 그 결과로 노동력이라는 상품이 매매되는 사회적 메커니즘이라 할 수 있다. 그러므로 노동력의 가격은 노동시장의 영향을 받아 결정된다고 할 수 있다. 경제학에서는 자본과 더불어 노동력이 자유롭게 이동한다고 전제하고 전국적으로 통일된 노동시장을 상정(想定)하고 있다. 그러나 현실적으로는 노동자의 공간적 이동은 반드시 자유롭지 않고, 노동력의 분포나 산업의 배치가 지역적으로 차이가 있기 때문에 노동시장에는 공간적 분단성이 부수된다. 노동시장은 개별적·지방적이며, 매우 불완전하며, 기술혁신은 노동력을 좀 더 단순화시킴에 따라 미숙련노동의 수요를 창출해 숙련노동자의 시장을 잠식함과 동시에 상대적 과잉인구(산업 예비군)를 축적시킴에 따라 노동공급의 구조에도 심각한 영향을 미친다.

그리고 노동시장은 수요자의 요구에 맞는 특정한 질의 노동력을 각 산업 내지 직종 부문에 배분하는 기구이다. 노동시장의 성격을 정하는 것으로써, 첫째 숙련 형성 여부를 골격으로 하는 노동의 특성, 둘째 임금체계를 기초로 하는 고용조건, 셋째 성·연령·학력이란 노동력의 질 등을 들 수 있다. 이들 성격이 매우 다른 노동시장일수록 노동자 상호 간의 대체가 곤란하다. 또 다른 많은 노동시장에 대해 이질성이 강하고, 노동자의 유동이 쉽게 일어나지 않는 폐쇄적인 노동시장은 그들이 일반 노동시장으로부터 상대적으로 고립 내지 분립된 노동시장이라는 것을 알 수 있다.

노동시장을 파악하는 방법은 입장에 따라 크게 다르게 나타나는데, 고전학파는 일반적인 상품시장과 같이 노동시장을 파악했고, 신고전학파는 수요와 공급의 관계에 의해 임금이 결정된다는 단순한 전제를 바탕으로 논의를 하고 있다. 이에 대해 마르크스학파나 제도학파는 상품시장과의 이질성을 강조하면서 노동시장의 개념을 제시해왔다. 현실의 노동시장기구는 대단히 복잡한 여러 가지 요인과 관련되고 많은 역사적·제도적 요인이 작용하는 기구이기 때문에 수요량과 가격의 결정기구로서 용이하게 추상화·단순화하기 어려운 성격을 가지고 있다. 또 일반시장과 같이 노동시장도 추상적인 시장과, 노동자를 모집하고 노동자가 취로·고용의 기회를 구하는 개별적인 장(場)으로서의 기업, 관공서, 학교, 공공 직업 안정소, 각종 직업소개소 등의 구체적인 시장으로 구분할 수 있다.

노동시장은 본래 자유시장으로부터 가장 격리된 시장이지만 파견·청부업자라는 고용자와 노동자 사이 중개자(intermediaries)의 대두와 간접고용이라는 고용형태의 제도화를 시인하는 사회적 조정이 나타나면서 오히려 자유시장에 가까운 상황이 되었다. 노동시장의 중개자를 통한 간접고용은 중개자, 노동자, 송출처 기업 3자 관계로 성립된다는 점에서 독특하다. 여기서 중개자는 고용자의 고용보장 위험과 노동자의 실업 위험 양쪽을 완화시킨다고 주장한다. 이러한 생각에서 사회적 조정이라는 개념을 제창한 펙(J. Peck)이 2000년 이후 노동자 파견업(temporary staffing industry)에 관한 일련의 실증적 연구를 전개해왔던 것은 논리적인 정합성을 갖는다고 할 수 있다. 간접고용의 대표적인 형태인 노동자 파견과 업무청부는 유연적 전문화에 의한 노동의 유연화로 등장했는데, 파견업자가 노동자 파견계약을 체결한 고객의 요구에 응해 자사의 종업원을 파견하는 것으로, 파견업자의 종업원은 파견처의 지휘명령에 따라 노동에 종사한다. 여기에서 파견업자를 지역노동시장의 사회적 조정의 주체로 인식한다. 이에 대해 청부업자(labor contractors)는 청부한 업무를 완성시킨 민사계약을 고객과 체결한다. 이 경우 청부업자는 청부한 업무의 성과에 대한 보수를 받기 위해 청부노동자의 지휘명령을 행한다〈그림 4-4〉.

〈그림 4-4〉 업무 청부업(왼쪽)과 노동자 파견업(오른쪽)의 차이

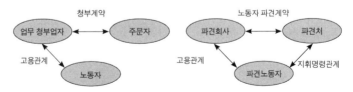

자료: 小谷眞千代(2014: 333).

경제지리학에서 노동시장은 그 성격과 구조의 지역적 차이와 더불어 노동시장의 여러 가지 작용에 의해 야기되는 지역 간, 산업 간의 노동력 이동, 여성의 참여, 시간제 수요의 증대, 저임금 노동자로서 외국인의 이용 등이 연구과제가 된다. 노동시장은 같은 지역 내에서도 노동력의 질, 소득수준, 임금수준 등의 차이에 의해 노동시장의 계층성이 성립된다.

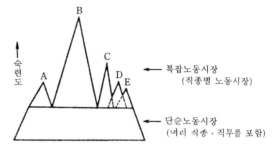

〈그림 4-5〉 기술적·가능적(可能的) 노동시장의 유형

자료: 美崎皓(1979: 68).

숙련도에 따른 노동시장의 원형적(原形的)인 계층구조는 〈그림 4-5〉와 같이 기술적 노동시장의 가능성이 세분화되고 현재화(顯在化)되고 있다. 즉, 단순 노동시장 위에 복잡 노동시장이 형성되고 있으며, 단순 노동시장은 직종 간의 이동이 가능하나 복잡 노동시장의 경우 직종 간의 이동은 불가능하다. 그러나 하위 숙련단계에서는 직종 간의 이동이 가능하다.

한편 지역적·직업적 개방성, 기업적 폐쇄성, 계층성 등을 분석도구로 해 직종별, 규모별 노동시장을, 일본의 게이힌 공업지대를 실태 조사해 모형화한 것이 〈그림 4-6〉이다. 즉, 게이힌 공업지대의 바탕에는 간토(關東)지방에서 도호쿠(東北)·고신에(甲信越)지방[5]에 이르는 넓은 범위에 잠재적 과잉인구가 존재하고 있다. 이 과잉 노동력은 농업·공업·상업 등의 산업부문에서 자영업의 가족 노동력으로서, 또는 여러 가지 형태의 가내 노동력으로서 존재하고 있다. 그리고 이들은 적극성의 정도에 따라 고용의 기회를 구하고 있는 비숙련노동력이다.

5) 야마나시(山梨) 현, 나가노(長野) 현, 니가타 현을 총칭한다.

이들의 일부는 특별히 선별되어 거대기업의 종업원으로서 그 기업에 맞는 숙련노동력으로 양성된다. 그리고 그 일부는 중소기업 노동자로 고용되거나 원래의 과잉 노동력의 노동시장으로 유입된다. 그리고 다른 일부의 노동력은 많은 직업적 경험을 한 후에 중소기업 노동자로서 퇴직을 하게 된다. 또 대기업 노동시장은 각각 상대적으로 독립된 노동시장으로, 그들 간의 수평적 노동력 이동은 어느 정도 피하고 있다.

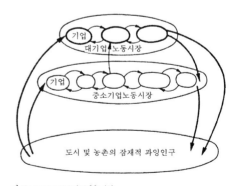

〈그림 4-6〉 일본 노동시장의 유형

자료: 氏原正治郎(1966: 42).

3) 노동시장의 단층화와 지방 노동시장의 형성

(1) 노동시장의 단층화

노동시장은 구조적 측면에서는 단층화되거나 또는 분단(segmentation)된 노동시장을, 공간적 측면에서는 범주화된 지방 노동시장(local labor market)을 형성한다. 이러한 노동시장의 특성은 바로 공간적 분업을 발생시키는 메커니즘을 형성하게 한다.

노동시장의 불완전성(불완전경쟁, 차별 관행)과 노동력의 이질성에 대한 문제제기는 고전경제학자 밀(J. S. Mill), 케언스(J. E. Cairnes)의 비경쟁 집단(non-competing groups)[6] 원리로부터 시작되어 꾸준히 진행되어 제도학파에 이르러서는 분단 노동시장론(dual labor market theory)이 대두되었다. 분단 노동시장 이론이란 노동시장을 단 하나의 경쟁적·연속적 시장이 아닌 상당히 다른 속성을 지닌 노동시장이 적어도 두 개 이상으로 분단(또는 단층화)되고, 또 상호 간에 이동이나 교류가 거의 단절된 별개의 노동시장으로 보는 입장이다. 다시 말하면 노동시장은 현실적으로 임금시장(a wage market)보다는 직무시장(a job market)의 성격이 강해 인종·민족·사회계층·성에 따라 직무시장으로 들어가는 통로(즉, 입직문)가 분단화된다는 것이다. 여기에 기술변화 등에 의한 산업구조의 변동은 노동시장 구조를 정신 노동시장과 육체노동시장(즉, 연구기술 노동과 단순 노동)으로 더욱 더 뚜렷하게 극화시켜 놓는다. 한국의 노동시장 구조에 대한 연구에서는 단층화에 대한 기본적인 인식하에서 단층의 초점을 학력과 성 중에서도 특히 학력으로 파악되고 있다. 유럽과 아메리카에서는 학력별 격차가 직종별 격차 속에 흡수되어 이해되어왔다. 그러나 한국의 경우는 학력 그 자체가 중요한 격차의 요인이 되어왔는데, 특히 대졸자와 고졸자 사이의 격차가 크게 나타난다. 즉, 학력에 의한 단층화가 나타난다는 것이다. 한국의 노동시장 계층구조를 나타낸 것이 〈그림 4-7〉이다.

노동시장의 분단론은 노동시장에 분단이 존재한다는 것으로, 전형적(典型的)인 분단 노동시장은 제1차(중심적) 섹터와 제2차(주변적) 섹터의 두 가지로 구분된다. 그 분단의 요인은 주장하는 입장에 따라 다르다. 즉, 이중 노동시

6) 1870년 전후 영국에서의 직업별 노동조합의 존재에 기초하는 이종직업(異種職業) 간의 임금격차에 주목해서 제창한 임금 이론의 기초개념으로, 각 직업은 계층 내에는 경쟁적이지만 각 계층 간에는 경쟁이 이루어지지 않아 임금 및 순이익의 불균등이 유지되고 있는 노동자의 집단을 비경쟁집단이라고 한다.

〈그림 4-7〉한국 노동시장의 계층구조

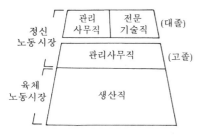

자료: 박원석(1990: 14).

장론7)은 분단요인을 인종, 거주지, 성 등에 대한 고용자 측의 차별적 고용관행에서 파악하려고 한 것이고, 급진적(radical) 이론은 노동운동에 대항하기 위해 사용주에 의한 노동자 분할관리 전략의 한 수단으로 파악하려 하고, 공급 측을 중시하는 인적 자본론은 노동자의 교육이나 숙련의 정도에서 파악하려 한다.

1980년대에 들어와 분단구조의 파악에는 새로운 노동시장의 유연성 개념이 도입되었다. 이것은 1970년대 후반부터 닥아 온 경제위기를 불러온 노동시장 기능의 불완전성, 즉 경직성일 것이라는 의문에서 나타난 것이라고 할 수 있다. 이 모델의 이론적 기초는 이중 노동시장론에 있지만 앳킨슨(J. Atkinson) 등 영국의 연구자들은 노동시장의 유연화로 노동시장이 재분화되고 있다고 지적했다. 앳킨슨은 전일제 정규노동자로 구성되는 중심적 노동시장에 대해 주변적 노동시장에 노동력을 제공하는 노동자 그룹을 세 가지로 구분했다. 첫째, 전일제 정규노동자로 고용보장 및 경력 축적의 기회를 얻기 어려운 고용자로 여성 노동자가 가장 전형적이다. 둘째, 한시적 노동자나 시간제 고용자 등이다. 셋째, 기업활동의 외부화로 생겨난 하청기업과 그 노동자, 자영업자, 그리고 파견 노동자이다.

(2) 지방 노동시장의 형성

모리슨(P. S. Morrison)은 노동시장을 지방 노동시장, 공간 노동시장(spatial labor market), 지역 노동시장(regional market)으로 분류하고, 지방 노동시장은 노동경제학에서 기원된 것으로 어떤 사업소의 노동력 수급권을 나타내는 것이고, 공간 노동시장은 복수의 지방 노동시장으로 구성된 전국적 규모로 경제권 규모의 노동시장이다. 또 두 개 이상 입지한 기업의 공간적 분업에 대응한 노동력 공급권으로서 사용된다. 지역 노동시장은 지리학에서 시작된 개념으로 통근권을 나타낸다. 지역 노동시장은 시·읍·면이나 하나의 통계구인 경우가 많으며, 그곳에 입지한 기업에 의해 수요가 창출되는 노동력 공급권이다. 그런데 모리슨은 통근권의 의미로 지역 노동시장이라는 용어를 사용하고 있지만 많은 연구에서는 통근권을 의미하는 용어로서 지역 노동시장보다 지방 노동시장의 용어를 사용하고 있다.

모리슨에 따르면 지방 노동시장 및 공간 노동시장은 기업의 입지요인 등의 기업 측에 주안점을 둔 연구에서 유효하다. 복수로 입지한 기업에서 중심적 노동시장은 전국적 범위에서, 또 주변적 노동력은 사업소 주변지역에서 노동력이 조달되는 경

7) 독점기업은 전문성이 높은 기능을 가진 노동자를 안정적으로 확보하기 위해 장기안정고용과 고임금이 보장된 내부노동시장을 발전시키는 한편으로, 나머지 노동자는 경쟁압력이 강하고 불안정 취업이나 지임금이 닥쳐한 2차 노동시장에 편입된다는 것이다.

우가 많고, 이들 노동시장은 각각 공간 노동시장, 지방 노동시장으로서 나타난다. 한편 지역 노동시장은 지역에 주안점을 둔 연구에 사용된다.

노동의 주체인 노동자는 매일 삶을 통해 작업장에서는 자신의 노동력을 팔고, 가정과 사회적 영역에서는 자신의 노동력을 재생산한다. 따라서 주체인 인간에 의해 규정받는 노동력 상품의 공급에는 시공간적 제약이 따르게 된다. 즉, 노동자가 거주지 이동을 유발하지 않고 고용기회를 얻을 수 있는 공간적 범위가 존재하게 되는데, 이것은 일상 통근패턴의 특성과 밀접한 관련을 맺고 있고 여기에서 지방 노동시장의 개념이 도출된다.

지방 노동시장이란 개념은 지리학, 노동경제학, 농업경제학의 연구에서 사용되고 있지만 그 의미는 연구 분야에 따라 각각 다르다. 지방 노동시장을 지리학의 입장에서 파악한 것을 보면 유럽과 미국을 중심으로 전개된 연구에서는 지방 노동시장이 통근의 공간적 범위, 즉 통근권이라고 정의 짓는 점이 특정적이다. 그 주된 이유는 첫째, 통근권이 그곳에 분포하는 기업과 노동력 사이에서 성립하는 노동력 공급권과 거의 일치하는 점, 둘째 통근권이 노동력 재생산의 지역적 범위에 근접한다는 점, 셋째 통근권이 노동통계조사의 기본 단위구역에 상당하는 것이기 때문이다. 이러한 점 때문에 지방 노동시장의 단위로서 영국을 위시한 유럽 여러 국가에서는 통근권(travel-work area)이, 독일에서는 노동국 관할지역이, 미국에서는 SMSA가 선정된다.

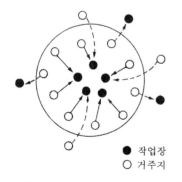

〈그림 4-8〉 지방 노동시장의 모형

● 작업장
○ 거주지

주: 그림 중의 원은 지방 노동시장의 범위, 실선 화살표는 지방 노동시장 내 통근, 파선 화살표는 지방 노동시장 밖에서 또는 밖으로의 통근.
자료: 박원석(1990: 15).

구체적 단위지역으로서의 지방 노동시장의 지리적 범위(local labor market area)를 정의하는 연구는 여러 가지 있으나 레버(W. F. Lever)의 정의는 다음과 같다. 첫째, 단위 노동시장 내의 작업장에서 고용된 노동자의 70% 이상이 그 지역 내에 거주할 것. 둘째, 단위 노동시장 내에서 거주하는 노동자의 70% 이상이 그 지역 내에서 고용될 것. 셋째, 단위 노동시장 인구는 10,000명 이상, 인구밀도는 1에이커당 1명 이상, 면적은 50,000에이커 이하일 것. 이상에서 정의된 국지 노동시장을 그림으로 나타낸 것이 〈그림 4-8〉이다. 국지 노동시장은 다른 노동시장과 중복되지 않는 폐쇄적이고 독립적인 단위지역을 이루게 된다.

한편 지방 노동시장의 형태와 규모는 다른 노동력 집단과 다르게 나타난다. 즉, 앞에 기술한 단층적 노동시장 구조에 따른 차등적 성격의 노동력은 지리적 공간에서 각각 다른 공간 극복 능력과 지리적 선호를 가진다는 사실이다.

(3) 노동시장의 운용

노동시장은 노동자와 고용주가 각자의 목적을 성취하기 위해 정규적으로 상호 접촉하는 장(arena)으로, 노동시장의 산물은 그들의 특성에 따라 다르게 나타난다. 따라서 노동력을 공급하는 노동자의 개인속성과 노동력을 고용하는 기업의 특성은 노동자의 소득수준 차이를 발생시키는 요인으로 간주되어 노동시장 연구에 중요한 주제로 논의되고 있다. 그리고 노동시장에 관한 또 다른 관점에서의 연구는 경제활동 인구의 취업상태로 공급 측면에서 노동자의 취업의욕과 행태, 수요 측면에서는 고용자의 선별기준의 차별화 등이 연구의 중심이 된다.

여기에서 노동력을 공급하는 노동자의 개인속성과 노동력을 고용하는 기업의 특성이 개인 소득수준의 차이를 발생시킨다는 주제를 두 가지 관점에서 살펴보면 다음과 같다. 첫째의 관점은 인적 자본론(human capital theory)[8]과 지위 획득론(status attainment theory)으로, 이것들은 소득수준의 차이가 노동자의 개인속성이 생산성과 직결된다는 점에서 이해하려는 이론들이다. 이와 유사한 주장으로 흑인들의 낮은 소득수준을 그들의 낮은 노동의욕으로 설명하는 '빈곤 문화론(culture of poverty)', 이민자 집단의 낮은 소득수준은 그들이 언어나 관습을 습득하게 되면서 극복된다고 주장하는 '동화 이론(assimilation theory)', 그리고 특정 개인 또는 집단의 낮은 소득수준은 그들의 낮은 교육과 기술수준에 기인된다는 '기술 불일치론(skill mismatch)' 등이 있다.[9] 이들 이론은 개인의 인적 자본이나 배경이 노동시장의 산물을 결정짓는 주요 요인이라고 보는 것이 공통적이며 단일 경쟁 노동시장(single competitive labor market)을 가정하고 있다. 따라서 개인 또는 집단의 불리한 노동시장 경험은 교육에 대한 투자나 새로운 사회에 적응하므로 극복된다는 당위성을 내포하며, 노동시장 참가와 관련된 개인의 속성, 예를 들면 나이, 교육수준 또는 가족이나 집단의 배경 등이 소득수준을 결정짓는 중요한 요인으로 강조되고 있다.

두 번째 관점은 노동시장 분절론(labor market segmentation)으로 전자의 단일 경쟁 노동시장에서 노동자 속성을 강조하는 것을 반대하는 일련의 주장들이다. 이들

[8] 노동에 체화(embodying)되어 있는 생산적 기술과 지식의 양에 관한 이론을 말한다.

[9] 인적 자본론 관점에서는 미국 흑인들의 낮은 소득수준을 그들의 낮은 교육수준과 투자의욕으로 보지만, 빈번히 주장되는 인종차별 문제 외에도 흑인들이 경험하는 거주지 고립(residential isolation) 또는 게토(ghetto)화로 인한 좋지 않은 교육여건과 고용기회의 탈중심도시화에 따른 공간 불일치(spatial mismatch)의 문제도 중요한 논의의 대상이 되고 있다.

은 산업이나 직종의 특성에 따라 분절된 노동시장의 차별화된 임금 지불능력이 소득수준의 차이를 야기 시키는 중요한 요인으로 이해하려 한다. 노동시장 분절에 대한 관심은 일찍이 분단 노동시장의 기술적인 구분에서 시작되었고, 이는 산업구조의 이중성에서 기인한다는 이중 경제구조(dual economy)로 설명되었다. 즉, 산업구조는 규모가 크고 독점적인 상품시장을 갖는 중심산업과 그에 대해 규모가 작고 경쟁적 상품시장을 갖는 주변산업으로 이루어져 있어 차별적인 보상구조를 내포하고 있다는 견해이다. 이러한 초기의 이분적 산업분절은 생산과정에 이용되는 기술수준, 내부조직, 그리고 상품시장 등의 특성에 따라 세분화되고, 또한 산업구조의 차별화로만 생각하던 노동시장 분절을 직종의 분절로도 이해하고 있다. 즉, 노동자를 자본가의 산업생산과 이윤추구의 전략에 단순히 순종하는 집단으로 간주하기보다는 노동자 조직과 고용관계 규제 등을 통해 노동시장 분절에 독자적으로 영향을 미치고 있음을 제시하고 있다.

직종의 분절에 관한 연구는 산업구조의 분절과 연관되어 독자적으로 직종별 교육 및 기술수준, 업무수행의 독자성, 그리고 노동단체의 조직을 포함하는 특정 직종의 노동자 자원[10] 정도를 중심으로 논의되고 있다. 최근 이들의 주장들은 산업구조와 노동자의 자원을 강조하면서 그 이론적 기반을 확고히 정립하고, 산업과 직종의 분절에 따른 다중 노동시장 분절(multiple labor market segments)을 실증적으로 제시하고 있다.

위의 두 관점에서 노동시장 운용은 공간적 개념을 내포하지 않은 채 논의되어왔으나, 산업별·직종별 분절에 대한 관심은 자본가와 노동자의 입장을 포괄하는 수준으로 발전되면서 지방 노동시장의 관점에 입각해 노동시장 운용을 고찰해야 할 필요성을 보여주고 있다. 이론적으로 노동시장은 고용자와 노동자가 각자의 필요를 충족시키기 위해 주어진 시간과 장소에서 이용 가능한 전략을 통해 적응하는 교차지역이라고 볼 때 이는 지리적 현상에 속하며, 또 대단위 경제변화를 지역단위로 중재하는 역할을 하며, 국지 노동시장은 동태적으로 형성된다고 이해할 수 있다.

노동의 공간분화(spatial division of labor) 개념에서는 많은 중심산업들이 중층적으로 상층과 하층 직종의 공간적 분리를 행하고 있음을 중심적으로 다루어지고 있다. 그러나 마틴(R. Martin)은 노동의 공간분화 개념이 노동수요의 측면만을 강조한다고 비판을 하고 좀 더 실질적인 노동시장 운용의 이해는 노동공급의 지역적 차별

10) 노동자의 자원은 노동자들의 자발적 행동에 따른 단합·단체결성과 더불어, 고용주의 새로운 기술의 수용, 생산성 증대를 위한 포섭, 또는 노동자를 보호하는 새로운 관습이나 고용 관계법에 따라서도 증가한다.

성에 바탕을 두어야 한다고 강조하고 있다.

2. 노동시장의 지역적 개방성과 폐쇄성

1) 어업 노동시장의 개방성과 폐쇄성

노동시장의 지역적 개방성과 폐쇄성을 어업을 예로 들어 살펴보고자 한다. 어업 노동시장의 주요 특징으로서는 폐쇄성을 들 수 있다. 이것은 어업 경제학이나 어촌 사회학의 입장에서 논의해온 것으로 어민의 수급이나 어촌사회를 고찰할 경우 이를 전제로 하고 있다. 이와 같은 이유는 첫째, 노동으로서의 특수성으로, 노동의 숙련 획득 과정의 전근대적·도제적 성격과, 둘째 임금체계의 특수성으로 변동이 큰 어획량에 기초를 둔 보합제(步合制)[11]를 잔존시켜 임금 체계가 일반 노동시장에 비해 이질적이라는 점, 셋째 선원 형성에서 혈연·지연관계의 강도가 큰 것이 그것이다. 이러한 어업 노동시장을 특징짓는 세 가지의 상호관계를 단적으로 나타내면 특수한 어업기술과 임금 체계에 의한 노동력 확보의 곤란성이나 불안을 지연적 유대에 의해 극복해왔다.

어업 노동시장은 원양어업의 고도성장을 통해 기계화에 의한 어업 노동의 질적 변화나 임금체계, 취업조건을 개선했으며, 다른 한편으로는 지연적 노동집단이 보충기반이 되어왔던 어촌의 선원 재생산 기능이 약화됨에 따라 변화되었다. 이 변화는 전통성이 강한 폐쇄적 어업 노동시장의 근대화를 촉진해 좀 더 개방적으로 변화시키는 요인이 된다. 이와 같은 어업 노동시장의 지역적 특질을 해명하기 위한 개방·폐쇄의 실태를 모델화하면 〈그림 4-9〉와 같다.

어업 노동시장이 개방되는 본질은 폐쇄성의 원인인

11) 어획고에서 직접경비를 빼고 난 나머지를 직위에 따라 일정비율로 분배하는 임금제도이다. 선원들은 크게 항해부, 갑판부와 기관부로 그 소속이 나누어지는데, 항해부는 선장, 항해사, 통신사로 구성되며, 갑판부는 선두, 갑판장, 기관장, 갑판원으로 구성된다. 그리고 기관부는 기관장, 기관사, 기관원으로 구성된다.

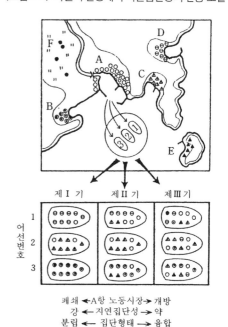

〈그림 4-9〉 어민의 편성에서 지연집단성의 변용 모델

폐쇄 ◀─A항 노동시장─▶ 개방
강 ◀─지연집단성─▶ 약
분립 ◀── 집단형태 ──▶ 융합

A: 지역중심적 어항   B~F: 어부의 공급촌락

자료: 高野岳彦(1985: 82).

<표 4-1> 〈그림 4-9〉의 분리지수

시기	집단	분포상태 어선번호 1 2 3	던컨의 지니(Gini)지수
I	A	1 2 ·	0.5
	B	· · 9	1.0
	C	· 7 ·	0.9
	D	8 · ·	0.9474
	가중평균(분립도)		0.9029
II	A	3 3 1	0.2571
	B	· · 6	0.8571
	C	1 6 ·	0.7714
	D	4 · ·	0.7826
	E	1 · 2	0.5
	가중평균(분립도)		0.6286
III	A	3 3 2	0.1184
	B	1 1 3	0.3272
	C	1 4 2	0.3875
	D	2 1 1	0.1957
	E	1 · 1	0.36
	F	1 · ·	0.6923
	가중평균(분립도)		0.2775

자료: 高野岳彦(1985: 83).

숙련 형성과정과 임금체계 등의 특수성이 없어짐에 따라 개개 선원의 이동을 자유롭게 하는 상태로 시장이 형성되기 때문이다. 그것은 좁은 지연을 바탕으로 한 촌락적 지연집단으로서 편성된 선원의 이동이 자유로워짐에 따라 와해되며 그 집단성을 약화시킨다. 즉, 어업 노동시장의 지역적 개방화는 선원편성에서 지연 집단성의 약화라는 현상을 통해 파악될 수 있다.

이러한 지연 집단성의 약화는 노동시장을 구성하는 각 어선 승무원의 구성이 지역적으로 다양해짐으로써 나타나게 된다. 이 과정을 〈그림 4-9〉에서 보면 A는 지역의 중심적 어항으로 선원의 노동시장은 주변 시장(B~F)의 선원에 의해 형성된다. 어항 A에서 관찰된 어선의 승무원 구성이 제I기와 같이 단일 내지 특정 소수의 지연(어촌 B~F)의 출신자로 점유되는 상황과 제III기와 같은 다양화된 상태와 비교해 보면 후자가 지역적으로 좀 더 개방된 상태이다.

이상과 같은 어업 노동시장의 지역적 개방화는 선원의 지역구성의 다양화를 나타내는 선원집단의 지역적 '분립·융합'이란 지역형태에서 분리지수(segregation index)로 파악할 수 있다. 그것은 어업 노동시장을 지연집단에서 파악하는 것으로 업종이나 지역에 의해 나타난 특징을 비교할 수 있다.

〈표 4-1〉은 〈그림 4-9〉의 모델에서 던컨(O. D. Duncan)과 던컨(B. Duncan)에 의한 지니(Gini) 집중지수를 나타낸 것으로, 제I기에서 제III기로 올수록 어업 노동시장의 개방성을 파악할 수 있다.

✔ 지니 집중지수

대각선과 로렌츠 곡선(〈그림 4-10〉) 사이의 면적을 지니 집중지수(Gini's index of concentration)라 부른다. 이 지니 집중지수(G_i)는 다음과 같이 나타낼 수 있다.

$$G_i = (\sum_{i=1}^{n} x_i \cdot y_{i+1}) - (\sum_{i=1}^{n} x_{i+1} \cdot y_i)$$

n: 단위지역 수
y_i: 단위지역 i의 소득비율의 누적 백분비
x_i: 이에 대응하는 인구비율의 누적 백분비이다.

〈표 4-2〉는 〈그림 4-10〉의 I년차 인구·소득의 지니 집중지수를 계산하는 순서를 나타낸 것이다. I년차의 지니 집중지수는 2,800이고, II, III년차의 지니 집중지수는 각각 5,400과 0이다.

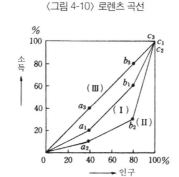

〈그림 4-10〉 로렌츠 곡선

〈표 4-2〉 제 I차년의 지니 집중지수 계산

지역	백분비		누적 백분비		$x_i \cdot y_{i+1}$	$x_{i+1} \cdot y_i$
	인구(x_i)	소득(y_i)	인구(x_i)	소득(y_i)		
A	40	20	40	20	2,400	1,600
B	40	40	80	60	8,000	6,000
C	20	40	100	100		
계	100	100			10,400	7,600

---

2) 기선권현망 어업의 노동시장

기선권현망(機船權現網)[12] 어업 노동시장이란 기선권현망 어업에서 필요로 하는 노동력의 거래가 이루어지는 시장이라고 말할 수 있다. 이것은 어업 노동력을 소유하고 있는 선원과 화폐상품을 갖고 있는 선주 사이에 거래가 이루어짐으로써 형성

12) 기선권현망 어업은 수산 어업법상 수산청장 허가 어업의 하나로 제1종 선인망(船引網) 어업에 속하며, 동력선에 의해 인망[저인망(底引網)은 제외]을 사용해 어획하는 어업이다. 이 어업은 연안어업 중에서 가장 규모가 크며, 한국의 연안에서 가장 어획이 많은 어종의 하나인 멸치를 주 대상으로 조업하고 있다. 기선권현망이란 명칭은 일본의 풍어(豊漁), 평안(平安)의 바다 수호신의 하나인 곤겐카미(權現神)에서 따온 것으로 속칭 '멸두리' 또는 '오개도리'라고도 한다.

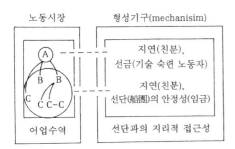

〈그림 4-11〉 기선권현망 어업 노동시장의 형성 기구

노동시장	형성기구(mechanisim)
	지연(친분), 선금(기술 숙련 노동자)
	지연(친분), 선단(船團)의 안정성(임금)
어업수역	선단과의 지리적 접근성

주: A는 선주, B는 간부 노동자, C는 단순 노동자.
자료: 姜淳乭(1989: 57).

된다. 기선권현망 어업의 고용 구조는 선주와 선원에 의해 형성되는데, 이것을 그림으로 나타내면 〈그림 4-11〉과 같다.

기선권현망 어업 노동시장은 선단의 지리적 접근성을 토대로 기선권현망 어업지역에서 형성된다. 이러한 어업 노동시장의 형성에 지연(친분)이 중요한 메커니즘으로 작용한다. 특히 선주와 어로장 또는 선장 등의 간부 노동자 사이의 지연이 중요하게 부각되고 있는데, 이는 간부 노동자를 제외한 나머지 노동자가 간부 노동자와의 지연에 의해 상당수 채용되고 있어 실질적으로 간부 노동자가 어업 노동시장의 공급 측을 대표한다고 해도 과언이 아니다. 그밖에 어업기술이 숙련된 노동력을 확보하기 위한 선주의 선급(先給)제도와 노동자에게 임금을 고정적으로 지불할 수 있는 선단의 안정성이 메커니즘으로 작용하고 있다.

3. 발전양식과 노동편성

1) 포드주의 노동편성 위기

13) 1970년대 이후 노동의 비인간화에 대한 노동자의 저항이 격화되고, 비숙련·컨베여(conveyer) 시스템·고밀도 노동으로 대표되는 노동편성을 말하는데, 19세기 후반 20세기 초반의 테일러에 의해 기술과 관리 패러다임이 과학적으로 관리(scientific management)된 것을 말한다.

14) 구상은 기획·연구개발 부문, 실행은 현장 제조부문을 일컫는다.

포드주의하에서는 노동자가 테일러주의(Taylorism)[13]적 노동편성(노동의 구상과 실행[14]이 분리되고, 불숙련노동자는 진행되는 작업에 따라 고밀도 노동에 종사한다.)을 받아들이는 대신 고용주가 생산성 상승에 맞는 고임금을 지불[생산성 장려책(incentive) 임금]하는 것이 가능했다. 이러한 노사타협, 즉 임금노동관계가 독점적 조정양식의 핵심부문이다. 나아가 경쟁형태로서의 과점적(寡占的) 대기업제도, 국가형태로서의 케인스형 복지국가 및 화폐형태로서의 안정된 국제금융질서(IMF, GATT체제)가 같은 시기에 성립되었다. 그 결과 1950~1960년대는 사상 유례 없는 경제성장이 실현되었고, 이 시기의 거시경제 연관을 '황금시대'라고 했다. 이에 미국의 세계적 주도권은 포드주의적 발전양식에서 실현된 것이다. 포드주의 주도산업에서 노동과정은 첫째, 기획·연구개발 부문, 둘째, 숙련노동을 필요로 하는 제조부문, 셋째, 단순조립부문 세 가지로 분화된 것이었다.

그러나 1970년대에 들어와 포드주의적 성장 패턴이 변하기 시작했다. 일반적으로 1970년대 이후의 경제성장률 저하는 대부분 석유파동에 기인한 가격 앙등 등 외부의 여러 요인에 의해 설명되지만, 조절이론학파는 외부충격을 넘어섰다기보다 심층에서 위기의 원인을 찾았다. 즉, 포드주의 축적체제 및 조정양식이 기능적으로 불완전에 빠져 포드주의적 발전양식 자체에 한계가 왔다고 파악하는 내부적 요인을 중시했다.

후기 포드주의(post Fordism)라는 용어가 포드주의의 위기를 넘어섰다는 적극적인 합의를 한 것에 반해, 애프터 포드주의(after Fordism)라는 용어는 새로운 발전양식에 이르기 전으로 포드주의 위기가 계속되는 상태를 포함하는 것을 의미한다. 포드주의적 발전양식은 내포적 축적체제와 독점적15) 조정양식의 정합적 통합에 기초를 둔다. 자동차산업 등 포드주의의 주도적 산업은 비숙련노동력을 이용한 테일러주의적 생산방식을 도입하고, 표준화된 제품을 소비시장에 대량공급한다. 이러한 생산력과 노동력이 모두 최대한으로 이용되는 조건하에서 거시의 수요수준 혹은 이윤수준은 안정상태가 된다.

포드주의의 위기는 생산성의 확보와 분배를 겨냥한 위기이다. 먼저 포드주의를 지탱하는 대량생산·대량소비의 생산성 확보 메커니즘이 수요의 다품종 소량형으로 이행함에 따라 변조(變造)를 가져왔는데, 이는 대량생산방식에서는 수요의 다양화에 대응하기 곤란하기 때문이다. 이를 축적체제의 '거시(macro) 회로의 분단'이라고 한다. 또 동시에 분배의 위기도 생겼다. 포드주의 시기 급속한 임금 상승은 1970년대가 되면서 이윤압축을 야기하기에 이르렀다. 그 결과 생산성 지표(index) 임금이라는 노사타협(독점적 조정양식의 핵심부분)이 무너지기 시작했다. 리피츠는 이러한 포드주의 위기의 가장 깊숙한 부분에 있는 것은 임금노동 관계 혹은 노동편성의 위기라고 생각했다.

리피츠는 포드주의 노동편성을 테일러주의 + 기계화라로 도식화했다. 테일러주의의 한계가 노정(露呈)된 가운데 생산기능의 극소전자화에 의해 기술적 패러다임 자체가 변화하기 시작했다. 극소전자화는 각 작업 장소(work station)별 기술변화를 가져온 것은 물론이고, 작업 장소 간 결합방법도 변화시켰다. 포드주의 위기를 타

15) 노사타협이 결정된 형으로 계약화되어 관리되고 있다는 의미로, 관리된다고 번역되는 경우도 있다.

〈표 4-3〉 새로운 임금노동관계

타협의 성질 ＼ 노동편성	A 테일러주의	B 탈 테일러주의	
		B-1 경쟁적 참가	B-2 집단교섭과 동반한 참가
C-1 경성(硬性)적 노동계약	포드주의	도요테즘(대기업의 남성 정사원)	칼마니즘(세단형)
C-2 연성적 노동계약	네오 테일러주의	캘리포니아 모형	부정합

자료: Benko and Lipietz(1992: 361).

개하기 위해서는 포드주의 노동편성과 다른 새로운 노동편성이 필요했다. 〈표 4-3〉은 새로운 임금노동관계를 모색하는 데에서 과제로 제기된 여러 분기점을 정리한 것이다. 가로축은 노동편성에 관한 분기점을 나타낸 것이다. (A) 테일러주의의 재편성·강화에 의하는가, 그렇지 않으면 (B) 노동자의 참가에 의한 탈 테일러주의에 의하는가라는 방향성의 다름을 나타낸 것이다. 나아가 (B) 탈 테일러주의의 방향은 (B-1) 노동자의 개별교섭에 의한 경제적 참가와 (B-2) 집단적 교섭에 의한 제도적 참가로 나눌 수 있다. 세로축은 (C) 노동계약·노사타협에 관한 분기점을 나타낸 것이다. (C-1)은 해고권이나 근무조건 등의 제한이 엄격한(rigid) 계약이냐, (C-2) 제한이 완화되고 유연적인 계약이냐의 분기점을 나타낸 것이다. 또 (B-2) 집단적 교섭에 바탕을 둔 참가와 (C-2) 유연적인 노동계약의 조합은 정의에 의해 부정합되기 때문에 〈표 4-3〉에서 가능한 조합은 5가지가 된다.

(A)와 (C-1)의 조합은 포드주의 그 자체이고, 새로운 모형을 생각하기 위한 출발점을 나타낸 것이다. (A)와 (C-2)의 조합은 네오(neo) 테일러주의의 길이다. 테일러주의의 원리인 구상과 실행 분리의 철저, 극소전자기기의 도입이나 생산설비의 고도정보화에 의해 숙련노동자는 필요 없어지고 시간제 노동자의 배치가 진행된다. 임금계약은 숙련노동자용 계약임금이 아니고, 시간제 노동자용 시장주도형으로 경쟁적이 된다. 즉, 포드주의의 장점이 없는 테일러주의이다. 이것은 바람직하지는 않지만 있을 수 있는 미래이고, 현실에서도 앵글로색슨 여러 나라를 위시해 신자유주의 정책을 채택한 국가들에서의 지배적인 방향성이 되었다.

(B-1)과 (C-1)의 조합은 '생산성 장려책에 바탕을 둔 참가'와 고용보증을 중시한 노동계약이 조합된 것으로, 일본 대기업의 정규직 남성 사원에 맞는 노동편성이다. 대기업 정규직 남성 사원 외의 노동자, 즉 중소기업의 노동자나 여성 사원은 이 임금노동관계 틀 밖의 네오 테일러주의 아래에 놓인다. 양자가 병존한 임금노동관계

는 일본을 모형으로 하기 때문에 이것을 도요테즘(Toyotasim)이라고 한다. (B-1)과 (C-1)의 조합은 노동참가와 그 대가(소득, 승진, 고용보장 등)에 대해 노동자 각자가 경영자와 개별적으로 시장거래를 하는 형태이다. 실리콘밸리에서 정보기술자의 노동편성을 모형으로 하기 때문에 이러한 임금노동관계를 캘리포니아형이라고 부른다. 이 형에 해당하는 것은 정보기술노동자만이고, 불숙련노동자는 네오 테일러주의에 해당한다는 문제점을 가지고 있다. 리피츠는 실리콘밸리의 실태는 상류계급이 사치의 산물로 저변의 사람들이 실아가는 양극분열 경제이고, '자유수의적 생산제일주의'에 지배된 '모래시계형의 경제'에 불과하다고 비판했다. (B-2)와 (C-1)의 조합은 고용보장이 확실한 노동계약으로서 집단적 수준에서 노동자의 기능(技能) 형성이 진척된 임금노동관계이다. 이것은 스웨덴이나 북부 유럽 여러 나라의 노동편성을 모델로 한 것이기 때문에 칼마리즘(Kalmarism)[16]이라 부른다. 경영자에게는 높은 생산성이라는 이익을 가져오고, 노동자에게는 고용보장과 임금 인상 등 이익이 약속된다. 리피츠는 이 형이 기업의 요구와 노동자 요구 사이의 가장 좋은 타협형태이고, 임금노동자가 집단으로 사회성을 향상시키는 유일한 길이라고 높게 평가했다.

또 리피츠는 가로축은 노동 편성에서 테일러주의, 교섭에 바탕을 둔 참가의 형태로 세로축은 임금과 고용의 경직성으로 설정해 각국의 대응을 정리함으로써 애

16) 스웨덴 자동차 메이커 볼보에서 노동자 참가형의 생산방식이 도입되어 칼마르(Kalmar)공장과 연관 지은 것이고, 르보르뉴(D. Leborgne)와 리피츠는 GM의 세단(sedan)계획에 연관 지어 세단형 모형이라 불렀다.

〈그림 4-12〉 애프터 포드주의의 노사관계

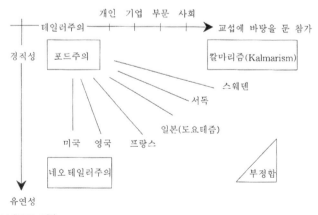

자료: 山田銳夫(1991: 143).

프터 포드주의 각 발전양식의 위치를 나타냈다(〈그림 4-12〉).

하나의 방향성은 임금·고용의 유연성으로 임금억제를 목표로 하고, 경쟁적 임금제도나 개인적 노사계약의 시장원리를 부활시키려고 한 것으로 이를 네오 테일러주의라고 부른다. 이에 대해 포드주의적 경직성은 존속시키면서 테일러 원리를 방기 또는 완화시키는 방법도 있다. 노동자의 노동 참가를 높이고, 능력과 적응력이 뛰어난 질 높은 노동을 기본으로 노동과정을 재편성하는 것이기 때문에 이를 칼마리즘이라 부른다. 경영자와 노동자와의 교섭수준은 여러 가지로 나타나는데, 전국 수준에서 행한 스웨덴, 부분별로는 독일, 기업별로는 일본과 같이 국가에 따라 다르다.

2) 포드주의의 위기에 따른 산업조직·공간편성의 변화

대량생산, 규모의 경제성이 우월한 포드주의 시대에는 독점적 대기업에 의한 수직적 통합이나 수직적 분할이라는 형태의 산업조직이 지배적이었지만, 포드주의 위기하에서는 산업조직도 재편성의 소용돌이에 휘말렸다. 재편성의 방향은 두 가지로 크게 나눌 수 있다. 첫째, 한정된 범위의 재화생산에 특화된 '전문화 기업'으로의 움직임이다. 둘째, 방향성은 수직적 준통합(vertical quasi-integration)으로의 움직임이다. 수직적 준통합이란 수직적 통합의 이점(내부비용 저감, 공정관리 용이 등)과 수직적 분할의 이점[위험요소(risk)의 분산, 하청업자의 기술향상 등]의 양쪽을 모두 가진 산업조직의 형태로 중핵기업과 전문기업 간 및 전문기업 동지의 계약과 협조에 바탕을 둔 유연한 기업 간 네트워크를 의미한다.

애프터 포드주의 시대에 우세해진 수직적 준통합형 산업조직은 공간적으로 어떤 결과를 가져왔을까? 리피츠는 지방 분산형(영역 분산형, territorially disintegrated)과 지역 집중형(영역 집중형, territorially integrated)이라는 두 가지 공간적 궤도를 제시했다. 양자의 분기점이 되는 것은 〈표 4-3〉에 나타난 임금노동관계의 차이이다. 테일러주의형 노동편성을 취하는 조직은 분산형이고, 탈테일러주의적 노동편성을 취하는 조직은 집적형으로 향한다.

〈표 4-4〉는 〈표 4-3〉에 제시한 5가지 발전모형을 노동편성, 노동계약, 기업조직, 공간조직의 여러 특징으로 정리한 것이다. 먼저 포드주의의 특징은 앞에서 서술한

바와 같다. 다음으로 애프터 포드주의의 4가지 발전모형은 어느 것이나 수직적 준통합형 산업조직형태를 취하지만 공간구성은 다르다. 각 모형을 검토하면 다음과 같다.

먼저 네오 포드주의형은 포드주의 산업조직 및 공간구성을 답습한 것이다. 따라서 기업조직은 수직적 준통합이지만 약한 것이고, 대기업 지배 등 계층성이 남아 있다. 이 모형은 '수호 유연성 전략'이라고 부른다. 공간편성은 포드주의와 같이 지빙 분산형이고, 구상을 남낭하는 기획부문 등 고차업무는 선진국의 도시부에 집중하는 한편 숙련을 요하는 제조조립부문은 노동비가 싼 지방이나 해외로 이전해간다. 리피츠는 불숙련형 생산지역을 '전문적 생산영역(area)'이라 불렀다.

네오 포드주의는 극소전자(microelectronics)화와 시간제 노동을 가져와 작업의 분절화, 숙련노동과 미숙련노동 간 양극화를 특징으로 하는 포드주의적 생산방식의 폐해를 시정하기 위해 선진국 기업에서 실험 중인 생산방식을 말한다. 그리고 네오 테일러주의(neo-Taylorism 또는 neo-Fordism)는 첫째, 수요의 파편화에 따른 대량생산기술의 한계를 극복하는 방안으로 극소전자기술의 도입에 기초한 테일러주의 원리의 재편을 강화하고, 둘째, 신기술 도입을 통한 구상(노동)과 실행(노동)의 분리강화를 위해 신국제분업, 공간분업 심화, 노동유연성 강화(실질 임금 비용 감소 효과)로 노동시장의 분절화, 사회계급 분열 및 지역 간 격차를 심화시키며 셋째, 임금계약의 경직성 극복방안인 단체교섭제도, 생산성 연동 임금방식, 고용안정, 사회보장제도가 노사관계와 경제를 경직화·악화시키는 원흉이 되어 파괴의 대상으로 고려되므로 단체교섭권을 약화시켜 경쟁 임금 시스템의 촉진을 가져와 생산성 연동제 기반의 포드주의 임금방식을 제거한다. 넷째, 포드주의의 분배상실, 테일러주의를 기반으로 한 포드주의 노동과정의 심화, 복지수준의 감소를 통한 이윤회복 전략을 짰으며, 다섯째, 미국 레이건(R. Reagan)의 경제정책(Reaganomics)과 영국의 대처주의(Thatcherism)가 등장하는 데 영향을 끼쳤다.

세 번째 이하의 모델은 모두 지역집적형의 공간구성으로 특징지어진다. 지역집적형 수직적 준통합의 특징은 기업 간 수평적인 네트워크가 분산되지 않고 어떤 특정지역 내에서 자기 구심적으로 형성되는 것이다. 지역집중형의 세 가지 모델은 노동편성이 다름에 따라 좀 더 복수의 궤도로 분기한다. 노동으로의 참가가 개인 수준의 교섭에 바탕을 둔 경우, 따라서 시장경쟁적인 노동편성이 지배적인 경우는 캘

〈표 4-4〉 발전모형과 공간편성

발전모형		노동편성	노동계약	산업조직·기업 간 관계	공간구성
포드주의		· 구상과 실행의 분리 · 숙련의 해체 · 테일러주의+기계화	· 경직성 · 노사의 명시적 타협	수직적 통합(독점적 대기업 내 분업)과 수직적 분할(외부·하청기업으로의 발주)	· 지방 분산형 · 저비용 입지를 찾아 해외로 분산 · 계층적인 지역분화
애프터 포드주의	네오 포드 주의	· 구상과 실행의 분리 · 숙련의 해체 · 극소전자화(micro elec-tronic)+시간제 노동	· 연성 · 불안정 고용 · 사회 양극 분열	· 약한 수직적 준통합 · 독점적 대기업으로의 하청 종속이 남아 있음	· 지방 분산형 · 기획·개발의 대도시 집중 · 숙련제조업의 중간지역 입지 · 불숙련작업의 지방·해외 분산
	캘리 포니 아형	· 경쟁에 바탕을 둔 참가 · 개인적 교섭이지만 시장적 조정이 우세	· 연성 · 불안정 고용 · 사회의 양극 분열(모래시계형)	· 강한 수직적 준통합 · 전문기업 네트워크	· 지역집적형 · 실리콘밸리
	칼마 리즘 [세단 (sedan) 형]	· 집단적 교섭에 바탕을 둔 참가 · 비시장적 조정 · 사회적 합의	· 경직성 · 안정적 고용 · 노사의 명시적 타협	· 강한 수직적 준통합 · 파트너십형 지역 산업 네트워크	· 지역집적형 · 지역 블록 · 스웨덴·제3이탈리아형
	도요 테즘	· 생산성 장려책에 바탕을 둔 참가 · 기업수준의 교섭	· 경직성 · 안정적 고용 · 대기업 남자 정규사업에만 적용	· 약한 수직적 준통합 · 모기업과 하청기업의 네트워크 · JIT체계	· 지역집적형 · 일본형

자료: 矢田俊文·松原宏 編(2000: 226).

리포니아형 궤도를 취한다. 전형적인 예는 실리콘밸리지만 전문화한 기업이 대면 접촉(face to face)의 농밀(濃密)한 인적 네트워크를 형성한다는 특징을 가진다. 기업 간 관계는 비계층적이라고 말하지만 기본적으로는 시장에 의해 조정된다. 리피츠 는 캘리포니아형 공간을 '지역적 생산 시스템'이라고 불렀지만, 그 내용은 스콧 등 이 개념화한 신산업공간과 같다.

노동편성은 집단적 교섭에 바탕을 둔 경우로 네 번째의 칼마리즘의 지역집적이 진행된다. 이것이 리피츠가 가장 주목한 모델이다. 캘리포니아형과 같이 지역 내 전문화 기업이 협업적 네트워크를 형성하지만, 기업 간 관계가 시장과 달리 사회적 으로 조정되는 점에서는 다르다. 리피츠는 그 예로서 스웨덴이나 이탈리아, 일본을 사례로 들어 이것을 '시스템 영역(system area)'이라고 불렀다.

캘리포니아형은 전문화된 기업이 비계층 또는 시장을 통해 결합되는 것과 동시에 노동자도 기업과 개인의 교섭으로 계약과 임금계약의 유연성과 개인적 수준에서의 협상 참여가 결합된 유형으로, 숙련노동자나 사무직노동자 같은 임금노동자의 참여를 허용하기 때문에 노동과정의 유연성이 높다.

칼마리즘 또는 볼보주의(Volvoism)는 수요의 파편화에 따른 대량생산기술의 한계를 극복하는 방안으로, 노동조직의 혁신(Innovation of work organization)은 구상과 실행의 분절을 제거하고 다기능 숙련노동력의 참여 강화를 가져와 교육, 훈련, 노동력의 유동성 강화를 통한 다기능 숙련노동력을 육성(집단 숙련화)하며, 수직적 노동조직을 탈피하고 그룹 또는 팀 작업[Task Force: TF, 소사장제(小社長制) 등]체제로 전환하고 폭넓은 자율성을 강화시킨다. 또 임금계약의 경직성을 극복하는 방안으로 포드주의의 임금관계를 유지, 강화하므로 의사결정의 분산화로 단체교섭권이 강화되어 노동자 참여가 강화된다. 그리고 작업 만족도를 극대화하는 시스템을 구축해 복지를 강화한다.

리피츠는 도요테즘형을 칼마리즘형에 포함시키고 명시적으로 고찰하지 않았다. 〈표 4-4〉에서 보는 바와 같이 칼마리즘과 도요테즘은 임금노동관계가 다른데, 양자는 산업조직·공간구성에서도 차이가 있다. 도요테즘형은 기업수준에서의 교섭에 바탕을 둔 고용보장 중시의 노동편성을 취한다. 기업 간 관계는 현시점 즉시 판매방식[17]을 나타내는 바와 같이 모기업과 하청기업 사이에서 생산성 장려책에 바탕을 둔 매우 효율적인 네트워크를 형성하고 있다. 기업군은 효율성을 유지하기 위해 좁은 지역에 집적하므로 공간구성은 집적형이다.

도요테즘은 기업수준에서 수평적 의사소통을 기반으로 한 협상에 의해 참여를 부분적으로 허용하면서 네오 테일러주의를 도입해 기술체계로서 현시점 즉시 판매방식 생산원리인 적기생산원리를 적용하고, 또 이는 생산량 변동에 유연하게 대응해 재고 및 생산 공정의 낭비를 최소화해 부가가치와 직결된다.

애프터 포드주의 시대의 경제공간편성의 최대 특징은 국경의 장벽성이 극적으로 낮아져 글로벌화가 진행되는 것이다.

17) 필요한 제품을 필요할 때에 필요한 만큼만 생산하는 것으로, 이는 생산량 변동에 유연하게 대응해 재고 및 생산 공정의 낭비를 최소화해 부가가치와 직결된다. JIC(Just in Case)는 대량생산체계를 의미한다.

4. 여성 취업

지리학에서 1970년대 후반, 특히 1980년대 이후 유럽과 아메리카의 여러 나라를 중심으로 새로운 연구의 움직임이 나타나기 시작했다. 그중 하나가 사회공간의 구성원인 남성·여성이란 젠더에 대한 관심이었다. 남녀의 성(sex)은 인간이 태어나면서부터 운명 지어진 생물적 속성이다. 그러나 문화적·사회적으로 규정된 남녀의 성은 생물적 속성인 성과 구분해 젠더라고 부르지만 여성은 문화·사회적 관계에서 억압을 받아왔다. 젠더란 남성과 여성 사이에서 인식된 차이 자체나 그 인식된 차이를 기초로 한 불평등한 힘의 관계를 이해하는 것을 나타내는 것이다. 성의 구체적인 의미나 실천은 장소에 따라 변화하고 경제지리적 상황의 창출에 중요한 역할을 한다.

젠더에 대한 관심은 여성에 대한 관심으로 향하게 되었는데, 이에 대해 그룬트페스트(E. Gruntfest)는 지금까지 남성 측에서의 관점만을 중시해 여성 측의 관점은 무시당했기 때문이라고 주장했다. 그리고 매켄지(S. Mackenzie)는 지리학에서 여성에 대한 연구는 성별에 의한 전문적·공간적 분리의 반영을 인식하고, 또 이 분리를 명확하게 해야 한다고 주장했다. 그러나 홀컴(B. Holcomb)은 양성(兩性)이 공간적으로 분리되어 있는 것은 드문데, 그것은 남녀가 같은 공동체에 살고 가구를 같이 하고 있기 때문이라고 주장했다.

러더퍼드(B. M. Rutherford)와 워크러(G. R. Wekerle)는 공간적 제약, 젠더, 도시의 노동시장과 관련된 두 가지 접근방법을 주목해야 한다고 주장했다. 이 두 가지 접근방법은 교통의 접근과 고용기회와의 관계에 주목한 통근연구, 그리고 노동력의 공간적 분업과 관련된 지역분석, 산업입지의 연구로, 전자를 행동적 접근방법, 후자를 구조적 접근방법이라고 했다. 이들 두 가지 접근방법은 이론적 틀은 다르나, 지방 노동시장이나 기혼 취업여성이 직장에 대한 접근성에 관해 논의를 전개하고 있는 것은 공통점이다.

여기에서 행동적 접근방법과 구조적 접근방법에 대해 간단히 살펴보면 다음과 같다. 행동적 접근방법의 분석수준은 기본적으로 그 대상이 개인이고, 고용이나 서비스에 대한 접근성에 착안한 것이다. 지금까지의 연구결과에서 기혼여성은 기혼남성보다도 집 가까이에서 일을 해 기혼여성의 통근기회는 제한되어 있으며, 수입은 통근거리가 증가함에 따라 증가하는 경향이 있다는 점이 밝혀졌다. 이러한 현상은 개인이 고용과 거주, 교통에 대응해 직장을 선택하고 있다는 것을 알 수 있다. 그리고 이러한 선택을 행하는 이유는 여성이 가부장제에 의해 강한 이중의 역할을 부담하고 있기 때문으로, 이와 같은 현상에 대한 설명은 집 근처의 직장을 선택한다는 선택모델과, 남성으로 인해 제약된 교통기관을 선택하게 되고 여성직에만 취업이 집중되기 때문에 집 근처에서 일하게 된다는 제약모델이 이용되고 있다. 또 정책면에서는 공공 교통수단에 크게 의존하고 있는 취업자, 특히 기혼여성의 교통 접근성을 개선하기 위한 목표를 설정하고 있다.

한편 구조적 접근방법은 지역과 기업, 직업 범주를 분석대상으로 하고 그 지역적 입지활동에 대해 주목을 하고 있다. 자본은 입지선택에 따라 노동비나 지대(地代)의 최소화를 추구하게 되고, 노동시장은 성별에 기인해 분리되는데, 이러한 현상은 기업이 이윤을 최대로 추구하려는 것에서부터 나타나게 된다. 여성의 직장선택이 제약되어 있기 때문에 여성 노동력이 성별에 의해 분리된 지방 노동시장의 원천이 되었다는 급진주의 모델(radical model)과 여성직이나 저임금을 강조하는 산업에 의해 여성의 고용기회가 제약되어 있다는 여성주의 모델(feminist model)에서 기업의 지역적 입지활동에 대한 설명을 시도하고 있다. 또 이들 두 모델은 여성의 저임금 노동에서 이익을 얻는 기업의 행동을 결정하는 바탕에는 가부장제가 존재하고 있고, 여성은 보조적으로 돈벌이하는 것이라는 점에 의거하고 있다. 기업은 값싼 여성 노동력을 활용하는 것을 목적으로 입지하고 있기 때문에 성별에 기인해서 분리된 노동시장은 존속하게 된다. 또 공공 교통수단을 개선함으로 취업자는 증가하겠지만 취업자 간의 경쟁을 조장시켜 임금률을 낮추는 결과를 초래하게 된다.

행동적 접근방법에 대한 연구는 통근 및 거주지 선택, 여성의 시간이용, 빈곤의 여성화, 성별에 의한 노동시장의 공간적 분리구조가 있다. 그리고 구조적 접근방법에 관한 기존의 연구는 ① 여성취업과 재구조화(restructuring)[18]에 관한 것이다. 재구조화는 첫째, 자본주의 세계 경제체제의 재구성, 현대 독점자본이 국제적 규모에서 축적조건을 재구성하는 것을 의미한다. 둘째, 선진 자본주의 여러 나라에서 경제구조나 산업구조의 재편성 정책의 의미로 사용되고 있다. 셋째, 자본주의 세계 경제의 재편성을 목표로 국제협조, 해당 선진국에서 '경제구조의 조정'의 틀의 변화에 호응한 독점 대기업의 사업 재구축이다. ② 빈곤의 여성화로 이는 1976년 미

18) 러브링(J. Lovering)에 의하면 재조구화란 조직의 한 패턴 또는 상태에서 다른 패턴, 상태로의 질적 변화 또는 경제 구성요소 간의 질적 변화를 의미한다.

<표 4-5> 주요 국가의 여성 경제 참여율(2013년)

단위: %

국가	여성 참여율	국가	여성 참여율
캐나다	62.1	영국	56.9
스웨덴	60.5	독일	54.6
오스트레일리아	58.6	프랑스	51.8
미국	57.2	한국	50.2

자료: 矢野恒太記念會 編(2014: 98~99)의 자료 참고하여 필자 작성.

국에서 다이애나 피어스(Diana Pearce)의 조사 결과와 더불어 제기됐다. 미국의 16세 이상 빈민 중 약 2/3, 성인 빈민의 약 70% 이상이 여성이라는 사실에서 드러나듯이 빈곤의 여성화는 빈곤의 절대다수가 여성이 되어가는 것이다. ③ 지방 노동시장과 지역정책과의 관계로 구성되어 있다.

〈표 4-5〉는 주요 국가의 여성 경제 참여율을 나타낸 것으로, 캐나다가 62.1%로 가장 높고 이어서 스웨덴(60.5%)의 순으로 한국은 50.2%이었다.

여기에서 기혼여성의 취업을 제약하는 요인을 헤거스트란드(T. Hägerstrand)의 시간지리학(time geography) 관점에서 일상생활의 상세한 관찰을 통해 실증적으로

〈그림 4-13〉 고등학생이 있는 핵가족 가구의 일일생활

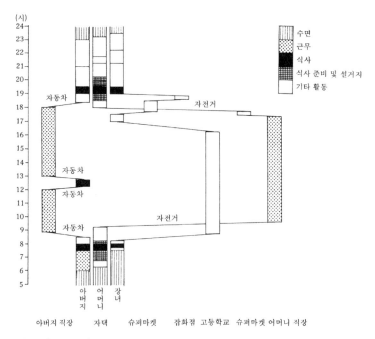

자료: 神谷浩夫 外(1990: 778).

연구한 일본 나가노 현 시모스와 읍(下諏訪町)에 거주하는 기혼여성 중 딸이 고등학생인 경우를 나타낸 것이 〈그림 4-13〉이다. 이 가구의 부인은 딸이 성장했기 때문에 취업에 큰 영향을 받고 있지 않다는 것을 알 수 있다.

노동에서 젠더 연구는 그 당연성을 설명하고, 또 초기 젠더연구에서의 공간적 행동패턴 연구와 페미니즘 경제지리학자들이 공공과 사유라는 범주를 개척한 것이 공헌한 점이다. 그리고 이들 각각에서 불균등한 성립, 양자 사이의 다종다양한 결부나 상호의존성도 밝혀왔다. 그러나 최근에는 개인이 끊임없이 변화하는 정체성이나 습관성에서 시공간 모두가 변화하는 다면적인 정체성이 존재한다는 사실은 경제지리학적 여러 과정에서 젠더 구축이 중요하다는 것을 가리킨다. 또 젠더와 노동에서는 고용의 관점과 가정이나 공동체에 뿌리내린 개인이익의 관점에서, 또 스케일에 따라 살펴볼 수 있으며, 페미니즘 지리학의 연구도 할 수 있다. 그리고 젠더 연구는 당초 노동연구를 통해 경제지리학에 도입되었는데, 이들 연구 중 다른 지리적 맥락에서 생산 활동과 재생산활동공간의 연관성을 조사하는 중요성을 나타낸 연구가 많다는 것은 경제적 재구축이나 지리적 변화에 관한 설명에 변화를 가져왔다.

5. 노동력의 국제적 이동

국제적 노동력의 이동은 개인의 합리적 선택으로 설명하는 신고전경제학적 관점(neo-classical economic perspective)과 국제 노동력 이동에 영향을 미치는 사회구조를 중시하면서 노동력 유입국과 유출국의 시장, 사회, 국가, 나아가서 세계체제 모두를 포괄하는 마르크스주의의 역사·구조적 관점(historical-structural perspective)에 의해 설명되어지고 있다. 신고전경제학적 관점에서의 노동력 이동은 개인이 다양한 정보에 기초해 노동력이 부족한 지역으로 이동함으로써 자신의 경제·사회적 지위를 향상시키려고 하는 행위를 말한다. 여기에서 개인은 이익을 극대화하려는 존재로 가정하며, 기대이익이 예상될 경우 언제나 새로운 목적지로 이동하는 합리적인 인간으로 간주한다. 따라서 국제 노동력 이동은 개인들이 시도하는 자발적이고 합리적이며 계산된 행동으로 설명되어지고 있다.

한편 역사·구조적 관점에서의 국제 노동력 이동은 세계 시스템론과 노동시장 분

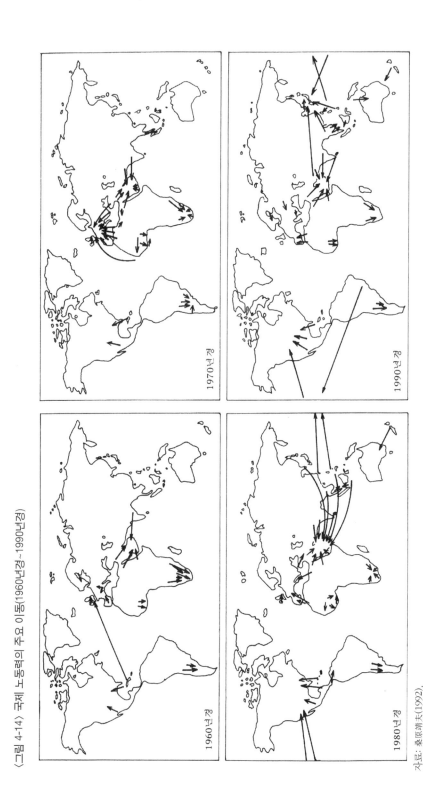

〈그림 4-14〉 국제 노동력의 주요 이동(1960년경~1990년경)

1970년경

1990년경

1960년경

1980년경

자료: 桑原靖夫(1992).

절론에 기초해 설명하고 있다. 세계 시스템론에 의하면 국제 노동력의 이동은 저발전 부문(less developed sector) 또는 저개발국가가 선진 자본주의국가들이 주도하는 세계 시스템론으로 편입되는 과정에서 발생된다. 이러한 편입과정은 양 부문 간에 불균형을 더욱 심화시키고, 그 결과로 발생하는 이주는 자본축적을 위한 필수적인 요인으로 설명되고 있다. 세계적 규모에서 자본을 축적시키기 위해 중심의 자본주의체제가 주변지역으로 자본주의적 생산과 소비양식을 확산시킴에 따라 주변지역에서의 전통적인 생산양식은 파괴되고 또한 과잉 노동력이 발생한다. 이와 반대로 중심부 국가들에서 자본주의가 발전함에 따라 노동력의 부족현상이 발생하게 된다. 따라서 중심부와 주변부 사이에 노동력의 국제적 이동은 불가피하게 나타나게 된다.

국가 간의 노동력은 경제가 발달하지 않고 노동력이 풍부한 국가에서 거리가 가깝고 경제가 발달했으며 노동력이 부족한 국가로 이동하게 된다. 이 같은 노동시장체계는 시어스(D. Seers) 등에 의하면 핵심-주변(core-periphery) 개념으로 설명할 수 있는데, 핵심지역은 자본이 풍부한 개발국으로 개발도상국인 주변지역으로부터 유입된 노동력을 조직화한다.

〈그림 4-14〉는 1960년경부터 1990년경까지의 세계 노동력 이동 패턴을 나타낸 것으로, 1960년경에는 서부 유럽, 서남아시아, 남아프리카공화국, 미국, 아르헨티나로의 이동을 나타냈는데, 1970년경에는 이들 지역으로의 노동력 이동이 더욱 뚜렷하게 나타났다고 볼 수 있다. 즉, ① 남부 유럽 여러 나라와 북부 아프리카 여러 나라에서 구서독·프랑스로의 노동력 이동, ② 남부 아프리카의 여러 나라에서 남아프리카공화국으로의 노동력 이동, ③ 남아시아와 북부 아프리카 여러 나라에서 서남아시아 여러 나라로의 노동력 이동, ④ 중앙아메리카 여러 나라에서 미국으로의 노동력 이동, ⑤ 남아메리카 여러 나라에서 아르헨티나로의 노동력 이동이 그것이다. 이들에 대해 살펴보면 다음과 같다.

1) 중부 유럽으로의 노동력 이동

유럽 내에서의 국가 간 노동력 이동은 20세기 초부터 시작되었는데, 이때는 중·동유럽에서 구서독과 프랑스로 이동했다. 구서독으로의 노동력 이동은 급속한 공업성장으로 많은 노동력을 필요로 하게 된 것에 기인된 것이며, 프랑스로의 노동력 이동은 전쟁으로 인해 많은 인명의 손실로 생산력이 저하되었고, 인구의 노령화로 부족한 노동력을 충족하기 위한 것이었다. 프랑스의 국제 노동력은 인접해 있는 벨기에, 이탈리아, 에스파냐 등에서 단기계약으로 이동해왔으며, 1919년에는 140만 명이었는데 1930년에는 300만 명으로 증가했다.

유럽으로 대규모의 노동력 이동은 1960년대에 나타났는데 그 이유는 첫째, 유럽 여러 나라에서의 급속한 경제성장에 따른 노동력 수요충족을 위해서, 둘째, 1930년대와 1940년대 초의 출산력 저하로 이 당시 북서부 유럽 여러 나라에서 노동력은 연 0.5%가 감소했으나, 지중해 연안 여러 나라는 높은 인구압의 영향으로 에스파냐, 포르투갈, 구유고슬라비아, 그리스 등은 연 약 1%의 노동력 증가현상을 나타냈다. 또 이들 국가는 1970년에 농업 노동력이 약 25~40%로 높았으며, 터키, 알제리, 모로코, 튀니지에서는 연 노동력 증가가 약 2%였고 농업 노동력도 약 45~64%를 차지했다. 셋째, 북서부 유럽 여러 나라의 실업자들이 사회적으로 이동에 대한 열망이 강했고 직업에 대한 귀천의식이 작용했다.

종래 유럽에서 노동력의 이동은 EEC(유럽 경제공동체)에 가입된 국가 간에서만 자유로웠는데, 이때의 노동력은 주로 이탈리아에서 공급을 했다. 그러나 1960년대에 들어와서 이탈리아 북부지방에서도 급속한 경제성장이 이룩됨에 따라 EEC에 가입한 다른 국가에서의 노동력 부족현상이 나타났다. 따라서 EEC국가들은 지중해 연안의 다른 국가와 계약기간을 1년으로 한 국제 노동력을 흡수하게 되었다. 그

〈그림 4-15〉 남부 유럽에서의 노동력 공급지(1965~1968년)

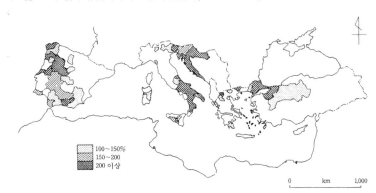

100~150%
150~200
200 이상

0   km   1,000

자료: Jones(1981: 271).

결과 구서독의 경우 1960년에 국제 노동력이 30만 명이었는데, 1973년 석유파동의 초기에는 260만 명이 되었다.[19] 그리고 이 당시 북서부 유럽에서의 노동력은 600만 명으로, 스위스와 룩셈부르크의 노동력 중에서 약 30%, 프랑스와 구서독의 노동력 중에서 약 10%, 벨기에의 노동력 중에서 약 7%, 네덜란드의 노동력 중에서 약 3%가 국제 노동력이었다.

이와 같은 남부 유럽과 지중해 연안 여러 나라에서 북서 유럽으로의 노동력 공급지를 보면 〈그림 4-15〉와 같다. 1960년대 초 노동력이 이동되었던 초기 단계에는 터키와 구유고슬라비아에서 공급되었는데, 노동력 공급의 역사가 짧은 터키의 경우 서부지역과 같은 정보를 쉽게 얻을 수 있고 개발된 지역, 슬로베니아와 크로아티아에서 이루어졌다. 그러나 노동력 공급의 역사가 긴 국가인 포르투갈, 에스파냐, 이탈리아, 그리스 등은 각 국가의 저개발 지역이나 인구압이 높은 지역에서 공급되었다.

프랑스로의 국제 노동력의 공급 국가를 보면 〈그림 4-16〉과 같다. 즉, 1956년까지는 주로 이탈리아의 노동력 공급이 가장 많았으나, 이탈리아의 경제성장에 의해

19) 1963~1976년 사이에 한국의 간호사 1만 3,000명과 광부 7,800명이 독일로 건너가 송금한 미화는 그 당시 국민총생산의 2%에 해당되었다.

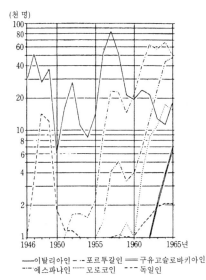

〈그림 4-16〉 국가별 영구이입 노동력의 추이 (1946~1965년)

자료: McDonald(1969: 119).

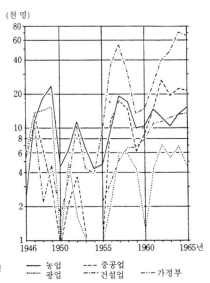

〈그림 4-17〉 영구이입 노동력의 취업부문의 변화

자료: McDonald(1969: 121).

〈그림 4-18〉 유럽의 국가별 총인구 중 외국계 이민자 비율(2005년)

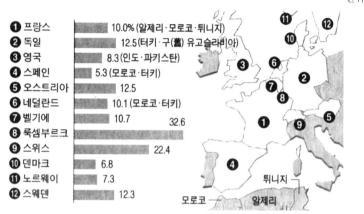

단위: %

주: 괄호 안은 이민자 출신국.
자료: 경제협력개발기구(OECD) 자료를 종합하여 필자 작성.

1960년부터는 에스파냐의 노동력이 가장 많았다. 이와 동시에 포르투갈, 모로코, 구 유고슬로바키아 등에서의 노동력 공급도 증가하게 되었다. 이들 국가에서 유입된 국제 노동력의 고용부문을 보면 〈그림 4-17〉과 같다. 즉, 청소부 등의 공공부문 노동력을 포함한 건설업, 제철·기술·전기조립 공업을 포함한 중화학공업, 농·임·수산업, 광업 부문의 종사자가 많았다.

이와 같이 북서유럽으로의 노동력 이동의 결과 북부 아프리카, 남아시아의 여러 국가, 터키, 구유고슬라비아 출신자 이민자들이 많이 거주하고 있다(〈그림 4-18〉). 한편 2004년 EU 가입국 확대로 일자리를 찾기 위한 동부유럽에서 서부유럽 국가로의 노동력 이동은 영국이 약 62만 명으로 가장 많았고, 이어서 독일(약 50만 명), 아일랜드(약 16만 명), 오스트리아(약 10만 명), 에스파냐(약 1만 2,000명), 프랑스(약 9,900명), 스웨덴(약 3,500명) 순으로 노동력 이출국에서는 구인난을 호소할 정도이다.

2) 남아프리카공화국으로의 노동력 이동

남아프리카공화국으로의 노동력 이동체계는 노동력 이동에서 일반적인 공간적 불평등, 구조적 의존에 의한 것이 아니다. 즉, 남아프리카공화국으로의 노동력 이동은 수십 년 동안의 남아프리카공화국과의 이해관계에 의해 이룩되었다. 1971년

남아프리카공화국의 경우 약 50만 명의 거의 남자 노동력이 아프리카 여러 나라에서 이동해왔는데, 노동력 공급 국가는 레소토, 모잠비크, 보츠와나, 스와질란드, 말라위 등이다. 이들 노동자는 가족을 동반할 수 없었으며, 영주도 불가능했으며, 거주기간도 1~2년이었다.

3) 서남아시아로의 노동력 이동

1973년 석유파동 이후 유럽 노동시장에서 노동력의 수요가 급격히 감소된 반면에, 서남아시아의 산유국은 자본이 풍부하지만 노동력의 부족 현상이 나타나 1970년대 후반부터 세계에서 가장 활발한 국제 노동시장이 되었다. 1979년 아랍의 여러 나라 중에서 OPEC가입국에서의 국제 노동력은 200만 명으로, 1975~1976년 사이에 주요 국제 노동력 이동의 약 50%를 차지했으며, 특히 쿠웨이트, 카타르, 아랍에미리트 연방이 2/3 이상의 비율을 차지했다.

이와 같은 서남아시아로의 노동력 이동의 원인은 풍부한 자본에 의한 사회 하부구조 시설, 사회 서비스 시설, 다양한 제조업의 발달을 위한 사업추진의 결과로 부족한 노동력을 보충하기 위한 것이었다. 서남아시아의 아랍 여러 나라는 원주민의 수가 절대적으로 적고, 여성의 사회 참여율이 낮으며 육체노동의 경시, 자기 나라 국민은 비생산직인 관직에 종사하기를 원했기 때문이다.

1970년대 말에 서남아시아 여러 나라로 노동력을 수출했던 주요 국가는 이집트(아랍 여러 나라 전체 노동력의 약 20% 차지), 구북예멘(약 16%), 요르단(약 15%), 파키스탄(약 10%), 인도(약 6%), 구남예멘(약 4%), 시리아(약 4%), 레바논(약 3%), 튀니지(약 3%) 등이었다. 또 노동력의 이동 패턴은 구 남·북예멘과 요르단, 이집트에서 사우디아라비아로, 요르단에서 쿠웨이트로, 인도와 파키스탄에서 오만과 바레인으로 인접국가에서 이동이 이룩되었다.

이들 지역으로 이동된 많은 노동력은 대부분 비숙련 건설 노동자이지만(〈표 4-6〉), 이집트, 요르단, 팔레스타인인은 교사, 회사원, 기술자 등의 전문직에 종사했다. 그러나 노동력의 이입국가에서 몇 가지의 문제점이 발생했는데, 쿠웨이트의 경우 국제 노동력 가족들의 증가로 하부구조 시설비의 증가현상과, 요르단에서는 1970년대 말 약 25만 명(자국 내 노동력의 1/3)이 이동해 자국 내의 노동력 부족현상

〈표 4-6〉 주요 아랍 국가에 이입된 국제 노동력(1975~1976년)

단위: %

국가	총 노동력 (천 명)	노동력 중 이입된 국제 노동력의 비	건설업에 이입된 국제 노동력의 비	건설 노동력 중 이입된 국제 노동력의 비
바레인	83	43.4	21.4	48.2
쿠웨이트	305	69.9	22.9	93.0
리비아	784	42.3	53.1	77.5
오만	110	63.3	86.0	75.7
카타르	66	80.0	18.8	97.3
사우디아라비아	1,684	46.9	40.7	95.0
아랍에미리트	298	85.4	37.4	82.4
계	3,294	51.9	41.2	85.6

자료: Jones(1981: 277).

이 나타났다. 또 구북예멘에서는 해외 노동자의 송금액이 GNP의 80% 이상이 되어 매년 50% 이상의 통화팽창이 일어났다.

또 남아시아에서 서남아시아로의 노동력 이동은 종교가 같은 이유로 파키스탄과 방글라데시 등에서의 이동이 많은데, 2000년 약 611만 3,000명에서 2013년 약 1,347만 2,000명으로, 동남아시아에서는 약 125만 2,000명에서 약 276만 9,000명으로 두 배 이상 증가했다. 이들은 주로 미숙련노동력이고 돌봄 노동자이다. 국가별로 보면 사우디아라비아에서의 파키스탄 노동력은 2000년 약 74만 명에서 2013년 약 132만 명으로, 아랍에미리트에서는 같은 기간 30만 명에서 94만 명으로 증가했다. 그밖에 중앙아시아에서는 같은 기간 약 13만 8,000명에서 약 14만 명으로 증가했다.

4) 미국으로의 노동력 이동

세계에서 가장 부가 많이 축적된 미국으로의 노동력 이동은 미국 주변의 개발도상국인 멕시코, 카리브해 여러 나라에서 유입되었다. 이들 국가에서 이입된 노동력 중에서 1966년과 1975년에는 합법 이입 노동력의 2배가 불법 이입 노동력으로 나타났으며, 이 가운데 멕시코인이 80% 이상을 차지했다. 그 후 1980년의 불법 이민자 수는 300만 명이었고 1989년에는 250만 명으로 줄어들었다가 최근으로 올수록 급격하게 증가해 2005년 현재 불법 이민자 수는 1,150만 명이 되었다. 불법 이민자 가운데 멕시코 출신자가 56%를 차지해 가장 많았고, 그 다음으로 멕시코를 제외한

〈그림 4-19〉 미국 내 출신지역별 불법이민자 구성비(2005년)

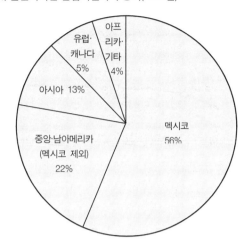

중앙·남아메리카(22%), 아시아(13%), 유럽·캐나다(5%), 아프리카와 기타가 4%를 차지했다(〈그림 4-19〉). 끝으로 아르헨티나로의 노동력 이동은 볼리비아, 파라과이에서 유입되었다.

한편 1980년경의 국제 노동력 이동은 서남아시아 산유국으로의 노동력 이동이 두드러지게 나타났으며, 1990년경에는 일본과 동남아시아 여러 나라로의 국제 노동력의 이동이 나타났다. 이와 같은 국제 노동력 이동으로 2009년 주요 선진국에서 외국인 노동력의 구성비가 높아졌는데, 스위스가 21.9%로 가장 높고, 그 다음으로 오스트레일리아(11.2%), 노르웨이(9.7%), 독일(9.3%, 2008년), 영국(7.3%), 프랑스(5.4%), 한국(2.3%), 헝가리(1.5%), 일본(0.3%) 순이다.

6. 한국의 국제 노동력 유입

한국에서 일하고 있는 외국인 노동력은 1993년 11월 '외국인 산업기술 연수생'[20] 제도가 실시되면서부터 대거 입국하게 되었는데, 2005년 5월 35만 8,167명으로 이 숫자는 한국 전체 노동자 1,200만 명의 약 3%에 해당하는 노동력이다. 이 가운데 합법체류자가 15만 8,984명(44.4%)이고 산업연수생은 3만 3,868명(7.4%)이며, 근로지를 불법 이탈하거나 관광비자로 입국한 불법체류자가 19만 9,183명(55.6%)인데,

20) 산업기술 연수생 제도는 일본의 제도를 본뜬 것으로 사업장 대량 이탈을 일으켜 불법 체류자를 양산하는 결과를 가져왔다. 그래서 2003년 8월부터 외국인 산업기술 연수생제도는 폐지되고 고용허가제로 바뀌어 외국인 노동자의 도입과 관리 주체가 민간에서 국가 및 공공기관으로 넘어가며, 운영도 기존의 배정 시스템 대신에 시장원리가 적용된다.

〈그림 4-20〉 외국인 노동자 수의 변화

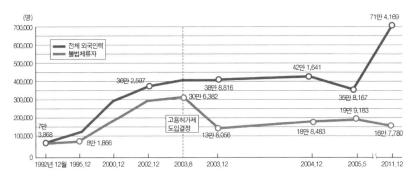

자료: 노동부 외국인력 고용팀 자료를 참고하여 필자 작성.

21) 2004년 8월부터 시행한 것으로 국내 인력을 구하지 못한 기업이 최장 4년 10개월까지 적정규모의 외국인 근로자를 합법적으로 고용할 수 있도록 허가하는 제도로 송출비리와 인권문제를 해결하기 위해서이다.
22) 고용허가제 외국인력과 E-9 비자(비전문취업) 취득자로 2006년 6월 현재 불법체류 중인 자도 포함한 자료이다.

고용허가제[21] 도입으로 불법체류자 수는 크게 감소했다(〈그림 4-20〉). 한편 2011년 외국인 노동력은 약 71만 6,000명으로 이는 국내 취업자 수의 2.9%에 해당하는데, 이 가운데 합법적으로 취업한 노동력은 약 49만 명(68.3%), 불법체류자가 약 16만 6,000명(23.6%)이며, 단기취업과 산업연수생은 약 1만 5,000명이다.

외국인 노동력을 국적별로 보면[22] 중국인(한인 교포 포함)이 외국인 노동력(약 59만 2,512명) 중 52.3%를 차지해 가장 많고, 그 다음으로 베트남(11.0%), 필리핀(5.1%), 인도네시아(4.7%), 타이(4.2%), 우즈베키스탄(3.4%) 순이다(〈그림 4-21〉). 고용노동부는 이들이 제조업(52.7%)과 서비스업(30.0%), 건설업(13.2%)에 주로 종사하고, 70.8%가 10명 이하 영세사업장에 취업한 것으로 분석하고 있다.

외국인 노동자의 밀집지역을 보면 경기도 안산시의 반월산업단지의 중소기업에

〈그림 4-21〉 국가별 외국 노동력(2011년 6월)

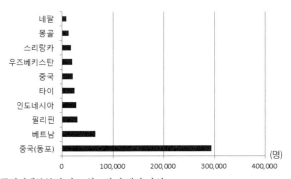

자료: 출입국·외국인정책본부의 자료 참고하여 필자 작성.

중국, 방글라데시, 필리핀, 인도네시아, 베트남인이 약 3만 5,000명, 인천 남동산업 단지에 중국, 방글라데시, 필리핀, 인도네시아인이 약 3만 명이, 서울시 구로구에 3만~5만 명 중 중국인이 약 60%를, 성동구 인쇄업체 및 육가공업체에 방글라데시, 타이, 필리핀, 몽골인 등 약 5,000명이, 경기도 남양주시의 소규모 가구공장에 방글라데시, 필리핀, 나이지리아인이 약 800명이 분포한다. 이들 외국인 노동자의 본국과 한국과의 임금격차는 2002년 몽골의 경우 14.2배, 방글라데시의 경우 12.2배, 파키스탄 11.3배, 가자흐스탄 10.4배, 필리핀 7.2배, 중국 6.4배, 러시아와는 6배의 차이를 나타낸다. 이들 외국인 노동력이 1년에 1인당 500만 원 정도를 본국으로 송금한다고 하면 매년 1조 원의 외화 송금이 이루어지고 있다.

7. 초국가적 노동력 이동

최근에는 전 지구적으로 노동 이주자가 증가하고 있는데, 앞에서 언급한 것과 같은 외국 노동력의 이동은 글로벌화(globalization)로 더욱 늘어나고 있다. 초국가적 노동력 이주를 설명하는 이론으로 글로벌화와 초국가주의(transnationalism)[23]를 들 수 있는데, 먼저 글로벌화는 교통통신의 혁신적인 발달과 초국적 기업의 등장으로 글로벌 경제의 생산체계와 문화에 그 기반을 둔다. 글로벌화에서는 국경을 초월하는 이동을 강조하면서 국민국가의 영역성(territoriality)의 중요성은 간과했다. 글로벌화로 인한 노동력의 이동은 아래로부터의 글로벌화(globalization from below)와 위에서부터의 글로벌화(globalization from above)로 나눌 수 있다.[24] 아래로부터의 글로벌화는 저임금 노동자와 같이 경제적 동기에 의해 노동자 계층이 국제적으로 이동하는 것으로, 이들은 생계를 위해 생존회로(survival circuit)에서 이동하기 때문에 위에서부터의 글로벌화라는 구조적인 변화의 결과 수동적으로 이동하는 행위자이다. 이에 대해 글로벌 도시라는 공간을 중심으로 상층회로(upper circuit)에서 주로 이동하는 전문직 종사자의 이동은 자신의 인적 자본에 투자된 비용을 회수하기 위한 자기 전략으로 적극적인데, 이들은 자본주의의 글로벌화를 가져오는 능동적인 행위자로 볼 수 있다.

한편 초국가적 노동력 이주는 글로벌 경제의 거대한 자본 확대로 인한 초국가적

23) 글로벌화와 초국가주의와는 국가를 벗어난 초국경적 현상을 설명하는 점은 공통적이지만, 글로벌화는 공간을 가로지르는 경제, 사회, 문화적 과정들이 관계되어 있지 않지만, 초국가주의는 이주자들에 내재된 사회·공간적 구조, 사회 네트워크의 국제적 분산, 정체성 형성의 유연성 등을 다루는 데 유용하다고 베일리(A. Bailey)는 주장했다.

24) 초국가주의를 아래로부터의 초국가주의(transnationalism from below)와 위에서부터의 초국가주의(transnationalism from above)로 나눈 과니조와 스미스(I. Guarnizo and M. Smith)는 위로부터의 초국가주의가 글로벌화와 유사하다고 했다.

삶을 추구하는 이주자의 새로운 형태로, 초국가주의는 글로벌화, 이주자에 대한 차별, 국민국가의 국민강화 프로젝트에 의해 등장했다. 초국가주의는 행위주체의 활동과 실천을 강조하는 개념으로 바쉬(L. Basch) 등이 지적한 바와 같이 한 국가 이상에서 활동하는 초국가적 행위자들의 일상생활과 이들의 사회, 경제, 정치적 관계 등을 통해 형성되는 사회적 장으로, 이 개념은 오늘날의 이주자들이 형성하는 초국가적인 사회경제 네트워크와 유연한 문화적 정체성을 설명하는 데 매우 유용하다. 또 국가와 영역성을 포기하지 않고 국가경제를 초월하는 탈영역화된(deterritoralized) 민족주의에 주목한다. 스미스와 과니조는 초국가주의를 초국가적 이주라는 행위를 통해 지리적·문화적·정치적 경계에 걸쳐 사회적 영역이 형성되는 프로세스라고 했다. 그리고 버토벡(S. Vertovec)은 국경을 가로지르는 사회적 관계를 집합적으로 부르는 것으로, 민간과 비제도권(대기업과 조직 제외)에 의한 상품, 문화, 정보, 서비스의 연결과 상호작용이 국경을 초월해 발생·유지되는 현상을 의미한다고 했다. 스미스(R. Smith)는 초국가주의가 이주연구에서 주목을 받는 것은 초국가적 삶은 과거에도 존재했으나 이를 초국가적으로 인식하지 않았으며, 초국가적 렌즈(lens)[25]가 존재했으나 볼 수 없었던 것을 인식하게 하는 새로운 방법을 제공하는 것이라 했다. 이 글로벌화와 초국가주의를 비교한 것이 〈표 4-7〉이다.

초국가적 이주에 대한 정치·사회적 접근은 국제적 이주와 정착과정을 구조적·경제적 요인뿐 아니라 사회적 관계망, 국가의 정책, 역사적인 조건 등과 같은 다양한 조건 요인을 통해 파악할 수 있는 장점을 가지고 있다. 이러한 장점이 있긴 하지만 이들 이론 역시 초국가적 이주를 공간적으로 파악하는 데는 많은 한계를 보이고 있다. 특히 국제적 이주와 정착에서 기본적인 분석의 단위를 국가로 상정하는 '국가중심적(state-centered)' 성향을 보이기 때문에 초국가적 이주와 정착이 이루어지는 좀 더 구체적인 도시, 지역, 장소적 상황과 조건에는 충분한 관심을 기울이지 않는다. 초국가적 이주의 상당수는 특정국가가 아니라 그 국가의 특정 도시나 장소를 목적지로 하는 경우가 상당히 많다. 또한 국제적 이주자들이 특정 도시나 장소에 공간적으로 집적해 자신만의 이주자 커뮤니티를 형성하고 살아가고, 나아가 이러한 장소들을 중심으로 초국가적인 인구 이동과 이주의 커뮤니티가 작동한다는 사실을 충분히 고려하지 못했다.

초국가적 노동력 이주를 앞에서 언급한 일반적인 이주노동자에 이어 전문직이

25) 초국가적 렌즈는 국가의 경계를 가로지르는 사회적 네트워크의 관계, 위치성, 결합이 형성·유지되는 관계에 주목하고, 초국가적 실천이 사회에서 어떻게 재현되는가를 밝히는 것으로 초국가적 활동은 국경으로 가로지르는 가족이나 친척의 연결을 의미하는 초국가적 집단(transnational group)(예: 송금, 민족경제의 기반에서 국경을 초월한 무역에 초점을 둔 초국가적 회로(transnational circuit)(예: 이주자의 무역 네트워크), 출신국가와 이주국가에서 형성 및 유지되는 이주자 공동체로 이주자가 공유한 문화로 결속시키는 기능인 초국가적 공동체(transnational communities)(예: 디아스포라(diaspora)로 구성된다고 파이스트(T. Faist)는 주장했다.

<표 4-7> 글로벌화와 초국가주의

구분	글로벌화	초국가주의
의미	국경을 초월한 물자, 금융, 정보의 자유로운 이동과 유동	국가 이외의 주체에 의한 국경을 초월한 활동이나 관계
핵심	국경을 초월한 이동과 유동	국가 구성요소의 연결성
초점	시공간의 압축과 수렴	아래로부터의 지구화·연결성
영토성	탈영토화	탈영토화와 재영토화
글로벌과 로컬 관계	개념적 분리	개념적 통합
사회분석의 단위	지구적 규모	국가적 규모
사회적 연결의 주체	자본, 정보	행위자(agent)

자료: 이용균(2013: 42).

주자, 이주의 여성화로 구분해 살펴보면 다음과 같다.

1) 전문직 이주노동자

전문직 이주자는 기업 활동과 관련된 전문직, 연구·기술 관련 전문직, 외국어 강사, 연예·스포츠 관련직 등이다. 전문직 이주노동자의 글로벌화 현상에 기여한 요인으로는 첫째, 자유무역협정(FTA), EU 등과 같은 세계의 블록경제, 둘째, WTO, 서비스 교역에 관한 일반협정(General Agreement on Trade in Services: GATS), 셋째, 상호인정협정(Mutual Recognition Agreement: MRA)으로 인해 전문적으로 활동하고 있는 과학기술자 같은 전문직 집단의 국제적 활동 증가, 정보기술 산업 종사자와 같이 국가의 통제로부터 비교적 자유로운 고숙련노동시장의 출현 등을 꼽을 수 있다. 다음으로 초국가주의는 국경을 초월한 이동이 발생함으로써 지리적으로 격리되어 있던 두 사회가 하나의 사회 네트워크로 연결됨으로써 오늘날의 국제노동이주자가 그들의 사회·경제적 네트워크와 유연한 문화적 정체성 및 주체성을 하나 이상의 국가에서 발생시킬 수 있다는 관점에서 국제 노동력 이동을 설명하는 데 유용한 개념이다.

전문직 노동이주자는 글로벌 경제를 원활하게 하는 데 필요한 조정과 중재 역할을 하기 위해 이동함으로써 초국가적 행위자가 될 수 있는데, 이들의 이동은 기업국제화론, 두뇌유출(brain drain)론, 문화적 통합론 등으로 설명된다. 먼저 기업국제화론은 1980년대 이후 글로벌화로 자본시장의 개방화, 국제화, 자율화 등에 의해 각 국가의 자본시장 간 장벽이 허물어지고, 국제 간 자본거래가 활발해지면서 다국

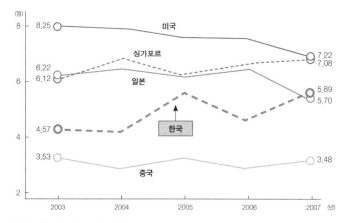

〈그림 4-22〉 주요 국가의 두뇌유출 지수

* 10점은 인재완전유입, 0점은 완전 유출.
자료: 스위스 국제경영개발원(International Institute for Management Development: IMD)·현대경제연구원의 자료를 참고하여 필자 작성.

적기업, 초국적기업의 형태로 자본의 해외직접투자가 분산적으로 이루어지면서 기업 활동에 필요한 연구·기술직을 포함한 전문직의 국제적 이동이 나타났다는 점을 설명하는 것이다. 다음으로 두뇌유출론은 높은 교육수준의 전문직 고급두뇌가 다른 국가로 이동하는 것으로, 처음에는 영국의 고급두뇌들이 미국 등의 국가로 이주하는 것을 말했는데, 그 이후에는 개발도상국 고급두뇌들이 임금과 생활환경이 좋은 선진국으로 이주하는 현상이 활발해졌다(〈그림 4-22〉). 이러한 두뇌유출은 경제적인 요인뿐 아니라 다른 배출·흡인(push and pull)요인으로 정치·사회·문화적 상황, 가족문제, 노동조건과 환경, 이민에 대한 법적·행정적 조치 등 복잡한 문제들과 얽혀 있다. 그런데 최근에는 고급두뇌인력의 이동이 좀 더 역동적(dynamic)으로 이루어진 데 주목해 이를 효과적으로 설명하는 고급인력 순환(brain circulation) 개념이 대두되었다. 이는 고급두뇌의 해외이동이 인적 자원을 빼앗기는 것이라기보다는 이들이 역이민을 할 경우 자신의 국가에 기여할 수 있다는 긍정적인 측면이 담긴 개념의 틀이다.

마지막으로 문화적 통합론은 전문직 노동이주자 중 연예·스포츠 관련 전문직과 외국어 강사 등의 국제적 이동을 범세계적 문화교류의 활성화와 문화적 통합론의 관점에서 이해하는 것이다. 칸클리니(G. Canclini)는 과거의 지역문화는 교류가 적어 '문화적 경계 짓기'가 불분명한 반면, 오늘날은 전문직 노동자가 세계 곳곳으로 이동하면서 문화 교류가 활발해져 이러한 현상을 탈지역화(delocalization)라 하고, 이로 인해 국가·세계 공간의 변화가 나타났다는 점을 강조했다. 그러나 로버트슨 (R. Robertson)은 특정지역의 문화가 사라지고 유입된 지역문화만이 살아남는 것이 아니고 그 지역의 문화가 더욱 강화되고 재지역화(relocalization)가 대두되어 글로벌화 가운데에서 지역화가 강화되는 역설적이고 양면적인 과정으로 설명하며 이를 글로컬리제이션(glocalization)으로 규정했다. 이는 전지구적인 사회적 관계와 상호 의존성을 심화시키는 글로벌화의 한 과정으로서 지역문화 간 응집과 중첩을 이해 하는 것이라고 할 수 있다.

2) 이주의 여성화

이주와 젠더 연구의 최대 관심은 이주의 여성화란 양적인 측면에서 국가 간 노동력 이동의 50% 이상이 여성 이주자로 이루어지는 현상을 말하며, 질적인 측면에서는 여성이 국가 간 이주에서 남편을 따라 이동하는 '동반이주자(tied movers)'가 아니고 여성 스스로 주체적인 노동자 신분으로 이주하는 취업이주자가 많아졌다는 것을 의미한다. 즉, 남성노동력 중심이었던 과거의 이주과정에 대해 최근 여성이 중심이 되어 이주과정을 주도하는 변화를 부각시키는 용어로서, 이는 페미니즘 이주연구가들에 의해 처음 소개되었다.

글로벌화가 진전되면서 신국제분업의 형태로 생산의 전지구화가 이루어짐에 따라 노동의 여성화가 본격화됨으로써 종래 이주여성의 연구에서 이러한 점이 등한 시되었다는 점을 지적할 수 있고, 여성이 가족, 인종, 계층 등과 복잡한 관계를 맺고 있다는 점과 여성은 남성과 다른 방식으로 이주한다는 점도 밝혀져 이주여성 연구의 필요성이 제기되었다. 여성의 이주에 대해서는 첫째, 노동의 여성화가 국제 노동력 이동과 맞물려 여성들이 자국의 빈곤에서 벗어나기 위해 이주한다는 구조적 논의, 둘째, 여성의 이주증가는 송출국가의 가부장적 가족관계에서 발생하나 여성들이 가족관계를 유지하기 위한 가족적 전략을 구사한다는 것이다. 그리고 이주여성은 주체적인 개인으로서 이주에 대한 욕구를 지닌 행위자임을 강조하는 논의도 전개되고, 경제의 글로벌화가 진전되는데도 불구하고 경제적 구조에서 이주여성을 다루지 않고 개인의 전략적 차원에서 논의가 이루어진다고 할 수 있다.

이주의 여성화 현상은 크게 세 가지 층위에서 논의된다. 첫 번째는 거시적 차원에서 이주의 여성화를 유발하는 동인과 구조를 밝혀내려는 경향으로, 글로벌화와 노동의 성적 분업이라는 가부장적 자본주의체제에 대한 정치경제학적 분석이 주를 이룬다. 두 번째는 초국가주의 담론에 입각한 중범위 규모의 접근으로 이주여성을 전 지구적 자본주의 재구조화의 피해자로 낙인찍는 것을 거부하면서 국경을 가로지르는 여성들이 만들어내는 초국가적인 사회적 관계망과 이를 통해 이루어가는 대안적인 글로벌화, 즉 이주여성들에 의한 '아래로부터의 초국가주의'를 내세운다. 세 번째 논의의 방향은 두 번째 논의의 연속선상에 있지만 특별히 여성의 알선업자(agency)를 부각시키면서 미시적 차원의 연구를 주로 하고 있다. 이주여성들의 정체성의 사회적 구성, 다양한 이주과정에서 발생하는 여성들의 차별화된 경험과 이들의 의식변화, 현실을 변화시켜가는 여성들의 주체성과 교섭능력 등이 주요 연구주제로 떠오르고 있다. 이상의 세 가지 층위들은 서로 대립되거나 분리되는 것이 아니라 한 연구 안에서 통합될 수 있는 상호보완적인 접근방법이다. 실제로 많은 연구가 세 층위를 넘나들며 분석의 틀로 활용하고 있다. 따라서 이주의 여성화가 내포하는 다면적 과정을 분석하기 위한 개념적 구분으로 보는 것이 타당하며, 좀 더 통합적인 이해를 위해 유기적으로 연결할 필요성이 있다.

제5장
경제지리학에서의 국가

국가는 경제발전이나 산업발달의 구조화 위에서 중심적인 역할을 하고, 각 장소에서 특화된 정치적 이념, 경제적 제도, 국가·사회관계의 다양한 배치 속에서 존재한다. 경제지리학에서는 국가를 크게 두 가지 관점으로 볼 수 있는데, 하나는 시장 실패를 수정한 경제 프로세스를 이끌기 위해 개입하는 경제 외의 힘으로 국가를 보는 것이고, 또 다른 하나는 자본주의 시스템과 그것이 위치할 수 있는 지리적 문맥에서 분리 불가능한 것으로 보는 것이다. 경제지리학자는 다양한 종류의 자본주의가 특정 장소에서 어떻게 사적(史的)인 진화를 이루고, 국가 간 무역·투자협정이 글로벌 경제를 어떻게 만들어가고, 여러 국가의 영역적 전략이 그들 내부에서 경제적 기회나 경제력의 분포에 어떻게 영향을 미치는지 연구해왔다.

1. 자본주의에서 국가와 자본주의국가

경제지리학자는 국가가 자본주의 발전과 어떤 관계를 맺고 있으며, 또 그것에 어떤 영향을 미칠까를 이해하기 위해 중요한 아이디어와 틀을 발전시켜왔다. 글래스맨(J. Glassman)과 사마타르(A. I. Samatar)는 세 가지 두드러진 관점을 제시했다. 첫째, 자유주의적·다원적 공존론 관점은 여러 경제제도에서 자율적이고, 자원분배 문제는 중립적 조정자로서 기능하며, 경제의 하부구조 공급, 다른 고전적 국가기능(군사결정, 사회 서비스)을 제공하는 것이다. 둘째, 마르크스주의적 관점은 국가가 중립적이라는 생각을 부정하고, 그 대신 그들의 행위를 지속적인 불평등 교환과 노동력 착취를 통해 자본축적을 지속시키는 행위주체 및 제도로 보는 것이다. 셋째, 신베버주의(neo-Weberianism) 관점은 중도를 취하고 국가기구가 사회경제적 제도와 강하게 결부되었거나 사회경제적 제도에 뿌리내린 것으로 보는 것이다. 그렇지만 노동자, 가족, 지역사회의 복지상 요청과 같은 비경제적 문제에 대해 대응할 때에는 자립한 것과 같이 보는 것이다.

클라크와 디어(G. L. Clark and M. Dear)는 자본주의에서 국가의 역할을 강조한 이론과 자본주의국가의 특정 형태가 어떻게, 어디에, 왜 진화하는가에 관심을 가진 이론 사이에서 중요한 차이점을 발견했다. 자본주의에서 국가 접근방법은 국가의 행위가 경제활동에 어떠한 영향을 미치는가에 초점을 모으고 있다. 이 접근방법에서 국가의 역할은 전통적인 공공재(교육이나 군사방위 등)의 공급이나 시장 실패[1]를 수정 혹은 방지하는 것으로 자본주의 프로세스에서 전략적으로 개입하는 것에 한정된다. 자본주의에서 국가 접근방법에 대한 중요한 논의는 '어느 정도의 국가 개입이 적절할까, 국가의 경제정책이 종종 환경문제나 사회경제적 불평등을 어떻게 나타내고, 악화시키는가, 어떠한 종류의 국가 개입이 고용이나 지역성장, 재분배를 촉진시키는가' 하는 것이다.

그런 가운데 지리학자에게 자본주의국가군과 그 성립에 대한 연구는 좀 더 큰 관심사였다. 이러한 관점에서 자본주의는 역사적으로 우발적이고, 또 정치적으로는 다투는 형태의 사회경제조직이고, 현대국가를 구성하는 우선순위(priority)나 제도는 역사적인 계급투쟁이나 문화, 지리, 종교적인 이념 같은 문맥에서 특화한 요소를 반영한다. 국가와 자본주의 시스템은 공진화(共進化)하는 것으로 보여 서로 떨어져서는 시장이나 정부를 완전히 이해하는 것이 곤란하다. 자본주의국가에 대한 최근 연구 분석은 신자유주의적 형태의 경제적 글로벌화 요청에 대해 국가가 그 제도나 경제정책을 어떻게 개량하는가를 파악하는 방향으로 나아가고 있다.

2. 자본주의의 다양성

자본주의국가의 접근방법이 나타내는 것은 자본주의가 튼튼한 바위, 혹은 변함없는 시스템이 아니고 지리적으로 다양한 이념, 제도, 경제적 조직화의 총체라는

[1] 자연의 시장 견인형의 활동에 기인하고, 부정적인 사회적·환경상의 내지는 경제적 결과 또는 외부성을 말한다.

것이다. 다른 형태의 자본주의국가에 대한 흥미는 자본주의의 다양한 접근방법을 동기부여하는 것이다. 그 접근방법은 국가에 착근한 특징을 언급하는 것이고, 국가의 행위가 사회·문화적으로 어떻게 명료해지며, 특정 시장이념을 반영하는가에 관심을 가지고 있다. 지리학자에게 자본주의의 다양성은 국가 간 상위, 그 역사적·공간적 진화, 그리고 시민, 다른 국가와의 결합이 어떻게 그와 같은 진화를 만들었는가를 설명하는 중요한 개념적 렌즈가 된다. 일반적으로 복지 국가, 개발도상국가, 사회주의국가, 신자유주의국가라는 자본주의의 4가지 구분이 대개의 국가를 설명한다.

케인스주의적 국가 혹은 사회민주주의는 순환적인 경제공황 영향의 완화, 고용수준의 극대화, 그리고 사회보장, 교육, 건강보험, 국방 등의 공공재·서비스 공급에 필요한 세수(稅收) 유지를 통해 시장의 여러 힘을 관리한다. 복지국가는 통화·금융정책을 통해 경제생활을 유지하고, 부를 사회 전체에 재분배한다. 국가는 경우에 따라 고용을 유지하고 국가 내부의 원료 공급자로부터 가치를 부가하는 제조업자의 전후방 연계를 확보하기 위해 은행, 철강업, 자동차 제조업과 같은 중요 산업을 부분적으로 소유하는 경우도 있다.

개발도상국가는 통산적으로 한국과 같이 동아시아의 경제력과 관계하고, 수출시장을 찾아 수입의 흐름을 엄격히 통제해야 하는 국가는 국내 산업에 적극적으로 개입한다. 경제적·정치적 엘리트 간 긴밀한 결부는 대부분의 국가에서 문제시되고 있는데, 성공한 개발도상국가는 주로 주식을 가지는 특징이 있는 거대산업 그룹(한국의 재벌, 일본의 계열)을 통해 실업(實業)계와 정부의 긴밀한 결부를 실현한다. 개발도상국가는 '목표산업'을 명기하지만, 그것은 국내의 광범위한 전후방 연계와 더불어 정해지는데, 전형적인 것이 기간산업부문이다. 예를 들어 한국에서 철강업으로의 투자는 그후 계속해서 조선업이나 자동차산업의 발전으로 이어졌다. 에반스(P. B. Evans)는 착근적 자립성(embedded autonomy)을 결과로 내세워 한국과 인도 등 몇몇 개발도상국가의 성공을 설명했다. 착근적 자립성이란 어떻게 산업발전을 진전시켜야 하는지에 대한 민관협조가 행해지지만, 국내 기업이 효율성·우위성을 유지하면서 정부가 국내 경제목표를 정하기에 충분한 자립성을 유지하는 상황이다. 개발도상국가는 기본적인 서비스(건강, 교육)를 국내에서 공급하는 한편 급속한 근대화나 고도성장에 미친 명료한 우선순위는 종종 사회적·공간적 평등이나 민주적 권리를 희생하면서 성립되었다. 예를 들면 중국의 싼샤(三峽) 댐 건설, 1960년대부터 1980년대까지에 걸친 한국의 군사 독재정권의 역사, 일본의 젠더 차별 등이 그것이다.

공산주의국가나 사회주의국가는 정치적 권력을 집권화하고, 사회계층상의 차별을 줄여 자본주의와의 무역에서 벗어난 자기충족적 혹은 자급자족적인 경제를 영위하기 위해 이를 중점적으로 제어한다. 사회주의국가는 통상 재산이나 생산수단을 엄중히 제어하는 일당제의 국가이다. 사회주의는 공산주의로 나아가는 움직임 속에서 필요불가결한 단계로 이해되고, 사회주의국가는 최종적으로 공동관리를 선택하는 것으로 권력을 방기한다. 이런 의미에서 국가 스케일에서 공산주의에 도달하는 것은 없다. 이러한 점에서 거의 대부분의 공산주의국가는 사회주의 경제와 형용하는 편이 제격이다. 가격이 시장이 아닌 정부에 의해 정해지는 중앙집권형 경제계획은 거의 대부분의 사회주의국가의 공통점이고, 경우에 따라서는 산업의 공간적 클러스터링(clustering), 예를 들면 소련의 영역 생산 콤플렉스(complex)에 관한 것과도 공통적이다. 이에 덧붙여 복지의 분배나 공간적 평등에 대한 목표를 달성하는 것은 애매한 부분이라 이를 강고한 목표로 설정해 상당한 주의를 기울인다. 순수한 사회주의 경제는 오늘날 대부분 남아 있지 않고, 소련 붕괴 이후 많은 구사회주의 경제는 시장경제로 전환하기 시작했다. 이러한 이행(移行)경제, 예를 들면 폴란드, 베트남 등은 사회주의하에서 보증되어온 급부금(給付金)제도나 사회적 서비스의 일부를 유지하면서 효율적인 시장 시스템을 발전시키는 독자적인 노선에 도전하고 있다.

1980년대부터 신자유주의국가가 세계경제에서 일반적이 되었다. 이 경우 국가는 군사를 보유하고 일부 복지 프로그램을 시행하는 등의 중요성을 가지는 것을 을 제외하고는 사회경제적 과제에 대해 무간섭주의(laissez-faire) 자세(stance)를 취한다. 제숍(B. Jessop)은 복지국가의 공동화(空洞化)로 신자유주의국가의 출현을 언급했다. 그것은 재정의 지방분권화, 민영화, 사회복지(사회보장 급부)에서 근로복지 프로그램(직업 안정)으로의 이행(shift)을 동반한다. 개발도상국가와 거의 같은 모양으로 신자유주의국가는 수출지향공업화(Export-Oriented industrialization: EOI)를 촉진하고 국제시장에서 국가의 비교우위의 확립을 꾀하고 있다. 수출지향공업화 전략으로의 이행은 신자유주의국가와 케인스주의적 복지국가 사이에 중요한 차이가 있다. 복지국가는 종종 수입대체 공업화(Import-Substitutive Industrialization: ISI)를 주문하고 무역 관세나 수입할당을 통해 국내 산업의 보호를 노리고 있다. 수출지향 공업화의 촉진에서 신자유주의국가는 IMF에 의한 국제금융제도(International Financial Institution)와 더불어 작용해 외국시장으로의 접근을 향상시켜 국제 자본유동에 대한 규제를 완화하고 자국 기업이 다른 국가에 투자할 경우 그 재산권을 보호한다. 수출지향공업화 전략은 개발도상국가에서 채택되어왔기 때문이지만 대부분의 개발노상국에서는 그 전략이 다국 간 원조기관(세계은행 등)에 의해 맡겨둔 구조조정 프로그램을 통해 촉진되어왔다. 구조조정 프로그램은 자유무역을 유지하기 위해 자국의 금융제도, 시장, 규제 시스템을 개량하려는 것이다. 신자유주의적 모형이 널리 일반적이 된 이후 개발도상국이나 선진국의 대부분은 글로벌 규모에서 사회적 불평등이 뚜렷해졌다.

3. 국가 간 관계와 무역·투자협정

최근 정치에 의한 국가 간 관계[예를 들면, 북대서양조약기구(NATO)]로부터 경제적 목표, 경제적인 우선사항이 주도된 국가 간 관계로의 변화가 관찰되어왔다. 특히 국가군은 자본이나 자원의 국제적인 유동을 좀 더 이끌기 쉽도록 두 국가 간, 다국 간 또는 지역적인 무역·투자협정에 참가하게 되었다. 이러한 협정은 일반적으로 세 가지 형태를 나타낸다. 즉, 첫째는 이중과세조약(Double Taxation Treaties: DTTs)으로 배당금이나 이익에 이중으로 과세하는 것으로부터 개인이나 기업을 지키는 것이다. 둘째는 양국 간 투자조약(Bilateral Investment Treaties: BITs)으로 두 국가 간 무역유동과 투자의 안전성을 높이기 위한 것이다. 셋째는 특혜적 무역투자협정 (The Protection of Trading Interests Acts: PTIAs)으로 참가국 간 경제조정과 시장접근을 추진하는 것이다. PTIAs는 미국 정부의 안데스 무역 촉진·마약 근절법(Andes Trade Promotion and Drugs Eradication Act: ATPDEA)이 나타내는 것과 같이 경제적 과제 이상의 것과 결부되어 있는 경우다. 안데스 무역 촉진·마약 근절법은 볼리비아, 콜롬비아, 페루의 안데스 여러 나라에 특혜무역의 기회를 제공하고, 코카(coca) 잎 재배와 유통을 약체화시키는 것이다.

〈그림 5-1〉 특혜무역·투자협정의 '스파게티 볼'

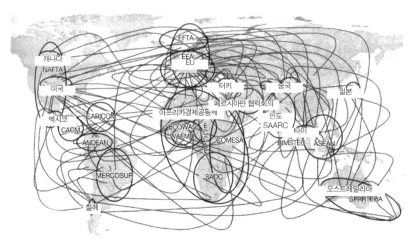

CACM: 중앙아메리카공동시장
ANDEAN: 안데스 공동체
MERCOSUR: 남아메리카공동시장
EFTA: 유럽자유무역연합
EEA: 유럽경제지역
ECOWAS: 서아프리카 경제협력체
WAEMU; 서아프리카 경제통화연합
ECCAS: 중앙아프리카 경제공동체
SADC: 남아프리카 개발공동체
COMESA: 동남아프리카 공동시장
SAARC: 남아시아 지역협력연합
BIMSTEC: 벵골만 7국 경제협력체
ASEAN: 동남아시아 국가연합
SPARTECA:
남태평양지역무역경제협력협정
자료: 小田宏信 外(2014: 31).

EU나 ASEAN 같은 지역경제연합 혹은 지역무역협정과 또 글로벌 경제의 거버넌스도 서서히 중요한 역할을 담당하고 있다. 이러한 협정은 지리적으로 접근한 국가와 국가를 여러 수준에서 경제통합이나 정치적 협조로 결부시키는 것이다. 북아메리카 자유무역협정(North American Free Trade Agreement: NAFTA)과 같은 자유무역지역은 참가국 간 무역장벽을 없앴지만 무역투자의 장벽을 줄이는 데 필요 이상의 정치적·경제적 협조를 동반한다. 안데스 공동시장(Andean Community: ANCOM) 등과 같은 관세동맹은 역내에서의 자유무역을 가능하게 하고, 참가국은 그들 이외의 국가에 대한 공통의 외부 무역정책을 추구한다. 카리브 공동체(Caribbean Community and Common Market: CARICOM)와 같은 공통시장이나 동아프리카 공동체(East African Community: EAC) 등은 노동·자본이라는 생산요소가 참가국 간 자유롭게 이동할 수 있는 지역을 말한다. 마지막으로 지역경제통합의 선진적인 형태인 EU와 같은 경제연합을 들 수 있다. 경제연합은 고도의 경제적·정치적 협조를 필요로 하고 참가국에는 공통금융시스템, 공통통화, 공통의 무역·투자환경 등 규제의 확립을 지원하는 것이 기대되고 있다.

2007년 현재 유효한 BITs는 2,608개, DTTs는 2,730개, PTIAs는 254개가 존재한다. 〈그림 5-1〉의 타원이나 곡선이 나타내는 것과 같이 대개 국가나 지역은 두 개 국가, 지역 내·지역 간 PTIAs의 복잡한 조합에 의존하고, 세계경제와의 관계 혹은 그 이상의 무엇인가가 정치경제적 동맹의 글로벌 '스파케티 볼(spaghetti ball)'로서 그 상황을 나타낸다. 중요한 것은 이러한 복잡한 관계성·상호의존성이 평등하고 자유로운 시장을 견인하는 글로벌 무역 시스템의 가능성에 대한 WTO의 언명과 모순이라는 것이다. 이것들은 무엇보다도 국가가 세계경제에서 중요한 역할을 계속하도록 하는 것이다.

4. 국가의 실제로서의 영역성

모든 국가는 그 형태나 다양성과 관계없이 도시·지역·국가 스케일이라는 다양한 스케일에서 기능을 하고, 국가는 그러한 스케일에서 각종 조정을 통해 기능이 이루어지도록 하고 재산이나 그 밖의 시민권을 결정·보증하고, 교육, 군비, 환경 등의 분야에서 공공재를 공급·운영하며, 사회를 결집해 노동력의 재생산과 그 생산성 증대를 확인하려는 노력을 한다. 그런 가운데 영역적 존재로서의 국가는 그 영역 내에서 보이지 않게 다른 나라에 대해 권력과 정통성을 높이려는 노력을 한다. 국가의 영역적 전략은 공식적[(formal), 예를 들어, 노동법, 환경규제, 세제 등], 비공식적[(informal), 예를 들어, 부패한 실천, 족벌정치(nepotism)을 통해]으로 실행되고, 그들은 산업발달·지역발전의 과정에 영향을 끼쳐 사회경제상황을 만들어낸다.

영역적인 전략에 대해 합의(consensus)에 도달할 경우 종종 대립이 발생하기 때문에 국가라는 것은 대립한 행위자가 대체적인 경제 비전이나 공상을 내놓는 사회적 무대로 이해되는 것이 첫 번째이다. 이러한 투쟁은 사상, 기업, 산업, 노동자, 커뮤니티에 승리 팀과 패배 팀 쌍방을 만들어낸다. 강한 행위자는 국가의 영역 내 및 다른 사회적 스케일에서 권력을 장악한다. 지방 활성화 연합이나 국가적인 산업촉진기관, 민관의 우호적 협력관계(partnership), 국제개발기관, 상공회의소 어느 것이나 민간부문의 행위자와 정부당국을 결부 짓는 기관이지만, 이들은 정책전환을 이끌거나 현상유지에서의 전환이 저지되는 경우 열쇠가 되는 역할을 한다.

5. 포용적 제도

왜 어떤 나라는 가난하고, 어떤 나라는 부유할까? 이 현상은 수많은 학자가 큰 관심을 갖는 주제이다. 경제학자와 정치학자인 에스모글루와 로빈슨(D. Acemoglu and J. Robinson)은 『국가는 왜 실패하는가?(Why Nations Fail?)』(2012)에서 기후, 지리적 위치, 문화가 국가 간 빈부 차이를 낳는 데 중요한 역할을 한다는 기존의 학설과는 달리 이른바 포용적(inclusive)인 정치·경제제도의 유무가 국가의 흥망성쇠를 결정짓는다는 것을 밝히고 있다. 포용적 경제제도란 사유재산을 보장하고 법이 공평무사하게 시행되며, 계약과 교환의 자유를 보장하는 제도를 말한다. 포용적 정치제도가 이를 뒷받침하는데, 사회 전반에 고루 권력을 분배하고, 자의적 권력행사를 제한하면서도 일정 수준 이상의 중앙집권화를 이루는 것이다. 이 제도는 흔히 생각할 수 있는 이상적인 체제에 가까워 규칙과 법이 살아있으며, 사람들은 자신이 창출한 것을 소유할 수 있는 권리와 적절한 보상을 보장받고, 또한 누구에게나 올바른 기회, 즉 원하는 직업을 가질 기회가 열려 있고, 좋은 아이디어를 가진 사람은 사업을 할 기회가 있다. 그러나 대부분의 국가에서는 이런 식의 지배가 이루어지지 않는다는 것이다. 소수의 계층이 포용적 제도의 발전가능성을 알면서도 그 반대 제도인 착취적 제도를 고집하는 이면에는 포용적 제도가 불러올 창조적 파괴의 공포가 숨어 있기 때문이다. 콩고의 지배자가 쟁기를 보급하지 않고, 합스부르크 황제가 철도를 부설하지 않았으며, 이슬람 왕조가 인쇄기술의 보급을 막은 것도 이 때문이다.

예를 들면 똑같은 식민지로 출발한 북아메리카와 남아메리카의 경제격차가 오늘날처럼 벌어진 이유를 이 제도로 설명할 수 있다. 금과 은, 노동력이 풍부했던 남아메리카는 에스파냐 왕실의 극심한 수탈에 시달렸다. 한편 북아메리카는 착취할 자원도 노동력도 부족해 살아남기 위한 자구책이 필요했다. 영국은 생산성 장려책(incentive) 방식을 택해 이주민들에게 땅을 분양해 개척하게 했다. 즉, 북아메리카는 결정적 단계에서 포용의 길을 선택함으로써 번영할 수 있었다(〈표 5-1〉).

포용적인 체제는 어떤 자동적인 과정이나 몇몇 엘리트에 의해 간단하게 이루어지는 것이 아니고 우리 사회의 여러 분쟁이 제도화된 메커니즘과 수단에 따라 점진적으로 해결되어갈 때 나타나는 경향이 강하다. 분열과 마찰을 겪을 때 필요한 것

〈표 5-1〉 남북아메리카 격차의 시발점이 된 식민지 시대 정책

북아메리카(식민지배자: 영국)	구분	남아메리카(식민지배자: 에스파냐)
・착취할 자원과 노동력 부족 ・원주민의 강한 저항	식민지 시대 상황	・금과 은이 많이 산출되고 노동력이 풍부
・이주민에게도 모진 노동을 강요하고 엄한 제도 시행 ・생산성 장려책을 도입하고 강제노동계약 금지	식민지 전략	・원주민의 토지를 몰수하고 강제노역으로 착취 ・최저 생계수준의 임금만을 지급하고 높은 세금을 부과
・식민지 의회 창설 ・공유지 불하 조례 등 토지 소유권 입법 ・포용적 제도의 기반 마련	결과	・불평등이 지배하고, 경제적 잠재력을 뺏긴 대륙으로 전락

은 '폭넓은 제휴(broad coalition)'로 사회 전반에 걸쳐 폭넓은 제휴가 이루어져 있다면 극단적인 의견을 수렴할 수 있고, 서로 다른 의견을 조정할 제도를 이끌 수 있다. 그리고 글로벌화는 그 자체로 더 많은 포용적 체제를 낳는다기보다 그 영향력이 포용적 경제체제를 탄생시키는 도움을 준다. 북해 연안의 국가들이 경제성장을 이룬 것은 EU의 영향력 때문이라고 할 수 있다.

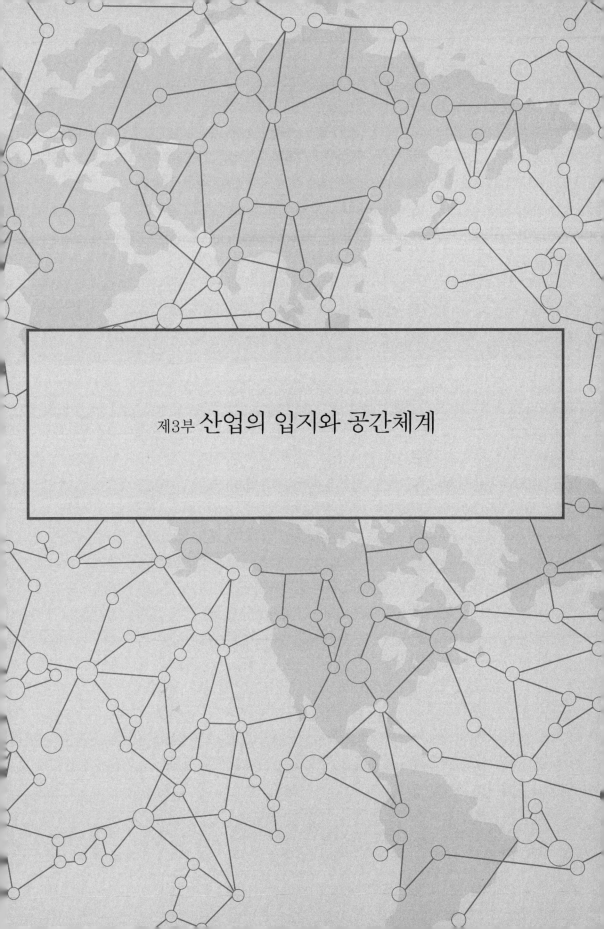

제3부 산업의 입지와 공간체계

제6장
농업의 입지와 공간구조

1. 농업지리학의 본질과 접근방법

1) 농업지리학의 본질

농업지리학(agricultural geography)[1]은 농업활동이 행해지는 지역을 대상으로 그 지역구조와 지역성을 밝히고, 지표의 공간적 질서를 구명하는 것이다. 이런 농업지리학은 제2·3차산업과 달리 자연환경과 생물학적 변천(biological processes)에 의존하며 광범위한 토지이용을 행하는 유일한 경제활동이다. 매카시(H. H. McCarty)와 린드버그(J. B. Lindberg)는 농업과 다른 생산활동과의 차이를 다음과 같이 지적했다. 첫째, 농업은 토지의 질[2], 인구압, 상속법 등에 의해 농지규모가 다양하게 나타난다. 둘째, 농업기술의 발달로 생산의 전문화가 각 지역에서 다양한 생산물의 농업체계를 나타내게 했다. 셋째, 농업의 생산과정은 동·식물의 생활주기에 순응하는 성질을 가지고 있다. 넷째, 농업활동의 입지는 제조업과 달리 입지가 고정되어 있으며, 농민들은 이동시킬 수 없는 농지에서 가장 효과적인 토지이용을 위해 최고 의사결정을 도출한다. 다섯째, 세계 대부분의 지역에서는 농산물의 생산을 시장으로 출하하는 것보다는 자급을 목적으로 하고 있다.

이와 같은 성질을 가진 농업은 경제발전과정에서 상대적으로 그 지위가 저하되고, 지역문제를 포함한 농업문제를 파생시키고 있는데 그 이유는 다음과 같다. 첫째, 농업생산은 기본적으로 생물생산이고 자연의 여러 인자와 관계를 끊을 수 없는 자연환경에 의해 규정되는 측면이 있기 때문이다. 둘째, 농업생산에서 노동과정이

[1] 라틴어의 Agrecultra와 그리스어인 Geographia가 합쳐 만들어진 복합어이다.

[2] 일반적으로 염기성이 많은 토질의 생산성이 높다.

셋째, 수확체감의 법칙[3]이 작용하기 때문에 노동 생산성이 낮다. 넷째, 일정한 면적 이상의 생산용 토지를 가질 필요가 있다. 다섯째, 다른 산업에 비해 노동생산성 및 토지생산성이 낮은 특성 때문에 농업은 국민경제의 발전 속에서 다른 산업과 당연히 생산성의 차이가 나타나 경제적 지위가 저하했다. 또 국제무역이 활발한 가운데서도 농산물은 그 예외였고, 또 선진자본주의국가 중에서는 농업생산을 목표로 하는 역사적 전통성이 짧고, 또 광대한 농지를 가진 미국이 상대적으로 생산성을 높여 식량 공급력(가격경쟁력)이 강해져 국제분업체제를 강화한 데 있다.

3) 토지, 노동, 자본과 같은 생산요소는 수확체감의 법칙이 적용된다.

2) 농업지리학의 존립기반

〈그림 6-1〉 농업지리학의 존립기반

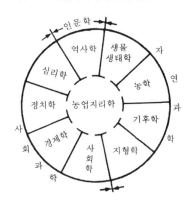

농업지리학은 지표에 무질서하게 나타나는 농업현상을 농업지역으로 체계화시키는 독자성에서 존립할 수 있다고 할 수 있다. 그리고 그 존립기반은 다른 지리학에서와 마찬가지로 여러 과학과 학제성(學際性)이 강하고 종합성이 강한 과학으로, 〈그림 6-1〉은 농업지리학이 인문학과 사회·자연과학과의 강한 관련성을 나타낸 것이다. 또한 농업지리학은 한계과학의 성격이 강하다. 〈그림 6-2〉는 미국 남동부 목화 재배지역의 자연적 최적지와 한계성을 나타낸 것으로, 목화는 자연환경에서 무상일수(無霜日數) 200일 이하, 가을 강수량 250mm 이하, 연강수량 500mm 이상을 경계로 이들 조건에 해당하는 험준하지 않는 지형과 목화가 성장하는 데 좋은 토양을 가진 지역에서 재배된다.

〈그림 6-2〉 자연환경의 한계성

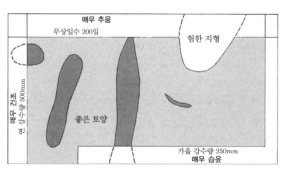

자료: McCarty and Lindberg(1966: 220).

3) 농업지리학의 연구계보와 이론적 관점

농업지리학이 독립과학으로서 성립된 것은 19세기말 농업지리학의 아버지인 독일의 엥겔브레히트(T. H. Engelbrecht)에 의해서이다. 그 후 번하드(H. Bernhard), 륄(A. Rühl), 바이벨(L. Waibel), 오트램바(E. Otremba)에 의해 농업지리학은 발달되었는데, 유럽에서 농업지리학은 독일의 경우 농업입지론과 농업경관론[4]을, 영국에서는 토지이용의 응용적인 면, 프랑스에서는 농촌취락의 문제를 연구했다.

농업생산은 농기구를 사용해 농업생산 소재를 변용시켜 생산물을 수확하는 일련의 노동과정이다. 이와 같은 농업활동에 대한 지리학적 연구는 1920~1930년대의 베이기(O. B. Baker)를 중심으로 농업활동과 자연환경과의 인과관계 및 개개 농산물의 지역적 연구가 이루어졌으나 경제적 원리가 무시되었다. 또한 휘틀지(D. S. Whittlesey)를 중심으로 한 농업지역구분의 연구도 함께 행해져 1950년대에 이르렀다. 그 후 1960년대 이후 농업지리학은 전통적인 상업지리학에 경제이론을 혼합시킨 농업의 경제지리학(economic geography of agriculture)이 영국의 뷰캐넌(R. O. Buchanan), 미드(W. R. Mead)를 중심으로 성립되었다. 한편 농업과 환경과의 통합적 연구로서 생태학적 측면에서의 농업체계(agricultural system)가 스토다트(D. R. Stoddart), 스테발트(J. H. Steward), 커츠(C. Geertz)를 중심으로 발달하게 되었다. 이 생태학적 측면의 농업체계는 일반체계이론(general system theory)에 바탕을 둔 연구이다. 농업의 경제지리학적 연구는 첫째, 토지이용 형태를 파악하기 위한 경제지대의 연구, 둘째 토지이용의 이론적 개념 연구, 셋째 농경지에 관한 연구, 넷째 농지, 노동력, 농업자본에 관한 연구를 그 중심과제로 하고 있다. 한편 농업체계 연구는 자연 생태계와의 관계를 설명하는 것을 그 중심과제로 하고 있다.

농업지리학의 이론적 관점의 발달은 이윤 최대화 모델과 만족화(satisfier) 모델로 나누어 설명할 수 있다. 이윤 최대화 모델은 고전적 입지론에서 가정한 경제인의 관점에서 나온 모델로서 모든 농민은 완전한 지식과 정보를 갖고 있으며, 그 활용도도 동일하다는 가정에서 나온 이론이다. 그러나 현실세계의 모든 농민은 완전한 지식과 정보를 갖고 있지 않으며, 또 완전한 경제적 의사도 가질 수 없으며, 환경의 불확실성 등으로 합리적인 경제인이 아니라는 관점에서 나온 것이 만족화 모델이다.

제2차 세계대전 이후 농업지리학 연구에서 주된 이론적 접근방법은 4가지가 있다. 즉, 첫째, 자연환경이 농업의 의사결정을 통제한다고 하는 지리적 결정 모델(geographical determinism model), 둘째 시장, 생산, 교통비의 경제적 요인이 유사한 생산자의 집단에 작용한다는 경제적 결정 모델(economic determinism model), 셋째

4) 농업경관론의 구성요소는 토지구획, 도로망, 경작지와 주택지외의 관계, 택지 상호간의 거리, 택지의 형태, 건물과 부속시설물의 평면 및 입면형태 등이다.

농민들의 가치, 목적, 동기와 위험에 대한 태도 등이 농업 의사결정에 영향을 미친다고 하는 사회·개인적 결정 모델(socio-personal determinism model), 넷째 높은 기술과 농기업의 출현이 농업 진보의 징후가 아니라고 가정하는 급진모델(radical model)이 그것이다.

1980년대 전반까지의 농업지리학은 지역성을 기술하거나 입지모형을 구축하는 연구에 머물러 농업분야는 경제지리학 중에서 그 중요성을 잃게 되었다. 그래서 1980년대 이후 농업지리학은 이론화를 모색해왔는데, 그 발단의 논의가 된 것이 농업의 산업화론이다. 농업의 산업화는 현상적으로는 상품사슬의 확대, 생산과 자본의 집중, 수직적 통합의 강화가 포함되어 식료[5]시스템(food system)[6]의 공간구조에도 큰 영향을 미쳤다. 농업의 산업화론은 미시 경제적인 관점에서의 연구와 거시 경제적 관점에서의 연구로 나누어진다.

5) 식료·식량이라고도 한다. 같은 의미로 사용하기도 하지만 각각 분리해서 사용하기도 한다. 즉, 넓은 의미로 먹을거리 일반을 가리키는 용어를 식료라고 하고, 쌀, 보리 등의 주식을 구성하는 것을 식량이라고 구분해 사용하기도 한다.
6) 식료에 관해서 종래의 생산부문만을 중시한 관점이 아니고 생산·가공·유통·소비에 이르기까지의 상호관계를 체계화해 파악한 개념을 말한다.

농업지리학에서 농업의 산업화의 이론적 원류는 캐나다의 지리학자 트라우턴(M. J. Troughton)이 제시한 농업혁명론 중에서 기인되었다. 농업의 산업화란 규모가 크고 고도로 자본화되고 집약화된 생산 단위로 인한 농업의 변화이고, 현상적으로는 자본을 많이 투입함에 따라 집약화, 영농단위의 감소와 대형화에 의한 집중화, 노동과정의 전문화로 파악된다. 트라우턴의 농업 산업화론은 1만년 이상에 걸친 세계 농업사를 세 단계(농업의 개시와 전파, 시장의 등장, 농업의 산업화)로 전개시킨 규모(scale)가 큰 내용이고, 관점으로는 농업자의 행동에 초점을 두었다는 점에서 미시 경제적이라고 할 수 있다. 미시 경제적 농업의 산업론에서 가장 공업적 농업의 전형적인 부문은 사료 요구율이 높은 통닭용(broiler) 양계를 포함한 시설형 축산업이다. 그리고 농업관련 산업을 융성하게 한 쟁기에서 트랙터로의 농업기계화, 퇴비에서 화학비료의 투입 등 공업 제품의 원료가 농산물에서 화학적인 물질이나 다른 농산물로 대체되어 공업과정을 거쳐, 원료로서 투입된 농산물이 변용된 거시경제에서 산업부문의 상대적인 변동에 관한 이론을 전개하는 것이다.

7) 산지의 형성은 생산자와 소비자가 분업을 하는 농산물 시장이 등장한 시기에 이루어졌으며, 이와 같은 생산과 소비의 분업이 이루어지기 위해서는 생산성의 향상, 시장의 존재, 적절한 수송수단, 또는 화폐경제, 안정된 정치체제, 인구의 집중 등이 필요하다.

또한 지역이라는 거시적 관점의 연구와 개인이라는 미시적 관점의 연구의 중간적 성격으로 생산자 집단[산지연구(産地研究)][7]의 연구도 필요하다. 산지연구는 경제지리학 관점에서의 연구가 사회지리학의 분야로 확대된 새로운 연구방법의 전개가 가능하다는 것을 나타낸 것이다.

이와 같은 농업지리학의 연구는 그 경제활동의 범위를 어느 정도의 규모에서 연구해야 하는 것에 따라 농업활동에 영향을 미치는 인자가 다르게 나타난다. 일반적으로 농업지리학의 분석수준은 모건(W. B. Morgan)과 먼턴(R. J. C. Munton)에 의하면 출간된 자료와 행정구역을 바탕으로 지역 간의 비교가 가능한 국가적 수준과, 이미 농업지리학에서 설정된 농업지역 수준에서의 연구, 의사결정 단위로 토지이용 패턴의 행동적 접근방법이 가능한 농장수준(farm level), 농업지리학의 보편적인 연구 분석수준은 아니지만 많은 역사적 요인에 영향을 받은 농경지 수준(field level)이 있다.

농업지리학에서 사용되는 자료는 토지와 토지이용이 구분된 자료, 1972년 처음 발사된 랜드셋(LANDSAT)[8])에 의한 토지이용의 원격탐사 자료, 미국에서 1840~1841년에 처음 실시되었고 가장 보편적인 농업 국세조사 자료, 행동연구에 중요한 정보원인 농장의 설문지 조사 등이 있다.

8) 지구의 자원과 환경을 관측하기 위한 목적으로 발사된 미국의 지구관측위성을 말한다.

2. 고전적 농업 입지론

1965년 미국 국가과학원과 국가연구협회 지리분과위원회에서는 입지론 연구의 4가지 문제영역을 제시했는데, 첫째, 정적인 공간구조(static spatial structure), 둘째, 공간체계(spatial system), 셋째, 결정·확률론적 접근, 넷째, 입지문제에 대한 효율성 해결이 그것이다. 농업입지론은 위의 4가지 문제영역에 모두 해당된다고 볼 수 있다.

1) 농업경영과 토지생산력

농업은 인간이 이윤을 추구하는 경제활동으로 그 생산력을 증진시키는 것이 목표이다. 이를 위한 농업경영 형태를 인식하려면 경영조직, 경영 집약도, 경영규모를 지표로 해 파악할 수 있다. 그리고 농업 경영형태를 결정짓는 조건으로서 브링크만(Th. Brinkmann)은 첫째, 농기업의 교통적 위치, 둘째 농장의 자연적 사정, 셋째 사회·경제의 발달단계, 넷째 기업가의 개인적 사정 등을 들 수 있다.

이러한 농업경영은 토지 생산력과 밀접한 관계를 맺고 있다. 토지생산력은 질적·양적인 면에서 파악할 수 있다. 즉, 토지생산력의 질적인 면을 파악할 수 있는 지표는 지형, 기후, 토양, 지하수, 생산기술 등으로, 이 중 가장 광범위한 지역에 영향을 미치는 것으로는 기후를 들 수 있다. 기후와 토지생산력과의 관계는 온량지수(warmness index)[9]와 습윤지수(humidness index)[10]로 측정하는데, 이들 두 지수와 토지생산력과의 관계는 비례관계에 있다. 한편 토지생산력의 양적인 면은 농산물의 양 및 무게, 화폐단위, 칼로리 등에 의해 파악할 수 있다.

여기에서 토지생산력과 농업경영과의 관계를 보면 다음과 같다. 농가 1호가 생활을 목적으로 경영하는 농지의 규모를 적정규모라 하면, 적정규모의 토지생산력이 저하하게 되면 농업 경영규모의 증대 및 노동력의 증대, 지력(地力)유지 등을 이룩해야 한다. 따라서 토지생산력이 1/2로 감소하면 적정규모는 적어도 2배 이상 증대되어야 하며, 적정규모의 확대와 더불어 노동력을 더욱 필요로 하게 된다.

2) 농업입지론

농업생산에 대한 경제적 분석이 시도된 것은 18세기 중엽에 전개된 중농주의 시대부터이다. 중농주의의 대표적인 경제학자인 케네(F. Quesnay)와 튀르고(A. R. J. Turgot)의 성과가 그 대표적인 데, 이들은 농업입국의 성격이 강한 프랑스에서 사회계층간의 농업생산을 중심으로 한 부(富)의 분석 등을 행한 점이 획기적이었지만, 농업생산이 갖는 공간성의 인식에 대해서는 튀르고가 약간 언급했지만 일반화되지는 않았다.

농업생산의 조건에서 지역적 제약이 존재한다는 것을 본격화시킨 사람은 스미스(A. Smith)[11]이다. 스미스는 지대를 토지의 사용에 대한 지불가격으로 보고, 지대는 생산물의 다산성, 또 그 위치에 의해 차이가 발생한다고 간주하고, 농업생산도 그 원리에 의해 곡물 재배지, 개량된 방목지, 황량한 방목지의 순으로 배열된다는 토지이용 형태를 나타냈다. 위치에 따른 지대의 차이는 노동력의 투하량으로 나타내어 운송비의 개념은 미성숙했지만 노동 투하량을 운송비로 나타내면 〈그림 6-3〉과 같다. 즉, 농업생산에서 볼 수 있는 배열질서를 처음으로 경제원리에 의해 나

9) 온량지수(warmness index)는 매월 5℃ 이상(고등생물이 살아가는데 최저온도)의 기온을 적산한 것으로, 온량지수와 토지생산력과는 비례관계를 나타낸다.
10) 습윤지수(humid index)는 온량지수의 값에 따라, 온량지수가 100℃ 이하일 때와 100℃ 이상일 경우로 나누어 구할 수가 있다. 온량지수가 100℃ 이하일 경우에 습윤지수는 $H.I = \dfrac{P}{(W.I. + 20)}$의 공식에 의해 구하고, 온량지수가 100℃ 이상일 경우 습윤지수는 $H.I = \dfrac{P}{(W.I. + 140)}$의 공식에 의해 구한다. 단 여기에서 P는 강수량(mm)을 나타낸다. 습윤지수와 토지생산력과는 비례관계를 나타낸다.
11) 중농주의의 자유사상을 기초로 좀 더 정밀하고 체계적인 경제학을 정립시켰다.

〈그림 6-3〉 스미스의 지대(地代) 변화

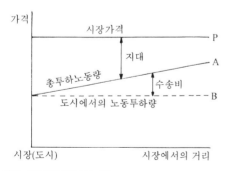

자료: 川島哲郎 編(1986: 43).

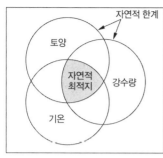

〈그림 6-4〉 자연적 최적입지

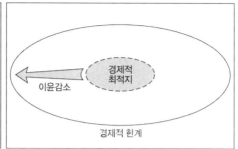

〈그림 6-5〉 경제적 최적입지

타냄으로써 지역이론으로서는 획기적이라 평가할 수 있다.

농업입지론 연구는 당초 농학자들에 의해 시작되었다. 이 방면에서 획기적인 업적을 쌓아 농학·농업지리학에 영향을 미친 학자는 튀넨(von Thünen, 1783~1850)이다. 그는 스미스의 지대원리를 결실지은 사람으로 소비시장을 중심으로 6개의 다른 농업 경영지대를 동심원으로 배열시켜 그 매개요인을 지대의 지역차로 설명했다. 그 후 이 이론의 영향을 받은 에레보(F. Aerebo)는 토지집약도가 농가와 경지와의 거리를 규정짓는다는 것을 실증했으며, 던(E. S. Dunn)은 운송수단의 차이와 운임의 관계로 튀넨 모델의 비현실성을 비판했다.

특정지역에서 특정 농산물이 재배되는 이유를 밝히는 것이 바로 농업입지이론을 구명하는 것이다. 농업입지를 결정짓는 요인으로서는 자연적 요인과 사회·경제적 요인으로 대별할 수 있다. 먼저 자연적 요인은 기온·강수량을 포함한 기후, 경사도[12]를 위시한 지형, 토양 등을 들 수 있다(〈그림 6-4〉). 그리고 사회·경제적 요인은 농산물을 시장에 운송함에 따른 운송비, 즉 교통, 농산물을 생산하는데 필요한 노동력의 공급량과 농산물의 수요량을 결정하는 인구, 농업생산비에 중요한 요건인 지대(지가), 생산기술, 자본, 국가정책 등이 그것이다.

여기에서 최적지(optima)와 한계(limits)는 생산성의 차이에 따라 지대의 차이가 존재한다는 리카도의 차액지대(different rent)[13] 개념을 매카시와 린드버그가 공간적으로 일반화시킨 것이다. 〈그림 6-5〉에서 작물재배의 경제적 한계까지 작물이 실제 재배되는 것은 아니다. 즉, 총생산비가 농산물 가격보다 적은 지점까지만 농작물이 재배되는데, 이 작물재배 한계를 경제적 한계라 한다.

12) 경사도는 $\tan\theta = \dfrac{\Delta h}{\Delta l}$ 로 측정한다. 여기서 h는 사면의 고도 차이를 나타내고, l은 1:25,000 지형도에 한 변이 4mm의 방안을 긋고 가장 가까운 두 개의 등고선 간 최단거리를 말한다.

13) 토지에 대한 수확체감의 법칙을 근거로 리카도가 전개한 지대론을 말한다.

(1) 기본적 지대곡선과 거리·지대식(地代式)

먼저 지리학에서의 지대는 경제학에서의 경제지대와는 달리 입지지대(location rent)로, 기본적인 지대곡선에 대한 전제조건은 다음과 같다. 첫째, 농업이 행해지는 지역은 등질평야로 가정하고, 등질평야의 중앙에 광·공·상업의 기능이 집적한 유일한 도시가 있으며, 이 도시는 농작물의 판매시장이 된다. 둘째, 평야의 어떤 장소에도 기후, 지형, 토양, 수리 등의 조건이 동일하다. 셋째, 이용할 수 있는 운송수단은 일정하다. 넷째, 평야의 어떤 두 지점 사이에도 직선적으로 농산물을 운송할 수 있고, 운임률은 방향에 따라 다르지 않다. 다섯째, 외계와의 교역이 없다. 여섯째, 농민의 각종 능력, 농장규모, 채택된 기술 등은 모두 같다. 이상의 전제조건에서 α, β 두 작물의 지대곡선이 결정된다. 먼저 〈표 6-1〉과 같이 α, β작물의 농업생산비와 운임에 의해 운송비 구배선을 〈그림 6-6〉과 같이 나타낼 수 있다. 이들 α, β 두 작물의 생산지에서 시장까지의 거리와 순이익의 관계에 의해 α, β작물의 지대곡선을 〈그림 6-7〉과 같이 나타낼 수 있다. 이 지대곡선을 1954년 지역경제학자 던이 튀넨의 이론을 거리지대곡선(여기서는 직선임)으로 정식화한 것이 $R = pq - cq - rqk$ 또는 $R = q(p - c - rk)$이다.

R: 단위면적 당 지대

p: 농산물 중량 단위당 시장가격

q: 단위면적 당 농산물 생산량

c: 농산물 중량 단위당 생산비

r: 농산물 중량 단위당, 거리 단위당 운임

k: 시장거리

〈그림 6-7〉에서 α, β작물을 중심 O에서 거리가 증가함에 따라 지대가 소멸해 20, 50km가 각각의 지대 소멸점으로 나타나며, 이 지점은 순이익이 0이 되는 경작

〈표 6-1〉 α, β작물의 생산량, 시장가격, 생산비, 톤·km당 운임

작물	면적당 생산량(톤)	톤당 시장가격(원)	톤당 생산비(원)	톤·km당 운임(원)
α	10	5만	2만	1,500
β	5	5만	2만	600

한계[경한(耕限)]가 된다. 그리고 α, β 두 작물의 지대곡선이 교차하는 무차별 지점을 경작경계[경경(耕境)]라고 한다. 여기서 경작경계는 $R_\alpha=R_\beta$, $k_\alpha=k_\beta$일 때 거리·지대식에서 도출할 수 있다. 즉, α, β 두 작물의 경작경계는 12.5km이다. 여기에서 중심 O에서 12.5km까지의 α작물 지대곡선과 12.5km에서 50km의 β작물 지대곡선을 연결한 선을 최고 지대 연결선이리 한다.

〈그림 6-6〉 α, β작물의 생산비 및 운송비 구배선

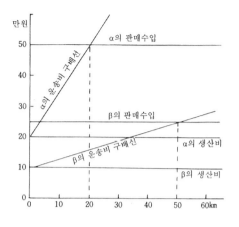

(2) 튀넨권의 구조와 현실적 수정

튀넨이 살았던 당시의 자연적, 사회·경제적 상황을 살펴보면 다음과 같다. 먼저, 자연적 특징으로서 북부 프러시아(독일)는 모레인(Moraine)에 노출된 늪지역이 많고, 또 토지도 비옥하지 못해 튀넨은 농업경영에 정성을 다하는 농장 경영주였다.[14] 그리고 19세기 초 이전까지 북부 프러시아에서는 귀족에 의해 대규모 농업경영을 했는데, 19세기 초에 프러시아에 의해 농제상(農制上)의 개혁이 이루어져 농지는 귀족, 대토지 소유자로부터 농장 경영자에게 이전되었으나 농업 노동자를 고용해 지주 겸 농업자본가로서 새로운 합리적인 농법과

〈그림 6-7〉 α, β 작물의 지대곡선

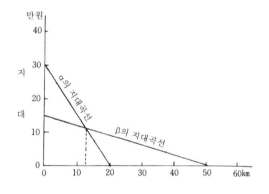

14) 1810년 27세에 1,146 에이커의 농장을 구입했다.

경영목표가 요구되는 시대였다. 따라서 모든 주민이 소유한 부동산을 인정하게 되었고, 농지의 분할과 매매가 자유로워졌다. 그리고 농민은 자유로워져 자기 농장에서 독자적인 농업경영을 하게 되었으며, 농업 노동자가 나타나게 되었다. 즉, 지주가 봉건적인 체제에서 벗어나 자본가로 탈바꿈한 시대였다. 둘째, 공업의 측면에서는 기계제 공업생산의 도입으로 근대 자본주의 시대가 되었다. 그러나 농업분야에서는 공업생산 면에서와 같이 기술적 혁명은 없었고, 중세 이후 공동체적 토지이용 형태나 강제적 윤작이 많이 남아 있었던 삼포식농법 대신에 윤재식농법 등이 제창되었다.

당시 독일의 농학자 테어[A. D. Thaer(1757~1828)]는 농업 후진국인 독일 전국에

15) 윤재식농업으로의 이행은 영국에서는 18세기 말부터 19세기 중엽까지, 독일과 프랑스에서는 19세기 초부터 말까지 이루어졌는데 이를 농업혁명이라고 불렀다. 농업혁명은 제1차가 윤작법으로 생산성을 높인 것이고, 2차 농업혁명은 화학비료, 품종개량으로 비약적인 생산량을 증대한 것이며, 제3차 농업혁명은 융합과 연구개발을 통한 새로운 부가가치를 창출한 것이다.

지력회복을 휴한에 의존하려는 정체적인 삼포식농업 대신에 가축, 사료작물의 도입에 의해 휴한지를 필요로 하지 않는 집약적인 윤재식(輪栽式)농업15)을 보급시키는 것을 제창한데 대해, 튀넨은 지역에 따라 반드시 윤재식농법이 유리하지 않다는 것을 논증하려고 했다. 더욱이 튀넨은 농업경영을 합리적으로 행하기 위해 농업생산양식의 지역적 배치를 야기하는 일반원리를 밝히고 독일의 농업정책에 공헌하려 했다. 이렇게 튀넨은 최대이윤을 가져오는 농업생산양식의 공간적 배치에 관한 일반원리를 밝히려고 한 것이다.

튀넨의 농업입지론은 1826년『농업과 국민경제에 관한 고립국(Der isolierte Staat in Beziehung auf Landwirtschaft und Nationalökonomie)』에 그 내용을 담고 있으며, 이 이론은 세계 최초의 입지론으로 리터(C. Ritter), 콜(J. G. Kohl)의 지리학 이론의 영향을 받았으며, 입지론 대상으로는 던이 지적한 바와 같이 특정 작물 또는 특정 상품의 생산입지에 관한 공통요인을 취급한 산업단계(industry level)의 입지론16)이다.

16) 입지론 대상은 산업단계 외에 기업 단계(firm level), 총체적 단계(aggregated level)로 나눌 수 있다. 기업적 단계는 농업 경영자가 생산요소의 공간적 배열을 결정짓는 입지론이며, 총체적 단계는 농·공·서비스업 등 모든 산업 부문을 취급하는 입지론이다.

튀넨은 1783년 독일 북서부의 올덴부르크(Oldenburg)에서 농장주의 아들로 태어났다. 일찍부터 농장에서 실습을 쌓고 한때 거팅겐대학에서 공부를 했으며, 1810년 발트해 연안 로스톡(Rostock)의 남동쪽 약 5마일레(Meile, 독일식 1마일레는 7.53km로 37.65km임) 떨어진 메크랜부르크(Mecklenburg)의 테로 농장(der Gute Tellow)에서 모범적인 농장경영자로 임금 노동자를 고용해 자신의 농업경영을 실천한 농기업가로 곡초식농업을 중심으로 한 면밀한 수지(收支)계산을 기록한 영농부기 자료(가격, 생산량, 작물 패턴)를 9년 동안 작성해『고립국』을 출간했다. 그가 재배한 농산물을 판매한 도시는 로스톡이었는데, 아마 당시 인구 10만 명 이상인 베를린 또는 함부르크를 판매시장으로 생각했을 것이다.

먼저 튀넨의 농업입지론의 전제조건을 보면 다음과 같다. 첫째, 비옥한 평야의 중앙에 하나의 대도시가 입지하며 광산과 식염 광산이 중앙의 대도시 가까이에 있다. 둘째, 평야에는 주운(舟運)을 할 수 있는 하천이나 운하도 없으며, 비옥도는 모두 같으며, 어디에서든지 경작이 가능하다. 셋째, 가장 외연부는 미개간지로 외계와 완전히 분리된 고립국이다. 고립국의 아이디어는 그가 20세 전후의 청년시절에 홀스타인(Holstein) 지방의 농업학교에 다닐 때 그 지역에서 생산된 농산물의 판매지역인 함부르크 등에서 대도시의 의의를 인식한 데에 기인한 것이다. 넷째, 상업도시에서 거리가 증가함에 따라 농업경영 상태가 어떻게 변화하는가를 알기 위한 것으로, 모든 공예품은 도시에서 평야로, 식량은 평야에서 도시로 공급된다. 다섯째, 평야의 교통기관으로는 마차[17]를 이용한다. 여섯째, 평야에서 행해지는 농업은 가장 합리적으로 이루어져 모든 농민은 수익을 최대로 작물을 선택하는 경제인이다. 이상의 전제조건에서 튀넨의 고립국은 등방성 공간(isotropic surface)으로 간주될 수 있으나, 부(富)와 인구의 분포에서는 비등방성 공간(anisotropic surface)이란 점을 알 수 있다. 그리고 이들 전제조건은 전체적인 조화의 안정성을 기하기 위한 것이었다.

그러면 여기에서 튀넨의 지대개념을 살펴보면 지금까지 지대라 하면 지주가 소작인에게 받아들이는 소작료를 지칭해 스미스 이후 농장지대[農場地代(Gutsrente)]라 불렀다. 그러나 튀넨은 이것을 비판하고 농장지대 중에는 지주가 소작인에게 토지와 더불어 대여한 부속건물 등을 포함한 토지 이외의 유가물(有價物)에 대한 자본의 이자도 포함되어 있기 때문에 실제로 그중의 어느 정도가 토지에 귀속되는가가 분명하지 않다고 주장했다. 그래서 튀넨은 토지만을 귀속하는 지대, 즉 토지 순이익을 토지 이외의 유가물의 이자와 구분해 이것을 새로운 지대라고 정의했는데, 여기에는 조세가 포함되어 있다.

이러한 토지 순이익, 즉 지대가 발생하는 것은 튀넨에 의하면 토지의 순수입·생산비를 규정하는 곡물의 수량(收量)이라고 주장하고, 이 수량은 토지의 지력·비옥도에 의해 좌우된다고 했다. 또 총수입·생산비에는 시장가격, 운송비, 노동비, 이자 등이 영향을 미치기 때문에 주의 깊게 상호의 관계를 검토해, 결론적으로 농장에서 시장까지의 시장거리가 운송비를 좌우해 지대의 고저를 가져오게 하는 최대의 요인이라고 주장했다.

튀넨의 고립국을 보면 〈그림 6-8〉과 같다. 먼저 중심도시에 가장 가까이 분포해 있는 제1권은 자유식농업으로, 오늘날의 시장원예(market farming) 지역에 해당되며 채소, 화훼, 우유의 생산을 목적으로 하는 낙농 등을 행하는 가장 집약적인 농업지대(地帶)이다. 자유식농업에는 비료를 도시로부터 공급받기 때문에 지력회복을 위한 휴한지가 필요 없고, 작부(作付)순서도 제약받지 않는 자유로운 영농을 할 수 있다. 제2권인 임업은 신탄·건설재·용재를 공급하는 권으로, 10만 *Rutes*² (1Rute는 3.77m) 100임업구(林業區)에 매년 1임업구씩 삼림을 벌채하는데, 중

17) 독일식 10마일레(75.3km)의 운송시간은 당시 마차로 왕복 4일이 소요되었다. 독일에서 철도는 1835년 바이엘 왕국의 뉘른베르크~퓌르트(Fürth) 사이(약 6km)에서 처음 개통되었는데, 테로에 철도 노선이 개통된 것은 1880년대였다.

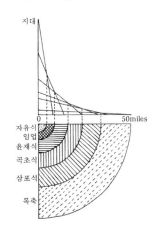

〈그림 6-8〉 튀넨의 고립국

18) 1960년대에 에티오피아 수도 아디스아바바 근교에는 도시 연료림 임업지대가 존재했다.

량에 의한 운송비 부담이 커서 이곳에 임업권이 입지했다.[18] 그러나 실제 이 당시 중심도시 가까이에서 나무 재배는 이루어지지 않았으며 중심도시 외연부에서 공급을 받았다. 임업권이 중심도시 가까이에 분포하고 있는 것은 그 당시 임산물 운송에서 운송 및 연료에 관한 여러 가지 사정을 여실히 반영한 것이라 하겠다. 제3권의 윤재식농업은 이 당시 영국에서는 행해졌지만 독일에서는 이루어지지 않았다. 따라서 장차 독일에서도 부가 축적되면 휴한지가 필요 없는 영국의 집약적인 윤재식농업이 도입될 것이라는 독일의 농학자 테어의 주장이 지배적이 될 것이라는 튀넨 자신의 생각을 나타낸 것이다. 윤재식농업은 농지를 4개로 나누어 4년 주기(cycle)의 집약적인 작물 윤작을 하는데, 여름 곡물로 보리(1년) 등을, 겨울 곡물로는 호밀(rye麥)[19](2년), 밀 등과, 클로버(1년) 등 콩과 목초류, 무 등의 근채작물을 재배하고 휴경이 없으며, 겨울에 가축은 축사에서 사육된다. 제4권인 곡초식(穀草式) 농업에

19) 대맥 중 맥주보리는 맥주의 원료가 되고, 호밀은 흑빵, 밀(소맥)은 빵을, 귀리는 오트밀(암죽)을 만드는데 사용된다. 18세기 유럽에서 호밀 한 알을 심으면 6알을 수확했는데, 옥수수는 한 알 심으면 80알을 수확해 옥수수가 식량생산에 크게 기여했다.

는 다양한 종류가 있지만 개량 곡초식에는 경지에 목초재배를 도입하고, 그 밖의 경지를 여름 곡물, 겨울 곡물, 휴한지로 나누어 모든 경지에 상호 곡물 경작과 방목을 이용하는 7년[20] 윤작으로, 농목업의 경영은 휴경지(1년), 호밀(1년), 겉보리(1년), 귀리(1년), 가경지 방목, 영구 방목지(3년)로 구분해 경지를 70%, 영구 방목지를 30%로 경영해 휴경지가 있으며 근채작물을 재배하지 않는 것이 윤재식농업과 다른 점이다. 그리고 제5권의 삼포식(三圃式)농업[21]은 중세 독일의 농업제도[22]로서 영구 방목지, 여름 곡물, 겨울 곡물, 휴경지로 구성되며, 곡물 재배지와 휴경지는 3년 주기로 윤작이 이루어지며, 경지가 36%, 영구 방목지가 64%를 차지한다. 제6권에 목축이 입지한 것은, 가축은 스스로 걸어서 이동할 수 있기 때문에 수송비가 들지 않아 이곳에 입지한다. 그리고 이 권에는 평지(rape), 담배, 아마(亞麻), 클로버 등이 재배

20) 기독교의 영향을 받아 7일째 쉬는 날로 휴경지를 1년 두었다.

21) 빙하가 덮여 있었던 지역으로 토양이 척박했기 때문에 이 농업양식이 이루어졌다.

22) 인구증가가 이포식에서 삼포식으로의 이행을 촉진했는데, 독일에서는 9세기에, 영국과 폴란드는 12세기에 이루어졌다. 이로 인해 토지생산성은 1.33배 증대되었고, 노동생산성은 1.5배 상승했다.

〈표 6-2〉 고립국의 권별(圈別) 상대적 면적 비와 거리

단위: %

권	상대적 면적 비	상대적 거리
중심도시	0.1 미만	0.1 미만
자유식농업	1	0.1~0.6
임업	3	0.6~3.6
윤재식	3	3.6~4.7
곡초식	30	4.7~35.0
삼포식	25	35.0~45.0
목축	38	45.0~100.0

자료: Haggett, Cliff and Frey(1977: 205).

〈표 6-3〉 시장거리와 곡물가격과의 관계

거리(마일레)	호밀 1,000Sch.당 가격(Tlr.)
0	1,500
5	1,313
10	1,135
15	967
20	807
25	655
30	509
35	371
40	239
45	112
49.64	0

되고, 버터를 생산해 중심도시에 공급한다. 마지막으로 고립국의 외연부는 삼림으로 수렵인이 모피와 생활필수품을 교환해 생활하는 지역이다.

이들 각 권의 상대적 면적 비와 거리는 〈표 6-2〉와 같이 목축을 행하는 권이 가장 넓으며, 그 다음이 곡초식, 삼포식의 순으로, 이들 세 권의 면적 비가 전체 면적의 약 93%를 차지한다.

튀넨의 고립국의 크기는 지면(紙面) 절약으로 40마일레(301.2km)까지 나타내었으나, 실제 튀넨의 고립국은 중심도시에서 목축권의 경한까지는 49.64마일레(373.79km)이다. 즉, 튀넨의 고립국은 중심도시에서 곡물을 대표하는 호밀 1Sch.(Der Berliner Scheffel: 부피의 단위로 약 72*l*)당 가격을 1.5Tlr.(Thaler Gold: 화폐의 단위)로 가정해 시장까지의 거리와 곡물가격과의 관계를 경험식으로 밝혔다. 중심도시에서 임의의 거리에 있는 지점까지의 곡물가격 공식은 다음과 같다.

$1Sch. = \dfrac{273 - 5.5x}{182 + x} Tlr.$ 여기에서 x는 중심도시로부터의 거리이다.

이 식에서 거리와 곡물가격과의 관계를 보면 〈표 6-3〉과 같다. 여기에서 호밀 1,000Sch. 당 가격이 0이 되는 지점은 중심도시로부터 49.64마일레로, 튀넨 고립국의 경한은 약 50마일레라는 것을 알 수 있다. 또 튀넨의 고립국의 각 권이 원으로 나타난 것은 중심시장에서 모든 지역이 같은 거리에 있기 때문이며, 토지이용의 배열에서 동심원의 크기가 다른 이유는 지대경쟁의 경계가 농업 경영방식에 따라 다르기 때문이다. 그리고 튀넨은 농업입지의 기본적인 요소를 농산물이라 보지 않고 농업조직(농업경영 양식, 농법)이라고 생각했다.

이상에서 튀넨의 고립국에 대한 지리학적 의의에 대해 바이벨(L. Waibel)은 다음과 같이 논하고 있다. 즉, 첫째 동일한 자연조건에서도 농업은 다양한 형태를 갖고 발달할 수 있다는 것을 나타냈다는 점, 둘째 동일한 자연조건에서 농업의 공간적 분화를 야기 시키는 원리는 소비지와 생산지 사이의 거리이다. 셋째, 농업의 공간적 분화가 거리원리에 의해 나타나는 정도는 개개의 농산물에 대한 것이라기보다는 획득되는 양식과 방법에 의한 것이다. 넷째, 자유식농업 이하 각종 경제형태가 공간상에서 환상(環狀)의 경제지역으로 나타난다고 주장했다. 따라서 거리가 비용개념과 관련되는 한, 더 나아가서 농업공간의 이용이 경제적 법칙에 의해 지배되는한 튀넨의 사고방식은 과학적 가치를 영원히 가지게 되고, 물론 지리학의 성립을 가능케 하는 지역적 차이를 설명하는 사고의 기초가 된다는 의미에서 그 의의는 매우 크다. 그리고 두 가지 중요한 농업지리학적 의의는 첫째, 지역적으로 보아서 절대적으로 우위인 농업양식은 존재하지 않는다는 농업생산양식의 상대적 우위성의 원리이다. 둘째, 시장 가까이에 있는 지역일수록 단위 면적 당 수익이 높은 농업양식이 성립·입지하는 것은 합리적이고, 이런 농업양식이 성립할 경우 농업지역 전체에서 본 수익이 최대로 되는 것을 처음으로 증명했다. 시장과 농장 사이의 거리마찰의 존재에서 농업입지가 규정된다는 것, 즉 농업지역의 공간적 분화가 생기는 것을 이론적·체계적으로 밝힌 농업 경영조직의 공간편성 이론이라는 점이다.

튀넨의 농업입지론은 던에 의해 일반 균형모델의 형태로 정리되었고, 또 알론소(W. Alonso)나 무스(R. F. Muth) 등에 의해 도시적 토지이용에 관한 이론으로 발전

〈그림 6-9〉 가항하천과 위성도시의 영향을 받은 고립국

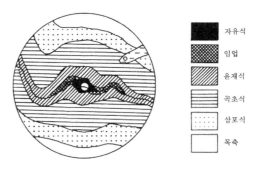

자료: Thoman and Corbin(1974: 158).

되었다. 최근 튀넨의 고립국은 환경 적합적 토지이용의 관점에서 재평가되고 테로 농장의 견학시설화의 움직임도 나타나고 있다.

다음으로 튀넨의 고립국을 현실과 비교해 그 자신이 이를 수정한 것을 보면 다음과 같다. 먼저 이용하는 교통기관이 마차만이 아닌 고립국으로, 가항하천이 있을 경우(〈그림 6-9〉), 그 당시 운임은 마차운임의 1/10 이었기 때문에 각 권은 하천을 따라 밖으로 뻗어 넓어진다. 자유식농업권이 멀리 확대되지 않은 것은 선박에 의한 고등채소, 우유의 운송은 운송시간이 오래 걸리년 부패하기 쉽기 때문이다. 또 윤재식·곡초식·삼포식농업권의 확대는 뚜렷하며, 목축권은 후퇴해서 하천 가까이에서는 완전히 소멸된다. 이것은 고지대(高地代)로 된 곡물재배의 농업에 구축(驅逐)되었기 때문이다. 이 관계를 고립국과 비교해보면 운임은 마차운임의 1/10인 경우 하천에 따라 100마일레의 시간거리에 있는 농장은 곡가(穀價) 및 곡가에서 야기되는 여러 관계에서 고립국에서 10마일레의 시장거리에 있는 농장과 동일하다. 따라서 고립국과 비교해서 하천을 따라 돌출한 패턴으로 되는 것은 필연적이다.

또 광대한 평야에 하나의 중심도시와 작은 도시가 분포해 있는 것이 좀 더 현실적이다. 작은 도시가 존재할 경우 주위의 평야에서 식량을 이 작은 도시에 공급하지만, 작은 도시의 생산물은 큰 도시에도 있기 때문에 작은 도시에서 큰 도시로 공급하는 물자는 거의 없다. 이러한 작은 도시의 영역을 '혜성의 꼬리(comet tail)'라 하는데, 이것에 의해 고립국은 작은 왜곡을 나타낸다.

그 밖의 현실적 수정으로는 교통로에 따른 변형으로 근대의 철도역이나 고속도

〈그림 6-10〉 개선된 교통로와 몇 개의 경쟁 중심지에 의해 변형된 고립국

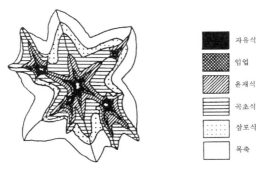

자유식
임업
윤재식
곡초식
삼포식
목축

자료: Thoman and Corbin(1974: 159).

〈그림 6-11〉 중심도시와 위성도시의 지대 경계

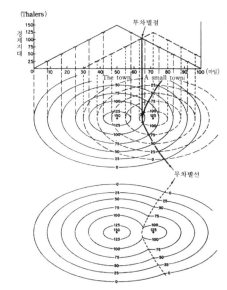

자료: Berry, Conkling and Ray(1976: 131).

〈그림 6-12〉 생산비 변동에 따른 변형된 고립국

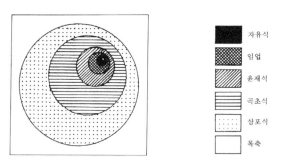

자료: Thoman and Corbin(1974: 160).

로 나들목 부근에서의 농업적 배열의 수정을 들 수 있다(〈그림 6-10〉). 이러한 변형
은 앵글로아메리카 서부지방에서 볼 수 있는 것으로, 모 도시와 위성도시의 농업
경영조직 경계는 지대의 무차별선(indifference line)에 의해 결정된다(〈그림 6-11〉).
그리고 각 세력권은 인구에 비례한다. 또 토양의 비옥도의 차이에 의해서는 〈그림
6-12〉와 같이 나타난다. 〈그림 6-12〉의 오른쪽 위는 토양의 비옥도가 낮고 왼쪽 아
래는 비옥도가 높을 때 생산비에 불리한 오른쪽 위의 농업지역은 좁으며, 왼쪽 아
래의 농업지역은 생산비에 유리하기 때문에 넓다. 그밖에도 저임금, 효과적인 노동

력, 배수시설의 양호, 평탄한 지역 등의 조건에서 입지편의(立地偏倚)가 가능하다. 또한 무역에 의한 특정작물의 수요증대에 따른 재배면적의 증가, 기술변혁에 의한 농산물 운송의 고속화, 운송비 하락 등으로 입지의 변화를 가져올 수 있다.

(3) 튀넨 이론 이후의 실증적 연구

1826년 발표된 튀넨의 『고립국』은 합리적인 농업적 공간질서를 제시한 것으로 많은 지리학자, 경제학자들은 지금도 그 업적을 인정하고 있다. 고립국이 발표된 이후 최근까지 다음과 같은 다수의 실증적 연구가 진행되었다. 이들 중 몇 개의 사례 연구를 살펴보면 다음과 같다.

먼저 국지적 차원에서의 연구로서 프랑스의 오(Haute)주 카르스(Carces)의 포도 재배지역 사례를 보면 농가·촌락이 분포한 지역에 인접한 작은 규모의 경지에는 가정채원(菜園)이 분포해 채소를 재배하고, 그 바깥지역에는 포도를 재배했다. 그 다음의 가장 바깥에는 관목 숲, 삼림지로 나타나 농가 및 촌락에서 거리가 멀어짐에 따라 농지와 농업생산 집약도가 감소된다는 것을 알 수 있다(〈그림 6-13〉). 또 다른 사례로서 1971년 블라이키(P. M. Blaikie)가 인도 북서부 라자스탄(Rajasthan)주의 조드푸르(Jodhpur) 가까이에 입지한 한 촌락의 연구에서 작물지대를 조사한 결과는 〈그림 6-14〉와 같다. 즉, 농업경영에서 농민은 주된 동력으로 가축을 이용하고, 또 도보로 촌락과 밭을 왕복하는 까닭에 시간절약을 위해 촌락에서의 거리에 따라 동심원 패턴의 토지이용을 하고 있다. 그리고 각 지대는 0.5~1.0마일의 폭이고, I

〈그림 6-13〉 프랑스 남부 카르스(Carces) 부근의 토지이용

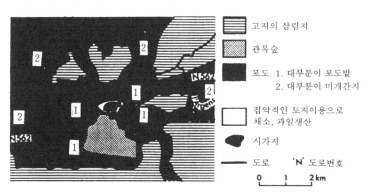

고지의 삼림지

관목숲

포도 1. 대부분이 포도밭
2. 대부분이 미개간지

집약적인 토지이용으로
채소, 과일생산

시가지

도로   'N' 도로번호

0   1   2 km

자료: Bradford and Kent(1978: 36).

〈그림 6-14〉 인도 북서부 촌락에서의 작물지대

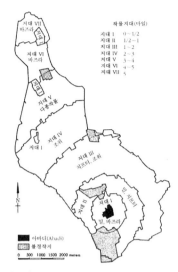

자료: Berry, Conkling and Ray(1976: 132).

지대에서 VII지대로 이동함에 따라 탁월하게 나타나는 작물은 밀 → 치프터(Chifter) → 조워(Jowar) → 바즈라(Bajra)[23]로 점차 조방적인 경영이 이루어지지만, 촌락에서 원거리에 입지하는 비옥한 토지에서는 고수익의 I지대(1ha당 연간 50일 이상의 농작업을 함)가 나타난다. 따라서 농가 또는 취락과 농지 사이에서 농민이나 농업에 필요한 재화(비료, 농기구) 또는 농지에서 수확된 농산물을 공간적으로 이동시키는

〈그림 6-15〉 순(純)농장가격과 우유, 크림, 가공유 공급

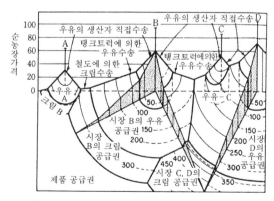

주: 100파운드 당 ¢ 순농장가격이다.
자료: Berry, Conkling and Ray(1976: 132).

〈그림 6-16〉 유럽의 이론상 고립도시 주변 농업지대

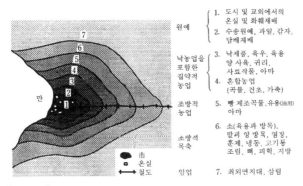

원예 { 1. 도시 및 교외에서의 온실 및 화훼재배
2. 수송원예, 과일, 감자, 담배재배

낙농업을 포함한 집약적 농업 { 3. 낙제품, 육우, 육용 양 사육, 귀리, 사료작물, 아마
4. 혼합농업 (곡물, 건초, 가축)

조방적 농업 { 5. 빵 제조곡물, 유용(油用) 아마

소방적 목축 { 6. 소(육용과 방목), 말괴 양 방목, 염장, 훈제, 냉동, 고기통 조림, 뼈, 피혁, 지방

임업 7. 최외연지대, 삼림

市 시
온실
철도

자료: Jonasson(1925: 286).

데 소요되는 시간이나 비용이 농업입지를 결정짓는데, 이와 같이 노력을 합리적인 인간행동으로 가급적 최소화하려는 행동원리를 최소노력의 원리(principle of least effort)라고 한다.

1952년 브레도(W. Bredo)와 로지코(A. S. Rojko)는 미국 북동부 지역에서 생산된 낙농품의 공급을 지표로 해 지역분화가 나타난 것을 설명했다(〈그림 6-15〉). 이들은 4개의 시장을 포함하는 모형을 작성해 낙농품의 농축화, 중량, 부패성을 고찰했다. 치즈, 버터 등의 농축된 낙농품은 중량에 비해 그 가치가 높기 때문에 비교적 많은 양인데도 우유보다 장거리 출하가 가능하다. 그러므로 중심시장을 중심으로 동심원의 지대구성이 가능한데, 4개의 지대구성에서 중심시장의 인접지역은 직접 수송에 의한 우유 공급지대이고, 그 바깥쪽에는 트럭에 의한 우유 공급지대로 그 면적이 넓으며, 그 바깥쪽에는 철도에 의해 수송된 크림의 공급지대가 분포하며, 가장자리에는 치즈, 버터 등 낙농품의 공급지대가 분포한다. 이와 같은 낙농품 공급권의 형성은 우유, 크림, 치즈, 버터가 같은 무게라도 수송비의 차이가 존재하기 때문이다. 즉, 크림, 치즈(미국산), 버터의 운송비 1에 대한 우유의 수송비는 각각 7, 12, 25이다.

한편 국가적·국제적 차원에서의 튀넨 이론에 대한 실증적 연구로는, 1925년 조나선(O. Jonasson)이 유럽과 북아메리카의 인구밀도, 각종 작물·가축·과수재배의 분포와 농업경관을 종합해 〈그림 6-16〉과 같이 7개의 생산지대로 나타냈다. 즉, 북서유럽은 광대한 소비의 중심지로, 제1지대는 온실·화훼재배를 도시와 교외에서

제6장 농업의 입지와 공간구조 **257**

<그림 6-17> 유럽에서의 농업 집약도

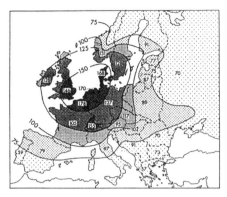

자료: Brodford and Kent(1978: 39).

행하며, 제2지대는 과수, 담배 등의 수송원에 작물을, 제3지대는 낙농품, 육우, 사료작물, 귀리 및 섬유용 아마가 재배되고, 제4지대는 곡물과 목축 등이 행해지며, 제5지대는 빵 제조용 곡물, 기름용 아마(油用亞麻)가 재배되는 것이 특징이다. 제6지대는 목장, 암염, 훈제, 냉동육, 동물기름(獸脂), 동물가죽(獸皮)이, 제7지대의 가장자리 지역에는 삼림이 분포해 있다. 그러나 삼림지대라도 도시에서 너무 멀리 떨어진 지역에서는 상업적 삼림경영이 불가능하다. 또 각 지대에서 교통이 편리한 철도 연변의 지역에서는 운송비가 상대적으로 싸기 때문에 이 지역은 바깥으로 돌출을 한다. 이상, 중심도시에서 바깥 지대로 갈수록 농업이 조방적 경영되고 있다는 점은 튀넨의 이론과 같으나 임업권이 가장자리 지역에 입지하는 점은 다르다. 이것은 조나선의 연구가 귀납적 모형인데 대해, 튀넨은 연역적 모형이란 점과 교통이 발달함에 따라 운송비가 상대적으로 낮아지고, 신탄 수요의 감소 등이 나타났기 때문이라고 볼 수 있다.

그리고 1952년 팔켄부르그(S. Valkenburg)와 헬드(C. C. Held)는 유럽의 주요 작물 8종(호밀, 밀, 보리, 귀리, 옥수수, 감자, 사탕무, 건초)의 단위면적당 생산량을 기초로 해 각 지대의 에이커당 평균 수량을 유럽 평균 100에 대한 비로 나타내(<그림 6-17>) 중심시장에서 거리가 증가함에 따라 집약도가 감소하는 튀넨의 공간적 패턴을 확인했다. 가장 집약적인 농업지역은 북해 연안 지대(네덜란드, 독일 북부, 덴마크, 남부 잉글랜드)에 집중하고 있다.

또 치스홈(M. Chisholm)은 1955~1957년 사이에 영국의 수입품(원예작물, 낙농품)

<표 6-4> 영국에서 특정 원예작물과 낙농품의 수입(중량)(1955~1957년)

상품	총 공급에 대한 수입비율	각 지대에서 차지하는 비율				
		지대 1	지대 2	지대 3	지대 4	기타 국가
딸기	1.5	6.2	90.6	-	-	3.2
체리	5.0	-	99.1	-	-	0.9
자두	7.2	-	69.1	-	25.8	5.1
사과	28.3	2.9	26.9	14.4	55.3	0.6
배	54.2	8.3	21.8	4.9	64.2	0.8
오이	4.1	99.8	-	-	-	0.2
묵은 감자	2.9*	98.9	-	-	-	1.2
양배추	7.6	96.1	-	-	-	3.9
완두	0.2	-	94.3	-	-	5.7
양상추, 꽃상추	7.8	56.6	43.3	-	-	-
콜리플라워, 브로콜리	13.3	7.4	92.1	-	-	0.6
아스파라거스	5.7	-	78.9	-	-	21.1
토마토	65.4	47.4	6.3	46.1	-	0.1
햇감자	16.7*	31.7	31.2	34.5	0.7	2.0
양파	86.9	30.1	42.3	18.6	6.7	2.4
당근	7.1	33.4	15.5	49.0	-	2.1
생크림	11.3	98.2	-	-	-	1.8
보존용 크림	14.2	97.1	-	-	-	2.8
건조하지 않은 보존용 우유	1.5	84.8	-	-	-	15.2
치즈(blue-veined)	-	83.4	14.9	-	-	1.8
버터	90.6	30.0	5.4	-	64.2	0.3
분유	45.7	17.0	-	-	81.7	1.3
치즈, 기타	54.5**	12.6	1.8	3.7	80.5	1.5

* 조기·주작물의 재배면적을 바탕으로 추정.
** 모든 치즈 종류의 국내 생산에 대한 총수입의 비율.
지대 1: 벨기에, 샤넬군도, 덴마크, 아일랜드, 네덜란드, 노르웨이.
지대 2: 오스트리아, 핀란드, 프랑스, 이탈리아, 폴란드, 에스파냐, 스웨덴, 스위스, 구 유고슬라비아.
지대 3: 알제리, 캐나다, 카나리아 제도, 키프로스, 이집트, 레바논, 리비아, 몰타, 미국.
지대 4: 아르헨티나, 오스트레일리아, 영령(英領) 동아프리카, 칠레, 뉴질랜드, 남아프리카 공화국.
자료: Chisholm(1962: 98).

<그림 6-18> 영국에서 특정 원예작물 및 낙농품의 수입

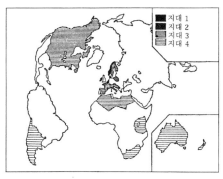

자료: Chisholm(1962: 99).

과 그 출하지역을 세계적 규모에서 검토한 결과(〈표 6-4〉, 〈그림 6-18〉) 대체로 튀넨권과 비슷한 공간적 패턴을 지적했다. 즉, 런던을 중심으로 4개 지대가 인정되었는데, 지대 1은 벨기에, 네덜란드, 덴마크, 아이슬란드, 노르웨이, 샤넬군도 등으로, 주로 우유, 생크림, 보존용 크림, 감자, 양배추, 양상추, 꽃상추, 오이를 영국에 공급한다. 지대 2는 유럽의 9개 국가로 구성되며, 딸기, 자두, 아스파라거스, 앵두, 방울양배추, 브로콜리, 양파 등을 공급한다. 지대 3은 지대 2의 주변인 미국, 캐나다를 포함한 북아메리카 여러 나라로 청어, 토마토 등을 공급한다. 지대 4는 가장 바깥지역으로서 남반구의 여러 나라가 이에 해당되는데, 사과, 배, 분유, 치즈, 버터를 공급해, 전반적으로 부패하기 쉽고 값이 비싼 것은 가까운 지역에서, 원거리 운송에 견딜 수 있고 비교적 값싼 것은 먼 곳에서 운송하는 패턴을 나타내고 있다.

한편 1952년 미드(W. R. Mead)가 연구한 19세기 초 스칸디나비아 반도에서의 침엽수림 개발권을 보면 〈그림 6-19〉와 같다. 노르웨이는 핀란드보다 서부유럽 소비시장에 가까이 분포하고 있으며, 또 부동항을 갖고 있기 때문에 서부유럽으로부터의 거리의 제약을 적게 받고, 핀란드는 염도가 낮은 발트해가 겨울에 결빙이 되어 그 제약이 큼에 따라 임산물 개발의 지역적 차이를 나타내며, 두 나라의 임산물 개발의 지역분화는 거리의 원리에 의해 설명된다.

〈그림 6-19〉 19세기 초기 스칸디나비아 반도의 임업지대

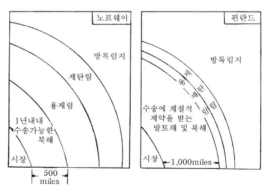

주: 발트해는 바닷물의 염도가 낮아 결빙됨.
자료: Berry, Conkling and Ray(1976: 132).

3. 농업입지의 행동이론 접근방법

1) 농업적 의사결정

튀넨 모델이 발표된 이후 농업입지론에서 중시되어 온 운송비는 각종 상품의 운송에서 그 비용의 중요성이 낮아진 것과 물리적 거리보다 시간·비용·인지거리 (cognition distance)의 중요성 증가, 농업의 수많은 기술빌딩에 따라 농업적 토지이용의 현실적인 설명이 불가능해졌다. 그래서 의사결정과 미세한 모형의 기법, 농민 개개인에 대해 관심을 갖는 연구로 대체되기 시작했다. 이러한 인식은 농업의 공간 조직이 의사결정 과정에서 사회적·심리적 양상을 포함한 많은 인자에 의해 영향을 받고 있다는 점에서 시작된 것이다.

지리학에서 행동론적 접근방법의 목적은 경제인을 부인하고 현실에 더 가까운 모델로 대체하기 위한 것인데, 농업지리학에서 이러한 방법을 처음으로 사용한 연구자는 월퍼트(J. Wolpert)로서, 그는 스웨덴의 농업에 관해 분석했다.

농업활동에서 농민의 의사결정 행동은 가족의 안전과 소득의 만족, 그리고 농업 공동체까지를 포함한 폭넓은 목표를 반영한 것이라 할 수 있다. 그러나 농민이 의사결정에 영향을 미치는 많은 인자들에 위험도와 불확실성이 증가되고, 또 토지이용 패턴의 결정에 좋은 방향으로만 설명되어진다는 것을 예측할 수가 없다. 불확실성의 요소는 광범위한데 월퍼트가 구분한 것을 보면 첫째 농민의 건강, 연령, 작업능력 등의 개인적 요소, 둘째 정부정책과 같은 제도적 장치, 셋째 농업의 기술적 변화, 넷째 시장구조, 다섯째 기후와 그 밖의 환경적 통제와 같은 자연적 인자 등이 있다.

농업활동에서 농민의 의사결정을 개인의 일반적 의사결정과 이미지(image)의 발전으로 나타낸 것이 〈그림 6-20〉이다. 이 그림에서 환경의 두 가지 유형 중 의사환경(意思環境, decision environment)은 의사결정자가 실제로 이용할 수 있는 정보를 포함한 것이고, 광범위한 환경(extended environment)은 종래의 경제 원리에 의해 가정된 완전한 정보로 구성된 것을 말한다. 이들 두 가지 환경은 농민들이 광범위한 환경에 대해 배울 열망을 가지지 못한다는 점에서 같지 않고, 축적된 지식의 양은 농민의 교육과 정보에 대한 탐색능력에 의존할 것이다. 교육을 더 많이 받은 농

<그림 6-20> 농업의 의사결정

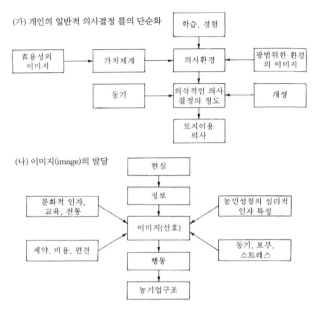

(가) 개인의 일반적 의사결정 틀의 단순화

효용성의 이미지 → 가치체계 → 의사환경 ← 광범위한 환경의 이미지

학습, 경험 → 의사환경

동기 → 의식적인 의사결정의 정도 ← 개성

의식적인 의사결정의 정도 → 토지이용 의사

(나) 이미지(image)의 발달

현실 → 정보 → 이미지(선호) → 행동 → 농기업구조

문화적 인자, 교육, 전통 → 이미지(선호)

제약, 비용, 편견 → 이미지(선호)

농민성질의 심리적 인자 특징 → 이미지(선호)

동기, 포부, 스트레스 → 이미지(선호)

자료: Ilbery(1985: 30).

민은 광범위한 환경에 대한 이미지에 더 쉽게 접근할 것이다. 그러나 두 환경 유형 간의 차이는 농민들의 형식적인 교육과 훈련의 결핍으로 크게 나타날 것이다.

(1) 프레드의 행동행렬

1967년에 발표된 프레드(A. Pred)의 행동행렬(behavioral matrix)은 하나의 토지이용에서 다른 토지이용으로 변화하는 한계에서 의사결정을 이해하기 위한 수단으로서 제시된 것이다. 즉, 세로축에는 이용할 수 있는 정보의 질과 양을, 가로축에는 정보의 활용능력을 나타내었으며, 경제인은 오른쪽 하단에 입지한다고 했다(<그림 6-21>). 세로축의 농민위치는 정보활동의 성질과 중요성을 반영한 것이고, 가로축의 농민 위치는 농장크기, 교육수준, 경험, 포부수준에 의해 결정될 것이다.

프레드는 최대의 이윤보다 '제한된 합리적 만족 행동(boundedly rational satisfying behaviour)'을 강조해 튀넨의 개념과 다른 점을 제시했다. <그림 6-21>의 행동행렬에서 각 농민의 위치는 정보의 질과 양, 정보의 활용능력의 차이를 나타낸 것으로, 농민 1은 좋은 정보를 이용해 옳은 의사결정을 한 농민으로 작물 1을 재배하는 경제인에 가까운 농민이다. 농민 3은 그의 공간적 입지에 대해 부적당한 작물 1을 재배해 행운을 차지 못하고 있다. 농민 6은 그가 가진 정보와 그 활용능력에 의해 최대이윤을 얻는 데에 평균적인 농민으로 작물 1을 재배하고 있다. 이상에서 농민이 작물 재배를 하는 데에 최적입지는 우연에 의해 이루어진다. 그리고 최적입지에서 작물을 재배하지 않는 농민들은 학습과 더 많은 정보의 획득에 의해 경제인이 위치한 곳으로 이동하게 되며 정보가 빈곤한 농민은 사라질 것이다. 그러나 외부환경의 변화에 의해 특별한 충격(parametric shocks)을 받음에 따라 농민들은 학습주기가 다른 출발점인 왼쪽 상단으로 다시 이동하게 된다.

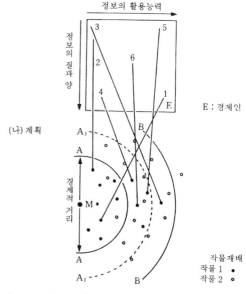

〈그림 6-21〉 행동행렬과 농업입지

자료: Ilbery(1985: 36).

이와 같은 행동행렬은 복잡한 행동의 본질을 고도로 단순화시켰다는 점에서 비판을 받고 있다. 그리고 정보의 질과 양, 그 활용능력의 상호의존에 대해, 의사 결정자에 의해 탐색된 정보와 그 이용은 그들과 관련된 환경의 지각에 의존하므로 농민이 행렬의 어느 위치에 있는가를 정확하게 이야기한다는 것은 어렵다고 지적하고 있다.

(2) 만족자 행동

농민 개개인의 공간에 대한 의사결정의 분석은 규범적 관점에서 시작해야 한다. 불확실한 상황에서 농민 개개인의 의사결정은 위험에 대한 태도에 따라 효용성(utility)의 기능을 변화시키게 되는데, 무모한 의사 결정자의 효용성 기능은 금전적 이익이 많은 반면에 많은 손실을 보는 경향도 있다(〈그림 6-22〉 가). 한편 조심스러운 의사 결정자는 큰 손실을 피하는 경향이 있고 경멸하는 경향이 있으며, 미래에 대한 의사 결정자의 전진적인 문제에 대응함으로써 더 큰 수익을 얻게 된다(〈그림 6-22〉 나). 가난한 사람은 큰 손실을 과장하는 경향이 있는데 대해, 부자는 큰 손실을 과소평가하는 경향이 있다(〈그림 6-23〉).

<그림 6-22> 무모한(가), 조심스러운(나) 의사결정의 효용성 기능

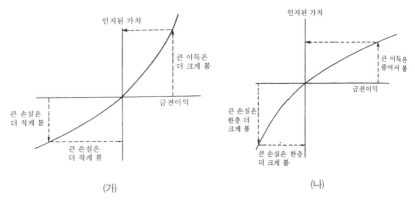

자료: Abler, Adams and Gould(1971: 456~457).

<그림 6-23> 가난한 사람(가)과 부자(나)의 효용성 기능

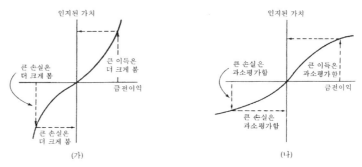

자료: Abler, Adams and Gould(1971: 457).

이와 같은 개개인의 의사결정을 바탕으로 중부 스웨덴 멜란스베리지(Mellansverige) 8개 주를 대상으로 월퍼트의 실증적 연구를 알아보기로 한다. 먼저 각 농장에서 최적 노동 생산성을 17개의 대표적인 농장에 대해 선형계획으로, 500개 농장에 대해서는 회귀분석을 행해 규범적인 최대 소득분포를 나타내었다(〈그림 6-24〉 가). 그리고 현지 조사와 인터뷰, 각종 측정에 의해 이들 농장에서 실제소득의 분포도 파악했다(〈그림 6-24〉 나). 그리고 최적 노동생산성과 실제 노동생산성의 차이를 나타낸 것이 〈그림 6-24〉 다이다. 여기에서 최대 수익 가능성의 지역과 실제소득의 차이가 큰 지역은 집 약적인 방법으로 농업 신장의 초점이 되는 지역이 된다. 비교적 효과적인 농업체계를 가진 스웨덴에서는 이와 같은 방법에 의해 이미 대규모 농업지역에 대한 분석이 행해졌다.

　농민들이 모든 농업자원을 최적으로 이용하고, 강
수량, 기온 등의 환경이 같을 때 노동시간당 수익의
잠재적 생산성을 나타내는 분포와 실제의 노동시간
당 수익의 분포를 비교하면(〈그림 6-25〉) 다음과 같다.
대부분의 지역이 규범적인 조건 아래에서 도출된 가
치에 도달하는 농업활동을 실제로 하는 농민은 없다
(〈그림 6-26〉). 예를 들면 북서부 농장은 실제 노동시
간의 수익이 잠재력 수익의 80% 이상을 나타내는 지
역이다. 그러나 동부 소규모 지역의 농장은 실제 노
동시간당 수익이 잠재적 수익의 50% 미만이 되는 지
역이다. 따라서 중부 스웨덴의 농민은 완전한 정보조
건 아래에서 농업을 행하는 완전한 경제인이 아니고
어려운 농업경영과 낮은 생산율에서도 애를 쓰는 농
민들이 많다. 이와 같은 행동은 많은 농민들이 만족
의 최소 요구수준에 도달하기 위해 의사결정을 한다
는 의미에서 이것을 만족화 행동이라고 한다.

　이상에서, 첫째 스웨덴 농민들은 최적 생산성을 목
표로 하지 않고 만족수준에서 단지 생산활동을 하고
있다. 둘째, 지식 상태의 지역적 변동은 스톡홀름과
웁살라와 같은 중심지로부터 정보 확산의 시간적 지

〈그림 6-24〉 규범적·실제적 소득분포와 이들 차의 분포

(가) 최적 가정을 바탕으로 한 규범적 소득
분포

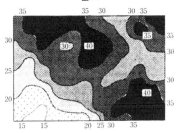

(나) 지역상에서의 실제소득 분포

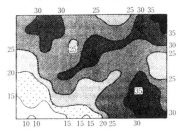

(다) 규범적 소득과 실제소득 분포 간의 차이

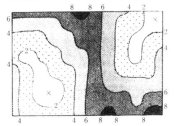

주: ×점은 농업신장 부서가 입지한 곳.
자료: Abler, Adams and Gould(1971: 462).

체와 관계가 있다. 셋째, 작물과 목축의 혼합에 관한 불확실성은 이윤으로 설명하
기 쉽다. 이런 불확실성은 기상, 병충해에 의한 변동뿐 아니라 개인적 불확실성(건
강, 재정), 시장가격과 같은 경제적 불확실성과 관련된다.

<그림 6-25> 농가당 평균 잠재 노동생산력(가)과 실제 노동생산력(나)

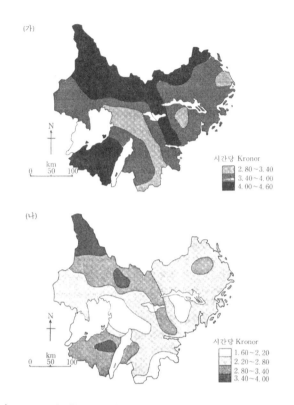

자료: Wolpert(1964: 540~541).

<그림 6-26> 잠재적 노동 생산력에 대한 실제 노동 생산력의 비율

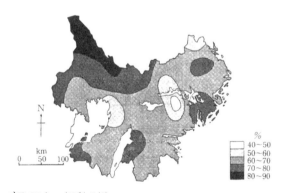

자료: Wolpert(1964: 542).

✔ 상관계수와 회귀방정식

분석대상지역 내의 단위지역에 대해 복수사상의 분포를 관찰하면 단위 지역 간에는 이들 사상이 일정한 규칙적 변동 경향을 나타내고 있다는 것을 알 수 있다. 이러한 경향의 유무를 살펴보는 데 유효한 통계적 기법이 상관분석이고, 일정한 규칙적 변동 경향이 어떻게 나타나는가를 분석하는 데 잘 사용되는 것이 회귀분석이다. 이 경우 사상이 3종 이상이면 중상관분석, 중회귀분석을 하게 된다.

여기에서 피어슨(K. Pearson)의 적률(積率) 상관관계(product-moment correlation)를 살펴보면 다음과 같다. 〈표 6-5〉는 영국 벨파스트 시의 21개 존에서 각 존의 가구 수(X)와 매일 각 존을 출발하는 자동차 통행 수(Y)의 관계를 나타낸 것이다. 여기에서 각 존의 자동차에 의한 발생 통행 수를 종속변수로, 각 존의 가구 수를 독립변수로 해 이들 사이의 상관관계를 보면 〈그림 6-27〉과 같이 양자 사이에는 일정한 직선적인 관계가 존재한다는 것을 알 수 있다. 그래서 다음 공식에 의해 상관계수를 구하면 $r=0.7612$로 양자 사이에는 꽤 높은 상관관계가 존재한다는 것을 알 수 있다.

$$r = \frac{\sum X_i Y_i - (\sum X_i)(\sum Y_i)/n}{\sqrt{\sum X_i^2 - (\sum X_i)^2/n}\sqrt{\sum Y_i^2 - (\sum Y_i)^2/n}} \qquad n: \text{단위지역 수}$$

〈표 6-5〉 영국 벨파스트 시의 존별 가구 수와 자동차 발생 통행 수

존	자동차 발생 통행 수(Y)	가구 수(X)
1	426	17
2	357	26
3	357	28
4	342	19
5	534	34
6	309	11
7	387	22
8	358	16
9	331	20
10	388	29
11	425	17
12	150	6
13	456	27
14	374	22
15	489	28
16	205	18
17	159	11
18	220	15
19	424	16
20	168	11
21	140	13
Σ	6,999	406

자료: Silk(1979: 221).

상관계수의 유의성을 t-검정에 의해 실시해보면 신뢰수준 99%에서 유의적이다. 즉, 자동차에 의한 발생 통행 수와 가구 수 사이의 상관계수에서 자동차 발생 통행 수는 가구 수에 의해 57% 설명이 가능하며(결정계수에 의함), 나머지 43%는 다른 요인이 자동차 발생 통행 수에 작용한다는 것을 알 수 있다.

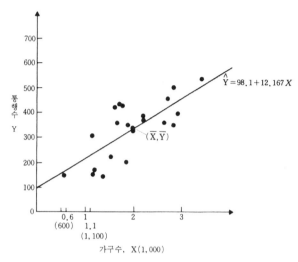

〈그림 6-27〉 영국 벨파스트 시에서의 가구 수와 자동차 발생 통행 수의 산포도와 회귀방정식

자료: Silk(1979: 220).

다음으로 이 자료를 이용해 단순회귀방정식($Y = a + bX$)을 산출하기 위해 양자 사이의 회귀계수를 구하는 연립방정식은 다음과 같다.

$$\sum Y = na + b\sum X$$
$$\sum XY = a\sum X + b\sum X^2$$

이 연립방정식에 의해 구해진 단순회귀방정식은 $Y = 98.1 + 12.167X$가 된다. 이 식에서 각 존의 X값을 곱해 얻은 예측값을 Y, 실제의 Y값을 $\hat{Y}$로 해 $\hat{Y} - Y$의 값, 즉 잔차(residual)를 계산해 이것을 지도화할 수 있다. $\hat{Y} - Y$의 값이 양이면 양의 잔차지역이고, 그 차가 음이면 음의 잔차지역이 된다. 양의 잔차값이 크면 클수록 그 지역은 실제 자동차에 의한 발생 통행 수는 가구 수에 의해 기대된 것보다 많다는 것을 나타내며, 음의 잔차값이 크면 클수록 실제 자동차에 의한 발생 통행 수는 가구 수에 의해 기대된 것보다 적은 것을 나타내는 것이다.

다음으로 1904년 제안된 스피어먼(C. Spearman)의 순위상관관계(Spearman's rank-oder correlation)는 각 변수의 관찰된 상대적 위치에 의한 순위로서 상관관계를 결정하는 기법으로, 그 상관관계는 피어슨의 적률 상관계수와 마찬가지로 그 계수값이 -1~+1 사이에 분포한다. 그 공식은 다음과 같다

$$R = 1 - \frac{6\sum_{i=1}^{n}d^2}{N^3 - N} \qquad d^2: \text{각 변수의 순위 간 차이의 자승}, \; n: \text{단위지역 수}$$

〈표 6-6〉은 가상지역의 밀과 옥수수 생산량 순위에 의한 상관관계를 계산한 것으로, 상관계수는 0.7901로 강한 양의 상관관계를 나타낸다. 이 상관계수의 유의성은 t-검정 $t = r\sqrt{\dfrac{N-2}{1-r^2}}$ 에 의한다.

<표 6-6> 순위상관계수의 계산

지역	밀 생산량 순위	옥수수 생산량 순위	d	d^2
㉮	1	3	-2	4
㉯	2	2	0	0
㉰	3	1	2	4
㉱	4	4	0	0
㉲	5	7	-2	4
㉳	6	5	1	1
㉴	7	8	-1	1
㉵	8	6	2	4

$\sum d = 0$ $\sum d^2 = 18$

자료: Wheeler et al. (1998: 376).

2) 의사결정 기법

(1) 경제인의 행동과 선형계획법

농업활동에서 경제인의 의사결정 행동은 노동, 토지, 자본 등의 농민이 보유한 생산요소의 집합을 나타낸 것으로, 최고의 생산성을 올리기 위해 작물선택을 하게 된다. 이것을 기존의 생산요소 집합의 제약조건에서 최대의 생산성을 올리기 위한 시도인 계획문제로 바꿔보면 최적 생산성은 선형계획법(linear programming method)을 사용함으로써 구할 수 있다.

여기에서 <표 6-7>에 나타난 조건으로 이윤을 최대화하기 위한 두 개 작물의 작부문제를 선형 계획법으로 파악해 보기로 하자. 이 경우 작물 1을 $x_1 t$ 재배하면 $2x_1$의 단위 이윤이, 작물 2를 $x_2 t$ 재배하면 $3x_2$ 단위 이윤을 얻는다고 하면, 다음 식의 목적함수 Z로 정의된 총이윤의 최대화는 $Max.\ Z = 2x_1 + 3x_2$가 된다. 그러나 다음과 같은 제약조건이 있다. 먼저 토지면적은 $x_1 t$의 작물 1을 재배하는 데는 $2x_1$단위의 토지가 필요하고, $x_2 t$의 작물 2를 재배하는 데는 x_2단위의 토지가 필요하며, 이용 가능한 총생산 요소의 합계는 8단위를 넘을 수가 없다. 즉, $2x_1 + x_2 \leq 8$이다. 똑같이 노동력, 물에 관한 제약조건은 $x_1 + x_2 \leq 5$, $x_1 + 2x_2 \leq 8$ 이다. 그리고 작물의 중량은 음의 값을 가질 수가 없기 때문에 $x_1 \geq 0$, $x_2 \geq 0$과 같은 제약조건이 덧붙는다.

이 문제를 간단한 그래프로 나타낼 수 있다. 먼저 작물 x_1, x_2를 각각 x축, y축에 표시하면 x_1, x_2는 음의 값을 가질 수 없기 때문에 모두 양의 값 영역만이 문제가 된

<표 6-7> 경제인의 작물선택 문제의 가상 자료

생산요소	1톤당 생산에 필요한 생산요소 단위 수		이용 가능한 총생산 요소 단위 수
	작물 1	작물 2	
토지	2	1	8
노동력	1	1	5
물	1	2	8
작물 1톤당 이윤	2	3	

자료: 杉浦芳夫(1989: 130).

<그림 6-28> 선형 계획법의 도해(圖解)

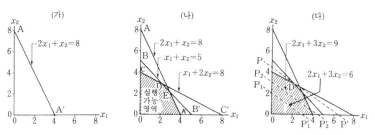

자료: 杉浦芳夫(1989: 131).

다. 토지에 관한 제약조건은 〈그림 6-28〉(가)의 $2x_1 + x_2 = 8$의 직선 왼쪽 아랫부분(AOA')이 된다. 똑같은 방법으로 세 개의 제약조건을 나타낸 영역(실행가능 영역)은 〈그림 6-28〉(나)의 사면부분($COA'ED$)이다. 문제는 이 실행가능 영역 중에서 최대의 이윤을 보장하는 점을 찾는 것이다. 농민이 최대이윤이 아닌 6단위 이윤으로 만족한다고 하면, 이 답은 $2x_1 + 3x_2 = 6$의 직선(P_1P_1) 위에서 찾을 수가 있다(〈그림 6-28〉다). 또 9단위 이윤으로 만족한다면 $2x_1 + 3x_2 = 9$의 직선($P_2P'_2$)위에서 찾을 수가 있다. 이들 두 직선을 비교하면 양자는 평행하며, 원점에서 멀어짐에 따라 이윤이 커지는 것을 알 수 있다. 이런 관점에서 최대 이윤을 얻기 위한 점은 실행가능 영역에서 적어도 한 점이 접하고, 가능한 한 원점에서 떨어져 P_1P_1에 평행한 직선상에 있다는 것을 예상할 수 있다. 이 점은 $x_1 = 2$, $x_2 = 3$에 해당된다. 따라서 최대이윤은 $2 \times 2 + 3 \times 3 = 13$이 된다. 이때 토지는 $8(2 \times 2 + 3)$단위, 노동력은 $5(2+3)$단위, 물은 $8(2+2 \times 3)$단위가 사용되고 어느 조건이나 만족한다. 그러나 작물의 수가 셋 이상이 되면 위 그래프에서 답을 구할 수 없기 때문에 선형계획법의 단체법(單體法, simplex method)을 적용해야 한다.

이러한 선형계획법을 원용해서 경제인의 행동과 현실 농민의 행동을 비교한 선구적인 연구로는 스웨덴 중부지역을 대상으로 농민이 선형계획법에서 구한 것과 같은 최적생산성을 목표로 행동을 취하는지 그렇지 않는지를 검토한 월퍼트의 연구가 있다.

(2) 게임이론

게임이론은 복수의 의사 결정자가 있고, 그 결정행동의 선택이 결정자간에 독립적으로 행해지지만 비용이나 행동 결과의 이득이 이미 알려진 상황에서 어떠한 결정행동을 취하는 것이 최적인가를 수학적으로 취급하는 이론이다. 따라서 게임이론은 이해관계가 반드시 일치하지 않는 행동자간의 행동 선택과정을 취급한 것이다. 농업 입지론의 새로운 시도로서 1963년 굴드(P. R. Gould)에 의한 게임이론을 보면 다음과 같다. 그는 특정지역 토지이용의 불안정성을 가져오는 자연적 조건과 이 자연적 조건에 대해 농민이 어떤 작물을 선택해야 최적입지가 되는가를 검토하는데 이 이론을 이용했다.

굴드는 연 강수량이 불안정한 가나(Ghana) 중앙부의 작은 촌락 잔티라(Jantilla)를 예로 들어 환경 측과 농민 측의 전략을 검토했다(〈표 6-8〉). 이 경우 경험적인 환경 측의 전략은 습윤과 하마탄(Harmattan)[24]에 의한 건조로 나타내고, 농민 측의 전략은 전통적인 5종류의 작물을 재배하는 것으로서, 결국 양측에 의한 전략은 2×5가 된다. 작물별 습윤·건조한 해의 수확량을 보면 다음과 같다. 얌(yams)의 경우 습윤한 해에는 수확량이 많지만, 건조한 해에는 습윤한 해 수확량의 약 1/8 정도로 격감하는 투기적인 작물이 된다. 반대로 기장은 강수량 변화에 따라 수확량의 증감이 적어 가장 안정된 작물이다. 또 카사바(cassava)와 밭벼(hill rice)는 건조한 해에는 수확량이 많다. 따라서 농민은 투기적이라도 다수확이 가능한 얌을 재배할 것인가, 아니면 수확량의 차이가 거의 없는 기장을 재배해 안정을 기할 것인가, 양자의

24) 11~3월 사이의 건기에 사하라 사막에서 불어오는 동풍으로 아프리카 서안의 지방풍을 말한다.

〈표 6-8〉 전략과 작물별 단위면적 수확량

전략	습윤한 해	건조한 해
얌	82	11
옥수수	61	49
카사바	12	38
기장	43	32
밭벼	30	71

자료: Gould(1963: 292).

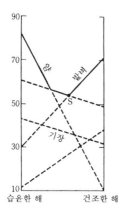

〈그림 6-29〉 최적 작물선택의 게임이론 그래프화

자료: Gould(1963: 292).

25) 종래의 경제이론에서는 각 경제주체의 극대화 행동이 균형을 초래한다는 가설을 채택했다. 그러나 현실의 경제생활에서는 각자의 이해관계가 상반되므로 각자의 극대화 행동에서 극대 값이 보장될 수 없다. 여기에 그 결과의 답을 주는 것이 게임이론의 미니마스 원리이다.

중간적인 전략을 채택할 것인가의 고민에 빠지게 된다. 여기에서 강수량과 수확량과의 관계를 그래프화하면 〈그림 6-29〉와 같다. 〈그림 6-29〉에서 S(Saddle point)점을 최저로 해 S점 상부의 세 작물(〈그림 6-29〉의 실선)을 재배할 경우(얌, 옥수수, 밭벼) 습윤과 건조의 변화에 대응해 평균적으로 최고의 수확량을 올리려는 전략으로서, 이것이 게임이론의 미니맥스(minimax)원리[25]에 해당된다. 그런데 실제로 작물을 재배할 농경지의 비율을 산출하는 방법은 다음과 같다. 즉, 〈표 6-9〉와 같은 행렬을 작성해 먼저 두 작물의 습윤한 해와 건조한 해의 수확량 차이를 구해 상호 그 차를 바꾸어 각각을 차의 합으로 나누어 작물 분담을 나타내는 지수를 구해 이것을 백분율로 나타내면 2종 혼합된 농경지의 구성 비율을 구할 수 있다. 다음으로 얌을 더해 3종 혼합의 농경지 구성비를 구하기 위해 얌과 옥수수의 행렬을 작성해 두 작물의 지수를 구하면 그 비가 0.14 : 0.86이 된다. 따라서 얌 : 옥수수 : 밭벼의 비는 0.11 : 0.66 : 0.20으로서, 재배면적 비를 11.4% : 68.0% : 20.6%로 하면 최적입지가 된다.

이와 같이 강수량의 변동이 농업입지에 영향을 미치고 있다는 것은 오트램바도 자연적 요인의 중요성을 강조하고, 특히 기후, 토양, 지형의 영향을 많이 받는다고 주장했다. 그러나 일반적으로 어떤 조건이 농업입지에 강하게 영향을 미치는가는 지역의 스케일(scale)에 따라 다르나, 미시적 스케일(micro scale)에서는 토양조건이, 중간 스케일(meso scale)에서는 지형과 기후조건이, 거시적 스케일(macro scale)에서는 기후조건이 제약을 준다고 생각했다.

〈표 6-9〉 최적 작부의 농지비율 계산

선정 작물	옥수수	밭벼
습윤한 해	61	30
건조한 해	49	71
수확량의 차	12	41
비율의 차	$\left\|\frac{41}{12+41}\right\| = 0.77$	$\left\|\frac{12}{12+41}\right\| = 0.23$
최적 농지 비율(%)	77	23

자료: Gould(1963: 293).

(3) 조절이론

정보이론의 한 부분인 조절이론(regulation theory)은 농민들의 인지, 의사결정 행동을 연구하는 방법으로서 상당한 잠재력을 제공해 준다. 이 연구는 챔프만(G. P. Champman)이 인도 비하르(Bihar) 주를 대상지역으로 해 분석했다. 챔프만은 농민이 환경에 대한 대응으로 작물에 영향을 미치는 자연환경과 투입, 즉 잉여물 처분의 기회로서 농민에게 주어지는 인문환경이 있다고 주장하고 두 가지의 전제조건을 제시했다. 즉, 개인 기업은 농업부문이 제일의 의사결정 대상이 되고, 작물재배의 의사는 벼이다. 이와 같은 전제조건에서 자연환경과 작물, 농민의 세 요소 중에서 농민은 조절자이다.

조절이론의 목적은 조절하도록 하는 농민의 수용력에 대한 계량적 평가로서, 챔프만은 이 측정이 환경변화에 대한 농민 자신의 정의와 경작지에 대한 기대감에 의존한다고 지적했다. 즉, 〈그림 6-30〉 (가)에서와 같이 농민은 환경의 불확실성에 따른 작물 수확량의 증감을 예상함으로써 조절기술에 영향을 미치게 된다. 이때 농민과 조절기술 사이에 경험적 환경을 투입하게 된다. 만약 농민이 병충해의 만연정보를 들으면 농약을 살포하게 된다. 그러나 이용할 농약 살포기가 없다면 농민은 농약을 살포할 수 없게 된다. 이것을 행렬로 나타내면 〈그림 6-30〉 (나)와 같다. 이 행렬은 게임이론의 이득(pay-off) 행렬과 같다. 즉, 행렬의 표두(表頭)에 환경 측의 4가지 가능한 걱정과, 행렬의 표측(表側)에는 농민 측의 조절이 가능한 두 가지가 있다.

조절이론은 이론보다 선택적이고 더 융통성이 있는 이론으로, 조절의 아이디어

〈그림 6-30〉 조절이론과 농업

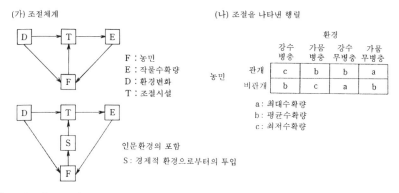

자료: Ilbery(1985: 58).

는 자연환경에 대한 걱정에 의하고, 농민의 대응이 자연환경에 대한 걱정에 가장 유사하게 측정되는 것은 아니다. 그리고 조절이론은 환경이 정적(靜的)이 아니고, 환경의 변화가 시간이 경과함에 따라 동적(動的)이라는 점을 취급하고 있다.

(4) 득점이론

득점분석(point score analysis)은 1972년 브리트(E. Vander Vliet)에 의해 사용된 것으로, 농민의 의사행동에 영향을 미치는 여러 인자를 농민 스스로가 그 중요성을 파악·선택하는 단순하게 고안된 분석방법이다. 즉, 가장 대표적이고, 또 모든 면에서 선정된 농민의 의사결정에 영향을 미치는 요인들(〈표 6-10〉)에 대해, 농기업에 영향을 미치는 필수적인 것은 4점, 그렇지 않고 실제로 덜 중요한 것은 1점으로 득점을 주어 이들 득점을 합해 분석하고, 또 요인간의 관련성도 파악하는 방법으로 의사결정에 영향을 미치는 요인은 크게 자연적·경제적·사회·개인적 요인으로 구성되어 있다. 〈표 6-11〉은 영국의 북동 옥스퍼드서(Oxfordshire) 지역 농민의 의사결정 요인의 순위를 나타낸 것으로서, 19개 요인 중 1, 2, 3위의 중요한 요인은 안정된 시장과 수요, 규칙적인 소득, 평균 이상의 수익 등 경제적 요인이고, 4~7위는 사회·개인적 요인으로서 북동 옥스퍼드서 지역에서 경험, 개인적 위기, 자유시간, 개인적 선호가 중요한 요인으로 나타나, 상위 11개 요인 중 6개 요인이 사회·개인적 요인이다.

〈표 6-10〉 농업의 의사결정에 영향을 미칠 가능성이 있는 요인

A. 사회적·개인적 요인	B. 경제적 요인	C. 자연적 요인
1. 개인적 선호	1. 시장수요	1. 토양 유형
2. 지역의 농업유형	2. 소득	2. 토양 배수상태
3. 농업교육	3. 이윤	3. 경사의 정도와 양상
4. 개인적 경험	4. 현재 이용 중인 토지이용	4. 기후의 불확실성
5. 자유시간	5. 노동력	5. 강수량
6. 기존 지식	6. 자본	6. 무상일수
7. 개인적 위험	7. 교통비	7. 기온변동
8. 이전 거주자의 농기업 영향	8. 건물과 농기계	8. 농장의 크기
9. 기 타	9. 농협의 정책	9. 기타
	10. 정부정책	
	11. 기 타	

자료: Ilbery(1985: 67).

<표 6-11> 영국의 북동 옥스포드셔 농부들의 중요한 의사결정 요인의 순위

요인		총 득점	순위
A. 경제적 요인	안정된 시장과 수요	642	1
	규칙적인 소득	524	2
	현재 이용 중인 토지이용	56	18
	적은 노동력	332	8
	적은 자본	213	10
	평균 이상의 이윤	523	3
	교통비	138	13
	이용할 수 있는 건물과 농기계	164	12
	농업협동조합	33	19
	정부정책	74	16
B. 사회적·개인적 요인	개인적 선호	363	7
	농업교육	82	15
	이전 농기업의 영향	176	11
	경험	490	4
	지역의 농업유형	314	9
	자유시간	385	6
	농기업에 대한 기존 지식	59	17
	개인적 위험	479	5
	훈련된 직원의 영향	106	14

자료: Ilbery(1985: 70).

4. 그 밖의 농업입지론

1921년 베이커는 튀넨이 무시한 자연적 조건의 차가 농업적 토지이용의 패턴을 결정짓는 중요한 요인이라고 주장했다. 즉, 미국의 농업·목축업·임업의 지역적 분포, 농지가격 등의 정태적·동태적 검토에서 지형조건(사면과 구배, 기복량), 토양조건(토양의 물리, 화학, 미생물적 특색), 수분조건(육수, 습도, 이슬, 안개, 증발량), 기온조건(재배기간의 온도, 봄·가을의 서리일수)이 현실적인 토지이용의 표준적 질서(normal order)에 영향을 미치고 있다고 주장해 귀납적 접근방법에서 튀넨이 고려하지 않았던 자연적 조건의 중요성을 강조했다.

또한 농업경영학자 브링크만은 튀넨의 이론을 집약도 이론[26]으로 발전시켰다. 즉, 그는 『농업경영경제학(Die Ökonomie der Landwirtschaftlichen Betriebes)』(1922)을 저술해 농업경영 형태를 산업·기업 단계에서 고찰한 농업 입지론을 발표했다. 그 내용은 개별경영의 이윤 최대화에 적합한 집약도와 경영방식을 구하는 관점에서 농업입지를 논했다. 브링크만의 농업경영이론은 튀넨 이론의 연장으로, 튀넨 이

26) 집약도는 자본집약도와 노동집약도로 구분되는데, 자본집약도는 예 들면 비료 투하액, 노동집약도는 상용노동자를 들 수 있다.

론이 농업조직의 입지배치인데 대해, 브링크만의 이론은 경영조직론으로, 이 이론은 개별경영의 이윤 최대화에 적합한 집약도 이론(경영 집약도 이론)과 경영방식으로 구성되어 있다. 그의 집약도 이론은 $I = \frac{(A + K + Z)}{F}$ (I: 경영 집약도, A: 노동비, K: 자본 소비액, Z: 경영 자본에 대한 이자액, F: 경영면적)로 집약도의 차이는 총수입과 경영비에 의해 결정되는 입지요인으로, 집약도를 결정짓는 요인 중 정태적 요인은 농가의 교통적 위치(시장에 대한 위치)와 농장의 자연적 사정이며, 동태적 요인은 사회·경제의 발전 단계와 기업가의 개인적 사정을 들 수 있다. 농업입지와 집약도와의 관계는 시장에 접근할수록 집약도가 높고, 집약도의 증가는 같은 작물의 경우 경영비의 증가, 조방적 작목에서 집약적 작목으로의 전환, 토지 휴한기간의 단축·수확회수의 증가라는 형태를 취한다. 한편 원격지에서는 농업이 단조로운데 대해 시장에 가까운 지대에서는 다양한 집약적 농업이 전개된다는 것 등을 지적했다.

이에 대해 경영방식은 튀넨의 논의에 덧붙여 농장면적의 차이에 주목해 지대지수(地代指數)라는 개념을 제시했다. 지대지수는 입지가 시장에 가까운 경우에 발생하는 생산물의 생산비 및 운송비의 단위면적 당 계산된 절약이윤을 말한다. 그것을 고찰한 결과 브링크만은 판매되는 생산물의 단위면적 당 수확량이 크면 클수록, 또는 토지 소요량이 작으면 작을수록, 나아가 절약지수가 크면 클수록 시장이 그 입지에 미치는 견인력은 크다. 또 입지획득 경쟁의 승패를 좌우하는 것은 일반적으로 토지 소요량이라고 지적하고, 다른 토지 소요량을 갖는 생산물간의 경우에서만 절약지수가 실제로 중요성을 갖는다는 명제를 도출했다. 그리고 경영방식을 규정짓는 상반되는 힘은 분화력과 통합력으로, 경영방식에서 분화력만 작용하면 각 개인경영의 생산은 분업적이 되어 단일 생산이 지배적이 된다. 그러나 통합력만 작용하면 경영방식은 다양성을 나타내어 각 개인의 경영내용이 같게 된다. 이와 같이 브링크만은 튀넨의 이론을 개별 농업경영의 관점에서 좀 더 상세하게 검토했다.

던은 이에 대해 농업입지론을 일반 균형이론으로 발전시킨 미국의 입지론자이다. 던은 1954년에 발간한 저서 『농업생산입지이론(The Location of Agricultural Production)』에서 튀넨의 이론을 수식으로 나타내고 튀넨이 밝힌 위치에 바탕을 둔 농업입지의 권구조를 경제학적으로 해석했다. 또 수요와 가격에 대해 고찰을 덧붙여 농업의 공간경제에 대한 일반 균형이론을 가격, 수요, 경계선, 공급의 4가지 변수로 전개시켰다. 그리고 던은 튀넨 모델을 수식화하고 제한된 가정을 표면화해 균형과정을 정식화하고 분석을 상호의존적 가치체계와 결부시키는 중요성을 밝혔다. 또 던은 산업적 분석을 확장하고 농업생산의 공간적 분포에 미치는 기업균형의 영향을 포함하는 시도를 전개했다. 여기에서는 브링크만의 견해를 받아들여 기술적 상호관계나 결합생산비, 결합생산 행정(行程)이라는 복합적 농업경영조직을 상정한 경우의 수정이 검토되었다. 나아가 거리에 따라 변화하는 운임률, 다수 시장, 운송방식의 다양화, 자원의 공간적 다양성 등 지금까지의 가정을 완화한 경우의 영향을 고찰하고, 인구이동, 소비자의 선호 변화, 소득의 변화, 기술혁신의 영향, 수요·공급 양사의 상호관계 등 동태적 요인에 관한 고찰을 행했다.

다음으로 1817년 리카도의 비교우위의 원리(principle of comparative advantage)는 지역 및 국가 간의 무역이 행해짐에 따라 특화된 농작물이 비 특화지역으로 이동되고, 또 특화지역에서의 잉여생산 및 비 특화지역에서의 부족현상이 나타남에 따라 지역 간의 농업적 전문화가 이룩된다. 이와 같은 농업적 전문화는 농작물의 가격이 절대적 우위에 있을 때만이 존재하는 것이 아니고 절대적 손해에 있을 때에도 존재하게 된다. 그런데 절대적 우위는 모든 생산 면에서 볼 때 대체로 선진지역에서 많고 후진지역은 절대적 손해를 본다. 그러므로 절대적 우위에 있는 선진지역과 절대적 손해를 나타내는 후진지역 간에 무역을 행할 경우 선진지역이 절대적으로 유리하다. 그러나 선진·후진지역에서 자원을 가장 효과적으로 이용해 내적 생산인자(천연자원, 토지, 노동력, 자본)로서 가장 큰 이익을 얻기 위해서는 선진지역에서는 절대적 우위가 가장 큰 농산물을 생산하고, 후진지역에서는 손해가 가장 적은 농산물을 전문화해야 한다. 이와 같이 특정지역에서 가장 큰 절대적 우위 내지는 가장 적은 절대적 손해의 농작물을 생산하는 경향을 비교우위의 원리라 한다. 이 비교우위의 원리는 상호작용의 체계 내에서 특화에 대한 기본적인 조건을 갖추어야 하는데, 첫째, 특화가 발생한 지역의 농산물은 반드시 이동해야 하며, 둘째, 특화 지역 내에서 생산품의 수출을 위한 잉여와 다른 지역에서 이 특화된 생산품에

〈표 6-12〉 무역전의 캐나다와 미국에서 옥수수와 감자의 생산가능성과 국내 교환 비

국가	생산가능성		국내 교환 비	
	감자	옥수수	감자/ 옥수수	옥수수/ 감자
캐나다	75	50	1.50	0.67
미국	100	200	0.50	2.00

자료: Berry, Conkling and Ray(1976: 181).

<그림 6-31> 무역전의 캐나다와 미국의 생산가능곡선

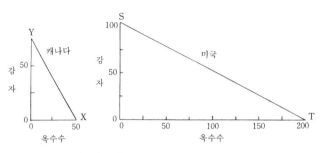

자료: Berry, Conkling and Ray(1976: 181).

대한 수요가 존재해야 한다. 캐나다와 미국에서 생산비 단위당 옥수수와 감자 생산 가능성과 두 국가의 옥수수 및 감자의 국내 교환 비는 〈표 6-12〉와 같다. 그리고 양국에서 무역을 하기 이전의 생산 가능곡선은 〈그림 6-31〉과 같이 나타낼 수 있다. 여기에서 캐나다의 경우는 옥수수보다 감자가 더 유리하다. 왜냐하면 캐나다의 국내에서는 감자 $1\frac{1}{2}$ 단위에 대해, 옥수수는 1단위의 비율로 교환되며, 반대로 옥수수 $\frac{2}{3}$ 단위에 대해 감자는 1단위가 되기 때문이다. 따라서 캐나다에서는 이들 두 작물에서 옥수수의 가격이 더 높다는 것을 알 수 있다. 한편 미국의 경우는 감자가 캐나다보다 $1\frac{1}{3}$ 을 더 생산하고, 옥수수는 4배 더 생산해 두 작물 모두 절대적 우위에 있다. 따라서 미국은 옥수수가 감자보다 캐나다와 교환할 때 이윤의 차가 더 크다는 것을 알 수 있다. 여기에서 캐나다의 농가는 국내 무역에서 감자 1에 대해 $1\frac{1}{2}$ 단위, 미국의 농가는 감자 1에 대해 $\frac{1}{2}$ 단위를 손해 보게 된다. 따라서 미국이 옥수수에 대해 절대적 우위를, 캐나다는 감자에 대해 절대적 손해를 가짐에도 불구하고 비교우위를 가진다. 따라서 캐나다 농가는 감자 1에 대해 옥수수 $\frac{2}{3}$ 를 포기하고 미국의 농가는 옥수수 1에 대해 감자 $\frac{1}{2}$ 을 포기해야 한다. 그 결과 캐나다와 미국 농가에서는 각각 감자, 옥수수를 전문화시킨다.

이상의 비교우위의 원리는 우리에게 상품의 유동방향은 제시하지만 실제 유동량이나 적정가격 등은 제시하지 않는다. 그리고 생산은 완전한 전문화가 이룩되지 않으며, 농산물의 생산증대는 수확체감의 원리에 의해 특화의 정도도 한계가 있다는 점, 운송비의 부담이 너무 많을 경우 지역적 전문화가 이룩될 수 없어 자급자족의 색채가 현저하게 나타난다. 그러나 운송비 부담이 0이면 완전한 지역적 전문화가 이룩된다는 점에서 운송비가 지역적 전문화 형성에 큰 영향을 미치고 있다는 것을 알 수 있다.

5. 동태적 농업입지

생산입지는 현실적으로 활동하는 경제체이기 때문에 그 입지는 장소적·시간적 조건에 따라 변화를 고찰할 필요가 있다. 튀넨의 고립국도 자신이 지적한 바와 같이 한 나라의 부와 인구가 증가함에 따라 전국적인 농업지역의 확대를 가져온다고 지적해 어느 정도 동태적 고찰을 제시했다. 그리고 브링크만은 국민경제의 발전으로 종래 재배지역의 한계가 내부에서 외부로 향한다고 지적하고, 이러한 입지의 동태적 이론은 경영방식의 변환, 새로운 재배방법의 출현 등에 의해 나타나는 것으로 수요인자와 기술 인자에 의해 설명했다.

〈그림 6-32〉미국 위스콘신 주 밀 재배면적의 변화

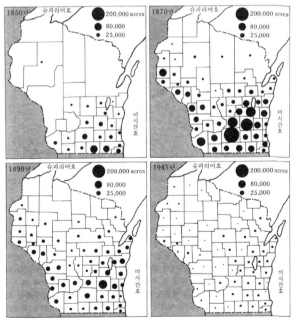

자료: Wheeler et al.(1998: 322).

수요의 변화는 생활수준의 향상, 노동의 질적 변화(육체노동에서 정신노동으로)에 따른 영양섭취의 변화가 농작물 수요의 변화를 가져오게 한다. 그리고 기술의 발전은 농업경영에 미치는 작용의 종류에 따라 첫째, 교통기관의 발달, 둘째 토지생산력의 생산 상의 진보, 셋째 토지 생산물 가공과 일반 공업기술의 발달로 구분된다. 여기에서 미국의 교통기관 발달에 따른 농업지역의 변모를 보면 다음과 같다. 먼저 1850~1945년 사이의 위스콘신 주에서 밀 재배면적의 변화를 나타낸 것이 〈그림 6-32〉이다. 즉, 교통기관의 발달에 따라 밀 재배지역은 주요 소비시장인 북동부 메갈로폴리스 지역에서 서부지역으로 그 재배지역이 이동하고 그 대신 위스콘신 주에는 더 집약적인 농업이 행해지게 되었다. 따라서 교통기관의 발달로 각 농업지대는 재배면적이 확대됨으로, 조방적인 농업은 주요 소비시장에서 더욱 멀어진다는 것을 알 수 있다. 또 교통의 발달단계에 따라 농업지역이 어떻게 변모하는가를 나

〈그림 6-33〉 교통변혁에 따른 거시적 튀넨 권의 변화

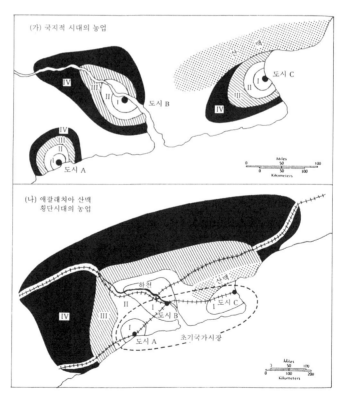

자료: Wheeler et al.(1998: 323).

타낸 것이 〈그림 6-33〉이다. 즉, 1825년 이전의 교통은 수로, 도로를 이용한 근거리 이동이 발달했는데, 이때의 농업지역 형성은 〈그림 6-33〉 (가)와 같다. 그 후 1825~1865년의 애팔래치아산맥 횡단 시기는 철도의 등장으로 원거리 수송의 운송비가 절감됨으로써 국지적 농업지역이 지역적(regional) 농업지역으로 변모해 공간조직의 통합을 가져와 시장지역이 확대되었으며, 1850년경에는 대규모 농업지역이 형성되었다(〈그림 6-33〉 나). 이때 로스토(W. W. Rostow)에 의한 미국의 경제발전 단계는 도약(take off)의 단계였다. 그 후 옥수수 지내[27]와 같은 새로운 대규모의 농업지역이 형성되었으며, 발달된 공업기술의 확산으로 농업부문의 기계화가 진전되었으며 냉동차의 보급도 이루어졌다. 이때의 미국경제는 성숙으로의 전진(drive to economy maturity)의 단계였다. 그 후 1920년에 농업과 교통의 변혁이 이룩되어 교통부문에서는 철도와 자동차 교통의 경쟁시대가 되었으며 자동차에 의한 농산물 운송이 우위를 차지하는 시대가 도래하게 되었다. 이상과 같은 농업공간의 재조직을 자네레(D. Janelle)의 모형에 의해 요약하면 다음과 같다. 즉, 농업지역의 발달에서 입지적 효용성(locational utility)이 최대가 되기 위해 더 좋은 접근성을 찾기 위한 요구가 새로운 기술발전을 도모하게 해 교통혁신(transport innovation)이 나타나게 된다. 이것이 미국 농업발달에서 철도의 출현과 같은 현상이다. 그와 더불어 애팔래치아산맥 횡단시기에는 시공간 수렴(time-space convergence)이 야기되어 공간적 상호작용이 증가되었다. 이에 따라 농업의 지역적 집중화·전문화가 나타나게 되었다.

27) 1882년 원츠(W. Warntz)가 명명했다.

6. 도시 주변지역에서의 농업입지

브라이언트(C. R. Bryant)는 도시와 농촌지역 사이의 도시권을 4개의 지대로 묘사했다(〈그림 6-34〉). 먼저 안쪽 접변지역(inner fringe)은 농업적 토지이용이 도시적 토지이용으로 전환할 것이라는 사실이 확실한 지역으로, 이미 많은 도시적 토지이용이 이룩되었으며, 바깥쪽 접변지역(outer fringe)은 농업적 토지이용의 경관 요소가 탁월하나 단독 가구, 교통로, 공업단지, 가축 사육장 등과 같은 도시 지향적인 요소가 나타난다. 세 번째의 도시음영(urban shadow) 지역은 도시의 영향이 적은 곳으로, 대도시지역의 영향권에 있다는 것은 통근, 비농업 종사자의 거주, 비농업

〈그림 6-34〉 농업과 도시주변, 도시음영, 농촌 배후지 간의 관계

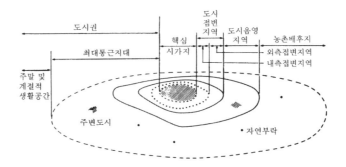

자료: Ilbery(1985: 186).

〈그림 6-35〉 농촌과 도시주변에서의 농업 집약도 모델

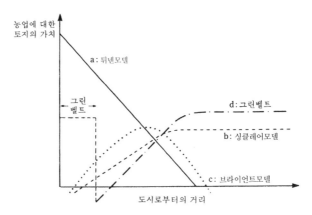

자료: Ilbery(1985: 191).

토지 소유자 등으로 알 수 있으며 중심도시와 상당히 밀접한 관계를 맺고 있는 지역이다. 네 번째의 농촌 배후지에는 거주지역이 나타나는데 통근 외곽권에 분포한다.

이와 같이 농촌과 도시 주변지역에서 도시개발의 기대감 등으로 농업 집약도가 공간적으로 다르게 나타나는 4가지 농업적 토지이용의 가능성이 존재할 수 있다(〈그림 6-35〉). 이 중 튀넨 모델은 앞에서 기술한 바와 같아 생략하기로 한다.

다음으로 1967년에 발표된 싱클레어(R. Sinclair) 모델은 미국 중서부 지방의 옥수수 지대에서 도시의 발달과 농업지역의 변모에 대한 경험적인 연구를 한 것이다. 그는 튀넨 이론이 저개발국의 지역에서는 현재도 적용될 수 있지만 선진 공업국의

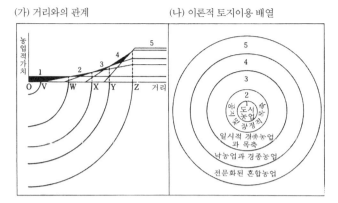

〈그림 6-36〉 도시의 팽창과 농업적 토지이용 모형

자료: Sinclair(1967: 80).

도시 주변지역에서는 튀넨 이론에 역행하는 모델에 의해 설명될 수 있다고 지적했다(〈그림 6-36〉). 즉, 공업화, 도시화가 진척된 지역에서는 지가상승을 기대하는 투기가, 개발업자, 농민들의 영농의욕이 감퇴되어 경작을 포기하던지 아니면 일시적으로 경작이 행해지며, 도시에서 멀리 떨어진 지역의 농민일수록 농업활동에 의해 많은 수익을 올리고 있다. 따라서 토지의 농업적 가치 면에서 볼 때 집약도는 도시에 가까운 지역이 조방적이고, 멀리 떨어진 지역일수록 집약적이며 그 지역의 외곽, 즉 도시화의 기대가 없는 지역에서의 집약도는 같다고 지적했다.

이 농업적 토지이용 모델은 다음과 같은 가정 아래에서 동심원으로 나타낼 수 있다. 첫째, 이들 농업지역의 생산성은 시간이 경과함과 따라 각 농업유형에서 국가적 시장에 대한 접근성은 동질적이다. 둘째, 이들 지역의 농민들은 그들의 농업활동에 융통성이 있으며 변화하는 기회의 이익을 얻는데 예민하다. 셋째, 이 농업지역의 다른 한편에서는 인구가 증가하고 농업적 토지를 서서히 흡수하는 대도시지역이 존재한다. 넷째, 도시팽창과 관련된 요인은 도시화된 지역의 모든 방향에서 균등하게 농업에 영향을 미친다.

다음으로 각 지대의 농업적 토지이용을 보면 1지대는 도시 농업 또는 잠정적 원예 농업지역으로 시가지의 가장자리에 입지하고 토지가 세분화되어 있으며, 토지는 투기가, 개발업자가 소유하고 있다. 그리고 농민들은 높은 지가에도 토지를 팔지 않으며 가금(家禽)사육, 온실재배, 버섯재배를 하고 있으며 고층건물이 들어서 있다. 2지대는 공지 및 잠정적 목축지역으로 공지가 많이 분포하고, 도시적 토지이용의 세분화는 일어나지 않으며 일정한 경작이 행해지는 지역이다. 3지대는 일시적 경종농업과 목축지역으로 미래의 도시화를 기대해 농업부문에 자본을 투하하지 않으며, 임금 노동력은 대단히 비싸고 겸업농가가 많다. 4지대는 낙농업과 경종농업을 행하는 지역으로 지대의 안쪽은 도시화를 기대하는 지역이고, 낙농지역에서 집약도가 낮은 환금 작물을 재배하는 경향이 있다. 5지대는 전문화된 혼합농업지역으로, 경제활동은 대도시로부터 직접적인 영향을 받지 않는 지역이다.

그러나 싱클레어가 제시한 위의 경험적 모델은 도시의 팽창이 동심원의 각 농업지대를 변형시킨다고 했는데 그 요인은 다음과 같다. 첫째, 농업지역은 농업유형에서나 생산력에서도 등질적이 아니라는 점, 둘째 도시의 팽창은 균등하게 이루어지지 않는다는 점, 셋째 도시의 성장은 불균등하게 이루어져 농업적 토지이용 패턴의 형상에 영향을 미칠 뿐 아니라 토지이용 패턴 내에 특정한 농업지대가 나타나지 않다는 점, 넷째 농업적 토지이용 패턴은 도시팽창의 영향으로 외부로 이동하는 동적인 성격을 가지고 있다는 점, 다섯째 도시화 과정에서 농업적 토지이용의 패턴은 여러 가지 공공정책에 의해 영향을 받는다는 점 등을 들 수 있다.

다음으로 브라이언트 모델은 튀넨 모델과 싱클레어 모델의 절충안으로, 농업 집약도가 처음에는 증가하다가 도시 주변부에서부터 거리가 증가함에 따라 감소한다. 이 점에 대해 브라이언트는 포도원 등의 과수원과 같은 농업유형은 투자한 자본에 대해 이익을 얻기 위해 시간이 필요한 농민의 욕망이 존재하기 때문에 도시화로 인한 음의 영향을 받는다고 주장했다. 따라서 도시화의 영향을 받는 지역은 농업을 포기하던지 다른 곳으로 과수원을 옮기지 않으면 안 된다. 농업에 대한 가치의 변화는 특정 농기업이 잠재적인 도시개발에 의해 영향을 받는 정도에 따라 가능하고, 만일 시장의 접근성이 하나의 인자로서 고려될 수 있다면, 농업 집약도는 처음에는 증가하다가 도시 주변지역에서 거리가 멀어질수록 낮아진다.

끝으로 그린벨트[28] 모델은 엄격한 정책으로, 도시적 토지이용에 대한 수요는 그린벨트 밖으로 편향될 수 있다는 것이다. 이러한 현상 때문에 도시 주변부에서 멀리 떨어져 있는 지역은 농업에 대한 토지의 가치가 일정하게 높아지는 현상을 나타낸 것이다.

일반적으로 도시권내에서 농업적 토지이용을 규정짓는 것은 첫째, 도시의 발전

28) 녹지가 띠 모양으로 길게 연속적으로 분포한 지역으로, 보건이나 방화를 위해 넓은 녹지지대를 설치한 경우도 있지만, 대부분은 대도시의 외연부로 시가지의 연담 팽창을 방지하기 위해 환상으로 설치된 녹지를 말한다. 그린벨트는 1580년 영국의 엘리자베스여왕이 런던 외곽 3마일(4,827m) 이내에는 새로운 건물을 짓지 못하도록 포고령을 내린 것이 그 시작으로, 1938년 영국 대 런던 계획에서 런던의 과대화를 방지하기 위해 그린벨트 법을 만들었고, 폭 8km 녹지대 안의 토지를 매수하고, 토지 소유자들에 의한 개발을 억제하기 위해 많은 보상금을 지불해 녹지대를 유지했다. 그리고 녹지대의 바깥쪽에 위성도시를 건설해 그곳으로 각종 기능을 분산시켰다. 그린벨트는 한국의 개발제한구역제도와는 내용의 일부가 다른데, 한국은 1971년 서울시 중심부에서 반경 15km 선을 따라 폭 2~10km 구간을 '영구 녹지대'로 처음 지정한 것이 시초이다.

에 따른 토지수요의 증대와 도시적 산업의 발달에 따른 고용기회의 증대, 둘째 농산물시장의 확대이지만 실제 농업적 토지이용의 변화를 가져오는 것은 이 밖에 여러 가지 요인이 있다.

7. 농업지역

1) 농업의 발달과 지역분화

근대적인 농업의 성립은 자본주의적 농업의 발달과 개발도상국형 농업의 성립으로 나눌 수가 있다. 먼저 자본주의적 농업의 발달은 유럽 농업의 근대화 과정에서 파악할 수가 있다(〈그림 6-37〉). 유럽 농업의 발달과정과 지역분화를 살펴보면 〈그림 6-38〉과 같다. 유럽의 농업은 고대의 이포식농업에서 로마제국의 영토 확장기에 삼포식농업으로, 근세에 윤재식농업으로 발전되었으며, 산업혁명과 1870년대에 신대륙에서 값싼 곡물이 대량 유입됨에 따라 근대적인 전문 분업화가 나타났다. 고대의 이포식농업은 지중해 연안과 북서 유럽에서 밀과 휴한 또는 보리·귀리와 휴한으로 농작물을 재배하다가, 중세에 들어와서 실시된 삼포식농업은 토지의 2/3만 사용해 농업생산력이 빈약했고, 겨울에 사료가 없어 가축을 도살하므로 양

〈그림 6-37〉 근대적인 농업의 성립과정

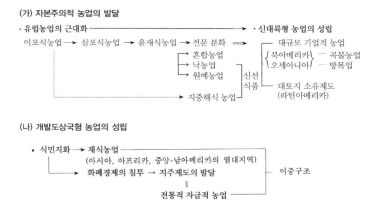

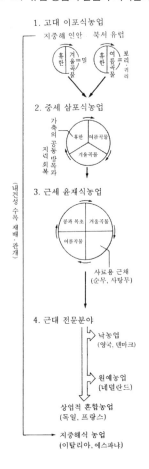

〈그림 6-38〉 유럽 농업의 발전과 지역분화

1. 고대 이포식농업
   지중해 연안   북서 유럽
   휴   겨울곡물-밀   휴   보리
   한   한   귀리
       여름곡물   여름곡물

2. 중세 삼포식농업
   가축의 공동방목과 지력 회복
   휴한   여름곡물
   겨울곡물

3. 근세 윤재식농업
   콩과 목초   겨울곡물
   여름곡물
   사료용 근채
   (순무, 사탕무)

4. 근대 전문분야
   낙농업
   (영국, 덴마크)
   원예농업
   (네덜란드)
   상업적 혼합농업
   (독일, 프랑스)
   지중해식 농업
   (이탈리아, 에스파냐)

(내건성 수목 재배·관개)

〈그림 6-39〉 동·동남·남아시아 국가의 논·밭농사
지역의 분화

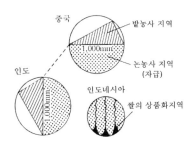

중국
밭농사 지역
1,000mm
논농사 지역
(자급)
인도
인도네시아
1,000mm
쌀의 상품화지역

축이 부진했으며, 경지 중 보유지[保有地(사유지가 아님)]가 분산 혼재되어 있었다. 근세의 윤재식농업은 농업혁명을 가져왔는데, 사유지의 자본주의적 대농장이 등장하고, 농목업의 생산량이 4~6배로 증가해 비약적인 발달을 했는데, 이와 같은 생산량의 비약적인 증대는 사료작물과 주식작물을 재배하는데 휴한지가 없는 윤작과 가축의 사육으로 그 두수가 증가되었으며, 가축의 사육증대로 가축의 분뇨와 짚 등을 섞은 쇠두엄이 많아져 지력을 회복했기 때문이다. 근대에 들어와서 농업의 전문화는 영국과 덴마크의 경우는 낙농업이, 네덜란드의 경우는 원예농업[29]이, 상업적 혼합농업은 독일과 프랑스에서, 지중해식농업은 이탈리아와 에스파냐에서 발달해, 지중해의 남쪽에서 덴마크의 북쪽으로 그 농업의 배열은 지중해식농업이 제일 남쪽에, 중간에는 서쪽에서 동쪽으로 원예농업, 상업적 혼합농업, 자급적 혼합농업의 순으로 배열되었으며, 북쪽에는 낙농업이 발달해 분포하고 있다.

다음으로 개발도상국형의 농업을 보면 그 공통점은 국민경제에서 차지하는 지위는 모두 중요하며, 다른 지역과 비교해 낮은 농업생산력과 많은 농업인구를 가지고, 전통적인 농업과 재식농업(plantation)이 혼재되어 있다. 그리고 그 지역성을 보면 아시아~북부 아프리카는 강한 지주제도로 식량작물의 재배와 유목을 하며, 중앙·남아메리카에서는 대토지 소유제도가 아직도 남아 있다. 또 중부·남부 아프리카에서는 토지의 공동 관리와 화전 농업이 남아 있다.

동남·남아시아 지역 농업의 공통적인 특색은 미작중심의 농업이고 밭농사도 행해지고 있다. 또 영세한 자급농이나 소작농이 낮은 토지생산성에서 녹색혁명이 일어났다. 그리고 재식농업은 그 성격이 변질되어 국유화 내지 현지인에 의해 소규모 경영을 하고 있다. 〈그림 6-39〉는 중국과 인도, 인도차이나 반도에서의 미작 농업지역과 밭농사 지역을 나타낸 것으로 연 강수량 1,000mm를 기준으로 이들 농업지역이 분화되어 있다는 것을 알 수 있다.

2) 경험적 농업지역

농업지역[30]이란 물리적 요소와 생산적 요소 및 인문적 요소의 복합체로서, 이들 여러 요소가 연대적 관계를 가지고 상호 결합되어 상호작용을 하고 있는 지표공간의 일부를 말한다. 농업지역은 연역적 접근방법, 농경적(農耕的) 관점,[31] 시스템론,[32] 발달 단계적 접근방법에 의해 고찰된다.

세계적 규모에서의 농업지역은 1892년 한(E. Hahn)을 중심으로 한 농경적 시점에서의 구분이 있다. 즉, 그는 농업형태인 농경문화의 구성요소에 의해 ① 수렵·어로지역, ② 괭이 문화지역, ③ 재식문화지역, ④ 유럽·서남아시아 농업지역, ⑤ 목축경제지역, ⑥ 원예지역으로 구분하고, 이들 농업지역의 발달단계는 다음과 같이 나타난다고 했다.

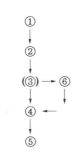

이와 같은 유사한 연구로서 한국의 경우 1939년 가와구치(川口淸利)가 농구학적 (農具學的) 관점에서 ① 함북 경성, 함남 단천, 평북 의주의 풀갈이형(草削型) 지대, ② 경기도 광주, 개풍, 황해도 은율, 안악의 쟁기형(犂型) 지대, ③ 울산, 황해도 연백의 낫형(鎌型) 지대, ④ 경남 김해, 평남 순천의 형 혼효(型混淆)지대의 4지대로 구분한 예가 있다.

그 후 1930년 엥겔브레히트는 작물분포를 지표로 해 9개의 농업지대(열대 논농사지대, 열대 밭농사지대, 아열대 사탕수수지대, 아열대 면화지대, 아열대 옥수수지대, 아열대

29) 네덜란드에서 원예농업이 발달한 것은 이 지역이 서부유럽의 중심부에 해당되어 시장의 접근성이 높기 때문이다. 특히 튤립 재배가 유명한 네덜란드에서 1620년 한 때에 한 포기 가격이 황소 25마리의 값과 같았는데, 이것이 거품경제의 대표적인 예이다. 이 당시 네덜란드 부자들은 튤립으로 정원을 꾸몄는데, 이로 인해 가격이 상승했으나 그 후 1637년에 튤립을 대량생산하고 전쟁이 일어나 가격이 폭락했다

30) 지역(region)은 헤트너(A. Hettner)에 의해 처음 불리어졌는데, 본래는 정치권력이나 행정당국에 의한 지리공간의 분할을 의미하는 개념이며, 라틴어로 rex(영주), regere(통합한다)에서 유래된 것이다. 지역은 문명이나 생활양식 등 과거 유산의 상속자이다.

31) 농업형태의 하나로, 농업의 발달단계에서 인류 최초의 헤크(Hack)경(耕)보다 발달한 농업형태로서 쟁기, 축력, 농기구의 발달, 농기계의 발달 등을 지표로 농업지역을 구분하는 접근방법이다.

32) 시스템론은 에코 시스템(ecosystem)의 관점에서 농업지역을 분석하는 방법으로, 이 방법은 특정 지역에서 나타나는 농업현상과 그 농업공간에 존재하고 있는 무기적(無機的) 자연환경과의 관계를 파악하는 것이다.

<그림 6-40> 휘틀지의 세계 농업지역(1936년)

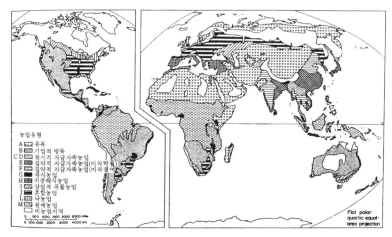

자료: Grigg(1974: 4).

<그림 6-41> 휘틀지에 의한 농업활동의 구분

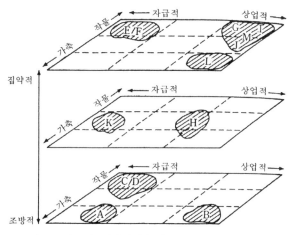

주: 알파벳 기호는 <그림 6-40>의 농업유형과 일치함. 단, K는 자급적 혼합농업.
자료: Abler, Adams and Gould(1971: 341).

보리지대, 아열대 겨울보리지대, 스텝 봄밀지대, 귀리지대)로 구분했다. 이들 농업지대
는 작물분포에 의한 구분으로 그 의의는 갖고 있으나, 농경(農耕)과 더불어 구명할
필요성이 있다. 즉, 동일한 작물이라도 농기구의 발달과 더불어 그 재배지역이 다
르게 형성되는 경우가 있기 때문이다.

다음으로 1936년의 휘틀지는 작물과 가축의 결합, 재배와 저장방법, 농업 집약

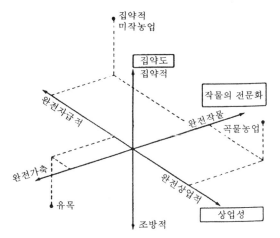

〈그림 6-42〉 휘틀지의 농업체계 구조

집약적
미작농업

집약도
집약적

작물의 전문화

완전자급적

완전작물
곡물농업

완전가축

완전상업적

유목

상업성

조방적

자료: Abler, Adams and Gould(1971: 342).

도를 나타내는 노동과 자본의 내용, 자급용인가 판매용인가에 따른 생산물의 처리 방법, 농가와 농장의 여러 시설을 지표로 세계를 13개의 농업지역으로 구분했다 (〈그림 6-40〉). 이 농업지역구분의 특징은 첫째, 농업 자체를 표현하는 지표를 사용한 점, 둘째 농업을 종합적으로 분석했다는 점이다. 그러나 이 농업지역구분은 다음과 같은 점에서 비판을 받고 있다. 즉, 농업지역을 대륙별로 보면 유럽 대륙이 4개, 아메리카 대륙이 3개, 나머지 대륙이 6개로, 유럽과 아메리카 대륙을 인식하고 연구한 점에서 비유럽·아메리카 대륙의 농업지역이 극도로 단순화되었다. 그리고 재배전파의 면에서 역사적 인식의 부족, 농경적 관점의 경시 등이 그 문제점으로 남아 있다. 휘틀지의 세계 농업지역을 집약도, 자급·상업성, 경종·목축농업에 의해 구분하면 〈그림 6-41〉, 〈그림 6-42〉와 같다.

끝으로 1937년 홀스타인(W. Hollstein)에 의한 토지의 농업잠재력에 의한 농업지역구분은 기후·토양 등의 농업적 요소에 의해 구분된 것이다. 이 농업지역구분은 기후·토양의 분류에 의해 경지면적 100ha당 생산된 농산물로서 부양할 수 있는 인구로 6개의 농업지역(0~100명, 100~200명, 200~300명, 300~400명, 400~500명, 500~600명)을 유형화한 것으로, 농산물 생산량에 의한 등질적 농업구(農業區)가 기후구(氣候區)에 의해 설정되었다는 것이 문제점이다.

3) 작물 구성형에 의한 농업지역

위버(J. C. Weaver)는 1954년에 미국의 농업지리학계에서 많이 사용해온 개별 작물에 대한 점묘법(dot map) 및 등치선도에 의한 연구는 농업지역의 실상을 정확하게 전달하지 못한다고 비판하고 작물구성 분석법을 제창했다. 이 방법은 농업지역 연구에서 높이 평가되어 한국에서도 1958년 서찬기에 의해 경북의 농업지역 연구에 사용되었으며, 그 후 많은 분석에 이용되어졌다.

위버의 작물 구성형은 그 대상이 작물 수확면적 만으로, 축산물이나 농민에 의한 농산물 가공 등은 포함하지 않았다는 점이 농업지역의 종합적인 파악이라는 점에서 볼 때 약간 문제가 있으나, 개별 작물을 추출하지 않고 여러 작물의 구성 상태에서 지역적 차이를 통계적으로 밝힌 점과 이 방법을 다른 분야에도 적용할 수 있다는 점 등은 우수하다고 할 수 있다. 위버가 작물 구성법에 의해 분석한 대상지역은 미국의 중서부 지역이며, 단위지역은 1,081개의 군(county)으로, 먼저 군별로 작물 수확면적에 대한 각 작물의 실제 작부면적 백분비를 구한 후, 이론적 작부면적 백분비는 단작형(單作型)일 경우 100%, 2작형일 경우에는 각 작물이 50%, 3작형은 각 작물이 33.33%, … , 10작형이면 각 작물이 10.0%의 작부면적 백분비를 갖게 된다. 다음으로 이론 값 - 실제 값 편차의 자승의 합을 구하고 그 편차의 자승 합을 작물 수로 나눠 최소의 값을 구성하는 작물이 특정지역의 대표작물이 된다. 이것을 수식화하면 다음과 같다.

$S = \sum_{j=1}^{k} \left(\frac{100}{k} - p_j \right)^2 / k$ S: 최소의 작물조합 구성비, k: 조합을 구성하는 작물 수, P_j: j번째 작물의 구성비이다.

〈표 6-13〉은 아이오와 주 퀘쿽(Keokuk) 군의 대표작물을 구한 결과로 이 지역의 대표작물은 옥수수, 귀리, 건초이다.

이러한 위버의 작물구성 분석법은 학계에 많은 영향을 미쳤지만 다음과 같은 문제점을 갖고 있다. 즉, 하위의 작물 수가 증가할수록 S값이 작게 나타나는 경우가 있다. 이 점을 1963년에 수정한 토머스(D. Thomas)는 편차의 자승 합을 작물 수로 나누지 않는 토머스 법을 발표했다.

토머스 법은 $\sum d^2 = \sum_{i=1}^{n} \left(x_i - \frac{100}{n} \right)^2 + \sum_{i=n+1}^{s} x_i^2$

d: 최소의 작물조합 구성비, x_i: i번째 작물의 구성비, n: 조합을 구성하는 작물

<표 6-13> 아이오와 주 퀘콕 군의 작물 결합(1949년)

구분	단작	2작물		3작물			4작물				5작물				
작물 명	C	C	O	C	O	H	C	O	H	S	C	O	H	S	W
실제 작부 면적 비(%)	54	54	24	54	24	13	54	24	13	5	54	24	13	5	2
이론적 작부 면적 비(%)	100	50	50	33 1/3	33 1/3	33 1/3	25	25	25	25	20	20	20	20	20
편차의 자승 합	2,116	692		927			1,386				1,770				
편차의 자승 합/작물 수	2,116	346		**309**			347				354				

주: C: 옥수수, O: 귀리, H: 건초, S: 대두, W: 밀.
자료: Weaver(1954: 181).

수, s: 분석대상 이외의 작물 수

〈표 6-13〉의 자료를 이용해 토머스 법을 적용해보면

단일작물일 경우: $(54-100)^2+(24-0)^2+(13-0)^2+(5-0)^2+(2-0)^2=2,890$

2작물일 경우: $(54-50)^2+(24-50)^2+(13-0)^2+(5-0)^2+(2-0)^2=$**890**

3작물일 경우: $(54-33.3)^2+(24-33.3)^2+(13-33.3)^2+(5-0)^2+(2-0)^2=956$

4작물일 경우: $(54-25)^2+(24-25)^2+(13-25)^2+(5-25)^2+(2-0)^2=1,390$

5작물의 경우: $(54-20)^2+(24-20)^2+(13-20)^2+(5-20)^2+(2-20)^2=1,770$이다.

〈그림 6-43〉 잉글랜드와 웨일스지방의 작물 구성형 분포

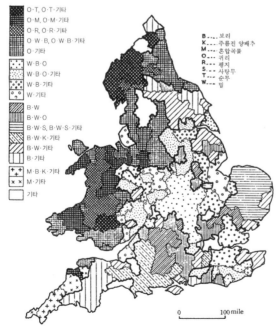

자료: Coppock(1964: 72).

〈표 6-14〉 옐그스톤 교구의 작물과 가축 사육두수와 계산과정

작물·가축	재배면적·사육 두수	밀에 대한 생산 집약도	생산 집약도	노동일 수 가중 값	실제 구성비(%)
밀(에이커)	85	1	85	85×3.5=284.75	11.9
돼지(두수)	215	1/7	215×1/7=30.7	30.7×1.2=36.84	1.6
젖소(두수)	130	1	130	130×15=1,950	81.8
양(두수)	1,690	1/15	1,690×1/15=112.7	112.7×1=112.7	4.7
계				2,384.29	100.0

자료: Coppock(1964: 70~81).

따라서 토머스 법에 의하면 옥수수와 귀리가 대표작물이 된다. 토머스 법은 분석대상이 아닌 작물에 대해 0을 사용해 분석하는 것이 높게 평가할 만한 점으로 위버법보다 더 논리적이고 우수하다. 〈그림 6-43〉은 토머스 법을 적용해 코포크(J. T. Coppock)가 연구한 잉글랜드와 웨일스지방에서의 작물 구성형의 지역적 분포를 나타낸 것이다.

그 후 작물 구성법은 도이(土井喜久一)에 의해 이론적으로 검토되어지고, 그에 의해 수정 위버 법을 발표하게 되었는데, 수정 위버법이 나오게 된 이유는 위버의 작물구성 분석법은 위버가 대상으로 한 미국 중서부와 같은 윤작체계가 보급된 지역에서만 유효하며, 구성요소 간 상호관계가 존재하지 않는 일반의 구성요소 계열의 조합을 결정하는 경우에는 부적당한 점과 작물 수가 많으면 곱하기가 많아 계산이 복잡하다는 점 등으로 작물 수를 나누지 않는 것이 위버와 다르다.

1964년 코포크는 작물 구성법에 의해 그 지역의 대표적인 농업이 무엇인가를 파악하는 데는 제약이 있기 때문에 이를 극복하기 위해 옐그스톤 교구(敎區)를 대상으로 작물과 가축을 합친 대표적인 농목업이 무엇인가를 파악하는 방법을 제시했다. 작물과 가축의 재배 및 사육두수와 그 계산과정은 〈표 6-14〉와 같다.

즉, 작물이나 가축의 생산을 공통의 단위로 전환하기 위해 여러 가지 생산의 집약도로 가중시킨 후, 다시 작물과 가축의 면적 당, 두(頭)당 필요한 연간 노동일수를 표준 남자노동으로 가중시키고 그 구성비를 계산하면 젖소의 실제 사육 구성비가 가장 높다. 이 실제 구성비를 토머스 법에 의해 대표적인 작물·가축 구성을 계산하면, 젖소가 이 교구의 대표적인 가축으로 나타난다.

작물과 가축을 합해 지역의 작물·가축구성을 파악하는 데는, 첫째 각종 가중치가 잉글랜드와 웨일스의 고윳값이기 때문에 다른 지역을 대상으로 할 때에는 해당

지역의 가중치를 사용해야 하기 때문에 결과를 다른 지역과 비교하기가 어렵다. 둘째, 가중방법은 규모의 경제를 고려하지 않았기 때문에 실제 구성비가 부정확하다는 것이 문제점으로 나타났다.

4) 유형(typology)에 의한 농업지역

농민이 토지, 자본, 노동력 등을 구사해 동·식물을 사육·재배하는 농업경영은 하나의 유기체로서 종합적인 것이다. 따라서 이들 농업경영은 지역별로 특색 있는 유형 또는 성격이 만들어진다. 이들 각 농업유형을 성립시키고 있는 여러 가지 요소 중에서 하나 또는 몇 개를 추출해 그 분포범위를 추구하고 요소 상호간의 관계를

〈표 6-15〉 세계 농업의 유형 분류를 위한 기준

Ⅰ. 사회적 및 소유의 특질
　1. 토지 소유(공유적·개인적·사회적)
　2. 영농(부족적·개인적·집단적)
　3. 노동력의 공급 형태
　4. 소유지의 규모
　5. 농업의 취업도

Ⅱ. 기구적 및 기술적 특질
　A. 농업지의 기구
　1. 소유지의 장소·분산상태, 포장(圃場)의 패턴
　2. 토지이용도
　B. 적용될 수단·시행·기술
　1. 자연조건의 관리
　2. 작물재배의 체계
　3. 가축 사육의 방법·기술
　C. 농업의 집약도
　1. 인력·동물·기계력의 투입
　2. 종합적인 농업 집약도

Ⅲ. 생산의 특질
　A. 농업의 생산성
　1. 토지생산성
　2. 노동력생산성
　3. 자본생산성
　B. 농업의 상품생산화
　1. 상품생산의 정도
　2. 상품생산의 수준
　C. 지배적인 시도
　1. 농업생산의 주도적인 방향·조합·역점

자료: 尾留川正平 編(1976: 151).

<그림 6-44> 한국의 농업지대

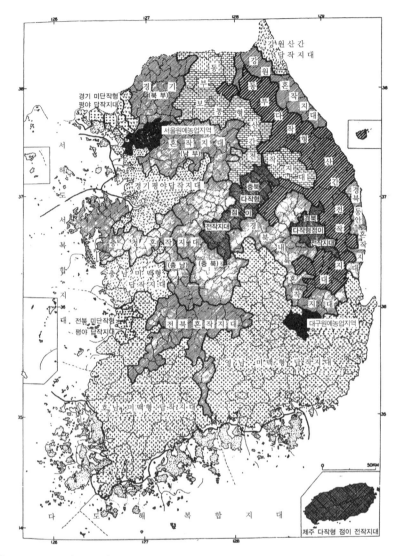

자료: 徐贊基·李中雨(1978: 71).

검토하는 방법도 있다. 그러나 지역에 따라 다른 양상을 밝히기 위한 노력으로서 지역이 갖고 있는 요소들을 총체적으로 취급해야 한다는 점을 제시한 사람은 코스트로위키(J. Kostrowicki) 등이다. 코스트로위키는 <표 6-15>와 같이 농업지역구분의 기준을 사회적 및 소유의 특질, 기구적 및 기술의 특질, 생산의 특질로 구분했으며, 각 요소를 조합한 유형의 일종이 타이포그램(typogram)으로, 이를 고안해 1964

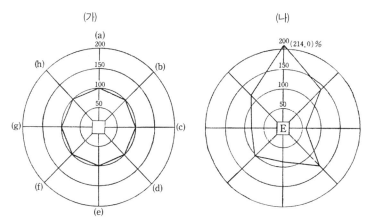

〈그림 6-45〉 타이포그램의 표준형(가)과 경기 미 단작형 평야 답작지대(나)

자료: 徐贊基·李中雨(1978: 79).

년 국제지리학대회(International Geographical Congress: IGC) 농업 유형(typology)위원회에서 세계의 농업유형을 검출할 것을 제시했다. 그러나 이 방법은 적용지역의 규모(scale)의 문제, 각 지역의 이용 자료상의 제약 등이 문제점이다.

이러한 유형(typology)의 관점에서 농업지역을 설정한 예로서 서찬기·이중우(李中雨)는 경지율, 답지율, 작물 결합수에 의한 농경대(農耕帶)(평야지대, 점이지대, 산간지대로 구분), 경영지대(논농사지대, 혼작지대, 밭농사지대), 경종지대(미작지대, 미·맥작지대, 표준작지대, 다작지대)를 각각 설정해 이들을 결합해 22개의 농업지대를 구분했다(〈그림 6-44〉). 이 당시 한국 농업지대는 대도시를 핵으로 권역구조를 개편할 가능성은 암시했지만, 자연환경이 농업지역을 복잡하게 만들었다고 할 수 있다.

한편 이들 농업 지대별로 타이포그램을 나타내었는데, 표준형과 경기 미 단작형 평야 답작지대를 나타내면 〈그림 6-45〉와 같다. 여기에서 타이포그램의 표준형의 각 지표는 다음 8가지이다. 즉, 경지율(a), 답지율(b), 결합작물의 종류(c), 농가당 평균 경지면적(d), 단 당(段當) 농업 종사자 수(e), 전업 농가율(f), 작부율(g), 단 당 농산물 판매액(h)이 그것이다. 그리고 각 타이포그램의 중앙에 경영조직에 중요한 규준이 되는 작부방식을 논의 2모작율과 밭의 작부율을 결합시켜 유형화해 나타냈다. 즉, E는 논 준 1모작(畓準一毛作)·밭 1년 2작(田一年二作)의 작부방식으로 이것이 한국의 보편적인 작부방식이다.

5) 다변량분석에 의한 농업지역

위버의 작물 구성형은 그 유효성이 크지만 분석지표가 작물이 주가 된다. 그러나 현실의 농업지역은 경지, 노동력의 상태, 집약도, 농가의 성격, 중심도시까지의 소요시간 등 다양한 요소의 집합체이다. 이런 여러 가지 속성 중에서 속성 간에는 서로 상관은 없이 의미가 있는 지표들을 선택해 객관적인 구분, 분류를 행하는 주성분·인자분석, 클러스터분석 등에 의한 농업지역 연구가 행해지고 있다. 〈그림 6-46〉은 인자분석법을 이용한 일본 간토(關東)지방 중앙부의 농업지역구분으로, 분석 단위지역은 80개 시·읍·면(市町村)으로 60개 변수를 사용해 15개 인자와 각 인자의 인자득점에 의한 클러스터분석으로 8개의 농업지역을 구분한 것이다.

〈그림 6-46〉 일본 간토지방 중앙부의 농가지역구분

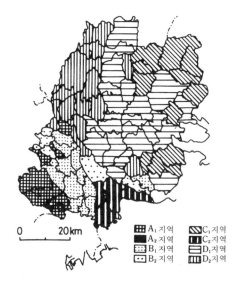

자료: 桜井明久(1973: 846).

✔ 주성분분석과 인자분석

주성분분석(principal components analysis) 및 인자분석(factor analysis)은 다변량분석(multivariate analysis)이다. 이와 같은 다변량분석법이 경제지리학에 도입된 이유는 첫째, 주관적인 판단이나 해석을 좀 더 객관적인 측면에서 결론을 얻어 과학 분야에서 요구하는 일반적인 발전방향으로 나아가는 데 필연적인 바탕이기 때문이다. 둘째, 복잡다단한 여러 요인이 관여하는 경제지리학적 분석의 대두이다. 셋째, 전자계산기 등 고속정보 처리기능이 급속도로 발전했기 때문이다.

주성분분석과 인자분석은 지리학에서 복잡한 관계를 맺고 있는 여러 사상(事象)을 요약하거나 그들 사상의 공변동(共變動)을 규정하는 것이 어떤 것인가를 조사할 경우 이용하는 매우 유효한 분석방법으로, 변수의 개수보다 적은 기본적인 차원(dimensions) 또는 '합성변수'를 새롭게 도출하는 방법이다. 본 분석방법은 심리학에서 발달한 것으로, 보통 변수가 10개 이상일 때 분석이 가능하다고 할 수 있다.

〈그림 6-47〉 주성분분석·인자분석의 분석과정

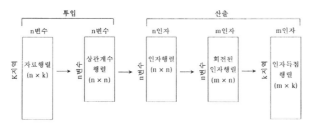

자료: Taylor(1977: 249).

주성분분석과 인자분석의 연산방법은 〈그림 6-47〉과 같다. 먼저 분석하고자 하는 기본 자료를 열(column)에는 각 변수를, 행(row)에는 각 지역을 나타내는 지리행렬(geographic matrix)을 작성한다. 그 다음으로 지리행렬의 각 요소를 대수화, 제곱근화 등으로 정규화한다. 그 이유는 지리적 사상의 경우 대부분이 양의 왜곡(positive skewness)을 나타내기 때문으로 대수로 변형시키는 것이 일반적이다. 그 다음 행간의 적률 상관계수를 구하고 상관계수 행렬을 작성한다. 그리고 이 상관계수 행렬에서 서로 상관계수값이 높은 변수는 제외하고 주성분분석 또는 인자분석을 행해 성분부하량(component loading) 또는 인자부하량(factor loading)을 추출한다(〈표 6-16〉). 성분부하량 또는 인자부하량을 추출한 후 고윳값(eigen value) 1.0 이상의 성분 또는 인자에 대해 회전(rotation)[33]을 시키는데, 고윳값 1.0 이상을 취하는 이유는 이 값이 P개 변수의 전 분산(分散) 평균을 나타내기 때문이다. 그리고 고윳값 1.0 이상에 대해 회전을 시키는 것은 각 성분 및 인자의 차원을 좀 더 쉽게 해석하기 위해서이다(〈표 6-17〉). 성분 및 인자부하량에 의한 각 성분과 인자 차원의 명명(labelling)은 부하량의 크고 작음과 부호 및 여러 변수의 정합성(整合性)을 규준으로 그 의미를 해석한다. 일반적으로 부하량 ±0.4 이상이 성분 또는 인자와 관련된 변수라고 할 수 있다. 그 후 성분 및 인자득점(component and factor scores)은 기본 자료를 정규·표준화시킨 자료와 성분·인자부하량을 곱한 합으로서, 각 지역에서 각 성분·인자외의 결합의 정도를 나티내는 것이다. 일반적으로 득점의 설명은 성분·인자득점 ±1.0 이상을 가진 지역을 이용하는데, 그 이유는 표준화된 성분·인자득점의 $\bar{x} \pm 1\sigma (= \pm 1.0)$($\bar{x}$는 평균, σ는 표준편차) 이상의 의미에서 이용된다. 성분 또는 인자부하량과 그 득점 사이의 설명은 부하량과 득점에서 부호가 같은 것끼리 관련지어 해석해야 한다.

33) 베리멕스(Varimax)법에 의한 직교회전을 일반적으로 많이 사용한다.

〈표 6-16〉 주성분분석의 성분부하량과 공통성

출발지	성분부하량(component loading)		공통성(h^2)
	I	II	
그리스	0.88	0.47	0.99
이탈리아	0.67	-0.34	0.56
포르투갈	0.41	-0.86	0.91
에스파냐	0.72	-0.69	0.99
터키	0.87	0.47	0.98
유고슬라비아	0.92	0.28	0.98
고윳값	3.51	1.85	

자료: Johnston(1978: 149).

〈표 6-17〉 각 인자의 회전 전과 회전 후의 인자부하량과 공통성

변수	회전 전 인자부하량		공통성	회전 후 인자부하량		공통성
	I	II		I	II	
X_1	0.853	0.232	0.781	0.846	-0.254	0.781
X_2	-0.816	-0.166	0.694	-0.781	0.291	0.694
X_3	-0.475	0.688	0.700	-0.039	0.836	0.700
X_4	-0.224	-0.440	0.244	-0.423	-0.255	0.244
X_5	-0.207	0.317	0.143	-0.008	0.379	0.143
X_6	0.318	-0.577	0.434	-0.035	-0.658	0.434
X_7	-0.315	-0.457	0.308	-0.509	-0.221	0.308
고윳값	1.913	1.391		1.767	1.537	
분산(%)	57.90	42.10		53.48	46.51	

자료: Johnston(1978: 165).

주성분분석과 인자분석의 차이점은 기법의 차로, 주성분분석은 전 분산에서 성분을 산출해 전 분산의 일부분이 하나의 성분으로 나타난다. 그러나 인자분석은 공분산(共分散)에서 인자를 산출함으로써 공통으로 규정짓고 서로 관계가 없는 m개의 인자인 공통인자(common factor)와 하나의 특정변수만을 규정짓는 특수인자(unique factor), 그리고 우연하게 들어있는 오차인자가 있다. 즉, 주성분분석과 인자분석의 수식은 다음과 같이 나타낼 수 있다.

주성분분석
$$X_1 = f(C_I, C_{II}, C_{III}, C_{IV})$$
$$X_2 = f(C_I, C_{II}, C_{III}, C_{IV})$$
$$X_3 = f(C_I, C_{II}, C_{III}, C_{IV})$$
$$X_4 = f(C_I, C_{II}, C_{III}, C_{IV})$$

인자분석
$$X_1 = f(F_I, F_{II}, \cdots, F_n) + U_1$$
$$X_2 = f(F_I, F_{II}, \cdots, F_n) + U_2$$
$$X_3 = f(F_I, F_{II}, \cdots, F_n) + U_3$$
$$X_4 = f(F_I, F_{II}, \cdots, F_n) + U_4$$

✔ 클러스터분석

다변량(多變量) 자료를 일괄해 유사도[類似度, similarity, 거리(distance)]의 크고 작음을 기준으로 대상지역을 그룹핑(grouping)하는 다변량 해석 방법을 클러스터[군집(群集)] 분석이라 부른다. 클러스터분석은 분석하고자 하는 대상 간에는 어느 정도의 관계가 존재하지만, 각각의 그룹 내의 유사도가 다른 그룹의 그것보다도 매우 다르게 그 대상을 유형화한다.

클러스터분석은 본래 생물분류학에서 발달한 방법[수치 분류법(numerical taxonomy)]이지만 현재는 여러 학문 분야에서 널리 이용되고 있다. 이 방법이 널리 주목을 받게 된 것은 대형 컴퓨터의 보급으로 자료처리가 손쉬워진 1960년대 이후의 일이다.

클러스터분석은 주성분분석이나 인자분석 같이 외적 기준을 정하지 않고 자료의 내부구조를 탐색하는 방법이다. 그리고 변수의 정규성(正規性)이나 선형(線形) 대응 등의 가정이 반드시 필요하지 않고, 대상 간에 나타나는 관계를 유사도나 거리만으로 분류할 수 있는 대단히 유연성이 있는 분석방법이다. 그러나 대상 간 거리나 유사도를 구하는 방법, 그룹핑을 하는 방법에는 여러 가지 기법이 존재해 어느 방법을 적용하는가에 따라 결과가 조금씩 다르다. 그래서 자료의 특성을 충분히 음미한 후 최적의 방법을 선택하는 것이 대단히 중요하다.

① 유사도(거리)의 정의

클러스터분석에 의해 대상 간 분류를 행하기 위해서는 유사도가 높은 대상군(對象群)을 그룹으로 묶는 작업이 불가결하다. 그리고 클러스터분석에는 대상의 특성을 바탕으로 서로 다른 정도의 크기(거리)나 유사도를 수치로 나타내 모든 대상에 관한 유사도나 거리의 행렬을 작성해야 한다.

유사도나 거리의 척도에는 여러 가지가 있다. 가장 일반적으로 이용되는 것이 유클리드(Euclid) 거리이다. 이것은 두 점 사이의 최단거리로 나타낸다. 특정 값이 0 또는 1로 주어진 질적(質的) 자료는 일치계수로, 특정 값이 순위 자료일 경우 스피어먼(C. Spearman)의 순위상관계수나 켄들(M. G. Kendall)의 순위상관계수[34]를 이용한다.

② 클러스터화의 여러 가지 방법

클러스터분석은 크게 계층적 방법과 비계층적 방법으로 나눌 수 있다. 계층적 방법은 대상을 단계적으로 분류하기 위한 것으로, 클러스터 상호의 계층구조 또는 포함관계를 밝히는 것을 목적으로 한다. 분석 결과는 연쇄수(dendrogram)의 형태로 묶을 수 있다(〈그림 14-9〉 참조). 한편 비계층적 방법은 좀 더 유사한 특성을 몇 개의 클러스터 군으로 모아 대상을 병렬적으로 분류하는 방법으로 클러스터 간 계층구조나 포함관계를 특히 문제로 삼지 않는다. 계층적 방법과 비계층적 방법은 계산방법이 다름에 따라 〈표 6-18〉과 같이 여러 방법으로 세분화할 수 있다.

최근린법은 각각의 클러스터에 포함되어 있는 가장 가까운 대상 간 거리를 클러스터 간 유사도로 분류하는 것으로, 이 방법은 오래전부터 사용되어왔기 때문에 이용도가 높다. 최원린법은 최근린법과 반대로 3개의 클러스터 간 가장 먼 거리를 유사도로 채택해 분류하는 방법이다. 중위수법은 최근린법과 최원린법의 중간 방법으로 새로운 클러스터와 다른 클러스터 간 거리를 각각 융합 전 클러스터와의 거리의 중간 거리로 대표시켜 분류하는 방법이다. 중심법은 클러스터 간 거리를 각 클러스터의 중심거리로 대표시켜 분류하는 방법이다. 군(群)평균법은 거리를 각각의 클러스터를 구성하는 대상의 거리자승의 평균으로 대표시켜 분류하는 방법이다. 워드(J. H. Ward)가 고안해낸 워드법은 클러스터의 중심(重心) 주변의 편차 제곱 합이 최소가 되도록 다른 클러스터와 융합시키는 방법으로 대단히 높이 평가되어 지

34) 스피어먼의 상관계수는 서열척도로 사례수가 많거나 두 변수 간의 순위의 차이가 커서 계산이 길 때 사용하고, 켄들의 타우(Kendall's tau)는 독립변수와 종속변수가 서열척도로 구성된 경우에 사용한다.

〈표 6-18〉 클러스터분석의 여러 가지 방법

계층적 방법		비계층적 방법
최근린법[단순 연결법(single linkage method), nearest neighbour method)] 최원린법[furthest neighbour method, 완전 연결법(complete linkage method)] 중위수(median)법 중심법(centroid)법 군평균(group-average method)법 워드(Ward)법	계층적 모드(mode)법	최적화법(最適化法) 밀도 탐색법 기타

자료: 村山祐司(1990: 110).

리학에서 널리 이용되고 있다.

계층적 모드는 클러스터 내의 밀도를 고려해 어느 밀도 이상의 영역은 조밀한 점을 영역으로 생각해 조밀한 점을 중심으로 클러스터를 형성하는 것이다. 이들 중 중위수법, 중심법, 워드법, 계층적 모드법은 정의하는 거리를 방법론상 유크리드 거리로 하는 것이 바람직하다.

다음으로 비계층적인 방법에서 최적화법의 특징은 미리 인정된 기준을 최적화하도록 대상의 분류를 행하는 것이다. 밀도 탐색법은 클러스터화의 과정에서 점이 조밀한 부문을 저밀도의 부문에서 분리해가는 것이다. 즉, 밀도 차이의 경계를 탐색해가는 방법이다.

8. 식료지리학

1) 식료사슬과 지리적 확대

식료(food)란 먹을거리로 모든 인간이 매일 맛있게 배불리 먹는 것이 행복이며, 이것이 식료지리학(food geography)을 취급하는 틀이다(〈그림 6-48〉, 〈그림 6-49〉). 여기에는 매일 먹는 것, 맛있게 먹는 것, 배부르게 먹는 것, 즉 양과 질 및 안정성 확보라는 세 가지 중요한 함의가 있다. 식료지리학의 독자적인 사용도구인 식료사슬(food chain)은 편의적으로 생산·가공·유통·소비부분으로 나눌 수 있는데 이들을 연결한 것이 사슬이다(〈그림 6-50〉). 그리고 식료지리학의 지리적 투영은 생산·가공·유통·소비가 이루어지는 유통구조상 장소 간의 복잡한 연결이 나타난 것을 말하며, 지리학은 이를 밝히는 데 초점을 두는 것이다. 인간은 농산물을 생산하고, 식자재를 가공·조리해 요리함으로써 식사를 하게 되는데, 이 과정에서 생산·가공·소비되는 지역을 내포한 것이 식료지리학의 연구대상이 된다.

〈그림 6-48〉 식료지리학: 영국의 한 슈퍼마켓에서의 생산물 바구니

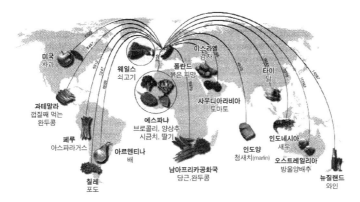

자료: Coe, Kelly and Yeung(2007: 94).

〈그림 6-49〉 한국의 밥상국적(2011년)

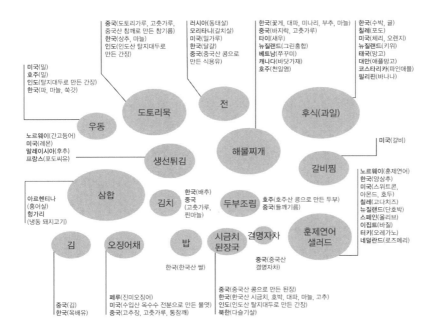

　　식료사슬의 지리적 확대는 먼저 식료사슬의 원형(prototype) 단계, 둘째 식료사슬의 시작과 성장 단계, 마지막으로 국가의 틀을 넘어서는 단계로 설정할 수 있다. 트라우턴은 1만년에서 20세기까지의 농업발달과 확대를 1650년 이전의 농업개시와 전파, 1650년에서 현재까지의 자급에서 시장으로, 1928년부터 현재까지의 산업

〈그림 6-50〉식료사슬

경지	가공 공장	상점	소비자
생산 →	가공 →	유통 →	소비

화라는 3단계 농업혁명을 제시했다. 각 단계의 주요 목표는 가내 식료공급과 생존, 잉여생산과 금전수입 및 단위 당 생산비용의 저하라고 했는데, 이에 대한 내용은 다음과 같다.

먼저 식료사슬의 원형단계에서는 향신료무역을 하고 지배층과 특정 기술 집단에서는 농업을 행하지 않으며, 그 나머지 소비자는 주로 자기지역 내에서 수렵채취를 하고 자기가 생활하는 취락이나 촌락공동체 내에서 소비가 완결되는 틀을 가져 식료사슬의 지리적 확대에서 보면 사슬이 존재하지 않았다고 할 수 있다.

다음으로 식료사슬의 시작과 성장은 원형단계의 지리적 확대로 세계 각지로 서서히 퍼져나갔는데, 그 기본은 '매일 맛있는 음식을 배불리 먹는 것'이라고 주장했다. 이와 같은 실행이 지역 내에서 불가능할 경우 역외에서 보존과 수송 및 시장의 출현이 이루어지며 수송과정에서의 부패, 보존방법 등이 강구되어야 하는데, 이러한 여러 사안들에 대해 설명하고 이들에 대한 발달과 지리적 확대를 살펴보는 것이다. 이와 더불어 사회적 분업으로 식료를 직접 생산하지 않는 계층이 등장함으로써 이들의 거주공간인 도시에 일정 규모의 식료가 공급되는 식료사슬이 형성된다. 식료의 수송과 보존을 위한 기술이 도시에서 발달하고, 식료공급의 수요범위를 통제하는 것도 도시이기 때문에 이곳의 성장을 가져왔다.

마지막으로 국가의 틀 안에서 수렴된 식료사슬의 급속한 확대는 대개 산업혁명 이후이고, 밀 등의 기본 식료가 세계시장에서 처음 사슬로 형성된 것은 19세기 후반으로 이 시기에 공업 노동자에게 식료를 공급하기 위해 해외로부터 값싼 식료를 수입하거나 식료사슬이 식민지와 연결되는 경우도 나타났다. 그래서 자국의 식료사슬을 어디에 연결시키냐가 중요한 관심사였다. 이 단계에서는 식료사슬을 어떻게 잘 관리하고 식료 조달전략의 관심사로 어디에 사슬을 만드느냐가 중요하다고 했다. 나아가 다른 나라의 식료전략에 개입하는 것도 매우 큰 영향력을 갖는 것으로, 원격지에서 식료를 수송함에 따라 오늘날 거대하고 복잡한 식료사슬이 어떻게 형성되었는가를 이해하는 것도 중요하다.

2) 식료지리학의 이론

(1) 수순

수순(filières)은 프랑스어로 실(thread)을 뜻하는데, 1960년대부터 프랑스 연구자가 자국의 농업분석에 이것을 이용한 것이 그 난초가 되었으며, 글로벌 상품사슬보다는 일관성이 적다. 수순은 특정 상품의 유통지도를 작성하고 수순 참여주체들의 활동을 계층적인 관계로 파악함으로써 경제적 통합(비통합)의 역동성을 좀 더 세밀하게 분석하는 방법이다. 이것은 원료로부터 최종생산품까지의 가공, 제조과정에서의 물리적 변형, 수송, 저장 등을 통한 상품의 도정(道程)을 의미한다. 이러한 수순은 정치경제학적 접근방법의 영향, 특히 상품사슬과 대응할 수 있는 가장 가시적인 것으로 글로벌 상품사슬과는 본질이 다를 뿐 아니라 절대적 위치관계의 형태에서도 다른 고도의 경제학적 개념화로 의미를 찾는 것이다.

수순은 최종수요자의 만족을 위해 재화와 서비스를 생산하고 분배하는 주체들의 집합인데, 과거 프랑스 식민지로부터 농산물의 판매과정을 생산 및 분배 시스템 내부의 경제적 과정을 살펴본 것으로, 좀 더 조직적으로 이해하기 위해 1970년대 프랑스 산업경제학자가 고안한 개념이다. 이 개념은 원료로부터 완성재에 이르기까지 제조, 수송, 저장 등의 과정에서 발생하는 가격 형성의 과정을 조사하는 가운데서 등장했다. 수순은 역동적인 생산체계(dynamic production system)를 상품사슬로 이해하고자 이 용어를 사용했다.

수순은 상품사슬과 크게 다르지는 않는데, 다만 분석에서 주로 국내의 스케일, 또는 좀 더 작은 지역규모를 대상으로 한다. 이것은 글로벌 상품사슬의 접근방법이 주로 세계적인 스케일에서 연구하는 것과 대조적이다. 나아가 글로벌 상품사슬은 사슬을 주도하는 주체에 주목하는 데 반해, 수순분석은 사슬에서 물질 유동의 기술적인 측면에 초점을 두는 경향이 있다. 실제로 수순분석에서 무역이나 마케팅의 틀을 조작할 수 있는 공적 기관만이 사슬을 통제하는 힘을 가진다고 할 수 있다. 또 생산자 주도 상품사슬(producer/supplier-driven commodity chains)과 소비자 주도 상품사슬(buyer-driven commodity chains)을 이항 대립적으로 본 글로벌 상품사슬에 대해, 수순분석은 오히려 '조정'이라는 관점에서 글로벌 상품사슬의 부족한 점을 매우는 것이라고 할 수 있다.

또 초기의 수순분석은 기업 간 거래액 등을 지표로 한 투입산출관계에 초점을 두고 규모의 경제나 수송비 등 효율성의 추구에 중점을 둔 것이었다. 나아가 이것은 프랑스 식민지 농업정책에도 응용되었으며, 그 후 1980년대에는 프랑스의 전자산업 등 공업정책에도 영향을 미쳤다. 이에 대해 최근의 수순분석은 좀 더 정치경제적인 색채를 덧붙여 그 의미에서는 가치사슬분석과도 매우 가까운 입장에 있다고 말할 수 있다. 또 그 배경에는 컨벤션(convention) 이론의 영향을 살펴보는 것도 가능하게 되어 있다.

수순은 독립된 이론으로 글로벌 상품사슬의 접근방법보다 더 일관된 틀을 가지고 있지 않으나 수순연구에서 얻어진 통찰력은 더 풍부할 수 있다. 특히 역사적 적용범위와 깊이를 개선하고 농산물분석의 확대와 조절을 하는 논점에서 더 좋은 취급을 받는다. 그리고 수순은 상품사슬의 구조와 재구조화를 분석하는 데 우수한 관습의 논점을 포함한다.

(2) 식료체제론

식료체제(food regime)는 식료에 관해서 종래의 생산부문만을 중시한 관점이 아니고 생산·가공·유통·소비의 상호관계를 일체화해 파악한 개념을 말한다. 그리고 농산품이 순환하는 국제적인 생산-소비관계와 이에 대한 국제기관이나 국가 관여의 모습으로 각 행위자의 행동에 영향을 미치는 다국 간 규범·규제·규칙·의사결정의 절차를 말한다. 식료체제론은 100년 이상 장기간에 걸친 다국 간 무역의 틀로서 제1차 식료체제(colonial diaspora regime)는 1870~1914년에 밀을 대표로 하는 기본적인 식료 세계시장의 형성을 가장 큰 특징으로 나타내는데, 이 시기의 배경은 산업혁명 여명기에 유럽이 북아메리카나 오세아니아를 식민지화해 대규모의 이민이 이루어졌으며, 이곳의 이민자들은 밀을 대량생산해 유럽의 공업 노동자가 거주하는 도시에 공급해 산업혁명을 지탱했는데, 이는 이 당시 유럽에서 값싼 식량이 대량으로 필요했기 때문이다. 이 시기에는 대영제국의 주도권을 바탕으로 식민지 시스템이 발달하고, 밀·냉동육 등의 식료가 남북아메리카나 오스트레일리아를 포함한 구식민지에서 유럽의 도시로 공급되었다.

제2차 식료체제는 제2차 세계대전 이후 1970년대까지의 생산성 중시형으로 상업적 산업체제(mercantile industrial regime)라고 하며, 산업화된 농업(industrial agri-culture)[35]을 배경으로 한 강력한 식료수출국 미국의 등장을 그 특징으로 한다. 제1차 식료체제 이후에도 미국은 기본 식료 수출국의 지위를 유지했고 대량의 값싼 식료 수입국은 전통농업에 큰 타격을 입어 상대적으로 높은 비용의 농업이 값싼 수입식료에 저항할 수 없게 되자 유럽 및 일본 등과의 농산물 무역마찰이 발생했다. 이를 타개하기 위해 GATT, WTO라는 국제협정과 국제기관이 설립되었지만, 이를 궁극적으로 해결할 수 없어 국가를 토대로 한 제2차 식료체제는 종언을 맞이하게 되었다.

제3차 식료체제(corporate environmental regime)는 1980년대 이후로 제2차 식료체제보다 가속화되어 효율적인 생산을 추구해 최종적으로 한 사람이 모든 인류에게 식료를 공급하는 것이 가능할 것일까? 하는 의문에서 새로운 문제영역으로 품질, 안정성, 생물학적·문화적 다양성, 지적재산, 동물보호, 환경오염, 에너지, 젠더, 인종 간 불평등 문제를 제기하게 되었다. 식료의 효율적인 생산은 품질이 다소 희생되거나 획득한 식료의 다양성이 훼손되고 나아가 환경오염이 진전된다고 효율일변도가 반드시 좋아지는 것은 아니라는 인식에서 형성된 탈생산력주의 시기에 나타난 것이다. 그리고 또 하나의 문제는 제1·2차 식료체제는 국가가 주도한 틀로서 농산물이나 무역이 행해짐에 따라 국가 간 대립과 마찰이 발생해 세계에서 만들어진 식료사슬을 움직이는 것은 다국적 식품기업이나 거대한 식품기업 같은 민간 기업이라는 것이었다. 한편 오늘날 차별화된 두 개의 식료사슬은 고품질, 고부가가치 또는 높은 가격 식료사슬인 부유한 소비자의 사슬이고, 다른 하나는 저렴한 가격으로 대량생산된 식료사슬로 빈곤한 소비자의 사슬이다. 그러나 지금 선진국과 개발도상국 소비자 간 식료사슬은 서로 부유하고 빈곤한 사슬의 국경을 넘어 이전의 모습을 변모시킨 대국적인 모습을 취하는 시도가 그 변화를 바꾸게 되었는데, 이것이 식료체제론이라고 할 수 있다.

(3) 식료 시스템

식료의 생산에서 소비에 이르기까지 식료의 흐름과 관련된 경제주체들의 활동을 총괄적으로 파악하는 조직적인 틀을 식료 시스템이라 한다. 식료 시스템과 식료

[35] 다량의 농약이나 화학비료를 투입하는 농업의 화학화, 농업 경영체의 대형화를 포함한 농업의 기업화, 나아가 농산물 시장·식품가공부문의 대형화 등의 문맥을 포함하는 개념을 말한다.

〈그림 6-51〉 식료사슬과 식료 시스템

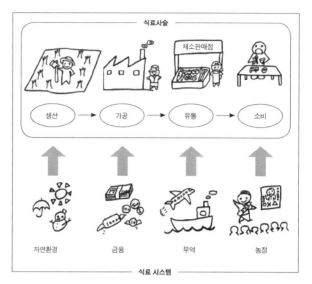

자료: 荒木一視 編(2013: 14).

사슬의 차이점은 전자가 식료사슬에 관련된 좀 더 광범위한 구조로 후자에 영향을 미친다는 것이며 자연환경, 금융, 무역, 농정(農政) 등을 말한다(〈그림 6-51〉).

식료 시스템은 식료문제를 파악하는 데 농업보다는 식품산업에 더 비중을 두고 접근하는 방법론적 특징을 가진다. 이 용어가 지리학에 등장하게 된 배경은 1980년대 이전의 생산부문에만 초점을 둔 전통적인 농업지리학 연구 분야에 대한 문제제기를 계기로, 식료 시스템은 농업생산부문뿐 아니라 하류 부문의 가공이나 유통부문으로부터 최종소비에 이르기까지 그 내용을 포함시켜야 한다는 주장에서 나온 것이다. 그러나 식료 시스템의 등장배경에는 농업의 공업화, 자본화 등 일련의 움직임이 있었고, 이것이 의미하는 생산비의 낮춤을 겨냥한 근대적 농업의 출현이 있었다. 또 그 결과 종래의 자급적 요소, 소규모 농업경영 등 농업의 양식이 크게 변화한 점도 작용했다. 이러한 농업의 공업화 단계를 바탕으로 분석한 틀이 식료 시스템으로 농업의 공업화에 의해 나타난 시스템이라고 볼 수 있다. 즉, 그것은 대량생산·대량소비를 전제로 한 시스템이고 정확하게 말하면 그 시스템을 가리키는 것이다.

(4) 식료 네트워크

식료 네트워크(food network)론은 식품정보의 취급이나 식품의 가치부여 등에 주목하거나 사례 연구를 통해 식품의 가치 등 문화적 측면을 중시하는 접근방법으로, 개인이나 그 지방의 점포, 시장 또는 지역의 고유한 습관이나 기술 등을 국지적 수준에서 행위자에 주목하는 연구이다. 식료 네트워크론의 이론적 특징은 식료공급체계에 끼어드는 행위자의 환경해석이나 판단, 행위에 착안하고 그들이 행하는 공급체계의 변동과정이나 귀결을 해석하는 점이다.

식료 네트워크론은 본래 1980년대 이후 유럽과 미국의 농업·식료연구에서 주류가 된 정치경제학적 접근방법에 대한 비판적인 관점에서 제창된 것이다. 식료제도나 글로벌 상품사슬 등으로 대표되는 정치경제학적 접근방법에서는 국가나 정책, 기업농 등 거시적 수준의 경제적 요소에 초점을 맞추고 그로 인한 식료공급체계 재편성의 역동성(dynamism)을 강조했다. 이러한 접근방법은 식료생산의 공업화·글로벌화 과정을 이해하는 데는 유효한 시각이지만 그 과정의 귀결을 획일적으로 묘사하는 경향이 있다. 그 때문에 현실에서 나타나는 식료의 불균등한 지리적 현상에 대해 한정적인 해석을 제시하는 데 그치고 있다. 식료 네트워크 논자들은 이러한 점에서 확실히 비판적이다. 공업화·글로벌화의 가정에 대해 국지적 수준에서 행위자의 주체적인 움직임을 강조함으로써 핵심적인 식료생산지역의 주변부에서 나타나는 식료의 다양성을 이해하려고 했다. 그리고 식료 네트워크는 양질의 식품을 통한 지역진흥, 농촌개발 등의 관점을 옹호하는 측면도 있어 식품의 질이 키워드가 된다.

한편 이러한 식료 네트워크의 분석관점에 대해서 행위자의 행동을 규정한 자본축적체제나 상품관계의 존재를 경시하는 경향이 있다는 비판도 있으며, 오늘날의 글로벌 또는 복잡한 식료공급체계를 이해하는 데 이러한 다른 분석수준의 접근방법으로 눈을 돌리는 복합적인 관점이 있다는 것은 매우 중요하다고 할 수 있다.

식료 네트워크에 대해 식료가 안정적이고 대규모로 공급되는 글로벌 식료사슬이 발전함으로써 자본에 의한 식료공업화, 즉 음식과 관련된 자연에 대한 지배력 강화를 통해서 진전된다는 지적도 있다. 이러한 지적은 기업이 세계규모에서 식료 조달이나 판로개척을 한다면 연중 공급이나 장거리 수송의 폐해가 되는 '음식고유의 자연적 요소(부패성, 계절성, 바이오리듬 등)'를 극복할 필요가 있다. 그 때문에 자본은 '식료 그 자체의 공업화'(예를 들면 유전자 재조합이나 인공육 개발)나 '식료공급 과정의 공업화'(예를 들면 농약이나 화학비료의 이용)를 통해 자연이 공급에 미치는 영향을 최소화하고 식료사슬의 광역화·안정화를 달성하게 된다. 그러나 음식의 글로벌화는 사람들의 식생활이 양적으로는 풍부해질지 몰라도 인간사회에 광우병, 식중독, 식품위장이라는 문제를 가져온 것이 사슬이라고 지적하고, 자연의 섭리를 무시한 공업적인 생산양식이나 이와 더불어 생산자와 소비자 간 거리 확대가 식료의 질이나 안전성의 보장을 흔드는 문제를 일으킨다. 이런 가운데 글로벌 식료사슬을 재검토해 특정 장소의 지리적 환경과 결합하는 정도가 강한 식료사슬, 즉 음식의 자연적 요소를 중시하거나 광역화된 식료공급의 과정을 단축하려는 로컬 푸드를 구축하고 재평가하는 움직임이 등장하게 되었다. 구체적인 예로 지산지소(地産地消), 슬로푸드(slow food),[36] 공동체를 지탱하는 농업(community supported agriculture) 등의 실천을 들 수 있다.

36) 1986년 이탈리아 북부의 부라(Bra) 마을에서 시작된 운동으로 전통적인 식자재와 그 생활양식의 보호·계승을 목적으로 한다.

　로컬 푸드의 특징은 첫째, 생산지역의 자연이나 문화를 연결한 식료의 질이 중시된다는 점, 둘째, 식료사슬에 개입하는 사람들의 단락화된 관계 구축을 들 수 있다. 셋째, 영세농가와 같이 소규모로 참여하는 성격을 갖고 있다. 이러한 특징을 이해하기 위해서는 우선 사람들이 음식 글로벌화와 더불어 식료사슬의 광역화·대규모화나 그 귀결이 어떻게 단락화된 소규모 양질의 식품사슬을 형성했을까와 로컬 푸드 사슬은 사람들을 모아 어떻게 우위성을 준비하게 했을까, 또한 이를 위해 로컬 푸드 사슬의 형성과정을 알아야 하고, 형성된 로컬 푸드 사슬의 특징이나 그것이 식료공급에 미치는 기능을 해명해야 한다. 이 경우 유효한 분석틀을 제공하는 것이 네트워크적인 관점이 식료 네트워크이다. 그리고 식료 네트워크의 특징을 식료사슬에 개재된 사람들이 스스로 취한 상황을 어떻게 해석하는가? 또 그 해석을 바탕으로 어떠한 판단과 행위 및 상호작용을 하는가? 그러한 귀결로서 형성된 사슬은 어떠한 기능을 하는가라는 여러 가지 점에 착안하면서 특정 식료사슬의 생성이나 변용을 설명하는 점에 있다. 그래서 식료 네트워크론은 식료의 글로벌화에 대해 버려지기 십상인 소규모 주체(예를 들면, 영세농가)를 대상으로 하고 있다. 그래서 그 접근방법으로 첫째, 식료사슬의 형성과정, 즉 사람들의 동기나 목적, 의사결정, 상호작용 등에 착안하면서 다른 사람의 관심을 조정해 관계를 맺어가는 과정을 분석하는 것이고, 둘째 식료사슬의 특징이나 기능은 식료사슬에 관련된 사람들이 어떻게 결합되어 있는가를 파악하는 것이다.

　다음으로 로컬 푸드는 대체적(alternative)일까?에 대해, 또한 사회적으로 착근 (social embeddedness)[37]되어 있을까? 그러나 사회적 착근 중에서 비경제적인 요소로서 가격의 고려, 사리(私利)의 추구라는 경제적인 요소가 사람들의 행위에 미치는 영향을 과소평가한 경향이 있다는 점에서 강한 사회적 유대 속에서도 경제적 요소가 사람들의 동기나 행동을 조정한다는 점을 지적할 수 있다. 그리고 로컬 푸드가 식료의 질과 안전을 보증하고 유통단계를 단락화하다는 점에서 신뢰를 쌓아 왔나는 긍정적인 점도 있으나, 부정적인 점으로 개발도상국의 식료수출의 기회가 박탈당하는 가능성도 지적되고 있다. 또 로컬 푸드는 사회적 엘리트인 부유층을 축으로 구성되어 있는 경우가 많기 때문에 의도하지 않게 빈곤층 등 사회적 약자의 소외를 불러올지 모른다. 따라서 식료를 연구하는 사람들에게 중요한 것은 로컬 푸드 사슬을 사람과 자연에게도 우아하고 사회·환경적으로도 공정하다는 것으로 과도하게 이상화할 필요가 없으며 글로벌 식료사슬과 같이 비판적인 관점에서 검토해야 한다. 그리고 로컬 푸드 사슬과 글로벌 식료사슬 쌍방의 가능성과 한계를 확인하고 지구규모에서 식료공급체제의 성능을 향상시키는 것이 매일 맛있는 음식을 배부르게 먹도록 하는 것을 실현시키는 첫걸음이다.

37) 사람이나 조직의 경제적 행위가 사회관계망에 착근되고, 도덕성, 신뢰, 배려, 존경, 친교라는 비경제적인 요소에 의해 영향을 받은 가를 가리킨다.

제7장
공업의 입지와 네트워크

1) 경제적·법률적 단위로 서 개개 사무소와 연구기 관과 다수의 공장(factory) 또는 개개 생산 단위의 제 조장치(plant)로 구성된 것 이 기업(firm)이다.

근대 공업에 대한 지리학적 연구는 여러 부문의 주제가 있지만 크게 두 가지 측면으로 나눌 수 있다. 하나는 공장(factory)[1]의 입지에 관한 것이고, 또 다른 하나는 공업지역에 관한 것이다. 즉, 전자는 공장의 지리적 입지를 해석·설명하는 것이고, 후자는 공장이 어느 정도 지역적으로 집적·집중되어 분포한 범위를 말하고, 또 그 지역의 전체적인 성격이나 내부구조를 설명하는 것이다. 그러나 이들 두 측면의 연구는 본래 개별적인 것이 아니다. 두 측면의 연구 모두가 개별 경영, 즉 입지문제를 다루기 때문이다. 에스톨(R. C. Estall)과 뷰캐넌(R. O. Buchanan)도 공업지리학의 연구 출발점은 입지에 관한 문제라고 주장했다. 그러나 입지에 관한 문제는 지도상에 공장위치를 점으로 나타내는 것에 그치지 않고 그 분포의 해석과 설명이 필요한데 이것을 검토하는 것이 입지요인이다. 이런 관점에서 공업지리학은 입지론을 중시하지만 입지론은 어디까지나 경제이론이지 지리학의 이론이 아니기 때문에 공업지리학의 연구과제에서 어디까지 접근해야 하는지 의문이 제기되고 있다.

공업지역에 관한 연구에는 공장의 분포를 지도상에 표현하고, 그 분포의 밀도나 패턴에 의해 지역을 확정하며, 그곳에 작용하는 주요한 입지요인을 검출해 공업지역의 형성 및 그 구조의 특징을 파악하는 연구가 있다. 또 여기에서 한 걸음 더 나아가 지역을 구성한 주요 공업부문의 입지유형이나 입지요인에 따라, 또 동태적인 관점에서 공업부문의 구성이나 입지패턴의 변화 유형에 의해 공업지역의 유형을 설정하기도 한다. 공업지역 유형의 설정은 입지의 법칙을 지리학적으로 취급한 것이라 할 수 있다.

그리고 공업지리학 연구는 공업의 특정 업종에 대한 입지의 해석에 의해 그 업종의 입지유형이나 입지요인에 대해 일반화를 추구하기도 한다.

1. 고전적 공업 입지론

공업이란 원자재에 물리적·화학적 작용을 가해 새로운 형이나 성질을 부여해 경제가치를 증대시키는 산업이며, 농업과 달리 자연적 제약을 비교적 적게 받고 기술적인 성질의 영향을 강하게 받는다. 이러한 경향은 산업혁명에 의해 기계를 도구로 사용한 이후부터 특히 확실하게 나타나게 되었다. 현재에는 기계를 조절하는 기계인 로봇도 출현해 공업의 생산력은 매우 거대해졌으며 좁은 토지에서 거대한 생산을 높이는 점에서 필요로 하는 토지를 획득하는 경쟁에서 농업보다 공업이 매우 강하다.

1) 입지요인과 입지인자

생물학의 개념에서 처음 사용된 입지(location)는 사무소, 각종 시설, 주택 등의 입지대상과 지역을 합친 것을 말하며, 이들의 구비조건을 입지조건, 입지요인이라 한다.

입지요인은 입지주체에 대해 다른 장소와는 다른 영향을 미치는 장소가 가지는 성질 또는 상태로, 기업경영, 공공기관, 개인 등의 입지주체가 갖는 장소적 의미로서, 어떤 산업에도 고려할 사항의 입지요인을 중립적 입지요인이라 하는데, 이에 속하는 것으로는 시장, 용지[2], 용수, 노동력 등이 있다. 그리고 현지적 입지요인은 생산설비·공정 그 자체의 조업에 관계되는 요인이며, 지역 관계적 요인은 원재료 취득이나 제품의 판매에 관계되는 것이다. 따라서 제품과 시장성, 용지, 용수, 건물, 원재료, 연료, 동력, 설비, 노동력, 관련 산업, 지방세, 교통·통신이 입지요인이다.

또 기본적인 입지요인을 크게 4가지로 나누어 보면 다음과 같다. 첫째, 접근성(accessibility)의 수준에 해당되는 요인은 노동력, 원료, 에너지, 시장, 공급자와 고객 등이고, 둘째, 미시적 요인(micro factor)으로는 쾌적성이 있다. 셋째, 절대적 위치(site)의 속성으로 중간적(meso) 요인은 토지이용성, 기본적인 유용성, 가시성

[2] 공장 건물뿐만 아니라 통근자의 주차장 및 쾌적성(amenity) 인자도 포함된다. 쾌적성은 라틴어의 사랑이란 amare, 또는 쾌적함의 amoenitas에서 유래되어, 쾌적하고 매력적인 환경, 또는 보통사람이 기분이 좋다고 느끼는 여건, 상태, 정주조건 등을 포괄하는 종합적 의미와 새로운 계획개념이다.

〈표 7-1〉 입지인자의 대 분류

(visibility), 교통(국지적인 접근), 명성(prestige) 등이 있다. 넷째, 사회·경제적 환경으로서 거시적(macro) 요인은 자본, 보조금, 세금, 규제, 기술 등이 있다.

이들 여러 입지요인을 직접적·종합적으로 파악하는 것은 매우 곤란하다. 베버(A. Weber)[3](1868~1958)는 이러한 이질적인 여러 요인의 영향이 경영·경제적으로 의미를 갖는 한 생산자의 경영경제 계산 항목의 여러 수치에 투영되는 것에 착안해 입지의 여하에 따라 유의적인 수치의 차이를 나타내는 비용항목을 입지인자[4]라 불렀다. 즉, 경제활동이 어떤 특정지점 또는 일반적으로 어떤 특정 종류의 지점에서 행해질 때에 얻어지는 이익을 말한다. 여기에서 이익이란 비용의 절약이다. 이러한 점은 공업입지가 현실의 공간배치에서 입지요인을 될 수 있는 한 소수의 입지인자로 집약할 수 있는 중요성을 내포하고 있기 때문이다. 입지인자는 〈표 7-1〉과 같이 대분류할 수 있다.

경제적 인자는 수입인자와 비용인자로 크게 나누어진다. 이 가운데 수입인자는 판매가격과 판매량으로 구성된다. 또한 비용인자는 좀 더 구체적으로 생산에 관계되는 요소 또는 용역의 구입 가격과 구입량으로 구성된다. 그리고 비용인자는 다시 운송비 인자와 비운송비 인자로 대별되고, 운송비 인자는 일반적으로 공간에서 연속적이고 규칙적으로 변화한다. 운송비 인자는 구체적으로 운송 용역의 가격(운송률)과 운송 용역량으로 구성된다. 한편 비운송비 인자는 특정 장소의 비운송비 측면의 비용으로, 그 공간적 변화는 불연속적이다.

한편 개인적 인자는 기업가가 그의 출신지에 공장을 입지시킴으로써 명예욕, 향토애를 만족시키는 인자이다. 그런데 출신지는 자금, 용지, 자재, 노동력, 고객의 획득이 유리하고 안정적이다.

이상에서 앞장에 서술한 튀넨의 농업 입지론은 수입·비용 인자를 모두 감안한

3) 사회학자인 막스 베버(M. Weber)보다 4살 어린 동생으로, 1868년에 독일 엘푸르트(Elfurt)에서 태어나 베를린대학에서 법학과 경제학을 전공하고 모교에서 경제학 강사를 거쳐, 1908년 하이델베르크 대학으로 옮겨 입지론과 사회학을 강의한 정치경제학자로서 독일에서 공업화가 진전될 시기에 공업 입지론의 논문을 발표했다. 하이델베르크 대학에서 그가 한 강의는 그 당시 학생이었던 크리스탈러(W. Christaller)에게 영향을 미쳤다. 1933년 나치의 압박을 받아 일시 교직을 떠났다. 입지론과 사회학을 강의했다.

4) 입지주체가 입지결정을 할 때 평가를 구성하는 요소로 장소적 차이를 나타내는 요소를 말한다.

입지인자 \ 입지요인	수입인자				비용인자																	
	판매가격		판매량		운송비								비운송비									
					운임률				운송 톤·km				구입가격					구입량				
	주제품	부산물	주제품	부산물	주원료	부재료	주제품	부산물	주원료	부재료	주제품	부산물	주원료	부재료	일반노동력	특수노동력	용지…	주원료	부재료	일반노동력	특수노동력	용지…
시장(주 제품에 대하여)																						
•소득수준이 높다	◉	—	○	—									—	○	×	×	×	—	○	×	○	×
•소비인구가 많다	○	—	◉	—	◉				○		◉		—	○	×	×	×	—	◉	◉	×	
•가깝다			◉				◉		×	◉	◉	×			×	×	×	—	○	◉	◉	×
주원료 공급지																						
•가격이 싸다	—		—		—				—				◉	○	×		…	○	○	×		…
•공급량이 풍부	—	◉	—	◉	◉				◉				○	○	×		…	◉	○	×		…
•품질이 좋다	◉	—	◉	—	◉								○					○				
•가깝다	—	◉	◉	◉	◉				◉	×	×	◉	○					◉				
⋮	⋮	⋮	⋮		⋮				⋮				⋮					⋮				

◉: 매우 유리, ○: 유리, ×: 불리, — …: 거의 또는 전혀 관계가 없음.

자료: 西岡久雄(1976: 46).

이윤입지라는 것을 지대개념에서 밝힌 것인 데 대해, 베버는 입지요인 — 입지인자 — 입지이론을 논한 최초의 입지론자이다.

여기에서 입지요인과 입지인자와의 관계를 살펴보면 〈표 7-2〉와 같이 일정한 입지요인은 일정한 입지인자에만 관련되지 않고, 또 일정한 입지인자는 일정한 입지요인에만 관련되지 않는다. 따라서 입지요인과 입지인자와의 관계는 매우 다각적이다.

2) 최소 비용이론

공업 입지론은 그 전개과정의 경제성과 수익성의 원리에서 비용의 극소화와 수입의 극대화로 구분할 수 있다. 비용의 극소화에 대한 공업 입지론을 연역적 방법에 의해 최초로 전개한 독일의 입지론자 베버는 1909년 『공업입지에 대해서ㅡ입지의 순수이론(Uber den Standort der Industrien)』[5]을 저술했다. 그가 공업입지의 순수

5) 제1부에 순수이론이라고 한 것은 깊은 현실구성에서 유리(遊離)한 이론만을 포함한 것으로, 베버는 제2부에서 자본주의 경제체제에서의 입지론을 매듭짓을 계획이 있었지만 1914년 부분적인 성과만 이루고 미완성했다.

이론이라고 한 것은 특정 경제사회조직을 전제로 하지 않고 언제, 어디서나 타당한 입지라는 점에서 붙인 것이다.

베버의 공업 입지론은 튀넨의 농업 입지론에 직접적인 영향을 받았으며, 입지론에서 모든 공업에 관련되는 입지인자로서 일반적 인자(general factor)와 특정 공업에만 관련되는 특수 입지인자(예: 공기 중 습도)로 구분했다. 일반적 입지인자는 다시 공업을 특정 지점에 입지시키는 입지인자로 지방적(국지적) 입지인자와, 집적에 의한 생산비의 저렴화를 가져오게 하는 집적 인자로 구분했으며, 지방적 입지인자는 다시 운송비와 노동비로 구성했다. 그의 이론을 보면 다음과 같다.

베버는 20세기 초 자본이 국제적으로 이동하고 전통적인 공업지역이 쇠퇴하는가 하면 새로운 공업지역이 형성되는 것에 착안해 이 이론을 만들었으며, 또 산업혁명 이후 독일에서 근대 공업이 발달함에 따라 대규모의 지역 간 인구이동, 대도시로의 인구집중 등 경제적 현상의 공간적 측면을 경제입지의 관점에서 공업입지를 고찰하려고 한 것이다. 이러한 고찰에서 공업을 대상으로 삼은 이유는 그 당시에 공업입지이론이 없었고, 또 그 당시 대변동의 과정을 이해하기 위해 공업입지이론이 한층 중요하다는 것을 밝히기 위해서이다. 베버의 이론은 자본주의의 특징적인 가격에 관한 요소는 배제하고 중량이나 거리라는 물리적·기술적 척도를 중심으로 채택했다. 결국은 미완으로 끝났지만 자본주의 경제하에서의 입지이론을 구축하려는 의도가 있었다.

먼저 베버는 공업 입지론을 단순화하기 위해 다음과 같은 전제조건을 제시했다. 즉, 첫째, 동일한 지형, 기후, 기술, 경제체제를 갖는 단일 국가 내에서의 이론으로 등방성 공간을 전제로 했다. 둘째, 특정 시점에 하나의 완제품은 단일시장에 운송된다. 셋째, 원료 입지와 소비지는 고정되어 있다. 넷째, 노동력 공급은 지리적으로 고정되어 있지만 풍부하다. 다섯째, 운송비는 단일 운송수단에 의하며, 제품의 무게와 운송되는 거리와는 함수관계에 있다. 여섯째, 많은 판매자와 구매자가 존재하기 때문에 생산물의 가격이 독자적으로 결정될 수 없는 완전경쟁이 존재한다. 일곱째, 사업가는 합리적으로 특정 공업에 대한 정보와 지식을 갖고 있으며, 최대수익을 추구하는 경제인이다. 그밖에 경쟁자가 없으며, 수요가 고정되어 있고, 생산품은 모두 판매되며, 수요입지는 내생적이다. 그러나 전제조건 중에서 가장 문제가 되는 것은 수요의 불변성이라는 점이고, 또 노동자가 이동하지 않는다는 생각이다.

불변의 수요란 생산된 모든 제품이 소비되고 특정의 제품부문에서 수요의 변동이나 감소가 무시되고 있다는 것을 의미한다. 또 노동자의 이동 불변이란 노동자의 분포가 임금의 차이에 반응하지 않는다는 것이지만 현실적으로 노동자의 소재는 시공간에 따라 변화한다는 것이다. 이상의 전제조건에서 베버의 지향 이론과 집적은 다음과 같다.

(1) 운송 지향론

먼저 운송 지향론(Theory of transport orientation)은 운송비에 의한 입지배치를 밝히는 것으로 라운하르트(C. F. W. Launhardt)의 고전적 연구 이래 본격적으로 운송 지향론을 체계화시킨 사람이 베버이다. 그는 입지 도형적 고찰과 원료지수에 의한 고찰로 운송 지향론을 설명하고 있다.

입지 도형적 고찰은 〈그림 7-1〉과 같은 입지 삼각형(locational triangle)[6]의 정점에 원료산지와 소비지가 입지할 때 A, B, C의 세 지점에서 총 운송비는 각각 $A = (Bc + Cb)\psi$, $B = (Ac + Ca)\psi$, $C = (Ab + Ba)\psi$인데, 이 중에서 총 운송비 최소지점에 공장이 입지를 하게 된다. 단, ψ는 톤·km 운송률이다. 또한 원료산지 및 소비지 이외의 지점에 공장이 입지할 경우를 설명하는 중량(重量)[7] 삼각형(〈그림 7-2〉)은 운송비 최소점인 균형 입지점을 구하기 위한 총 운송비는 다음과 같다.

$$S = Ar + Bs + Ct,$$
$$S = A_r + B(r^2 + c^2 - 2rc \, \cos\psi)^{\frac{1}{2}} + C[b^2 + r^2 - 2br \, \cos(\epsilon - \psi)]^{\frac{1}{2}} \cdots (1)$$

(1)식에서 $S = f(r \cdot \psi)$이 되므로 운송비 최소 조건은 $\frac{\partial_s}{\partial_r} = 0$, $\frac{\partial_s}{\partial_\psi} = 0$이며, (1)식은 다음의 (2), (3)식과 같이 된다.

6) 아이오와(Iowa) 학파 중 한 명인 캐널리(F. A. Kenelly)는 베버의 입지 삼각형 내에서의 운송비 최소에 의한 공업입지의 기하학적인 해법은 버그만(Bergmann)에 의한 것이라고 주장했다. 버그만은 1906년 오스트리아 빈 출생으로 수학을 전공한 후 1928년 빈대학에서 철학박사 학위를 취득했다.

7) 베버가 관념중량이라는 개념을 도입해 중량이 어떤 방법으로 작동하는가를 잘 나타냈다. 이것에 의해 베버는 원료가격의 차이를 거리로 치환해 수송비에 반영시켰다.

〈그림 7-1〉 입지 삼각형

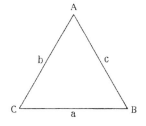

〈그림 7-2〉 중량 삼각형

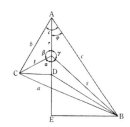

<그림 7-3> 바리용(Varignon) 기계

자료: 伊藤久秋(1976: 41).

8) 이 기계의 발명자는 18세기 수학자이다.

$$A+B\frac{r-c\,\cos\psi}{(r^2+c^2-2rc\,\cos\psi)^{\frac{1}{2}}}+C\frac{r-b\,\cos(\epsilon-\psi)}{[r^2+b^2-2br\,\cos(\epsilon-\psi)]^{\frac{1}{2}}}=0 \ \cdots\cdots (2)$$

$$\frac{Brc\,\sin\psi}{(r^2+c^2-2cr\,\cos\psi)^{\frac{1}{2}}}-\frac{Crb\,\sin(\epsilon-\psi)}{[r^2+b^2-2rb\,\cos(\epsilon-\psi)]^{\frac{1}{2}}}=0 \ \cdots\cdots\cdots\cdots (3)$$

이와 같은 방법에 의해 최소 운송비 지점 P를 구하는 것이 중량 삼각형이다. 중량 삼각형에 의한 운송비 최소점은 원료산지 및 소비지 이외에 공장이 입지를 할 경우로 바리용(Pierre Varignon) 기계(器械)[8](<그림 7-3>)를 이용하면 쉽게 공장입지를 결정할 수 있다. 즉, 활차(滑車)에 달린 세 가닥의 실 끝에 각각 원료와 제품의 중량에 비례하는 무게를 달아 실의 다른 한쪽 끝을 한 점으로 연결하면 그 연결한 눈이 정지할 때 추의 위치가 최소의 총 수송비를 보충하는 위치가 된다. 이 방법은 거리에 비례한 운임, 균등한 운송비 측면 등의 전제조건에 의해 이룩될 수 있는 것이다.

다음으로 등비용선법에 의한 운송비 최소점을 보면 다음과 같다. 운송비는 원료 및 제품 운송에 모두 적용되는데, 원료 운송비는 원료산지에 접근해 입지할수록, 또 제품 운송비는 소비지에 접근해 입지할수록 운송비가 절약된다. 두 운송비의 증감 경향은 입지가 어느 쪽으로 지향하는가에 따라 정반대의 관계가 되기도 하고 대체 관계가 되기도 한다. 따라서 그 문제의 해결은 두 운송비의 합이 최소가 되는 지점이 어느 지점인가이다. <그림 7-4>에서 M은 원료산지, C는 소비지이다. 이 입지선

<그림 7-4> 운송비 그래프(가)와 등운송비선(나)

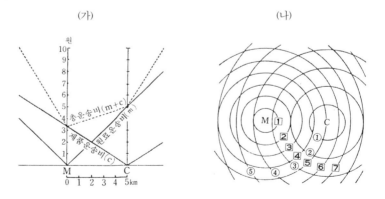

에서 중량과 거리에 운송비가 비례한다고 할 때, 제품 1톤당 원료 운송비(m)가 km당 1원, 제품 운송비(c)가 km당 $\frac{2}{3}$원일 경우를 나타낸 것이다. 이때 두 운송비 합의 최소점은 M으로 최소비는 3.3원이다.

여기에서 거리가 증가함에 따라 운송비의 증감을 나타낸 선을 운송비 구배선이라 한다. 또 운송비 구배선을 나타낸 그림을 운송비 그래프라 하며, 이것을 평면적으로 나타낸 것이

〈그림 7-5〉 등운송비선 위에 나타난 등비용선

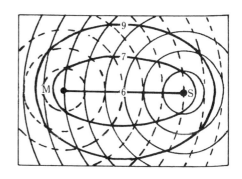

등운송비선(등운임선: isotims)이라 한다. 그리고 두 운송비의 합이 같은 지점을 연결한 선을 등비용선(isodapane)이라 한다(〈그림 7-5〉). 이 등비용선 중 가장 적은 비용을 나타내는 곳이 운송비 최소점으로, 이 방법에 의해 공업입지의 최적지를 구하는 방법을 등비용선법이라 한다.

다음으로 원료지수(material index)에 의한 운송비 지향은 입지의 일반 환경조건 중에서 원료의 지리적 산출상태에 따라 보편원료(ubiquitous raw materials)와 국지원료(localized raw materials)로 나누고 있다. 또 입지주체의 조건 중에서 가공기술의 투입원료와 제품화 과정에서의 변화에 따라 국지원료를 다시 순수원료(pure raw

〈표 7-3〉 투입원료·원료지수와 지향

투입 원료	원료 지수	지향
(1) 보편원료(U)		
① U=1	0	소비지
② U〉1	0	소비지
(2) 순수원료(P), 보편원료(U)		
① P=1	M.I. = 1	자유지
② P=1, U≧1	M.I. 〈 1	소비지
③ P〉1	M.I. = 1	자유지
④ P〉1, U≧1	M.I. 〈 1	소비지
(3) 중량감손 원료(W), 순수원료(P), 보편원료(U)		
① W=1	M.I. 〉 1	원료지
② W=1, U≧1	M.I. 〈 1	소비지
③ W〉1	M.I. 〉 1	원료지
④ W=1, P=1	M.I. 〉 1	원료지
⑤ W=1, P=1, U=1	M.I. ≤ 1	소비지 경향

자료: Lloyd and Dicken(1978: 62).

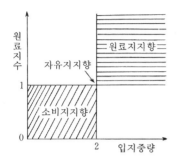

〈그림 7-6〉 원료지수와 입지중량에서 본 입지지향

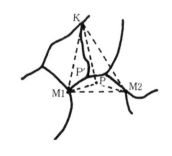

〈그림 7-7〉 철도역과 입지편의(偏倚)

materials), 중량감손(重量減損)원료(weight-losing raw materials)로 구분했다. 여기에서 원료중량을 g로, 제품 전향(轉向)중량을 g'로 할 때 g=g'이면 순수원료이고, g'=0, g〉g'이면 중량감손원료가 된다. 이들 여러 원료를 사용할 때의 공업입지를 나타낸 것이 〈표 7-3〉이다.

이상에서 원료지수는 공업입지에 중요한 역할을 하는데, 이 원료지수는 국지원료 중량/제품중량으로 표시된다. 여기에서 원료지수를 산출하는 데에 국지원료를 사용하는 이유는 보편원료 중량은 어디에서나 얻을 수 있는 원료로 제품중량을 증가시키기 때문에 운송비 부담이 없어 제품중량에 대한 보편원료의 비중은 의미를 갖고 있지 않기 때문이다. 한편 공장이 입지할 때 고려해야 할 운송중량은 제품 1톤당 원료지수와의 관계를 나타낸 입지중량(立地重量)(Standorts gewicht)이다. 여기서 입지중량은 $\frac{(국지원료중량 + 제품중량)}{제품중량}$으로 $\frac{국지원료중량}{제품중량}+1$로 나타낼 수 있는데, 입지중량이 클수록 운송지향의 성격이 강하다. 원료지수와 입지중량에서 본 입지지향은 〈그림 7-6〉과 같다.

이상의 입지도형과 원료지수에 의한 운송비 지향은 이론을 완성하기 위해 추상적으로 취급되었다. 그러나 현실적으로는 이론과 괴리가 있기 때문에 문제점이 제기되고 있다. 즉, 운송비를 산출하는 데 톤·km 대신에 거리 단계운임이나 구간 특별운임 등을 적용할 때이다. 그리고 제품의 중량 대신에 제품의 가치 및 성질에 따라 운임률의 차이가 나타난다. 따라서 입지도형의 형태와 입지의 위치는 기본적으로 운송비 결정과는 무관하다. 또한 제품운송에서 단일 운송수단을 이용하지 않을 경우 각 운송수단의 성격, 운송기관별 운임제도 및 운임률의 차이에서 다르게 나타나기 때문이다. 예를 들면 철도를 이용해 원료와 제품을 운송할 경우 〈그림 7-7〉과 같이 입지도형의 이상적인 최소 운송비 지점(P)에서 이동해 철도역(P')에 입지하게 된다. 그리고 철도와 수상교통이 결합되었을 때 수상교통의 운임이 저렴하므로 입지이동이 발생하며, 도로망 또한 운임에 영향을 미친다. 자동차 교통의 경우 그 운임이 철도보다 비싸므로 자동차는 어디까지나 철도의 보조수단으로서 이용된다. 이런 문제점 이외에도 원료의 가격차, 수력 이용(수운, 동력으로서 전력 이용)이 공장입지에 영향을 미치고 있다.

(2) 노동 지향론

노동 지향론(Theory of labour orientation)은 공업입지에서 입지 선택이론이 아닌 운송비 지향의 대체이론이다. 노동 지향론은 먼저 등비용선에 의해 설명할 수 있다. 지방적 입지인자인 운송비와 노동비 중에서 노동비는 노동의 질, 임금수준의 차이에 따라 같은 생산과정을 행할 때 노동비의 지역적 차이를 발생하게 한다. 베버의 노동비 지향은 노동비의 지역적 차이가 공업입지에 영향을 미치는 것을 설명한 것으로, 저렴한 노동비가 존재하는 곳에서 운송비 최소지점이 편의함으로써 생산비의 이익을 가져온다. 이때 저렴한 노동비에 의한 노동비의 절약액이 운송비 최소점으로부터 이동함에 따라 발생하는 운송비의 증가액보다 클 때 입지편의가 발생한다. 그리고 노동비 절약액이 총 운송비 증가액을 초과하지 못하는 총 운송비선을 임계 등비용선(critical isodapane)이라 한다. 이것을 나타낸 것이 〈그림 7-8〉이다. 〈그림 7-8〉에서 P는 운송비 최소점이고, 가장 바깥 원이 임계 등비용선일 때 A_1, A_3이 노동지향 성립의 가능성이 있는 지점이 된다. 이상의 방법에 의해 공업입지의 노동비 지향을 설명할 수 있다.

노동지향의 고찰방법은 위에 적은 바와 같으나 실제로 노동지향이 성립하기 위해 어떤 조건이 존재하고 있는가를 알아보는 데는 노동 소재지로서의 유인 가능성을 나타내는 노동계수(Arbeitskoeffizient)란 개념으로 파악할 수 있다. 이것은 인구밀도, 운임률, 노동 소재지의 임금수준, 노동 능률 등의 환경조건과 공업 자체의 조건과 직접 관련짓는 것으로, 운송비와 노동비 절약과를 상호 관련짓는 것이라 할 수 있다. 즉, 노동계수는 노동비 지수/입지중량으로 표시된다. 이 계수가 크면 운송비 최소지점에서 거리가 먼 곳에 입지하는데, 노동계수가 크면 클수록 공업입지는 점점 소수의 노동 공급지에 집중해서 노동비에 의한 집적이 강해진다. 그리고 노동계수의 분모는 입지고착성

<그림 7-8> 임계 등비용선

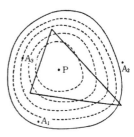

주: P는 운송비 최소지점, A_1, A_2, A_3은 저렴한 노동비 지점, 가장 바깥 등비용선이 임계 등비용선임.

이라는 좀 더 넓은 의미의 이동가능성을 나타내는 지표로 치환됨으로써 공장의 해외 이전의 유효한 논의와 연결된다고 할 수 있다.

노동비 지향을 결정짓는 조건으로 첫째, 인구밀도가 갖는 의미로서, 인구밀도가 희박한 지역에서는 공업이 주로 운송비 지향의 경향을 나타내며, 인구밀도가 조밀한 지역에서는 노동비 지향의 경향을 나타낸다. 둘째, 운송률이 갖는 의미로, 톤·km의 운임률이 낮을수록 노동비 절약률이 낮은 노동 공급지나 멀리 떨어진 노동 공급지도 그 견인력을 가진다. 이러한 노동비 지향 개념은 근년 활발히 논의되고 있는 공장의 해외 이전이나 공동화 문제를 고려할 경우 중요한 의의를 갖는다.

(3) 집적론

집적[9]은 일정한 양을 모아서 생산을 하나의 장소에 집중시킴에 따라 발생하는 이익, 즉 생산이나 판매의 저렴화가 이룩되는 것으로, 집적의 형태는 경영확대에 의한 생산의 집적[10], 다수의 경영이 공간적으로 집중하는 집적[11]이 있다. 예를 들면 기계를 도입해 공동으로 사용함에 따라 기술적 도구의 개선이 이룩되는 경우, 회계사 등의 공동고용으로 노동조직의 개선과 원료, 제품 거래시장의 이용으로 대규모 상거래에서의 절약 및 가스, 수도, 도로설비 등에서의 일반 간접비 절감이 그것이다. 베버는 집적을 경영 확대에 의한 생산의 집적, 즉 규모의 내부경제는 저차 단계로 구분하고, 다수의 경영이 근접한 장소에 존재함으로써 발생하는 이익을 의미하는 규모의 외부경제(external economies of scale)는 고차 단계로 구분했으며, 규모의 외부경제가 발생하는 요인을 첫째, 기술적 요인의 개선, 둘째 노동조직의 개선, 셋째, 대량거래에 의한 여러 이점, 넷째, 일반비용의 저하로 정의했다.

유리한 점으로는 원활한 기술전파나 기술혁신의 가능성, 보조 산업의 발달, 고가 기계의 경제적 이용, 노동시장에서 특수기능을 가진 노동자의 존재 등을 지적할 수 있다. 한편 불리한 점으로는 특정 노동력만의 과대한 수요나 지대 상승, 수요 저하나 원료 감소에 의한 저항력 약화를 들 수 있다.

베버의 집적론(Theory of agglomeration)은 운송·노동비의 일반적 입지인자 이외에 집적·분산으로 공업입지를 설명한 것인데, 생산의 지역적 집적으로 인한 고유의 이익을 인정한 것으로 운송비를 축으로 한 생산 집적론이다. 이 생산 집적론은 파렌더(T. Palander)가 지적한 바와 같이 복수의 기업가가 아니고 단일 기업가를 상정

9) 집적의 역사와 기원에 대해 자연적 조건, 궁정의 비호, 직인의 이주, 자유로운 산업과 기업의 전개, 국민성 등이 지적되고 있고, 우연성에 좌우되는 다양한 경로가 있다. 집적은 도시화경제와 국지화경제로 나눌 수 있다. 편익이 도시화의 경제에 의한 것이 도시화경제이고, 편익이 국지화경제에 의한 것이 국지화경제이다. 도시화경제란 대규모로 잡다한 시장을 갖는 대도시역에 입지하는 것의 우위성[제이콥스(Jacobs)형 외부성]에 대한 언급이고, 국지화경제란 단일 산업부문에 특화한 집적과 결부된 것이다.

10) 마셜(A. Marshall)이 제기한 규모의 내부경제(internal economies of scale)를 말한다.

11) 마셜이 산업조직을 논할 때에 사용한 이론으로 규모의 외부경제를 말한다. 규모의 내부경제와 외부경제를 합해 집적경제(agglomeration economies)라 한다.

(想定)한 것으로 제2의 편의를 설명하는 이론이다. 그리고 순수집적을 대상으로 운송비 지향적 공업, 노동비 지향적 공업이 집적이익에 의해 영향을 받을 가에 대한 고찰이다.

먼저 운송비 최소점에서 집적을 살펴보면 다음과 같다. 〈그림 7-9〉는 공업집적을 나타낸 것으로 최소 규모의 세 개의 공장이 각각 운송비 최소점 P_1, P_2, P_3에 분산 입지하며 각 최소 운송비가 같다고 할 때에 집적이 성립하기 위해서는 두 개 이상의 공장이 운송비 최소점으로부터 편의해서 입지해야 한다. 또 세 개의 공장이 집적하기 위해서는 각 공장의 a_3의 임계 등비용선이 교차하는 면에서 집적이익이 얻어질 수 있기 때문에 이 교차면이 집적지로 성립되게 된다. 또 〈그림 7-9〉에서 두 공장이 집적하는 것보다 세 개의 공장이 집적함으로써 좀 더 유리하다는 것을 교차면의 크기에 의해 알 수 있다.

한편 노동비 지향에 의한 집적은 노동계수(노동비 지수[12]/입지중량)에 의하는데 노동 소재지 간의 경합도 발생하고 최초로 생긴 집적보다 양호한 노동 소재지는 좀 더 뚜렷한 집적을 나타내게 된다. 〈그림 7-10〉에서 A는 노동 공급지로 각 P_1, P_2에 비해 제품 1톤당 노동비 절약액이 8원이 된다. 따라서 그림의 +8원의 등비용선(점선)은 이 노동 공급지로부터 편의된 임계 등비용선이 된다. 그러므로 A는 점선 내에 위치하지 않으므로 노동편의는 성립될 수 없다. 따라서 집적에 의한 절약액과 노동 공급지 편의에 의한 노동비 절약액의 합인 등비용선을 종합 임계 등비용선이라 부르며 이들이 서로 교차할 때 그 노동 공급지에서 혼합집적이 가능하다.

여기에서 노동계수의 분모를 입지고착성이라는 좀 더 넓은 의미의 이동가능성을 나타내는 지표로 치환하면 공장의 해외 이전에 관한 유효한 논의로 연결 지을 수 있다. 공업부문을 제약입지(foottight)형과 자유입지(footloose)형으로 나누면 입지고착성이 큰 제약입지형 업종은 노동계수값이 작고, 공동화가 일어날 가능성이 희박하다고 할 수 있다.

이상의 운송비·노동비 입지에서의 집적은 그 자체가 지리적인 규정으로서 그것과 관련이 있는 공업의 조직원리, 사회적 적응원리 중에서 집적경향이 존재한다.

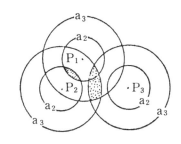

〈그림 7-9〉 운송비 최소점에서의 집적

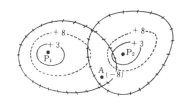

〈그림 7-10〉 노동비 지향과 집적

12) 제품 1단위 중량의 생산에 필요한 평균노동비를 의미하고, 노동 공급지의 잠재적 견인력을 나타내는 것이라고 말할 수 있다.

이것을 베버는 우연적 집적에 대해 순수 또는 기술적 집적[13]이라 불렀다. 우연적 집적은 순수집적 이외의 집적으로 운송비·노동비 지향으로 국지적 공업집적 그 자체에 이익이 있는가, 없는가 하고는 전혀 관계가 없는 집적으로 집적 그 자체에서 이익을 얻지는 않지만 결과적으로 집적이 가능한 경우이다. 예를 들면 희소자원의 원료지에 입지하는 공장들은 서로 관련이 없이 집적한 경우이다. 또 순수집적은 집적인자의 필연적 귀결로서의 집적, 즉 기술적·경제적으로 본 집적이익이 생기는 집적을 말한다. 즉, 콤비나트와 같이 기술적·경제적인 이익에 의해 기업이 모여 성립되는 것인데, 현실적으로 양자의 성격을 합친 집적이 가능하다.

13) 집적 독자의 작용에 의해 필연적·기술적으로 생기는 집적을 말한다.

베버가 일반적 입지인자로서 운송비, 노동비 이외에 집적·분산인자를 들은 것은 생산의 지구적(地區的) 집적에 고유의 이익을 인정했기 때문이다. 집적인자는 공업의 종류와 성질, 기술과 조직이 어떻게 작용하는가에 따라 다르지만, 분산인자는 이들 성질과는 무관하며 집적의 규모와 정도에 의한다고 할 수 있다. 공업의 분산[14]은 공업의 집중을 해체시킴에 따라 생산비의 저렴화를 이룩하는 것이다.

14) 공업의 분산은 생산시설 확장으로 인한 지가상승 등 부담, 공해발생에 대한 제재 등으로 나타나는데, 이심(decentralization)과 확산(diffusion), 분산(dispersion)으로 나뉜다. 이심(離心)은 대도시 내의 중심부에서 주변부로의 입지변동을 말하고, 확산은 도시계층체계에서 대도시의 상위 계층도시로부터 좀 더 계층이 낮은 도시로의 입지변동을 말하며, 분산은 도시 내에서 비도시지역으로의 입지변동을 말한다.

베버는 집적력을 측정하는 일반적인 지표로서 가공계수의 개념을 도입했다. 가공계수는 가공가치지수/입지중량으로, 노동비와 기계 관계비(감가상각비, 이자, 동력비)를 일괄해 가공가치라 하고 제품 1톤당 가공가치를 가공가치지수라 했다. 그리고 가공계수가 클수록 집적지향이 크다.

이상의 베버 공업 입지론은 공업입지의 일반 이론을 제공한 것으로, 그의 공헌은 수십 년에 걸쳐서 가장 가치가 있는 것으로 판명되었다. 그리고 그 의의를 보면 첫째, 공업입지론을 체계적으로 논했다는 점, 둘째, 최소비용 입지를 설명함으로 보편적인 경제체제에 적용할 수 있다는 점, 셋째, 각종 지수, 계수, 집적 개념 등이 오늘날에도 유용한 분석도구로 제공되고 있다는 점이 그 주된 내용이다. 그러나 현대까지 중요한 고전으로 남아 있는 가장 큰 공헌은 미시의 동태적인 공장입지가 전국적인 거시의 입지체계를 구축해 간다는 역동설(dynamism)을 갖고 있다는 점이다.

그러나 그의 연구는 현실적인 공업입지를 충분히 설명하지 못한 몇 가지 단점을 갖고 있다. 즉, 첫째, 주요한 입지인자인 시장수요의 지리적 변동을 효과적·현실적으로 고려하지 않았다. 둘째, 운송비의 결정은 거리와 중량에 비례하지 않는다는 것을 인식하지 못했다. 셋째, 노동력은 인구이동에 영향을 받으며, 항상 특정 장소에 무한정하게 이용할 수 있는 것은 아니다. 넷째, 많은 제조업체는 대단히 많은 원료투입을 필요로 하며, 다양하고 넓은 시장에 제품을 공급한다. 이런 점에 대해 베버의 이론이 쉽게 적용될 수 없다. 다섯째, 베버의 집적에 대한 설명은 대단히 불만족스럽고 베버 자신도 집적의 효과를 아마 과소평가했다고 생각한다. 베버의 집적론은 시장의 수요변동이나 정보취득 등 오늘날의 집적경제 특성이 되는 다양한 요인을 설명하지 못하는 한계섬이 있다. 그리고 마셜은 현실의 산업세계가 가지고 있는 복잡한 분업구조를 과도하게 단순화한 것이 가장 큰 문제점이라고 했다.

베버의 공업 입지론은 그 후 스웨덴의 경제학자 파렌더에 의해 수정되어졌다. 그는 실제 운송비 비율이 거리에 따라 변화가 일정하지 않다는 점과 운송비 증가 속도는 거리에 따라 감소한다는 점을 지적했다. 그리고 최소 운송비 지점은 베버 이론에서처럼 입지 삼각형의 각 정점이나 중량 삼각형의 중간 지점이 아니고 시장 또는 원료산지 등의 지점이 될 가능성이 있다고 지적하고 시장지역의 분석을 공간적 경쟁의 관점에서 분석했다. 파렌더의 입지공업

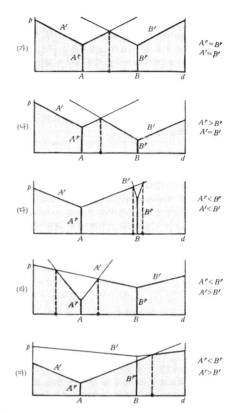

〈그림 7-11〉 공장입지 차이에서 나타난 시장지역의 경계

자료: Smith(1981: 77).

에 따른 시장지역 경계는 〈그림 7-11〉과 같다. 여기에서 Y축은 원료비, 노동비, 연료·동력비, 공장부지에 대한 지대(地代), 기계설비와 공장설비의 감가상각비, 오염 저감비용 등으로 구성된 제품 1단위당 생산비를 나타내고, X축은 거리로 A, B 두 기업 간의 제품 1단위당 생산비의 차이나 운송률(단위 거리당 운송비)의 차이에 의해 시장지역의 경계(isotante)가 다르게 나타나며, 또 시장지역의 크기가 결정되게 된다. 운송비 구배선은 최근에 교통·통신의 발달이나 제품의 소형화, 운송업자간의 경쟁 등을 통해 적게 나타나는 경향이 있다.

또 후버(E. Hoover)도 운송비 구조를 좀 더 현실에 맞게 분석했으며, 파렌더의 영향을 받아 시장지역의 입지적 효과와 공간적 범위를 분석해 시장지역을 연구했다. 후버의 운송비 구조에 의한 공업입지는 〈그림 7-12〉와 같다. 즉, 그는 생산활동을 취

<정그림 7-12〉 원료 및 제품운송의 운송비 구배선

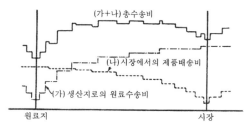

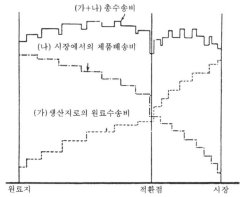

자료: Hoover(1963: 30·39).

득(procurement), 가공(processing), 분배(distribution)로 나누고 취득과 분배를 이송비(移送費)라 했다. 이 이송비와 집적과 제도적 인자 등을 포함한 생산비가 공업입지의 결정인자라 했다. 그는 공업을 운송비 지향 공업, 원료 지향 공업, 시장지향 공업으로 분류해 지향이론에서 시장지역론으로 그의 이론을 전개시켰다. 그의 이론은 첫째, 운송비와 생산비를 각각 구분해 취급한 점, 둘째, 원거리 수송의 장점과 적환(transshipment) 비용의 중요성을 강조한 점은 높게 평가되나 완전경쟁의 공간상에서 운송비를 강조한 점은 비판을 받고 있다.

3) 최대 수요이론

공업입지의 최소비용이론을 비판하고, 수요를 최대로 하는 지점이 공장의 최적 입지라고 주장하는 일반 이론을 전개한 대표적인 학자가 뢰쉬[15](A. Lösch: 1906~ 1945)이다. 그는 짧은 생애를 마쳤는데, 처음에는 자본의 이동에 따른 이전(transfer) 문제에 관해, 그 후에는『인구변동과 경제순환』등 인구연구로 성과를 올려, 1940 년『경제의 공간적 질서(Die raumliche Ordnung der Wirtschaft)』[16]를 발표했다. 여기 서 그는 입지의 일반 이론을 논한 것과 함께 미국에서의 조사여행 성과를 다수의 사례로 들었다. 또한 그는 독점적 경쟁이론과 일반 균형이론을 결합시켜 최대 이윤 을 추구하는 다수의 기업이 될 수 있는 한 시장 평면에 진출해 그들이 각각 개별 시 장지역을 형성한다면, 등질적으로 분포를 하고 있는 소비자가 일정한 크기의 수요 의 가격 탄력성을 갖고 있는 한 입지는 개별 시장지역의 중심에 입지하고, 개개의 시장지역은 정육각형으로 전체시장은 정육각형 망을 형성한다고 논술했다. 물론 재화의 종류에 따라 정육각형의 크기가 다르다. 이와 같은 그의 이론의 원류(源流) 에는 일반 균형론의 발라스(M. E. L. Walras), 교역론의 오린(B. G. Ohlin), 파렌더가

15) 뢰쉬는 바덴뷔르템베르크(Baden-Württemberg) 주 하이덴하임(Heidenheim) 에서 태어나 본(Bonn) 대학과 프라이부르크(Freiburg) 대학에서 공부하고 하버드(Harvard) 대학에서 슘페터(Schumpeter)의 지원과 록펠러(Rockefeller)재단으로부터 연구비를 받아 2회에 걸쳐 북아메리카 전역을 조사·여행했다. 뢰쉬는 나치의 협력을 거부하고 킬(Kiel) 세계경제연구소를 사직해 궁핍한 생활을 했다.

16) 이 책은 제1편 입지, 제2편 경제 지역, 제3편 교역, 제4편 사례연구로 구성되어 있다.

있었다. 그리고 현실사회에서 경제활동의 입지를 설명하기 위한 것이라기보다는 어떻게 하면 현실의 경제활동을 개선할 수 있을까 하는 기본철학에서 착안된 것으로, 이론상의 최적입지는 복잡한 현실사회의 입지결정과는 일치하지 않는다고 보았다. 여기에서 입지의 균형은 두 가지 기본적인 경향에 의해 결정된다. 즉, 하나는 개별경제의 입장에서 본 이윤의 최대화 경향이고, 다른 하나는 경제 전체의 입장에서 본 독립 경제 단위 수의 최대화 경향이다. 개별경제의 입장이란 각 기업 내부에서의 경영노력이고, 경제 전체의 입장이란 복수의 기업 간 시장권을 움직이게 하는 공간적 경쟁으로 외부로부터의 경쟁에 의해 작용하는 것을 말한다. 즉, 이윤을 추구하는 다수의 재화 공급자가 시장에 자유롭게 참여한 결과 서로 정상이윤이 얻어지는 시점에 공급자의 참여가 종료되어 균형상태를 이룬다. 이때 시장에 참여한 공급자의 참여 수는 최대가 된다.

그는 이론을 전개하기에 앞서 공간의 기본적인 성격에 대한 전제조건을 제시했다. 즉, 첫째 넓은 평야에 균일한 운송기관이 모든 방향으로 펼쳐져 있으며, 생산활동에 충분한 공업원료가 균등하게 분포하고 있다. 둘째, 자급자족적 농가가 이 등질지역에 균등하게 분포하고 있으며 취미, 기호를 같이 한다. 셋째, 공업생산에 필요한 기술적 지식이 모든 평야에 보급되어 있으며, 생산기회가 모든 인간에게 개방되어 있다. 넷째, 어떠한 경제의 외적 계기도 존재하지 않고 거리, 대량생산, 경쟁의 계기만이 경제지역을 형성한다. 이상의 전제조건은 튀넨의 고립국에서 그 아이디어가 원용된 것으로, 이들 전제조건에서 지역적 차이의 과정을 파악하기 위해 자급농가에서 맥주를 생산해 판매하는 경우를 분석했다.

(1) 인구의 연속적 분포

입지균형의 과정을 공간적인 문제로 파악하기 위해 도입한 것이 수요원추를 바탕으로 한 시장지역의 개념이다. 이 개념을 이해하기 위해 그 내용을 살펴보면 농가에서 생산된 맥주는 본래 자급을 위한 것인데 생산량의 증대에 따라 제3자에게 판매하는 의욕을 발생시킨다. 따라서 판매량이 증가함에 따라 판매권은 공간적으로 확대되나 그 판매권은 무한한 것이 아니고 대량생산에 따른 생산비 절약액인 운송비 증가분만큼의 확대를 가져온다. 이것을 나타낸 것이 〈그림 7-13〉이다. 〈그림 7-13〉 (가)에서 가로축에 수량(판매량)을, 세로축에 판매가격을 나타내면 이들 간의

〈그림 7-13〉 개별 수요곡선에 의한 시장지역과 수요 원추체(圓錐體)

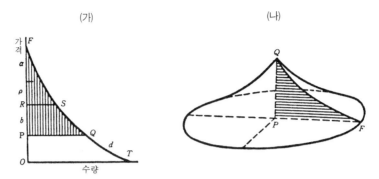

자료: 篠原泰三(1968: 127).

개별 수요곡선은 *d*가 된다. 여기에서 *OP*는 양조장에서의 판매가격으로, *P*의 거주
자는 *PQ*병수만큼의 맥주를 구입한다. 여기에서 거리가 증가할수록 가격은 운송비
만큼 증가하고, 수요는 그 만큼 감소해 *F*에 도달하면 운송비는 *PF*로 맥주는 전혀
판매되지 않으며, *PF*는 맥주의 최대 판매 반경이 된다. 따라서 이 지역의 총 판매
량은 *PQ*를 축으로 삼각형 *PQF*를 회전시킴에 따라 생기는 원추체(〈그림 7-13〉 나)
가 된다. 이 원추체적에 인구밀도로 상수를 곱하지 않으면 안 된다. 그 결과 양조장
에서 가격이 *OP*이면 총 수요는 *D*로 나타내는데, 그 대수식은 $D = b \cdot \pi \int_0^R f(p+t) \cdot t \cdot dt$
이다.

D: 공장도 가격 *p*의 함수로서 총 수요량

b: 한 변을 따라 1단위를 운송하는데 1마르크(Mark)가 소요되는 정방형 내의 인
　구를 두 배한 값

$d = f(p+t)$: 소비지에서 가격 함수로서의 개별수요

p: 공장도 가격

t: 공장에서 소비지까지의 운송비

R: 최대 가능한 운송비(*PF*)

　앞의 추론에서 시장지역은 원형으로 나타나지만 실제로는 원형이 아니다. 등질
평야 상에 다수의 양조장이 조밀하게 분포하고 그 판매권도 서로 접해 있을 때 시
장지역에 대한 공간경쟁은 최대의 시장지역에서 최소의 시장지역으로 변화하게 된
다. 그리고 정육각형의 시장지역은 이상적인 원형에 가장 가까운 이점을 갖고 있으

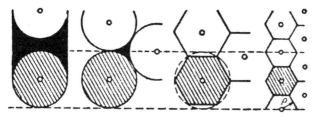
〈그림 7-14〉 시장지역의 경쟁 균형 과정

자료: 篠原泰三(1968: 132).

며 단위 면적당 수요가 최대이다(같은 크기의 사각형보다 2.4% 수요가 많다). 이와 같은 시장지역의 균형조건은 첫째, 일정한 면적의 평야 상에 입지한 최대의 독립 기업들에게 최대의 이윤을 보증시켜 주고 영속시켜 줄 것. 그리고 안정상태가 된 후에는 이 평야에 기업을 추가로 입지시키면 초과이윤이 0이 된다. 둘째, 소비자는 최소의 판매가격을 지불함으로써 재화를 구입할 수 있다. 즉, 가장 가까운 생산지로부터 재화를 구입한다.

이상에서 인구가 균등하게 연속적으로 분포해 있을 경우 시장지역의 형성과정을 나타낸 것이 〈그림 7-14〉이다. 즉, 하나의 생산자가 생산한 a재화의 최적 시장지역은 원형으로 나타나며 다수의 생산자가 출현하므로 원형시장이 존재하지 않게 된다. 따라서 최종 시장지역은 정육각형으로 나타나게 된다[봉방구조(蜂房構造)]. 여기에서 시장지역이 정육각형으로 나타나는 이유는 정육각형이 어떤 다른 도형보다 특정 계층의 총 수요를 충족시키며, 인접 중심지와 서로 동일한 간격으로 분포하는 정삼각형의 모임이기 때문이다. 따라서 총 운송비는 최소가 되고, 수요량은 최대가 된다.

(2) 인구의 불연속적 분포

지금까지의 개별 수요이론은 간단해 시장망 구조는 일정수의 소비자가 균등하게 연속적으로 평야에 분포하고 있다고 가정했다. 그러나 현실적으로 인구가 균등하게 분포해도 이것이 불연속적으로 분포하고 있기 때문에 재화의 고유 시장지역 반경(ρ)의 값은 제한된다. 최소의 거주지가 개별 농장, 마을, 촌락 그 이외일지라도 그들은 어느 정도의 거리를 두고 분포해 있고 그 거리를 무시하는 것은 이들 거주지가 시장지역에 비해 작을 경우뿐이다. 그러나 많은 재화의 경우 최초 거주지의 위치와 규모가 시장지역의 위치와 크기에 큰 영향을 미치게 된다. 따라서 이 영향을 검토할 필요가 있다.

여기에서 첫째, a를 최소의 거주지 A_1, A_2, A_3, A_4 …(여기에서는 농장이라 가정한다) 간의 거리로 간주한다. 이들 농장의 최적 도형은 정육각형이다. 둘째, b를 소(小)시장 도시 B_1, B_2, B_3, B_4 …간의 거리로 한다. 여기에서는 공업 제품을 판매하기 위해 생산한다. b는 시장지역 내접원의 직경 2ρ에 해당된다. 셋째, B_i가 공급하는 취락 수를 n으로 한다. 넷째, nV는 지금까지 재화를 판매하지 않으면 안 될 최대의 필요 운송거리, S는 시장지역의 면적으로 한다. 여기에서 10종의 최소 시장지역의 크기와 위치에 대해 검토해 보자. 필요 운송거리의 최소 가능 값은 생산이 하나의 농장인 A_1(거주지의 위치)에서 행해지며, 이 목적을 위해 건설된 건물[중심(重心)의 위치]에서 행해지지 않을 경우에는 농장 상호 간의 거리가 같다. 그러나 이 경우 공급을 받는 거주지수의 최소 가능 값은 A_1을 포함해 3이 된다. 이것은 A_1이 그 비용을 회복하기에는 6개의 인접 농장의 총수요를 필요로 하지 않는다는 것을 알 수 있다. 즉, B_1이 인접해 있는 작은 시장도시 B_2 및 B_3와 분담해 농장 A_2로부터 필요한 양만큼 충족시키도록 협력하고 A_3~A_7의 농장 각각에 필요한 양의 $\frac{1}{3}$만을 공급하게 된다. 이런 분담 값을 합계하면 시장지역 1은 완전공급에서 세 개의 거주지를 포함하게 된다. 그리고 그 면적은 $\frac{3a^2\sqrt{3}}{2}$이며, 시장 도시 간의 거리(b)는 $a\sqrt{3}$이 된다. 두 번째 크기의 시장권 nV는 역시 a이지만 인접 시장의 수요는 인접 경쟁공간에 다음과 같이 분할된다. 즉, B_1이 세 인접 농장의 총수요와 자신의 분량을 더해 4개의 수요를 인수할 수 있다. 그리고 b는 $a\sqrt{4}$가 된다. 제3시장지역은 경계선이 어떤 거주지에도 접촉하지 않는 공간을 통과한 한 예이다. 따라서 이러한 경계선에는 직접적인 경제적 의미는 없다.

이상의 3 최소 시장지역을 나타낸 것이 〈그림 7-15〉이다. 즉, 가장 작은 시장지역을 갖는 재화의 기능을 기능번호 1로 하면, 그것은 정삼각형망의 정점을 각각 연결한 정육각형의 시장지역이 균형 상태로 된 것을 생각할 수 있다. 이때에 이 최소 정육각형의 시장지역은 중심에 하나의 지점(A_1)의 시장지역과 그 주위의 6개 지점의 시장지역의 $\frac{1}{3}$을 만족하고 있기 때문에 3단위 면적의 시장지역이라고 말할 수 있다. 다음으로 정삼각형망의 지점을 덮는 시장지역으로서는 기능번호 2의 정육각형이 균형 상태로 된 것을 생각할 수 있다. 이 경우의 시장지역 면적은 중심에 한

<그림 7-15> 3종의 최소 시장지역

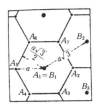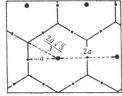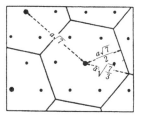

자료: 篠原泰三(1968: 137).

<그림 7-16> 10종의 최소 시장지역

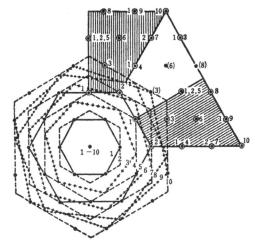

자료: 篠原泰三(1968: 138).

개 지점의 시장지역과 그 주위에 있는 6개의 시장지역의 $\frac{1}{2}$을 만족시키는 것이기 때문에 4단위 면적의 시장지역을 갖는다. 나아가 기능번호 3의 시장지역은 7단위 면적의 시장지역을, 기능번호 4의 시장지역은 9단위[=7+(6÷3)] 면적의 시장지역을 갖는다. 동시에 10종의 전형적인 시장지역 입지배치를 나타낸 것이 〈그림 7-16〉이다. 농장이 a의 거리를 갖고 연결되어 있는 하나의 직선이 도상에서 수평이라고 가정하면, 제1종의 입지배치는 정육각형의 한 변이 밑에 있는 형(예를 들면 시장지역 1, 5), 제2종의 입지배치(시장지역 2, 4, 7, 10), 제3종의 입지배치(시장지역 3, 6, 8, 9)가 있다. 〈표 7-4〉는 10종의 최소 가능 시장지역에 대해 가장 중요한 숫자를 나타낸 것으로, 〈표 7-4〉에서 공급을 받는 거주지의 수 n과 그곳에 공급하는 작은 도시간

<表 7-4> 10종의 최소 가능한 시장지역

시장지역 번호	n	b	nV
1	3	$a\sqrt{3}$	a
2	4	2a	a
3	7	$a\sqrt{7}$	a
4	9	3a	$a\sqrt{3}$
5	12	$2a\sqrt{3}$	2a
6	13	$a\sqrt{13}$	$a\sqrt{3}$
7	16	4a	2a
8	19	$a\sqrt{19}$	2a
9	21	$a\sqrt{21}$	$a\sqrt{7}$
10	25	5a	$a\sqrt{7}$

의 거리 b와의 사이에는 $b = a\sqrt{n}$ 의 관계를 나타내고 있다는 것을 알 수 있다. 이 것은 같은 업종의 두 기업 간 거리는 공급받는 거주지 간의 거리에 거주지 수의 평 방근을 곱한 것과 같다. 또 시장지역의 크기는 $\frac{na^2\sqrt{3}}{2}$ 이다.

이상에서 불연속적인 거주지의 경우는 가능한 한 시장지역의 크기와 그것에 포 함된 거주지수가 불연속적으로 증가하고 있다는 것을 알 수 있다.

(3) 시장지역망

뢰쉬는 150종류의 재화에 대해 그 시장규모와 재화를 공급하는 중심지의 위치 를 밝히기 위해 독점경쟁이론과 일반적 균형이론을 결합시켜 시장 평면에 최대 이 윤추구 기업이 될 수 있는 한 많이 진출해 각각 개별 시장을 형성한다고 하면 균등 분포의 소비자가 어떤 일정한 크기에서 수요의 가격 탄력성을 갖는 한 입지는 개별 시장지역의 중심이 되며 개개 정육각형의 시장지역을 형성한다고 주장했다. 그러 나 모든 시장망이 <그림 7-17> (가)와 같이 적어도 하나의 입지를 공유하게끔 배치 되면, 도시화로 이익을 얻는 대도시가 그 공유의 중심에 입지하게 된다. 이곳을 중 심으로 시장망을 30°씩 회전시켜 나타난 방사상 교통망을 기준으로 <그림 7-17> (나)와 같은 좀 더 많은 재화를 취급하는 기업이 입지하는 중심지 입지가 많은 섹터 (sector)와 적은 섹터가 생기는데, 이것은 입지 간 거리, 운송량, 운송로가 최소화된 것을 나타낸 것이다. 여기에서 도시 수가 풍부한 섹터는 많은 서비스를 제공하는 대도시 주변에서 나타나고, 이들 사이에는 도시 수가 적고 서비스를 적게 제공하는 6개의 도시 수가 빈곤한 섹터를 형성한다. 이러한 중심지와 교통로의 배열은 시장

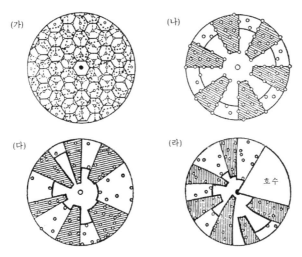

〈그림 7-17〉 경제지역의 이론적 도식(圖式)과 인디애나폴리스(다)와 털리도(라) 반경 100km의 교외

자료: 篠原泰三(1968: 149).

지역망의 법칙에 의한 것으로, 이것이 뢰쉬의 시장지역망체계이다. 〈그림 7-17〉 (다), (라)는 각각 미국의 인디애나폴리스(Indianapolis) 및 털리도(Toledo)를 중심으로 한 반경 100km의 범위에서 시장지역망을 나타낸 것이다.

〈그림 7-17〉 (나) 섹터에서의 기능 복합체를 나타낸 것이 〈표 7-5〉로, 이 계층질서는 내적 연속질서를 나타내는 것이 아니다. 예를 들면 섹터 S는 기능 1과 4를 공급하지만, 기능 2와 3은 공급하지 않는다. 그래서 이 기능 계층질서는 크리스탈러 중심지체계의 기능 계층질서가 A단계에서 1기능, G단계에서 1, 2기능, M단계에서 1, 2, 3기능, P단계에서는 1, 2, 3, 4기능으로 나타나는 것과 다르다. 그러므로 〈그림 7-17〉 (나)에 나타낸 섹터 계층은 섹터에서의 기능의 복합성, 즉 기능의 보유상태에 바탕을 둔 계층에 지나지 않는다는 것이다.

뢰쉬의 공간경제학은 여기에 그치지 않고 경제지역론을 보충하기 위해 제3부에서 교역론을 전개했다. 그것은 공간적 분업과 관계가 있는 공급자 사이에서 재화의 교역이 발생하고, 그것이 재화가격의 공간적 변동을 가져온다는 것이다. 가격이 공간적 변동을 하는 것을 고려하면 경제지역론에서 전개한 정육각형의 단순한 기하학에서는 이론을 전개시킬 수 없다. 여기에서 뢰쉬는 올린이나 파렌더의 교역론을 받아들였는데, 이는 1960년대까지 영미권의 계량지리학자들에게는 주목을 받지

〈표 7-5〉 뢰쉬 체계에서 기능의 복합성 계층질서

공급기능	섹터 단계의 중심지 유형										
	A, B, C, D, E, F	G, H, I, J, K, L	M, N, O	P, Q	R	S, T, U	V	W	X	Y	Z
유형 1	x			x	x	x		x	x	x	x
유형 2		x		x		x	x	x			x
유형 3			x		x	x	x			x	x
유형 4						x			x	x	x
중심지 인구*	646	786	870	1,078	1,225	1,553	1,656	1,340	2,530	2,558	3,495
규모의 계급	26	18	14	11	9	7	4	8	3	2	1
빈도	6	6	6	6	6	6	6	2	6	3	1

* Parr의 제2모델로 각 중심지의 인구 등을 산출했음.
주: 유형은 〈그림 7-16〉의 최소시장의 1, 2, 3, 4.
자료: Berry et al.,(1988: 88); Parr(1973: 193, 203).

못했다. 뢰쉬가 교역론에 주목한 것은 그가 북유럽의 현관인 항구도시 킬(Kiel)에서 연구를 행한 것과 관계가 있다.

골드(P. R. Gould)에 의하면 뢰쉬 저서의 특징은 주(註)가 전체 쪽수의 1/3에 달할 정도로 아주 많고, 거기에 뢰쉬의 철학적 사색이 포함되어 있다고 했다. 뢰쉬가 칸트나 헤겔의 철학을 무엇보다도 많이 인용했다고 거창하게 말할 필요는 없으나 적어도 뢰쉬는 단순한 기하학에 빠진 연구자는 아니라는 것은 확실하다. 뢰쉬가 사례연구를 한 장(章)은 미국을 대상으로 한 흥미 있는 경험적인 사례로 크리스탈러의 지역분석편이 폐쇄성이라는 것과는 대조적이다. 크리스탈러는 몇 개의 도시에는 그 고유의 역사적·지리적 조건이 있고, 그것들이 정육각형 모델로부터 편의되어 있다고 생각했는데 반해, 뢰쉬는 그러한 지역의 고유성(질적 차이)을 특정성(양적 차이)으로 보고 일반적인 공간적 변동하에서 위치 지으려고 했다. 즉, 뢰쉬에 의한 사례의 그림을 인용한 디켄과 로이드(P. Dicken and P. E. Lloyd)의 경제지리학에서는 그의 일반 균형론이 답답함과 단순함과는 반대로 개방적 또는 풍부함을 의미한다. 크리스탈러의 중심지이론에서는 상위 계층 중심지는 하위 계층 중심지가 갖는 모든 재화를 갖고 있지만, 뢰쉬의 경제지역론[17]에서는 반드시 상위 계층 도시가 하위 계층 도시의 재화를 모두 가진다고 할 수 없다. 이러한 유연성 때문에 도시 수가 많은 섹터, 도시 수가 적은 섹터라는 재미있는 지역구분이 나타나는 것이다. 다만 이러한 지역구분은 도시집적이론 중에서 명시적으로 취급한 것이라고는 말할 수 없다.

이상의 뢰쉬 이론은 입지론 중에서도 가장 풍부한 독창력을 지닌 이론체계로 산

17) 경제지역의 세 가지 유형은 단일 시장권, 지역적 망상조직, 지역체계(경제경관)로, 단일 시장권은 중합의 결과 형성된 것이고, 같은 재화에 대한 시장권의 전체가 지역적 망상조직이고 지구 또는 지대라고 부르기도 한다. 이에 대해 경제경관은 서로 다른 여러 시장의 체계로 단지 하나의 기관(器官)이 아니고 하나의 조직이다.

업입지의 좀 더 종합적인 모델로 발전시킨 것이고 완전한 일반 균형을 제시한 최초의 연구이다. 그러나 완전경쟁을 전제로 개별 경제적인 입지를 취급한 부분 균형론에 바탕을 둔 한계입지(Grenzlage)로 수요, 즉 판매 인자를 과대평가했는데 대해 비용의 공간적 변동을 소홀히 한 점은 크게 비판을 받고 있다. 뢰쉬 이후 시장지역에 대한 연구는 페터(F. Fetter), 호텔링(H. Hotelling) 등에 의해 이루어졌다. 호텔링은 1920년대~1930년대에 미국에서 널리 퍼진 독점적 경쟁, 공간독점에 대한 논쟁자로 알려졌지만 그의 상호의존 입지모델은 직선시장에서 차이가 없는 두 개 기업의 입지경쟁으로 설명했다.

2. 여러 입지인자 측면에서의 고찰

1) 입지적 상호의존

기업의 입지적 상호의존(locational interdependence)학파는 1950년대에 등장했는데, 이 학파는 공업 입지론에서 전통적인 최소 비용이론의 약점을 극복하기 위해 대두되었으며, 최대 수요이론에서 등한시한 입지이동성, 불완전경쟁, 수요의 탄력성 등의 문제점을 극복하기 위해 논의된 학파이다. 이 학파의 이론은 이동할 수 있는 입지 또는 계획된 입지를 가정해 시장의 확정과 더불어 특정 입지의 이유를 탐구하고 있다. 즉, 경쟁자의 존재에 의해 기업 상호의 유인·반발, 즉 공업의 집중·분산의 요인을 강조한다. 그러나 이 접근방법의 기본적인 약점은 공간적 비용변동을 무시한 점이다. 입지적 상호의존학파는 공장의 입지와 시장지역의 공간적 형태가 수요의 지역적 변동과 기업 간의 입지 상호의존의 산물이라고 주장하는데, 페터와 호텔링이 이에 공헌한 학자이며 이 연구의 기본적인 틀은 호텔링의 예에서 잘 설명되어지고 있다.

호텔링의 입지적 상호의존의 연구를 보면 두 개의 기업이 과점적 경쟁을 할 때 이들 두 기업의 입지와 개별 시장지역은 어떻게 나타날까? 소비자가 공간적으로 균등하게 분포해 있고, 수요의 가격 탄력성이 0(즉, 가격의 높고 낮음에 관계없이 구입량은 일정)이고, 판매제품의 운송비(이것은 거리에 비례해 증대됨) 이외의 비용은 0 또

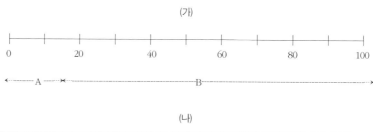

〈그림 7-18〉 호텔링의 시장지역 설명

(가)

(나)

B기업의 입지 / A기업의 입지	0	10	20	30	40	50	60	70	80	90	100	최소
0	50	5	10	15	20	25	30	35	40	45	50	5
10	95	50	15	20	25	30	35	40	45	50	55	15
20	90	85	50	25	30	35	40	45	50	55	60	25
30	85	80	75	50	35	40	45	50	55	60	65	35
40	80	75	70	65	50	45	50	55	60	65	70	45
50	75	70	65	60	55	50	55	60	65	70	75	50
60	70	65	60	55	50	45	50	65	70	75	80	45
70					40							35
80					35							25
90					30							15
100	50	45	40	35	30	25	20	15	10	5	0	5
최대	95	85	75	65	55	50	55	65	75	85	95	

자료: 西岡久雄(1976: 265).

는 양자가 같다. 또 기업가는 즉시 또는 무비용으로 입지를 변경할 수 있다. 〈그림 7-18〉 (가)에서 A의 입지가 10, B의 입지가 20지점이라고 가정하면, A의 개별 시장지역은 15에서 왼쪽 구간, B의 시장지역은 15에서 오른쪽 구간이 된다. 이와 같이 A, B기업은 오른쪽으로 입지편의하게 되며, 이들 두 기업은 경쟁을 계속함으로 결국 시장지역의 중앙에 입지를 하게 된다. 이 과정을 해변의 아이스크림 판매에 대해 설명한 것이 〈그림 7-19〉이다. 그러나 두 기업이 중앙에 집적함에 따라 주변부 수요자의 수요력이 감소해 두 기업은 다시 중앙에서 분산해 각 기업이 최대 수요를 획득할 수 있는 4분위 지점에 입지를 하게 된다.

이들 두 기업이 시장지역의 중앙에 입지하는 것을 초보적인 게임이론으로 풀 수

〈그림 7-19〉 두 판매상의 경쟁과 입지변화

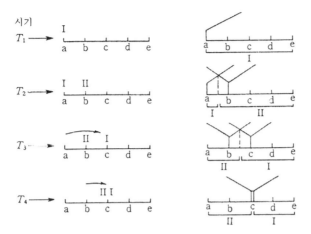

자료: Lloyd and Dicken(1978: 312).

있다. 즉, 〈그림 7-18〉 (가)에서 A·B 두 기업이 입지해 있다고 할 때, 〈그림 7-18〉 (나)는 A기업의 득점표로서, B기업의 득점은 100점에서 A기업의 득점을 뺀 것이다. 〈그림 7-18〉 (나)의 맨 오른쪽 열[列(최소)]은 기업 A의 입지에서 최악의 결과(최소의 득점)를 나타낸 것이다. 만약 기업 A가 최악의 사태가 된다면 그중에서 가장 높은 것을 기대할 수 있는 곳에 입지를 선정하게 된다. 가장 오른쪽의 최대값을 나타내는 지점은 50이 된다. B기업이 똑같은 지점에 입지한다고 해도 A기업은 시장지역의 반을 획득하게 된다. 만약 B기업이 다른 지점을 선택하게 되면 A기업은 시장지역 과반을 획득할 수 있다. 한편 B기업은 최하단 행[行(최대)]의 수치 중 가장 작은 경우의 입지를 선택하게 되어 결국 A·B 두 기업은 50이 되는 지점에 입지를 하게 된다. 그러나 세 기업이 있을 경우도 체임벌린(E. H. Chamberlin)은 분산한다고 했다. 즉, 〈그림 7-20〉 (가)의 좌측에서와 같이 선분상의 시장이 제 1, 3, 5 각 6분위 지점에 이상적인 입지배치가 나타나게 된다. 그러나 현실적으로는 밑에서 두 번째 선분 시장에서와 같이 양쪽 끝에서 $\frac{1}{4}$의 두 지점과 그들의 중간에 입지하게 된다.

그러나 러너(A. P. Lerner)와 싱어(H. W. Singer)는 〈그림 7-20〉 (가)의 우측에서와 같이 각 기업은 집적과 분산을 반복해 안정적인 균형에 도달하기는 어렵다고 보았다. A·B기업이 중앙에 집적하면 시장의 두 끝 쪽 부분의 수요는 현저하게 적어지

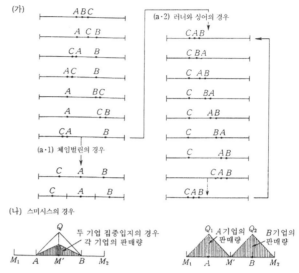

〈그림 7-20〉기업입지 경쟁과 판매지역 및 판매량

자료: 西岡久雄(1976: 267).

든지 또는 소멸된다. 만약 두 기업이 중앙에서 분산해 입지한다면 중간시장은 양분되며, 또 각 기업이 배후시장을 독점해 좀 더 많은 이윤을 얻게 된다. 이것이 스미시스(A. F. Smithies)의 견해이다(〈그림 7-20〉나).

2) 그린헛의 이론

그린헛(M. L. Greenhut)은 튀넨이나 베버 입지론의 기본적인 결점이 최소비용입지, 일정한 수요, 기업 간 입지의 상호의존관계를 무시한 것이라고 하고, 비용뿐 아니라 수요, 순수 개인적 고려라는 세 가지 측면에서 입지인자를 재정리하고 이윤 최대화와 만족 최대화를 입지원리로 제시했다. 그린헛은 『공장입지의 이론과 실제(Plant Location in Theory and in Practise)』를 1956년 발간했는데, 이 책의 전반부는 이론을, 후반부은 미국 남부의 소규모 공장 8개를 사례로 경험적인 고찰을 통해 이론을 검정했다.

이 이론의 특색은 공장입지가 최대 이윤지점(maximum profit site)을 지향하는데, 그것은 총수입(특히, 수요자수를 고려)과 총비용과의 차이가 최대가 되는 지점이다.

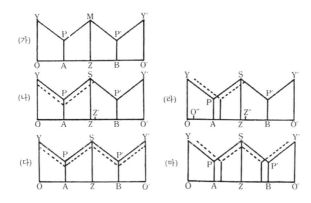

이것을 그린헛은 최대 이윤입지라 했다. 이러한 입지는 현실적으로 최소비용입지에 해당되는데, 베버 학파에 의한 최소비용입지와는 반드시 일치하지 않는다는 점에서 기본적으로는 뢰쉬 이론과 같으나 그린헛의 최대 이윤이론은 직접적인 경제상의 이익만이 아니고 경영자의 개인적 사정도 포함되어 있다는 점에서 현실적이며, 종래의 입지론에서 볼 수 없는 색채를 띠고 있다.

그린헛의 입지적 상호의존(locational interdependence)과 시장지역의 관계를 보면 다음과 같다. 즉, 구매자는 직선으로 나타난 시장지역에 균등하게 분포하고 있으며, 구매자는 판매자에 대해 무차별적이며 수요가 탄력적이다. 여기에 기업 B가 최초로 입지하고, 다음으로 기업 A가 침투한다고 가정하면(〈그림 7-21〉) 어떠한 인자에 의해 입지선택(locational choice)이 행해질까? A, B기업의 기존 시장지역(OO')에서의 최적입지(optimum location)는 4분위점이 된다. 그러나 그는 〈그림 7-21〉(나)~(마)에서와 같이 순공장도 가격(AP, BP')과 기업의 입지이동에 의한 시장지역의 변화를 설명했다. 이와 같은 일련의 시장지역 변화에서 다음과 같은 사실이 밝혀졌다. 즉, 기업이 가격이나 입지에 대해 경쟁적일수록 가격은 한층 낮아지게 되고, 상호 가까운 위치에 집중하는 인접입지가 이룩된다. 그러나 가격과 입지가 비경쟁적·독점적일수록 입지선택은 상호 분산하는 원격 입지가 되지만, 그 최적입지는 시장의 4분위점이며, 그곳이 운송비 최소지점이 되고 수요를 최대로 해 최대 이윤을 얻는 지점이 된다. 그러나 운송률이 낮아지면 배후지는 먼 곳에서도 지배될 수 있기 때문에 공업은 시장의 중심부에 집중하고, 반대로 운송비가 증가하면 공업은 분산하는 경향을 나타낸다.

그는 또 앞에 적은 순수이론 이외에 기업별 실태조사에 의해 운송비 인자, 가공비 인자, 수요(입지적 상호의존) 인자, 비용 절감 인자(cost-reducing factors)[18]와 수입 증가 인자(revenue increasing factors)[19]를 들었다. 이들 비용 절감 인자와 수입 증가 인자가 개인적 인자(personal factor)와 결합될 때 개인적 비용 절감, 개인적 수입 증가 인자가 되지만 순수 개인적 고찰로서 경영자 개인의 심리적 요인을 강조했다.

그린헛의 공업 입지인자는 전체적으로 수요(입지적 상호의존), 비용, 개인적 관계로 3대별 할 수 있다. 여기에서 그가 지적한 개인적 관계는 지금까지 누구도 발표하지 않은 새로운 인자로, 이것은 연역적 연구에 의한 것이 아니고 개개 기업의 실태조사에 의한 것으로, 개인적 요소는 단지 심리적인 만족을 얻는 것만이 아니고 은행·고용관계·기타 여러 가지 편리한 점을 포함한 경제적인 유리성과도 관계되는 것이다.

3) 아이사드의 대체이론

지역과학자인 아이사드(W. Isard)는 프레될(A. Predöhl)이 입지대체 분석의 가능성을 시사한 데 대해, 그 구체적 분석방법의 약점을 보완하는 경험적 연구도구로서 대체분석을 발전시켰다. 아이사드는 1956년에 발간한 『입지와 공간경제(Location and Space Economy)』에서 공업 입지론을 포함한 일반 입지론을 밝혔다. 즉, 그는 일반 이론으로 튀넨, 베버, 뢰쉬의 이론에 다른 경제이론을 결합시켜 대체원리(substitution principle)를 성립시켰는데, 대체원리는 소득의 일부를 지출해 한 상품을 구매하는 개인의 행동은 화폐와 그 상품과 대체라 생각할 수 있다고 했다.

아이사드는 공간경제를 분석하기 위해 운송 투입(transport input)의 개념[20]을 사용했다. 운송투입의 개념은 제품이나 원료에서 단위 중량의 단위 거리이동을 운송투입이라 했는데, 이 개념은 종래의 단순한 거리 투입보다 현실적이며 모든 입지, 즉 생산과 소비의 과정에서 공간선호에 영향이 크다는 것을 강조하고 전통적인 경제이론의 비공간적 편향에 대한 공간경제의 중요성을 강조한 것이다. 단, 입지도형에서 취급한 운송 투입 변수의 변화는 결국 변환함수(transformation function) 개념에서 제품이나 원료의 이동거리 변화로 나타난다. 즉, 어떠한 운송 투입의 변환도

18) 원료구입 및 기계설비의 수리·교체의 용이성, 노동력 공급의 유연성, 자금 조달성 등을 말한다.
19) 제품을 판매할 때에 수요에 대한 접근성이 생기는 곳의 이익이고, 판매에 영향을 미치는 집적·분산의 인자에 관계되는 것을 말한다.

20) 투입산출분석은 부문 간의 수요와 공급의 효과를 명확히 기술하는 데는 유효하지만, 공업화와 그것으로 이어지는 경제성장에 결부되는 두 가지의 결정요소, 즉 고도의 경제와 혁신을 조합시킬 경우에는 효력이 약하다.

거리변수의 조합으로서 나타낼 수 있기 때문에 이하의 입지도형에서는 간단히 거리라고 부르지만 실제로는 그것이 운송 투입의 내용이란 점에 주의를 요한다.

아이사드의 생산입지를 고찰하기 위한 운송지향 입지균형을 보면 원료산지와 생산입지 및 소비지가 하나의 입지선(location line)상에 존재할 경우(〈그림 7-22〉), 원료산지 M_1과 소비지 C에서, P에서 M_1까지의 거리와 C까지의 거리에 대한 두 거리변수가 존재한다. 그리고 거리변수의 대체는 동시에 운송 투입의 대체이며 이 대체관계를 나타낸 것이 변환관계이다. 〈그림 7-23〉은 이 관계를 나타낸 것으로 변환

〈그림 7-22〉 입지선상의 생산입지 및 소비지

〈그림 7-23〉 원료산지와 시장에 대한 변환선

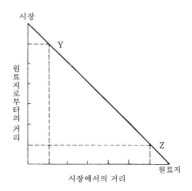

자료: Isard(1956: 97).

선(transformation line)은 -1의 구배를 갖는다. 이것을 발전시켜 입지 삼각형, 입지 사각형, 입지 다각형으로 나타낼 수 있다. 지금 각 거리를 CM_1은 5마일, CM_2는 8마

〈그림 7-24〉 아이사드의 대체원리

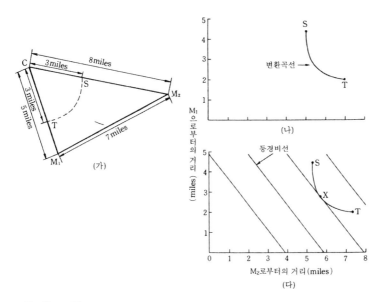

자료: Isard(1956: 97~98).

〈표 7-6〉 책과 레코드를 살 수 있는 양

권 수	가격(만 원)	매수	가격(만 원)	총 경비(만 원)
0	0	6	6	6
1	2	4	4	6
2	4	2	2	6
3	6	0		6

일, M_1M_2는 7마일이라고 가정하자(〈그림 7-24〉가). C에서 국지원료산지 M_1, M_2 사이의 거리에서 두 거리변수가 다른 조합을 나타내는 변환곡선(호 ST)이 주어져 있는데, 이는 C에서 반경 3마일의 원호 ST상의 어느 지점에 생산 배후지점이 있다고 가정해 그려진 것이며, 이 곡선 상에 C, M_1, M_2 세 흡인력의 조합에 의한 균형 입지점이 존재한다고 생각할 수 있다. 단, 이 변환곡선은 엄밀히 말하면 C, M_1, M_2의 상대적 위치, 즉 세 지점의 흡인력의 크고 작음에 따라 존재하게 된다.

이상의 설명에서 두 원료지로부터 필요로 하는 원료량과 운임률이 같고, 운임률이 거리에 비례한다고 하면 이 변환곡선을 〈그림 7-26〉(다)와 같은 등경비선(equal outlay line)[21](가격 비율선)상에 나타낼 수 있다. 여기에서 몇 개의 등경비선이 평행하게 나타나는 것은 M_1, M_2로부터의 운임률이 같기 때문이며 입지 균형점을 선정하기 위해 M_1, M_2로부터 원료가격 비율이 주어지면 등경비선을 작도할 수 있다. 여기에서 최초의 원료 1톤이 M_1으로부터, 제2의 원료 1톤이 M_2로부터 같은 운임으로 운송된다고 가정하면, 등경비선 구배는 -1이며 등경비선이 -1일 때 원점에 가까울수록 M_1, M_2로부터의 총 운송비는 저렴하게 되며 원점에서 멀어질수록 총 운송비는 많아지게 된다. 그리고 등경비선의 기울기는 단위제품을 생산하기 위한 원료의 거리당 수송비에 의해 결정된다. 입지 균형점은 변환곡선과 등경비선의 교점(X)으로, 이 점이 운송비 최소점을 나타내게 된다. 이 점을 아이사드는 운송지향에서 부분 균형점(partial equilibrium position)이라 했다. 그것은 소비지 C로부터 M_1, M_2의 원료지 사이의 변환선만을 생각했기 때문이며, 입지 삼각형의 경우 나머지 두 부분 균형점을 찾을 수 있으며, 이들 세 개의 부분 균형점이 일치하는 점이 입지 균형점이 된다.

아이사드 이론은 튀넨, 베버, 프레될, 뢰쉬의 여러 입지론을 조합해서 독자의 이론 전개를 한 점에서 기존 이론에 비해 발전

21) 등경비선은 〈표 7-6〉, 〈그림 7-25〉의 예로 이해할 수 있다. 즉, 용돈 6만 원으로 책과 레코드를 구입한다고 할 때, 책은 권당 2만 원이고 레코드는 판당 1만 원일 때, 6만 원으로 책과 레코드를 살 수 있는 양의 관계는 〈표 7-6〉과 같다. 〈표 7-6〉을 이용해 6만 원에 대한 등경비선을 그리면 〈그림 7-25〉와 같으며, 구배선은 두 상품에 대한 가격비율을 나타낸 것이고, 레코드와 책의 비율은 2:1이 된다.

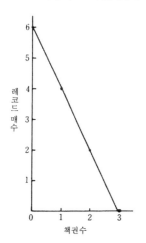

〈그림 7-25〉 책과 레코드 구입의 등경비선

했다고 할 수 있으나, 그의 이론의 기반이 비용에서 출발한 점은 베버의 이론에 가깝다고 볼 수 있다.

4) 스미스의 이윤의 공간적 한계

이상의 공업 입지론은 경제학자에 의해 발표된 것들로, 지리학자에 의해 시도된 것은 1960년대에 나타났다. 영국의 스미스(D. M. Smith)는 고전적 공업 입지론이 최소 비용이론을 너무 강조했다고 비판하고 원료비, 운송비를 포함한 총비용을 고찰해야 한다고 주장했다. 따라서 최대이윤을 나타내는 입지는 총수입이 총비용을 가장 많이 초과하는 지점이라고 주장했다. 〈그림 7-26〉 (가)에서 총수입(TR)은 공간상에서 일정하며 총비용선(TC)(공간 비용곡선)은 O점에서부터 거리가 증대될수록 증가한다. 여기에서 Ma, Mb는 이윤(profit)의 공간적 한계를 나타내고 있다. 그리고 점 O는 최대의 이윤을 나타내는 지점으로 이 점이 최적 입지점이 된다. 〈그림 7-26〉 (나)는 총비용이 지리적으로는 일정하지만 총수익은 공간적으로 변화하는 것을 나타낸 것이다. 점 O는 최대의 이윤을 나타내고, Ma, Mb는 이윤의 공간적 한계를 나타낸다. 끝으로 〈그림 7-26〉 (다)는 총비용과 총수익이 공간적으로 변동하는 것을 나타낸 것으로 Ma, Mb가 이윤의 공간적 한계를 나타내고 있다.

스미스의 이윤의 공간적 한계는 다음과 같은 요인에 의해 변화할 수 있다. 첫째, 경영자의 경영수완에 의해 변화한다. 〈그림 7-27〉에서 AC는 경영자의 평균 경영수완에 의한 공간 비용곡선을 나타낸 것이다. 그러나 S기업의 경우 효율적인 경영을 해 생산비를 10% 낮춤에 따라 공간 비용

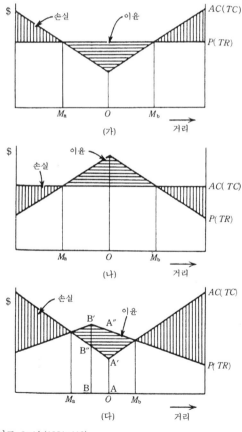

〈그림 7-26〉 최적지와 공간적 한계지

자료: Smith(1981: 113).

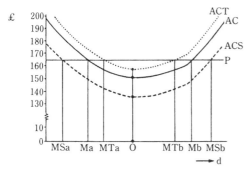

〈그림 7-27〉 경영수완의 차에 따른 효과

자료: Smith(1966: 105).

곡선은 *ACS*가 되며, 공간적 한계는 평균보다 더 넓은 공간적 한계(*MSa~MSb*)를 가진다. 그러나 *T* 기업의 경우는 경영수완이 평균보다 못 미쳐 생산비를 5% 더 부담함에 따라 비용곡선은 *ACT*가 되며, 그 이윤의 공간적 한계도 좁아진다(*MTa~MTb*).

둘째는 재정적 보조금에 의한 변화이다. 보조금은 비용을 감소시키고 이윤을 증가시킨다. 〈그림 7-28〉에서 이윤의 공간적 한계 밖에 높은 실업률을 가진 지역(*E~F*)에서 고용을 증진시키기 위해 공장을 유치시킬 때 생산 단위당 20파운드를 보조한다고 하면, 비용곡선은 *E′F′*가 되어 *E*지점에서는 2.1파운드, *F*지점에서는 10파운드의 이윤이 발생할 것이다. 한편 최적입지 지역 부근인 *G~H*지역에서 세금이 제품 단위당 20파운드 증액됨에 따라 비용곡선은 *G′~H′*가 되어 이윤이 발생되지 않기 때문에 이 지역에는 공업입지가 불가능하게 된다.

셋째, 규모의 외부경제에 의해 변화한다. 같은 종류의 제품을 생산하는 기업이 집적함에 따라 원료의 공동구입, 제품의 공동판매 등으로 인해 기업은 생산비를 감소시켜 이윤을 발생시키게 된다. 공업입지에서 외부경제의 영향은 공업의 규모에 따라 다르게 나타난다. 즉, 중소기업의 경우 규모의 외부경제가 작용하지만 대기업의 경우는 규모의 내부경제가 작용한다.

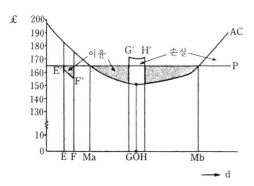

〈그림 7-28〉 이윤의 공간적 한계 내외에서의 보조금의 변화

자료: Smith(1966: 106).

넷째, 우연(chance)과 순수 개인적 인자에 의해 변화한다. 순수 개인적 인자는 비경제적 입지인자로서 그린헛에 의해 주창된 것으로서 심리적 소득(psychic income)의 개념을 뜻한다. 공업입지의 개인적 인자의 설명은 〈그림 7-29〉의 이윤의 공간적 한계에서 제품 단위당 평균 이윤의 등치선에 의해 이루어질 수 있다. 여기에서 O지점은 최대이윤이 발생하는 곳이고, 점친 부분의 가장자리 선(이윤의 공간적 한계)은 이윤이 0이다. 그리고 음의 숫자는 손해의 정도를 나타낸 것이다. 지금 이윤이 발생

하는 X지점에 골프장이나 매력적인 주택이 있다고 가
정할 때 최적입지에 비해 9파운드 손해를 보면서도
이곳에 공장이 입지하게 된다. 그리고 Y에 입지하면
최적 입지점에서 23파운드나 손해를 보게 되나 이윤
의 공간적 한계에서 볼 때는 9파운드만 손해를 보게
된다고 생각한다.

    이 이론은 고전적 입지론자들이 현실적으로 알 수
있는 최적입지를 구하는데 역점을 두었는데 대해, 스
미스는 영국의 로스트론(E. M. Rawstron)의 영향을 받
아 이윤의 공간적 한계 개념을 적용해 공간적 한계 내
의 어느 지점에도 자유롭게 입지할 수 있다는 준최적
입지(sub-optimal location)를 제시해 공업 입지론의 새

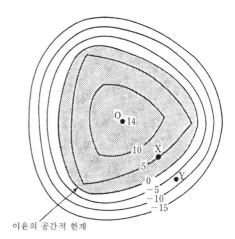

〈그림 7-29〉 개인적 인자에 의한 입지변화

자료: Smith(1966: 108).

로운 방향을 제시했다. 그러나 스미스의 이론이 근본적으로 비용의 면에서 출발한
점은 수요보다 공간적 차이를 밝히는 데 용이한 점을 중시한 것으로 베버의 이론에
중점을 둔 것으로 볼 수 있다. 그러나 최소비용지점을 이론적으로 찾으려는 것이
아니고 공장이 장기적으로 입지할 수 있는 공간적 범위를 구하려고 한 것이다. 현
실적으로 공간적 한계의 안쪽에 한 국가 전체가 들어갈 경우가 있는데, 이때의 공
업입지는 국내의 어느 곳에서도 수익성을 나타내게 된다. 또 공업의 종류에 따라
한계가 다르고, 어떤 공업의 한계는 시간의 경과와 더불어 변화하기도 한다는 점
등이 문제점으로 제기될 수 있다. 또 공장이 장기적으로 입지할 수 있는 공간적 한
계의 개념은 베버 이론의 점을 지역으로 치환한 것으로, 규모의 확대에 지나지 않
으며 비용이나 수익 면은 대단히 불규칙적이기 때문에 그 한계를 지도화하는 것은
거의 불가능하다는 비판을 받고 있다.

    이 모델은 기업 경영적 차원에서 공장의 단계적 입지선정, 즉 첫째, 지역선정
(area selection), 둘째, 지점선정(site selection)의 경우, 첫째의 수준에서 입지를 고려
하는 데 유리하다. 스미스는 실제 미국의 5대호 주변에 입지한 전기기구 제조업의
입지 타당성을 검토했다.

3. 행동이론에서의 접근방법

고전이론에서의 입지 결정자는 합리적인 경제인으로서, 입지결정의 동기가 금전적 이윤을 최대화하고, 정보나 지식이 완전해 지각, 이성, 예측 등에도 무제한의 능력을 소유했다는 전제를 내포하고 있다. 그러나 현실 세계에서 경제적 최대이윤의 관점으로 최적입지를 찾는다는 것은 입지 의사결정자 개개인의 지식수준 등 능력 및 정보 획득량의 차이 등에 의해 불가능하다. 따라서 이러한 문제점을 해결하기 위한 접근방법으로 1950년대부터 행동개념을 입지 연구에 적용하기 시작했다. 그러나 고전이론에서 입지 연구의 규범이 되는 경제인의 대안으로 사이먼(H. A. Simon)은 "제한된 합리성의 원리(principle of bounded rationality)"의 개념을 제시했는데, 이 개념은 복잡한 문제를 해결하고 조직하는 데 인간의 능력은 한계가 있기 때문에 현실세계의 결정이 합리적 행동에 영향을 미치지 못한다는 것이다. 이 개념은 시어트(R. M. Cyert)와 마치(J. G. March)에 의해 인간의 의사결정은 개인이든 조직이든 만족할 만한 대안을 찾는데 관심을 갖고 있다고 말해 만족자(satisfier)의 개념으로 발전되었다. 시어트와 마치는 사이먼의 영향을 받아 기업은 이윤의 최대화라는 한 가지 목표만 가지고 있는 것이 아니라 여러 가지 목표의 가능성을 제시했다. 즉, 기업의 목표는 이윤 이외에 생산, 재고품 조사, 판매, 시장 점유율로 구분할 수 있고 이들이 상충될 수 있다고 했다. 그러므로 시어트와 마치는 각 기업에서 목표가 상충될 경우의 해결방법, 불확실성의 회피문제가 발생했을 때에 문제해결을 위한 행동, 시간의 흐름에 따라 기업이 환경에 적응하는 행동 등을 기업 행동이론의 기본 개념으로 보았다. 이러한 면에서 볼 때 입지 의사결정자는 고전이론에서 최대이윤의 관점에서만 입지결정을 할 수 없다는 것이다.

1) 행동행렬

전통적인 경제적 사고의 틀에서 벗어나 행동적 접근의 틀을 정립하기 시작한 것은 사이먼의 개념이 발표된 10년 후 프레드(A. Pred)에 의해서이다. 그는 고전이론의 결정론적 모델에 의해 현실 세계의 편의(偏倚)를 이해하고 행동이론의 측면에서 지리적 입지 연구를 하기 위해 행동행렬(behavioral matrix) 개념을 제시했다. 즉, 그는 기업가의 입지결정은 개개인의 정보량의 정도와 그것의 활용능력에 의해 결정된다고 보았다. 그의 행동행렬의 개념은 이윤의 공간적 한계의 개념과 결합한 모델을 제시했다. 프레드는 어느 정도의 최적입지를 결정하는가는, 첫째, 의사결정자에게 중요한 도움이 되는 정보량과 둘째, 의사결정자의 능력에 의한다고 지적했다. 즉, 정보량을 세로축에, 활용능력을 가로축에 각각 나타낸 것이 〈그림 7-30〉으로, 의사결정자가 이론적으로 위치할 곳을 표시할 수 있도록 행렬을 고안했다. 행동의 좌측 상단에 위치한 의사결정자 2는 입지에 관한 정보를 거의 갖고 있지 않아 입지를 결정하는 기업가로서 완전히 부적절한 의사결정을 하게 된다. 따라서 의사결정자 2가 최적입지를 선택하는 것은 거의 불가능하다.

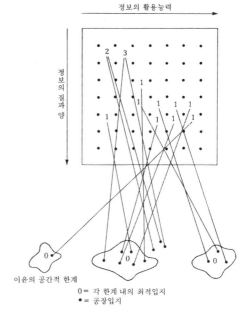

〈그림 7-30〉 행동행렬과 기업에서의 입지선정

자료: Smith(1981: 119).

한편 의사결정자가 우측 하단에 위치해 완전한 정보량을 갖고 그것을 활용한다면 합리적인 최적입지가 결정될 수 있다. 또 〈그림 7-30〉에서 1의 의사결정자는 준최적 행동(sub-optimal behavior)으로 이윤의 공간적 한계 내에는 입지할 수 있지만 최적입지를 위해서는 충분한 정보량과 활용능력을 갖고 있지 않다고 할 수 있다. 의사결정자 3은 행렬 중의 위치에서 한정된 정보량과 활용능력을 갖고 있는데도 이윤의 공간적 한계 내에 입지선택을 하고 있다. 이러한 입지는 행렬 내에서 비교적 불충분한 위치에 있는데도 우연적 인자(chance factor)나 행운의 결과로 이윤의 공간적 한계 내에 있을지도 모른다.

의사결정자가 의사결정을 한 후에 경영수완이 향상됨에 따라 의사결정자가 이론적인 최적입지에 접근한 입지선택을 할 가능성이 있다. 즉, 이러한 가능성은 생산비의 저하 등 경영수완의 향상이 이윤의 공간적 한계를 확장시킬 수 있다(〈그림 7-27〉 참조).

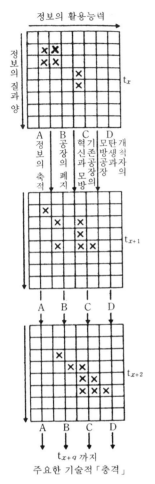

〈그림 7-31〉 행동행렬의 시간적 변화

정보의 활용능력

정보의 질과 양

A 정보의 축적
B 공장의 폐지
C 기존공장의 혁신과 모방
D 개척자의 모방과 신공장의 탄생

t_x

t_{x+1}

A B C D

t_{x+2}

A B C D

t_{x+q} 까지
주요한 기술적「충격」

자료: Bale(1981: 86).

다음으로 행동행렬에 시간적 요소를 가미하면, 의사결정자는 시간이 흐름에 따라 경험이 많아지는 것이 아니고 다른 의사결정자의 흉내를 낸다고 볼 수 있다. 따라서 최종적으로는 의사결정의 보급으로 확립된 행동이 표준적으로 되어감에 따라 신설공장은 다른 회사가 성공한 입지결정에 따르게 된다. 그러므로 시간의 경과에 따라 가장 좋은 입지에 대한 많은 정보가 축적되므로 기업가는 초기의 잘못된 입지결정을 바꾸게 된다. 이러한 변화를 나타낸 것이 〈그림 7-31〉로 t_x 시간으로부터 t_{x+2} 시간 사이에 행동 행렬상에서 의사결정자의 위치가 오른쪽 하단으로 이동하는 것을 나타낸 것이다. 행동행렬의 공간적인 투영물, 즉 공업 경관 또는 공업지역은 좀 더 정연하고 합리적인 것으로 나타난다.

새로운 운송형태, 새로 개발된 기술, 또는 새로 얻은 지식과 같은 중요한 기술적 충격에 의해서 만족스러운 입지로 최적입지에 도달하게 되면 이러한 행동은 마치게 된다. 그러나 정보나 능력의 중요한 변화는 행렬규모를 넓게 한다. 즉, 지식과 그것을 사용할 능력이 한층 진전됨에 따라 ×표시 전체의 중심(重心)이 다시 오른쪽 하단의 방향으로 움직이기 시작한다. 이와 같은 행동행렬의 한 예로서 미국의 자동차 공업을 들 수 있다. 미국의 자동차 공업은 초기에 하와이·애리조나·알래스카·몬태나 주를 제외한 미국의 모든 주에서 발달했으나 1914년경부터 가장 유리한 입지점인 디트로이트로 집중했고, 최근에는 디트로이트의 강성노조로 앨라배마 주로 다시 옮겨가고 있다.

이와 같은 프레드의 행동행렬은 경제인을 행동하는 사람으로 바꾼 것으로 그 비판을 보면 첫째, 현실을 너무 단순화했다. 인간 행동은 기업의 목표나 전략, 기업조직 등과 같은 행동 등이 존재해 대단히 복잡한데 이것을 정보와 활용능력의 두 개념으로 분해하고 정리할 수 있을까? 둘째, 행렬이 분석도구로서 사용될 수 있을까라는 점이다. 그러나 공업입지를 고전이론의 결정론적 개념에서 확률론적 개념으로 설명한 점과 합리적인 경제인의 가정에서 벗어나 의사결정자의 지식이나 능력의 한계를 인식한 것은 좀 더 현실적인 개념으로 입지결정을 이해한 점으로서 입지

연구에 공헌한 것이라 볼 수 있다.

2) 의사결정

공업입지에서 기업가의 의사결정(decision making)은 대단히 중요하다. 일반적으로 상당한 장애가 없는 한 기업의 설립자는 자신의 거주지에 공장을 입지시킨다. 그리고 기업가가 현실적으로 공장의 입지문제에 직면하게 되는 것은 공업경영의 확대나 행정지도에 의한 이동이 강할 때 발생한다. 이러한 신규 공업입지의 경우에는 두 가지 요인이 작용하는데, 그것은 송출(push)요인과 흡인(pull)요인이다.

기업으로서 신규입지는 경영규모의 확대라는 중요한 문제와 더불어 꽤 위험을 수반하는 문제도 있다. 그래서 입지이동을 하기 전에 경영규모의 확대를 포함해 현재 장소에 대한 재점검이 필요하게 된다. 이 재점검의 내용과 과정은 〈그림 7-32〉와 같이 몇 개의 인자와 압력이 기업가의 의사결정에 대해 송출요인으로써 작용한다.

외적 압력으로는 지가의 상승과 더불어 지대 부담의 증가, 지역 노동시장이 좁아짐으로 인한 노동임금 상승, 노동력의 부족, 세금의 증액으로 수입 한계의 압박과 영향, 시가지 재개발, 공공사업을 위한 공장 철거, 정부에 의한 신규 공업입지 규제 등이 있다. 한편 내적 압력으로는 기업의 경영전략이나 방침의 변경, 새로 설립된 공장으로부터의 압력, 경제적 환경에 대한 기업가 개인의 판단 등이 있다.

그리고 공장을 받아들이는 측의 흡인요인은 〈그림 7-33〉과 같이 여러 가지 요인

〈그림 7-32〉 신규입지와 관계되는 여러 힘

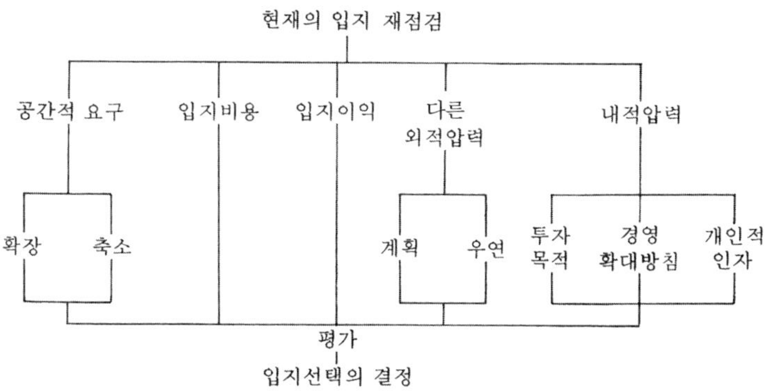

자료: Bale(1981: 92).

<그림 7-33> 신규입지를 위한 과정

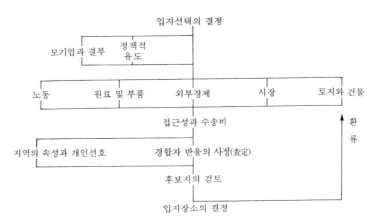

자료: Bale(1981: 93).

을 생각할 수 있다. 즉, 노동력, 원재료, 시장, 외부경제 등은 일반적으로 공업 입지요인이라 불리어지고 있지만 최근 사회·경제체제의 변화나 그와 더불어 기업가의 노동자에 대한 의식이 변화함에 따라 매우 다양화되고 있다. 그리고 이들을 종합한 것이 기업에게 부담이 될 경우 의사결정이 이루어지지만, 그 결정은 모기업이나 행정기관의 영향을 받는다. 다만 이들 입지요인이 모두 동일하게 평가될 수 없기 때문에 개개 입지요인의 영향권과 공간적 적합성에 대한 연구가 필요하다.

이상의 공장 입지선택에서 개인의 의사결정의 중요성은 이해했지만, 그 의사결정자에게 영향을 미치는 개인인자 중에는 특정 장소에 대한 지각(知覺)이 있다. 일반적으로 우리 머릿속의 세계와 현실의 세계를 구별해서 전자를 행동적 환경, 후자를 객관적 환경이라 부른다. 우리의 행동 패턴은 지각, 행동, 현실의 세 가지와 대단히 밀접한 관계를 맺고 있다. 그래서 우리는 한정된 현실에 대한 정보로 이를 이미지(image)화하고 그 이미지를 바탕으로 행동하게 된다. 이것은 의사결정이 기업가 개인의 특정 장소에 대한 정보와 그 정보를 바탕으로 이미지화 시킨 것, 즉 심상지도(心像地圖, mental map)에 의해 큰 영향을 받고 있다는 것을 나타내는 것이다.

특히 기업가 개인의 입지·장소의 선호에 관해서 그 장소가 갖는 정보가 중요하다고 파악하지만, 그것은 자기의 거주지에서 그 정보가 있는 곳까지의 거리, 그 곳의 방문회수, 매체를 통해서 밝혀진 내용의 정도와 그 매체가 전달한 내용의 규모에 좌우된다. 또 거기에는 심리적·문화적 요인이 작용한다.

이러한 행동이론에서의 접근방법은 준최적입지이론에 적응되는 것으로, 구체적으로 이것을 계량화할 수는 없지만 현재의 공업입지나 그 앞 단계의 의사결정 메커니즘을 해명하는 관점에서는 대단히 흥미가 있다고 생각한다.

4. 기업조직과 공업입지

행동론적 접근방법은 입지이론을 고전경제이론의 결정론적 편협한 가정에서 벗어나도록 하는데 큰 기여를 했다. 그러나 행동론적 접근방법은 조직이 활동하는 총체적인 경제구조와 공간현상 간의 관계를 밝히지 못한 단점이 있다. 여러 다른 학문과 마찬가지로 입지이론의 개발은 좀 더 광범위한 사회구도와 고립될 수 없다. 구조주의자들의 주된 비판은 첫째, 전통적인 입지이론이나 행동주의자들은 모두 자본주의 생산양식을 자연적인 것으로 받아들여 자본주의체제가 어떻게 작동하고 있는 것조차 관심을 두지 않았다는 것이다. 둘째, 행동론적 접근방법이 입지형태를 제대로 규명하지 못한 근본적인 원인은 자본주의 사회의 역사적 발전과정과 자본주의 사회를 움직이는 내재적인 힘에 대한 이해가 부족하기 때문이라고 지적하고 있다. 기업조직과 공업입지는 조직론적 입지론이나 1962년 챈들러(A. D. Chandler)의 영향을 받았는데, 여기에서 기업조직과 공업입지에 대해 살펴보면 다음과 같다.

세계의 대규모 산업경제에서 제조업 활동은 종래 고전적 공업 입지론에서 가정한 단일공장 기업(single plant firm)이 아니고 대규모 기업의 공장이 전국에 분포된 다공장 기업(multiplant firm) 또는 세계에 널리 분포된 다국적 기업(multinational corporation)이 등장해 기업조직단위의 규모와 그 복잡성이 증가되었다. 따라서 단일공장 기업을 전제로 한 고전적 입지이론으로 공업 입지를 이해하는 것은 곤란하게 되었다. 또 고전적 입지이론에서 인식하지 못했던 기업 내 및 기업 간 상호의존의 새로운 조건과 유형이 나타나 기업조직에 의한 환경의 특성이 변화되었으며, 기업 외적 요소들의 작용으로 기업

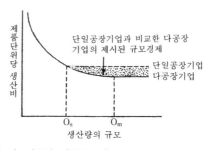

〈그림 7-34〉 단일·다공장 기업의 가정적인 규모·비용곡선

자료: Lloyd and Dicken(1978: 354).

〈그림 7-35〉 기업의 성장전략

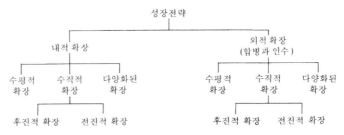

자료: Lloyd and Dicken(1978: 359).

환경의 경제적 불확실성이 증가되었다. 이런 점에서 기업조직에 대한 연구가 필요하게 되었으며, 맥니(R. B. McNee)는 대기업의 의사결정은 신고전주의 입지이론에서 가정하는 단일공장 기업과 확연히 다르다는 가정을 근거로 기업지리학(geography of enterprises)을 제시했다. 그 후 크루메(G. Krumme)에 의해 좀 더 발전되었고, 1974년 해밀턴(F. I. Hamilton)의 연구 이후 이 분야의 연구는 본격화되었다.

이와 같은 기업조직에 대한 관심은 대기업이 최근에 점차 자본금, 생산액, 종업원 수 등의 면에서 그 규모가 증대되고 있기 때문이다. 기업이 성장하는 이유는 규모의 경제가 존재하기 때문이다. 즉, 비용 면에서 다공장 기업 경영은 전문화된 경제(economies of specialization), 대량 준비금, 대규모 구매 등으로 단일공장 기업보다 더 유리하기 때문이다. 다공장 기업에서 전문화된 경제는 경영기술이나 조직구조에서 더 뛰어났거나 세련되었으며, 연구개발을 위한 담당과(擔當課)와 유통과 금융, 소비를 담당하는 독립된 과도 갖추고 있다. 그리고 대량 준비금을 전환할 수 있으며, 또 소기업보다 값싼 기금을 획득할 수도 있다. 그리고 원료를 저렴한 가격으로 구매할 수도 있다. 이와 같은 유리한 점에서 〈그림 7-34〉와 같이 다공장 기업이 단일공장 기업보다 생산품 단위당 생산비가 저렴하게 되는데 O_s는 최소 적정규모를 나타낸 것이다.

기업의 성장은 내외적 성장전략에 의하는데, 이러한 대기업의 내외적 확장과정은 그 나라의 경기변동과 기업조직의 발달단계와 깊은 관계가 있다. 기업의 내외적 성장전략을 나타낸 것이 〈그림 7-35〉이다. 수평적 확장은 기존시장의 판매 점유율을 높이거나 새로운 시장으로 기존 제품의 생산 및 판매량을 확대시키는 것이고, 수직적 확장은 몇 가지 가능한 방향으로 생산배열을 하는 것인데, 양조회사의 경우

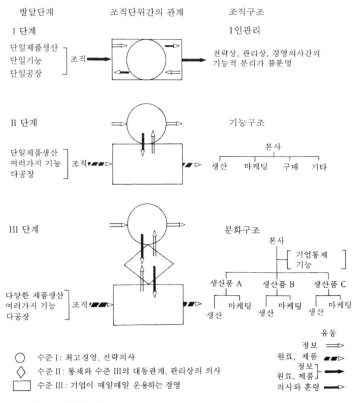

〈그림 7-36〉 기업조직 구조의 발달단계

자료: Lloyd and Dicken(1978: 367).

그 회사가 맥아를 생산함에 따라 기업 확장의 후진적 통합(backward integration)을 가져오며, 술을 판매함으로써 전진적 통합(forward integration)을 가져온다. 그리고 기업이 기존 생산활동과 관련되거나 전혀 관계없는 기업을 인수·합병(Mergers and Aquisition: M&A)해 제품만을 생산하므로 확장의 다양화를 가져올 수 있다. 이와 같은 기업의 성장전략을 수행하기 위해 대기업은 그들의 조직구조를 확립시키거나 수정해야 한다. 〈그림 7-36〉은 챈들러(A. D. Chandler)와 그의 동조자들이 앞의 성장전략을 바탕으로 3단계 기업조직의 발달 패턴을 제시한 것이다. 기업조직 발달에서 가장 특이한 현상은 통제수준이 증가되고 그것이 분리되는 것이다. 제1단계는 기능적 분화가 이루어지지 않은 단계이며, 제2단계는 단일 생산제품의 다공장 기업으로 기능이 분화되어 본사가 설립되는 단계이다. 그리고 마지막 제3단계는

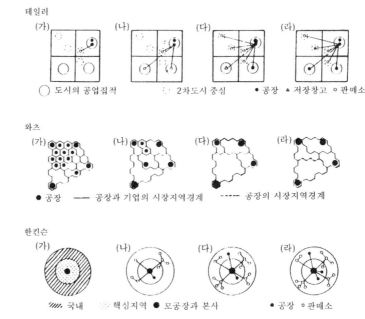

〈그림 7-37〉 다지역 기업의 공간적 전개모델

테일러

(가)　(나)　(다)　(라)

◯ 도시의 공업집적　⁙ 2차도시 중심　● 공장　▲ 저장창고　○ 판매소

와츠

(가)　(나)　(다)　(라)

● 공장　── 공장과 기업의 시장지역경계　----- 공장의 시장지역경계

한킨슨

(가)　(나)　(다)　(라)

⁄⁄⁄ 국내　⁙ 핵심지역　● 모공장과 본사　● 공장　○ 판매소

자료: Hayter and Watts(1983: 169).

여러 가지 제품을 여러 공장에서 생산하며, 기능이 분화된 단계로 수준 III의 통제와 대등한 관계에 있는 통제기구가 형성되는 단계이다. 각 수준의 기능을 보면 최상부의 수준 I은 계획되지 않은 의사결정과 모든 체계를 구상·재계획해 그 내용을 수립하고 재검토를 해 기본적인 목표를 세운다. 수준 II는 계획된 의사결정 과정을 가지고, 매일 매일의 제조활동, 판매체계를 통제하는 기능을 가지며, 수준 III은 원료획득, 상품제조, 창고 보관 및 운송의 기능을 갖는다.

　이와 같은 기업의 성장을 공간적 확장과정으로 나타낸 것이 〈그림 7-37〉로, 각 모델은 시간의 변화에 따라 기업 운영의 공간적 범위가 다르게 나타난다. 기업의 행동공간은 기업이 처음 설립된 핵심지역과 그 이외의 국내지역으로 나누어진다. 기업의 초기 활동은 기업이 설립된 장소에 인접한 주변환경과 밀접한 관련을 맺고 단일공장이 출현하나, 그 다음 단계에는 판매 사업소를 통한 국내 시장의 침투, 경영확대, 새로운 생산시설이 모(毌) 공장으로부터 분리되는 현상 등이 나타나게 된다. 제3단계는 핵심지역 이외의 지역에서 생산능력이 확대된다. 이와 같은 기업성장의 지역적 전개는 성장전략과 방법, 고려된 기능 수, 기업을 운용하는데 경제경관에 관한 가정에서 변화하게 된다.

다음으로 기업조직의 확대로 인한 분공장은 기업조직의 구조적 변화가 지역적 분업으로 나타난 것이며, 최근 세계의 기업성장과 더불어 증가되고 있는 것이 사실이다. 이와 같은 분공장은 모 기업의 재정적 지원을 쉽게 받을 수 있으며, 모 기업의 공급 및 시장체계를 이용하기 때문에 제품판매에서 안정성을 갖고 있으며, 모기업의 기술적·경제적 혁신을 쉽게 접할 수 있는 장점을 갖고 있다. 그러나 지역 제조업에 대한 역외배치[域外配置(external control)]는 분공장 지역에 필요한 것이라기보다는 본사가 입지한 지역에 유리한 의사결정이며, 경기의 하강기에는 분공장이 우선적으로 폐쇄될 대상이 되며, 분공장은 입지한 지역의 독립 기업이라기보다는 그 지역경제에 통합되는 정도가 미약하다는 단점을 가지고 있다. 그러나 다지역 기업의 분공장은 후진지역개발에 공헌을 해 국내의 지역 간 소득격차 등을 줄여 주는 데에 큰 역할을 하고 있다.

1980년대에 기업이 만들어낸 공간조직의 자본·노동관계나 공장의 질적 차이에 주목해 외부 지배나 분공장경제문제 해결에 역점을 둔 구조적 접근방법이 등장했다. 그 대표적인 연구자인 매시는 관리의 계층성과 생산의 계층성이라는 두 가지 측면에 착안해 공간유형을 세 가지로 구분했다. 제1유형은 관리부문과 생산부문이 한 지역에 병존하는 국지 집중형으로 영국의 전통적인 섬유공장 등이 이에 해당된다. 제2유형은 관리 면에서의 계층화·분화는 진행되고 생산기능의 계층화는 미발달되어 각 공장 모든 공정의 완결성을 온전하게 지탱해나가는 복제품(clone) 분공장형으로, 시장분할형의 맥주공장 등이 해당된다. 제3유형은 관리·생산기능 모두 계층화가 진행되어 각 공장 모두 일부 공정에 특화된 부분 공정형으로 현대 영국의 전자공장 등이 전형적인 예이다. 매시는 명료한 계층관계에 걸맞는 본사의 분리와 공정 간 공간적 분업의 진전이라는 공간구조의 변화 중에서 당시 영국에서 공정의 폐쇄 등 구조화(restructuring)를 위치 지었으며, 나아가 역사성이나 지역성을 고려해 심도 있는 연구를 진행했다. 매시의 공간적 분업은 기술과 숙련의 특성, 지역 노동시장의 지배적인 특성에 따라 기업 활동의 입지가 차별화되며, 구상과 실행기능의 기능적 분리에 대응하는 공간적인 계층구조가 형성된다. 공간적 분업론은 암묵적으로 기술발전이 공간상에서 순차적으로 발생하거나 장기적으로 그 과정이 공간상에서 구조화된다는 가정이다. 한편 모듈화(modularization)[22]·생산 공정 분업론은 동일공장에서 일반적으로 수행되던 기존의 지속적인 생산과정의 일부가 모듈 형태로 점차적으로 상이한 입지에서 수행되고 단일입지에서 이러한 과정들이 최종재의 생산으로 통합되는 일련의 변화들을 의미한다. 기술발전이 공간상에서 병렬적으로 전개되고, 그 과정에서 성문화된 지식에 기반한 표준화로 인해 낙후지역의 기술 추적과정이 비지형(飛地型, leapfrog)으로 매우 가속화될 수 있다는 점을 들 수 있다.

22) 생산 공정의 모듈화는 산업 특수적 생산시설의 공유를 통해 기업은 요소비용을 절감하고 설비 기동률을 제고해 규모의 외부경제를 향유할 수 있다.

23) 세계경제에서 시장의 지리적 분산, 생산활동의 기능적 통합, 사람이나 장소 간에서 증대되는 결합이나 상호의존에 의해 견인되는 것이다. 경제지리학자가 취해온 것은 장소나 지역이 글로벌화에 어떻게 영향을 주고, 어떻게 영향을 받았는가를 규명하는 것으로, 국지적 스케일의 환경, 그리고 여러 경제와의 공간적 결합이 어떻게 중요한 역할을 해왔는가라는 점이다.

5. 다국적 기업의 입지와 세계 도시 형성

경제의 글로벌화[23]는 1990년대 이후 동서냉전의 종결을 계기로 세계적으로 시장경제가 확대되면서 사람이나 재화, 금융, 정보의 유동성을 비약적으로 증대시켰다. 글로벌화의 주요 원인은 기업, 자본과 그에 부수되는 제도의 변화이다. 기업 활동의 글로벌화와 함께 경쟁의 심화, 정보통신기술을 핵으로 한 혁신의 가속화, 신자유주의적 정부기능으로의 전환이라는 세 가지 주요 경로가 상호작용했고, 그에 덧붙여 IMF와 WTO 등의 국제기구에 의한 경제규칙의 표준화나 복합적이거나 중층적인 발전과정을 경험하게 되었다.

이러한 세계규모에서 경제발전을 견인해온 다국적 기업(Multinational Corporations: MNC)은 넓은 의미에서 두 개 국가 이상에서 사업 활동(생산, 판매, 영업, 연구개발, 사업 총괄 등)을 행하는 기업(제조업 및 서비스업)으로, 역사는 오래되었지만 다양한 업종에서 기업활동이 활발해진 것은 20세기 후반, 특히 1980년대 이후이다. 다국적 기업은 개발도상국의 저임금 노동력의 우호적인 투자환경의 이용, 해외시장의 개척, 표준화된 제품 생산의 해외 이전을 위한 것으로 경제활동의 국제화에서 중요한 역할을 해왔다. 유엔무역개발협의회(United Nations Conference on Trade and Development: UNCTAD)에 따르면 1995년 말 현재 세계에는 약 3만 7,000개의 다국적기업이 존재하는데, 이들은 27만 개 회사 이상의 현지법인을 총괄하고 있다. 그리고 이들 다국적 기업은 약 7,300만 명의 고용과 생산액은 세계 총생산액의 $\frac{1}{3}$ 을 차지했다.

이와 같이 국경을 넘는 다국적 기업의 사업 활동은 제2차 세계대전 이전부터 거의 존재했지만 그 대부분은 석탄, 석유, 철광석 등 천연자원의 획득을 목적으로 했다. 제2차 세계대전 이후에는 제조업의 기업 활동의 국제화(internationalization)가 본격화되었다. 그러나 기업의 다국적화는 미국의 제조 기업이 중심이 되어 많은 국가에서 기업 활동의 국제화가 시작된 것은 1960년대 이후이고, 그 속도가 급속히 빨라진 것은 1980년대 후반에 들어와서이다. 기업은 좀 더 값싼 노동력의 이용, 무역장벽, 외환차손(外換差損)의 회피, 국제시장의 접근과 확대 등 다양한 이유에서 사업소를 국외에 개설함에 따라 그 조직구조와 사업 활동을 다국적화하고 있다. 이에 따라 다국적기업 활동에 관한 연구가 경제학, 경영학, 사회학, 시리학 등 많은 사회과학의 분야에서 활발하게 행해지게 되었다. 1980년대 이후 국경을 넘나들던 기업 활동이 무역에서 해외직접투자(foreign direct investment)[24]로 이행되었다. 이러한 상황에서 국제적인 경제활동의 특징을 파악하기 위해 종래 무역론과 함께 해외직접투자론과 그 주체인 다국적기업론이 필요하게 되었다. 다국적 기업은 많은 장소로 생산을 분산시켜 생산 시스템에서의 비용-효율을 현저하게 상승시켰다. 이러한 생산의 공간적 재편성은 컨테이너화 등과 같은 물류혁신이나 정보기술의 발달, 세계금융 시스템의 구조변화로 가능해진 면이 있다. 생산활동의 글로벌 규모에서 조정은 크게 생산이관(offshoring), 외부수주(outsourcing), 주문자 생산방식(Original Equipment Manufacturer: OEM)의 세 가지 과정으로 분류할 수 있다. 생산이관은 직접적인 관리를 유지하면서 생산비를 삭감하기 위해 기업이 생산설비를 국외로 이전하는 것을 말한다. 외부수주는 종종 하청[25]으로 치환되어 사용되기도 하는데, 기업이 종래 자사 내에서 행해지던 생산이나 서비스를 외부화하는 것이다. OEM은 다른 브랜드의 영향력 있는 도매업자나 소매업자에 의해 소비시장에서 판매되는 제품의 제조계약을 맺은 것을 말한다. 요약해 말하면 생산이관도, 외부수주나 하청도, OEM도 생산 시스템의 글로벌 배치를 창조하고, 이러한 생산 시스템의 효율적인 협조는 교통·물류 및 금융 서비스, 정보기술의 혁신으로 촉진되어왔다고 할 수 있다. 이러한 생산의 분산은 기존의 다국적 기업을 한층 더 효율화했을 뿐 아니라 신흥 다국적 기업의 활동을 국제화시켜 새로운 지식형태로 접근할 기회를 공급하는 것이기도 하다.

다국적 기업의 투자국과 유치국과의 관계를 보면 〈그림 7-38〉과 같이 자본투자국 경제(donor economy)는 독점적 시장구조를 가지는 기업이 투자유치국 경제(host economy)의 시장과 자원, 노동력을 이용하기 위해 해외직접투자가 이루어진다. 더

24) 해외직접투자는 모기업과 자회사의 결합 형태에 따라 수평적 투자와 수직적 투자로 나눌 수 있다. 먼저 수평적 투자는 본국의 모기업의 생산기능을 여러 국가로 확대시키는 투자유형으로 해외직접투자를 통해 모기업이 생산하는 제품과 같은 생산제품을 여러 개의 해외 생산 공장에서 생산하도록 설립하는 것이다. 이러한 수평적 투자가 이루어지는 주요 동기는 먼저, 제품의 지역별 수요 차별화가 이루어진 경우 현지 수요에 좀 더 신축적으로 대응하기 위해서, 둘째, 최종재화를 본사에서 생산해 현지 시장에 판매하려 할 경우 운송비 부담이 클 경우 이를 절감하기 위해서, 셋째, 현지 정부가 무역장벽을 설치할 경우에 이를 피하기 위해서이다. 한편 수직적 투자는 제품을 생산하는 데 있어서 생산 공정을 수직적 계열화해 여러 국가에 배치하고 이 공정들이 서로 유기적으로 연결되도록 함으로써 원가상의 우위나 생산의 효율성을 높이기 위한 투자방법이다. 이와 같은 수직적 투자가 이루어지는 이유는 각 생산 공정별로 요소 집약도가 다르기 때문이며, 생산 공정별로 적합한 요소가 풍부한 국가에 분산시키므로 생산 효율성을 추구하기 위함이다.

25) 하청은 계층적 조직 속에서 행해지는 것으로, 거기에서는 특정의 외부기업에 의해 행해지는 것이다. 하청은 복잡하고 전문적인 부품이나 서비스의 필요, 하청업체에서의 범위의 경제를 통해 비용 삭감 실현의 요구, 또 중심기업의 생산력 상승으로의 계속적, 계절적인 필요성이 원동력이 된다.

〈그림 7-38〉 다국적 기업의 진입 강점과 장벽

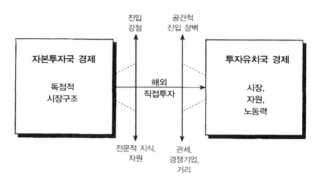

자료: Hayter(1998: 272).

닝(J. H. Dunning)의 투자유치국에서 중요한 입지요인은 첫째, 시장규모와 시장의 잠재력, 둘째, 무역장벽의 정도, 셋째, 생산비용에 영향을 미치는 생산요소로서 임금, 노동생산성, 규모의 경제 실현성, 투자환경이다. 진입 강점(entry advantage)은 전문적 지식(know-how)이고, 공간적 진입장벽은 관세와, 경쟁기업, 거리 등이다.

글로벌 배치를 적극적으로 진척시킨 다국적 기업 측의 이론 및 글로벌 네트워크화가 본사의 기능을 고도화시키는 측면에 대해 국제경영론의 성과에서 다국적 기업이 국내 기업에 비해 경쟁우위를 가지는 이유를 다음과 같은 점을 지적하고 있다. 즉, 규모의 경제(economies of scale), 범위의 경제(economies of scope),[26] 연결의 경제(economies of network),[27] 투자국의 입지 특수적 우위성이 그것이다. 규모의 경제는 일반적 경쟁우위 조건이 다국적 기업의 경쟁우위를 논하는 배경에서 생산력에 대응한 최소 최적규모의 생산체계(production system)를 실현하고 있지만 국내시장이 협소한 경우가 많아 세계시장을 전제로 하는 것을 시작으로 규모의 경제성이 실현된다는 현실인식이 있기 때문이다. 세계시장을 향한 생산체계에는 생산뿐 아니라 유통·판매활동도 포함된다. 규모의 경제성이란 국제 마케팅 등을 포함한 생산·유통·판매의 경제성과 융합된다. 따라서 이들과 더불어 기업규모의 문제가 있다고 말해도 좋다. 범위의 경제는 다양한 제품을 생산할 때 시장에서 구입하는 것보다도 낮은 비용으로 전용(轉用) 가능한 공통 생산요소가 조직내부에 존재함으로써 발생하는 이익을 가리킨다. 즉, 범위의 경제는 생산요소의 효율적 이용에 의해 이익을 덧붙여 다각화에 의한 위험분산, 조직 안정화의 이익을 포함한다.

26) 한 공장에 모두 배치된 동일자본, 동일노동을 사용해 관련활동을 실행함으로 비용우위를 언급한 것을 말한다.

27) 내부거리를 통한 비용의 축소, 외부의 지원활동에 의한 거래비용의 절약으로, 거래비용의 절약은 다시 첫째 정보비용의 절약, 결제비용의 절약, 재고비용의 절약으로 구분할 수 있다.

연결의 경제는 기업 간에 어떤 종류의 공통 생산요소를 공유하고 있음에 따라 상승효과가 나타나는데, 그 효과를 협업(synergy)[28]효과라고 한다. 그리고 투자국의 입지 특수적 우위성은 각 생산 공정을 지리적·제도적 차이에 대응시켜 가면서 합리적으로 배치시켜 나감에 따라 발생한다. 세계 공간상의 지리적·제도적 차이에는 기후, 천연자원을 대표하는 자연적 조건, 언어나 생활양식·습관·풍습을 포함하는 문화적·사회적 조건, 각 지역·각 국가의 임금격차, 경제의 하부구조(infrastructure)의 정비 상황, 세제(稅制)나 외자(外資)에 대한 우대·규제정책, 정치적 위험도, 중심국 시장과의 입지관계, 운송조건이 포함된다.

다음으로 다국적 기업의 국제배치에 관한 여러 가지 이론을 정리하고 '국제산업배치' 분석의 틀을 검토하려고 한다. 근대공업생산은 역사적으로 유럽에서 일본으로, 나아가 아시아의 신흥공업경제지역군(NIEs) 등의 중진국으로 확산되었다. 이러한 근대공업생산의 파급은 세계적 수준에서 볼 때 산업배치의 변동을 의미한다. 근년에는 한국 기업이 유럽과 미국으로 진출함에 따라 한국에 유럽이나 미국의 산업이전도 나타나고 있다. 산업의 국제배치와 그 변동을 규정짓는 요인은 무엇일까? 각 국가의 경제발전과 기업의 해외진출과의 관계는 어떠한 것일까?

28) 1+1=3의 효과로서 알려졌는데, 특히 경영학에서는 조직 중에서 다각화 전략이 전개되어 범위의 경제가 성립할 때에 협업효과가 발생한다고 생각한다.

1) 비교우위론

비교우위론은 생산조건이 다름에 따라 각 국가는 어떤 산업에 우위성을 갖고 수출이 가능한가를 나타내는 것이다. 여기에서 노동생산성에 바탕을 둔 비교우위의 모델을 살펴보기로 하자.

㉮, ㉯ 두 국가의 i재화($i = 0, 1, 2, \cdots, N$)의 생산에 필요한 노동량과 그 역수(逆數)인 노동생산성, 임금수준은 〈표 7-7〉과 같다. 두 국가가 각각 어떤 재화에 비교우위를 갖고 있는가는 두 국가가 각 재화에서 노동생산성과 두 국가의 임금수준에 의해

〈표 7-7〉 비교우위 모델

구분	i 재화의 필요 노동량	i 재화의 노동생산성	임금수준
㉮ 국가	LAi	$1/LAi$	WA
㉯ 국가	LBi	$1/LBi$	WB

* $i = 0, 1, 2, \cdots, N$.

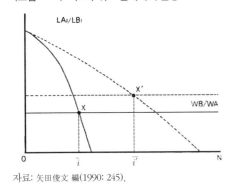

〈그림 7-39〉 비교우위 모델에서의 균형

자료: 矢田俊文 編(1990: 245).

결정된다. 두 국가의 임금수준 비율(WA/WB)이 필요 노동량의 비율(LBi/LAi), 즉 노동생산성의 비율 $(1/LAi)/(1/LBi)$보다도 큰 재화는 ㉯국가가, 작은 재화는 ㉮국가 쪽이 비교우위를 갖는다. ㉮국가 쪽이 산업구조의 고도화가 이루어진 국가라고 한다면, 1차 산품(産品)의 일부를 제외하고 ㉮국가에서 생산을 하는 편이 노동생산성이 높다. ㉯국가는 임금수준이 상대적으로 낮음에 따라 커버할 수 있는 재화만 비교우위를 가질 수밖에 없다. ㉮국가가 절대적 우위를 갖는 고도화된 산업에서 두 국가 간 노동생산성의 격차가 크면 그만큼 두 국가의 임금격차도 커질 수밖에 없다.

〈그림 7-39〉는 가로축에 재화의 종류를, 세로축에 LAi/LBi와 WB/WA의 값을 나타낸 것이다. 재화는 가로축의 오른쪽으로 갈수록 고도화되는 것(㉮국가의 노동생산성이 ㉯국가에 비해 높은 재화)으로 설정하기 위해 LAi/LBi의 값을 오른쪽 아래로 뻗는 곡선으로 나타난다. 일정 이상의 고도의 재화는 기술적 제약에 의해 ㉯국가에서는 생산이 불가능하기 때문에 필요 노동력 LBi는 무한대가 되고 LAi/LBi의 값은 0이 된다. 〈그림 7-39〉에서 ㉯국가는 재화 0에서 재화 $\bar{i}$까지 수출이 가능한 경우(점 X)와 산업구조의 고도화가 진행됨에 따라 재화 0에서 재화 $\bar{i}'$까지의 수출이 가능한 경우(점 X')가 표시된 것이다. 그러므로 후자에서 ㉯국가의 임금이 상대적으로 높아진 것을 알 수 있다.

이와 같은 비교우위의 관점에 의해 산업구조가 다른 국가에서 무역구조가 어떻게 규정되는가를 나타낼 수 있다. 각 국가의 산업구조의 차이가 비교우위의 구조에 반영되지만 산업구조의 고도화가 진행된 국가일수록 임금은 상대적으로 높다. 이들 국가가 해외에 다국적 기업을 진출시키게 된다.

2) 국제분업론 접근방법

(1) 안항(雁行) 형태론

아카마쓰(赤松 要)의 안항(雁行, flying geese) 형태론은
기러기가 무리를 지어 나는 형태로, 이는 지역 내 및 국
가 간의 순차적 경제발전을 의미하는데, 일본 섬유산업
을 사례로 후발 자본주의국가의 발선경향을 설명하기
위한 것으로 고안된 것이다. 수입에 의존하던 후진국이
시간이 경과하면서 그 생산설비와 기술을 습득하게 되

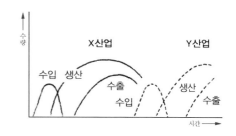

〈그림 7-40〉 산업의 안항 형태적 발전

자료: 矢田俊文 編(1990: 246).

면 역량이 생겨 역수출하는 과정이 반복되는 것을 기러기가 날아가는 모양에 착안
한 것으로 일본 산업발전을 실증적으로 분석한 것이다. 후발 자본주의국가가 선발
국가의 산업을 받아들이면서 발전할 때 산업의 발전형식을 나타낸 것이 안항 형태
론이다. 안항 형태론에 의하면 〈그림 7-40〉과 같이 산업의 발전과 더불어 수입량,
생산량, 수출량은 기러기가 나란히 공중으로 비상(飛翔)하는 것과 같은 곡선을 그
리게 된다. 그것은 산업발전에 대응해 수입 → 수입대체 → 수출화라는 과정이 진
행되는 것을 의미하는 것이다. 산업의 안항 형태적 발전은 산업구조의 변동과 더불
어 저차의 산업에서 고차의 산업으로 차츰 진행하는 것이다.

안항 형태론은 개별산업의 성장과정과 국제무역과의 관계
를 논한 것이다. 선진국으로부터의 수입확대는 장래의 국내
생산을 위해 시장을 형성시키는 것이다. 수입품의 모방이나
선진국으로부터의 기술도입을 통해 국내생산을 위해 기술축
적이 진행된다. 이러한 시장형성과 기술축적의 진전이 수입
대체에 의해 국내생산이 가능하게 된다. 국내 생산의 확대와
더불어 규모의 경제성이 달성되어 제품이나 생산 공정의 개
선도 이루어진다. 선발국가에 비교해 저임금도 한 몫을 해 점
차 국제경쟁력이 높아지고 수출도 확대된다.

후진국의 산업발전은 선진국의 해당 산업의 성숙화, 쇠퇴
화를 촉진하지만, 선진국에서 새로운 산업발전이 일어나면
구조적으로 모순이 없는 산업구조에서 고도의 전환이 가능하

〈그림 7-41〉 각 국가 산업구조의 상호
고도화와 국제적 분업의 진전

```
1  A 국가  □ ■
   B 국가  □ ■
   C 국가  ■

2  A 국가  □ □ □ ■
   B 국가  □ □ ■
   C 국가  □ ■
   D 국가  ■

3  A 국가  □ □ □ □ ■
   B 국가  □ □ □ ■
   C 국가  □ □ ■
   D 국가  □ ■        □ 산업
   E 국가  ■          ■ 비교우위 산업

산업구조의 고도화 ⟶
```

자료: 矢田俊文 編(1990: 246).

게 된다. 〈그림 7-41〉과 같이 각 국가 산업구조의 상호 고도화를 통해 국제분업의
진전이 자연스럽게 산업의 안항 형태적 발전을 가능하게 한다. 이 이론은 특정 산업
을 선도하는 국가 경제적 차원에서 접근한 특징을 보인다.

(2) 제품주기론

하이머(S. H. Hymer) 이후 버넌(R. Vernon)의 제품주기(product cycle) 이론은 경
제지리학에서 다국적 기업론의 효시로 이후 각국 기업의 국제화나 글로벌화를 논
하는 데 기초적인 견지를 제공해왔다. 그는 베버의 공업입지론을 계승하고 후버의
영향을 받아 뉴욕대도시권 산업입지를 공동연구해 이 이론을 발표했다. 이 이론은
미국과 다른 선진국, 개발도상국 간 무역 패턴의 변화를 미국 기업의 해외진출과
관련해 논한 것이다. 버넌은 뉴욕에 입지한 생산활동을 노동력지향형, 수송비지향
형, 외부경제형 등으로 분류하고, 대도시권을 중심, 주변, 교외의 3지대로 나누었
다. 각각의 생산활동에는 입지요인에 대응하는 적절한 지대가 있다고 하고 입지조
정(locational adjustment)이나 입지이동이 나타나는 메커니즘을 밝혔다. 제품주기론
에 의하면 〈그림 7-42〉와 같이 미국에서 소비, 생산되는 제품이 그대로 다른 선진
국이나 개발도상국에도 소비, 생산되며 그와 더불어
무역 패턴도 변화해 간다. 즉, 신제품이 개발되고 그것
이 성숙함으로써 얼마 되지 않아 별도의 신제품으로
교체되는 과정과 노동력, 자본, 기술, 사업소의 입지장
소와의 관계에 대해 설명한 것이다.

버넌의 제품주기론은 개별 기업의 행태에 초점을
맞춘 것으로 신제품 단계를 거쳐 성숙제품 단계가 진
행되고 국내시장이 포화상태에 달하면 기업이 해외시
장으로 눈을 돌림으로써 제품 수출이 개시된다. 그러
나 수출 대상국은 자국의 국내 산업을 보호하기 위해
수입 규제정책을 실시하며, 그 수입 대신에 국내에서
직접생산이 시작되며 결과적으로 해당기업이 다국적
화된다는 것이다. 나아가 표준화제품 단계에서는 생
산공정이 표준화되어 값싼 노동력의 존재가 중요한 입

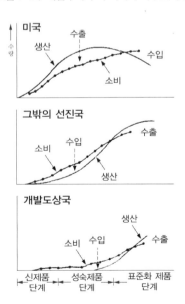

〈그림 7-42〉 제품주기와 각 국가 무역구조의 변화

자료: Vernon(1966: 199).

지요인이 되고 개발도상국에 생산공장이 설립된다. 전체적으로 보면 국경을 넘은 지역의 시장을 확보하고 나아가 독점하려는 기업의 의사가 해당기업을 다국적화시킨다는 것이다.

제품주기의 각 단계에서 미국 기업의 입지결정을 보면 제품이 표준화(규격화)되지 않은 신제품 단계에서는 투입·공정 등의 유연성이 필요하고, 시장과 커뮤니케이션, 외부경제가 불가결하다. 그 때문에 시장에 접근한 입지가 유리해 높은 소득을 가진 소비시장이 존재히는 미국에서 생산이 행해진다.

성숙제품 단계에서는 제품의 표준화가 진척되어 대량생산으로 규모의 경제성이 추구됨으로써 다른 선진국에서 시장이 형성·확대되어 미국에서의 수출량이 증가한다. 나아가 미국 기업이 다른 선진국으로 진출이 이루어지지만, 이것은 상대국 정부에 의한 수입제한 등의 불확실성의 회피를, 즉 상대국 시장의 확보를 목적으로 하고 있다.

표준화제품 단계에서는 생산공정·제품의 마무리는 명확하게 표준화되어 있기 때문에 시장문제는 오히려 줄어들고 저비용 노동력을 구하기 위해 개발도상국으로 진출을 하게 된다. 이러한 신제품 단계 → 성숙제품 단계 → 표준화제품 단계라는 제품주기와 더불어 미국 기업의 입지전개에 따라 미국으로부터 다른 선진국, 나아

〈그림 7-43〉 제품주기 모델과 생산 투입

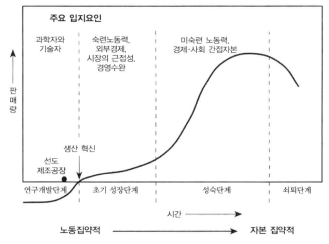

주: 연구개발단계에서 쇠퇴단계로 갈수록 노동집약적에서 자본집약적이 됨.
자료: Hayter(1998: 100).

가 개발도상국으로의 생산의 파급이 추진된다.

이와 같은 제품주기론은 노동집약적에서 자본집약적으로 나아감에 따라 판매량이 어떻게 변화하는지를 살펴보면(〈그림 7-43〉), 과학자와 기술자에 의한 연구개발 단계에서 선도(pilot) 제조공장이 새로운 제품을 생산함에 따라 생산의 혁신이 나타나 판매량이 증가하기 시작한다. 그리고 초기 성장기에는 숙련노동자, 외부경제, 시장 근접성, 경영수완(management)이 특징적인 요인으로 판매량이 증대되기 시작해 성숙기에 비숙련노동자, 경제간접자본(Economic Overhead Capital: EOC)[29]과 사회간접자본(Social Overhead Capital: SOC)[30]의 요인이 특징적인 것으로 판매량이 가장 많은데, 그 후 쇠퇴기에 판매량이 감소하는 것을 나타낸 것이다.

이러한 제품주기 모델은 여러 가지 비판을 받아왔다. 먼저 제품주기가 실제로는 다양한 형태로 나타남에도 불구하고 모델 자체가 기술적 결정주의에 바탕을 두고 있다는 점이다. 버넌 자신도 제품주기가 점점 빨라지고 후기단계의 자동화가 저임금 국가들로 확산되는 경향을 감소시키고 있기 때문에 미국의 다국적 기업 해외 분공장 입지를 설명하는 데 제품주기 모델이 부적합한 점이 존재한다고 주장했다. 둘째, 제품주기 모델은 분공장에 영향을 미치는 입지요인을 지나치게 단순화했다고 지적하고 있다. 특히 클라크(G. L. Clark)는 제품주기 모델이 임금뿐 아니라 노동관계의 성격을 포함해 제품주기 이론을 재해석해야 한다고 주장했다. 제품주기 이론에 대한 재해석은 상품이 성숙함에 따라 기업들은 도시에 집적해 있다가 농촌지역으로 확산된다는 가정을 받아들인다. 그러나 이러한 현상이 임금절감을 위한 것이라기보다는 임금통제의 전략으로 해석될 수 있다고 주장했다. 클라크는 입지요인으로서의 노동력이 단순히 비용에 관련된 것만이 아니고 임금, 사회적 이윤, 작업조직 등 여러 가지 사항이 고려되어야 한다고 보았다. 클라크가 고용관계라고 부른 이런 형태에서 두 가지 대립되는 면이 있다. 즉, 고용관계는 한편으로는 경영진과 노동조합이 생산과정(업무, 속도, 조직)과 고용조건(작업시간, 임금, 사회적 이윤)을 서로 통제하려고 하는 상호대립관계라는 것이고, 다른 한편으로는 노동자가 작업을 필요로 하고 기업은 노동력을 필요로 한다는 점에서 상호의존적인 관계라는 것이다.

안항 형태론과 제품주기 이론 및 비교우위론을 통합한 코지마(K. Kojima)의 추격 제품주기이론(catching-up product cycle theory)은 선진국에서는 경쟁력이 약화되어 비교우위가 없지만 개발도상국에서는 비교우위가 있는 산업 또는 제품을 선진국의

29) 학교, 대학, 병원, 도서관 등을 말한다.
30) 도로, 철도, 항만시설, 송전선과 서비스 시설 등을 말한다.

해외투자로 발달·생산하고, 선진국은 비교우위가 있는 산업 또는 제품에 특화시킴으로서 비교우위에 입각한 글로벌 생산 네트워크(global production network)[31] 또는 분업체계가 형성되어 필연적으로 투자국과 투자유치국의 산업과 무역이 발전된다는 이론이다.

(3) 기업 내 국제분업론

헬리이너(G. K. Helleiner)는 비넌과 다른 기업 내 분업의 관점에서 기업의 다국적화에 대해 논했다. 개발도상국의 공업 제품 수출의 확대가 선진국의 독점기업 진출과 연결된 것에 주목해 노동집약적인 생산공정이 기업 내 국제분업의 견지에서 개발도상국에 배치되는 것을 논했다. 제품주기론은 최종제품에 주목해, 그 표준화의 진행과 더불어 개발도상국으로의 입지를 논했는데 대해, 이 이론은 생산공정에 주목하면 표준화가 이루어지지 않은 단계에서도 저비용 노동력을 가진 개발도상국으로의 생산공정의 부분적인 입지가 나타난다는 것이다.

선진국 독점기업의 기업 내 국제분업의 관점에서 개발도상국으로의 생산공정 배치는 개발도상국 정부의 개발 전략과도 연결된다. 현지에서의 원료가공이나 수입 대체산업의 수출이라는 종래의 수출전략 실패로 선진국 기업의 기업 내 국제분업에서는 노동집약적 부문으로의 특화를 통해 수출전략이 선택되어왔다.

생산공정의 지역적 분리·통합 기술의 발전과 세계적 규모에서의 교통·통신망의 발달은 개발도상국으로의 입지 전개를 확대시키지만, 연구·개발부문이나 자본·기술 집약적 부문은 선진국에 그대로 남는다.

기업 내 국제분업은 생산공정 간의 분업만이 아니고 제품 간의 분업도 생각할 수 있다. 이 경우 선진국에서는 자본·기술집약적 제품이 생산되는 데 대해, 개발도상국에서는 노동집약적 제품이 생산된다. 제품의 차별화가 중요한 산업에서는 제품 간의 분업이 이루어지기 쉽다.

3) 산업조직론적 접근방법

(1) 상호 침투론

다국적 기업연구의 선구자 중 한 사람인 하이머는 지금까지 전통적인 자본이동

[31] 경제지리학자가 발전시킨 글로벌 생산 네트워크는 언스트(D. Ernst)의 견해로 조직적 혁신의 특별한 종류이며, 네트워크 참여자인 주도적 기업과 공급자, 나아가 소비자를 결부시킨 선형으로 단일 방향의 수직적인 여러 관계를 강조하는 깃이며, 계층(hierarchy layer), 평행적 통합과정으로 기업과 국경을 가로지르는 가치사슬이 집중된 분산으로 결합된 것을 말한다. 생산의 본질과 서비스를 제공하는 시장에 따라 여러 가지 구조를 가진다. 그 특징은 기업의 동맹에 넣는 것만이 아니고 기업과 환경보호 그룹이나 노동조합과 같은 시민사회의 여러 조직과의 사이에서 여러 관계와 같은 민·관 동반자(partnership) 관계를 넣는 것을 강조하는 것이다.

론에 입각한 분석에서 탈피해 산업조직론적 관점에서 다국적 기업을 고찰했다. 하이머는 기업의 직접투자활동은 그 기업이 향수(享受)하는 우위성과 관련이 있다고 생각했다. 여기에서 우위성이란 진출기업이 현지기업과 비교해 기술, 자본, 경영방법 등의 점에서 우위에 있다는 것을 의미한다. 대기업이 그 주역이 되는 해외직접투자는 시장에서의 점유율을 둘러싼 기업의 투자경쟁과 기업 관리조직의 글로벌화로부터 이루어진다. 따라서 다국적 기업체제의 확립은 결과적으로 국제과점(寡占) 시장의 분할을 동반한다.

또 하이머는 해외직접투자의 흐름을 독점기업의 해외진출이라고 논하고, 해외직접투자가 미국에서 서부 유럽, 서부 유럽에서 미국으로 서로 침투하는 현상에 대해 논했다.

해외직접투자를 행하는 산업의 대부분은 상대국 기업에 대해 기업의 우위성을 가지고 있는 것과 같이 독점적 시장구조를 갖는 산업이지만, 해외진출을 함으로 기업은 스스로 갖고 있는 우위성을 활용할 수 있고, 기업 간 경쟁을 배제하는 것이 가능하게 된다. 즉, 우위성을 갖는 기업이 상대국 시장에 입지함으로써 시장 지배력을 강화하고, 시장 점유율을 좀 더 많이 획득하게 된다.

하이머는 미국과 서부 유럽의 시장 성장률이 다르지만, 시장 점유율의 획득을 위해 상대국 시장으로의 직접투자를 유발하고, 그 결과 미국 기업과 서부 유럽 기업은 거의 같은 세계적 판매액의 분포를 가지며, 두 국가(지역) 시장 성장률의 차이에 영향이 없는 안정적인 균형상태에 가까워진다고 논했다.

독점적 시장구조를 갖는 산업은 판매액을 최대화하므로 장기적인 관점에서 이윤 최대화를 추구하기 때문에 시장 점유율의 획득은 중요한 것이다. 하이머는 독점기업에서 시장 점유율 획득경쟁의 관점에서 기업이 해외진출을 하지만 미국, 서부 유럽에서의 시장 성장률 격차라는 시장의 지역적인 불균등 발전이 시장 점유율 획득경쟁과 연결되어 상호 침투적인 입지전개를 촉진한다고 주장했다.

다국적 기업에 대한 연구는 1970년 들어 행동론적·조직론적 기업입지론을 근거로 기업 내 각 조직의 공간구조나 입지행동의 특징을 밝히기 위해 기업지리학을 발달시켰다. 그러나 1980년대 들어 매시로 대표되는 구조적 접근방법이 등장하고 정치경제학적인 분석 틀 속에서 자본·노동관계로부터 산업입지의 공간구조를 규명하고자 했지만 그 유형화는 기업의 관리나 공장 생산의 계층성이라는 측면에서 행해졌다. 다국적 기업이 견인하는 글로벌화는 공업국이나 신흥경제지역군 쌍방에게 부(負)의 결과를 가져왔다고 할 수 있다. 미국이나 유럽에서는 생산의 글로벌화로 블루컬러와 화이트컬러 간 임금격차가 확대되었다. 그리고 개발도상국에서는 아동노동이나 젠더의 차별, 착취노동이라는 상태가 다국적 기업에 의해 의류산업이나 섬유산업, 그 밖의 제조업 외부수주 활동과도 결부되었다.

4) 기업조식의 글로벌 선개

기업조직의 글로벌 전개를 살펴보기 위해서는 국제경영론의 연구성과를 파악해야 한다. 그것은 산업부문보다 국제적 경영 스타일의 차이가 밝혀졌기 때문이다. 첫째, 하나의 나라를 단위로 사업이 전개되는 다국 내 기업(multi-domestic industry), 둘째, 세계적 규모에서 경쟁을 하고 사업을 전개시키는 글로벌 기업(global industry), 셋째, 세계 시장을 블록으로 나누어 각 시장의 내부에서 착실한 경영자원의 활용을 연마하는 다지역 기업(multi-regional industry)은 기업조직의 면에서 볼 때 글로벌 전개의 태도나 지역 본사와 총괄본사의 분담관계가 다르다. 이러한 점은 하이머의 논리가 세계 도시론에 연계지운 점에서 중요하다고 생각한다.

〈그림 7-44〉 다국적 기업 조직구조의 발전 모델

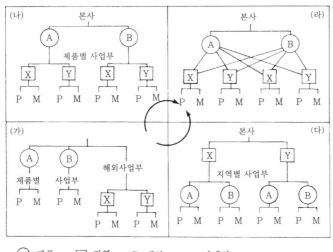

자료: Dicken(2003: 213)을 수정.

또 조직형태의 차이에 주목하는 것도 대단히 중요하다. 〈그림 7-44〉는 다국적 기업 조직구조의 주요 유형을 나타낸 것이다. 유형 (가)는 제품별 사업부와는 별도로 해외사업부가 설치되어 있는 것으로 다국 내 기업에 대응한 조직구조라고 할 수 있다. 유형 (나)와 (다)는 다지역 기업에 대응한 조직구조라고 할 수 있는데, 유형 (나)에서는 제품별 구분이 중시되며, 그 아래에 시장의 지역구분이 이루어져 있는 데 대해, 유형 (다)는 시장지역을 중시한 기업조직을 나타낸 것이다. 이들 두 유형의 차이점은 업종 특성에 좌우된다고 생각되는 다품종 제품군(製品群)을 갖고 있는 업종(예를 들면 전기산업)의 경우는 유형 (다)가 되기 쉽다. 유형 (라)는 유형 (나), (다)를 합친 것으로 글로벌 매트릭스(global matrix)로 불려 글로벌 기업에 대응한 조직구조라고 할 수 있다.

이러한 4가지 유형을 발전 단계적으로 파악한 것이 스톱포드(J. M. Stopford)와 웰스(L. T. Wells)의 단계 모델이다. 이들은 국제 사업부(〈그림 7-44〉 가)에서 세계적 제품 사업부(〈그림 7-44〉 나) 또는 지역별 사업부(〈그림 7-44〉 다)의 발전이라는 두 가지 방법을 취하면서 글로벌 매트릭스(〈그림 7-44〉 라)로 조직구조가 이행되고 있는 것을 미국의 다국적 기업의 실증적인 연구에서 밝혔다.

이러한 국제경영론의 연구성과는 하이머의 기업조직 파악을 발전시켜 중요한 논점을 제시하고 있다. 경제지리학에서의 과제는 공간적 관점을 도입해 유형화된 기업조직의 공간적 전개를 이론적·실증적으로 분석하는 것이다. 그리고 조직구조의 발전이 관리부문 내부의 국제적 분업이 어떻게 관련되어 있고, 나아가 국제적인 도시 시스템에 어떠한 영향을 미치고 있는가를 밝히는 것이다.

5) 다국적 기업과 세계도시

다국적 기업 연구에서 1980년대 이후 활발하게 나타난 것이 세계도시론이다. 다국적 기업 특히, 그 총괄본사의 기능 입지는 세계도시(world city)[32]가 생성되는 요인의 하나가 되고 있다. 세계도시의 형성에 중심적인 역할을 해온 다국적 기업의 이론적 틀은 국가를 전제로 해왔기 때문에 다국적 기업의 글로벌 배치에 따라 국내의 지역구조나 도시의 성격이 어떻게 변용되었는가에 대해 분석할 수가 없었다. 그러나 이러한 유일한 연구를 한 사람이 하이머로, 그는 다국적 기업을 분석하는 공

32) 하이머가 글로벌 도시(global city)라고 명명한 세계관리기능 집적도시는 코헨(R. B. Cohen)이나 프리드먼(J. Friedmann) 등에 의해 세계도시(world city)로 개명되었다. 세계도시의 성격을 결정짓는 부문으로는 다국적 기업의 세계 본사 이외에는 없는데, 다국적 기업의 출현과 정보·통신의 발달, WTO체제의 등장으로 세계경제를 통제·관리할 수 있는 기능을 보유한 도시로 세계의 중추관리 기능을 가진 결절지를 말한다. 한편 글로벌 도시는 지구규모의 관계지역을 갖는 도시권으로, 도시의 계층을 강조한 것을 세계도시, 네트워크적 관점에서 불리어지는 것이 글로벌 도시라고 구분한다. 프리드먼은 글로벌 도시의 범위는 중심도시로부터 64~97km로 상정했다.

간단위는 국가가 아니고 도시여야 한다고 처음으로 지적했다. 그러나 다국적 기업의 글로벌 배치와 도시와의 관련에 대한 세계도시론 연구가 활발하게 이루어지기 위해서는 다국적 기업 분석의 틀만이 아니고 국제경제론의 이론적 틀 그 자체의 대폭적인 수정이 필요하다고 할 수 있다. 새로운 이론적 틀은 상대적으로 자립한 국민경제의 집합체로서 고전적 세계경제 모델에서 탈피해 현실세계에서 진행되는 다국적 기업의 글로벌 배치를 축으로 한 신국제분업(the new international division of labor)을 분석하기 위한 이론직 틀은 신국제분입론이다. 그래서 민저 신국제분입을 바탕으로 다국적 기업의 공간 활동범위를 지구적 차원으로 확장하는 것이 가능하도록 한 국제적 환경조건에 대해 설명한 후 글로벌 경쟁이 글로벌 네트워크화를 통해 도시기능을 어떻게 변화시키는지에 대해 살펴보기로 한다.

신국제분업이란 다국적 기업의 국제적 입지전개로 형성된 기업 내 공간분업을 기초로 한 국제분업이다. 국제적 입지전개는 세계 공간상 각각의 지점에 고유의 지리적 차이나 정책적으로 변경 가능한 제도상의 차이를 모두 활용한 입지행동이고, 계층적 조직구조의 공간적 투영이라고 할 수 있다.

프뢰벨(F. Fröbel) 등은 고전적 국제분업론의 틀과 현실과의 괴리가 눈에 띄기 시작한 연도가 1965년이라고 지적했다. 선진국에서 개발도상국으로 노동집약적 공정의 이식이 시작된 연도가 1965년이다. 1965년을 경계로 다국적 기업이 글로벌 배치전략을 실행에 옮기고, 세계적 규모에서의 자본축적을 행하는 것이 가능한 환경조건 변화로서 프뢰벨은 다음과 같은 6가지를 들고 있다.

첫째, 아시아, 아프리카, 라틴아메리카에서 대량의 이용 가능한 노동력의 출현으로 ① 인구의 급격한 증가, 노동생산성의 상승에 의한 과잉노동력의 도시로의 전입, ② 사회주의국가와의 합병사업의 증가.

둘째, 숙련노동자에 의존한 고도로 복잡한 생산공정을 단순 노동력을 이용할 수 있는 기본적 공정으로 분해한 기술의 발달.

셋째, 산업입지의 공간적 자유도를 높이는 기술의 발전으로 ① 컨테이너 수송, 항공수출 등의 새로운 수송기술, ② 효율적 통신 시스템, 데이터 처리기술.

넷째, 지금까지의 탐사·개발이 곤란한 영역에 부존된 천연자원을 탐사·개발하는 기술의 진보.

다섯째, 자본의 국제이동을 용이하게 한 국제 자본시장의 발달.

여섯째, 국제적 규모에서의 재생산활동을 원활하게 진전시키기 위한 국제적 여러 제도의 정비로서 ① IMF, GATT, ② 이중과세 방지 협정, ③ 훈련·교육 시스템의 세계적 공통화, ④ 국제적 군사협정.

프뢰벨 등이 위에 제시한 환경조건 변화를 한마디로 말하면 상대적으로 자립한 국민경제의 집합체로서의 세계경제에서 세계적 제도에 의한 자본의 국제이동이 보장되고 그것도 공간을 분단하는 역할을 한 수송·통신장벽이 약해져 연속적인 세계 공간으로 통합하려고 작용하고, 그것에 대응한 기술개발이 진척되어왔다.

다국적 기업화를 촉진시킨 환경조건, 기업을 다국적화로 향하도록 한 조직적 조건에 대해서는 앞에서 지적한 바와 같으나 세계 도시의 배치나 관련성, 계층적 관계 등을 파악하기 위해 다국적 기업의 입지이론을 검토하는 것은 중요하다.

(1) 기업특수 우위론

이 이론은 1960년 하이머의 생산자본의 국제화 분석에서 기원된 것으로 그 특징은 다음과 같다. 첫째, 시장의 불완전경쟁이다. 동일제품을 생산하는 데 소요되는 모든 생산요소(자연·인적 자본·자본·하부구조)에 대한 같은 접근성을 수반하는 완전경쟁은 시장에 존재하지 않는다. 그러므로 해외투자는 시장의 불완전경쟁에서 기원된다고 주장했다. 둘째, 기업특수의 우위성(firm specific advantage)에 있다. 이는 해외에서 기업행위를 하는 데 있어 소요되는 비용을 상쇄할 수 있는 우위를 말한다 (국내생산과 해외생산과의 비용격차). 해외투자기업은 투자대상국의 국지적 환경에 대한 지식 및 네트워크의 부족을 로컬 기업이 보유하고 있지 않는 금융, 정보, 기술 라이선스, 기술 노하우, 경영기법, 범위의 경제에 의해 달성할 수 있다. 기업특수의 우위 요소들은 서로 다른 시장에 소요되는 초기 제품 생산에 대한 매몰비용(sunk cost)[33]을 수반하지 않는다. 즉, 이것은 공공재(public goods)의 특징을 가지고 있다. 그리고 다국적 기업의 특성에 의해 형성되는데, 이것은 다국적 기업의 독점적 특성, 규모, 생산 및 시장 네트워크를 말한다. 이 이론의 한계는 첫째, 기업특수의 우위가 해외직접투자를 통해 어떠한 메커니즘하에서 실현되는가에 대한 설명이 부족하다, 둘째, 로컬 기업 경쟁기반의 해외직접투자보다는 수출 지향형 중소기업의 해외직접투자에는 적용이 곤란하다.

33) 이미 지출되었기 때문에 회수가 불가능한 비용을 말한다. 경제학에서 매몰비용은 이미 지출되었기 때문에 합리적인 선택을 할 때 고려되어서는 안 되는 비용이다.

(2) 내부화이론과 거래비용이론

기업특수의 우위가 왜 해외직접투자를 통해서 실현되는가에 대한 통찰력을 제시한 이론이다. 먼저 내부화 이론(Internalization theory)은 기술(지식)유출의 위험을 회피하기 위해 거래 외부기업을 내부화함으로써 독점우위를 달성하는 것이 가능하다는 것을 설명하는 것이다. 즉, 기업 내에 시장을 만들어내는 과정으로 기업의 특수적 우위를 세계적 규모에서 유지하기 위한 하나의 수단이다.

그리고 거래비용이론(Transaction cost theory)은 거래비용에 기반을 둔 것으로 1937년 코스(R. Coase)에 의해 도입되었다. 이 이론은 시장경쟁의 불완전성은 이를 감소시키기 위한 시장 거래비용을 증대시키기 때문에 이를 해소하기 위해 외부 거래기업을 자신의 기업으로 내부화시키는 것을 말한다. 이 이론은 1985년 윌리엄슨(O. E. Williamson)에 의해 발전되어 거래비용의 발생과 내부화를 추구했는데, 그 특징은 첫째, 제한된 합리성(bounded rationality)이다. 완벽한 합리성은 기업거래의 불확실성과 같은 외부요소를 쉽게 통제가능하게 하지만 실제세계의 경제인은 제한된 합리성을 보유하고 있어 거래의 불확실성이 증대되어 이를 감소하기 위한 거래비용이 발생한다. 둘째, 기회주의적 행동(opportunistic behaviour)이다. 이것은 기업활동에 기회주의적 속성이 없다면 신용을 기반으로 한 장기 계약이 가능하다. 그렇지만 정보흐름의 불균형, 정보비용, 허위정보 등에 의해 기업행위에서 기회주의적 속성이 나타날 수밖에 없기에 이에 대한 거래비용이 발생한다는 것이다. 셋째, 자산의 전용(asset specificity)이다. 이것은 기업의 기회주의적 행위에 대한 거래의 불확실성 및 위험요소에 대한 안전장치를 의미하고, 이를 획득하기 위한 거래비용이 발생한다. 즉, 지적 소유권이나 특허가 그것이다.

거래비용이론의 공간 확장으로서의 내부화이론은 다국적 기업을 정상 시장거래(arm's length transaction)에 대한 대안적인 내부시장으로 간주하고 기업특수우위를 가진 기업은 해외직접투자를 통한 내부화를 선호한다. 그러므로 첫째, 상이한 국가에서의 기업활동과 연계되어 있는 중간재 시장의 내부화는 이윤획득에 중요한 역할을 한다. 이것은 중간재 시장과의 정상거래로 인해 나타날 수 있는 상대기업의 기회주의적 행태를 차단하고, 거래과정에서 유출될 수 있는 기술 및 지식을 보호한다. 이 이론의 한계는 첫째, 내부화를 통해 기업특수의 우위를 실현시키기 위한 일환으로 해외투자가 발생하지만, 해외투자는 투자국의 기업환경(노사분규)의 조건에 의해 발생할 수 있다. 둘째, 글로벌 규모의 경제, 국제하청 등과 같은 초국적 생산을 통해 발생할 수 있는 잠재적 이윤이 많다. 셋째, 해외직접투자 기업과 지역경제와의 관계를 간과했기에 지역수준에서의 입지요인을 설명해 내지 못했다.

(3) 절충주의

절충주의(Eclectic paradigm)는 1970년대 경제학자 더닝에 의해 제시되었는데 해외직접투자와 다국적 기업의 움직임에 관한 것으로, 이는 기업특수의 우위와 내부화 우위에 기업의 입지특수우위(locational specific advantage)를 보완한 것이다. 그래서 소유 특수우위, 입지 특수우위, 내부화 우위(Ownership-specific advantage, Locational-specific advantage, Internalization advantage: OLI) 이론 또는 절충이론[34]이라고도 한다. 이 접근방법은 수출, 제휴 등의 선택지 중에서 해외에 직접 투자할지 여부에 대한 의사결정을 첫째, 다른 회사보다 우수한 기술·자원 등의 소유상황[소유특수적 인자(Ownership-specific advantage)], 둘째, 투자처의 입지조건(Locational-specific advantage), 셋째, 현지 파트너 등의 외부 조직·채널을 이용해 직접투자로 자회사를 설립하는 것의 상대적 우위성(내부화 우위)의 세 가지 요소를 고려해 판단하는 것으로 생각했다. 이 이론은 기업특수 우위를 가질 것, 기업특수 우위성의 내부화가 정상 시장거래보다 이윤이 클 것, 자국에 입지하는 것보다 투자유치국에 입지하는 것이 이익이 클 것을 의미한다. 그러나 이 이론은 첫째, 투자국 해외직접투자기업의 축적전략을 간과했고, 둘째, 투자유치국의 지역 축적전략을 간과했다는 한계가 있다.

〈표 7-8〉은 해외직접투자를 자원지향, 시장지향, 효율지향, 전략적 자산지향 4가지 유형으로 나누고 각각에 대응한 요인을 들고 있다. 1970년대에는 수송비와 제조비용, 정부의 규제나 인센티브 등이 중시되었는데 대해 1990년대에는 전문노동이나 관련기업, 암묵지 등 공간집적에 관한 여러 측면이 중시되었다는 것을 알 수 있다.

하이머의 기업 우위성에 대한 논의를 내부화이론으로 발전시킨 러그만(A. Rugman)은 다국적 기업의 조직과 내부시장에 초점을 두고 가격 설정의 곤란성이나 정부에 의한 자유무역 장벽, 지식의 소실에 대한 위험성 등 시장의 불완전성을 기업은 내부거래를 함으로써 극복할 수 있고, 그 주체가 다국적 기업이라고 생각했다. 또 다국적 기

34) 절충이라고 한 것은 기업이론, 조직론, 무역이론 등의 다양한 이론적 접근방법을 하나로 묶은 형태로 구성되었기 때문이다. 이 접근방법은 다국적 기업을 취급한 디켄(P. Dicken, 1988)의 지리학 연구에서도 소개되었다.

<표 7-8> 다국적 기업의 입지에 영향을 미치는 요인의 변화

직접투자의 유형	1970년대	1990년대
A. 자원지향	① 자연자원의 이용가능성·가격·질 ② 자원개발·제품수출 관련 인센티브 ③ 정부의 규제 ④ 투자 인센티브	① 자원의 질 향상 등 국지적 기회 ② 국지적 파트너의 이용 가능성(지식의 향상, 자본집약적 자원개발)
B. 시상시향	① 국내시장, 인접 지역시장 ② 실질임금, 원재료 비용 ③ 수송비, 관세 및 비관세장벽 ④ 수입허가의 특권적 접근성	① 대규모·성장 국내시장, 광역경제권 ② 숙련·전문노동의 이용가능성과 가격 ③ 관계 기업의 존재와 경쟁 ④ 인프라의 길과 제도권 권한 ⑤ 집적경제, 지방 서비스 지원시설 ⑥ 유치국 정부의 거시경제정책 ⑦ 지식 집약적 부문 이용자에 대한 접근성 ⑧ 지방개발공사에 의한 유치활동
C. 효율지향	① 제조비용 ② 중간·최종제품의 무역자유도 ③ 집적경제의 존재(수출가공 구역 등) ④ 투자 인센티브	① B의 ②, ③, ④, ⑤, ⑦ ② 교육·훈련 등의 정부의 역할 ③ 공간적 클러스터의 이용가능성
D. 전략적 자산지향	① 지식관련 자산의 이용 가능성과 가격 ② 자산취득에 관련된 제도적 난이도	① 지식기반자산의 지리적 분산에 대한 대비 ② 협업(synergy) 자산의 가격과 이용가능성 ③ 국지화한 암묵지의 교환기회 ④ 다른 문화·제도·기호에 대한 접근

자료: 杉浦芳夫 編(2004: 124).

업 입지이론에 대해서도 공업입지를 중심으로 한 연구 성과가 있다. 그러나 세계도시 형성과의 관계에서는 공장의 입지보다는 오히려 사무소의 입지, 그리고 기업조직의 입지가 중요하다. 이에 대해 하이머는 다국적 기업을 분석하는 단위로서는 국가보다는 도시가 의미 있다고 지적하면서, 기업기구(企業機構)의 제3단계인 생산공장은 노동력, 시장, 원료가 주요한 입지요인으로 규정하고 전 세계에 분산한다는데 대해, 제2단계의 지역 총괄본사는 화이트칼라(white collar)와 자본 형성 및 정보통신기능을 가지는 각 지역 내의 대도시에 집적하는 경향이 강하며, 더욱이 제1단계인 총괄 본사에 대해서는 자본시장이나 정보수집, 정부와 거래기업과의 대면접촉이 중요하기 때문에 좀 더 집중적인 입지를 나타내어 글로벌 시(global city)에 입지한다고 했다.

6) 다국적 기업의 총괄 본사와 지점 입지

다국적 기업의 사무소(office) 입지를 결정짓는 중요한 입지요인은 <표 7-9>와 같

<표 7-9> 다국적 기업의 사무소 입지요인 평균득점

일련번호	입지요인	지점	지역 사무소	일련번호	입지요인	지점	지역 사무소
1. 접근성	고객	3.5	2.5	6. 인건비	이주자	2.5	1.9
	본사	0.8	0.9		지방의 중역	1.7	2.2
	유럽의 다른 자회사(子會社)	1.0	2.1		지방의 전문·기술자	1.9	2.3
	같은 종류의 사무소	1.2	1.2		지방의 비서·사무원	1.6	2.1
	특별한 서비스	1.9	1.8		부가급여	1.4	2.1
	정부기관	1.1	0.8		해고비용	1.3	2.0
2. 시장 규모·전망	시장규모·전망	3.2	3.1	7. 언어·사회·문화인자	언어	3.0	3.4
					지역환경·이미지	2.4	2.5
					생활조건(주택 등)	1.6	2.3
3. 교통·통신	공항	2.6	3.5	8.비즈니스 틀	전반(법률·상업관행)	2.6	3.0
	도로·철도	2.1	2.4		개인의 세금수준	1.4	2.1
	우편	1.8	2.4		기업의 세금수준	1.5	2.2
	전화·텔렉스의 질적 수준	2.3	3.0		정부조성의 이용 가능성	1.0	1.5
	통신비	1.8	2.5		정부의 외국기업에 대한 태도	2.1	2.6
					고객·업계의 태도	2.2	2.3
4. 중역의 교통비	중역의 교통비	1.9	2.0	9. 무역의 자유도	자본·송금 규제	2.0	2.5
					관세와 기타의 수입규제	0.7	1.8
					비관세장벽*	1.1	1.7
5. 인력의 이용 가능성, 질적 수준	이주자	2.3	2.4	10. 토지와 건물의 이용 가능성	토지와 건물의 이용 가능성	2.5	2.9
	지방의 중역	2.1	2.6		토지와 건물의 임대비용	2.2	2.6
	지방의 전문·기술자	2.4	2.9				
	지방의 비서·사무원	2.0	2.4				
	노동생산성	1.8	2.5				
	노사관계	1.3	2.2				
	고용·훈련규칙·규제	1.4	2.7				

* 농산물·섬유·의복·전자·기계제품 등 주로 선진국 제품과 경쟁하게 되는 수출상품에 대해 차별적인 품질허가 수준제도, 위생규제를 함으로써 개발도상국의 국내수입을 막으며, 부피가 크거나 취급하기 어려운 상품의 수출은 포장화해 수출하도록 하는 각종 규제를 말한다.
주: 0(전혀 중요하지 않음), 1(특히 중요하지는 않음), 2(어느 정도 중요함), 3(꽤 중요함), 4(매우 중요함).
자료: Dunning(1988: 284~285).

이 영국에 진출한 다국적 기업에서 중시한 사무소 입지요인들이다. <표 7-9>는 국내시장에 대응한 지점(branch office)과 광역시장에 대응한 지역 사무소(regional office)로 나누어 입지요인의 값을 나타낸 것이다. 양자에 공통적으로 중요한 항목은 시장의 규모나 전망, 언어를 들 수 있다. 또 고객의 접근성, 공항, 전화·텔렉스의 질적 수준, 비즈니스의 환경도 비교적 높은 득점을 나타내고 있다. 전반적으로 비용과 관계되는 항목은 그렇게 중요하지 않은 점에 주목해야 한다. 양자를 비교하면, 지점에서는 고객의 접근성을, 지역 사무소에서는 국제공항이나 전화·텔렉스의 질이라는 교통·정보의 하부구조를 각각 중시하는 것이 다른 점이다. 또 전반적으로 지역 사무소 쪽이 여러 입지요인의 항목을 중시하고 있다.

지점은 제품의 판매·배송이나 서비스의 제공을 주로 하고 있고, 제품의 국내 수송편을 중시하는 데 대해, 지역 본사의 경우는 자회사(子會社)의 관리·조정이 주된 일이며, 사람의 파견이나 커뮤니케이션을 중시하고 있다. 이와 같은 경험적인 접근 방법과는 달리 본사 입지론이나 지점 입지론의 다국적 기업에 대한 적용 가능성도 중요하다. 이들 모두가 하이머가 지적한 바와 같이 다국적 기업에서 인재의 획득이나 정보의 수집, 정부와의 접촉은 특별한 의의가 있다고 생각한다. 다음으로 다국적 기업에 의한 도시선택의 논리를 살펴보기로 한다. 먼저 다국적 기업의 총괄본부의 소재지를 확인해 보자. 1984년 은행을 제외한 세계 상위 500개 기업의 본사 소재지를 도시별로 보면 뉴욕이 59개 사로 가장 많고, 런던(37개), 도쿄(34개), 파리(26개), 시카고(18개), 에센(18개)의 순이다. 한편 1995년의 세계 상위 500대 기업의 본사 소재지를 도시별로 보면 도쿄가 100개사로 가장 많고 이어서 오사카(32개), 런던(26개), 파리(26개), 뉴욕(22개)의 순이다.

또한 국내의 수위 도시에 세계적 대기업의 본사가 집중하고 있는 국가와 복수의 도시에 분산해 있는 국가로 나눌 수가 있다. 먼저 수위 도시에 본사가 집중해 있는 국가 중 일본에서는 149개사 중 100개사가 도쿄에, 32개사가 오사카에, 영국에서는 33개사 중 26개사가 런던에, 프랑스에서는 40개사 중 26개사가 파리에 집중하고 있다. 이에 대해 복수의 도시에 본사가 분산되어 있는 국가로는 미국에 151개사 중 22개 사가 뉴욕에, 6개사가 뉴욕주내의 도시에 본사를 두고 있다. 그 다음으로 애틀랜타에 7개사, 샌프란시스코와 휴스턴에 각각 5개사, 시카고와 워싱턴 D.C.에 각각 4개사가 입지하고 있다. 또 독일에서는 44개사 중 9개사가 뮌헨에, 7개사가 프랑크푸르트에, 5개사는 뒤셀도르프에, 4개사는 에센에 입지하고 있다.

이와 같은 다국적 기업의 총괄본사의 입지는 모국 내의 본사 입지의 특성에 큰 영향을 받고 있다. 본사의 분산경향이 뚜렷한 미국이나 본래 지방 분산 경향이 강한 독일에서는 다국적 기업의 본사 입지수로 세계도시를 설명하는 것은 무리라고 할 수 있다.

다음으로 다국적 기업의 지점 입지 집적을 살펴보기로 한다. 다국적 기업 500개사의 지점을 국가별로 보면 미국이 4,142개로 단일 국가로서는 가장 많으며, 유럽에서는 영국이 1,825개, 프랑스에서는 1,533개, 독일에서는 1,500개, 이탈리아에서는 918개, 네덜란드가 849개, 벨기에가 690개, 스위스가 515개로 유럽에 지점 수가 대단히 많다. 이것은 EU 내에서 각 국가의 시장의 다양성을 반영하는 것이라고 생각한다. 이에 대해 일본에 입지한 지점 수는 585개로 상대적으로 적으며, 홍콩은 465개, 싱가포르는 499개로, 아시아에서는 일본, 홍콩, 싱가포르가 병존하고 있는 상태이다.

그런데 다국적 기업의 지점의 도시선택은 첫째, 다국적 기업 모국에 따라 다르고, 진출국의 도시 시스템과 관계가 있다. 예를 들면 독일에서 미국계 기업은 프랑크푸르트를, 일본계 기업은 뒤셀도르프를 선택하는 경향이 있다.

7) 초국적 기업의 글로벌 생산 네트워크 유형

국제기업(international corporation)은 대부분 본국에 생산거점과 관리본부를 두고 해외영업을 하는 회사로 19세기 중반부터 제1차 세계대전 이전까지 거의 모든 업종에서 나타났다. 그러나 다국적 기업은 세계 각국에 소규모 조직을 두는 새로운 조직 모델로 각국 법인마다 자체 영업인력, 공급망, 조달, 금융, 인사관리, 후선지원 기능을 보유하고 무역장벽에 대처하는 의미 있는 방안이나, 중복 투자로 비용이 많이 들고 기업의 속도, 대응능력, 혁신을 저해했다. 그러나 경제의 글로벌화를 주도하는 데 가장 중추적인 역할을 담당하는 것은 상품과 서비스의 생산·유통·판매를 세계적 수준에서 조직하고 이를 위한 자본·기술·경영 및 정보를 전 세계적으로 이동시키는 것으로 이를 초국적 기업(Transnational Corporation: TNC)이라 한다. 초국적 기업은 자회사의 수, 진출한 국가의 수, 외국에서의 활동이 전체 활동에서 차지하는 비중, 소유와 경영의 글로벌화 정도, 중심행정과 연구 활동의 글로벌화 정도, 그들이 영업행위를 하는 국가들의 장단점의 경중에 따라 다국적 업무를 변화시키는 등 여러 측면에서 다국적 기업과는 질적인 차이를 보인다. 초국적 기업은 단순히 해외로 진출하는 것에 그치지 않고 전 세계에 흩어진 자회사 사이에 통합된 네트워크를 구축해 불확실한 이윤축적 환경에 대해 효율적으로 대처할 수 있는 조직자원을 극대화하면서 새로운 경쟁력을 신장시킨다는 면에서 다국적 기업의 자본

〈그림 7-45〉 글로벌 생산 네트워크

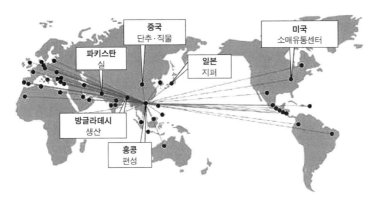

주: •는 네트워크에서 공급업자들의 입지임.

축적방식과 차이가 있다. 이러한 글로벌 통합기업(Globally Integrated Enterprise: GIE)은 조직과 기능을 전 세계 어디에서든 적정 비용과 기술, 적절한 비즈니스 환경을 제공하는 곳에 두고 이러한 조직들을 수평적으로 통합하는 조직으로, 인력관리·연구개발·금융·제조·물류에 이르는 모든 운영을 글로벌 차원에서 통합하는 기업을 말한다. 홍콩에서 의류, 장난감, 액세서리 등을 생산하는 리펑(Li & Fung Ltd.)의 글로벌 생산 네트워크를 보면(〈그림 7-45〉) 세계 40개국에 3만여 명의 공급업자와 200만 명 이상의 종업원(직접 봉급을 주는 종업원은 1% 미만)이 종사하는데, 이 기업의 공급사슬관리(Supply Chain Management: SCM)는 생산기능은 서비스 또는 플랫폼 컴퍼니(platform company)에서 외부수주하고, 디자인, 마케팅 등은 글로벌 차원에서 수행하는 기업으로 느슨하게 결합된 시스템을 강화하고 공급사슬의 안정성을 높이기 위한 관리와 전략이 필수적이다. 이를 위해 가장 중요한 것이 상호신뢰의 구축이다.

　이러한 글로벌 생산 네트워크(global production network)는 범용제품이라는 뉘앙스를 가질 수 있는 상품보다는 생산이라는 용어를 선호했는데, 이는 생산과정에 따른 사회적 과정을 일컫는 것으로, 생산과정의 복합적이고 다층적 구조와 행위주체 간의 상호작용을 나타내기 위해 네트워크라는 용어를 사용했다. 글로벌 생산 네트워크의 분석 범주는 크게 가치, 권력, 착근성으로 구성된다. 이는 각각 가치의 창출·강화·포획과정, 네트워크 내부의 권력관계, 특정 네트워크와 지역에서의 기업들의 착근성을 의미한다. 그리고 이들 세 가지 범주는 가치, 산업, 네트워크, 제도

〈그림 7-46〉 글로벌 생산 네트워크론의 분석 틀

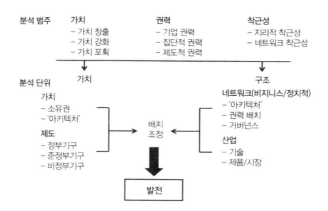

자료: Henderson et al.(2002: 448).

라는 4가지 수준에서 분석될 수 있다. 글로벌 생산 네트워크론도 거버넌스 구조의 다양성, 권력과 제도의 중요성을 강조한다는 점에서 글로벌 가치사슬론의 문제의 식과 분석 틀에서 큰 차이가 없다(〈그림 7-46〉). 그러나 경제지리학자에 의해 주도 된 글로벌 생산 네트워크는 지역발전의 내생적·외생적 요소 간의 균형을 잡아 신지 역주의의 내생적 발전론을 비판하고 견제하려는 의도를 가지고 있다. 다국적 기업, 국가, 초국적 기구 등의 역할과 비대칭적 관련 관계를 조명해 지역발전의 내생성에 대한 집착이 가지는 한계를 드러내고 있다.

한편 경제학에서 글로벌 생산 네트워크의 형성을 비용과 편익이라는 시각에서 보는 것을 생산 공정의 분업론(fragmentation of production)이라고 하면서 교통·정보비용의 격감으로 입지적 우위에 의한 생산과정을 여러 공간단위로 분리해 운영함으로써 생산비용을 절감시킬 수 있었다고 했다. 이와 같이 등장한 글로벌 생산 네트워크의 공간구조는 가치사슬과 생산 네트워크의 논의를 산업조직과 지역차원으로 수정해 가치사슬, 클러스터, 생산의 공간적 분할이라는 개념을 엮어

〈그림 7-47〉 글로벌 생산 네트워크의 공간구조

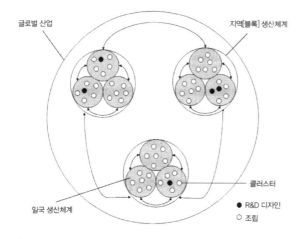

자료: Sturgeon, Biesebroeck and Gereffi(2008: 304).

〈그림 7-48〉 글로벌 생산 네트워크의 유형

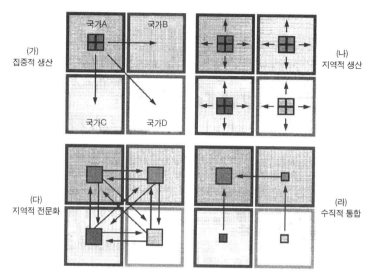

자료: Rodrigue, Comtois and Slack(2006: 154).

가치창출의 세계화 과정으로 설명하고, 나아가 이러한 과정의 지역화를 가정해 공간분업을 상정해 서터전 등(T. Sturgeon et al.)이 글로벌 네트워크의 계층적인 공간구조로 나타낸 것이 〈그림 7-47〉이다.

이러한 글로벌 생산 네트워크(global production network)의 유형을 보면 〈그림 7-48〉과 같이 국제적인 생산 시스템은 모두 같은 생산 네트워크를 나타내는 것은 아니다. 생산 네트워크는 복수의 국가에서 행해지는 생산을 연결한 것을 말한다. 녹스(P. L. Knox)와 에그뉴(J. Agnew)에 의하면 생산 네트워크에는 4가지 패턴이 있다. 첫째, 생산거점이 국내에 한정되어 있는 패턴으로, 여기에서 생산된 제품이 국제시장으로 수출된다(〈그림 7-48 가〉). 다만 생산의 기초가 되는 자원이 모두 국내에서 산출되는 것은 아니기 때문에 여기에서 말하는 한정적 생산이란 자원수입 후의 생산이 국내에서 집중적으로 이루어진다는 의미이다. 집적경제나 규모의 경제 추구가 이러한 집중적 패턴의 배경에 있다. 아시아에서 유일한 선진국인 일본은 일찍이 이러한 가공무역체제를 바탕으로 경제발전을 이룩했다.

두 번째 패턴은 국내시장을 목표(target)로 생산이 이루어지는 경우이다(〈그림 7-48 나〉). 시장이 작기 때문에 규모의 경제는 기대할 수 없지만 공급이 쉬운 장점이 있다. 제품은 수출되지 않기 때문에 해외에서의 국제경쟁을 생각할 필요가 없다. 다만 〈그림 7-48 가〉 패턴 등과 같이 해외로부터 제품이 들어오는 경우 충분히 맞겨룸할 수 있는지는 의문이다. 무역의 자유화가 진척되지 않고 각 국가가 개별적으로 생산에 열중해온 시대나 지역에는 이러한 패턴이 특징적이다. 국제적인 운송수단은 충분히 발달하지 않고 거리의 제약이 크다.

세 번째는 비교 우위의 원리를 살리며 각 국가가 이익분야에서 생산을 해 무역으로 제품을 서로 유통하는 패턴이다(〈그림 7-48 다〉). EU의 무역이 그 전형이고, 수평적인 제품 이동이 빈번하게 행해진다. 같은 비교우위에도 우위성의 움직임은 생산단계에 따라 다른 경우가 있다. 이것이 네 번째 패턴으로 원료 조달에 유리한 국가, 중간제품의 생산에 적합한 국가, 그리고 완성품 제조에 적절한 국가를 순차적으로 묶어 생산을 행하는 시스템이다(〈그림 7-48 라〉). 대조적으로 완제품을 수평적으로 교환하는 것은 수직적인 생산단계를 이은 시스템이다.

앞에서 서술한 4개의 생산 네트워크는 고정적이지 않다. 국제적인 운송수단이 발달하거나 무역규제가 완화되면 생산 네트워크에도 변화가 일어난다. 예를 들어 한국의 경우 국내에서의 생산 집중에서 국제적인 수직적 생산으로 변화해왔다고 하자. 그러면 모든 공업 제품을 국내에서 생산하는 풀세트(full set) 생산에서 해외에서 싼 노동력을 이용해 중간제품이나 완제품을 생산하는 네트워크로 변화하게 된다. 연구개발이나 기획, 유통·판매까지 포함하면 수직적 생산 네트워크의 범위는 넓어진다. TV수상기를 생산하는 경우 연구개발은 한국에서 하고, 부품은 타이완, 완제품은 중국이나 타이에서 만드는 것을 생각할 수 있다.

6. 신경제공간학[35]파의 산업 집적론

지리학에서는 베버의 집적론을 잘 거론하지만 경제학 분야에서는 마셜[36]의 집적론을 자주 거론하는 경우가 많다. 마셜의 집적은 산업의 전반적인 발전에 유래한 외부경제[숙련노동자의 노동시장(pool) 존재, 공급자와 고객과의 접근성에 바탕을 둔 연관 효과,[37] 정보·기술의 일출(溢出)효과(spillover)[38]]의 한 예로서 들고 있다. 마셜 이후의 집적론은 베버, 호텔링, 후버, 아이사드 등 고전입지이론가들이 집적현상에 대한

35) 영어권에서는 new economic geography, geographical economics, spatial economics이라고 부른다.
36) 1842년 영국에서 태어난 마셜은 대학에서 수학을 전공한 후 도덕과학 교사로 모교의 칼리지의 교단에 섰으며, 휴일을 이용해 런던 슬럼가의 극빈층 생활실태를 살피던 중 경제학의 중요성을 알게 되었다. 그 후 1877년 브리스틀 대학의 경제학 교수로 부임했고 1885년에는 케임브리지 대학에서 근무했으며, 케임브리지학파의 개조(開祖)가 되었다.
37) 크루그먼(P. Krugman)은 특정 서비스의 공급이라고 했다.
38) 대학의 연구기관에서 새로운 아이디어, 개념, 기술, 지식 등이 기업으로 이전되는 공식·비공식 과정을 포괄하는 용어를 말한다. 즉, 어떤 개인조직이 연구개발에 의해 새로운 기술적 지식을 만들어내면 그것이 다른 개인조직에 유출되는 현상을 가리킨다. 지역에 그리고 고유한 거래정보나 노동시장의 정보, 또는 생산기술의 정보가 기업 간에 전달되는 것을 의미하는데, 일출효과는 양의 파급효과를 의미한다.

이론을 발전시켰으나, 이들의 설명은 외부경제의 개념에 기반을 둔 비용측면에서 다루어졌기 때문에 집적의 생성에 대한 설명력은 갖고 있지만, 집적이 지속되고 발전하는 과정에 대해서는 설명하지 못한 한계를 가지고 있다.

학계에서 산업의 집적현상에 관심을 갖게 된 것은 포드주의(Fordism) 생산체계가 위기를 맞게 된 1970년대 이후이다. 대량생산에 의한 규모의 경제를 추구해온 서부 유럽 산업국가에서 획일화된 대량생산체계는 1970년대 이후 빠른 시장의 변화에 대응해나가지 못했다. 이와 함께 노동조합의 영향력 강화도 임금이 상승하면서 이윤율의 저하가 나타나기 시작했다. 이러한 현상은 공간적 변화도 유발시켜 기존의 산업중심지가 쇠퇴하고 새로운 산업집적지역이 나타나게 되었다. 신흥 산업집적지역의 등장은 산업의 지리적 집적현상에 대해서 다양한 논의가 등장하게 되는 계기로 작용했다.

집적현상이 경제지리학의 영역을 넘어서 경제·경영학 전반의 관심사로 대두되기 시작한 것은 경영전략론으로 알려진 하버드 대학 비즈니스 스쿨 교수인 포터(M. Porter)[39]에 의해 비롯되었다. 그는 1990년 『국가의 경쟁우위(The Competitive Advantage of Nations)』라는 책을 통해 산업의 경쟁력에서 공간적 근접성과 제도적 뒷받침이 중요하다는 점을 지적했고, 경제정책 전반에 걸쳐 산업집적의 중요성을 재인식하게 되는 계기가 되었다. 지역 내 산업집적에 관한 논의는 혁신에 관한 논의와 함께 전개되어, 산업집적지역에서의 혁신과 공간 관계에 대한 논의들이 여러 분야에서 활발하게 진행되었다. 라젠다이크(A. Lagendijk)는 혁신과 공간과의 관계에 대한 새로운 논의들을 신산업공간이론(new industrial spaces theory), 지구이론(district theory), 혁신환경(milieux innovateur)이론, 클러스터 이론(clustering), 지역혁신체제 이론의 5가지로 크게 분류해 설명하면서 이러한 이론들이 경제적 과정에서 나타나는 경제적·사회적 관계의 네트워크[40] 또는 조직적 관계에 관심을 갖게 되었다고 지적했다.

1980년대 후반 이후 유럽과 미국의 경제지리학에서는 '신산업집적(new industrial districts, new industrial spaces, clusters)'에 관한 논의가 활발하게 이루어졌다. 이러한 논의의 배경에는 대기업에 의한 대량생산체계가 막다른 길에 도달해 국제경쟁이 심해지고 산업공동화의 진전이라는 경제위기가 있었고, 중소기업에 의한 유연적 생산체계나 실리콘 벨리, 제3이탈리아[41] 등의 활력이 있는 지역경제에 주목하

39) 1947년 미국 중북부에 있는 미시간 주 아나버(Ann Arbor)에서 출생했다. 육군 고급장교인 아버지의 근무지를 따라 세계 각지에서 생활했으며, 프린스턴대학 항공기계학과를 1969년에 졸업한 후 경력을 넓히기 위해 하버드 대학 경영대학원을 졸업한 후 1973년 기업경제학의 박사학위를 취득한 후 이 대학의 교수가 되었다.

40) 기업 간의 관계 중 시장과 계층의 중간적 형태를 띠는 것을 의미하는 것으로, 공간상의 다양한 경제주체들 사이의 관계 형성과정과 의사소통 및 정보교환이 이루어지는 사회적 공간을 말한다.

41) 이탈리아 북부는 공업, 남부는 농업이 발달한 반면, 중부는 특징이 나타나지 않았는데, 1970년대 이후 중소기업의 성장, 즉 지역산업집적의 급속한 발달에 따라 경제성장이 나타난 중부 및 북동부 이탈리아는 '제3이탈리아'라고 불린다.

고, 새로운 경제사회의 방향성을 찾기 위한 의도가 받아들여졌다.

한편 크루그먼이나 포터 등 저명한 경제학자나 경영학자가 집적에 관심을 보이고 경제지리학의 의의를 강조한 것도 산업집적의 논의를 넓히게 하는 데 영향을 주었다. 크루그먼은 무역론과 입지론을 조합시켜 수확체증(규모의 경제)[42]의 공간적 귀결을 산업의 지역적 집중화의 세 가지 요인으로 매듭지었다. 그 첫째가 특수한 기능 노동자의 집중에 의해 노동시장이 형성되는 것, 둘째, 특정 산업에 특화한 비무역 투입재화(지역내 조달된 중간재화나 서비스 등)가 싼값으로 제공될 때, 셋째, 산업집중에 의해 정보의 전달이 효율적으로 잘 이루어질 때(기술의 파급)이다. 이에 덧붙여 마셜은 철도 등 사회적인 경제하부구조의 형성도 중시했다.

1) 마셜과 베버의 집적이론

19세기 말과 20세기 초에 마셜과 베버는 각각 국지화(localization)와 집적(agglomeration)이라는 서로 다른 용어를 사용하면서 집적에 관한 이론의 단서를 열었다. 그 이후 경제지리학에서 입지론을 중심으로 한 다수의 집적론 연구가 축적되어왔다.

마셜의 집적론은 그의 주요 저서인 『경제학원리(Principles of Economics)』(1890) 제10장 「산업상의 조직 속론(續論) 특정지역으로 특정 산업의 집적」에서 주로 그 내용을 전개시켰다. 거기에는 '어떤 특정 지구에 같은 업종의 소기업이 다수 집적한다', '같은 업종의 집적'이 주된 대상으로 그 외부경제에 중요한 주제로 취급되어 왔다. 이에 대해 내부경제에 해당하는 개별 기업에 의한 규모확대는 집적이라고 생각하지 않는 점에 먼저 주의할 필요가 있다.

집적의 이점은 자연스러운 기술의 전파나 기술혁신의 가능성, 보조산업의 발달, 비싼 가격의 기계를 경제적으로 이용하거나, 특수한 기능을 갖고 있는 노동자의 노동시장이 존재하는 등이 있다. 이에 대해 불리한 점은 특정 노동력의 과대 수요나 지대의 상승, 수요가 적어지고 원료가 감소함에 따른 저항력의 약화를 들 수 있다. 집적의 불경제를 불러오는 부(負)의 외부성 사례로는 공장에서 발생하는 대기오염이 있다.

먼저 베버의 집적론 단계 구분은 저차 단계로 경영규모를 확대하는 규모의 내부경제와 그 다음 고차 단계로 수 개 경영의 접근이 이루어지는 규모의 외부경제로

42) 투입량이 일정비율로 증가함에 따라 산출량은 일정비율 이상으로 증가하는 경우를 말한다. 지적자본은 수확체증의 법칙이 적용된다. 그 예로 기업 종업원의 업무처리과정에서 얻는 지식이나 노하우는 그것을 쓸수록 더 발전하고 새로운 노하우를 발견하는 토대가 된다. 왜냐하면 지적 자원은 제한된 자원이 아니기 때문이다.

〈표 7-10〉 베버와 마셜의 집적론

구분	베버	마셜
범위	같은 업종 공장의 규모 확대나 통합에 대해 규모의 확대를 집적의 하나의 과정으로 봄	같은 산업의 지역적 집중에 의한 이익이나 지역적 특색에 대해 규모의 확대와 집적을 구분
공통점	경제적 요인에서 집적을 설명	
차이점	공장의 규모확대와 공장 간의 접근에 의한 비용절약을 주로 취급	같은 산업이 지역적으로 집중함으로써 여러 가지 장점을 외부경제로서 취급

주: 규모의 확대는 접촉의 이익에 기인하는 것과 생산량의 확대와 더불어 규모의 경제를 일반적으로 확대하는 것이 있다.

구분된다. 그리고 베버의 집적론은 연역적이며 양적으로 계량화가 가능한 집적인 자로서 엄밀한 논의를 맞추고 있다. 그것도 운송비나 노동비라는 다른 입지인자와 관련지어서 검토하고, 종합적·체계적으로 입지를 파악했다. 그럼에도 불구하고 주로 일정한 기술체계를 전제로 같은 업종의 공장규모 확대 또는 복수 공장의 통합에 대해 논의를 전개하고, 혁신하는 등의 동태적인 관점이나 다른 업종·기업의 집적에 관해 고찰하는 점은 충분하다고 할 수 없다. 여기에서 베버와 마셜의 집적론을 비교해보면 〈표 7-10〉과 같다.

2) 베버와 마셜 이후의 집적이론

베버와 마셜 이후의 집적이론은 집적론의 대상범위를 확대시키는 것과 함께 규모 집적에 관한 최적 집적의 문제나 분산 가능성의 문제를, 또 경영 기업수 집적에 관해 복수기업의 의사결정 문제나 접촉의 이익 내용 파악상 문제를 각각 취급해왔다. 또 동태인 집적론을 발전시키려는 움직임도 나타났다.

최근 산업지구(industrial districts)론[43]에서는 유연적 전문화 등의 생산 시스템의 특성, 개인적 관계, 사회나 문화 등의 지역에서의 '기술혁신 풍토' 등 여러 가지 관점이 지적되어왔다. 이러한 다양한 접근방법은 마셜 계보에 연결되는 것으로 위치지을 수가 있으며, 총괄적으로 집적의 이익에 대해 엄밀한 규정이 결여되어 있고, 비경제적인 요인이 강조되어 지역의 개성이 많이 강조되어왔다.

43) 산업지구론은 1919년 마셜이 저술한 『산업과 무역(Industry and Trade)』에서 혁신에서 지리적 공간을 중요하게 취급한 데에서 시작된다.

3) 유럽과 북아메리카에서의 신산업집적론

《표 7-11》에서 가로축은 집적이 경제활동 전반에 작용하거나, 기업 간·산업 간 관계에 작용하는가의 차이를 나타내고, 세로축은 집적이 거래관계 등의 정태적인 효율성을 향상시키거나 지식의 축적이라는 동태적인 개선을 가져오는가의 차이를 나타낸 것이다.

전통적인 집적론에서는 운송비의 절약이나 규모의 경제 등 효율적인 관점을 고려해 제조업지대나 메트로폴리스의 형성을 논해왔다. 이에 대해 좀 더 변화가 심한 오늘날의 집적론은 세계를 반영하는 유연적 생산체계의 개념이 중시되고 오른쪽 밑의 칸과 같이 지역적 생산체계(regional production system)나 산업지구라는 신산업집적이 주목을 받고 있다.

나아가 최근에는 집적이익은 순수 경제적인 것보다는 사회적으로 좀 더 촉진되는 것으로 생각되는 학습이나 창조, 혁신을 달성한 공간배치에 역점을 두게 되었다. 이러한 관점은 아래 줄에 나타내었는데, 그중에서도 오른쪽 칸과 같이 공간집적이 새로운 접근방법으로 주목된다.

이들 신산업집적에 관한 여러 가지 학설 중에서 아래에서는 피오리와 사벨(M. J. Piore and C. F. Sabel) 등의 유연적 전문화와 산업지구론, 기업관계에서 본 집적론의 두 가지를 종래의 집적이론과 관련지어 각각 특징과 문제점을 살펴보기로 한다.

〈표 7-11〉 집적의 여러 가지 힘과 공간집적

구분	일반적 경제활동의 집적	관련 기업·산업의 공간집적
거래 효율과 유연성	제조업지대: 울먼(E. L. Ullman), 크루그먼 메트로폴리스 프레드, 뮈르달(K. G. Myrdal), 허쉬먼(A. O. Hirschman)	지역적 생산체계: 스콧, 스토퍼 산업지구(industrial districts): 피오리와 사벨
지식 축적	창조 지역(creative region): 앤데르슨(A. K. Andersson) 기업가 지역: 조한니센(J. Johannessen)	학습지역(learning region): 색서니언(A. Saxenian) 혁신 풍토(innovation milieu): 에이다롯(P. Aydalot), 메이랫(D. Maillat) 산업 클러스터(industrial cluster): 포터

자료: Malmberg, Solvell, and Zander(1996: 89).

(1) 유연적 전문화와 산업지구론

산업지구에 대한 연구가 활발하게 된 계기는 1984년 피오리와 사벨에 의해 출판된 『제2의 산업분수령(The Second Industrial Divide)』에 의해서다. 그들은 기술적 발전이 어떠한 경로를 취할까를 결정하는 짧은 순간을 산업분수령(industrial divide)이라고 부르고, 산업혁명에 의해 대량생산체계가 지배적이었던 것이 제1의 산업분수령인 데 대해 오늘날 우리는 제2의 산업분수령을 통과하고 있다고 주장했다. 산업지구의 성질은 첫째, 시장에 대한 유연적 대응, 둘째 넓은 적응력을 갖는 기술의 유연적 이용, 셋째 기업 간 협력과 경쟁을 조정하는 지역협력조직의 창조와 영속적인 혁신을 들 수 있다.

유연적 전문화를 다른 생산 시스템과 비교하면서 그 특징이나 위치를 확인해보면 〈그림 7-49〉와 같다. 그림에서 수공업·수공업적(craft) 생산에서는 단위당 생산비의 변화가 없는 데 반해 전용기계에 의한 대량생산에서는 생산규모가 증가함에 따라 단위당 생산비가 저하된다. 이러한 수공업적 생산에서 대량생산으로의 전환은 산업혁명을 의미하고 이 시기를 피오리와 사벨은 제1의 산업분수령이라 불렀다. 이에 대해 1970년대 이후 선진공업국가들에서는 대량생산과 대량소비라는 호경기를 형성한 포드주의의 문제가 발생했다. 생산 측면에서는 아시아의 신흥공업경제지역군 등과의 비용경쟁이 노출되고, 생산성 상승과 임금 상승에서 한계가 나타나게 되었다. 소비 측면에서는 대량소비 대신 다품종 소량소비가 보급되었다. 대량생산체계 대신 다품종 소량 생산 또는 다품종 변량(變量) 생산이 지배적인 가운데서 대량도 소량도 아닌 생산규모 수준에서 단위당 생산비가 가장 낮은 것이 컴퓨터에 의한 프로그램 제어로 생산하는 것이었다. 이러한 수치제어 공작기계나 유연적 제조시스템(flexible manufacturing system) 도입에 의한 극소전자혁명은 제2산업분수령에 해당한다.

피오리와 사벨은 이러한 대량생산체계가 위기를 맞은 상황에서 예외적인 성공사례로 제3이탈리아를 들어 이탈리아 중부 프라토(Prato)의 직물생산지대를 상세하게 소개했다. 그곳의 성공요인으로 신축성이 풍부한 시장으로의 전환, 일관생산의 큰 공장 해체와 작은 공장의 네트워크 재편, 전시회나 견본시(sample fair)에서 주문을 받고, 산지기업의 조직화나 조정역할을 행한 '임파나토리(impanatori)'[44]의 존재, 공동체적 결합, 지방자치단체의 역할 등을 지적할 수 있다. 또 1990년대 이후

44) 임파나토리는 지구 내에 분화되어 있는 생산체계가 국제적으로 경쟁력을 가진 시스템이 될 수 있게 하는 핵심주체이다.

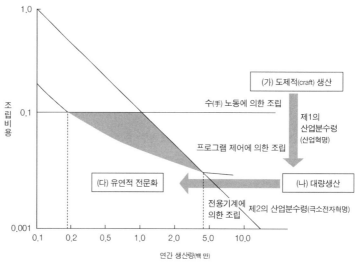

〈그림 7-49〉 연간생산량에 대한 조립비용의 비교

자료: Piore and Sabel(1984: 332).

중국기업과의 경쟁이 심해진 가운데 제3이탈리아 산지에서는 분업에 의한 유연적 전문화가 아닌 중핵기업에 의한 일관생산화로 생존을 꽤하는 움직임이 나타났다.

　다음으로 지역의 자립을 고려할 경우 먼저 염두에 두는 것은 기초적인 생활권, 즉 구체적으로는 산업·기업의 집적지역을 중심으로 한 통근권이라는 비교적 협소한 산업지구일 것이다. 이러한 산업지구의 공간적 형태를 단적으로 나타낸 것이 마르쿠젠(A. Markusen)이 제시한 서치라이트(search light) 거점형 산업집적의 유형이다(〈그림 7-50〉). 이러한 산업지구는 현실의 산업지구보다는 다양하고, 그림 중에서 원이나 선으로 나타낸 기업의 특성이나 기업 간 관계는 좀 더 복잡하다. 먼저 마셜(Marshallian)형 산업지구는 중소기업의 수평적 결합관계로 특징지을 수 있는데, 제3이탈리아 산업지구, 동대문 의류단지가 이에 해당한다. 허브-스포크(hub-spoke)형 산업지구는 대기업과 관련된 하청기업군으로서 도요타가 해당되고, 대표되는 공업도시로는 시애틀과 울산이 있다. 또 위성(satellite)형 산업지구는 지역 내보다는 외부 본사나 같은 기업의 다른 지역 공장과의 관계가 밀접한 분공장경제로 대표적인 지역은 말레이시아의 페낭, 산업단지 초기의 창원이 이에 해당한다. 그밖에 첨단기술(technopolis)형은 완벽한 네트워크체제를 갖춘 산업지구로, 공급자와 고객을 연결하는 국지적·비국지적 차원의 네트워킹이 기업 간 협력, 생산과 서비스의

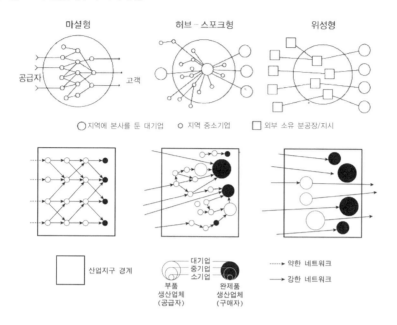

〈그림 7-50〉 산업지구의 여러 유형

주: 위 그림 중의 큰 원은 산업지구 경계를 나타냄.
자료: Markusen(1996: 297).

합작투자, 노동력의 공동이용, 전략적 제휴로 긴밀하게 구축된 것이다. 그리고 산업협회와 공공기관은 기업 간 공동작업을 조정하고 서비스를 제공하는 데 중요한 역할을 한다. 이러한 첨단기술 산업지구의 대표적인 예는 미국 캘리포니아 주의 실리콘밸리이다.

글로벌 경쟁의 심화 속에서 이들 산업지구는 각각 변화를 재촉하고 있다. 예를 들면 마설형 산업지구에서는 해외로부터 경합품 수입이나 지역 기업의 해외진출에 의해 중소기업 간 도태·차별화가 진행되어 집적 전체의 활력이 약체화되는 지역이 적지 않다. 또 허브-스포크형 산업지구에서는 많은 대기업이 해외에서 현지 생산을 진전시켜 국내공장이 축소·폐쇄된다. 이들 지구에서는 지역에 뿌리내린 기업가군의 존재가 지역의 자립에 의해 점점 중요해진다. 지역 본사 기업의 기술 개발력과 새로운 사업 전개, 글로벌 네트워크의 구축이 요청되고, 그러한 기업을 자금·인재·기술면에서 지원하는 충실한 체제나 제도가 필요하게 된다.

이들에 대해 위성형 산업지구에서는 공장폐쇄나 종업원 감축을 어떻게 억제하고, 분공장과 그 지역 중소기업과의 관계를 어떻게 긴밀하게 할 것인가가 중요하다. 양산거점의 해외 이전이 진행되는 가운데 국내의 분공장을 모 공장의 역할을 하게 하고, 양산기술의 유지나 공정혁신을 목적으로 연구·개발기능을 가지며 해외 연수생을 받아들이는 거점기능을 부여하는 경우도 적지 않다. 이러한 분공장경제의 진화과정에도 주목해 지역의 자립적 발전 전략을 생각하는 것도 중요하다. 산업지구의 접근방법은 최근 점점 다양화되고 있는데 다음과 같은 연구 관점이 있다.

① 착근성 개념의 도입

착근성(embeddedness) 개념은 경제사회학자 폴라니(M. Polanyi)와 사회학자 그라노베터(M. S. Granovetter) 두 사람의 연구에 의한 것이다. 착근성이란 경제활동이 사회적·문화적·정치적 시스템과 구별 없이 결부되어 있는 것을 나타내는 개념이다. 이 개념은 당초 사회학자가 사용한 것이지만 경제지리학에서는 공간적·역사적으로 위치한 비경제적 요인이 기업이나 산업, 지역발전에 어떤 영향을 미치는가를 연구할 때 적극적으로 사용되어왔다.

해리슨(B. Harrison)은 유연한 생산 시스템이나 산업지역의 발전에서 착근성의 역할을 검토했다. 그는 착근성이 산업지역을 성공시키는 데 중심적 역할을 한다고 하지만, 이러한 착근성은 기업 간 네트워크를 통한 경험의 공유나 신뢰, 협동적 경쟁을 통해 달성되는 것이라고 했다. 이러한 네트워크나 상호신뢰의 관계성은 거래비용의 감소, 지식의 일출이나 전문화된 노동력 시장 같은 마셜적 외부경제를 만들어내는 것이 가능하다. 해리슨은 최근 산업지역에 관한 논의가 좀 더 질적인 것을 중시하는 경향이 있다고 지적하고 신고전학파의 집적이론과 신산업집적이론이 다르다는 것을 이해하는 열쇠로 그라노베터의 착근성을 들었다. 그라노베터는 윌리엄슨(O. H. Williamson)의 한정 합리성과 기회주의에 의거한 시장과 조직의 접근방법에 대해 기업 간 및 기업 내부의 개인적인 관계와 관계의 네트워크를 중시하는 견해를 제시했다. 신산업지역론에서는 이러한 관계의 네트워크가 어떤 공간적 범위와 특징을 갖고 있는가에 주목한다. 이를테면 비교적 좁은 지역 내에서의 기업 간, 개인 간의 독특한 신뢰(trust)관계에 초점을 두고 산업지역의 우위성을 설명하는 것이다. 이러한 네트워크가 형성되어 산업지역이 뿌리내리는 것을 착근성이라한다.

그라노베터는 조직과 산업 내에서 성과나 혁신[45]에 대한 기업 내·기업 간 네트워크 영향을 분석한 사회학적 연구를 통해 이를 확장시켰다. 네트워크 유대의 착근 또는 결속은 신뢰성이 있고, 안정된 비즈니스 관련성을 만들기 위한 본질적인 요소이다. 그러나 창업가나 기업 또는 개인도 새로운 정보 기원으로의 접근을 유도하는 약한 유대[46]를 기대한다. 또 착근성은 소비자 선택이나 이민의 생활전략, 글로벌 무역의 유동에 영향을 끼쳐 정부 간 관계성에 대해서도 영향을 미친다. 타이완의 신주(新竹)과학단지의 기술빌진은 이 단지와 실리콘밸리 사이의 민족 네트워크를 통해 실리콘밸리에 착근된 자본, 기술, 전문적 지식(know-how)이 이동함으로써 이루어졌다.

착근성의 개념은 어떻게 하면 경험적 연구에서 착근성의 개념이 검증되고, 착근성 연구가 일반적으로 행해지는 스케일, 그리고 가장 대국적인 지적으로서 착근성의 개념이 경제지리학이론에 유용하게 지속될 수 있을까라는 점이다. 이를 위해 먼저 방법론적으로 착근성의 역할을 정확하게 측정할 척도나 지표를 개발해야 한다. 그리고 국지적 활동에 초점을 둔 착근성의 연구는 사회적 착근성에서 좀 더 큰 스케일로 문화적·정치적·사회적인 제도나 행위자의 정체성, 세계에 관한 이해를 만들어내는 여러 속성과 관련지어야 한다. 그리고 착근성의 개념은 지리학이 장소·지역·공간에 위치하는 경제적 행동을 검토할 때 중요한 개념적 렌즈로서의 기능을 할 것이다.

② 풍토

풍토(milieu)는 복잡계 과학의 개방계(open system) 개념으로 도입되어 풍토의 한계를 초월하기 위해 풍토 외의 주체와의 네트워크를 시야에 넣어 모델을 구축한 것이다. 신산업지구의 우수성을 경제적 측면만이 아닌 사회·문화·제도적 측면 등에 주목해 좀 더 넓게 파악하려는 경향이 강하게 나타나는 경우 풍토라는 용어를 잘 사용한다. 그중에서도 1980년대 설립된 제레미(Groupe de Researche European sur les Milieux Innovatuers: GREMI)[47]는 풍토의 관점에서 실태 파악이나 정책제언을 적극적으로 행했는데, 같은 그룹의 연구자인 카마니(R. Camagni)는 로컬 풍토(local milieu)라는 용어를 사용했다(〈그림 7-51〉). 카마니는 로컬 풍토를 일반적으로 생산 시스템, 여러 가지 경제적·사회적 행위자, 특정 문화, 표상(表象) 시스템을 포함하

45) 혁신은 비연속적인 급진적(radical) 혁신과 연속적이고 점진적(incremental) 혁신으로 구분할 수 있다. 급진적인 혁신은 기존 제품의 기치의 진부화나 파괴를 동반하는데 대해, 점진적인 혁신은 기존 제품이나 생산 공정의 개량·개선을 포함하는 것이다.

46) 유대는 신뢰, 사회경제적인 상호의존성, 문화적 일체성, 권력관계, 경험의 공유를 통해서 만들어내는 개인 간의 강한 관계성을 말한다. 그러나 약한 유대에는 통상 이러한 성격은 거의 없지만 다른 속성의 사람들, 조직, 장소와의 새로운 것으로 지금까지 없는 연결을 가져온 것이라 할 수 있다.

47) 혁신형태에 대한 연구를 위해 유럽의 15개 연구팀을 구성해 경험조사를 수행했다.

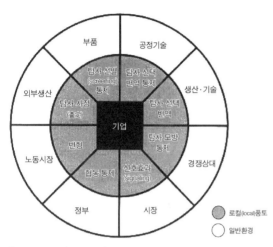

〈그림 7-51〉 풍토의 불확실성 저하 기능

부품
공정기술
탐사 선별
(screening)
통제
탐사 선택
변역 통제
생산·기술
외부생산
탐사 사정
(출력)
기업
탐사 선택
변역
탐사 모방
통제
노동시장
변형
협동통제
신호효과
(signaling)
경쟁상대
정부
시장
로컬(local)풍토
일반환경

자료: Camagni(1991: 133).

48) 윌리엄스는 거래기업 생산시설의 지리적 근접성을 의미하는 입지 특화성(site specificity)이 신뢰구축에 중요한 영향을 미친다고 보았다. 지리적 근접성 이외에 조직적 근접성, 제도적 근접성도 있다.

고, 역동적인 집합적 학습과정을 나타내는 곳의 영역적 제 관계의 집합이라고 하고 그 역할을 두 가지로 설명했다. 하나는 집합적 학습과정, 그리고 다른 하나는 불확실성을 나타내는 여러 요소의 삭감과정이다. 카마니는 창조성과 연속적인 혁신은 집합적인 학습과정이라고 하고 공간적 근접성(proximity)[48]을 중시했다. 그것에 따라 정보교환이 용이해지고, 문화적·심리적 태도의 유사성, 개인 간 접촉과 협력의 빈도, 여러 요소의 가동성의 밀도가 높아진다.

색서니언은 지역의 우위성을 설명하는 데 종래 외부경제 등의 개념은 거의 역할을 하지 못했다고 지적하면서 내부경제와 외부경제의 이론적 구분도 부정적으로 보는 관점을 나타냈다. 그리고 지역의 조직이나 문화, 산업구조, 기업의 내부구조라는 세 가지 측면에서 구성되는 지역산업체계에 착안해 실리콘밸리와 보스턴의 루트 128연선(沿線)과의 대조성을 상세하게 기술했다. 이러한 산업지역의 우위성을 경제적인 측면만이 아닌 사회·문화·제도 측면 등에 주목해 좀 더 넓게 파악하는 경향이 강하게 나타나 풍토라는 개념이 잘 이용되고 있다. 풍토는 혁신과 결합되어 기술혁신의 풍토라고 표현되고, 이것이 풍토를 만드는 지역정책의 목표가 되는 것이 많다.

③ 학습지역

학습지역(learning region)이란 용어를 처음 사용한 사람은 플로리다(R. Florida)이고, 이 개념은 플로리다나 어세임(B. T. Asheim)이 제시한 것을 바탕으로 한다. 그들은 글로벌시대에 지식 집약적인 자본주의의 새로운 시대에서 지식의 창조와 학습의 근거로서 지역이 중요하다는 점을 강조하고 이러한 지역을 학습지역이라 불렀다. 학습지역은 지식을 수집하고 축적하는 기능을 주는 것과 동시에 지식 등의 유동을 쉽게 하는 인프라를 제공하는 것으로 파악했다.

이 학습의 개념은 습숙(習熟)곡선(learning curve)으로 대표되는 포드주의와는 다르고 애프터 포드주의에서 개인적·조직적 학습, 시장거래에서의 학습, 네트워크 학습, 공간적 학습, 학습 인프라 스트럭처(infrastructure)라는 다양하고 중층적인 방법으로 파악하는 것을 지적하고 있다. 네트워크 학습에서는 산업지역에서의 신뢰나 호혜주의의 역할, 공급자와 제조업자와의 장기적 협력에 기인한 '관계특수기능(技能)'[49]에 주목한 학습이 논의되어 제3이탈리아[볼로냐 에밀리아 아레초(Bologna Emilia, Arezzo)]나 실리콘밸리의 사례가 소개되었다(〈그림 7-52〉).

룬드발(B-Å, Lundvall)과 존슨(A. L. Johnson)은 지식이 노왓(know-what), 노와이(know-why), 전문적 지식(know how), 노후(know-who)의 4가지 유형으로 이루어져 있다고 하면서, 이 4가지 지식이 잘 교환되어 이를 바탕으로 학습이 이루어질 때 혁신이 창출된다고 주장했다. 여기에서 노왓, 노와이 지식은 학교 등의 공식교육에 의해 전달될 수 있는 이른바 형식지(codified knowledge)라고 할 수 있지만, 전문적 지식, 노후 지식은 작업현장에서만 얻어질 수 있는 암묵지(tacit knowledge)[50]라고 할 수 있다.

지식경제화에서 학습의 의미는 통상적으로 지식을 축적하는 과정이고, 또 이것을 변환하는 과정도 여기에 포함될 수 있다. 따라서 학습은 지식경제의 가장 중요한 자원인 지식을 획득하는 과정이고, 그것을 변환해서 새로운 지식을 창출하는 과정이라고 말할 수 있다. 이는 개인이나 조직의 학습능력이 지식경제의 적응력에 그대로 반영되는 것을 의미하기도 한다.

플로리다는 지식경제화 시대에 지역을 지식창조와 학습의 장으로 파악했다. 그리고 지역은 학습지역의 특징, 즉 지식이나 아이디어 저장고로서의 기능을 하고 그 유동(flow)을 촉진하는 환경이나 경제 하부구조를 제공한다고 보았다. 학습지역에서의 혁신은 경제성장의 중요한 원천이고 글로벌화의 수단이라고 위치 지을 수 있다. 또 어세임은 마셜류(類)의 산업지구에 내발적인 기술능력이나 혁신능력을 준비한 형태를 학습지역으로 보고, 중소기업의 집단적 학습능력을 중시하는 이론을 전개했다. 이러한 학습지역론은 지역적인 기술 지원(support), 집단적 학습, 경제발전으로 전략적 초점을 맞춘 제도의 구조적 조합이나 네트워크를 논한 것이고, 지역적인 혁신이 발생하는 시스템을 파악하려는 것도 있다.

학습지역론이 등장하면서 기존의 집적이론이 설명하지 못했던 좋은 산업집적(good industrial agglomeration)의 모델을 제시할 수 있었고, 경제지리학이 지역정책에 크게 기여하게 되었다. 그리고 학습지역론은 기존의 산업집적보다 첨단기술 산

49) 육체적·정신적 작업을 정확하고 손쉽게 해주는 기술상의 재능을 말한다.

50) 암묵지의 개념을 처음 제시한 사람은 철학자 폴라니이다. 인식에 판단기준으로 속인적(屬人的)인 것이고, 개인의 경험, 내면이나 기술을 포함하는 지식형태라고 생각할 수 있다. 이 때문에 암묵지는 언어화 등 형식화하기 어렵고 다른 사람에게 전달하기도 쉽지 않다.

<그림 7-52> 이탈리아의 신산업지구

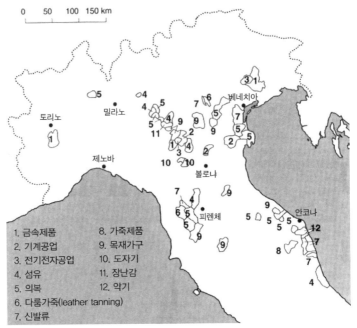

1. 금속제품
2. 기계공업
3. 전기전자공업
4. 섬유
5. 의복
6. 다룸가죽(leather tanning)
7. 신발류
8. 가죽제품
9. 목재가구
10. 도자기
11. 장난감
12. 악기

자료: Amin(2000: 155).

업뿐 아니라 비첨단기술 산업에도 적용될 수 있다.

그리고 학습지역은 암묵지와 형식지 사이의 지속적이고 복합적인 상호 학습과 정과 지식 변환과정(knowledge conversion)을 거쳐 새로운 집단적 지식을 창조하는 과정을 겪는 지역을 의미한다. 주로 집단적 암묵지 형태로 존재하기 때문에 지속적인 상호학습이 필요하고 상호학습은 따라서 사회적·공간적 근접성 및 공유지식과 공동의 언어가 필요하다. 근접성을 근거로 한 공유의 언어와 공유지식 및 집단적 암묵지는 영역적 한계를 가지고 있고, 영역적으로 균등하지는 않다. 집단적 지식의 우위성을 가지고 있으면서 지속적인 상호학습 및 집단학습을 통해 지식 창조과정을 겪는 지역을 학습지역이라 할 수 있다. 그러나 이때 지역의 제도요인도 간과할 수 없는 학습지역의 요인임을 알아야 한다.

이러한 면에서 문화산업은 암묵지에 의한 학습지역으로 산업집적지역을 형성한다. 문화산업집적지역, 나아가 산업집적지역은 내부와 외부 사이에서 적극적으로 정보를 교환하고, 그곳에서 발생시킨 새로운 형식지를 지역 내부에서 실천함으로써 집적지역도 존립할 수 있다. 이와 같은 의미에서 산업집적지역과 지식창조와의 관계를 파악하기 위해서는 지역 내 개인이나 조직의 연결 관계에만 초점을 둘 것이 아니라 지역 외의 개인이나 조직과도 어떠한 관계로 연결되어 있는가에도 주의를 기울일 필요가 있다. 지속하는 산업집적지역은 집적지역 외의 세계와의 인적 교류 및 이동이 활발해야 할 것이다.

(2) 기업관계에서 본 집적론

① 스콧의 신산업공간

신산업공간이란 산업과 기업의 조직특성에 착안한 것으로 생산공정의 수직적 분리(vertical disintegration)와 분리된 기업 간 유연적 거래, 거래비용[51]을 최소화하기 위한 기업 간의 지리적 집적에 의해 이루어진 공간이나 중소기업[52]이 유연적 전문화가 진전됨에 따라 산업집적이 진행되고 있는 지역을 말한다. 이 이론은 시장의 불확실성이 산업집적을 가져왔다는 것으로 1980년대 초 경제성장의 공간적 불균형을 설명하기 위해 경제지리학 분야에서 제기된 것이다. 샌프란시스코의 캘리포니아 대학 지리학자 스콧은 기업조직론과 기업입지에 초점을 둔 이론 연구와 로스앤젤레스 대도시권에서의 공업에 대한 실증적 연구를 1980년대에 정력적으로 진행해 신산업공간론을 제기했다. 대체로 새롭게 형성된 전문화된 중소기업들이 상호 착근성의 네트워크를 형성해 유연한 고용 이동과 빈번한 기술혁신을 통해 생산 및 고용의 면에서 성장을 나타내는 국지화된 신산업공간론의 특징과 문제점을 보면 다음과 같다. 첫째, 스콧의 집적론은 베버의 집적론의 연장선상에 위치 지을 수 있다. 둘째, 스콧의 집적론의 특징은 기업 간의 관계를 근접성(proximity)에 착안한 것으로 코스(R. Coase)에 이어 윌리엄슨에 의해 발전한 거래비용론[53]을 바탕으로 설명한다고 지적하고 있다. 일반적으로 기업의 거래비용은 기업 외부에 있는 시장을 통해 거래비용을 낮추는 경우에 생산공정의 수직적 분리가 나타난다. 여기에서 스콧의 유연적 생산은 수직적 분리를 증대시킨다는 견지에서 본 것이다. 셋째, 동태적 관점의 존재도 스콧의 집적론의 특징이라고 말할 수 있다. 사회적 분업은 공간적 집적을, 집적은 나아가 사회적 분업을 가져와 내적인 에너지가 고갈될 때까지 이 순환은 계속된다고 말하는 것과 같이 누적적인 집적의 진행과정이 지적되고 있다.

51) 기업 운영과 직접적으로 관련이 있는 비용은 생산비용과 관리비용(governance cost)으로 구분된다. 관리비용은 다시 기업 내에서 경영 계층조직에 의해 내부적으로 수행되는 조정비용(coordination cost)과 시장에서의 거래에 의해 외부적으로 수행되는 거래비용(transaction cost)으로 나뉜다.

52) 중소기업에 대한 이론으로 첨단산업은 첫째, 디자인 집약적 크래프트(craft, 수공업) 산업으로 대도시 도심지역(inner area)에 전개되는데, 제3의 탈리아지구가 그 예다. 둘째, 대기업의 후진 부문인 각종 첨단산업(high-technology)은 대도시 교외에 입지하는데, 실리콘밸리가 그 예이다. 셋째, 서비스·금융 서비스업은 CBD에 입지전개가 이루어진다.

53) 사회·경제적 측면에서 신뢰 수준이 높은 제도 및 규범 발전에 초점을 둔 접근방법이다. 거래비용이란 거래와 관련해 발생하는 비용으로, 거래 상대에 대한 탐색비용(search cost), 계약과 관련해서 들어가는 계약비용(contract cost), 계약을 잘 이행하는지 여부를 감시하고 그렇지 않을 경우 제재를 가하는 데 드는 감시 및 제재비용(monitoring and enforcement cost) 등을 포함한다.

이와 같은 스콧의 집적론에 대해 여러 가지 비판이 있는데, 이를테면 기업 간 거래 내용을 좀 더 상세하게 검토하는 것을 통해 집적론의 진전을 꾀하는 움직임을 주목하게 되었다. 산업지역론에서 이를테면 착근성이나 신뢰성이라는 개념에서 기업 간 관계를 보는 접근방법이나 스토퍼의 접근방법도 이러한 방향성에 위치 지우는 것이 가능하다.

② 스토퍼의 영역화론

스콧과 같은 대학에 근무하는 스토퍼는 캘리포니아 학파라고 일괄하는 경우가 많다. 확실히 기업 간의 관계에 역점을 준 집적론이라는 점에서 두 사람은 공통의 관점을 가지고 있다고 할 수 있다. 그러나 기업 간 관계를 어떻게 파악해 나가느냐 하는 점을 자세히 보면 두 사람의 시각 차이가 있다. 스콧이 거래비용을 축으로 기업 간 관계의 공간적 근접성에 착안한 데 대해, 스토퍼는 인간적 측면에서의 관계성 자산(relational assets)[54]이라는 관점에서 영역화(territorialization)[55]를 들고 있다. 즉, 개인적인 관계나 평판, 관습 등 거래관계의 질적인 측면을 중시하고 있다는 점이 스토퍼의 특징이다. 영역화의 설명에 대해서도 투입·산출관계의 근접성에 의한 것이 아니고, 조직과 기술의 비교역(非交易) 또는 관계적 국면에서 근접성이나 관계적 자산에 의한 것이라는 점을 주목한다. 스토퍼는 국지화된 능력의 특성과 지역특유의 자산을 거래상의 상호의존성(traded interdependencies)과 거래 외의 상호의존성(untraded interdependencies)으로 구분했다. 전자는 물적인 교환을 강조하고, 후자는 정보의 교환을 강조한다. 스토퍼는 기업가정신과 유연성, 노동관습, 수직적 및 수평적인 기업 간 관계, 기업 간 경쟁의 본질과 기업 간 관계성의 본질을 조합시킨 다면적인 분석을 제언했다.

③ 포터의 산업 클러스터

경영전략론으로 알려진 하버드 비즈니스 스쿨의 교수인 포터는 1998년에 출판한 『경쟁론(On Competition)』의 제7장 클러스터와 경쟁에서 산업집적에 관한 논의를 본격적으로 전개했다. 여기에서 산업 클러스터는 어떤 특정 분야에 속하고, 상호 관련된 기업과 기관으로 구성되며 지리적으로 근접한 집단이다. 이들 기업과 기관은 공통성이나 보완성에 의해 결합되어 있다. 클러스터의 지리적 범위는 하나의

54) 효과적으로 유연하게 혁신을 조정하는 제도의 진화를 지지(支持)하는 것으로, 기업, 사업소 등의 행위자(actor)의 행동능력을 형성시키고 지역을 발전을 하도록 하는 여러 가지 제도나 제 관계를 말한다. 관계성 자산은 경제적 요소와 결부된 네트워크에 착근되어 신뢰·협동·상호관계가 전제가 되어 장소에서 거래 외의 상호의존성의 창조를 이끄는 것이라고 할 수 있다.

55) 자기주변에서의 안전감과 안락함, 정체성을 얻고자 하는 과정에서 공유된 공간과 상호정체성에 대한 대중적 이해(해석)를 가지게 되는데서 연유한다. 이러한 영역감은 반드시 행정경계, 지리적 경계와 일치하지 않으며 공동체의 결속력(응집강도)여부와 결부되는데, 결속력의 측정지표로 패시언(M. Pacione)은 이웃에 대한 애착, 우정, 근린단체의 참여, 근린시설의 이용, 거주의 지속성 등을 들고 있다.

도시와 같이 작은 것부터 국가 전체 또는 몇몇 인접 국가의 네트워크에까지 미치는 경우도 있다고 했다. 즉, 기업과 관련기관이 상호 관련해 지리적으로 집중하는 것이라고 정의했다.[56] 클러스터는 깊이나 고도화의 정도에 따라 여러 가지 상태를 취하지만 대개의 경우 최종제품 또는 서비스를 제공하는 기업, 전문적인 투입자원·부품·기기·서비스의 공급업자, 금융기관, 관련업계에 속하는 기업이라는 요소로 구성된다고 규정했다. 그 밖에 하류산업(유통경로나 고객)에 속하는 기업을 위시해 보완제품 메이커나 전용 하부구조의 제공자, 업계단체나 클러스터의 구성원을 지원히는 민간단체, 게다가 전문적인 정보나 기술적 지원을 제공하는 대학이나 정부 등의 기관 등도 클러스터에 포함된다고 하지만, 클러스터는 직접적으로 다이아몬드의 한 각(角)을 차지하는 관련·지원기관에 불과하다. 그러나 그곳에 입지를 함께 한다는 상황에서 발생하는 외부경제나 여러 종류의 기업 간, 산업 간 일출뿐 아니라 인간의 교제, 직접적으로 얼굴을 마주보는 커뮤니케이션, 개인이나 단체의 네트워크를 통해 상호작용이 작용하는 것으로 부분의 총계보다도 큰 장점이 창조되는 되는 것을 중시했다. 또 포터는 클러스터를 경쟁적이고 협력적이기도 한 특정 분야에서 상호적으로 결부된 기업군, 전문 공급자, 사업소 서비스업, 관련 산업에서 기업군, 관련 조직(대학, 사업자 단체 등)의 지리적 집합이라고 했다. 또 특정 사업영역의 가장자리에서 일어난 경쟁적 성공의 임계량이라고도 표현했다. 그리고 클러스터는 혁신, 생산성 향상, 새로운 사업의 성립이라는 순서로 영향을 미치는 미시경제적인 사업 환경이라고 설명한다. 포터의 클러스터는 혁신을 육성하는 장소가 되어 성장하는가 하면 다른 한편으로는 고착성의 어려움으로 쇠퇴에 직면한다고 지적했다.

포터는 클러스터에 관해 이론의 역사적인 조사를 행하는 가운데 경제지리학의 연구 성과를 언급했다. 여기에서 지금까지의 집적론이 투입비용의 최소화, 최소비용에 역점을 둔 데 대해 새로운 집적경제의 주안점으로서 비용과 더불어 차별화, 정적(靜的) 효율과 더불어 동적인 학습, 시스템 전체로서의 비용과 혁신의 잠재적 가능성을 들고 있다.

또 경쟁의 지역적 단위로서 클러스터에 주목하는 점도 특징 중 하나이다. 포터는 국가경쟁우위를 나타낸 다이아몬드 시스템을 발전시켜 지역을 기반으로 나타냈다(〈그림 7-53〉). 여기에서 경쟁우위의 입지상 원천은 첫째, 요소(투입)조건, 둘째, 수요조건, 셋째, 관련·지원 산업, 넷째, 기업전략·경쟁상의 맥락 4가지가 정점을 이

56) OECD에서 정의한 클러스터는 부가가치를 창출하는 생산사슬(production chain)에서 연결된 독립적인 기업, 지식창출기관(대학, 연구소, 기업연구소), 중개기관(기술 및 컨설팅 서비스 제공 주체), 소비자들 사이의 네트워크를 말한다.

<그림 7-53> 입지경쟁 우위의 원인

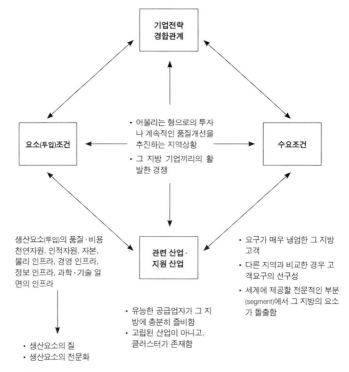

기업전략
경합관계

요소(투입)조건

수요조건

• 어울리는 형으로의 투자
나 계속적인 품질개선을
추진하는 지역상황
• 그 지방 기업끼리의 활
발한 경쟁

관련 산업·
지원 산업

생산요소(투입)의 품질·비용
천연자원, 인적자원, 자본,
물리 인프라, 경영 인프라,
정보 인프라, 과학·기술 일
면의 인프라

• 생산요소의 질
• 생산요소의 전문화

• 유능한 공급업자가 그 지
방에 충분히 즐비함
• 고립된 산업이 아니고,
클러스터가 존재함

• 요구가 매우 냉엄한 그 지방
고객
• 다른 지역과 비교한 경우 고
객요구의 선구성
• 세계에 제공할 전문적인 부분
(segment)에서 그 지방의 요소
가 돌출함

자료: Porter(1998: 262).

론 다이아몬드상 틀에 의거해 생각할 수 있다. 이들 4가지 요소가 산업 클러스터를 형성하는 데 상호작용을 한다. 먼저 요소조건은 특정 산업에서 경쟁하기 위해 필요한 숙련노동력 또는 경제하부구조라는 생산요소에서 국가의 지위를 의미하고, 수요조건은 제품 또는 서비스에 대한 자국 시장의 수요의 성질을 말한다. 그리고 관련·지원 산업은 국가 중 국제경쟁력을 갖는 공급 산업과 관련 산업이 존재하는지 여부를 말하며, 기업전략 경합관계는 기업의 설립, 조직, 관리방법을 지배한 국내 조건 및 국내의 경쟁상대 간 경쟁의 성질을 가리키는 기업의 전략·구조 및 경쟁상 대 간 경쟁상태를 말한다. 그리고 이들 4가지 활동에 의해 짜인 경쟁패턴의 상호관계를 야구장 내야에 견주어 다이아몬드라고 불렀다. 그것이 국가 경쟁우위를 규정하는 메커니즘으로 이를 다음과 같이 설명했다. 즉, 다이아몬드는 상호강화 시스템이다. 하나의 결정요인의 효과는 다른 요인에 부수되어 움직이는데, 예를 들면 수요조건에 혜택이 있어도 경쟁자 간 경쟁상태가 기업의 그것에 대응할 뿐 충분하지 않을 경우 경쟁우위에는 결합되지 않는다. 하나의 요인에서 우위는 또 다른 요인의 우위를 창조 또는 격상시킨다.

나아가 포터는 경쟁우위의 전략(strategy of competitive advantage)에서 가치사슬의 생각을 제시했다. 클러스터론에서는 가치사슬의 중핵활동이 행해지는 장소를 본거지(home base)라고 부르고 이 입지의 중요성을 지적했다. 이어서 포터는 클러스터의 탄생, 진화, 쇠퇴라는 동태적인 과정에 대해서도 지적했는데, 자기강화과정에 의한 성장촉진이나 기술면에서 불연속성이나 클러스터 내부에서의 경직성에 의한 쇠퇴경향 등도 나타냈다.

경쟁에서 클러스터의 의의에 관해서는 세 가지 측면을 지적했다. 첫째, 생산성 향상으로 클러스터를 종업원이나 공급자에게로의 접근 개선, 전문정보로의 접근, 보완성, 각종기관이나 공공재로의 접근, 동기의 향상과 업적측정의 정밀화로 구분해 상세하게 설명했다. 둘째, 혁신의 영향력으로 입지상 혁신에 대한 검토가 이루어졌다. 셋째, 신규 창업과의 관계로 진입장벽이 낮거나 고객 확보 면에서의 유리한 점이 지적되었다.

경제지리학자는 포터의 제언을 이론적이라기보다는 실천적인 것으로서 새로운 주장이라고 특징짓지는 않는다. 그 대신 포터의 공헌은 지적의 중요성을 정책입안자뿐 아니라 기업경영자까지 납득시키는 능력을 보인 것이다. 포터는 분석단위로서의 클러스터가 국제경쟁을 위해 좀 더 좋은 정책을 고안하기 쉽다고 생각하고 클러스터의 번영은 기업의 번영을 위해 중요하다고 했다.

산업 클러스터가 만들어낸 장점으로 포터가 지적한 것은 첫째, 클러스터를 구성하는 기업이나 산업의 생산성을 향상시키고, 둘째, 그 기업이나 산업이 혁신을 진전시키는 능력을 강화하는 것으로 생산성의 성장을 지탱하는 것이다. 셋째, 혁신을 지탱하는 클러스터를 확대하게끔 신규 사업의 형성을 자극한다는 점이다. 이들 세 가지 장점 모두 창조에서도 정보의 자유로운 흐름, 부가가치를 가져오는 교환이나 거래의 발견, 조직 간 계획을 조정하거나 협력을 진전시키는 의지, 개선에 대한 강한 동기 등에 크게 좌우된다는 점에서 그는 주의를 촉진했다. 이러한 클러스터가 만들어내는 장점으로 경제구조만이 아니고 사회구조의 존재도 주의하지 않으면 안 된다는 점을 강조한 포터의 논의는 산업집적의 사회경제학(socio-economics)[57]을 겨냥한

57) 정치·사회·심리학 등의 요소를 종합적으로 수용한 새로운 경제학을 말한다.

<그림 7-54> 산업 클러스터의 특질

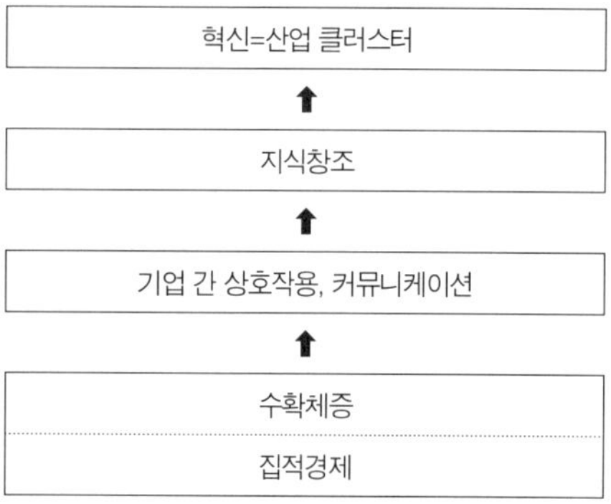

혁신=산업 클러스터

↑

지식창조

↑

기업 간 상호작용, 커뮤니케이션

↑

수확체증
집적경제

시도로 위치 짓는 것이 가능하다. 이러한 포터의 논의는 경제지리학에서 많은 산업집적론이 비용을 낮추는 효과에 초점을 두고 있는 점과는 다르고 오히려 산업집적이 혁신을 지속적으로 만들어내는 모태로서의 역할을 담당하는 점에 특징이 있다.

이러한 점에서 포터의 클러스터 논의는 베버의 최소비용에 바탕을 둔 집적론과 다르고, 생산성이나 혁신의 가능성이라는 관점에서 집적을 설명한다. 그러나 글로벌 경쟁의 기본 단위로서 산업집적을 위치 지운다. 산업 클러스터론은 단지 집적 메커니즘을 문제로 삼는 이론에 그치지 않고 산업집적을 경제지역의 하나의 상태로 위치 지운다는 점에서 경제지역론의 장래를 향한 새로운 전개에도 많은 시사점을 준다고 할 수 있다. 그렇지만 생산성이나 경쟁우위를 어떻게 구체적으로 다른 입지점과 비교·검토하는지 등 아직 막연한 점이 많다. 또 대단히 많은 산업 클러스터의 사례를 들고 있지만 좀 더 엄밀한 클러스터의 정의가 필요하다고 생각한다. 그리고 클러스터론은 현실적이라기보다 분석적인 창작물이라고 주장하고, 포터는 특히 사회적 차원에서의 절충주의, 산업이나 혁신의 폭 넓은 역동성 속에서 클러스터가 위치한다는 특이성의 경시, 맥락이라는 점에서 비판을 받는다.

산업 클러스터의 특질은 혁신 그 자체이다. 혁신기능을 발휘하기 위해 지식창조가 필요하고, 지식창조를 가능하게 하는 것은 기업 간 활발한 상호작용과 커뮤니케이션이고, 이는 집적경제를 바탕으로 수확체증에 의존한다(<그림 7-54>).

포터는 축적양식론과는 별개로 독자의 글로벌 기업의 세계전략을 분석했다. 그 전략에는 세계시장을 상대로 가치사슬을 구성하는 생산·판매·수송 등의 주 활동과 조달·관리·개발 등의 지원활동을 세계적으로 최적지역에 배치하고 조정하는 '최적배치·최적조정전략'과 글로벌 기업의 경쟁우위가 이러한 기업 활동의 글로벌 네트워크 전체에서 일어난다는 점을 논했다. 나아가 기업 내 공간 시스템 중에서 전략이 만들어지는 중핵적인 제품과 공정의 개발이 행해지는 중요한 장소를 본거지라 부르고 본거지가 있는 본국의 역할을 강조했으며, 기업이 속한 특정 산업이나 특정 부분(segment)이 수직·수평으로 결합한 클러스터가 세계적인 경쟁우위에서 가장 중요한 원천이라고 지적했다.

④ 클러스터의 진화

최근 경제지리학에서는 클러스터의 진화와 그 특성에 대한 논의가 활발하게 진행되고 있어 경제공간의 다양한 진화유형을 파악할 필요가 있다. 먼저 멘젤과 포널 (M.-P. Menzel and D. Fornahl)은 기술경로가 하나의 주기를 갖는다고 주장하면서 클러스터의 생애주기(life cycle)는 발생(emergence) - 성장(growth) - 유지(sustainment) - 쇠퇴(decline)의 4단계[58]를 거친다고 하며, 선형적으로 한 방향으로만 진화하는 것이 아니라 진화의 중간 단계에서도 적응(adaptation), 재생(renewal), 변환(transformation)을 통해 전 단계로 돌아갈 수 있다고 했다. 발생 단계는 소수이지만 소기업의 증가추세를 나타내고, 기업이 새로운 기술영역에 접근하면서 이질성이 증가하는 시기로, 이 단계의 클러스터는 인지하기 어렵고 실제 클러스터로서의 역할을 하지 못하기 때문에 거의 연구되지 않고 사후에 파악되는 경우가 많다. 성장 단계에서는 고용자 수가 증가하고 기술경로가 집중된다. 유지 단계에서는 이질성이 감소하고 독특한 경로발전을 형성하며, 쇠퇴 단계에서는 클러스터가 쇠락하면서 회복역량이 감소한다. 이러한 생애주기는 기업의 기술적 이질성이 핵심 프로세스로 작용하는 것에 따라 결정된다. 기업 수, 고용자 수의 증감과 같은 양적 지표와 더불어 지식의 다양성과 이질성 같은 질적 자료를 통해 클러스터의 발전 단계를 파악할 수 있다(〈그림 7-55〉).

58) 클링크와 란겐(A. van Klink and P. de Langen)은 산업클러스터를 개발(development), 확대(expansion), 성숙(maturation), 변화(transition)의 4단계로 나누고, 마틴과 심미(R. Martin and J. Simmie)는 경로형성 전(pre-formation) 단계, 경로창조(path creation) 단계, 경로의존 단계, 경로와해(path decay)의 4단계로 나누었다. 경로이론가들은 산업클러스터 형성에서 대부분 경로의 변화를 설명할 때에 고용과 지식의 다양성, 기술적 다양성의 지표를 사용하지만 외부지식과 기술의 학습 또는 흡수할 수 있는 능력(absorptive capacity)의 지표도 추가할 수 있다.

〈그림 7-55〉 클러스터의 발전과정

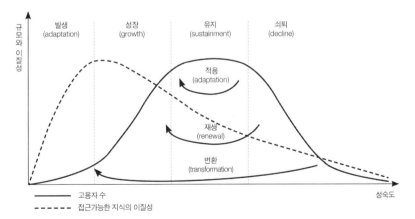

자료: Menzel and Fornahl(2009: 218).

한편 진화론적 경제지리학의 관심사로 최근 클러스터의 진화경로와 생애주기에 대한 많은 논의가 진행되었으며 특정 산업 클러스터가 다양한 경로와 생애단계에 위치할 수 있다고 설명한다. 생애주기 관점은 기업 수, 혁신성, 기술의 이질성, 시장점유율 등 여러 자료를 이용해 클러스터가 발생에서 쇠퇴에 이르는데 4~5단계를 거친다고 해석한다.

마틴과 선리(R. Martin and P. Sunley)는 클러스터 생애주기 관점이 갖는 한계를 지적하고, 생애주기 관점이 설명하지 못하는 경제공간의 다양한 성장경로가 포착될 수 있음을 강조했다. 즉, 생애주기 관점을 따르는 기존 연구들은 클러스터를 산업이나 기술 생애주기와 동일시하는 경향 때문에 산업의 진화 초기 단계에서 클러스터가 누리는 이점이 크지만 이후 산업이 성숙화되면서 기술지식이 동질화되고 클러스터의 이점도 자연스럽게 감소한다는 논의로 전개되는 경향이 있다. 또한 기존 연구 가운데 클러스터 자체의 과정에 주목하는 연구들은 산업 생애주기와 관계없이 해당 클러스터가 갖는 집적경제 또는 집적의 불경제, 국지적 외부성 여부가 클러스터 생애주기에 영향을 미치거나, 또는 군집의 유형이 클러스터 진화에 영향을 준다고 설명한다. 마틴과 선리는 이러한 생애주기 관점에서 진행된 연구들이 제시하는 진화는 특성이 변하지 않는 주어진 개체들이 필연적으로 이전 단계에서 다음 단계로 나아가는 개체 발생적 형태라고 주장한다. 그러나 실제 클러스터 내부는 다양한 기업이 진출입과정을 겪으면서 구성이 변화하고, 그로 인해 클러스터의 속성이 지속적으로 변화하는 경향을 보인다. 이 과정에서 기존 개체의 속성도 변화하는 계통발생학적 진화가 이루어진다는 점을 들어 행위자와 경제공간이 서로 공진화하는 양상을 이해하기 위해 복잡적응계적 사고가 요구된다고 언급한다. 그러나 보쉬마와 포널(R. A. Boschma and D. Fornahl)은 두 관점 모두 클러스터 진화에 기여하는 바가 있다고 언급했다. 생애주기 관점은 클러스터 진화를 발생시키는 일반적인 동학을 설명하거나 특정 클러스터의 궤적을 갖게 하는 환경에 대한 가설 설정에 이점이 있다.

다음으로 적응주기 모델은 클러스터가 갖는 상황 의존적(context dependent) 진화의 복잡성을 설명하는 데 정당성이 더 부여될 수 있다고 할 수 있다. 마틴과 선리는 클러스터 적응주기 모형으로 클러스터의 진화와 역동성을 설명했다. 이는 생태학에서 논의된 위계구조(panarchy) 이론[59]을 응용한 것으로, 마틴과 선리는 경제공

59) 생태계는 생물과 무생물적 환경 간 연관관계가 조직적 위계구조(panarchy)를 형성하는 복잡계이다. 조직적인 위계구조란 종→개체군→군집→생태계에서처럼 하위에서 상위에 이르기까지 각기 서로 다른 특징을 지닌 조직들이 서로 연관관계를 형성하고 있음을 뜻한다. 호링(C. H. Holling)에 의하면, 생태계는 단절적이지 않고 순환성을 가진 순환위계의 형태로, 상위체계와 하위체계가 서로 영향을 주고받으면서 복잡한 피드백 과정을 거쳐 전체 시스템이 구조와 기능을 변화해가는 진화과정을 겪는다고 보았다.

간의 진화가 갖는 다양성을 설명하기 위해 본 논의를 수정해 제시했다. 적응주기 모델은 시스템의 내재된 잠재성(미래 가능한 선택의 범위결정), 시스템의 연결성(유연적인 정도), 시스템의 적응역량[회복력(resilience)]으로 구성되며 이들의 상호영향에 의해 시스템의 미래 상태가 결정된다고 보았다. 내부 구성요소 간 연결성이 커지면 시스템은 유연성이 줄어들어 외부충격에 의해 심한 타격을 받을 수 있고, 재조합에 의해 다양성이 확보되면 생태계의 회복력이 커지는 결과도 가져올 수 있다. 이러한 점에서 적응주기 모델은 성장과 안정성, 변화와 다양성 사이의 상반된 개념을 모두 내포한다. 적응주기 모델은 모든 시스템이 4단계 즉, 성장(r), 보존(k), 와해(Ω), 발생 또는 재조직(α)의 순환 고리를 보이며 성장에서 보존으로 가는 전면순환(front loop)과 더불어 와해에서 재조직으로 이어지는 후면순환(back loop)을 통해 시스템의 다양성이 회복되고 지속가능성을 보인다고 설명한다. 그러나 보존에서 와해 단계로 주기가 이동하는 데 상당한 외부충격이 가해져야 한다고 가정한다. 마틴과 선리는 실제 산업 클러스터를 관찰했을 때 클러스터의 역동성이 외부환경에 끼치는 영향을 간과했다든지 외부충격이 없음에도 클러스터 내부에서 발생한 음의 외부성으로 인해 와해되는 경우가 있을 수 있고, 클러스터에서 외부충격이 어찌 보면 늘 나타나는 문제이기도 하다는 점 등을 언급하며 경제공간의 다양성을 반영한 수정 모델을 제안했다. 마틴과 선리는 실제 현실에서 관찰할 수 있는 다양한 경제공간의 진화경로를 6가지로 제시하고 그 특징과 메커니즘을 설명했다(〈그림 7-56〉, 〈표 7-12〉). 클러스터 변화 지속형의 경우는 고정비용이 적고 유연성이 높은 첨단산업, 특히 서비스업 클러스터에서 관찰될 수 있다. 한편, 정부정책에 의해 추진되었으나

〈그림 7-56〉 클러스터 적응주기 수정 모형

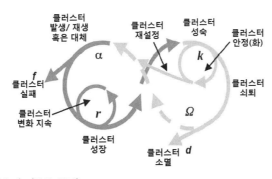

자료: Martin and Sunley(2011: 1312).

〈표 7-12〉 적응주기 모델을 통한 클러스터 진화 궤도 유형과 그 특징

진화 궤도	진화 단계와 특징	가능한 메커니즘
클러스터 적응 주기 완결형 ($\alpha \rightarrow r \rightarrow k \rightarrow \Omega$)	• 발생, 성장, 성숙, 쇠퇴를 거쳐 새로운 클러스터에 의해 대체 • 대체된 클러스터는 기존 클러스터로부터 내려온 자원과 역량을 이용	• 회복력은 각 단계를 거치며 성장과 쇠퇴를 경험 • 클러스터는 내부적으로 경직되거나 수확체증효과가 고갈되는 경우와 외부충격에 대응할 수 없는 경우에 위축 • 클러스터가 쇠퇴할지라도 축적된 자원과 역량은 관련 유사업종의 새로운 클러스터가 발생하는 데 기초가 됨
클러스터 변화 지속형 ($\alpha \rightarrow r \rightarrow r' \rightarrow r''$)	• 발생, 성장을 거쳐 지속적으로 구조적·기술적 변화 도모 • 클러스터는 관련 활동분야들이 연이어 발달하면서 끊임없이 적응, 진화 • 특히 기반기술이 범용적 특성이 있는 경우	• 기업은 좀 더 혁신적이며, 클러스터는 산업특화나 기술체제 측면에서 지속적으로 변화 • 기존 기업으로부터 분리독립(spin-off)*되거나 연구소 및 대학에서 분리신설(spin-out)**하는 비율이 높음 • 클러스터의 회복력이 높은 수준
클러스터 안정형 ($\alpha \rightarrow r \rightarrow k \rightarrow k'$)	• 발생, 성장, 성숙을 거쳐 안정화단계로 진행되며 장기간 안정적인 상태를 유지	• 클러스터는 일정 수준 쇠퇴 단계를 경험할 수 있지만 기업들이 제품 개선이나 틈새시장에 초점을 맞춤으로써 생존 • 클러스터는 어느 정도 회복력이 있지만 잠재적으로 쇠퇴에 취약
클러스터 재설정형 ($\alpha \rightarrow r \rightarrow k \rightarrow \alpha$)	• 성숙 단계에 도달 또는 쇠퇴 초기 단계에서 기업들이 해당 산업이나 기술의 전문화를 재설정해 새로운 클러스터를 출현시킴	• 클러스터는 장기간 쇠퇴를 겪지 않고 새로운 형태로 분기하는데, 이 과정에서 혁신적인 선도 기업들이 핵심 역할을 담당 • 선도 기업들은 시장포화, 주요 경쟁자의 등장, 기술적 진보에 반응하며 기존 클러스터의 재설정을 주도
클러스터 실패형 ($\alpha \rightarrow f$)	• 신생 클러스터가 도약과 성장에 실패한 경우로 기업들이 충분히 클러스터를 형성하지 못함	• 클러스터가 충분한 임계치, 외부성, 시장점유에 도달하지 못하는 경우 • 혁신은 약하고, 창업은 적고, 기업의 실패율이 높아 새로운 진입을 억제
클러스터 소멸형 ($\alpha \rightarrow r \rightarrow k \rightarrow \Omega \rightarrow d$)	• 발생, 성장, 성숙, 쇠퇴를 거쳐 소멸하는 형태로, 새로운 클러스터로 대체 또는 전환되지 못함 • 대표적인 생애주기 궤도	• 클러스터는 완결형 적응주기와 마찬가지로 동일하게 쇠퇴를 경험하지만 내재된 자원과 역량이 새로운 클러스터를 형성하기에는 부족하고 부적합한 상태

주 1: 대학 구성원이나 기업의 연구 인력이 창업한 새로운 기업.
주 2: 모기업과 분사된 기업이 주식을 교차 보유하는 등의 방식을 통해 서로에 대한 헌신도와 긴밀도를 높인다는 점에서 기업에서 사업부 등을 떼어내 완전히 독립시키는 분리 독립과는 차이가 있다.
자료: Martin and Sunley(2011: 1313).

충분한 임계치에 도달하지 못하고 사라지는 실패사례도 현실에서 찾을 수 있다. 그러나 클러스터 적응주기 모델이 다양한 사례에서 질서를 발견한다는 점에서는 의미가 있지만, 진화의 단계이동을 식별하기 위한 지표들이 모호한 점은 한계라고 할 수 있다. 이에 마틴은 회복력에 대한 좀 더 구체적인 논의를 진행하면서 지역경제의 회복력을 저항(resistance), 회복(recovery), 개선(renewal), 재설정(re-orientation)

차원에서 설명하고, 이러한 이론적 논의를 경기불황을 경험한 영국의 각 지역이 대처한 다양한 경로를 통해 파악하기도 했다. 장기적으로 클러스터는 언젠가 쇠퇴 또는 소멸할 가능성이 있을 것이므로 적응주기 모델을 통해 어떠한 경로를 보이는지만 파악하는 것은 큰 의미가 없다. 다양한 경로를 보이는 사례들을 토대로 그러한 궤적을 갖게 된 특성을 파악함으로써 클러스터의 지속가능성을 위한 정책적 함의를 발견하는 것이 중요하다.

⑤ 클러스터의 지리적 집중

클러스터분석의 주안점은 어떻게 클러스터의 구성요소와 요소 간 관련을 파악하는가에 있다고 해도 과언이 아니다. 포터에 의하면 대기업이나 유사기업의 지리적인 집중을 검출하면 그 후에 해야 할 점은 다음과 같다. 첫째, 집중을 구성하는 각 기업 등이 어떠한 수직적 사슬에 의해 관련되어 있는가를 상류·하류의 양 방향에서 검증하는 것이다. 둘째, 여기에 이용된 유통경로에 공통성이 있는지 여부, 보완적인 제품·서비스의 공급 산업이 존재하는지의 여부, 나아가 유사한 전문적인 투입자원·기술을 이용하는 산업의 유무라는 수요·공급의 양면에 걸친 수평적인 관련을 확인하는 작업이다. 셋째, 이들 기업에 전문적인 기량(skill)·기술·정보·자본·하부구조를 제공하는 기관이나 클러스터의 참가자가 소속되어 있는 단체를 파악하는 것이다. 넷째, 클러스터 참가자에 대한 영향력을 가진 정부, 그 밖의 감독기관을 찾아 상호를 관련시키는 것에 따라 캘리포니아 포도주 클러스터와 같은 도식화로 설명이 가능하다〈(그림 7-57)〉.

이 경우 문제가 되는 것은 클러스터의 지리적 범위를 어떻게 획정하는가이지만 포터는 이를 명확하게 밝히지는 않았다. 그는 생산성이나 혁신에 미치는 일출의 영향 범위 여하가 이 점에 대한 최종 판단기준이라고 주장했다. 그렇지만 그것은 결국 정도의 문제이고, 그 판단 그 자체는 산업끼리 또는 각종 기관끼리의 결합이나 보완성 중 경쟁상 가장 큰 의미를 가진 데 대한 이해로 뒷받침되는 창조적인 과정이라고 지적하는 데 그치는 애매함을 나타냈다.

다만 그가 클러스터는 행정상의 구분과 일치하는 경우가 많지만 주 경계나 국경에 걸친 경우도 있다고 하고, 언어가 공통적이며 물리적인 거리가 짧고(사업거점 간의 거리가 약 320km 이하), 법률 등의 제도가 유사하며, 무역·투자장벽이 낮은 경우

〈그림 7-57〉 캘리포니아의 포도주 클러스터

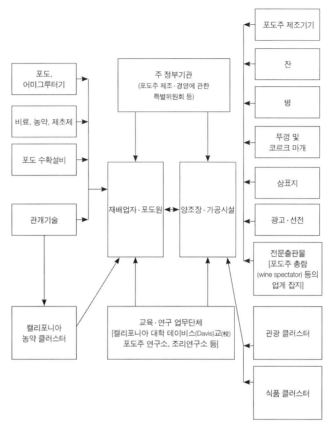

자료: Porter(1998: 73).

에는 클러스터가 정치적인 국경을 넘을 가능성도 높다고 지적한 점은 금후 이 문제를 생각할 때 주목해야 할 지적이라고 할 수 있다.

이상에서의 산업집적 내용을 도식으로 나타내면 〈그림 7-58〉과 같이 집적론은 공장의 집적에서 시작해 기업, 나아가 산업집적과 이를 둘러싼 환경과 문화, 지역착근성, 사회 등의 영향을 받는다는 것을 알 수 있다. 그리고 지역사회의 개성을 중시하고 혁신을 주로 집적요인으로 한 신산업지구론은 마셜의 계보에, 또 기업 간 관계에 주목하고 거래비용의 절약에 중점을 둔 신산업공간론은 베버 계보에 각각 위치 지울 수 있다. 이에 대해 포터의 산업 클러스터론은 비용뿐 아니라 생산성을 중시하고 아울러 혁신에도 주목하는 양 계보에 걸친 집적론이라고 할 수 있다.

<그림 7-58> 집적론의 위치 및 계보와 집적요인

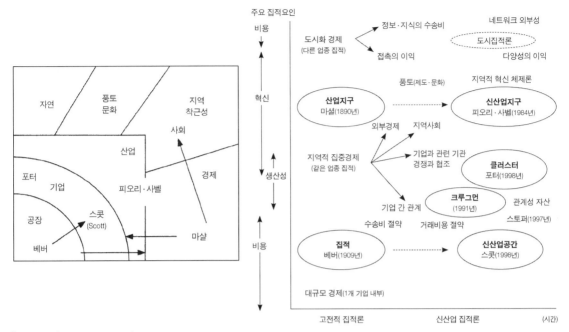

자료: 松原 宏(1999: 99; 2013: 72).

그리고 집적론은 집단적 학습기능과 불확실성 축소장치로서의 역할을 가진다고 하는 카마니를 위시한 제레미 학파의 로컬 풍토론, 지역이 지식이나 아이디어를 축적해 이들이 혁신을 촉진하는 것으로 경제성장을 창출해내는 플로리다의 학습지역론, 그리고 기업의 분리독립이나 기업 간 네트워크 등이 지역적인 암묵지의 공유를 창출한한다는 키블(D. Keeble)과 윌킨슨(F. Wilkinson)의 집단적 학습과정론 등이 있다.

이러한 점을 바탕으로 지금까지 등장한 집적론의 위치를 보면(〈그림 7-59〉), 하부구조 본질(nature of infrastructure)과 주제 간 상호작용(interaction among agents)에 의해 분류를 하면 전통적인 입지론은 하부구조의 본질이 하드적(hard)인 물리적 하부구조로 경제적 요인과 관련이 깊으며, 산업지구와 클러스터는 하부구조의 본질인 하드와 소프트(정보·지식, 혁신)의 중간에, 주체 간 상호작용은 경제적 요인과 사회적·문화적·제도적 요인의 중간에 위치한다.

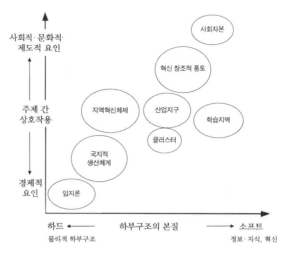

〈그림 7-59〉 지역협동(regional collaboration) 개념의 체계적 접근방법

사회적·문화적·
제도적 요인

사회자본

혁신 창조적 풍토

주제 간
상호작용

지역혁신체제

산업지구

학습지역

클러스터

국지적
생산체계

경제적
요인

입지론

하드 ←
물리적 하부구조

하부구조의 본질

→ 소프트
정보·지식, 혁신

자료: Heron and Harrington(2005: 168).

7. 공간경제학

1) 크루그먼의 새로운 산업입지 모델

공간경제학자로서 크루그먼은 국제무역론과 국제금융론 분야에서 현저한 업적을 남겼지만 근년에는 경제지리학분야에서도 주목을 받는 연구를 하고 있다. 그는 『지리학과 무역(Geography and Trade)』(1991)이라는 책의 서론에서 생산요소가 이동하지 않고 재화는 비용이 없이 무역이 이루어진다는 국제무역론의 접근방법보다는 오히려 생산요소는 자유롭게 이동할 수 있지만 재화의 수송에는 비용이 든다는 고전적인 입지론에 가까운 접근방법을 채택하게 되었다고 했다.

1980년대와 1990년대에 국경을 넘어 활동하는 다국적기업이나 유럽경제통합의 진전, NAFTA의 형성 등 글로벌적인 지역경제권이 점점 주목을 받아왔지만 크루그먼은 국제무역의 새로운 모델을 구축하면서 모델의 기본적 형식에서는 현실적인 문제를 충분히 분석하지 못했다고 통감하고 경제지리학, 특히 산업입지 모델의 연구에 중점을 두게 되었다고 했다.

크루그먼의 경제지리학 연구는 독자의 산업입지 모델의 구축에 그 특징이 있다.

크루그먼은 경제학의 주류인 신고전경제파 지금까지 무시해온 산업입지 모델을 정당하게 평가받는 모델로의 개선을 시도했다. 수확체증과 불완전경쟁을 고려한 크루그먼의 새로운 산업입지 모델은 고전입지론의 새로운 전개 가능성을 나타낸 것이라고 할 수 있다. 그리고 크루그먼의 산업입지 모델은 제조업의 지리적 배치를 집중화 또는 분산화시키므로 개개의 제조기업 입지행동의 누적 과정을 밝히려는 것이다. 이러한 개개 기업의 입지행동이라는 미시적 행동에서 파악하려는 방법은 고전적 입지론으로부터 크루그먼의 산입입지 모델에 계승된 것이다. 다만 베버의 고전적 입지론이 여러 가지 입지인자나 입지유형을 정리·검토하는 것에 역점을 둔 데 반해 크루그먼은 기업의 입지행동과정을 모델 상에서 어떻게 표현할 것인가에 힘을 기울였다. 다른 제조업 기업과의 경쟁관계를 고려하면서 간결한 모델을 구축하는 것은 곤란한 작업이지만 경제이론가인 크루그먼에 의해 솜씨가 발휘되었다.

다음으로 모델의 가정과 문제를 보면 크루그먼은 산업입지 모델을 단순화하기 위해 전국이 두 개 지역(동부, 서부)으로 구성되어 있고, 산업은 농업과 제조업 두 개 부문으로 나뉘며, 농업은 두 지역에 균등하게 분포하나 이동할 수 없다고 했다. 그러나 제조업은 동부와 서부에 각각 분포하는 분산적인 배치로 동부 또는 서부에 치우쳐 분포하는 지리적 집중현상을 나타낸다고 했다.

제조업의 지리적 배치는 비용의 최소화를 추구하는 제조기업의 입지행동에 의해 결정된다. 기업은 하나의 공장을 동부 또는 서부에 입지시킬지, 두 개의 공장을 두 지역 모두에 입지시킬지에 관한 의사결정을 하게 된다. 이러한 모든 개개 기업 공장입지는 제조업 전체의 지리적 배치가 된다. 동부와 서부 각각의 지역에 개개 기업의 제품에 대한 수요는 그 지역의 노동인구(농민과 제조업 노동자수)에 정비례한다. 농업은 지리적으로 균등하게 배치되어 있고, 농민의 제품 수요량은 서부나 동부에서 모두 같다. 그렇지만 제조업 노동자에 의한 제품수요의 동부와 서부 비율은 제조업의 지리적 배치 그 자체에 의해 다르게 나타난다.

기업은 그 제품 수요의 지리적 비율을 고려하면서 비용이 최소가 되도록 공장입지를 결정하지만 제품수요의 지리적 비율은 다른 제조기업의 입지에 의해 변화한다. 그 때문에 제조 기업은 그 입지행동에서 서로 영향을 미치는 것이 된다.

다음으로 모델의 결론을 살펴보면 제조기업의 입지행동은 다른 제조업이 동부에 치우쳐 배치되어 있으면 동부에 공장을 입지시키는 경향이 있고, 반대로 서부에 치우

〈그림 7-60〉 특정 제조기업의 입지행동

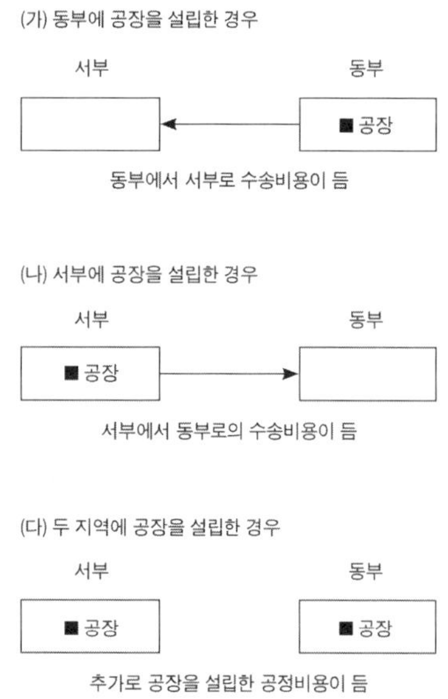

(가) 동부에 공장을 설립한 경우

서부　　　　　　　　　　동부

동부에서 서부로 수송비용이 듦

(나) 서부에 공장을 설립한 경우

서부　　　　　　　　　　동부

서부에서 동부로의 수송비용이 듦

(다) 두 지역에 공장을 설립한 경우

서부　　　　　　　　　　동부

추가로 공장을 설립한 공정비용이 듦

자료: Krugman(1991: 16~18 참조).

처 배치되어 있으면 서부에 공장이 입지하는 경향이 있다. 또 다른 제조업이 동부와 서부에 균등하게 배치해 있으면 두 지역 모두 공장을 입지시키는 경향이 나타난다. 즉, 기업의 입지행동을 통해 제조업의 지리적 배치는 초기 조건에 의존하면서 동·서부로의 완전한 집중, 서부로의 완전한 집중, 두 지역으로 균등한 분산이라는 세 가지 균형이 나타날 수 있다(복수균형).

이러한 결론은 제조기업 입지행동의 누적적 과정에서 도출된다. 〈그림 7-60〉은 어떤 제조기업 입지행동의 세 가지 패턴, 즉 (가) 동부에 공장을 설립하는 경우, (나) 서부에 공장을 설립하는 경우, (다) 두 지역에 공장을 설립하는 경우를 나타낸 것이다.

동부 또는 서부에 일방적으로 공장을 설립하면 제품을 동부에서 서부로, 또는 서부에서 동부로 수송하는 비용이 소요된다. 수송비용을 적게 하기 위해서는 제품수요(시장)가 큰 지역에 공장을 입지시키는 것이 바람직하다. 물론 동부와 서부에 모두 공장을 입지시키면 제품의 수송비용을 절약할 수 있다. 그렇지만 이 경우 두 개의 공장을 설립하기 때문에 공장건설비가 추가적으로 들게 된다. 또 이 모형에서는 수송비용과 공장건설을 위한 공정비용 이외의 비용은 전제조건을 단순화하기 위해 고려하지 않는다.

만약 다른 제조업이 동부에 집중적으로 배치되어 있다면 제조업 노동자가 없는 서부의 노동인구는 적고, 서부에서의 제품수요는 한정되기 때문에 동부에서 서부로의 수송비용은 그다지 부담이 되지 않는다. 따라서 이 경우 동부에 공장을 설립하는 것이 유리하다. 반대로 다른 제조업이 서부에 집중적으로 배치되는 경우는 같은 이유에서 서부에 공장을 설립하는 것이 유리하다. 또 만약 다른 제조업을 동부와 서부에 균등하게 배치한다면 동부와 서부 모두 많은 제품수요가 발생하기 때문에 동부와 서부 간 수송비용을 회피하기 위해 두 지역에 공장을 설립하는 것이 유리하다.

이러한 배치가 다만 추가되는 공장 건설비에 비해 수송비용이 대단히 큰 경우에는 두 지역에 공장을 설립하려는 분산적 배치가 이루어지기 쉽다. 반대로 수송비용이 대단히 적을 경우에는 동부 또는 서부로의 집중적인 배치가 이루어지기 쉽다.

마지막으로 이 모형의 특징과 평가를 보면 다음과 같다. 크루그먼의 산업입지 모델은 고전적 입지론에 비해 몇 가지 독특한 특징을 가지고 있지만 여기에서는 모델화의 수법에 관한 두 가지가 있다. 첫 번째는 제조업 자체의 지리적 배치가 제조업 노동자의 지리적 이동을 동반하면서 제조수요의 분포(소비지 분포)에 영향을 미치는 것을 모델에 도입한 점이다. 베버는 입지 배치된 공업생산 단위에서 사용된 노동력과 결합함으로써 특정 소비지 배분, 즉 공업의 입시배치의 기반 그 자체의 일부분을 만들어낸다고 기술하고 고전적 입지론에서도 생산의 입지에 의한 소비지로의 영향에 대해서도 인식했다. 그렇지만 고전 입지론에서는 소비지의 위치가 주어진 생산입지를 고려해 생산입지로 인한 소비지의 영향이 모델에서 취급되지 않았다. 그 이유는 명시적 또는 암묵적으로 기업 간 가격경쟁을 염두에 둔 모델을 구축했기 때문이라고 생각한다. 가격의 변동에 의한 제품수요는 변화하기 때문에 경쟁관계에 있는 다른 제조기업의 위치에 대응한 수요변화를 모델에 도입하는 것은 곤란했다. 크루그먼은 반드시 현실적이지 않은 가정이지만 제품차별화를 통해서 불완전경쟁을 전제로 각 기업의 제품에 대한 수요가 일정하다는 것을 통해 문제를 해결했다.

두 번째는 종래 모델화가 곤란한 수확체증의 조건을 입지 모델에 넣은 점이다. 크루그먼은 불완전경쟁하에서 기업의 복수 공장입지와 추가적인 공장건설비를 모델의 틀에 넣음에 따라 공장규모의 확대로 발생하는 생산비용의 저감 문제를 취급하는 하나의 방법을 제시했다. 다만 크루그먼의 모델에서는 제품을 제조업 노동자가 서로 수요함으로 제품 수송비용의 최소화를 구하는 다수의 공장이 집적하는데, 다수의 공장이 장소적으로 접근함에 따라 발생하는 생산비용의 저감 문제는 모델 상에서는 취급하지 않았다. 따라서 크루그먼의 산업입지 모델에서 공업집적은 집적의 이윤을 추구하는 다수의 공장이 집적한 것이 아니다. 다만 베버의 집적의 이윤에는 공장규모의 확대에 의해 발생한 생산비용의 저감도 포함되어 있으나 크루그먼 모델의 공업집적은 집적요인이 전혀 작용하지 않는 우연적 집적이라고 말할 수 없다. 그리고 하나의 기업 내에서 공장의 통합이라는 면에서 집적요인이 작용한 경우라고 생각할 수 있다. 크루그먼의 산업입지 모델은 단순화로 인한 문제점은 있지만 기업의 입지행동을 기반으로 한 모델로 고전적 입지론을 계승한 모델화의 수법은 독자성이 있다고 결론지을 수 있다.

2) 지리학과 무역

1999년에 후지타(M. Fujita), 크루그먼, 벤에이블(A. J. Venables)이 출간한 『공간경제학(The Spatial Economy: Cities, Regions, and International Trade)』은 도시경제학과 지역경제학의 연구 성과를 합친 것으로, 이들의 독자적인 분석방법은 다음과 같다.

첫째, 딕싯(A. K. Dixit)과 스티글리츠(J. E. Stiglitz)형의 독점적 경쟁모형의 가정이다. 이 모형에서는 복수의 차별화된 재화로 만들어지는 공업 제품의 소비량에 관해서 대체 탄력성의 일정형(constant elasticity of substitution)의 효용함수를 정의한다. 이 가정에서는 다양한 재화를 사용함에 따라 효용을 증가시킨다고 생각해 공산품의 소비에서 다양한 재화가 조금씩 선호되는 것이다. 둘째, 새뮤얼슨(P. Samuelson)류(流)의 빙산의 일각(iceberg)형 수송비용의 도입이다. 새뮤얼슨은 교역된 재화를 빙산으로 보고 재화가 출발점으로부터 도착점으로 수송되는 사이에 일정한 비율로 소요되는 것으로 가정함에 따라 수송비용에 관한 개별적 모델화를 할 필요가 없어지고 해석 처리가 쉽다는 장점이 있다고 했다. 새뮤얼슨은 공간의 연속성은 가정하지 않았지만 공간경제학이 지리적인 거리개념을 도입해 수송비용이 거리에 대해 지수함수적으로 증가하는 모델을 제시했다.

셋째, 산업이나 노동자(소비자) 등 생산요소의 이동성을 편성한 통학모델이다. 이 모델은 실질임금이 낮은 지역에서 좀 더 높은 지역으로 생산요소가 이동하는 것을 가정한다. 넷째, 컴퓨터를 이용한 통계실험(simulation)에 의한 분석이다. 모델에서는 소비자나 생산자의 임금이나 소득 등에 관해 많은 방정식을 얻을 수 있지만 이것을 해석하기 위해서는 컴퓨터를 구축해 수식분석을 할 필요가 있다.

공간경제학에서는 두 개의 재화(농산품과 공산품)와 두 지역(지역 1과 지역 2) 및 하나의 생산요소(노동자)로 중심·주변 모델을 기본 모델로 해 하나씩 현실에서 떨어진 가정을 풀이하는 것으로 다양한 모델로 확장을 하고, 이 중심·주변 모델 그 자체가 공간경제학의 근간이라고 했다.

이 중심·주변 모델에서 규모에 관해서는 수확이 일정한 농업부문의 노동자는 지역 간을 이동하지 않지만 수확체증이 되는 공업부문의 노동자는 지역 간을 이동할

〈그림 7-61〉 지역 모델의 세계 개념도

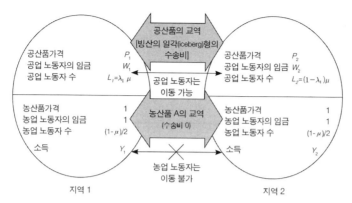

주: 두 지역 전체의 총 노동자를 1로 기준화하고 총 공업 노동자를 μ, 총 농업 노동자를 1-μ로 되게 단위를 취함.
자료: 松原 宏 編(2013: 86).

수 있다는 것과 같이 생산요소 간 다른 이동성을 가정하고 있다. 그에 따라 공업화된 중심지역, 또는 농업으로 특화된 주변지역이 각각 어떻게 수렴해가는가를 나타내는 것이 가능하다(〈그림 7-61〉).

실질임금이 낮은 지역에서 높은 지역으로 공업 노동자가 이동함에 따라 그 이동지역의 시장이 확대되므로 그 지역의 실질임금도 증가해 공업 노동자의 이동을 한층 더 불러오게 한다. 즉, 일부의 공업 노동자의 이동이 계기가 되어 실질임금이 높은 지역에서는 자기 증식적 집적과정이 작용하게 된다.

이러한 경제활동의 공간적 집중을 촉진시키는 힘을 공간경제학에서는 집적력이라고 했지만 그러한 힘에 반대인 분산력이라는 개념도 존재한다. 분산력을 나타내는 것은 이동 불가능한 농업 노동자의 존재이고, 집적력에 따라 일어나는 집적과정은 두 개 지역의 실질임금이 같아지는 시점에서 수렴하게 된다. 공간경제학에서는 이러한 수렴점을 균형점이라 부른다. 이 균형점이 하나이든 복수이든 또는 그 균형점에서는 공업 노동자가 한 지역에 집적하는지, 분산하는지에 관해서는 수송비용이나 재화의 대체탄력성(제품차별화의 정도) 및 공산품의 지출비율이라는 모형에서 매개변수의 초기 값, 즉 역사적 초기 조건에 크게 의존하게 된다.

〈그림 7-62〉는 재화의 대체탄력성과 공산품으로 이 지출비율을 일정하게 하고 수송비의 차이를 바탕으로 두 지역의 중심·주변 모델 균형점으로의 수렴과정을 나

〈그림 7-62〉 중심·주변 모델의 균형점으로의 수렴과정

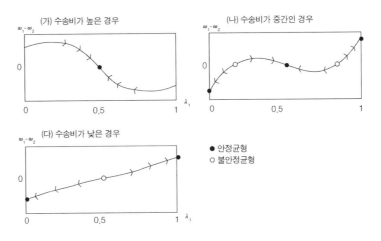

자료: 松原 宏 編(2013: 87).

타낸 것이다. 세로축은 두 지역 간 실질임금의 차이(ω_1-ω_2)이고, 가로축은 지역 1의 공업 노동자 비율(λ_1)이다. 〈그림 7-62〉(가)의 높은 수송비 예에서 균형점은 지역 간에서 같은 공업 노동자가 존재할 때만 나타난다. 이 균형점은 다소 괴리되어도 같은 균형점으로 돌아갈 필연성이 있는 것으로 안정적이다. 즉, 지역 2에서 지역 1로 공업 노동자가 이동하면(λ_1이 0.5보다 크게 되면), 실질임금 차이의 부호는 음이 된다. 그러면 지역 1에서 지역 2로 노동력이 이동하면 실질임금의 차이는 0으로 되돌아간다. 수송비용이 높은 경우에는 다른 지역으로 공산품을 수송하는 비용이 크기 때문에 집적이익보다는 분산하는 것에 따라 자기지역의 소비자를 주요 목표로 하는, 즉 지역에 고정된 농업 노동자의 수요에서 성립되는 시장에 근접해 있는 편이 중요하다는 것을 나타낸 것이다.

한편 〈그림 7-62〉(나)와 같이 수송비가 낮은 경우 균형점은 지역 1 또는 지역 2로 집중하는 경우와 지역 1과 지역 2에 균등하게 분산하는 경우 세 가지 점이 존재한다. 그러나 균등하게 분산하는 경우에는 괴리가 나타나면 어느 쪽 지역에 집중하기까지 공업 노동자의 이동이 계속되고 그러한 균형은 불안정해진다. 이러한 것은 수송비용이 낮아지면 집적의 이윤이 증가하는 것을 나타낸다. 마지막으로 〈그림 7-62〉(다)의 수송비가 중위인 경우 균형점은 다섯 개가 존재한다. 그중에서 균형점으로부터 괴리하는 데 대해 안정적인 것은 세 가지 점이다. 지역 1 또는 지역 2

중 어느 쪽으로 집중하는지, 지역 1과 지역 2에 균등하게 분포하는지, 어느 균형에 수렴해가는지는 초기 공업 노동자의 분포상황(역사적 초기 조건)에 의존하게 된다.

이러한 중심·주변 모델에서는 일반 균형론에서 모델화가 곤란한 ① 기업수준에서의 규모의 경제(수확체증), ② 불완전경쟁(독점적 경쟁), ③ 수송비용의 도입을 가능하게 하고, 집적력과 분산력의 상호작용에 의해 기업이나 노동자의 공간적 패턴이 자기 조직적으로 발견해가는 메커니즘을 밝혔다는 점에서 독자성이 있다고 할 수 있다.

이러한 공간경제학의 탄생에 대해 주류경제학파인 신고전경제파는 경제학의 연구로 미개척분야를 넓인 것에 대해 다음과 같이 높이 평가했다. 먼저 신무역이론과 신경제지리학을 공간경제학의 두 개의 기둥으로 삼아 양자의 관계에 대해 신무역이론에서는 노동은 국제 간 이동하지 않는다고 가정했지만 신경제지리학에서는 노동은 지역을 자유롭게 이동한다고 가정했다. 이러한 차이에 의해 신무역이론은 인구이동이 비교적 발생하기 쉽지 않은 국제경제를 분석하는 데 적절하고, 신경제지리학은 국내의 지역경제를 다루는 데 적합하다고 할 수 있다.

리카도와 헥서(E. Heckscher) 및 오린(B. Olin)의 전통적인 무역이론은 생산기술이나 생산요소 부존량의 차이에 의한 산업 간 무역에 대해 설명한 것으로[60], 선진국에서 널리 관찰되는 산업 내 무역에 대해 충분한 설명을 할 수 없었다. 이에 대해 신무역이론에서는 기업의 생산활동은 수확체증의 생산함수를 바탕으로 행해져 재화의 국제 간 거래에는 수송비가 관련된다는 점을 특징으로 하고 규모의 경제와 제품차별화, 수송비에 의한 산업 내 무역을 설명한 것이다.

또 요소 부존비율 등 공급 측에 역점을 둔 전통적인 무역이론에 대해 신무역론은 시장규모가 큰 국가와 작은 국가를 모델로 도입했고, 수요 측 요인으로 착안하고 있다. 즉, 수송비가 높은 경우 시장규모가 작은 국가에도 기업은 분산해서 입지하는 경향이 있는 데 대해, 수송비가 낮아짐으로써 시장규모가 큰 국가로의 기업 집적을 촉진한다. 기업의 집적이 시장규모의 격차를 좀 더 크게 확대시키는 것을 자국시장효과(home market effect)라고 부르고, 시장규모가 큰 국가에 기업이 집적해 그러한 국가로부터 상대적으로 많은 수출이 행해질 가능성을 나타낸다고 할 수 있다. 또 신무역이론을 둘러싸고 재화에 의한 수송비가 관련되는 방법의 차이, 국가 수가 증가하는 경우나 작은 국가로의 기업 집적의 가능성, 기업의 이질성, 숙련

60) 국가 간 무역발생의 원인 및 무역 패턴의 결정요인을 각국의 요소부존량비율의 차이와 생산량간의 요소 투입비율(요소집약도)의 차이로서 해명하고, 무역이 생산요소의 가격에 미치는 영향을 해명한 근대적인 무역이론을 말한다. 이 정리를 요소부존이론이라고도 한다. 이 정리는 헥서가 주장해 오린이 발전시켰다고 해 두 사람의 업적을 기념해서 헥서-오린의 정리라고 한다. 이 정리는 비교생산비설을 수정·확충하는 데 결정적 역할을 했다.

형성이나 기술선택 등 노동시장의 차이 등 새로운 관점을 받아들이는 연구 성과도 축적되고 있다.

이러한 신무역이론에 대해 크루그먼은 노동자도 지역을 자유롭게 이동할 수 있다는 점을 부가해 중심·주변 모델을 전개하고 신경제지리학을 확립했다. 신경제지리학의 주된 언급을 발전 초기 단계에서는 분산균형, 후기에는 집적균형이 된다고 하고 산업 간 투입산출의 연관이 있는 경우, 지역 수가 3개 이상인 경우, 시장참가자에게 이질성을 도입한 경우 등을 상정한 확장된 모형을 소개했다.

또 마틴과 선리는 공간경제학과 경제지리학의 성과를 융합시켜는 것이 상호편익을 가져온다고 하며 두 학문의 교류를 희망한다고 하면서, 특히 공간경제학의 중요한 성과 중 하나인 외부경제와 지역적인 산업집적을 교역(trade)과 결합함으로써 새로운 산업지리학에서 누락된 이론을 보강한 것이라고 했다. 또 지리학에서 취급하지 않았던 불완전경쟁이나 금전적 외부성을 모델화한 점도 평가했다. 한편 마틴과 선리는 공간경제학이 가지는 이론적인 문제점은 첫째, 모델화하기 쉬운 외부성만을 주목하고 기술적 일출(spillover)에 관심을 가지지 않았다고 했다. 둘째, 공간경제학이 지적하는 역사적인 경로의존 접근방법이나 고착성 효과의 개념에 대해 의문을 나타냈다. 지리학에서 관성(inertia)이나 착근성이라는 논의는 모두 존재하고, 크루그먼이 말하는 고착성의 효과나 자기 증식적 발전이라는 개념은 새로운 것이라고 말할 수 없다고 했다. 또 크루그먼이 고착성 효과의 요인을 마셜의 외부성의 연관효과에만 한정하고 국지적인 제도나 사회적·문화적 구조라는 모델화하기 어려운 요소를 고려하지 않았던 점을 비판했다. 즉, 마틴과 선리는 공간경제학이 정의하는 역사적 경로의존 접근방법이나 고착성 효과에 의한 집적요인의 설명보다는 경제지리학에서 논의되어온 유연적 전문화나 제도적 두께라는 개념이 좀 더 설득력 있다고 했다. 나아가 마틴과 선리는 공간경제학이 어떠한 지리적 스케일에서 국지적인 외부경제나 집적의 접근방법이 작용하는가를 명시하고 있지 않다고 하며 경제학자가 지리적·공간적인 스케일에 무관심하다는 것을 강하게 비판했다.

이상에서 신경제공간학파는 수확체증을 바탕으로 하는 공업부문이 발달한 중심지역에서 노동력과 자금을 끌어들여 자기 증식적인 집적과정이 작용하므로 경제활동의 공간적 집중을 촉진시키는 힘을 집적력이라 했다. 이러한 산업집적론에 대해 신경제공간학자와 경제지리학자의 공통적인 문제의식은 경제활동에서 집적이 중요한 역할을 하고 있다는 점이며, 차이점은 신경제공간학파는 근대 경제학에 바탕을 둔 연역적인 논리적 증명을 하는 데 반해, 경제지리학자는 경험적인 관찰, 특히 긴밀한 대화를 바탕으로 다양성을 해명하는 귀납적인 논리적 증명을 한다는 것이라고 할 수 있다.

신경제공간학파는 범위의 경제, 네트워크 외부성이라는 집적요인이 결여되어 있고 수송비용이 거리에 대해 철(凸)형으로 증가한다는 크루그먼의 빙산의 일각형 수송비 정의가 현실의 수송비와 크게 괴리되어 있다는 점 등의 문제점이 있다.

8. 공업지역

1) 공업지역의 설정

(1) 공장 수, 종업원 수, 부가가치 등에 의한 설정

영국에서 시작된 산업혁명[61]의 공간적 확산(〈그림 7-63〉)은 2세기에 걸쳐 이룩되었으나 세계 공업의 분포는 아직도 불균형 상태에 있다. 그리고 공업지역을 통일적으로 정확히 검출하는 것도 용이하지 않다. 그 이유는 공업지역 분포를 위한 통계자료가 국가에 따라 제약이 많기 때문이다. 그러나 세계의 공업분포를 분석하는 데에 적당한 지표는 종업원 수와 생산액이다. 그러나 각 국가가 차지하는 공업의 지위는 이들 지표 중 어느 것을 사용하는가에 따라 그 결과가 다르게 나타난다. 예를 들면 종업원 수를 사용할 경우 중국, 인도가 주요 공업국으로 나타나며, 생산액을 사용하면 미국, 러시아 및 서부 유럽 공업국가들이 탁월하다. 따라서 공장 수가 특정 지역의 공업화를 측정하는 데 가장 단순하고 무난한 지표로 어느 지역, 어느 업종에도 잘 반영되나 공업의 속성을 인식할 수 없기 때문에 지역의 공업화를 측정하는 데에는 그 중요성이 낮다. 그리고 종업원 수는 기계화나 생산능력의 차이를 인식할 수 없는 단점이 있으나, 전통적으로 가장 쉽게 이해되고 널리 사용되는 측정지표로 지역과 직접적인 관련을 맺고 있다. 또한 공업이 창출한 부가가치를 지표로 이용할 경우 생산활동에서 공업의 위치를 파악할 수 있고, 생산력의 비교도 좀 더 합리적으로 파악할 수 있지만 이 지표를 널리 사용하는 것은 현재로서는 무리가 있

61) 영국에서 산업혁명이 일어난 이유는 첫째, 석탄·철광석·수력 등이 풍부하고, 그 산지들이 지역적으로 결합하기 쉽게 분포해 있었다. 둘째, 1770년 이후 영국의 인구가 2배 이상 증가해 노동력이 풍부해졌고, 지리상의 발견 이후 시장 구매력을 증대시켜 많은 공업 제품을 수요할 수 있었다. 셋째, 상업농업의 발달로 형성된 농업자본과 해외무역의 증가로 축적된 상업자본이 공업투자로 전환되어 기술개발과 공업경영에 공헌했다. 넷째, 영국에서 증기기관차의 발명 등 기계기술이 계속 발달했다. 특히, 증기기관차 발명은 자원과 상품수송에 크게 기여했다.

〈그림 7-63〉 산업혁명의 공간적 확산

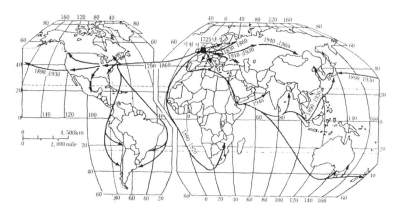

자료: Jordan(1982: 395).

62) 스웨덴 지리학자 기어(S. de Geer)가 처음으로 이름을 붙였다.
63) 영국의 이발사였던 아크라이트(R. Arkwright)는 1768년 물의 힘으로 방추 수천 개를 동시에 움직이는 방적기를 개발했는데, 노팅엄(Nottingham)에 개설한 방적공장의 동력은 말을 이용했다. 그 후에 1771년 수력을 이용하기 적당한 더웬트(Derwent) 계곡상류 크롬포드 공장(Cromford mill)을 설립하고 방적기 50대 규모의 5층 건물을 세웠다. 이 면직공업의 발달이 산업혁명의 시작이었다. 이렇게 면방직공업이 먼저 발달한 이유는 첫째, 인도의 값싼 노동력에 의해 만들은 면직물에 대항하기 위해, 둘째, 케이(J. Kay)가 베틀의 북(shuttle)을 발명한 것에서 시작되었다. 셋째, 면직공업의 면직물은 전통적인 양모공업의 모직물보다 기계로 만들기 쉬운 소재였기 때문이다.

다. 이상과 같은 여러 가지 지표로 공업지역을 설정할 경우 이들 여러 지표들 사이에 상관관계가 모두 존재한다면 하나의 지표로 분석해도 좋다 하겠다.

이상의 여러 지표에 의한 공업지역의 설정은 공업 현상의 수량적 제시에 불과하다. 그러나 공업분포의 지역적 특색을 파악할 수 있고, 또 공업의 지역적 전개에는 유효하지만 공업지역의 성격은 충분히 파악하지 못했다는 점 때문에 공업지역의 분포에서 그 연구과제를 도출해야 할 것이다.

세계 4대 공업지대의 공업 생산량은 약 80%를 차지하는데, 이들 공업지대는 미국의 북동부 공업지대,[62] 서부 유럽 공업지대, 러시아 공업지대, 일본 공업지대로 구성된다. 미국의 북동부 공업지대(Snow Belt)는 1830~1840년대에 유럽 시장을 겨냥해 풍부한 철광석과 석탄 및 오대호의 수운을 이용해 발달해왔으나 1960년대 이후 남부 및 서부 공업지대(Sun Belt)의 발달로 점차 그 지위가 낮아지고 있다. 그리고 세계 제2의 공업지대인 서부 유럽 공업지대는 산업혁명[63]의 발원지역으로서 영국과 프랑스, 독일을 잇는 공업지대이며, 러시아와 우크라이나 공업지대는 석탄 및 철광석 등의 자원과 생산 기술적 결합을 경제 합리성의 측면에서 관철하기 위해 조직된 대기업의 지역적 결합 집단(생산 복합체)인 콤비나트가 위의 두 나라 등에 분포해 이곳을 중심으로 공업지대를 형성하고 있다. 그리고 제2차 세계대전 이후 공업이 눈부시게 발달해 형성된 일본 공업지대는 도쿄에서 기타큐슈(北九州) 지방을 잇는 태평양 벨트지대를 형성하고 있는데, 공업의 핵심지역은 도쿄~요코하마, 나

〈그림 7-64〉 한국의 공업지역 분포

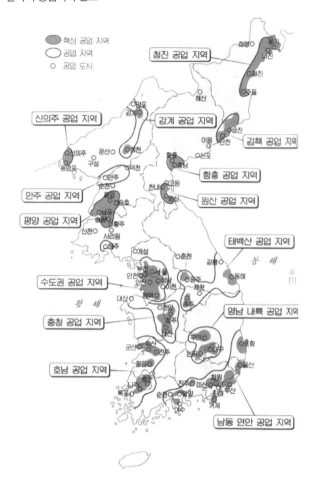

고야, 오사카~고베지역 등이다.

한국에서 2005년의 종업원 수를 사용해 공업지역을 구분한 것이 〈그림 7-64〉로, 한국에는 6개의 공업지역이, 북한에는 8개의 공업지대가 분포하고 있다. 한국의 주요 공업지역은 수도권 공업지대, 태백산 공업지역, 충청 공업지역, 호남 공업지역, 영남내륙 공업지대, 남동 연안 공업지대가 그것이고, 북한은 평양 공업지역, 안주 공업지역, 신의주 공업지역, 원산 공업지역, 함흥 공업지역, 김책 공업지역, 청진 공업지역, 강계 공업지역이 그것이다.

(2) 공업화 수준에 의한 구분

공업화는 공업발전과 반드시 같은 의미로 사용되는 것은 아니다. 공업화는 공업 부문이 다른 부문에서 독립한 과정이다. 역사적으로는 봉건주의에서 자본주의로의 이행 및 자본주의의 독립과정에서 전개된 사회변혁 그 자체이다. 공업화의 개념은 호프만(W. Hoffmann)의 공업화 단계 구분의 생각과 같이 한 국가의 국민경제에서 변혁을 의미하는 것으로 사용된다. 그러나 지리학의 분야에서 공업화의 개념은 반드시 이와 같은 의미에서 사용되지 않고 '지역의 공업화'의 표현으로 국민경제의 부분역(部分域)에서의 '공업화' 현상을 말해주고 있어 지역적 불균등으로 전개된 공업화의 현상적 측면에서 분석하는 것으로 사용된다. 이러한 공업화 수준을 단위지역의 측면에서 비교할 경우 가장 간단한 방법은 다음 지표를 사용할 수 있다.

$$공업화\ 수준지표 = \frac{\dfrac{지역의\ 공업인구}{지역\ 인구}}{\dfrac{전국의\ 공업인구}{전국\ 인구}} \times 100$$

2) 공업지역의 변화

공업지역은 기업가 개개인의 입지결정에 따라 한 장소나 몇몇 장소에 고도로 공업이 집적해 형성된다. 공업지역 성장 단계론에서 공업지역 변화를 보면 먼저 앨더퍼(E. B. Alderfer)와 미칠(H. E. Michl)은 그들의 공업성장 법칙에서 한번 형성된 공업지역은 공업에 영향을 미치는 요인에 따라 개개의 공장은 일반적으로 경험기 (period of experimentation), 급성장기(period of rapid growth), 성장률 감소기(period of diminished rate of growth), 안정 또는 쇠퇴기(period of stability or decline)의 단계가 나타난다고 했다.

톰프슨(J. H. Thompson)은 한번 형성된 공업지역이 시간의 경과에 따라 지속적인 성장비율 그 자체는 변화하지 않는다고 했지만, 그의 주기이론(cycle theory)은 1812~1930년 사이에 미국 북동부 공업지역을 대상으로 그 변화를 고찰했다. 즉, 공업지역은 공업 유년기(industrial youth), 공업 장년기(industrial maturity), 공업 노년기(industrial old age)로 변화한다는 것이다. 공업 유년기 지역은 실험과 급속한 성장기로서, 시장이 매우 빨리 확장되어 입지지점이 상대적으로 갑자기 유리하게 인식되는 시기로, 투자가 쇄도하며 새로운 기술이 도입·개발되어지고, 경영에 전문 지식을 받아들여 낮은 생산비로 넓은 지역을 시장화 할 수 있는 경쟁적 우위성을 확실하게 갖는 시기이다. 다음으로 공업 장년기 지역은 다른 공업지역을 지배하게 되고 관리사원이 외부로 유출되며, 다른 공업지역과 경쟁이 심화된다. 그리고 다른 지역과 경쟁을 하기 위한 분공장이 입지하게 되며, 그곳에 공장 경영자 및 다른 관리인이 본 공장으로부터 전근을 가게 된다. 그리고 비교입지 비용의 우위를 유지하고 있다.

마지막으로 공업 노년기 지역은 비용의 측면에서 보면 그 유리성이 크게 상실되고, 시장이 유의적으로 이동하며, 새롭고 값싼 숙련노동력을 다른 지역에서 공급받아야 하며, 건물, 기계설비는 구식이 되고 세금의 앙등, 경쟁적 토지이용이 공업입지 지역을 잠식해 공장용지의 확대는 불가능하게 된다. 그리고 최고 경영자 등이 다른 지역으로 이동하게 되는데, 이런 대표적인 지역이 미국의 뉴잉글랜드 지방의 공업지역이다.

한편 휠러(J. O. Wheeler)는 지역공업의 입지변동을 첫째, 공업전개 단계(manufacturing spread stage), 둘째, 공업 집중단계(manufacturing concentration stage), 셋째, 대도시 분산 단계(metropolitan decentralization) 등의 3가지 발전 단계를 주장했다. 즉, 공업전개 단계는 국지적인 원료와 시장을 지향하는 소기업들이 산재해 입지하며, 공업집중 단계는 공업의 확산속도가 빠르고 공업의 집중도 뚜렷하게 나타나는 단계이다. 그리고 대도시 분산 단계는 중심도시 내부에 각 기능이 증가해 혼잡이 증대되고, 높은 세금, 공업적 토지이용의 제약, 기존 시설의 노후화 등으로 공업이 교외, 도시 주변지역 또는 위성도시로 이동하며, 외곽지역에서 공업이 성장하는 단계이다.

다음으로 제품수명 주기이론(product life cycle theory)에 의한 공업지역의 변화를 보면 공업생산은 일반적으로 새로운 상품의 개발 단계, 성숙 단계, 표준화 단계를 거치게 되며, 제품수명 주기의 각 단계는 기업의 조직 및 기술적 특성과 관련되고, 또한 각 단계에 따라 최적 생산입지가 달라진다. 개발 단계는 과학 및 기술자의 고급인력이 생산품 개발에 매우 중요하기 때문에 한 나라의 핵심지역인 대도시가 공업입지로 가장 적합하다. 성숙 단계는 제품의 생산량이 급증하며 성장에 필요한 자본과 경영능력이 필요하게 되는 단계이나 기술의 필요성은 점점 낮아진다. 표준화

단계는 제품이 표준화되고 기술은 안정되며 혁신, 외부경제, 대도시의 하부구조 등의 필요성은 낮아지는 반면에 미숙련노동력의 중요성은 높아진다. 따라서 주변지역의 공업투자 선호도가 높아지며, 분공장은 주변지역에 입지를 하게 된다.

이와 같이 시간이 경과함에 따라 공업지역의 내적 변화와 함께 공업지역의 지역적 분포상태는 제조업 성장률과 발달 방향에 따라 확산되는데, 이러한 확산을 제약하는 것은 자연적 장애물과 정치적 경계이다.

9. 도시지역의 공업

이 절에서는 공업지역의 분석수준을 국지적 규모인 도시 내의 공업입지에 대해 고찰하기로 한다. 지리학에서 전국적인 공업입지와 도시 내의 공업입지와는 지역적 규모의 차이에 따라 공업입지에 영향을 미치는 요인이 다르다. 여기에서는 베버의 공업 입지론, 공업연관(industrial linkage),[64] 이윤의 공간적 한계, 행정 및 인간행동 영향 등의 개념을 연구한 도시의 공업입지를 일반화한 것을 기술하기로 한다.

도시 내의 공업적 토지이용은 도시적 토지이용 전체의 10%를 넘는 경우는 거의 없지만 비용이나 수송의 면에서 대단히 중요한 역할을 한다. 19세기의 중공업지역은 당시 교통조건의 제약 때문에 노동자를 직장에서 인접한 곳에 거주시킴으로서 형성되었다. 그러나 현재에는 지역 내에 원료나 에너지자원이 없어도 도시의 주변에 공업이 입지할 수 있다. 공업을 도시 내의 어느 장소에 입지시킬 것인가 하는 요인은 무엇일까?

고전적 도시 내부 구조론에서 공업적 토지이용을 도시의 일부분으로서 파악한 것은 개별 공업입지라기보다는 공업지역으로 취급한 것으로, 도시 내의 공업적 토지이용을 충분히 설명하기에는 부족한 점이 많다. 도시적 토지이용의 전체를 고찰하지 않고 도시 내의 업종별 입지를 설명한 공간 경제학자인 아이사드의 성과를 살펴보면 다음과 같다. 즉, 그는 도시 내 토지이용을 첫째, 직관적인 통찰, 둘째, 토지이용을 지배하는 일반적인 요인의 상호작용에 관한 이론적·분석적 원리, 셋째, 사실 등에서 설명이 가능하다고 하면서 도시에서 규모가 다른 4종류의 공업지구를 나타냈는데, 이것이 〈그림 7-65〉이다. 각 공업지구는 잡다한 제품을 생산하고, 어

64) 기업을 구성하는 각 운영단위 사이의 관련성 및 다른 기업 간의 상호작용을 말하는데, 그 종류로서 물자 연계, 정보 연계, 서비스 연계, 업무 연계 등이 있다.

디에서든지 특정 원료를 사용하는 생산자가 분포하고 있다. 이와 같이 어디에서나 얻을 수 있는 원료 이외의 것으로 제품을 생산하는 생산자는 4개의 공업지역 중 한 곳에 집중해 '국지화의 이익'을 얻는다. 즉, 동일한 업종이 입지한 곳에 입지함으로써 여러 경비를 절약하게 된다. 아이사드는 어디에나 입지가 가능한 공업과 입지에 제한을 받는 공업을 구별하는 유효한 지표로서 '국지화 이익'을 제시했다. 그러나 〈그림 7-66〉에서와 같이 CBD 주변에는 공업입지가 이루어지지 않는데, 현실적으로 공업은 다른 기능의 토지이용과 혼재해 있으면서 분산하며, 공업입지는 업종별로 일정 지역에 제한을 받거나 전혀 제한을 받지 않는 것이지 그 중간유형은 존재하지 않는다는 점에서 볼 때 다소의 결점을 갖고 있다.

〈그림 7-65〉 아이사드에 의한 도시의 토지이용 패턴

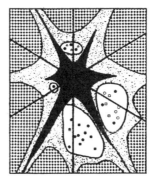

○ 지역의 원재료에서 특산품을
□ 생산하고 내부 및 외부경제의
△ 규모확대에 의해 도시중심으로
　 집중하는 공장
● 제품을 제조하거나 보편원료를
　 사용하는 기업

■ 사무소와 상업지역

○ 공업지역

자료: Isard(1956: 279).

1) 도시 내의 공업입지 유형

도시 내의 공업입지 유형은 인구 50만 명 정도 이상에서 볼 수 있는데, 이것을 모델로 나타낸 것이 〈그림 7-66〉과 같이 4개의 유형으로 나눌 수가 있다. 그러나 좀 더 인구가 적은 도시에도 적용할 요소가 있지만 소도시에는 대도시와 같은 다양한 공업이나 공업지역이 존재하지 않는다. 또 하천 연안의 내륙도시에는 임수성 공업이 입지하지만 다른 도시에는 나타나지 않는다.

(1) 임수성의 베버형 공업입지

석유정제·제철공업은 세계적인 규모의 시장지향이 강하게 나타나지만 도시 내의 규모에서 보면 원료산지에 입지해 거의 베버 이론에 준해 입지한다. 이러한 입지지향은 원료 수송의 용이

〈그림 7-66〉 도시에서의 공업입지 모델

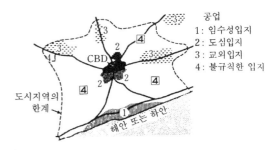

공업
1: 임수성입지
2: 도심입지
3: 교외입지
4: 불규칙한 입지

자료: Bale(1981: 171).

성에 의한 것으로 최소 운송비 지점에 해당하며 제분·제당공업이 이에 속한다.

(2) 시가지의 공업

20세기에 공업이 왜 도심에 입지하는가 하는 문제는 이윤의 공간적 한계에 의해 설명할 수 있다. 〈그림 7-67〉은 공업입지에 유리한 이윤의 공간적 한계가 CBD를 둘러싸고 있는 것을 나타낸 것이다. MM' 사이에 입지하는 공업은 도심에서 먼 곳에 입지할 경우 공업경영의 유지가 곤란하다. 공간 비용곡선은 도심을 벗어나 도시 주변부로 갈수록 저렴해지다가 다시 급격히 상승하고 있는데, 의복, 인쇄, 가구, 보석가공 등은 제품의 표준화가 결여되어 있고, 시장이 불안정하며 도시화 및 외부경제가 필요한 공업으로 MM' 사이에 입지한다. 이들 업종이 MM' 사이에 입지하면 경영비가 저렴한데, 그 이유는 첫째, 이들 공업은 전통적으로 소규모 경영을 하고 있기 때문에 서로 중요한 공업연관을 갖고 있다. 업종별로 특화된 공업지구가 발달하는 것도 공업연관이 필요한 공업들이 서로 인접해 입지하는 편이 유리하다고 판단하기 때문이다. 즉, 연관을 갖는 공업이 인접해서 입지함으로써 저렴한 경비를 유지할 수 있기 때문이다. 도심의 공업지구는 많은 소규모의 공장들이 서로 밀접한 관계를 맺는데 유리하기 때문에 이곳에 발달한다. 이들 공업지구의 형성과정은 대부분 밝혀져 있지 않지만 노동지와 거주지가 가깝지 않으면 안 될 교통조건에서 발달했다. 따라서 이 공업지구는 예부터 도시 내에서도 가장 편리한 CBD 주변에서 발달했다. 둘째, 시가지의 건물은 노후화되어 있고 규모도 작아 임대료도 싸다. 셋째, 노동자에게 가장 편리한 장소이며 도심의 시장에도 접근성이 높은 장소이기 때문이다.

시가지의 공업에서 판매시장을 시역내로 하는 이른바 배후지 직결형 공장인 제빵, 양조업, 신문사 등도 이 범주에 속하는데, 이들 공업은 도매기능도 갖고 있어 도심에서 시 전역에 제품을 공급한다. 그리고 이들 공업은 도심 주변의 공장보다 대규모이지만 교외의 공장보다는 소규모로, 공업의 시가지 입지를 유지시키고 있는 것은 공업의 관성(industrial inertia) 때문이다. 시가지에 입지한 공장의 특징은 첫째, 공장의 규모가 소규모이며 이로

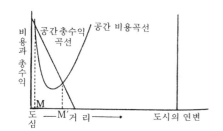

〈그림 7-67〉 도심 입지형 공업의 이윤의 공간적 한계

자료: Bale(1981: 159).

〈그림 7-68〉 대 런던에서 소규모 공장 종업원 점유율의 분포(1954년)

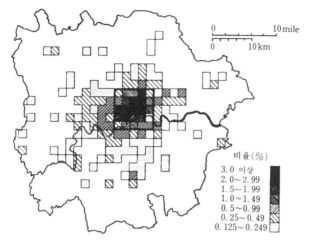

주: 점유율은 대 런던지구 전체에 대한 비율.
자료: Bale(1981: 161).

인해 종종 국지적 이익을 견인할 수 있다. 그리고 도심에서 간단하게 잘 볼 수 있는 전업을 한 소규모 공장시설이나 빌딩의 방 한 개를 빌려 이용할 수도 있다. 〈그림 7-68〉은 1950년대 런던에서 종업원 20명 이하의 소규모 공장과 사무소의 종업원 고용이 시의 웨스트엔드(Westend)와 이스트엔드(Eastend)에 집중된 것을 나타낸 것이다.

〈그림 7-69〉 경기도 성남시의 공장 아파트인 분당 테크노 파크(2000년)

둘째, 시가지 공업은 자연 발생적으로 형성되어왔다. 그래서 도심부가 재개발되어 공장이 교외로 이전되어 가는 경향이 있다. 그러나 일부의 사업가는 도심의 중요성을 직시하고 있기 때문에 행정 당국은 회사 간의 접촉이 계속될 수 있도록 도심부 재개발 때에 공장 아파트(flatted factories)를 건설하는 곳도 있다(〈그림 7-69〉).

서울시 중구·성동구를 대상으로 시가지 공업의 실증적 연구에서 다음과 같은 사실이 밝혀졌다. 즉, 중구에 입지한 공장들은 도심에서 15km의 좁은 범위에서 이출입되며 상거래도 좁은 범위에서 행해지는데, 성동구의 경우는 중구보다 공장의 이출입의 범위가 넓으며, 생산활동의 종류와 규모도 다르게 나타나고 있는 것도 위와 같은 사실을 입증해주는 것이다.

(3) 교외 입지형 공업

많은 공업은 교외에 입지하고 있는데, 이들 공장은 도시의 외부지역에서 원료를 구입해 제품을 만들어 판매하고 있다. 이와 같은 공업을 교외 입지형 공업이라 하며, 공업용지도 넓다. 교외 입지형 공업의 입지를 이윤의 공간적 한계의 측면에서 설명한 것이 〈그림 7-70〉이다. 이들 공장은 교외에 입지함에 따라 수송 및 유통비용이 시가지 공업보다 덜 들어가므로 비용 극소화를 위해 도시 외연부에 있는 고속도로 나들목, 컨테이너 터미널, 공항과 같은 교통시설 가까이에 입지를 한다. 이 유형의 공업은 시장이 지역적 또는 전국적이기 때문에 시장의 주변에 입지하는 경향이 있다고 프레드는 지적했다. 교외 입지형 공업은 다음과 같이 세분할 수 있는데, 첫째, 화학공장, 광석에서 금속을 뽑아내는 야금공장 등의 대규모 기간산업은 소음, 유해물질들을 배출해 환경을 오염시키기 때문에 넓은 공간을 차지할 수 있는 교외에 입지하고 있다. 둘째, 유통을 기반으로 하는 공업은 도시로부터 뻗어나간 교통로를 따라 발달한 것들로, 이들 공업은 전국 시장에 제품을 공급하기 위해 입지한 것이다. 교외의 공업입지는 저렴한 지가와 교통로에 대한 접근성이 높은 점 이외에 공장이 입지한 지역의 값싼 여성 노동력을 이용할 수도 있다. 또 교외에는 공업용지로 간단하게 전환할 수 있는 토지도 있다. 그러나 최

〈그림 7-70〉 교외 입지형 공업의 공간적 한계

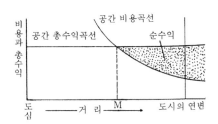

자료: Bale(1981: 164).

근 교외의 공업입지는 공장이 설립됨과 더불어 도시화가 진전되므로 교외 입지라고 말할 수 없게 되었다.

(4) 불규칙 입지형 공업

불규칙 입지형 공업은 도시 내에서 생산활동의 분포 유형이 불규칙적인 생산공장을 말한다. 이러한 공장의 제품 판매시장은 연담도시화(conurbation)[65]의 일부 또는 전체에 분포하고 있으며, 이윤의 공간적 한계는 노동력이나 최종 시장의 접근성 또는 행동의 과학적 인자에 의해 좌우된다. 이것을 나타낸 것이 〈그림 7-71〉이다. 대도시에서 이 업종에 속하는 공업은 아이스크림 제조, 지방신문의 인쇄업 등이 그 예이다.

2) 도시 내의 공업이동

공업이동은 가장 단순한 이동인 창업을 위시해 폐업, 분공장, 이전 등이 있으며, 도시 내의 공업이동은 창업과 폐업이 많은 데 비해 이전은

65) 게데스(P. Geddes, 1854~1932)가 처음 사용한 것으로, 두 개 이상 도시의 시가지가 확대되어 연담화되었을 때의 시가지 구역을 말하는데, 이 구역은 도시지역이 농촌지대에 의해 분리되지 않고, 일련의 주택, 공장, 기타 건물, 항만 및 도크, 도시공원 및 운동장 등으로 점거된 지역으로 중핵도시와 밀접한 일상적·경제적·사회적 관계를 맺고 있는 지역적 범위를 말한다.

〈그림 7-71〉 불규칙 입지형 공업의 공간적 한계

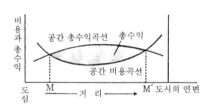

자료: Bale(1981: 166).

적어 영국의 경우 창업과 폐업이 85%를 차지한다. 창업은 투자 결정과정 내에서 입지결정이 포함되어 있다고 보는데, 입지 결정과정에서 1차적으로 지역선정이 이룩된 후 장소선정이 이루어진다. 지역 선정과정에서 영향을 미치는 주요 요인으로는 시장, 노동력, 교통, 건물 및 토지 이용성, 시장·자원에 대한 접근성, 개인적 요인, 기업환경, 우연적 기회, 권력, 명성, 사회적 인정(social approval) 등이 있는데, 부산시에서는 개인적 이유, 시장, 노동력, 연고지, 집적 등의 다섯 개 요인이 77.8%를 차지한다. 장소 선정요인은 적합한 건물, 노동력 공급, 개인적 이유, 도로교통의 용이성, 토지비용, 조세, 접촉이익 등을 들고 있는데, 부산시의 경우는 용지, 노동력, 시장, 통근거리, 접촉경제, 연계 등 여섯 개의 요인이 전체의 70.8%를 차지했다.

폐업은 경기변동 이외에 원료 공급, 기술변화, 자본부족, 기업정책, 병합, 시장의 수요변화 등이 주요 요인으로 작용한다. 그리고 이전에 관한 연구는 1970년대 초부터 영국을 중심으로 활발하게 행해졌는데, 원거리 이동에 대한 연구가 근거리 이동보다 많으며 그 관심은 공간특성과 그 요인에 있다. 공장 이전 요인은 공장 확장

에 대한 정부의 제약, 높은 토지비용과 용지부족, 노동력 부족, 지역제(zoning),[66] 기업의 확장 정책 등이 제시되고 있다. 그러나 공장이전은 노동력, 시장, 개인적 요인, 공장 간의 연관 때문에 도시 내의 근거리 지역, 특히 기존 입지지역에 인접한 지역으로 국한되고 있는데, 특히 종업원 수 20명 이하의 소규모 공장은 도시에서 멀리 떨어진 곳에 이동하는 경향은 거의 없다. 이와 같은 근거리 이전의 이유는 도시 중심부의 경제활동과의 연계, 노동력과 시장 접근성, 개인적 요인 등 때문이다.

한편 입지론에서는 현실적으로 신규입지보다는 오히려 기존의 생산·유통거점 등의 입지 재편과 그와 더불어 지역경제·사회의 영향에 관한 문제를 다루는 경우가 많다. 이러한 각종 거점의 신설, 폐쇄, 이전, 현재 위치에서의 변화(in situ change) 의 제품·기능 전환이나 증강·축소 등 기업이 사업을 전개하는 데 각종 시설이나 기능을 신설하거나 재편성하는 행위를 입지조정(locational adjustment)이라 부른다.

입지조정은 공장이나 기업의 신설, 폐쇄, 이전, 현재 위치에서의 변화 4가지 요소로 구성된다. 이들 입지조정의 제 요소를 검토한 와츠(H. D. Watts)를 중심으로 다음과 같은 논의가 행해졌다.

첫째, 신설에 관해서 와츠는 신설기업의 설립비율에 지역 차이가 나타나 지역의 고용변화에 영향을 미친다거나 창업 당시의 노동·토지 필요량이 적고, 자금조달 면에서 창업 때의 불확실성을 감소시키기 위해 기업가는 거주지나 종업지의 가까이에서 창업하는 경향이 있다는 것을 지적했다. 종래의 연구에서는 공장 설립을 중심으로 논의된 경우가 많지만 근년에는 산학관 연휴나 클러스터로 창출되는 벤처기업, 특히 그 기업가정신이나 일출사슬에 관심이 모아졌다.

둘째, 폐쇄에 관해 와츠는 ① 특정 제품의 생산 중지와 더불어 폐쇄(cessation closure), ② 특정 공장의 신설이나 증강에 의해 생산의 이관이나 집약의 결과로서의 폐쇄(default closure), ③ 복수공장 중에서 폐쇄공장이 선택되는 폐쇄(selective closure)의 세 가지 공장폐쇄를 유형화했다. 또 클라크와 리그리(N. Wrigley)는 설비투자비용의 조달·회수에 걸리는 매물비용의 관점에서 공장폐쇄의 메커니즘을 탐색했다.

셋째, 이전에 관해서는 인구이동과 같이 배출(push)요인과 흡인(pull)요인을 생각할 수 있다. 배출요인으로는 교통 혼잡이나 자가 상승 등의 집적의 불이익, 도시화의 진전과 더불어 조업환경의 악화, 입지규제 등을 들 수 있다. 흡인요인으로는

<표 7-13> 입지이론과 기업 입지 이전의 영향요인

이론적 틀	주요 개념(요인)	변수
신고전이론	시장상황(입지요인)	시장크기
행동이론	정보/능력(내부요인)	회사규모와 회사연령
제도이론	네트워크(외부요인)	회사성장(인수 및 합병 등)

자료: Maoh and Kanaroglou(2007: 232).

자치단체의 공장 유치책, 풍부한 노동력, 값싸고 넓은 공장용지 등을 들 수 있다.

넷째, 현재 위치에서의 변화에 관해서는 단지 공장의 생산량이나 종업원 수가 양적으로 증가·감소되는 것만이 아닌 제품의 내용이나 공장의 기능이 질적으로 변화하는 경우도 있다. 지금까지 기업이 현재 위치에서 움직이지 않는 현상을 입지관성(지리적 관성)이라고 불렸지만, 이 입지관성과 기업조직 내부에서 움직이는 '조직의 관성'과의 관계에 대해 논의가 이루어졌다.

이들 입지조정을 포괄적으로 고찰하는 틀로서 크루메(G. Krumme)는 '시간을 통한 입지조정의 최적경로' 가능성을 지적했다. 거기에는 공간·조직·시간 세 개 차원에서 기업의 조정가능성이 언급되었다. 한편, 마오와 가나로그로우(H. F. Maoh and P. S. Kanaroglou)는 입지이론과 기업 입지 이전의 영향요인과의 관련을 <표 7-13>과 같이 구분해 설명했다. 즉, 이론적 틀로서 신고전이론, 행동이론, 제도이론으로 나누어 신고전이론 면에서는 시장상황인 입지요인에 의해 이전한다고 하며, 그 변수는 시장크기라고 했다. 또 행동이론에서는 정보나 능력인 내부요인에 의해 이전한다고 하며, 그 변수는 회사의 규모와 연령이라 했다. 그리고 제도이론에서의 외부요인은 네트워크로 인수·합병에 의한 회사성장에 의해 이전한다고 주장했다.

오늘날 지역의 경제사회는 여러 기업의 공간적 분업이 중층적으로 겹쳐 구축되어 있고, 입지조정의 포괄적 파악이 주요하게 되었다. 공장수준과 기업수준의 입지조정의 관계를 나타낸 것이 <그림 7-72>이다. 기업은 각 지역의 공장에서 공장·생산설비의 조업연수나 전략적 거점과의 접근 등을

<그림 7-72> 공업·기업수준의 입지조정과 공간적 차원

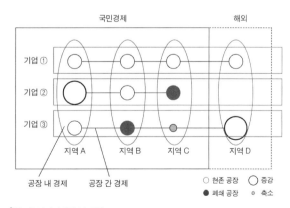

자료: 松原 宏 編(2013: 98).

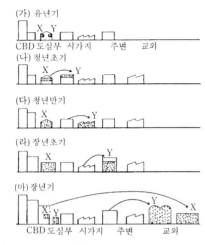

〈그림 7-73〉 회사의 대도시 내 입지 모델

(가) 유년기

CBD 도심부 시가지 주변 교외

(나) 청년초기

(다) 청년만기

(라) 장년초기

(마) 장년기

CBD 도심부 시가지 주변 교외

자료: Bale(1981: 196).

67) 내부경제의 논의는 단일공장 수준의 규모의 경제, 즉 '공장 내의 경제'에 관한 것이 거의 대부분이었다. 그러나 '공장 간 경제'의 내용으로서는 공장 간에서 발생하는 부품이나 중간재 등 물자의 수송비, 이동시간도 포함한 사업소 간의 사람의 이동비용, 사업소 간의 통신비용이라는 비용의 절약 등을 들었지만, 구체적인 검토는 금후의 과제라고 말했다. 발라사는 경영관리비용의 체증이라는 '공장 간 불경제'에 대해서도 언급했다.

고려해 신설, 폐쇄, 증강·축소를 행한다. 한편으로 기업은 이들 입지조정에 의해 각각의 지역이나 국민경제에도 영향을 미친다. 이러한 입지조정에서 복수공장을 상정한 조정이 문제가 되고, 발라사(B. Balassa)가 말하는 '공장 내 경제', '공장 간 경제'의 관점에서 기업의 의사결정과정을 고찰하는 것이 중요하다.[67]

도시 내에서 특정 두 개 회사의 공업입지이동의 행동을 나타낸 것이 〈그림 7-73〉이다. 즉, 전통적으로 작은 회사는 도시 내 좁은 토지에서 창업하는데 이것을 나타낸 것이 유년기이다. 이들 회사가 경영확대를 시도할 때 그 장소에서 규모를 확대하던지 아니면 외부로 이동해 규모를 확대하게 된다(청년기의 Y). X는 장년기 초기까지 중앙에 입지하고 있지만 Y는 CBD에서 떨어져 외측으로 이동한다. Y의 이동은 아마 혁신적인 경영의 결과로 도심에서는 규모 확대를 위한 용지를 얻을 수 없기 때문이다. 장년기에 도달한 X, Y 두 회사는 대기업의 수준이 된다. 이들은 주변의 넓은 공업용지를 소유하고 CBD에는 경영관리를 위한 사무소를 갖게 된다. 이 모델은 도시 내의 공업입지이동에서 공장의 교외화와 관리·생산기능의 분리를 주로 설명하고 있다.

스테드(G. P. F. Stead)는 특정 공업의 교외화를 이윤의 공간적 한계에 의해 분석했다. 〈그림 7-74〉는 캐나다 몬트리올에서 1949년과 1967년에 고급의복 제조공장의 공간 비용곡선과 공간 총수익곡선을 나타낸 것으로, 시장의 교외화는 공간 총수익곡선을 변화시켜 최적 입지점도 좀 더 주변으로 뻗어나가 공업의 이익을 나타내는 공간적 한계가 꽤 확대되는 것을 주목할 수 있다.

이와 같이 도시 내 공업이 교외화 또는 분업화를 발생시키는 것은 도심에서의 사무소 수요량의 증대에 기인된 것이다. 또 도시 내에서 공업의 이동은 소규모 공장보다 대규모의 공장이 원거리 이동을 하는데, 이는 소규모 공장보다 도시에서의 공급자, 판매자, 하청업자와의 관련이 약해 그들과의 관련에서 독립되어 있기 때문이다.

〈그림 7-74〉 캐나다 몬트리올의 의복공장에서 공간 비용과 공간 총수익곡선

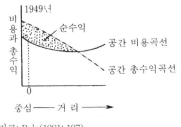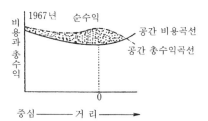

자료: Bale(1981: 197).

3) 도시공업의 장래

공업의 발달과 더불어 직장과 주택이 점차 분리해가는데, 장래 도시공업의 입지
는 어떤 유형이 될 것인가를 생각해 보기로 한다. 영국의 뉴타운 개발공사는 이 문
제에 대해 몇 가지 지침을 제시하고 있다. 〈그림 7-75〉는 확대되는 영국의 도시와
공업지역·주택지역과의 관련을 일반화시킨 모델이다.

전통적인 도시 ㉮는 도심에 공업지역을 발전시키는데, 이 지역은 제2차 세계대
전 이후 공업지역을 형성한 곳이다. 뉴타운의 제1세대인 ㉯는 도시 연변에 하나의
큰 산업단지를 갖고 있다. 이 지역에는 도시의 일부에 공업이 집중해 있기 때문에
통근시간대에는 교통혼잡이라는 문제를 발생시켰다. ㉰는 2개의 산업단지를 갖고
있는데, 이는 도시의 한 곳에 교통이 집중하는 ㉯의 결점을 보완한 것으로 ㉱의 기

〈그림 7-75〉 도시에서 토지이용의 배치 유형

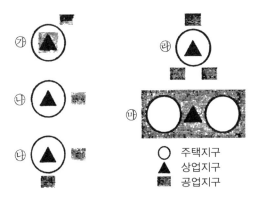

자료: Bale(1981: 176).

초가 된다. 마지막으로 ⑩는 공업이 균일하게 넓은 범위에 분산되어 있다. 최근 공업은 공해가 발생하지 않게 공장의 설비기준을 개정했기 때문에 주택과 직장이 다시 혼재하게 된다. 그래서 자동차는 자유롭게 달릴 수 있게 될 것이라고 전망하고 있다.

10. 재래공업

재래공업 또는 전통공업은 선진 공업국가에서 이식된 근대공업에 대응하는 개념으로 한국의 경우 그 역사는 고려시대 이전으로부터 파악할 수 있다. 고려시대 이전의 재래공업은 수공업적 생산이라기보다는 공예적인 특징이 강한 일부 특수층의 수요를 충족시켜 주었다. 그러나 고려초기의 수공업은 사원과 귀족에 예속되어 봉건적인 주종관계를 형성했으며, 그 후 점차 관장(官匠) 수공업자와 독립 수공업자로 구분되었다. 특히 소(所)와 사원 수공업은 일반적으로 지역에 따라 특수한 산품을 생산했으며 고려시대 수공업 발달에 영향을 미쳤다.

조선 초기의 수공업은 고려시대와 유사하나 시대의 변천에 따라 수공업의 성격이 많이 변화했다. 즉, 조선시대는 관장 수공업이 발달했는데, 이 관장 수공업은 경공장(京工匠)과 외공장(外工匠)으로 구분되는데 여기에 전속 장인들이 예속되어 있었다. 관장 수공업은 임진왜란과 병자호란 이후부터 붕괴되기 시작해 점차 관장 수공업에서 사적 상품생산이 현저하게 증가되었다. 그 결과 조선의 관장 수공업은 19세기에 이르러서는 대폭 감소되면서 민영화로 전환 현상을 보였다. 민영화의 현상과 함께 뚜렷하게 부상한 독립 수공업자들은 시전(市廛) 상인자본에 예속되어 수공품 생산에 생산자의 창의성이나 독자성을 살리기가 어려웠다. 특히 상인들은 원료의 공급과 제품에 대한 특권으로 수공업자를 사실상 지배하게 되었다. 그러나 근대화의 영향에 상인이 대처하지 못한 것이 전통 수공업의 쇠퇴를 가져온 하나의 원인이 되었다.

1) 재래공업의 특질

현존하는 한국의 재래공업은 의류, 종이류, 나무·대나무류, 도자기류, 유기(鍮器)류, 완초제품류, 나전칠기류 등이 있다. 이들 재래공업은 기술적으로는 수공업이고, 사회·경제적으로는 가내공업의 단계이다. 그리고 체질적으로는 전근대적인 요소가 남아 있다.

또 재래공업은 지역의 수요에 대응해 나타난 경향이 있으며, 의식주의 소비재생산이 강하다. 그리고 시장과 더불어 자본과 노동자도 향토성이 농후하다. 또 자급원료로서의 지향성도 강하다. 따라서 재래공업은 분산 입지형으로 근대공업의 집중공업이라는 일반성과 대비된다. 물론 재래공업은 근대의 지방교통의 발달과 경제의 발달에 힘입어 존립하기 좋은 방향으로 발전해 적지적산(適地適産)으로, 또 지역산업으로 발전해왔다.

재래공업은 농촌사회에서 많이 육성되었고 농가의 부업적 상태에서 시작되어 광범위하게 농업과 관련을 맺고 존속·발전되어왔다. 그러나 재래공업이 농촌공업이라는 의미는 아니다. 농·어촌 공업은 농·임·어업자가 그 지역의 자원과 노동력을 활용해 공업을 경영하고 농촌 내에서 공업의 이익을 가져와 생활의 향상을 가져오는 것으로 재래공업과 다른 개념을 갖고 있다.

재래공업은 자본의 영세성, 설비의 전근대화 성격을 띠고 있다. 그리고 손재주가 필요하고, 분업이 발달되기 쉬우며, 사회적으로 분화된 경향을 갖는다. 이와 같은 분업이 기능적으로 결합된 재래공업은 지역집단을 구성하고 있다.

2) 재래공업의 지역성

(1) 지역집단

일반적으로 재래공업은 그 성격에서 사회적 분업을 진전시키기 쉽고, 생산공정의 계열적인 사회분업이 지역에 반영되어 질서가 있는 배치를 나타내고, 전체적으로 하나의 지역집단을 형성하는 경우가 많다. 이와 같은 현상은 자본적·기술적·예속성의 지리적 제약이 지역집단 형성의 한 요소로 작용하기 때문이다.

전남 함평군 완초 제조지역에서 제품의 지역적 분화현상은 〈그림 7-76〉과 같다.

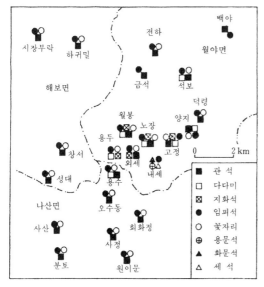

〈그림 7-76〉 함평군 3개 면의 마을별 완초 생산제품의 분화

자료: 曺勝鉉(1983: 155).

즉, 나산면의 6개 마을과 해보면의 4개 마을은 임피석(臨皮席), 관석(官席), 옥과석(玉果席) 등 3종류의 완석류를 생산하는 데 대해, 월야면의 마을들은 좀 더 다양한 돗자리류를 산출하고 있다. 그러나 완초류품 생산에서는 지역집단을 형성하고 있다.

(2) 입지의 보편성과 특수성

재래공업이 자급적 원료에 의존하고, 자생적으로 나타나 각 지방에 분산 입지를 해 그 지방의 수요를 충족시키고 있으나, 전국에 제품을 판매하는 중심적 산지는 특화해 집중적인 생산을 하고 있다. 이러한 점이 합리적이고 기술적인 자유입지를 선호하는 근대공업과 다른 점이다.

재래공업은 자연적·기술적·사회적 여러 조건의 결합에 따라 특정 입지인 이른바 산지를 형성하고 외부경제의 이익에 의해 생산을 집중시키는 경향도 주목하지 않으면 안 된다. 그러나 근대공업과 같이 그 집중 정도가 거대하지 않는 것은 수공업적 전통에서 일상생활의 필요한 상품을 생산하기 때문이다.

재래공업이 집중한 생산사회의 내부에는 여러 가지 계층을 포함해 영세경영, 잠재실업이 높은 비율을 나타내고 있다.

(3) 향토성

입지의 역사적 형성에 바탕을 둔 재래공업의 생산에는 개개 생산과 지방적 특성이 각인되어 있다. 따라서 생산품이 산지의 이름으로 통하고 있다. 한산하면 모시, 강화도하면 화문석이 그것이다. 이러한 점은 개개 생산업체를 단위로 생산제품을 대량으로 생산하지 않기 때문이다. 이러한 현상은 본래 재래공업이 풍토에 뿌리를 두고 자생적으로 발생해 자급적 원료의 개성을 갖고 가공기술이 습득된 봉건제 봉쇄경제에서 독자적인 형태로 완숙되었기 때문이다.

또 재래공업의 향토성은 경영주체의 토지 구속성으로 지탱되어 공장은 주거에 부속된 것이 많으며, 자가 노동력 이외에 고용 노동력의 공급원에서 젊은 노동력의 기피현상, 주변 농촌의 저임금 노동층으로서의 연고지기(緣故知己) 관계를 이용하고 있다. 즉, 전통적 생업으로서 유지되는 재래공업은 경영주체나 노동의 고착성, 지역사회에서의 융합성이 존재하고 있다.

(4) 권 구조

일반적으로 재래공업은 수공업적 성격에서 사회적 분업이 전개되기 쉽다. 분화의 정도는 공정의 내용이나 산지형성의 강약 등에 따르는 경향이 있다. 산지로서 알려진 재래공업의 지역집단에는 생산공정의 계열적인 사회적 분업형태가 일반적으로 나타난다.

이러한 분업의 집중군거(集中群居)는 각종 보조산업을 발달시켜 지역을 큰 공장으로 보는 경우도 있다. 즉, 지방화 산업의 형태로 집중함으로 외부경제의 이익을 유지해 재래공업을 존속·전개하고 있다는 것이다. 그런데 이와 관계되는 분업경영을 계열적으로 조직하고 지역적으로 규제하는 것이 자본이다. 재래 수공업은 자본이 부족하기 때문에 친지를 중심으로 분업형태의 지역적 배치를 나타내고 있다.

일반적으로 가내공업의 지역적 배치의 특징은 일본의 경우 상업자본인 도매상을 중심으로 그 주변에 영세 비농가, 노동 잉여 농가가 통년적으로 또는 계절적으로 배치되어 권 구조를 형성하고 있다. 이 생산권은 분업의 사회화가 진전될수록 확대하는 경향이 있다. 또 이 권은 고정된 것이 아니고 경관에 따라 확대·축소되기도 하고 내부의 밀집도를 높이기도 한다.

제8장
유통·서비스업의 입지와 공간체계

상업[1]을 포함한 유통산업은 물적 생산을 직접 행하지 않는 산업부문으로 2차산업의 성장이 둔화됨에 따라 상업을 포함한 3차산업의 확대 경향이 나타나게 된다. 유통·서비스업은 3차산업의 주요한 부문으로서 지리학적으로 다음과 같은 특징을 가지고 있다. 첫째, 유통·서비스업은 대부분 최종 소비자와 결부되어 있는 경제활동으로 개개의 소비가 대개 소규모 분산적이고, 또 유통·서비스업의 생산지와 소비지가 동일하기 때문에 그 분포는 거시적으로 보면 인구 내지 사업체의 분포와 어느 정도 대응관계가 인정되는 보편적인 산업이다. 둘째, 그러나 유통·서비스업은 어느 정도 집적하며, 또 각종 유통·서비스업지역을 형성한다. 이러한 거점성을 가진 유통·서비스업지역의 분포는 어느 정도 지리상의 거리와 규모적 차이, 질적 상위성 등을 나타낸다. 셋째, 이러한 유통·서비스업지역은 집적점이 되는 도시를 결절점으로 수요자가 재화·서비스를 제공받는 공간으로서의 각종 유통권·서비스권이 성립된다. 넷째, 또 수요자는 일반적으로 재화·서비스를 제공받기 위해 공급지, 공급시설로 이동하는 경향이 많으며, 수요자의 이동에는 그 이동범위에 한계가 있고, 수요자는 그 이동비용을 될 수 있는 한 저렴화하려는 의식이 작용한다. 따라서 유통·서비스업의 입지는 수요자의 분포, 이동수단의 개선, 도시구조의 변화 등에 의해 기민하게 변화한다. 이상의 특징을 갖는 유통·서비스업에 대해 살펴보면 다음과 같다.

1. 도매업의 종류와 입지

1) 도매업의 종류와 입지

상업은 상(商)을 행하는 업종 또는 상업을 행하는 것이다. 상(商)은 중국의 고대 국가 은[殷(商)]나라의 옛 이름으로 이때에 나눗셈이 발명된 것이 상업의 기원이 되었다. 상업은 크게 도매업과 소매업으로 나누어진다. 반스(J. E. Vance)에 의하며 도매업[2]이란 하나의 기업이 재판매를 목적으로 하는 소매상에게 재화를 판매하는 것과 이외에 레스토랑, 호텔, 그 밖의 음식점·제조업자·건축업자·공공기관 등의 사람들이나 기관에게 원재료로써 재화를 대량으로 판매하는 것이며, 개인, 가정에서 소비를 목적으로 하는 것 이외의 재화가 주체가 된다고 했다. 미국에서 도매업의 종류는 상인이 상행위를 하는 방법, 상품의 공급지 및 입지, 구입자의 조직 등에 의해 ① 상인 도매상(merchant wholesaler), ② 제조업자 대리인(manufacturer's agent), ③ 중개인(broker), ④ 수출입 대리인(export-import agent)으로 구분된다. 상인 도매상은 대규모로 판매를 행하는 표준적인 기업적 상인의 계급으로 처음에는 개인으로서, 나중에는 단체로서 이들 상인이 도매상의 기본적인 집단을 형성한다. 이들 도매상인들은 배급업자(distributor), 중개인[jobber, 장내(場內) 중매인], 외국 무역상인(foreign trade merchant), 유통기능 중 일부를 소매상에게 넘김으로써 유통경비를 절감시키는 한정기능 도매상인(limited function wholesaler)[3] 등을 포함한다.

제조업자 대리인은 상인 도매상과는 또 다른 도매상으로 제조업자의 판매지점 및 사업소(sale branch and office)를 말한다. 이들 사업소는 제조업자 또는 광업회사가 소유하고 있으며 제조공장과 분리되어 있고, 본래 자기의 제품을 도매로 판매하는 점에서 상인 도매상과 다르다.

중개인은 제조업 회사 판매 대리인의 연장으로 여러 제조업자로부터 제품을 공급받아 판매하는 것이 제조업자 대리인과 다른 점이다.

수출입 대리인은 대리인 및 중개인의 일반적인 계급에 속한다. 외국무역에 종사하고 있는 이들 상인은 특징이 있는 영업방법을 갖고 있는지는 모르나 기본적으로 생산자와 소비자와의 사이에서 공급활동을 행하고 있다. 그리고 어떤 경우에는 금융기능도 갖고 있지만, 수출입업자는 은행가라기보다는 상인이다.

[2] 베크맨(T. N. Beckman)과 엥글(N. H. Engle)에 의하면 도매업의 최초의 연구는 「식료품 도매업 경영의 영업비를 중심으로」로 1916년 하버드 대학 경영학부에서 발간된 것으로 보고 있다.

[3] 트럭도매상(truck wholesaler), 현찰인도도매상(cash and carry wholesaler), 직송도매상(drop shipment wholesaler), 통신판매도매상(mail-order wholesaler) 등을 말한다.

일본의 경우 도매업의 기능적 분류로 크게 종합상사, 1차 도매상[원도매상(메이커, 메이커 판매회사), 집산지 도매상(메이커로부터 독립해 있는 도매상)], 2·3차 도매상[메이커·판매회사·전문 원도매상의 지점), (지방 도매상)], 산지 도매상으로 분류한다.

그밖에 도매업의 종류를 살펴보면 먼저 상품의 흐름상 분류로는 수집도매, 중계도매, 분산도매로 나누어지고, 상품의 구입·판매지를 기준으로 한 분류로는 1차(원)도매, 2차(중간) 도매, 3차(최종) 도매로 나누어진다. 그리고 취급하는 주된 상품을 기준으로 한 분류로는 산업(생산)재 도매, 종합도매 또는 전문도매라고 불리는 소비재 도매로 나누어지고, 도매상의 판매지역의 공간적 범위에 따라서는 국지도매, 지역도매, 전국도매로 나누어진다. 끝으로 물적 유통과 상적 유통 및 정보 유통과 관여되어 있는가 여하에 따라 완전기능 도매,[4] 완전도매 기능의 활동을 하지 않는 통합도매,[5] 계열도매,[6] 한정기능 도매,[7] 제조도매(제조업자 도매)로 나누어진다.

이러한 도매업의 입지에 대해서 반스는 다음 4가지로 정리했다. ① 경제발달의 초기 단계에는 생산과 소비가 균형을 이루어 생산자는 자기의 생산물을 소비하지만 점차 분업이 이루어져 그 지방의 자급자족이 한정되면 생산지와 소비지 간에 재화의 이동을 합리화시키는 상거래 대리인(agent of trade)이 필요하게 된다. ② 이 상거래 대리제는 대량 수요나 지속적인 수요에 대해 재화의 공급을 가능하게 하는 자동적 조절의 역할을 하기 때문에 도매업을 각지에 입지시키게 된다. ③ 각지에 도매업이 입지해 점차 국내의 곳곳에 내면화(internalization)가 이루어지게 된다. 그러나 도매업은 고객접근(customer access)에 유리하기 때문에 고객집단이 크고 인구밀도가 높은 대도시에 조밀하게 입지한다. 한편 상품 공급지 접근(supply-of-goods access)도 입지결정에 영향을 미치며 이러한 경우는 도시주변에 도매업이 입지한다. ④ 모든 종류의 도매상에서 교통은 특히 중요한 역할을 하기 때문에 교통이 편리한 지점에 입지해 교역집배 지점(unraveling point of trade) 내지 유통 중심지(distributing center)를 형성해 이곳을 기점으로 한 도매업의 국내화가 진행된다. 따라서 교통조건이 변화하게 되면 이러한 소규모 데포(depot)[8]의 입지이동이 나타나게 된다.

유통경로상 도매업의 위치와 최적입지를 보면 먼저 농산물 및 공산물 도매상의 위치를 나타낸 것이 〈그림 8-1〉의 (가), (나)이다. 그리고 도매업의 최적입지를 후버(E. Hoover)모델에 의해 설명하면 다음과 같다. 〈그림 8-1〉 (다)의 아래쪽 끝부분은 수송량 유동도(流動圖)로서 왼쪽 끝에 위치한 공장(또는 원료지, 생산농가, 1차 도매

4) 일반적인 도매업으로 상품의 구비형성 활동, 정보전달 활동, 위험부담 활동(투기적인 주문 및 재고 보유), 중간재고 활동, 재화의 수송활동을 하는 도매업이다.

5) 생산자 또는 소매상과의 관계에 의한 도매단계의 수직적 통합으로 형성된 도매업으로 자동차, 가전제품 등을 취급하는 도매업을 말한다.

6) 과점적(寡占的) 생산자의 유통 계열화 산하에 조직된 도매기능으로, 통합도매와 다른 점은 소유권이 생산자로부터 독립된 행동주체로 가공식품 도매업이 그 예이다.

7) 유통기능 중 일부를 소매상에게 넘김으로써 유통경비를 절감시키는 도매업으로 방문판매, 덤핑상인, 경매회사 등은 이에 속한다.

8) 좁은 지역을 대상으로 단기간 보관하는 소규모 배송센터를 말한다.

〈그림 8-1〉 농수산물(가)과 공산물(나)의 유통경로와 중간상의 입지설명

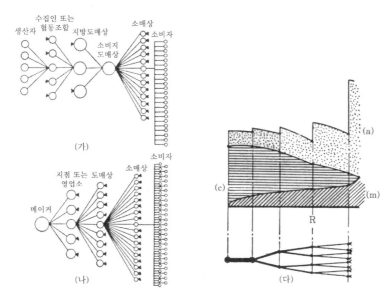

자료: 西岡久雄(1976: 236).

상, 산지 도매상)에서 몇 개의 유통 결절점을 통해 오른쪽 끝의 소매상에 도달하는 재화의 이동진로를 도식화한 것이다. 유동도의 굵기는 재화의 이동량을 나타내는 것이다. 그런데 이곳에서의 문제는 중간상(또는 공장, 2차 도매상, 배송센터 등)의 최적입지이다.

〈그림 8-1〉 (다)의 상반부는 3종의 비용을 합해서 구성한 것으로 사면부분의 비용(m)은 재화를 왼쪽 끝의 공장에서 중간상까지 운송하는 데 필요한 비용이다. 원거리 체감운임에 의해 왼쪽 끝에서 R까지 운송비의 증가율은 전형적으로 체감한다. 그런데 R에서는 비용이 급증하고 있다. 이것은 R까지는 철도로, R부터는 자동차로 운송되기 때문이다. 그리고 오른쪽의 바로 앞부분부터 비용이 급증하는 것은 개별 소매상이 각 가구까지 배송(소형 자동차 또는 인편 등에 의함)함에 따라 많은 비용을 차지하기 때문이다.

횡선으로 나타난 비용(c)은 중간상으로부터 소매상까지 재화의 운송비 변화를 나타낸 것이다. 즉, 중간상의 위치가 고객으로부터 멀리 떨어져 있음에 따라 비용이 증가하지만 그 증가율은 역시 체감한다. 그러나 오른쪽 끝에서 조금 앞까지의 비용의 증가는 급격하다.

마지막으로 점으로 표시된 부분에 나타난 비용(a)은 중간에서 재화를 취급하는 비용, 즉 중간상인의 영업소 영업비(또는 공장의 가공비 등)이다. 만약에 수송량 유동도의 선 굵기가 재화의 취급량에 비례해 재화의 취급량이 많을수록 집적에 의한 비용 절감의 이익도 크다고 하면 영업비의 공간적 추이는 (a)의 높이 변화와 같다. 이상 (m), (c), (a)의 비용 합계에서 유통 분산점 또는 운송 중계지인 R이 최적 입지점이 된다. 베렌스(T. Behrens)는 도매업 입지에서 운송비 인자를 중시하고 운송량이 많고 판매액 또는 구입액이 많을수록 시장지역은 확대된다고 설명했다.

2) 반스의 상업모형

반스(J. E. Vance)는 중심지이론이 도매업의 입지를 설명하는 데는 부적당하다고 주장했다. 즉, 반스의 상업 모델은 내생적 변화를 바탕으로 성장한 유럽을 사례로 해 정태적 고찰을 주로 한 크리스탈러(W. Christaller) 이론과는 다르게 미국에서 개척자 경제의 동태적 고찰에 바탕을 둔 것으로, 도매업에 의해 신·구대륙을 연결 짓고 신대륙에서 도시계층의 연속적인 출현을 도출하는 발전계열로 나타내었다(〈그림 8-2〉).

제1단계는 중상주의의 초기 탐색 단계는 취락이 출현하기 이전의 지역에 대한 경제적 잠재력을 수집된 정보를 바탕으로 분석했다.

제2단계는 생산력의 검토와 천연자원의 채취단계로 일단 상업적 잠재력이 결정되면 초기 취락은 상업 모델의 면에서 입지하게 된다. 여기에서 경제적 잠재력의 변동은 외생적(exogenous)이고, 체계의 범위는 원거리 무역에 의하며 성장은 외부 세계의 능력에 따른다.

제3단계는 토산물자를 생산하고 종주국의 공업 제품을 소비하는 이주자의 이주단계로 상업체계의 규모가 커질수록 상업도시는 결합지점(point of attachment)으로서 성장하게 된다. 결합지점은 산업혁명과 더불어 도래한 유럽 경제의 외부 진출로 두 대륙 간에는 결합지점이 생겨나게 되었다. 그 결과 고트만(J. Gottmann)에 의하면 경첩이라고 부르는 것이 북아메리카와 유럽을 연결하게 된다.

제4단계는 식민지내에 공업이 들어오고 교역이 이루어지면서 식민지에 공급하기 위한 종주국 공업의 급속한 성장 및 대도시지역의 인구증가가 나타나는 단계로,

<그림 8-2> 식민지(왼쪽)와 종주국(오른쪽)에서의 중심지체계 발전

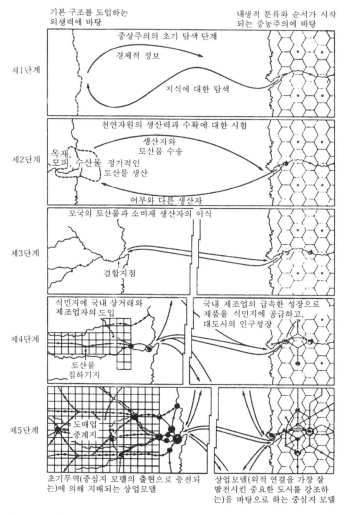

자료: Vance(1970: 151).

연안의 공급지점에서 내륙으로 향하는 계획된 교통로를 따라 발달한 중계지는 다음의 두 활동을 위해 여러 항구도시와 결합되었다. 즉, 이들 여러 항시(港市)는 북아메리카에서 상업조직의 경제적 산물인 토산물자를 유럽으로 반출했다. 그러나 이들 여러 항시들은 원초적으로는 공업 제품의 수입지이고, 또 공업 제품 대신에 수출된 열대산물의 수출지이기도 했다. 이와 같은 물자의 유동과 더불어 이들의 집하기지(集荷基地)는 결과적으로 공업지역의 중심이 되었고, 이 공업지역은 미국의 독립과 더불어 잉글랜드 중앙저지, 스코틀랜드 저지 대신에 미국 내의 공업지역으로 형성되었다.

도매업은 분산기능과 집하기능을 행하는 것으로, 북아메리카 대부분의 상업도시는 처음에는 집하교역으로 번영해 도매업 활동의 요지가 되었으며, 그러한 특수한 입지는 결절지점에서 내륙으로의 토산물자 집하기지(depots of staple collection) 건설에 좋은 장소로 결정된다.

제5단계는 내부교역이 탁월한 상업 모델과 중심지 모델의 단계로써 상업 모델에서 도매업 중계지(entrepôts of wholesaling)가 북아메리카 대부분의 대도시가 토산물자의 집하가 가능한 기지로 성립되기 시작했으나 이들 도시는 결국 도매업의 중계지가 된다.

이상의 상업 모델은 외부에서의 지지력에 의한 지방적 표현이라는 가정 하에서 구대륙에서 중심지가 점진적으로 정육각형 형태로 발전되었고, 신대륙에서도 교통로와 정사각형의 토지조사 체계의 중요성에 의해 그와 같은 형태로 나타나게 되었다. 이 상업 모델은 발전과정에서 도매업의 의의를 중시했다. 이 경우에 미국의 초기 도시분포에서는 중계지 전선(entrepôt alignment)이 중요한 역할을 했다. 따라서 〈그림 8-2〉에서와 같이 도매업 중심은 외생적 체계와의 관계가 중요하다고 주장했다. 그러나 크리스탈러의 이론에서는 이 점의 설명이 부족하다고 비판하고 있다. 그러나 반스 모델은 순수한 이론이 아니고 두 지역의 역사적 발전과정의 차이에 바탕을 둔 것이다.

2. 소매·서비스업의 입지

소매업은 상품을 최종 소비자에게 판매하는 업무를 행하는 것으로, 기능적 관점에서 유점포 소매상과 무점포 소매상으로 대별된다. 유점포 소매상은 백화점, 슈퍼마켓, 할인점, 연쇄점(chain store), 독립 소매점 등이 있고, 무점포 소매상(non-store retailing)은 통신·방문판매, 자동판매기, 이동판매, 가두판매, 기타로 나누어지며, 통신판매는 신문, 잡지, 광고전단, 카탈로그 판매, 우편·전화주문 판매, 텔레비전 홈쇼핑,[9] 인터넷 쇼핑으로 나누어진다. 또 이동판매는 홈 파티와 트럭 및 직장 내

9) '집에서(in home, at home) 쇼핑하는 것'의 의미로 구매장소를 강조하는 개념으로서 주문에서 대금결제 및 상품인수까지 전 과정이 가정에서 가능한 소매업태를 말한다.

판매로 나누어진다. 그리고 규모에 따라 구멍 가게형, 구판장형, 대형점형으로, 취급상품에 따라서는 편의점, 전문점, 슈퍼마켓, 하이퍼마켓[10]으로, 유통 계열화에 따라 독립 소매점, 기업형 연쇄점,[11] 임의형 연쇄점[12]으로 나누어진다.

이와 같은 소매업은 도시 거주자의 요구를 충족시킬 뿐 아니라 도시 주변지역의 주민에게도 서비스를 제공한다. 따라서 소매업의 입지는 중심지이론과 그 밖의 지대이론을 중심으로 많은 연구자에 의해 행해져왔는데 주로 업종별 기능(점포)의 입지, 상업지역의 입지에 대해서 이론의 제창과 개량이 이루어져왔다.

1) 고전적 중심지이론

크리스탈러(1893~1969)는 1893년 4월 21일 슈바르츠발트(Schwarzwald) 베르네크(Berneck)에서 목사의 아들로 태어나 하이델베르크·뮌헨대학 등을 거치며 공업입지론 등 경제학을 전공했고 베버의 가르침도 받았다. 그는 제1차 세계대전에 종군해 부상을 입었고, 그후 실무를 경험했으며 에를랑겐대학을 1930년에 졸업했다. 이어서 같은 대학에서 그라드만(R. Gradmann)으로부터 지도를 받아 지리학을 부전공했으며, 1933년 크리스탈러는 『남부 독일에서의 중심지(Die zentralen Orte in Suddeutschland)』[13]라는 이론 경제지리학의 개척자적인 연구로 학위논문을 제출했다. 이 연구는 공간조직의 기본적 이론으로서 뿐 아니라 실용적인 지역계획의 도구로서 사용되었다. 또 이 이론은 운송비의 최소화, 집적이윤의 최대화에 근거를 두고 있다. 그리고 이 이론은 멩거(C. Menger)의 한계효용학파, 좀바르트(W. Sombart), 베버(M. Weber)의 역사학파가 그 원류(源流)이며, 나아가 나치의 제국국토연구소로부터 주목을 받아 독일 국토를 재편성하기 위해 경제학적 기초로 하려 했고, 동방 입식지(入植地)의 지역계획에 적용되었다. 그러나 지리학과의 만남 이후 실제적인 과제를 해결하기보다는 남부 독일을 예로 해 취락 수·분포 및 규모의 법칙성에 대해 경제지리학적 연구를 행한 것이다.

중심지이론에서 중심지의 주요 기능은 중심지를 둘러싸고 있는 보완지역(complementary region)에 재화와 서비스를 제공하는데, 중심지는 그들 주변지역에 대한 시장 중심(market center)으로서의 기능을 가진 취락이고 중심지이론은 제3차 경제활동을 바탕으로 한다.

10) 거의 모든 생활용품을 대량으로 취급하며, 매장 면적도 넓고 다양한 업종이 한 건물에 입지하고 있는 소매점을 말한다.

11) 동일방식의 다수 점포를 하나의 자본소유와 중앙계획 및 관리하에서 조직적으로 운영을 하는 연쇄점을 말한다.

12) 계약에 의해 상행위를 하는 다수의 독립소매점이 모인 조직, 또는 조직에 속한 개개 소매업의 모임으로 조직의 가맹과 탈퇴가 자유롭고 계약된 사항에 대해서만 각 소매점이 공동행위를 하는 연쇄점을 말한다.

13) 크리스탈러의 저서는 제1편 이론편, 제2편 응용편, 제3편 지역분석편으로 구성되어 있다.

도시의 주된 특징은 지역의 중심지로 대도시이면 더 넓은 지역에 재화·서비스를 제공하는데, 그것은 대도시가 그 지역의 중심에 입지해 있으며 더 높은 접근성을 가지고 있기 때문이다. 따라서 도시의 중요성은 주변지역에 대한 장소의 상대적 중요성으로서 중심성(centrality)과 직접 관련을 맺고 있다. 그리고 중심지는 그들의 지리적 중요성에서 변화하며, 또 순위(rank), 계층(order)을 가진다. 상위 계층의 중심지는 지리적으로 하위 계층 중심지를 지배하는데, 이것은 상위 계층 중심지가 많은 중심적 기능(재화·서비스)을 갖고 있기 때문이다.

재화와 서비스는 계층과 서열이 존재하는데, 식료품과 같이 매일 사용하며 인구분포에 따라 다소 균등하게 산재되어 있는 것을 편의(convenience)재화·서비스라 한다. 이런 재화·서비스는 하위 계층에 속한다. 그리고 약국, 은행과 같이 일주일에 한 번 정도 이용하는 재화·서비스는 중위 계층을, 가구, 변호사의 서비스 등 계절 단위 이상에서 구매하는 재화·서비스는 상위 계층에 속한다. 따라서 소매업 및 서비스 사업체의 관점에서 재화·서비스의 계층이 높을수록 재화·서비스가 경제적으로 지지되는 중심지는 상위 계층의 중심지가 된다.

크리스탈러는 중심지이론을 현실적으로 단순화하기 위해 다음과 같은 전제조건을 제시했다. 첫째, 모든 방향에서 교통의 편리도가 같은 등질평야이다. 그리고 운송비는 거리에 비례하고, 단일 운송수단을 이용한다. 둘째, 평야상에 인구가 균등하게 분포해 있다. 셋째, 중심지는 그 배후지에 재화·서비스 및 행정적 기능을 제공하기 위해 평야상에 입지한다. 넷째, 소비자는 그들이 수요로 하는 기능을 제공하는 최근린 중심지를 방문한다. 즉, 소비자는 각 기능에서 소요거리를 최소화한다. 다섯째, 이들 기능의 공급자는 경제인으로 활동하며, 가능한 한 가장 넓은 시장을 획득하기 위해 평야상에 입지함으로써 그들의 이윤을 최대화하려고 한다. 그렇기 때문에 수요자가 최근린 중심지를 방문하고, 공급자는 그들의 시장지역을 최대화하기 위해 가능한 한 다른 공급자로부터 멀리 떨어져 입지할 것이다. 여섯째, 중심지는 기능적 차이로 인해 상위 계층, 하위 계층 중심지가 존재한다. 일곱째, 상위계층 중심지는 하위 계층 중심지가 제공하지 않는 다른 기능을 공급한다. 여덟째, 모든 소비자는 소득과 재화·서비스에 대한 수요가 동일하다. 이상의 전제조건에서 이 이론은 무한공간을 전제로 해 구축된 이론이다.

이상의 전제조건을 바탕으로 크리스탈러의 중심지이론에서 두 가지 주요한 원리는 재화의 도달범위(range of a goods)와 재화의 최소 요구값(threshold of a goods)
으로서, 이들은 한 사람이 재화 공급자라는 단순한 경우에서만 설명되어진다.

(1) 재화의 도달범위와 최소 요구값

하나의 재화에 대한 수요는 가격에 의해 결정되는데(〈그림 8-3〉) 가격이 비싸면
수요는 감소한다. 크리스탈러의 전제조건 여덟째에 의하면 소비자의 소득수준이
같기 때문에 중심지에 거주하지 않는 소비자는 중심지에 거주하는 소비자보다 중심
지로 이동하는 데 교통비가 많이 들기 때문에 구매력은 떨어진다. 이러한 교통비에
의한 거리마찰 효과는 중심지로부터 거리가 멀수록 수요량을 감소시킨다(〈그림
8-3〉). 그리고 C지점에 거주하는 주민은 특정 재화를 구입할 수 없다. 왜냐하면 재
화의 구매 비용이 교통비로 모두 지출되기 때문이다. 여기에서 재화의 도달범위는
어떤 재화를 구입하기 위해 소비자가 여행할 수 있는 거리, 즉 AC의 거리를 말한다.
이 거리를 반경으로 시장권의 최대 잠재력 크기를 나타낸 것이 〈그림 8-4〉이다.

재화의 도달범위에는 내측 경계(inner range of a goods)와 외측 경계(outer range
of a goods)가 있다. 내측 경계는 중심적 재화의 공급시설이 그 중심지에 입지하는
데 필요한 최소한의 수요자를 포함하는 범위(〈그림 8-4〉 D)로, 이때 그 공급시설은
경영이 성립되는 최소한도의 수입을 얻을 수가 있어 이것을 정상이윤(normal
profit)이라고 한다. 이에 대해 외측 경계는 그 중심지에서 중심적 재화를 공급하는
최대 거리에 해당된다. 이 경계를 넘는 지역의 주민은 이 중심적 재화를 구입하는

〈그림 8-3〉 수요와 가격, 수요와 거리와의 관계

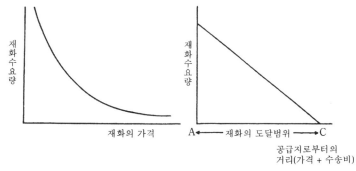

자료: Bradford and Kent(1978: 7).

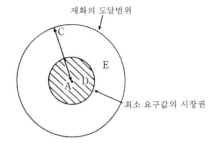

〈그림 8-4〉 재화의 도달범위와 최소 요구값

재화의 도달범위

최소 요구값의 시장권

데 비용이 많이 들어가므로 수요가 없거나 좀 더 근거리에 있는 다른 중심지에서 재화를 공급받게 된다. 외측의 경계는 중심지의 중심적 재화에 대한 절대적 한계에 해당되며, 그 범위를 이상적 도달범위라고 할 수 있다.

재화의 도달범위를 정하는 것은 경제적 거리이지만 그것은 소요시간·비용 등의 객관적 요소만에 의한 것이 아니고 주관적 요소도 포함된다. 또한 중심적 재화의 종류, 양, 가격도 도달범위의 규모에 영향을 미친다. 현실적으로 각 재화가 갖는 외측 경계를 계측하는 것은 불가능하다. 또 다목적 소비자 행동(multipurpose consumer behaviour)의 경우 개개 재화의 외측 경계는 무시된다.

재화의 도달범위 중 최소 요구값에 해당되는 것은 내측 경계이다. 사업체의 관점에서 제3차산업활동을 설명하면, 각 사업체는 이윤을 얻기 위해 경영을 하는데 필요한 최소한의 판매수준을 최소 요구값이라 한다. 이 최소 요구값의 크기는 하나의 사업체에 의해 얻어진 중심성의 수준에 따라 변화한다. 재화의 도달범위의 계층성은 한계효용학파의 창시자인 멩거의 재화의 계층성을 공간이론에 응용한 것이다.

(2) 시장(공급)·교통·행정의 원리

등방성 공간상에서 하나의 공급자에 의해 수요가 불충분할 때 재화를 판매해 이윤을 얻을 수 있는 공급자의 최대의 수는 최소 요구값에 의한다. 1주일에 100단위의 최소 요구값과 총 시장 잠재력이 10,000단위일 때 최대 100개의 기업이 존재할 수 있다. 그러나 이 100개의 기업은 아무 곳이나 입지해서는 이윤을 얻을 수는 없다. 즉, 각 기업은 다른 기업과 떨어져 경쟁하되 적어도 최소 요구값을 얻을 수 있는 시장지역을 확보해야 할 것이다. 이런 방법으로 모든 기업이 등방성 공간에 삼각 격자(格子) 형태(triangular lattice pattern)로 입지를 하게 되면, 각 기업은 가장 가까이 입지한 경쟁자 6개 기업과 등거리에 있게 된다(〈그림 8-5〉). 단일 기업일 경우 최대 시장지역은 원으로 나타나나 복수의 경쟁자가 나타났을 때에는 도달범위 중 내측 경계 내에서만 재화를 공급하게 된다(〈그림 8-6〉). 여기에서 등방성 공간상의 모든

〈그림 8-5〉 재화 공급자의 삼각 격자 형태

고객이 재화의 공급을 받기 위해서는 원의 시장지역이 중합(overlap)되어야 하며, 이 중합지대(overlapping zone)에 거주하는 수요자는 그들이 거주하는 곳에서 가장 가까운 중심지의 재화를 구매하게 될 것이다. 따라서 최종 시장지역은 정육각형 형태(hexagonal pattern)가 된다(〈그림 8-7〉). 그리고 이 정육각형 형태는 가능한 모든 수요자가 재화의 공급을 가장 효과적으로 제공받을 수 있는 시장지역이며, 이윤을 얻을 수 있는 경영을 하기 위한 최소 크기의 시장지역이다. 한편 재화를 판매하는 공급자수는 최대가 된다. 또 소비자의 관점에서 보면 특정 재화를 구입하기 위해 소요되는 거리의 합은 최소화가 된다. 이와 같은 특징에서 중심지의 배열과 시장지역은 재화를 유통시키는 데 가장 효과적이라 해 크리스탈러는 이것을

〈그림 8-6〉 비중합(非重合) 시장지역

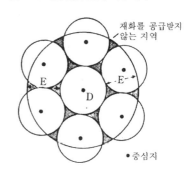

〈그림 8-7〉 정육각형 형태의 시장지역

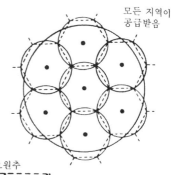

〈그림 8-8〉 등거리(等距離) 상점의 분포와 상권의 발전과정

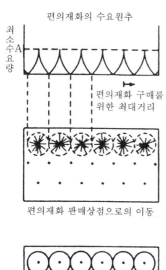

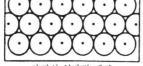

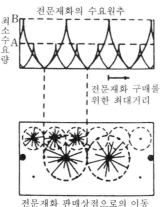

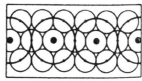

자료: Davies(1976: 19).

〈표 8-1〉 이상적인 K=3의 체계

계층	중심지 기호	중심지 수	시장지역 수	지역의 도달범위(km)	지역의 면적(km²)	제공된 재화의 유형 수	전형적인 중심지 인구	전형적인 지역의 인구
최하위	M(Markt)	486	729	4.0	44	40	1,000	3,500
	A(Amt)	162	243	6.9	133	90	2,000	11,000
	K(Kreisstädtchen)	54	81	12.0	400	180	4,000	35,000
중위	B(Bezirkshauptort)*	18	27	20.7	1,200	330	10,000	100,000
	G(Gaubezialhauptort)	6	9	36.0	3,600	600	30,000	350,000
	P(Provinzirkshauptort)	2	3	62.1	10,800	1,000	100,000	1,000,000
최상위	L(Landeszentral)	1	1	108.0	32,400	2,000	500,000	3,500,000
	계		729					

주: 크리스탈러는 하나의 가상적 공간을 상정했는데, 그것은 한 변이 36km의 정삼각형망의 각 정점에 B중심지를 배치하고 그곳에서 21km의 도달범위를 갖는 재화가 입지한다. 그 이유는 남부독일에서 읍(Bezirk) 간의 간격은 약 36km이고, 정삼각형은 빈틈이 없이 공간을 충전할 수 있는 다각형 중 최소가 되는 도형이기 때문임.
자료: Christaller(1966: 67).

시장원리(marketing principle)라 했다. 여기에서 전체적인 체계를 설정하기 위해 다른 재화를 고려한다면 각 재화는 각각 다른 도달범위와 최소 요구값을 가질 것이다. 다른 재화를 판매하는 공급자는 고객의 편리성을 위해 중심지에 함께 입지할 것이고, 유사한 최소 요구값을 가지는 재화는 크기가 같은 중심지에서 판매될 것이다. 최소 요구값이 낮으면 낮을수록 그 재화를 판매할 중심지의 수는 더 많을 것이다. 낮은 최소 요구값을 가진 재화와 소규모 시장지역을 가진 재화를 하위 계층 재화라 하며 이들에 해당하는 것은 식료품, 빵, 철물 등이다. 한편 높은 최소 요구값을 가지는 재화를 상위 계층 재화라 하며, 하위 계층재화 만을 판매하는 수많은 중심지를 하위 계층 중심지라 부른다. 그리고 상위 계층 재화를 제공하는 몇몇 중심

〈그림 8-9〉 중심지 계층과 시장지역(K=3)

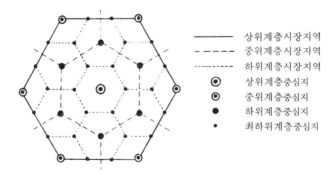

상위계층시장지역
중위계층시장지역
하위계층시장지역
상위계층중심지
중위계층중심지
하위계층중심지
최하위계층중심지

지를 상위 계층 중심지라 한다(〈그림 8-8〉). 이와 같이 각 중심지가 제공하는 재화의 유형과 수 및 시장지역, 고용, 인구에 따라 중심지의 계층이 다르게 나타나는데, 이것을 나타낸 것이 〈표 8-1〉, 〈그림 8-9〉이다.

먼저 시장원리는 중심지의 크기와 입지를 공간적인 배열로 설명하기 위해 K (Konstante)=3으로 간결하게 표시했다. 여기에서 K값은 다른 중심지에 의해 지배되는 중심지의 수와 각 계층의 시장지역 수 간의 관계를 나타내는 것이다. 〈그림 8-9〉에서와 같이 최하위 계층 중심지는 차상위 계층 중심지의 시장지역 경계에 위치한다. 이것을 단순화해 나타낸 것이 〈그림 8-10〉으로 하위 계층 중심지에서 상위 계층 재화에 대한 상위 계층 중심지를 선택하는데 3개씩의 상위 계층 중심지가 등거리에 존재한다. 따라서 각 하위 계층 중심지는 3개의 상위 계층 중심지에 대한 구매력이 각각 $\frac{1}{3}$씩으로 6개의 하위 계층 중심지에 판매하므로 2의 판매량을 가지며 상위 계층 중심지 자신이 제공하는 것이 1로 모두 3이 된다. 따라서 상위 계층 중심지는 3개의 하위 계층 중심지에 재화를 제공하거나 지배를 한다. 이 공간적 배열이 시장원리이며, 그 특징은 K=3으로 항상 상위 계층의 3배가 된다. 중심지 수와 시장지역 수와의 관계는 다음과 같다.

이러한 시장원리는 농촌 및 중세 도시와 농촌[도비(都鄙)] 공동체(ruban community), 자본주의시대의 자유 시장 경제지역에서 유리하게 나타난다. 그리고 이 원리는 경제

〈그림 8-10〉 시장원리의 설명

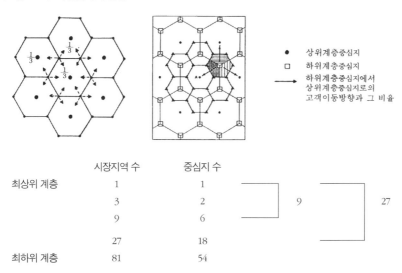

	시장지역 수	중심지 수		
최상위 계층	1	1		
	3	2	9	27
	9	6		
	27	18		
최하위 계층	81	54		

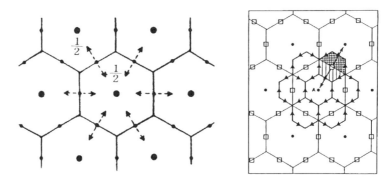

〈그림 8-11〉 교통원리의 설명

학적이라기보다는 국가학적이다. 그렇기 때문에 크리스탈러의 원리는 나치의 국토
계획기관으로부터 주목받아 동방 입식지에 대한 지역계획에 응용되었고, 또 제2차
세계대전 이후 독일의 공간정비정책에도 공헌했다.

　크리스탈러의 또 다른 원리의 공간적 배열은 교통 및 행정의 원리로 중심지가
상위 계층 중심지 간의 직선의 도로를 따라 하위 계층의 중심지가 입지한다고 하면
(〈그림 8-11〉), 이 배열을 교통원리(traffic principle)라 부르는데 정육각형의 크기가
시장원리보다 크다. 이 교통원리의 하위 계층 중심지는 두 개의 상위 계층 중심지
와 같은 거리에 위치해 각 상위 계층 중심지는 6개의 하위 계층 중심지 인구의 반
에 재화를 제공한다. 따라서 하위 계층 중심지에 제공할 재화 3과 상위 계층 중심
지 자신이 제공할 재화 1을 합치면 4가 된다. 따라서 $K=4$가 된다. 이 교통원리는
교통로의 건설 및 운송비용을 될 수 있는 대로 적게 지불하고, 또 많은 교통수요를

〈그림 8-12〉 행정원리의 설명

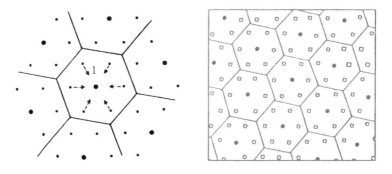

충족시키도록 중심지가 배치된 것으로, 특히 교통망이 발달한 시대, 교통로를 바탕으로 한 신개척 식민지, 골짜기에서 탁월하게 나타난다.

다음으로 행정원리(administrative principle)는 정육각형이 좀 더 크며 한 개의 상위 계층 중심지는 6개의 하위 계층 중심지에 둘러싸여 K=7이 된다(〈그림 8-12〉). 이 행정원리는 될 수 있는 대로 통합된 지역에서, 또 같은 면적, 인구수를 갖는 지구가 되게 중심지를 배치하는 것으로, 강력한 정치체제 아래에서 출현하는데, 절대주의 시대나 오늘날 사회주의국가, 고립적인 산간분지에서 나타난다. 이들 세 가지 배치원리가 현실적으로 설명이 잘되지 않을 때에는 역사적·자연지리적·문화적인 개별 요인이 추가된다. 이러한 설명의 도식은 역사학파 좀바르트(W. Sombart)의 '합리적 도식'이나 베버의 '이념형'에 의한 것이다. 즉, '합리적 도식'이나 '이념형'을 설정함으로 현실의 편의가 보인다는 것이다.

이상, 크리스탈러가 제시한 계층의 원리와 특색은 중심지의 기능, 시장 크기 간의 관계, 시장지역과 중심지 인구 간의 관계를 이론적으로 설명하는 것으로, 시장원리가 중심지체계의 주된 결정요인이 된다. 이것을 나타낸 것이 〈그림 8-13〉으로 이 체계에서 가장 큰 중심지가 G(Gaubezialhauptort)이므로 이를 G체계라 부른다. G중심지가 중심지체계에서 최상위 계층은 아니다. G중심지 이상에는 P(Provinzirkshauptort), L(Landeszentral), RT(Reich steilort), R(Reichshauptstadt)이 있는데, 프랑스에서 파리는 R,

〈그림 8-13〉 시장원리(K=3)의 G체계

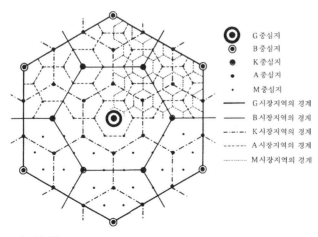

자료: Christaller(1966: 66).

〈그림 8-14〉 크리스탈러의 시장·교통·행정원리

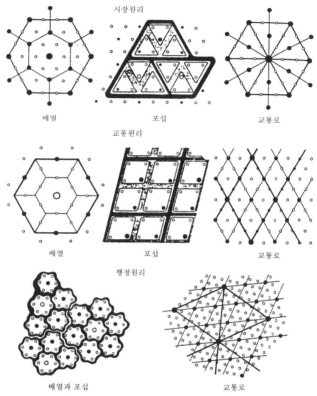

자료: Wheeler et al.(1998: 157).

보르도, 리옹은 RT에 해당되며, 남부 독일에서 최상위 계층 중심지는 뮌헨으로 L에 해당된다. 시장원리는 최소의 중심지로 최대의 면적을 커버하는 것과 같이 효율성 있게 크고 작은 중심지를 배열한다는 원리가 작용하지만, 교통·행정원리는 중심지 수가 시장원리보다 꽤 많다는 것을 알 수 있다.

중심지 입지에서 시장과 정치, 교통로의 영향에 의해 중심지체계를 나타낸 것이 〈그림 8-14〉이다.

중심지체계가 어떠한 시대적 배경과 자연환경이나 정치 시스템하에서 형성되었는가에 따라 중심지 수나 분포가 다르게 나타난다는 것을 크리스탈러의 세 가지 원리에서 알 수 있다.

2) 중심지이론의 검증

이상이 중심지이론의 골자로서 크리스탈러는 1930년대 남부독일을 대상지역으로 자신의 이론을 검증했다. 그는 먼저 그 당시 중심지의 계층구분을 하기 위해 중심지가 보유하고 있는 전화대수를 이용해 중심성을 측정하고, 중심성의 크기에 따라 계층을 구분했다. 전화 보유대수로 중심성을 측정한 이유는 1930년대 당시는 지금과 달리 전화의 보급이 초기 단계였고, 각 중심지의 경제활동 상황을 파악하는 데 적확한 지표로 생각했기 때문이다. 그런데 현재에는 소매 판매액 등을 중심성 지표로 사용하는 것이 좋다고 하겠다.

중심지의 중심성 측정은 다음과 같다.

$$C_i = t_i - p_i \times \frac{T}{P}$$

단, C_i는 중심지의 중심성, t_i는 중심지 i의 전화대수, p_i는 중심지 i의 인구, T는 대상지역 전체의 전화대수, P는 대상지역 전체의 인구이다.

위 식에서 이론적인 전화대수를 구하고 실제 전화대수와의 차이를 산출해, 실제 전화대수가 추정된 전화대수보다도 많을수록 중심지의 순위는 상위가 된다.

이와 같이 구한 중심성에 의해 당시 남부 독일 중심지의 계층을 구분한 결과가 〈그림 8-15〉이다. 각 중심지의 최상위인 L계층에서 최하위인 M계층까지를 7계층으로 구분했다. 최상위 중심지로서 뮌헨(중심성 2,825), 프랑크푸르트(2,060), 슈투트가르트(1,606), 뉘른베르크(1,346) 등이 있고, 프랑스의 스트라스부르, 스위스의 취리히도 L중심지에 해당되는데, L중심지는 어느 정도 일정한 간격으로 입지하고 있다는 것을 알 수 있다.

〈그림 8-15〉에서 특히 뉘른베르크나 뮌헨을 중심으로 한 바바리아지방에서 중심지이론이 시도하는 중심지 분포 패턴을 관찰할 수 있다. 이와 같은 점은 이 지방이 비교적 인구밀도가 낮고, 등질적인 농업지대로서 중심지이론의 전제조건과 같은 지역적 특성을 갖고 있기 때문이다. 크리스탈러에 의하면 이러한 지역에서의 중심지의 분포는 시장원리에 의해 규정된다고 했다. 이에 대해 프랑크푸르트와 스트라스부르를 연결하는 라인강 하곡지역에서는 직선상의 P·G계층의 중심지가 다수

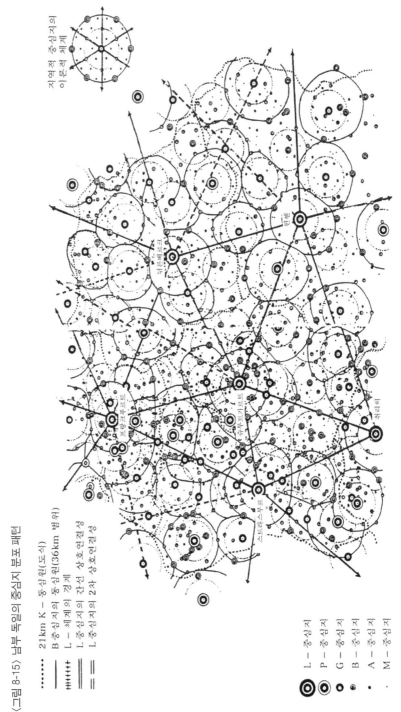

〈그림 8-15〉 남부 독일의 중심지 분포 패턴

········· 21km K − 중심원(도시)
────── B중심지의 동심원(36km 범위)
╫╫╫╫╫ L − 세계의 경계
═══ L 중심지의 간선 상호연결성
═══ L 중심지의 2차 상호연결성

지역적 중심지의
이론적 체계

◎ L − 중심지
◉ P − 중심지
◉ G − 중심지
◦ B − 중심지
· A − 중심지
· M − 중심지

자료: Christaller(1966).

입지하기 때문에 교통원리를 바탕으로 중심지가 입지하고 있다고 생각했다.[14] 크리스탈러에 의하면 일반적으로 인구밀도가 높은 공업지대에서 중심지의 분포는 교통원리에 바탕을 두고 있다. 한편 행정원리가 작용하는 경우에는 본래 시장원리를 바탕으로 한 중심지 입지가 예상되는 장소에 복수(좀 더 저차 계층)의 중심지가 서로 접근해 입지하는 경향이 있다고 했다. 바젤~프라이부르크~뮤하우제를 연결하는 삼각지대나 울름~아우크스부르크 사이에서 이론상은 본래 하나의 상위 중심지가 입지를 해야 하는데도 복수의 중심지가 입지히고 있는 것은 그곳에 행정원리가 작용한 결과라고 생각했다. 특히, 전자의 삼각지대에는 독일, 프랑스, 스위스의 국경선이 통과하고 있다. 역사적으로나 오늘날에도 경계가 설정될 장소에서는 중심지의 분포가 행정원리에 의해 규정될 가능성이 강하기 때문이다. 결론적으로 1930년대의 남부 독일의 중심지의 분포는 시장원리가 우선적으로 작용했고, 부차적으로 교통·행정원리가 작용했다고 말할 수 있다.

크리스탈러의 중심지이론과 뢰쉬(A. Lösch)의 경제지역론은 결과적으로 같은 정육각형 패턴을 도출한 점에서는 공통적이지만 이론화의 과정은 크게 다르다. 첫째, 크리스탈러는 재화의 도달범위 상한에 착안해 최소의 중심지에서 최대의 면적을 효율적으로 커버하려는 생각이었고, 그것도 재화나 서비스의 도달범위에서 공백지역이 없게 하는, 즉 재화와 서비스를 같은 사람들에게 공급하는 것을 겨냥해 도형적인 처리를 통해 규모가 다른 중심지의 배열을 도출했다. 거기에는 복지적인 관점과 더불어 재정 부담을 적게 하고 효율적인 시설배치를 겨냥하려는 정책적 관점에서 바라본 것이라 할 수 있다.

이에 대해 뢰쉬는 등질공간에서 완전자유경쟁을 전제로 한 신규참여는 자유로우며 이윤획득경쟁을 행하는 자본의 공간적 운동을 중시하며, 시장권의 축소와 중합을 통해 경제적인 중심지 시스템을 설명하려는 점이 크게 다르다. 크리스탈러와 대조적으로 뢰쉬의 경우 가장 많은 입지주체, 나아가 중심지에서 공간을 분리하고 그 결과재화(結果財貨)의 도달범위에 관해서는 하한에서 균형을 이루게 했다.

중심지 계층구조에 관해서는 크리스탈러가 규칙적으로 계층과 규모 및 기능이 일치하고 위에서 아래로의 계층성을 확실한 패턴으로 나타낸 데 반해, 뢰쉬는 반드시 그것에 대응하지 않고 도시의 기능분화나 전문화로 설명할 수 있는 다양한 패턴을 제시했다.

14) 물론 일부는 좁은 하곡이란 자연조건의 영향도 있다.

대상이 되는 산업, 사상(事象), 지역이나 응용범위에서도 크리스탈러와 뢰쉬는 다르다. 크리스탈러의 중심지이론은 재화와 서비스 공급에 초점을 맞추고 소매·서비스업이나 공공시설 입지에 관한 기초 이론이 된다. 남부독일이 중심적 대상지역으로 근대 이전부터 내생적 중심지 시스템의 발전을 이루어왔다. 또 제2차 세계대전 이후 구서독에서는 국토정책에 해당되는 '공간정비계획'에서 상위 중심지나 중위 중심지라는 중심지의 정비가 중시되어왔다.

이에 대해 뢰쉬 이론은 생산이나 공급의 양면을 고찰하고, 농업지역에서 농촌공업의 입지나 기초적인 지역구조의 형성을 설명한 후 중요한 시사를 부여하는 것으로 생각했다. 뢰쉬의 저작에는 대단히 많은 주(註)와 구체적인 사례가 있고 모국인 독일과 더불어 아이오와 주 등과 같은 미국의 사례도 많이 다루어졌다.

3) 중심지이론의 수정

크리스탈러의 중심지이론은 여러 가지 전제조건에 의해 성립된 이론이기 때문에 현실과는 괴리되었다고 지적하고 있다. 즉, 이동비를 높이는 산지 등의 물질적 장벽을 뺀 평야지대, 단일 교통양식의 수송형태, 그리고 거리에 비례한 수송비와 생활 소득수준이 동등한 인구가 균등하게 분포하고 있는 것과 같은 단순화된 전제조건에 기인하는 것이다. 중심지이론의 수정은 공간경쟁(spatial competition), 문화·경제의 차이, 구매행동(travel behaviour), 정보통신혁명의 네 가지 면에서 요약된다.

(1) 공간경쟁

고전적 중심지이론의 전제조건 중에서 가장 경직되고 제한된 것 중의 하나가 비중합 상권(non-overlapping trade area)이다. 즉, 소비자는 재화·서비스를 최근린 중심지에서 구매하게 되는데 매우 작은 가격변동에도 민감하다. 따라서 현실적으로 규칙적인 정육각형의 시장형태는 존재하지 않고 복잡한 상권을 나타내고 있다.

대부분의 소비자는 가격, 거리, 재화의 질 등에서 조그마한 변동에도 무차별적이다. 그리고 소비자는 그것들의 차이가 크게 났을 때 그 차의 인식에 의해 행동하게 된다. 이러한 이유에서 더 현실적인 모델이 데브레토글로(N. E. Devletoglou)에 의해 제시되었다. 그는 다음과 같은 몇 가지 전제조건 아래에서 그의 이론을 전개했다. 즉, 그는 등방성 공간에서 모든 방향으로의 동일한 접근성, 농촌인구의 균등한 분포, 소비자의 기호가 동일하다고 전제하고 〈그림 8-16〉과 같이 A, B 두 기업이 동일한 가격으로 같은 재화를 판매한다고 하면 소비자는 어디를 선호할 것인가? 데브레토글로의 전제조건에서 소비자는 단순히 거리에 의해 재화를 구매할 기업을 결정하지만 〈그림 8-16〉의 (가)와 같이 두 기업이 멀리 떨어져 있을 경우 A, B 사이에 거주하는 소비자는 그가 후원하는 소매점에 대해 대부분 무차별적이다. 소비자로부터 두 소매점 사이의 거리가 더 유사하게 되면 소비자의 무차별 가능성은 더욱 커진다. 그러므로 무차별 지대(indifference zone)는 소비자가 A, B 두 기업에 대해 조금도 선호의 차별을 두지 않는 지역에 해당된다. A, B 기업 간 거리가 클 때 무차별지대는 비교적 작고, A, B 사이의 거리가 짧으면 무차

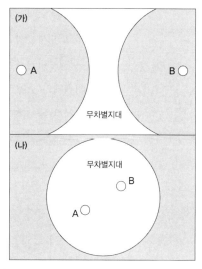

〈그림 8-16〉 소비자의 무차별지대(地帶)의 변화

자료: Wheeler et al.(1998: 165).

별지대는 넓게 분포한다(〈그림 8-16〉 나). 무차별지대는 최소 감지거리(line of minimum sensible distance)에 의해 A, B 두 기업의 정상적 상권이 분리된다. 그러므로 시장지역의 중합이 있을 것이라는 무차별지대의 개념은 고전적 중심지이론에서 한정된 경제인의 경직된 개념보다 실제 소비자의 행동에 영향을 미치고 있다. 이러한 현상은 인구밀도가 높은 도시지역에서 상권 설정의 중합지역이 특히 잘 나타난다. 그러나 거리가 소비자의 상점 선택에 중요한 역할을 하지만 유일한 인자는 확실히 아니며, 오히려 소비자가 구매하려는 거리를 확률의 면에서 고려하는 것이 더 의미가 있다. 그 구매할 확률은 거리가 가까우면 대단히 크고, 거리가 멀어질수록 상호작용의 가능성은 감소한다.

거리 이외의 구매 의사결정에 영향을 미치는 인자는 소득, 영향력 있는 구매자의 경쟁, 제품의 다양성, 광고의 역할, 소비자의 정보수준, 쇼핑센터에서의 자유로운 주차 등에 의해 중합을 나타내고 있기 때문에 고전적 중심지이론은 소비자의 의사결정 과정의 현실적인 설명의 방향으로 수정되어야 한다.

(2) 문화적 차이

복잡한 근대 경제는 각각 다른 역사적 전통이 있음에도 소매·서비스업이 중심지 체계로서 계층적으로 조직화되는가? 세계의 대다수 사람들은 경제조직의 면에서 근대 경제보다는 단순한 소농사회(peasant societies)[15]에서 생활하고 있다. 이와 같은 근대경제와 소농사회의 문화적 차이 또한 중심지이론의 수정에 영향을 미치고 있다. 문화적 차이에 의한 구매행동의 차이에 대한 대표적인 연구로 머디(R. A. Murdie)의 연

15) 레드필드(R. Redfield)는 사회를 민족사회(folk society), 소농사회, 도시사회(urban society)로 나누었다.

〈그림 8-17〉 근대 캐나다인의 의복 구매행동(가, 다)과 고메노파 교도의 의복 천 구매행동(나, 라)

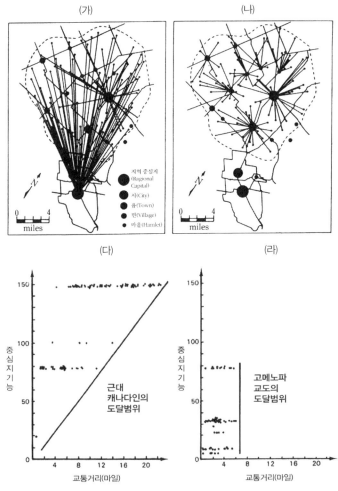

주: (다), (라)에서 그래프 안 점들은 구매빈도를 나타냄.
자료: 奧野隆史·鈴木安昭·西岡久雄(1992: 193).

구가 있다. 머디는 근대 캐나다인과 고(古)메노파 교도(old order Mennonite)[16]가 거주하고 있는 온타리오 주의 한 지역을 대상으로 소비자의 구매습관에 대해 밝혔다. 고메노파 교도는 농사를 지을 때만 근대적 방법을 사용하고, 의복이나 가정에서의 소비, 외출을 할 때에는 2세기 이전의 습관을 답습하고 있다. 즉, 검소한 수제(手製) 의복을 입고 약간의 상품만을 구입하며, 말과 경장(輕裝) 사륜마차(buggy)를 유일한 교통수단으로 이용하고 있다.

온타리오 주의 한 지역에서 중심지는 2개가 분포하고 있는데, 근대 캐나다인과 고메노파 교도의 은행 이용은 실질적으로 차이를 나타내고 있지 않지만, 고메노파 교도의 전통적인 신조가 작용하는 의복을 구매할 경우에는 2개의 행동유형의 차이가 나타나는 것을 알 수 있다(〈그림 8-17〉). 이 그림은 근대 캐나다인이 의복을 사고(〈그림 8-17〉 가), 고메노파 교도는 의복 천(yard goods)을 사는 경우(〈그림 8-17〉 나)를 나타낸 것으로, 문화적 차이는 구매행동에 결정적인 영향을 미친다. 의복의 구매행동은 20마일 이상의 도달범위를 가지나 의복 천의 도달범위는 7마일 정도이다.

(3) 다목적 구매행동

최근 소비자의 구매행동은 대형 소매점의 등장에 의해 다목적 구매행동(multi-purpose trips behaviour)으로 변화하고 있다. 이와 같은 소비자의 다목적 구매행동은 중심지이론의 비현실적인 소비자의 구매행동 가설을 검토하게 했다. 즉, 중심지이론에서 소비자 구매행동은 단일 목적 구매행동(single purpose trip behaviour)을 전제로 하고 있으나, 오늘날의 소비자는 다목적 구매행동을 하고 있다. 예를 들면 상위 계층재화를 구매할 경우 하위 계층 중심지에 거주하는 소비자는 상위 계층 중심지에 가서 상위 계층재화뿐 아니라 자신의 거주지에서도 구매할 수 있는 하위 계층재화를 함께 구매하게 된다.

이와 같은 소비자의 구매행동이 중심지의 내적 변화도 가져와서 인구가 증가한 상위 계층 중심지에서 단일목적 구매행동이 다목적 구매행동으로의 변화가 많이 나타났고, 그 변화가 적은 곳으로 인구가 감소한 하위 계층 중심지에서도 그러한 현상을 볼 수 있다.

16) 메노파는 신교의 한 파로 네덜란드의 메노 사이먼스(Menno Simons, 1492~1559)가 주창자로 유아세례, 공직취임, 병역 등에 반대한다.

(4) 정보통신혁명의 영향

정보통신혁명의 영향으로 중심지 시스템은 어떻게 변화할까? 통신판매나 전화 쇼핑 등은 택배 등의 소량 수송의 발달과 더불어 점포에서의 판매와 같은 형태로 보급되어왔다. 이에 대해 인터넷상에서의 가상 상점가의 구축과 이러한 전자상거래(e-commerce)의 보급으로 소비양식의 폭을 넓히는 것을 멈추지 않아 중심지이론에서 중심지 그 자체의 존재를 위협할 수 있는 변화를 가져왔다.

모든 음악 산업에서는 CD 생산, 레코드점에서의 판매라는 물적 재화의 흐름 대신 인터넷에 의한 전송이라는 정보류가 대두되었다. 가상 상점가의 출점은 지역이나 장소에 구애 받지 않고 상품을 진열할 매장도 필요 없게 된다. 다만 한편으로는 인터넷 도입에 의한 상점가 활성화의 사례도 적지 않다. 중심지 시스템이 정보통신혁명의 큰 영향을 받은 것은 확실하지만 그것이 어떤 결과를 가져왔는지에 대해서는 좀 더 장기적으로 살펴볼 필요가 있다.

1960년대 후반 이후 중심지이론에 대한 비판이 나타났다. 먼저 1970년대 실증주의 비판에서 중심지이론은 '단순한 기하학'이라고 비판하고, 또 최근 경제학의 입지론 재평가에서도 중심지이론을 '사실을 정리하기 위한 도식'에 지나지 않는다고 주장하기도 했다. 그러나 중심지이론을 '단순한 기하학'으로 환원한 것은 영미권의 '계량혁명' 주창자들이다. 또 행동지리학에서 경제인 등의 가설이 비현실적이라고 비판했다. 그리고 소매업 공간구조의 형성과정을 해명하기 위한 동태적 분석에 정태적 이론인 중심지이론을 적용하는 것은 부당하다고 지적했다. 그 때문에 동태적인 이론인 소매업 형태론을 공간적으로 이해해 소매업의 공간구조 형성과정을 해명할 필요성이 나타났다.

더욱이 소매혁명의 진전으로 소매업의 조직형태, 대규모 소매기업의 유통지배가 뚜렷하게 되면서 그것을 분석할 필요성이 높아졌다. 스콧(P. Scott)은 소매업 지리학의 연구를 충실하게 하기 위해서는 중심성의 개념만이 아니고 소비자 행동, 소매업의 기업행동 등도 고려해 구축할 필요가 있다는 점을 논했다.

3. 소매지대이론과 상업지역의 내부구조

1) 지대이론에 의한 업종별 입지분화

도시 내지 상업지구는 여러 종류의 재화·서비스를 제공하는 기능이 다양한 곳에 입지하고 있다. 통상 이러한 업종의 차이를 바탕으로 각종의 기능 입지를 설명하는 데는 지대이론을 이용한다.

〈그림 8-18〉에서 접근성이 큰 중심 O는 모든 상점에게 경영상 가장 유리한 지점이며, 이곳에서 거리가 멀어질수록 상점의 이윤(판매액)은 줄어들게 된다. 또 개개의 업종에 따라 각 지점에서의 지대지불 능력[17]은 다르며 업종별로 각 지점에서 지불하는 최고 지대액을 연결한 지대 경사곡선(傾斜曲線, bid rent curve)은 개개 업종에 따라 달라 구심적 업종일수록 그 구배는 크다. 그 결과 각 지점에서 최고의 지대액을 지불하는 업종이 그 지점을 차지하게 된다. 〈그림 8-18〉에서 구체적인 상점의 입지를 보면 중심지역(OA)에는 백화점, 잡화점 등의 종합 소매점이 입지하고, 순차적으로 숙녀복점, 구두점, 보석점이 나타나며, 중심에서 가장 먼 위치에 일용품점, 식료품점 등의 기초적인 재화를 판매하는 상점이 입지를 하게 된다. 이러한 소매점의 입지패턴은 실제로 많은 상업지구나 상점가 내부의 상점배치에서 전형적으로 볼 수 있으며, 일반적으로 중심으로 향할수록 선택적인 재화를 취급하는 상점이 즐비하며, 이들 상점의 상권은 넓은 것이 특징이다.

다음으로 중심지 내부의 기능 배치를 지대이론에 의해 구축한 가너(B. J. Garner) 모델(〈그림 8-19〉)은 지대 경사곡선으로 설명된다. 즉, 지역 중심지의 경우에 최소 요구값이 큰 지역적 차원(regional level)의 기능이 중심부에 입지하고, 순차적으로 공동체 차원(community level)과 근린차원(neighbourhood level)의 기능이 그 바깥쪽에 입지를 한다. 이것은 중심부에서 바깥쪽으로 갈수

17) 단위 면적당 초과이윤의 많고 적음을 말한다.

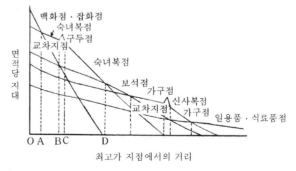

〈그림 8-18〉 지대(地代) 경사곡선과 소매상점의 입지

자료: Scott(1970: 16).

〈그림 8-19〉 중심지 내부의 기능분화

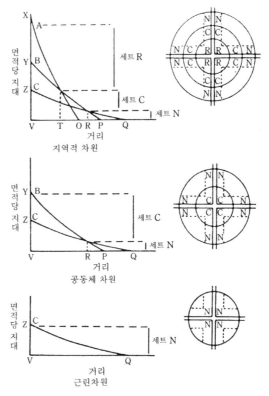

주: R: 지역, C: 공동체, N: 근린(近隣).
자료: Davies(1976: 130).

록 상위 차원의 기능에서 하위 차원의 기능이 동심원상으로 입지하고 있는 것을 의
미한다. 지역적 차원의 집적지에는 도심에 입지하는 백화점의 지점, 전문적인 상품
을 공급하는 상점 등이 나타난다. 도시의 발달로 교외에서 도심에 이르는 접근성은
상대적으로 낮아지는 경향이 있다. 이 때문에 교외보다 가까운 지역센터가 도심기
능의 일부를 담당하게 되었다. 공동체 차원의 센터에서는 의료품, 가구, 보석, 생화
를 위시해 지역센터에 비해 다소 전문화 수준이 낮은 상품이 공급된다. 나아가 근
린차원의 센터에서는 슈퍼마켓이 중핵적인 상점이 되고 청과물, 빵, 과자 등을 판
매하는 상점이 입지를 한다.

2) 상업지역의 내부구조

현재 소매업 공간구조의 원형은 거의 1945년경에 이루어졌다고 생각할 수 있지만, 그 후의 변화도 결코 적지 않았다. 도시내부의 지가분포를 반영하는 형태로 배치되어 온 소매업 집적은 무료 고속도로(freeway)의 건설과 교외화의 영향을 강하게 받았다. 자동차를 이용한 구매자의 행동이 일반화되고, 원 스톱(one stop) 쇼핑이 일상화되면서 규모가 큰 소매업 시설이 주요 도시의 교차점 부근에 입지를 하게되었다. 이러한 상업시설은 당초에 자연발생적으로 나타났지만 교외화가 본격적으로 이루어지면서 계획적으로 건설되었다. 도시의 중심부에서 교외로 인구가 이동하면서 소매업의 발달은 도심에서 주변지역으로 완전히 이행되었다. 또 사회·경제적 지위에 대응해 거주분화가 일반화된 북아메리카의 도시에서는 소매업 집적은 지역성을 반영하고, 질적으로도 다양화되었다.

도시내부에 각종 상업지역이 여러 곳에 분포하고 있다. 이러한 상업지역의 입지내지 그 입지체계에 관한 연구는 지금까지 주로 상업지역의 입지분화가 뚜렷한 대도시를 대상으로 많이 이루어졌다. 이러한 연구는 1937년 프라우드풋(M. J. Proudfoot)이 시카고 시내 상업지역의 유형을 중심업무 상업지구(CBD), 부도심 상업지구(outlaying business district), 간선도로변 상가(principal business thorough fare), 근린 상업지구(neigh-borhood business district), 고립 상점지구(isolated store cluster)로 구분해 분석했다. 그 후 스위스 취리히를 대상으로 도시 내 상점가를 CBD 상업지구, 지역 중심 상업지구, 근린 상업지구로 구분하고, 상업지구 간의 계층성을 규명한 스위스의 지리학자 카롤(H. Carol)을 선두로 한 중심지 연구와 베리를 선두로 한 상업지역의 유형화 연구가 있다. 베리는 종래의 소매업지역의 유형화에 대해 다음과 같은 비판을 했다. 먼저, 소매업지역의 형태에서 중심지구와 대상(帶狀)지구(ribbons)를 구분하고 있지만 양자가 왜 다른지를 체계적으로 설명하지 않았다. 둘째, 중심지구가 그 규모와 업종구성이 다름에 따라 몇 개의 유형으로 구별되지만 그들 간의 차이가 불명료하다는 점이다. 이상의 두 가지 점은 소매업지역의 유형화를 위한 기준과 이론적틀이 애매하기 때문에 나타난 것이다. 그래서 베리는 소매업지역 유형화의 이론적틀을 중심지이론으로 구축하고 계량적 방법을 도입해 객관적인 유형화의 방법을 확립함으로써 위의 문제점을 해결하려고 했다. 여기에서 상업지역의 유형을 살펴

〈그림 8-20〉 대도시 내부의 상업지역의 유형

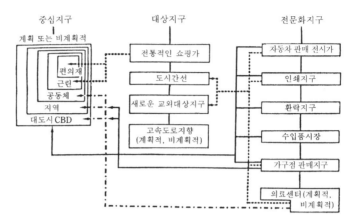

자료: Berry(1967: 46).

보면 다음과 같다.

　베리는 1963년 시카고 시내의 상업지역을 고찰한 결과 〈그림 8-20〉과 같이 유형화를 했다. 소매업지역의 기본형 중 하나로 중심적인 집적은 중핵이 되는 상점을 중심으로 여러 가지 종류의 소매업이 한 곳에 집중하는 패턴이 된다. 먼저 중심지구(centers)는 도시 내 각 곳에 형성된 상업지역 중에서 가장 주요한 집적 유형이며, 중심지이론으로 설명하면 상위 계층의 상업지에 해당된다. 중심지구는 지하철, 버스 등의 공공 교통수단을 이용하는 소비자 지향에 의해 설명되는데, 대도시의 CBD와는 별개로 그 규모에 따라 지역 중심지, 공동체 중심지, 근린(neighbourhood) 중심지, 고립된 편의상점(isolated convenience store) 등 4계층으로 구분되었다. 이것은 상점 종류의 수, 종업원 수, 판매액, 고객 수 등으로 구분된 것이다. 지역 중심지에는 도심에 입지하는 백화점의 지점, 전문적인 상품이나 서비스를 공급하는 상점이나 시설 등이 나타난다. 도시지역의 발전과 더불어 교외에서 도심에 이르는 접근성은 상대적으로 낮아지는 경향이 있다. 이 때문에 교외에 좀 더 가까운 지역 중심지는 도심기능의 일부를 담당하게 된다. 지역 중심지보다 낮은 계층의 공동체 중심지에는 의류와 식료품, 가구, 보석, 생화를 위시해 지역 중심지에 비해 좀 더 전문화의 수준이 낮은 상품을 공급한다. 또 소매업 이외에 은행, 부동산 중개업, 여행사 등 서비스 기능도 일반적으로 분포하고 있다. 근린 중심지에는 슈퍼마켓이 중핵적인 상점이 되고 청과물, 빵, 과자 등을 판매하는 상점이나, 미용실, 세탁소, 레스토랑 등이 분포하고 있다. 다음으로 근린 중심지보다 낮은 중심지인 고립된 편의 상업 집적지의 주요 업종은 청과물 상점, 약국, 제과점 등으로 구성되어 있다.

다음으로 대상지구는 도시의 간선도로를 따라 교외로 뻗는 시가지에 대상으로 발달한 집적 유형으로, 여기에는 도로를 통과하는 자동차 교통을 이용하는 소비자에 의해 발생되는 수요에 대응한 시설이나 비교적 넓은 부지를 요구하는 기능이 입지한다. 마지막으로 전문화 지구(specialized areas)는 개개의 독립된 입지요인에 의해 단독 내지 유사한 업종이 응집해서 집중지구를 형성한다. 그리고 현실적으로 이 지구의 구매행동은 다소의 교통비를 지불해가며 서로 상품을 비교하면서 구입하는 구매자의 행동을 나타낸다. 이 지구는 예를 들면 소비자의 구매 빈도가 매우 낮고 용지를 넓게 필요로 하는 자동차 판매 전시가(展示街)(automobile row), 가구점 판매 지구(furniture districts) 등 6개의 유형으로 구성되어 있다. 이러한 도시 내의 상업지역 발달은 소비자의 입장에서 같은 업종이 모여 있음에 따라 구매행위를 하는 데 상품을 비교해서 구입하기 쉽다. 그리고 시장의 입장에서는 특수시설을 이용할 수 있다는 이점이 있다. 이와 같은 도시 내 상업지역에서 각 유형의 기능적 관련성의 강도는 직선, 1점 쇄선(鎖線), 점선의 순으로 나타냈다. 여기에서 중심지구는 중심지이론에 의해 설명이 가능하지만, 대상지구나 전문화 지구의 입지는 중심지이론 만으로는 설명할 수 없다.

이러한 도시내부의 상업지역의 구조는 일반적으로 도시규모가 클수록 현저하며, 또 그 형성은 자동차 교통의 발달정도에 영향을 많이 받는다. 교통체계가 대중교통수단의 의존도가 높은 유럽 여러 나라의 도시에서는 고도로 개인 교통수단의 발달을 나타낸 미국의 도시에서 볼 수 있는 상업지역 분화가 같은 모양으로 전개된다고 볼 수 없다. 따라서 대중 교통수단에 크게 의존하는 상업지역과 개인 교통수단에 의존하는 상업지역의 구조적 차이를 이해해야 할 것이다. 즉, 대중 교통수단의 의존도가 높은 유럽 여러 나라에서의 도시 내 상업지역은 중심지의 계층구조에 의해 상업지역 체계를 설명할 수 있다. 그러나 1970년대에 들어와 영국의 지리학자 데이비스(R. L. Davies)와 포터(R. B. Potter) 등의 연구에 의하면, 영국의 도시에서도 유통·서비스업은 베리의 구분에 의한 중심지구, 대상지구, 전문화 지구를 구성한 기능군(機能群)에 의해 업종적 입지분화가 나타났다. 그리고 미국과 같이 중심지구와 대상지구가 연속적으로 입지 분포해 있다. 이러한 현상에서 대중 교통수단

〈그림 8-21〉 도시 중심부 상업지역의 구조 모델

핵상 중심지의 특징

상점유형	업종예
1. 중심지구	A. 양복점
2. 지역중심지	B. 잡화점
3. 공동체중심지	C. 선물상점
4. 근린중심지	D. 식료품점

대상지구의 특징

상점유형	업종예
1. 전통적 상점가	E. 은행
2. 도시간선 대상지구	F. 카페
3. 교외 대상지구	G. 차고

전문화지구의 특징

상점유형	업종예
1. 고급	H. 환락지구
2. 중급	J. 시장
3. 저급	K. 가구점
	L. 일용품점

위 세 유형의 복합모델

자료: Davies(1976: 147).

의 의존도가 높은 영국의 도시에서도 중심지구 이외의 상업 집적이 나타나고 있다는 점은 괄목할 만한 내용이다.

데이비스는 영국의 코번트리시의 관찰에서 베리에 의한 상업지역의 세 유형이 도시 중심부에 집약적으로 복합화되어 서로 의존하고 있다고 주장하고 〈그림 8-21〉과 같은 모델을 제시했다. 그에 의하면 도시의 핵상(nucleated) 중심지에서 지대 부담력의 차이에 따라 중심지구, 지역, 공동체, 근린 센터의 중심지 기능이 동심원상으로 입지한다. 그리고 핵상 중심지의 주변으로 방사상의 주요 교통로변에는 세 개의 유형에 의한 대상의 상업지역이 발달하고 있는 것도 나타났다. 또 전문화지구는 재화의 종류에 따라 면적(面的) 내지 선상의 집적 형태로 중심부 내의 곳곳에 형성되어 있다. 이러한 중심부는 세 요소가 복합적으로 상업지역을 구성하고 있다는 점에서 이해해야 할 것이다.

이상의 상업지역 내부구조에 대한 연구는 상업지역 유형에 해당하는 지역 및 상업지역의 분화 정도가 다르기 때문에 이러한 점을 어떻게 통일화 내지 일반화시킬 것이냐가 문제이다. 그런데도 베리가 제창한 상업지역의 유형은 도시 내의 상업지역 입지를 고찰할 때 중심지이론과 더불어 기본적으로 받아들여지고 있다.

다음으로 산토스(M. Santos)의 이중구조 모형과 같은 근대화 유통시스템인 상부회로와 전통적인 유통시스템인 하부회로가 대조되는 성질을 대·중·소의 중심별로 묘사해 개발도상국의 중심지 시스템의 특징으로 나타낸 것이 〈그림 8-22〉이다. 그후 개발도상국에서는 근대화와 새로운 중산층의

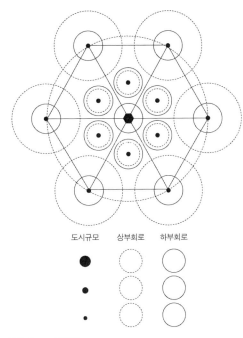

〈그림 8-22〉 개발도상국에서 중심지의 이중구조

자료: Santos(1979).

대두로 상부회로가 현저하게 탁월한 반면에 일본에서는 대량소비 스타일의 변질과 계층격차의 확대에 의해 새로운 이중구조 모형, 즉 광역상권을 가지는 상업 집적과 편의점과의 대조성 등의 출현도 나타났다.

4. 소농사회에서의 정기시

시장체계의 발달은 사회·경제의 발달단계에 따라 이루어지는데, 개발도상국에서 흔히 볼 수 있는 하나의 시장체계가 정기시(periodic market)이다. 소농사회에서 시장은 상설시가 아니고 정기시로서 오랜 역사 속에서 형성되어왔기 때문에 패턴의 변화에 강한 저항을 나타내고 있으며, 무엇보다도 안전하고 확실한 것을 추구하는 보수적인 사회에서 나타나는 사람들의 행동양식이라 할 수 있다. 정기시는 규칙적인 스케줄에 따라 며칠에 한 번씩 개시되는데, 이것은 시장에서 판매되는 재화에

대해 1인당 수요가 적고 시장지역이 원시적인 교통기술에 의존하고 있어 아직 상설시를 유지하기에는 총수요가 불충분하기 때문이다. 상인은 정기적으로 몇 개의 시장을 순회하는 것에 적응되어 있고 몇 개의 시장지역에서의 거래를 누적함으로써 생계를 유지할 수가 있다. 자세한 것은 세계 각 지역에 따라 다르지만 중국의 전통적인 농촌 정기시의 활동체계에 대해 스키너(G. W. Skinner)의 정기시에 관한 예가 있다. 공급 면에서 시장의 정기성은 개개 상인의 이동성과 관계가 있다. 한 시장에서 다음 시장으로 상품을 운반하는 행상인은 중국에서 볼 수 있는 이동상점(mobile firm)의 원형이다. 순회 직인(職人), 수리인, 대필로부터 점까지 치는 행상인 등도 똑같은 성격을 띠고 있다. 이들의 관점에서 보면 정기시는 특정한 날, 특정한 장소에 수요를 모으는 효능도 갖고 있으며, 상인이 생산자를 겸할 경우 판매와 생산을 다른 날에 할 수 있는 이점이 있다.

고객의 관점에서 시장의 정기성은 필요한 상품과 서비스를 얻기 위해서 여행해야 할 거리를 하루의 행정(行程)으로 단축시켰다. 더욱이 가정의 자급적 생산활동을 영위하고 생산물을 판매하기 위해 시장에 갈 수 있다. 개시되는 주기에 따라 비교적 짧은 주기에 개시되는 정기시, 일주일을 주기로 하는 정기시의 특수한 형인 주시(週市, weekly market), 수개월 또는 1년의 긴 주기로 개시되는 대시(大市, fair) 등이 있다.

1) 정기시의 발생과 유사성

세계에서 정기시는 한국, 중국, 일본에서만 발생한 것이 아니고 아시아, 사하라 사막 이남의 아프리카, 중앙아메리카, 남아메리카의 안데스 산지 등에서도 자생적으로 발달해왔다. 한국에서는 관청이 성립시킨 정기시는 삼국시대 신라와 백제에 존재했지만, 정기시의 기원은 알 수 없다. 그러나 적어도 고려시대의 지방 행정기관이 입지한 읍성에 정기시가 존재했을 것이라고 추정하고 있다. 그리고 중국의 정기시가 농촌에 널리 나타난 것은 당나라 말기부터로 이 당시에는 초시(草市)[18] 또는 허시(虛市)라고 불렀다. 또 일본의 경우는 헤이안(平安)시대(794~1192년)의 후기에 삼제시(三齊市)[19]란 형태의 정기시가 나타났으며, 가마쿠라(鎌倉), 1192~1338] 중기 이후에 그 수가 많아져 가마쿠라 말기의 선진지역에서는 시장망이 거의 확립되었

18) 동진대(東晉代)부터 나타난 것으로, 성 밖에서 농민에게 초료([草料]), 사료, 연료 등 농산물을 공급한 장소를 말한다. 초시(草市)는 당대(唐代) 전반기에는 그 수가 매우 적었다.
19) 일본에서 매월 3회씩 열리는 정기시를 말한다.

다. 그리고 유럽인이 진출하기 이전에 동남아시아에서 자바의 정기시가, 인도는 무굴조(朝), Mughuls 1526~1857년] 때 햇(hat)이라는 정기시가 널리 존재했고, 사하라 사막 이남의 아프리카에서는 유럽인이 이곳에 진출하기 이전부터 존재했는데, 이것은 자생적이 아니고 이슬람교도와의 접촉에 의해 나타났을 가능성이 높다. 또 신대륙의 멕시코에서 과테말라에 걸친 지역은 에스파냐인들이 이곳에 도착하기 이전부터 정기시가 존재했다.

이와 같이 세계 각 지역에서 자생적으로 발전해온 정기시의 지역적·사회적 배경에서 공통되는 점은 첫째, 원칙적으로 그 구성원의 대부분은 정착 농경민에 의해 형성된 사회라는 점이다. 물론 유목민, 이동 화전 경작민도 있지만 정착 농경민이 주류를 이루고 있어 소농사회에서의 잉여 농산물의 교환장으로 정기시가 성립되었다. 둘째, 아프리카에서는 약간의 부락을 제외하면 왕국, 제국, 봉건제 등의 일정한 정치조직 아래에서 나타났다. 이상의 두 조건을 만족시키는 용어가 문화인류학자 레드필드(R. Redfield)가 말하는 소농사회의 개념에 해당한다고 볼 수 있다. 셋째, 일정한 규모 이상의 인구밀도를 갖는 지역에서 발생했다. 북부 아프리카에서 농경이 행해졌던 지역에서는 정기시가 분포했는데, 사하라 사막 주변 스텝의 유목지역과 같이 인구밀도가 낮은 지역에서는 정기시가 존재하지 않았다. 그리고 남부 스웨덴의 정착 농경지역의 인구밀도가 낮은 지역에서는 행상인이 존재했다. 호더(B. W. Hodder)에 의하면 사하라 사막 이남지방에서 정기시의 성립조건은 시장까지 걸어 모일 수 있는 범위 내에서 인구밀도가 약 19명/km² 이상이라고 밝히고 있다. 그렇지만 정기시를 존립시키는 인구밀도의 한계는 이론적으로 지역주민의 가처분 소득의 크고 작음, 교역 종사자의 전업적 성격의 정도, 교통기관의 개선 정도 등에 의해 변동하기 때문에 명확한 숫자로 나타낼 수는 없다고 생각한다.

한편 정기시는 장소나 시간의 상이성에도 불구하고 하나의 제도로서 뚜렷한 유사성을 갖고 있다. 이들의 유사성을 보면 첫째, 개시일과 시장연결로써 7일을 주기로 하는 정기시는 종교의 강한 영향을 받았던 남부·서남아시아, 유럽에서 볼 수 있는데, 이들 지역은 7일을 주기로 하는 주시(週市)가 행해진다. 그러나 상거래량이 증대됨에 따라 주 2회 이상의 개시가 이룩되는 지역도 있는데, 한 주간의 3일 주기(3일 또는 그 배수)는 콩고 등에, 4일 주기는 나이지리아의 각 지방에서 볼 수 있다. 또 5일 주기는 자바, 아즈텍―마야 두 문명의 영향을 받은 지역 및 나이지리아의 일부 지역에서 나타났으며, 고대 로마는 9일, 15일 주기도 존재했다.

이에 대해 한국, 중국, 일본에서는 순(旬) 주기로 10일에 1회, 2회, 3회, 4회 등의 개시가 이루어졌다. 이와 같은 개시일의 배분은 시장 이용자에 대해 다음과 같은 의의가 있다. 우선 농민에 대해 일정 주기 내의 하루만이 아니고 그 밖의 날에도 조금 더 걸으면 다른 정기시를 이용할 수 있다는 이점이 있다. 또한 정기시에 의존하는 전문상인이나 직인(織人)에 대해서는 단일 시장에서 생계유지를 할 수요가 확보될 수 없더라도 개시일이 다름을 이용해서 일정한 규모의 시장군(市場群)을 순회함으로써 충분한 수요를 획득할 수 있다는 이점이 있다. 이와 같은 정기시군의 존재 형태를 호더는 시장연결이라고 불렀다.

둘째, 시장통제와 시장세가 아프리카의 일부 지역을 제외하고 세계 각 지역에서 인정되었다. 물론 정치권력이나 정치조직이 다름에 따라 시장의 개최권 또는 시장 징수권자는 다르다. 또 시장세는 모든 정기시에서 징수하는데, 크게 나누어 상거래의 질과 양, 상거래액에 대해 부과하는 경우와, 시장 내에서 노점을 여는 것과 시장 내의 임시점포 등을 사용하는 데에도 장세라는 명목으로 징수하는 경우가 있다.

셋째, 국지적 상거래로서 그 지방 농민이 생산한 약간의 잉여 농산물이 상호 교환되는 것과 그 지방에서 발생한 전업적 직인에 의해 만들어진 수공업 제품이나 서비스 행위가 농민에게 판매되는 것이다. 이 밖에 외래상품의 판매 및 지역 내 특산물의 집하·이출 등도 행해진다.

넷째, 정기시의 상거래 참가자는 대다수가 농민 자신이나 특히 여성이 상거래에 종사하는 경우가 많다. 이것은 이 단계의 사회에서는 남자는 좀 더 생산적인 노동에 종사하고, 부녀자는 상거래를 행한 성적 분업이 보편적이었다고 볼 수 있다. 다음으로 상거래인의 일부는 전문적 상인 또는 직인으로 이들은 외래 상품의 판매, 농민 간의 국지적 교환의 중개, 지역 내 특산물의 집하·출하 등을 행한다.

다섯째, 상거래 방법의 매개물은 원칙적으로 화폐를 사용했으나 과거에는 물물교환도 행해졌다. 이와 같이 물물교환에서 화폐 대용으로의 변화는 시장세로 화폐를 받거나 일반 농민의 과세가 금납화 됨에 따라 급속히 진전되었다고 생각한다.

여섯째, 시장권의 평균면적, 시장 간의 평균거리, 시장권의 평균반경은 일정한 한도 내에 있고, 도보로 하루 일정 내에 농민이나 상인의 이동이 가능하다. 그 결과 시장권내의 인구나 시장활동의 참가자 수도 일정한 범위 안에 있다. 조선시대의 시

<표 8-2> 조선시대 시장권의 평균면적·반경·인구 및 시장 간의 평균거리

지역	출처	연도	인구밀도 (인/km²)	시장권의 평균면적 (km²)	시장 간의 평균거리 (km)	시장권의 평균반경 (km)	시장권의 평균인구 (인)
조선 전역	善生永助,『朝鮮の市場經濟』(1929)	1769	73.5	210	15.6	9.0	15,400
		1833	71.2	212	15.6	9.0	15,100
		1904	73.5	236	17.4	10.0	19,300
		1911	73.6	206	15.4	8.9	15,200
		1921	80.2	180	14.4	8.3	14,500
		1930	91.5	161	13.6	7.9	14,700
		1938	104.0	153	13.6	7.7	15,900
조선 경기도	善生永助,『朝鮮の市場』(1924)	1926	153.9	125.4	12.0	6.9	19,297
충청북도		〃	112.8	135.7	12.5	7.2	15,307
충청남도		〃	155.8	93.2	10.4	6.0	14,524
전라북도		〃	160.2	123.9	12.0	6.9	19,854
전라남도		〃	155.1	121.4	11.8	6.8	18,834
경상북도		〃	122.4	118.7	11.7	6.8	14,525
경상남도		〃	161.3	86.2	10.0	5.8	13,905
황해도		〃	81.1	137.8	12.6	7.3	11,812
평안남도		〃	84.4	114.4	11.5	6.6	9,658
평안북도		〃	49.6	319.4	19.2	11.1	15,843
강원도		〃	50.4	252.0	17.0	9.8	12,691
함경남도		〃	43.1	332.6	19.6	11.3	14,326
함경북도		〃	30.8	446.7	22.7	13.1	13,772
평균			87.6	167.7	13.9	8.0	14,684

자료: 石原潤(1987: 28).

장권의 각종 특징은 <표 8-2>와 같다.

일곱째, 정기시는 위의 6가지의 경제적 기능 이외에도 사회적 기능을 갖고 있었는데, 이들 기능은 정기시가 사교의 장소, 즐기는 장소, 의료 센터의 역할, 행정상의 전달을 행하는 장소, 조세징수의 장소이기도 하다.

2) 정기시 성립의 입지론적 설명

정기시가 개시되는 사회는 전형적으로 시장교환(market exchange)이 성립되고 있지만, 부분적으로 소농사회로서 그 지지기반은 농민의 상거래장으로 성립하게 된다. 그리고 정기시가 발생한 계기는 내부 상거래설과 원거리 교역설이 주장되고 있지만 후자에 대해 의문점이 많다. 내부 상거래설은 베리 등이 주장한 학설로서 농업사회 내부에 잉여 생산물이 발생하고 좁은 지역 안에서 분업이 행해지면 시장이 발생한다는 학설이다. 그리고 원거리 교역설은 호더가 아프리카의 시장연구에서 정기시가 대상(隊商)의 자극에 의해 발생한 것이라고 주장하면서 그 증거로서 첫째, 역사가 오랜 시장은 자연환경이 다른 접촉 지점이나 부족이 다른 경계에 많다는 점, 둘째 대상의 주요 교역로를 따라 분포한 휴식지점에서부터 기원한 경우가 많다는 점, 셋째 시장에서 거래되는 상품은 지방의 토산품이 아니고 유럽 및 그 밖의 다른 지역의 상품이 많이 포함되어 있다는 점, 넷째 시장의 입지가 일반적으로 취락의 입지나 규모와 관계가 없다는 사실이 그것이다.

한편 한국을 대상으로 정기시와 이동상인의 현상을 연구한 미국의 지리학자 스틴(J. H. Stine)은 정기시의 성립을 제3차산업의 입지론으로 설명하고 있다(〈그림

〈그림 8-23〉 정기시의 입지론적 설명

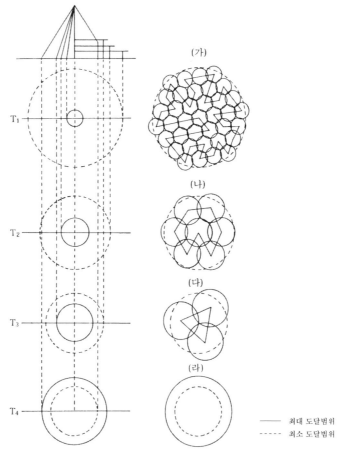

자료: Stine(1962: 76).

8-23)). 즉, 첫째 특정 상품에 대해 중앙에 위치한 상인으로부터 재화를 구입하는 주민의 거주범위를 최대 도달범위(maximum range)로 하고, 둘째 특정 상인이 생계를 유지하기 위해 수요를 확보할 수 있는 범위를 최소 도달범위(minimum range)라고 하자. 이때 최대 도달범위가 최소 도달범위보다 크거나 같을 경우에 상인은 생존할 수 있지만, 반대이면 상인은 최소 도달범위의 중앙에 고정해 있는 한 생존할 수 없다. 따라서 〈그림 8-23〉에서와 같이 영업장소를 항상 이동시킴에 따라 충분한 수요를 확보해 생존이 가능하게 된다. 스틴에 의하며 첫째, 최대 노달범위는 상품의 수요 탄력성과 운송비와의 함수관계에 있다. 즉, 수요의 탄력성이 큰 상품일수록 최대 도달범위는 작고, 운송비가 적을수록 최대 도달범위는 넓다. 둘째, 최소 도달범위는 지역의 수요밀도와 상인이 만족하는 이윤수준과의 함수관계에 있다. 즉, 수요밀도(인구밀도×가처분 소득수준)가 낮을수록 최소 도달범위는 넓고, 상인의 만족하는 이윤수준(생활수준에 관련)이 낮을수록 최소 도달범위는 좁다.

이상, 스틴의 이론적 고찰을 시계열적인 측면에서 보면 첫째, 교통기관의 개선으로 운임이 저하되면 최대 도달범위는 확대된다. 둘째, 수요밀도가 높으면 최소 도달범위는 축소된다. 이리하여 처음에는 많은 지역을 이동함에 따라 생계를 유지하던 상인이 차츰 이동지점의 수가 감소해 곧 최대 도달범위가 최소 도달범위와 같은 시점에서 고정된 지점에서의 영업이 가능하다. 즉, 〈그림 8-23〉에서 (가), (나), (다)의 단계에서 (가)는 이른바 행상 내지 대시의 단계이고, (나)는 주 1회의 정기시, (다)는 주 2회의 정기시의 단계이고, (라)에 이르면 상설점포가 가능해 진다.

또 상품별로 보면 수요 탄력성이 큰 상품은 최소 도달범위가 넓은 데 비해, 최대 도달범위는 좁으므로 상인은 좀 더 많은 지점을 이동하지 않으면 안 된다. 즉, 취급하는 상품의 차이에 따라 상인의 이동성이 다르게 나타난다.

3) 정기시의 전개 모델

정기시가 발생한 후 사회적 여러 조건이 변함에 따라 어떻게 전개되었는가에 대해 미국의 인류학자 스키너는 중국을 대상지역으로 귀납적 모델을 제시했다. 즉, 스키너에 의하면 중국의 표준적인 정기시는 대체로 주변에 18개 촌락을 상대로 성립하고 있지만, 이러한 시장권 내에서 개척 정도나 농업의 집약도가 높고, 취락 수

〈그림 8-24〉 정기시(시장취락)의 전개모델

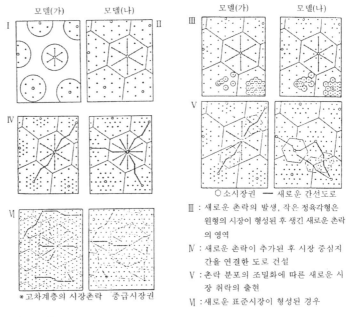

○ 소시장권   — 새로운 간선도로

Ⅲ : 새로운 촌락의 발생, 작은 정육각형은
    원형의 시장이 형성된 후 생긴 새로운 촌락
    의 영역
Ⅳ : 새로운 촌락이 추가된 후 시장 중심지
    간을 연결한 도로 건설
Ⅴ : 촌락 분포의 조밀화에 따른 새로운 시
    장 취락의 출현
Ⅵ : 새로운 표준시장이 형성된 경우

⊛ 고차계층의 시장촌락   중급시장권

자료: 石原潤(1987: 47).

가 증가하면 기존의 두 정기시의 중간이나 세 정기시의 중간에 새로운 정기시가 발생하며, 새로운 정기시도 평균 18개 촌락을 시장권으로 하게 된다. 이런 과정을 나타낸 것이 〈그림 8-24〉이다.

스키너는 1964~1965년에 걸쳐 중국의 다양한 농촌 취락을 중심지 시장구조에 의해 분류하고 모델을 제시했다. 각 단계에서 시장의 기능은 표준시장(standard market), 중급시장(intermediate market), 중심시장(central market)으로 나누었다. 여기에서 중심시장은 상위 계층으로 교통망상의 요지에 입지해 중요한 도매기능을 행하고 있다. 또 중심시장은 이입상품(imported item)을 받아 그것을 자기 시장의 하위 계층 중심지를 통해 분배한다. 그리고 지방의 생산물을 수집하고, 그것을 다른 중심시장이나 상위 계층 중심지로 이출시킨다. 표준시장은 작은 청과시장(green vegetable market)을 제외하면 최하위 계층에 속하며 정기적으로 회합을 한다. 상위 계층 중심지는 정기시 이외에 상설시를 갖고 있다. 중심시장은 도시의 4대문에 각각 작은 업무 센터를 가지고 있고 그 정기성은 1일 2회로 되어있다. 표준시장의 세력권은 지역에 따라 약간의 차이는 있지만 평균 18개의 촌락으로 구성되어 있다.

정기시의 전개모델을 보면 I단계는 시장당 촌락의 비율이 낮지만 서서히 증가해 작은 시장의 기능을 가진 표준시장을 중심으로 원형의 시장권이 형성된다. 다음으로 II단계는 촌락의 수가 증가하고 도로망의 발달에 의해 안정되고 균형상태가 되어 각 시장권 간에 경쟁이 발생해 정육각형의 시장권이 형성된다. 이 단계까지 촌락은 신설되고 교역의 규모도 확대된다. 그 후 신설된 촌락 및 시장권에는 두 가지 입지형태가 나타난다(III단계). 먼저 모델 (가)는 산지나 구릉지에서 형성되기 쉬우며 교통도 불편하고 농업생산성도 낮은 지역에서 나타나고, 모델 (나)는 평야지역에서 형성되기 쉬우며 교통도 편리하고 농업생산성도 높은 지역에서 볼 수 있다. 그림에서는 별 차이가 없으나 모델 (가)에서는 촌락이 떨어져 입지해 있으며, 모델 (나)에서는 촌락이 밀집해 있다. 그리고 면적도 모델 (가)는 235km^{2}이고, 모델 (나)는 105km^{2}이다.

다음으로 새로운 촌락이 계속 증가함에 따라 IV단계에서 모델 (가)는 새로운 촌락이 기존 도로변에 밀집해서 입지하고 시장 간을 연결하는 새로운 도로가 형성되지만 이 도로변에는 촌락이 적게 입지하고 있다. 한편 모델 (나)에서는 새로운 촌락의 입지는 새로 개설된 도로변에 더욱 많이 분포한다. 이 단계까지는 교역의 규모가 확대되어 시일(市日)도 증가하지만 표준시장의 형성이 이루어지고 있지 않다.

V단계는 촌락이 증가함과 동시에 표준시장이 형성되어 기존의 표준 시장권 외 연부의 촌락에 서비스를 제공한다. 모델 (가)는 기존의 두 개 시장에서 등거리로 시장 간을 연결하는 도로상에 표준시장이 발달한다. 이때에 기존 시장권을 잠식하지는 않는다. 모델 (나)는 기존의 세 개 시장 간에 등거리로 발달한 작은 시장만이 표준시장으로 성장한다.

VI단계에서 모델 (가)는 표준시장의 상위인 중급시장에 속하고 중급시장권은 4개의 표준시장권을 배후지로 갖는다. 도로망은 비교적 단순하고 중급시장 간을 연결하는 도로는 하나의 표준시장을 통과한다. 모델 (나)에서도 표준시장은 상위 중급시장에 종속해 중급시장권이 세 개의 표준시장권의 배후지를 갖는다. 도로망은 표준시장을 통과하지 않고 상위의 중급시장 간을 연결하는 도로와 두 개의 표준시장을 통과해 중급시장을 연결하는 도로의 패턴이 나타난다. 이와 같은 (가) 모델, (나) 모델은 중국에서 많이 볼 수 있으며, 또 두 개가 복합된 형도 많이 볼 수 있다고 스키너는 지적했다.

스키너에 의하면 전통적인 사회에서 시장활동의 증대는 주로 인구밀도의 증가에 의해 나타날 수 있지만, 20세기 이후 중국의 근대화 과정에서는 오히려 농민 개개인의 시장에 대한 기여 정도가 주된 요인이 된다고 밝히고 있다. 따라서 농촌에서 상품 경제화의 진전이 정기시를 한층 발전시키고 있다. 그런데도 근대화 과정에서 교통기관의 개선(운송비 절감)은 농민을 좀 더 고차의 중심지로 지향하게 해 저차 중심지 정기시는 도태하게 된다.

4) 정기시의 계층성과 시장연결·순환의 변화

여기에서는 개개 시장의 정기성을 등시화(等時化)해 보자. 〈그림 8-25〉는 스키너가 기술한 정기성의 체계를 나타낸 것으로, 정기시 체계는 한 사람의 상인이 중심시장과 두개의 표준시장을 3구성 단위로 나누어 10일 주기로 이동할 수 있는 체계를 나타낸 것이다. 즉, 중심시장(1일째), 제1의 표준시장(2), 제2의 표준시장(3), 중심시장(4), 제1의 표준시장(5), 제2의 표준시장(6), 중심시장(7), 제1의 표준시장(8), 제2의 표준시장(9)이고, 10일째는 중심시장의 차례이지만 이 날은 교역이 이루어지지 않는다. 이러한 주기는 천체운동을 하는 자연적 원리에 의해 정해졌을까? 자연적 주기와 관계없이 인위적으로 정해졌는가? 중국의 경우 10일 마케팅 주기는 태음월[(太陰月), lunar month]과 관련되어 있다.

중국에는 두 개의 기본적인 주기가 있는데, 태음월의 1일, 11일, 21일부터 시작되는 월순(月旬)과 12일간의 12진(進)[20] 주기가 있다. 스키너는 1순당 1회의 주기는 황허 하곡의 고대 중국인이 처음 사용했지만, 1/12 주기(one-per-duodenums cycle)는 남서부에서 사용했다고 논술하고 있다.

시장의 정기성에 영향을 미치는 하나의 요인은 인구밀도이다. 일반적으로 인구가 많을수록 총수요가 많아 시장이 개시될 빈도가 높고 결국 매일 시장이 열리게 된다. 그리고 소득이 증대되거나 작은 규모의 농가가 판매를 위해 생산을 좀 더 전

〈그림 8-25〉 중국의 1순(旬) 3회의 정기시

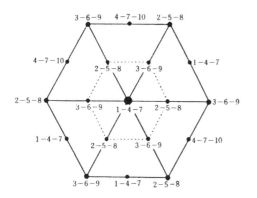

주: 상위 계층은 중심시장, 중위 계층은 중급시장, 하위 계층은 표준시장임.
자료: 西岡久雄·鈴木安昭·奧野隆史(1972: 120).

문화했을 때, 1인당 수요가 증대되면 총수요와 정기성이 커지게 되어 상설시가 나타나게 된다.

중국 남부지방의 12진 주기는 서부에서 동부로 올수록 서서히 증가해 6일 주기(1일-7일, 2-8, 3-9, 4-10, 5-11, 6-12)가 일반적이고, 인구밀도가 가장 높은 지역에서는 그것이 두 배가 되어 1-4-7-10, 2-5-8-11, 3-6-9-12로 된다. 중국 북부지방에서 1순당 1일의 주기는 주변지역에서 볼 수 있으며, 표준시장에서는 1순 2일 주기가 일반적이고, 중심시장에서는 1순당 4일 주기가 가장 잘 나타난다. 1순당 3일 주기는 쓰촨(四川)분지의 중심부 및 중국 남동부 평지의 인구밀도가 높은 지역이나 대도시 부근의 도시 시장지향의 식료품 생산이 전문화된 지역에서 나타나는데 이들 지역은 인구밀도가 높다. 〈그림 8-26〉은 1순 3일의 주기를 나타낸 것이다. 〈그림 8-26〉의 두 번째 그림은 실제의 시장연결을 티센 다각형(Thiessen polygon)법[21]에 의해 나타낸 것이다.

세계 각 지역에는 다른 주기의 정기시가 존재하고 있는데, 한국의 경우 보통 1순당 2일이고 근대화 이전의 일본은 1순당 1일의 주기로, 두 나라 모두 중국 북부지방의 문화전파와 관계가 있다고 본다.

충청남도에 분포한 정기시에 대해 상인의 시장 방문형태를 살펴보면 다음과 같다. 〈그림 8-27〉은 1925년과 1970년의 개시일(開市日)과 인구를 나타낸 것으로, 1925년과 1970년의 충청남도의 정기시 수는 각각 81개, 114개로 지난 45년 동안에 전통적인 소농경제에서 발달된 시장경제로 급

〈그림 8-26〉 중국 쓰촨성의 청두(成都) 부근의 정기시(K=3의 공간조직)

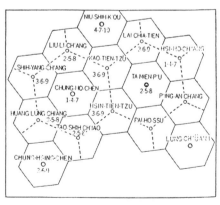

주: 여기에서 Chung-ho-chen은 중급시장, Pai-ho-ssu는 표준시장.
자료: 西岡久雄·鈴木安昭·奧野隆史(1972: 85~86).

〈그림 8-27〉 인구분포와 개시일(開市日)(1925년, 1970년)

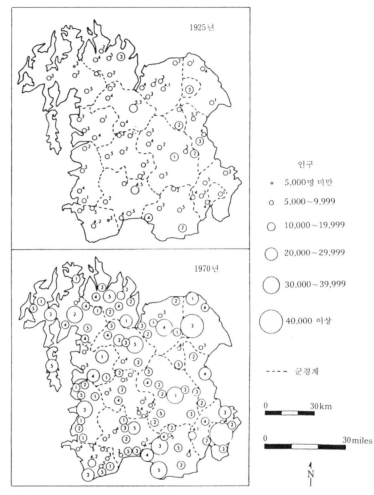

주: 지도와 원 안의 숫자는 개시일을 나타냄.
자료: Park(1981: 117).

속한 변모를 겪었으며, 1970년에 증가된 정기시는 기존 정기시의 중간에 입지했다. 1925년 당시 정기시의 시장연결과 순환(market connectivity and cycle)을 보면 〈그림 8-28〉로 충청남도에 15개의 시장순환을 갖고 있는데, 이것은 상인이 시장을 방문하는 데 가장 편리하도록 한 것이며 시장은 시공간적으로 적절히 분배된 것이다.

이와 같은 시장순환은 1925년 당시에는 소규모의 상거래를 하고 물물교환을 하며, 시장달력(market calendar)에 의해 정기시를 이동해 다니다 시장순환이 끝나면

474 제3부 산업의 입지와 공간체계

귀가하는 순회 행상인(itinerant trader)이었으나〈그림 8-29〉가), 1975년에는 교통의 발달, 상업규모의 확대, 경제규모의 확대에 의해 집을 기점으로 매일 정기시를 방문하는 사업가로서의 이동상인(travelling merchant)에 의한 시장순환으로 변모했으며〈그림 8-29〉나), 이 이동상인은 결국 특정 정기시에 위치한 상설점포의 상인이 될 것이다〈그림 8-29〉다).

베리는 자급자족적 성향이 강한 소농사회의 정기시에 대해 시장권의 인구가 적고 상설시를 유지하기에 충분한 수요가 없을 경우, 상인은 정기적으로 몇 군데의 지역을 순회하는데, 개시 회수의 다소에 따라 표준시장(standard market), 중급시장(intermediate market), 중심시장(central market)의 3계층으로 나눠, 최고의 중심시장은 교통의 요지에 입지하고 도매기능도 겸비하고 저차 시장에 재화를 공급한다고 지적했다. 또 조지(P. George)는 농촌의 소비시장 체계를 순회배급망(巡廻配給網)이라 부르고 있다. 이 시장권도 상권이나 근대적인 도시를 중심으로 한 상권에 비해 최소 요구인구(threshold population)가 적은 것뿐이다. 호더는 서아프리카와 유럽의 시장을 대비하고 정기시 → 상설시 → 소매시·전문 도매시장의 형성과정을 제시했다.

〈그림 8-28〉 시장연결과 시장순환(1925년)

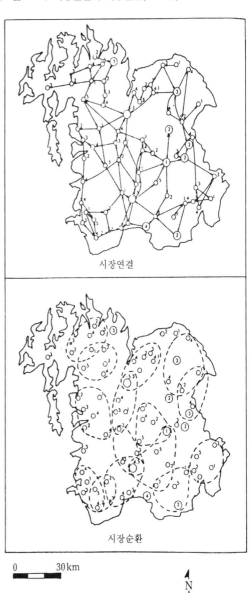

시장연결

시장순환

0   30km

N

주: 지도와 원 안의 숫자는 개시일을 나타냄.
자료: Park(1981: 118).

〈그림 8-29〉 순회 행상인과 이동상인의 시장방문 형태

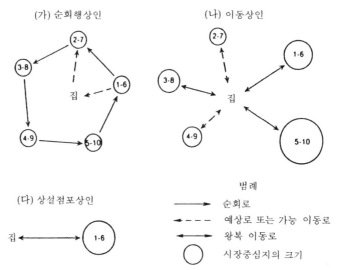

(가) 순회행상인   (나) 이동상인

(다) 상설점포상인

범례

→ 순회로
⇠--- 예상로 또는 가능 이동로
↔ 왕복 이동로
◯ 시장중심지의 크기

주: 원 안의 숫자는 개시일을 나타냄.
자료: Park(1981: 125).

5) 대시

대시(大市)는 정기시와 기본적인 차이를 보이는데 그 중요한 차이점은 대시의 경우 한 주기가 현저하게 커 개시가 1년에 1회 내지 수회라는 점이다. 에릭스(A. Allix)는 유럽을 사례로 해 대시를 일반상품 대시(commodity fair)와 가축 대시(livestock fair)가 대표적인 전문상품 대시(speciality fair), 견본시, 제례시로 분류했다.

일반상품 대시는 원거리 교역상인 상호 간의 상거래 장소로서 사치품을 포함한 각종 상품의 도매시로서의 성격을 갖고 있으며 중세 유럽에서 성했다. 전문상품 대시는 한정된 상품의 소매시이나 특정 생산물의 집하시로 일반상품 대시에 비해 유럽이나 일본에서 늦게까지 남아 있었던 유형이다. 우마나 농기구 등 수요빈도가 낮은 상품의 소매나, 알프스 북방의 가축시가 이목의 계절성에 대응한 집하시가 된 것처럼 농축산물의 계절성이 비교적 늦게까지 남아 있었던 것이 이유이다. 견본시는 일반상품 대시가 신용의 발달에 의해 특수화된 것으로 19세기 이후 국제적 상거래의 특수한 형태이다. 제례시는 제례를 위해 교회·사원·신사(神社) 등 사람이 모이는 곳에 발생되며 오락적 색채가 강하고 음식점, 기념품점이 중요한 비중을 차지하

<그림 8-30> 제례시가 개시되는 일본 도쿄 아사쿠사(淺草)(2005년)

고 있다(〈그림 8-30〉). 이상에서 대시는 사치품을 취급하고 오락적 요소가 강하며 상거래 양이 많고 도매를 주로 하며 원거리 교역을 지향한다는 것을 알 수 있다.

5. 소비자 구매행동

1) 소비자 구매행동의 연구

소비자 구매행동(consumer's purchasing behaviour)의 연구는 지리학에서 계량혁명이 진행되던 도중에 중심지이론을 재검토하는 과정에서 파생되었다. 그러나 실질적으로는 미국 및 서부 유럽 여러 나라에서는 제2차 세계대전 이후에 도시·지역계획을 추진할 때 인문지리학자들이 참여한 것이 큰 영향을 미쳤다고 생각한다. 이러한 배경을 가진 소비자 구매행동 연구가 미국에서는 1950년대 말기에 시작되자 굉장히 빠르게 진전·심화되었다. 이러한 소비자 구매행동에 관한 연구동향은 크게 1960년대 전반까지(제1단계), 1960년대 후반~1970년대 전반까지(제2단계), 1970년대 후반 이후(제3단계)로 구분할 수 있다. 제1단계는 구매행동의 공간적 패턴을 기술한 시기이다. 구매행동의 공간적 패턴은 구매행동의 이론을 구상할 재료이며 구성된 이론의 유효성을 검토하는 재료도 된다. 구매행동의 공간적 패턴을 기술하는 중심개념은 거주지에서 상점까지의 거리이고, 이 거리를 구입 품목별로 계측해 구매행동과 거리, 상업 중심지의 규모와 행동패턴과의 관계 등을 분석할 수 있다. 제2단계는 제1단계에서 밝혀진 구매자 행동의 공간적 패턴이 발생한 이유를 검토하기 위해 지리학 이외의 심리학이나 행동과학의 지식을 이용했다. 제3단계는 심리학적 분석과 더불어 의사결정의 수식모델, 근대 경제학의 소비자 행동이론 등이 도입되어 분석방법의 다양화가 진전되었다.

이와 같은 소비자의 구매에 관한 연구는 지리학의 관점에서 다음과 같은 점이 중요하다. 첫째, 소비자 행동이란 용어는 크게 두 가지 다른 의미를 내포하고 있다. 즉, 각 가구 또는 개인의 일일 구매행동을 나타내는 경우와 식료품 구입비용이나 의료비 등 가계의 소비지출 등 가계지출 행동을 나타내는 경우가 그것이다. 그래서 지리학에서 가구 또는 개인의 구매행동은 1953년 크로퍼(R. Klopper)를 선구로 연구를 시작해 검토해왔다. 둘째, 구매행동의 분석은 주로 도시 내의 거주자를 대상으로 연구해왔다. 한편 가계지출 행동에 대해서는 통계자료에 의한 분석이 가능하다는 것과 복수의 도시·지역 간의 상호 비교가 행해졌다. 이러한 소비자 구매행동 분석을 지역적으로 표현하면 특정 지역 내의 소비자 구매행동의 특징을 상세하게 분석하는 것과 평균값을 사용해 지역 간의 소비자 가계지출 행동의 다름을 비교하는 것이다. 셋째, 분석의 대상이 되는 소비자를 어떤 범위에서 생각할까 하는 문제를 집계의 문제라 한다. 구매행동이나 가계지출 행동에서 어떤 한 사람 또는 가구를 분석하는 것도 가능하고, 특정 소득계층 또는 직업 취업가구를 분석할 수도 있다. 더욱이 도시 내의 한 지구주민의 소비자 구매행동을 대상으로 분석할 수도 있고 도시주민 전체의 소비행동의 평균값을 이용해 분석할 수도 있다.

다음으로 1960년대 초 미국의 남서 아이오와 주에서 최고차 재화(시 수준에서 판매하는 재화)의 의복, 읍 수준에서 소비활동의 대상이 되는 가구와 드라이클리닝, 최저차 재화(면 수준에서 판매되는 재화)인 식료품에 대해 소비자 행동에 대한 베리의 연구[22]가 있다. 즉, 베리는 소비자 구매행동에 의한 중심지 이론을 분석했다. 일반적으로 소비자는 편의재의 경우 가능한 한 자기가 살고 있는 가장 가까운 곳에 가서 구매하고, 쇼핑재는 고차 중심지에 가서 구매를 하게 된다. 〈그림 8-31〉, 〈그

22) 베리는 아이오와 대학 교수인 매카시(McCarty)가 수집한 자료를 이용해 연구했다.

<그림 8-31> 남서 아이오와에서의 의복 구매 선호

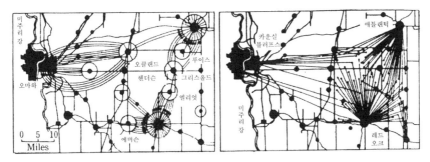

자료: 西岡久雄·鈴木安昭·奧野隆史(1972: 22).

<그림 8-32> 남서 아이오와에서의 드라이클리닝 서비스의 선호

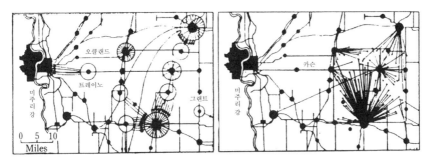

자료: 西岡久雄·鈴木安昭·奧野隆史(1972: 26).

<그림 8-33> 남서 아이오와에서의 식료품 구매 선호

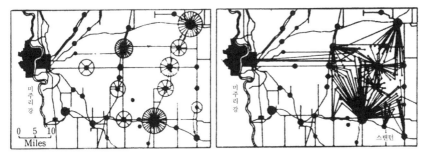

자료: 西岡久雄·鈴木安昭·奧野隆史(1972: 27).

림 8-32〉, 〈그림 8-33〉에서 농촌 거주자의 구매행위는 농촌 거주지에서 가장 빈번

하게 구매되고 있는 중심지와를 실선으로 연결 지었으며, 도시 거주자의 구매행동

은 먼저 자기 거주지에서 빈번하게 구매행동을 하는 정도를 원의 크기와 원 내의

방사선으로, 다른 중심지로의 구매행동은 화살표를 붙인 실선으로 연결했다.

먼저 쇼핑재인 의복의 구매행동(〈그림 8-31〉)은 군(county)의 거주지인 애틀랜틱(Atlantic)과 레드오크(Red Oak)의 두 중심지와 지역적 중심도시인 카운실 블러프스(Council Bluffs)가 주변지역으로부터 쇼핑지역으로 선호되고 있다. 그런데 지역적 중심도시인 카운실 블러프스로의 구매자의 이동은 애틀랜틱, 레드오크보다 더 많다. 그리고 일반 의복류보다 저차 재화인 작업복류는 그리스월드(Griswold), 오클랜드(Oakland), 엘리엇(Elliot)에서도 어느 정도 판매되고 있다. 드라이클리닝은 수요창출이 빈번하고 가격이나 질에서 지역적 차이가 거의 없다. 따라서 소비자 행동(〈그림 8-32〉)은 애틀랜틱과 레드오크 이외에 지역적 중심도시의 지배를 받고 있는 오크랜드, 카슨(Carson)에도 나타나 소비자가 가장 가까운 곳을 이용하고 있다. 편의재인 식료품의 구매행동(〈그림 8-33〉)은 거주자가 가장 짧은 거리의 국지적 이동 형태를 나타낸다. 즉, 루이스(Lewis), 엘리엇, 에머슨(Emerson), 스탠턴(Stanton) 등을 중심으로 구매활동이 나타난다고 밝혔다.

2) 현시공간 선호

소비자 행동의 연구에서 소비자 개개인의 선호구조를 파악하기 위해 경제학에서 사용하는 소비자 선택이론의 하나인 현시선호[顯示選好, revealed preference] 이론을 이용할 수 있다. 이 현시선호 이론은 새뮤얼슨(P. A. Samuelson)이 제시한 것으로, 종래의 이론에서 중시되어 온 효용이라는 심리적 요소를 배제하고 소비자가 시장에서 실제로 수요를 하는 재화의 조합·수량을 객관적으로 관찰해, 그 자료를 소비자의 선호의 표명으로 생각하고 그것을 바탕으로 수요법칙을 설명하려고 하는 것이다. 이 이론에 의하면 소비자가 어떤 재화의 조합을 구입할 수 있는데도 다른 재화의 조합을 선택한다면, 후자에 대한 선호를 현시(표명)했다고 해석하고, 이렇게 좋아함을 표명한 것을 현시선호라고 한다.

전통적인 소비자 선택이론에서 소비자는 서열적으로 효용의 척도를 갖고 있고, 소비자가 재화에 대한 평가 서열은 수학적으로는 효용함수에 의해 나타낸다. 지금 두 가지 재화 q_1, q_2를 예를 들면, 어떤 일정한 효용수준은 각 재화의 소비량 Q_1과 Q_2의 아주 다른 조합에 의해 표현해 보자. 일정한 효용수준 μ^0에 대해 소비자의 서열적 효용함수는 $\mu^0 = f(q_1, q_2)$가 된다. 효용함수는 연속적이기 때문에 위의 식을 만족하기 위한 Q_1, Q_2의 조합은 무한하다. 따라서 소비자가 같은 효용수준을 얻기 위한 재화의 모든 조합의 흔적은 〈그림 8-34〉와 같은 무차별 곡선을 형성한다.

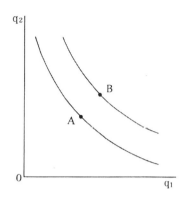

〈그림 8-34〉 두 개의 재화를 구입할 경우의 무차별 곡선

그림 중에 q_1과 q_2의 양을 나타낸 곡선에서 오른쪽 상단 방향으로 길수록 무차별 곡선은 차차 좀 더 높은 효용수준에 대응한다. A점에서 B점으로 이동할 때에는 Q_1과 Q_2의 양쪽 소비량이 증가하기 때문에 B점은 A점보다도 높은 효용수준에 대응하게 된다.

그리고 새뮤얼슨에 의하면 n종류의 재화가 있고, 어떤 특정 가격의 조합 p_1^0, p_2^0, ···, p_n^0를 $[p^0]$로 나타내고, 그 가격에 대응하는 어떤 소비자의 구매량을 $[q^0]$로 나타내면 $[q^0]$가 $[q^1]$보다도 현시적으로 선호된다. $[q^1]$이 $[q^2]$보다도 현시적으로 선호되므로, ···, $[q^{n-1}]$이 $[q^n]$보다도 현시적으로 선호되었을 때에는 $[q^n]$이 $[q^0]$보다도 현시적으로 선호되는 것은 결코 있을 수 없는 선호의 추이성(推移性)이 보증될 때 〈그림 8-34〉와 같은 효용 무차별 곡선이 도출된다.

미국의 지리학자 러시턴(G. Rushton)은 현시선호 이론에 힌트를 얻어 다음과 같이 표명된 것을 현시공간 선호(顯示空間 選好, revealed space preference)라고 정의하고, 새로운 구매행동 모델을 구축했다. 즉, 현시선호의 정의에서 '재화'를 '공간적 기회'로 치환하고, '구입'을 '이용'으로 치환하면, 소비자가 어떤 공간적 기회의 조합을 이용할 수 있는데도 별도의 공간적 기회의 조합을 선택한다면, 후자에 대한 선호를 표명한 것으로 볼 수 있기 때문이다. 이 경우 공간적 기회란 중심지(상점가)라는 것이지만, 무차별 곡선의 개념을 중심지 선택 문제에 응용할 때에는 다음과 같은 가정이 필요하다. 즉, 중심지까지의 거리와 중심지의 규모라는 공간적 속성의 조합에서 만들어진 입지속성 범주(〈그림 8-35〉) 중 어느 하나를 선택하는 것은 해당 범주에 속하는 공간적 기회(중심지 또는 상점가)를 선택하는 것과 같다고 보기 때문이다.

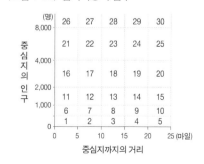

〈그림 8-35〉 입지속성의 범주

〈그림 8-36〉 크라이스트처치 시내에서의 구매행동

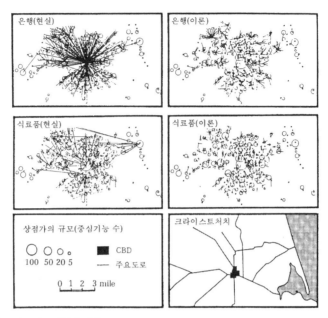

자료: Clark and Rushton(1970: 489).

　소비자가 이용하는 중심지 선택의 결정기준으로서 거리와 규모가 사용되는 것은 현실적으로 구매가 반드시 중심지이론에서 가정한 것과 같은 최근린 중심지를 이용하는 구매행동이 행해지지 않고 멀리 떨어져 있어도 규모가 큰 중심지를 이용하기 쉽기 때문이다. 〈그림 8-36〉은 뉴질랜드 크라이스트처치 시내에서의 은행과 식료품점의 이용자에 대해 현실의 것과 최근린 중심지 이용 가설을 바탕으로 한 것을 대비시킨 것이다. 그림 중에서 원의 크고 작음은 상점가의 규모를 나타내고 있는데, 고차 서비스 기관인 은행의 경우 압도적으로 도심에 입지하는 은행을 실제로 이용하고 있다. 이에 대해 저차 재화인 식료품의 경우는 가까운 상점가를 이용할 것이라고 생각하지만, 최근린 상점가를 이용하는 가구 수는 전체 조사대상 가구의 60% 미만에 지나지 않아 멀어도 규모가 큰 상점가를 이용하고 있다. 이러한 사실에서 러시턴은 거리와 더불어 규모에 바탕을 둔 공간선호에 의해 중심지 선택이 이루어진다고 생각했다.

　그러나 이러한 선택이 이루어지기 위해서는 소비자의 측면에서 이용 가능한 공간적 기회의 조합에 순서를 붙여 보아야 할 것이다. 이용 중심지의 선호에 대한 순

〈표 8-3〉 선호 빈도 행렬

구분		입지속성 범주			
		1	2	3	…
입지속성 범주	1	-	10	14	…
	2	50	-	39	…
	3	25	7	-	…
	⋮	…	…	…	-

〈표 8-4〉 선호 확률 행렬

구분		입지속성 범주			
		1	2	3	…
입지속성 범주	1	-	0.17	0.36	…
	2	0.83	-	0.85	…
	3	0.63	0.15	-	…
	⋮	…	…	…	-

위 매김(선호 척도)은 특정 재화의 구매행동에 관한 표본조사에서 얻어진 자료를 기초로 해 다음과 같은 순서로 구할 수 있다.

첫째, 소비자는 중심지까지의 거리와 중심지의 규모(종종 인구로 정의됨)라는 두 가지 공간적 속성의 조합에서 선호함수를 갖는 것으로 가정하고, 두 개의 속성 조합을 나타내는 n개의 입지속성 범주를 결정한다(〈그림 8-35〉).

둘째, 현실에서 소비자가 이용한 중심지를 나타내는 자료에서 두 가지 입지속성 범주 i, j의 조합별로, i행 j열의 입지속성 범주가 j행 i열보다도 좋아하는 횟수를 나타낸 선호 빈도 행렬을 작성한다(〈표 8-3〉).

셋째, 선호 빈도 행렬에서 입지속성 범주 i보다도 입지속성 범주 j를 좋아할 확률 p_{jpi}를 구한다(〈표 8-4〉). 다만 선호빈도 행렬에서 i행 j열의 요소를 t_{ij}, j행 i열의 요소를 t_{ji}라고 하면, $P_{jpi} = t_{ij}/t_{ij} + t_{ji} (i \neq j;\ P_{jpi} + P_{ipj} = 1)$가 된다. 이 행렬을 선호 확률 행렬이라 부른다.

넷째, 선호 확률 행렬에는 두 가지의 입지속성 범주가 아주 같게 지각(知覺)될 때 유사도(類似度)는 0.5가 된다. 따라서 이 값에 대한 편차가 두 개의 입지속성 범주 사이에서 지각된 비유사성을 나타낸다고 생각한다. 여기에서 비유사성을 나타내는 거리가 $\delta_{ij} = |P_{jpi} - 0.5|$라고 정의하고, 대각(對角) 요소를 갖지 않는 비유사성 삼각행렬을 얻을 수 있다.

다섯째, 여기에서는 이 대각 요소에서 선호 척도를 구하기 위해 다차원 척도 구성법(Multi-Dimensional Scaling: MDS)[23]을 적용해 1차원의 답을 구한다.

이렇게 얻어진 1차원의 좌표값(척도값)을 〈그림 8-35〉에 대응하는 입지속성 범주의 요소(cell) 중앙에 기입하고, 등치선을 그리면 〈그림 8-37〉과 같은 무차별 곡선을 얻을 수 있다. 하나의 등치선 위에서는 중심지까지의 거리와 중심지 규모와의 조합이 갖는 효용은 같고, 오른쪽의 아래쪽에서 왼쪽의 위쪽으로 갈수록 선택된 입지속성 범주에 속하는 중심지의 효용은 크게 되며 좀 더 좋아하게 된다. 만약 모든 무차별 곡선이 수직이면 규모가 전혀 대체성을 가지지 않으며, 원점에 가까운 무차별 곡선일수록 효용은 커지게 되므로 이것은 최근린 중심지 이용 가설이 나타내는 선호함수에 대응하는 것이다.

러시턴의 연구는 본래 중심지이론의 최근린 중심지 이용 가설의 검증에서 출발한 것으로, 현시공간 선호연구는 이 가설에 꼭 맞는 것이라고 예상한 저차 재화인 식료품 구매행동을 중심으로 분석했다. 러시턴이 처음으로 미국 아이오와 주를 대상으로 식료품 구매행동의 연구에서 복원된 현시공간 선호를 나타낸 무차별 곡선이 〈그림 8-37〉이다. 식료품을 대상으로 한 연구를 비교하면, 거시적으로는 오른쪽 위의 끝 부분에 무차별 곡선이 나타나지만 그 형태는 각 지역에서 여러 가지로 나타난다. 예를 들면 〈그림 8-38〉의 멕시코 아과스칼리엔테스 주의 경우는 3km를 경계로 그 앞까지 수직의 무차별 곡선이 수평으로 되면서 직각상으로 굽어진 무차별 곡선이 나타난다. 이 무차별 곡선은 특정한 거리 범위 내에서 소비자는 최근린 중심지를 이용하지만 그것을 넘으면 한결같이 좀 더 상위의 중심지를 이용한다고 선호패턴을 나타내는 것이다.

식료품이라는 같은 재화에서도 미국과 멕시코의 경우에서 선호구조가 다르게 나타나는 이유는 다음 두 가지를 생각할 수 있다. 첫째, 소비자의 중심지 선택에서 규모와 거리 조합의 성향에는 개인 속성이 다른 것이 기본적인 차이라고 지적할 수 있다. 소득수준이 높을수록 사람들의 가동성

23) 심리학 분석방법의 하나로 사람, 상품과 상품, 또는 장소와 장소 사이의 유사성(비유사성), 상호작용, 상관 등을 나타내는 자료행렬 중에 잠재되어 있는 구조를 다차원 공간으로 표현해 도출하는 것을 목적으로 하는 것이다. 따라서 다차원 척도법을 적용하면 대상 간의 유사성, 비유사성을 실마리로 유사한 것끼리 서로 가깝게 점으로 나타나 대상의 분포를 다차원 공간의 좌표상에 정할 수가 있다.

〈그림 8-37〉 미국 아이오와 주의 식료품 구매행동에서 나타나는 공간선호의 무차별 곡선

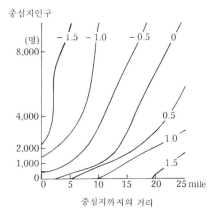

자료: 杉浦芳夫(1989: 166).

(可動性)은 멀어져 편리성이 높은 중심지를 좋아해 이를 이용하게 되는 것이 그 예이다. 둘째, 기회분포의 차이를 생각할 수 있다. 예를 들면, 멕시코의 사례 연구의 경우 연구 대상지역의 중심지체계는 최상위 중심지의 규모가 다른 중심지에 비해 압도적으로 큰 특징을 가지고 있기 때문에 직각상의 무차별 곡선이 얻어질 가능성이 있다. 이러한 이유에서 같은 재화라도 소비자의 선호구조에 따라 지역차가 발생한다. 물론 재화의 종류가 다르면 소비자와의 거리와 중심지 규모와의 조합의 성향이 다르기 때문에 당연히 무차별 곡선의 형태도 다르게 나타난다.

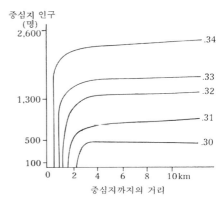

〈그림 8-38〉 멕시코 아과스칼리엔데스 주의 식료품 구매행동에서 나타난 공간선호의 무차별 곡선

자료: 杉浦芳夫(1989: 167).

  현시공간 선호 접근방법의 개념상 문제점을 논의하면 다음과 같다. 첫째, 러시턴은 선호를 구성하는 차원으로서 거리와 규모만을 들고 있지만, 이 이유는 명확하게 제시하지 않고 있다.

  둘째, 현시공간 선호에서 선택은 선호를 반영하는 것이라고 생각하지만 실제로 관찰한 행동은 반드시 그렇게 생각하고 있지 않다고 비판하고 있다. 피리(R. B. Pirie)는 실제의 선택은 명료한 선호관계가 존재하지 않아도 일어난다는 점, 공간에서 선택이 실현될 때 여러 가지 생리적·사회적 제약을 받는다는 두 가지 점을 현시공간 선택 생각에 반대하는 이유로 제시하고 있다.

3) 소비 공간과 소비자의 힘

  고소득국가에서는 노동시간의 감소로 소비자 행동이 변화해 현시적 소비의 성장을 형성한 생활양식의 변화를 촉진하고, 고도 대중 소비시대에 소비는 도시발전과 도시재개발의 원동력이 되어 고급주택화(gentrification)[24], 수변(waterfront) 상업지구나 주택지구 같은 소비경관이 나타난다. 또 취미의 특수성에서 다양성으로 관광산업이나 그 틈새시장이 증대해 이들이 중요한 경제성장전략이 되었다. 〈표 8-5〉는 애프터 포드주의 이전과 그 이후의 소비비교를 나타낸 것이다. 소비자는 대

24) 도시에서 비교적 빈곤계층이 많이 사는 정체된 도심 부근의 거주 지역에 저렴한 임대료를 찾는 예술가들이 몰리게 되고, 그에 따라 이 지역에 문화적, 예술적 분위기가 조성되자 도심의 중상류층들이 유입되는 인구이동 현상이다. 그러므로 빈곤 지역의 임대료가 올라 지금까지 그곳에 거주하던 사람들, 특히 예술가들이 거주할 수 없게 되거나 지금까지의 지역특성이 변화되는 경우를 말한다.

량소비에서 다품종 소량 생산에 대한 소량 소비로 가격보다는 상품의 질이나 디자인 등을 고려하고, 제품의 수명주기가 짧아져 새로운 상품 매출량이 증가한다. 또 시장에서는 틈새시장이 등장하고, 소비자 운동의 발달하고 선택적·윤리적 소비 패턴이 나타났다.

소비자 공간에서 도시계획이나 용도지역제, 점포규모에 관한 법령은 주택지 보호 및 도시팽창의 관리를 위한 것이고, 경쟁법은 일반적으로 과당경쟁에서 소규모 소매업자를 보호하고 부당행위를 규제하기 위해 자유경쟁을 저해하는 독점이나 거래 제한 등을 금지·제한하는 법률(反trust)로서 규제의 한 형태라고 할 수 있다. 그리고 이기적인 이용에서 노동자를 보호하기 위한 점포의 영업시간에 관한 결정 등을 통해 규제는 소비의 다양한 국면을 만드는 중요한 역할을 한다. 일반적으로 엄격한 소매업 규제는 소규모 소매업자에게 호의적인 경향이 있다. 예를 들면 유럽에서는 소비에 관한 규제의 영향이 특히 중대하고, 국가가 어떤 다른 지역보다도 개입주의적인 기능을 하는 것 같이 보인다. 마찬가지로 매일매일 구매하거나 주말에 구매하는 구매습관, 문화적 기호(嗜好)나 다이어트(신선식품에 대한 가공식품), 가사에 관한 남녀의 분업, 공공교통수단인가 자가용자동차인가의 이용 가능한 수송방법 등에 반영된 문화적 요인의 모든 요소가 소매부문의 공간적·조직적인 구조를 만들어낸다. 예를 들면 동·동남아시아에서 슈퍼마켓이 도입되었는데도 불구하고 전통적인 전통시장의 인기가 변함이 없는 것은 소매부문에서 국가 간의 다름을 만들어 내는 중요한 문화적 요소가 있다는 것을 나타낸 것이다.

〈표 8-5〉 대량소비와 애프터 포드주의 소비의 비교

대량소비의 특징	애프터 포드주의 소비의 특징
집합적 소비(collective consumption)	시장분할의 증가
소비자로부터 친숙한 수요	소비자 선호의 더 큰 변동성
미분화된 상품과 서비스	고도로 차별된 상품과 서비스
대규모 표준화된 생산	소량 생산 상품의 선호 증가
낮은 가격	상품의 질과 디자인 등과 나란히 많은 구매 고려 중의 하나로서 가격
긴 제품주기와 더불어 안정적인 상품	짧은 제품주기와 함께 새로운 상품의 빠른 매출량
대규모 소비자	다수의 소규모 틈새시장
기능적 소비	덜 기능적이고 더 미학적인 소비
	소비자 운동의 발달, 선택적·윤리적 소비

자료: Coe et al.(2007: 288).

경제지리학자는 오늘날 사회·문화지리학자나 사회학자로부터 소비에 관한 연구에 대한 자극을 받고 있다. 예를 들면 젠더, 계급, 인종에 바탕을 둔 사회적 불공정은 소비의 필연적 요소이고, 각종 사회적 배제를 조장할지도 모른다.

현대 소비자 문화는 상품을 숭배하고, 정체성을 다시 만들고 상위성을 상품화하고, 그 결과 상징이 되는 명료한 지리적 상황을 만들어낸다. 세이어(A. Sayer)는 도덕경제(moral economy)[25]의 접근방법을 취했는데, 그것은 문화의 상품화를 분석하는 가운데 상징가치(symbolic value)나 이용자에 의한 의미 관련이라는 개념 등을 증거로 삼아 주관성의 문제나 규범적인 국면을 도마 위에 올려놓는다. 한편 글로벌 상품사슬 틀을 문화와 상품의 역할을 연구하기 위해 이용한 연구도 있다.

경제지리학자는 예를 들면 중고품 상점(secondhand shop)이나 지역통화의 유행을 연구하기 위해 문화지리학자와도 합류하고 있다. 또 최근의 지리학적 연구에서 성장하고 있는 한 분야로서 선택적 소비 공간의 출현에 관한 연구도 있다. 선택적인 교환 네트워크에 대한 연구가 강조되는 것은 사회적인 지지를 얻고 있는 지역에 기인한 소비·교환·재이용과 관련된 네트워크가 지역경제에서 어떤 중요한 구성요소로 작용하는가를 알기 위한 것이다.

소비자는 이전에도 창조성의 중요한 원천으로 인식되어왔다. 오늘날 소비자는 수동적 또는 고작 시장의 자문적인 역할을 하는 것으로 여겨지긴 하지만 전통적으로 생각해왔던 것보다는 중요한 역할을 해왔다. 소비자는 단지 구매결정을 하는 최종 이용자라기보다는 오히려 소프트웨어 코드(code) 공동제작자로서, 그리고 패션, 음악, 텔레비전 게임, 영화 등을 다양한 웹사이트[마이스페이스(MySpace)나 유튜브(You tube)]를 통해 인터넷으로 유통시키는 것과 같이 다방면에 걸친 문화 콘텐츠의 공동제작자로 점차 간주되고 있다. 소비자와 제작자 사이의 경계는 인터넷의 개시와 더불어 새로운 존재에서 재정의되어왔고, 이것이 제작자와 소비자의 구분을 다시 애매하게 하고 있다. 소비자는 단지 특별히 만든 제품에서 이익을 받는 것만이 아니고 자기의 재능을 보여줌에 따라 점차 충족감이나 만족감을 끌어내고, 특정 커뮤니티 내에서의 사회적 지위(status)를 실현하게 되었다.

그리고 소비자의 힘은 20세기에 들어 경제에서 소비자의 역할이 극적으로 변화하면서 달라졌다. 노동조합이 힘을 잃고, 개인이나 그룹이 기업행동에 영향을 미쳐 소비자의 복리를 옹호하는 하나의 주요한 수단으로서 구매력을 행사하게 되었다.

25) 톰슨(E. P. Thompson)이 18세기 영국의 식량폭동의 원인과 과정을 해명하려고 발명한 개념이다.

소비자운동은 개인이나 그룹이 자본주의적 발전의 길에 영향을 미치는 주요한 방법이다. 제품이 그룹화되고, 노동기준이나 환경기준의 메커니즘은 전무해져 불충분하게 보일 장소로 이전하기 위해 지역을 기반으로 하고 국내경제의 관습상 메커니즘이 이제는 글로벌 상품사슬을 통제할 수 없게 되었다. 그 때문에 개인이나 그룹이 소비자 활동을 통해 장시간 노동, 저임금, 안전성이 확보되지 않은 노동환경, 노동자 보호·인권옹호의 불충분성이라는 노동 상태를 함께 개선하려고 시도하고 있다. 소비자 운동은 이를테면 현저한 영역으로서, 착취공장(특히 의료(衣料), 의류, 가죽산업에 대한 움직임, 종종 커피와 같은 글로벌 시장에서 불안정한 가격변동의 직면, 이를테면 위험수준에서의 농약이나 화학비료에 노출되는 개발도상국에서 농업 노동자를 보호하기 위한 움직임이 있다. 그러나 기업이나 브랜드에 대해서 소비자의 캠페인이나 보이콧이 기업의 사회적 책임(Corporate Social Responsibility: CSR)을 확보하는 수단이 된다고 생각하는 한편에는 이러한 운동이 임금 저하를 불러와 열악한 노동환경에 노출되는 것에도 연계되어 개발도상국의 농업종사자나 공장노동자에게 손해를 미친다는 생각도 존재한다.

소비자는 우리가 여러 종류의 자원을 사용할 때 좀 더 적극적인 역할을 담당한다. 이 생산과 소비 사이에서 거리의 증대는 농업, 농산가공업, 임업, 석유산업을 포함한 자원의존산업에도 나타난다. 환경보호기금(Environmental Defense Fund: EDF)은 미국을 거점으로 한 비영리 환경옹호단체의 하나이지만, 예를 들면 수은량이나 어획방법의 기준 등에 의해 해산물에 순위를 붙여 해산물 조절기(seafood selector)의 포켓판을 제시하는 것으로 소비자가 가정이나 외식업체에서 소비하는 식품에 관해서 좀 더 좋은 선택을 할 수 있게 되었다. 유기농업운동은 농업에서 화학비료의 사용에 대한 환경운동의 발단이 되었지만 1990년대나 2000년대 들어 유기농업은 먹을거리의 안전성을 제일로 걱정하는 소비자운동과 결합하게 되었다. 슬로푸드운동은 자기고장 농가를 지원해서 생활협동조합을 통한 자기고장 산물의 식품 판매를 촉진하고, 또 유기농업 등 안전으로 환경보호상에서 지속가능한 실천에 대한 동기부여를 행하고 있다. 이러한 종류의 소비자운동은 공급사슬이 지구규모로 확대한 가운데에 식품생산의 투명성을 높이고, 그 위에 개발도상국에서 농업종사자에게 생활임금의 획득을 보증하려는 것이다. 또 오늘날 미국의 홀 푸드(Hall Foods)나 영국의 웨이트 로즈(Weight Rose)와 같은 새로운 틈새 소매업자에 의해 오늘날 유기식품이 식품 유통의 주류의 일부가 되었으며, 여기에 덧붙여 유기식품이 이익을 발생시킬 가능성을 인식한 월마트(Wal-Mart)나 테스코(Tesco) 등의 대형마트도 참여하고 있다.

그 밖의 새로운 동향으로 인터넷상에서의 활동이 대두되고 있다. 인터넷은 여러 소비자 그룹이 캠페인이나 보이콧을 조직하고 일으키기 용이하다는 것에는 의심할 여지가 없다. 또 개인이 기업과의 불쾌한 경험을 발신하는 것도 허락되어왔다. 이러한 현상은 소비자가 구입한 노트북에서 소비자 서비스 부문의 대응 불만으로부터, 온라인 판매, 호텔, 레스토랑, 음악, 서적, 게임소프트 등의 엔터테인먼트 제품이나 여행지 등에 대한 고객의 다양한 웹 사이트 등급의 만연에 이르기까지 널리 알려져왔다.

6. 상권

1) 상권의 형성

중심지에서 공급받는 재화가 상거래에 의해 형성된 지역적 범위를 상권이라 하는데, 이것은 특정 상업 중심지의 세력권이라고 할 수 있다. 상권(trading area, trade area)은 마케팅, 지리학 관련자의 관용어이며, 정통 입지론자들은 시장지역(market area)이라 부르는데, 소매기업에서 경영을 유지하고 발전시키는 데 가장 중요한 기반이 된다.

일반적으로 상권을 규정짓는 인자는 비용인자와 시간인자이다. 비용인자는 생산비, 운송비, 판매가격 등의 세 가지 비용을 통합한 것으로 그 비용이 상대적으로 저렴할수록 상권은 확대된다. 시간인자는 상품가치를 좌우하는 보존성이 강한 재화일수록 오랜 시간의 운송에도 견딜 수 있기 때문에 상권은 확대된다. 따라서 보존성이 약한 채소, 생선, 우유 등의 상권은 매우 좁다. 그러나 최근 냉동기술의 발달로 비교적 신선도를 유지할 수 있는 냉동식품의 경우는 예외가 된다.

재화의 이동으로 사람을 매개로 하는 소매 상권은 재화의 종류에 따라 비용과 시간의 사용이 다르기 때문에 상권이 넓거나 좁다. 예를 들면 편의재(convenience goods: 저차 재화)의 구입은 거주지 부근 상점에서, 중급재(middle class goods: 중차 재화)의 구입은 근린 지방 도시에서, 쇼핑재(shopping goods: 고차 재화)는 대도시에 서 구입해 높은 가격의 고차 재화일수록 소비자는 교통비와 시간을 소비해가면서 다수의 상점, 다수의 상품 중에서 선택하는 심리가 작용한다. 이와 같이 재화의 차 원에 따라 상권이 같은 지역에 형성된 것을 중합(superimposition)이라 부른다. 그 러나 디킨슨(R. E. Dickinson)이 지적한 바와 같이 일반적으로 소매 상권의 최대 범 위는 사람의 일일 왕복이 가능한 범위라 볼 수 있다.

한편 도매 상권은 재화의 이동에 사람이 매개하지 않기 때문에 시간인자의 제약 은 적고, 상권의 범위는 소매에 비해 넓은 경향이 있다. 또 소매·도매업에 의한 상 권은 구매권(purchasing area) 또는 집하권을 형성하고 있다. 구매권과 집하권은 넓 은 의미에서는 같으나 좁은 의미에서는 구별된다. 즉, 어떤 중심지에 입지한 소매 상인이 재화를 도매상인으로부터 구입한 지역적 범위가 구매권이고, 어떤 중심지 에 입지한 도매상인(또는 도매시장)이 소규모 생산 형태의 농수산물이나 재래 공업 제품을 산지에서 집하하는 범위를 집하권이라 한다. 엄밀히 말하면 상권은 구매권 과 판매권이 있으며, 이들은 도·소매업 모두에서 구매권과 판매권의 지역적 상위성 을 나타낸다.

2) 라일리의 소매인력법칙

상권의 중합성을 인정하면서도 상권의 경계를 구하려는 노력은 주로 마케팅이 나 지리학의 분야에서 행해졌다. 이러한 상권의 설정을 거시적으로 보면 중력 또는 잠재력 모델에 의거하는 것이 특색이다.

마케팅 과학에서 이 상권의 설정에 가장 먼저 공헌한 사람 중의 한사람인 라일 리(W. J. Reilly)는 1931년 미국의 50개 이상의 도시를 실태 조사해 시장지역의 분포 상태를 요약하기 위해 귀납적 소매인력법칙(law of retailgravitation)을 도출했다. 그 의 분할점 방정식(breaking-point equation)은 만유인력의 법칙을 원용해 A, B도시의 질량은 인구(P_a, P_b), 거리를 D로 해 $F = G \frac{P_a P_b}{D^2}$으로 나타냈다. 즉, A, B도시 사이에 저차의 중간 도시가 입지할 경우 양 도시가 중간 도시(C)에 흡인되는 소매 판매액 의 비율은 두 도시의 인구비에 비례하고, 중간 도시까지 거리의 비의 제곱에 반비례하는 경향을 인정했다. 여기서 중간 도시(C)의 인구를 P_c로 하고 AC를 D_a, BC를 $D_b(D = D_a + D_b)$, G라로 하면 AC 간, BC 간에 작용하는 힘의 상호비는

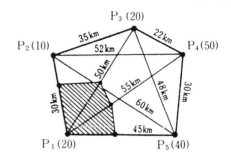

<〈그림 8-39〉 가상의 상권 경계>

단위: 만 명

$$\frac{\frac{P_a P_c}{D_a^2}}{\frac{P_b P_c}{D_b^2}} = \frac{P_a}{P_b}(\frac{D_b}{D_a})^2 \text{이다.}$$

여기에서 이 비를 갖고 A, B가 C에서 흡인되는 소매 판매액의 비를 $\frac{B_a}{B_b}$라 하면 라일리의 소매인력의 법칙은 다음과 같다. 즉, $\frac{B_a}{B_b} = \frac{P_a}{P_b}(\frac{D_b}{D_a})^2$이다.

자료: 西岡久雄(1976: 248).

지금 $\frac{B_a}{B_b} = \frac{P_a}{P_b}(\frac{D_b}{D_a})^2$ 식에서, C 도시에서 A, B 두 도시의 상권이 균등화하기 위해 $\frac{P_a}{P_b}(\frac{D_b}{D_a})^2 = 1$ ⋯ (1)로 한다. A, B 두 도시 사이의 상권 한계점은 이를테면 상대적인 것으로 식 (1)과 $D = D_a + D_b$ ⋯ (2)식을 이용해 상권 분할방정식을 얻을 수 있다. 즉, $D_a = \frac{D}{1 + \sqrt{\frac{P_b}{P_a}}}$, $D_b = \frac{D}{1 + \sqrt{\frac{P_a}{P_b}}}$ 이다.

위의 식에 의해 설정된 상권은 〈그림 8-39〉와 같이 나타낼 수 있다.

3) 상권 분할점 방정식

컨버스(P. D. Converse)는 1949년에 미국 내 100개 이상의 소도시에서 유행하는 상품의 구매행동을 조사해 소도시 내에서의 구입과 부근 대도시에서의 구입 간에 다음과 같은 관계가 성립한다고 주장했다. 이것을 새로운 소매인력의 법칙(new laws of retail gravitation)이라 한다. 이는 $\frac{B_a}{B_b} = (\frac{P_a}{H_b})(\frac{4}{d})^2$으로 나타낼 수 있다.

B_a: 근방 대도시에서의 구입액

B_b: 소도시 내에서의 구입액

P_a: 대도시의 인구

H_b: 소도시의 인구

d: 대도시·소도시 간의 거리

4[26]: 관성 거리인자(inertia-distance factor)(상수)

26) 인접한 도시가 두 개일 경우 컨버스는 8이라 했고, 3개이면 12가 된다고 해 소도시에서 외부로의 소비지출, 즉 구입액을 계산할 수 있다.

이것을 치환하면 $B_a \cdot H_b = B_b \cdot P_a (\frac{4}{d})^2$이 된다. 이것은 대도시와 그 위성도시 사이에는 위성도시의 소비지출이 각 도시의 인구에 비례하고 각 도시 상호 간의 거리의 제곱에 반비례한다. 그러나 시카고와 같은 거대 도시에서는 관성 거리인자를 1.5로 하는 것이 더 적합하다고 했다. 또, 그는 라일리의 법칙도 검토한 후 소매인력은 거대 도시와 소도시의 경우 두 도시 사이의 거리비의 세제곱에 반비례하는 것이 더 현실적이라 하고 거대 도시와 소도시 사이의 라일리 법칙을 다음과 같이 수정했다.

$$\frac{B_a}{B_b} = (\frac{P_a}{H_b})(\frac{4}{d})^3 \text{ 에서 } D_a = \frac{D}{1 + \sqrt[3]{\frac{P_b}{P_a}}}, \quad D_b = \frac{D}{1 + \sqrt[3]{\frac{P_a}{P_b}}} \text{ 이다.}$$

한편 코헨(S. B. Cohen)과 애플바움(W. Applebaum)은 라일리 법칙에서 두 도시 사이의 거리를 고속도로를 이용한 자동차의 주행시간(분 단위)이라는 시간거리로 나타내고, 또 도시의 인구 대신에 점포의 매장면적을 이용해 A도시에서의 분할지점 x는 다음 식으로 구했다.

$$x = \frac{A \cdot B\text{도시 간의 시간거리}}{1 + \sqrt{\frac{B\text{도시의 매장면적}}{A\text{도시의 매장면적}}}}$$

그리고 베리는 라일리 법칙에서 도시규모의 지표로서 인구 대신에 중심지 기능 (cntral function)의 수를 이용했다. 중심지로서의 도시는 그 중심적 기능에 의해 주변에서 소비자를 흡인하고 지역 중심으로서의 역할을 하고 있기 때문이다. 따라서 B도시에서의 분할지점을 x, A·B도시 사이의 거리를 d_{AB}, A도시의 업종 수를 S_A, B도시의 업종 수를 S_B로 하면,

$$x = \frac{d_{AB}}{1 + \sqrt{\frac{S_A}{S_B}}} \text{ 가 된다.}$$

이상에서 라일리의 소매인력 법칙은 농촌지역에서 상권을 설정하는 데 타당하다. 소비자의 선택에 영향을 미치는 흡인·저항의 상반되는 힘을 가진 중심지의 규모가 같을 경우 소비자는 가장 가까운 중심지를 선택한다. 그것은 농촌지역의 경우 중심지를 이용할 소요시간과 비용이 대단히 커 거리가 선택에 큰 영향을 미치기 때문이다. 그리고 거대 도시와 소도시 사이에는 컨버스에 의한 라일리 법칙을 정정한 것을 적용하는 것이 좋다고 생각한다. 또 도시규모의 지표로서 인구, 매장면적, 중심지 기능수 등의 여러 가지 학설이 있지만 이들 세 가지 지표는 거의 비례 관계에

〈그림 8-40〉 아폴로니우스(Apollonius)의 원에 의한 상권 획정

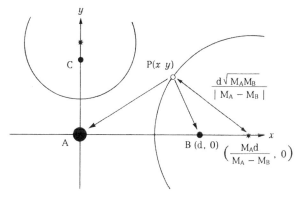

자료: 森川 洋(1980: 227).

있기 때문에 어느 것을 사용해도 큰 차이가 없다고 생각한다.

그 후 라일리의 모델을 발전시킨 것으로서 소비자의 방문 범위, 즉 상권을 이론적으로 구할 수 있는 방법이 고안되었다. 〈그림 8-40〉은 두 개의 상업 중심지 A, B와 이들 각각의 상권 M_A, M_B를 나타낸 것이다. 이 그림에서 이들 상업 중심지를 둘러싸고 있는 소비자는 균등하게 분포하고, 각 소비자는 상업 중심지 둘 중의 하나를 이용하게 된다. A에 가까이 살고 있는 소비자는 상업 중심지 A에서 재화를 구입하고, B에 가까이 살고 있는 소비자는 B를 이용하게 된다. 그런데 소비자들 가운데는 A나 B를 이용하는 것을 간단하게 결정할 수 없는 소비자도 있다. 이러한 소비자들은 상업 중심지 A 또는 B에 가려는 마음이 똑같은 무차별 소비자이다. 이러한 상업 중심지를 방문하려는 마음의 강도는 상업 중심지 A 또는 B가 가지는 소비자의 흡인력에 해당된다. 이 때문에 A, B의 흡인력, 즉 중력이 같은 지점을 연결하면 세력이 균형을 이루는 궤적(軌跡), 즉 상권이 밝혀지게 된다.

그러면 상업 중심지 A의 흡인력은 그 중심지의 규모에 비례하고 소비자 거주지까지 거리의 제곱에 반비례하기 위해 $\frac{M_A}{(x^2+y^2)}$ 가 되며, B의 흡인력은 $\frac{M_B}{(d-x)^2+y^2}$ 가 된다. 단, 여기에서는 〈그림 8-40〉과 같이 상업 중심지 A는 직교좌표상의 교점에 위치한다고 하고, B는 원점으로부터 X축 방향으로 d만큼 간 곳에 위치하고 있다. 또 x, y는 해당 소비자의 좌표상 위치를 나타낸 것이다. 여기에서 상권 균형점은 P점에 미치는 A중심지의 상권을 P_A, B중심지의 상권을 P_B로 해 라일리 소매

인력의 법칙을 적용하면,

$$P_A = \frac{M_A}{(\sqrt{x^2+y^2})^2} = \frac{M_A}{x^2+y^2}, \quad P_B = \frac{M_B}{\sqrt{[(d-x)^2+y^2]^2}} = \frac{M_B}{(d-x)^2+y^2}$$ 가 된다.

상권 균형점에서는 $P_A = P_B$ 이기 때문에 $\frac{M_A}{(x^2+y^2)} = \frac{M_B}{(d-x)^2+y^2}$ 가 되며, 이 방정식을 정리하면 $(x - \frac{M_A d}{M_A - M_B})^2 + y^2 = (\frac{d\sqrt{M_A \cdot M_B}}{M_A - M_B})^2$ 이 된다.

이것은 중심이 $\frac{M_A d}{M_A - M_B}$, o, 반경이 $\frac{d\sqrt{M_A \cdot M_B}}{M_A - M_B}$ 의 원을 나타내는 방정식이다.

중심지 A에서 원의 중심까지의 거리를 m, 원의 반경을 r로 하면, $m = \frac{M_A d}{M_A - M_B}$, $r = \frac{d\sqrt{M_A M_B}}{|M_A - M_B|}$ 이 되는 원이 된다.

이렇게 구한 세력 균형 지점 궤적은 $\frac{M_A d}{M_A - M_B}$, 0을 중심으로 한 반경이 $\frac{d\sqrt{M_A M_B}}{|M_A - M_B|}$ 가 되는 원이 된다.

이 원을 투오미넨(O. Tuominen)과 굿룬트(S. Godlund)의 아폴로니우스(Apollonius)의 원이라고 부르는데, 이 원의 안쪽은 상업 중심지 B의 상권이고, 반대로 원의 바깥쪽은 상업 중심지 A의 상권이다. 이상에서 두 개의 상업 중심지가 입지할 경우 상권의 성립을 설명했는데, 예를 들면 상업 중심지가 〈그림 8-40〉의 (C)와 같이 많아져도 상권 추정의 순서는 변함이 없고, 아폴로니우스의 원을 순차적으로 연결시킴에 따라 많은 상권의 범위가 각각 획정되게 된다.

4) 허프의 상권 확률 모델

27) 공집합이 아닌 집합들을 원소로 갖는 집합족이 주어졌을 때, 각 집합에서 원소를 하나씩 선택해 새로운 집합을 구성할 수 있다는 공리이다.

루스(R. D. Luce)의 개인적 선택공리(選擇公理, axiom of choice)[27]를 이론적 바탕으로 한 허프(D. L. Huff)의 상권 확률 모델은 대도시 내부 소비자의 구매행동에서 선택 가능한 다수의 구매 중심지가 입지하는 것부터가 확률적이라고 하고 위의 여러 가지 학설과 다른 확률 모델도 제창했는데, 이 모델은 효용의 최대화를 필요로 하지 않는 상수효용(常數效用) 모델이다. 따라서 이 모델은 대도시 내부 소비자의 구매행동에 의해 절대적인 상권 분할점은 존재하지 않는다는 주장이다. 대도시에는 인구, 상점, 교통기관 등의 밀도가 높고, 소비자의 기호도 다양하나 불안정하기 때문이다. 소비자의 상품 구매행동 반경 내에는 유일한 소매 센터가 존재하지 않고 다수의 소매 센터가 존재하고 있는 것이 보통이다. 따라서 라일리, 컨버스의 결정

〈그림 8-41〉 소비자가 세 개의 센터에서 구매행동을 하는 확률 등치선(等値線)

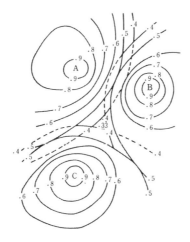

자료: Huff(1963: 87).

론적 모델은 대도시에서 적용될 수가 없다. 그것은 도시 내부에서 개인의 구매행동은 확률론적이란 점이 이미 알려진 사실이기 때문이다. 상권의 설정에서 결정론적 접근방법은 농업지역에서는 상점의 선택이 거리에 의해 많은 제약을 받아 선택 대상 상점 수가 한정되어 적용이 가능하나 조밀한 시가지 지역에서는 소비자가 싫어하지 않는 최대 거리의 범위 내에서 다른 흡인력을 가진 선택 가능한 센터가 상당수 존재하고 있다. 따라서 특정한 센터만을 방문하는 소비자는 없으며, 때에 따라서는 특정 센터를 어느 정도의 구매 확률로 방문하기도 한다.

지금 i에 위치한 소비자가 소매 센터 j를 방문할 확률을 $_iV_j$라 하고, i에서 j까지의 교통소요시간을 T_{ij}의 λ승, $G=1$로 하면, j센터에 의한 i지점의 잠재력은 $_iV_j = \dfrac{S_j}{T_{ij}^\lambda}$ 이다. 여기에서 S_j는 매장면적이다. n개의 센터에 의한 i지점의 총잠재력은,

$$_iV = \frac{S_1}{T_{i1}^\lambda} + \frac{S_2}{T_{i2}^\lambda} + \cdots\cdots + \frac{S_n}{T_{i.n}^\lambda} = \sum_{j=1}^n \frac{S_j}{T_{ij}^\lambda}$$ 이다.

지금 i지점의 잠재력 합계 중에서 j센터가 차지하는 영향의 비($_iV_j/_iV$)로서 i지점의 평균적 소비자가 j센터를 방문할 확률의 이론값(P_{ij})는 다음과 같다.

$$P_{ij} = \frac{\dfrac{S_j}{T_{ij}^\lambda}}{\displaystyle\sum_{j=1}^n \frac{S_j}{T_{ij}^\lambda}}$$ 단, $\sum_{j=1}^n P_{ij} = 1$

이것이 허프의 상권 확률모델의 기초적인 식이 된다. λ는 시간의 탄성값을 나타내는 매개변수이고, 자료에서 경험적으로 구할 수 있다.

〈그림 8-41〉은 세 방향의 선택에서 무차별 지점이 0.5의 확률을 갖는 확률 등치선(probability contours)의 접점인 장소가 세 곳이 있다. 세 방향의 무차별 지점은 세 센터에 의해 둘러싸인 0.33의 확률 등치선이 교차하는 곳이다. 이곳은 세 방향에서 상호 영향을 주는 확률이 같은 곳이다.

허프의 상권 확률모델은 마케팅 단위에서의 상업시설이나 상품량에 의해 고찰한 것이 아니고 소비자의 행동 체계에서 도입된 것으로, 본래 도시내부의 상권조사를 위해 고안된 것이지만 광역적 수준에서도 사용한 예도 있다. 허프가 자신의 확률모델을 사용해 미국의 제1계층 도시 73개 시의 이론적 세력권을 구분한 것이 〈그림 8-42〉이다.

〈그림 8-42〉 미국의 제1계층 도시 73개의 이론적 세력권

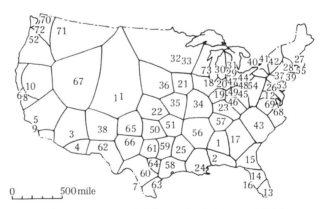

1. 버밍햄 2. 모빌 3. 피닉스 4. 투손 5. 로스앤젤레스 6. 샌프란시스코 7. 샌디에이고 8. 오클랜드 9. 롱비치 10. 새크라멘토 11. 덴버 12. 워싱턴 D.C. 13. 마이애미 14. 탬파 15. 잭슨빌 16. 세인트피터즈버그 17. 애틀랜타 18. 시카고 19. 인디애나폴리스 20. 포트웨인 21. 디모인 22. 위치토 23. 루이스빌 24. 뉴올리언스 25. 슈리브포트 26. 볼티모어 27. 보스턴 28. 스프링필드 29. 디트로이트 30. 그랜드래피즈 31. 플린트 32. 미니애폴리스 33. 세인트폴 34. 세인트루이스 35. 캔자스시티 36. 오마하 37. 뉴어크 38. 앨버커키 39. 뉴욕시 40. 버펄로 41. 로체스터 42. 시러큐스 43. 샬럿 44. 클리블랜드 45. 콜럼버스 46. 신시내티 47. 털리도 48. 애크런 49. 데이턴 50. 오클라호마시티 51. 털사 52. 포틀랜드 53. 필라델피아 54. 피츠버그 55. 프로비던스 56. 멤피스 57. 내슈빌 58. 휴스턴 59. 댈러스 60. 샌안토니오 61. 포트워스 62. 엘패소 63. 코퍼스크리스티 64. 오스틴 65. 애머릴로 66. 러벅 67. 솔트레이크시티 68. 노퍽 69. 리치먼드 70. 시애틀 71. 스포캔 72. 터코마 73. 밀워키.

자료: 森川 洋(1980: 238).

7. 소매업의 국제화

글로벌화로 인해 소매업을 포함한 서비스업도 국제화가 이루어지고 있다. 소매업 국제화 연구의 대상으로는 첫째, 상품의 국제화(개발 수입) 문제, 둘째 점포의 국제화(해외 출점) 문제, 셋째 자본의 국제 이전문제, 넷째 기술의 국제 이전문제의 4가지를 들 수 있다. 지금까지의 연구는 첫째와 둘째를 대상으로 한 것이 대부분이고, 셋째와 넷째의 문제에 대해서는 소매 국제회 문제 연구를 앞서 가는 유럽과 미국에서도 매우 적은 연구 축적밖에 없는 실태이다.

셋째와 넷째의 문제에 대해 살펴보면 먼저 자본의 국제 이전문제에 대해서는 유럽과 미국계 기업이 해외진출(신규 시장참여)을 할 때에 많이 이용하는 인수·합병(M&A) 전략을 분석하는 것이 급선무라고 지적할 수 있다. 이러한 것도 유럽과 미국계 소매업에서는 종래부터 인수·합병이 많이 이용되었고, 최근에 크게 주목을 끌고 있는 외자(外資) 소매업의 일본 시장 참여에서도, 인수·합병 전략이 이용될 가능성이 높기 때문이다. 일본의 소매업에서는 지금까지 인수·합병에 의하지 않는 내부(자력)형의 성장(organic growth)을 꾀해왔고, 그것은 국제화에서도 대세를 유지해왔다. 그러나 금후 일본의 소매업에서도 자본 논리에 의한 극적인 변화가 나타나리라고 생각한다.

네 번째의 기술의 국제 이전문제 연구는 제조업의 해외진출 연구에서 많은 축적

〈표 8-6〉 유럽·미국계 소매점포의 아시아 진출 현황(2000년)

소매 업체명	모국	업태	한국	일본	중국	홍콩	타이완	타이	싱가 포르	말레이 시아	인도네 시아	필리핀
테스코	영국	HM	13	2			3	38		예정		
카르프	프랑스	HM	21	3	27	(4)	24	13		6	7	
오샨	프랑스	HM			1		12	(1)				
카지노	프랑스	HM					10	27				
메트로	독일	WC			3							
마크로	네덜란드	WC	(2)	예정	4		8	20		8	12	6
아폴드	네덜란드	SM			(38)			41	(14)	39	(17)	
델레스	벨기에	SM						21	30		20	
월마트	미국	DS	6		12	(3)					(2)	
코스트코	미국	WC	4				3					

주 1: 괄호 안의 숫자는 철수 당시의 점포 수.
주 2: HM: 하이퍼마켓, WC: 도매 클럽, SM: 슈퍼마켓, DS: 할인점.
자료: 川端基夫(2001b: 30).

이 있었지만 이들은 하드(hard)적인 면과 밀접하게 연결된 생산기술의 이전문제가 중심이 되어왔다. 이에 대해 소매업의 기술이전에서 나타나는 전문적 지식의 이전 연구는 뒤져 있다. 따라서 네 번째 문제는 단지 소매업의 국제화 문제에만 그치지 않고 제조업도 포함된 기술이전 연구 그 자체에 기여할 주제라고 말할 수 있다.

이에 관한 연구는 유럽과 미국에서 몇 가지 볼 수 있지만 그들은 슈퍼마켓 기술을 개발도상국에 이전하는 것에 치우쳐 있다. 또 본래 소매업에서 기술이란 무엇이고, 전문적 지식이란 무엇을 가리키는가라는 그 자체도 명확하지 않다. 일본에서도 소매기술의 이전에 관한 논고(論考)가 몇 가지 있지만 실증적인 단계에 도달하지 못했다. 이 분야의 실증적인 연구의 중요성을 지적하지만 실증적인 분석의 어려움 때문에 지체되어 연구의 진척이 없는 영역이다. 일본의 많은 백화점이 1960년대부터 아시아의 소매업과 '기술제휴 계약'을 체결하고 각종 백화점 기술(전문적 지식)을 이전했다. '기술제휴 계약'은 한국의 소매업과 25건, 타이완의 소매업과 14건으로 이는 아시아 전체의 약 80% 이상을 차지한다. 그 가운데 한국의 롯데백화점의 기술이전이 눈에 띄는 사례이다. 〈표 8-6〉은 유럽과 미국계 소매업이 아시아에 진출한 점포수를 나타낸 것이다. 한국에 진출한 유럽과 미국계 소매업체는 모두 44개로 프랑스와 영국의 업체가 가장 많다.

아시아 유통업은 통화위기 이후에 시장의 변질, 규제완화, 유럽과 미국 자본의 진출과 경쟁격화와 더불어 일본계 소매업의 아시아에서의 철수를 들 수 있다. 아시아 역내에서의 소매의 국제화는 유럽과 미국계의 글로벌 소매업의 동향에 눈을 돌릴 필요가 있지만 사실은 아시아에서는 자국자본의 소매업에 의한 아시아 역내에서의 국제화가 진척되고 있다. 그것은 아시아의 소매업계를 주로 화교가 주도하고 있어, 이를테면 화교 네트워크에 의한 소매 국제화가 진전되고 있다는 것을 나타낸 것이다. 유럽과 미국계의 움직임과는 별도로 소매업 국제화의 흐름이 있다는 것을 주의할 필요가 있다. 그중에서도 가장 대규모이고 적극적인 국제화를 진전시키는 것은 홍콩계의 2대 유통그룹이다.

최근 아시아 기업의 투자처의 중심은 중국이다. 말레이시아의 파쿠손은 1994년 베이징에 백화점을 출점시킨 후 현재 10개 점포를 내고 있다. 또 한국의 신세계백화점도 1995년 상하이에 진출해 두 개 점포를 운영하고 있다. 타이 CP그룹은 테스코와 함께 중국에 4개의 하이퍼마켓 점포를 전개하고 있고 상하이에도 최대 규모

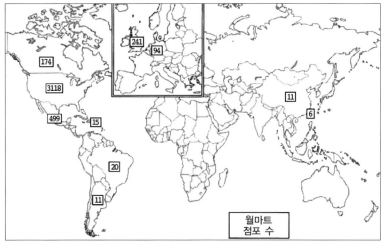

〈그림 8-43〉월마트의 세계 점포 분포

월마트
점포 수

자료: Dicken(2003: 497).

의 백화점을 개점할 예정이다.

세계 판매액의 2위를 차지하는 월마트는 미국 판매액의 86%, 점포 수의 84%를
차지한다. 월마트의 점포 분포를 보면 미국 내에 가장 많고, 유럽에서는 영국과 독
일에 많이 분포하고, 동아시아에서는 중국에 11개 입지하고 있다(〈그림 8-43〉).

8. 국제분업론과 세계 시스템론

기업활동의 글로벌화를 축으로 세계경제는 상호의존 관계가 긴밀해져 이를테면
글로벌화라고 불리는 상태로 진행되고 있는 한편에는 저개발성을 고민하는 국가
중에서 급속한 공업화가 진행되고 있는 국가도 있는 등, 현재 국제분업 관계는 급
격한 변모를 나타내고 있다. 그러한 상황을 배경으로 최근에는 종래의 국제분업론
을 비판하고 재구성하려는 움직임이 다시 활발해지고 있다. 이런 움직임 가운데에
대표적인 것 중의 하나가 세계 시스템론이다. 이 절에서는 국민경제를 분석단위로
할 때 이론의 출발점이 되는 국제분업론의 원형인 리카도(D. Ricardo)의 국제분업
론과 세계 시스템론을 소개하고 또 이들 두 이론을 비교하려고 한다(〈그림 8-44〉).

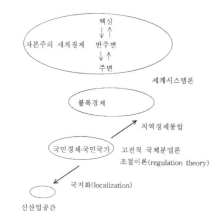

〈그림 8-44〉 세계경제공간에 관한 여러 이론

세계시스템론

지역경제통합

고전적 국제분업론
조절이론(regulation theory)

국지화(localization)

자료: 杉浦芳夫 編(2004: 108).

1) 리카도의 국제분업론

리카도는 국내 상거래에서 여러 가지 상품의 상대적 가치를 규정하는 법칙과 국제무역에서 다양한 상품의 상대적 가치는 서로 다르다고 주장했다. 경제사회의 국민적 통합이 달성되기 위해서는 자본, 노동의 이동이 자유로워지고, 국내에서 일반적인 이윤율이 형성되며 여러 가지 상품의 상대적 가치는 상품에 직접적 또는 간접적으로 투하된 노동의 양 그 자체에 의해 규정된다. 이에 대해 국제무역은 이런 노동 가치설이 그대로 통용되지 않는 영역이라고 주장하고 있다. 이러한 주장은 국가 간에는 국내와 달리 경제적 통합이 달성되어 있지 않기 때문에 자본, 노동은 기본적으로 이동하지 않는다고 생각하고 있기 때문이다. 리카도의 비교 생산비설은 국내 상거래와는 다른 국제무역의 논리, 즉 무역의 방향과 그에 의해 형성된 국제분업의 유형을 설명하기 위해 고안된 것이다. 두 국가 사이에는 절대적인 노동 생산성 격차가 존재해도 무역이 행해지는데, 국제분업을 형성함에 따라 두 국가 모두 무역에서 이득을 얻을 수 있다는 것을 설명한 것이 비교 생산비설이다. 이 비교 생산비설은 두 국가에서 두 가지 재화에 국한하지 않고 다국가 다재화(多國家多財貨) 모델로의 전환이 가능하다. 또 동태적으로 보면 비교 생산비의 원리에 의해 결정되는 이들 무역 및 국제분업은 각 국가의 국내에서 노동 생산성 변화에 의해 재편성된다. 즉, 국내분업은 국민경제 간의 상대적 관계성에 의해 형성되고, 그 관계성은 각 국가 국민경제의 내적 요인인 노동 생산성의 변화에 의해 변동된다.

먼저 〈표 8-7〉은 옷감과 포도주를 각각 1단위 생산하기 위해 영국과 포르투갈에서 어느 정도의 노동력이 필요한가를 나타낸 것이다. 이 예에서 포르투갈은 영국에 대해 옷감과 포도주 모두가 상대적으로 적은 노동력으로 생산이 가능해 포르투갈은 영국에 대해 절대적 노동 생산성의 우위성을 갖고 있다.

무역을 하지 않을 경우 두 나라 사이에는 절대적인 노동 생산성의 차이가 존재해도 무역을 해 국제분업이 형성되는가에 따라 두 나라가 모두 무역에서 이득을 얼

<표 8-7> 무역을 하지 않을 경우와 할 경우의 노동력 수요

국가	무역을 하지 않을 경우		무역을 할 경우	
	옷감(인)	포도주(인)	옷감(인)	포도주(인)
영국	100	120	200	0
포르투갈	90	80	0	160

자료: 矢田俊文 編(1990: 233).

을 수 있다는 것을 밝힌 것이 비교 생산비설이다. 즉, 영국은 상대적으로 노동 생산성이 높은 옷감에, 포르투갈은 상대적으로 노동 생산성이 높은 포도주에 국제적 문업(무역)을 함으로써 두 나라 모두 사회적인 노동의 절약을 할 수 있다. 만약 자본과 노동의 이동이 자유롭다면, 자본은 당연히 노동 생산성이 높은 포르투갈로 이동하게 될 것이다. 그러나 자본과 노동의 이동이 원칙적으로 행해지지 않는 국민경제 간의 교환은 비교 생산비설이라는 독자의 논리에 의해 규정되므로 그에 대응해 국제분업이 형성되게 된다.

더욱이 비교 생산비설은 단지 두 나라에만 국한되지 않고 다수의 나라에, 다수의 재화에도 적용하는 것이 가능하다. 또 동태적으로 보면 비교 생산비설의 원리에 의해 결정되는 이러한 무역 및 국제분업은 각 국가의 국내 노동 생산성의 변화에 의해 재편성된다. 즉, 국제분업은 국민경제 간의 상대적인 관계성에 의해 형성되고, 그 관계성은 각 국가 국민경제의 내적 요인인 노동 생산성의 변화에 따라 변동하게 된다.

2) 리카도 이후의 국제분업론

리카도의 비교 생산비설 및 국제적 분업론은 그 후 밀(J. S. Mill)을 거쳐 근대 경제학파 헥셔(E. Heckscher)와 올린(B. Olin)의 정리(定理)[28]로 재구성되었다. 헥셔와 올린의 정리는 첫째, 생산요소(노동, 자본, 토지)는 국제적으로 이동하지 않는다. 둘째, 무역국은 모두 같은 기술을 갖고 있다는 등의 가정에서 국제무역 및 국제분업은 무역 당사국 간의 생산요소 부존 비율의 차이 및 요소 가격 비율의 차이에 의해 규정된다. 예를 들면 A국가와 B국가가 각각 노동집약 재화와 자본집약 재화를 생산하고 있다고 생각해보자. A국가가 B국가에 대해 상대적으로 노동의 부존 비율이 높고, 반대로 B국가는 A국가에 대해 상대적으로 자본의 부존 비율이 높다면, A

28) 이 정리는 '요소부존의 정리'라고도 불리는데, 각 국가가 상대적으로 풍부하게 부존되어 있는 요소를 집약적으로 사용하는 재화를 특화해 생산하고 수출한다는 것이다. 다시 말하면, 요소부존 비율에서 A국가는 상대적으로 자본 풍요국이고 B국가는 노동 풍요국이며, 또 두 국가에서 모두 주어진 요소 상대가격에서 ㉮재화는 다른 재화에 비해 항상 노동집약적 생산방법이 채용된다고 하면, ㉮재화는 노동집약재이고 다른 재화는 자본집약재라고 할 수 있다. 이 정리는 비교우위를 가져오는 주요인을 각 국가 간의 요소부존 상황의 차이에서 찾고 있으며, '요소가격 균등화'의 정리와 함께 헥셔-올린의 정리를 구성하는 중심명제이다.

국가는 노동집약적 산업에 우위성을 갖고 노동집약 재화를 생산해 B국가에 그것을 수출한다. 그에 대해 B국가는 자본집약적 산업에 우위성을 갖고 자본집약 재화를 생산해 A국가에 그것을 수출한다는 상호 국제분업 관계가 형성되게 된다.

한편 올린은 국내 상거래의 논리를 국제무역에 응용시킴에 따라 무역의 일반 이론을 제창하고, 본래 국내경제를 분석대상으로 하고 있는 산업 입지론을 국제분업에 응용시켰다. 그는 가격 형성이론에서 단일시장을 생각하고 있기 때문에 여러 개의 성질이 다른 시장의 존재를 인정하지 않고 공간이란 개념을 도입한 무역의 일반 이론을 구축하려고 한 것이다. 그렇다면 리카도가 국제무역을 특징짓는다고 하는 국민경제라는 틀은 올린에게는 다른 시장과의 사이에 생산요소의 이동성 정도가 낮은 복수시장의 한 종류에 지나지 않는다고 볼 수 있다. 따라서 국민경제는 유기적인 경제단위로서 인정할 수 없게 된다.

그러나 그 후 레온티예프(L. W. Leontief)는 제2차 세계대전 이후 미국의 무역구조를 산업 연관표[29]에 의해 통계적으로 분석한 결과, 당시 미국은 제2차 세계대전 직후였기 때문에 다른 나라에 비해 압도적으로 자본 풍요국이고 노동 희소국인데도 통계적으로는 헥셔와 올린의 정리에 반대되는 노동집약 재화를 수출하고 자본집약 재화를 수입하는 현상이 나타났다. 이른바 레온티예프의 모순이 제기됨으로써 헥셔와 올린의 정리를 재검토하고 수정하는 작업이 이루어져 여러 가지 신무역 이론을 전개시키게 되었다.

3) 세계 시스템론

미국의 사회학자 월러스타인(I. Wallerstein)은 경제력 및 정치력의 불평등한 분배가 어떻게 시공간을 초월해 진화했는가를 설명하는 수단으로서 처음으로 세계 시스템론(world system)을 전개했다. 월러스타인에 의하면 '여러 가지 부문이나 지역에서 지역이 필요로 하는 물자를 원활하게 지속적으로 공급하기 위해 다른 부문 및 지역과 경제적으로 교환에 의존하려는 분업'을 사회시스템이라고 부르고, 이것에는 역사적으로 두 개의 시스템, 즉 미니 시스템과 세계 시스템이 등장했다고 했다. 농업적 또는 수렵·채취적 사회에서 나타나는 미니 시스템은 '내부에 완전한 분업을 가지고 단일 문화적 틀을 가진 실체'이고, 품앗이적이고 혈연적인 생산양식을

29) 산업 부문 간 투입(수요)과 산출(생산)을 바탕으로 관련 상황에서 경제를 수학적으로 기술하고 분석하기 위한 자료로 사용되며, 칸트로비치(R. H. Kantorovich)에 의해 발명되고, 그 후 레온티예프에 의해 발전되었다.

특징으로 하는 것이다. 이에 대해 세계 시스템은 '단일분업과 다양한 문화 시스템을 갖는 실체'로, 이것은 나아가 '공통의 정치 시스템을 갖고' 세계제국(帝國)과 공통의 정치 시스템을 갖지 않는 세계경제(world-economy)와는 분리되어 있다. 세계제국은 로마제국 등과 같이 재분배적·공납제적 생산양식을 특색으로 하는데 대해, 세계경제는 잉어생산물이 시장을 통해 재분배되는 자본주의적 생산양식을 특색으로 하고 있다. 이와 같이 월러스타인은 교환의 양식에 의해 미니 시스템과 세계제국, 세계경제로 나누었다. 여기에서의 세계경제는 세국의 권력이나 군사력을 통해 글로벌화한 것이 아니고 중심과 주변 사이에서 잉어가치의 이전이나 불평등한 교환으로 나타난 자본주의적 여러 힘을 통해서 글로벌화한 것으로 단일시장과 복수의 국가로부터 성립되는 시스템으로서 파악하고 있다.

월러스타인에 의하면 15세기 중엽부터 북서유럽을 핵으로 성립된 자본주의 세계경제는 붕괴의 위기를 넘어 확대를 계속해 19세기 말에는 전 세계로 퍼지고 오늘날에 이르고 있다고 했다. 그리고 자본주의 세계경제는 좀 더 많은 잉어가치를 얻기 위해 시장지향의 생산이라는 특징을 가짐과 동시에 시스템 내의 여러 사회집단(자본과 국가)에 의해 기본적으로는 자본축적을 추구해 생산력 경쟁을 전개하는 장(場)이다. 또한 두 개의 기본적인 분열, 즉 부르주아 대 프롤레타리아라는 계급분열과 핵심과 주변이라는 지대적(地帶的)인 분열을 축으로 작동하고 있다. 후자는 '부등가(不等價) 교환'[30]에 의해 설명되어 그것도 중심·주변의 2극으로 취급하는 종속론과는 다른데, 세계 시스템론에서는 핵심(core)·반주변(semi-periphery)·주변(periphery)의 3극으로 세계경제의 구조적인 위치를 파악한다. 이와 같은 자본주의 세계경제는 세 개의 지리적 집단으로 구성된다. 즉, 핵심, 주변, 반주변이 그것이다. 핵심경제는 실력 있는 국가정부, 강력한 중간계급(부르주아), 많은 노동자계급(프롤레타리아)에 의해 지탱되는 선진적인 산업 활동이나 생산자를 위한 서비스를 원동력으로 한다. 또 핵심지역의 여러 나라는 상대적으로 강력한 국가기구를 갖고 균질의 국민문화가 형성되어 고임금을 향수할 수 있는 자유로운 노동자와, 높은 이윤을 획득할 수 있도록 자본집약도가 높은 상품을 생산하는 국가로, 통상 선진국이라 불리는 지역이다. 주변경제는 천연자원을 추출하거나 상품작물을 재배하는 것으로 견인되며, 정부는 약하고 중산계급도 적으며, 비숙련노동자나 소작농으로 구성된 많은 빈곤층이 존재한다. 또 주변지역이란 상대적으로 불완전한 국가적 통합을 할 수밖에 없는

30) 재화나 노동력으로서의 상품은 상대적으로 '부족' 상품이 '과잉' 상품에 대해 유리한 역학관계를 갖게 되고, 투입이 되어도 '부족'한 상품은 적은 수량으로, 좀 더 많은 수량의 '과잉' 상품을 손에 넣을 수가 있다.

약한 국가기구를 갖고 있으며, 저임금 노동자를 이용해 낮은 이윤을 획득하는 자본 집약도가 낮은 상품을 생산하는 지역이다. 이에 대해 핵심지역과 주변지역의 사이에는 지배-종속관계가 나타나며, 주변에서 핵심으로 가치가 이전되기 때문에 양자는 대립관계에 있다. 반주변경제는 핵심과 주변 사이에 위치하고 근대산업이나 도시를 가지는 한편, 많은 소작농이나 대규모 비공식경제라는 주변적인 속성을 유지한다. 또 반주변지역이란 이러한 대립관계에 있는 핵심지역과 주변지역과의 관계를 완화하는 완충지대로서 핵심에 지배되고 한편으로는 주변을 지배하는 존재로 위치 지울 수 있는데, 중진국, 신흥공업경제지역군이 이에 해당된다.

이상의 3극은 경제의 국면에서 다음과 같이 유기적으로 연결되어 총체적인 관련성을 갖고 있다. 세계 시스템이 통일성을 갖기 위해서 열쇠가 되는 사회관계란 세계적 규모에서 사회적 분업의 사슬 및 그것을 통한 핵심국가에서 유리한 세계적 규모의 자본축적이다. 월러스타인에 의하면 시장을 통한 교환, 즉 시장을 통한 사회적 분업은 현실에서는 거의가 '부등가 교환'에 의해 특징지어진다. 다시 말하면 '과잉' 상품을 만들고 있는 주변지역에서, 좀 더 '부족'한 상품을 만들고 있는 핵심지역으로의 '부등가 교환'의 사슬이 세계적 규모에서 이루어지고 있다. '부등가 교환'을 통한 핵심지역에 의한 주변지역의 수탈이 자본주의 세계경제를 유지·재생산시키고 있다. 세계 시스템론에서는 각 지역의 가구구조의 차이—노동력의 재생산을 임금노동에 의존하는가, 공동체에 의존하는가에 바탕을 두고 노동관리 양식의 차이에 따라 각 지역 간의 노동비의 차이가 임금격차를 가져오게 하고 그것이 각 지역 간의 교역에 반영된다. 핵심지역에 의한 주변지역의 수탈은 정태적으로는 지역 간 불균형 과정으로서 영속적이 된다. 더욱이 유리한 자본축적을 이루는 핵심국가는 풍부한 자본에 의해 상대적으로 강한 국가를 형성해 수탈을 하고 국가적 통합이 불완전한 주변지역을 변질시켜 스스로 자본축적에 유리한 환경으로 만든다.

다만 세계 시스템론자의 위와 같은 지역 간 불균형 과정은 실제 논리가 아니고 역사에 의해 서술되고 있다. 그 역사적 사실이란 구체적으로는 제2차 세계대전 전의 서부 유럽 국가가 핵심국가로서 비유럽지역을 식민지화했으며, 제2차 세계대전 후에는 다국적 기업에 의한 기업 내 국제분업을 형성하고 이들에 의한 주변 여러 지역의 사회·경제구조를 변질시켜 핵심국가의 형편에 맞는 사회·경제구조를 형성시켰다. 이 역사적 사실은, 이를테면 논리의 보완으로서 핵심국가와 주변지역 간의 격차 확대, 양자의 질적 차이의 필연적인 발생을 논하고 있다. 그러나 세계 시스템은 핵심경제와 주변경제가 단기적으로 경제수요와 인적 자원이나 사회복지, 기술, 물리적 인프라라는 장기적 투자와의 균형을 끊임없이 유지해 큰 도전을 하면 새로운 중심이 대두될 수 있는 기회를 갖게 된다. 글로벌한 계층성 가운데 어떤 국가의 지위를 개선할 경우 그 국가가 가지고 있는 능력이란 다른 국가의 행동이나 다른 국가가 직면한 상태에 크게 의존하게 되는 것은 중국의 산업화 능력의 대부분이 핵심경제의 소비자에 좌우되었다는 것에서 알 수 있다.

이러한 세계 시스템론은 프랭크(A. G. Frank) 등의 종속론의 방법론에 의거하고 그것을 발전시킨 것이라고 볼 수 있다. 또 브로델(F. Braudel, 1902~1985)[31]로 대표되는 프랑스 역사학의 아나르 학파의 영향을 받았고, 세계 시스템의 중·장기적 변동에 대해서도 검토되었다. 시스템 확대기에는 주변지역으로의 투자가 증대되고 외부세계로 편입되며, 임금노동의 확대가 이루어지며, 또 축소 시기에는 블록경제화 등 시스템 내의 재편성이 각각 진행된다.

31) 프랑스인으로 역사학계의 마지막 슈퍼스타(역사학계의 황제)로 유명하다.

4) 국제분업론과 세계 시스템

지금까지 전통적인 국제분업론과 세계 시스템론을 살펴본 결과, 양자의 결정적인 차이는 첫째, 근대사회, 즉 자본주의 사회관의 차이이고, 거기에서 발생하는 분석대상의 시간적 차이에 의한다.

전통적인 국제 분업론은 기본적으로 자본주의 여러 나라의 국민경제가 각각 주체적으로 발전해가는 다양한 인자의 역학적 총화(總和)라는 의미에서 국민경제 간의 경제적인 관계성이라 할 수 있다. 이에 대해 세계 시스템론은 자본-임금 노동관계로 특징지어진 국민적 통합을 갖는 선진국들이 자본에 의해 통합된 세계경제의 극히 일부가 아니고, 근대사회는 다른 생산관계를 갖는 주변지역으로부터 부(富)의 수탈

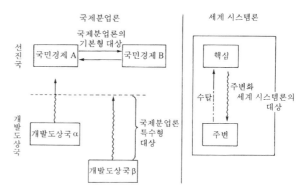

〈그림 8-45〉 국제분업과 세계 시스템

자료: 矢田俊文 編(1990: 240).

이 필요한 세계라고 보는 것이다.

국제분업론과 세계 시스템론의 중요한 차이 중의 하나는 개발도상국을 어떻게 위치 지우는가에 있다. 그것을 나타낸 것이 〈그림 8-45〉이다. 국제분업론은 기본적으로 선진국의 모델로 생각하지만, 개발도상국을 전혀 무시한 것은 아니고, 개발도상국은 그 이름 그대로 발전하고, 최종적으로 국제분업론의 논리에 적합한 상태, 즉 자립적 국민경제를 형성하게 된다. 그리고 개발도상국의 선진국화는 국제분업론의 특수 이론인 개발경제학 또는 남북 문제론의 대상영역이 된다.

한편 세계 시스템론은 주변이 자본주의의 생성·발전과 더불어 역사적으로 창출되어온 것이고, 또 자본주의의 식량이기 때문에 자본주의가 존재하는 한 사라지지 않을 것이다.

5) 세계 무역의 네트워크와 구조

(1) 세계 무역 네트워크

1995년 WTO가 발족되고 자유무역 체계가 이루어지면서 세계 무역의 관심은 더욱 높아져 가고 있다. 세계경제는 미국을 중심으로 다극적(多極的)으로 구성되어 있지만, 먼저 세계 무역 네트워크의 측면에서 살펴보기로 하자. 〈표 8-8〉은 2012년

〈표 8-8〉 지역별 무역(2012년)

단위: 백만 달러

구분	수출	%	수입	%
선진국	9,069,924	50.4	9,862,861	54.4
선진국 이외	8,942,943	29.6	8,252,406	45.6
세계	18,012,867	100.0	18,115,267	100.0
EU*	5,681,049	37.8	5,704,062	36.5
EU(역외)	2,162,563	14.4	2,311,903	14.8
NAFTA**	2,371,432	15.8	3,168,709	20.3
ASEAN***	1,252,728	8.3	1,224,874	7.8
MERCOSUR****	431,021	2.9	362,529	2.3
BRICs*****	3,113,730	20.7	2,849,996	18.2

* EU 28개국.
** 북아메리카 자유무역협정 3개국.
*** 동남아시아 국가연합 10개국.
**** 남아메리카 남부공동시장 5개국.
***** 4개국.
자료: 矢野恒太記念會 編(2014: 312)의 자료 참고하여 필자 작성.

<그림 8-46> 세계 국가·블록 간 무역(2001년)

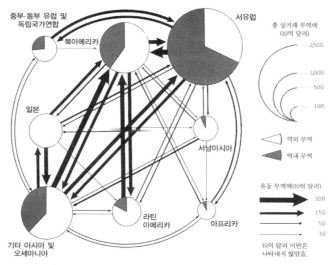

자료: 古今書院(2005: 56).

세계무역을 권역별로 나타낸 것이다. 여기에서 첫째, 선진국의 무역액이 50% 이상을 차지하고, 선진국과 전혀 관계없는 무역액은 수출이 약 30%, 수입이 약 46%를 차지해 선진국 중심의 무역체계라는 것을 알 수 있다. 그러나 과거 30여 년 동안에 걸쳐 선진국과 개발도상국 간 및 개발도상국 상호 간의 무역액이 상대적으로 크게 신장되어 선진국 간의 무역액이 절대적으로 감소했는데, 이는 석유가격의 대폭 상승과 신흥공업경제지역군(NIEs)에서의 공업화 촉진이 주된 원인이다. 둘째, 무역수지에서 지역적 불균형이 눈에 띈다. 2012년 EU는 무역총액에서 약 37%를 차지해 가장 높은 비율을 나타냈다. 다음으로 BRICs와 NAFTA는 무역 총액의 수출이 각각 20.7%, 15.8%, 수입이 각각 18.2%, 20.3%를 차지해 BRICs는 수출초과, NAFTA는 수입초과를 나타냈다. 그리고 ASEAN과 MERCOSUR는 수출초과의 국제수지를 나타냈다. EU는 역내(域內)에서의 무역량이 많으며, 영역 외에서는 수입초과의 국제수지를 나타냈다(<그림 8-46>).

(2) 무역구조와 국제적 비교우위

세계경제에서 국제분업의 구조가 중공업 대 경공업·농업이라는 이중구조에서 최근 중화학공업—재래 중화학공업—원료 공급 또는 경공업이라는 3중구조로 변화하고, 이 3중구조의 정점에 미국이 위치하고 있다. 여기에서는 창조적 기초기술의 개발을 중심으로 한 지식·정보의 집약적 성격을 갖는 첨단산업과 응용적 기술개발을 중심으로 한 자본·기술 집약적 성격을 갖는 가공 조립형 산업, 값싸고 풍부한 숙련노동력을 이용할 수 있는 노동·기술 집약적인 성격을 갖는 소재형 산업, 자원 추출적 성격을 갖는 원료형 산업의 4중구조로서 국제분업에 대해 살펴보기로 하자.

버넌에 의하면 첨단산업은 신제품 생산에 상응하는 것이다. 이 신제품은 투입변환의 자유도가 존재하고, 가격 탄력값이 작고, 시장에서의 불확실성도 없으며, 상품화되기 어려운 특징을 갖고 있기 때문에 신제품 개발에 연구·개발비가 많이 필요하다. 주요 선진국의 연구비 지출을 나타낸 것이 〈표 8-9〉이다. 연구비의 총액에서 미국은 프랑스의 6.6배로 가장 많으며, 이러한 많은 연구비를 바탕으로 기술수준이나 생산력에서 자본주의 경제권의 정점에 위치하고 있는데, 이것은 미국의 수출구조에도 반영된다.

미국의 수출구조의 특징은 첫째, 기계·금속제품(53.5%)이나 화학제품(7.2%) 등 중화학공업 제품과 더불어 농산물(3.9%) 등이 주요 수출품이다. 둘째, 중화학공업 중에서 비교우위를 가지는 것은 최신 중화학제품으로 항공기, 군사무기, 의료용 기기, 계측용·분석용·제어용 기기 등 첨단기술이 요구되는 분야에 집중되어 있다. 그것도 이들 제품의 수출 대상국가가 일본이나 EU 등 선진국이다. 셋째, 미국의 다국적 기업은 캐나다나 개발도상국에 중화학공업 제품을 수출해 세계 전략이나 기업 내 세계 분업과도 관련된다.

일본이나 EU는 가공 조립형 산업에 비교우위를 갖고 있으며, 개발도상국 중 신흥공업경제지역군은 소재형 산업에 비교우위를 갖고 있는데, 수출 상품구조에서는

〈표 8-9〉 주요 국가의 연구비 사용 비율(1992년, 2011년)

국가	연구개발비 (억 엔, 2011년)	구성비(%, 1992년)				GNP 점유율(%)
		산업	정부연구기관	대학	민간연구기관	
미국	331,353	69.8	10.7	15.8	3.7	3.32
일본	173,791	68.8	8.3	18.5	4.4	3.97
독일	82,926	67.8	15.2	16.6	0.4	3.41
프랑스	49,834	61.1	22.2	15.9	0.8	3.16

자료: 國勢社(1995: 342); 矢野恒太記念會 編(2014: 428)의 자료 참고하여 필자 작성.

섬유·의류와 기계이지만, 이것들은 선진국에서 이전된 높은 기술력, 생산시설과 선진국에 비해 싼 노동력과의 결합에 의해 급성장해왔다. 신흥공업경제지역군은 특정 선진국과 결합되어 있는데, 한국, 싱가포르 등의 동·동남아시아의 신흥공업경제지역군은 일본과, 멕시코, 브라질 등의 중남미 신흥공업경제지역군은 미국과, 에스파냐, 포르투갈, 그리스, 구유고슬라비아 등의 지중해 신흥공업경제지역군은 EU와 밀접한 관계를 맺고 있다. 그리고 미국은 일본, EU와 달리 중남미 신흥공업경제지역군 뿐 아니라 아시아·지중해 신흥공업경제지역군과도 밀접한 관계를 맺고 있어 세계적으로 그 관계를 맺고 있다. 마지막으로 원료형 산업에 비교우위를 갖는 국가는 OPEC나 그 밖의 개발도상국이다. 이들 국가의 수출구조는, 예를 들면 OPEC는 원유에 의존하고, 칠레는 구리에, 쿠바는 설탕에 의존하는 것과 같이 상품의 차이는 있지만 1차 산품(産品)의 단일생산 수출구조인 것은 차이가 없다. 그것도 이들 산품은 생산단계 또는 유통단계에서 미국계 다국적 기업을 중심으로 한 국제적 대자본에 의해 완전히 장악되어 있다. 또 이들 국가 중에서도 예를 들면 ASEAN 여러 나라와 같이 섬유산업 등에서 수출 촉진 산업을 발달시켜 온 것도 있다.

6) 공정무역

(1) 공정무역의 발달

공정무역(fair trade)은 저개발국가의 소외된 생산자와 노동자가 만든 상품에 정당한 대가를 치르며 이들의 이윤을 보호하자는 운동이다. 또 공정무역은 생산자에게 좋은 무역조건을 제공하고 그들의 권리를 보장해줌으로써 지속가능한 발전에 기여한다. 그리고 공정무역은 원조가 아니라 남반구 생산자의 내생적 성장을 지향하는 운동이자 무역관계로 다음과 같은 원칙을 준수한다. 공정무역은 남반구 생산자에게 시장의 최저가격보다 높은 가격을 제시하고, 무역에서 발생한 이윤은 생산자 조합에 지불해 지역사회의 개발에 활용하며, 생산자와의 직거래를 통해 시장 접근성을 향상시키고 투명하고 장기적인 협력관계를 유지하고, 노동착취가 없고 친환경적인 생산과 지속가능한 지역사회의 발전을 추구한다.

공정무역의 역사는 1946년 미국에서 시작되었는데, 시민단체 텐 사우전드 빌리지(Ten Thousand Village)가 푸에르토리코에서 생산한 수공예품을 구입한 것을 기

〈표 8-10〉 공정무역의 성장과정별 특성

단계	시기	특성
초기 단계	1940~1960년대	· 1946년 텐 사우전드 빌리지가 푸에르토리코로부터 수공예품을 수입 · 1950년대 옥스팜은 중국 난민에 의해 만들어진 수공예품을 판매 · 1958년 미국에서 공정무역 판매상점 등장 · 1967년 네덜란드에서 공정무역기구 설립
발전 단계	1970~1980년대 중반	· 공정무역 전문단체 등장(영국의 트레이드크래프트, 독일의 게파 등) · 무역규모가 적고, 일부 소비자만 공정무역의 제품을 이해하고, 일반 제품에 비해 비싸고 품질도 떨어짐
성장 단계	1980년대 후반~ 1990년대 중반	· 공정무역조합의 성장(영국의 생활협동조합(Co-operative Group), 미국의 와일드 오츠 마켓(Wild Oats Markets) · 1987년 유럽공정무역협회(European Fair Trade Association: EFTA) 창설 · 1988년 국제공정무역 인증제(라벨) 도입 · 1989년 국제대안무역협회(International Federation for Alternative Trade: IFAT) 창설
확대 단계	1990년대 말~	· 1997년 FLO설립으로 공정무역에 대한 인식확대 · 대기업 참여 · 2004년 영국 테스코는 자체상표를 가진 공정무역 제품을 판매 · 2007년 영국 세인즈버리(Sainsbury's)는 공정무역 바나나를 판매

자료: 이용균(2014: 102).

원으로 본다. 하지만 공식적으로 '공정무역'의 이름을 달고 상품거래가 이루어진 것은 1950년대부터이다. 그 후 1988년 공정무역 브랜드인 네덜란드 막스 하벨라르(Max Havelaar) 재단의 인증마크가 만들어지면서 이를 도입함에 따라 수공업 중심에서 농산물 중심으로 공정무역이 전환되었고, 이는 공정무역의 확대에 큰 기여를 했다. 그 후 주요 공정무역단체인 옥스팜(Oxfarm)이 인증제 도입을 결정했고, 뒤이어 공정무역재단 등 국제기구가 창설되면서 공정무역이 급성장했다.

한편 무역 거래규모가 늘어나자 1997년에는 공정무역상표협회(Fairtrade Labelling Organization: FLO)가 설립되었고, 2002년부터는 커피, 차, 바나나 등 농산물에 대한 공정무역 상품 인증업무도 시작되었다. 또 2003년부터 공정무역의 인증과 공정무역의 기준 검증은 독립기구인 FLO인증회사(FLO-certification)가 수행하게 되었고, 2005년 기준으로 FLO산하 20개 회원국에서 인증업무가 수행되고 있다.

공정무역의 성장 단계는 4단계로 초기 단계, 발전 단계, 성장 단계, 확대 단계로 구분할 수 있다(〈표 8-10〉). 초기 단계는 1940~1960년대로 이 시기는 종교단체 중심으로 개발도상국의 빈민을 돕는 차원에서 시작되었다. 이 시기에 공정무역이 태동할 수 있었던 원동력으로는 미국의 텐 사우전드 빌리지와 영국의 옥스팜의 활동이 있다. 텐 사우전드 빌리지는 미국 한 교회의 구호기관의 프로그램이었고, 1940

년대부터 푸에르토리코의 수공예품을 판매하면서 공정무역을 실시하게 되었다. 그 후 텐 사우전드 빌리지는 공정무역을 확대해 2004년 북아메리카 전역에 180개의 수공예품 판매점을 운영할 정도로 성장했다. 한편 영국의 공정무역단체인 옥스팜은 1942년 전쟁으로 인한 기아를 돕기 위해 설립되었으며, 자원봉사를 통해 옥스팜 매장에서 상품을 판매하기 시작했고, 2000년대에는 2만 2,000명의 자원봉사자와 830개의 매장을 가진 공정무역단체로 성장했다.

발전 단계는 1970~1980년대 중반까지로 북반구의 주요 국가에서 공정무역 전문단체가 등장한 시기이다. 영국은 트레이드크레프트(Traidcraft)가 중심이 되어 공정무역을 이끌었고, 독일에서는 게파(Gepa)를 중심으로 활성화되었다. 이 시기의 공정무역단체는 일종의 대안무역으로서 공정무역을 생각했으며, 공정무역의 핵심으로 다음과 같은 세 가지 특성이 있다. 첫째, 공정무역은 생산자 중심의 생산이어야 하는데, 이를 위해 생산자에게 최고의 가격이 보장되고 노동자에게 공정한 임금이 보장되어야 한다는 것이다. 둘째, 공정무역은 생산자 - 소비자 간 장기적 무역패턴으로 성장해야 한다는 것으로, 이를 위해 생산자에게 선금을 지급하고 생산기술의 제공이 필요하다는 인식이 수반되었다. 셋째, 무엇보다도 공정무역은 친환경적이고 생산과정이 투명한 지속가능한 생산으로 발전해야 한다는 인식이 전개되었다.

성장 단계는 1980년대 후반~1990년대 중반까지의 시기로, 이 기간에 국제공정무역은 엄청난 변화를 경험하게 되었다. 주요 국가에서는 공정무역단체가 중심이 된 협동조합이 발전하기 시작했고, 대륙과 세계수준의 공정무역기구가 창설되기 시작했다. 당시의 공정무역단체와 운동가는 기존의 대안무역체계로는 공정무역을 확대하기 힘들다고 보았고, 이에 대한 해결책으로 공정무역 인증제 도입이 모색되었다. 공정무역 상표는 북반구의 소비시장에서 판매 보장의 수단으로 인식되면서 남반구 생산자로부터 공정무역 인증을 받으려는 시도가 증가했다. 남반구 생산자가 공정무역 인증을 받기 위해서는 생산자정보, 제품정보, 거래정보에 대한 정확한 기록이 요구되었고, 이에 대한 심사를 통해 공정무역 제품에 대한 상표가 부여되었다.

확대 단계는 1990년대 이후 현재까지로 공정무역이 전 세계적으로 빠르게 확산되었다. 1997년 공정무역인증기구가 창설되었고, 2002년부터 모든 국가가 생산자 조직에 대한 표준을 제공하면서 통일된 인증제도가 도입되었다. 2003년부터 공정무역의 인증과 공정무역 기준의 검증은 독립단체인 FLO인증회사가 수행하게 되었

〈표 8-11〉 신자유주의무역과 공정무역의 차이

구분	신자유주의무역	공정무역
가치	경쟁, 이기심, 개인주의	협동, 사회적 책임, 연대주의
가격	수요와 공급의 원리	가격통제
소비행태	이성적 소비	윤리적 소비
메커니즘	시장주의	시장주의

자료: 이용균(2014: 103).

고, 2005년 기준으로 FLO산하 20개 회원국에서 인증업무가 수행되고 있다. 인증제도를 유지하기 위해 생산자에게는 금지된 화학비료의 사용금지, 쓰레기처리, 토양과 수자원 보호, 유전자 재조합작물 사용금지, 생산물 납품요구에 맞는 생산 등과 같은 요구조건이 부가되었다. 특히 대규모의 다국적기업(스타벅스, 네슬레, 테스코 등)이 공정무역에 뛰어들면서 공정무역은 다변화를 경험했고, 공정무역 소비의 급격한 확대가 나타났다.

이와 같이 공정무역이 괄목할 만한 성장을 겪었고, 대부분의 공정무역 옹호자들은 신자유주의 시장원리에 의한 남북반구의 소득격차를 해소할 수 있는 대안으로, 또 신자유주의와 가치, 가격, 소비행태에서 큰 차이를 보이고 있는데, 이를 나타낸 것이 〈표 8-11〉이다. 신자유주의의 시장원리가 경쟁, 이기심, 개인주의를 강조한다면, 공정무역은 협동, 사회적 책임, 연대주의를 강조한다. 또한 가격에 대해서 신자유주의는 수요와 공급의 원리를 강조한다면, 공정무역은 가격통제를 강조한다. 소비행태에서 신자유주의는 이성적 소비를 강조하는 데 대해 공정무역은 윤리적

〈그림 8-47〉 공정무역상표협회의 인증을 받은 상품 판매액과 생산자 단체 추이

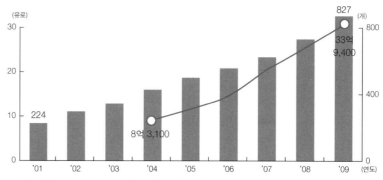

자료: 공정무역상표협회 연차보고서를 토대로 필자 작성.

〈표 8-12〉 한국 공정무역단체의 무역품

단체명	시작 연도	무역품의 특징
두레생명	2004	· 필리핀과 마스코바도(Muscovado) 무역 · 팔레스타인으로부터 올리브유 무역
아름다운 가게	2006	· 네팔, 페루로부터 커피 무역
한국 YMCA연맹	2006	· 동티모르로부터 커피 무역
페어트레이드 코리아(Fair Trade Korea)	2007	· 의류, 가방, 초콜릿, 차 등 120여종의 무역 · 네팔, 인도, 캄보디아, 베트남 등 다수의 국가와 무역
한국공정무역연합	2007	· 공정무역 가게 울림 운영: 수공예품, 코코아, 초콜릿, 설탕 무역
한국생협연대	2007	· 동티모르, 필리핀, 콜롬비아로부터 커피와 초콜릿 무역

자료: 이용균(2014: 104).

소비를 강조한다.

공정무역의 인증제와 전문단체가 등장하면서 공정무역 제품의 품질도 향상되어 소비도 급증해 2013년 FLO의 인증을 받은 상품은 1만 9,000여개, 전 세계 판매액은 39억 유로에 달한다(〈그림 8-47〉).

개별상품에 대한 인증이 아닌 생산자와 공정무역 관련기관이 회원으로 참가하는 형식의 세계공정무역기구(The World Fair Trade Organization)는 농산물만 인정하는 FLO의 보완으로 수공예품에 대한 인증 제도를 준비하고 있다.

한국에서 공정무역의 시초는 2003년 9월 '아름다운 가게'가 동남아시아에서 들여온 수공예품을 팔기 시작한 때부터이다. 한국 공정무역단체의 현황을 보면(〈표 8-12〉), 두레생명은 2004년에 설립되어 설탕과 올리브유를, 아름다운 가게는 네팔과 페루로부터 커피를 수입했는데, 공정무역 커피는 매년 약 30%의 매출 신장률을 기록했다. 그 밖에 동남아시아 국가와 콜롬비아로부터 커피와 초콜릿을 수입하는데, 아직 국내에서는 공정무역 시장규모가 미미한 편이다. 그러나 공정무역과 윤리적 소비에 대한 인식이 높아짐에 따라 그 소비량도 증가할 것이다.

(2) 공정무역의 가치와 성과 및 한계

다음으로 공정무역의 가치와 성과를 보면 먼저 그 가치로 가장 보편적인 세계시장의 정의 구현으로서 공정무역을 들 수 있다. 이것은 현재의 신자유주의 시장의 불균등한 분배에 대한 대안으로 개발도상국의 생산자가 좀 더 호혜적인 세계시장에 편입되면서 사회·문화적 자본, 제도적 역량, 마케팅 기술을 강화하는 기회를 제공한다. 둘째, 공정무역은 현재 시장주의무역의 대안으로서 그 가능성을 제시하고 있다. 대안무역으로서의 공정무역은 생산자 - 구매자가 동반 관계에 기초해 생산자를 위한 시장·제품개발 및 금융 서비스 제공을 추진했다. 셋째, 공정무역은 공정한 사회운동으로서 그 가치를 높이 평가하고 있다. 공정무역은 하나의 사회운동으로서 현재 자본주의 시스템의 문제인 경제원리, 자본축적 및 이익 극대화 추구에 대해 도덕적 가치를 제고하고자 추진되었다.

다음으로 그 성과를 개발도상국과 선진국으로 나누어 살펴보면 다음과 같다. 먼저 개발도상국의 성과는 첫째, 공정무역은 개발도상국 생산자의 최저생활을 보장하면서 지역사회의 빈곤해소에 기여했다. 공정무역은 높은 가격을 지불하면서 생산자가 하나의 생산활동에 전념할 수 있도록 했고, 기술과 시장정보를 제공함으로써 지속가능한 생산이 이루어질 수 있도록 했다. 또 공정무역은 개발도상국 생산자의 소득수준을 향상시키는 가능성을 열어주었다는 점에서 큰 의의를 가졌다고 할 수 있다. 둘째, 공정무역은 개발도상국 사회에 큰 영향을 주었다. 공정무역은 생산자 조합의 활성화를 통한 지역공동체 활성화와 소속 회원 간의 결속을 강화하는 데 기여했고, 이촌향도를 하지 않고 전통문화와 농업에 의한 토착문화를 계승하는 데 큰 기여를 했다. 셋째, 공정무역은 개발도상국의 다양한 정책에 영향을 미쳤다. 즉, 공정무역이 확대되면서 지속가능한 지역발전을 추구하는 정책을 강조하는 것이 국가의 전략으로 부상해 지금까지 미온적이던 개발도상국은 최근 공정무역에 대한 관심을 높이면서 다양한 지원정책을 모색하고 있다. 넷째, 공정무역은 개발도상국의 환경문제 해결에 큰 기여를 한 것으로 인식된다. 유기농과 친환경 작물재배는 환경의 복원과 수확량의 안정적인 확보가 가능하도록 하면서 농가의 안정적 수입에 크게 기여했다.

공정무역은 선진국의 소비패턴과 사회변화에도 큰 영향을 미쳤다. 먼저 경제적 측면에서 선진국이 경험한 공정무역의 성과는 윤리적 소비의 확대라고 할 수 있다. 소비자는 자신의 효용에 대해서도 책임이 있지만 소비의 선택이 생산자와 생산 환경에도 영향을 미친다는 점이 사회적으로 확대되면서 공정무역의 소비가 증가했다. 둘째, 공정무역은 선진국의 사회변화에도 큰 영향을 미치는데, 특히 NGO활동의 증가가 대표적이다. 기존에 국가가 담당했던 사회보장 서비스가 신자유주의 시대에 NGO활동으로 변모하면서 다양한 NGO는 국제무역으로 발생한 불균형 문제에 직면해 남반구 돕기 운동을 전개했으며, 중등학교, 대학의 교육과정에도 그 내

용이 포함되었다. 셋째, 공정무역은 정치변화에도 큰 영향을 미쳤다. 공정무역단
체의 운동이 증가하고, 유엔개발계획(UNDP)에서 개발도상국의 발전은 원조가 아
닌 무역(trade not aid)을 통해 가능하다는 인식이 확산되면서 정부 차원의 공정무역
이 정책으로 대두되었다. 넷째, 공정무역은 선진국의 환경에도 큰 변화를 가져왔
다. 유럽에서는 유전자 재조합 농산물에 대한 반대운동이 확산되었고, 친환경 로컬
식료와 공정무역 제품의 소비가 환경운동의 맥락에서 전개되었다.

이처럼 개발도상국과 선진국에서 공정무역의 성과는 긍정적으로 나타나고 있
다. 이는 공정무역이 지향했던 북반구와 남반구의 동반 효과가 발휘된 것으로 인식
할 수 있다. 자유무역의 대안으로 등장한 공정무역은 상호존중의 무역원리에 따른
동반을 추구함으로써 시장경제와 자유무역의 한계를 성찰하도록 했다. 공정무역
은 상품거래와 도덕성, 지역사회의 지원과 결속강화, 그리고 지속가능한 발전을 시
장거래를 통해 추구하는 방안을 제시하고 있다.

끝으로 공정무역의 한계를 살펴보면 다음과 같다. 첫째, 시장 의존적 공정무역
의 한계는 초기 공정무역이 개발도상국의 생산물을 선진국의 소비자에게 판매하는
비공식적인 네트워크에 의존했으나 1990년대 공정무역의 소비를 확대하기 위한
운동이 다양하게 전개되고, 대기업의 공정무역 참여가 확대되면서 공정무역이 갖
고 있던 순수함을 시장원리가 대체하게 되었다. 이러한 문제점은 다음과 같은 시장
의존적 공정무역의 특성에서 찾을 수 있다. ① 공정무역의 시장 거래는 생산자 - 소
비자 간 긴밀한 파트너십에 의해 작동되기보다 상당히 폐쇄적인 시스템에 의존하
고 있다. 지금의 공정무역은 전 세계적으로 포화상태에 도달해 공급과잉으로 생산
물의 가격하락이 나타나 생산자에게 낮은 가격을 지불하고 소비자에게 비싼 가격
을 요구하는 자체 모순에 빠져들고 있는데, 이는 소비자에게 판매되는 가격이 공정
무역단체에 의해 결정되기 때문이다. ② 대기업의 공정무역 참여는 전통적인 공정
무역의 가치를 훼손한 것으로 인식되고 있다. 대기업은 공정무역의 거래보다는 기
업의 이미지 만들기(making)의 수단으로 활용하는 경우가 많다. 그리고 1960~1970
년대 대규모 단일작물의 농업생산에 대한 반대로 소규모의 지속가능한 농업이라는
대안운동으로 전개되었던 것이 대기업의 유기농업의 참여로 소규모 유기농 재배를
대체하게 되어 유기농은 대기업 중심으로 성장했다. 그 결과 다국적기업의 공정무
역 참여는 공정무역 본래의 순수성을 희석시키면서 수익중심의 공정무역으로 변모

할 가능성이 클 것으로 내다볼 수 있는데, 이는 공정무역이 신자유주의 시장원리에 의해 성장하고 있음을 반영하는 것이다.

둘째, 인증제도의 문제점을 들 수 있다. 공정무역 인증제도가 가난한 생산자의 시장접근성을 증가시키고 수익을 증대시키기 위한 것이었으나 조직과 자금력이 약한 생산자 입장에서는 복잡한 시스템에 불과하다. 이러한 인증제도의 문제점을 살펴보면 다음과 같다. ① 국제공정무역기구는 공정무역 인증을 주는 조건으로 생산자에게 국제노동기준과 환경적 지속가능성을 요구한다. 그렇지만 대다수의 개발도상국 생산자는 가족노동을 활용하며, 임금 노동력을 고용한다 하더라도 충분한 임금을 줄 수 없으며, 지속가능성을 유지하기 위해 생산자는 사회·경제적 비용을 추가로 지불해야 한다. ② 인증제도는 절차가 복잡하고 상당한 비용을 지불해야 한다. 생산자는 구매조건에 맞춰 인증에 필요한 검사비용, 인증비용, 친환경 재배비용, 노동교육비용 등을 지불해야 하는데, 이러한 부대비용의 증가로 개발도상국 영세농가의 지속가능한 발전을 기대하기 힘들다. ③ 인증제도는 주변화된 생산자를 돕고, 생산자 - 소비자 간 사회적 관계에 의한 교환관계를 추구한다는 공정무역의 원래 취지를 약화시키고 있다. 즉, 생산자의 창의적이고 자기 주도적 생산을 지원하기보다는 선진국 소비자의 기호에 맞는 표준화된 생산을 요구해 선진국 판매기준에 종속시키는 결과를 초래한다. ④ 인증제도는 개발도상국 지역사회의 결속을 약화시킨다. 다시 말해 공정무역의 인증을 받은 생산자와 그렇지 못한 생산자 간 갈등이 나타난다. ⑤ 인증제도는 주어진 조건만 충족하면 받을 수 있기 때문에 영세 생산자보다 대규모 생산자에게 유리한 측면이 있고, 이는 다국적기업도 공정무역 시스템에 쉽게 참여할 수 있음을 반영하는 것이다. 최근 대규모 플랜테이션의 공정무역 참여가 쟁점이 되고 있다.

셋째, 윤리적 소비의 물신주의를 들 수 있다. 윤리적 소비는 소비자의 도덕적 신념에 따라 소비로서 발생하는 문제에 책임의식을 갖는 것인데, 생산과 유통 네트워크에서 노동조건이 윤리적인가를 구분하면서 소비하는 것이다. 공정무역은 윤리적 소비를 통해 상품판매를 확대하려는 것이다. 즉, 현재의 공정무역단체는 특정 소비계층을 지향한 상품판매를 추진하고 있으며, 판매전략으로 윤리적 소비를 내세우고 있다. 그래서 공정무역 상품을 구매하는 것이 윤리적이고 도덕적이라는 담론을 형성하면서 사회 전반에 걸쳐 공정무역의 확대를 추구한다. 특히 소비자는 세계의 번영이란 맥락에서 공정무역 상품을 소비할 의무가 있는 것으로 담론화된다. 이와 같은 지나친 공정무역의 옹호는 윤리적 소비의 물신주의(fetishism of ethical consumption)[32]에 빠지는 문제를 야기한다.

9. 유통의 공간 시스템

유통이란 재화가 생산된 직후부터 소비 또는 사용하기 직전까지 행하는 모든 경제행위를 말하는 것으로 해석된다. 거기에는 경제행위 자체만이 아니고 경제행위의 주체, 기능도 모두 포함된다. 유통업 또는 유통산업은 생산자와 소비자를 연결하는 것으로 도매업과 소매업의 두 종류가 이에 해당된다. 또 유통경로(distribution chunnel)는 생산에서 소비에 이르는 상품의 흐름(판로)을 말하며, 또 유통업이나 거래형태의 다양한 점을 반영하는데, 최근에 그 양상이 서서히 복잡해지고 있다. 메이커가 생산한 같은 제품을 똑같은 지역에 판매할 경우에도 판매량이 많은 양판점과 그 수가 적은 전문점과는 통상 판로가 다르다. 또 최근에는 생산자 직판, 소비자에 의한 공동구입, 전자상거래나 경매(auction)에 의한 개인 간 거래 등 기존의 유통업이 개입하지 않았던 판로도 서서히 성장하고 있다.

유통산업을 중심으로 구성된 수급접합(需給接合)의 틀을 일반적으로 유통체계(distribution system)라 한다. 유통체계란 생산·소비의 중간영역에서 행해지는 경제행위를 모두 포함하고, 통합하는 토털 체계(total system)라고 해석하고, 상적 유통체계나 물적 유통체계를 하위 체계로 하고 있다. 유통체계의 경제학적 존재의의는 탐색시간이나 탐색비용을 절감할 수 있다. 가령 유통체계가 존재하지 않으면 생산자와 소비자 사이에 발생하는 거래의 수는 양자의 곱으로 천문학적인 시간과 비용이 필요하게 된다. 이러한 위험(risk)과 비용을 대체하기 위해 유통체계는 첫째, 수급 접합기능, 둘째, 공간이전(재고조정) 기능, 셋째, 조성기능의 세 가지 기능을 가지고 있다. 수급 접합기능은 재화의 소유권을 이전시키는 영업활동[상적 유통(商的流通)]이고, 공간이전 기능은 재화의 공간적 이동이나 보관·분리를 행하는 배송활동[물적 유통(物的流通, physical distribution)[33]]에 해당된다. 또 조성기능은 첫째와 둘째 기능을 원활하게 하는 금융, 보험, 정보 등의 각 업무가 이에 해당된다. 이러한 유

32) 마르크스의 상품 물신화에 기초해 소비자 물신주의를 설명한 사람은 아파두라이(A. Appadurai)다. 소비자는 행위의 현실적 자리를 대체한 가면으로서 존재하며, 진정한 주인은 생산자와 생산을 구성하는 권력인데, 이러한 물신주의는 서택자에 불과하고 소비자를 사회변화가 지향하는 현명하고 일관된 행위자라고 인식하도록 하며, 사람의 정체성은 무엇을 소비하는가로 파악해 담론화한다는 것이다.

33) 물류라는 개념은 20세기 초 미국의 쇼(G. B. Shaw)가 넓은 국토 전체가 교통의 발달로 하나의 통일된 시장을 형성해 상품을 합리적으로 배급할 필요성이 나타났다고 기술한 데서 기인한다.

통체계를 구성하는 업종은 좁은 의미의 유통업 범위를 넘어 대단히 넓다.

유통체계가 담당하는 수급접합이나 공간이전은 각각 사람이나 상품, 정보의 이동을 전제로 하고, 그 거점은 도시에 집적하기 쉽다. 그러나 좀 더 미시적인 관점에서 보면 유통업의 입지지향성은 업무별로 크게 다르다. 또 각 거점을 중심으로 상점의 상권, 물류거점의 배송권, 지점·영업소의 영업권 등 몇 가지의 업무권역이 중층적으로 성립하고 있다. 각 권역은 절대거리, 시간거리, 행정구역 등 많은 성립기준을 갖고 그 범위도 또한 영업규모, 업종·업태,[34] 고객의 분포 밀도 등 다양한 요인에 의해 규정되고 있다.

1) 상적 유통체계

지리학에서 상적 유통이란 상거래에서 화폐의 교환, 이를테면 가치의 공간적 이전을 해명하는 것이다. 또 상적 유통활동은 수급조절, 가격 형성, 판매활동과 수주활동 등을 한다. 생산된 재화는 시공간적으로 이동을 해 분산된 소비단계에 도달하지만 재화 그 자체는 의지를 갖고 있지 않기 때문에 자연발생적으로 재화의 물적(物的) 이동이 이루어진다고는 말할 수 없다. 자본주의 경제의 바탕에서 재화의 물적 이동은 대개 판매 또는 구매라는 동기에 의해 이루어진다. 이 동기를 형성하는 판매 또는 구매라는 경제행위가 상적 유통이다. 유통의 기능별 분화로서 상적 유통과 물적 유통으로 구분되는 것은 일반적이지만, 이 양자의 관계는 상적 유통이 전제가 되고 물적 유통이 결과로서 존재하는 것이다.

상적 유통체계는 생산·유통·소비를 연결하는 토털 체계로 파악하지 않으면 안된다. 여기에서 농협 연쇄점(하나로 마트)의 상적 유통체계를 생활물자 물류센터와 농산물 물류센터에서 각각 취급하는 생활물자와 농산물, 농협 연쇄점(chain store)에서 자체적으로 구입해 판매하는 일일 배송식품 등으로 나누어 살펴보면 다음과 같다. 먼저 생활물자와 농산물은 각 농협 연쇄점에서 전자문서교환(Electronic Data Interchange: EDI)[35] 체계나 전화, 팩스(모사전송)로 각각의 물류센터[36]에 주문을 함으로써 상적 유통의 합리화가 촉진되었고, 그 결과 생활물자와 농·수·축산물은 각 농협 연쇄점으로 공급된다. 농협 연쇄점에서 생활물자 물류센터로의 주문은 거의 대부분이 전자 데이터 교환체계에 의해 2일 전에 주문을 하나, 농산물의 경우 서울시의 양재 농산물 물류센터로는 주문량의 20%가 전자 데이터 교환 체계에 의하며, 나머지 80%는 팩스로 주문을 하고 특별한 경우에만 전화 주문을 한다. 또 서울시 창동 농산물 물류센터로는 팩스로 모든 주문을 받고, 청주와 전주 농산물 물류센터로는 각 회원조합 연쇄점이 전화와 팩스에 의해 각각 하루 전에 주문을 한다. 다음으로 일일 배송식품 등의 경우는 각 농협 연쇄점이 상품을 공급하는 사업체와 대리점에 각각 전화로 주문을 하거나 대리점의 공급 상인이 직접 방문해 주문과 동시에 상품의 공급이 이루어진다

끝으로 상품거래에 따른 대금결재는 생활물자의 경우 각 농협 연쇄점은 품목별로 다소 차이가 있으나 상품을 공급받은 후 30일이 경과하고 난 후 월 1회 온라인으로 자동이체를 한다. 농·수·축산물의 경우 서울시 양재 농산물 물류센터와 거래하는 농협 연쇄점은 15일 동안의 구입액을 3일 후 온라인으로 입금시키고, 서울시 창동 농산물 물류센터와 거래하는 농협 연쇄점은 2일마다 온라인으로 구입액을 입금시킨다. 그러나 청주와 전주 농산물 물류센터에서 농·수·축산물을 구입한 농협 연쇄점은 한 달에 한 번씩 온라인을 통해 환(換)처리한다.[37] 그리고 일일 배송식품의 경우는 한 달에 한 번 온라인으로 대금을 결재한다(〈그림 8-48〉).

37) 농협 회원조합 은행계좌에서 농협 물류센터와 거래를 하는 은행계좌로 대금을 입금시키는 것을 말한다.

〈그림 8-48〉 농협 연쇄점의 유통체계

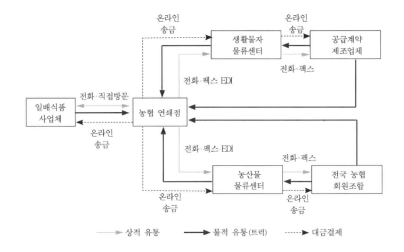

자료: 韓柱成(2001: 262).

2) 상적·물적 유통 기능의 상호관련성

각종 생산물에 따른 경제적 유통활동은 유통의 제도적 측면과 실체적 측면, 즉 물적 유통 측면으로 양분된다고 생각할 수 있다. 이를테면 유체(有體)이고, 또 시공 간적 이전 가능한 상품적 여러 생산물의 유통에 관해서는 전자와 같은 측면은 보통 상거래 유통 또는 줄여서 상류(商流)라고 부르는 것이 일반적이다.

이 상류와 물류의 양 측면은 유통에서 서로 유기적으로 연결되어 나타나는 것 같이 보이지만, 본래 상호 반발의 원리에 의해 지배되고 있다. 즉, 한편의 상거래 활동이 일반적으로 시장공간의 확대를 요구하는 데 대해, 다른 한편의 물적 유통활 동은 반대로 항상 물적 교류권(시장범위권)의 축소, 즉 수송거리의 단축화를 요구하 는 것이 사실이다(〈그림 8-49〉).

이러한 점을 구체적으로 설명하면 다음과 같다. 먼저 매매 당사자인 상인은 항상 좀 더 넓은 시장을 갖기를 원하고, 또 상업 기능을 장악하기 위해서는 좀 더 먼 시간 거리(time span)를 갖기를 원하는 것은 동서고금의 원칙이다. 이것은 상거래 원칙이 필연적으로 부단한 시장권의 공간적 확대와 동시에 시간적 확장을 함께 계속 요구 하며 대응하고 있다는 것을 설명하는 것이다. 그러나 다른 한편 이러한 확대는 결과 적으로 물적 유통공간의 확대와 상품 단위당 물류비용의 증가를 가져온다.

이와 같은 문제는 공간구조적인 면뿐 아니라 시간구조적인 면에서도 나타난다. 즉, 상품의 물류 면에서만 보면 그 보관시간은 가능한 한 짧고, 보관비용을 될 수 있는 한 절약하는 것이 상품유통의 물적 경제를 의미하는 것인데 대해, 상거래의 면에서 보면 상품을 필요로 하는 기간만큼 장기간 보전하고, 상품이 귀할 때에 시 장에 방출하는 것이 상품 유통자의 경제를 의미한다. 계절성이 강한 신선식품, 각 종 1차 산품이 그 전형적인 예이다. 반대로 유행하는 의류 등은 항공기로 수송하는 등 물류비 부분이 높아지는 데 대한 상인의 걱정은 없다.

이러한 상품 유통활동은 한편으로는 시공간적 확대를 끊임없이 요구하는 상류 (商流)경제와 다른 한편으로 시공간적 축소를 한없이 원하는 물류경제와 유기적으 로 일체화, 통합화시키는 활동으로 수행되는 것이 현실이다. 이와 같이 국민경제적 상품 유통활동의 종합적 능률을 높이고 유통비용을 종합적으로 절약하기 위해 상 류와 물류의 활동을 차원이 높은 종합설계를 행할 필요가 있다. 그러나 현장 면에

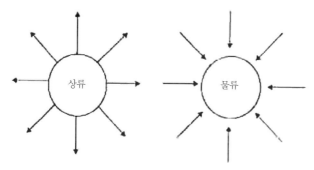

〈그림 8-49〉 상적 유통과 물적 유통의 상징적인 관계

자료: 林周二·中西睦(1980: 231).

서 생각해보면 양자 각각의 원리를 존중한 분업적 내지 분리적으로 실시·운영하는 것이 요청된다고 하는 것이 좋다는 것이다. 이러한 자각적인 분리운영은 문제해결을 위해 하나의 유효한 방도이다. 이러한 실천적인 면에서 생각하면 이것을 상물(商物)분리의 원칙이라 한다.

3) 물적 유통체계

(1) 물적 유통의 기능과 정보 유통

물류를 정확하게 이해하기 위해서는 그것을 구성하고 있는 여러 가지 기능을 파악하지 않으면 안 된다. 나아가 소비자의 다양화와 더불어 다품종 소량의 물류 추구나 여러 가지 기술혁신에 의한 물류의 가능성 등을 이해해야 한다.

재화가 판매자로부터 구입자에게로 넘어가는 공간적 이동인 물적 유통은 상품과 물자의 이동에 관한 여러 활동으로서 단지 수송 현상이 아니고, 생산과 소비를 결합하고 정보류(情報流)를 포함한 종합적인 로지스틱스(logistics)[38]로 이해할 필요가 있다. 물적 유통이란 용어는 1922년 클라크(F. E. Clark)가 처음 사용했는데, 그는 물적 유통기관을 교환기능(function of exchange)과 물적 공급기능(function of physical-supply), 보조적 기능(auxiliary function)으로 분류하고, 물적 유통은 교환기능에 상대되는 유통의 기본적인 기능이라고 설명했다.

물류의 기능은 다음과 같이 나누어진다. 먼저 수송활동은 두 지점 사이에 상품과 물자의 공간적 이동에 관한 것으로, 특히 장거리 두 지점 간 대량 이동의 수송과

38) 로지스틱스는 본래 군사 용어로 사용되었는데, 전시에 후방 지원활동으로, 예를 들면 전쟁에서 승리하기 위해 장병, 간호사의 인력과 의약품, 식료품, 의류 등의 군수물자를 보급하고, 또 정보와 관리를 철저하게 해 병참의 효율적인 활동을 하는 것이다. 이러한 활동기술을 유통기술에 포함시켜 이것에 자원적·경제적·기업적·비용적 개념을 가미한 것이 비즈니스 로지스틱스이다.

한 지점과 여러 지점 간의 소량의 이동으로 집하(pick-up) 또는 배송(delivery)으로 구분된다. 수송활동은 물자유동으로 도착시설(공장, 영업창고, 도매점, 소매점, 자가 창고, 건축현장 등)에 수송을 하는 것을 말한다. 그리고 수송 기초시설 활동은 철도, 도로 등의 시설과 항만, 공항, 트럭 터미널 등의 시설을 제공하는 활동을 말한다. 다음으로 보관활동은 상품과 물자의 시간적 이동에 관한 기능을 말하며 비교적 장 기간의 보관(storage)과 단기간의 보관(deposit)으로 구분된다. 하역활동은 교통수 단과 물류시설 간의 이동을 말하며 적재, 상차(loading)와 하역, 하차(unloading)로 구분된다. 포장활동은 상품과 물자의 품질을 유지하기 위한 공업포장(packaging)과 부가가치를 위한 상업포장(wrapping)으로 구분된다. 유통 가공활동은 상품과 물자 의 부가가치를 높이든가 또는 관리를 위한 간단한 작업 및 이동을 말한다. 예를 들 면 물류시설 내에서 장소 및 적재상태 변경(material handling), 조립, 절단 및 규격 화(processing), 분류, 집적, 유니트화(assembling) 등이 이에 속한다. 끝으로 정보활 동은 물류활동을 효율적으로 발휘하기 위한 상품과 물자의 수량 및 품질에 관한 물

〈표 8-13〉 물류 활동의 분류

활동		분류	내용
물자 유동 활동	수송	수송	두 지점 간 장거리 대량의 선적(線的) 활동, 물류의 수송기능
		집배송	여러 지점 간의 단거리 소량의 면적(面的) 기능, 물류의 접근기능
	보관	저장	장기간 보관, 저장형 보관, 물류의 결절점 기능
		보관	단기간 보관, 유통형 보관, 물류의 결절점 기능
	하역	적재	물류시설에서 교통수단으로 이동
		하역	교통수단에서 물류시설로 이동
	포장	공업포장	수송, 보관포장, 외장, 내장(품질보증 주체)
		상업포장	판매포장, 개별포장(마케팅 주체)
	유통가공	가공작업	검사, 분류, 피킹(picking), 배분(창고 내 작업)
		생산가공	조립, 절단, 규격화 등
		판촉가공	분류, 집적, 유니트화
정보 유동 활동	정보	물류정보	수량관리: 운행, 창고의 입출 및 재고관리 품질관리: 온도, 습도관리 작업관리: 자동화 디지털 피킹(digital-picking)*
		상류정보	주문: POS**·EOS***·VAN****·EDI 금융: 은행 온라인

* 상품을 보관할 선반별로 컴퓨터 제어에 의한 수량 표시기를 부착하고, 꺼내야 할 상품의 위치와 수량 을 디지털 표시기에 표시해 판매하는 방식을 말함.
** 판매시점 정보관리 시스템으로, 이것은 컴퓨터에 집하[피크 업(pick up)]된 등록 (register)으로, 광학 적 상품에 대한 번호표(tag)나 코드를 단일 상품별로 읽는 것으로 point of sale의 약자임.
*** 전자식 수발주(受發注) 시스템으로 electronic ordering system의 약자임.
**** 부가가치통신망(Value-Added network)으로 일괄 프로그램(package) 교환, 컴퓨터끼리 정보를 주 고받을 때의 통신방법에 대한 규칙과 약속인 프로토콜(protocol) 교환, 전자상거래 데이터 포맷(data format) 변환 등의 서비스를 부가한 데이터 통신 서비스를 말함.

〈그림 8-50〉 생산재·소비재의 물적 유통

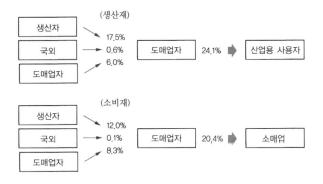

류 정보와 주문 및 지불에 관한 상류 정보가 있다(〈표 8-13〉).

물적 유통활동은 〈그림 8-50〉과 같이 장소적·시간적 조정기능을 구성하는 것이다. 생산재와 소비재 유통에서, 생산재는 생산자와 국외, 도매업자로부터 도매업자에게로, 그리고 산업용 사용자에게 유통되는 것이고, 소비재 유통은 최종적으로 소매상에게 유통되는 것이다.

다음으로 물류 네트워크는 기업 물류가 기본으로 물류 시스템으로 요약한다. 물류 네트워크는 기업의 물류거점의 배치와 그 거점을 연결한 루트로 구성된다. 또 물류가 기업경영에 그다지 중요하지 않았던 시대에는 물류 네트워크가 다른 경영요인의 요구에 의해 타동적으로 이루어졌다고 생각한다. 그 때에는 물류 네트워크를 만들 의식도 없었다.

예를 들면 메이커에서는 생산을 위해 공장을 배치하고, 한편으로는 분산되어 있는 고객에 대응해 판매를 위한 지점, 영업소를 배치했다. 그리고 물류는 공장에서 지점, 영업소의 창고로 상품을 보내고, 창고의 상품 수량을 조정하기 위해 중간에 수송업의 시설을 적절하게 이용한 것이라 할 수 있다. 도매업의 경우는 고객에게 상품을 판매하기 위해 지점을 두고, 그곳에 재고를 가지며, 또 고객에게 상품 배송을 하기 위해 메이커 등의 구입처로부터 이 거점에 상품을 도착시키는 것이 일반적이었다.

그러나 물류에 대한 비용의 삭감, 높은 서비스율의 실현이라는 새로운 시대의 요구로 물류 네트워크를 생각하게 되었다. 그 이유는 첫째, 유통재고를 필요 최소한도로 억제하기 위해서이다. 둘째, 물류거점을 가동함으로 규모의 이윤이 발생하

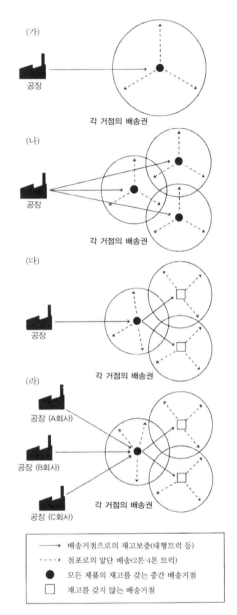

〈그림 8-51〉 배송센터와 배송권 변화

(가)

공장

각 거점의 배송권

(나)

공장

각 거점의 배송권

(다)

공장

각 거점의 배송권

(라)

공장 (A회사)

공장 (B회사)

공장 (C회사)

각 거점의 배송권

→ 배송거점으로의 재고보충(대형트럭 등)
----→ 점포로의 말단 배송(2톤·4톤 트럭)
● 모든 제품의 재고를 갖는 중간 배송거점
□ 재고를 갖지 않는 배송거점

자료: 松原 宏 編(2002: 104).

고 높은 생산성을 실현시키기 위해서이다. 셋째, 수송기관을 선택하고, 루트를 선정해 적은 비용으로 수송하고 신속하게 상품을 공급하기 위함이다. 넷째, 본사를 중심으로 물류거점을 연결한 정보 시스템을 전개하기 위함이다.

이러한 요구를 만족시키기 위해 상류(商流)와 물류를 분리하기로 생각했기 때문에 상권 내에 물류거점을 어느 정도 배치하고, 어떤 단계를 거쳐, 어느 루트로, 어떤 수송기관을 이용해 효율성 있게 상품을 계속 유통시킬 것인가를 종합적·계획적으로 구성해 나가게 되었다. 물류거점으로서 배송센터와 배송권의 변화를 나타낸 것이 〈그림 8-51〉이다.

〈그림 8-51〉 (가)는 각 배송거점으로부터 배송이 가능한 n의 수가 많고, 트럭은 높은 적재율을 유지해왔다. 그러나 그 후 소매업의 정보화가 이루어지고 대도시권내의 교통사정이 악화됨에 따라 각 배송거점으로부터 배송 가능한 n수는 감소하고 배송권도 축소했다(〈그림 8-51〉 나). 그러나 배송거점이 무질서하게 증대됨으로써 인건비와 총재고량의 팽창이라는 이중의 비용부담을 가지게 되어 재고총량을 감소시키기 위해 중심적인 배송거점을 줄이고 그 밖의 배송거점은 재고를 가지지 않는 배송 시스템을 도입한다(〈그림 8-51〉 다).

다음으로 물류 시스템은 상품의 발주에서 납품까지의 일련의 업무 주기(cycle)로, 농협 농산물 물류센터에서 연쇄점이나 각 점포로의 배송시각을 살펴 보면 하루 전에 발주를 해 그 다음 날 배송을 한다(〈그림 8-52〉). 이와 같은 물류 시스템을 지리학의 관점에서 보면 첫째, 물류센터에서점포까지의 여러 업종에

〈그림 8-52〉 농산물 물류 센터의 배송시각

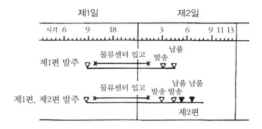

자료: 陣杜成(2001: 264).

걸친 거점과 그 사이를 연결짓는 재화의 유동으로 조합된 공간체계라는 점이다. 둘째, 물류거점이 본질적으로 자유입지(footloose)이고, 연쇄점의 권력이동(power shift)이나 정보화를 통해 단시간에 그 구조를 변화시켜 왔다는 점이다.

농협 연쇄점의 물류 시스템은 대개 일괄 배송과 루트 배송으로 크게 나누어진다(〈그림 8-53〉). 일괄 배송은 복수의 메이커 또는 도매업자가 납입한 상품을 물류센터나 배송센터 등의 집하점에 일단 모아 여기에서 점포별로 운송할 상품을 분류해 한 대의 트럭으로 배송하는 방법이다. 이에 대해 루트 배송은 집하점에서 점포별로 분류해 상품을 한 대의 트럭에 여러 점포 상품을 싣고 정해진 배송경로를 순회하면서 배송하는 방법이다. 일반적으로 점포면적이 넓은 양판점, 식료품 슈퍼마켓 등은 일괄 배송을, 또 점포면적이 좁은 편의점은 루트 배송을 채택한다.

일괄 배송 시스템의 공간구조는 물류거점과 배송되는 점포의 분포 관계에서 물류거점의 입지가 납기(納期, lead time)[39]를 전제로 한 시간거리에 의해 규정되고, 또 배송센터의 자유입지에 의해, 그리고 배송효율을 높이고 물류비용을 축소시키는 점에서 결정된다. 한편 루트 배송 시스템의 공간구조는 배송센터와 점포와의 거리, 배송되는 점포 간의 거리 등에 규정된다고 하겠다.

지리학에서 물류 연구는 특정재화의 물류 시스템이 지역적으로 어떻게 전개되는가를 밝히는 것으로, 영국의 매키넌(A. C. Mckinnon)은 단일산업의 생산물이나 물자의 생산에서 소비에 이르기까지 공간적인 물류 시스템에 대한 연구가 물류 연구라고 주장하고 있다. 지리학에서 물류 연구의 문제점은 단지 제조업이나 물류업, 수송업의 물류 시스템의 소개나 기술에 시종 얽매어왔고, 공간적 구조나 지역적 패

39) 발주에서 납품까지에 필요한 시간으로, 통상 소매업자가 발주를 하면 도매업자(또는 물류센터)가 소매점까지 납품하는 데 필요한 시간을 의미한다. 대규모 연쇄점을 중심으로 한 소매업으로의 파워시프트가 현저한 오늘날 리드 타임은 소매업 요구에 대응한 형태로 점차 단축되는 경향이 강하다.

〈그림 8-53〉일괄 배송과 루트 배송

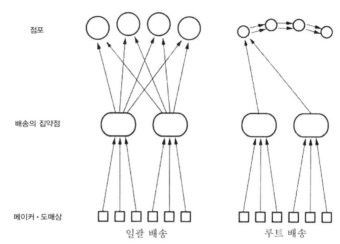

자료: 荒井良雄·箸本健二(2004: 114).

턴의 해명이라는 지리적 고찰이 불충분할 위험성이 있다는 것은 부인할 수 없다.

4) 정보화와 유통 시스템

정보화가 산업활동 전반에 걸쳐 미친 영향은 매우 커 그것의 영향이 미치지 않은 산업활동은 아마 거의 없을 것이다. 정보화의 일반적인 정의는 컴퓨터의 사회적 침투와 네트워크화, 데이터의 디지털화, 그리고 통신회선의 고도화가 융합된 개념이라고 할 수 있다. 그러나 개별산업에 따라 정보화의 정의나 영향은 아주 다양하다고 할 수 있다. 유통산업에서는 1980년대의 POS화에서 오늘날의 전자상거래까지 정보화의 영향은 폭 넓게 이루어졌다고 할 수 있다. 1980년대 후반부터 급속히 침투한 POS 시스템은 유통정보화의 시작이 되었을 뿐 아니라 유통경로에서 연쇄점으로의 파워시프트를 가속화시켜 1990년대의 제2차 유통혁명[40]을 이끌었다. 또 정보화를 통해 정보전달에 시간단축이나 거리의 극복이 리드 타임을 규정짓는 거래 중에서 큰 공간적 효과를 발휘하고, 더욱이 물류 시스템의 재편성이 이루어졌다는 점이다.

유통정보화의 기점은 POS 시스템의 도입으로 상징되는 단일 상품정보의 디지

40) 제1차 유통혁명은 고도 경제성장으로 소비가 확대되고, 소비재 메이커 및 연쇄점의 대두가 큰 특징으로 나타난 시기를 일컫고, 제2차 유통혁명은 정보화, 규제완화 등의 사회적·경제적 변화를 말한다.

털화와 이것을 이용한 단일 상품관리의 실현이다. POS는 주로 바코드(bar code)로 표시된 상품 코드를 광학식 스키너(skinner)로 읽으므로 판매정보(POS 데이터)를 자동적으로 기록하는 시스템을 총칭하는 것으로 1970년대 중엽 미국에서 실용화되었다. POS 데이터의 특징은 단일 상품별의 판매수량을 실제 판매가격과 더불어 판매시점에서 보충·축적할 수 있는 점이라는 그 이름에서 유래가 되었다.

(1) 정보화의 진전

POS를 축으로 하는 유통정보화의 장점은 대개 두 가지의 유형으로 구별된다. 하나는 컴퓨터화와 더불어 일상 업무의 효율화이다. 예를 들면 유통산업이 POS 시스템을 도입한 경우 금전등록 효율의 향상, 입력 오류의 저하, 거래 전표 폐지, 점원의 부정방지 등 일상 업무부분의 대폭적인 효율 개선을 기대할 수 있다. 이러한 정보기기의 도입에 의해 직접 실현 가능한 이점을 정보화의 하드(hard) 장점이라고 부른다. 이에 대해 축적된 데이터를 바탕으로 각종의 혁신의 정보화를 소프트(soft) 장점이라고 한다. POS의 판매실적을 바탕으로 수요예측이나 상품계획의 입안, EOS의 확정 발주량에 의거한 배차, 납품계획의 합리화 등이 이에 해당된다.

양자를 비교할 경우 하드 장점이 기존의 업무체계 중에서 효율화를 추구하는데 대해, 소프트 장점은 시장의 불확실성을 경감시키고, 새로운 시장기회를 개척하는 것에 중점을 두고 있다. 또 하드 장점이 정보기기의 도입을 통해 단기간 실현 가능한데 대해, 소프트 장점은 통계학적으로 유효한 표본자료를 확보해 분석요원을 육성하는 것이 실현의 전제조건이 된다. 따라서 유통산업의 정보화에서 먼저 점포나 물류거점의 자동화 등의 하드 장점을 선행시키고, 다음으로 고도의 자료 분석이나 의사결정을 필요로 하는 소프트를 추구하는 경향이 강하다.

(2) 통신 네트워크의 고도화

유통정보화의 공간적 영향을 검토할 때에 공간적 경제 하부구조(infrastructure)인 통신 네트워크의 고도화가 중요한 의미를 갖는다. 소비재 유통의 상담(商談)이나 물류업무에서는 담당자, 수발주(受發注) 정보, 상품의 이동이 일상적으로 발생한다. 또 거래조건인 리드 타임이 짧기 때문에 배송의 효율화를 도모하는 물류거점의 입지가 매우 중요시 된다. 통신 네트워크의 고도화는 시공간적 제약조건을 완화하고

〈표 8-14〉 통신회선의 특성과 거래형태·비용의 비교

구분	공중회선	전용회선	인터넷
전달 가능한 정보	음성	음성+데이터	음성+데이터+화상
데이터 통신의 전제	-	통신규약(protocols)* 전환이 필요	표준화된 포맷(format)
거래형태	일대일[오픈(open)]	1대 N[크로즈(close)]	N대 N(오픈)
도입비용(initial cost)	낮음	높음	낮음
사용·비용(running cost)	높음	낮음	낮음

* 다른 컴퓨터 언어 간의 정보교환에 필요한 번역작업을 말함.
자료: 荒井良雄·箸本健二(2004: 196).

상거래에 공간적 자유도를 높이는 효과를 가지고 있다.

통신 네트워크의 고도화를 논의할 때의 지표는 일반적으로 통신속도와 통신비용이다. 〈표 8-14〉는 유통 시스템에 이용되는 통신회선의 종류와 특성을 정리한 것이다. 이 가운데 오늘날 유통 정보 시스템에서 주로 사용되고 있는 것은 전용회선과 인터넷 회선이다.

전용회선은 전용의 높은 규격회선을 거점 간에 상설한 것으로 안전(security)이나 통신속도의 면에서 공중회선의 성능을 크게 능가하고 있다. 또 회선 사용료가 고정비용화한 점도 큰 특징이다. 회선사용료의 고정화는 정보량이 증대될수록 한 정보당 통신비용이 낮아지기 때문에 대기업의 기간회선이나 주요 거래처 간의 수발주 시스템 등, 폐쇄된 네트워크 중에서 대량 정보교환이 발생하는 경우에 합리적이다. 다만 도입비용이 높고, 네트워크가 고정적·폐쇄적인 결점을 내포하고 있다.

또 인터넷 회선은 기존의 랜(local area network: LAN)을 이용해 세계 규모의 네트워크를 구축한 새로운 통신의 경제적 하부구조로 전용회선에 비해 도입비용이나 사용비용이 매우 낮을 뿐 아니라 네트워크의 자유도나 개방도도 매우 높다. 또 월드와이드 웹(worldwide web: www)이나 html(hyper text markup language)언어와 같이 국제 표준화된 포맷이 보급되어 있기 때문에 통신규약(protocol) 변환 등 정보교환에 부수적인 소요시간도 거의 발생하지 않는다. 그 반면 안전의 면에서는 전용회선에 비해 질적으로 떨어지기 때문에 회사 내 시스템과 인터넷 회선과의 접점부분에서 기밀유지나 바이러스 방지 등의 대책을 강구할 필요가 있다. 그러나 우수한 비용 대(對) 효과와 범용성 때문에 네트워크의 기반은 서서히 전용회선으로부터 인터넷으로 이동하고 있다.

(3) 정보화의 직접적·간접적 효과

유통 정보화의 영향을 공간이라는 측면에서 평가할 경우 크게 두 가지로 구분할 수 있다. 하나는 정보 전달에서 거리의 극복이나 이동의 대체 등 정보화가 가져온 직접적인 공간효과(직접적 효과)의 평가이고, 다른 하나는 업태개발이나 거래관계의 재편성 등 정보화를 통한 경영혁신이나 파워 시프트를 매개로 한 간접적인 공간효과(간접적 효과)의 평가이다. 이 가운데 업무의 집약화 및 상류와 물류 분리의 두 가지 점에서 정보화의 직접적 효과를 검토하면 다음과 같다.

유통산업은 그 성장과정에서 거점의 광역적 전개가 불가결한데, 국가적(national) 메이커나 전국적인 도매업의 지점망, 대규모 연쇄점의 점포망 등은 전형적인 예이다. 한편 소비재 유통은 다른 산업분야에 비해 거래품목수가 압도적으로 많고, 각 상품의 평균적인 수명주기(life cycle)가 매우 짧다. 또 계절별로 진열을 다시 바꾸는 등 정기적인 상품관리도 불가결하다. 이러한 상품의 개폐, 신제품의 도입, 진열계획 등 상품관리에 관계되는 일상 업무가 매우 많고, 그 처리에 필요한 인건비가 경영을 압박해왔다. 한편 정보화는 정형적(定型的)인 정보 전달에 적합하고 동시에 데이터의 디지털화를 추진해 그 복제가 쉬워졌다. 이 때문에 종래까지 각 거점단위로 분산 처리된 정형적 업무를 집약화하고 통신 네트워크를 통해 순식간에 배포할 시스템이 보급되고 있다.

상류와 물류의 분리란 주로 영업활동을 담당하는 상류거점과 보관·분류·배송을 담당한 물류거점이 따로 따로 다른 지역에 입지 지향하는 현상이다. 본래 빈도가 높은 상담(商談)을 행하는 영업활동과 짧은 리드 타임 중 적어도 배송권을 확대하고 싶은 물류업무에서는 거점의 입지지향성이 크게 다르다. 전자는 대면접촉(face to face)에 유리한 대도시 중심부를 지향하고, 후자는 시간거리가 확대될 가능성이 있는 교외의 간선도로변을 지향한다. 그러나 정보화 이전에는 양자가 같은 거점에 입지하는 경우가 일반적이었고, 많은 경우 도심의 상류거점에 물류기능이 함께했다. 상담을 통해 확정된 상거래를 물류에 바로 반영시키기 위해 양자의 공간적 접근이 불가결했기 때문이다. 그러나 정보화의 진전은 이러한 제약조건을 급속히 약화시켰다.

다음으로 유통 정보화의 간접적인 공간효과(간접효과)를 검토해 보기로 한다. 정보화가 유통 시스템에 미치는 간접효과, 특히 유통경로의 거래관계에 미치는 영향은 대개 다음 세 가지로 요약할 수 있다. 첫째는 발주 활동의 연기화(延期化)이다. 종래의 소비자 유통에서는 시장이용자가 불확실한 시점에서 상품조달을 하는 투기적 상거래를 해왔다. 이에 대해 정보화는 조달에서 소비까지의 시간지체(time lag)를 축소함으로 수요예측의 정확도를 높이고 불확실한 수요와 더불어 상품 부족이나 과잉재고의 위험을 경감시켰다. 둘째, 수주처리나 피킹(picking)작업 등의 자동화를 통한 하드 장점의 확대이다. 이를테면 개별업무의 에너지 절약, 그리고 업무시간의 단축은 인건비와 공간 비용의 비율이 높은 유통산업의 경비구조를 개선시켰다. 그리고 셋째, 데이터베이스에 축적된 상거래 정보[41]의 통계적 분석을 통한 소프트 장점의 창출이다. 시장기회의 발견, 수요예측, 생산조정 등이 그 대표적인 예이고, 이러한 정보활용을 통해 단지 상거래 기록에 지나지 않는 POS 데이터의 전략적 가치가 매우 높아졌다.

이러한 효과는 언제나 판매정보나 발주정보에 많이 의존함으로 그 기점이 되는 연쇄점의 파워 시프트가 가속화되었다. 한편 유통경로 가운데 주도권을 얻은 연쇄점은 정보를 자사(自社)의 경영효율 개선에 활용하고 도매업이나 메이커와의 상거래 조건을 유리하게 이끌기 위한 교환조건으로 이용했다. 예를 들면 빈도가 높은 작은 로트(lot)[42] 배송의 요구, 제품평가의 단기화, 제품개발·매장 제안의 요청 등이 그 전형적인 예이다. 이러한 유통 시스템에서 정보화는 연쇄점의 파워시프트를 거쳐 상거래의 연기화나 빈도가 높은 작은 로트 배송화(配送化) 등을 정착화했다. 또 제품평가의 단기화를 반영한 수명주기의 단축은 메이커의 다품종 생산화를 촉진시켰고, 대량소비를 전제로 한 대량생산·대량유통이라는 고도성장시대 이래의 틀을 그대로 변화시켰다.

온라인상의 데이터 획득을 원칙으로 한 상거래 시스템의 정착과 연쇄점의 파워시프트는 도매업이 담당해온 보관·배송 시스템이나 메이커에 의한 생산·영업 시스템의 재편성을 촉진시키는 등 유통 시스템 그 자체의 모습을 변화시켰다. 그 방향성은 대개 중간유통의 통합·생산체제의 광역화, 거래처별 지점기능을 포함한 영업 시스템의 구축 이행이라는 세 가지 점으로 요약할 수 있다.

41) POS 데이터 외 고객의 카드 등을 통해서 얻은 개인정보, 일기·기온 등의 환경정보 등을 포함한다.

42) 로트는 상품의 생산 단위 또는 판매단위를 말하는데, 여기에서 로트는 크고 작음은 절대규모가 아니고 공급과 수요의 상대적 관계를 나타낸 것이다.

5) 새로운 로지스틱으로서의 전자상거래

컴퓨터를 기반으로 한 전자정보체계는 로지스틱스와 유통체계에서 기술개발의 중심에 위치한다. 로지스틱과 유통체계는 지난 30년 동안 눈부신 대변혁이 이루어졌다기보다는 서서히 발전해왔다. 그러나 1990년대 후반 인터넷을 기반으로 한 새로운 유통방법인 전자상거래가 등장했다. 전자상거래는 전자문서교환, 인터넷, 이메일, 월드와이드 웹 매체의 기술적 요소의 수렴 설과 실질적으로 발달했다. 전자상거래는 개방적·폐쇄적 네트워크(open and closed network)와 관련된 전자적 수단을 이용해 이루어지는 상거래라는 포괄적인 개념이다.

전자상거래는 기업 대 소비자(Business-to-Consumer: B-to-C, B2C), 기업 대 기업(Business-to-Business: B-to-B, B2B), 민간 대 정부(Business/Consumer-to-Administration: BC-to-A, BC2A), 개인과 개인(Consumer-to-Consumer: C2C) 간에 행해지는데, 기업 대 소비자 간의 전자상거래는 소비자와 기업[쇼핑몰(shopping mall)] 간에 정보, 재화 및 화폐가 주로 전자적 수단을 통해 움직이는 것으로서 거래의 원활화를 위해서는 정보통신기반과 물류기반을 필요로 한다. 인터넷을 이용해 이루어지는 이 형태의 전자상거래가 현재 가장 많은 관심이 집중되고 있고, 이런 점을 반영해 근래에는 인터넷을 통해 이루어지는 기업 대 소비자의 거래만을 전자상거래로 인식하기도 한다. 또 기업 대 기업 간의 전자상거래는 기존의 기업 간 거래를 전자문서교환, 인터넷 등의 전자적인 방식을 이용해 대체한 것이다. 그리고 민간 대 정부 간의 전자상거래는 기업이나 소비자 대 정부 간 거래로 공공부문 전자문서교환 및 고속상거래(Commerce at Light Speed: CALS)[43] 사업에 의해 주도되고 있다. 국내에서도 이러한 전자상거래 형태는 1980년대 후반 무역 전자문서교환을 시작으로 통관, 물류, 조달 등 각 분야에서 사용되기 시작했다(〈표 8-15〉).

컴퓨터 통신기술의 발달은 유통조직이 급속한 유통환경 변화에 더욱 신속하게 대응할 수 있도록 유도했으며 유통혁명을 가져오게 했다. 즉, 기존의 생산기술로 행해진 대량생산방식은 규모의 확대에 따른 생산량 감소를 가져오게 했으나 정보통신을 기반으로 하는 유통체계에서는 유통정보의 거래자 간·지역 간 비대칭성이 해소되기 때문에 오히려 생산량을 증대시키는 역할을 하고 있다. 그러므로 전자상거래는 종래의 전통적인 도·소매업보다는 거래액의 잠재력이 훨씬 크다고 할 수 있

43) 조달에서 설계, 개발, 생산, 운용, 유지보수에 이르는 제품의 수명주기를 통해 기술 정보 등을 통합 데이터베이스로 일원적으로 관리해 각 공정을 지원하는 시스템을 말한다. 1985년 미국 국방성에서 컴퓨터를 이용해 군수물자와 기술의 흐름을 합리적으로 통제해 군수품 납품 체계를 개선할 목적으로 시작했다. 이때의 칼스(CALS)는 컴퓨터 지원 군수 지원 체계(computer-aided logistics support)라는 개념이었다.

<표 8-15> 전자상거래의 유형

공급자	기업	B2B 온라인 획득		B2C 온라인 소비자 구매
	소비자	C2B 예) 서비스를 위한 일자리 경매(auction), 소비자 입찰(consumer bidding)		C2C 예) 소비자 간 경매, 안내광고(classified ads)
		기업		소비자
			구매자	

자료: Dicken(2003: 477).

다. 전통적인 상거래 체계와 전자상거래의 역할을 나타낸 것이 〈그림 8-54〉이다. 전통적인 상거래 체계는 원료 공급자와 생산자 및 소비자 사이에 중개인이 개재해 물적 재화와 물류화된 정보(physicalized information)를 취급했으나, 물적 재화에서 의 전자상거래는 물적 재화와 전자적 정보(electronic information)로 신·구 중개인이 그 역할을 하고 있으며, 전자적 재화와 서비스에서의 전자상거래는 전자적 재화와 서비스(electronic goods and services)로 생산자와 제공자(provider)만이 신·구 중개 인으로서의 역할을 한다(〈그림 8-54〉).

전자상거래는 몇 가지 주문방식이 있다(〈그림 8-55〉). 먼저 개인용 컴퓨터 기업

〈그림 8-54〉 전자상거래 중개인의 연속적인 역할

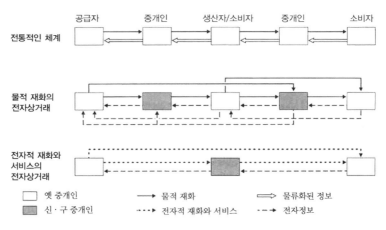

자료: Dicken(2003: 479).

〈그림 8-55〉 전자상거래 주문의 실행방식

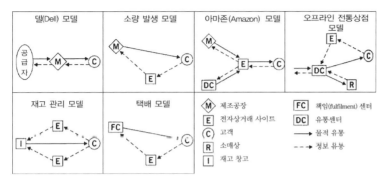

자료: Dicken(2003: 480).

델(Dell)의 주문방식으로 특별한 제품에 대해 공급자로부터 원료를 제공받아 제품화 시켜 고객에게 판매하는 방법으로 정보유동(information flow)은 그 반대로 이루어진다. 고객주문은 공급사슬(supply chain)[44]을 기동(起動)시킨다. 고객은 생산계획에 맞추어 의견서대로 그들의 제품을 디자인할 수 있다. 이 체계는 완제품의 재고를 피하고 저렴하고 다양한 제품을 공급한다.

소량 발송 모델(drop-shipment model)은 전자상거래 기업이 주문을 받아 제조공장에 주문을 하면 제조공장에서 고객에게 제품을 직접 배송하는 것이다. 아마존(Amazon) 모델은 인터넷 서적 판매상 아마존의 전자상거래 방식으로, 인터넷을 경유해 서적목록을 전자적으로 전시·판매하는 소매업의 과거 주문 방식의 전자적 판(electronic version) 거래방식을 말한다. 고객이 주문을 하면 출판사로부터 아마존의 유통센터나 소량 발송 방식으로 판매자에 의해 공급된다.

오프라인(offline) 전통상점(bricks-and-mortar) 모델은 유통센터에서 제공되는 전통적인 소매상과 유통경로가 똑같으며 유통센터로부터 웹사이트(web site)로 주문을 받는 것이 결합된 하나의 유형이다. 이 모델은 소매상으로부터의 주문은 대량이나 웹사이트의 주문은 개별적이다. 다음으로 재고 공동관리(inventory pooling) 모델은 웹사이트에 바탕을 둔 제공자에 의해 통제되고 재고 공동관리에서 공통의 예비부품을 얻기 위해 특별한 산업에서만 이용할 수 있는 것이다. 택배(home delivery) 모델은 식료품과 같이 일상적인 배송을 요구하는 고객에게 웹사이트 서비스로 주문을 받아 주문자의 주소를 바탕으로 일과에 따라 배송하는 것이다.

44) 제품의 생산단계에서부터 소비자에게 최종적으로 판매될 때까지의 모든 과정을 하나로 연결한 것을 말한다.

〈표 8-16〉 로지스틱스 서비스 제공자 유형

자산기반 로지스틱스 제공자	숙련기반 로지스틱스 제공자
〈주요 기능〉 · 창고업 · 운송 · 재고관리 · 연기된 제조(postponed manufacturing) 〈사례 회사〉 네들로이드(Nedlloyd), 엑셀 로지스틱스(Exel logistics), 메러스크 로지스틱스(Maersk logistics), 프랜스 매스(Frans Mass)	〈주요 기능〉 · 관리 상담 · 정보 서비스 · 금융 서비스 · 공급사슬관리(supply chain management) · 문제해결(solutions) 〈사례 회사〉 지오 로지스틱스(GeoLogistics), 리더 종합 로지스틱스(Ryder integrated Logistics), IBM 글로벌 서비스(IBM Global Service), 엑센츄어(Accenture)
전통적 운송과 복합화물 중개업자(forwarder) 〈주요 기능〉 · 운송 · 창고업 · 수출 선적서류(documentation) · 세관통관	네트워크 로지스틱스 제공자 〈주요 기능〉 · 특급 운송 · 수송로 추적(track and trace) · 전자적 배송증명(electronic proof-of-delivery) · 현시점 즉시 판매방식 배송 〈사례 회사〉 DHL, FedEx, UPS, 월드와이드 로지스틱, TNT

물적 서비스 ↑

관리 서비스 →

자료: Dicken(2003: 486).

이와 같은 전통적인 상거래나 전자상거래의 방식 등에 의해 물적·정보 유통이 이루어지는 로지스틱스는 물적 서비스와 관리 서비스에 의해 다음 4가지 주요 유형으로 구분할 수 있다(〈표 8-16〉). 가장 단순한 기능은 전통적 운송과 복합화물 중개업자이고, 나머지 세 유형은 새롭게 등장한 로지스틱스 서비스 제공자이다. 자산기반 로지스틱스 제공자는 전통적인 운송회사에서 복합 로지스틱스 회사로 발달했는데, 세계적인 컨테이너 운송회사가 그 예로 1980년대에 처음 출현했다. 1990년대 초에는 네트워크 기반 로지스틱스 제공자인 DHL, FedEx, UPS, TNT 등이 등장했다. 숙련기반 로지스틱스 제공자는 1990년대 후반에 등장했는데, 이들 기업은 주요한 물적 로지스틱스 자산은 보유하지 않고, 정보기반 서비스를 일차적으로 제공하는데, 상담 서비스, 금융 서비스, 정보기술 서비스, 관리기술을 제공한다. 숙련

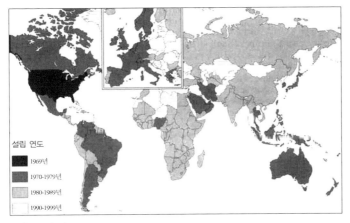

〈그림 8-56〉 DHL의 글로벌 네트워크

설립 연도
- 1969년
- 1970-1979년
- 1980-1989년
- 1990-1999년

자료: Dicken(2003: 487).

기반 로지스틱스 제공자는 1996년 기존의 세 개 로지스틱스 회사를 흡수한 지오
로지스틱스가 대표적인 예이다.

특급운송 서비스 회사는 세계를 가로지르는 네트워크를 구축해 운영하고 있다.
2000년 DHL의 글로벌 네트워크를 보면 세계 230개국에 630개 이상의 도시에서 운
영을 하고 있으며, 종업원 6만 4천인을 고용하고 있으며, 252대의 항공기와 1만
9,000대의 교통수단을 이용하고, 35개의 허브와 3,000개의 사업소를 연결하는 세
계에서 가장 큰 개인 전자통신망을 갖추고 있다(〈그림 8-56〉).

6) 생활물류의 공간조직

소화물 일관수송(小貨物一貫輸送)은 생활관련 물류를 담당하는 형태로, 구체적으
로는 일반가정이나 기업에서 이들로 배달되는 소량의 화물을 대상으로 성립된 운
송체계를 말한다. 이 물류는 유럽과 미국에서는 문전에서 문전으로(door-to-door)
의 서비스 개념으로, 일본에서는 1983년 운수성이 인가한 '택배편 운임(宅配便運賃)'
에 의해 그 틀이 확정된 소화물 일관수송으로 시작되어 일본의 경우 그 인가기준은
첫째, 노선운임과는 별도의 운임체계를 가지고 있는 점, 둘째, ○○편과 통일된 명
칭을 붙여 상품화하는 것. 셋째, 화물의 무게가 30kg 이하이고, 가로, 세로, 높이의
합이 160㎝ 이내의 일 것, 넷째, 개별적인 확정액제의 이점이 있다는 점 등이다.

소화물 일관수송업은 기업과 기업의 B2B, 기업과 개인 간의 B2C, 개인과 개인 간의 C2C 서비스로 신속성, 안정성 및 경제성을 기본으로 하는데 그 특징을 보면 첫째 주로 하주(荷主)가 불특정 다수의 일반 소비자인 점이기 때문에 소화물 일관수송 기업은 하주의 개척, 운송 서비스의 내용, 고객과의 접촉방법 등의 면에서 특정 하주와 맺는 운송과는 다른 대응이 필요하다. 둘째, 화물 집배의 단위가 대부분 한 개 단위이고, 또 집배처가 널리 분산되어 있다. 이것은 집배 효율을 필연적으로 낮추는, 한편으로는 넓은 범위에서 화물 집배를 커버하는 집배망의 확립이 필요하다. 셋째, 운송의 신속성과 정확성 및 신뢰성이 강하게 요구되는데 전국적으로 합리적인 화물 운송체계의 확립이 필요하다.

소화물 일관수송업의 이러한 특징은 종래의 소하물 물류를 담당한 우편소포나 철도 소하물 등과 성격이 다른 것을 나타낸 것이다. 그것은 소화물 일관수송업이 마케팅의 개념을 활용한 운송체계라는 점에 있기 때문이다. 즉, 서비스의 명확성, 규격화, 다수 취급점의 설치, 속배(速配)체계, 화물 관리체계의 개발, 매스컴 등에 광고활동을 하는 등 기업활동에서 나타나는 전략은 종래의 물류형태에서 볼 수 없었던 특징이다.

(1) 새로운 물류체계의 성립배경

1970년대 전반, 이를테면 석유파동 이후 트럭 운송시장의 변화가 그 원인이다. 그것은 '중후장대형(重厚長大型)' 산업의 생산활동이 정체됨으로 이들 산업에서 발생하는 물류량의 정체와 '경박단소형(輕薄短小型)' 산업의 활발화, 서비스 경제화에 의한 화물의 다품종 소량화란 측면이다. 즉, 지금까지 생산과 소비의 확대로 지속적으로 증가한 수요에 의존해온 운송업의 공급체제를 정비하는 트럭 운송업이 기본적인 변혁을 가져와 새로운 물류체계의 구축이 필요하게 되었는데 그 하나가 소화물 일관수송업이다.

한국에서 소화물 일관수송업은 1989년 자동차 운수 사업법이 개정, 공포됨으로써 1991년 한진택배를 시작으로 많은 업체들이 면허를 취득해 영업을 개시했다.

(2) 소화물 일관수송의 유통기구

여기에서는 일본의 야마토운수[大和運輸(株)]와 일본통운[日本通運(株)]의 유통기구

에 대해 살펴보기로 한다(〈그림 8-57〉). 야마로운수는 '탁큐빈(宅急便)'이라는 상품으로 1977년 2월 일본에서는 처음으로 택배편 체계를 전국 수준에서 개발, 발전시킨 선발기업이고 다른 회사가 참여한 현재에도 39.4%로 가장 높은 시장 점유율을 차지하고 있다. 그리고 일본통운은 택배편 시장 점유율이 26.5%로 2위이다. 그리고 물류 전체로서는 일본 최대의 운수기업으로 1977년 4월부터 택배편을 시작했으나 본격적인 택배편 사업 전개는 '페리칸(ペリカン)'편이라는 상품의 발매를 개시한 1981년 4월부터이다.

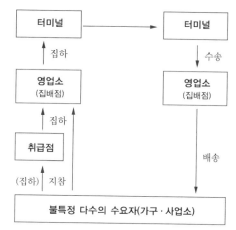

〈그림 8-57〉 택배화물(야마토운수·일본통운)의 유통체계(1988년)

자료: 富田和曉·本間一江(1990: 68).

① 취급점에 의한 집하체계

택배편은 일반가정이나 기업 등 불특정 다수의 수요자를 대상으로 하기 때문에 최말단의 집하는 많은 취급점[45]이 중심이 된다. 수요자는 일반적으로 최근린 취급점에 하물(荷物)을 갖고 가면 영업소 단위에 배치되어 있는 트럭이 이것을 매일 정기적으로 순회하면서 집하를 한다. 영업소에서 수요자로부터 직접 집하하는 양은 매우 적어 총집하량의 10% 이하인 데 대해 취급점에 가져오는 양은 많다. 이것은 취급점이 공간적으로 밀도가 높고 자가용의 보급으로 가져오는 것이 쉬우며, 또 수요자가 직접 집하를 의뢰하는 경우 집하시각에 구애를 받지 않아도 된다는 점 등 때문이다.

취급점은 위탁으로 운영하며, 일반 소매점이나 편의점 등 입지의 공간적 밀도가 높은 기존의 사업체를 이용한다. 취급점의 개설은 제2종 하역소로서 육운(陸運)사무소에 서류를 제출해야 하지만 넓은 공간에 산재해 있는 불특정 다수의 수요자로부터 집하하는 조직으로서는 자금도 많이 필요로 하지 않고 개설이 비교적 쉽다. 이러한 점에서 위탁 취급점 제도에 의한 집하 시스템은 광대한 시장공간을 완전히 커버하는 것이 최적의 집하조직이라고 해도 좋다.

수요자가 이용한 취급점의 선택기준은 소비자로부터의 거리가 큰 결정인자라고

45) 이용자가 가져온 하물(荷物)의 무게를 달고 배송처에 따라 정해진 요금을 이용자로부터 받고 배송처를 영업지역으로 하는 영업소의 코드번호를 조사해 송장(送狀)에 기입하는 일과 영업소에서 집하할 때까지 하물을 보관한다. 또 수요자의 장소까지 가서 집하하는 취급점도 있다. 가져온 하물 한 개당 수수료는 100~200엔(圓) 정도로 수수료의 금액에서 보면 취급소의 장점은 그다지 크지 않다고 생각하지만 취급점이 본래 공급하고 있는 상품(예: 주류)을 택배편 이용자가 구입하는 기회의 증대를 목표로 하는 장점도 있다.

할 수 있다. 즉, 택배편의 서비스로서 말단의 집하조직인 취급점의 증설은 수요의 증대, 시장점유율의 확대에 필요 불가결한 조건 중의 하나이다. 그러나 택배기업은 취급점의 설치 수에 한계가 있다. 왜냐하면 영업소에서 취급점으로의 집하에 소요되는 시간, 비용, 노력도 취급점의 수에 거의 비례해 증대하고, 영업소의 차량이나 인원의 증가, 더욱이 영업소의 증설, 확장을 필요로 한다. 극단적으로 말하면 모든 가정, 사업소를 취급점으로 하면 집하는 독점할 수 있을지 모르지만 집하 비용은 증대된다.

야마토운수의 가나가와현(神奈川縣) 동부지역의 경우 집배차 한 대의 하루 평균 순회 취급점수는 20~25점이다. 취급점의 밀도가 낮은 지역에서는 취급점의 수가 좀 더 적다. 또 집배차의 운전기사 확보가 어려운 상태로 이러한 점이 제약으로 존재한다. 즉, 취급점의 증설비용이란 직접적인 비용보다는 간접적인 비용인 집하비용이 취급점의 상한(上限)을 규정짓는다고 할 수 있다.

② 영업소에 의한 집하체계

영업소(집배점)는 취급점과 터미널을 중계하는 집하와 배달을 행하는 기능을 갖고 있는데, 이 기능은 영업소 단위에 배치된 운전기사와 집배차에 의해 수행된다. 즉, 영업소 단위에 설정된 관할지역(territory)[46]에 배달을 하고 취급점 및 전화로 집하를 의뢰하는 가정 등을 하루 한 번 또는 두 번 순회하며 집하한다. 영업소와 터미널의 관할지역은 명확해야 하고 영업소에서 보아 가장 중요하다는 기준이 되는 것은 터미널의 출발시각이다.

서울시에 입지한 소화물 일관수송업체 영업소의 분포를 보면(〈그림 8-58〉), 입지적 관성이나 접근성 등의 이유로 사무기능이 탁월한 중구, 종로구 등의 도심과 강남구, 여의도지역에 집중해 있다. 또한 공장이나 전문상가가 입지한 구로구, 영등포구, 용산구 등에 집중 분포해 영업소의 분포는 소화물의 발생과 도착량이 많은 거주지역에는 적게 입지하고 있음을 알 수 있다.

③ 터미널 간의 기간수송

택배편의 트럭 터미널의 주요한 기능은 터미널별로 설정된 관할지역 내의 영업소에서 운반된 하물(荷物)을 자동분리기 등을 이용해 배달되는 지역을 담당 영업소

46) 모펫(C. B. Moffat)이 1903년에 이 용어를 처음 소개했는데, 라틴어 명사로는 terra(=earth land), 동사로는 terrere(to warm or freighten off)로 경계가 지워진 공간으로 개인이나 집단, 국가에 의해 점거된 공간의 일부(area)를 말한다. 관할지역의 경계는 보통 사회적 목적을 갖고 설정된 정치적·사회적 구축물이고, 많은 권력의 표현임과 동시에 사회적 분업을 나타내는 것이다. 단 경계는 사회그룹을 분리시키는 것이 아니고 그 접촉을 중개하는 것이기도 하다.

<그림 8-58> 서울시 소화물 일관수송업체 영업소의 지역적 분포

자료: 이선지(2000: 44).

별로 분류한다. 분리된 하물은 다시 목적지 영업소가 관할하는 터미널별로 모아서 대형화물차로 야간에 목적지 터미널로 수송해 그곳에서 관할지역 내의 영업소로 운송된다. 즉, 터미널은 전국적인 수송망을 구성한 지역 간 수송의 거점이 된다.

터미널의 관할지역 상한은 관할지역 내의 영업소에서 하물의 운송시간에 의해 규정된다. 그러나 하한은 터미널의 규모경제, 신속한 배달을 하기 위한 전국적인 배송거점 배치의 효율성과 관련된다.

서울시에 입지한 소화물 일관수송업체 터미널의 분포를 보면(<그림 8-59>), 넓은 지역에 비교적 고르게 분포하고 있으며, 부지면적 확보의 문제나 지가의 문제로 인해 경기도에 입지하는 경우도 있다. 서울시에 입지한 터미널의 경우 교통이 편리한 지역보다는 비교적 넓은 부지가 있는 곳에 입지하고 있다. 이것은 소화물 일관수송업이 신속성을 요구하고 있기는 하지만 서울시에서의 소화물의 이동은 좁은 지역에서의 이동으로 한정되어 있기 때문에 접근성이 좋은 곳보다는 지가가 싼 곳에 입지하는 경향이 있다. 경기도에 입지한 터미널의 경우는 서울시로 신속하게 운송할 수 있는 교통로상에 입지하거나 기존의 화물터미널을 이용하는 경우가 많다. 따라

〈그림 8-59〉 서울시 소화물 일관수송업체 터미널의 지역적 분포

자료: 이선지(2000: 45).

서 터미널은 넓은 부지를 확보할 수 있고 지가가 싼 곳에 입지하며, 경기도의 경우
는 서울시에 접근성이 높은 곳에 입지한다.

④ 택배편 유통조직의 공간구조

취급점은 불특정 다수의 수요자로부터 택배하물을 집하하는 기초적 조직, 즉 미
시적 수준에서 집하 결절점으로서의 기능을 행하고 있다. 영업소는 집하와 배달의
두 가지 기능을 가지고 있다. 집하의 면에서 영업소는 취급점보다 상위 수준의 결
절기능이지만, 배달의 면에서는 말단의 미시적 수준 결절점으로서의 역할을 하고
있다. 그리고 터미널은 전국적인 택배편 유통 시스템에서 최상위의 결절점으로서
의 기능을 갖고 있으며, 그 관할지역은 전국의 시장공간을 분할한 형태를 나타내고
있다. 이러한 계층적인 유통기구는 택배편 유통의 효율성과 속배성(速配性)을 목적
으로 한 것이라 해도 좋다. 다시 말하면 효율적인 속배성을 원리로 하는 유통기구
의 전형적인 한 형태가 위의 시스템이라 할 수 있다. 이러한 성격을 갖는 유통조직
이 현실의 지역에서는 어떻게 구축될까가 주요한 과정이 된다.

10. 상품사슬의 공간 네트워크

1) 상품사슬의 등장배경과 정의

현대의 소비에서 경제지리학 연구는 소비입지의 특성에서 소매업의 조직적 특성, 소비자와 가장 직접적으로 관여하는 부문으로 초점을 옮기고 있다. 그리고 오늘날 경제지리학에서 소매업의 재구축은 두 가지 측면에서 주목되는데 그 첫 번째가 소규모 소매업을 희생시킨 대규모 소매업자가 탁월하다는 것이다. 그리고 두 번째는 국내 소매업자를 압도한 해외 소매업자의 탁월함이다. 이 가운데 다국적 소매업은 본국 시장에서 동업자 간 시장 포화와 같은 송출(push)요인과 새로운 시장기회를 제공하는 유치국(host)시장에서의 규제완화 같은 흡인요인의 결과로 출현해 구매자 주도 상품사슬을 통한 생산의 글로벌화에 주력해왔다.

이러한 글로벌적 경제 편성을 해명하는 것으로 상품사슬은 경제사회학자와 세계 시스템론자에 의해 처음으로 전개되었으며, 분석은 특정 상품을 대상으로 생산에서 소비의 각 단계가 어떻게 형성되는가를 사회적 관계성하에서 밝히려는 것이다. 상품사슬은 생산체계 내 일련의 과정으로 자원을 수집하는 생산체계, 부품이나 생산물을 변형시키고, 제품을 시장으로 유통시키는 순차적 과정을 말한다. 1980년대 말 생산체계의 재조직과 영역발전(territorial development) 과정을 이해하는 실마리로 상품사슬에 대한 연구가 시작되었다. 상품사슬은 세계 시스템에서 제창된 개념으로 최종적인 성과가 최종제품이 되는 노동제과정과 생산과정이 되는 네트워크를 의미한다. 여기에서 상품은 세계경제 시스템에서 핵심과 주변의 지역격차를 나타내는 매체로 위치 지어진다. 그리고 상품사슬은 생산에서 소비에 이르는 모든 유동과정을 사회적 관계로 설명하는 것이다. 또 홉킨스(T. K. Hopkins)와 월러스타인(I. Wallerstein)은 상품사슬이 '최종상품생산에 수반되는 노동과 생산의 과정에서 발생하는 네트워크로, 이것의 최종적인 성과는 완성된 상품'으로 노동 네트워크와 완제품의 생산과정이라고 했다. 그 후 스미스(A. Smith) 등은 상품사슬에 대한 논점을 요령 있게 정리했다. 이 이론이 지리학에 도입된 것은 1990년대 말로 휴즈(A. Hughes)와 라이머(S. Reimer) 같은 젊은 여성지리학자들에 의해서이고, 상품사슬 접근방법에 주목하기 시작한 것은 1999년으로 레슬리(D. Leslie)와 라이머에 의해

<그림 8-60> 기본적인 생산사슬

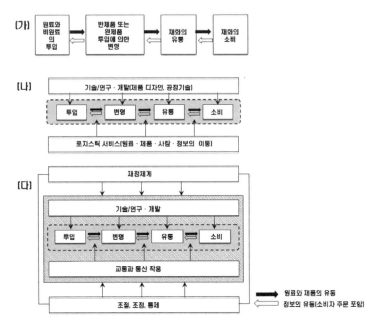

자료: Dicken(2003: 15).

서이다.

〈그림 8-60〉은 기본적인 상품사슬을 나타낸 것이다. 여기에서 (가)는 투입에서 소비자까지의 원료와 생산품·정보의 유동을 나타낸 것이고, (나)는 (가)의 상품사슬에 기술 및 연구·개발과 더불어 로지스틱스를 가미해 나타낸 것이다. 그리고 (다)는 여기에 덧붙여 재정적 지원과 규제완화(regulation), 조정(coordination), 통제(control) 등이 작용할 경우를 나타낸 것이다.

2) 글로벌 상품사슬

글로벌 상품사슬은 글로벌 상품생산에서 소비에 이르기까지의 과정을 분석하는 것으로, 특정 상품을 대상으로 생산에서 소비의 각 단계가 어떻게 형성되는가를 사회적 관계성에서 밝히려는 것이다. 이는 1979년 미국 빙햄프턴(Binghampton)대학의 브로델(F. Braudel) 경제·역사체계와 문명 센터의 연구그룹(Working Group in the Fernand Braudel Center for the Study of Economies, Historical Systems and Civilization)이 세계경제의 주기 리듬과 장기동향(Cyclical Rhythms and Secular Trends of the World Economy)을 연구하면서 시작되었다고 할 수 있다. 이들은 상대적 구조주의자로 세계 시스템의 관점에서 이 연구를 시작했다. 글로벌 상품사슬은 세계경제의 1차적 조직양상 중 하나이다. 국제경제와 산업조직의 초점으로서 글로벌 상품사슬 틀은 노동분업의 재형상, 경제·산업조직, 그리고 유럽과 또 다른 거시 지역경제의 경제적 실행으로 잠재적 통찰을 제공했다. 이러한 글로벌 상품사슬은 상품의 생산과 유통 및 소비의 사슬이 어떻게 형태를 만들어왔는지를 묘사한 것으로, 세계경제의 공간적 불균형을 검토 자료로 사용하는 큰 특징을 가지고 있다. 경제활동의 사슬 개념화를 가장 유용하게 사용한 제레피(G. Gereffi)와 코제니빅즈(M. Korzeniewicz)는 글로벌 상품사슬을 가계, 기업, 국가를 연결시키면서 동시에 세계경제 내에서 특정 상품을 둘러싸고 군집적으로 형성되어 있는 일련의 조직 간 네트워크라고 정의했다. 예를 들면 핵심지역에서 기업이나 국가는 세계경제에서 주변에 경쟁압력을 전가함으로써 혁신을 통해 경쟁의 우위성을 확보한다. 그러므로 경쟁압력은 수출지향의 성장, 업무경감, 구조조정정책을 중심으로 한 단기간의 경제성장 프로그램에 의한 저임금 노동과 경제적 불안정성을 명백하게 드러나도록 하는 것이다. 이러한 글로벌 상품사슬은 상품사슬을 바탕으로 한 종속이론의 분석 전통을 따른 것으로 지난 10년간 지리학 분야에서 폭 넓게 받아들여졌다. 그리고 글로벌 상품사슬의 개념적 뿌리도 월러스타인의 세계 시스템론에 논거한 것이다.[47]

제레피와 코제니빅즈가 큰 기반을 구축한 글로벌 상품사슬의 기본적 특징은 개발도상국이 많이 분포된 남반구의 주변지역에서 선진국이 많이 분포된 북반구의 핵심지역으로 거래·소비되는 생산과 공급의 틀이다. 또 상품사슬이 어떻게 이루어지고 통제되는가에 초점을 맞추는 것이 글로벌 상품사슬의 또 다른 특징이다. 글로벌 상품사슬은 다음 세 가지 특징을 가진다. 첫째, 다양한 생산, 유통, 소비의 결절이 부가가치를 생산하는 경제활동의 사슬로 연결되는 투입-산출구조를 갖는 것이다. 둘째, 글로벌 상품사슬 내부에서 나타나는 다양한 활동, 결절, 유동이 지리적으로 위치 지어진다는 점에서 글로벌 상품사슬은 영역성(territoriality)을 갖는다. 셋째, 글로벌 상품사슬은 재정, 원료, 인적 자원 등이 사슬상에 배열되는 방식을 결정하는 권위와 권력의 관계(authority and power relationships)인 거버넌스의 구조를 갖는다.

47) 최종소비 품목을 들어 이 품목이 생산에서 소비에 이르기까지의 일련의 투입을 따라가는 것으로, 여러 가지 성격이 다른 노동의 계열을 인식하고 노동의 분할과 결합의 세계적인 전개와 주변으로부터 중심으로 향하는 지리적 방향성을 밝히려고 한 것이다.

한편 글로벌 상품사슬의 4가지 특성은 투입·산출구조, 지리적 분포, 거버넌스 구조, 제도적 틀이다. 이들은 글로벌 상품사슬 자체의 발전에 필요한 조건들이다. 투입·산출구조는 원료 공급자를 생산자나 소비자와 결부시키는 교환관계이다. 이들 교환관계는 새로운 주도적 기업이나 소비시장의 출현과 함께 주기적으로 변화한 지리적 분포에 반영된다. 거버넌스 구조는 글로벌 상품사슬에서 기업이 어떻게 상호작용하는가를 결정짓는 규칙, 규제, 권력관계이다. 이는 저차계층의 공급자가 어떻게 사슬 내에서 스스로 지위를 향상시키는지 여부에 영향을 미치는 점에서 특히 중요하다. 제도적 틀은 영향이라는 점에서는 거버넌스 구조와 유사하다. 그러나 제도화된 규칙, 규준, 규제(예를 들면, 통상정책, 제품안전기준, 지적 재산권 규제 등)와 같은 폭넓은 구조적 환경으로의 언급이라는 점에서는 독자성을 갖는다. 이들은 기업이 시장이나 정보의 접근을 제어하는 것을 통해 다른 기업을 하위에 두는 것을 가능하게 하기 때문이다.

글로벌 상품사슬을 지지하는 효과적인 유통체계의 출현은 기능적·지리적 통합에 의해 유지된다. 기능적 통합은 공급자와 소비자의 결합력을 가진 체계에서 공급사슬의 요소를 연결하는 것이다. 그러면 기능적·상보적(相補的) 상태는 일련의 공급과 수요관계, 화물·자본·정보를 포함하는 유동을 통해 이루어진다. 또 기능적 통합은 현시점 즉시 판매방식, 택배(door-to-door)전략이 새로운 화물관리전략에 의해 만들어진 상호의존의 예와 관련된 넓은 관할지역 유통에 의존한다.

〈그림 8-61〉 음성군지역 접목선인장의 글로벌 상품사슬

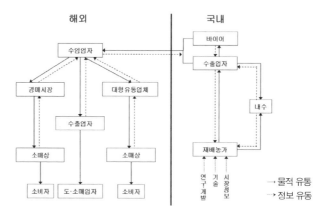

자료: 張美花·韓柱成(2009: 70).

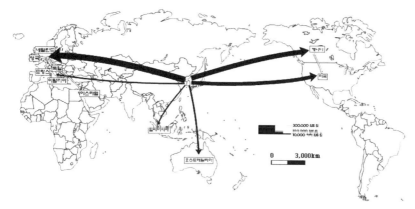

〈그림 8-62〉 수출 접목선인장의 글로벌 상품사슬의 공간적 분포(2007년)

주: 지도 중 네모 안 국가는 재수출량이 불분명해 수출국가만 제시한 것임.
자료: 張美花·韓柱成(2009: 71).

글로벌 상품사슬은 경제적인 측면에 그치지 않고, 소비와 생산 상호작용을 문화적인 측면에서 분석하는 연구로도 응용되어졌다. 레슬리와 라이머는 글로벌 상품사슬 접근방법의 선형사슬이 상품의 소매를 위한 세계경제의 주변지역에서 어떻게 생산되어 핵심지역에서 소비되는지를 체계적으로 묘사, 설명했다. 글로벌 상품사슬의 지리학적 의의는 상품사슬과 관계되는 장소와 장소 간 관계를 밝히고, 오늘날 고도로 복잡한 선진국의 소비 배경을 탐구하는 데 있다.

음성군지역 접목선인장의 수출과 수출된 국가에서의 재수출을 글로벌 상품사슬로 파악해보면 〈그림 8-61〉과 같다. 재배농가는 관련자 및 관련기관으로부터 연구개발·기술·시장정보를 제공받는데, 이 경우 수출업자와는 구두(口頭)접촉에 의해 수출국의 시장정보를 얻어 좀 더 나은 상품을 개발하려 노력한다. 수출업자는 수출하기 전 수송업자 및 취급업자와 상담을 하며, 또 식물검역자와 운송대리업자와도 접촉한다. 한편 수입업자는 수출업자와 정보교환과 물적 유통을 하고, 운송업자 및 취급업자와 접촉한다. 수입국에서 재수출하는 경우는 2차적 결합이라 할 수 있으나 그 밖의 상품사슬은 1차적 결합이라 할 수 있다.

음성군지역 수출용 접목선인장의 글로벌 상품사슬의 공간적 분포를 나타낸 것이 〈그림 8-62〉이다. 이를 보면 네덜란드·캐나다·미국·오스트레일리아로 수출되었고, 2005년에는 미미한 양이지만 타이완과 체코에도 수출했던 것이 2007년에는 중단되고 새롭게 말레이시아와 이탈리아로 수출되어 글로벌 상품사슬의 공간적 분포의 변화가 이루어졌음을 알 수 있다.

글로벌 상품사슬 연구의 제한점은 첫째, 상태나 행동과 같은 분석에서 외부적 전략행동으로부터 특별한 사슬까지 도출된 과정의 역할과 관계가 있다. 둘째, 전략적·내부적 행동에서 어떤 사슬 내의 생산과 소매의 결절과 위치까지 도출된 과정의 역할과 관계가 있다. 셋째, 경제적 실행의 이원적·선형적 이해를 향한 경향 주위를 선회한다. 넷째, 상품사슬의 국제적 차원, 노동의 글로벌 분화에 관한 초점 때문에 지역적·준국가적 과정에 대해서는 미약하다.

3) 생산자·구매자 주도 상품사슬

글로벌 상품사슬 분석은 특정 상품을 대상으로 생산에서 소비의 각 단계가 어떻게 형성되는가를 사회적 관계성으로 밝히려는 것이다. 글로벌 상품사슬이 가지는 구체적인 관점으로 가장 주목을 받는 것은 상품사슬의 거버넌스이다. 거버넌스 메커니즘은 상품사슬을 움직이도록 하는 주체가 누구인가에 따라 생산자(공급자) 주도 사슬(producer or supplier-driven chains)과 구매자 주도 사슬(buyer-driven chains)로 나뉜다(〈그림 8-63〉). 이러한 두 가지 개념은 제레피가 의류산업의 국제적 전개를 검토하면서 제시한 것인데, 생산자 주도 상품사슬은 보통 생산체계를 통제하는 중심적 역할을 하는 대규모 초국적 기업의 산업에서 나타난다. 자본·기술 집약적 산업인 항공기, 자동차, 컴퓨터, 반도체 산업 등 기계공업이 이에 속하는데, 이들은 고도의 생산체계나 기술, 고임금의 노동자를 필요로 한다. 한편 구매자 주도 상품사슬은 의류, 신발, 인형 등의 노동집약적 소비재 부문이 일반적이다. 이들 업종은 고도의 기술이나 지식이 필요하지 않고 비숙련노동자도 생산이 가능하며 외부화가 용이하다. 또 수출지향의 개발도상국에 입지하며, 월마트나 까르프 등과 같은 대규모 소매점과 나이키, 아디다스 등의 브랜드 제품 판매상이 생산체계 설립과 조절에서 중심적 역할을 한다.

이와 같은 생산자 주도 상품사슬과 구매자 주도 상품사슬의 기본적인 특징을 나타낸 것이 〈표 8-17〉이다.

생산자 주도 상품사슬은 높은 진입장벽으로 집약적인 자본투자나 선진적인 제

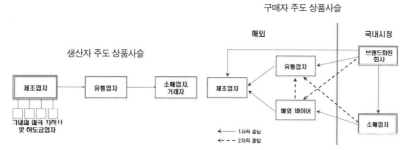

〈그림 8-63〉 생산자·구매자 주도 상품사슬

주: 소매업자, 브랜드 기업, 무역상은 해외의 공장으로부터 가득 찬 포장(full package) 상품의 공급을
필요로 함. 브랜드 제조업자는 통상 해외조립을 위한 부품을 수출해서 본국 시장에서 재수입함.
자료: Murray(2006: 122).

조 기술(예를 들면, 자동차산업이나 선진적 전자기기)을 필요로 하는 산업과 관련이 있
다. 주도적 제조업자는 생산과정상에서 완전 또는 직접적인 통제력을 가지고 있고,
구성요소(component), 부품 공급업자를 엄격하게 관리한다. 구매자 주도 관계성에
서는 제레피가 좀 더 일반적이라고 논의했지만 주도적 기업의 역할을 행하는 유통
업자에게 제조업자가 종속된 형태이다. 구매자 주도 거버넌스는 낮은 진입장벽, 성
숙한 생산기술, 고정자본의 필요성이 낮은(예를 들면, 의류, 완구, 농산식료) 것에 의
해 성격을 규정짓는 산업이 전형적이다. 결과적으로 구매자 주도 상품사슬에서 생
산활동은 독립기업 혹은 농업자로의 외부수주가 비교적 용이하고, 권한은 브랜딩
(branding), 디자인, 마케팅을 제어하는 유통업이 가지고 있다.
　생산자와 구매자 주도산업의 구별은 주도적 기업이 쌍방의 유형 거버넌스와 결

〈표 8-17〉 생산자·구매자 주도 상품사슬의 특징

구분	경제적 거버넌스의 형태	
	생산자 주도	구매자 주도
자본의 통제 유형	공업	상업
자본과 기술 집약도	높음	낮음
노동특성	숙련, 고임금	미숙련, 저임금
기업 통제	제조업자	소매업자
생산 통합	수직적·관료적	수평적·네트워크적
통제	내면적·계층적	외면적, 시장
계약, 외부수주	적당하고 증가	높음
공급자 제공	중간재	완성품
대표 업종	자동차, 컴퓨터, 항공기, 전기기구	의류, 신발, 인형, 소비재 전자제품

자료: Coe, Kelly and Yeung(2007: 102).

부된 혼성의 전략을 취하면 애매해진다. 이러한 복잡성을 인식하는 것은 구매자 주도 상품사슬이라는 다른 종별에 의해 미묘한 상위를 제공하는 수단으로 글로벌 가치사슬 틀의 발전을 이끄는 것이다. 제레피·험프리(J. Humphrey)·스터전(T. Sturgeon)의 논의에 의하면 글로벌 가치사슬에서 거버넌스의 양식은 본질적으로는 상품에 의해 결정되는 것이 아니고 오히려 거래의 지리에 나타나는 공급자·구매자의 관계성의 본질, — 예를 들면, 거래교섭에서 대면접촉에 의한 타협이 가능할까, 아니면 불가능할까 — 높은 수준에서의 상호신뢰, 그리고 공급자의 기술적인 능력에 의해 결정된다.

4) 글로벌 가치사슬과 거버넌스

가치란 상품을 구입하는 회사가 재화를 제공받음으로써 지불하는 금액을 말하는데, 포터는 전후방으로 연결되는 경제활동의 주체들이 사슬의 단계별로 가치를 증가시키는 것을 가치사슬(value chain)이라고 했다. 가치사슬은 포터가 1985년 출간한 『경쟁우위(Competitive Advantage)』에서 사용된 용어로, 그 상류에 원재료 공급업자의 가치사슬[상류가치(上流價値)]과 하류의 유통경로 가치사슬(channel value)이 있는데, 이러한 전체의 가치사슬을 포터는 '가치 시스템'이라 했다. 그리고 이 가치 시스템에 자기 회사가 꼭 맞는지 여부가 경쟁우위를 확보할 수 있는지와 지속할 수 있는지를 결정하는 것이라고 지적했다. 가치사슬은 개념화로부터 생산의 중간 단계를 거쳐 최종소비자에게 유통되어 사용된 후 재활용되기까지의 제품과 서비스를 발생시키는 데 요구되는 모든 활동의 범위를 가리킨다. 그래서 금융, 유통과 같은 서비스 활동과 물적 생산을 통합적으로 이해해야 하기 때문에 생산에 대한 이분법을 넘어서는 계기를 마련했다. 이러한 개념에서 가치사슬은 생산 그 자체가 다수의 부가가치로 연결되는 것 중 하나라는 것을 뜻한다. 다시 말하면 가치사슬이란 소비자에게 가치를 제공함으로써 부가가치의 창출에 직간접적으로 관련된 일련의 활동·기능·프로세스의 연계를 의미한다.

포터는 어떤 회사든 가치를 만드는 기본적인 활동군(活動群)이 9가지로 구성되고, 이들 각각은 특이한 형태로 연결된다고 했다. 이를 주 활동 5개, 지원활동 4개로 상호 의존하는 활동 시스템으로서 가치사슬을 파악할 수 있다고 했다. 이와 같이 포터는 가치사슬을 주요 개념(key concept)에 고정시켜 기업 내부의 활동 분석

〈그림 8-64〉가치사슬의 기본형

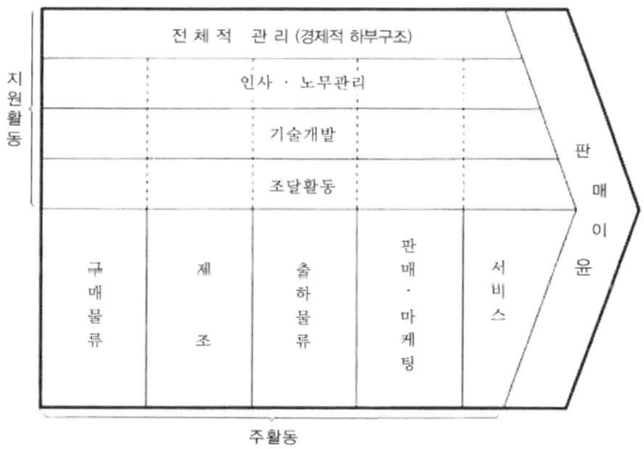

자료: Porter(1985: 49).

을 통해 경쟁우위가 개개의 활동자체뿐 아니라 활동 간 연결(linkage)에서도 동시에 발생한다는 점을 지적했다(〈그림 8-64〉). 나아가 복수의 사업 분야에서 다각화를 추진하는 기업은 상호 가치사슬을 조절시키는 적확한 수평전략을 구축시키는지 여부를 파악해야 한다고 지적하고, 가치 활동 및 가치사슬에 꼭 맞는 것이 경쟁우위를 확보하고 유지해가는 중요한 점이라는 것을 명확히 했다.

가치사슬을 글로벌 스케일에서 보면 글로벌 가치사슬이 된다. 글로벌 가치사슬은 영국 서섹스 개발연구원(Institute of Development Studies in Sussex)의 연구원들에 의해 개발되었다.

충북 음성군지역 접목선인장의 상품사슬을 이용한 가치사슬을 파악해보면 〈표 8-18〉과 같다. 접목선인장의 가치사슬을 파악하기 위해 생산농가의 판매가격, 수입업체와 대형유통업체의 거래금액과 이윤을 바탕으로 수출입단가를 100으로 해 그 배율을 분석했다. 접목선인장을 재배해 반상품 상태로 네덜란드에 수출하는 경우 접목선인장 중형은 수입업자가 뿌리를 활착·가공해 판매하는 상품으로, 수출단가의 3.3~4배, 대형유통업체에서는 소비자에게 수출단가의 7.5~8.3배의 가격으로 판매한다. 한편 미국에서는 중형 접목선인장의 경우 수입업자는 수출단가의 4.2배, 대형유통업자는 9.9배의 가격으로 판매한다(〈표 8-18〉).

제레피는 경제활동의 사슬 개념화를 가장 유용하게 사용했다. 가치사슬의 관계성에서 중요한 개념은 거버넌스와 개선(upgrade)이다. 거버넌스는 구매자와 생산

〈표 8-18〉 비모란 접목선인장의 글로벌 가치사슬

수취가격 (원)	생산 농가 비모란 (원)	수출 국가	수입업체					대형유통업체		
			수출입 단가	관세 운송 수수료 등	가공 비용	이윤	판매가격	구입 가격	이윤	소비자 판매가격
중형(9cm)	260	네덜 란드 (유로)	0.3	0.1	0.5	0.3	1.0~1.2	1.125~ 1.25	1.2	2.25~ 2.50
배율(%)	100.0		133.3	300.0	400.0		333.3~ 400.0	375.0~ 416.7	750.0~ 833.3	750.0~ 833.3
대형 (14cm)	500	미국 (달러)	0.65					1.575	1.575	3.15
중형	260		0.3		0.6	0.36	1.26	1.26	1.71	2.97
배율(%)	100.0				300.0	420.0	420.0	420.0	990.0	990.0

자료: 張美花·韓桂成(2009: 72).

자가 공급사슬의 관계성을 조직하고 비용을 삭감해 수익을 최대화하는 것을 목적으로 하부층의 공급자를 통제하는 데 불가결한 수단으로 공급된다. 개선은 하층부의 공급자가 제품의 가치를 증대시켜 혁신을 통해 글로벌 가치사슬에서 스스로 지위를 개량하거나 사업의 효율을 개선하거나 디자인이나 마케팅 등과 같은 새로운 역할을 하도록 하는 가능성에 대한 언급이다.

글로벌 가치사슬이 조절되고 변화하는 것은 거래의 복잡성, 분류된 거래에 대한 능력, 공급을 바탕으로 일어나는 가능성이다. 그리고 글로벌 가치사슬상의 기업 간 관계의 거버넌스 유형을 명시적 조정과 권력의 비대칭의 이중적 연속체로서 높은 수준에서 낮은 수준의 범위까지 5가지 양식으로 분류했는데, 이를 제시한 연구자가 제레피·험프리·스터전이다(〈그림 8-65〉). 여기에 나타낸 구조 중 세 가지의 공통된 구매자 주도는 시장형, 모듈형, 관계특수형과 결부되어 있고, 두 가지는 생산자 주도로 전속형, 계층형에 의해 특화되어 있다. 먼저 시장형의 거버넌스 형태라는 것은 가격이 대단히 중요한 요소로 거래의 적절한 거리(낮은 신뢰), 진입에 필요한 기술은 상대적으로 표준화되어 있고 널리 수용된 가장 기본적인 수준을 말한다. 구매자 주도산업이 선도 기업과 공급자와의 좀 더 깊은 상호작용을 필요로 할 때 거버넌스는 관계특수형 혹은 모듈형의 형태를 취하고, 선도형 기업과 공급자는 고도의 신뢰와 함께 긴밀한 상호의존관계를 발전시킨다. 스펙트럼(spectrum)의 반대쪽은 전속형·계층형의 글로벌 가치사슬이지만 쌍방의 형태도 생산자 주도의 형태로 기업이 생산이나 조달을 겨냥하기보다는 팽팽한 총괄을 유지할 수 있다. 전속적인

〈그림 8-65〉 글로벌 가치사슬의 거버넌스 5가지 유형

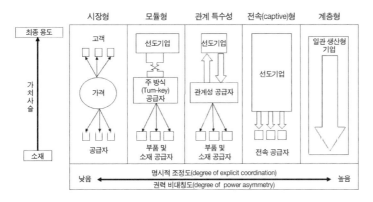

자료: Gereffi, Humphrey and Sturgeon(2005: 89).

가치사슬은 부품이나 구성요소의 공급자가 주도적 기업의 생산구조 속에서 수직적으로 통합된 형태이다. 그렇지만 스터전·비스브로크(J. V. Biesebroeck), 제레피가 관찰한 바에 의하면 거버넌스의 이러한 범주는 특정 기업, 특정 산업에 해당할 경우 상호배타적인 것은 아니다. 오히려 현대의 글로벌 가치사슬은 경쟁력이나 조직적 유연성을 개량해 다양한 전략을 통해 조직되어야 한다.

최근 가치사슬의 연구는 가치사슬의 통합이, 남반구 세계(global south)에서 지역발전에 어떤 영향을 미치는가를 이해하려는 경향이 강하다. 이러한 연구는 브라질이나 인도의 자동차산업, 인도네시아의 커피산업, 미국의 식료품산업, 의류산업과 같이 산업의 폭이 넓은 영역을 덮고 있고, 신자유주의 경제 재편, 제품 표준화 등과 같은 규제의 다국적 시스템에 의해 개발도상국 경제가 글로벌 가치사슬로의 유대를 통해 이익을 끌어내는 전망에 어떠한 영향을 미치는가를 분석하고 있다. 여기에서 알 수 있는 것은 글로벌 가치사슬의 통합이 불확실 또는 복잡한 경쟁적 과정에서의 결과로 문제가 되는 상품이나 주도적 기업의 거버넌스 전략, 그리고 개발도상국에서의 정부나 노동자의 노동조건, 임금이 글로벌 가치사슬에 공헌한 부가가치를 어디까지 양보할 수 있는가에 좌우된다는 것이다.

5) 상품회로와 상품 네트워크

(1) 상품회로

상품사슬에 비해 좀 더 문화적인 측면을 중시하는 것이 상품회로(commodity circuit)로, 그 기반이 되는 것은 문화회로 접근방법(cultural circuit approach)이다. 문화회로 접근방법의 특징은 첫째, 생산, 유통, 소비의 각 현상을 통해 상품의 움직임을 선형사슬이 아닌 비선형의 회로(non-linear circuits), 즉 특정한 방향성을 갖지 않는 것으로 파악하고,[48] 둘째, 사슬의 기점과 종점에 초점을 두지 않고 생산, 유통, 소비 사이에서 역학으로 작용하는 문화적인 요인에 직접적인 관심을 두는 것이다. 이것은 상품문화(commodity culture)보다 광범위한 문맥에서 파악되고, 최종적으로는 다른 시공간, 이를테면 상품회로가 어떤 국면인가에 따라 다르므로 사물에 어떠한 의미가 부여되는가에 이해의 초점을 두는 것이다. 이러한 접근방법은 물질적 문화나 비판적 민족지(critical ethnography) 등의 연구를 추진한 경제인류학자에 의해 주도되어왔다고 할 수 있다. 상품사슬의 접근방법이 생산부문에서 경제활동과정을 모두 들어나게 하는 데 대해, 이 접근방법은 사물이 한 곳에서 다른 곳으로 움직일 때의 복잡함 또는 그 과정에서 제공되는 다양한 문화적·지리적 지식을 검토하는 것이 좀 더 유효하다고 생각한다. 이러한 점에서 이 접근방법은 생산현장에서 현실성이나 그 현실성을 가져오는 메커니즘의 해명에 무게를 두기보다는 상품회로와 그것에 영향을 미치는 문화적인 면의 검토를 통해 상품에 부여된 의미의 기술(記述)을 찾는 것을 목표로 한다고 할 수 있다. 예를 들면 생산자와 소비자, 광고 사이에서 어떻게 의미가 바뀌고, 또 새로운 의미가 부가되는가를 규명하는 것이다.

한편 이러한 회로에 착안한 분석에 대해 레슬리와 라이머는 '사실상 끝없는 소비의 회로(virtually endless circuit of consumption)'라고 지적했다. 이는 회로를 확실히 연결해가면 끝이 없는 것이 아니라 글로벌화 현상을 비판적으로 취한다는 중요한 정치적 입장(stance)을 잃어버리는 것이 아닌가하는 주장이다. 레슬리와 라이머는 현실에 존재하는 상품사슬을 전제로 해 어떠한 힘이 사슬을 움직이게 하는가라는 질문이 없다면 '왜 사슬을 근본적으로 고치지 않을까'라는 의문이 남는다고 했다. 그래서 사슬이란 개념을 완전히 버리지 못하면 과도한 회로개념으로 기울어질 것이라고 경고한다. 이에 대해 잭슨(P. Jackson)은 복잡함을 묘사하는 것은 중요하지 않고 상품 네트워크(commodity network)에서 긴장과 염려를 명시하는 것이 중요하다고 계속 주장한다.

확실히 사슬의 개념보다는 회로의 개념을 사용함으로써 연구대상은 폭 넓은 틀을 구축할 수 있다. 그러나 그 관련 대상을 끝없이 넓게 펼쳐나가도록 하는 것은 아니기 때문에 그 접근방법이 등장한 배경의 문제의식, 즉 글로벌화를 바탕으로 선진국과 개발도상국의 격차를 어떻게 다루는가의 부분으로 되돌아올 필요가 있다. 개념의 유효성이나 그 가능성에 대해 이념적인 논의에 시종 매달리기보다는 바탕이 되는 문제의식에 대한 유효한 접근방법이 존재하는가 여부가 중요하다고 할 수 있다.

(2) 상품 네트워크

네트워크는 사회과학 전체에서 널리 사용되는 개념으로 복잡하지만 다른 유형의 사람(또는 기업, 국가, 조직 등) 간 관계를 개념화할 수 있는 것이라 할 수 있다. 시스템이 하나의 방향성이나 지향성을 갖는 데 대해 네트워크는 다방향성이나 무지향성의 문맥으로 사용되는 것인데, 종래 상품사슬은 단선적인 생산에서 소비에 이르는 것보다는 연결고리(link)에서 좀 더 자유로운 검토를 할 가능성이 있다는 입장이다. 즉, 어떤 상품의 순환 형태를 만드는 한 무리의 행위자가 존재한다고 하면 행위자 간 연결은 고정적·수직적·단일 방향적인 관계라기보다 '복잡한 상호의존의 그물'로 파악할 수 있다. 이 그물망은 이를테면 생산에서 소비에 이르기까지 한 방향의 상품교환을 전개한 기업과 연결되는 것이 아니고 복선적으로 여러 방향의 정보 흐름 등과도 연결해서 파악하는 것이라고 할 수 있다. 이렇게 상품 그 자체의 순환이 다른 것보다도 우대된다는 종래의 글로벌 상품사슬에 대한 비판이 이념적으로는 회피되고, 디자인이나 연구개발, 상품의 평가나 판매에 영향을 미친 NGO, 소비자단체 등도 상품 네트워크에 넣어 생각할 수 있다. 또 이러한 네트워크를 생각하는 배경에는 행위자 네트워크론의 영향을 들 수 있다. 상품 네트워크에서 평지 씨(rapeseed) 생산의 연구를 한 부시(L. Busch)와 유스카(A. Juska)는 상품 네트워크의 개념을 발전시키기 위해 행위자 네트워크론을 받아들였다.

또 휴즈(A. Hughes) 등은 ≪가디언(Guardian)≫ 지(誌)의 기사를 들어 정보의 결손(information deficits)도 네트워크에서 행위자 분석을 수용할 수 있는 하나의 의의라고 했다. ≪가디언≫의 기사는 영국제 구두가 인도 첸나이(Chennai)에서 가공된 것과 깊은 관계가 있고, 또 영국에서의 판매 가격이 인도에서 구두를 가공한 여성 노동자 한 달 임금의 3배라는 내용이었다. 이때 사실 그 자체에 대해 비판적·정치적 전언(message)보다도 그것에 숨겨진 상품 물신주의를 카스트리(N. Castree)가 폭로한 것에 주목할 수밖에 없다. 동시에 그것은 상품 물신주의가 공간적인 스케일이나 지리적인 문제와 현실적 또는 도덕적·윤리적으로도 강하게 관계한다는 것을 주장하는 것이다.

이러한 측면은 지금 막 시작한 지리학적 과제이고, 오해를 피하기 위해서도 약간의 설명이 필요하다. 여기에서 논점이 되는 것은 인도 여성 노동자의 노동환경이 상대적으로 좋지 않음을 묘사한 것이고, 그것에 대해 비판적 또는 정치적 전언을 발생시키거나 한 발 앞서 공정무역 등의 활동에 편승하려는 것이 아니고, 오히려 그러한 비판적(정치적) 전언이나 공정무역 등의 활동 자체에 숨겨진 상품에 대한 물신주의에 초점을 둔 것이다. 좀 더 단순화하면 실제로 어떠한 무역이 행해질까, 그것이 어떻게 생산자에게 환원되는가는 모를지라도 공정무역이라는 라벨(label)을 붙인 상품을 소비한 것에 대한 가치를 보기 시작한 소비자의 자세, 실태보다도 라벨에 가치를 구하려는 자세 그 자체를 검토하려는 것이다.

11. 서비스업의 성장이론과 시설의 최적입지

1) 서비스업의 분류

유럽과 북아메리카에서 서비스업은 제3차산업 모두를 가리키는 경우가 많아 넓은 의미로 해석하고 있다. 그러나 다니엘스(P. W. Daniels)는 제3차산업의 다양화를 염두에 두고 서비스업의 정의를 다음과 같이 논하고 있다. 산업 분류 중에서 건설업을 서비스업이나 제조업에서 분리 독립시키면 운수·통신업, 전기·가스·수도업, 건설업을 중간업종으로 분리해 유통, 금융, 전문기술의 각 서비스업과 그 밖의 여러 가지 서비스업을 3차산업(서비스산업)이라고 하기도 한다. 서비스업의 특성이나 기능의 변화를 엄밀히 논하면 후자의 구분이 적당하지만 서비스업이라면 건설업을 포함한 중간부문과 제3차 부문을 이관하는 편이 바람직하다. 이와 같은 서비스업

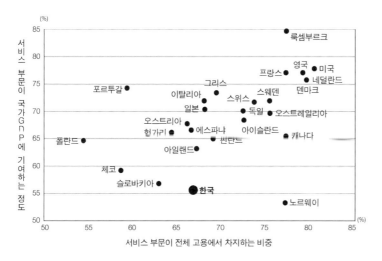

〈그림 8-66〉 서비스업이 경제·고용에 차지하는 비중(2010년)

자료: OECD 자료를 토대로 필자 작성.

의 다양화로 그 정의를 내리기가 곤란하지만 유럽과 미국 등에서는 일반적으로 서
비스업을 넓은 의미로 사용하고 있고, 서비스화에 관한 문헌을 보아도 3차산업화
로 취급한 경우가 많다. 서비스업은 대체로 물질적 사물을 산출하거나 변형시키지
않고, 또 구매 대상이 비물질적이거나 일시적이며, 인간에 의해 주로 산출되는 활
동을 말한다. 서비스의 일반적인 정의는 산출물의 형태를 기준으로 이루어지는데,
산출물이 재화와 반대로 무형적이고 일시적이며, 또 가치가 현물형태로 보전되지
않기 때문에 산출되는 순간에 소비된다. 그래서 서비스는 시공간상 이동이 불가능
하고 생산자와 소비자가 직접 참여해야만 거래가 가능하다. 이러한 서비스의 특성
이 생산자와 소비자를 시공간상에 묶어두는 역할을 하게 된다.

서비스업이 경제·고용에서 차지하는 비중을 보면 선진국의 경우 GDP와 국가 고
용에서 차지하는 비중이 높은데, 한국의 경우는 고용에서 차지하는 비중은 중간 정
도이나 GDP에서 차지하는 비중은 생산성이 매우 낮은 편이다(〈그림 8-66〉). 그래
서 한국의 서비스업 생산성은 제조업의 약 56%에 지나지 않는다.

서비스업은 제조업과 달리 다음과 같은 특징을 갖고 있다. 첫째, 서비스업의 사
업체는 대개 소규모로 경영되는 경우가 많다. 그것은 서비스의 질을 표준화하고 대
량산출이 어려우며 서비스의 산출에는 시공간적 제약이 따르기 때문이다. 둘째, 서

〈표 8-19〉 서비스업의 분류

분류 기준	일반적(usual) 수준(level)·그룹	선택적(alternative) 수준·그룹
자본·기능의 투입	집약적·한정적·본질적인 기능에 의존 (primary dependence on skill)	
공급지	생산자, 소비자	유통, 생산자, 사회적·개인적; 생산적·개인 소비적·집단 소비적; 보족 적·전통적(old)*, 신규(new)**
직업	화이트칼라, 블루칼라	제3차, 제4차, 제5차
공급원	공공, 민간	시장적·비시장적
입지	고정, 자유입지	국지적·광역적
건조물	오피스, 오피스 없음	
조직	공식, 비공식	현대적·전통적

* 카토오지안(M. A. Katouzian)에 의하면 전통적 서비스는 금융, 운수, 도·소매업을 말함.
** 신규 서비스는 오락, 의료, 교육 서비스 등을 말함.
자료: Daniels(1985: 3).

비스의 산출은 대개 노동집약적이다. 그러므로 사업체의 이윤 확보도 생산성 향상
보다는 가격 인상을 통해 이루어지는 경향이 있다. 제조업 부문의 기술혁신을 통해
새롭게 개발된 상품은 소비자가 서비스를 스스로 산출하는 경우도 발생한다. 은행
업, 통신업 등과 같이 업종에 따라서는 기술혁신을 통해 생산성이 급격히 향상되고
서비스 종류와 제공영역이 확대되는 사례도 있으나 이 경우에는 한층 거대한 규모
의 시설투자가 대체로 요구된다. 셋째, 노동생산성이 낮다. 기계화의 곤란성으로
취업자 1인당 실질생산액이 다른 산업에 비해 낮을 수밖에 없다. 즉, 생산액을 증
가시키려면 필요한 노동력을 더 고용하지 않으면 안 되는데, 이렇게 되면 생산비
중 노동비가 상당부문 차지하게 된다. 넷째, 서비스는 생산과 소비를 완전히 분리
해서 생산할 수 없기 때문에 즉시 판매해야 하며, 결국 규모의 경제를 얻는 데 한계
가 있다.

서비스업의 분류에 대해 다니엘스는 〈표 8-19〉와 같이 여러 가지 관점에서 분류
법을 밝히고 그 유효성과 문제점을 제시했다. 다니엘스의 분류방법 중 가장 일반적
인 것은 기능적 분류이다. 즉, 생산자(producer) 서비스업과 소비자(consumer) 서비
스업으로 구분하는 것이다. 생산자 서비스는 대(對)사업자 서비스 또는 중간(inter-
mediate) 서비스라고 해석되며, 최종소비보다는 다른 재화나 서비스의 생산 및 유
통과정에 투입되는 중간재적 성격이 강한 서비스를 의미한다. 생산자 서비스는 기
술혁신 및 정보화 등으로 생산양식이 유연화, 전문화, 분업화되는 과정에서 전문기

<표 8-20> 한국 서비스업의 분류

구분	산업 중분류
생산자 서비스	금융업, 보험업, 부동산업, 사업 서비스업, 사회 및 이와 관련된 공공 서비스업
유통 서비스	전기, 가스 및 증기업, 수도사업, 도매업, 운수 및 창고업, 통신업
소비자 서비스	소매업, 음식 및 숙박업, 위생 및 유사 서비스업, 오락 및 문화예술 서비스업, 개인 및 가사 서비스업

자료: Lee(1990: 206).

술이나 지식이 요구되는 경제활동부문으로 전통적인 서비스와는 다른 속성을 가지고 있다. 일반적으로 생산자 서비스를 정보, 기술변화, 지식의 흐름을 생산으로 이어주는 변화의 매개체라고 정의하고 있다. 생산자 서비스업은 정보 및 기술수준에 따라 생산자 서비스와 고차 생산자 서비스(advanced producer service)로 구분할 수 있다. 생산자 서비스는 금융·보험업 및 부동산업, 기계장비 임대업, 사업 서비스업이 포함되나 고차 생산자 서비스업은 연구개발, 경영상담업(business and management consultant), 광고산업 등 지식 및 전문기술집약적인 생산자 서비스만을 포함한다. 이에 대해 소비자 서비스업은 최종 서비스라고도 해석되며, 소비자에게 직접적으로 서비스를 제공하는 것으로 소매업, 오락시설이 여기에 포함된다. 이 분류방법에 따르면 지리학의 여러 문헌에서 볼 때 소비자 서비스보다도 생산자 서비스에 관한 연구물이 압도적으로 많다. 서비스의 종류에는 그밖에 유통관련 서비스업, 사회 서비스업도 있다.

한국에서 좁은 의미의 서비스업 종류는 사회 및 개인 서비스업으로 나누어진다. 이들을 다시 세분하면 공공행정 및 국방 서비스업, 위생 및 유사 서비스업, 사회 서비스업, 오락 및 문화예술 서비스업, 개인 및 가사 서비스업, 국제 및 기타 외국기관 서비스업 등으로 나누어진다. 그리고 넓은 의미에서의 서비스업은 <표 8-20>과 같이 구분할 수 있다.

2) 서비스업의 성장이론과 분포

서비스업에 대한 논의는 1980년대 대서양 양안에서 융성했는데, 스티글러(G. Stigler), 그린필드(H. I. Greenfield), 푹스(V. Fuchs)의 기초연구 후 1970년대 말경부터 미국의 컬럼비아대학을 중심으로 이루어졌다. 그러나 서비스업은 제조업의 발

49) 경제의 서비스화란 일 반적으로 경제발전에 따라 산업구조에서 차지하는 서비스업의 취업자 수가 총취업자 수의 50%를 넘게 될 때를 의미한다. 그리고 경제의 소프트화는 경제의 서비스화와 비슷한 현상을 의미하는 용어로 경제활동 중에서 기술이나 정보, 디자인 등과 같이 서비스 요소의 필요성이 높아지는 것을 의미한다. 이는 산업화, 공업화로 표현되는 하드(hard) 시대와 대응되는 의미가 포함된다.

달로 크게 신장을 하지 못하다가 20세기 후반으로 들어오면서 경제발전수준에 따라 국가 간의 서비스 고용 성장의 차이가 나타남으로 서비스업에 대한 새로운 인식을 하게 되었으며, 또한 경제의 서비스화, 소프트화[49]가 노동시장의 변화와 고용창출의 주요한 요인이 되고 있음을 스탠백(T. M. Stanback)도 지적했다. 이와 같은 고용증가의 이유는 다음과 같다. 첫째, 소득증대는 최종수요인 서비스업의 증대에 기여한다. 둘째, 제조업에 관련된 서비스의 성장이 분업을 통해 서비스 부문의 중간수요를 증대시키고, 셋째, 서비스업의 생산성 증가는 공업보다 작고, 서비스업은 좀 더 많은 노동력을 구하기 때문이다.

서비스업의 성장 이론은 경제의 장기적 변화의 한 단계로 보는 입장이 있다. 이러한 단계이론의 예는 경제발전 단계론, 후기 산업사회이론, 탈산업화이론, 정보화산업이론 등이 있다. 이러한 이론에 따르면 서비스업은 마지막 단계에 나타나는 것으로, 농업-제조업-서비스업, 블루칼라에 대한 화이트칼라의 대체, 생산의 주요수단으로서 정보의 등장으로 설명된다.

클라크(C. Clark)의 경제발전 단계론은 경제가 발전하면 경제부문의 비중이 1차 산업에서 2차산업으로 다시 3차산업으로 옮겨간다는 이론이다. 그러나 서비스는 매우 이질적이고 다양한 특성을 가지고 있어 경제의 다른 부문과 차이를 구별하기 어렵다는 것이다. 또 한 국가와 세계경제가 결합되면서 1차, 2차, 3차 부문은 서로 결합되어가고 있는데, 이러한 현상은 1980년대 초국적 서비스 기업의 출현으로 더욱 가속화되고 있다.

후기 산업사회이론 또는 벨(D. Bell)과 토플러(A. Toffler)의 정보화이론은 산업사회에서 후기 산업사회로 이행하면서 화이트칼라, 서비스업이 경제의 중요한 요소가 된다는 것이다. 특히 생산의 중요한 수단으로 정보가 등장하면서 정보와 관련된 지식집약 서비스업의 중요성은 더욱 커져 1·2·3차산업의 생산성을 향상시키는 데 이용되며, 정보의 생산과 확대는 정보에 대한 요구를 창출시켰으며, 이러한 정보관련 고용이 총 고용의 약 30~40%를 차지하게 된다.

푹스의 탈산업화이론은 주로 영국을 중심으로 발전된 이론이다. 서비스업의 성장은 국가경제에서 제조업 부문의 상대적 쇠퇴현상을 반영하며, 이러한 현상이 서비스업의 반사적인 성장을 가져온다는 것이다. 그러나 서비스업 고용의 상당부문이 제조업과 연결되어 있고 생산체계에서 서비스 부문 역할의 중요성이 심화되고 있음을 고려할 때 서비스 고용의 증가가 제조업 위축의 결과라고 파악하는 것은 무리가 있다. 마지막으로 외부수주와 유연적 전문화를 서비스의 성장 원인으로 보는 입장이 있다. 산업의 유연성 증가는 고도의 기술노동력을 유인하고 기업 간 네트워크를 발전시키게 된다. 이에 산업사회에서는 대개 수직적으로 통합된 생산과 노동을 비용 절감의 중요한 토대로 생각하고 있으나 후기 산업사회에서는 수평적 분리와 외부수주가 오히려 비용 절감 및 유연성 제고를 위해 필요한 것으로 인식하게 되었다. 그래서 투입되는 서비스의 상당부분을 외부에서 구입하게 되고 이것이 서비스업의 성장으로 이어진다는 것이다.

그러나 서비스 경제이론은 꽤 비난도 받았다. 그 하나는 서비스의 개념화를 대단히 의심스러운 것으로 생각했기 때문이다. 다른 하나는 서비스업은 제조업의 보조적인 것으로 인식했기 때문에 경제성장의 원동력으로서의 역할을 하지 못할 것이라는 점이다. 쿠즈네츠는 서비스가 지역에서 거시경제적인 성장에 의존하는 경향이 있고, 특히 서비스에 대한 수요는 제조부문에 의해 나타난다고 했다. 허쉬먼 (A.O. Hirschman)은 이러한 관계성을 부문 간 보완성이라고 부르고, 서비스가 금전적 외부경제[50]를 발생시키기 위해 부문 간 보완성이 경제성장에 중요한 것이라고 했다. 그리고 코헨과 지스먼(S. Cohen and J. Zysman)은 부문별 연계에서 지리적 국면을 강조하면서 제조업과 서비스업은 밀접한 사슬로 연결되어 있기 때문에 오로지 서비스업에 특화된 성장전략에는 효과가 없다고 했다. 그리고 제조업에서 서비스업으로의 고용 이동이 이루어지는 것과 그 속도는 가장 발달한 산업경제에서 상당한 다양성이 있다는 것을 발견했다. 덧붙여 선진국에서 개발도상국으로의 단계적 발전이론의 적용에는 의문을 제기했다.

지리학 분야에서의 서비스업 성장에 관한 이론은 두 가지가 있는데, 첫째 부문이론(sector theory)이다. 이 이론은 전통적인 접근방법으로 서비스업의 성장에 대해 긍정적으로 보는 관점이다. 기업 수요 변화라는 측면에서 서비스가 주도하는 경제발전을 설명한다. 부문론적 접근은 일반적으로 생산자 또는 사업 서비스업에 초점을 맞춘 입지 연구가 우세하다. 주요 연구내용은 생산자 서비스는 서비스 고용 성장에 주도적인 역할을 했으며, 지역경제의 기반을 형성하는 데 중추적인 역할을 하고 있음을 강조한다. 특히 생산자 서비스는 수요와 공급이 지리적으로 일치할 필요가 없고, 한 지역의 경제활동 수준에 의존하지 않기 때문에 공간적 불평등의 심

50) 시장가격을 통해서 다르게 영향을 미치는 외부성의 일종을 말한다.

화에 중요한 역할을 함을 논의했다. 그래서 소비자 및 사회 서비스를 포함하는 여러 서비스의 지리적 특성을 무시하는 경향이 있다. 그리고 중요한 것은 경제발전에서 서비스업의 역할을 생산자 서비스란 매개체를 통해 간접적으로 다루고 있다는 것이다.

둘째는 조절이론이다. 마르크스주의론적 관점으로 종래의 생산방식을 붕괴시키고 새로운 생산방식을 창출하는 데 자본의 역할을 강조하며, 최근 연구에서는 고용성장과 일자리창출에서 서비스업의 기여를 강조하고 있다. 그러나 이들 연구들은 경제변화의 원동력으로 제조업 생산의 구조조정을 여전히 중시해 서비스업의 지원적·의존적 역할만을 강조하는 측면이 있다. 그래서 서비스업의 성장을 대량생산체계의 쇠퇴에 대한 대체물로서 새로운 이윤기회모색의 한 단면으로만 본다. 따라서 부문론적 접근은 서비스업의 연구를 통해 경제변화를 이해하려고 하는 반면에 조절론적 접근은 경제변화, 특히 제조업의 변화를 통해 서비스업의 변화를 이해하려고 한다. 서비스업에 대한 연구는 이러한 양쪽의 견해를 적절히 연결시킴으로서 성과를 극대화할 수 있다.

서비스 부문은 선진국이나 개발도상국이나 모두 낮은 숙련도와 기술수준을 가지며, 도·소매활동과 같이 개인 서비스나 의료·교육·복지 서비스와 같은 공공 서비스 활동을 한다. 많은 서비스 활동은 거래를 할 수 없지만 통신업, 금융 서비스업, 광고산업, 전문·기술 서비스업은 국제적 거래의 성장이 촉진되어 1989~2000년 사이에 서비스업의 수출은 연평균 성장률이 제조업 9.6%보다 높은 10.7%로 나타났다.

서비스업의 수출입액은 15개국이 각각 약 63%와 약 67%를 차지해 제조업보다는 덜 집중되어 있지만 지리적 불균등을 나타내고 있다. 미국은 제조업에서와 마찬가지로 세계 서비스업 수출입액의 12.3%, 13.8%를 각각 차지해 탁월하며, 수출에서는 영국, 프랑스, 독일이, 수입에서는 독일, 일본, 영국이 높은 비율을 나타내고 있다(〈표 8-21〉).

경제지리학 분야에서의 연구는 생산자 서비스나 지식집약형 서비스 연구로 한정되는데, 이들 서비스는 대체로 중요한 전문 지식을 필요로 하고 소비자보다는 기업을 주요 고객으로 하는 전문화된 서비스이다. 한국의 서비스업의 지역적 분포를 살펴보면 〈그림 8-67〉과 같이 생산자 서비스와 제조업과의 상호의존의 관계에서 선진사회의 주요 산업부문 가운데 가장 성장속도가 빠른 추세를 보이고 경제발전

〈표 8-21〉 세계 주요 국가의 서비스업 수출입액

수출		수입	
국가	%	국가	%
미국(79.5%)	12.3	미국	13.8
영국(77.6%)	7.0	독일	9.2
프랑스(73.9%)	5.7	일본	8.1
독일(69.0%)	5.6	영국	5.7
일본(67.8%)	4.8	프랑스	4.3
이탈리아(67.1%)	4.0	이탈리아	3.9
에스파냐(68.4%)	3.7	네덜란드	3.6
네덜란드(74.0%)	3.6	캐나다	2.9
홍콩차이나	2.9	벨기에·룩셈부르크	2.7
벨기에·룩셈부르크	2.9	중국	2.5
캐나다(77.1%)	2.6	한국	2.3
중국(33.2%)	2.1	에스파냐	2.1
오스트리아(69.1%)	2.1	오스트리아	2.0
한국(68.3%)	2.0	아일랜드(68.7%)	2.0
싱가포르(76.2%)	1.9	홍콩차이나	1.8
계	63.2	계	66.9

주: 괄호안의 숫자는 서비스업 취업자 비율.
자료: Dicken(2003: 44); 二宮書店(2014).

〈그림 8-67〉 서비스업 종사자의 지역적 분포(2004년)

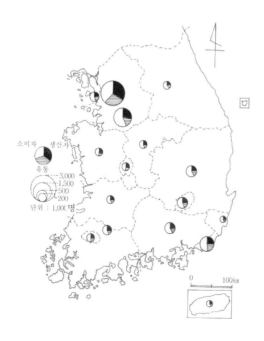

을 주도하는 생산자 서비스의 차별적인 성장이 지역의 경제성장과 발전에 큰 영향을 미쳤다는 것을 알 수 있다. 특히 서울을 중심으로 한 수도권으로 사업 서비스업을 비롯한 금융업, 부동산업 등의 생산자 서비스의 집중화 추세는 핵심-주변지역간에, 그리고 대도시와 소도시 간에 고용기회의 차별적 성장을 나타냈다.

3) 서비스업의 최적입지

서비스업의 각종 시설은 이용자의 측면에서 가장 편리한 곳에 입지를 해야 할 것이다. 서비스업의 최적입지는 선형 계획법에 의하는데, 이 방법을 지리학에 처음 소개한 사람은 개리슨(W. L. Garrison)이나, 1968년 타이츠(M. Teitz)는 공공 서비스 시설 입지이론의 정립을 주창했다. 개리슨은 중심지와 그 세력권의 배분문제에 이 방법을 적용해 중심지의 세력권은 그 중심지 인구에 비례한다고 생각하고, 세력권 내 각 주민의 소속 중심지까지 거리의 합계를 최소화하는 세력권 경계를 설정하는 것을 계산했다. 즉, 전 조사지역의 중심지가 m개, 농촌이 n개로, 중심지와 각 농촌의 인구수와 중심지와 각 농촌 간의 거리를 알 경우 〈표 8-22〉와 같은 자료행렬을 나타낼 수 있다. 여기에서 d_{ij}는 $i \cdot j$ 간의 거리를, u_j는 j중심지의 인구수, r_i는 i농촌의 인구수를 나타낸다. 지금 j중심지에 할당된 i농촌의 인구수를 x_{ij}라 하면,

$$\sum_{i=1}^{n} x_{ij} = u_{j,} \; j = 1, 2, \cdots, m$$
$$\sum_{j=1}^{m} x_{ij} = r_{i,} \; i = 1, 2, \cdots, n \text{이 된다.}$$

또 가장 단순한 경우로서 농촌의 총인구수와 중심지 총인구수가 같다고 하면 $\sum_{i=1}^{n} r_i = \sum_{j=1}^{m} u_j$로 나타낼 수 있고, 각 인구수는 $x_{ij} \geq 0$, $i=1, 2, \ldots, n$, $j=1, 2, \ldots, m$ 이 된다. 이러한 조건에서 목적 함수 z는 $z = \sum_{i=1}^{n} \sum_{j=1}^{m} d_{ij} x_{ij}$를 최소화하는 x_{ij}를 계산함으로써 각 농촌주민은 특정 중심지에 배분된다.

지역주민은 일상생활에 필요한 재화나 서비스를 제공받기 위해 각종 시설을 이용하고 있지만 그들의 이용행동은 시설의 경제성이나 역사적 배경에 의해 규정된 입지점을 행동의 결절점으로 해 이루어지는 것이 일반적이다. 이 결절점에 입지하는 시설을 중심시설이라고 부른다.

중심시설은 호드가트(R. L. Hodgart)가 지적한 바와 같이 시설이 입지함에 따라 주민이 여러 가지 비용과 가치를 새롭게 부가를 받게 되는데, 이런 관점에서 볼 때

〈표 8-22〉 경계문제의 자료행렬

거주지 농촌	중심지							
	1	2	3	⋯	j	⋯	m	
1	d_{11}	d_{12}	d_{13}		d_{1j}		d_{1m}	r_1
2	d_{21}	d_{22}						r_2
3	d_{31}							r_3
⋮	⋮							⋮
i	d_{i1}				d_{ij}		d_{im}	r_i
⋮	⋮							⋮
n	d_{n1}						d_{nm}	r_n
	u_1	u_2		⋯	u_j	⋯	u_m	

자료: 森川 洋(1980: 245).

에 중심시설은 바람직한 시설, 유해시설, 혼성시설로 나눌 수가 있다. 바람직한 시설은 거의 모든 주민이 이용하고 그 입지에 대해 거의 모든 주민이 반대하지 않는 시설이다. 즉, 학교, 병원, 도서관 등이 그 좋은 예이다. 유해시설은 지역에 필요하지만 소음이나 대기오염을 일으키므로 시설 입지가 이루어지면 인근주민이 피해를 받게 되는 시설로서 쓰레기 처리장 등이 그 예이다. 혼성시설은 각 사람의 가치기준에 의해 그 입지평가가 다른 것으로 각종 오락시설이 좋은 예이다.

현대인은 많은 공공시설을 이용하는 데 공공시설에는 여러 가지 종류가 있고 이동비 최소화를 원칙으로 한 종류만 있는 것이 아니다. 공공시설을 배치할 때는 이동비를 최소로 하는 효율성을 추구하는 것 이외에 시설에 가까이 거주하기를 원하는 사람에 대해서 동일한 공평성이 요구된다. 예를 들면, 소방서가 입지할 경우 소방차가 현장에 도착해 충분히 소화활동을 할 수 있는 범위 내에서 입지하기를 원한다. 만약 소방차의 이동비를 최소로 한 지점에 소방서를 입지시킬 경우 소방차가 현장에 도착하기 전에 가옥이 전소할 가능성이 있는 지구가 있다. 이러한 불공평성을 없애는 배치가 공공시설을 입지시킬 경우에 요구되는 것이다. 단, 효율성에 비해 공평성의 정의는 다양한 가치관을 반영하므로 제일주의로 결정할 수가 없다. 또 효율성, 공평성의 어느 원리에 의해 시설을 배치할까? 하는 점은 관련 당사자의 생각에 따르게 된다. 병원을 예로 들면, 병원 관리자는 소수의 큰 병원을 중심지에 배치시킴에 따라 효율성을 추구하려는지 모른다. 그러나 주민들은 좀 더 많은 병원을 가능한 한 주민들의 거주지 가까이에 배치시킴에 따른 공평성을 추구하려고 할 것이다.

여기에서는 공공시설의 배치모델로서 효율 중시형의 공공시설 배치 모델과 미니맥스 원리와 최대 피복(被覆)(maximal covering) 원리에 바탕을 둔 두 개의 공평 중시형 공공시설 배치 모델을 소개하려고 한다. 이러한 모델을 적용하기 위해 다음과 같은 전제조건이 필요하다.

(1) 모델의 전제조건

㉮ 중심시설의 종류 중 바람직한 시설을 대상으로 한다.

㉯ 배치되는 시설의 수는 미리 정해 놓으며, 그 규모는 일정하다.

㉰ 사람들은 아무런 제약을 받지 않고 이동하는 것이 아니고 거주 지구와 시설을 연결 짓는 교통로상을 이동하는 것으로 한다. 즉, 평면상의 시설입지가 아니고 교통망상의 시설입지로 취급한다. 이때 이동비는 거리에 비례하는 것으로 가정한다.

㉱ 시설의 건설비, 운영비는 어떤 지점에서도 일정하다고 가정한다. 따라서 시설배치에 대한 이동비만이 문제가 된다.

㉲ 시설을 이용하는 수요자는 시설의 유형에 따라 정해지지만 각 지구의 인구로 대체시킨다.

이와 같은 전제조건을 바탕으로 교통로로 연결된 다수의 거주지구(수요 지점)에 복수의 공공시설을 배치하는 모델의 연산법(algorithm)은 아래와 같다.

(2) 효율 중시형 모델

효율 중시형 모델은 주민이 시설까지 이동하는 총 이동거리를 최소로 하는 것을 목적으로 한다. 이 연산법은 목적함수 $z = \sum_{i=1}^{n} \sum_{j=1}^{m} P_j d_{ij}$ 를 최소로 하는 n개 시설의 위치를 구하기 위해 다음과 같은 단계를 거쳐야 한다. 단, i는 시설, j는 수요지점, n은 시설의 총수, m은 수요지점의 총수, P_j는 수요지점의 인구, d_{ij}는 시설 i와 수요지점 사이의 거리이다.

㉮ n개 시설을 m개의 수요지점 중 어디에나 하나씩 배당해 각 시설의 초기 좌표를 결정한다.

㉯ m개 수요지점의 각각에 대해 최소 이동비용($p_j d_{ij}$)을 보증하는 하나의 시설을 배당한다(서비스권의 결정).

㉰ 서비스권별로 수요지점 중에서 서비스권별의 목적함수를 최소로 하는 시설의 새로운 좌표를 각각 하나씩 찾아낸다.

㉣ 새로운 좌표를 기준으로 ㉯~㉰의 단계를 $Z^{(k)} = Z^{(k+1)}$이 될 때까지 k회 반복시킨다. 최종적으로 얻은 시설의 x좌표, y좌표가 시설의 최적 입지좌표가 된다.

(3) 공평 중시형(미니맥스 원리)모델

미니맥스 원리에 바탕을 둔 공평 중시형 모델은 시설에서 떨어져 사는 주민들이 수를 가능한 한 적게 하고, 이동거리의 흩어짐을 적게 하는 것을 목적으로 하고 있다. 그 연산법은 각 수요지점에서 최근접 시설까지의 최대 거리를 최소로 한다. n개의 시설 위치를 구하려면 다음과 같은 단계로 한다.

㉮ n개의 시설을 m개의 수요지점 중 어디에나 하나씩 배당해 각 시설의 초기 좌표를 결정한다.

㉯ m개의 수요지점을 최근접 시설에 배당한다(서비스권의 결정).

㉰ 서비스권별로 각 수요지점에서 다른 수요지점까지의 최대 거리를 구해 그중에서 최소값을 갖는 수요지점을 찾아낸다(미니맥스 거리의 계산).

㉣ 단계 ㉰에서 얻어진 수요지점을 시설의 새로운 입지지점으로 해 ㉯~㉰의 단계를 시설의 입지지점이 변화하지 않을 때까지 반복시킨다. 그 결과 얻어진 시설의 x좌표, y좌표가 시설의 최적 입지좌표가 된다.

(4) 공평 중시형(최대피복) 모델

최대피복(最大被覆) 원리에 바탕을 둔 공평 중시형 모델은 시설에서 일정한 거리의 범위에 있기 때문에 가능한 한 많은 주민에게 서비스를 제공하는 것을 목적으로 한다. 이 연산법은 각 시설에서 일정한 거리범위 S에 포함되는 수요를 최대로 하는 n개의 시설 위치를 다음과 같은 단계로 구한다.

㉮ 서비스권의 거리범위를 결정한다.

㉯ 정해진 서비스권의 거리범위를 바탕으로 총수요의 최대 부분을 덮도록 첫 번째 시설을 입지시킨다.

㉰ 첫 번째의 시설에 의해 커버되지 않는 나머지 수요의 최대 부분을 커버하는 지점에 두 번째 시설을 입지시킨다.

㉕ 두 번째 시설의 입지를 고정하고 이 시설에 의해 커버되지 않는 수요를 최대한 커버하는 위치에 첫 번째 시설을 재입지시킨다. 그리고 단계 ㉓의 경우에서 커버하는 수요량과 비교한다.

㉖ 만약 단계 ㉓~㉔에서 결정한 첫 번째, 두 번째 시설의 위치가 전체적으로 수요를 최대한 커버한다면 세 번째 시설을 똑같은 방법으로 입지시킨다.

㉗ 이에 대해 단계 ㉕에서 결정된 첫 번째, 두 번째의 시설의 위치가 단계 ㉓~㉔의 것보다도 전체적으로 수요를 좀 더 많이 덮도록 하게 되면 첫 번째의 시설 위치만을 고정시키고 단계 ㉔로 되돌아온다.

㉘ 이상의 순서를 n개의 시설이 모두 입지할 때까지 반복한다. 그 결과 얻어진 시설의 x좌표, y좌표가 최적이라고 생각하는 시설의 입지 좌표이다.

이상의 연산법은 시행착오적인 것이 있기 때문에 초기 좌표를 정하는 여하에 따라 최적해(最適解)를 얻지 못하는 경우도 있으니 주의해야 한다. 이것을 피하기 위해서는 일정한 제약조건을 바탕으로 하는 목적함수의 최적해를 구하는 선형 계획법을 적용하는 것이 일반적이다.

(5) 공공시설 배치모델의 적용

이들 세 가지의 다른 모델을 같은 자료에 적용해 볼 경우 결과는 다르게 나타난다. 〈그림 8-68〉은 네덜란드와 국경을 가까이 하고 있는 독일 루르지방의 클레베(Kleve)[라인강의 좌안(左岸)]와 엠머리히(Emmerich)[라인강의 우안(右岸)]의 인구분포를 나타낸 것이다. 이들 두 도시에 4개의 공공시설을 배치하기로 하자. 먼저 〈그림 8-69〉는 효율 중시형 모델을 적용한 결과를 나타낸 것이다. 두 도시에 두 개씩의 공공시설이 입지해 있다. 이 경우 주민의 100%가 서비스를 제공받을 수 있으며 총 이동거리는 약 9만km이고, 주민의 최대 이동거리는 6.9km가 된다. 다음으로 공평 중시형(미니맥스 원리) 모델을 적용한 결과는 〈그림 8-70〉이다. 역시 두 도시에 공공시설은 두 개씩 입지하고 있다. 단, 입지장소는 앞의 모델과 다르다. 이 경우에도 주민의 100%가 서비스를 제공받을 수가 있지만 총 이동거리는 약 12만km로 증가하고 효율성은 감소하고 있다. 그러나 주민의 최대 이동거리는 4.1km로 단축되어 공공성은 증가하고 있다. 그것은 클레베에서 하나의 공공시설이 중심부에서 멀어져 인구가 희박한 장소에 입지하고 있는 사실에서 반영된 것이다. 마지막으로 공평

〈그림 8-68〉 클레베와 엠머리히의 인구분포

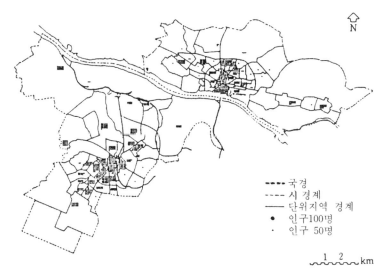

```
----  국경
----  시 경계
----  단위지역 경계
●    인구100명
·    인구 50명
```

```
1  2
~~~~~~km
```

자료: 杉浦芳夫(1989: 79).

〈그림 8-69〉 효율 중시형 시설배치 모델의 적용 결과

총 이동거리 : 91,611km
최대 이동거리 : 6.9km
서비스 제공 100%

```
△    중심시설
----  서비스권 경계
----  국경
----  시 경계
----  단위지역 경계
·    단위지역 중심
▲    단위지역 번호
```

클레베: 단위지역 1-46
엠머리히: 단위지역 47-91

```
1  2
~~~~~~km
```

자료: 杉浦芳夫(1989: 79).

〈그림 8-70〉 공평 중시형(미니맥스 원리) 시설배치 모델의 적용 결과

총이동거리 : 117,191km
최대 이동거리 : 4.1km
서비스 제공 : 100%

△ 중심시설
----- 서비스권 경계
---- 국경
-·-· 시 경계
—— 단위지역 경계
· 단위지역 중심
🌢 단위지역 번호

1 2 km

클레베 : 단위지역 1-46
엠머리히 : 단위지역 47-91

자료: 杉浦芳夫(1989: 80).

〈그림 8-71〉 공평 중시형(최대 피복원리) 시설배치 모델의 적용 결과

최대 피복거리 : 1.5km
서비스 제공 : 76%

△ 중심시설
----- 서비스권 경계
---- 국경
-·-· 시 경계
—— 단위지역 경계
· 단위지역 중심
🌢 단위지역 번호

1 2 km

클레베 : 단위지역 1-46
엠머리히 : 단위지역 47-91

자료: 杉浦芳夫(1989: 80).

중시형(최대피복 원리)모델을 적용한 결과가 〈그림 8-71〉이다. 최대피복 거리를 1.5km(그림 중에 파선으로 나타낸 것)로 하면 4개의 시설에 의해 모든 주민의 약 76%가 서비스를 제공받게 된다. 시설 수와 최대피복 거리와의 관계에서 충분한 서비스를 받지 않는 지구가 나타나는 것이 이 모델의 특징이다. 이것이 전자 두 모델과 크게 다른 점으로 클레베에는 세 개의 시설이 입지하고 있다.

이상, 세 가지의 모델에서 배치원리가 다름에 따라 결과가 다르게 나타난다는 것을 알 수 있다. 그러므로 시설배치의 의사결정자가 효율성과 공평성 중 어느 쪽을 중시하는가에 따라 주민이 제공받는 서비스의 수준은 지역적으로 다르게 나타난다.

여기에 나타난 배치원리 이외에 계층적 시설배치 모델이 있다. 대상으로 하는 시설에 계층성이 존재할 경우 이 모델을 적용할 수 있다. 예를 들면, 보건소-의원-병원의 의료시설이 계층적 배치를 하면 이에 해당된다. 물론 이러한 시설도 공공서비스를 제공하는 것이기 때문에 통상 공공시설 배치모델을 원용해서 이론적인 중심지분포를 검토하는 것이 가능하다. 또 공공시설이 시간이 경과함에 따라 순차적으로 배치될 때 동적인 공공시설 배치모델도 당연히 존재한다.

제9장
경제적 중추관리기능의 지역구조

1. 경제적 중추관리기능의 중요성

19세기까지 도시는 교역의 중심지였고, 산업혁명 이후 대도시는 제조업의 중심지가 되었으며, 20세기에 와서 주요 도시는 관리의 중심지가 되었다. 이런 관리의 중심지가 갖고 있는 것이 중추관리기능이다.

중추관리기능이란 용어는 일본에서 사용되는 것으로 서부 유럽에서는 사무소(office)[1] 기능 또는 관리(management) 기능이라고 부른다. 중추관리기능이란 기업이 채산을 유리하게 하기 위한 조건 중에서 행정(사무), 정치(정부와의 접촉), 문화(문화행사), 신용(신용카드), 정보, 기술, 본사, 본점, 판매 등과 같이 직접 물적 생산을 하지 않고 3차산업적 여러 기능을 집적하는 성질을 가지고 있는데, 이 가운데 3차산업적 여러 기능을 관리기능이라 부른다. 즉, 해당 도시 및 그 주변지역에서 경제적·사회적 활동을 조사·연구하고 정보제공을 통해 생산·판매부문을 관리하고 의사결정을 행하고 통제를 해 그들의 활동을 원활하게 하도록 하는 기능을 말한다. 그리고 중추관리기능은 관리기능 중 주변지역을 지배하는 영향력이 강한 기능을 말한다. 중추관리기능은 통상 행정적·경제적·문화적 기능으로 3구분하거나, 또는 ① 보험업·은행업의 금융업과, ② 주로 제조업, 소매업, 운수업 등에서 기업의 관리기능을 행하는 것, ③ 중추관리기능에 서비스를 제공하는 기업, 즉 회계사, 변리사,[2] 광고 대리점, 마케팅 상담자 등으로 구분하고 있다.

경제적 중추관리기능은 경제의 상부구조에 해당하는 제조기업, 금융기관, 종합상사 등의 수뇌부, 관리·기획부문에의 기업행동에 관한 의사결정 기능과 의사결정

---

1) 오피스란 전문적·관리적·사무적 직업에 종사하는 사무계 취업자가 정보의 수집이나 처리, 정보의 생산이나 교환, 의사결정을 행하는 공간이나 장소를 가리킨다. 또 오피스 개념 규정에 관해 고다드(J. B. Goddard)는 기능적 개념과 형태적 개념으로 나누었다. 전자는 정보·아이디어·지식의 탐색, 축적, 수정, 교환, 발안(發案) 등을 취급하는 오피스 활동, 오피스 직업, 오피스 조직을 말한다. 그리고 후자는 오피스 활동을 하기 위해서나 정보 처리시설을 설치한 업무공간인 오피스빌딩과 오피스 시설을 말한다.

2) 특허나 실용 실안, 상표, 의장 등의 등록을 대리하고, 분쟁이 생겼을 때 법적 변호를 맡는 특허업무의 변호사를 가리킨다.

에 앞서 외부로부터의 정보수집 기능, 조직을 관리·통제하는 관리기능 및 제품·기술 등의 연구·개발(Research and Development: R & D) 기능으로, 경제의 하부구조의 가치를 높여주는 것이 아니고 하부활동을 원활하게 진행시키는 것을 목적으로 하는 활동을 말한다.

이 분야의 연구는 1960년대에 시작되었으며, 본격적인 연구는 1970년대에 이루어졌다. 지리학 분야에서 1960년대부터 경제적 중추관리기능에 관심을 갖게 된 것은 경제발전에 따라 기업이 성장함으로써 경영상의 의사설정의 기능, 기업조직을 중앙 집권적으로 관리하는 기능의 중요성이 증대되었기 때문이다. 또 소수 대기업이 지배적인 지위를 차지함에 따라 독점 기업의 행동이 독점적 상호 의존성을 강하게 규정하기 위해, 기업으로서는 외부의 정보를 적확하게 수집하는 기능의 중요성이 증가됨에 따라 나타나기 시작했다. 경제적 중추관리기능에 대한 선구적인 연구로서는 헤이그(R. M. Haig)가 뉴욕 맨해튼을 대상지역으로 금융기관의 입지패턴을 연구한 것이다. 헤이그는 도시의 여러 활동의 입지를 접근성(지식·정보의 수송비 절약)과 지대와의 보완성에 의해 설명하려 했다. 여기에서 지식의 수송비란 지식을 정보의 질서로 세운 것이라고 한다면 지식에도 정보와 같은 모양으로 통신비가 제일의 구성요소가 된다. 우편에서 전신·전화, 팩스, 인터넷과 통신수단은 진보하고, 또 전용회선의 보급에 의해 거리에 대한 비용이 소요되는 방법도 변화해왔다. 또 책이나 잡지, 신문, 시디롬(compact disc read only memory: CD-ROM) 등 정보나 지식을 채우는 각종 정보재화의 이동에 관해서도 물적 수송비를 치렀다. 이러한 중추관리기능의 입지는 기업경영에는 물론 입지하는 도시·지역의 측면에서도 중요한 과제이다.

경제적 중추관리기능이 지역구조와 관련을 맺는 것은, 첫째, 경제적 중추관리기능이 대도시에 집적·집중해 과밀현상을 나타내어 지역문제 내지 지역 간 격차 문제로 대두되어 해결되어야 할 중요한 사회문제가 되었기 때문이다. 둘째로 대기업의 성장과 더불어 대기업은 전국 규모에 사무소(본사, 지점, 영업소, 공장 등)의 배치망을 정비하고 있다는 점이다. 그 결과 각종 사무소가 집적하는 정도에 따라 도시 간에는 계층성이 확실하게 나타나게 된다. 그래서 도시의 성장과 경제적 중추관리기능과의 관계가 논의의 대상이 되고 있으며, 경제발전과 더불어 경제적 중추관리기능이 도시에 배치되어 성장이 뚜렷한 대기업군의 전국적 지배망이 확립되기 때문이다.

　한편 독점기업에서의 기업 간 경쟁은 국내외적으로 더욱 증대됨에 따라 산업구조 정책은 지식 집약화로 전환되고 있어 국제적 시야에서 볼 때 첨단기술 산업의 육성이 중요하다고 강조하고 있다. 이러한 단계에서 볼 때 경제적 중추관리기능 중에서 정보수집 기능의 중요성이 증대되므로 연구·개발기능의 중요성이 더욱 높아지리라고 본다.

　이 장에서는 기업의 경제적 중추관리기능이 지역적 배치에서 나타나는 특징이나 경향을 파악하려고 한다. 여기에서는 전형적인 오피스로서 기업의 본사나 지점을 중심으로 중추관리기능의 기업행동에 관한 의사결정 기능, 그 전제가 되는 외부정보 수집기능, 조직을 관리·통제하는 관리기능 및 제품·기술 등의 연구·개발기능으로 나누어 기술하기로 한다. 현실적으로 앞의 세 가지 기능은 최고차로 기업 본사가 담당하고, 마지막 기능은 전문적인 것으로 기업의 연구·개발기능이다. 일반적으로 중추관리기능은 의사결정과 그 준비과정으로서 모든 정보기능과 집행에서 관리기능을 말하지만, 국내외의 기업 간 경쟁에서 연구·개발력이 갖는 중요성이 커지고 있는 오늘날에는 연구·개발기능을 경제적 중추관리기능의 하나로 취급하는 것은 필수적이다.

2. 경제적 중추관리기능의 지역구조 형성 이론

　경제적 중추관리기능에 관해 전국을 대상으로 할 때 지역구조 형성의 이론적 설명은 크게 두 가지가 있다. 첫째로 경제적 중추관리기능의 공간적 배치에 중점을 둔 이론, 둘째는 경제적 중추관리기능이 거대도시에 집적·집중한 점에 초점을 둔 이론으로, 이들 양자는 반드시 양자택일적인 관계가 아니다.

　이와 같은 경제적 중추관리기능의 이론적 설명은 먼저 중심지이론으로 설명할 수가 있다. 즉, 경제적 중추관리기능을 중심지의 중요한 기능의 하나로 생각하면, 중심지의 계층성에 대응하는 경제적 중추관리기능이 존재하게 되며, 경제적 중추관리기능의 최고차의 기능이 최대 규모의 중심지에 배치되고, 다음 차원의 기능이 그 다음 중심지에 배치되는 서열계층을 나타내게 된다. 그러나 이와 같은 관점에서 볼 때 경제적 중추관리기능에 대한 몇 가지 문제점이 나타나게 된다. 첫째, 중심지의 서열계층은 중심지에서 공급되는 재화·서비스의 도달범위 또는 시장권의 크고 작음에 바탕을 둔 이론적 설명인데, 경제적 중추관리기능을 중심지이론에서 중심지의 기능으로 간주하고 중심지 서열계층으로 설명하는 것은 불가능하다는 것이다. 둘째, 경제적 중추관리기능을 중심지이론에서 중심지의 기능으로 생각해도 될 것인가 하는 문제이다. 이 점에 대해 모리카와(森川 洋)는 중심지이론에서 중심지의 기능은 주변지역의 모든 수민에게 아수 일반석으로 이용할 수 있는 기능이지만, 중추관리기능은 일반 주민의 생활과는 전혀 관계가 없는 것이라고 지적하고 있다. 더욱이 고차 중심지가 가지는 중추관리기능에 대한 연구를 중심지 연구의 전열(戰列)에 포함시켜도 될 것인가라는 문제도 있다. 셋째, 현실적으로 최고차의 경제적 중추관리기능이 한 나라의 최대 규모의 중심지에 집적, 집중하지 않는다는 점이다.

다음으로 경제적 중추관리기능의 지역구조 형성에 관한 또 하나의 이론적 설명은 도시에서 집적이익 내지 외부경제의 관점에서 본 설명이다. 즉, 기업이 본사 또는 그 중추관리와 관계되는 사무소를 전국에 배치시킬 때 집적이익 내지 외부경제를 향수(享受)할 수 있는 대도시에 배치하는 경향이 있다는 것이다.

이러한 현상에 대해 암스트롱(R. B. Armstrong)은 공업의 생산활동이 공간적으로 분산되어 전국적으로 균등 분포하는 경향을 나타내는 데 대해, 사무소 활동, 더욱이 중추적인 사무소 활동은 전국적 수준에서는 한층 밀집된 입지패턴을 취하게 된다고 했다. 이 중추적인 사무소의 지역적 집중 동향은 기업 상호 간의 접촉, 고도 숙련노동시장 및 보완적·보조적인 대기업 서비스가 사무소의 운영상 필요하다는 것을 반영한 것이다. 또 그는 본사 수준의 사무소 활동에서는 외부경제의 필요성과 집중의 이익 등이 급증하기 때문에 본사 활동에 필요한 보조적 서비스, 전문 노동시장 및 기업 간의 커뮤니케이션을 원활히 유지할 수 있는 것은 최고의 서열 계층에 속하는 대도시뿐이라고 지적하고 있다. 즉, 그는 대기업 본사의 입지가 최대 규모급의 대도시에 집중하는 것은 그들이 필요로 하는 외부경제가 이들 대도시에 존재하는 것과 본사가 이들 대도시에 집중 입지함에 따라 집적이익이 발생하기 때문이라고 주장했다. 한편 프레드(A. Pred)는 민간기업의 본사 입지를 규정하는 요인으로서 첫째, 대면(對面) 커뮤니케이션의 기회를 쉽게 할 수 있고, 고도의 전문적인 정보를 쉽게 입수할 수 있는 점이라고 주장하고 있는데, 이 점은 기업본사의 입지를 정하는 결정적인 요인이다. 둘째, 정보교환에 필요한 비용을 절약할 수 있는 점으로서 정보교환에 필요한 시간은 꽤 길기 때문에 대도시에 본사나 관련 서비스산업이 집적함으로써 발생되는 비용의 절약이 많다는 것이다. 이런 점에서 볼 때 도시 간에 많은 제트 항공노선이 개설되어 있어 대도시 사이의 집적이익이라고 부를 우위성을 대도시가 갖고 있다고 지적하고 있다. 이러한 두 가지 주요한 요인과 더불어 기업이 성장·확대됨에 따라 대도시가 전문적인 정보에 대해 우위에 있다는 점은 다음 세 가지 측면에서 설명할 수 있다. 첫째, 대기업 간의 대면접촉이 쉽다는 점, 둘째, 대기업 서비스를 이용할 수 있는 점, 셋째, 대도시 간에는 시간적으로 접근해 있다는 점이다.

대면접촉이 어떠한 업무에서 중요한가는 손그런(B. Thorngren) 등에 의한 접촉체계(contact system)의 연구에서 보면 첫째, 오리엔테이션, 둘째, 기획입안(planning), 셋째, 프로그램의 세 단계로 업무과정을 구분했다. 오리엔테이션은 신규 생산활동 개시나 생산, 임금조달 등 전제조건의 분석활동을 가리키고, 가장 예민한 판단이나 정보 처리를 필요로 하는 것이기 때문에 대면접촉의 접점이 중요한 역할을 한다. 기획입안은 좀 더 구체적이고 상세한 계획입안을 가리키지만, 이 경우 전화에 의한 접촉이 증가해 대면접촉에 의한 것이 병용된다. 이들에 대한 프로그램은 생산이나 판매의 감독이나 거래의 관리 등 상대적으로 정형적이고 일상적인 업무이고, 전화를 중심으로 한 일방통행적 명령이 중심이 된다. 여기에서도 본사업무의 중심은 오리엔테이션이고 그 경우 대면접촉이 가장 중요하다.

이러한 세 과정을 분리하는 것이 가능하다면 프로그램 활동은 기획입안, 오리엔테이션 활동과 비교해 자유로워지기 쉬우며, 특히 오리엔테이션 활동은 부자유스러워 대도시의 CBD라는 정보 집적지역에 입지할 것이다. 또 조직론적 관점에서는 커뮤니케이션 비용을 검토해 기업조직 내에서의 경우 또는 수직적 통합 등 내부조직화가 이루어진 경우에는 조직 간 경우보다 불확실성은 낮고, 1회 소요시간은 적으며, 그것도 정보 코드화에 의한 효율화가 나타나기 때문에 공간적 제약이 낮아지는 경향이 있다고 지적했다.

다음으로 최근 중요성이 증대되고 있는 연구·개발기능의 입지에 대해 기술하기로 한다. 연구·개발기능의 입지에 대한 연구는 그 축적이 적은 편인데, 그것은 이론적으로 체계화되어 있지 않기 때문이다. 그러나 연구·개발기능의 입지문제는 지역

경제에 강한 영향을 미친다고 생각할 수 있다. 그 입지가 어떤 요인에 의해 규정되는가를 분석하는 것이 금후의 연구과제이다.

맬레키(E. J. Malecki)는 미국의 연구·개발기능의 입지를 검토한 결과 다음의 4가지 요소가 연구·개발기능의 집적·집중과 관련되고 있다고 지적했다. 첫째, 정부의 시험·연구기관, 둘째, 연구기관으로서의 대학, 셋째, 공업 생산활동, 넷째, 기업 본사이다. 첫째 요소는 정부기관으로부터의 수주(受注)에 의존하는 기업의 경우 그 연구·개발기능이 입지를 강하게 규정받고 있다. 그것은 정부이 연구·개발기관이 연구자와 상호 접촉할 기회를 얻기 위해서이다. 둘째 요소인 대학은 기초적인 연구와 새로운 교육을 하는 연구자가 있고, 또 대학의 연구자와 교류의 기회를 얻기 쉽기 때문이다. 셋째 요소는 제품의 개발이나 개량을 가장 잘하기 위해서는 생산이 행해지는 장소에 접근해 있는 것이 바람직하기 때문이다. 넷째 요소는 연구·개발이 기업의 경영전략과 밀접한 관계가 있기 때문이다. 그런데 이들 요소가 존재하는 곳은 일반적으로 대도시이다. 따라서 연구·개발기능은 대도시에 집적·집중하는 경향이 있다. 그러나 이들 요소의 공통점은 아마 대기업 본사 입지의 경우와 마찬가지로 대도시가 갖는 외부경제, 특히 개인의 대면접촉에 의한 정보수집·처리·전달의 가능성일 것이다. 물론 연구·개발기능의 입지는 연구자 확보 여부에 크게 영향을 받으며, 대도시의 과밀로 외부불경제도 관련되어 있다고 볼 수 있다.

3. 기업 본사의 입지

1) 대기업 본사의 수도 집적·집중

기업의 중추관리기능 입지가 집적의 이익에 강하게 유인된다고 하면 대기업 본사는 반드시 대도시에 집중 입지하게 된다. 이러한 현상은 첫째, 대기업 본사의 집적·집중의 정도가 뚜렷한데 이는 국가수준에서 볼 때 정치·행정기관의 중추부가 집중 입지해 있는 곳이 수도이기 때문이며, 둘째, 집적·집중의 정도가 뚜렷한 데 있다. 이와 같이 수도에 본사가 집적·집중하는 이유는 〈표 9-1〉과 같다. 즉, 1972년 5월 도쿄 상장 대기업 663개를 설문 조사한 결과 도쿄에 사무·관리부문을 둔 이유는

<표 9-1> 도쿄에 사무·관리부문을 둔 이유

단위: %

이유 \ 자본금	1억~10억 엔	10억~50억 엔	50억~100억 엔	100억 엔 이상
관청에서 인허가 사무, 정보수집에 편리	36.0	53.3	75.8	85.6
업계나 수요자로부터 정보수집에 편리	73.6	80.4	80.6	78.9
도쿄의 수요가 크기 때문	60.9	54.2	54.8	45.6
자금 조달 면에서 편리성이 높다	38.6	32.0	25.8	27.8
국제 상거래에 편리	11.2	10.8	17.7	25.6
도쿄에 있는 것이 신용도를 높임	14.2	12.7	3.2	1.1

'관청으로부터의 인허가 사무, 정보수집이 편리'하고, '업계나 수요자로부터 정보수집이 편리'하기 때문인 것으로 나타났다. 또 1979년 도쿄도 내 23개 구에 본사를 둔 민간기업에 도쿄에 본사를 두면 좋은 점에 대해 설문 조사한 결과 '판매 또는 판매처 등과의 거래가 유리한 점', '거래정보가 풍부한 점', '국가 행정기관과의 접촉이 편리한 점' 등으로 답한 기업의 비율이 높았다. 또 기업규모가 클수록 이들 장점의 비율이 높다. 프레드에 따르면 이와 같은 국가기관과 대기업과의 유착관계는 파리, 브뤼셀, 빈, 코펜하겐과 같은 각 국가 수도와 시드니, 멜버른, 보스턴, 애틀랜타, 미니애폴리스 등 각 국가의 주도(州都)에서와 같이 본사 입지를 규정하는 한 요인으로서 정부 중추관리기관과의 대면접촉의 용이성으로 설명할 수 있다.

주요 자본주의국가에서 대기업의 대도시 집중현상을 파악해보면 다음과 같다(<표 9-2>). 즉, 한국, 프랑스, 벨기에, 영국, 스웨덴, 오스트리아 등은 수도에 대기업의 본사가 가장 많이 입지한 국가이다. 그러나 수도가 아닌 도시에 대기업의 본사가 집중해 있는 국가도 있다. 이와 같이 대기업의 본사 입지는 한국을 포함해 수도에 집중하는 국가와 수도에는 그다지 입지하지 않으며 최대 집중 도시의 집중도도 비교적 낮은 국가도 있다.

그런데 국가기관과 대기업이 유착되는 특색을 가진 오늘날의 자본주의국가에서 상술한 바와 같이 두 개의 그룹이 존재하고 있다. 이것은 각 국가 권력의 지역적인 집중 내지 분산의 상황과 관계되고 있는 것이 아닌가를 추론할 수 있다. 즉, 이것을 단순화시키면 단일국가인가 연방국가인가에 따라, 연방국가에서는 보통 정치권력은 연방을 구성하는 행정단위에 분산되어 있다. 그러나 단일국가에서 지방자치제도의 도입으로 약간 분산될 경우도 있지만 기본적으로는 중앙정부에 집중되어 있다. 따라서 대기업의 본사 입지는 국가기관의 공간적 배치에 영향을 받는다고 하

〈표 9-2〉 주요 자본주의국가에서 대기업 본사의 주요 도시 집중도

국가형태	국가	제1위	제2위	제3위	대상 년도(년)	대상 기업
단일국가	한국	서울* 52.8%	부산 4.3%	안산 4.2%	2012	유가증권·코스닥 시장 상장법인 매출액 1,000대 기업
	일본	도쿄* 48.5	오사카 15.0	나고야 4.1	1970	주요 1,576개 기업
	영국	런던* 53.2	버밍엄 6.6	맨체스터 4.5	1971~1972	판매액 상위 1,000개 기업
	프랑스	파리* 83.0	리옹 2.2	마르세유 1.7	1962~1965	주요 230개 기업
	벨기에	브뤼셀* 49.0	안트베르펜 15.0	리에주 15.0	1965	주요 100개 기업
	이탈리아	밀라노 39.2	로마* 15.7	토리노 9.3	1962~1965	주요 140개 기업
	스웨덴	스톡홀름* 38.5	예테보리 16.2	말뫼 6.1	1965	주요 148개 기업
	뉴질랜드	오클랜드 35.0	웰링턴* 24.0	더니든 14.0	1963~1964	주요 100개 기업
연방국가	구서독	함부르크 13.7	쾰른 10.3	뮌헨 7.2	1962~1965	주요 214개 기업
	스위스	취리히 18.5	바젤 16.9		1965	주요 65개 기업
	오스트리아	빈* 80.0	-	-	1966	주요 50개 제조기업
	미국	뉴욕 25.1	시카고 9.7	로스앤젤레스 5.2	1972	주요 1,300개 기업
	오스트레일리아	시드니 49.7	멜버른 43.2	애들레이드 2.8	1963~1964	주요 887개 기업의 자산

* 국가의 수도.
자료: 川島哲郎 編(1986: 178); 한국경제신문(2012) 자료를 참고하여 필자 작성.

면, 그것은 단일국가로서 역사가 긴 국가의 경우는 수도에 집중하는 경향을 나타내며, 연방국가로서 오랜 경험을 가진 국가는 분산의 경향을 각각 나타낸다고 하겠다. 연방국가로서 긴 역사를 가진 미국(1787년 연방헌법제도), 스위스(1815년 연방헌법제도) 및 독일(1867년 북독연방결성)의 경우는 각 국가에서 대기업 본사가 최대로 집중된 도시로의 집중도는 다른 국가에 비해 매우 낮다. 이들 국가에서 연방제의 채택은 정치·경제가 서로 독립해서 발전해왔던 식민지 내지는 국가를 통합해서 하나의 국가를 형성할 목적이었다. 이들 국가는 연방국가 성립 후에도 정치·경제부문에서는 지방분권의 경향이 유지되어왔다.

이에 대해 단일국가로서 오랜 기간에 걸쳐 중앙 집권적 정치체제를 취해온 대표적인 국가로서 영국과 프랑스는 대기업 본사의 수도 집중이 매우 높다. 이와 같은 대기업의 본사 입지는 국가기관과의 접촉이 쉬운 점만으로 규정되는 것은 아니다. 그것은 기본적으로 국민경제 전체의 지역구조와 강하게 관련되어 있기 때문이다 (〈표 9-2〉).

2) 대기업 본사의 대도시 입지 특색

대기업 본사의 대도시 입지 특색을 살펴보면 다음과 같다. 첫째, 기업의 규모가 클수록 본사를 최대의 도시에 두는 경향이 있다. 한국의 경우 〈표 9-3〉과 같이 1,000대기업의 52.8%가 서울에 본사를 두었지만 기업의 자본금 면에서 볼 때는 자본금이 많을수록 서울의 집중도가 높아지고 있다. 이와 같은 현상은 미국·영국에서도 볼 수 있다. 즉, 미국의 경우 1972년에 제조업체가 뉴욕에 본사를 둔 기업의 비율이 연간 판매액 순위에서 상위 501~1,000위의 기업은 21.6%이나 1~500위까지의 기업은 29.4%를 차지했다. 그리고 영국의 경우는 1971~1972년 사이에 제조업·서비스업체가 본사를 런던에 둔 기업의 비율을 연간 총수입액의 순위로 보아 상위 501~1,000위까지의 기업은 41.0%인 데 비해, 1~500위까지의 기업에서는 65.4%를 차지했다. 이와 같은 경향에서 규모가 큰 기업일수록 일반적으로 중앙 관청과의 관계 및 무역의 면에서 최대 도시 내지는 수도에 본사를 둘 필요성이 강하다는 것을 알 수 있다.

둘째로 금융기관의 본사·본점도 최대 도시에 집적·집중하는 현상이 뚜렷하다. 한국의 경우 〈표 9-4〉에서와 같이 은행의 87.8%, 보험회사의 100.0%가 서울에 본점·본사를 두고 있다는 점에서 알 수 있는데, 이와 같은 현상은 일본, 프랑스, 이탈리아에서도 볼 수 있는 현상이다.

〈표 9-3〉 상장기업 매출액 1,000대 기업의 자본 규모별 본사 입지 수(2012년)

자본금 본사입지	100억 원 미만	100억~500억 원	500억~1,000억 원	1,000억~5,000억 원	5,000억~1조 원	1조 원 이상
서울	70	90	10	26	2	3
부산	9	7	4	3		
인천	12	9	1	1		
대구	5	5	2	3		
울산	3	2	2	3		
성남	11	6	1	3	1	
안산	6	14	1	1		
용인	3	6	1	2	1	
화성	8	9		2		
창원	3	3	3	3	2	
기타	47	65	5	11	2	
전국	177	216	30	58	8	3

주: 자본금이 계재된 기업만 산출.
자료: 한국경제신문(2012)의 자료를 참고하여 필자 작성.

<표 9-4> 예금은행·보험회사 본사·본점의 대도시 입지

국가	예금은행	보험회사	대상 연도(년)
한국	서울 87.8%(43/49)	서울 100.0%(11/11)	2012
일본	도쿄 46.1%(6/13)	도쿄 87.0%(40/46)	1983~1984
프랑스	파리 63.3%(19/30)	파리 90.0%(45/50)	1962, 1965
이탈리아	밀라노 30.0%(6/20)	로마 35.0%(7/20)	1962~1965
구서독	프랑크푸르트 16.1%(4.83/30)	쾰른 26.0%(13/50)	1962~1963
미국	뉴욕 22.0%(11/50)	뉴욕 18.0%(9/50)	1972

주: 괄호 안의 숫자는 전체 본사, 본점 중 각 도시에 입지한 수.
자료: 川島哲郎 編(1986: 182); 한국경제신문(2012)의 자료를 참고하여 필자 작성.

셋째, 시계열적으로 보아 대기업의 입지는 특정 대도시로 집중하는 경향이 낮아지고 있다. 이와 같은 점은 셈플(R. K. Semple)이 지적한 바와 같이 국민경제의 성숙도가 증대될수록 대도시로의 대기업 본사 입지의 집중도는 약화된다. 이와 같은 현상은 1986년 한국의 상장기업 346개 기업의 본사 중 서울에 74.0%, 1995년(725개 기업)에는 58.6%, 2003년(676개 기업)에는 52.8%, 2012년에는 상위매출액 1,000

<표 9-5> 미국 주요 기업의 도시별 본사 입지 변화

단위: 개(%)

도시	1969년 본사 수	1979년 본사 수	1989년 본사 수
뉴욕	187(36.2)	132(26.5)	86(18.9)
시카고	71(13.8)	66(13.2)	58(12.7)
댈러스	14(2.7)	19(3.8)	26(5.7)
로스앤젤레스	34(6.6)	32(6.4)	25(5.5)
보스턴	17(3.3)	16(3.2)	24(5.3)
미니애폴리스	21(4.1)	24(4.8)	23(5.0)
휴스턴	-	20(4.0)	22(4.8)
브리지포트	10(1.9)	29(5.8)	21(4.6)
클리블랜드	23(4.5)	20(4.0)	19(4.2)
애틀랜타	-	-	18(3.9)
샌프란시스코	23(4.5)	19(3.8)	17(3.7)
필라델피아	27(5.2)	20(4.0)	15(3.3)
세인트루이스	17(3.3)	17(3.4)	15(3.3)
피츠버그	17(3.3)	20(4.0)	15(3.3)
뉴어크	10(1.9)	9(1.8)	14(3.1)
디트로이트	21(4.1)	21(4.2)	13(2.9)
하트퍼드	10(1.9)	13(2.6)	12(2.6)
새너제이	-	-	11(2.4)
리치먼드	-	-	11(2.4)
신시내티	-	-	11(2.4)
밀워키	14(2.7)	13(2.6)	-
포틀랜드	-	9(1.8)	-
계	516(100.0)	499(100.0)	456(100.0)

자료: Ward(1994)의 <표 4>.

〈그림 9-1〉 본사 입지 패턴의 4단계 모델

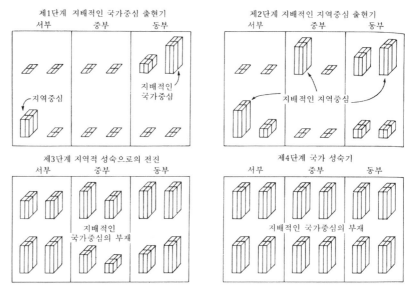

자료: Semple and Phipps(1982) 〈그림 1〉.

대 기업 중 52.8%가 입지했다. 그리고 미국의 주요 기업의 본사 입지의 변화에서
도 대도시에서 분산되는 경향을 나타냈다(〈표 9-5〉). 즉, 1969년 뉴욕에 입지한 제
조업체 본사 수는 36.2%를 차지했으나 1979년에는 26.5%로 낮아져서 뉴욕을 위시
해 필라델피아, 디트로이트 등의 북동부·중서부 지방에서 본사의 입지수가 감소한
반면에 휴스턴, 애틀랜타, 포틀랜드 등의 남부 및 태평양연안 지방의 도시에서는
증가현상을 나타냈다.

이러한 본사 입지의 변화과정을 셈플과 핍스(A. G. Phipps)는 4단계의 모델로 제
시했다(〈그림 9-1〉). 즉, 미국을 3개 지역으로 나누어 각 지역에 4개의 센터가 존재
하고, 각 센터에 주요 기업의 본사가 설치되는 것으로 간주했다. 제1단계에서는 단
일 또는 아주 소수의 센터가 탁월한 시기이다. 제2단계에서는 본사 입지의 분산화
가 어느 정도 진행되어 제1단계에서 본사가 집중했던 센터 이외에도 본사 집적이
진행된 센터가 출현한다. 제3단계에서는 지역의 성숙도가 진행되어 각 지역에서
탁월한 센터의 우위성은 줄어들고, 또 각 센터에서 본사 입지의 교외화가 진행된
다. 그리고 제4단계에서는 국가의 성숙도가 진행됨에 따라 국가 또는 지역의 중심
이라고 위치 지을 수 있는 센터는 없어지고 이상적인 본사 입지 패턴을 달성한다.

1979년 미국의 본사 입지는 제3단계에 들어갔다고 이들은 주장했다.

3) 산업별 대기업의 본사입지

대기업 본사가 서울에 집중한 한국에서 산업별·업종별 입지 분포의 특징을 살펴보면 다음과 같다. 〈표 9-6〉에서와 같이 대부분의 산업에서 대기업 본사가 서울에 집중 입지하고 있는 것이 뚜렷하다. 그리고 지방대도시와 공업이 발달한 도시에 본사의 입지가 많다. 이에 비해 대기업의 본사 입지가 분산적인 미국을 보면 〈표 9-7〉과 같다. 즉, 미국의 경우 뉴욕 및 캘리포니아의 두 개 주에 분포한 본사 수가 1위를 차지하고 있는 것은 〈표 9-7〉의 11개 산업 중 각각 5개 산업, 4개 산업뿐이다. 그러나 이들 두 개 주(州) 이외에 1위, 2위를 차지하는 주는 텍사스, 일리노이, 오하이오, 미주리, 코네티컷의 5개 주이다. 또 각 산업에서 본사의 수가 제1위로서 집중도가 가장 높은 산업은 커뮤니케이션 산업으로 47.8%를 차지하고, 나머지 산업의 경우는 10~30%로서 한국과 비교하면 매우 낮은 편이다.

〈표 9-6〉 상장기업의 산업별, 시·군별 본사 입지 수(2012년)

단위: 개(%)

산업	총수	1위	2위	3위
어업	5	서울 5(100.0)	-	-
광업	1	삼척 1(100.0)	-	-
제조업	691	서울 204(29.5)	안산 40(5.8)	부산 36(5.2)
건설업	47	서울 23(49.9)	인천 4(8.5)	부산·용인 3(각 6.4)
도매 및 상품 중개업, 소매업, 음식점, 주점업	68	서울 48(70.6)	대구·성남·용인 3(각 4.4)	화성·창원 2(각 2.9)
운수·창고업	22	서울 15(68.2)	부산 3(13.6)	인천 2(9.1)
전기·가스, 증기 및 공기조절 공급업	14	서울 6(42.9)	성남 2(14.3)	-
정보·통신업	29	서울 23(79.3)	성남 3(10.3)	용인·춘천·제주 1(각 3.4)
금융 및 보험 및 증권업	54	서울 49(90.7)	부산·광주·대전·수원·전주 1(각 1.9)	-
서비스업	43	서울 36(83.7)	성남 3(7.0)	인천·용인·이천·정선 1(각 2.3)
전 산업	1,000	서울 426(52.8)	부산 43(4.3)	안산 42(4.2)

자료: 한국경제신문(2012)의 자료를 참고하여 필자 작성.

<표 9-7> 미국의 산업별, 주별 주요 기업의 본사 입지 수(1983년)

단위: 개(%)

산업	총수	1위	2위	3위
건설업	74	텍사스 9(12.1)	캘리포니아 8	펜실베이니아 6
제조업	749	뉴욕 107(14.3)	캘리포니아 72	일리노이 71
상업	93	뉴욕 13(14.0)	캘리포니아 10	오하이오 9
은행·증권업	37	뉴욕 14(37.8)	캘리포니아 9	일리노이 4
보험업	29	뉴욕 10(34.5)	코네티컷, 일리노이, 텍사스 각 3	
육운·해운업	36	일리노이, 미주리, 캘리포니아 3 (각 8.3)		
항공업	23	캘리포니아 6(26.1)	텍사스 3	-
통신·전력·가스업	19	텍사스 7(36.8)	캘리포니아 2	-
서비스업	34	캘리포니아 9(26.5)	뉴욕 4	매사추세츠, 뉴저지 각 3
레스토랑	18	캘리포니아 4(22.2)	오하이오 3	-
매스커뮤니케이션	46	뉴욕 22(47.8)	일리노이 9	오하이오 3
계	1,158(100.0)	뉴욕 180(15.5)	캘리포니아 125(10.8)	일리노이 101(8.7)

자료: 川島哲郎 編(1986: 185).

4) 본사·지점망

경제적 중추관리기능의 또 하나의 측면은 본사를 정점으로 한 기업의 판매사업소망의 지역적 투영이다. 전국적 수준에서 활동하는 기업은 보통 지점,[3] 영업소, 출장소라는 상하관계를 나타내는 판매사업소와 그 관할지역을 전국에 배치하고 있다. 이 판매사업소망은 일반적으로 기업의 성장과 더불어 밀접한 관계를 맺고 있고, 또 기업 간 경쟁이 심화됨에 따라 그 정비·확대가 기업에서 중요성을 갖게 되었다. 특히 독점 산업에서 비가격 경쟁이 앞면에 나타날 경우 이 판매사업소망의 정비·확대가 제품 차별화에 주요한 요인이 된다고 아니할 수 없다. 이러한 개별 기업의 판매사업소망의 전국적 배치가 전체적으로 도시 간의 계층 서열을 형성하게 된다.

2002년 전국의 본사 수를 보면 서울시의 본사 수가 52.9%로 매우 높으며, 부산시는 한국의 제2의 도시이지만 본사 수는 4.8%에 불과하다. 수도권에 인천시를 포함해 서울시의 위성도시에 분포한 본사 수는 14.0%를 차지하며 수도권에 총 본사 수의 약 ⅔가 입지하고 있다. 한편 판매사업소 수를 보면 서울시가 가장 많고, 그 다음으로 인천·울산시를 제외한 광역시의 순이다. 수도권에 분포한 판매사업소 수를 보면 703개가 입지하고 있다(<표 9-8>).

경제적 중추관리 기능의 한 부문으로 한국 완성차 메이커 3사의 판매망에 의한 공간조직을 보면 다음과 같다. 즉, 전국을 통괄하는 메이커의 본사를 보면 기아와

3) 지점은 자(自) 도시 이외에 본사를 둔 기업이 사업활동 및 판로의 확대를 목적으로 배치한 전진 배치 기관이다.

<표 9-8> 주요 도시의 본사와 판매사업소 수

단위: 개(%)

도시	본사 수	사업소 수	도시	본사 수	사업소 수
서울시	889(52.9)	494	창원시	18(1.1)	30
부산시	80(4.8)	215	청주시	6(0.4)	29
대구시	44(2.6)	158	안양시	28(1.7)	26
광주시	15(0.9)	128	마산시	6(0.4)	26
대전시	25(1.5)	122	강릉시	0(0.0)	24
인천시	65(3.9)	83	천안시	31(1.8)	23
수원시	15(0.9)	48	부천시	14(0.8)	22
성남시	34(2.0)	48	포항시	4(0.2)	21
울산시	18(1.1)	43	구미시	15(0.9)	20
제주시	3(0.2)	34	김해시	3(0.2)	14
전주시	4(0.2)	33	광양시	0(0.0)	12
원주시	3(0.2)	33	기타	281(16.7)	-
안산시	80(4.8)	30	계	1,681(100.0)	-

자료: 阿部和俊(2006: 32).

현대자동차는 각각 서울에, 대우자동차는 인천에 입지했다. 그리고 지점은 기아자동차의 경우 대전, 대구, 부산에 배치되어 3개 지점뿐이었다. 당사의 경우 경기도·강원도·전남·제주도는 본사가 직접 관리하고, 충청도·전북은 대전지점이, 경북은

<그림 9-2> 현대자동차 판매사업소의 배치와 관할지역

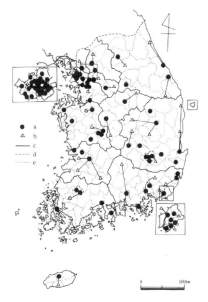

a. 영업소의 소재지 b. 출장소(연락소)의 소재지 c. 지점의 관할지역 경계 d. 시·도 경계 e. 구·시·군 경계.
자료: 韓柱成(1989: 120).

대구지점, 경남은 부산지점이 관리했다. 대우자동차의 경우 전국을 서울, 경기·강원도, 충청·전라도, 경상·제주도의 4불럭으로 나누고, 그중 서울에 대해서는 한강을 경계로 강북과 강남으로 분할해 지역별로 지점을 배치했다. 경기·강원도, 충청·전라도, 경상·제주도에 대해서는 지점을 안양, 대전, 부산에 배치했다. 현대자동차의 경우 서울·경기도, 강원도, 충북, 충남, 전북, 전남, 경북, 경남, 제주도 9개 지방으로 분할하고, 지점은 서울에 4곳과 각 지방의 중심도시인, 수원, 춘천, 청주, 대전, 전주, 광주, 대구, 부산, 제주에 각각 배치했다(〈그림 9-2〉). 현대자동차의 지점 배치가 기아·대우자동차와 다른 것은 승용차의 판매점유율이 높고 판매회사가 설립되어 있기 때문이었다. 이와 같이 메이커에 따라 지점의 배치 수가 다르지만 관할지역은 기본적으로 도를 단위로 한 전국의 지역구분에 바탕을 두고 설정되었다. 또 수요량이 큰 서울·경기도의 경우는 그 내부가 2~3개 지역으로 구분되었다.

4. 연구·개발기관의 입지

연구·개발기능은 기초연구, 응용연구, 개발연구로 나누어지는데, 이들과 중추관리기능과의 관계를 보면 기초연구와는 약한 관계이나 응용연구와는 강한 관계이다. 1970년대 후반 이후 선진자본주의국가 간에는 첨단기술 산업을 목표로 하는 기업 간 경쟁이 격화일로에 달했다. 그리고 개별 기업 수준에서도 이에 대한 직접적인 대응으로 연구·개발기능을 충실히 보강하고 있다. 일반적으로 산업활동의 공간적 고찰은 재화의 생산·유통이나 서비스의 제공만을 대상으로 하는 경우가 대부분이지만 본사 기능과 더불어 중요성이 증대되고 있는 연구·개발기능의 지역적 배치를 제외시키고 산업의 지역구조를 고찰하는 것은 매우 비합리적이다.

연구·개발기능의 입지를 강하게 규정짓는 것은 정보수집의 용이성으로, 이는 연구·개발 활동 그 자체의 성격에서 당연히 예측될 수 있다. 따라서 그 입지는 정보의 수집이 용이한 거대도시에 집중한다고 볼 수 있다. 이와오(岩男康郎)에 의하면 연구·개발기능의 지방분권이 곤란한 이유로서 비교적 많은 기업이 '기술정보를 얻기 어렵다'와 '시장정보를 얻기 어렵다'를 들고 있다.

한국의 경우 현실적으로 대도시권에 연구·개발기능의 집적·집중현상이 뚜렷하

<表 9-9> 민간기업 연구소의 입지(2003년)

시·도	대기업	중소기업	계	구성비(%)
서울시	173	4,071	4,244	43.8
부산시	14	249	263	2.7
대구시	7	188	195	2.0
인천시	39	379	418	4.3
광주시	12	94	106	1.1
대전시	52	402	454	4.7
울산시	33	67	100	1.0
경기도	282	2,283	2,565	26.5
강원도	7	57	64	0.7
충청북도	36	194	230	2.4
충청남도	39	247	286	3.0
전라북도	18	73	91	0.9
전라남도	16	32	48	0.5
경상북도	48	195	243	2.5
경상남도	54	315	369	3.8
제주도	0	11	11	0.1
계	830	8,857	9,687	100.0

자료: 박지윤(2006: 63).

다(<표 9-9>, <그림 9-3>). 즉, 2003년 서울·인천·경기도에 입지한 민간기업 연구소는 전체 민간기업 연구소의 74.6%를 차지해 집중도가 매우 높다. 미국에서의 경향을 맬레키가 연구한 바를 통해 살펴보면 330개의 대기업 연구·개발 시설 1,485개 중에서 뉴욕 대도시권에 입지하고 있는 연구·개발기능은 9.9%로, 제조업 판매업 상위 1,000개사 중 본사가 뉴욕에 입지한 점유율 25.5%보다는 낮다. 또 이들 330개 기업 중 본사에 병설된 연구·개발시설을 가지고 있지 않는 기업이 12.2%를 차지한다.

연구·개발 기관이 대도시의 교외로 입지이동하는 경향은 영국의 경우 런던을 포함한 남동부지역에 공설·민간 연구소의 집적이 나타나며, 미국의 경우는 대도시권 내의 연구·개발 시설이 대도시 교외로 이전하고 있어 두 나라에서 연구·개발기능의 교외화 경향은 공통적으로 나타나고 있다. 한국의 경우도 안양·수원·성남·시흥시에 민간기업 연구소가 집중한 점도 이러한 점에서 이해할 수 있다. 이와 같이 대도시 교외가 연구·개발기능의 입지선호로 나타나는 것은 대도시 중심부로부터 연구·개발기능의 입지를 용이하게 하는 정보의 입수, 본사와의 커뮤니케이션, 관련 산업과의 관계 등이 유리하기 때문으로, 본래 대도시 중심부가 연구·개발기능의 입지를 규정짓는다는 점을 부인하는 것이다. 이런 점은 다니엘스(P. Daniels)가 영국

〈그림 9-3〉 민간기업 연구소의 지역적 분포

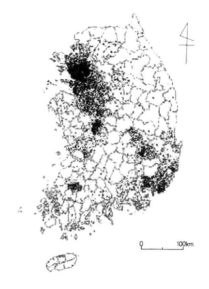

0   100km

자료: 박지윤(2006: 63).

의 남동부지역으로 연구소의 집적현상이 나타나는 점에 대해 설명할 때 지적한 내용으로, 대도시 근교는 대도시로부터 숙련·전문연구직원을 채용·확보하기에 뛰어난 경제·사회·자연환경이 존재하고 있다는 점이 2차적인 입지요인이다. 또 대도시 중심부의 지가의 앙등은 연구·개발기능이 중심지로 입지하는 것을 저해하는 요인이 되고 있다.

5. 창업보육센터 가설

최근 고도화되는 산업구조는 소프트화·서비스화의 방향으로 변화하고 있다. 이러한 상황에서 정부나 지방자치단체에는 사업소의 창업·성장을 지원하는 정책을 실시하고 있지만 1990년대 이후의 경향으로서 창업보육센터(business incubator)를 이용한 창업지원 사업을 행하는 사례가 증가하고 있다. 창업보육센터 시설은 세계에 약 2,500~3,000개가 입지하고, 특히 시설이 많은 국가는 미국(800~850개), 독일(300개), 한국(300개), 일본(203개), 영국(200개), 중국(200개)이다.

인큐베이터 시설의 개념은 버넌과 후버(E. Hoover)가 제시한 창업보육센터 가설(incubator hypothesis)에 바탕을 두고 있다. 창업보육센터 가설은 도심의 특정지구에 소규모 사업체가 활발하게 창업하고 업종별로 집적하는 현상을 보이는 것으로부터 대도시 중심부에는 기업의 창업·성장을 지원하는 기능이 있다는 가설이다. 창업보육센터 가설은 레온(R. A. Leone)과 스트룩크(R. Struyk)에 의하면 탄생가설(simple hypothesis)과 이전가설(complex hypothesis)의 2단계가 있는데, 도시내부에서 창업한 사업체는 다양한 외부경제에 의존해 성장하고, 사업을 확대하기 위해 교외지역으로 이전한다는 과정을 나타낸 것이다. 파그(J. J. Fagg)는 레온과 스트룩크가 제시한 2단계 가설을 비판하고, 신규 개업 및 소규모 기업의 도시내부 이전에서 입지선택의 검증을 통해 인큐베이터 기능으로서 고객이나 시장, 노동력, 그리고 접근성보다도 저렴한 사업공간의 존재가 중요하고, 인큐베이터 가설의 적용은 도심(inner city)에 한정되지 않는다는 것을 주장했다.

창업보육센터 가설은 1970~1980년대에 유럽과 미국 대도시에서 나타난 도심문제를 설명하는 유력한 가설의 하나로 많은 연구가 행해졌다. 그러나 당시 유럽과 미국의 대도시에는 도심의 공동화가 현저했고, 창업보육센터 가설의 유효성에 대해 부정적인 견해가 대세였다. 대표적인 반론으로서 스콧은 창업보육센터 가설의 주장에는 한정적인 중요성과 유용성 밖에 인정되지 않는다는 결론을 내렸고, 그밖에 창업보육센터 가설은 시가지 문제와는 단절된 것으로 기업의 신규개설과 이전의 해명에 유효하다고 했다.

와츠(H. D. Watts)는 창업보육센터 가설에서 창업지원 기능의 요소로서 자본, 시장, 토지, 정책의 4가지를 들었지만, 창업보육센터 시설이란 이들 중 토지와 업무지원 서비스를 제공하는 시설이다. 세계에서 처음으로 창업보육센터 시설이 설립된 것은 1959년 미국의 바타비아 공업센터(Batavia Industrial Center)이지만 설립이 활발하게 된 것은 1980년대 후반 이후이다.

토지의 요소로서 임대하는 값싼 사업공간이 제공되고 있다. 업무지원 서비스는 식당·매점·휴게시설의 제공 등 통상 사업활동에 이용되는 쾌적성(amenity) 서비스와 연구개발 기자재의 제공, 자문(consulting)의 실시, 각종 정보제공 등 창업기간도 없는 기업이 특히 필요로 하는 전문 서비스로 크게 구분된다.

제10장
교통·정보의 공간적 네트워크

1. 운임의 지리적 양상

교통이란 사람·물자 및 통신의 이동을 말하지만, 좁은 의미에서의 교통이란 사람과 물자의 장소적 이동을 말한다. 교통지리학의 연구대상은 지역에서 발생하는 교통현상으로, 교통망·교통유동에 대해 기술적(記述的)·경제적·공간적 관점에서 분석하는 것이다.

지리학에서 교통현상에 대한 관심을 갖게 된 것은 매우 최근의 일이다. 과거 담부(擔負)교통 시대에는 교통망도 발달하지 않았으며, 지역 간의 화객유동(貨客流動)도 적었지만 최근 항공교통 등이 발달됨에 따라 지역 간의 화객이동이 빈번해 지역

〈그림 10-1〉 등급운임(왼쪽)과 품목 특정운임(오른쪽)(석탄)

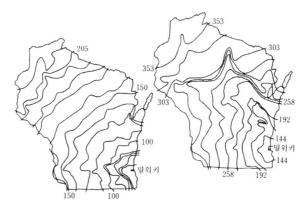

자료: Alexander, Brown and Dahlberg(1958: 15).

간 전문화(regional specialization)가 촉진되고 있다. 교통체계(transportation system)에서 지역 간 전문화에 대한 영향을 미치는 것은 교통운임(transportation rate)의 형태이다. 이 운임은 거리와 깊은 관련을 맺고 있으나 거리에 비례해 결정되는 것은 아니다. 즉, 운임은 거리의 원칙에서 괴리되어 운송되는 상품의 유형 및 발착지의 운임에 의해 그룹화되는 것이다. 그룹제 운임은 미국 철도 운임의 경우 대형화물에 적용되는 등급운임(class rate)과 소형 특정화물에 적용되는 품목 특정운임(commodity rate)으로 나눌 수 있다.

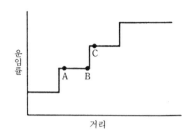

〈그림 10-2〉 단계상 운임

자료: Taaffe and Gauthier(1973: 38).

〈그림 10-1〉은 미국의 운임 구역제를 나타낸 것으로 위스콘신주 밀워키에서 발송되는 화물의 제1등급 운임과 품목 특정운임(석탄)을 나타낸 것이다. 전자의 운임을 크게 일반화해보면 거리에 의한 것이라는 것을 알 수 있다. 이와 같은 그룹제 운임을 단면으로 나타내면 〈그림 10-2〉와 같이 계단상이 된다. 여기에서 A역은 B역과 상당히 떨어져 있고, B역과 C역은 가까이 위치하고 있는데도 B역은 A역의 운임과 같아 그룹제 운임의 가장자리에 위치한 역이 운임상 유리하다는 것을 알 수 있다. 따라서 그룹제 운임에서 전략적 위치를 오래전부터 차지하고 있는 관문도시(gateway city)[1]는 그 지위가 높아진다.

다음으로 원거리 체감운임(tapering fare)이 거리의 원칙을 괴리시키는 것이다. 즉, 원거리 체감형태는 종착지비용(terminal cost: 고정비용)과 주행비용(line-haul cost: 구간비용) 간의 비율에 따라 다르게 나타난다. 〈표 10-1〉과 〈그림 10-3〉은 중량 100파운드의 화물 종착지비용이 30센트, 주행비용이 1마일당 1센트일 때를 나타낸 것이다. 화물을 어느 거리까지 운송해도 종착지비용은 30센트이기 때문에 〈그림 10-3〉에 나타난 바와 같이 1마일당 총비용은 거리가 증가할수록 낮아진다. 이와 같은 종착지비용과 주행비용의 관계에서 운송수단별 총운임을 비교해[2] 보면 〈그림 10-4〉와 같다. 근거리 운송에서는 선박의 종착지비용이 가장 높은 것은 항구의 개발비 및 유지비와 화물의 적재 및 하역의 노동비와 시설 이용비가 높기 때문이다. 또 자동차의 종착지비용이 가장 낮은 것은 다른 운송수단에 비해 시설 이용도가 적기 때문이다. 그리고 주행비용에서는 선박이 가장 값싸고, 도로의 경영비

1) 다른 생태계를 가진 복수의 지역을 연결하는 지점으로, 해안, 하안의 항뿐만 아니라 지형, 기후의 경계에 있는 농·공업지역의 경계 등 내륙부에도 존재한다. 관문도시는 배후지의 물리적 형태로 보아 선형(扇形)이고, 배후지의 한쪽 끝에 입지하며, 주요 교통의 결절점, 지역관문의 기능을 갖는다. 또 지역 간 장거리 수송의 교통특성을 가지고, 교통여건으로 교통결절로서의 특화를 전제로 한다. 또한 제조업의 비율은 낮고 운수업, 금융업, 도매업의 비율이 높으며, 도시기능의 거리조락 현상이 뚜렷하게 약하며, 버가트(A. Burghardt)는 배후지의 특성이 상호 이질적인 두 지역이라고 지적했다.

2) 1마일당 운송비를 보면 철도를 1.0으로 했을 때, 수운은 0.29, 자동차는 4.5, 항공기는 16.3, 송유관은 0.21이 된다.

〈표 10-1〉 가상의 원거리 체감운임

단위: 달러

거리(마일)	종착지비용	주행비용	총 운송비	마일당 운송비
0	0.3	0	0.30	-
1	0.3	0.01	0.31	0.310
5	0.3	0.05	0.35	0.070
10	0.3	0.10	0.40	0.040
20	0.3	0.20	0.50	0.025
30	0.3	0.30	0.60	0.020
40	0.3	0.40	0.70	0.017
50	0.3	0.50	0.80	0.016
100	0.3	1.00	1.30	0.013
1,000	0.3	10.00	10.30	0.010

자료: Taaffe and Gauthier(1973: 39).

〈그림 10-3〉 종착지비용과 주행비용

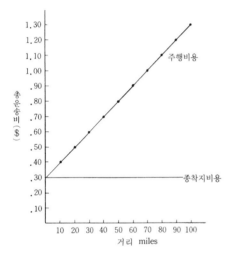

주: 〈표 10-1〉에 의거한 것이다.
자료: Taaffe, Gauthier and O'Kelly(1996: 53).

를 가장 많이 필요로 하는 자동차가 가장 비싸다. 미국의 경우 근거리 운송에 가장 운임이 싼 자동차의 평균 수송거리는 약 300마일이고, 중거리에 유리한 철도의 평균 운송거리는 300~2,000마일이며, 2,000마일 이상의 경우는 선박을 이용한다. 그러나 화물운송에서 운송수단의 선택은 운송 소요시간, 편리성, 위험성 부담, 신뢰도, 화물량 등에 의해 결정되기도 한다. 또한 운임률에 영향을 미치는 인자는 정부의 통제, 결절점 간의 거리, 상품의 특성, 교통기관의 경쟁의 정도, 결절점 간의 상호작용량, 반환수송의 가능성, 이용된 교통기관, 결절점 사이의 지역적 특성 등이다.

〈그림 10-4〉 교통수단별 총 운송비

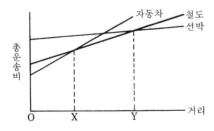

2. 교통망의 구조와 발달

1) 교통망의 입지

지역 간을 연결 짓는 교통로를 건설하고자 할 때 주어진 결절점의 수와 접근성의 파악도 중요하지만 사용자와 건설자의 입장에서 교통로의 형상이 다르게 나타나게 된다. 분게(W. Bunge)는 5개의 결절점을 연결하는 교통로의 건설에서 6개의 기본적인 최적 교통망을 제시했다(〈그림 10-5〉). 〈그림 10-5〉 (가)는 전체거리 최소전장목(最小全長木), minimal spanning tree] 원리로서 특정 결절점 i에서 출발해 모든 다른 결절점을 통과하는 데 가장 짧은 경로를 나타낸 것으로 리비어(P. Revere)[3]의 말탄형이라 한다. 이 형은 구매자가 택시를 타고 도심으로 가는 데 집에서 가장 가까운 결점점에 먼저 도착해 순차적으로 구매행위를 할 때 나타나는 형이다. 〈그림 10-5〉 (나)는 판매원의 여행형으로 루프형 또는 해밀턴 회로(Hamilton circuit)라고도 하는데 결절점을 한 바퀴 도는 데 가장 짧은 루프(loop)의 개념으로, 우편집배원과 다목적 구매행동에서도 볼 수 있는 현상이다. 〈그림 10-6〉은 플러드(M. M. Flood)에 의해 미국의 웨스트 버지니아 찰스턴을 출발해 47개 주의 주도(州都)를 최단경로로 택하는 방법(47！=2.5862^{59})으로 경로의 전체거리를 최소화한 것이다. 〈그림 10-5〉 (다)는 행정원리로 한 결절점에서 모든 다른 결절점을 연결하는 형으로 계층적인 교통망을 나타내고 있다. 이 계층적인 교통망의 현실적인 예로서 과테말라의

3) 미국 독립전쟁 때 영국군의 진격을 각 도시에 통보하기 위해 보스턴에서 렉싱턴(Lexington)까지 기마로 달린 리비어의 이름을 딴 것이다.

〈그림 10-5〉 기본적인 최적 교통망

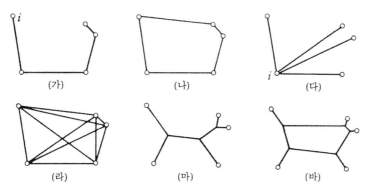

(가)   (나)   (다)

(라)   (마)   (바)

자료: Bunge(1962: 183~189).

〈그림 10-6〉 판매원의 여행 최적경로

자료: Lowe and Moryadas(1975: 271).

항공망을 보면(〈그림 10-7〉), 도스라구나스(Dos Lagunas)와 카멜리타(Carmelita) 사이의 거리가 50마일 미만인데 항공로를 이용하면 600마일이나 떨어진 과테말라시를 경유해야 한다. 이것은 항공로가 개설된 형상에 기인된 것이다. 〈그림 10-5〉 (라)는 이용자 원리로 모든 결절점이 상호 연결되어 있어 이용자의 비용을 최소화할 수 있다. 〈그림 10-5〉 (마)는 전체거리 최소전장목의 원리로 모든 결절점을 연결하는 데 최소의 건설비와 가장 짧은 교통로를 건설한 형상으로 고속도로망이 이에 속한다. 〈그림 10-5〉 (바)는 총비용 최소화 원리로 교통망의 일반적인 위상학적 경우를 나타낸 것이다.

이상에서 이용자와 건설자 측면에서 교통로 건설은 다르게 나타난다. 〈그림 10-8〉은 교통로 건설에서 건설비와 수익을 나타낸 것으로, 〈그림 10-8〉 (가)는 중간의 결절점을 무시한 두 결절점 사이의 교통로이고, 〈그림 10-8〉 (나)는 교통량이 많은 중간의 두 결절점을 첨가했을 때를 나타낸 것이며, 〈그림 10-8〉 (라)는 교통량을 가장 많이 흡수할 수 있도록 교통로를 건설한 것이다. 또한 〈그림

〈그림 10-7〉 과테말라 항공망의 계층적 형상

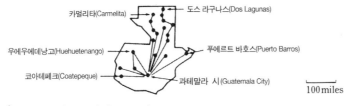

자료: Lowe and Moryadas(1975: 101).

<그림 10-8> 순수익을 최대화하기 위한 철도입지

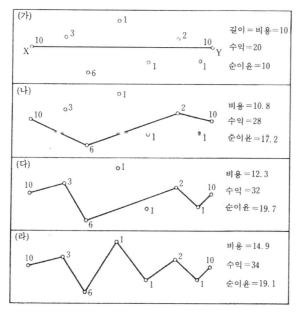

자료: Abler, Adams and Gould(1971: 275).

10-8〉 (다)는 〈그림 10-8〉 (가)와 (라)를 절충한 방안으로 교통로 건설에서 비용·편익분석(cost-benefit analysis)[4]을 한 결과 편익, 즉 순이윤이 가장 많은 경우이다. 교통로의 굴절은 더 많은 교통량을 흡수하기 위한 양의 편의(positive deviation)와 지형 등의 자연환경을 기피하고 교통로의 건설비를 설삼하기 위해 굴절되는 음의 편의(negative deviation)로 하겟(P. Haggett)은 구분했다.

양의 편의는 웰링턴(A. M. Wellington)이 처음 연구했는데, 〈그림 10-8〉 (다)는 양의 편의를 나타낸 것으로 오늘날 항공노선은 이 원리에 의해 개설되어 있다. 음의 편의는 어떤 장벽을 피하므로 비용이 많이 드는 지역에서 여행거리를 최소화하기 위해 나타나는 현상을 포함하는 것이다.

뢰쉬(A. Lösch)는 교통로 입지의 연구에서 굴절법칙의 응용을 제시했다. 〈그림 10-9〉는 육지 i에서 해안 j로 가장 값싸게 운송할 수 있는 교통로 입지에 응용된 굴절법칙으로, 해안선은 어디든지 조건이 동일하고 항구 건설비가 같다고 가정한다. i와 j를 직접 연결하는 교통로(〈그림 10-9〉 가)에 의하면 a에 항구가 입지한다. 해상화물 운송률(f_1)이 육상화물 운송률(f_2)보다 낮다고 가정하면, 뢰쉬에 의한 항구의

4) 공공투자 계획에서 필요로 하는 비용과 투자에 따라 얻을 수 있는 이익을 바탕으로 종합적인 사전 평기를 히기 위한 히나의 방법으로, 지리학에서 이 분석을 본격적으로 행한 연구는 없지만 교통 영향 평가에서는 이 분석을 부분적으로 이용한다.

〈그림 10-9〉 교통로 입지에 응용된 굴절의 법칙

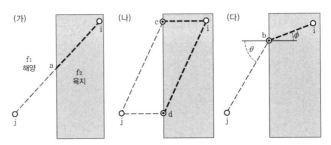

자료: Haggett, Cliff and Frey(1977: 66).

〈그림 10-10〉 교통로 굴절의 예

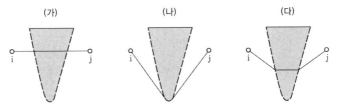

자료: Haggett, Cliff and Frey(1977: 67).

최소비용 입지는 $f_1\sin\theta - f_2\sin\psi = 0$ 이다. 여기에서 θ와 ψ는 두 교통로가 해안에서 만들어낸 각이다. 항구 b는 최소 운송비를 나타낸다(〈그림 10-9〉 다). 그리고 해상 화물에 대한 육상화물 운송률이 높을수록 항구 c에 접근하고, 해상화물 운송률이 클수록 d에 접근한다(〈그림 10-9〉 나).

〈그림 10-10〉은 똑같은 굴절의 원리가 더 복잡한 경우로써 i, j 사이의 교통로는 산맥(회색부분)을 가로 넘어야 한다. 평야의 마일당 운송비는 산지의 운송비보다 더 저렴하다. 따라서 직선 교통로의 교통비가 가장 값싸지만은 않다. 산지를 여행하는 비용은 더 비싸지만 남쪽으로 편향되어 이동함에 따라 노력이 더 적게 들 것이며(〈그림 10-10〉 나), 〈그림 10-10〉 (다)는 평야와 산지에서 건설비와 구간비가 절충되어 건설된 교통로이다. 이와 같은 교통로의 입지는 아메리카 대륙의 파나마 운하가 좋은 예이다.

워너(C. Werner)는 비용이 다른 n개의 지역이 존재할 때 이 문제를 해결하는 방법을 제시했다. 모든 지역에서 비용단위를 알고 있다고 가정했을 때, 이 문제는 교통로 총비용 C가 최소화되는 일련의 직선 길이(lj: j, …, n)를 찾아내는 것이다. 즉,

〈그림 10-11〉 최소비용 교통로(𝑛개의 비용 존의 경우)

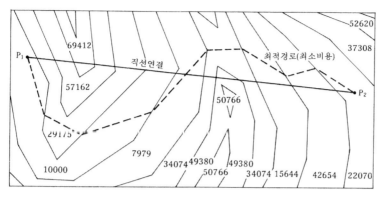

자료: Werner(1968: Fig. 6)을 수정.

$\min C = \sum_j c_j l_j$ 이다.

워너의 이 방법은 최소비용 경로를 찾아내는 공식적인 수학적 해결 방법인 동시에 지리적인 방법이다. 그가 제시한 예(〈그림 10-11〉)는 명확하고, 비용이 높은 지역을 피하고 낮은 지역을 탐색하는 최적경로이다.

2) 교통망의 구조

교통지리학 연구에서 주된 연구대상 중의 하나가 교통망 분석으로, 교통망 구조에 관한 기술(記述)과 분석은 지리학에서 전통적으로 관심을 끌어온 내용이다. 지금까지 교통망에 대한 분석을 할 경우에는 거리, 용량(capacity), 유동(flow) 등에 대해 지도나 표, 교통망의 밀도나 등시간 값과 같은 여러 가지 지표를 사용했다. 그러나 최근 교통망을 명확하게 측정하는 그래프이론(graph theory)⁵⁾이 수용되어 교통망의 위상 기하학(topology) 구조를 기술하게 되었다.

교통망은 결절(node)과 연쇄선(linkage)으로 구성되어 있으며, 현실적으로 교통망은 매우 복잡하게 분포되어 있다. 그러나 위상 기하학의 분야로서 그래프이론은 교통망의 결절과 연쇄선을 추상적인 배치구조로 바꿔 취급하므로 현실세계를 직접 연구대상으로 하지는 않는다. 가장 극단적으로 추상화된 그래프는 일련의 정점(vertex)과 변(edge)으로 표현할 수 있다. 그래프는 두 가지로 나눌 수 있는데 평면(planar) 그

5) 그래프이론은 실제 이론이 아니고 종합적인 위상학(位相學)으로, 교통망의 기본적인 구조를 파악하는 데 사용되며 축척에 의해 그릴 수가 없다. 이 이론의 명명(命名)과 응용의 탁월한 소개는 오레(O. Ore)와 버지(C. Berge)에 의해 1960년대 초에 이룩되었다.

〈그림 10-12〉 맨체스터 남동부 지역의 철도망(1920년)

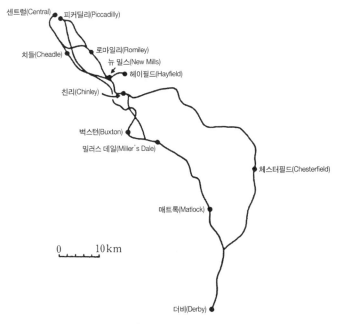

자료: Bradford and Kent(1978: 93).

〈그림 10-13〉 맨체스터 남동부 지역 철도망의 그래프화(1920년)

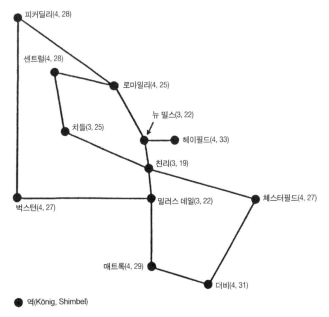

자료: Bradford and Kent(1978: 94).

래프와 비평면(nonplanar) 그래프가 그것이다. 평면 그래프는 두 변의 교차가 항상 정점에서 이루어지며, 정점 이외에서는 교차되지 않는 조건으로 그려진 그래프이다. 비평면 그래프는 정점 사이를 잇는 변을 그릴 때 각 변이 교차되어도 좋다는 조건에서 그려진 그래프로 항공망은 그 좋은 예이다. 여기에서 정점을 통한 각 변이 어떻게 관련되어 있는가를 결합관계로 표현할 수 있다. 이러한 교통망은 정보충전의 관점에서는 최소값이 된다.

각 정점 간 결합의 정도를 교통망의 연결성(connectivity)이라 한다. 〈그림 10-12〉는 1920년 영국 맨체스터 남동부 지역의 철도망을 나타낸 것으로, 이것을 추상화해서 그래프로 나타낸 것이 〈그림 10-13〉이며, 이 그래프는 분리된 결절점이 없기 때문에 연결 그래프라는 것을 알 수 있다. 이 연결 그래프의 정점 수는 12개, 변수는 14개로 구성되어 있다. 이 그래프의 연결성을 측정할 때 가장 널리 사용되는 측도는 γ계수이다. γ계수의 측정은 〈표

〈표 10-2〉 그래프이론의 측정 공식

지수	공식	
쾨니히 지수	$K_i = \max d_{ij}$	
접근성	$A_i = \sum_{j=1}^{n} d_{ij}$	
β계수	$\beta = \dfrac{e}{v}$	
γ계수	$\gamma = \dfrac{e}{3(v-2)}$ (평면)	$\gamma = \dfrac{2e}{v(v-1)}$ (비평면)
회로 수	$\beta = e - v + g$	
α계수	$\alpha = \dfrac{e-v+g}{2v-5}$ (평면)	$\alpha = \dfrac{e-v+g}{v(v-1)/2 - (v-1)}$ (비평면)
심벨지수	$D(G) = \sum_{i=1}^{n} \sum_{j=1}^{n} d_{ij}$	

주: v는 정점, e는 변, g는 서브 그래프(subgraph) 수, d_{ij}는 i번째 정점에서 j번째 정점까지의 거리.

10-2〉의 공식과 같은데 분모는 최대 변수를 나타낸다. γ계수의 계산결과는 〈표 10-3〉과 같고, 수치적으로 γ계수의 범위는 0~1 사이로 해석상 편리하도록 백분율로 표시할 수 있다. 한편 α계수는 회로(circuit)를 파악하는 것으로, 그 측정은 〈표 10-2〉의 공식을 이용하면 된다. 즉, 분모는 최대회로를, 분자는 실제 회로수(cyclomatic number)인 루프 수를 의미한다. α계수도 γ계수와 마찬가지로 계수의 범위가 0~1 사이로 해석상 백분율로 표시할 수 있다. 또한 정점당 변수를 측정하는 것은 β계수이다. 이 β계수는 선진국일수록 β값이 크고, 시간이 경과함에 따라 교통로 건설로 β값이 커진다.

특정 교통망에서 개개 정점의 접근성(accessibility)[6]은 쾨니히(D. König) 지수에 의해 구할 수 있는데, 쾨니히 지수는 각 정점에서 다른 정점과 연결하는 데 필요한

6) 임의의 한 지점에서 다른 지점으로 가까워지기 쉬운 정도를 가리킨다.

〈표 10-3〉 맨체스터 남동부 지역 철도망의 각종 측정값(1920·1975년)

지수	1920년	1975년
변	14	7
정점	12	8
서브 그래프 수	1	1
회로 수	3(=14-12+1)	0(= 7-8+1)
직경(diameter)(d)	4	7
β계수	1.2 $\left(\fallingdotseq \dfrac{14}{12} \right)$	0.875 $\left(= \dfrac{7}{8} \right)$
α계수	0.158 $\left(\fallingdotseq \dfrac{3}{2 \times 12 - 5} \right)$	0 $\left(= \dfrac{0}{2 \times 8 - 5} \right)$
γ계수	0.47 $\left(\fallingdotseq \dfrac{14}{30} \right)$	0.39 $\left(\fallingdotseq \dfrac{7}{18} \right)$

〈그림 10-14〉 맨체스터 남동부 지역 철도망의 그래프화(1975년)

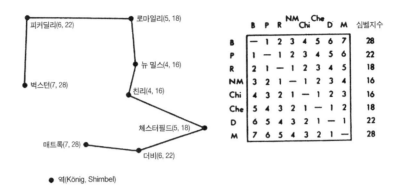

주: 그림 오른쪽의 영어는 각 역의 약자임.
자료: Bradford and Kent(1978: 95).

최대의 변수로 쾨니히 지수값이 낮을수록 각 정점의 중심성도 커진다(〈표 10-2〉, 〈그림 10-13〉). 또 심벨(A. Shimbel) 지수는 각 정점에서 가장 근거리에 있는 정점간의 거리의 합으로 그 지수값이 낮을수록 접근성이 커진다. 1920년과 1975년 맨체스터 남동부 지역 철도망의 각 계수값은 〈표 10-3〉, 〈그림 10-14〉와 같다.

교통망의 발달정도에 따른 발달단계의 분석은 공학자에 의해 이루어졌는데, 그 발달 유형은 배골형(spinal), 격자형(grid), 삼각형(delta)으로 세 가지 기본 구성형이 있다. 여기에서 α, γ계수와 교통망 발달 유형의 관계를 보면 먼저 γ계수의 경우는 다음과 같다.

배골형: $1/3 \leq \gamma < 1/2$ 단, $\nu > 4$
격자형: $1/2 \leq \gamma < 2/3$ $\nu > 4$
삼각형: $2/3 \leq \gamma < 1.0$ $\nu > 3$ 이다.

또한 α계수의 경우는 다음과 같다.

배골형: $\alpha = 0$ 단, $\nu = e+1$
격자형: $0 < \alpha < 0.5$ $\nu \geq 3$
삼각형: $0.5 \leq \alpha < 1.0$ $\nu \geq 3$ 이다.

<표 10-4> 주요 국가 철도망의 $\alpha \cdot \gamma$ 계수값

국가	α 계수(%)	γ 계수(%)
스웨덴	19.30	46.20
헝가리	15.68	44.00
나이지리아	10.70	41.00
쿠바	10.20	40.40
멕시코	7.54	38.50
튀니지	5.00	37.30
핀란드	3.00	35.60
가나	1.30	35.00
터키	0.45	33.60
이란	0.00	32.45

자료: Lowe and Moryadas(1975: 94).

<표 10-5> 각 교통망 측정값과 독립변수 간의 결정계수 증가 백분비

교통망 측정	기술수준	인구적 지위	크기	형상	기복	계
α계수	42	2	2	8	3	57
γ계수	37	3	1	11	4	56
회로수	54	2	3	3	0	62
직경(Diameter)	62	0	5	8	5	80

자료: Lowe and Moryadas(1975: 96).

주요 국가의 교통망 구조를 비교해보면 <표 10-4>와 같다. 즉, 10개 국가에서 철도망의 α, γ계수값을 백분율로 나타낸 것을 보면 일반적으로 선진국일수록 α, γ계수값이 높다.

이상과 같은 교통망의 구조는 국가 차원에서 볼 경우 GNP, 1인당 소득, 공업 생산액, 무역액, 수입액, 개발된 에너지자원 등 국가경제의 여러 특성과 깊은 관계가 있다.

또 베리는 95개 국가를 대상으로 1인당 에너지 소비량, 교육수준(educational attainment), 무역액, 생산율 등의 43개 개발변수를 인자분석해 얻은 인자인 '기술수준(도시화, 공업화 정도, 소득, 교통의 효율 등의 변수로 구성)'과 '인구적 지위(출생률, 사망률, 인구밀도, 경지당 인구수 등의 변수로 구성)'와 자연적 특징인 크기(국가면적), 형상(국가의 최장단축의 비), 기복(두 지점 간의 항로 길이와 지상의 거리와의 비)과 각 교통망 구조와의 다중상관분석(多重相關分析)에 의해 산출된 결정계수(<표 10-5>)에 의해, 각 교통망의 구조는 '기술수준'의 영향을 37~62% 받고 있다는 점을 밝혔다.

3) 교통망의 구조분석

접근성은 교통망의 구조를 이해하기 위해 사용한 하나의 지표로, 특정지역의 공간조직을 표현하는 교통망을 조사할 경우 교통망의 분석은 교통망의 총체적 특징을 파악하는 데 그치지 않고 결절과 연쇄선의 관련이 공간적으로 어떠한 구조를 나타내고 있는가를 분석해야 할 것이다. 그 구조에서 결절점의 접근성을 파악할 수 있는데, 이 접근성은 결절점 상호 간의 공간적 지배관계나 경쟁을 파악하는 지표가 된다. 접근성을 파악하기 위해 교통망을 그래프화 해 추상화된 교통망을 행렬로서 나타낼 수 있다(〈그림 10-15〉). 이 행렬에서 행 방향은 출발(origin)의 결절을, 열 방향에는 도착(destination)의 결절을 나타내 연결행렬을 작성할 수 있다. 그리고 연결행렬에서 정점 간이 직접 연결되어 있는가 여하에 따라 최소 정보량을 0, 1로 나타낼 수 있는데, 정점 간이 직접 연결되어 있을 경우에는 1이 된다. 이 최소 정보량을 요소(element, cell)값이라고 한다. 이와 같이 각 요소값에 의해 작성된 행렬을 연결성 행렬(connectivity matrix)이라 한다.

〈그림 10-15〉의 연결성 행렬은 각 정점이 직접 연결된 요소에만 1을, 그렇지 않는 요소에는 0으로 표시했기 때문에 접근성을 파악하기에는 곤란하다. 따라서 각 정점의 접근성을 파악하기 위해 간접적인 연결성을 파악하지 않으면 안 된다. 그 하나의 방법은 그래프 구조를 직접 표시하는 측도이고, 다른 하나는 위상 기하학적 거리를 표시하는 측도이다. 두 결절점 간의 간접적 연결수 또는 경로(path)수는 행렬

〈그림 10-15〉 행렬로서의 교통망

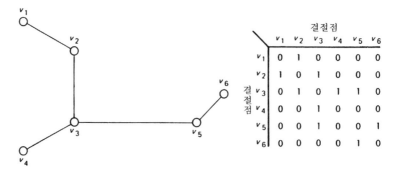

자료: Taaffe, Gauthier and O'Kelly(1996: 256).

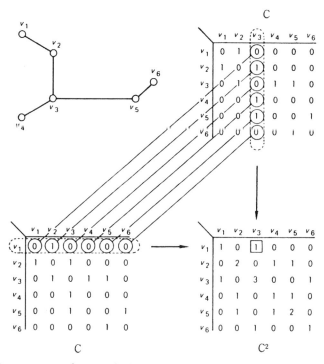

자료: Taaffe, Gauthier and O'Kelly(1996: 260).

을 곱해서 알 수 있다. 즉, 지금 연결성 행렬(C)을 제곱해 새로운 C^2의 행렬을 구하려 할 때 C^2의 각 요소값은 다음 수식과 〈그림 10-16〉에 의해 구할 수 있다. 즉,

$C_{ij}^2 = \sum_{k=1}^{n} c_i k \cdot c k_j$ 이다. 이는 $\begin{bmatrix} ab \\ cd \end{bmatrix} \begin{bmatrix} ab \\ cd \end{bmatrix} = \begin{bmatrix} aa+bc & ab+bd \\ ca+dc & cb+dd \end{bmatrix}$ 로 계산된다.

이와 같은 방법에 의해 접근성 행렬(accessibility matrix)은 $C + C^2 + C^3 + C^4 = T$에 의해 작성될 수 있다. 〈그림 10-17〉에서 T 행렬은 각 요소에 0이 없으므로 C의 누승연산은 마치게 된다. 여기에서 행렬 T의 행의 값을 합해 각 결절점의 상대적 지위(접근성)를 구할 수 있는데, 행의 합의 값이 클수록 결절점의 접근성은 커진다. 따라서 〈그림 10-17〉의 결절점 중 가장 접근성이 높은 결절점은 v_3이다. 교통망 구조에서 최고의 접근성을 갖는 결절점이 최고의 중심성을 나타낸다.

연결성 행렬 C에서 각 행의 값의 합은 결절점의 차수(次數)라고 부르며, 이 차수로서 각 결절점의 순위를 매기면 하나의 계층구성을 구할 수 있다. 그러나 접근성을 측정하는 데 다음과 같은 한계점이 존재한다. 실제의 교통망에서는 두 결점점

〈그림 10-17〉 접근성 행렬

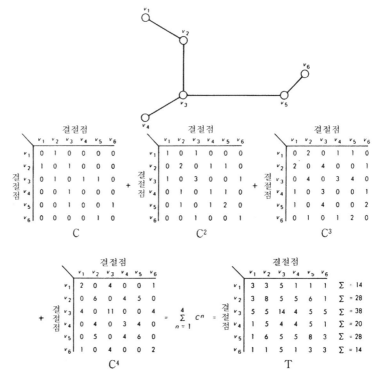

자료: Taaffe, Gauthier and O'Kelly(1996: 263).

간의 직접적인 연결뿐 아니라 하나 이상의 중간 결절점을 경유하는 간접적인 연결도 고려할 필요가 있기 때문이다. 이 행렬의 각 행의 합의 값은 각 결절점의 교통망 전체에 대한 접근성을 나타내지만 과잉성을 내포하고 있고, 두 결절점 사이의 연쇄선이 어떤 간접적인 상태에서도 모두 같은 중요도를 갖는다는 것이 한계점이다. 이러한 결점을 해결하기 위한 방법이 심벨에 의해 제창되었다. 두 결절점 사이에 나타난 경로 중에서 가장 가까운 경로만으로 만들어진 행렬을 최단경로(最短經路) 행렬(the shortest-path matrix)이라고 부른다. 〈그림 10-15〉를 이용해 최단경로 행렬을 나타낸 것이 〈그림 10-18〉로, 이 최단경로 행렬에서 각 행의 합을 접근성이라 부르는데 이 값이 작을수록 교통망 전체에 대한 접근성이 높다. 이 최단경로 행렬은 접근성 행렬이 가지고 있는 과잉성의 문제를 해결하고 거리의 체감관계를 내포하고 있는 점이 특징이다.

〈그림 10-18〉 최단경로 행렬

$$D_1 = \begin{array}{c|cccccc} & v_1 & v_2 & v_3 & v_4 & v_5 & v_6 \\ \hline v_1 & 0 & 1 & - & - & - & - \\ v_2 & 1 & 0 & 1 & - & - & - \\ v_3 & - & 1 & 0 & 1 & 1 & - \\ v_4 & - & - & 1 & 0 & - & - \\ v_5 & - & - & 1 & - & 0 & 1 \\ v_6 & - & - & - & - & 1 & 0 \end{array}$$

$$D_3 = \begin{array}{c|cccccc} & v_1 & v_2 & v_3 & v_4 & v_5 & v_6 \\ \hline v_1 & 0 & 1 & 2 & 3 & 3 & - \\ v_2 & 1 & 0 & 1 & 2 & 2 & 3 \\ v_3 & 2 & 1 & 0 & 1 & 1 & 2 \\ v_4 & 3 & 2 & 1 & 0 & 2 & 3 \\ v_5 & 3 & 2 & 1 & 2 & 0 & 1 \\ v_6 & - & 3 & 2 & 3 & 1 & 0 \end{array}$$

$$D_2 = \begin{array}{c|cccccc} & v_1 & v_2 & v_3 & v_4 & v_5 & v_6 \\ \hline v_1 & 0 & 1 & 2 & - & - & - \\ v_2 & 1 & 0 & 1 & 2 & 2 & - \\ v_3 & 2 & 1 & 0 & 1 & 1 & 2 \\ v_4 & - & 2 & 1 & 0 & 2 & - \\ v_5 & - & 2 & 1 & 2 & 0 & 1 \\ v_6 & - & - & 2 & - & 1 & 0 \end{array}$$

$$D_4 = \begin{array}{c|cccccc|l} & v_1 & v_2 & v_3 & v_4 & v_5 & v_6 & \\ \hline v_1 & 0 & 1 & 2 & 3 & 3 & 4 & \Sigma = 13 \\ v_2 & 1 & 0 & 1 & 2 & 2 & 3 & \Sigma = 9 \\ v_3 & 2 & 1 & 0 & 1 & 1 & 2 & \Sigma = 7 \\ v_4 & 3 & 2 & 1 & 0 & 2 & 3 & \Sigma = 11 \\ v_5 & 3 & 2 & 1 & 2 & 0 & 1 & \Sigma = 9 \\ v_6 & 4 & 3 & 2 & 3 & 1 & 0 & \Sigma = 13 \\ \end{array}$$

$$\Sigma\Sigma = 62$$

자료: Taaffe, Gauthier and O'Kelly(1996: 136).

〈그림 10-19〉 철도의 소요시간에서 본 접근성의 변화

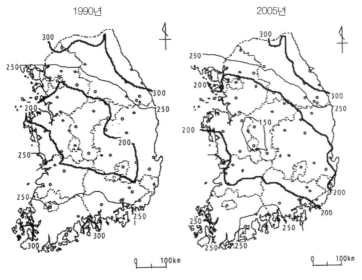

1990년 　　　　　　　　2005년

자료: 伊藤 悟(2006: 17).

한국 철도교통의 모든 결절점 간 최단 소요시간을 불(G. Boole) 대수 연산법 (rule)[7]을 이용해 심벨지수에 의해 접근성의 변화를 나타낸 것이 〈그림 10-19〉이

7) 행과 열을 곱할 때 요소별로 승산 하는 대신 요소 각각을 더하는 $(xy = x + y)$ 연산법을 불(Boole)대수의 연산법이라고 한다. 이 방법은 불(G. Boole)이 기호 논리의 장으로서 도입한 불 대수의 연산법 중 하나이다.

다. 1990년 당시 철도에 의한 접근성은 경기도 남부지역, 충북의 대부분 지역, 충남의 동부지역, 경북의 북서부지역에서 200분으로 가장 높았고, 강원도 동부지역과 전남과 경남의 해안경계지역이 300분으로 가장 낮았다. 그러나 2004년 고속철도의 등장으로 2005년에는 대전시와 충남북 경계지역의 접근성이 150분으로 가장 높고, 소요시간 200분의 지역은 경부축을 따라 더욱 확장되어 서울시와 부산시가 모두 이 시간대에 들어갔으며, 전남 남해안지역과 경남의 서부일부 지역은 소요시간 250분으로 1990년에 비해 접근성이 높아졌으나 강원도의 동부지역은 접근성이 가장 낮은 지역으로 남아 있다.

4) 교통망의 발달

고대로부터 현대에 이르기까지 교통기관은 크게 발달해 지역 간 이동의 시간거리를 매우 단축시켰다. 이러한 현상은 교통망 구조의 변화에 기인된 것이다. 교통망의 발달에 대한 접근방법은 헤이(A. Hay)에 의하면 다음 두 가지로 나누어진다. 즉, 특정 시점의 교통망 형태를 파악하기 위한 횡단적(cross-sectional) 접근방법과 시간의 경과에 따른 교통망 발달에 대한 전개적(evolutionary) 접근방법이 그것이다. 전자의 접근방법에서 가장 대표적인 연구는 캔스키(K. Kansky)에 의한 분석이다. 그는 1908년 시칠리아 철도망의 형성을 예측하기 위해 계량적 수법을 이용해 모델을 개발했다. 시칠리아의 실제 철도망과 이를 그래프화한 것이 〈그림 10-20〉이다. 그는 시칠리아 철도망의 형성을 교통망 구조(예: β계수, 결절점수, 철도의 평균 연쇄선 길이)와 기술수준(technological scale), 크기, 기복, 형상 등의 지역적 특성과 관련지어 시칠리아 철도망의 형성을 모델화시켰다. 그리고 이 모델에 의해 작성된 시칠리아 철도망을 검증한 결과 실제 철도망과 검증된 철도망과는 큰 차이가 없다는 것을 알아내어 철도망 형성의 여러 가지 요인을 밝혔다.

한편 전개적 접근방법으로 가장 잘 알려진 연구는 저개발국에서 교통망의 확대과정을 모식도로 밝힌 테이프 등의 나이지리아와 가나에서의 경험적 연구가 그것이다. 테이프 등에 의해 개념화된 교통망 발달의 6단계를 보면 다음과 같다(〈그림 10-21〉). ① 산재한 항만: 교통망 발달의 제1단계(가)의 특징은 연안에 산재해 있는 다수의 작은 어항과 소규모의 교역 중심지가 있다. 각 어항은 매우 한정된 배후지

〈그림 10-20〉 시칠리아 철도망의 캔스키 통계 실험(simulation)(1908년)

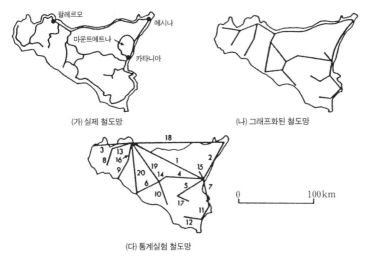

(가) 실제 철도망   (나) 그래프화된 철도망

(다) 통계실험 철도망

자료: Bradford and Kent(1978: 100).

를 갖고 있으며 어항 상호 간의 연결은 거의 없다. 또 내륙부에 산재해 있는 여러 중심지 간의 상호결합 및 이들 중심지와 어항과의 결합도 약하다. 그리고 생산의 전문화는 거의 볼 수 없으며, 각 어항 주변에서 다양한 자급적 농업이 행해지고 있다. ② 관입노선(penetration link): 발달의 제2·3단계(나, 다)는 중요한 단계로 몇 개의 어항에서 주된 관입노선이 내륙 중심지와 연결된다. 다음으로 어항과 내륙 중심지에서 모두 시장이 확대되고 지역적 전문화를 보이게 된다. 그리고 지선(feeder line)의 발달이 시작되고 집적경제로 인해 인접해 있는 작은 항만의 배후지가 주요 항만의 세력권에 속해 자체의 배후지를 넓힌다. 항만의 집중이 진전됨에 따라 주요 항만은 한층 대규모화되고 각 항만 간의 내항(內航) 서비스도 좋아진다. 한편 작은 항만이 급속히 축소 쇠퇴해 소멸하게 된다. ③ 상호연결(interconnection): 발전 패턴의 제4·5단계(라, 마)는 주로 상호연결이 이루어진다. 작은 결절점이 관입한 간선을 따라 발달해 지선이 내륙 중심지에 한정되지 않고 몇 개의 간선상의 결절점(마의 N1, N2)에도 발달한다. 지선의 교통망이 항만이나 내륙 중심지, 간선상의 결절점 등의 주변에도 발달을 계속하고 주요 지선들이 상호연결을 시작한다. 이러한 상호연결이 계속되면 전문화가 진척되어 도시의 시장이 확대된다. 그 결과 도시 간의 경쟁이 심화된다. 이 교통망상의 경쟁에서 우위를 차지한 몇몇 도시는 집적경제의

<그림 10-21> 교통망 발달단계

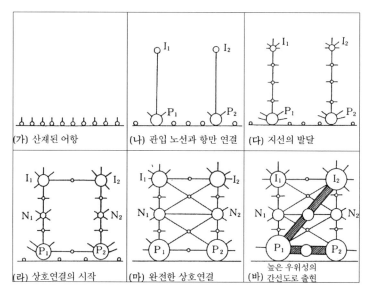

(가) 산재된 어항　　(나) 관입 노선과 항만 연결　　(다) 지선의 발달
(라) 상호연결의 시작　　(마) 완전한 상호연결　　(바) 높은 우위성의 간선도로 출현

자료: Taaffe, Morrill and Gould(1963: 504).

혜택을 누려 도시 상호 간을 연결할 개선된 교통로를 요구하게 된다. ④ 전국적인 연쇄선: 제6단계(바)는 여러 간선이나 주요한 여러 중심지 간에 전국적인 연쇄선이 발달한다. 이런 종류의 연쇄선은 주로 상호연결의 단계에서 이루어진 공간적 경쟁의 결과이다. 이 단계에 나타난 간선에는 두 종류가 있다. 하나는 이전의 관입노선이 갖고 있던 우위성이 한층 높아진 간선($P_1 \cdot P_2$ 사이)과 다른 하나는 모식도와 같이 주요 도시 간에 활발한 상호교류를 반영한 새로운 연결선으로서의 간선($P_1 \cdot I_2$ 사이)이다. 이상에서 교통망의 발달을 살펴보면 교통망의 발달은 도시의 크기와 교통망상에 입지한 도시의 위치가 중요한 역할을 하고 있다는 것을 잘 설명해주고 있다.

교통망의 발달에 관한 '가·나단계'에 대한 경험적 연구로서 뉴질랜드의 항만 집중과정에 대한 림머(P. J. Rimmer)의 연구가 있다(<그림 10-22>). 해안에서 내륙부로 최초의 주요한 관입노선이 나타난 단계는 개발도상국의 교통발달사에서 가장 중요한 단계라고 말할 수 있다. 개발도상국에서 관입노선의 출현은 정치·경제적인 동기에 의한다. 가나의 경우는 정치·군사적인 동기가 강하게 작용했다.

이상에서 전개된 교통망의 발달은 지역 간의 결합을 더욱 강하게 해줄 뿐 아니라 운송비가 낮아짐에 따라 생산비가 절감됨으로써 무역으로 인한 이득(gains from

〈그림 10-22〉 뉴질랜드 항만의 집중과정

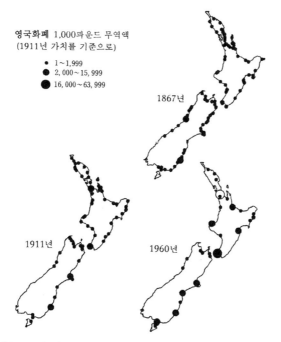

자료: Rimmer(1967b: 91, 94, 97).

trade)과 집적으로 인한 이득(gains from agglomeration)이 발생한다. 또 인적교류를 활발히 할 수 있음에 따라 암묵지의 전달이 용이해져 기술 확산(technology diffusion)이 이루어지고, 교통로 건설의 초기 투자가 모든 산업분야에 고루 혜택을 줘 간접적 지원 효과를 갖게 되는 포괄적인 지원효과(coordination device and the 'big push')로 경제발전을 도모한다. 그리고 시공간적 거리도 단축시켜 공간조직을 변화시키게 된다. 〈그림 10-23〉은 미국 미시간 주 디트로이트 시와 랜싱 시 사이에 각 시대에 발달한 교통수단에 의한 두 도시 간 소요시간의 변화를 나타낸 것으로, 이를 통해 시간이 경과함에 따라 개선된 교통기관에 의해 두 결절점은 기능적으로 더 가까워진다는 것을

〈그림 10-23〉 디트로이트시와 랜싱시 사이의 시대별, 교통수단별 소요시간의 변화

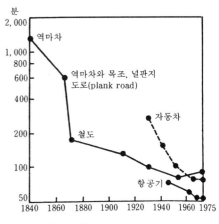

자료: Janelle(1969: 352).

<그림 10-24> 미국의 시간거리 축소(1912~1970년)

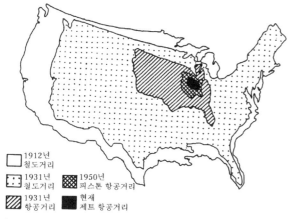

□ 1912년 철도거리
⊡ 1931년 철도거리
▨ 1931년 항공거리
▧ 1950년 피스톤 항공거리
■ 현재 제트 항공거리

자료: Lowe and Moryadas(1975: 51).

8) 시공간의 축소를 나타내는 용어는 1989년 하비의 시공간의 압축, 브룬과 라인바흐(S. D. Brunn & T. R. Leinbach)의 시공간의 붕괴, 1991년 사회체계가 시공간상에 전개·확장되는 기든스의 시공간의 원격화(time-space distanciation), 1992년 오브라이언(R. O'Brien)의 지리학의 종언(終焉)(The End of Geography), 1995년 케인크로스(F. Caincross)의 거리의 소멸(the death of distance) 등으로 바뀌었다. 거리의 소멸은 1966년 블레이니(G. Blainey)의 거리의 폭정(the tyranny of distance)에서 따온 말이다. 거리의 폭정은 정보통신의 혁명으로 거리가 더 이상 전자적 통신비용을 결정하는 요인이 되지 못할 것임을 나타내는 용어이다.

알 수 있다. 자네레(D. G. Janelle)는 이를 시공간 수렴(time-space convergence)[8]이라고 했다. 미국 전역에서 1912~1970년 사이의 공간적 수렴을 보면 <그림 10-24>와 같이 1970년의 미국은 델마바(Delmarva)반도 크기만 하다. 이와 같은 시공간 수렴은 공간 재조직(spatial reorganization)의 과정을 나타내는데, 이것이 바로 <그림 10-25>이다. 자네레의 공간 재조직은 교통망 구조의 변화와 교통기술의 급진적인 개선에서 하나의 공간경제를 야기했으며, 접근성의 변화에 가장 중요한 힘이 된 입지적 효용성(locational utility)의 개념에 의해 6단계의 공간적 재조직 과정을 모델화했다. 제일 먼저 새로운 공장이나 가공공장이 지역 복합체로서 입지함에 따라 제품 출하량이 많아져 더 높은 수준의 접근성을 필요로 하게 된다. 따라서 기술개발(technological development)에 대한 탐색 과정에 의해 교통혁신(transport innovation)이 이루어져 지역 간의 교통시간 및 비용이 감소된다. 또한 시공간 수렴이 계속되어 지역 간의 시간거리는 더욱 가까워진다. 접근성이 증대됨에 따라 더 많은 새로운 활동을 유치하게 되므로 공간적 재조직의 양상은 경제활동의

<그림 10-25> 공간 재조직 과정 모델

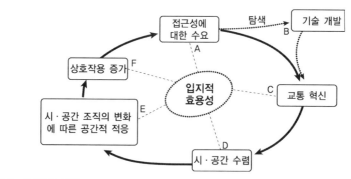

자료: Janelle(1969: 350).

공간적 집중화를 가져와 집적경제현상과 산업의 전문화가 나타난다. 그 결과 공간적 상호작용은 더욱 증대되어 더 높은 접근성을 필요로 하게 된다. 즉, 고속교통체계의 정비·충실은 국민경제의 지역 간 분업을 더욱 촉진시켜 단지 상품생산의 지역 간 분업에서 생산공정의 지역 간 분업으로 전개되고 더 나아가 정비가 촉진되면 지역 간 경쟁을 통해 농·임·어업 부문과 공업의 현업(現業)부문을 주변지역에 발달시키고 중심부 인접지역에 연구·개발부문을, 또 수도 중심부에 중추관리기능의 입지를 둔화시킨다.

3. 중력모델과 교통

교통망상에 화객(貨客)이 지역 간을 이동하게 된다. 이러한 교통체계 내에서의 화객이동 등에 의한 공간적 결합을 공간적 상호작용(spatial interaction)이라 한다. 공간적 상호작용이란 용어를 제일 먼저 사용한 사람은 울먼(E. L. Ullman)이다. 1952년 울먼은 미국 서부정치학회에서 사회학이 사회적 상호작용의 학문이라고 정의한다면, 지리학은 공간적 상호작용의 학문이라고 정의했다. 공간적 상호작용의 개념은 종래의 지리학이 특정 지역에서 인간과 환경의 관계를 중심적인 과제로 취급해온 절대적 위치(site)로서의 지리학인 데 대해, 지역 간의 결합관계를 연구하는 위치(situation)의 학문으로서 지리학을 중시하는 과정에서 나온 것이다. 그러나 현대사회에서는 교통·통신시설의 발달에 의해 멀리 떨어진 지역 간에도 복잡한 기능적 관계가 성립되고 있다. 공간적 상호작용론이 현재 중요시되고 있는 것은 이 기능적 관계가 공간적 상호작용에 의해 나타나기 때문이다.

이와 같은 공간적 상호작용을 과학적으로 설명하려는 지리학자에 의해 소개된 것이 물리학의 중력법칙(law of gravitation)이다. 즉, 중력은 질량의 곱에 비례하고 두 질량 사이의 거리의 제곱에 반비례하는 $F = G \frac{M_1 M_2}{d^2}$ 로 나타냈다. 여기에서 F는 중력, M_1, M_2는 두 질량의 중량, d는 두 질량 사이의 거리, G는 자연의 일반적 상수로 이것을 지리적공간의 이동에 적용했다. 그 후 이 중력모델(gravity model)은 소매활동, 통근, 상품이동 등에도 이용되었다.

1) 기본적인 중력모델

중력모델은 사회과학에서 아주 오래전부터 사용되어 온 모델 중의 하나로, 캐리 (H. C. Carey)가 1858년 처음으로 「사회과학의 원리(principles of social science)」 에서 사용했다. 그 후 라벤슈타인(E. G. Ravenstein), 영(E. C. Young), 지프(G. K. Zipf), 스튜어트(J. Q. Stewart) 등에 의해 수정되었으며, 가장 널리 사용되고 있는 단 순한 중력모델은 $I_{ij} = G \dfrac{P_i P_j}{d_{ij}^2}$ 이다.

여기에서 P_i, P_j는 i, j지역의 인구이고, d_{ij}는 i, j지역 간의 거리, G는 비례상 수, I_{ij}는 i, j지역 간의 인구 이동량이다. 그러나 이 모델은 어디까지나 등질공간 (homogeneous space)에서 지역 간 상호작용이 나타난다는 점과 모든 경우에 인구 가 균등하게 분포되어 있다는 전제하에서 사용되고 있다. 따라서 이 모델은 사회과 학에서 명확하게 적용될 수 없지만, 이 모델이 갖고 있는 두 가지의 기본적인 성격 은 합리적이라는 점을 제시하고 있다. 첫째 하나 또는 두 지역의 크기(인구, 소득 등) 가 증가됨에 따라 그들 지역 간의 이동량도 증대된다. 둘째, 거리가 먼 지역일수록 그들 사이의 이동량은 더 적어진다. 이것은 거리가 이동량에 마찰효과(거리의 마찰) 를 나타낸 것으로 상호작용량과 반비례를 하고 있다. 그리고 이 반비례의 관계는 항상 거리지수의 제곱이 아니다. 이 거리지수의 정확한 값은 지형, 이동에 영향을 미치는 이용할 수 있는 교통기술, 인구이동, 통근, 구매활동 등의 이동유형에 의해 영 향을 받는다. 〈그림 10-26〉은 이동량과 거리 와의 관계를 지수효과로 나타낸 것으로, 거리 지수가 4일 때는 거리가 증가됨에 따라 이동 량이 급격히 감소하고 곡선의 구배도 급해진 다. 또 거리지수가 0(d^0 =1)일 때는 거리의 마찰효과는 없다. 여기서 거리와 함께 이동 량의 감소를 나타내는 곡선을 거리조락 함수 (distance decay function)라 부른다. 거리조락 은 거리극복에 대한 금전적·시간적인 비용 과 정보의 전달, 개재기회에 의해 나타난다. 거리지수는 항상 일정하지 않으므로 수정

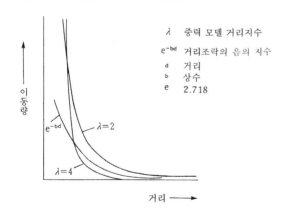

〈그림 10-26〉 이동량과 거리 간의 상관관계

λ	중력 모델 거리지수
e^{-bd}	거리조락의 음의 지수
d	거리
b	상수
e	2.718

자료: Bradford and Kent(1978: 115).

중력모델은 $I_{ij} = G\dfrac{P_i P_j}{d_{ij}^{\lambda}}$ 으로 나타낼 수 있다. 따라서 이동의 특정 유형에 대한 거리 조락 함수는 해당 지역이 다름에 따라, 똑같은 지역이라도 시간이 경과함에 따라 변화한다. 예를 들면, 통근현상에서 미국과 서아프리카 지역의 경우 미국에서 거리 지수가 낮게 나타난다. 또 1800년과 1976년에 영국의 통근패턴 비교에서 1976년의 통근에 의한 거리지수가 훨씬 낮다.

2) 화객유동과 중력모델

중력모델은 도시 간의 여객유동의 예측에 널리 이용되고 있다. 미국 캘리포니아 주에서 로스앤젤레스와 다른 도시 사이의 자동차와 항공교통의 여객유동(〈표 10-6〉) 에서 $(I_{ij} = G\dfrac{P_i^{\alpha} P_j^{\beta}}{d_{ij}^{\gamma}})$, 자동차에 의한 여객유동의 중력모델은, $\log I_{ij} = -0.3033 + 0.9818\log P_i + 1.0308\log P_j - 2.5623\log d_{ij}$ (R^2=0.91612)이고, 항공기에 의한 여객유동의 중력모델은, $\log I_{ij} = -46.769 + 2.0899\log P_i + 2.0175\log P_j - 0.3566\log d_{ij}$ (R^2=0.90827)이다. 여기에서 자동차 여객유동에 의한 거리지수는 2.5623이고, 항공기에 의한 여객유동의 거리지수는 0.3566으로, 자동차보다 항공기에 의한 거리지수 값이 작아 여객유동에서 항공기가 거리의 제약을 적게 받는다는 것을 알 수 있다. 그리고 자동차·항공기 모두 출발지와 도착지의 인구와 두 지역 간의 거리에 의해 여객 유동량을 90% 이상 설명할 수 있다는 것을 결정계수로 보아 알 수 있다.

거리지수는 공간적 접근성의 높고 낮음을 나타내는데, 1976년 한국의 49개 존

〈표 10-6〉 여객유동의 자료의 배열

도시	여객량	출발지 인구	도착지 인구	거리
로스앤젤레스(1) ~ 새크라멘토(2)	I_{12}	P_1	P_2	d_{12}
로스앤젤레스 ~ 샌디에이고(3)	I_{13}	P_1	P_3	d_{13}
로스앤젤레스 ~ 샌프란시스코(4)	I_{14}	P_1	P_4	d_{14}
로스앤젤레스 ~ 새너제이(5)	I_{15}	P_1	P_5	d_{15}
로스앤젤레스 ~ 산타바바라(6)	I_{16}	P_1	P_6	d_{16}
로스앤젤레스 ~ 스톡턴(7)	I_{17}	P_1	P_7	d_{17}
·	·	·	·	·
·	·	·	·	·
·	·	·	·	·
로스앤젤레스…(j)	I_{1j}	P_1	P_j	d_{1j}

자료: Alcaly(1967: 62).

〈그림 10-27〉 철도 여객유동의 중력모델에 의한 거리 매개변수

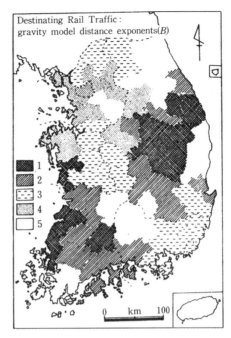

주 1: 1. 1.00~1.99 S.D./ 2. 0~0.99 S.D./ 3. -0.99~0 S.D./ 4. -1.99~-1.00 S.D./ 5. 철도노선이 없는 존.
주 2: S.D.는 표준편차.
자료: 韓柱成(1985: 45).

간의 도착지 철도 여객유동에서 존스턴(R. J. Johnston)의 거리변수의 표준화법을 이용해 파레토(Pareto)식 중력모델에 의한 거리지수의 공간적 분포(〈그림 10-27〉)를 보면 한국의 북서부와 남동부는 거리지수가 상대적으로 낮고, 북동부와 남서부는 거리지수가 상대적으로 높아 철도 여객유동의 접근성은 지역적 2원성을 나타내고 있다는 것을 알 수 있다.

다음으로 화물유동에서 중력모델 및 그 변형모델은 지역 간 및 지역 내의 이동에도 적용되고 있다. 지역 내의 화물유동의 예로서 스미스(R. H. T. Smith)는 뉴잉글랜드 지방에서 철도에 의한 도착 농산물 수송에 대해 거리지수를 1로 사용해 다음과 같은 점을 밝혔다. 즉, 뉴잉글랜드 지방에서 거리가 멀수록 원의 크기가 일반적으로 작은 것은 뉴잉글랜드 지방에 도착하는 농산물이 거리의 영향을 받고 있다는 점을 나타내는 것이다. 그러나 몇 개의 중요한 농산물을 생산하는 주에서는 원의 크기가 꽤 크다(〈그림 10-28〉). 플로리다·캘리포니아 주의 과실, 일리노이 주의

<그림 10-28> 뉴잉글랜드 지방으로의 철도 화물수송

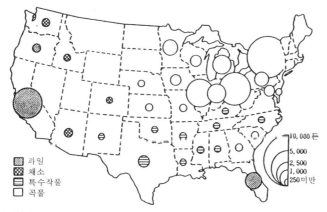

과일
채소
특수작물
곡물

10,000 톤
5,000
2,500
1,000
250 미만

자료: Smith(1964: 3).

<표 10-7> 미국의 물자유동에 의한 거리 매개변수값

품목	거리 매개변수값
석유·석탄제품	-0.275
자동차 및 비품	-0.500
고무 및 플라스틱제품	-0.950
의복 및 관련제품	-1.025
캔디·음료·담배제품	-1.975
육류 및 낙농품	-2.625
석물·점토·유리제품	-5.325

자료: Black(1972: 111).

곡물 등이 그 예이다. 이것은 농업생산이 수송량에 많은 영향을 받고 있다는 것을
의미한다. 한편 블랙(W. R. Black)은 1967년 미국의 9개(하와이와 알래스카는 제외)
센서스 지역 간에 80개 상품군의 거리지수를 구했다. 이 중 7개 품목에 대한 거리
지수를 보면 <표 10-7>과 같다. 즉, 토석·유리제품(거리지수 값 5.33), 육류·유제품
(2.63) 등은 매우 높은 거리지수를 나타내는 데 대해 석유·석탄제품(0.28), 자동차
및 부품(0.50)등은 낮은 거리지수를 나타냈다. 여기에서 거리의 영향을 적게 받는
상품은 일반적으로 단위 중량당 높은 가격의 상품이다. 그러나 블랙은 상품유동에
서 거리의 영향을 받고 있는 상품은 상품가격보다는 지역적 전문화의 공간적 패턴
이 많은 영향을 미치고 있다는 점을 밝혔다.

3) 중력모델과 배후지 및 잠재력 지도

〈그림 10-29〉는 수정 중력모델에 의한 미국 100개 대도시 간의 상호작용을 바탕으로 획정한 배후지를 나타낸 것이다. 여기에서의 중력모델은 $\frac{P_i P_j}{D_{ij}^2}$로 i도시와 j도시와의 상호작용 계산값에서 그 값이 큰 도시에 작은 값을 가진 도시를 귀속시켜 나타낸 것이다. 위의 중력모델을 바탕으로 예측적인 항공여객에 의한 지배관계를 나타낸 것이며, 1962년 실제 항공여객의 지배관계를 나타낸 것이 〈그림 10-30〉으로, 〈그림 10-29〉와 〈그림 10-30〉을 비교해보면 개괄적이지만 두 그림은 일반적으로 대응하고 있다는 것을 알 수 있다. 즉, 뉴욕, 로스앤젤레스, 샌프란시스코는 두 그림에서 모두 넓은 지배지역을 갖고, 이들 이외의 지역은 시카고, 댈러스, 휴스턴, 포틀랜드, 시애틀에 의해 지배되고 있다.

다음으로 중력모델을 이용한 잠재력(potential) 지도의 작성은 널리 이용되고 있다. 잠재력 지도는 센터 i와 n개의 다른 센터 j가 있다고 할 때 중력모델에 바탕을 두고 두 센터 간의 상호작용 n개를 모두 합친 모델로서 작성된 등치선도이다. 즉, 센터 i에서 n개의 다른 센터에 대한 잠재력 $_iV$는 다음과 같이 기술할 수 있다. 즉, $_iV = \sum_{j=1}^{n} \frac{P_i P_j}{D_{ij}}$ 로서 P_i는 각 항에서 공통이기 때문에 각 항을 P_i로 나누면 $iV = \sum_{j=1}^{n} \frac{P_j}{D_{ij}}$

〈그림 10-29〉 중력모델에 의한 예측적 지배관계(1962년)

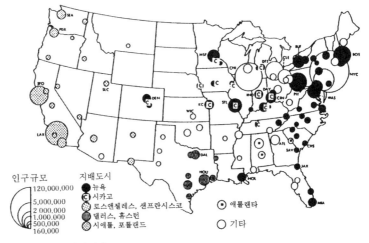

주: 지도상의 영어는 지명의 약자.
자료: Taaffe(1962: 5).

〈그림 10-30〉 항공기 여객유동에 의한 지배관계(1962년)

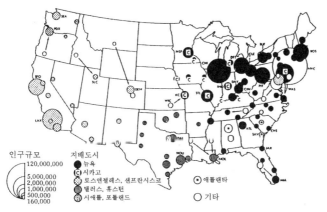

주: 지도상의 영어는 지명의 약자.
자료: Taaffe and Gauthier(1973: 89).

가 된다. 지도상에서 각 센터를 차례로 i로부터 센터별 중력모델에 의한 상호작용의 합계값을 산출한다. 그 결과 대도시 가까이에 입지한 도시는 잠재력 값이 크고 대도시에서 멀리 떨어진 도시의 잠재력 값은 작은 경향을 나타낸다. 모든 센터에 대한 잠재력 값으로 등치선을 그으면 잠재력 지도가 작성된다.

$\dfrac{M}{d}$(M: 군별 소매 판매액, d: 각종 교통수단 운임을 일반화한 하나의 추정값)의 중력모델을 이용해 미국의 시장 잠재력 지도를 나타낸 것이 〈그림 10-31〉이다.

〈그림 10-31〉 미국의 시장 잠재력

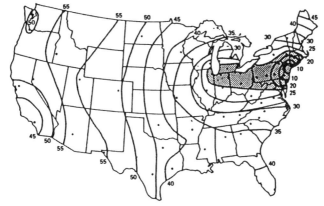

주: 육운과 수운을 조합시킨 경우 뉴욕에서의 편차 백분율.
자료: Taaffe and Gauthier(1973: 91).

이상의 중력모델은 물리학의 법칙에 바탕을 둔 것으로 독자적인 사회적·경제적·지리적·이론적 기초가 결여되어 있으며, 대도시지역의 총계적 대량이동(aggregated mass movement)에는 특히 적당하나 개인행동과의 관련, 국제적 규모에서의 적용은 부적절하다. 또 많은 결점을 갖고 있다. 즉, 중력모델이 공간적 행동의 여러 가지 경험적인 검토라는 점에서 대부분의 중력모델은 실제의 유동패턴을 가장 잘 설명하고 있는 것 같지만 그것이 무엇을 의미하는가가 명확하지 않다. 특히 거리지수가 1 또는 2인 논리적 근거가 일반적으로 없다. 최적합의 거리지수를 경험적으로 구하지만 거리지수로서 하나의 특정 수치가 무엇을 의미하는가는 명확하다고 볼 수 없다. 또 여러 가지 유동패턴에서 거리지수를 비교해도 항상 유의적인 비교가 된다고는 할 수 없다. 이것은 비연속적인 거리의 함수가 거리의 영향을 잘 나타내는 경우도 있기 때문이다. 또 중력모델의 권(gravitation field)과 같이 인구이동권(migration field)도 연속적인가, 일정 상수가 상호작용에 대한 특징인가, 질량과 거리 간의 관계는 시간의 경과와 함께 불변인가 등에 대한 의문이 그것이다. 또 중력모델에 의한 유동량이 출발지와 도착지의 규모와 두 지역 간의 거리에 의해 설명된다고 할 때 유동량이란 인간 자신이 행동의 의사결정을 하기 때문에 행동하기까지 각자의 심리적 과정을 중시해야 하며, 거리는 오히려 수급관계가 유동량에 큰 역할을 한다는 점이 그 차이점으로 나타나고 있다. 또 물자유동은 사람의 이동에 비해 일반적으로 통계자료를 얻기 힘들며, 생산자로부터 소비자에 이르기까지 몇 개의 유통단계가 존재하고 있고, 또 최근에는 물자의 실제 유동인 물적 유통과 상적 유통이 분리되고 있다는 점 등에서 전체적인 유동패턴을 정확하게 파악한다는 것이 어렵다.

고전적 중력모델은 기술적인 결점도 갖고 있다. 즉, 중력법칙에는 물체 i가 물체 j를 흡인하는 힘과 물체 j가 물체 i를 흡인하는 힘도 중력법칙에서는 정의하고 있다. 그러나 교통유동의 경우 i에서 j로의 이동인 $I_{i \to j}$와 j에서 i로의 이동인 $I_{j \to i}$가 구분되어 사용되는 경우가 적고, 또 이들을 합계한 삼각 OD 행렬형의 자료를 중력모델에 적용한다는 점과, OD 행렬 대각선의 자지구내(自地區內)의 유동량도 총유동량에 포함시켜 중력모델로 분석하는 경우가 많다. 그러나 본래의 중력법칙은 어떤 질량이 자기 자신에 대한 작용은 고려하지 않는데, 이 점을 극복하기 위해 본래의 무제약형 중력모델(unconstrained gravity model)에서 제약형 중력모델이 대두되었다. 제약형 중력모델은 발생·흡수 제약형 중력모델과 이중 제약형 중력모델로

〈표 10-8〉 OD표

흡수＼발생		존							합계
		1	2	3	…	j	…	n	
존	1								
	2								
	3								
	⋮								
	i					T_{ij}			O_i
	⋮								
	n								
합계						D_j			

구분된다. 〈표 10-8〉에서 발생 제약형 중력모델(production-constrained gravity model)은 O_i는 알지만 D_j는 모른다. 따라서 중력모델의 가장 기본적인 형인 $T_{ij} = KO_i D_j d_{ij}^{-b} \cdots$ (1)여기에서 K는 균형인자(balancing factor)에서 D_j를 w_j로 치환하면 $T_{ij} = KO_i w_j d_{ij}^{-b} \cdots$ (2)가 된다. 여기에서 $\sum_{j=1}^{n} T_{ij} = O_i$일 때 (2)식에서 K를 구하면 $K = 1/\sum_{j=1}^{n} w_j d_{ij}^{-b} \cdots$ (3)이 된다. (3)식의 좌변은 존 i에 대해 균형인자이기 때문에 K대신에 A_i라는 균형인자를 도입한다. 이상에서 발생 제약형 중력모델은 $T_{ij} = A_i O_i w_j d_{ij}^{-b}$이 된다. 단, $A_i = 1/\sum_{j=1}^{n} w_j d_{ij}^{-b}$ 이다. 이와 같은 발생 제약형 중력모델의 응용의 예로서 허프모델이 대표적인 구매자 행동모델에 적용해 고찰할 수 있다.

흡수 제약형 중력모델(attraction-constrained gravity model)은 D_j를 알고 $\sum_{i=1}^{n} T_{ij} = D_j$라는 흡수제약 조건이 있는 데 대해 O_i는 모른다. 흡수 제약형 중력모델의 도출을 발생 제약형 중력모델과 같이 K대신에 B_j란 균형인자를 도입하면 $T_{ij} = B_j w_i D_j d_{ij}^{-b}$가 되고, 단 $B_j = 1/\sum_{i=1}^{n} w_i d_{ij}^{-b}$가 된다. 이 흡수 제약형 중력모델은 주택이동에 적용해 고찰할 수 있다. 이들 제약형 중력모델은 어느 한쪽만의 균형인자에 의해 제약되고 있기 때문에 일중(一重) 제약형 중력모델(singly constrained gravity model)이라 한다.

발생·흡수 제약형 중력모델(production-attraction-constrained gravity model)은 O_i와 D_j를 모두 알고 있는 경우로 $\sum_{j=1}^{n} T_{ij} = O_i$와 $\sum_{i=1}^{n} T_{ij} = D_j$의 두 조건이 동시에 성립되지 않으면 안 된다. 여기에서 식 (1)에서 K의 균형인자의 곱 $A_i B_j$에 의해 치환하면 발생·흡수 제약형 중력모델 $T_{ij} = A_i B_j O_i D_j d_{ij}^{-b} \cdots$ (4)가 되는데, 균형인자 A_i와 B_j는 각각 $\sum_{j=1}^{n} T_{ij} = O_i$, $\sum_{i=1}^{n} T_{ij} = D_j$에 식 (4)를 대입·정리함에 따라 $A_i = 1/\sum_{j=1}^{n} B_j D_j d_{ij}^{-b}$, $B_j = 1/\sum_{i=1}^{n} A_i O_i d_{ij}^{-b}$가 된다. 따라서 식 (4)가 각각 $\sum_{i=1}^{n} T_{ij} = O_i$, $\sum_{i=1}^{n} T_{ij} = D_j$를 만족하기 위해 정해진 두 개의 균형인자를 나타내기 때문에 이를 이중 제약형 중력모델(doubly constrained gravity model)이라 한다. 이와 같은 발생·흡수 제약형 중력모델의 응용은 통근유동에 적용할 수 있다.

이상의 제약형 중력모델은 고전적 중력모델에서 나타나지 않은 제약조건을 만족시킨 형(型)으로 통행(trip) 예측을 중력모델로 나타냈으나 뉴턴(I. Newton)의 중력법칙과 유사한 모델이 유도되었다는 인상은 부인할 수 없다. 이 점을 해결하기 위해 고안된 것이 윌슨(A. G. Wilson)에 의한 엔트로피 최대화형 모델(entropy-maximizing model)이다.

엔트로피[9] 개념을 지리학에 도입한 연구는 열역학적 엔트로피와 유사하게 도시군(都市群)을 일반 체계적으로 해결한 베리, 정보 엔트로피를 촌락의 분포 패턴을 판정하는 척도로 응용한 셈플(R. K. Semple)과 골리지(R. G. Golledge)의 연구는 단지 용어의 치환이나 패턴의 기술에 엔트로피 개념을 수용한 데 대해, 모델의 유도에 통계학적 엔트로피를 수용한 윌슨의 연구는 우수하다. 즉, 윌슨은 엔트로피 최대화[10]에 의한 발생·흡수 제약형의 모델을 유도해 냈는데 그 식은 $T_{ij} = A_iB_jO_iD_j\exp(-\beta C_{ij})$ … (5)이다. 이 식을 발생·흡수 제약 중력모델인 $T_{ij} = A_iB_jO_iD_jd_{ij}^{-b}$와 비교해보면 거리의 마찰효과를 나타내는 거리 저항 함수 d_{ij}^{-b} 대신에 음의 지수함수 $e^{-\beta}C_{ij}$로 치환한 것뿐이다. 이들 두 모델에서 거리 저항 함수의 형이 다른 것은 이동자의 행동에 관해 다음과 같이 가정함으로써 해결될 수 있다. 일반적으로 사람들이 인지한 거리는 거리가 멀어짐에 따라 실제 거리와의 사이에 괴리가 증가해 실제거리의 대수(對數)와 비슷한 형을 가지게 된다. 이 점에 착안해 이동자가 이동할 때 극복하지 않으면 안 될 거리 내지는 그것에 대응하는 비용을 주관적으로 인지한다고 가정하면, C_{ij}는 $\ln C_{ij}$로 바꿀 수 있어, 그 결과 엔트로피 최대화형 공간적 상호작용 모델의 거리 저항 함수는 $\exp(-\beta\ln C_{ij}) = C_{ij}^{-\beta}$ 가 되고 파레토 함수와 같게 된다. 따라서 거리 저항 함수의 형이 다른 것은 이동자가 거리를 실제거리 그대로 정확하게 인지하는가, 실제거리의 대수와 유사한 형으로 인지하는가의 차이에 있다.

식 (5)에서 A_i, B_j는 발생·흡수 제약형의 중력모델의 경우와 마찬가지로 제약조건을 만족시키기 위해 도입된 균형인자이다. A_i, B_j를 구하는 것은 다음과 같다. 즉,

$$\sum_{j=1}^{n} T_{ij} = O_i = \sum_{j=1}^{n} A_iB_jO_iD_j\exp(-\beta C_{ij})$$

$$1 = \sum_{j=1}^{n} A_iB_jD_j\exp(-\beta C_{ij})$$

9) 엔트로피라는 개념에는 여러 가지가 있지만 기본적으로는 두 가지가 있다. 하나는 열역학적 엔트로피로 몇 개의 물체로 구성된 하나의 폐쇄적 체계의 상태량을 나타내는 것이고, 다른 하나는 정보이론적 엔트로피로 하나의 체계가 갖는 애매함, 또는 전달 정보량을 나타내는 것이다. 인문지리학에서의 열역학적 엔트로피는 중심지 분포, 인구분포를 해명하는 데 사용되지만, 여기에서 취급하는 사상(事象)이나 체계의 특수성 때문에 정보이론적 엔트로피를 사용하는 경우가 많다. 어떤 엔트로피를 사용하더라도 현실의 체계가 어떠한 것인가를 식별하는 것이 필요하다.

10) 열의 출입이 없는 고립계에서는 항상 엔트로피가 증가하는 방향으로 변해 결국 엔트로피가 최대값을 갖는 평형상태에 도달한다는 열역학 제2법칙에서 나온 것이다.

$A_i = 1/\sum_{j=1}^{n} B_j D_j \exp(-\beta C_{ij})$ ······ (6)이 된다.

같은 방법으로

$$\sum_{i=1}^{n} T_{ij} = D_j = \sum_{i=1}^{n} A_i B_j O_i D_j \exp(-\beta C_{ij})$$

$$1 = \sum_{i=1}^{n} A_i B_j O_i \exp(-\beta C_{ij})$$

$$B_j = 1/\sum_{i=1}^{n} A_i O_i \exp(-\beta C_{ij})$$ ······ (7)이 된다.

식 (6), (7)에서 A_i, B_j는 상호의존적이 되기 위해 실제 계산에서는 임의의 초기 값을 갖고 상호 수속(收束)계산을 행해 쌍방의 수속 값을 구하지 않으면 안 된다. 그러나 엔트로피 최대화 공간적 상호작용 모델은 모델의 이론적 근거 및 β값의 해석에 대한 의미론적 측면에서 석연찮은 점이 남아 있다.

4) 울먼의 3요소(triad)

1950년대는 교통지리학이 발달해온 과정에서 가장 중요한 시기로, 울먼에 의한 중력모델과 그 변형에 관한 여러 가지 기능을 세 가지의 유용한 개념으로 요약한 시기이다. 이들 개념은 경제적 상호작용의 필요조건으로서 특정한 여러 센터 간의 연결과 유동이 왜 다른 여러 센터 간의 연결과 유동보다도 강하게 나타나는가에 대한 것이다. 이들의 개념은 가동성(transferability)과 보완성(complementarity)과 개재 기회(intervening opportunity)이다.

가동성은 중력모델을 한층 일반화시킨 것이라 볼 수 있다. 질량(인구, 소득 등)이 클수록 유동량이 많고, 거리가 멀수록 유동량이 적다고 할 수 있다. 운송에서 가동성은 통행(trip)에 대한 거리뿐 아니라 필요로 하는 시간과 화폐에 의해 측정되는 운송비와 교통기관의 개선에 따른 그 영향도 포함된다.

보완성은 여러 센터 간의 상품유동을 설명하는 데에 결정적인 인자로써 매우 중요하다. 그러나 이것을 엄밀히 표현하는 데에는 어려움이 있다. 중력모델과 관련이 있는 보완성의 측도는 뉴잉글랜드 지방을 연구 대상지역으로, 철도에 의한 농산물 유동을 지표로 해 스미스가 시도했다. 즉, 중력모델의 회귀방정식에서 기대된 유동량(m)과 실제 유동량(n)을 비교해 $\frac{n}{m}$을 보완성 지수(complementarity index)라 하고, 이 지수가 1보다 큰 지역은 농산물 생산의 보완성을 갖는 지역으로 판단했다. 뉴잉글랜드 지방으로 농산물을 수송한 각 주의 보완성 지수를 나타낸 것이 〈그림

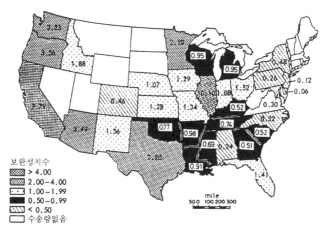

〈그림 10-32〉 뉴잉글랜드 지방으로의 농산물 운송의 보완성 지수

보완성지수
▨ > 4.00
▩ 2.00~4.00
▦ 1.00~1.99
■ 0.50~0.99
▨ < 0.50
☐ 수송량없음

자료: Smith(1964: 7).

10-32〉이다.

개재기회 모델은 사회학자 스토우퍼(S. A. Stouffer)가 1933~1935년 사이의 미국 오하오주 클리블랜드를 연구지역으로 인구이동에 관한 연구를 함으로써 처음으로 체계화된 것이다. 그는 거리와 유동량 사이에는 어떤 필연적인 관계가 존재하는 것이 아니라, 출발지에서 도착지까지의 통행 수는 도착지의 기회의 수에 비례하고 개재기회 수에 반비례한다고 주장했다. 이것은 거리체감 모델에 대한 비판을 바탕으로 그 대안을 제시한 것이다.[11] 즉, 〈그림 10-33〉에서와 같이 도시 내 특정 지점에서 그 주변지대로의 인구 이동 수(M)는 그 지대의 기회 또는 공한지의 수(Δ_x)에 정비례하고, 도시 내의 출발지점과 주변지대와의 사이에 분포한 기회의 수(x)에 반비례한다고 했다. 이것을 정식화하면 $M = k\dfrac{\Delta x}{x}$ 이다.

〈그림 10-33〉에서 $x_n = x_1 + x_2 + x_3 + \ldots + x_{n/2}$ 이다.

〈표 10-9〉는 1946~1950년 사이의 스웨덴 비트스죠(Vittsjö) 지구(地區)에서 인구전출을 개재기회 모델에 의해 분석한 것이다.

여기에서 중력모델과 개재기회 모델을 비교해보면 중력모델과 개재기회 모델은 모두 비례와 반비례 관계를 나타내는 일반적인 구조로 구성되어 있는 점이 유사하다. 그리고 기회의 수는

11) 그 후 그는 이동자와는 비례한다는 점과 경합 이동자의 개념을 덧붙여 처음의 모델을 수정했다.

〈그림 10-33〉 개재기회 모델의 공간구조

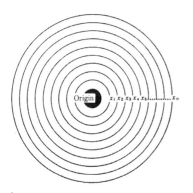

자료: Thoman and Corbin(1974: 179).

<표 10-9> 스웨덴 비트스죠(Vittsjö) 지구의 인구전출에 사용된 개재기회 모델

존*	인구 총 전입		$\frac{\Delta_x}{x}$	비트스죠로부터 기대된 인구 이동 수($k\frac{\Delta_x}{x}$)	비트스죠로부터의 실제인구 이동 수(O)
	존당(Δ_x)	개재(x)			
1. 인접지구	4,104	2,052	2.00	251.5	167
2. 10~20	1,636	4,922	0.33	41.5	33
3. 20~30	24,156	17,818	1.36	171.0	203
4. 30~40	19,160	39,476	0.49	61.6	43
5. 40~50	35,596	66,854	0.53	66.7	58
6. 50~60	48,549	108,927	0.45	56.6	69
7. 60~70	82,141	174,272	0.47	59.1	96
8. 70~80	55,719	243,202	0.23	28.9	41
9. 80~90	26,849	284,486	0.09	11.3	11
10. 90~100	158,803	337,312	0.42	52.8	80
계			6.37	801.0	801

* 비트스죠로부터 지구별 중심지까지의 거리(km).

주 1: 비례상수 $k = \dfrac{\sum O}{\sum \frac{\Delta x}{x}}$

주 2: 존 3의 개재 인구전입(17,818)의 계산은 1존 인구 전입 수(4,104)+2존 인구 전입 수(1,636)+ $\frac{1}{2}$ (3존 인구 전입 수, 12,078)에 의한 것임.

자료: Jones(1981: 219).

거리가 증가됨에 따라 많아져 어떤 의미에서 개재기회는 중력모델에서 거리와 공선상(共線上)에 있다고 할 수 있다. 또 주어진 거리에서의 기회의 수는 그 거리에 있는 센터의 크기에 비례해 변화하는 점과, 중력모델이 센터의 크기에 비례해 변화한다는 점이 유사하다. 그러나 두 모델의 차이점은 중력모델이 등방성 공간을 가정해 설정한 것인 데 대해, 개재기회 모델은 비등방성 공간의 가정하에서 설정된 모델이다. 더욱이 단일 검증이라는 입장에서 두 모델은 서로 다른 결과를 나타내고 있다.

4. 정보의 공간 확산

종래의 입지론의 입장에서 볼 때 정보의 의미는 세 가지로 나눌 수 있다. 즉, 데이터, 정보(information), 정보수집(intelligence)을 취급하는 기업에 따라 각각의 입지패턴이 다르게 나타난다. 데이터와 정보 및 정보수집은 소프트적인 내용으로 하드적인 통신시설을 이용한다.

경제활동에서 통신은 재화·서비스에 수요·공급의 지식을 촉진시키며 교통의 대

〈표 10-10〉 정보를 취급한 지리학의 연구 분야

자료: 山田晴通(1986: 68).

체로서 그 사용이 증대되고 있다. 현재 세계의 통신은 우편, 신문, 라디오, 텔레비전, 전화, 전보 등이 등장한 제1차 통신혁명을 거쳐 데이터 통신 및 전자계산기의 출현으로 제2차 통신혁명이 이룩되어 통신기술의 보급이 활발했으며, 그 후 컴퓨터의 발달과 더불어 위성통신, 무선 호출기, 개인 휴대용 전화기 등의 발달로 새로운 통신혁명이 이루어지고 있다.

현대가 '정보화 시대'이고 여러 선진국의 사회가 정보혁명으로 '고도 정보사회'[12]로 나아가고 있다는 사실을 우리는 널리 인식하고 있다. 지리학에서 정보의 공간성을 논할 경우 정보지리학(geography of information)이란 용어를 사용한다. 정보지리학은 〈표 10-10〉과 같이 정보를 사용한 지리학과 정보의 지리학으로 나눌 수 있다. 즉, 통신의 발달이 사무소(office) 입지에 미치는 영향, 통신의 발달과 도시구조와의 관계 등이 정보를 사용한 지리학에 해당된다. 한편 정보의 지리학은 객관적인 면에서 정보유동의 연구와 주관적인 환경인지에 대한 연구로 구성된다. 정보유동의 연구는 다시 공간적 확산에 관한 연구와 커뮤니케이션 미디어에 관한 연구로 나눌 수가 있다.

커뮤니케이션 미디어는 〈표 10-11〉과 같이 분류될 수 있는데, 정보를 전달하는 수단으로 한 곳에서 다수에게 전달하는 매스 커뮤니케이션과 일대일로 전달하는 퍼스널 커뮤니케이션으로 나누어지고, 특별한 시설을 갖추었는지 유무에 따라 공식적인 매스 미디어(formal mass media)와 비공식적인 매스 미디어(informal mass media)로 나누어진다.

통신은 본래 공간적 현상으로서 광범위한 지표공간에서 가장 유용하다. 그리고 매스 미디어와 정보유동(information flow)은 지리적 분포에서 가장 잘 적용될 수 있

12) 정보화 사회는 벨(D. Bell)이 1973년 발간한 『후기 산업사회의 도래(The Coming of Post-Industrial Society: A Venture in Social Forecasting)』와 토플러(A. Toffler)가 1981년에 발간한 『제3의 물결(The Third Wave)』에서 각각 지적되었다. 정보화 사회란 컴퓨터의 양적·질적인 사회침투와 통신 네트워크의 고도화가 융합된 사회로 정보기술을 주요 기술로 한 새로운 기술체계가 매우 큰 사회변화를 말한다.

〈표 10-11〉 커뮤니케이션 미디어의 분류자료

구조	미디어	
	집단	개인 간
공식적(중재채널)	출판, 인쇄, 라디오, 텔레비전, 연극, 영화, 대학?	우편, 전보, 전화, 아마추어 라디오?
비공식적(공식적이거나 제도화된 채널이 없음)	최근까지는 존재하지 않았으나 담사[필경(筆耕) 프린트], 복사, 전위적인 필름 등	대화, 비언어 커뮤니케이션

자료: Abler(1974: 330).

는 요소이다.

이상에서 통신발달과 더불어 수많은 정보는 지역적으로 확산·유동되는데, 정보는 경제활동에서 장차 중요한 제4차산업활동 중의 하나로 경제성장에 중요한 역할을 할 것이며, 정보량의 증대와 노동력의 부족현상으로 컴퓨터[13]의 사용은 더욱 촉진될 것이다. 지리학에서 정보화를 파악한 연구는 이러한 사회 전체의 정보 인프라 정비가 진행된 1960년대부터 진전되었다. 유럽과 미국의 지리학자의 연구에 의하면 지리학에서 정보화를 파악한 연구는 대개 세 시기로 나눌 수 있다. 제1기는 1960~1970년대에 걸친 시기로, 이 시기에는 주로 통신에 의한 대면접촉(face to face contacts)의 대체효과가 논의되었다. 제2기에는 1980년대로 네트워크화된 컴퓨터가 기업실무에 적용하고, 컴퓨터를 매개로 해 정보교환이나 데이터의 표준화가 진행된 시기로 제1기에 비해 연구시점(研究視點)이 정치화(精緻化)되었다. 제3기는 1990년대로 이 시기에는 종합정보 통신망(Intergrated Services Digital Network: ISDN)[14]화나 통신위성의 민간이용 등 통신 네트워크 기능의 고도화가 진전되고 통신비용도 단계적으로 축소되었다. 1990년대의 연구의 특징은 정보기술의 발달과 더불어 공간적 영향을 조절이론, 후기 포드주의, 또는 기업의 재구조화와 관련지어 검토했다.

1) 혁신확산 이론

새로운 정보 매개체의 공간적 확산은 1953년 독일의 인류지리학자이며 전통적인 전파론자인 라첼(F. Ratzel), 문화인류학자 스벤손(T. Svensson), 데기어(S. DeGeer)의 영향을 받은 스웨덴의 지리학자 헤거스트란드(T. Hägerstrand: 1916~2004)에 의해 창안되었는데 이것이 혁신 확산이론(innovation diffusion theory)이다.

13) 1981년 8월 12일에 개인용 컴퓨터가 개발되었는데, 책상 위에 올려놓고 사용한다는 의미에서의 개인용 컴퓨터는 1977년부터 시판되기 시작한 미국 애플(Apple) 시리즈를 포함할 수 있으나, '퍼스널 컴퓨터'라고 고유명사를 사용한 것은 1981년 IBM사가 IBM-PC를 시판하면서부터이다.

14) 음성과 데이터를 디지털 신호로 바꾸어 전달하는 것으로, 음성과 데이터의 손실이 많은 기존의 전화회선보다 많은 양의 정보를 전송할 수 있다. 현재 일반 전화선은 이론상 최고속도 56kbps(초당 5만 6천 비트를 전송)이나 실제로는 40kbps대의 속도로 전송되지만 체감속도는 기존 32kbps 모뎀과 큰 차이가 없다. 그러나 ISDN은 64kbps급 두 개를 가지는 128kbps의 빠른 속도로 한 채널로는 데이터를, 다른 채널로는 전화나 팩스를 자유롭게 이용할 수 있다.

여기에서 혁신[15]이란 새로운 지식, 기술, 재화, 제도, 시설 등을 포괄적으로 나타내는 것으로, 원래 개혁, 갱신, 회복 등을 의미하는 라틴어의 이노베티오(innovatio)에서 파생된 것인데, 식물학에서 새싹의 재생(Erneuerungssprossen)이란 용어로 제일 먼저 사용되었다. 그리고 20세기 이후 인류학, 사회학, 경제학 등에서도 이 개념은 받아들여졌다. 혁신은 신품종 개발, 새로운 농기구의 발명, 제조과정의 비용절약 등 생산성을 향상시키는 생산과 관련된 분야와, 최근에는 소비와 관련된 분야에서도 다양한 형태의 혁신이 이루어지고 있는데, 그 유형은 크게 두 가지로 나눌 수 있다. 하나는 가구 채택형(household) 혁신으로, 가구나 개인 또는 특정 집단의 구성원 간에서 채택된 새로운 농업기술, 소비재, 조합의 가입 등이 이에 속한다. 그리고 다른 하나는 기업이 채택하는 기술혁신, 자치단체가 채택한 새로운 정책 또는 새로운 유형의 서비스 제공시설 등은 채택자·설립자 이외의 사람에게도 영향을 미쳐 기업가 채택형(entrepreneurial) 혁신이라 불리고 있다. 이 가구 채택형과 기업가 채택형의 혁신을 구분한 사람은 페더슨(P. O. Pederson)이다.

헤거스트란드의 혁신 확산이론은 스웨덴 남부의 농촌지구 아시비(Asby: 동서 길이 약 60km, 남북 길이 약 50km)에서 농업적 지표(농지 소유 10ha 이하의 농가를 대상으로 한 초지 개량 조성금, 소의 결핵 예방주사, 농가별 토양도)와 일반적 지표(우체국의 소액환, 자동차, 전화)를 이용해 혁신의 공간적 확산의 메커니즘을 검토한 것이다. 그는 1900~1940년대에 이들 혁신을 수용한 채택자의 공간적 분포도를 작성한 결과, 혁신의 공간적 확대의 경향은 시간적으로 다음과 같은 특징을 나타냈다.

제1단계는 초기 채택자가 국지적으로 집중하는 시기, 제2단계는 초기 채택자가 집중한 응집지에서 바깥쪽으로 새로운 채택자가 나타나며, 2차적인 응집지가 나타남과 동시에 최초의 응집지에도 채택자가 계속 증가하는 시기, 제3단계는 채택자의 증가가 정지되고 포화상태에 이르는 시기로 구분된다.

이러한 혁신 확산 연구는 다음과 같은 두 가지의 지리학적인 공헌이 있다. 첫째, 확산과정의 개념적 정리이다. 확산의 채택은 주로 사람과 사람과의 접촉을 매개로 한 학습(설득) 과정의 결과이며, 커뮤니케이션 과정과 채택과정의 두 세부과정에서 성립되며 혁신에 관한 정보활동을 규정하는 성분에 초점을 두고 분석하는 유효성을 제시했다. 둘째, 조작적인 공간적 확산모델의 개발이다. 구체적으로는 정보의 전달에 관련되는 성분을 랜덤(random) 성분과 비랜덤 성분(거리, 인구분포, 장벽)으로 구별하고 몬테카를로(Monte Carlo) 통계실험(simulation)에 의해 확산과정을 공간적 차원에서 조작적으로 취급했다.

혁신 채택률의 차이를 설명하는 방법은 첫째, 수익성에 따라 채택률이 다르게 나타난다는 경제적 확산가설, 둘째 사회학적 확산 가설로 상호작용을 통해 이미 혁신을 채택한 사람으로부터 전달된 정보의 양에 따라 혁신이 확산되어 간다는 설이 있는데, 헤거스트란드의 혁신확산 이론은 이 설을 처음 시도한 것이다.

공간적 확산[16]이라 어떤 사물이 시간의 경과와 더불어 시역 내의 한 지점 내지 수개 지점에서 전역으로 퍼져가는 현상이다. 공간적 확산연구는 가옥이나 언어 등의 개개 문화적 요소의 전파를 기술해, 최종적으로 문화지역을 설정하는 것을 목적으로 하는 문화지리학의 전파연구와는 다른 어떤 확산 사상(事象)의 공간적 패턴을 나타내도록 하는 생성과정 그 자체를 밝히는 것이다. 확산현상은 두 가지로 분류할 수 있는데, 이전확산(relocation diffusion)과 팽창확산(expansion diffusion)이 그것이다. 이전확산은 모집단 중에서 몇 사람의 구성원이 시간 $t \sim t_{+1}$ 사이에 자기 자신의 위치를 바꿀 때 나타나는 확산으로, 옛 이탈리아 등지의 유대인 지구인 게토의 이동이 그 예이다. 그리고 팽창확산은 시간 $t \sim t_{+1}$ 사이에 모집단에 새로운 구성원이 많아짐으로써 전체적으로 모집단의 입지패턴을 변화시키는 확산으로 혁신의 보급이 그 예이다. 이것을 나타낸 것이 〈그림 10-34〉로, 이전확산은 확산 사상이 어떤 장소에서 다른 장소로 실제 이동시키는 데 대해, 팽창확산은 어떤 장소에서의 확산 사상(事象)의 발생이 시간이 경과한 후에 다른 장소에서는 유사한 발생, 즉 전파 사상이 나타난 것으로 이런 점이 다르다. 〈그림 10-34〉에서는 수평방향만의 확산을 나타냈지만 도시계층에 따른 수직방향의 확산도 존재한다.

위에 기술한 혁신채택의 의사과정에서 정보가 전개되어 가는 역할을 적극적으로 평가하고 개인 간의 커뮤니케이션 통로를 통해서 정보의 전파를 혁신확산의 규정요인으로 한 혁신의 공간적 확산모델은 헤거스트란드가 몬테카를로 기법을 이용한 통계실험(simulation) 모델이다. 이 모델은 주로 가구 채택형 혁신으로, 작은 지역 내에서의 확산을 취급한 것이다. 통계실험이란 현실의 상황을 충실히 반영하는 모델을 만들어 그 모델로써 실험을 행하는 하나의 수법으로 특히 컴퓨터를 이용한 통계실험을 하고 있다. 그리고 몬테카를로 기법이란 그 명칭이 도박으로 유명한 도시 몬테카를로에서 유래되고 있는 것과 같이 난수를 이용한 기법의 총칭이다. 몬테

16) 디퓨전(diffusion)이란 확산, 전파로 번역되는데, 확산은 '기체 분산의 확산' 등과 같이 어떤 요소 그 자체가 위치를 바꾸어 가는 현상을 말하며, 전파는 농업기술의 전파 등과 같이 모방이나 복제물이 넓혀지는 현상을 말한다. 그러나 이들은 엄격히 구분되지 않는다.

<図림 10-34> 확산의 유형

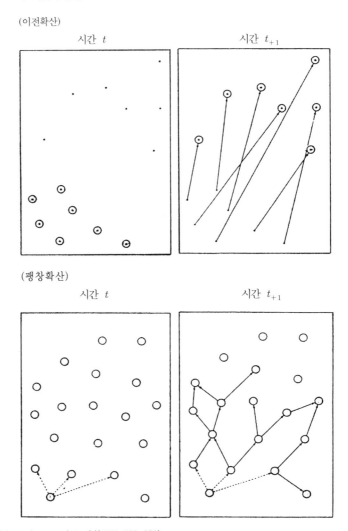

(이전확산)

시간 t 시간 t_{+1}

(팽창확산)

시간 t 시간 t_{+1}

자료: Abler, Adams, and Gould(1971: 390~391).

카를로 실험통계의 대상이 되는 것은 랜덤(random)적인 요소를 포함한 확률 사상 (事象)이나 방정식에 의해 답을 구할 수 없는 현상이다. 몬테카를로 통계실험은 난 수를 몇 번이나 사용해 실험을 행하고 다수의 실험결과에서 보편성이 있는 결론을 얻는다. 그러면 왜 혁신의 확산과 같은 인문·사회현상에 대해 이와 같은 방법이 적 용되어야 하는가? 그것은 다음과 같은 이유라고 생각한다. 첫째, 인간의 의사결정 행동에는 다소라도 랜덤적인 측면이 존재하고 있다. 둘째, 인간의 복잡한 의사결정

〈그림 10-35〉 가상지역에서 농업혁신의 공간적 확산과정의 통계실험

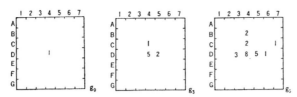

주 1: 방안 중의 숫자는 채택 가구 수를 나타냄.
주 2: 방안의 한 변은 5km.
자료: 杉浦芳夫(1985: 129).

행동의 미지 부분을 편의적인 랜덤적 요소로 봄에 따라 분석이 용이하게 된다.

　이와 같은 생각에서 헤거스트란드 모델에서 혁신에 관한 정보는 정보 보유자로부터 가까이 있는 사람들에게 빨리 전해지지만 방향적으로는 랜덤이라고 가정한다. 예를 들면 한 변의 길이가 5km인 방안군(方眼群)의 가상 농촌이 있다고 가정하자(〈그림 10-35〉)(7×7=49 방안군). 그리고 각 방안에는 9개 농가가 분포해 있으며 하나의 방안 내에서 이들 농가는 등간격으로 분포해 있다고 하자. 여기에서 지역의 중앙에 있는 방안 D-4의 중앙에 위치한 농가번호는 D-4-5로, 이 농가가 최초로 새로운 농업기술을 채택했으며 그 후 이 혁신이 모든 지역에 퍼져가는 과정을 헤거스트란드 모델에서 통계실험으로 살펴보자. 이 통계실험을 행하는 데에는 다음과 같은 가정을 설정한다. 첫째, 혁신에 관한 정보는 인접효과(neighbourhood effect)에 의한 농가 간의 개인접촉을 통해서 퍼져간다. 둘째, 일정한 시간 간격제로 모든 혁신을 채택한 농가는 다른 농가에게 혁신에 관한 정보를 전한다. 셋째, 정보를 입수한 농가가 아직 혁신을 채택하지 않았다면 정보를 받음과 동시에 그 농가는 채택자로 간주한다. 넷째, 모든 채택자가 알고 있는데 전해진 정보는 무효이다.

　이상의 가정에서 통계실험을 행할 때 최대의 문제는 첫째의 가정에서 농가 간의 정보 전파 확률이다. 모든 조건이 일정하면 정보는 전달자의 가까이에 있는 사람으로부터 빨리 전해져 이들의 정보 전파 확률은 높고, 멀리 떨어져 있는 사람의 정보 전파 확률은 낮다는 것을 알 수 있다. 그러나 이를 실제로 나타내는 자료를 구하기는 어렵기 때문에 이를 대신할 지표를 구할 필요가 있는데, 그 하나의 지표로서 인구이동의 경우는 전거주지에서 멀어짐에 따라 이동 확률이 낮은 경향이 있다. 그리고 이와 더불어 사람의 이동과 함께 실제로 정보도 전파되기 때문에 인구이동 자료

는 정보전파의 적절한 대체 지표로 볼 수 있다. 또 내용이 맞지 않을 경우는 지역 간의 통화량도 대체 지표로 이용할 수 있겠다.

(1) 확산의 분석방법

헤거스트란드가 사용한 인구이동 자료에 의해 정보 전파 확률의 추정 방법을 알아보면 다음과 같다. 〈표 10-12〉는 스웨덴 남부의 외스터쾨트란드(Östergötland) 지구에 있는 아시비(Asby) 지구에서 1935~1939년 사이에 인구이동 단위 수를 1km 폭의 이동 거리대별로 집계해 각 거리대에서 1km²당 인구 이동 단위 수를 나타낸 것이다. 이 표에 의해 각 거리대의 중앙값(예를 들면 0.5~1.5km의 거리대이면 1km)을 X축에, 거리대별 1km²당 인구 이동 단위 수를 Y축에 표시해 그래프화하면 〈그림 10-36〉과 같다. 〈그림 10-36〉의 점의 분포경향에서 가장 잘 나타낼 수 있는 회귀방정식은 $\log Y = 0.797 - 1.585 \log X$, 즉 $Y = 6.26 X^{-1.585}$가 된다. 이 회귀방정식에 의해 특정 거리에 대응하는 추정 이동 단위 수를 구할 수 있다. 예를 들면, 이동거리가 1km인 경우 인구 이동 단위 수는 6.26으로, 전 거주지에서 1km의 지점에 이동하는 인구이동 단위 수는 이론적으로 1km²당 6.26명이라는 것을 추정할 수 있다.

여기에서 〈그림 10-37〉과 같이 5km 폭의 3×3=9의 방안군 내에서 중앙의 방안

〈표 10-12〉 스웨덴 아시비(Asby) 지구에서 거리대별 인구 이동

거리대(km)	거리대 면적(km²)	인구 이동 단위 수	km²당 인구이동 단위 수
0.0~0.5	0.79	9	11.39
0.5~1.5	6.28	45	7.17
1.5~2.5	12.57	45	3.58
2.5~3.5	18.85	26	1.38
3.5~4.5	25.14	28	1.11
4.5~5.5	31.42	25	0.80
5.5~6.5	37.70	20	0.53
6.5~7.5	43.99	23	0.52
7.5~8.5	50.27	18	0.36
8.5~9.5	56.56	10	0.18
9.5~10.5	62.82	17	0.27
10.5~11.5	69.12	7	0.10
11.5~12.5	75.41	11	0.15
12.5~13.5	81.69	6	0.07
13.5~14.5	87.98	2	0.02
14.5~15.5	94.26	5	0.05

자료: Lowe and Moryadas(1975: 253).

b-2에서의 인구 이동 단위 수를 추정해보자. 앞의 회귀방정식은 1km²당 인구 이동 단위 수를 추정한 것이기 때문에 3×3=9의 방안군 전체를 한 변 1km의 방안으로 해 덮어 b-2 방안의 중심에서 각 1km 폭의 방안 중심까지의 거리를 계측한 후 그것을 회귀방정식에 대입해 각 1km 폭의 방안에서의 추정 이동 단위 수를 구한다. 이것을 바탕으로 폭 5km의 방안별 인구 이동 단위 수를 집계한 것이 〈그림 10-37〉이다. 단, b-2의 수치는 추정값이 아니고 실제값인데, 그 이유는 실제값보다 추정값의 이동 수가 너무 많기 때문이다 (예를 들면 0.25km 지점의 추정 이동 수는 56.343인데, 현실값은 11.39이다).

〈그림 10-36〉 스웨덴 아시비(Asby) 지구에서 거리와 인구 이동 수와의 관계

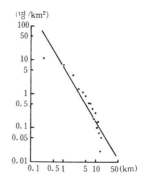

자료: 杉浦芳夫(1985: 114).

　인구 이동과 더불어 정보가 전파되고, 거리가 증가됨에 따라 정보의 전파도 인구 이동과 같이 감소패턴을 나타낸다고 생각하면, 〈그림 10-37〉의 중앙에 위치한 방안 b-2에서의 추정 이동 수는 b-2의 방안에서 이론적인 전파 정보량을 나타낸다고 가정하자. 이런 가정하에서 〈그림 10-37〉의 각 방안의 수치를 합계해 이 합계값으로 각 방안의 수치를 나누면 각 방안의 수치는 방안 b-2에서 각 방안으로의 정보 전파 확률을 나타내는 것이다. 이 정보 전파 확률의 분포를 나타낸 것이 〈그림 10-38〉의 평균 정보권(mean information field)이라고 한다. 이 평균 정보권은 어떤 정보가 중앙 방안 b-2에서 a-1의 방안에 전해질 확률이 0.0385라는 것을 나타낸 것이다. 또 평균 정보권에서 중앙 방안을 중심으로 정보 전파 확률이 상하, 좌우 대칭하고 있다.

　이 평균 정보권을 이용해 정보의 전파를 통계 처리하기 위해 〈그림 10-38〉의 확률을 왼쪽 위의 방안에서 행 방향으로 순차적으로 합계한 누적 확률로 변환해 이것을 바탕으로 각 방안에 대해 네 자리 번호를 붙인다. 왼쪽 위 방안 a-1은 확률이 0.0385이기 때문에 그 번호는 0000-0384가 된다. 이렇게 각 방안에 네 자리 수치를 투사지(tracing)지에 나타낸 것을 부동 방안군(floating grid)이라 한다(〈그림 10-39〉). 여기에서 이 부동 방안군의 중앙 방안 b-2가 정보를 전한 농가가 위치한 가상지역의 방안에 겹치도록 한 후 다음과 같은 정보의 전파를 통계실험한다.

　지역의 중앙에 위치한 농가번호 D-4-5의 농가에서 최초의 정보가 g1이란 시간 간격 동안에 다른 농가에 전달된다고 하면, 먼저 난수표 A를 준비해 이 난수표에

〈그림 10-37〉 중앙방안 b-2
에서의 추정 인구 이동

	1	2	3
a	7.48	13.57	7.48
b	13.57	110	13.57
c	7.48	13.57	7.48

〈그림 10-38〉 평균 정보권

	1	2	3
a	0.0385	0.0699	0.0385
b	0.0699	0.5664	0.0699
c	0.0385	0.0699	0.0385

〈그림 10-39〉 부동 방안군
(浮動方眼群)

	1	2	3
a	$\frac{0000}{0384}$	$\frac{0385}{1083}$	$\frac{1084}{1468}$
b	$\frac{1469}{2167}$	$\frac{2168}{7831}$	$\frac{7832}{8530}$
c	$\frac{8531}{8915}$	$\frac{8916}{9614}$	$\frac{9615}{9999}$

* 〈그림 10-37〉, 〈그림 10-38〉, 〈그림 10-39〉의 방안 한 변의 길이는 5km.
자료: 杉浦芳夫(1985: 126).

의해 가상지역의 방안을 정하고 각 방안 내의 9개 농가에서 정보가 전해질 농가를 난수표 B를 이용해 구하게 된다. 즉, 난수표 A에서 7284란 숫자가 뽑혔을 때 부동 방안군 b-2에 대응하는 가상지역 방안은 D-4가 된다. 그리고 난수표 B에서 뽑힌 숫자가 7이면 시간 간격 g1에서 혁신의 채택농가는 D-4-5와 D-4-7이 된다. 따라서 다음 시간 간격 g2에서는 이들 두 농가가 정보 전달농가가 된다. 이와 같은 통계실험의 결과를 나타낸 것이 〈표 10-13〉이다. 그리고 g_0, g_3, g_5의 시점에서 채택자 분포를 나타낸 것이 〈그림 10-35〉이다. 〈그림 10-35〉에서와 같이 새로운 채택자는 시간의 경과와 더불어 최초의 채택자가 위치한 D-4 방안에서 주위의 방안으로 퍼져간다. 단, 이 경우에 우연하게도 북쪽으로의 확산이 탁월하다. 모델에 랜덤요소를 도입했음에도 채택자의 분포가 이와 같은 방향성의 치우침이 있는 것은 현실 세계에 여러 가지 분포현상을 생각할 수 있는 것으로 흥미로운 일이다. 〈그림 10-40〉은 스웨덴 외스터쾨트란드 아시비(Östergötland Asby) 농촌지구에서 국가가 지급한 조성금에 의해 초지 개량사업이 이룩된 농가를 나타낸 것으로, 그 채택은 인접효과에 의해 서쪽으로 퍼져 갔으며 이어서 북쪽의 농가로도 퍼져 나갔다. 이와 같이 초기 채택자에서 점차 주위의 사람들에게 채택이 퍼져 나가는 확산패턴을 전염(contagious) 확산이라고 한다.

〈표 10-13〉 통계실험의 결과

시간 간격	정보전달 농가	난수(亂數)(A)	난수(A)에 대응해 일련번호를 가진 방안	난수(B)	새로운 채택농가
g₁	D-4-5	7284	D-4	7	D-4-7
g₂	D-4-5	8118	D-5	6	D-5-6
	D-4-7	3475	D-4	6	D-4-6
g₃	D-4-5	0519	C-4	6	C-4-6
	D-4-7	3029	D-4	8	D-4-8
	D-5-6	4766	D-5	7	D-5-7
	D-4-6	5643	D-4	3	D-4-3
g₄	D-4-5	8234	D-5	2	D-5-2
	D-4-7	6775	D-4	9	D-4-9
	D-5-6	8300	D-6	5	D-6-5
	D-4-6	7491	D-4	4	D-4-4
	D-4-6	0643	B-4	2	B-4-2
	D-4-8	4519	D-4	4	(정보는 무효)
	D-5-7	3258	D-5	4	D-5-4
	D-4-3	1549	D-3	9	D-3-9
g₅	D-4-5	6036	D-4	1	D-4-1
	D-4-7	5946	D-4	3	(정보는 무효)
	D-5-6	5335	D-5	4	(정보는 무효)
	D-4-6	0753	C-4	5	C-4-5
	D-4-6	3949	C-4	5	(정보는 무효)
	D-4-8	4530	D-4	4	(정보는 무효)
	D-5-7	5075	D-5	8	D-5-8
	D-4-3	2161	D-3	1	D-3-1
	D-5-2	3183	D-5	8	(정보는 무효)
	D-4-9	1855	D-3	7	D-3-7
	D-6-5	1441	C-7	8	C-7-8
	D-4-4	3709	D-4	6	(정보는 무효)
	D-4-2	5183	B-4	6	B-4-6
	D-5-4	7994	D-6	5	(정보는 무효)
	D-3-9	2402	D-3	1	(정보는 무효)

자료: 杉浦芳夫(1985: 128).

〈그림 10-40〉 초지 개량사업 채택농가의 분포

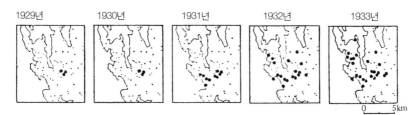

자료: 杉浦芳夫(1985: 120).

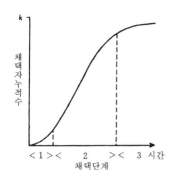

〈그림 10-41〉 시간경과에 따른 혁신의 채택

채택자 누적수 k

＜ 1 ＞＜　 2 　＞＜　 3　 시간
채택단계

자료: Bradford and Kent(1978: 131).

(2) 혁신의 시간적 채택 과정

시간의 경과와 함께 혁신의 채택 정도는 맨스필드(E. Mansfield)에 의한 혁신 채택률의 성장과정에서 로지스틱(logistic) 함수(S형의 곡선)에 의해 3단계로 나타낼 수 있다(〈그림 10-41〉). 즉, 첫 번째 단계는 출현 단계이고, 두 번째 단계는 확산단계이고, 마지막 단계가 응축단계이다. 이 로지스틱 함수를 수식화하면 $P = \dfrac{U}{1 + e^{a-bt}}$ 이다.

　　P: t시기의 채택자 수

　　U: 응축수준

a, b: 경험적으로 도출된 매개변수로 a는 절편, b는 채택자 수

e: 2.7183

(3) 이론의 수정과 유효성

이상의 헤거스트란드 이론을 좀 더 정치화(精緻化)하기 위해 다음과 같은 수정을 생각할 수 있다. 첫째로 현실 세계에서 인구분포의 불균등성을 고려해 〈그림 10-42〉와 같이 평균 정보권을 각 방안의 인구로 가중시켜 각각의 방안에서 독자의 정보권을 설정할 수 있다. 이것은 인구가 많은 지구간일수록 정보의 유동량이 많다는 경험적 사실을 뒷받침한 것이다. 둘째로 사람의 이동과 더불어 정보의 전파를 방해하는 하천, 호수, 삼림 등의 자연 장애물의 존재유무가 정보전파의 방향에 제약을 준다. 이것을 장벽효과(barrier effect)라 한다. 미국에서 서부로의 취락이동에서 애팔래치아 산맥은 장벽효과를 나타냈다. 셋째로 혁신의 채택까지 필요한 정보

〈그림 10-42〉 인구의 불균등 분포를 고려한 정보권의 산출방법

0.0385	0.0699	0.0385
0.0699	0.5664	0.0699
0.0385	0.699	0.0385

×

25	25	16
25	16	16
16	16	9

=

0.9625	1.7475	0.6160
1.7475	9.0624	1.1184
0.6160	1.1184	0.3465

→

0.0555	0.1008	0.0355
0.1008	0.5228	0.0645
0.0355	0.0645	0.0200

자료: 杉浦芳夫(1985: 130).

량의 개인차를 고려해야 한다. 특히 위험을 수반한 혁신의 경우 혁신의 존재를 알고 곧 바로 그것이 채택된다고 볼 수 없다. 이와 같은 가정을 도입해서 수정된 헤거스트란드 이론의 유효성은 모든 현실의 자료에서 확인되어졌다.

그러나 헤거스트란드의 혁신 확산이론은 다음과 같은 문제점이 있다. 첫째, 타랜트(J. R. Tarrant)는 확산과정을 통계실험하기 위해 사용된 모델의 위험성에 대해 경고했다. 둘째, 교통·통신이 발달하기 이전에 개발된 헤거스트란드의 연구는 인접효과에 대한 거리, 거리조락 효과가 다른 요인에 의해 상대적으로 그 중요성이 상실되었다. 셋째, 비록 헤거스트란드가 하나의 학습과정으로서 채택을 평가했지만, 그는 정보유동의 중요성과 역할을 결정짓기 위해 행동을 모델화하는 개개인의 인터뷰 조사를 실시하지 않았다. 넷째, 혁신자, 초기 채택자, 후기 채택자, 지체자와 같이 사람을 분류하기 위해 협상적인 측정을 함으로써 채택시간의 이용은 그 자체에 문제가 있다.

2) 매스 미디어의 공간적 확산

1940~1965년 사이의 미국 TV방송국과 TV산업의 시장침투에 대한 베리의 연구결과에서 TV방송국의 경우는 기업가 채택형 혁신의 경우로 헤거스트란드의 계층적(hierarchical) 확산 패턴에 의해 대도시에서 소도시로 갈수록 그 개국시기가 늦어진다는 것을 밝혔다(〈그림 10-43〉). 그러나 대도시권을 연구지역으로 설정하면 중소도시에서 주변부로의 전염적 확산 패턴도 나타나 확산 패턴의 식별은 어느 정도까지 공간적 규모에 의존한다고 하겠다. 〈그림 10-44〉는 도시의 계층성 내에서 계층적 확산을

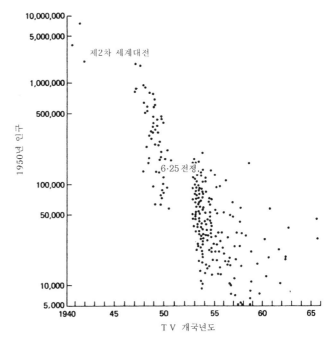

〈그림 10-43〉 미국 TV방송국의 계층적 확산(1940~1965년)

자료: Berry(1970: 44).

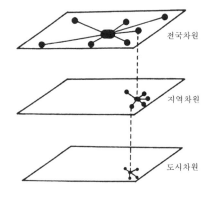

〈그림 10-44〉 도시계층 내에서 혁신의 계층적 확산과정

전국차원

지역차원

도시차원

모델화한 것이다. 제1단계에서의 확산은 전국 차원에서 행해져 최상위의 수도에서 각 지방의 지역 중심도시로 혁신이 확산되었다. 제2단계에서는 그 무대가 지역 차원으로 옮겨져 혁신은 지역 중심도시에서 그 주변의 도시로 확산했다. 더 나아가 도시에서 그 도시권 내의 하위 중심지로 순차로 혁신이 확산되었다. 이러한 계층적 확산에서 혁신은 도시 계층성을 순차로 하강하면서 침투해갔다.

계층적 확산을 공간적으로 보면 일반적으로 도시에서 도시로 불연속적으로 건너뛰는 것이 특징이다. 또 혁신은 도시 계층성 내의 최하위 차원까지 확산되는 경우는 적고 도시적 혁신에서는 어느 일정한 차원(예를 들면 소도시 차원)에서 그 확산을 멈추는 것이 보통이다. 이것은 혁신으로서 채택된 활동을 유지하기 위해서는 일정한 지지 인구가 필요하기 때문이다.

기업적 혁신이 대도시에서 소도시로 계층적 확산을 하는 이유는 첫째, 시장의 측면에서 설명할 수 있다. 일반적으로 새로운 생산기술이나 조직의 도입에는 위험성이 따른다. 위험을 최소화하기 위해서는 유효수요가 크고 이익도 안정적으로 얻을 수 있는 대도시에서 혁신의 채택이 좀 더 빨리 이루어진다. 둘째, 생산요소이다.

〈그림 10-45〉 TV 수상기의 채택률(1962년, 1973년, 1977년)

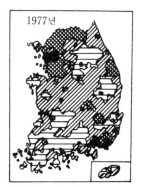

1. 0~2%. 2. 2~4%. 3. 4~8%. 4. 8~18%. 5. 18~32%. 6. 32~50%. 7. 50~75%.
자료: 朴秀秉(1977: 61).

〈그림 10-46〉 TV 수상기 채택률의 4차 지역 경향선

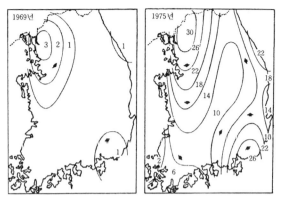

자료: 朴秀秉(1977: 64).

〈그림 10-47〉 우체국의 확산과정(1895~1930년)

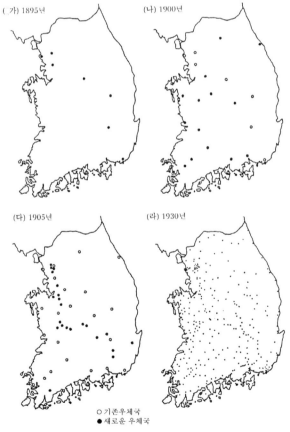

자료: 李楨錄(1984: 29).

혁신의 채택에는 많은 교육을 받은 우수한 노동력, 많은 자본, 고도의 기업기술이 필요하다. 이러한 것들은 언제나 대도시일수록 갖추기 쉽다. 셋째, 사회적 요인을 생각할 수 있다. 소도시에서는 경직된 사회구조를 갖는 경향이 있는 데 대해, 대도시는 국제적이며 혁신을 흡수하는 능력이 풍부하다. 이 밖에 혁신에 관한 정보가 중앙관서에서 지방 중심도시의 행정기관으로, 민간기업의 본사에서 지점으로 전해진다는 점도 생각할 수 있다.

1962~1977년 사이에 한국의 TV 수상기의 채택률을 보면 〈그림 10-45〉와 같이 TV수상기의 공간적 확산은 도시의 계층적 확산과 전염적 확산에 의해 순차적으로 확산되었다. 그리고 TV 수상기 채택의 공간적 확산의 4차 지역경향면분석(regional trend surface analysis)은 〈그림 10-46〉과 같이 서울과 부산을 기점으로 해, 국토의 중앙으로 점차 두 사면이 하강하다가 다시 북동·남서방향으로 급격히 하강하는 형태를 보이고 있다.

다음으로 한국 우체국의 공간적 확산은 강화도조약 이후로, 1895년 서울과 인천에 각각 우체국이 개설되었다. 그 후 효율적인 행정통치 및 지방행정의 관리, 상업적 정보교환의 필요성이 증대됨에 따라 서울과 인천에 이어 서울·부산을 잇는 지역

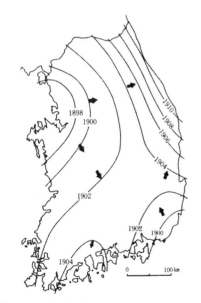

〈그림 10-48〉 우체국 확산의 3차 지역경향선

자료: 李楨錄(1984: 33).

의 주변인 수원, 충주, 안동, 대구, 부산에 개설되었고, 5년 후인 1900년까지는 공주·목포를 잇는 지역의 주변에 위치한 공주, 전주, 남원, 광주, 나주, 목포에서 우체국이 각각 설립되어 교통 결절점과 일본과의 교역이 활발한 항구도시 등에 설립되었다. 1895~1930년에 한국 우체국의 설립을 나타낸 것이 〈그림 10-47〉로 이 시기까지의 우체국 설립이 현재 우체국망의 근간이 되었다. 그 후 지속적인 우체국 설치로 1966년에는 한 개 면에 한 개 이상의 우체국이 설치되었는데, 이러한 우체국의 설치는 인구가 조밀하고 그 이용도가 높은 도시지역에서는 증가현상을, 인구가 감소한 농촌지역에서는 감소현상을 나타냈다. 이상의 한국 우체국의 공간적 확산 초기 단계에는 서울과 지방 중심지 사이의 행정업무의 효율성을 증대시키기 위한 계층효과(hierarchy effect)가 이루어졌지만 시간이 경

과함에 따라 우체국 채택 지역에서의 인접효과가 작용했는데, 이것은 교통로의 영향이 크게 작용한 것이다.

이와 같은 우체국의 공간적 확산을 3차 지역경향면분석으로 나타낸 것이 〈그림 10-48〉로 서울·부산을 확산의 중심지로 해 서울을 중심으로 한 확산은 경기·충청도와 전라도 서해안 지역과 강원도 지방을 포함한 중부·호남지방에서 이루어졌으며, 부산을 중심으로 한 확산은 경상도지방에 영향을 미쳤다. 또 각 지역에서 우체국의 채택연도의 시간겨치기 기의 직은 편니고, 선국에서 혁신은 거의 같은 시기에 이루어졌는데 그 기간은 약 12년이다.

이상에서 혁신유형이 다른데도 전염 확산과 계층 확산은 인접효과와 계층효과에 의해 나타난다. 인접효과란 정보, 혁신은 그 이전의 채택자에 인접한 곳부터 빨리 전해질 가능성이 강한 경향을 설명하는 원리로, 좀 더 엄밀히 말하면 인근자·인근도시 상호의 사회적 통신망을 통한 전염적인 확산경향을 설명하는 원리이다. 한편 계층효과란 정보, 혁신은 도시군의 계층구조에 대응하는 사회적 통신망을 통해 대도시(거주자)에서 소도시(거주자)로 전해질 가능성이 강한 경향을 설명하는 원리이다. 따라서 인접효과란 거리효과, 계층효과란 도시규모효과라고 해석할 수 있다. 현실적으로 이들 두 효과가 동시에 작용해 혁신의 확산이 진행된다.

✔ 지역경향면분석

여러 가지 지표사상의 지역적 분포에서 전체적인 관계를 다중회귀분석으로 응용해 분석하려는 것이 지역경향면분석(regional trend surface analysis)이다. 지역경향면이란 사상의 시계열적인 변동이 경향선이란 1차원의 단일 좌표상에 나타나는 데 대해, 지역분석 중에서 규칙성이 정확한 면적(面的) 경향을 찾아내 이를 경향면이라는 이차원의 양극 좌표상에 나타낸다(〈그림 10-49〉). 지역경향면분석이란 대상지역의 전역에 걸쳐 지역사상이 규칙적인 차이를 나타낸 부분과 대상지역 내에서 국지적으로 인정되는 우연적 부분으로 나누어지는데, 분석방법은 다항식 근사법과 이중 퓨리에(double Fourier) 급수 근사법 등이 사용된다.

지도상의 직교좌표(U_i, V_j)에 관한 어떤 지역사상의 수치를 Z_{ij}로 하면 다음과 같은 식으로 나타낼 수 있다. $Z_{ij} = \tau_{ij}(U_i, V_j) + e_{ij}$

여기에서 좌변의 제1항은 지역경향면을, 제2항은 잔차를 나타낸다. 이 지역경향면 $\tau_{ij}(U_i, V_j)$를 다항식 근사 모델에 의해 수식으로 나타내면, 1차 경향면 $1\tau_{ij}$는 $1\tau_{ij} = a_0 + a_1 U_i + a_2 V_j$, 2차 경향면 $2\tau_{ij}$는 $2\tau_{ij} = b_0 + b_1 U_i + b_2 V_j + b_3 U_i^2 + b_4 U_i V_j + b_5 V_j^2$2로 3차 이상 차수가 높을수록 모형의 함수는 증대한다. 예를 들면 6차의 지역경향면 $6\tau_{ij}$는 합계 28개 항의 다항식으로 나타낼 수 있다. 또 $a_0, a_1, \ a_2 \cdots$ 또는

〈그림 10-49〉 각종 경향선(가)과 경향면(나)

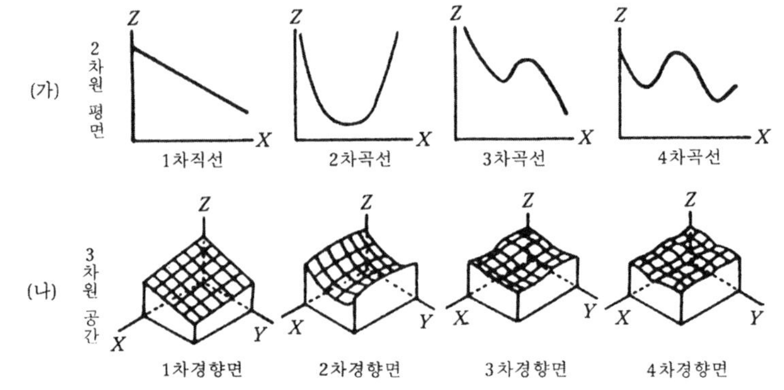

b_0, b_1, b_2…의 매개변수는 대상지역 내의 대응 지점(U_i, V_j)의 좌표값과 그 지점의 지역 사상의 수치자료에서 최소자승법에 의해 구해진다.

이 지역경향면 모델은 지역사상의 분포 패턴을 해석하는 데 사용되는 것 외에 대상지역 내의 표본지점의 자료를 이용해 지역경향면의 중회귀방정식을 정해 이 방정식에 의해 비표본지점의 자료를 추계할 수도 있다. 이 경우 적합도가 높은 중회귀방정식이 선정되어져야 한다.

3) 케이블TV 방송의 입지와 방송구역

1995년부터 한국에 방영되기 시작한 케이블TV(cable television: CATV)는 1996년 말 기준 전국 가구 보급 비율이 18.9%로 보급의 초기 단계에 있었다. 케이블TV 방송의 분배와 전송은 프로그램 공급사(Program Provider: PP)와 케이블TV 방송국(System Operator: SO), 전송망 사업자(Network Operator: NO)에 의하는데, 그 수신경로는 〈그림 10-50〉과 같다.

먼저 프로그램 공급사는 프로그램을 제작해 전송망 사업자인 한국통신과 한국전력의 위성과 광케이블을 통해 각 지역 케이블TV 방송국으로 분배한다. 다음으로 방송 프로그램을 수신한 케이블TV 방송국은 FM 광송신기(Optical Transmit)로 광케이블을 통해 분배센터인 전화국으로 보내고, 각 분배센터는 갱내의 광케이블을 통해 옥외용 광송신기(Optical Network Unit: ONU)까지 전송한다. 다음으로 옥외용 광송신기에서 각 수신가구로는 동축 케이블에 의해 전송된다.

1996년 기준 프로그램 공급사는 28개로(〈표 10-14〉), 17개 분야의 프로그램을 제공하며, 이를 수신해 방송하는 방송국 수는 1997년 2월 기준 전국 54개다. 전국의

<그림 10-50> 케이블TV 방송의 수신경로

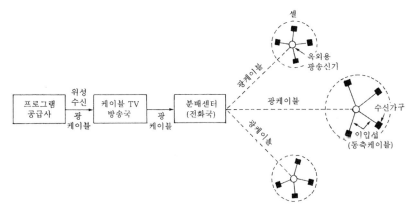

자료: 韓柱成(1997: 143).

<표 10-14> 프로그램 공급사의 분류(1996년)

분야	공급사 명	채널구분	방송국 수
지역정보	지역채널	LO	-
공공	한국영상, 방송대학 TV	LA	2
어린이	어린이 TV	LA	1
오락	현대방송, 제일방송	LA	2
경제뉴스	매일경제 TV	LA	1
영화(유료·만화)	대우시네마네트워크, 캐치원, 투니버스	LA	3
교육	두산슈퍼네트워크, 다솜방송, 마이 TV	LA	3
보도	연합TV뉴스	LA	1
교양	Q채널, 센추리 TV	LA	2
음악	뮤직네트워크, KMTV	LA	2
교통·관광	교통관광 TV	LA	1
스포츠	한국스포츠 TV	LA	1
종교	불교텔레비전, 평화방송TV, 기독교텔레비전	LA	3
여성	동아텔레비전, GTV	LA	2
문화예술	A&C	LA	1
홈쇼핑	홈쇼핑텔레비전, LG홈쇼핑	LA	2
바둑	한국바둑텔레비전	LA	1
계			28

주: LO는 자체제작(Local Origination), LA는 지역 할당방송(Local Availability)임.
자료: 韓柱成(1997: 144).

케이블TV 방송국의 입지를 보면 서울에 21개가 입지해 가장 많고, 그 다음이 부산에 8개, 대구와 인천에 각각 6개, 광주와 대전에 각각 2개씩 분포해 있으며, 각 도에는 한 개씩 입지해 있다. 케이블TV 방송국의 입지와 방송구역을 나타낸 것이 〈그림 10-51〉이다.

〈그림 10-51〉케이블 TV 방송국의 입지와 방송구역

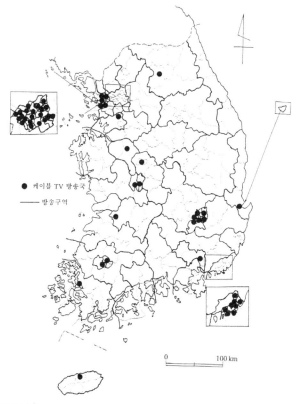

　　　　● 케이블 TV 방송국
　　　　── 방송구역

0　　　100 km

자료: 韓柱成(1997: 147).

4) 전화 통화의 지역 간 유동과 신문 배포지역

　　정보망의 기초는 전화망으로, 특정 발신지에서 통화에 의해 형성된 지역적 범위를 통화망이라 한다. 통화망 형성의 요소로서는 전화기와 통화를 교류시키는 전화회선망과 이들을 연결하는 전화국이 있다. 한국에서 민간 전화와 공중전화가 개통된 것은 1902년이다.[17] 현재 한국의 전국 시외전화망은 로컬 교환기가 분포한 중심지, 시외망(toll) 교환기가 분포한 중심지로 분류되어 지역적으로 계층적인 배치를 하고 있다.

　　1968년과 1990년 한국 도시 간 전화 통화량의 유동을 보면(〈그림 10-52〉), 두 연도 모두 전국을 커버하는 서울 통화권과 서울의 지배권으로 부산·대구·광주 통화

17) 민간전화가 개통된 해인 1902년부터 그 다음해 3월까지 개인전화가 보급된 수는 한성에 11곳, 인천에 7곳, 평양 2곳으로 모두 20곳이었는데, 한국인이 보유하고 있었던 곳은 한 곳밖에 없었고 사업을 하는 외국인이 나머지를 모두 보유하고 있었다.

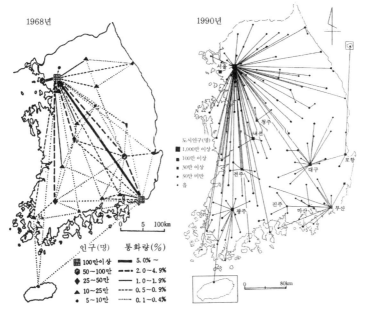

〈그림 10-52〉 도시 간 전화 통화량의 유동(1968년, 1990년)

1968년

1990년

도시인구(명)
■ 1,000만 이상
■ 100만 이상
■ 30만 이상
∙ 30만 미만
∙ 읍

인구(명)   통화량(%)
▦ 100만이상   ━━━ 5.0% ~
◉ 50~100만   ━ ━ ━ 2.0~4.9%
◆ 25~50만   ━ ━ 1.0~1.9%
▲ 10~25만   ─ ─ ─ 0.5~0.9%
∙ 5~10만   ……… 0.1~0.4%

주: 전화 통화 비율은 총통화량에 대한 것임.
자료: 梁玉姬(1979: 214); 한국지역학회(1992: 50).

권을 확인할 수 있다.

다음으로 인쇄 미디어인 신문·잡지·서적 등에 관한 연구 중 신문에 관한 연구가 다른 인쇄 미디어보다 일찍부터 시작되었다. 신문이 지역지로 발달한 유럽과 북아메리카에서는 신문 배포권이 발행 도시의 도시권이란 가정으로 도시권 연구에 관한 연구가 일찍부터 시작되었다. 특히 경제활동과 나란히 커뮤니케이션 활동을 중시한 시카고학파의 도시사회학에서는 여러 가지 형의 신문에 관한 연구가 수행되었다.

여기에서는 1980년대 후반부터 발행되기 시작한 생활정보신문[18]의 배포지역을 살펴보기로 한다. 생활정보신문의 역사는 17세기 초 유럽 여러 국가에 개인 소유의 중개소(office of intelligence)들이 생겨나서 부동산 임대, 분실과 습득물, 여행안내 등을 유료로 알려주거나 의뢰하는 역할을 담당했는데, 이들이 그 내용을 정기적인 인쇄물로 발간하기 시작한 것으로부터 출발한다. 이후 1727년부터 독일 프로이센에서는 이러한 신문 형태들이 수없이 나타났고, 이들 광고신문들은 점차 자료영역을

18) 보도·논평 또는 여론 형성의 목적이 없이 일상 생활 또는 특정사항에 대한 안내·고지 등 정보전달을 목적으로 발행되는 간행물을 말하는데, 여기에는 생활정보, 입찰정보, 부동산 정보, 경마정보 등이 포함된다.

넓혀 광고 이외에 장례, 결혼, 관리의 임명과 승진, 시장물가 등 시내의 모든 새로운 소식들을 게재했다. 이러한 형태를 띤 광고신문을 생활정보신문의 효시로 본다.

한국에서의 생활정보신문의 발달과정을 살펴보면 1983년에 등장한 ≪리빙뉴스≫와 같은 해에 대구매일신문사에서 자매지로 ≪매일생활정보≫라는 무료 주간지를 발행했다. ≪매일생활정보≫는 지역광고 중에서 소매광고를 흡수하고 본지의 자연 감소율을 줄이며 일반 독자들에게 광범위한 생활정보를 제공한다는 취지로 발행되었다. 그러나 이 신문들은 생활광고보다는 기사의 비율이 높고 무료라는 공통점 이외에는 체제상에서 생활정보신문과는 상당한 차이점이 있어 순수한 생활정보신문과는 거리가 있었다고 볼 수 있다.

생활정보신문이 전국적으로 활성화된 것은 1987년 6·29 선언 이후 언론 자유화 정책이 실시되어 여러 종류의 정기간행물이 나타나기 시작했던 때부터였다. 이 시기는 정치적으로 급속히 민주화가 추진되어 다양한 언론매체들이 출현했으며, 경제적으로도 사상 처음으로 무역흑자가 이루어지던 시점이었기 때문에 국가 전체의 경제력이 향상되고 사회가 다원화됨에 따라 생활정보에 대한 요구도 높아지는 시점이었다고 볼 수 있다. 이러한 정치·경제적인 분위기 속에서 1989년 초에 국내에서는 최초로 ≪교차로≫라는 생활정보신문이 발행되었다.

생활정보신문은 광고시장에서 지역의 소규모 광고시장을 개척한 것으로, 일간지나 기타 방송매체 등이 다룰 수 없는 광고의 영역을 파고들어 지역생활에 주요한 정보를 제공하는 친근한 생활매체로 자리를 잡았다.

여기에서 전국적으로 동일제호를 쓰는 C사의 광고게재와 배포경로를 보면 〈그림 10-53〉과 같다. 먼저 수요자로부터 광고의뢰를 받고, 지역 C사는 전국 C사 협의회로부터 기사용 정보를 제공받아 의뢰받은 광고와 함께 편집해 가까운 지역에 계약한 인쇄소로 보내 신문을 제작하고, 제작된 신문을 받아서 배포를 한다. 지역 C사는 본사가 없기 때문에 전국 C사 협의회에 운영비를 매달 지불하고, 계약된 인쇄소에 인쇄비를 지불한다.

전국형에 속하는 생활정보신문 사업체인 C사의 배치를 살펴보면 다음과 같다. 먼저 모든 시·도에 사업체가 배치되어 있다. 사업체 입지를 살펴보면 경기도에 가장 많은 13개의 지역 C신문사가 분포하고, 다음으로 서울시에 9개의 사업체가 분포하고 있어 전체 C사 사업체 수의 32.4%가 수도권에 분포하고 있는데, 이것은 수

〈그림 10-53〉 C사(社) 광고게재 및 배포경로

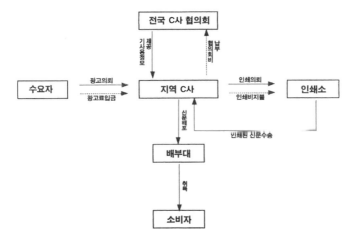

자료: 鄭恩淑(2002: 29).

도권의 광고시장 규모가 크기 때문이다. 그 밖에 경북에 8개, 충남과 경남에 각각 7개, 강원도에 6개, 전북에 5개, 충북과 전남에 각각 3개, 제주에 1개, 그리고 부산·대구·인천·광주·대전·울산시에 각각 1개의 사업체가 분포했다.

그리고 지역 C사의 배포지역의 특징을 시·도별로 살펴보면 수도권에는 사업체의 밀도가 높아 모든 시·군이 배포지역에 포함되어 있으며, 강원도의 경우에도 모든 시·군이 배포지역에 포함되어 있으나 춘천 C사와 원주 C사의 배포지역이 사업체가 입지한 시와 인접해 있는 4개의 군 지역으로 그 범위가 넓은 것이 특징이다. 충북에는 3개의 사업체가 분포하고 있고, 진천·괴산·보은·옥천군이 배포지역에서 제외되어 있으며, 영동군은 경북 김천 C사의 배포지역에 포함되어 있다. 충남에는 대전시를 포함해 8개의 사업체가 분포하는데, 이는 C사가 대전시에서 창업했기 때문에 면적에 비해 사업체의 밀도가 높으며, 유일하게 금산군이 배포지역에서 제외되어 있다. 전북에는 5개의 사업체가 분포하고 무주·진안군이 배포지역에서 제외되어 있고, 군산시에 입지한 서해 C사는 군산시와 충남 서천군을 배포지역으로 하고 있으며, 남원 C사는 남원시와 인접한 3개 군과 전남 곡성·구례군을 배포지역에 포함하고 있고, 정읍 C사는 정읍시와 인접한 3개 군과 전남 영광군을 배포지역에 포함해 도 경계와 일치하지 않는 것이 특이하다. 전남에는 광주시를 포함해 4개의 사업체가 분포하고 있는데, 나주시, 장성·담양·화순·장흥·보성·고흥·해남·진도·완

〈그림 10-54〉 C사의 사업체 배치와 배포지역의 분포

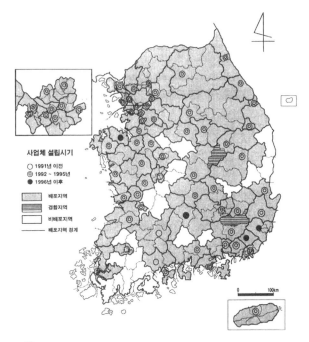

자료: 鄭恩淑(2002: 46).

도·강진군이 배포지역에 포함되지 않아 전국에서 C사 비배포지역이 가장 넓게 나타나고 있다.

경북은 대구시를 포함해 9개의 지역 C사 사업체가 분포하고 울진·영덕·청송·군위군을 제외한 모든 시·군이 배포지역에 포함되어 있으며, 예천군은 영주 C사, 상주 C사가 배포하는 경합지역이고, 청도군은 영천 C사와 밀양 C사가 경합을 보이는 지역이다. 또한 부산시와 울산시를 포함해 9개의 사업체가 분포하고 있는 경남은 산청·의령군을 제외한 모든 시·군이 배포지역에 포함되어 있고, 부산시의 강서구는 김해 C사의 배포지역에 포함되는 것이 특이하다. 그리고 제주도는 전 지역이 제주 C사의 배포지역에 포함되며, C사가 전국형 생활정보신문 중에 유일하게 제주도에 사업체를 입지시키고 있다(〈그림 10-54〉). 이와 같은 C사의 배포지역은 수요의 최소 요구값을 바탕으로 형성되었으며, 그 배포권은 부분적으로 시·도 경계를 초월한 생활권을 중심으로 이루어져 있다.

5. 인터넷의 네트워크 공간

정보수반의 새로운 기기로 등장한 컴퓨터는 통신회선과 결합됨으로써 비약적으로 대중화되어 가고 있다. 또 정보의 수집·처리능력은 컴퓨터의 등장과 더불어 즉시성과 광역성을 갖게 되었다. 철도의 좌석 예약체계에 컴퓨터가 이용되게 된 것은 한국의 경우 1984년부터이고 은행의 송·입금 또한 온라인 체계로 바뀌었다. 그리고 관공서나 기업에서도 컴퓨터의 이용은 인사·급여뿐 아니라 심지어는 계획·예측 등의 고도의 의사결정·판단까지도 이용되어 그 이용빈도는 더욱 높아져 가고 있다. 그리고 인터넷[19]을 통한 국가 간의 정보교환도 활발하고, 전자우편(E-mail)의 이용도 그 빈도를 높여가고 있다.

인터넷의 기원은 1969년 미국 국방성의 지원으로 미국의 4개 대학을 연결하기 위해 구축한 알파넷(ARPANET)이다. 처음에는 군사적 목적으로 구축되었지만 통신규약(protocol)으로 전송제어통신규약(Transmission Control Protocol: TCP)과 인터넷 통신규약(Internet Protocol: IP)[20]을 채택하면서 일반인을 위한 알파넷과 군용의 밀넷(MILNET)으로 분리되어 현재의 인터넷 환경의 기반을 갖추었다. 한편 미국 국립과학재단(NSF)도 전송제어통신규약과 인터넷 통신규약을 사용하는 NSFNET라고 하는 새로운 통신망을 1986년에 구축해 운영하기 시작했다. NSFNET은 미국 내 5개 곳의 슈퍼컴퓨터 센터를 상호 접속하기 위해 구축되었는데, 1987년에는 알파넷을 대신해 인터넷의 기간망(backbone network)의 역할을 담당하게 되었다. 이것으로 인터넷은 본격적으로 자리를 잡게 되었다.

인터넷은 크게 기간망(Internet backbone network)과 도메인(domains),[21] 그리고 이런 기반시설에 유동되는 정보의 세 요소로 나눌 수 있다. 인터넷의 탄생은 관련된 소프트웨어의 생산이나 네트워크의 구축 등을 행하는 새로운 산업을 등장시켰고, 기존의 산업에도 큰 변화를 미쳤다. 또 인터넷의 등장으로 영상, 문자, 음성이라는 미디어를 조합해 쌍방향으로 통신을 배분하는 것이 용이하게 되었다. 이에 따라 출판, 음악, 애니메이션, 게임 등의 정보재화(情報財貨)(웨이브 콘텐츠, wave contents 등)를 생산하는 산업에서는 생산에서 유통, 소비에 이르는 과정이 급변했고, 서로의 구별이 애매하게 되었다. 인터넷의 탄생과 더불어 급속한 변화를 가져온 이러한 산업들은 인터넷 이용에 특화된 정보재화를 생산하는 산업과 더불어 멀티미디어 산업

19) 통신망과 통신망을 연동해놓은 망의 집합을 의미하는 인터네트워크(internetwork)의 약어인 internet과 구별하기 위해 Internet 또는 INTERNET과 같이 고유명사로 표기한다.

20) 인터넷에 연결된 각 컴퓨터들은 상호 정보를 교환하기 위해 숫자로 된 주소(203,255,75,122)를 가지고 있는데, 이러한 주소를 인터넷의 공인된 주소라 한다.

21) 인터넷에 연결된 각 컴퓨터들은 상호 정보를 교환하기 위해 숫자로 된 주소를 가지고 있는데, 일반인들이 이용하기 위해서는 대단히 불편해 쉽게 기억할 수 있도록 문자로 된 주소체계(예: chungbuk. ac,kr)를 말한다.

이라고 불리고, 새로운 도시형 산업으로서 주목을 받고 있다.

1) 인터넷 기간망의 공간적 결합

인터넷 기간망은 정보가 유통되는 통로로서 자신에게 연결되어 있는 소형 회선들로부터 데이터를 모아 빠르게 전송할 수 있는 대규모 전송회선을 말한다. 즉, 인터넷 기간망은 근거리 통신망에서 광역 통신망으로 연결하기 위해 설계된 고속 네트워크라고 볼 수 있다. 인터넷 기간망은 인터넷 서비스 제공업체(Internet Service Provider: ISP)에 의해 구축되며, 서비스 이용자들은 이들 업체에서 제공하는 기간망을 통해 인터넷에 접속하게 된다.

한국의 인터넷 서비스 제공업체 수는 도메인 수와 호스트(host) 수의 증가에 따라 급속하게 많아지고 있다. 1995년 13개의 업체에 불과하던 인터넷 서비스 제공업체 수는 2002년 86개로, 대규모 인터넷 서비스 제공업체들은 독자적인 기간망을 구축해 운영하고 있으나 중소규모 업체들은 기간 통신사업자들로부터 필요한 망을 임차해 사용하고 있다. 그리고 한국의 인터넷 서비스 제공업체는 중 8개 대형 제공업체[데이콤(BORANET), 한국통신(KORNET), 삼성SDS(UNITEL), 한국통신 하이텔(KOLNET), 네츠고(NETSGO), 하나로통신(HANANET), 나우콤(NOWCOM), 두루넷(THRUNET)]가 인터넷 서비스의 약 80%를 차지해 나머지 제공업체들은 영세적이다. 초고속 인터넷의 경우 대형 제공업체의 집중도는 더욱 커 한국통신의 시장 점유율은 두드러지며, 하나로통신, 두루넷의 3개 제공업체가 전체 시장의 92%를 차지하고 있다. 인터넷 서비스 제공업체는 그 성격에 따라 상용망과 비영리망으로 구분되며, 2001년 말 한국에는 7개의 비영리망이 있다. 비영리망의 예를 들면, 한국교육학술정보원(EDUNET)은 인터넷 가입자 수가 전국 인터넷 가입자 수의 16.6%를 차지해 가장 많지만 비영리망이다.

인터넷 기간망은 지리적 위치를 갖고 있는 기반시설로, 기간망의 지역 간 결합을 보면 〈그림 10-55〉와 같다. 한국통신의 결절점 수(한 도시에 2~3곳의 결절점을 둔 곳도 있음)는 86개로 8개 제공업체 중 가장 많고 경로(path)도 가장 많다. 가장 많은 인터넷 가입자 수를 가진 데이콤의 기간망은 59개의 결절점과 58개의 경로를 가지고 있다. 그밖에 한국통신 하이텔은 가장 적은 28개의 결절점과 27개의 경로를 가

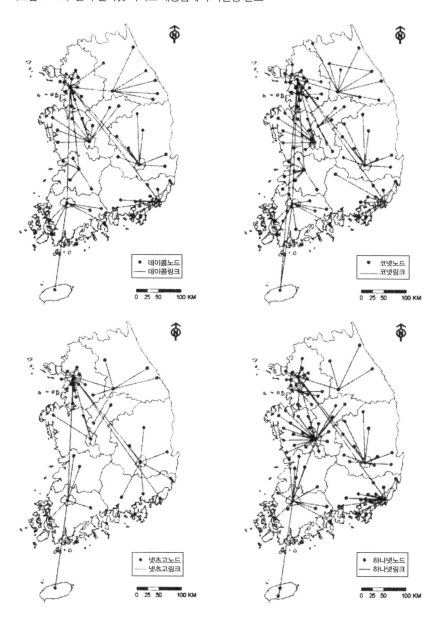

지고 있다. 삼성SDS의 유니텔을 제외한 나머지 7개 업체의 기간망의 지역적 분포의 특징은 중심 허브에 해당하는 서울시와 대도시들은 직접 연결되어 있으나 각 허브 도시들과 연결된 나머지 도시들은 방사상의 스포크(spoke)망을 형성하고 있다.

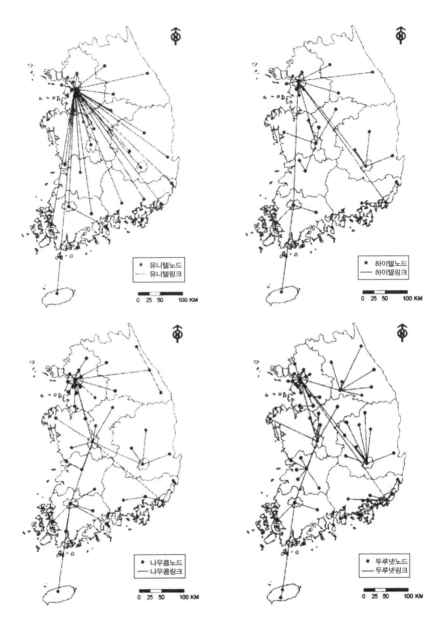

자료: 이희연 · 이종용(2002: 191).

그러나 유니텔의 경우는 본사가 입지한 과천과 다른 결절점이 직접 연결된 중앙 집
중적 망구조를 나타내고 있다.

8개의 인터넷 서비스 제공업자의 115개의 결절점과 이들을 연결하는 204개의

<표 10-15> 그래프이론에 의한 인터넷 기간망의 국가(대륙)별 측정값

국가(대륙)	회로 수	β계수	α계수(%)	γ계수(%)	직경
한국	90	1.77	1.4	3.1	4
중국	37	2.19	8.5	14.6	12
유럽	114	4.8	28.1	26.2	6
미국	910	16.17	51	55	5

자료: 이희연·이종용(2002: 192).

<그림 10-56> 한국 인터넷 통합 기간망의 지역적 분포(가)와 결절점의 전송용량 및 구간별 회선용량(나)

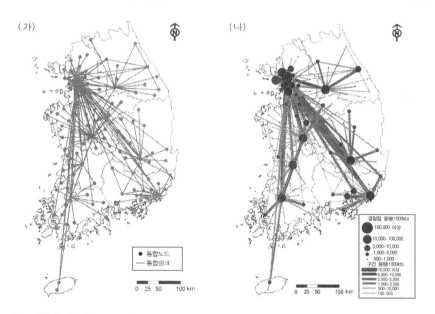

자료: 이희연·이종용(2002: 195).

경로 수를 나타낸 것이 <그림 10-56> (가)이다. 이 그림에서 서울시와 부산시, 대구시, 광주시, 대전시는 직접 연결되어 있으며, 유니텔의 본사가 입지한 과천시는 부산시, 대구시, 대전시에 직접 연결되어 있는 도시 수가 많고, 데이콤의 본사가 있는 안양시도 많은 도시들과 직접 연결되어 있다. 그러나 결절점의 약 70%는 1~2개의 도시들과 직접 연결되어 있다. 이와 같은 인터넷 기간망의 지역적 분포를 그래프이론에 적용해 연결도를 측정하면 <표 10-15>와 같다. 인터넷이 가장 먼저 등장한 미국의 기간망은 대규모로 구축되어 결절점당 경로 수도 많으며, 회로, 연결성에서도 단연 높게 나타난다. 그러나 한국의 경우 직경은 국토면적이 좁기 때문에 가장 짧게 나타난다.

각 도시의 전송량의 크기와 도시 간을 연결하는 구간의 회선용량을 바탕으로 인터넷 기간망의 지역 간 결합의 정도를 나타낸 것이 〈그림 10-56〉(나)이다. 이 그림에서 인터넷 기간망의 지역 간 결합은 매우 차별적인 패턴을 나타내고 있다. 서울시를 중심으로 대도시와 지방 중심도시, 수도권 도시의 전송용량은 매우 많으며, 허브의 역할을 하는 도시 간의 회선용량도 상대적으로 매우 많아 도시 간 인터넷 정보 인프라의 도시 간 격차가 두드러지게 나타나고 있다. 이와 같은 현상은 전송용량이 상업적 도메인 수의 집적 및 인터넷 이용자 수의 집중과 서로 강화시키는 역할을 하고 있기 때문이다.

2) 인터넷 도메인의 지역적 분포

(1) 인터넷 도메인의 분포와 밀도

인터넷 도메인(Internet domain)은 정보의 생산과 소비가 이루어지는 가장 기본적인 단위로서 기업과 개인의 인터넷 활동이 더욱 커짐에 따라 도메인의 지리적 특성을 이해하는 것이 필요하게 되었다. 도메인은 고유의 숫자로 구성된 컴퓨터의 주소를 이용자의 편의를 위해 문자로 표시한 주소체계이다. 도메인은 com, net, org와 같이 세계적으로 등록이 개방된 일반 도메인과 kr, jp와 같은 국가 도메인으로 구분할 수 있다. 한국 도메인 kr은 1997년 무렵부터 급증해 2002년에 약 46만 개로, 이 가운데 상업 도메인(co.kr)은 87.8%로 그 비율이 가장 높으며, 나머지는 10% 미만으로 개인(pe.kr), 비영리기관(or.kr), 네트워크 운영(ne.kr), 정부기관(go.kr), 학술기관(ac.kr), 연구기관(re.kr) 도메인들로 구성되어 있다(〈표 10-16〉). 이들 도메

〈표 10-16〉 도메인별 규모(2002년)

단위: 개(%)

종류 구분	상업(co.kr)	학술기관 (ac.kr)	연구기관 (re.kr)	네트워크 운영(ne.kr)	개인(pe.kr)	정부기관 (go.kr)	비영리 기관(or.kr)	계
도메인 수	403,556 (87.8)	949 (0.2)	944 (0.2)	2,197 (0.5)	30,899 (6.7)	1,039 (0.2)	19,959 (4.3)	459,543 (100.0)
웹페이 지 수	4,104,462 (55.4)	1,966,224 (26.5)	148,543 (2.0)	32,847 (0.4)	162,679 (2.2)	237,028 (3.2)	757,891 (10.2)	7,409,674 (100.0)

자료: 허우긍(2003: 524).

〈표 10-17〉 한국 도메인(kr)의 시·도별 구성비(2002년)

시·도	도메인 구성비(%)	도메인 밀도(도메인 수/인구 천 명)
서울시	57.3	28.3
인천시	3.3	6.4
경기도	14.2	7.8
수도권	74.8	17.1
부산시	4.9	6.4
대구시	3.8	7.3
광주시	2.3	8.0
대전시	2.5	8.6
울산시	0.9	4.7
8개 도	10.9	3.6
비수도권	14.3	7.1
전국 도메인 수	475,855(100.0)	10.6

자료: 허우긍(2003: 521).

인의 웹페이지 수는 상업 도메인이 가장 높은 비율을 나타내고, 그 다음은 학술기관으로 이들 웹페이지 수가 총 웹페이지 수의 81.9%를 차지하는데, 상업의 웹페이지 수는 도메인 수보다는 그 구성비가 매우 낮아 웹페이지화의 정도가 낮다고 할수 있다. 도메인 수에 의한 인터넷 활동의 시·도별 분포의 특징을 살펴보면(〈표 10-17〉), 수도권에 kr도메인 수의 약 3/4이, 나머지 비수도권은 1/4로 매우 적게 분포한다. 수도권 중, 특히 서울시에 한국 도메인 수의 1/2 이상이 집중되어 서울시의 전국 인구 점유율보다 매우 높다. 미국에서도 뉴욕(2000년 6월 12.4%)과 로스앤젤레스(9.7%)에 등록된 도메인 수가 다른 도시보다 많으나 한국의 서울시는 2위 도시와의 도메인 수의 차이가 매우 큰 것이 특징이다.

도메인의 수는 지역의 인구나 산업 발달 정도와 밀접한 관련을 맺고 있어 단위지역의 이들 지표의 규모가 클수록 도메인의 수도 많다. 도메인 수에 의한 인터넷활동의 밀도를 각 시·도의 인구 1,000명당 규모로 파악해보면 대체로 도메인 수로본 특징이 밀도분포에서도 나타나고 있다. 서울시는 인구 1,000명당 도메인 수가약 28개이고, 울산시를 제외한 나머지 광역시와 경기도는 6~8개, 울산시 및 나머지8개 도는 5개 미만으로 계층구분이 되고 있다. 이를 시·군 수준에서 보았을 때, 경기도의 시들은 밀도 순위 20위 이내에 거의 3/4이 들어갔으며, 대전시를 비롯한 광역시들은 20위 안에 포함되어 있지만 대전시를 제외하면 모두 15위 밖으로 밀려나있어, 광역시들은 도메인 수가 많지만 밀도는 수도권의 시에 못 미친다. 수도권에서는 서울시에 가까이 입지한 시들의 밀도가 높은 반면, 수도권 동부의 주변지역시는 매우 낮다. 비수도권에서는 밀도가 50개 이상인 시는 청주시, 대전시, 대구시, 경산시, 부산시, 광주(光州)시 등에 불과하다. 그러므로 인터넷 활동의 면에서 서울시가 가장 큰 역할을 하고 서울시에 인접한 시들이 그 다음으로, 수도권과 비수도권과의 격차가 매우 크다.

(2) 도메인의 하이퍼링크 구조

도메인들은 하이퍼링크(hyperlinks)[22]라는 연결장치를 통해 서로 연결되므로 하이퍼링크 수는 다른 도메인과의 연결 정도를 의미한다. 인터넷 사용자가 하이퍼링크를 클릭하면 하나의 웹 페이지에서 다른 웹 페이지로 옮겨간다. 그래서 하이퍼링크는 단순히 웹 페이지들을 이어주는 기술적인 장치의 의미를 넘어 정보의 흐름을 가능하게 하는 통로의 구실을 한다. 하이퍼링크의 이러한 기능은 웹 페이지 간의 연결뿐 아니라 기관 및 조직 간의 연결 고리로 간주되어 인터넷의 접근성을 나타내는 지표로 활용된다.

하이퍼링크는 전화통화와는 달리 잠재적 연관에 불과하며 직접적인 연계를 나타내는 것은 아니나 도메인의 정보 생산 정도가 높을수록 타 도메인들로부터의 하이퍼링크로 연결될 가능성이 커진다. 각 도메인은 지리적 위치의 정보를 가지고 있으므로, 도메인 간의 하이퍼링크를 파악하면, 이를 도시 간 하이퍼링크 연계로 변환시켜 그 구조를 통해 도시 네트워크[23]를 알아볼 수 있다.

도메인 종류 간 하이퍼링크를 보면 도메인들 사이에 하이퍼링크가 뚜렷이 형성되는 반면, 종류가 다른 도메인과는 하이퍼링크가 전반적으로 미약하다. 즉, 상업 도메인은 하이퍼링크의 약 90%가 같은 상업 도메인끼리 연계되어 그 비율이 가장 높아 한국의 인터넷 정보 유동에서 절대적인 역할을 하고 있음을 알 수 있고, 학술, 연구 및 정부 도메인은 같은 도메인 연계가 70%대로 두 번째로 자체 도메인 간의 연계가 높고, 네트워크, 개인 및 비영리 도메인의 내부 연계는 50%대로 세 번째이다. 그래서 비영리 도메인과 학술 도메인이 다른 종류의 도메인으로부터 유입되는 하이퍼링크의 비중은 비교적 높으나, 네트워크 도메인과 개인 도메인은 상업 도메인으로 연계가 집중된 반면 다른 종류의 도메인과의 연계는 미약하다. 도메인 간의 유출·입 하이퍼링크를 보면 유입 하이퍼링크가 많은 도메인은 다른 도메인에게 정보를 제공하는 기능이 강하며, 유출 하이퍼링크가 많은 도메인은 다른 도메인의 정

22) 하이퍼텍스트 문서 내 단어 한 개나 구(phrase), 기호, 화상과 같은 요소와 그 문서 내의 다른 요소 또는 다른 하이퍼텍스트 문서 내의 다른 요소 사이의 연결을 말하는데, 하이퍼텍스트 링크, 핫 링크라고도 한다. 사용자는 하이퍼텍스트 문서 내의 밑줄 쳐진(underlined) 요소 또는 문서 내의 나머지 부분과 다른 색으로 표시된 요소(링크된 요소)를 클릭함으로써 하이퍼링크를 기동 또는 활성화(activate)한다. 그렇게 함으로써 같은 하이퍼텍스트 문서 내의 한 요소와 다른 요소의 연결을 선택해 검색할 수 있고, 다른 인터넷 호스트에 있는 월드와이드 웹사이트(www) 서버상의 하이퍼텍스트 문서 내 다른 요소와의 연결을 선택해 검색할 수도 있다.

23) 도시 네트워크란 전문 기능을 가진 도시들 사이에 형성된 수평적이고 비계층적인 관계를 말한다. 네트워크가 형성되는 배경을 보면 교통과 통신기술이 발달해 공간극복 비용이 크게 줄어드는 한편 소비자의 수요가 다양해지면서, 과거 물자의 이동이 경제의 중심이었던 시대에는 도시가 중앙에 입지해야 했는데, 그럴 필요가 줄어들고 도시들의 계층구조도 그 의미가 퇴색되었다. 그리고 인터넷을 통한 정보유동은 이러한 물리적 입지의 제약을 완화시키고 도시 간의 네트워크의 형성이 좀 더 자유로울 수 있도록 했다.

<표 10-18> 도메인 간의 하이퍼링크(2002년)

단위: %

D O	상업(co.kr)	학술기관 (ac.kr)	연구기관 (re.kr)	네트워크 운영(ne.kr)	개인(pe.kr)	정부기관 (go.kr)	비영리 기관(or.kr)	유출 하이퍼링크 계
co.kr	90.2	1.8	0.4	0.3	0.5	1.5	5.2	1,970,638 (100.0%)
ac.kr	13.9	73.8	4.1	0.4	0.7	2.2	5.0	509,661 (100.0%)
re.kr	8.9	6.7	71.7	0.2	0.4	7.1	5.0	39,562 (100.0%)
ne.kr	33.2	4.0	2.4	50.6	1.9	2.2	5.7	7,459 (100.0%)
pe.kr	27.2	5.8	1.6	0.6	56.5	2.7	5.5	43,703 100.0(%)
go.kr	12.6	2.6	2.3	0.4	0.4	71.4	10.2	38,017 (100.0%)
or.kr	16.6	10.6	5.3	3.4	3.7	6.1	54.2	273,125 (100.0%)
유입 하이퍼 링크 계	1,916,267 (66.5%)	446,837 (15.5%)	74,552 (2.6%)	21,734 (0.8%)	49,279 (1.7%)	88,526 (3.1%)	284,950 (9.9%)	2,882,145 (100.0%)

자료: 허우긍(2003: 523).

보를 소비하는 경향이 높은 것이다(<표 10-18>).

(3) 하이퍼링크에 의한 도시 네트워크

등록된 도메인 중 주소를 가지고 운영 중인 활동성 도메인의 지역적 분포를 보면 상업과 비영리 도메인은 서울시에 각각 72.0%, 54.4%가 분포해 가장 많고, 학술 도메인은 8개 도에 39.9%가 분포해 가장 많으며, 서울시와 5대 광역시의 분포가 약 20%로 그 다음을 나타내고 있다(<표 10-19>).

<표 10-19> 활동성 도메인의 시·도별 분포(2002년)

단위: %

시·도	상업(co.kr)	학술기관(ac.kr)	비영리기관(or.kr)
서울시	72.0	20.3	54.4
인천시	2.2	3.5	3.3
경기도	9.5	15.7	11.1
수도권	83.7	39.4	68.7
5대 광역시	10.1	20.7	16.0
8개 도	6.2	39.9	15.3
비수도권	16.3	60.6	31.3
전국	100.0	100.0	100.0

자료: 허우긍(2003: 525).

〈그림 10-57〉 상업 도메인의 하이퍼링크로 본 도시 네트워크

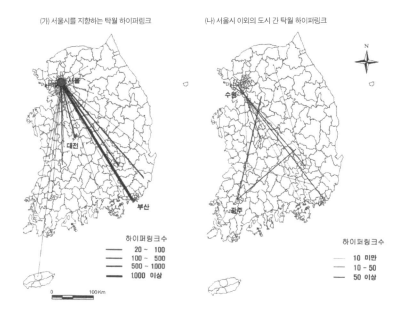

자료: 허우긍(2003: 526).

〈그림 10-58〉 학술 도메인의 하이퍼링크로 본 도시 네트워크

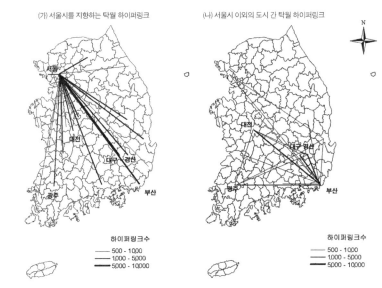

자료: 허우긍(2003: 530).

상업 도메인의 네트워크에서 서울시로 지향하는 탁월 하이퍼링크의 지역적 분포 패턴은 광역시 및 주요 지방도시의 탁월류(dominant flow)가 모두 서울시와 연계되어 서울시의 종주성이 강하게 나타난다. 다음으로 서울시 이외의 도시 간 탁월류를 나타낸 것을 보면 수원시, 성남시, 광주(光州)시, 부산시를 제외하면 나머지 도시 간 연계는 아주 미약해 지방도시간의 하이퍼링크에 의한 네트워크는 거의 형성하지 못하고 있다(〈그림 10-57〉). 이와 같은 현상은 학술기관이나 비영리기관의 탁월류 분포 패턴에서도 나타나 서울시의 종주성이 두드러신다. 다만 학술 도메인에서 서울시 이외의 지방도시 간 탁월 하이퍼링크의 지역적 분포 패턴에서 도시 네트워크가 잘 나타나 지방도시 간에 학술정보의 교환이 활발히 이루어지고 있음을 알수 있다. 즉, 학술정보의 교류도 비록 기본 틀은 서울시를 중심으로 이루어지고 있지만, 광역시를 허브로 네트워크가 뚜렷하게 나타나고 있다. 그러나 kr 도메인 전체에 대한 학술 도메인의 비중이 워낙 낮기 때문에 도시 네트워크가 형성되었다고 주장하기에는 불확실한 점이 있다(〈그림 10-58〉).

6. 정보화 사회와 사이버의 지리학

1) 정보화 사회의 지리학

정보화는 컴퓨터의 양적·질적인 사회적 침투와 통신 네트워크의 고도화가 융합된 것을 말하며, 정보화 사회는 이러한 융합된 사회로 정보기술을 주요 기술로 한새로운 기술체계가 매우 큰 사회변화를 말한다. 지리학에서 정보화에 대한 연구는 첫째, 대면접촉의 대체효과 등 정보화가 본질적으로 구비한 공간적 효과를 검토하는 것, 둘째, 산업구조의 변용이나 시설입지의 변화 등 정보화가 사회경제에 미친영향의 분석, 셋째, 가상(virtual)공간 그 자체의 연구가 그것이다.

현실사회의 정보화와 그 영향을 파악한 것을 보면 1990년 전반까지는 정보기술(information technology: IT) 이용성의 기술적 검토나 그 경제적 효과를 논한 것이대부분이었지만, 1990년대 후반 이후는 정보기술의 보급이 가져온 사회적·정치적영향에 주목한 논의가 급증했다. 정보기술은 모든 사회장면에서 이용되기 때문에 한마디로 현실사회의 정보화라고 하지만 그 연구주제는 매우 다양하다. 여기에서 기술적·경제적 관점에서 사회적·정치적 관점으로의 흐름에 따라 정보화 시대의 산업입지, 새로운 도시산업집적, 주변지역의 성장전략, 전자상거래, 정보화와 도시, 정보격차(digital divide), 비디오카메라와 정보 네트워크를 조합한 공공공간의 전자적 감시[24], 정치사회운동과 인터넷[25]이라는 8가지 논점을 들 수 있다. 먼저 정보화 시대의 산업입지는 정보유동(flow)과 도시체계, 정보 네트워크 기술의 비약적인 발전에 따라 연구와 개발기능의 입지가 어떤 영향을 받고 있는지가 큰 관심으로, 특히 특수한 기술개발을 담당하는 중소 첨단기술기업의 특정지역으로의 집중이나 정보기술 지향 산업에서 연구와 개발기능의 대도시 입지경향, 나아가 경영자와 노동자의 사회관계나 도시 쾌적도(amenity) 등이 기업입지에 미치는 영향 등을 지적하고 있다.

둘째, 새로운 도시산업집적은 인터넷이 일반가정에 보급되는 것과 궤를 같이 해 급속히 성장을 이룬 멀티미디어 산업이 새로운 도시형의 산업집적으로서 주목을 받고 있다. 지리학분야에서 샌프란시스코의 멀티미디어 걸치(Multimedia Gulch), 뉴욕의 실리콘 엘리(Silicon Alley), 실리콘 밸리에서 로스앤젤로스의 할리우드(Hollywood)까지 남 캘리포니아 지역을 멀티미디어 산업집적의 파오이어(pioneer) 등으로 멀티미디어 산업을 새로운 도시산업으로 육성하려는 정책이 모색되고 있고, 대도시 집적, 인적 네트워크, 젠더의 교육 등의 면에서 검토를 행하고 있다.

셋째, 주변지역의 성장전략은 장거리 대용량 통신회선비의 극적인 저하와 더불어 국토 중앙에서 또는 국제적인 중핵지역에서 멀리 떨어진 주변지역에서도 원격성의 불리를 정보 네트워크에 의해 극복할 가능성을 가져오고 있다. 특히 정형적인 뒤뜰(backyard)업무는 주변지역에 입지하기 쉬운데, 예를 들면 자메이카에서의 미국기업계 자료입력업무(data entry business)라든가, 콜센터(call center) 등이 주목을 받고 있다. 콜센터의 입지는 기량(skill)을 갖는 노동력의 확보나 고객이 될 기존 사업소의 존재가 중요하고, 기본적으로는 대도시형의 사업이라고 하지만 최근에는 인재확보가 용이하고 인건비가 저렴한 것을 겨냥해 주변지역에 입지하는 경향이 많은데, 영국의 뉴캐슬 주변이나 스웨덴 북부지방이 그 예이다. 자료입력업무 등에 비해 콜센터는 담당자(staff)의 언어문제가 있지만, 예를 들면 아이슬란드나 뉴질랜드와 같이 언어장벽이 적은 국가에서는 국경을 넘은 콜센터의 유치가 적극적으로

24) 전자적 수단을 이용한 시민의 감시를 말한다.
25) 1990년 후반 이후 인터넷이 사회에 보급됨에 따라 정치운동의 도구로서의 인터넷의 가능성을 말한다.

진전되고 있다.

이러한 주변지역에서 기업유치는 확실히 일정한 새로운 고용창출을 가져오지만 결국은 저임금이고 불안정한 것에 지나지 않고, 관련하는 파급효과도 적다는 비판도 있다. 이러한 주변지역에서 뒤뜰업무의 입지에 관한 여러 가지 상황이 존재할 수 있으므로 일률적인 평가는 할 수 없다.

넷째, 전자상거래(e-commerce)의 형태는 매우 다양한데, 실제 새로운 전자상거래가 계속 탄생하고 있다. 그 중에서도 특히 최근 주목을 받는 B2C 비즈니스는 크게 두 종류로 분류된다. 하나는 물적 형태를 취하지 않고 전자적 배송이 가능한 상품으로 여행예약(e-ticket)이나 인터넷 뱅킹이 전형적인 예이다. 또한 브로드밴드(broadband) 서비스의 일반화에 따라 음악이나 비디오 영화 등 온라인 전송도 보급되고 있다. 그밖에 온라인의 직업소개 서비스[온라인 리쿠르트(recruit)] 산업을 들 수 있고, 인터넷에 의한 주택탐색행동 분석 등도 시도되고 있다.

또 다른 하나는 눈으로 보고 물품을 소매 판매하는 비즈니스로 당연히 상품을 소비자의 수중에 들어가게 배송 시스템을 구축하는 것이 중요하다. 이에 대해서는 서적판매 중심인 아마존(Amazon.com)의 예 등이 있다.

B2B의 분야에서는 국제전자상거래가 관심을 모으는데, 예를 들면 전자상거래 국제 허브를 겨냥한 싱가포르는 통신 네트워크를 이용한 24시간 거래체제가 확립된 국제금융분야에서 도쿄를 보완하는 지역 허브의 역할을 하고 있다. 한편 새로운 금융상품을 취급하는 파생(derivative)시장은 정보 네트워크를 전면적으로 이용하기 때문에 글로벌 도시가 아니고도 설립하기 쉬워 유럽 각지에서 그 사례가 소개되고 있다.

다섯째, 정보화와 도시에서는 정보화가 도시에 미치는 영향에 대해서는 인터넷의 보급 이전부터 방대한 논의가 있었지만 정보화가 도시에 가져온 것에 대해 그레이엄과 마빈(S. Graham and S. Marvin)은 ㉠ 경제의 재구조화, ㉡ 도시사회와 도시문화의 변용, ㉢ 도시환경, ㉣ 공공교통과 생명선(life line), ㉤ 도시의 물적 형태, ㉥ 도시의 계획, 정책, 관리라는 여섯 가지의 논점을 제시했다. 이러한 논점을 바탕으로 정보통신과 고속교통 네트워크에 의한 시공간을 초월해 전원공간과 라이프 스타일(life style)이 도시공간에 포섭이 되고 말고, 글로벌 네트워크를 지탱하는 초도시화(super-urban) 또는 초산업화(super-industrial) 자본주의 사회가 출현한다.

도시에서 정보화의 진전에 관해서는 지방정부로서의 도시자치체의 정책방식에 대해서도 관심이 기울어지고 있다. 또 이러한 도시자치체에 의한 IT정책의 틀에 관해서는 행정에서 거버넌스 개념을 지방자치체의 IT정책에 적용시키는 전자 거버넌스(e-governance)의 개념이 제창되었다. 물론 도시의 정보화는 중앙정부의 정책에도 크게 좌우된다. 예를 들면 미국에서는 중앙정부에 의한 규제완화와 통신 인프라 개방방침을 받아들여 각 지방정부가 통신 인프라를 정비·활용하는 방도를 모색하고 있다.

여섯째, 정보격차는 정보기술이 사회경제의 기반적 존재로서 그 의미를 증대시키고 있는 가운데, 그에 적응할 수 있는 인종, 민족, 소득, 교육, 성 등의 인구학적 요소에 의해 차별적으로 활용되는 현상을 말한다. 일반적으로 정보격차는 인터넷 사용유무, 교육, 나이, 인종, 민족, 성, 컴퓨터 활용에 대한 애착정도를 말하는 접근성의 격차(access divide), 기량의 정도와 디지털 사용능력(digital literacy) 등의 기량 격차(skills divide), 노동시장에서의 경제적 안전성, 온라인 경험유무 등의 경제적 기회격차(economic opportunity divide), 인터넷을 통한 정치활동 유무 등의 민주적 격차(democratic divide) 등으로 나눌 수 있다. 정보격차는 세계규모에서 정보 네트워크를 기초로 한 경제의 글로벌화와 그에 대응한 경제의 재구조화가 세계도시의 사회계층 분극화를 가져와 경제적 빈곤이나 기량의 부족 등의 이유로 정보기술의 효용을 향수할 수 없는 계층이 나타난다는 것이다. 즉, 정보격차는 정보화가 가져온 이른바 이중의 귀결이다. 물론 정보격차는 선진국에 한정되는 것이 아니고 선진국과 개발도상국간에, 또 이들 국가 내에서도 뚜렷한 불평등이 나타나 사회의 글로벌화와 깊은 관련이 있다.

정보격차의 상황 아래에서의 IT약자의 발생은 정보·지식에 대한 관심이나 기량의 부족에서 오는 경우가 크기 때문에 사태의 개선을 위해서는 교육체제의 충실이 필요하고, 빈곤지역의 학교에 컴퓨터 사용능력 향상을 위한 교육이나 어린이, 고령자 또는 소수집단(minority)을 포함한 IT교육의 필요성이 강조된다. 또 정보격차의 해소는 도시자치체의 역할이 기대되는데, 도시자치체의 IT정책 전체 중에서 큰 위치 지움을 부여하고 있다.

일곱째, 전자적 감시, 즉 비디오카메라에 의한 전방위 감시(panopticon)는 전자적 수단을 이용해 시민을 감시하는 것으로, 최근에는 비디오카메라 시스템에 데이터베이스 기술이나 통계실험(simulation) 기술을 짜 넣음에 따라 보다 고도화된 감시기술이 개발되고 있다. 이러한 감시체제는 사람들의 사생활(privacy)을 침해하고 억압적인 사회를 만든다는 기우가 있다. 나아가 비디오카메라에 의한 현실공간의 감시뿐만 아니라 기업이나 행정기관에 의한 개인정보의 축적과 모니터링(monitering)이라는 문제로 넓어진다.

여덟째, 정치와 인터넷은 1990년대 후반 인터넷이 사회에 보급된 이후 급속히 관심이 높아진 것으로, 정치의 도구로서 인터넷이 가능하게 되었다. 물론 넓은 의미의 IT기술, 예를 들면 텔레비전이 인터넷 보급이전부터 인식되었다. 그러나 인터넷은 매스미디어와 같은 기존체제에 전혀 의존하지 않고, 자유로운 정보발신이 용이하다. 그러한 성질에서 개인이나 소규모 그룹이 스스로 주장을 넓히기 위해 인터넷을 이용한 게릴라(guerrilla)적인 정보활동을 시도하는 사례가 계속되고 있다. 정치활동 이외에도 인터넷과 법률, IT관련 다국적기업의 국제정치와의 관계 등이 있다.

2) 사이버 공간과 지리학

1990년대 후반 이후에 정보기술과 관련된 문헌에서의 주요 용어는 사이버 공간(cyberspace)[26]이 가장 많이 사용된다. 사이버 공간이란 1984년 과학소설(science fiction: SF) 「뉴로맨서(Neuromancer)」작가 깁슨(W. Gibson)에 의해 처음 사용된 언어로 "합의에 의해 성립된 환상"으로 컴퓨터 네트워크상에서 만들어진 가상적인 세계를 가르친다. 그 후 1990년 발로우(J. P. Barlow)가 지금과 같은 인터넷 사용 환경을 사이버 공간이라 처음 이름 붙인 후 사이버 공간은 이제 물리적 공간만큼이나 큰 의미를 갖는 현실 '공간'으로 자리매김 되고 있다. 사이버 공간에는 현실의 지리학적 실체가 없다. 이를테면 '어디에도 없는 공간'이지만 인터넷을 비롯한 최신 정보기술의 강한 영향을 받는 현실사회를 지칭해 사이버 공간이라고 부르는 예도 많다. 따라서 사이버 공간은 넓은 의미로는 막연하게 정보사회(또는 그런 상황)를 가르치지만, 좁은 의미로 사용할 경우 컴퓨터 네트워크를 사용한 커뮤니케이션의 세계에만 존재하는 가상공간을 의미한다.

다지와 키친(M. Dodge and R. Kitchin)은 지리학이 정보화를 취급한 접근방법을 넓고 좁은 의미의 사이버 공간개념에 대응해 두 가지로 나누어 고찰할 것을 제안했

26) Cyber는 그리스어의 kubernetes에서 유래된 말로 '조종한다(steer, pilot)', '통제한다(control, govern)'의 의미를 갖는다.

다. 현실의 지리학적 공간 중에서 진행하는 사회경제의 변화, 즉 정보화 사회의 지리(geographies of the information society)를 취급하는 접근방법과 네트워크상에서 가상(virtual)으로 출현하는 커뮤니케이션 공간 자체를 지리학적으로 취급하는 사이버 공간의 지리학(geographies of cyberspace)을 묘사하는 접근방법이다. 앞에서 서술한 바와 같이 네트워크상에서 가상으로 출현한 커뮤니케이션 공간 그 자체를 지리학의 대상으로 한 것이 사이버 공간 지리학이다.

(1) 사이버 공간론

1980년대를 시작으로 사이버 공간이라는 말을 사용했을 때에는 그것은 과학소설 작가의 마음속에 떠오르는 생각의 소산이었다. 그러나 컴퓨터 통신이나 가상환경, 불특정 다수가 참가해 회화를 서로 하는 네트워크상의 가상적인 장소[Multi-User Dungeons(Dimensions): MUD]와 같은 컴퓨터 네트워크를 이용한 개인 간의 커뮤니케이션 수단이 등장하는 한편 컴퓨터 그래픽스(Computer Graphics: CG)나 가상현실(Virtual Reality: VR) 기술이 발달해 가상적인 공간을 시각적으로 만들어낼 수 있으면 사이버 공간의 개념은 어떤 종류의 현실감을 받아들여 멈추게 된다. 이러한 가운데 사이버 공간을 사회적·문화적 논의의 대상으로 하려는 움직임이 생겨났다. 베네딕트(M. Benedikt)가 편집한 책에 깁슨도 기고한 「사이버 공간」은 이 말을 표방한 최초의 평론집이고 이러한 사이버 공간론의 효시가 된다. 1990년대 후반에는 컴퓨터 네트워크를 개입시켜 가상적으로 형성한 사회나 문화의 양상을 논한 책의 출판이 계속해서 레인골드(H. Rheingold)의 '가상 커뮤니티(Virtual Community)', 존스(S. G. Jones)의 '사이버 사회(Cybersociety)'나 '가상문화(Virtual Cultural)'라는 개념이 제창되었다. 이와 같은 사이버 사회·문화론의 주역이 된 것은 사회학이나 문화론 분야의 연구자들이었지만 로빈스(K. Robins)나 힐스(K. Hills) 등 일부의 지리학자도 이러한 논의에 참가했다.

(2) 가상의 지리학

좁은 의미의 사이버 공간을 지리학의 대상으로 사용하려는 아이디어는 1997년경에 나타났다. 컴퓨터 네트워크를 가상적인 건축·도시공간으로 보고 그 의미를 논한 방법은 1995년 미첼(W. J. Mitchell)이 발간해 물의를 일으킨 『비트의 도시(City of

Bits)』에 의해 시작되었다. 가상공간을 건축이나 도시계획의 용어로 말할 수가 있다면 같은 가상공간을 지리학의 방법으로 취급할 수 있을까? 예를 들면 애덤스(P. C. Adams)는 컴퓨터 네트워크상의 여러 가지 존재가 지리(장소)적인 은유(metaphor)에 의해 표현되어 가상장소(virtual place)의 현상으로서 취급할 수 있다고 주장했다.

한편 베티(M. Batty)는 컴퓨터 네트워크상의 가상적인 세계는 자기 자신의 '장소나 공간의 의미'를 가지고 있다고 해 '가상의 지리학'의 개념을 제창했다. 그는 현실세계와 가상세계는 결점(node)과 네트워크를 조합해 유형화를 시도했다. 이 유형에는 현실의 장소내지는 좀 더 추상화된 개념으로서 공간을 '장소나 공간(place/space)'이라 부르는데 대해 컴퓨터나 네트워크에 관한 3종의 공간을 C(***) 공간이나 장소라고 총칭된다.

사이버 공간과 현실의 공간과의 관계라는 관점과 관련해 그레이엄은 정보기술이 현실공간을 어떻게 변화시킬 것인가에 대한 명제에 대해 첫째, 현실공간의 대체·압박[통신에 의한 커뮤니케이션이나 가상현실(virtual reality) 기술에 의한 현실의 장소 대체], 둘째, 현실공간과 공변화(共變化)[카스텔(M. Castells)의 현실의 가상(real virtuality)]나 유동의 공간(space of flow) 개념에 나타나는 사이버 공간과 현실공간의 상호 연관적 변화, 셋째, 현실공간과의 재결합[행위자 네트워크론을 원용한 인간이나 기술의 다양한 네트워크화 논의]이라는 3가지 가설을 들어 논했다.

(3) 사이버 공간의 지리학

사이버 공간의 지리학이란 개념을 처음 제안한 키친은 디지털 데이터(digital data)가 컴퓨터 네트워크로 결합된 네트워크 공간(network space)을 사이버 공간이라고 하고, '사이버 공간은 왜 지리학일까?'라는 명제에 대해, 첫째, 사이버 공간을 구성하는 여러 가지 결합(connection)은 지리적으로 불균형적으로 존재한다, 둘째, 정보는 신체(body)가 존재하는 장소(locale)일수록 의미를 갖고 있다, 셋째, 사이버 공간은 현실세계 중에서 공간적으로 고정된 사물(경제 하부구조, 자원, 시장, 노동력, 사회 네트워크 등)에 의존하고 있다는 이유 때문이다.

키친은 지리학 분야에서 최초로 사이버 공간이라는 제목의 저서 중에서 사이버 공간을 현실의 사회경제에서 정보화의 현상과 네트워크 중에서 가상에 형성된 추상세계라는 두 가지의 관점에서 논하려고 하며, ① 문화와 사회, ② 정치와 정치조직, ③ 정보화 경제와 도시-지역 재구조화의 세 가지 논점을 들고 있다. 이 중에서 가상세계에 대해서는 ①의 논점이 중심에 있고, 그 문화와 사회성에 대한 논의가 정리되어 있다. 이 정리에 의하면 전자게시판 시스템(Bulletin Board System: BBS)이나 MUD 등 불특정 다수의 사람들이 참가할 수 있는 커뮤니케이션 방법이 사회에 침투함에 따라 불특정 다수의 참가자가 자유롭게 커뮤니케이션을 교류하는 가상적인 장소에 공동체가 성립하게 된다. 이러한 가상 공동체에서 인간관계는 대면에 의한 접촉이 없고 현실세계에서의 이해관계도 함께할 수 없다는 점에서 관계가 유동적이라는 특징을 갖고 있다. 한편으로 이러한 가상세계로의 참가는 개인의 정체성이 있는 것 같이 영향을 미치게 한다. MUD와 같은 가상세계에서는 성, 연령, 인종이라는 개인적 속성은 노출되지 않고 본인이 원하면 그것을 숨기거나 위장할 수도 있다. 터클(S. Turkle)에 의하면 이러한 경험에서 가져오는 새로운 정체성은 현실세계에서 동떨어지기 쉬울 것이라고 말하고 있다. 물론 가상세계라고 해도 그곳에 많은 사람이 관련되어 있는 이상 어떤 문화가 발생한다. 그러한 가상문화(virtual culture)의 전형적인 것이 사이버 펑크(cyberpunk)이다. 사이버 펑크의 구체적인 예로서는 사이버 카페, 사이버 나이트클럽, 환경음악, 과학소설 등을 들 수 있다.

(4) 사이버 공간의 시간지리학

정보기술이 사회에 침투해 정보 네트워크를 사용한 커뮤니케이션이 일상화되면 그러한 가상 커뮤니케이션 공간을 시간지리학의 틀에 어떻게 넣을 것인지에 대한 논의가 나타나게 되었다. 예를 들면 관(M.-P. Kwan)은 정보기술이 사람의 일상생활에 미치는 영향을 논하는 세 가지 관점을 지적했지만 그중의 하나가 시간지리학의 틀에서 제약의 완화(constraint relaxation)를 들 수 있다. 현실의 개인은 그 신체가 존재하는 장소에서만 활동하는 것만이 아니고 통신 등의 수단에 의해 떨어진 장소에서도 활동을 공유할 수 있다. 따라서 최근의 커뮤니케이션 네트워크를 전제로 하면 전통적인 시간지리학적 제약은 크게 완화되어 사이버 공간의 개념을 넣은 새로운 틀이 필요하게 된다.

정보기술에 의하면 가상적인 활동공간의 범위를 분석하는 데는 활동경로(activity path)나 프리즘(prism)[27]이라는 고전적인 시간지리학 방법을 초월한 분석방법이 필요하게 된다. 이에 대해 정보를 주고받는 개인의 활동을 포함해 표현한 3차원의 모

27) 개인이 이용할 수 있는 교통·통신수단 등에 따라 일정한 시간 내에 미치는 공간적 범위를 말한다.

식도를 컴퓨터 원용설계(Computer-Aided Design: CAD)에 의해 묘사하는 방법이나 3차원 지리정보체계(Geographic Information System: GIS)를 이용해 척도가 다른 복수의 지도를 틀에 넣는 활동경로를 묘사하는 방법이 제안되었다. 예를 들면 가상적인 강의에 의한 학생의 생활양식(life style)의 변화나 시차에 기인한 시간이용의 시간의 식민지화(conflict) 분석 등이 시도되고 있다.

(5) 사이버 공간의 공간분석

사이버 공간은 은유(metaphor)라고 하고 가상적인 범위나 위치관계를 갖고 있기 때문에 지금까지 만들어온 지리학의 분석방법의 응용이라고 생각할 수 있다. 즉, 사이버 공간의 공간분석의 가능성은 있다.

사이버 공간의 공간분석 맹아(萌芽)는 현실의 지리적 공간 중에서 인터넷이 어떻게 분포하고 있는가를 연구하는 것이다. 인터넷의 지리적 분포를 좀 더 상세하게 분석하면 도메인의 등록주소, 기간망 네트워크(backbone network), 인터넷 통신규약(IP) 주소 등을 지표로 사용해 분석을 시도했다. 〈그림 10-59〉 (가)는 도메인 수를 점묘법(dot map)으로 나타낸 것이고, (나)는 점묘법으로 여러 개의 도메인이 중첩되는 문제를 해결하기 위해 인구 1,000명당 도메인 수를 그리드(grid) 파일로 변

〈그림 10-59〉 도메인 수에서 본 사이버 공간의 공간분포

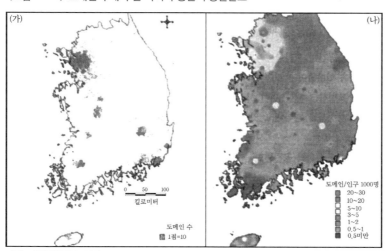

자료: 이희연(2002: 208).

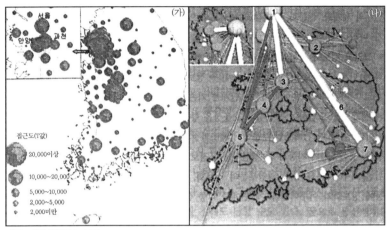

〈그림 10-60〉 인터넷 기간망으로 본 사이버 공간의 공간분포

자료: 이희연(2002: 213).

환시켜 도메인 밀도를 나타낸 것이다. 또 한국의 8대 인터넷 서비스 제공업체의 인터넷 기간망을 바탕으로 사이버 공간상에 나타낸 〈그림 10-60〉 (가)는 그래프이론을 적용해 산출한 각 도시의 접근도 지수를 나타낸 원적(圓績)도법이고, (나)는 각 도시의 전송용량의 크기와 구간별 회선용량 수치를 바탕으로 3차원으로 나타낸 것이다.

또 다른 관점에서는 도시 지자체에 의한 인터넷상에 여러 가지 행정 서비스[전자시티(e-city) 정책]를 지표로 가상적인 도시군(都市群) 시스템의 구조를 추출하는 시도를 하고 있다. 이를 테면 지점의 분포로서 인터넷의 공간분석에 대해 지점과 지점을 연결하는 네트워크 관계로서 사이버 공간의 범위를 분석하는 방법을 제안하고 있다. 이러한 방법은 인터넷에 의한 국제적 관계의 분석을 응용해 무역량 등 경제적 요인 또는 언어 등의 문화적 요인의 영향을 지적하고 있다.

그런데 인터넷 가입자도 적지만 접속의 지체가 존재하기 때문에 그에 따라 네트상의 가상적 거리를 계측할 수가 있다. 그 응용으로서 웨이브(wave)로의 접근빈도는 접속의 지체시간이 길어짐에 따라 감소하는 관계가 되고, 지수함수 모델로서 표현할 수가 있다.

그러면 다지와 키친의 『사이버 공간의 지도화(Mapping Cyberspace)』는 은유로서의 사이버 공간의 공간성을 지도라는 형태로 응축해 표현하려고 한 의욕적인 시도라고 할 수 있다. 『사이버 공간의 지도화』에는 정보 인프라 네트워크나 통신량 유동(traffic flow) 등이 현실의 지리적 공간의 지도상에 나타낸 것(정보통신의 지도화)이나 인터넷 등에 네트워크 구조나 가동상태가 현실의 지리적 속성과는 관계없는 가상공간 중의 지도로서 그려진 사이버 공간의 지도화(spatialism) 등 다종다양의 지도가 소개되었다. 한편으로 가상세계를 형성하는 각종 미디어(media)의 공간성과 그 지도화의 검토도 행해져, 예를 들면 MUD 중에서 만들어진 가상사회의 구조인 방(room)[28]을 위상학적(topological) 결합관계로서 표현하는 방법은 급속히 진전되었지만 일부의 MUD에서는 가상현실(virtual reality) 기술을 사용해 참가자의 커뮤니케이션을 가공의 풍경으로서 표현하는 것도 소개하고 있다.

　사이버 공간의 지리학과의 많은 논쟁은 사회학이나 문화론 등 인접영역에서의 논조를 시종 계속 받아들이는 것은 싫지만 이러한 사이버 공간의 공간분석은 어떤 독자의 입장을 명확히 표현하고 있는 것이 사실이고, 학문으로서 완성도는 어떻던 지리학의 일부로서 하나의 방향성을 나타내고 있다.

28) 커뮤니케이션 장소로서의 가상적인 단위를 말하고, 참가자는 몇 군데의 방을 이동하면서 마음에 드는 장소를 택한다.

7. 정보화 사회와 공간변화

1) 정보화 사회와 정보직의 공간 분포

　정보란 인간의 의도성을 바탕으로 조직화되고 전달되는 자료를 말하며, 정보화란 정보의 생산, 가공, 유통 및 축적을 고도화시켜 나가는 활동으로, 정보화의 목적은 궁극적으로 인간의 삶의 질을 향상시키는 데 있다.

　정보화 사회의 출현 양상은 1960년대~1970년대의 정보로서의 문화, 냉전, 산업사회, 자본주의의 영향을 받아 정보가 풍부한 사회(information-rich society)를 형성한 후 1980년대~1990년대에는 정보직 종사자의 증가, 정보기술의 발달, 정보 생산의 증대로 정보기반사회(information-based society)가 등장했으며, 1990년대~2000년대의 글로벌화, 전문화, 유대감(connectedness)으로 정보지배사회(information-dominated society)가 나타나 문화로서의 정보, 미디어의 융합(fusion), 생산으로서의 정보가 이루어진다.

　그리고 정보화 사회의 발전 단계는 정보화의 수준과 경제발전수준에 의해 산업

<그림 10-61> 정보화 사회의 발전 단계

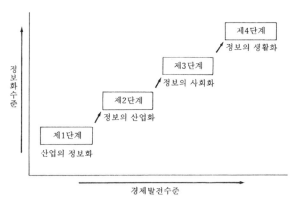

자료: 劉榮峻(1995: 16).

의 정보화(제1단계) → 정보의 산업화(제2단계) → 정보의 사회화(제3단계) → 정보의 생활화(제4단계)로 나아간다(〈그림 10-61〉). 제1단계는 기존의 산업분야나 기업조직에서 정보·통신기술과 시스템을 도입해 생산성과 효율성을 향상시키고 이로 인해 경쟁력을 강화시키는 것이다. 이에 따라 제조업 부문에서 제조과정의 효율성을 높이기 위해 원재료나 에너지의 절약, 생산공정의 자동화 등 생산부문의 정보화, 생산 단위 사이의 연결 및 효율적 관리를 위한 사무 자동화 등의 경영부문의 정보화, 그리고 시장조사와 개척, 제품개발과 혁신 등에 정보화가 이루어진다. 제2단계는 각종 산업에 정보화가 이루어짐에 따라 정보의 가치가 증대되어 정보의 상품화가 진전되며, 산업의 전반에서 정보의 체계적 관리와 활용이 보편화되는 단계로, 정보 관련 산업이나 직종이 가장 핵심적인 산업분야로 대두된다. 제3단계는 정보화가 가정, 행정부문, 문화부문 등 사회 전반에 걸쳐 이루어지는 단계로 정보·통신 네트워크가 구축된다. 마지막 제4단계는 종합정보 통신망을 통한 고도의 정보 네트워크가 국민생활에 널리 이용되고, 국제 간의 정보통신이 보편화되는 단계로, 시간적으로는 시차제 근무, 시간제 근무를 유도하고, 공간적으로는 재택근무, 가사 자동화, 홈쇼핑, 홈뱅킹 등을 가능하게 하는 단계이다.

정보화 사회의 특성은 경제적인 측면에서 노동력 구조의 변화를 가져온다. 즉, 노동력의 대부분이 정보 상품과 서비스를 생산하고 처리하며 유통시키는 활동에 종사하게 된다. 이와 같은 특징을 가진 정보화 사회의 특성을 공급적 측면, 수요적 측면, 통신체계의 변화 면에서 보면 다음과 같다. 공급자 특성에서는 산업과 기업의 재구조화로 다품종 소량 생산, 필요할 때 필요한 만큼 생산하는 현시점 즉시 판매방식, 제품 생산의 유연성과 판매시점(Point of Sales: POS) 등이 나타난다. 그리고 수요적 측면으로는 정보의 다양화, 세분화, 탈획일화 현상이 두드러진다. 그러나 정보문화에 적응하지 못한 사람들의 소외감, 각종 정보의 노출로 개인의 사생활 침해도 당할 수도 있다. 끝으로 통신체계 변화는 부가가치 통신망(Value-Added Network: VAN),[29] 종합정보 통신망, 종합유선방송(cable television: CATV), 위성방송 등 다양한 통신 서비스의 개발로 지구가 하나의 생활권으로 묶이게 되고, 나아가 정보의 초국경화로 세계 경제의 초국가화 문제, 뉴스와 오락 프로그램이 국경 없는 세계 문화의 동질화를 가져오게 하는 문제점도 나타난다는 것을 지적하고 있다.

한편 루(B. P. Y. Loo)는 활동참여 인구, 이용되는 정보기술 기기, 정부·기업·업무 네트워크 등에 사용되는 도메인의 주요 형태, 정부의 역할, 일상생활에서 정보기기 소유와 사용에 관한 사람들의 보편적인 생각을 지표로 정보사회를 형성단계(formative stage), 발전단계(development stage), 성숙단계(mature stage)의 3단계로 나누었다. 형성단계는 소수의 엘리트가 정보기기를 소유하고, 전통적인 통신수단을 보충하는 기초적인 것으로 취급한 시기이다. 또 발전단계는 이용자가 다양해 이른바 정보세대(e-generation)가 출현하고 성장함으로써 정보기술이 널리 사용되는 시기로 지역 간 정보격차가 줄어들며, 전자상거래를 지원하는 사업으로 금융업, 소프트웨어 개발회사, 온라인 광고업, 웹디자인 회사 등이 떠오른다. 또 원격근무는 제한적이나 다양한 플랫폼과 온라인게임이 젊은 세대에게 일반화되는 등의 현상이 된다. 그리고 성숙단계에서는 일상생활에 깊게 관여되는 단계로 대량의 문자, 음성, 영상 등 다양한 정보를 초고속으로 주고받는 최첨단 통신 시스템을 갖춰 화상회의, 영상통화를 활용한 원격근무(e-working), 온라인 쇼핑(e-shopping), 원격교육·의료(e-learning and telemedicine), 전자정부 서비스가 보편화되고, 무선인터넷 근거리 통신망인 무선데이터 전송 시스템(Wireless Fidelity: WiFi)의 접속이 가능해 휴대폰, 컴퓨터 등이 각각 또는 동시에 연결되는 환경이 된다.

이에 따라 공간적 측면에서의 변화는 정보기술이 공간에 미치는 영향이 집중화되거나 분산화되는 양면성을 가지며, 그 지역의 상황과 정보화의 진전도에 따라 정보기술이 공간에 미치는 영향력은 달라질 수도 있다. 정보기술의 발달은 현실과 가

29) 메이커, 도매업, 소매업을 연결하는 비즈니스에서 발생한 정보를 부가가치 통신망을 개재로 상호 교환하는 정보 시스템을 총칭한다.

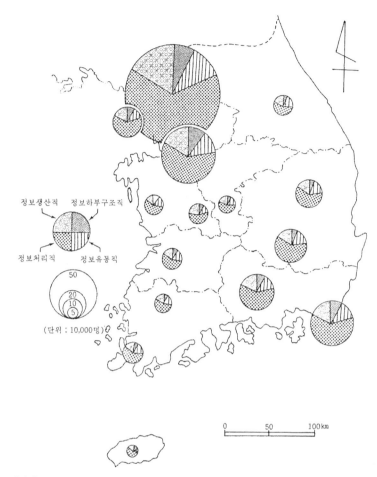

〈그림 10-62〉 정보산업 관련직 종사자의 지역적 분포(1990년)

정보생산직　정보하부구조직

정보처리직　　정보유통직

50
20
10
5

(단위 : 10,000명)

0　　50　　100㎞

자료: 이희연(1993: 12).

정을 모두 포괄해 결합한 공간을 제공하므로 어떤 공간을 통해 정보를 이용하는지에 따라 공간적 형태와 활동을 결정짓는다고 싱카(R. Sinka)는 지적했다. 싱카는 공동체가 수집한 정보를 바탕으로 이루어진 공간과 장소를 정보사회공간(information society space)이라 하고, 여기에서 만들어지는 물리적 또는 가상적 네트워크가 앞으로 지리적 환경에 강한 영향을 미칠 것으로 보았다.

정보화에 관한 선구적인 연구자는 마흐럽(F. Machlup)이다. 그는 정보를 하나의 투자재 및 소비재로 보고 정보와 관련된 활동이 경제구조의 변화에 큰 변화를 미친다고 전제한 후 한 나라의 산업구조의 추이를 파악하는 데는 취업자가 어떤 산업에

코드 직종	KSIC* 코드	정보 관련 직업
정보 생산 직종	01	자연과학자 및 관련 기술공
	02/03	건축 기술자, 공학 기술자 및 관련 기술공
	05	생명과학자 및 관련 기술공
	06	의사, 치과, 의사, 수의사 및 관련 종사자 및 경매인
	08	통계학자, 수학자, 체계분석가 및 관련 기술공
	09	경제학자
	11	회계사
	12	법무 종사자
	15	저작자, 언론인 및 관련 작자
	16	조각가 및 관련 예술인
	19	달리 분류되지 않는 전문, 기술 및 판매직 종사자
	43	기술 판매원, 판매 의무원 및 제조업체 판매 대리인
	44	보험, 부동산, 증권과 기업 서비스 판매
정보 처리 직종	04	항공기 및 선박 고급 승무원
	20	입법 공무원 및 정부 관리직 공무원
	21	관리자
	30	사무원 감독자
	31	정부 행정 공무원
	32	속기사, 타자원, 카드 및 테이프 천공원
	33	경리원, 출납원 및 관련 종사자
	35	운수 및 통신 사업 감독자
	39	달리 분류되지 않은 사무 및 관련직 종사자
	40	도·소매 관리자
	42	판매 감독자 및 구매원
	52	가사 및 관련 서비스 감독자
	70	생산 감독
정보 유통 직종	13	교원
	17	작곡가 및 연예인
정보 하부구조 직종	34	계산기 조작원
	37	우편물 취급 사무원
	38	전화 및 전신기 조작원
	85	전기 설비공 및 관련 전기·전자공
	86	방송 및 음향 장비 조작공, 영사공
	92	인쇄공 및 관련 종사자

* 한국표준산업 분류(Korean Standard Industrial Classification).
자료: 劉榮峻(1995: 123).

종사하고 있는가보다 어떤 직업에 종사하는가를 살피는 것이 더 중요하다고 주장하고 직업별 취업자 수에 의한 분류법을 제안했다. 또 그는 총취업자를 지식 생산군(生産群)과 비지식 생산군으로 나누고, 지식 생산군을 다시 지식의 생산, 처리, 유통으로 나눈 후 각 산업을 이에 따라 분류했다. 그러나 마흐럽의 지식·비지식 부문의 분류가 문제점이 있다는 지적에 따라 포렛(M. Porat)이 정보산업의 용어를 사용하면서 정보산업의 개념을 더욱 세분화했다. 여기에서 정보산업을 직종별로 분류하면 〈표 10-20〉과 같다.

1990년 한국의 정보 관련 직종의 시·도별 분포를 보면(〈그림 10-62〉), 수도권으로의 공간적 집중이 두드러지게 나타나고 있다. 서울시는 정보 관련 직종 총 종사자의 35.1%를 차지하고 있으며, 인천시와 경기도를 포함하면 55%가 집중되어 있다. 이것은 수도권의 인구 점유율 42.8%보다 훨씬 높은 비율로 수도권에 정보 관련 직종이 상대적으로 집중되어 있다는 것을 시사해준다.

이를 직종별로 보면 정보 생산 직종과 행정 및 사무 관련자 등이 포함된 정보 처리 직종은 서울시에서 각각 38.3%, 35.5%를 차지하고 있고, 수도권은 각각 58.3%, 56.3%를 차지하고 있다. 정보 처리 직종의 경우 정보 생산 직종보다 부산시, 인천시, 경기도, 경남에서 더 높은 비율을 차지해 서울시로부터의 분산화가 진전되고 있음을 알 수 있다. 정보를 처리하는 기계를 조작하는 정보 하부구조 직종도 서울시가 37.1%로 높은 비율을 차지하고 있으나, 정보 유통 직종은 정보의 다른 직종과는 달리 분산화가 이루어졌는데, 이것은 정보 유통을 담당하는 교원이 포함되어 있기 때문이다. 이와 같이 정보를 전달하는 정보 유통과 정보 전달의 하부구조를 담당하는 우편과 통신활동은 비교적 지방에 분산되어 있는 데 비해, 정보부문에서 핵심적인 역할을 하고 있는 정보 생산 직종과 정보 처리 직종은 서울시를 중심으로 한 수도권에 집중되어 있으며 지역 간의 격차가 상당히 크게 나타나고 있음을 알 수 있다.

2) 정보화와 공간변화

정보·통신기술의 발달은 단순히 거리를 극복하는 물리적 기술로 평가되어서는 안 되며, 각 지역의 사회·경제·문화적 배경을 이해하는 바탕에서 새로운 정보·통신기술의 특성과 그 사회현실의 여건과를 결부지어 평가해야 한다. 정보화에 따라 각종 산업활동의 공간적 집중과 분산에 의한 변화를 살펴보면 다음과 같다. 먼저, 산업입지의 변화를 들 수 있다. 홀(P. Hall)은 장차 공업을 주도할 첨단산업의 입지는 대도시에 인접한 지역이 각광을 받을 것이라고 주장했다. 왜냐하면 대도시가 가지고 있던 장점인 교통의 결절점으로서 접근성이 높은 점이 대도시의 교통의 혼잡, 환경오염, 지가의 상승 등으로 그 매력도가 떨어지고, 통신기술의 발달로 대도시의 인접지역에 대학과 민간 연구소 및 정부 연구소가 입지해 연구기관에서 배출되는 전문인력의 확보, 연구에 필요한 각종 자료 획득, 대도시로부터 산업활동에 필요한 각종 서비스를 제공받기에 유리하기 때문에 이곳에 첨단산업이 입지한다. 둘째, 도시 간의 기능을 분담하게 될 것이다. 장래의 도시는 각종 기능의 서비스를 다른 도시에 의존하지 않고 독자적인 산업활동을 영위해 획득할 수 있는 네트워크 체계를 구축하는 사회가 도래하기 때문에 정보화 기술이 발달할수록 특정 산업활동의 집적도는 작은 도시에까지 확대되어 도시들 간의 기능이 같아 계승이 존재하지 않을 것이다. 셋째, 정보·통신의 발달은 도시규모의 변화를 가져올 것이다. 즉, 도로의 점유율이 높은 자동차에 대한 선호도는 대도시를 쇠퇴시키고 중소도시의 성장을 촉진시킬 것이다. 따라서 도시의 적정규모가 축소될 것이나, 도시가 소멸되는 수준까지는 도달하지 않고 산업·사회·문화활동을 할 수 있는 적정규모 이상의 도시가 형성되어 그 기능을 발휘하게 될 것이다. 넷째, 정보·통신의 발달로 도시 집중현상이 두드러질 것이다. 정보·통신의 발달은 도시활동을 좀 더 효율적이고 신속하게 정비하며, 인간활동의 복잡한 거래를 질서가 있고 생산적으로 유도하므로 인구와 도시의 기능을 분산·합병시키게 될 것이다. 즉, 정보·통신의 발달로 도시지역의 집중과 전문화를 촉진시키고 도시를 변형시킬 것이다. 다섯째, 최근 정보·통신기술의 눈부신 발달로 생산과정의 기계화와 자동화는 생산직 노동자 수를 감소시켰으며, 그 대신 사무직, 서비스직 종사자 수를 증대시켰다. 또 사회변화에 따라 각종 정보량이 급격히 증대됨에 따라 사무활동의 양과 질도 이에 따라 급증하고 직종도 세분화·전문화되었다. 따라서 정보 처리나 의사결정과 관련된 작업을 주로 하는 좀 더 고차의 서비스업이라고 할 수 있는 4차산업의 종사자 수가 증가됨에 따라 사무실 수요의 증가로 사무빌딩의 고층화를 형성하게 될 것이다. 그리고 이들 사무활동 종사자나 거래활동을 위해 일시적으로 방문하는 방문객 수의 증가로 이들에게 각종 서비스를 제공하기 위한 각종 편의시설이 입지해 도심을 소생시켜 도시의 구심력의 원인이 되고, 또한 도시의 성격을 변화시킬 것이다. 마지막으로 정보·통신의 발달로 근무시간의 단축과 거리장애를 벗어난 도시 거주자는 주거환경이 쾌적한 비도시지역으로 거주지를 이동해 도시 거주패턴에 영향을 미치게 될 것이다. 또 여가시간의 증대로 이를 즐기려는 여가인구가 증가해 이들을 수용할 각종 편의시설이 거주지 주변지역이나 멀리 떨어진 곳에 세워짐에 따라 토지이용의 변화를 가져올 것이다.

또 그레이엄과 마빈은 정보 네트워크가 가져온 도시사회의 영향을 첫째, 경제의 재구조화, 둘째, 도시사회와 도시문화의 변용, 셋째, 도시환경, 넷째, 도시의 공공교통과 보급로(lifeline), 다섯째, 도시의 물적 형태, 여섯째, 도시계획·정책·관리라는 논점에서 총괄적으로 검토했다. 그리고 카스텔은 정보화시대의 도시를 정보도시(information city)라 하고 이를 세 가지로 설명했다. 첫째, 정보도시에서는 유동의 공간(space of flows)이 중요하게 인식되고, 장소의 의미가 축소되는 현상을 나타낸다. 이는 도심과 주변 간의 정보 네트워크의 구축을 통해 격차의 완화현상(seamless)을 나타낼 수 있다고 했다. 둘째, 정보도시를 글로벌 도시라고 하며, 이들 도시는 도시 간 정보와 지식의 생산, 가공, 교환을 통해 확인할 수 있는 특징을 가진다. 셋째, 정보도시의 변화현상으로 본 이중도시(dual city)는 도시 내에서 탁월한 정보통신기술이 집적된 지역과 관련된다는 것이다.

제11장
지식산업의 공간집적

1. 지식기반경제와 유형화

문화산업은 지식기반산업(knowledge-based industry)으로 집적을 해 지역화를 이룬다. 여기서는 이를 알아보기 위해 지식기반경제와 유형화에 대해 살펴보기로 한다.

1) 지식기반경제

지식[1]은 가장 중요한 자원으로 경제성장에 기여하는 필요불가결한 추진력이다. 지식경제의 개념을 강조하는 연구자들은 기술수준이나 노동력의 창조성에 의해 표현된 지식이 기술혁신이나 경제성장의 주요 원동력이라는 견해를 갖고 있다. 지식경제화란 지식기반경제(knowledge-based economy)[2]화라고도 부르는데, 생산성 향상이나 경제성장에서 지식이나 기술의 역할 및 그 창조나 혁신이 중요해지는 상태를 나타내는 것이다. 최근 제조업에서 첨단산업이 차지하는 비율이 증가하고, 민간 및 정부의 연구·개발에 대한 지출 증가, 지적 소유권에 대한 의식이 높아지면서 작업의 재훈련을 포함한 넓은 의미에서의 교육투자 증가 현상 등과 같이 현재 자본주의는 지식경제화 양상이 강화되고 있다.

지식경제에서 가장 중요한 자원은 지식이다. 21세기 자본주의의 전망에서 생산수단은 이제 자본도 천연자원도 노동도 아닌 지식이라고 할 수 있다. 종래 경제학에서는 자본과 노동이 부를 창출하는 두 개의 기둥이라고 했지만 지식경제에서는 지식이 그들을 대신하게 되었다. 게임이나 애니메이션, 음반 등을 위시한 많은 문

1) 기술과 정보를 포함하고 경제적 부흥을 창출하기 위해 동원된 인간의 지적능력과 아이디어, 그리고 이것을 창출·활용할 수 있는 학습 및 연구능력과 사회적 협력관계 등을 포함하는 매우 광범위한 영역으로 정의되어진다. 한편 지식지리학은 제조업, 금융·서비스업, 문화산업, 미디어산업, 창조산업으로 구분된다.

2) 지식기반경제란 시장수요의 다양화와 세분화가 진전됨에 따라 이러한 변화에 적절히 대응하기 위해 인간의 창의성과 기술융합이라는, 즉 지식의 적극적인 활용에 기반을 둔 것을 말한다.

〈표 11-1〉 지식의 유형

암묵지(주관적)	형식지(객관적)
경험의 지식(육체)	합리성의 지식(마음)
동시적인 지식(현재 여기에서)	순차적인 지식(그 때 거기에서)
아날로그 지식(실습)	디지털 지식(이론)

자료: Nanoka and Takeuchi(1995: 61).

3) 형식지는 코드화된 지식보다도 훨씬 고도로 일반화, 보편화, 추상화된 지식이라고 할 수 있다.
4) 암묵지에는 전문적 지식, 기능, 기교라는 기술적 측면과 무의식에 속하며 표면에 나타나는 것이 거의 없는 인식적 측면 두 가지가 있는데, 후자는 현실의 이미지와 마땅히 있어야 할 장래상(將來像)의 두 쪽을 나타내지만 명쾌한 언어로 표현할 수 있는 것은 아니다. 이 용어는 폴라니(M. Polanyi)에 의해 처음 언급되었다.

화상품에 지식이 대량 투입되어 문화에서 지식산업화의 경향이 강해지고 있다.

지식의 특성을 파악하기 위해 지식을 두 가지로 나누면 먼저 코드화된 지식(codified knowledge)(이하, 형식지[3])은 형식적·논리적 언어와 숫자로 나타내며 쉽게 이전할 수 있는 지식인데, 특허, 책, 논문, 자격 등이 이 예에 속하며, 정보수단의 발달로 오늘날에는 좀 더 쉽게 전달될 가능성이 있다. 다음으로 암묵의 지식(tacit knowledge)(이하, 암묵지[4])은 지식이 뿌리내린 연관성으로 개인, 조직 또는 지역 등을 초월해 이전하는 것이 곤란한 지식으로, 예를 들면 숙련공이 경험에서 쌓아올린 기능은 언어 등을 통해 전달되기 곤란한데 이러한 것 등을 말한다(〈표 11-1〉). 이러한 지식은 다른 사람이 갖고 있는 지식이 정보로 얻어져 그것이 당사자에게 이미 내재된 소지(素地)와 결합했을 때 이것을 '지식의 습득'이라 하고, 나아가 습득된 복수의 지식이 복합적으로 결합되어 좀 더 선구적인 지식을 가져오는 것을 '지식의 창조'라 한다.

이러한 두 종류의 지식관계는 철학적 또는 심리학적으로 논해온 것이지만 근년에는 기업 내에서의 지식의 창조나 혁신 국면에서도 그들의 상호작용을 중시한 접근방법이 등장했다.

지식에 대한 유명한 경영학자 노나카와 타케우치(I. Nonaka and H. Tacheuchi)는 지식이 기업의 중요한 원천(source)으로 사용되는 과정에서 암묵지로부터 형식지로 전환(conversion)될 때 탄생하는 4가지 변환과정을 나타냈다(〈그림 11-1〉).

이를 지식창조 프로세스(Socialization, Externalization, Combination, Inernalizaion: SECI)모형이라고 부른데, 제1단계는 직접적인 경험을 통해 개인이 갖고 있는 암묵지를 좀 더 많은 사람이 함께 가지는 사회화(socialization)단계로, 경험적인 지식의 자산 형성에 관한 과정이라 할 수 있다. 이에 따라 지식, 즉 실행능력은 암묵적인 형태 그대로이지만 적어도 같은 장소에서 같은 연관성이 있는 여러 개인에 의해 공유된다. 이 단계는 최초의 '공동화'로 직접적인 경험을 통해 암묵지가 공유되는 과

〈그림 11-1〉 지식창조 프로세스 모형

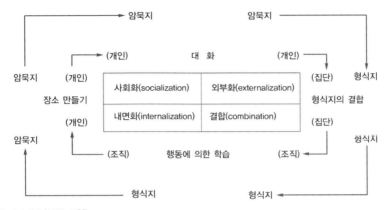

자료: 山本健兒(2003: 566).

정으로 경험적인 지식자산 형성과정이라 말한다. 제2단계는 공유된 암묵지를 함께 가지는 사람들이 잦은 대화를 함에 따라 명확한 개념으로 형식지화되는 외부화 (externalization) 단계다. 외부화됨에 따라 같은 장소에 없었던 사람, 또 연결성이 없던 사람도 이해를 하게 된다. 이 단계는 '표출화'로 암묵지가 형식지로 치환·변역 해가는 과정이기 때문에 지식창조의 가장 중요한 과정이라고 할 수 있어 지각적 지식자산의 형성에 대응하는 것이라 할 수 있다. 제3단계는 결합(combination) 단계로 개념으로서의 형식지가 계획자 유형(plotter type)으로서 형식지로 변환된다. 즉, 기업 안에서 일부 집단만이 가지고 있는 것이 아니라 기업전체가 공유하는 지식이 된다. 이 단계는 '결합화'로 형식지의 전달이나 편집에 의한 새로운 지식을 창조해 가는 과정으로, 이것은 정형적 지식자산 형성에 관한 것이다. 제4단계는 형식지가 암묵지로 되는 내면화(internalization) 국면으로 이해·학습해가는 과정을 나타낸 것이다. 새로운 형식지는 조직 속에서 누군가에 의해 어디에선가 현실의 행동으로 이전한다. 즉, 행동을 하는 개인의 내면에 체화된다. 이러한 내면화된 지식은 당초의 암묵지와는 다른 암묵지로 전환된 것으로 제도적 지식자산의 형성과 관계가 깊다고 할 수 있다. 이러한 일련의 암묵지에서 형식지를 거쳐 다른 암묵지에 도달하는 과정 모두가 지식창조로, 사회화, 외부화, 결합 각 단계의 계획에 참여함으로써 각 개인에게는 현장학습(learning by doing)이 작용해 암묵지를 부가하게 된다.

이러한 지식변환 나선(spiral)의 발생이 계속 혁신을 유도한다. 이것은 지식을 사

<그림 11-2〉 지식나선

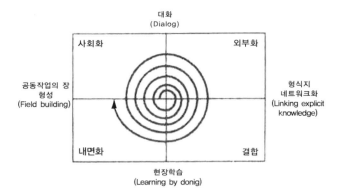

대화
(Dialog)

사회화   외부화

공동작업의 장   형식지
형성   네트워크화
(Field building)   (Linking explicit
                                     knowledge)

내면화   결합

현장학습
(Learning by donig)

자료: Nonaka and Tacheuchi(1995: 71).

용할수록 감소하는 것이 아니고 오히려 지식을 사용함으로써 행위자가 새로운 지
식을 발전시켜나간다는 것을 의미한다. 또 이러한 변환과정을 내부로 조직화함으
로써 지식경제화에서 경쟁우위를 발휘할 수 있다는 것을 의미한다. 한편 그 반대
이면의 지식은 진부화되기 쉽고, 또 지식전환의 나선 계획에 참여하지 않는 개인이
나 그것을 내부적으로 갖지 못하는 조직은 신뢰를 잃을 수도 있다는 점을 시사하고
있다(〈그림 11-2〉).

최근 경제의 지식기반경제로의 전환으로 지식이 경쟁력의 중요한 원천이 되고
가장 중요한 자원이 되었다. 특히 지식은 개인이 혼자 소유한 형태보다는 조직의
절차나 규율, 환경, 문화 등에 스며들어 있는 집단적 암묵지의 형태가 더욱 중요해
졌다. 이 때 집단적 암묵지는 구성원과 시간, 공간을 결합한 형태라 할 수 있다. 집
단적 암묵지란 시공간적으로 형성된 지식이다. 그리고 시간과 공간을 공유하면서
그 지식을 집단적으로 습득하는 과정이 집단학습과정이다. 조직만 학습하는 것이
아니고 조직과 조직 간, 기업과 기업 간 등 지역의 다양한 행위자 간 암묵지와 형식
지의 다양한 상호교환과 학습이 중요한 경제적 현상이 되고, 그 활동이 활발한 학
습지역은 중요한 관심지역이 된다.

암묵지와 형식지의 변환과정으로 대변되는 지식의 창조는 상호학습을 통해 발
생하고 이것은 근접성을 이용해 더욱 강화된다. 따라서 지역을 매개로 해 상호학습
이 발생하고 그 결과 지역이 창조되는 과정이 이른바 학습지역화 과정이라 볼 수

있다.

2) 지식기반의 유형화

지식경영의 논의에서는 폴라니의 형식지와 암묵지 구분을 바탕으로 형식지와 암묵지의 상호작용이 반복해 일어나는 나선과정을 통해 지식이 창조된다고 했다. 유럽 여러 나라와 미국에서는 문서화된 형식지이 사람에 체화된 암묵지라는 종래의 지식형태 구분과 다르게 지식기반의 유형화는 지식기반이론에 바탕을 둔 다양한 공간적 차원에서의 혁신이 분석되고 있다.

그 대표적인 논자로 어세임 등(B. Asheim et al.)과 거틀러(M. S. Gertler)를 들 수 있다. 지식기반의 유형은 통합적 지식(synthetic knowledge), 분석적 지식(analytic knowledge), 상징적 지식(symbolic knowledge)으로 나눌 수 있다(〈표 11-2〉). 통합적 지식은 업무에서 문제해결의 경험 등 귀납적인 과정을 바탕으로 한 공학적 지식을 말하는데, 통합적인 지식기반이 지배적인 산업은 혁신이 기존의 지식응용이나 결합을 통해 일으키는 전문화한 공작기계를 사용한 기계공업이나 조선공업이다. 이들 산업은 주문 제조의 대응이나 특정한 문제를 해결하기 위해 고객과 공급자(supplier) 사이에 상호적인 학습이 야기된다. 따라서 혁신의 대부분은 급진적(radical)이 아니고 점진적인 것이 된다.

분석적 지식은 논문이나 특허 등 연역적인 과정을 바탕으로 과학적인 지식을 가리키는데, 분석적 지식기반에서 지식창조는 코드화된 과학이나 합리적인 과정이라는 형식적(formal)인 모형에 기반을 두고 있다. 아스하임 등은 분석적인 지식이 탁월한 산업으로 생명기술(bio-technology) 분야나 정보통신 분야를 들고 있다. 또 통합적 지식기반과 다르게 분석적인 지식기반의 산업에는 자사 내 연구개발부문을 가지고 있는 기업이 많고, 나아가 대학이나 다른 연구기관의 연구 성과 의존도 높은 경향이 있고, 대학 및 산업과의 제휴가 중시된다. 이러한 분석적 지식기반에 바탕을 둔 학습은 급진적인 혁신을 가져온다고 한다.

상징적 지식이란 젊은이의 문화나 거리(street) 문화 등 감성에 바탕을 둔 것으로 다른 두 지식기반과는 다르다. 상징적인 지식이 필요한 산업은 영화산업, 출판인쇄업, 광고산업 등 창조적 산업, 이를테면 문화산업이다. 이들 산업에서는 프로젝터

〈표 11-2〉 지식기반의 유형화

지식기반	통합적 지식	분석적 지식	상징적 지식
혁신의 내용	기존 지식의 응용이나 새로운 결합(novel combination)에 의한 혁신	새로운 지식 창조에 의한 혁신	새로운 수법으로 기존 지식의 재결합에 의한 혁신
중시된 투입요소	귀납적 과정에 바탕을 둔 응용지식이나 관련문제의 공학적 지식의 중요성	연역적 과정이나 형식적 모형에 바탕을 둔 과학적인 지식의 중요성	기존 관습(conventions)의 재이용이나 도전의 중요성
주체 간 상호관계 종류	고객과 공급자의 상호적 학습	기업(R&D부문)과 연구기관의 공동연구	· 전문가의 공동체를 통해 학습 · 젊은이 문화, 거리 문화, 예술 문화로부터의 학습 · 경계의 전문가 공동체와의 상호작용
기술·지식의 내용	구체적인 노하우나 기능(技能), 실천적 기술이라는 암묵지가 중심	특허나 출판물이라는 문서화된 형식지 중심	암묵지, 기능(技能), 실천적 기술, 탐색기술로의 의존
전형적인 산업, 기술 분야	기계계(機械系) 제조업, 조선공업	의약품 개발, 정보통신 분야, 생명기술(bio-technology) 분야	광고산업, 영화산업, 출판인쇄업

자료: 松原 宏 編(2013: 121).

조직을 형성한 후 혁신과정이 진전되는 경향이 있는데, 상징적인 지식의 교환에서 버즈(buzz)가 중요한 역할을 한다. 따라서 상징적인 지식기반을 이용한 산업에서는 버즈로의 접촉가능성이 높다고 생각하는 도시를 지향한다. 이에 대해 통합적 지식기반이나 분석적 지식기반의 산업에서 혁신활동은 대학이나 산업지원기관과 같은 제도적 두께를 요인으로 공간적 집중경향을 나타낸다고 할 수 있다. 다만 통합적인 지식산업에서는 좀 더 로컬적인 조직 간 관계가 중시되는 한편, 분석적 지식기반산업에서는 로컬적인 스케일을 넘는 협동관계가 필요하고, 혁신네트워크의 광역화가 나타난다.

통합적 지식기반은 기존 지식의 적용과 통상적으로 결합된 것인데, 종종 귀납적 과정을 통해 문제와 관련된 지식의 중요성이 고객이나 공급자와의 상호학습, 좀 더 구체적인 노하우나 기량, 실용적 기능에 의거한 암묵지의 탁월, 주로 점진적 혁신과 관계된다. 이러한 사례로 공작기계, 기계공업의 현장을 들 수 있다. 한편 분석적 지식기반은 새로운 지식의 창조에 의한 혁신, 종종 연역적 과정과 형식적 모형에 바탕을 둔 과학적 지식이 중요하다. 기업의 R&D부문이나 시험연구기관과의 공동 개발을 생각할 수 있고, 특허나 인쇄물과 같은 문서에 의거한 형식지의 탁월, 좀 더 혁명적인 혁신을 특징으로 한다. 이러한 사례로 바이오산업에 의한 신제품 개발 등이 있다.

그리고 이들 두 가지 지식기반을 혼합한 혼합형(hybrid)이 있다. 그리고 커틀러는 출판업을 사례로 제3의 상징적(symbolic) 지식기반을 제시했다.

2. 지식유동과 사회 네트워크론

1) 지식과 혁신 및 사회 네트워크

현대경제에서 지식 또는 정보가 중요하다는 것은 수많은 논자에 의해 지적·주장되어왔다. 이러한 주장에서는 20세기 후반 공업사회가 종언(終焉)되고 정보사회로 전환될 것이라는 관점에서 정보의 중요성이 강조되었다. 그러나 물적 재화의 생산을 행하는 공업사회가 마감된다는 논의는 한쪽 면으로 너무 치우친 면이 있다. 제조업은 과거의 것이 아니고 현재에도 여전히 중요하다. 또 물적 재화와 지식의 생산은 배타적·대립적인 것이 아니다. 선진국에서 제조업은 제품개발이나 제조공정에서 지식이 특히 중요하게 되었다. 지식의 문제는 기술적 혁신에 한정하지 않고 문화·미디어산업, 창조산업(creative industry), 금융 서비스업 등이 좀 더 넓은 의미에서의 지식창조이고, 또 경제지리학에서도 이들 연구가 축적되고 있다. 그러나 제조업의 논의와 문화산업, 금융 서비스업의 논의는 산업별로 분리되는 경향이 있다. 경제지리학에서 지식이란 개념을 검토하는 것은 이러한 분단된 논의를 연결시키는데 그 의의가 있다. 물론 산업별로 다른 점이 있지만 무엇이 공통이고 무엇이 다르며, 또 그 차이가 어떤 의미를 갖고 있는지를 생각하기 위한 공통의 기반이 필요한데 지식의 착안이 바로 그 기반이 된다.

최근 경제지리학이나 관련 여러 분야에서 지식과 혁신을 겨냥한 논의에서는 산업집적 내에서의 지식창조나 혁신이 생성될 때 역외와의 연결에 주목한다. 혁신을 생성한 신기한 지식을 얻기에는 지리적으로 떨어진 외부와의 결합성이 중요하고, 신기한 지식이 순환하기 위해서는 산업집적 내부에의 다양성이나 유동성이 필요하다. 그리고 네트워크에서의 개방성이나 구조 특성 차이가 신기한 지식의 획득에 영향을 미친다. 혁신을 취할 때는 로컬(local, subregional), 비로컬(non-local, national),

〈그림 11-3〉 혁신에 관한 제이론

공간적 차원	로컬	국가	글로벌
혁신체제	지역혁신체제	국가혁신체제	글로벌 차원을 고려한 혁신체제
GREMI	로컬 · 풍토(milieu)	혁신적 풍토	
지식 유동(flow)	버즈(buzz)	지식의 파이프라인	

개념도

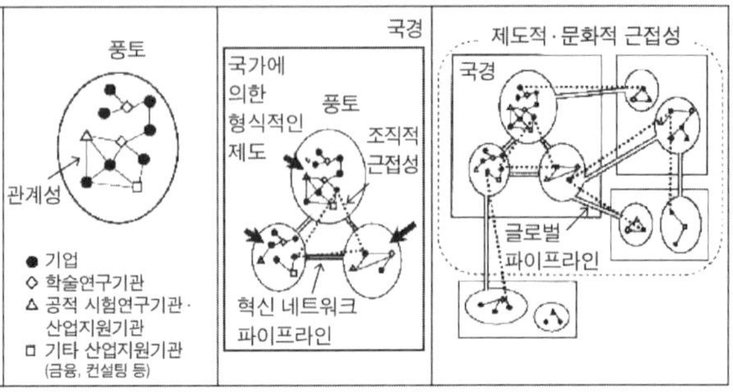

자료: 與倉 豊(2009: 84).

글로벌의 세 종류의 공간적 차원을 상정하는 것이 유익하고, 그들의 다른 공간적 차원의 상호관련성을 논할 필요가 있다.[5] 복수의 공간적 차원에 걸친 기업이나 개인의 역할이 혁신에서 중요하다.

〈그림 11-3〉은 혁신의 공간성의 차이에 착안해 기존의 혁신에 관한 논의를 정리한 것이다. 또 여기에서 주체 간 결합 관계성으로서는 거래관계와 같은 수직적 관계에서 다수의 참가주체와 함께 공동연구개발이나 자격증(licence) 수여, 전략적 제휴와 같은 수평적 관계까지 여러 가지를 포함하고 있다. 로컬 혁신공간의 연구로는 마셜의 산업지역 개념을 염두에 두고 역내에서 완결된 기업 간 네트워크에 관한 여러 연구가 포함된다. 제3이탈리아나 실리콘밸리 등 전형적인 산업집적지역의 연구가 그 대표적인 예이다.

한편 카마니(R. Camagni)의 혁신적 풍토론 중에서 로컬 풍토를 중시한 것 중 그 내부적인 주요 비공식적(informal)·암묵적 연계만으로는 급속한 경제적·기술적 변화의 시대에는 혁신이 생기지 않기 때문에 혁신 네트워크를 통해 외부의 에너지와 노하우를 끌어오는 것이 중요하다고 본다. 그것은 로컬 외의 혁신 네트워크가 로컬 풍토를 보완하는 역할을 한다고 생각하기 때문이다.

글로벌적인 수준의 혁신에 관해서는 지식의 글로벌 파이프라인의 연구를 들 수

5) 국지적 스케일에서의 혁신이라고 고정적인 공간 스케일이 아니고, 지방 블록 스케일에서 도시권 스케일까지 넓고 좁은 여러 가지가 있다. 따라서 비국지(non-local)가 반드시 국가만을 나타내는 것에 한하지 않는다. 국가적 혁신체계 연구의 대부분은 국가를 공간적인 넓이로 가진다는 관점은 약하다. 과학기술, 교육·훈련 등의 정부·정책의 역할이나 제도의 국제비교에 초점을 두었다.

있다. 섹서니언은 미국의 거대 컴퓨터 메이커의 OEM공급처로서 성장을 계속하는 타이완 기업에 착안해 실리콘밸리의 중국인 기업가(起業家)가 모국인 타이완과 실리콘밸리를 연결하는 열쇠의 주체가 되고, 지리적 거리를 초월한 커뮤니티를 구축한 것을 밝힌 것과 더불어 타이완 정부의 적극적인 지원제도가 초국가 커뮤니티 형성에 크게 기여했다는 것을 주장했다. 또 바텔트(H. Bathelt) 등은 국제적인 견본시와 같은 장소에서 로컬을 초월한 주체와의 파이프라인을 구축함으로써 로컬에서 입수가 불가능한 글로벌 시장이나 새로운 기술에 관한 정보를 획득할 수 있고 집적의 성장을 번성할 수 있다고 지적했다.

이러한 혁신의 공간적 차원에 차이가 나타나는 원인으로는 산업 고유의 지식기반별로 혁신과정이 다르고, 혁신에서 필요로 하는 지식을 획득하는 경우 로컬 스케일에서 조달 가능한 산업으로부터 국가적 혹은 글로벌적 차원에서 탐색하지 않으면 안 되는 산업까지 존재하기 때문이다.

한편 지식을 생각할 때 지식의 이전, 유통이 그 열쇠가 되기 때문에 사회 네트워크론이 중요하다. 지식은 어떻게 유통될까? 지식은 보편적(ubiquitous)으로 공간을 자유롭게 이동하는 것은 아니다. 유용한 지식은 이전시키는 것이 쉽지 않고 비용도 든다는 것이다. 이러한 지식이 갖는 특질을 지식의 점착성(粘着性)이라고 부른다. 지식의 점착성은 지식의 암묵성, 복잡성, 관찰가능성이라는 지식의 특성에서 생겨난 것이다. 경제지리학에서도 암묵지에 대한 논의가 있지만 지식은 형식적이면서도 암묵적이다. 즉, 지식에는 형식적인 측면과 암묵적인 측면이 있고, 이들 둘은 서로 떨어질 수 없다. 예를 들면 코드화된 형식지에서도 그것을 실제로 적용할 때 특정 문맥에서 번역이 필요하다. 그래서 지식의 암묵지 측면이 문제가 되며, 그것이 지식의 점착성을 가져오는 요인이 된다. 점착성이 높은 지식은 인간에게 종종 체화된다. 여기에서 유의하지 않으면 안 되는 것은 지식의 점착성이 존재하기 때문에 지식이 특정한 장소나 조직에서 이동하지 않는다고 할 수 없다. 지식을 가진 사람의 이동성에 의해 점착성이 높은 지식이라도 지역의 경계와 국경을 넘는 경우가 있다. 또 공동연구, 프로젝트, 개인적 네트워크 등에 의해 기업의 경계를 넘을 경우도 있다. 이 경우 이들 지식의 이전은 어떠한 사회적 관계, 사회적 네트워크를 통한 것이 된다. 사회적 네트워크의 의의는 지식의 이전만이 아니고 새로운 창조와도 관련되어 있다. 새로운 지식은 천재 한 명의 번뜩임이나 연구소에서 행하는 실험에서 생겨나는 것이 아니고 종종 복수의 행위자와의 관계, 창발(創發)에서 생겨난다. 이러한 점에서 지식을 논의할 때 사회 네트워크론이 유효하다고 생각된다.

2) 지식의 로컬 버즈와 글로벌 파이프라인

바텔트 등은 버즈란 스토퍼와 베너블스(M. Storper and A. J. Venables)의 논문에서 나타난 것으로, 같은 산업이나 장소, 지역에 속한 사람 등의 사이에서 유통하는 유용·무용한 여러 가지 정보를 의미한다고 했다. 좁은 지역의 범위에서 이미 아는 사람들이 만나 말하는 등의 회화이고, 태연한 회화가 기업 간 관계를 새롭게 구축하거나 혁신을 가져오는 국면을 중시하는 것이다. 이것은 암묵지보다 스스럼없이 파악하는 방법으로 지식이란 말할 수 없는 종류의 것도 포함되어 있을 수 있다. 버즈란 자발적 유동적인 동일산업, 동일 장소·지역 내에서 사람이나 기업의 대면접촉, 그리고 그것과 더불어 존재하고 근접하므로 창조된 정보·커뮤니케이션 생태를 말한다. 버즈는 산업집적 내에서 환류하고 혁신의 원천이 되는 정보, 지식의 조밀한 유동이고, 대면접촉이나 매일매일 규칙적인 것을 바탕으로 한 가치관의 공유에 의해 산업집적 내 주체가 획득할 수 있는 것이고, 특별한 투자를 필요로 하지 않는 것이 특징이다.

이에 대해 파이프라인이란 클러스터 내의 기업과 거리적으로 떨어진 지식생산 중심과의 거리를 둔 상호관계에서 사용되는 커뮤니케이션 경로(channel)로 중요한 지식유동은 네트워크 파이프라인을 통해 생겨난다. 기업으로서는 로컬 버즈와 글로벌 파이프라인을 통해 얻는 지식 양쪽의 접근성이 필요하고 양자의 관계는 기업의 흡수능력에 의거한다. 이러한 로컬 버즈와 글로벌 파이프라인의 결합으로 지역의 혁신을 설명한다. 한편 산업집적 내에서 획득할 수 없는 새로운 시장이나 기술의 정보는 산업집적 이외의 파이프라인을 통해 산업집적 내로 유입된다. 그 때 산업집적 내의 주체는 금전적·시간적 투자를 행하고 산업집적 외의 주체와 관계성을 능동적으로 구축하지 않으면 안 된다고 주장한다.

3. 창조산업의 공간

1) 창의성과 창조경제

창조는 모방에서 캐치 업(catch up)을 거쳐 혁신이 이루어진 후 독창성을 갖게 된다. UNCTAD에 의하면 창의성(creativity)이란 새로운 아이디어 창출 및 아이디어 간 상호연계와 그를 통해 새로운 가치를 가진 것으로 귀결되는 과정을 내포한다. 새로운 아이디어는 완전히 새롭게 창출되기보다는 기존의 아이디어들을 적재적소에 활용하고 연계·변형함으로써 만들어지는 경우가 대부분이다. 벨기에의 컨설팅 기업(KEA European Affairs)에 의하면 창의성은 문화적(예술적)·과학적·경제적 측면에서 이해할 수 있으며, 이들 상호연계성을 가지면서 기술적 창의성으로 결집되는 특징을 가진다. 문화적 창의성은 상상력과 독창적인 세계관 및 아이디어 창출능력을 의미하고, 과학적 창의성은 호기심과 실험정신, 문제해결을 위해 새로운 요소들을 결합하는 것을 의미한다. 경제적 창의성은 기술혁신을 유발하는 동태적 과정이며, 경쟁 우위적 획득과정에 긴밀하게 연계되어 있다. 이러한 세 가지 창의성 요소들이 결합되어 기술혁신을 유발하고 경제적 가치창출로 연결되는 과정을 기술적 창의성이라 하며, 이것이 창조경제와 창조산업을 정의하는 개념적 토대가 된다(〈그림 11-4〉).

창조경제라는 용어를 처음 사용한 사람은 호킨스(J. Howkins)로, 이 개념은 새로운 유형의 후기 포드주의적 경제의 하나인 사회경제 패러다임의 전환을 의미하는 은유(metaphor)로 정의되기도 하고, 가치사슬의 측면에서는 기존의 분류방식으로 규정

〈그림 11-4〉 창의성과 경제와의 관계

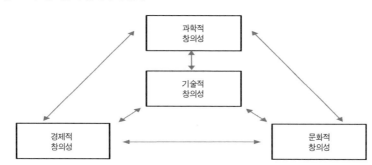

자료: KEA European Affairs(2006).

되기 어려운 새로운 산업부문을 정의하기 위해 사용되기도 한다. 한국의 창조경제정책은 창조와 혁신을 통한 새로운 일자리와 시장창출, 세계와 함께하는 창조경제 글로벌 리더십 강화, 창의성이 존중되고 마음껏 발현되는 사회구현 등 3대 목표와 창의성이 정당하게 보상받고 창업이 쉬워지는 생태계의 조성, 벤처·중소기업의 창조경제 주역화 및 글로벌 진출 강화, 꿈과 끼, 도전정신을 갖춘 글로벌 창의인재의 양성, 창조경제의 기반이 되는 과학기술과 정보통신기술(Information and Communication Technology: ICT) 혁신역량 강화, 국민과 정부가 함께하는 창조경제문화 조성 등 6대 전략, 24개 추진과제를 제시하고 있다.

2) 창조산업 공간

창조경제가 창의성을 핵심적인 생산요소로 인식하고, 창의성과 상상력이 부 창출의 핵심이 되는 경제구조라고 정의할 경우, 그것이 구현되는 산업을 창조산업이라 하는데, 창조산업의 범주를 어디까지 포함하느냐에 따라 창조경제의 범위도 달라진다. 일반적으로 창조산업은 문화산업과 유사한 개념으로 인식되고 있으나, 창조산업의 범위에 대한 논의가 활발해지면서 창조산업이 문화산업보다 다소 넓은 범주를 가진 것으로 받아들여지는 추세이다. 1994년 오스트레일리아를 필두로 1997년에는 영국 정부에서 산업육성정책에 창조산업을 공식적으로 포함하기 시작하면서 용어의 정의에 대한 논의가 활성화되었다. 일반적으로 창조산업은 경제적 부가가치를 창출하는 것을 목적으로 하는 상업적 활동 외에 순수 창작예술과 같이 상업화를 목적으로 하지는 않으나 잠재적으로 상업적 문화 콘텐츠로 간주할 수 있는 일체의 활동까지를 포함하는 것으로 정의된다. 즉, 창조산업이란 지식, 기술 및 참신한 아이디어가 실현되는 산업을 의미하나 일반적으로 음악, 영상, 방송, 공연 등의 문화산업과 소프트웨어, 정보서비스, 디자인 등의 서비스업을 포함한다.

그러나 창조산업이라는 용어의 정의는 아직 개념적 합의가 이뤄지지 않아 다소 유동적이며, 창조산업이라는 용어는 학술적 측면보다는 정책적 측면에서 먼저 사용되기 시작했다. 창조산업정책을 가장 먼저 실시한 오스트레일리아는 1990년대 중반부터 문화 콘텐츠와 IT 기술을 결합한 창조산업의 육성정책을 지방자치단체 주도로 펼쳐왔는데, 창조산업의 범위를 음악 및 공연예술, 영화·TV·라디오, 광고·

〈그림 11-5〉 UNCTAD에 의한 창조산업의 분류

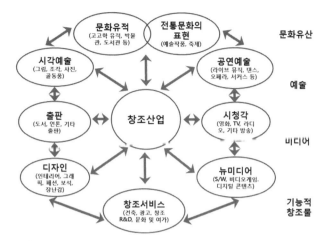

문화유산

예술

미디어

기능적
창조물

자료: UNCTAD(2010).

마케팅, 소프트웨어·대화형 콘텐츠, 출판, 건축·디자인·시각예술 등의 6개 분야로
분류했다.

영국은 1997년 블레어(T. Blair) 내각이 출범하면서 창조산업을 창의성과 기량 및
재능 등의 지적자산을 활용한 산업분야로 정의하고, 탈공업화에 따른 저성장과 실
업 문제를 해결하기 위한 방책으로 육성하기 시작했다. 영국 정부는 오스트레일리
아 정부보다 다소 유연하게 창조산업의 범주를 설정했는데, 광고, 건축, 미술 및 고
미술품 시장, 공예, 디자인, 패션, 필름 및 비디오, 음악, 공연예술, 출판, 소프트웨
어, 방송, 컴퓨터게임 등의 13개 분야를 포함시켰다. 이 분야들은 모두 기존에도 문
화산업으로 분류되던 업종이었으나 창조산업이라는 용어로 재포장한 것은 창조산
업이 문화산업보다 유연하고 포괄적인 성격을 내포하고 있다고 보았기 때문이다.

영국 정부는 오스트레일리아 정부보다 상업 활동이라기보다는 예술 활동으로서
의 성격이 강한 분야까지 포괄하고 있는데, UNCTAD 또한 이와 유사한 방식으로
창조산업을 정의했다(〈그림 11-5〉). UNCTAD는 지적자산을 활용한 제품 생산활동
뿐 아니라 예술적 요소가 강한 활동까지도 창조산업의 범주에 포함하고, 공연예술
이나 시각예술 등 전통적 문화활동을 '상류활동', 광고·출판·미디어 등 시장에 좀 더
가까이 있는 활동을 '하류활동'으로 구분했다. 이러한 UNCTAD의 정의는 창조산업
을 문화산업보다 넓은 의미로 인식한 것이다.

여기에서 창조산업은 '상류부문'에서 '하류부문'에 이르기까지, 즉 순수예술의 영역에서 첨단기술이 집약된 산업영역에 이르는 수평적 사슬구조뿐 아니라 문화 콘텐츠 간 결합, 문화 콘텐츠를 매개로 한 업종 간 융합화가 일상적으로 구현되고 있다는 점에서 매우 복합적으로 연결되어 있는 가치사슬 구조를 가진다고 할 수 있다.

한편 보그스(J. Boggs)는 창조산업 또는 문화산업의 범주에 대한 구체적인 합의 없이 제각각 적용되고 있어 창조경제와 문화산업이 국가 및 지역경제에 미치는 영향을 측정하는 데 어려움이 있음을 지적했다.

4. 문화산업과 문화 콘텐츠산업

1) 문화산업의 등장

문화의 본질은 코드화된 국면과 암묵적인 국면의 쌍방을 포함한 하나의 지식체계이다. 문화는 아마 특정 장소(지역문화) 혹은 특정 경제적 행위주체(기업문화)와 결부되어 있다. 현대의 경제지리학자는 문화가 경제에서 다면적 역할을 하는 것으로 취급한다. 다면적 역할이란 자원, 부존, 요소 투입, 개재하는 변수, 제품이나 이들이 가져온 결과로 다양한 국면에서의 역할을 말한다. 문화는 장소에 개성을 초래해 장소와 장소를 연결하는 근원이 되는 것이다. 또 문화란 일종의 조직 원리이고, 의사결정의 한 기준이 된다.

2001년 문화경제학 입문을 저술한 스로스비(D. C. Throsby)는 문화를 다음과 같이 정의했다. 첫째, 집단이 공유하는 태도나 신념, 관습, 습관, 가치관, 풍습 등을 나타내는 것, 둘째, 인간생활에서 지적(知的)·도덕적·예술적 측면을 동반해 행하는 사람들의 활동이나 그 활동이 나타내는 생산물이다. 후자의 함의는 첫째, 관계되는 활동이 그들의 생산에서 무엇인가의 창조성을 포함하고, 둘째 상징적인 의미의 생산이나 커뮤니케이션과 관계되고, 셋째, 그들의 생산물은 적어도 잠재적으로는 어떤 종류의 지적재산을 변성시킨다는 세 가지 점을 이끌어낸다. 전통적인 음악이나 문학만이 아니고 영화제작이나 출판도 문화에 포함된다. 그는 또 문화적 가치를 경제적 가치와 구별하고, 그 중요성이나 사회적 기능을 인식할 수밖에 없다고 주장했다. 문화적 가치를 만들어내는 원천이 되는 문화자본은 경제적 가치가 있고, 문화산업(cultural industry)[6]은 문화적 생산의 경제적 가능성을 나타내는 것으로 성립되며, 그 영역은 해석 순서대로 넓히는 것이 가능하다. 도시재생이나 관광이라는 관점에서도 문화산업은 기대할 수 있고, 문화산업은 금후 점점 중요해질 것이라고 지적했다.

문화를 예술·미학적 견지에서뿐 아니라 하나의 상품으로, 또 하나의 산업으로 인식하는 문화의 산업화는 20세기 들이 가속화되기 시작해 현재 세계시장에서 국가경쟁력을 좌우하는 대표적인 산업으로 변모하고 있다. 이와 같은 문화의 산업화는 스로스비가 구분한 문화를 시장에서 거래하는 기능적 의미의 문화[7]가 그 대상이며, 또 우리가 일상생활에서 소비하는 공연상품이나 미술품, 문화상품 등도 모두 해당된다.

이러한 문화가 경제지리학의 1차적 연구대상이 되며, 이를 이용한 문화산업은 문화예술을 생산하고 상품화해 소비하는 일련의 활동을 말하며, 좀 더 넓게는 문화적 특성을 가진 산업 활동을 포함하는 개념으로 사용되었는데, 경제지리학 분야에서는 주요 대도시권에서 고용기회로서 문화산업의 중요성을 인식하기 시작한 것은 1990년대 후반부터이다. 문화산업이란 문화개념 또는 사용자의 관점에 따라 다양하게 표현되므로 일률적으로 정의하기는 어렵지만 문화예술의 산업적 가치를 강조한다는 점에서는 공통적이다. 본래 문화산업의 개념은 고급 문화예술 중심의 풍토에서 문화예술의 대중화, 문화예술의 산업화를 비아냥거리는 의미로 사용되었다. 그러나 점차 문화를 소재로 하는 활동에 의해 산업화의 가능성을 보이고, 문화 소재산업이 다른 산업과 구별되는 특징이 나타날 뿐 아니라 그 시장규모가 커지면서 문화산업은 경제활동의 한 영역으로 취급하게 되었다. 이러한 문화산업은 지적·예술적 창조능력에 바탕을 두고 있어 어떠한 산업도 따라가지 못할 만큼 높은 부가가치를 창출해내는 힘이 있으며, 더욱이 오늘날의 문화산업은 문화·경제·기술이 서로 연계되어 일어나고 있어 첨단정보산업과 더불어 주요 산업 전략으로 떠오르고 있다. 또 문화산업은 실용목적에 비해 주관적인 의미를 가진 것으로, 좀 더 엄밀하게 말하면 소비자에 의해 기호적 가치가 높은 재화나 서비스를 생산하는 산업을 말한다. 그리고 문화산업은 문화성과 경제성의 미묘한 균형하에서 성립되기 때문에 일반적인 산업 이상으로 다방면에 걸친 사회적 요소의 영향을 무시할 수 없다. 그

6) 이 용어는 독일의 프랑크푸르트학파인 아도르노(T. Adorno)와 호르크하이머(M. Horkheimer)가 그들의 저서인 『계몽의 변증법』(1947년)에서 문화의 대중화를 비판하면서 사용하기 시작했다. 그러나 문화산업에 대한 관심이 본격적으로 구체화된 거는 문화산업 부문에서 다국적 기업의 등장과 이에 따른 국가 간의 문화적 지배와 종속, 문화적 정체성(cultural identity), 문화산업 부문에 대한 지원과 육성 등의 문제가 국가정책의 관심대상으로 부상한 1980년대부터라고 할 수 있다.

7) 시장에서 거래할 수 없는 문화는 구성적 의미의 문화로서 사회를 구분 짓는 기준인 신념, 태도, 관습 등이 이에 해당된다. 그러므로 구성적 의미의 문화는 한 세대에서 다음 세대로 이전되는 것으로서 장기간에 걸쳐 진화한다. 이 구성적 의미의 문화도 경제지리학의 연구대상이 될 수 있다.

러므로 창조성에 관한 논의의 다양성도 시야에 넣으면 문화산업으로의 이해가 일방적인 것에 머물게 될 것이다.

문화산업에 대한 사회적 중요성의 인지가 이룩된 것은 미시적으로는 영국에 '쿨 브리타니아 정책(Cool Britannia)'[8]이나 나이(J. S. Nye Jr.)에 의한 소프트 파워(soft power)[9]론 등장에 기인한 것이다. 선진국에서는 제조업의 양산공정의 계속적인 입지가 더욱 곤란한 점으로 증대되었고, 서비스나 지적산업을 핵으로 한 산업구조의 전환 때문이다. 즉, 탈공업화의 귀결로 지식·서비스 경제화라는 점에서 나타난 것이다. 이와 같은 문화산업은 1980년대 황폐한 제조업 도시를 재생하기 위한 시책으로 애프터 포드주의 또는 유연적 축적체제로 전환되면서 기술과 정보, 창조성과 혁신에 바탕을 둔 새로운 경제체제를 구축하게 되었다. 특히 도시의 기술적·문화적 창조성과 이를 담지(膽智)한 창조적인 사람들은 당면한 도시문제들을 해소하고, 나아가 도시경제의 활성화와 도시공간의 재생을 위한 원천 또는 지배적 집단으로 부상하게 되었다. 이러한 상황을 개념적으로 반영한 문화 전략으로 창조도시를 탄생하게 하고, 창조적 인재가 많은 도시에 창조계급이 창조성을 발휘해 경제적 가치가 생겨나도록 한다.

한국의 「문화예술진흥법」은 문화상품을 만들어내는 문화산업을 '문화예술의 창작물 또는 문화예술용품을 산업수단에 의해 제작·공연·전시·판매하는 업'으로 규정한다. 그리고 1999년 2월 제정된 「문화산업진흥기본법」은 '문화상품의 생산·유통·소비와 관련된 산업'으로 문화상품을 문화적 요소가 체화(體化)되어 경제적 부가가치를 창출하는 유·무형의 재화와 서비스 및 이들의 복합체로 규정했다. 즉, 문화산업에 대한 정의를 밝힌 두 관련법들을 비교해보면 「문화산업진흥기본법」이 「문화예술진흥법」보다는 문화산업의 경제적 측면을 강조하고 있으며 좁은 의미보다도 넓은 의미의 개념에 가깝게 정의하고 있다고 볼 수 있다.

1970~1980년대의 문화산업은 인쇄, 출판, 신문, 방송, 영화, 박물관 등이 그 대상이었으나 최근에는 광고 및 문화관광(cultural tourism)까지 포함되고 있다. 아울러 최근 정보통신기술이 발달하면서 멀티미디어 콘텐츠[10] 분야인 문화산업의 하류부문(downstream) 활동까지 포함시키는 경향이 두드러지고 있다. 「문화산업진흥기본법」에 의하면 문화산업으로 쉽게 짐작할 수 있는 분야가 영화, 음반, 비디오, 애니메이션, 출판, 게임 소프트웨어, 방송 등이다. 다음으로 광고, 패션디자인과 멀

8) 영국 블레어(T. Blair) 정권하에서 1997년부터 시작한 영국의 브랜드화와 창조산업의 진흥에 역할을 했다.
9) 군사력이나 경제력 등 하드 파워(hard power)와 달리 스스로가 바라는 것을 다른 사람에 앞서 행동하는 어떤 국가의 문화적·정치적·사상적 매력 등을 의미한다.

10) 멀티미디어 콘텐츠란 콘텐츠를 디지털로 전환해 정보기기로 생산, 유통, 소비되는 콘텐츠와 정보통신망 또는 방송망을 통해 양방향으로 송수신되는 콘텐츠를 의미한다.

<그림 11-6> 넓은 의미의 한국 문화산업

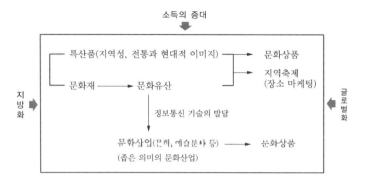

티미디어 콘텐츠 관련 산업 등이 이에 포함된다. 또 과거에 문화산업 상류부문 (upstream) 활동인 고급문화로 분류되었던 공연예술, 미술품, 문화재 관련부문 등도 포함된다. 마지막으로 가장 오랫동안 전통문화상품으로 인식되던 공예품, 전통의상 및 전통식품 등도 이에 해당된다.

이런 좁은 의미의 문화산업에서 더 나아가 각 지역에서 생산되는 특산품은 그 지역의 성격을 담고 있으며, 이에 전통과 현대적 이미지를 갖추면 문화상품으로서의 가치를 가지게 된다. 그리고 문화유산인 문화재 및 지역의 역사와 문화 등을 바탕으로 한 지역축제[11]도 이러한 맥락에서 문화상품화하면 문화산업으로 발달하게 된다. 이런 측면에서의 문화산업은 넓은 의미의 내용이라고 할 수 있다. 이러한 내용을 도식한 것이 <그림 11-6>이다.

18세기 이전에는 국민들이 문화를 즐길 시간적·금전적 여유가 없어 문화산업이 발달하지 못했다. 그 대신 경제활동 자체가 문화이면서 일상생활 전부였다. 그러니까 정치가 경제와 문화를 지배했다고 볼 수 있는데, 정치, 경제, 문화가 서로 혼합되어 있었다. 그러나 18세기 들어 과학기술의 발달로 생활수준이 높아짐으로써 일반 국민이 문화를 즐길 시간과 재정적 여유를 갖게 되었다. 그러나 19세기 후반까지 상징성을 중시하는 문화와 효율성을 중시하는 경제는 완전히 다른 길을 가게 되었다. 그러다가 20세기 후반 들어 문화와 경제를 서로 결합시키려는 노력이 곳곳에서 나타났는데, 특히 정보통신기술이 발달하면서 문화와 예술은 다른 산업의 발달을 유발하는 자본재로 인식되기 시작했다. 그래서 서구 선진국들은 고유의 문화와 예술을 국가 경쟁력의 원천으로 간주하면서 21세기를 문화의 세기라고 부르

11) 지역축제는 좁고 넓은 의미를 가지고 있다. 지역과의 역사적 상관성 속에서 생성·전승된 전통적인 문화유산을 축제화한 좁은 의미와 문화예술제와 경연대회 등의 문화행사는 넓은 의미의 지역축제이다.

고 있다. 문화세기의 문화산업은 인터넷 시대의 고부가가치산업으로 세계 각 국가의 전략산업으로 육성하는 분야이다. 따라서 우리도 고유의 문화를 육성해 인터넷 시대의 새로운 콘텐츠 개발에 박차를 가해야 할 때이다.

앞으로 지역에서 발달시킬 문화산업은 그 기준 설정이 되어야 한다고 생각한다. 먼저 미래는 탈공업화 사회로 정보통신 등의 지식기반산업이 발달할 시대이므로 이를 활용하고 역사와 문화를 바탕으로 한 특산품이나 문화상품을 개발해야 한다. 둘째, 지역의 경제 활성화와 주민의 협업(synergy)효과를 올릴 수 있는 지역축제도 역사와 문화를 바탕으로 더욱 질 높은 축제로 승화시켜야 한다.

최근 문화산업은 급격히 확대·발전하고 있기 때문에 그 범주와 성격을 간단히 말하기는 쉽지 않다. 그러나 문화산업에 공통적으로 내재되어 있는 특징을 보면 다음과 같다. 첫째, 문화산업은 문화를 소재로 한 상품을 생산해야 하므로 이를 통해 소비자의 문화욕구를 충족시키게 된다. 따라서 문화산업은 단순한 산업활동을 넘어서 생산 및 유통과정에서 문화 향수의 기회를 확대하고, 결과적으로 문화민주주의에 기여하게 된다. 그러므로 국가가 정책적으로 지원하는 근거가 되는 것이다. 그럼에도 불구하고 문화산업은 많은 자본과 자본주의적 형식의 노동조직을 바탕으로 발전한다. 즉, 문화산업은 창조자를 노동자로, 문화를 문화적 생산품으로 변화시킨다. 둘째, 문화산업은 창의성에 바탕을 둔 상품생산으로 고부가가치와 많은 일자리를 창출하는 산업이다. 셋째, 문화산업은 생산과정에서 복제성이 강하며 대규모 재생산 기술을 필요로 하는 산업이다. 그러므로 발달된 복제 재생기술에 의해 유통되는 영화, 텔레비전, 라디오, 음악, 출판 등은 생산초기 비용이 막대하게 들지만 재생산 비용은 매우 저렴하다. 한편 유통과정에서는 다른 산업과 달리 윈도 효과(window effect)[12]가 높다. 넷째, 문화산업은 집적성이 강하다. 각종 문화산업과 관련된 기업들이 집적해 입지함으로써 기업에서 발생하는 비용이 절감되어 많은 활동을 유인하는 효과가 있다. 다섯째, 문화산업은 전 세계 시장에 직접적으로 영향을 미치는 정도가 매우 크다. 그러므로 문화산업의 기술, 투자, 시장은 전 세계를 무대로 하고 있다.

12) 윈도 효과란 기술적 변화를 거쳐 생산하고, 또 그것이 활용되면서 새로운 수요가 지속적으로 창출되어 추가적인 이익이 발생하는 것을 말한다. 다시 말하면, 만화 한편이 애니메이션, 게임, 캐릭터로 생산되면서 지속적인 이익이 창출되고, 이는 또한 네트워크 효과가 커서 새로운 미디어 콘텐츠와 접목되면서 새로운 이익원을 창출하게 되는 것이다.

2) 문화 콘텐츠산업

문화산업의 기술적(技術的) 용어인 콘텐츠산업은 정보를 창조하고, 가치를 가지도록 하는 산업으로, 문화 콘텐츠[13]의 기획, 제작, 가공, 유통, 소비와 연관된 산업을 의미한다. 문화 콘텐츠산업의 기반이 되는 문화 콘텐츠란 창의력, 상상력을 원천으로 '문화적 요소'가 체화되어 경제적 가치를 창출하는 문화상품(cultural commodity)을 의미하며, 문화 콘텐츠이 창작 원천인 '문화직 요소'에는 생활양식, 전통문화, 예술, 이야기, 대중문화, 신화, 개인의 경험, 역사기록 등 다양한 요소가 포함되어 있다. 문화 콘텐츠산업은 국가에 따라 다르게 불리는데, 미국에서는 미디어 엔터테인먼트(media and entertainment), 영국에서는 창조산업, 일본에서는 디지털 콘텐츠산업(digital contents industry)이라 한다.

디지털 기술과 미디어 매체의 발달은 문화 콘텐츠의 상업화를 이룩했으며, 최근에는 문화산업에서 부가가치를 창출함으로써 더욱 부각되어 문화 콘텐츠산업은 좁은 의미의 문화산업과 같은 의미로 사용되기도 한다. 그러나 문화산업은 창작에 의해 만들어진 문화, 예술작품을 기반으로 하는 산업으로 인류의 무형적 생산물 전반을 지칭해, 특히 놀이와 감상의 성격이 강한 것은 엔터테인먼트 산업으로 분류하는데, 이 중 특히 상업화의 가능성이 높고 매체 연계성이 높은 분야를 별도로 문화 콘텐츠로 구분한다(〈그림 11-7〉).

문화 콘텐츠산업은 첫째, 21세기 지식경제의 핵심 산업으로 고성장, 고부가가치

13) 문화 콘텐츠는 그 내용에 따라 애니메이션, 영화, 게임, 캐릭터, 만화, 음악, 예술, 출판, e-book, 방송영상, 디자인, 패션, 공예, 에듀테이머트, 광고 등과 같이 다양하며, 유통방식에 따라 유무선 인터넷 콘텐츠, 방송 콘텐츠, 극장용 콘텐츠, DVD(Digital Video Disk), 비디오, PC게임, 아케이드 게임 등 다양한 형태로 구분할 수 있다.

〈그림 11-7〉 문화산업과 엔터테인먼트 및 문화 콘텐츠와의 관계

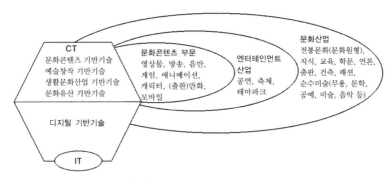

주: CT = Cultural and Contents Technology.
자료: 심상민(2002).

산업이며, 고위험 고수익(high risk high return)산업이다. 문화 콘텐츠산업은 초기 상품생산에 막대한 비용이 소요되지만 일단 생산된 상품은 추가 소비자를 위해 복제할 경우 생산비용에 추가되는 부담이 적기 때문에 소비자가 많을수록 더 높은 부가가치를 창출한다. 그러나 문화 콘텐츠산업은 벤처산업과 창조산업의 특성이 어우러진 특성을 가지고 있기 때문에 창의력과 아이디어, 전문적 지식 등을 발판으로 시장진입이 가능한 고위험 고수익의 벤처기업으로서의 특징을 가지고 있다. 둘째, 문화 콘텐츠산업은 원 소스 멀티 유즈(One Source Multi Use: OSMU)[14]를 통해 윈도 효과를 창출하는 특성을 가지고 있다. 셋째, 문화상품은 이를 생산하는 국가에 거주하는 국민의 가치관, 사고방식, 생활양식 등 문화적 요소가 바탕이 되어 만들어지기 때문에 한 나라의 문화 정체성(cultural identity) 형성에 매우 중요한 바탕이 되며, 이러한 문화 정체성을 기반으로 한 문화 콘텐츠산업은 사람들의 사회, 문화적 습관이나 기호, 대중의 여론 형성, 경제발전 등에 큰 영향을 미친다. 그러므로 멀티미디어 및 정보통신기술의 발달과 함께 지역 문화 정체성 확보, 문화 인프라 확충에 기여하는 특성을 가지고 있으며, 대도시에 집적하는 특징이 있다. 문화 콘텐츠산업은 제작(production), 유통 또는 배급(distribution), 공개 또는 전시(exhibition)라는 세 기능의 삼위일체이다.

문화산업과 가치사슬의 관계를 보면 다음과 같다. 문화산업은 지역적으로 집적을 하며, 문화상품이 공간에 뿌리내린 독특한 이미지와 감수성에 영향을 받는다. 이러한 문화상품은 지역 내 같은 문화와 제도를 공유하는 사람들과의 상호작용을 통해 최상의 것으로 개발될 수 있다. 특히 문화상품을 제작할 때 근접성은 주체 간 상호작용과 활발한 의사소통의 환경을 제공함으로써 개발주체가 원하는 상품을 만드는 데 중요한 역할을 한다. 또한 암묵지의 형성 및 전문적 지식의 취득을 위해서는 대면접촉을 통한 근거리 경쟁과 협력이 중요하기 때문에 지역은 문화 콘텐츠산업에서 중요한 경쟁력을 가지게 하는 토대가 된다. 이러한 문화 콘텐츠산업의 특성으로 현재 세계 및 국내의 다양한 지역에서 클러스터를 조성하고 자생적 또는 정책적으로 문화산업 클러스터가 나타나고 있다.

최근 지방화의 부각과 문화 콘텐츠산업의 중요성 증대라는 배경에서 산업의 활동을 단계별로 분해해 부가가치 창출활동의 메커니즘을 파악하는 가치사슬 분석은 중요한 의미를 가진다. 가치사슬 분석은 기존의 정량적 산업분석과 달리 그 초점이

14) 하나의 콘텐츠를 영화, 게임, 음반, 애니메이션, 캐릭터 상품, 장난감, 출판 등의 다양한 방식으로 판매해 부가가치를 극대화하는 방식이다. 특히 하나의 인기 소재만 있으면 추가적 비용부담을 최소화하면서 다른 상품으로 전환해 높은 부가가치를 얻을 수 있다는 점에서 각광받고 있다. 이처럼 원 소스 멀티 유즈는 마케팅 비용을 상대적으로 줄일 수 있을 뿐 아니라 한 장르에서의 성공이 다른 장르의 문화상품 매출에도 영향을 끼치는 협업(synergy) 효과를 낸다.

단순 제조에서 제품과 서비스를 소비자에게 공급하는 데 포함된 모든 활동까지 맞춰지기 때문에 서비스산업의 특성을 갖는 문화 콘텐츠산업에 적합한 분석도구이다. 특히 문화 콘텐츠산업은 많은 부분 제조비용보다 유통과 같은 실체가 보이지 않는(intangible) 부분에서 많은 부가가치가 창출되므로 이러한 분석의 틀이 더욱 적합하다. 또한 문화 콘텐츠산업은 제조업과 서비스업의 연계가 강하고 생산 공정상 수직적 연계뿐 아니라 수평적 연계도 강하므로 다면적이고 다층적인 가치사슬의 실증연구에서 표본이 된다. 지역이 경쟁력의 단위로 부각되면서 가지사슬 분석은 지역산업의 현재와 잠재적 경쟁우위를 발견하는 데 중요한 역할을 한다. 문화 콘텐츠산업의 가치사슬은 창조·제작 → 제품화·발매(發賣) → 유통·배급으로 분류해 파악할 수도 있다.

5. 문화경제지리학의 출현

18세기 초 산업혁명으로 생산력이 급속히 증가하자 많은 화석 에너지의 소비가 늘어나고 다양한 화학물질이 개발되어 인류의 존재를 위협하는 지구환경의 파괴가 진행되고 있다. 1970년대 초 벨(D. Bell)은 앞으로의 세계는 재화의 생산과 분배·경제성장을 기축(基軸)원리로 한 '공업사회'에서 정보의 생산·이론적인 지식의 중심성을 기축원리로 하는 '탈공업화 사회'로 전환할 것이라고 주장했다. 또 1980년대 전반기 토플러(A. Toffler)는 산업혁명으로 일어난 제2의 물결에서 컴퓨터의 기술이 사회발전의 중심이 되는 제3의 물결이 도래한다고 주장했다. 그리고 마르크스(K. Marx)가 '사회의 발전양식'에서 자본주의 사회 다음의 생산양식으로 규정한 사회주의적 생산양식이 1910년대에 등장해 70여 년이 지난 후 1980년대에 거의 사라지고 제2차 세계대전 이후 미·소가 대립하던 냉전체제가 붕괴되어 세계경제가 미국을 기축으로 일체화되어 글로벌화가 추진되고 있다.

이와 더불어 콘드라티예프(N. Kondratiev)가 제기한 장기 파동 모델에 의하면 공장제 생산(1780년대~1840년대), 증기력과 철도 시대(1840년대~1890년대), 전기와 철강시대(1890년대~1940년대)를 거쳐 제2차 세계대전 이후 대량생산체계(Fordism), 대량소비체제도 1990년대에는 극소전자공학(micro-electronics)과 컴퓨터·네트워크의 시대로 발전하면서 20세기 후반에는 세계 시스템 전환에 역점을 두어야 한다고 주장했다. 대량생산체계는 1970년대에 들어와 임금 상승과 노동저항, 사회적·기술적 한계 등으로 생산성이 낮아졌을 뿐 아니라 대량생산체계의 확대가 국가의 경제관리를 점차 어렵게 만드는 지구적 차원의 경제흐름을 발생시켰으며, 집합적 소비의 상대적 비용증가와 같은 사회적 비용의 증가를 유발했고, 이용가치의 다양화를 지향하는 소비패턴의 변화에 부응하지 못하는 것 등으로 구조적 위기를 맞게 되었다.

이리하여 1980년대부터 조직 자본주의[15]가 해체 자본주의[16]로 자기 변신함으로써 후기 근대사회의 사회양식은 후기 포드주의로 이행되고, 그 생산과정은 물질적 노동과정보다는 기호[17]의 산출과 그것이 조직화된 설계(design)과정이 더 중요한 것이 특색이다. 따라서 해체 자본주의 사회에서 기호의 축적으로 상징되는 문화산업이 성찰적 축적(reflexive accumulation)의 대표산업이다. 문화산업은 국내는 물론 다른 문화지역 간의 교류를 강화하고, 제3문화(the third culture) 형성에 영향을 미치고 세계 금융 서비스나 문화산업이 집중된 세계도시(world city, global city)[18]의 발달을 촉진시킨다. 이러한 과정에서 문화산업의 지역적 분포와 그 원리를 규명하는 문화경제지리학이 등장했다.

문화산업이 경제지리학과 밀접한 관계를 맺고 있는 것은 문화를 소재로 한 경제행위가 지역적 표현이고 또, 소득 및 일자리 창출이 지역적으로 이루어지고 있기 때문이다. 또한 집적경제와 유통의 공간조직 등과 같은 경제의 지역원리의 파악이 가능하다.

문화산업이 지역을 바탕으로 발달하므로 문화산업의 현상을 공간적 분포패턴과 결합관계로 파악하는 것은 다른 산업을 대상으로 연구하는 경제지리학의 역할과 연구방법이 같다. 이러한 면에서 문화산업의 지역구조를 밝히는 것이 문화경제지리학의 연구목적이라 할 수 있다. 그리고 문화산업에서 특산물이나 문화재 등을 통한 문화상품에 대한 장소 마케팅은 공간을 대상으로 하는 지리학의 연구대상이 되지 않을 수 없다. 나아가 문화산업 자체는 공간상에서 이루어지지만 공간적 법칙이나 일반성은 제시하지 못한다는 점에서 문화경제지리학은 이러한 점을 규명해야 한다.

15) 조직 자본주의의 특징은 첫째, 국가의 경제에 대한 개입이 증대되고, 둘째, 관료지배가 확장되며, 셋째, 관료화, 조직화가 확대되고, 넷째, 노동과정이 점차 분업화, 기계화가 된다. 마지막으로 문화의 상품화가 이루어진다.

16) 자본주의의 단계를 자유기업, 자유방임주의, 시장, 기계에 의한 생산 등에 의한 경쟁자본주의, 포드주의와 테일러주의[테일러(F. W. Taylor)는 과학적 경영관리법을 주창했다.] 및 정부의 규제가 나타나는 조직자본주의, 사업(business), 정부, 노동의 질서가 무너지고 유연성이 나타나는 해체자본주의가 그것이다.

17) 사람들이 사용하는 기호를 지배하는 법칙과 기호 사이의 관계를 규명하는 기호학(記號學, semiotics)은 기호를 통해 의미를 생산하고 해석하며 공유하는 행위와 그 정신적인 과정을 연구하는 학문이다. 이는 기호의 모든 문화과정, 사상의 과정을 소통과정으로 보는 시각에서 시작되며, 기호와 그것이 지닌 의미가 어떤 관계를 갖는지 밝히는 것이다. 그래서 기호학은 상징체의 창조와 의미작용이 어떻게 이루어졌는가를 연구하는 것이다.

18) 다국적 기업 거점으로서의 역할을 하는 세계도시는 코헨(R. B. Cohen), 프리드먼(J. R. Friedmann)이 이름 붙였으며, 다국적기업의 출현과 정보·통신의 발달, WTO체계의 등장으로 세계경제를 통제·관리할 수 있는 기능을 보유한 도시로 세계의 중추관리기능을 가진 결절지를 말한다.

6. 장소 마케팅

장소(place)는 인간이 사회적 관계를 맺으며 일상생활을 영위하는 터전이다. 그러므로 장소의 특성이나 지역의 성격은 의사결정자인 인간의 행위가 지표에 반영된 결과라고 할 수 있다. 그리고 사람이 살아가면서 만들어낸 의미(meaning)를 지닌 공간으로, 구체적으로 형성된 문화적 경관이 포함되어 있으며 구체적·해석적·미학적 성격을 지닌다. 또한 마케팅(marketing)이란 개인 및 소식이 소비자의 욕구나 그들의 목표를 달성하기 위해 제품, 서비스, 아이디어, 가치 등을 창조해 교환함으로써 소비자의 욕구를 충족시키는 사회적 또는 관리적 과정으로 판매(selling)나 홍보(PR), 판촉활동(promotion)과는 다른 개념이다.

장소 마케팅(place marketing)[19]은 장소를 관리하는 개인이나 조직에 의해 추구되는 일련의 경제·사회적 활동을 함축하는 현상으로, 공적·사적 주체들이 기업가와 관광객뿐 아니라 그 지역 주민에게 매력적인 곳이 되도록 하기 위해 지리적으로 규정된 특정 지역의 이미지를 판매함으로써 지역을 활성화하기 위한 다양한 방식의 노력이라 할 수 있다. 또 지방정부나 공공단체가 주체가 되어 유동자본, 기업, 관광객을 유치해 공간을 판매하고 교환하는 마케팅 활동이자, 지역의 새로운 이미지를 창출하고, 그것을 적극적으로 홍보하는 활동으로 지방자치단체와 공공단체가 경영하는 하나의 원칙이자 도구이다.

장소 마케팅에 대한 정의는 각 지역의 사회·경제적 배경에 따라 조금씩 다른 측면을 강조하는데, 크게 영미식, 네덜란드식, 한국식 정의로 나누어보면 〈표 11-3〉과 같다. 먼저 영미식 정의는 지역경제 회생과 관련된 장소판촉으로 주로 이미지 개선과 민관 협력(partnership)의 장려가 연계되어 지역경제 활성화를 주목적으로 한다. 한편 사회 마케팅 관점에서 네덜란드식 정의는 총체적으로 장소 마케팅을 해석해 지역의 경제적 판촉 및 개발과 모든 계층의 이해를 반영한 지역의 물리적·사회적 계획의 결합, 즉 지역 내에 있는 모든 사회복지 형태의 판촉을 포함한다. 한국식 정의는 아직 해외의 장소 마케팅 정의를 그대로 인용하거나 장소의 성격과 마케팅의 성격을 구체화하지 않고 다소 추상적으로 정의하거나 문화산업적 관점에서 협소하게 장소상품을 정의하는 등 정식화되어 있지 않다. 다만 특정 장소의 문화적·역사적 특성을 활용해 지역 이미지를 제고함과 동시에 지역경제 활성화를 도모

19) 장소 마케팅과 도시 마케팅과의 차이점은 지리학이나 도시계획 분야의 경우 장소 마케팅 개념을 사용하는 학자들은 대부분 도시문화나 관광분야 전공자로 문화적 관점을 중시하고, 도시 마케팅 개념을 사용하고 있는 학자들은 대부분 도시경영, 도시개발 등에 좀 더 관심을 가지는 도시학 전공자들이다. 그리고 마케팅의 목적과 방법에 따라 장소 마케팅은 내부 지향적이고, 문화 지향적이며, 정체성 지향적인데 대해, 도시 마케팅은 외부 지향적이고, 경제 지향적이며, 이미지 지향적이다.

<표 11-3> 장소 마케팅의 정의

구분	영미식	네덜란드식	한국식
배경	경제재구조화	복지국가의 구현	글로벌화·지방화
지역	구산업도시	전 지역	주요 시·군
목적	지역경제 활성화	· 지역경제 활성화 · 지역사회의 복지구현	지역 이미지 제고를 통한 지역경제 활성화
주체	민관 파트너십(지방정부+지방기업)	공공당국	공공당국
목표	· 기업투자자, 고급인력 · 관광객 · 주민	· 모든 계층의 지역주민 · 기업투자자	· 기업 · 관광객
상품	· 지역 이미지 · 지역문화유산	· 지역 이미지 · 지역의 모든 사회·복지적 요소	· 지역 이미지 · 지역 특산품 · 관광자원
방법	다양한 경제·사회적 활동	물리적·사회적 계획	지역특화 정책

자료: 이무용(2002: 4).

하는 전략 일반을 장소 마케팅으로 이해하고 있다. 특히 주로 지리학 분야에서 지역 이미지 제고를 위한 문화 전략의 일환이라는 점을 강조하는 입장과 주로 경영학 분야에서 지역경제 활성화를 위한 자본 및 인력유치의 지역개발 전략을 강조하는 입장으로 크게 나뉜다.

장소 마케팅의 방법론을 체계화한 코틀러(P. Kotler)는 장소 자산을 도시의 물리적 구조, 사회간접자본, 도시공공 서비스, 매력도 등으로 분류했고, 또 문화자산, 제도, 정치자산, 물리자산으로 분류하거나 물리적·환경적 자산, 인적·문화적 자산, 장소의 상대적 자산, 정서적·상징적 자산으로 분류하기도 했다.

최근 한국에서 장소 마케팅에 대한 관심이 높아지고 있는 이유는 다음과 같다. 먼저 지방화 시대에 지방자치단체가 출현하면서 지역의 경제활성화를 위한 재량권이 확대되어 주민의 삶의 질을 높이는 데 관심이 고조되고 있다. 그러나 장소 마케팅은 서구의 경우 1980년대에 쇠락한 공업지역의 재활성화를 위한 목적으로 시작되어 한국과 다른 등장배경을 가지고 있다. 이러한 장소 마케팅은 지역의 정체성을 확립하고 이미지를 부각시킴으로써 지역 내뿐 아니라 국내 나아가 세계에 문화산업의 발달을 알려 글로벌화를 이루기 때문이다.

다음으로 장소 마케팅 전략이 등장하게 된 배경은 글로벌화, 지방화, 정보화의 거시적·시대적 흐름 속에서 문화수요 증대와 지역 정체성 부각이라는 두 측면으로 살펴볼 수 있다. 먼저 글로벌화, 지방화, 정보화와 지역개발 전략의 수단으로서 문화의 중요성을 들 수 있다. 1970년대 이후 포드주의에서 후기 포드주의로의 세계

경제의 산업 재구조화가 거세게 일어나면서 도시 재활성화를 위한 지역개발 전략들이 등장하게 되었다. 이러한 개발 전략은 기존의 제조업에서 첨단산업과 지식정보산업, 서비스산업, 문화관광산업을 중심으로 전환하게 되었고, 이러한 새로운 산업의 성격상 각 지역의 독특한 역사와 문화는 지역개발 전략의 핵심적인 수단이 되었다. 한편 정보통신기술의 발달과 함께 자본, 상품, 사람의 세계적 이동이 가속화됨에 따라 자본과 고급 노동력, 관광객 등을 자기의 지역으로 유치하려는 지역 간 경쟁이 증가하기 시작했다. 또한 지방자치단체의 능상으로 과거 케인스주의적인 복지정부에서 지방자치경영의 효율화를 꾀하는 기업가주의 정부로 지방정부의 성격이 변화되면서 지역의 문화자원을 활용한 장소 마케팅 전략이 지역활성화 전략의 수단으로 자리매김되기 시작했다.

다음으로 문화수요의 증대와 지역정체성의 확립 수단으로 문화의 중요성을 들수 있다. 주민의 소득수준이 향상되면서 여가와 관광에 대한 욕구가 증대되고 삶의질과 쾌적한 생활공간을 추구하는 경향이 커지면서 문화적 수요가 크게 증대되었다. 또 정책적으로도 주민들의 문화 향수 충족과 문화환경 조성을 위한 문화정책이크게 중요해지고, 문화도시, 생태도시(ecological polis),[20] 지속가능한 도시의 창출이 도시정부의 중요한 비전으로 자리 매김되면서 지역 이미지와 정체성의 구축 및공동체 의식의 재구축이 중요한 과제가 되었다.

이러한 장소 마케팅 전략의 의의와 중요성을 살펴보면 다음과 같다. 첫째, 지역고유의 문화를 통한 지역 이미지와 정체성 확립은 주민들에게 지역에 대한 애착심을 유발해 정주 가능성과 주민통합을 달성하게 한다. 둘째, 외부 기업과 관광객을지역에 유치함으로써 지역경제를 활성화시키고 지역경쟁력을 확보하는 지역개발의 경제적 수단이 될 수 있다. 셋째, 지방정부, 지방기업, 지역주민의 지역주체가스스로 자신의 생활공간을 창의적인 의지와 노력에 의해 능동적으로 바꾸어 나가는 주민참여의 내발적 지역개발 전략으로서의 가능성을 지니고 있다. 넷째, 지역고유의 문화와 역사를 지역발전의 자원으로 활용해 지역 나름대로의 독창적인 발전 전략을 추진할 수 있어 지역불균형을 해소하는데 유용한 전략이 될 수 있다. 다섯째, 각 지역은 지역문화의 중요성을 인식하고 지역주민의 삶의 질 향상과 연결된문화상품화를 추구하는 미래지향적이고 창조적인 아이디어를 집결한다면 문화의시대라고 일컫는 21세기에 소프트웨어 개발 전략으로서 지역개발의 주요한 방식

20) 1992년 브라질 리우데자네이루에서 지구 환경보전문제를 협의하기 위해 개최된 리우회의 이후, 세계적으로 개발과 환경보전의 조화를 위해 '환경적으로 건전하고 지속가능한 개발(Environmentally Sound and Sustainable Development: ESSD)'이라는 전제 아래, 도시지역의 환경문제를 해결하고 환경보전과 개발을 조화시키기 위한 방안의 하나로서 도시개발·도시계획·환경계획 분야에서 새로이 대두된 개념이다.

으로 기능을 나타낼 수 있다.

즉, 장소 마케팅 전략은 전통적인 물량 위주의 성장 개념이 아니라 장소의 환경적 가치를 새롭게 구성하고 창출해 장소를 찾는 고객의 소비를 촉진함으로써 상업적인 마케팅 이윤 대신에 지역의 발전과 성장을 추구하는 일종의 기업적 접근이라할 수 있다. 그러므로 기존 지역개발 전략과 다른 점은 전통적인 제조업 중심의 산업보다는 첨단기술 산업을 유치하려 하고 그에 따른 쾌적한 투자환경을 조성하려한 점, 각 지역의 독특한 역사와 문화를 지역개발 전략의 핵심적인 수단으로 생각한다는 점, 그리고 지역의 이미지 제고에 무엇보다 관심을 두고 좀 더 적극적인 홍보전략을 선택한다는 데 있다.

1) 장소 정체성

21) 영어 identity가 정체성이며, 라틴어로 하면 identas, identicus이다. 여기서 iden은 동일하다는 뜻으로, 그 개념은 크게 동일성(sameness)과 개별성(individuality, oneness)으로 나뉜다.

장소 정체성[21]은 다른 곳과 구분되거나 개별성을 가지며, 분리된 실체로 인식하는 기반으로서 기여를 하는 것으로 개인이나 집단이 장소를 경험함으로써 느끼는 장소에 대한 성질을 독립적으로 가진 존재를 말한다. 비넌(H. Beynon)과 허드슨(R. Hudson)은 장소가 삶의 터전으로 거기에 거주하는 모든 주민들의 생활의 모든 측면과 관계되는 의미를 공유하며, 어디에 거주하는가를 확인함으로써 자신이 어디에 속하는 누구인가라는 정체성을 형성한다고 주장했다.

랠프(E. Relph)는 장소의 정체성은 종합적인 장소경험을 통해 형성되는 것으로 장소를 구성하는 세 가지 요소인 물리적·활동적 국면, 그리고 상징적 국면들의 상호작용, 즉 이들 간의 의미가 연관되는 방식과 연계에 의해 형성된다고 했다. 요컨대 장소 정체성은 인간이 장소에 부여한 장소가치의 총체적 개념으로 기존 장소의 지역성과 물리적 국면을 바탕으로 활동적 국면과 상징적 국면(문화적 차원)들의 긴밀한 연관에 의해 형성된다. 그리고 이들 국면의 연관은 서로 동일하게 이어져 각국면은 일치하게 된다.

2) 장소 정체성의 형성 메커니즘

브랜드의 자산가치는 단순히 브랜드로서 설명하기 어려운 상품명에 대한 인지

<그림 11-8> 장소 정체성과 소비자 정체성의 동일시

자료: 김지희(2004: 7).

도와 이미지 같은 추상적인 가치를 추가로 내포하고 있는 개념으로, 여기에 지명에 의해 인지되고 연상되는 장소의 정체성과 인지, 연상의 공통적인 의미를 가진다. 이러한 시각은 장소를 상품이라 보는 관점에서 장소 정체성을 브랜드와 동일한 의미로 해석할 수 있게 한다.

따라서 브랜드의 형성 메커니즘을 장소 정체성 형성 메커니즘에 적용해 밝힐 수 있다. 장소라는 상품은 활동적 국면을 포괄하고 있기 때문에 인간적 특성, 브랜드 퍼스낼리티(personality)를 풍부하게 갖고 있다고 할 수 있으며, 이는 장소 내부의 장소 소비자는 장소 정체성의 인지도 및 연상을 높일 뿐 아니라 '동일시'를 통해 장소에 대한 상품의 충성도를 높이는 변수가 되어 장소 정체성이 브랜드 자산으로 자리매김할 수 있게 한다. 또한 장소 외부의 소비자에게 긍정적인 장소 정체성은 소비욕구와 소비자의 선호를 유발한다. 다시 말해 자아와 일치하는 정체성을 지닌 상품을 소비하려고 하는 소비경향과 자아가 선망하는 정체성을 가진 장소를 선호하는 욕구는 '동일시'라는 측면에서 파악한다.

결국 장소 정체성과 장소 소비자 정체성의 동일시는 새로운 장소 정체성 형성과 강화에 선행 변수이자 결과변수이며, 각 국면의 이미지 일치는 장소 정체성의 형성요인이 된다(〈그림 11-8〉).

한편 최근 장소 정체성으로 생산자에 의해 창작되거나 기존에 있던 이야기를 수용자의 욕구충족을 위해 효과적인 담화형식으로 가공하는 스토리텔링(storytelling)이 등장했으며, 이를 마케팅하는 스토리텔링 마케팅도 나타났다.

7. 문화산업과 도시집적 및 창조도시

1) 문화산업과 도시집적

파워와 스콧(D. Power and A. J. Scott)의 『문화산업과 문화의 생산(Cultural Industries and the Production of Culture)』에서는 문화산업의 대두와 그 특징 및 지리적 집적경향을 지적했다. 문화산업의 특징으로서 통상의 상품생산과는 달리 그 상품의 가치가 소비자의 기호에 의해 좌우되는 것, 제작의 프로젝트성이 강하고 공정이 세분되어 각각의 전문화한 기업 내지는 개인이 담당하는 것 등이 지적되고 있다. 이와 같이 문화산업은 전문화되어 각 분야가 집적하는데, 그 집적요인으로서는 첫째, 전문·분화한 담당업자의 접근과 상호교류에 의해 경제적 효율성의 달성, 둘째, 학습과정이나 혁신, 셋째, 장소 특수적 경쟁우위, 넷째 재능이 있는 인재시장(pool)이 지적되고 있다. 장소와 생산 시스템의 밀접한 결합은 광범위한 도시·사회환경, 협업(synergy) 효과가 중요하고, 뉴욕, 로스앤젤레스, 파리, 도쿄 등의 거대한 세계도시에서 실현되며, 문화산업과 도시집적과의 관계가 나타나고 있다.

이러한 지리적 집적과 더불어 문화산업의 글로벌화에 대해서도 언급되고 있다. 문화의 생산물의 흐름은 국경을 넘는 것은 비교적 용이하고 국제무역에서 차지하는 비율도 증가하는 경향에 다다르고 있다. 문화제품의 생산거점은 집적과 분산의 두 가지 힘이 움직이고, 근년에는 저임금노동이 풍부하게 존재하는 위성적인 해외 거점으로 분산하는 경향이 잘 나타난다. 이러한 복수의 생산거점을 네트워크화한 거대한 다국적 기업의 존재도 지적되고 있다.

이러한 근년 유럽과 미국의 경제지리학에서는 문화산업의 지리적 집중과 분산에 주목한 연구성과가 많이 발표되고 있다. 영화산업이나 음악산업 등의 문화산업은 특정의 도시에 지리적으로 집적하는 것이 특징이고 도시의 경쟁우위를 좌우하는 중요한 산업에 위치하고 있다. 이러한 문화산업의 집적요인에 대해 공정(工程) 간 분업의 진전과 기업 간 거래비용의 절약, 지역 노동시장의 특성을 지적한 연구가 있고, 좀 더 상세한 실태를 파악하고 난 후에 이를 논한 연구성과는 그렇게 많지 않다.

문화산업의 집적에 대해 이론적으로 어려운 점이 있다. 그것은 문화산업에서 가장 중요한 요소라고 말하는 창조성에 관한 것이기 때문에 창조성을 양성할 지리적 환경이라는 것이 존재할까, 그렇지 않을까? 만약 존재한다고 하면 어떠한 메커니즘으로 문화산업집적에 관련될까라는 점이다. 도시집적이 창조성을 양성하는 지리적 환경을 만들어낼까 그렇지 않을까? 그 점을 검토하는 것이 중요한 과제가 되었다.

한편 문화산업은 수직적 분업을 행하는데, 그 이유는 두 가지이다. 첫째, 문화적 요소와 경제적 요소의 양립에서 성립되는 문화산업 전반의 특징을 들 수 있다. 둘째, 제작을 위해 유연성을 추구해 다수의 전문적 중소기업이 생산부문을 구성하는 한편, 거액의 자금조달이 필요한 유통 부문은 과점화하기 쉬운 콘텐츠산업에서 특히 탁월하기 때문이다.

2) 도시집적 경쟁력을 둘러싼 이론

이상에서 문화산업의 도시집적의 형성·발달에 관한 요인으로서 다음과 같은 점을 들 수 있다. 첫째, 기업 간 관계에 관한 것으로 대면접촉(face to face)의 중요성이 증가할수록 또는 납기 등의 시간적 제약이 클수록 도시집적이 갖는 의미가 크게 된다. 둘째, 혁신이나 창조성[22]의 발현에 관한 요소로 다른 업종과 접촉함에 따라 협업효과도 이에 포함된다. 다만 도시의 집적이 바로 혁신이나 창조성을 일으키는 것은 아니다. 혁신이나 창조성의 발생 메커니즘에 관해서는 이러한 것들의 존재자체의 검토도 필요하지만, 혁신이나 창조성은 창조적 인재에 의해 생겨날 수 있는 경향이 강한 것은 확실하기 때문에 그러한 인재가 많이 모이는 환경이 중요하게 된다. 도시집적이 갖는 의미는 그러한 창조적 인재를 모으는 자력(magnet)으로서의 기능이 강하다는 점에서 얻어질 수 있다. 셋째, 외부경제에 관한 것으로, 이를테면 고차 인프라의 존재가 도시집적의 희소한 가치를 높이고 있다. 넷째, 장소의 의미에 관한 것으로 도시의 지위(status)나 신용, 제품에 부여되는 이미지 등이다.

현재 도시의 집적을 국제경쟁의 지리적 단위로서 위치 지우는 경향이 나타나고 있는데, 이러한 도시집적의 경쟁력이라는 관점을 중시하면, '도시화 경제'라는 비용의 저감보다는 오히려 도시집적이 어떠한 창조성을 실현하는가가 중요하다.

일찍 탈공업화가 진행된 서구제국에서는 거의 1970년대에 실업자와 빈곤층의

22) 창조성에 관한 연구는 산업론에 머물지 않는 넓이를 가지는데 도시론이나 문화정책론 등과도 깊은 관계를 맺고 있다. 그러나 지리학에서는 축적이 진척되고 있는 혁신연구의 맥락을 중심으로 창조성의 언급이 나타나는 한편 창조성이라는 개념이 포함된 다양한 맥락을 결과적으로 등한시하고 있다.

증대에 직면해 도시의 황폐라는 사회문제를 안게 되었다. 이러한 사태에 대응한 도시재생시설은 당초 복지 서비스적 대응의 색채가 강했지만, 1980년대에는 문화시설의 건설이나 문화산업의 진흥을 통해 경제를 활성화하고 도시재생에 주목하는 움직임이 뚜렷해졌고, 예술이나 문화산업을 활용한 문화 전략을 통해서 도시 간 경제경쟁이 오늘날에 이르기까지 계속되었다.

또 1990년대 이후에는 틀에 박힌 행정적 시책의 반성을 감안한 문화정책이 복지·의료·교육 등의 공공정책분야와의 연관성이 깊어져 경제적 측면에 머물지 않고 다면적인 도시정책으로 연결되었다. 이러한 경위를 거쳐 창조성을 활용한 도시정책의 학문적 지주인 창조도시론이 탄생했다. 창조도시론은 물질적 생산요소의 투입과 산출을 통해 경제성장을 추구했던 생산과 소비를 중심으로 새로운 경제를 구축하게 된 애프터 포드주의적 탈산업사회로의 전환을 배경으로 성립되었다.

란드리(C. Landry)는 『창조도시(Creative City: A Toolkit for Urban Innovators)』에서 도시가 창조적이 되는 요소로서 개인의 자질, 의사와 지도력(leadership), 다양한 인간의 존재와 다양한 재능으로의 접근성, 조직문화, 지역정체성, 도시공간과 도시시설, 네트워킹의 역학이라는 7가지 점을 들고 있다. 또 도시의 창조성으로 혁신적인 풍토에 관해서, 창조적 풍토란 일련의 아이디어나 발명을 생겨나게 하는 하드적인 도시기반이나 소프트적인 도시기반이라는 점으로, 필요한 전제조건을 포함하는 것이고, 역사적 고찰, 문화산업지구의 검토, 창조적 환경의 질에 대해 논하고 있다. 나아가 문화를 자각하는 것은 좀 더 구상력이 풍부한 도시로 향하는 자산이고 원동력이다. 창조적 도시의 접근방법은 문화라는 가치, 견문과 학식, 생활양식 또는 창조표현의 양식, 창조성이 싹을 티어 킬 수 있는 토양에 상당하는 것이다. 그러므로 발전의 추진력이 미치는 것이라는 생각에 입각하고 있다고 말해 문화에 중점을 둔 창조적 도시 만들기를 제기하고 있다. 이러한 창조적 도시 만들기에서는 시민운동과 더불어 지역정책의 역할이 크다. 도시집적에 관한 이론적 연구를 전진시킴과 동시에 지역정책의 존재에 대해서도 검토가 필요하다.

다음으로 창조도시이론은 그 주창자나 그 후의 많은 논자에 의해 논쟁적으로 검토된 것으로 논의의 배경과 강조되는 측면을 세부적으로 구분할 수 있는데, 그 가운데 선도적인 연구자인 플로리다는 창조계급 종사자의 유치를 통해 창조도시의 경제성장에 우선 관심을 두었다. 도시문제 해결을 위해 주민의 창조성과 문화에 초

구분	창조적 계급	창조적 환경	창조적 산업
목표	창조적 인재 유치	창조적 분위기 조성	창조적 산업개발
주요 방법	창조적 인재를 유지해 창조적 경쟁력을 육성시킬 수 있는 능력 고양	계획의 관점에서 도시문제의 새로운 해법을 추구함으로써 창조성 활성화	문화적 생성물에 초점을 두고 창조적 생산부문에서 역동성 추구
주요 전략	· 새로운 사회적 계급으로 혁신적 인적 자원 유치 · 도시의 경쟁력 확보와 촉진	· 창조적 도시재생 · 도시 관리를 위한 창조적 분위기 창출	· 문화적 재화와 서비스 생산 · 문화·창조적 활동의 집적(클러스터)으로 도시 공간 발달
연구자	플로리다	란드리	프랫, 사사키
유형	인재 유입형	환경 조성형	산업 추구형
주요 개념	창조계급이 선호하는 도시환경 구축	문화예술, 네트워크 등을 통해 도시의 창조성 유도	전통산업과 첨단산업의 창조적 융합
키워드	· 근린 문화·예술 공간 · 공공·민간·대학의 유기적 네트워크	· 문화·예술환경 · 유연한 조직문화	· 창조산업 · 전통산업과 첨단산업
사례 도시	바르셀로나	요코하마(橫濱), 하이트헤드(Hitehead)	가나자와(金澤)

자료: 崔炳斗(2014: 53~54).

점을 두고 창조적 도시재생을 강조한 연구자는 란드리이고, 새로운 문화적 제품들을 생산하는 창조산업을 부각시키면서 도시의 문화와 경제를 동시에 고려한 연구자는 프랫(G. Pratt), 사사키(佐々木雅辛) 등으로 구분된다(〈표 11-4〉).

이러한 창조도시 접근방법의 구분은 주창자들이 논의한 지역의 상이성에 기인하는 것으로, 플로리다는 미국을 배경으로 경제적 가치를 제고하기 위해 창조성과 문화의 발전 및 이를 위한 도시의 창조적 환경을 강조한 반면, 란드리는 유럽을 배경으로 도시 및 지역의 문화적 가치를 재평가하고 이를 함양해 도시재생의 주요 수단으로 부각시켰다. 즉, 플로리다는 기업가정신과 문화적 창조성 결합에 바탕을 둔 도시성장에서 창조계급의 역할을 강조했다면, 영국의 란드리는 문화를 도시재생에 자극할 수 있는 창조적 자원으로 폭넓게 이해했다.

한편 창조도시유형은 창조계급이 선호하는 도시환경을 구축해 인재를 유입하는 유형, 문화예술, 네트워크 등을 통해 도시의 창조성을 유도하는 환경조성형, 전통산업과 첨단산업의 창조적 융합을 하는 산업추구형으로 나눌 수 있다. 창조도시이론이나 창조도시유형의 공통점은 다음과 같다. 첫째, 모두 도시문제의 해결과 새로운 발전을 위해 창조성과 혁신을 강조한다. 창조성을 가진 창조계급은 도시의 경쟁력 향상과 경제성장을 위한 자원이 된다. 둘째, 창조성을 함양하기 위해 도시의 창조환경을 조성할 정책이 필요하다고 주장했다. 즉, 창조적 인재를 유치하고 양성하

<표 11-5> 플로리다에 의한 분류

창조계급	변수군	사례 표준산업 분류
보헤미안	보헤미안	영상물 제작업 종사자, 전문 디자인업 종사자, 창작 및 예술 관련업 종사자
핵심적 창조계층	미디어	인쇄용 출판업 종사자, 영상물 배급업 종사자 등
	하이테크	소프트웨어 개발 및 공급업 종사자 등
	연구개발	자연과학 및 공학 연구·개발업 종사자 등
	건축	건축기술·엔지니어링 및 관련기술 서비스업 종사자
	교육	중등교육 종사자 등
	여가	스포츠 서비스업 종사자 등
창조적 전문가	금융	은행 및 저축기관 종사자 등
	생산자 서비스	법무서비스업 종사자 등
	의료	병원종사자 등

자료: Florida(2005).

는 장소로서의 질을 높이고 창조적 분위기를 고양시킬 필요가 있다는 것이다. 셋째, 창조도시들은 부가가치가 높은 산업, 특히 창조산업을 성공적으로 발전시켜 도시의 경제성장을 추동(推動)시킬 수 있다는 점이다. 그러므로 창조성과 문화의 경제적 가치를 강조하고 도시의 경제발전의 새로운 동력으로 선정했다.

창조도시론은 창조성이 여러 도시적 과제를 해결하기 위한 열쇠로 보고 다양한 이해와 관심을 내포하는 데 대해, 2000년대가 되면서 주목을 받은 플로리다의 창조적 계급(creative classes)[23]에 관한 논의는 경제적 측면을 중시한 도시론이기도 하고 도시에 주목한 경제론이기도 하다. 그는 경제력의 원천은 창조성에 있다고 하고 창조성을 발휘해 경제적 가치를 나타내는 사람들을 창조적 계급이라고 불렀다. 그리고 창조적 계급을 유인하는 도시적 환경인 다양성을 실현하는 관용성의 중요성도 설명했다. 창조성을 활용한 도시정책의 학문적 지주는 창조도시로 창조성을 발휘한 경제적 가치를 생겨나도록 하는 높은 자질을 가진 창조적인 인적 자원을 창조계급이라 부르고 이들을 역동적인 도시발전의 경쟁력과 생동감의 근원으로 간주했다.

플로리다에 의한 창조계급의 분류를 보면 <표 11-5>와 같다. 창조계급은 세 개 계층으로 나눌 수 있는데, 보헤미안과 핵심적 창조계급, 창조적 전문가가 그것이다. 플로리다는 창조계급이 아티스트(artist), 저널리스트(journalist), 대학교원, 과학자나 기술자(engineer) 등의 창조적인 일에 종사하는 전문가로서 기술적인 직업에서 폭 넓은 영역을 포함한다. 그는 성장거점과 창조계층 사이에 강한 관련성을 표재로 해 어메니티[(amenity), 기후, 오락적·문화적 기회]나 관용(동성연애자 가구비율)의 역할을 언급했다.

23) UNCTAD에 의하면 창조계급이란 전문적이고도 과학적이며 예술적인 일꾼들의 집단으로, 특히 도시지역에서 경제적·사회적·문화적 활동을 이끄는 사람들로 새로운 아이디어와 기술을 창조하며, 창의적 콘텐츠를 개발하는 사람들이라고 했다.

3) 창조도시, 창조계급에 대한 비판

창조도시란 창조성에 의해 새로운 지식과 아이디어, 문화와 예술을 창출하고 당면한 도시문제를 해결할 뿐 아니라 창조적 인재와 혁신적 산업을 경제발전으로 추동할 수 있는 도시로, 이러한 창조도시에 대한 이론적 규범성이나 전망은 긍정적으로 받아들여지고 있지만 다음과 같은 비판도 있다. 첫째, 펙(J. Peck)이나 스콧에 의하면 창조도시이론이 현재의 자본주의 발전과정을 제대로 이해하지 못했을 뿐 아니라 오히려 이 과정에 내재된 모순이나 문제점을 암묵적으로 반영·촉진하고 있다는 것이다. 이 비판은 특히 창조도시이론이 신자유주의와 결합되거나 그 자체로서 신자유주의적 성향을 함의하고 있다고 주장한다. 둘째, 마르쿠젠(A. R. Markusen)이나 프랫과 같이 창조도시이론을 부분적으로 수용하고 이를 검증하는 과정에서 이론의 여러 부분이 현실을 제대로 설명하지 못하거나 개념이 모호하며, 이를 반영한 정책도 심각한 부작용을 유발할 수 있다고 주장한다.

다음으로 창조도시의 공간적 구성과 함의에 대한 비판을 보면 먼저 창조도시는 도시를 대상으로 했다. 탈산업도시는 기술적·문화적 혁신의 중심지인 것이 사실이며, 대도시의 창조성과 이를 담덕하고 지혜로운 창조적인 사람들에게 우선적 지위를 부여한다. 그러나 오늘날 대도시가 문화적 생성의 거점이라 할지라도 문화와 창조성은 대도시에서만 존재 또는 함양될 수 있는 것이 아니다. 창조성은 모든 사람에게 잠재되어 있기 때문에 인간이 거주하는 대도시, 대도시 근교, 중소도시, 농촌 등 모든 장소에서 함양될 수 있다. 둘째, 창조도시 개념은 도시에 작용하는 국가적·지구적 측면을 무시했다. 도시의 창조성과 혁신은 도시 자체의 국지적 요인뿐 아니라 국가적·지구적 차원에서 작동하는 다양한 요인에 의해 조건 지워진다. 예를 들면 창조도시 조건에서 인재 양성의 주요 지표인 교육문제는 도시문제라기보다 국가적 교육체계의 문제라고 할 수 있다. 셋째, 창조도시 개념은 창조도시를 시공간을 초월한 규범적 전망으로 설정했다. 창조성은 인간의 보편적 특성이라 할 수 있지만, 이러한 창조성의 발현은 시공간적 조건에 좌우된다. 즉, 문화와 예술은 인간 창조성의 실현으로서 보편적 속성을 가지지만 국가나 지역에 따라 매우 다른 역사적 발전을 보여왔다. 넷째, 창조도시 개념은 신자유주의적 도시와 과정을 정당화했다. 창조도시 개념은 문화와 창조성의 보편적 가치를 강조하지만 실제 문화적 도시

재생이나 발전 전략을 특권화했다. 예를 들면, 문화적 발전을 위해 도시 내 특정 문화지구를 강조한다. 다섯째, 창조도시 개념은 창조계급의 유치와 이를 통한 경제발전에 관한 인과관계를 입증하지 못하고 있다. 도시의 창조계급은 새로운 창조 클러스터를 형성해 경제적으로 높은 생산성과 새로운 창조성을 형성할 수 있다고 주장했다. 그러나 이러한 주장을 뒷받침하는 경험적 연구에서 도시재생을 위한 지속가능한 수단이 될 수 있다는 확신을 가진 연구는 아직 없다. 여섯째, 창조도시 개념은 도시 및 국토공간의 양극화를 심화시킨다. 창조도시는 탈산업시대 신경제체제하에서 일부 창조계급이 살기 좋은 도시가 되겠지만 이에 속하지 않는 사람들은 창조계급에 종속되거나 창조도시로부터 배제되어 사회적 양극화와 공간적 불평등을 확대시킨다.

한편 창조계급에 대한 비판은 다음과 같다. 첫째, 계급개념과 그 범위가 불분명하다는 것으로, 플로리다는 계급이란 공통의 관심을 가지고 유사한 생각과 느낌을 가지고 행동하려는 사람들의 집단이라고 했으나 그가 제시한 계급의 개념은 이에 속하는 사람들이 비물질적 생산활동에 종사한다는 점 외에는 실제 공동의식을 가지거나 집단행동을 할 것처럼 보이지 않는다는 것이다. 둘째, 창조계급의 개념은 매우 계급편향적이며 경제특권적 사고를 반영한다. 플로리다의 창조계급에는 다양한 세부집단들이 포함되어 있지만 평균적으로 이들의 사회경제적 역할과 소득을 보면 사회적 엘리트 계층 또는 상위 계층을 지칭한다. 이러한 점에서 플로리다의 주장은 엘리트주의라고 비난 받지만, 그는 이에 대해 모든 사람이 어느 정도 창조적 잠재력을 소유하고 있다고 주장했다. 셋째, 창조계급의 개념은 특정 형태의 가치화, 즉 창조성의 상품된 시장 가치화를 촉진한다. 창조계급에 포섭되기 위해서는 모든 창조적 활동에 종사하는 사람들은 창조성을 상품화하고 자본주의 경제에 편입되어야 한다. 넷째, 창조계급의 개념은 창조적 주체들을 탈공동체적 개체로 전락시킨다. 문화의 개념은 기본적으로 사회적 공동체를 전제로 한다. 그러나 창조적 노동과 실무는 실제로 대면적 상호관계와 호혜적 교류를 필요로 하는 풍부한 사회적 인프라와 공동학습과 관련된다는 사실을 무시하고 있다. 다섯째, 창조계급의 개념은 유연적 노동시장의 조건을 규범화한다. 창조계급의 개념에서 창조적 노동자는 고정된 노동조건으로부터 해방과 자아실현을 위한 자기설계 등이 가능한 주체로 가정된다. 그러나 실제 창조적 노동자들의 대부분은 비정규직이며 매우 불안하고 열악한 근무조건하에서 작업을 하고 있다. 여섯째, 창조계급의 개념은 도시경제의 성공을 보장하지 않는다. 플로리다는 창조성과 담력 및 지혜를 아우르는 창조계급의 유치가 도시발전의 성공을 보장한다고 주장했다. 그러나 실제 그의 분석에 의하면 창조계급과의 상관관계에서 혁신, 첨단산업, 인재가 각각 나름의 유의미한 수치를 보였지만 창조계급과 고용성장 사이의 상관관계는 유의미하지 않았다. 이는 창조계급의 유치가 일자리 창출과는 무관함을 의미한다.

제12장
환경문제와 입지론

1. 환경문제의 접근방법

20세기 후반은 역사상 드물게 경제성장을 이룩한 시대였고, 또 대량생산, 대량소비, 대량폐기의 시대였다. 그리고 또한 공해문제는 환경문제, 나아가 지구환경문제로 확대되어 그 성격은 대단히 변했다는 논의가 있다. 이 논의 배경에는 아마 최근 수십 년 동안 각 시기에 지배적인 패러다임에 변화가 조금씩 나타났다는 것이 사실이다.

콜비(M. Colby)는 20세기 후반에 환경관리와 경제발전에 관한 패러다임의 이동에 대해 다음과 같이 정리했다. 환경문제는 대기오염이나 수질오염 등의 공해문제에서 삼림과 생태계 파괴 등 자연환경 파괴문제, 사막화나 기후변동 등 지구규모의 환경위기에 이르기까지 그 문제군(問題群)과 공간 스케일을 시대와 함께 확대시켜왔다. 이러한 변화와 더불어 환경문제의 접근방법도 1960년대 후반까지 선진공업국, 특히 미국의 지배적인 패러다임은 '프론티어 경제학(frontier economy)'이었다. 이 패러다임은 자연이란 무한하게 자원을 공급하고 무한하게 폐기물을 받아들이는 존재이며, 한편으로 경제는 물질세계와는 관계가 없이 성립한다는 것이다. 즉, 이 패러다임에서의 경제학은 무한의 처녀지와 지속적으로 개발된 신기술과 대체자원이 그 여건이었다. 볼딩(K. E. Boulding)은 이러한 경제를 '카우보이(cow boy) 경제'라고 비판하고 인류는 한정된 자원을 공유해 나가지 않으면 안 된다고 주장하고 '우주선 지구호'의 경제학을 모색·제창했다. 이러한 흐름 속에서 환경과 경제의 교환조건(trade-off)에 착안해 인류는 슬기로운 지혜를 갖고 환경을 보호할 수밖에 없다는 '환경보호(environment protection)'와 자원관리(resource management)의 패러
다임으로 전환했다. 이러한 사상의 배경에는 DDT 살충제가 인간의 건강에 미치는
위험성을 사회에 고발해 미국 환경운동의 기폭제를 만든 카슨(R. Carson)의 『침묵
의 봄(Silent Spring)』이나 공공재의 관리에서 개인의 경제적 이익의 추구가 전체적
파멸을 몰고 온다는 사실을 적절하게 설득한 생물학자 하딘(G. Hardin)의 『공유자
의 비극(Tragedy of the Commons)』[1] 등의 저작의 영향이 컸다. 나아가 다양한 법규
제의 필요성에 대한 논의나 피구(A. C. Pigou)의 후생경제학을 시작으로 외부 불경
제의 내부화의 논의도 이 패러다임과 관계가 깊다. 그리고 1970년 이후 자원관리
(resource management)라는 제3의 패러다임이 나타났다. 이것은 오염을 경제 밖에
둔 것이 아니고 '부(負)의 자원'으로 간주하는 생각이다. 이 패러다임에서는 자원 간
의 상호의존 관계라는 자원이 갖는 다양한 가치를 확실히 인식하고 정책결정에서
고려해야 한다는 것이다. 여기에서는 어떻게 하면 환경을 경제적으로 평가할까
(economize economy)라는 과제가 남아 있다.

한편 환경사상 중에서 인간중심주의에 대한 반문화(counterculture)로서의 패러다
임 전환, 인간중심의 제로 생태학(zero ecology)에 대한 모든 생명체 평등주의를 상정
하고 다양성과 공생의 원리, 지구의 자율을 주장하는 심층 생태론(deep ecology)[2]이
라는 환경윤리사상이 하나의 계통으로 확실히 존재했다. 나아가 1990년대에 들어와
지구규모의 환경문제가 정책과제로서 부상함과 동시에 지속가능한 발전(sustainable
development)이라는 슬로건이 등장했다. 그 배경에는 남북문제나 미래세대에 대한
고려와 자연의 순환을 중시한 사상이 존재한다. 이러한 흐름 속에서 환경과 경제의
교환조건이 아니고 경제를 환경에 넣어 일체화시켜 나가는(ecologies economy) 시도
가 모색되었다. 콜비는 이런 새로운 패러다임을 '에코발전(eco-development)'이라고
부르고, 이것이 21세기 인류의 새로운 패러다임이라고 말했다.

이러한 연구 성과는 환경경제학, 환경사회학, 환경윤리학 등 환경 관련 학문의
발달을 가져왔고, 또 연구 분야가 세분됨에 따라 그 결과도 방대한 양에 이르렀다.
환경경제학과 관련된 이론적 연구에 한해서도 물질대사론, 페스킨(H. M. Peskin)
등의 환경자원론, 피구 등의 외부불경제론,[3] 캡(K. W. Kapp) 등의 사회적 비용론
(『The Social Costs of Private Enterprise』),[4] 경제체제론, 물질대사론 등이 있다. 이
러한 가운데 환경문제에 대한 지리학에서의 연구 성과는 많지 않으며, 또 환경문제

1) 1968년 생태학자로 자
연의 사유화는 공유물의
비극이라는 기설에 기초
해 공동소유 목초지에 한
사람이 욕심을 내어 양을
더 많이 들여오자, 다른
사람들도 앞 다투어 양을
더 방목함으로써 목초지
의 황폐화를 가져와 주민
들이 모두 망했다는 내용
을 말한다.
2) 1973년 노르웨이 철학
자 네스(A. Naess)에 의해
주창되었고, 드볼(B. Devall)
과 세션즈(G. Sessions), 스
나이더(G. Snyder), 폭스
(W. Fox), 카프라(F. Capra)
등에 의해 발전된 이론으
로 생태계 위기의 근본 원
인이 모든 가치를 인간적
측면에서 평가하고, 자연
이 인간의 욕망을 충족시
키기 위한 자원으로 파악
하는 인간 중심적 세계관
에 있다고 보고, 생태계
위기를 근본적으로 해결
하기 위해서는 개인적, 사
회적 관행을 바꾸는 정도
로는 부족하고 생태 중심
적 세계관으로 전환되어
야 한다는 주장이다. 그들
은 인간 중심적 관점에서
환경문제를 해결하려는 입
장을 표층생태론(shallow
ecology)라고 비판했다.
3) 시장거래를 통하지 않
은 생산자나 소비자의 경
제활동이 직간접적으로 제
3자의 경제활동 및 생활에
영향을 미치는 것으로, 그
영향이 손해면 외부불경제
라고 한다.
4) 생산과정의 결과 제3자
또는 사회가 받으며, 그것
에 대해 사(私)기업에 책임
을 부과하기 어려운 모든
유해로운 결과나 손실을
말한다.

를 중점적으로 취급한 입지론 연구도 아주 적은 편이다.

이러한 패러다임으로 검토된 자원·환경문제는 일반적으로 지구라는 거시적 수준에서의 투입과 산출 문제로 고려되지만 현실적으로 인간과 자연 사이에 물질대사 및 그 교란이 나타나는 것은 대부분 지역을 단위로 한다. 경제의 글로벌화를 배경으로 생산·소비·폐기의 과정을 통한 물질대사의 교란은 매우 작은 공동체 규모에서 국지적·지역적·국가적·지구적 규모와 중층적으로 섞어지고 있다. 이들 문제가 어떻게 구조적으로 성립하는가를 어떻게 공간적으로 해명하고, 나아가 재활용 공장이나 폐기물 처리시설의 입지 메커니즘 등 경제지리학이 검토해야 할 과제가 많다. 즉. 첫째, 폐기물 처리장의 확보와 이용에 관한 논리와 사회경제적 메커니즘의 해명, 둘째, 폐기물의 수집·운반의 효율성, 셋째, 재자원화시설의 합리적 입지와 배치, 넷째, 외부비용·사회적 비용의 지역 간 평등 부담, 다섯째, 행정의 구체적인 대응의 유효성과 문제점 파악, 여섯째, 다이옥신류 발생방지 등의 가이드라인 제도의 실시 이후 소각권의 재편, 일곱째, 제로 배출(zero emission)을 목표로 한 폐기물 산업사슬과 재이용 복원으로서의 역 공장(逆工場)의 개발과 입지 등에 관한 과제 등이다.

2. 순환형 사회

20세기 경제사회는 대량생산·대량소비·대량폐기의 일방통행(one-way)을 기본으로 한 이른바 '사용하고 버리는 문화'의 사회였다(〈그림 12-1〉). 그러나 이러한 시스템에서는 대량의 폐열, 폐기물이 발생하고 결과적으로 유해물질이나 온실효과 가스에 의한 생태계의 교란이 야기되어 인간의 생명활동을 위협하게 된다. 따라서 인간사회에서 발생하는 폐열, 폐기물을 가급적이면 적게 하고 동시에 자원이나 에너지를 자연에서 채취해 인간사회에 투입하는 것도 가능하면 적은 사회로의 전환이 요구되고 있다. 이 새로운 사회, 즉 순환형 사회에서 투입되는 에너지는 가능하면 소량이어야 하고, 동시에 환경부담도 적은 개발을 추진해야 한다. 또 생산·유통·소비라는 흐름을 필요 최소한 억제하고 나아가 이 흐름에 재자원화라는 흐름을 좀 더 강화시킬 필요가 있다. 바꿔 말하면 순환형 사회란 물질이나 에너지의 흐름, 그리

〈그림 12-1〉 일방통행 사회와 순환형 사회

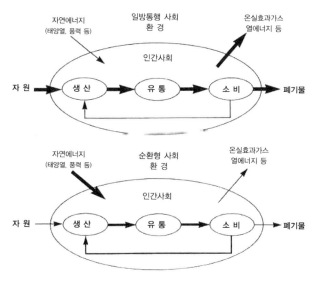

자료: 松原 宏 編(2002: 120).

고 폐기물의 발생을 매우 억제하고 배출되는 것을 가급적이면 자원으로 이용하며, 마지막에 이용할 수 없는 것만을 처리하는 것이 철저한 사회를 말한다.

그런데 순환형 사회란 용어의 의미 내용은 그것을 사용하는 사람에 따라 두 가지로 구분된다. 하나는 자연의 순환을 사회 성립의 기본으로 생각하는 것이고, 다른 하나는 인위적으로 재활용을 철저하게 하면 사회의 지속성은 달성될 수 있다는 생각이다. 전자의 생각을 보면 순환형 사회란 폐기물 처리·재활용이라는 관점에서만 구상된 것이 아니고 폐기물 처리에 재사용·자원의 재생이용과 그것의 자연 메커니즘 및 자연의 물질순환과 조화를 이룬 것이 되고, 또 자연과 공생하는 생활양식 (life style)이 실현되어가는 사회라고 생각한다. 그런 의미에서 이른바 3R(Reduce, Reuse, Recycle[5])을 기본으로 한 사회를 순환형 사회라고 한정하는 것은 문제가 있다. 그러나 실제에서는 3R을 기본으로 하는 사회가 일반적으로는 순환형 사회라고 파악되고 있다.

5) 재활용(recycle)은 위(up) 순환(cycle)과 아래(down) 순환으로 나뉜다. 재활용을 통해 제품가치를 높였다고 하면 위 순환이고, 반대로 낮아졌다면 아래 순환이라 한다.

3. 자연·생태계에서의 산업입지

고전입지론은 자연조건을 동일하게 제시한 전제조건에서 시장이나 원료산지로부터의 위치나 그것의 차이에 무게를 두고 논의를 해왔다. 이러한 점은 입지주체가 자연조건의 지역차를 어떻게 취급했는가를 살핀 것으로 환경에 대한 패러다임 전환에서 자연·생태계와 입지의 관계를 수정해왔다. 〈그림 12-2〉는 사회와 물질대사가 기존의 시장 시스템을 넘어 자연·생태계와의 결합 위에서 수정되지 않으면 안된다는 것을 나타낸 것이다. 여기에서 자연·생태계는 첫째, 낮은 엔트로피로 개방정상계(開放定常系)[6]의 세계, 둘째, 지역별로 통합(Lokalität)을 나타내는 개성적 다양성이라는 두 가지 특성을 갖는다. 그 위에 생태계의 특성을 바탕으로 첫째, 공동체(community), 둘째, 행정 시스템, 셋째, 산업구조와 산업 시스템이라는 사회 시스템의 세 가지 측면에 걸쳐 문제가 펼쳐지는 것으로, 공동체의 다층성과의 관계를 고려하며 공업과 농업의 새로운 관계로서 노동 조직화의 역할에 주목하고 산업구조의 전환과 더불어 지역주의[7]의 재생을 제기하기 때문이다.

이러한 생명계의 논의가 작은 지역에서 '지속가능한 발전'에 관한 논의를 취해 '요구의 세대 간 형평성의 확보'로서 본 '약한 지속성' 패러다임과 '환경보전을 개발정책의 중심에 놓고 환경지속성의 틀 안에서 개발을 진전시키는 것'으로 본 '강한 지속성' 패러다임을 대비시켰다(〈그림 12-3〉).

전자의 실용가능성을 겨냥해서는 재생가능자원 혹은 인공자본에 의한 대체나 기술진보가 문제가 되지만 이와 관련해 '경제성장 초기 단계에서는 환경오염이나 악화가 증대되는 반면 어느 정도의 소득수준을 넘으면 경제성장은 환경오염이나 악화를 감소시킨다'는 환경 쿠즈네츠(Kutsnetz) 가설이 소개되고 있다. 이 가설을 뒷받침할 설명요인의 하나는 오염을 유발시키는 기업의 해외 이전을 들고 있지만 환경규제의 강약에 의한 국제적 입지조정의 연구는 금후의 중요한 연구 과제라고 할 수 있다. 다만 가설 자체에 대해 '개별 오염문제를 시공간적으로 전가한다는 가능성'이 있고, '가설의 보편성을 설명할 수 있는

6) 엔트로피의 증대를 상쇄하는 것으로 정상상태를 유지하는 엔트로피 폐기능력을 가진 계를 말한다.

7) 여기에서의 지역주의는 일정한 지역의 주민이 풍토적 개성을 배경으로 그 지역의 공동체에 대해 일체감을 갖고 스스로 정치적·행정적 자율성과 문화적 독자성을 추구하는 것을 말한다.

〈그림 12-2〉 물질대사와 자연·생태계

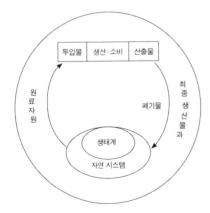

자료: 松原 宏 編(2013: 168).

〈그림 12-3〉 개인적 소비과정과 토지·농업·공업의 관계

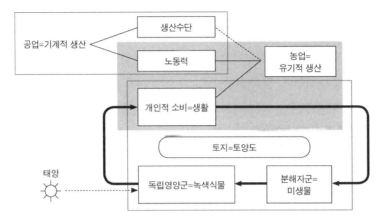

자료: 松原 宏 編(2013: 168).

요인은 존재하지 않는다.'

후자를 유지할 수밖에 없는 자연보호(stock) 수준, 즉 최적규모에 대해서는 데일리(H. Daly)의 경제 단위시간당 처리량(throughput), 즉 환경의 자원공급기능과 폐기물 동화·흡수기능 양쪽이 생태계의 재생능력과 흡수 능력의 범위 안에서 최적규모의 문제해결을 포함한 환경에 영향을 미치는 예상 곤란성을 고려한 최소안전기준 등 예방원칙을 소개했다.

이러한 지속가능성을 지표화한 시도로 생태적 발자국(ecological footprint)[8] 등이 제시되고 있지만, 실제의 환경정책 목표는 양쪽 패러다임의 중간에 설정되었고, 그마저도 집적성·축적성 오염을 미연에 방지하기 위한 복수의 환경정책수단을 조합시켜 정책조합(policy mix)이 채용되는 것이 많다. 이러한 환경정책과 더불어 산업계에 의한 각종 자발적 대처나 공적 기관에 의한 인증제도 등을 밟으며 산업·기업의 입지나 집적을 검토하는 것이 중요해지고 있다고 할 수 있다.

8) 모든 자원을 생산하고, 또 쓰레기 처리에 드는 비용을 합한 것을 발바닥의 크기로 보고 이것을 토지 면적으로 바꾸어 나타낸 것이다. 다시 말하면 인간이 환경오염을 시키는 요소들의 합이 생태발자국으로, 이 발자국은 특정지역의 소비량과 그 지역의 생산적인 토지면적을 비교하기 때문에 지역외부로부터 수입해서 사용한 자원소비량의 정도도 알 수 있다. 그렇기 때문에 지역별로 자원을 어떻게 사용하는지 비교가 가능하다.

4. 재활용 사업의 입지

여기에서는 3R 중 재활용을 장악하는 사업소의 입지의 특질과 그 배경에 대해 살펴보기로 한다. '정맥(靜脈) 비즈니스' 또는 '정맥산업'이라고 부르는 재활용 사업은 두 가지로 대별된다. 정맥계의 아날로그를 사용해 설명하면 배출된 재생자원을 수집한 '진짜 정맥부'인 재생자원회수업과 수집된 재생자원을 가공 처리하는 '심장부'인 재생원료·재생제품가공업의 두 가지이다.

재생자원회수업이란 원료로서 폐지류나 폐고철류, 폐알루미늄류 등을 회수하고 그것을 이용자인 재생업자에게 도매로 판매하는 사업이다. 재생업이란 회수된 재생자원을 분별·수선·가공 등을 해 재이용할 수 있는 형태로 해 이를테면 동맥산업으로 원료를 공급하는 사업을 의미한다.

이러한 재활용사업의 입지는 어떻게 결정할까? 재활용사업의 입지는 원칙적으로 동맥산업에 의해 규정된다고 생각할 수 있다. 산업활동 또는 소비활동에서 발생하는 폐기물 등을 원료로 가공해 그것을 재생자원으로서 동맥산업에 다시 제공하는 것이 동맥산업의 하나로서의 재활용사업이다. 그러므로 그 입지는 원료의 배출처이고, 또 재생제품의 수요처인 동맥산업의 입지점에 좀 더 접근하기 쉬운 지점이 된다고 할 수 있다. 즉, 원재료의 수집·운반이라는 수송비가 정맥산업 경영에 중요도가 된다. 그 때문에 입지는 베버(M. Weber)의 공업입지론, 특히 운송비 지향을 기초로 어느 정도 설명을 할 수 있다.

한편 환경문제의 현재화(顯在化)와 더불어 재활용사업은 유해시설로 파악되어 거주지에서 멀리 떨어진 과소지(過疎地)에 재배치되는 경향이 있다. 이러한 점은 최적 운송비 지점에서의 편의를 가져오게 하는 것이다. 이 경향은 폐기물 처리업의 입지에 현저하게 나타난다. 경제원칙이나 이러한 사회적 배경에서만 보면 재활용사업은 과소지가 경쟁력을 확실히 갖고 잠재력도 높다고 할 수 있다. 그러나 한편으로는 비즈니스로서는 재활용을 핵으로 한 새로운 지역개발이라는 전략이 관찰되기 시작했다. 그 예가 에코타운(eco-town) 사업이라 할 수 있다.

1) 재생용 재료수집 및 판매업의 입지

한국의 재활용 폐기물을 수집한 '진짜 정맥부'인 재생용 재료수집 및 판매업 (KSIC 51731)[9]과 수집된 재활용 폐기물을 가공 처리하는 '심장부'인 재생용 가공 원료 생산업(KSIC 37)[10]의 입지적 특성을 살펴보면 다음과 같다. 먼저 재생용 재료수집 및 판매업은 사업체당 종사자 수가 평균 3.2명이며, 5명 미만의 종사자를 가진 사업체 수가 전체 사업체 수(7,387개)이 84.0%를 차지해 영세직이나. 재생용 재료 수집 및 판매업 사업체 수는 수도권에 38.4%가 입지해 가장 많고, 그 다음으로 부산·울산·경남권이 21.8%, 대구·경북권이 13.8%로 대도시권에 집중 분포한다. 종사자 수에 의한 특화지역을 특화계수로 산출해 특화된 단위지역의 평균(3.33)과 표준편차(0.87)에 의해 계급을 구분해[11] 그 분포를 살펴보면(〈그림 12-4〉), 가장 특화된 단위지역은 부산시 강서구(L.Q.: 6.2)로 재생용 재료수집 및 판매업의 집적이 많이 이루어졌다. 다음으로는 전국에 96개 단위지역이 특화되어 있는데, 이 가운데 대구시 달성군(4.7), 하남시(4.3), 인천시 서구(4.0), 양주시(3.7), 횡성군(3.1), 광명시(3.0)가 집적이 많이 이루어진 단위지역으로, 대도시내의 주변지역과 지방중심도시와 그 인접지역에 주로 많이 분포하고 있으나 특화계수를 이용해 지역적 집중계수 (coefficient of localization)를 산출한 결과 0.27로 집중도가 낮다고 할 수 있다.

이러한 재생용 재료수집 및 판매업의 입지적 특징은 전술한 바와 같이 동맥산업의 영향, 베버의 운송비 지향, 그리고 과소지와의 관계 등에서 살펴볼 수 있다. 먼저 동맥산업이 발달한 지역에 재생용 재료수집 및 판매업이 발달했는가를 파악하기 위해 제조업 종사자 수와 재생용 재료수집 및 판매업 종사자 수와의 상관관계를 분석한 결과 r=0.631[12]로 높은 상관을 나타내어 동맥산업이 발달한 지역에 재생용 재료수집 및 판매업이 대체로 발달했다는 것을 확인할 수 있다. 다음으로 베버의 운송비 지향의 측면에서 재활용 폐기물의 수집량과 재생용 재료수집 및 판매업 사업체 수와의 상관관계를 분석한 결과 r=0.251[13]로서 어느 정도 상관을 갖고 있으나 재활용 폐기물 수집량이 많지 않는 지역에도 재생용 재료수집 및 판매업이 입지해 이들 지역에서의 재료수집에 운송비의 영향을 크게 받고 있다고 할 수 있다. 그러므로 재생용 재료수집 및 판매업의 입지는 재활용 폐기물 수집처보다는 동맥산업인 제조업이 발달한 지역의 영향을 받는다.

9) 원료로서 종이류나 고철류, 캔류 등을 회수하고 그것을 이용자인 재생업자에게 도매로 판매하는 사업이다.

10) 회수된 재생자원을 분별·수선·가공 등을 해 다시 이용할 수 있는 형태로 생산원료를 만드는, 이를테면 동맥산업으로 원료를 공급하는 사업을 의미한다.

11) 계급은 $\bar{x}-1\sigma$ 미만 $\bar{x}\pm1\sigma$, $\bar{x}+1\sigma$ 이상으로 구분했다.

12) t분포의 99%에서 유의적이다.

13) t분포의 99%에서 유의적이고, 종사자 수와의 상관계수는 r=0.2180이다.

〈그림 12-4〉 재생용 재료수집 및 판매업의 종사자 수에 의한 특화지역

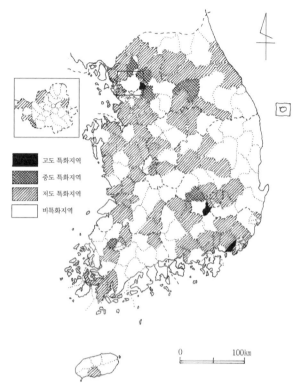

고도 특화지역
중도 특화지역
저도 특화지역
비특화지역

0   100km

자료: 한주성(2004: 781).

　다음으로 재활용 사업이 유해시설로서 과소지에 입지를 하는가에 대해 인구수
와 재생용 재료수집 및 판매업 사업체 수와의 상관관계를 살펴보면 r=0.581로서
상관이 높아 인구가 많은 단위지역에 재생용 재료수집 및 판매업 사업체 수가 많이
입지하고 있으나 전적으로 그 영향을 받고 있다고 할 수는 없다. 따라서 한국의 재
생용 재료수집 및 판매업은 동맥산업의 입지에 영향을 받고 재활용 폐기물이 다소
발생하면서 인구가 어느 정도 많은 지역에 입지하나 유해시설로서 과소지에만 입
지하는 것이 아니라 인구가 많은 지역이라도 거주지가 아닌 지역에 재활용 사업이
입지한다는 것을 알 수 있다.

2) 재생용 가공 원료 생산업의 입지

재생용 가공 원료 생산업은 회수된 재생자원을 선별·수선·가공 등을 해 다시 이용할 수 있는 형태로 생산원료를 만드는, 이를테면 동맥산업으로 원료를 공급하는 사업이다. 이 산업은 재생용 금속가공 원료 생산업(KSIC 37100)과 재생용 비금속가공 원료 생산업(KSIC 37200)으로 나누어지는데, 여기에서 이들 각각의 입지를 살펴보기로 한다.

(1) 재생용 금속가공 원료 생산업

재생용 금속가공 원료 생산업은 사업체당 종사자 수가 평균 9.0명이며, 5명 미만의 종사자를 가진 사업체 수가 전체 사업체 수(290개)의 36.5%를 차지해 영세적이다. 재생용 금속가공 원료 생산업 사업체 수는 수도권에 41.0%가 입지해 가장 많고, 그 다음으로 부산·울산·경남권이 17.9%, 대구·경북권이 18.6%로 대도시권에 집중 분포한다.

재생용 금속가공 원료 생산업의 특화계수는 사업체 수와 종사자 수와의 상관계수를 구한 결과 r=0.65로, 재생용 금속가공 원료 생산업 종사자 수에 의해 특화된 지역을 평균(3.61)과 표준편차(4.25)로 계급 구분해 파악하면 다음과 같다. 재생용 금속가공 원료 생산업이 가장 집적된 단위지역은 곡성군(L.Q.: 26.9)이고, 그 다음으로 인천시 동구(19.2), 광주시 광산구(12.3), 인천시 서구(8.7), 옥천군(8.6), 인천시 남동구(7.0), 부산시 강서구(6.5), 진천군(6.2), 포항시(5.6), 함안군(5.5), 김제시(5.4)의 순서로 대도시 내의 주변지역, 지방중심도시와 공업지역 인접지역에 주로 입지하고, 지역적 집중계수는 0.63으로 지역 집중도가 높다고 할 수 있다(〈그림 12-5〉).

이와 같은 재생용 금속가공 원료 생산업의 입지는 재생용 재료수집 및 판매업으로부터 원료를 구입하기 때문에 베버의 운송비 지향에 의해 설명할 수 있으며, 유해시설로서 비거주지역, 즉 과소지에 입지하는 경향이 있다고 할 수 있다. 그리고 동맥산업에 원료를 공급한다는 측면에서 다른 동맥산업 입지에 영향을 받는다는 것을 추정할 수 있다. 먼저, 재생용 금속가공 원료 생산업 사업체와 재생용 재료수집 및 판매업 사업체 수와의 지역적 관계를 보면 r=0.600[14]으로 상관이 꽤 높아 재생용 재료수집 및 판매업의 입지에 영향을 많이 받으므로 원료구입에 따른 운송비

14) 종사자 수 간의 상관계수는 r=0.494이다.

〈그림 12-5〉 재생용 금속가공 원료 생산업의 종사자 수에 의한 특화지역

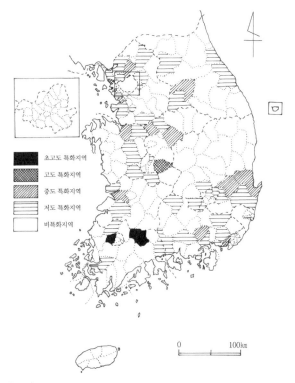

초고도 특화지역
고도 특화지역
중도 특화지역
저도 특화지역
비특화지역

0   100km

자료: 한주성(2004: 782).

15) t분포의 99%에서 유의적이다.

의 영향을 크게 받고 있다고 할 수 있다. 그리고 인구수와 재생용 금속가공 원료 생산업 종사자 수와의 상관관계는 r=0.182[15]로 상관이 매우 낮아 인구분포의 영향은 거의 없다고 할 수 있다. 다음으로 동맥산업인 제조업 종사자 수와 재생용 금속가공 원료 생산업 종사자 수와의 지역적 관계를 보면 r=0.263으로 동맥산업의 영향을 크게 받고 있지 않다는 것을 알 수 있다.

(2) 재생용 비금속가공 원료 생산업

재생용 비금속가공 원료 생산업은 사업체당 종사자 수가 평균 7.1명이며, 5명 미만의 종사자를 가진 사업체 수가 전체 사업체 수(659개)의 54.5%를 차지해 영세적이다. 재생용 비금속가공 원료 생산업 사업체 수는 수도권에 43.2%가 입지해 가장 많고, 그 다음으로 부산·울산·경남권이 15.3%, 대구·경북권이 20.5%로 대도시권에 집중 분포한다.

〈그림 12-6〉 재생용 비금속가공 원료 생산업의 종사자 수에 의한 특화지역

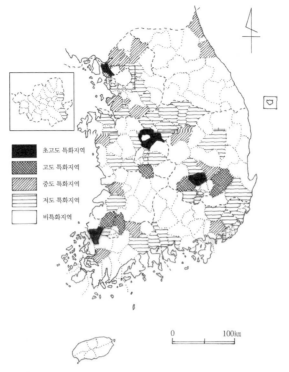

초고도 특화지역
고도 특화지역
중도 특화지역
저도 특화지역
비특화지역

0   100km

자료: 한주성(2004: 782).

　재생용 비금속가공 원료 생산업의 특화계수는 사업체 수와 종사자 수와의 상관계수를 구한 결과 r=0.86으로 본 연구에서는 재생용 비금속가공 원료 생산업 종사자 수에 의해 특화된 지역을 평균(4.02)과 표준편차(2.99)로 계급 구분해 파악했다. 재생용 비금속가공 원료 생산업이 가장 집적된 단위지역은 청원군(L.Q.: 15.0)이고, 그 다음으로 함평군(12.9), 칠곡군·김포시(10.9), 경산시(9.7), 장성군(9.4), 담양·성주군(8.2), 영천시(8.1), 금산군(7.3), 화성시(6.4), 김제시(6.2), 군위·양양군(6.1), 강원도 고성군·김해시(5.7), 곡성군(5.6), 홍성군·파주·양주시(5.4), 포천시(5.1)의 순으로 대도시의 주변지역과 공업지역의 인접지역 및 지방중심도시에 주로 분포하고, 지역적 집중계수는 0.62로 지역 집중도가 높다고 할 수 있다(〈그림 12-6〉).

　이와 같은 지역적 분포를 재생용 금속가공 원료 생산업과 같은 설명변수로 파악해보면 먼저 재생용 비금속가공 원료 생산업 사업체 수와 재생용 재료수집 및 판매업 사업체 수와 상관관계는 r=0.465[16]로 상관이 어느 정도 높아 재생용 재료수집

16) 종사자 수 간 상관계수는 r=0.459이다.

및 판매업의 입지에 영향을 받으므로 운송비의 영향을 다소 받고 있다. 그리고 인구수와 종사자 수와의 상관관계는 r=0.147[17]로 상관이 매우 낮아 재생용 비금속가공 원료 생산업의 입지에 인구의 영향은 거의 없다는 것을 알 수 있다. 다음으로 동맥산업인 제조업 종사자 수와 재생용 금속가공 원료 생산업 종사자 수와의 지역적 관계를 보면 r=0.221로 동맥산업의 영향을 크게 받고 있지 않아 재생용 재료수집 및 판매업이 입지한 곳에서 인구가 적은 곳으로 편의를 한다고 볼 수 없다.

17) t분포의 95%에서 유의적이다.

✔ 특화계수

특화계수(입지계수, location quotient: L.Q.)는 1948년 플로렌스(P. S. Florence)가 개발한 것으로 구성비로 계산한다. 즉, 특화계수는 다음과 같이 나타낸다.

$$\frac{특정지역특정공업종업원수}{전국특정공업종업원수} \Big/ \frac{특정지역공업종업원수}{전국공업종업원수}, \text{또는}$$

$$\frac{특정지역특정공업종업원수}{특정지역공업종업원수} \Big/ \frac{전국특정공업종업원수}{전국공업종업원수}$$

이 계수값이 1(전국 평균)보다 크면 클수록 해당 공업의 특정지역으로의 배분이, 전체 공업이 그 지역에 배분된 것에 비해 크다. 즉, 그 지역에 그 공업이 특화되어 있다. 반대로 계수값이 1 미만일 경우는 비특화되었다고 한다. 이 측정법은 농업생산, 수출상품 등 다른 지표에 의해서도 응용될 수 있다.

지금 5개의 가상 지역과 α, β의 2개 업종 종업원 수의 배분을 나타낸 것이 〈표 12-1〉로, 지역에서 각 업종에 관한 특화계수는 ㉭지역의 β공업이 특화계수가 가장 높다.

〈표 12-1〉 가상지역에서 특화계수·지역적 집중계수의 계산

단위: %

공업＼지역	㉮	㉯	㉰	㉱	㉲	계
α	60	30	10	0	0	100
β	5	0	10	80	5	100
전 공업	50	25	10	10	5	100

공업＼지역	특화계수					지역적 집중계수
	㉮	㉯	㉰	㉱	㉲	
α	1.2	1.2	1.0	0.0	0.0	0.15
β	0.1	0.0	1.0	8.0	1.0	0.70

다음으로 특정 공업의 지역적 집중계수(국지화 계수, coefficient of localization)는 전체 공업의 종업원 수의 지역별 구성비와 특정 공업의 종업원 수의 지역별 구성비의 차이 중에서 양의 값 또는 음의 값만을 합계해 100으로 나눈 값이다. 이 결과 계수값이 0에 가까우면 가까울수록 특정 공업의 지역적 분포는 전체 공업에 접근해 있고, 반대로 1에 가까울수록 전체 공업의 분포상태에 대비해 편재되어 있다. 〈표 12-1〉에서 α공업보다 β공업이 특정 지역에 집중성이 뚜렷하다.

5. 쓰레기 문제의 접근방법

쓰레기란 물건으로서의 역할을 하지 못하고 없는 것이 좋은 것으로, 더러운 것, 잡동사니, 먼지 또는 쓸모없는 것을 말한다. 경제사회를 지탱하는 산업이나 우리의 일상에서 발생하는 쓰레기는 정말 어떤 역할도 하지 못하는 것일까?

전 지구적 차원에서 환경문제를 취급하는 데에 대해 세계가 함께 한 것은 1992년 리우데자네이루에서 개최된 환경과 개발을 위한 유엔회의[지구 서미트(summit)]에서 이다. 이를 계기로 '환경기본법'이나 환경정책을 결정할 때 고도경제성장기의 공해문제를 고려한 법은 '자연환경보전법'이었다. 전 지구적 차원에서 환경보전을 고려할 필요가 있다는 측면에서 '환경기본법'이 제정된 이후 이를 바탕으로 2002년까지 순환, 지속적, 자원 활용, 재활용(recycle)을 키워드로 한 여러 가지 환경정책이 개정·시행되었다.

쓰레기는 현대의 심각한 사회문제인 동시에 모든 사람의 생활과 관련된 환경문제의 상징적인 존재로 "글로벌으로 생각하고, 국지적으로 행동하라(Think Globally, Act Locally)"라는 주장이 오래되었다. 'Act Locally'란 환경문제 해결을 위해 우리가 할 수 있는 것부터 하자는 의미인데, 쓰레기 줍기가 전국적으로 퍼지게 된 배경에 이러한 의미가 담겨 있다.

1) 지역자원으로서의 가축배설물 처리

(1) 환경에 부하를 주는 농업

농업은 자연에 작용하는 산업이므로 환경에 순응한다는 이미지를 가지고 있는 사람이 적지 않다. 하지만 실제로 농업은 환경에 큰 부담을 주는 산업이다. 농업의 산업폐기물 발생량은 전기·가스·열 공급, 상수도사업에 이어 두 번째로 많다. 일본의 경우 농업에서 발생하는 산업폐기물은 산업폐기물 전체의 약 21%를 차지하는데, 비닐하우스와 멀칭(mulching)재배 시 사용되는 비닐과 농업용 폐플라스틱도 있지만 양적으로 거의 반을 차지하는 것은 가축배설물이다. 가축별 배설물 발생량을 보면 소가 전체의 약 60%, 돼지가 약 25%, 닭이 약 15%를 차지하는데, 소와 닭은 고형상의 배설물이 많지만 돼지는 액상의 배설물이 많다. 육우의 배설물은 사육두수에 비해 많은데, 이는 소의 체중이 많이 나가기 때문이다. 육우의 경우 하루에 약 18kg의 분뇨를 배출해 인간의 약 14배(체중 60kg 성인남성의 고형물이 1.3kg, 액상물이 약 2kg)에 해당하기 때문에 육우는 다른 축산물보다 환경에 부하를 많이 준다. 가축은 생물이기 때문에 현재로서 한 두당 배설물을 기술적으로 삭감하는 것은 곤란하다. 분뇨를 재이용(reuse)해 밭에 직접 살포하는 것은 수질오염이나 악취를 유발하기 때문에 하지 말아야 한다. 따라서 환경문제에서 축산업을 고려할 경우 축산물의 소비를 억제하거나 가축폐기물을 퇴비화해 농지로 되돌려 보냄으로써 순환시켜야 한다. 종래 가축배설물은 축산농가가 소유하는 포장(圃場)에 야적하거나 땅을 파서 모아두는 형태로 처리되는 경우가 적지 않았다. 이러한 방식은 가축사육두수가 적으면 환경에 큰 영향을 주지 않지만 축산업이 대규모화 될수록 배설물이 많아져 문제가 된다. 일본의 경우 전국 평균 1,300두의 양돈농가에서 하루 약 8톤, 1년에 약 3,000톤의 방대한 분뇨가 발생한다. 한국의 경우 2015년 '가축분뇨의 관리 및 이용에 관한 법률'에 의거 축산농가의 규모를 기준으로 허가대상, 신고대상 및 신고미만으로 구분해 규제대상시설에 가축분뇨 처리시설 설치의무와 방류수 수질기준을 적용해 규제하고 있다. 전체 가축분뇨처리량의 약 80%는 축산농가에서 퇴비·액비화시설을 갖춰 비료로 활용하고 있으며, 일부농가에서는 자체 처리하거나 재활용업체에 위탁 처리 또는 해양 투기를 하기도 하고 가축분뇨 공공시설에서 처리하기도 한다.

(2) 퇴비가 되기까지

퇴비란 동물의 분뇨 등의 유기물을 발효시킨 것으로, 발효하는 이유는 분뇨상태로는 악취가 나고 비위생적이기 때문이다. 양질의 비료는 악취가 나지 않고, 나아가 유기물의 분해과정에서 발효열이 발생해 병원균이나 잡초종자를 사멸시킬 수 있다. 퇴비화를 위한 발효를 촉진시키기 위해서는 산소가 필요하고, 공기를 공급하지 않으면 안 된다. 그 방법에 따라 퇴비의 생산은 퇴적방식과 휘저어 섞는 방식[교반방식(攪拌方式)]의 두 가지로 나눌 수 있다. 나아가 시설·장치 형상에 따라 퇴적방식은 무통기형(無通氣型)과 통기형, 교반방식은 개방형과 밀폐형으로 나눌 수 있다. 대표적인 무통기형 퇴적화시설로는 퇴비 머시인(堆肥盤)과 퇴비사(堆肥舍)가 있다. 이들 퇴비발효시설은 가축배설물을 로더(loader) 등의 기계를 이용해 반복 발효시키는 것이다. 1차 발효에 20~30일, 2차 발효에 30~50일이 걸린다. 수분 조절을 위해 부자재로 왕겨를 이용하는 축산농가가 많다. 제품퇴비가 되기까지 장시간이 필요한데 작업원의 반복 노동 등 노동력이 많이 든다.

통기형 퇴비화 처리시설은 무통기형 퇴비사와 건축양식이 비슷하지만 바닥 밑에 공기를 불어넣는 장치가 설치되어 있다. 교반은 로더 등의 기계를 사용해 작업원이 행하고, 바닥 밑에서 일정량의 송풍을 하기 때문에 건조시간은 무통기형에 비해 짧다. 배설물의 1차 발효에 30일 정도, 2차 발효에 20~30일이 걸린다. 이 시설에도 수분 조절을 위해 부자재로 왕겨 등이 이용되고, 제품퇴비가 되기까지 50~60일 정도 걸린다.

개방형 발효시설은 건물 내에 발효탱크(發酵槽)를 설치해 배설물과 부자재를 넣어 교반기를 이용해 강제적으로 반복하는 방식이다. 기계를 이용한 1차 발효에는 15~25일, 퇴비사를 이용한 2차 발효에는 40~65일이 걸린다. 또 부자재를 이용할 경우 1차 발효에 20~25일이 필요하고, 제품비료가 되기까지 55~90일이 걸린다.

밀폐형 발효시설은 단열된 발효탱크 내에서 교반·통기해 발효시키는 방식이다. 다른 퇴비화시설과는 달리 부자재를 이용하지 않고 배설물만 투입해 교반시키고, 또 개방형에 비해 장치규모는 콤팩트(compact)하다. 1차 발효에는 3~7일이 걸리고, 재료의 체류시간은 다른 시설과 비교해 가장 짧고, 2차 발효에는 20~30일이 걸린다. 제품퇴비가 되기까지에는 30~40일이 걸리지만 다른 퇴비화시설과 비교해 달걀을 얻는 닭의 배설물 처리시설로 이용되는 것이 많다. 위의 세 시설과 달리 바깥 공기와 차단된 상태에서 배설물을 처리하기 때문에 악취 발생이 적다. 다만 도입비용이 가장 많이 들기 때문에 악취가 발생하기 쉬운 양돈업이나 비농가의 혼주화가 진행되는 도시근교에서 도입된다.

(3) 채산에 맞지 않는 퇴비판매

일반적으로 퇴비는 농가의 마당에서 판매되거나 농협 직판장 등에서 판매된다. 퇴비의 판매방법에는 텃밭 등의 소량 이용자의 포장용과 대량으로 사용하는 경종농업용의 비포장 판매가 있다. kg당 가격은 포장 판매가 더 비싸고 비포장 판매는 생산비용을 회수할 수 없다. 일본 농수산성 조사에 의하면 농가에서 생산된 퇴비 등의 특수비료 중 약 55%가 판매되고, 약 22%가 자가 농지에 환원되지만 무상양도나 볏짚 등의 교환도 약 15%나 된다. 비료의 생산량이 많은 대규모 축산경영을 하는 많은 개인농가가 법인화되어 있어 교환·무상양도는 약 22%를 차지한다. 즉, 꽤 많은 양의 퇴비가 무료이거나 매우 저렴한 가격으로 거래되고 있다.

예를 들어 축산농가에서 만들어진 퇴비가 무료라고 해도 다른 사람에게 양도한다면 '비료단속법'에 적용을 받는다. 따라서 지방자치단체에 특수비료생산자 신청서를 제출하지 않으면 안 된다. 유료로 판매한다면 비료판매 업무 개시 신청서를 제출할 필요가 있다. 이것은 비료를 잘 만들어 일정한 품질의 비료가 공급되도록 비료 생산·판매에 책임을 지도록 하는 것이다. '비료단속법' 개정에 따라 비료의 품질표시가 제도화되었다. 품질표시에는 비료의 명칭, 종류, 순수중량 등의 일반 표시사항, 원료의 종류, 성분함유량 등이 기재되어 있어야 한다.

돼지사육과정에서 체력, 면역력 향상을 위해 사료에 구리나 아연을 혼합시켜 먹이기 때문에 배설물에 다량의 중금속이 섞여 있을 수 있다. 이러한 배설물을 이용한 퇴비를 토양에 뿌리면 작물의 생육에 영향을 끼쳐 수확된 식품의 안전성이 우려된다. 순환형 농업이라도 주의하지 않으면 한층 더 환경이 악화된다. 그 때문에 일정량 이상의 구리나 아연이 포함된 비료에는 품질표시가 의무화되었다.

(4) 가축배설물 처리를 겨냥한 지역성

일본의 도시근교의 축산농가에서는 1970년경부터 가축배설물 처리시설을 설치해왔는데, 이는 비농가와의 혼주화가 진행되어 축산공해대책이 필요하다고 생각했기 때문이다. '가축배설물법' 시행으로 큰 변화가 나타난 곳은 도시에서 떨어진 농촌지역으로, 법률 시행 이전부터 경영부지 내에서 퇴비사 등을 설치한 축산농가도 있었지만 설치에는 비용이 들기 때문에 땅을 파거나 야적하는 방법으로 대응한 농가가 적지 않았다. 2004년 법률 시행 전후 각 농가에서는 처리시설의 설치가 행해져 전술한 바와 같이 유기(有機)센터도 설치되었다. 몇 개의 농가가 공동으로 유기센터를 설치할 경우 그 시설을 이용한 농가가 토지를 제공하는 경우가 많았다. 가능한 한 민가에서 떨어진 장소를 선정하고, 그 설치예정지의 근린주민에게 시설의 개요나 목적을 설명하고 전원 동의를 얻은 후 시설을 설치 및 가동했다. 지방자치단체나 농협이 유기센터를 설치할 경우 배설물 처리시설의 배치장소로 지방자치단체가 관리하는 토지를 후보 장소로 거론하는 경우가 많다. 또 지역주민 소유의 토지를 후보지로 할 경우 지주와의 대화를 통해 지방자치단체가 매수해 설치하기도 한다. 시설 설치 장소를 결정한 후 행정구역의 주민을 모아 지방자치단체 직원이 시설의 개요나 목적 등을 설명하고 전원의 동의를 얻어 설치를 행한다. 몇 차례에 걸쳐 설명회를 거쳐도 시설의 근린주민 전원으로부터 동의를 얻지 못하고 반대운 동이 일어날 경우도 있는데, 그 경우 시설 설치 장소 선정부터 새로 시작해 지역주 민에게 설명하는 수순을 거치게 된다.

어쨌는 혐오시설이기 때문에 거주지로부터 떨어진 장소에 입지하는데, 이러한 시설은 지방자치단체가 설치하는 것 외에도 재정적인 지원이 행해진다. WTO협정 상 농산물의 가격 지원정책이나 생산에 직접 관계되는 농업보조금은 삭감이 요구 되고 있다. 좋은 환경이나 에코에도 공금을 지불하는 것에 대한 반대가 적지 않다. 2008년 12월 현재 일본에서 대상농가 중 99.9%가 '가축배설물법' 시행에 대응해서 관리기준에 적합한 것으로 보이지만 홋카이도 등에서는 아직 비료가 야적되어 있 는 광경이 눈에 띈다. 이것은 소 10마리 이상, 돼지 100마리 이상, 닭 1,000마리 이 상, 말 10마리 이상 사육하는 축산농가만 '가축배설물법'의 적용을 받고, 경종농가 는 제외되기 때문이다. 물론 경종농가는 야적의 규제를 받지 않기 때문으로 인가가 접근해 있거나 다른 사람의 포장에 인접해 있으면 허락하지 않는다. 야적은 인구밀 도가 낮고 경영경지면적이 광대한 홋카이도이기에 가능하다. 일찍부터 이러한 처 리시설 도입이 진척된 밀폐형이 많은 도시근교지역, 법률 시행과 더불어 시설 설치 가 행해진 농촌지역, 현재에도 야적의 경관을 나타내는 지역에서 가축배설물 처리 를 겨냥한 지역성이 나타난다.

2) 쓰레기 처리

원래 가정에서 배출된 쓰레기인 일반폐기물은 전염병과 관련된 공중위생의 문제 로 취급되었다. 따라서 배출된 폐기물을 소각 등의 수단을 활용해 위생적으로 '적정 처리'하는 것이 중시되었다. 한국에서는 1995년 쓰레기 종량제, 2013년 음식물쓰레 기 종량제가 실시되면서 처리시설이나 폐기물 운반차 등을 오염원으로 하는 공해문 제 측면이 강조되어 각지에서 처리시설의 입지 분쟁이 증가했다. 그 결과 적정 처리 에는 배출된 오염물질이나 악취 등의 삭감이 포함되는 한편, 자기지역의 쓰레기는

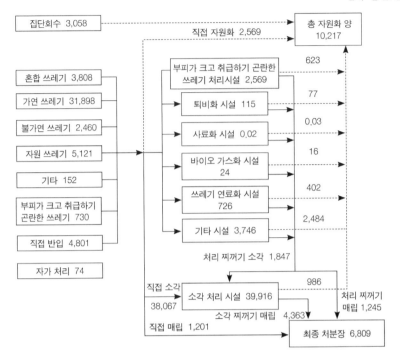

〈그림 12-7〉 쓰레기 처리의 흐름

단위: 천 톤/년

자료: 栗島英明(2009: 61).

자기지역에서 처리한다는 '자기지역 내 처리'의 원칙이 전국에 널리 퍼졌다.

폐기물 연구에서 음의 외부성의 결과인 환경문제는 공간적 계기를 포함한 개념으로, 그 발생이 지역에 불이익을 발생시킨다는 의미에서 중요한 지역문제로 지적되고, 경제지리학의 과제로 ① 최종처분장의 확보·이용에 관한 윤리와 사회경제적 메커니즘의 해명, ② 폐기물의 수집·운반의 효율성, ③ 재자원화시설의 합리적인 입지·배치, ④ 외부비용·사회적 비용의 지역 간 평등 부담, ⑤ 행정의 구체적인 구축의 유효성과 문제점 파악, ⑥ 다이옥신류 발생방지 등 가이드라인 이후의 소각권역 재편, ⑦ 무배출 시스템(zero emission)을 시야에 넣은 폐기물의 산업사슬과 '역(逆) 공장'의 개발·입지가 있다.

가정에서 배출되는 쓰레기는 일단 어디에서 어떻게 처리되는가? 일반적으로 자신이 배출한 쓰레기라도 그 최종목적지를 파악하는 사람들은 적다. 쓰레기 지리학의 하나의 관점으로 공간유동은 빠뜨릴 수 없다. 쓰레기 처리의 흐름을 간단히 나타낸 것이 〈그림 12-7〉이다.

시·군에서 수집된 쓰레기는 대부분 중간처리시설에서 선별·감량화되거나 경우에 따라 자원화된다. 중간처리방법으로는 소각처리가 주류이고, 그밖에도 파쇄, 선별, 용융(溶融), 퇴비화, 쓰레기 연료화, 바이오 가스화, 사료화 등 여러 가지 방법이 있다. 2006년 일본에서 배출된 쓰레기 양의 약 78%가 소각처리되었는데, 중량으로는 약 1/6, 용적으로는 약 1/10 정도의 소각재가 된 후 최종처분장에서 매립처리되었다. 그 밖의 중간처리시설에서는 중간처리에 따라 일부가 자원화 가능 물자가 되어 재활용되고 나머지는 소각처리되든지, 직접 최종처분장에 매립된다.

(1) 중간처리에 의한 공간유동

쓰레기의 중간처리가 어디에서 이루어지는지를 보면 중간처리의 주류인 공영소각처리시설은 일본 전국에 1,301개로 거의 시·읍·면에 하나씩 입지한다고 할 수 있다. 물론 인구가 많은 시·읍·면에는 복수의 시설이 있지만 일부 사무조합 등 주변 시·읍·면과 제휴해서 운영하는 곳도 있기 때문에 소각시설이 입지하지 않는 시·읍·면도 다수 존재한다. 그러나 소각시설만 이만한 수가 있다는 것은 배출되는 쓰

〈그림 12-8〉 도쿄도와 사이타마현의 일반폐기물 소각시설(2009년)

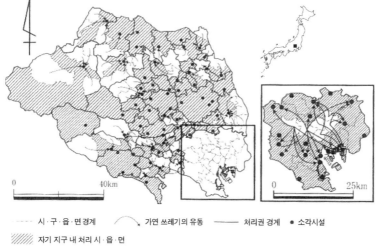

자료: 栗島英明(2009: 62).

레기를 자기가 거주하는 지역 가까이에서 처리한다는 것을 나타낸 것이다.

〈그림 12-8〉은 2009년 도쿄와 사이타마(埼玉) 현의 소각시설 입지를 나타낸 것이다. 인구가 적은 사이타마 현 서부 치치부(秩父)지역 등은 시설입지가 띄엄띄엄 있지만 도쿄도 구부(區部)나 대도시 근교에 위치한 타마(多摩)지역, 사이타마 현 동부에서는 단독 시·읍·면에서 처리하는 경우와 복수 시·읍·면이 공동으로 처리하는 경우가 나타나 기본적으로는 가까운 지역에 입지하고 있다. 즉, 쓰레기의 행방을 더듬어보면 중간처리까지는 그다지 곤란한 것이 없다고 볼 수 있다. 그리고 많은 시설이 시·읍·면 경계부근에 입지해 있는데, 가정이나 사무소에서 배출된 쓰레기를 수집해 중간처리시설로 가져간다. 물류의 효율성을 고려하면 시·읍·면의 인구 중심(重心)에 입지하는 것이 효율적이지만 실제의 입지는 그렇지 않다. 처음 만든 소각시설은 님비(Not In My Backgard: NIMBY)[18]시설이기 때문이다. 소각시설이 필요하다는 데에는 많은 사람이 동의하지만 실제로 입지할 경우에는 주변 주민들의 반대에 직면한다. NIMBY시설인 소각시설은 인구가 집중해 있는 시·읍·면 중심부가 아닌 주변부, 즉 경계부근에 입지하게 된다. 물론 주변일지라도 주민의 반대는 있기 때문에 입지 대응책으로 도로나 공공시설 등의 정비를 껴안게 된다.

18) 처리장의 필요성은 알지만 자기 거주지 근처에 입지하는 것을 허락하지 않는 것을 말한다.

(2) 최종처분의 공간유동

일본에서 쓰레기 최종처분장의 잔여용적은 한결같이 감소해 2006년 현재 1억 3,000만m³로 잔여연수는 15.6년이다. 또 시·읍·면으로서 최종처분장을 확보하지 못하고 민간 최종처분장에 매립처분을 위탁하는 시·읍·면은 전국 시·읍·면의 18.8%에 해당하는 343개이다. 또 〈그림 12-9〉는 도(都)·도(道)·부(府)·현(縣)별로 최종처분장을 가지지 않은 시·읍·면의 비율을 나타낸 것이지만 지역에 따라 차이를 나타낸다. 이러한 상황이 나타난 이유는 다음과 같다. 첫째, 최종처분장도 소각시설과 같이 NIMBY시설이기 때문이다. 다만 같은 장소에서 시설 변경이 가능한 소각시설과는 다르게 최종처분장은 시설이 다 차면 새로운 장소를 찾아

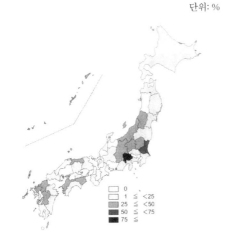

〈그림 12-9〉 최종처분장을 가지지 않고 최종처분을 민간 위탁하는 시·읍·면의 비율(2006년)

단위: %

자료: 栗島英明(2009: 64).

<그림 12-10> 간토 지방에서 최종처분을 목적으로 한 쓰레기 이동(2006년)

단위: 천 톤/ 년

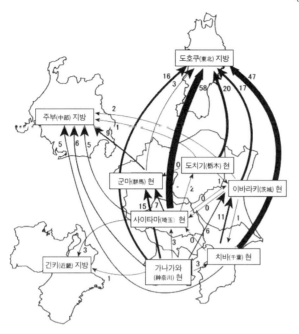

자료: 栗島英明(2009: 65).

야 하기 때문에 이곳의 주민과 합의할 필요가 있다. 즉, NIMBY의 영향이 좀 더 심각한 시설이라고 할 수 있다. 그 때문에 근린에서 처분이 곤란해 최종소각 처분을 위해 쓰레기 이동은 좀 더 광역화된다.

〈그림 12-10〉은 2006년 간토(關東) 지방에서 최종처분을 목적으로 한 도·현(都縣)별 쓰레기의 광역이동을 나타낸 것이다. 도쿄 도(都)는 구부(區部)가 중앙방파제, 타마지역에 많지만 히노데(日ノ出)읍에서 최종처분하기 때문에 도 외(都外)이동은 없지만 그 밖의 간토 지방 현에서는 간토 지방 북부나 도호쿠(東北) 지방, 주부(中部) 지방, 긴키(近畿) 지방으로 쓰레기가 유동하는 것을 알 수 있다. 다만 이것을 시·읍·면 수준에서 파악하면 바로 곤란해진다. 그것은 민간시설에 많이 위탁하는 시·읍·면이 처분지 주민에게 불안을 줄 수 있다는 이유로 처분지를 일반적으로 공표하지 않기 때문이다.

1999년 사이타마 현 시·읍·면에서 위탁계약에 의한 소각재(燒却灰)의 최종처분지를 보면(〈그림 12-11〉), 많은 시부는 관리처분장을 가지고 있지만 처분장의 연장을

<그림 12-11> 사이타마 현에서 소각찌꺼기의 최종처분지와 이동(1999년)

(가) 도 내 최종 처분장과 폐기물 이동

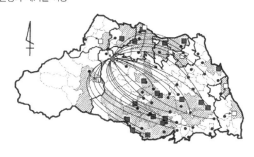

(나) 도 밖으로의 폐기물 이동

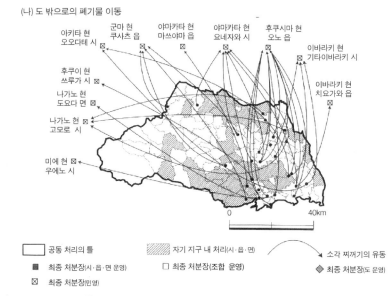

공동 처리의 틀	자기 지구 내 처리(시·읍·면)	소각 찌꺼기의 유동
■ 최종 처분장(시·읍·면 운영)	□ 최종 처분장(조합 운영)	◆ 최종 처분장(도 운영)
⊠ 최종 처분장(민영)		

자료: 栗島英明(2009: 66).

위해 전량을 시내에서 처분하지 않고 일부를 시외에 반출하는 경우가 많다. 이동지를 보면 요리이(寄居) 읍에 있는 현에서 운영하는 최종처분장과 현 외의 민간시설로의 이동이 많았다. 주요 도 외의 이동지로 도호쿠 지방이나 간토 지방의 북부 시·읍·면으로 이동했다. 또 〈그림 12-11〉에서 복수의 지방자치단체가 일부의 특정 기업에 위탁하기 때문에 군마(群馬) 현 쿠사츠(草津) 읍이나 아키타(秋田) 현의 오오다테(大館) 시, 후쿠시마(福島) 현 타무라(田村) 군 오노(小野) 읍, 나가노 현 코모로(小諸) 시라는 특정 시·읍·면에 집중적으로 유입했다. 이로부터 10년이 경과한 후에도 그 구조는 크게 변하지 않았다.

이상의 최종처분장에 관련된 폐기물 이동을 보면 '대도시 근교에서 농·산촌으로'라는 경향이 나타난다. 보기에 따라 그것이 일종의 '중심 - 주변' 관계를 보인다고 할 수 있지만 그렇게 단순하지는 않다. 〈그림 12-11〉과 같이 최종처분장을 가지지 않는 시·읍·면의 비율이 높은 것은 반드시 도시 근교의 현만이 아니고 오히려 농촌부나 산간부를 포함하는 현이다. 즉, 대도시근교, 농·산촌지역과 함께 최종처분을 일부의 농·산촌지역에 의존하는 것이 일본의 쓰레기 처리 현황이다.

(3) 일반폐기물의 처리·재편성의 특징과 요인

〈그림 12-12〉는 지금까지의 도쿄 도와 사이타마 현의 일반폐기물 처리권과 폐기물 이동, 처리권의 재편 동향을 모식(模式)적으로 나타낸 것이다. 중간처리는 비교적 근린에서 행해지지만 시설은 시·읍·면의 주변지역인 경계부근에 입지한다. 최종처분에 이르기에는 자기부담으로 최종처분장을 가지지 않는 시·읍·면도 많고, 대도시 근교나 농·산촌지역의 쓰레기는 광역으로 이동한다. 그리고 이러한 시설입지와 쓰레기 이동의 최종말단에는 쓰레기 처리시설이 NIMBY시설이라는 요인이 크게 작용한다. 쓰레기가 질량과 더불어 변화하고 처리시설의 입지도 곤란한 현재의 상황에서는 쓰레기 처리·처분을 시·읍·면 단위에서 행하는 시·읍·면은 일부에 지나지 않는다. 또 민간위탁은 비용 절감을 하나의 목적으로 해 현재의 행·재정개혁의 동향에 따른 것이다. 주민의 생활권이 단일 행정지역단위에 머물지 않고 광역이 된 현상이나 광역적 시·읍·면의 합병이 진행되는 현재의 상황에서 보면 행정구역에 구애되지 않는 것은 그다지 의미가 없다. 나아가 자원의 유효이용과 환경부하의 저감이라는 관점에서 보면 시·읍·면이라는 스케일의 순환에서는 스케일에서의 쓰레기 순환은 작은 편이다.

한편 쓰레기가 유입되는 지역은 큰 환경오염의 위험성을 내포하지는 않지만 주변지역의 이미지 저하 등의 문제가 생길 가능성이 있다. 쓰레기의 광역적 유동과 일부 지역으로의 유입은 음의 외부성을 공간적으로 편재시킨다. 광역적 유동을 피할 수 없는 방향이면 폐기물 처분세와 같은 형태로 그 부담을 한 지역에 부담시키지 말고 처리권 전체에 평등하게 부담하는 시스템을 동시에 구축하는 것도 필요하다.

또 쓰레기 행방을 파악할 수 없는 문제는 최종처분장 부족에 대한 정보가 배출자인 주민에게 전달되기 어렵다는 정보의 격절(隔絶)과 관련된다. 최종처분장 위기

〈그림 12-12〉 도쿄 도와 사이타마 현에서 일반폐기물의 처리·재편의 특징

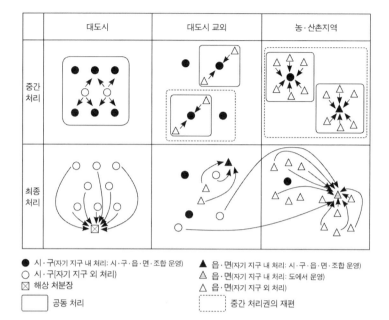

자료: 栗島英明(2004: 13).

상황에서도 일반 주민에게는 위기감 인식이 형성되어 있지 않다. 또 원격지의 처리 시설 상황이나 주변주민의 음의 외부성에 대해, 예를 들면 행정이나 매스컴이 언급했다고 하더라도 배출자인 주민은 이를 현실적으로 받아들이는지는 의문이다. 쓰레기의 감량화를 촉진하더라도 시·읍·면은 쓰레기의 최종목적지를 적극적으로 주민에게 알릴 필요가 있다고 생각한다.

(4) 지역 순환권과 지역재생

지금까지 쓰레기 이동의 음의 측면을 주로 보았지만 재생을 위한 이동은 상황이 조금 다르다. 지역 순환권은 지역의 특성이나 순환자원의 성질에 의해 최적의 규모에서 형성하는 것이 중요하다. 지역에서 순환가능한 자원은 가능한 한 지역에서 순환시키고, 지역에서 순환이 불가능한 것은 순환 고리를 광역화시켜야 한다. 예를 들면, 얇고 널리 발생하며 부패하기 쉬운 바이오매스(biomass)계 순환자원은 그 지역에서 순환시키는 한편, 고도의 처리기술을 요하는 것에 대해서는 전국 수준이나 국제적인 규모의 시야의 좀 더 광역적인 지역에서 순환시켜야 한다. 순환자원에 의

해 광역순환이 자원의 유효이용이나 환경부하비 면에서 우월한 경우가 있다.

그러나 관점을 바꾸면 쓰레기는 처음부터 쓰레기였던 것이 아니라 가치 있는 제품이었고 좀 더 거슬러 올라가면 귀중한 자원이었다. 쓰레기의 흐름을 정맥에 비교해 파악할 수 있는데, 정맥혈이 폐와 심장을 거쳐 다시 동맥혈이 되는 것과 같이 쓰레기가 가는 마지막을 최종처분장에서 끝내지 말고 재생을 통해 순환시키는 것이 중요하다. 이를 위해 순환자원에 맞는 지역 순환권의 규모를 검토하는 것이 필요하다.

6. 에코 사업에서 본 재활용 사업의 집적

에코 타운 사업이란 각 지역에서 기존의 산업집적을 활발하게 하면서 폐기물의 배출이 없도록(zero emission) 목표를 정하는 환경산업 진흥을 통한 지역개발정책이다. 1997년 일본의 기타큐슈(北九州)시의 에코 타운에서는 이를테면 집적의 이윤을 관찰할 수 있다고 생각한다. 이들은 첫째, 폐기물의 불변수량(constant), 또한 대량 수집을 위한 하드 및 소프트의 인프라를 구하는 집적, 둘째, 최종처리장의 확보와 안정된 운영이라는 하드 및 소프트의 인프라를 구하는 집적, 셋째, 유해시설적 측면을 갖는 정맥산업이 신규입지를 할 경우 해당 지방자치단체 및 지역주민을 설득할 때 거래비용(transaction cost)의 절약을 구하는 집적, 넷째, 기타큐슈 시 에코 타운에 진출함으로써 기업의 지명도를 올린다는 광고·선전비용의 절약을 얻는 집적, 다섯째, 정맥산업으로 대표되는 환경 비즈니스에 관한 다양한 기술·정보를 얻는 집적의 5가지이다.

첫째에서 넷째까지는 베버의 공업입지론을 생각할 수 있는 생산이 일정한 양으로 하나의 장소에서 합일적으로 행해짐으로서 발생하는 생산 또는 판매상의 이익, 즉 저렴화=비용절약을 의식한 것에서 열거한 것이다. 그중에서도 세 번째 다양한 거래비용의 절약을 기대하는 기타큐슈 시 에코 타운으로의 집적이다. 기타큐슈 시 에코 타운의 각 시설은 최종 처리장을 위시해 정맥산업의 입지를 둘러싼 많은 분쟁은 유해폐기물 주변의 환경이나 지역주민 건강의 염려가 원인이라는 것을 고려해 원칙적으로 모든 것을 공개하고, 지역에 받아들이는 처리장, 재활용 비즈니스를 지향한다. 이러한 시설의 공개와 주민과의 위험 커뮤니케이션(risk communication)을 단독기업이 사업을 하는 데는 상당한 거래비용이 필요하다. 이 때문에 기타큐슈 에코 타운에서는 시가 그 조정자 기능을 발휘하고 있다. 특히 비즈니스로서의 재활용을 성립시키기에는 어느 정도 양의 폐기물을 경우에 따라 광역적으로 가지는 것이 불가결하다. 일반적으로 님비 현상에서 설명하지만 다른 지역의 폐기물을 받아들이는 것에는 주민감정이 민감하게 작용한다. 실제로 기타큐슈 시나 관련 기업은 기타큐슈 에코 타운의 재활용 사업입지에 관한 내용을 지역주민들에게 설명하고 설득하는 데 10년 이상의 시간비용을 지불했다.

또 다섯째의 집적의 이유은 베버가 말하는 비용의 절약을 구하는 집적에 비즈니스 기회를 구하는 것을 생각해야 한다. 특히 최근에는 집적 네트워크의 본질로서 개개의 유연적 전문 능력을 가진 벤처 기업이 연휴·결합해 지역전체로서 누적적인 혁신을 발생시키는 현상이 주목을 받고 있지만 비즈니스로서의 재활용에도 그 싹이 관찰되고 있다.

그런데 산업입지 정책 중에서도 환경과 조화에 유의한 새로운 입지시책의 추진이 이루어지고 있다. 공장에서 배출된 산업 폐기물은 다른 생산공정에서 주요한 원재료로서 사용되고, 산업전체에 제로 배출이 실현된다. 이러한 순환형 사회에 적합한 새로운 산업 에코 시스템의 필요성을 강조하는 견해도 제시되고 있다. 그를 위해서는 폐기물의 특성이나 발생상황에 대응해 시·읍·면, 광역 행정권, 광역경제권 등 적정 처리권역을 바꾸어가며 중층적인 폐기물 처리 시스템을 구축하는 것도 필요하다. 나아가 개별경제 주체가 개개의 이윤을 얻어 생산·입지를 결정하는 현재의 시스템과 우리가 모색하는 환경조화형의 생산·입지 시스템과의 사이에 조정이 어떻게 이루어져야 할까라는 큰 과제도 남아 있다.

제4부 경제지역과 지역개발

제13장
경제지역

    앞 장까지의 내용은 자본이 어떻게 자연과 공간을 이용해 처리되었는가를 자본의 주요 활동분야인 농·공·유통, 경제적 중추관리 및 교통·정보, 지식산업, 환경문제에 대해서 문화산업과 재활용에 대해서 개별적으로 고찰했다. 이 장에서는 각 산업의 지역적 경제활동의 최종적인 목표는 경제지역 설정에 있다고 생각하고 경제지역에 관해 기술하기로 한다.

    구니마츠(國松久彌)는 경제지리학이 경제지역의 형성과 구조에 관한 이론적 과학이라고 지적한 바와 같이 경제지역의 개념은 경제지리학에서 중심적이고 기초적인 것이다. 경제지리학에서 경제지역과 지역경제는 서로 다른 내용으로, 지역경제의 지역은 어디까지나 규정되지 않은 것으로 분석대상으로서의 지역 또는 정책시행 대상으로서의 지역은 과제의식에 따라 자유롭게 설정된다. 따라서 이렇게 설정된 개개의 지역은 많은 경우 현실·구체적인 지역 또는 추상적·논리적 차원에서의 지역인 경우도 있다. 예를 들면 탄전지역, 과소지역, 공업지역 등으로, 이들은 이미 지로서는 개별·구체적인 지역이 염두에 떠오르지만 여기에 관련된 각각의 지역개념으로서는 역시 추상적이고 특수적인 것이며, 또 특수적이면서도 일반적인 성격을 갖고 있다.

    이에 대해 경제지역은 이들 지역경제 간의 접합이 경제적 관계를 가진 경우를 말한다. 이런 점에서 국민경제 속에서 일정한 논리로 구성되어 있는 지역경제와 분석대상으로서의 지역경제를 구별해야 한다. 그러나 경제지역은 국민경제를 평균적으로 축소한 것은 아니다. 가와지마(川島哲郎)는 지역 내부에 기능적 통일성을 가지는 '국민경제 내부의 지역적 구성 부분'을 지역경제라 하고 "생산·유통에 관한 핵을 갖고 어떤 범위에서 경제의 지역적 순환이 독립해서 이루어지는 경우에 처음으로 지역경제가 성립한다"고 했다. 그리고 경제의 지역적 순환이 형성된 기초적인 조건에서 경제의 공간적 제약의 문제가 있다고 해 첫째, 공간의 수송거리 문제, 둘째, 생산의 공간적 집약에 관한 '한계의 문제'의 두 가지를 지적했다. 이러한 견해를 바탕으로 수송비의 존재나 집적의 한계라는 경제논리 아래 형성된 권역을 경제지역이라고 부르기로 한다. 또 경제지역의 공간적인 단절은 소비자의 민족적·문화적 특성이나 정치적·제도적 차이로 이루어진다.

1. 경제지역에 관한 여러 견해

여기에서 경제지역에 대해 기술하기 이전에 종래의 경제지역에 관한 여러 견해를 살펴보면 다음과 같다. 디트리히의 경제지대는 특정 재화의 생산이나 소비가 집중적으로 분포하는 규모가 비교적 큰 대상의 지표공간으로 이해하고 이보다 공간적으로 협소한 것을 경제지역(Wirtschaftsgebiet)과 경제경관(Wirtschaftslandschaft)이라 했다. 한편 헤트너에 의하면 경제지역은 등질의 경제적 성질을 가지는 지표공간을 의미한다고 했으며, 디킨슨(R. E. Dickinson)은 유사한 이해관계와 조직을 가지고 상호 관련적인 활동을 하는 영역으로서 도로 형태, 중심도시의 매개를 통해 영향을 받는 인간과 공간과의 상호관계의 실재(實在)를 경제지역이라 했다. 그러므로 재화와 인간의 이동이나 서비스, 뉴스, 아이디어의 분배에 영향을 미치는 수단으로서 복합적이고 잘 짜인 조직을 포괄하는 지역이라 했다. 또 리터(C. Ritter)는 경제현상이 충전(充塡)된 토지를 경제지역이라 했다.

이상의 경제지역에 대한 개념에서 첫째, 경제지역은 경제적 여러 요소의 통일체이고, 둘째, 등질지역과 기능지역의 관점에서의 인식, 셋째, 경제지역의 계층성, 넷째, 경제지역은 역사적으로 발전한다는 점으로 요약될 수 있다. 이 장에서는 야다(矢田俊文)의 경제지역 관점에서 등질지역으로서의 산업지역과 기능지역으로서의 경제권, 이들 산업지역과 경제권의 정합에 의한 경제지역을 살펴보기로 한다.

2. 산업지역

전통적으로 지인(地人) 상관적인 관점에서 출발한 등질지역은 산업의 동일 내지 동종의 부분이나 기능이 입지한 일정한 공간적 범위 내에서 탁월하면 등질지역으로서의 산업지역을 적출(摘出)할 수가 있다. 물론 어느 정도의 산업 분류를 동일 내지 동종으로 보는가, 어디까지의 공간적 범위에서 탁월한가의 판단기준에 따라 산업지역의 규모와 내용이 변하게 된다. 공간적 범위를 좁게 설정하면 경제기지로서, 넓게 설정하면 경제지대로 파악할 수가 있다. 그러나 양자 간의 질적 차이를 찾아 낸다는 것은 매우 곤란하지만 어느 쪽이든지 국토를 산업지역의 집합체로써 설명할 수 있으며, 거꾸로 지역구분도 일정한 산업 분류, 일정한 공간범위, 일정한 지표를 바탕으로 다수의 산업지역으로 나눌 수가 있다. 이러한 생각은 슈미트-레너(G. Schmidt-Renner)의 8단계(경영, 경영집단, 대취락, 경제권, 경제지역, 전국적 경제지역, 국제적 경제지역, 세계 경제지역)의 '입지복합'으로서의 생각과 니시오카(西岡久雄)의 '입지복합'으로서 '지역', '지역'의 배열·중합으로서의 '지역구조'의 생각과 공통된다. 이때 등질지역의 구분은 지역 간의 불균형, 지역 간 격차의 메커니즘을 파악하는 것이 중요하다.

산업지역의 구분은 일반적 지역구분과 마찬가지로 지역에서 제공하는 많은 정보를 질서 있게, 또 일관성 있게 정리하는 수법으로 지역에 관한 정보를 정리할 수 있으며 지역을 분석하는 기본적인 수단의 하나로 등장할 수 있다. 지역구분은 분류대상의 유사한 특성과 대상물 상호 간의 관계에 바탕을 두고 있는데, 분류의 목적과 접근방법에 따라 첫째, 논리적 구분(상부로부터의 분류)과 분류(협의의 분류로 하부로부터의 분류), 둘째, 자연적 분류(일반적 분류)와 인공적 분류(특수적 분류), 셋째, 분석적(analytical) 지역구분과 종합적(synthetic) 지역구분[1]으로 나눌 수 있다.

이와 같은 지역구분의 규칙은 다음과 같다. 첫째, 지역구분은 절대적이 아니고 가변적이다. 즉, 개체에 대한 정보가 증가되면 지역구분은 변하게 된다. 둘째, 분화 지표에 관한 규칙으로 분류하려고 하는 개체의 특성으로 분류해야 한다. 그러나 종래에는 고유의 특성보다 분포를 규정짓는다고 생각되는 지표를 사용했다. 예를 들면, 농업지역구분에서 작물 결합이나 농업규모와 같은 농업적 특성이 아니고 토양·기후형을 사용했다. 셋째, 지역구분의 철저성과 구분의 상호 배타성의 규칙으로 미

1) 분석적인 지역구분은 전체지역을 일정한 기준으로 반복적으로 나눔으로써 지역의 계층성을 추출하는 것으로, 이는 구분(classification)의 방법과 유사하다. 종합적인 지역구분은 하위지역에서 상위지역으로 지역화가 이루어진다는 점에서 분류(division)와 유사하다.

분류 개체가 있어서도 안 되고, 어느 하나의 그룹에만 속해야 한다. 넷째, 지역구분의 각 단계에 분화지표가 동일해야 한다. 다섯째, 분류단계에서 분화지표의 서열에 관한 규칙으로, 제1단계의 분류는 분류목적에서 가장 중요한 분화지표를 사용해야 한다.

3. 경제권

인간관계에 바탕을 둔 지점과 지역 간의 상호관련에 의한 기능지역으로서의 경제권은 교통·정보, 사람의 이동, 재화와 서비스에 의해 규정되나, 지역 간의 관계는 이들 각 지표에 의한 조밀 정도, 성질에 따라 각각 다르다. 경제권은 일정한 기능적 통일을 갖는 지역의 실재(實在)이며, 생산, 유통, 배분, 소비에 관한 핵을 갖고 경제적 순환권(循環圈) 내에서 나타나고 있다. 그리고 규모가 큰 상위의 지역경제에 포함되어 최종적으로 국민경제와 관련된다.

경제권으로 파악할 수 있는 것은 상권, 서비스권, 민간기업의 본·지점망, 금융권 등 각종의 기능지역들이 있지만, 이들을 큰 틀에 통합시키는 것은 국가 기구의 관리권이다. 그것은 중앙·지방 정부의 역할이 강해 도·소매업, 서비스업, 금융·보험업, 민간기업의 지점 등이 도청, 시·군청 소재지를 거점으로 해 집중적으로 입지하고 있기 때문이다.

또 노동력의 재생산권으로서의 생활권도 별도의 측면에서 보면 소매업의 시장권, 개인 소비·서비스의 서비스권, 교육·복지 등의 공공기관 서비스권 및 통근권의 총체로써 형성되어 중층적인 기능지역의 최말단에 위치하고 있다. 이와 같은 소비재의 시장권, 개인 소비 관련의 서비스권, 금융업, 민간기업의 관리권, 국가 기구의 관리권과 생활권 등 많은 종류의 기능지역이 소비재·서비스의 지역적 순환, 소득·자금의 지역적 순환, 노동력의 지역적 순환에 의해 형성된다.

충청북도의 경제권에 대해 살펴보면 다음과 같다. 먼저 행정 관리권에서 시·군별 각종 기관의 집적을 보면 〈표 13-1〉과 같이 청주시에 17개, 충주·제천시에 각각 9, 6개의 기관이 집적해 있는데, 이것은 이들 도시가 교통·정보의 결절점으로서 중요한 성격을 띠고 있기 때문이다. 다음으로 국가 기관의 관할지역을 지방법원·검

〈표 13-1〉 충청북도의 시·군별 관공서(2015년)

기관 \ 시·군	청주	충주	제천	보은	옥천	영동	증평	진천	괴산	음성	단양
도청	○										
시청	○	○	○								
군청				○	○	○	○	○	○	○	○
구청	○										
지방경찰청	○										
경찰서	○	○	○	○	○	○		○	○	○	○
도교육청	○										
시·군 교육청	○	○	○	○	○	○		○	○	○	○
지방법원	○										
지방법원 지원		○	○			○					
지방검찰청	○										
지방검찰청 지청		○	○			○					
세무서	○	○	○			○					
세관	○	○									
지방병무청	○										
기상대	○										
지방조달청	○										
보훈지청	○	○									
지방환경청	○										
지방노동청 지청	○	○									
기관 수	17	9	6	3	3	6	1	3	3	3	3

자료: 각 기관 홈페이지를 참조하여 필자 작성.

찰청, 지방 노동청 지청, 지방 환경청에 한해 그 지역적 분포형태를 파악하면 다음과 같다. 지방법원·검찰청의 경우 청주지방법원 및 검찰청이 청주시를 포함한 1시 4개 군을 관할하고 있으며, 청주지방법원 지원 및 청주지방검찰청 지청은 충주·제천시, 영동읍에 각각 배치되어 충청북도에서 법무·검찰기능에 의한 계층구조는 2계층 4개 지역으로 분할되어 있다. 다음으로 노동부 산하 지방 노동청 지청의 관할지역을 보면 충청북도에서 지방 노동청 지청이 입지하는 곳은 청주시와 충주시로, 청주 지방노동청 지청은 청주시를 위시해 진천·괴산·보은·옥천·영동군을 관할지역으로 하고, 나머지 충청북도 지역은 충주 지방노동청 지청이 관할해 충청북도를 두 지역으로 구분하고 있다. 끝으로 지방 환경청은 충청북도의 경우 금강유역·원주지방환경청의 관할지역에 있으며, 청주시에 환경출장소가 입지해 충청북도를 두 지역으로 구분한다. 지방 노동청 지청과 지방 환경청의 관할지역은 법원·검찰청의 관할지역과 다른 공간적 형태를 취하고 있다. 이와 같은 행정 관리권에 의한 충청

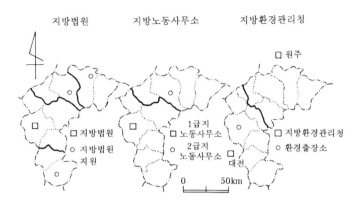

북도의 경제권은 단층 내지 중층의 계층구조를 형성하고 있으며, 관할지역은 2~4
개로 분할되어 있다(〈그림 13-1〉).

4. 경제지역

위에 기술한 산업지역과 경제권과의 관련성을 파악하는 데는 이들 양자의 정합
성(整合性)이 문제로 야기된다. 물론 산업지역과 경제권과의 정합성에 대해서는 단
순하게 결론을 내릴 수가 없을 정도로 복잡하므로 기본적으로 이들 양자는 부정합
의 관계에 있다고 볼 수 있다. 만약 산업지역이 경제권과 정합한다면, 즉 중층적(重
層的)인 시장권의 내부에 각각의 시장규모와 대응하는 각종의 산업부문이 입지해
생산된 제품이 기본적으로 역내(域內)에서 순환하고 있다면, 경제권 내부에 유기적
인 산업연관이 확립되어 같은 수준의 경제권 상호 간의 산업구성은 유사하게 된다.
이러한 경제권과 산업지역이 정합한 종합적인 지역을 엄밀한 의미에서의 경제지역
이라 할 수 있다.

현대 자본주의에서 자본주의적 경영이론에 의한 개별적인 산업배치 때문에 산업
지역은 불균형하게 형성되어 있다. 한편 이것과 별개로 경제권은 중층적으로 편성
되어 있기 때문에 이들 양자는 부정합이 되어 진정한 경제지역은 성립되지 않는다.

이런 점에서 현대 자본주의를 바탕으로 한 국민경제의 지역적 편성은 산업지역과 경제권의 두 가지가 부정합으로 이룩되어 있다고 할 수 있다. 이 경우 양자를 통일해서 전체로써의 지역편성을 생각할 경우에는 산업지역의 편성을 기축으로 하는 것이 적당하다. 전술한 바와 같이 산업지역 간의 불균형·격차, 대립 그 자체가 경제권 간의 평준화를 저해하고, 한편으로는 중층적인 경제권을 매개로 한 재화·서비스, 소득·자금·노동력의 지역적 이동이 산업지역 간의 불균형·격차·대립을 확대하고 있다는 관점에서 양자를 규명해야 되기 때문이나.

제14장
경제발전과 지역개발

1. 경제발전

1) 경제발전과 장기 파동 이론

발전이란 경제적 요인뿐 아니라 넓은 의미에서 사회적·문화적 가치, 정치적·제도적 체제 등 구조상의 변화를 말하는데, 시어스(D. Seers)는 빈곤, 실업, 불평등의 추방으로 사회 전체의 균등한 성장을 발전으로 보는가 하면, 물질의 양적 증가를 발전으로 보는 견해도 있다.

경제발전은 새뮤얼슨(P. Samuelson)에 의하면 인구, 천연자원, 자본 형성, 기술혁신의 상호작용에 의해 이룩된다고 했고, 휠러(J. O. Wheeler) 등은 〈그림 14-1〉과 같이 인구특성, 문화속성, 기술, 에너지와 자원의 상호작용에 의해 이룩된다고 했다. 인구성장률과 인구구조의 특성은 경제발전과 깊은 유대관계를 맺고 있다. 그리고 인구는 또한 문화와 관련을 맺고 있으며, 문화는 경제발전에 미약한 영향을 미치고 있다. 다음으로 기술, 에너지는 경제발전이 이룩되는 곳에서 사용되고 응용되어져야 한다. 경제활동과 직접적인 관련성을 맺고 있는 기술은 일반적으로 4가지로 분류된다. 즉, 첫째 교통·통신, 둘째 제조업, 셋째 농업, 넷째, 사무기기, 연구개발 기기 등 도시의 과학기술(urban technology)이다. 기술의 수준은 에너지 소비량에 의해 측정될 수 있다. 마지막으로 자원은 경제발전이 이룩되는 지역·국가에서만 산출되는 것은 아니고 다른 지역 내지 다른 국가에서 원거리로 운송된다.

발전의 수준은 여러 가지 측면에서 파악할 수 있는데, 먼저 GDP의 측면에서 파

〈그림 14-1〉 경제발전과정의 주요 요소

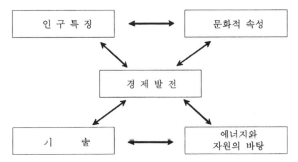

자료: wheeler et al.(1998: 38).

〈그림 14-2〉 국가 간 소득격차

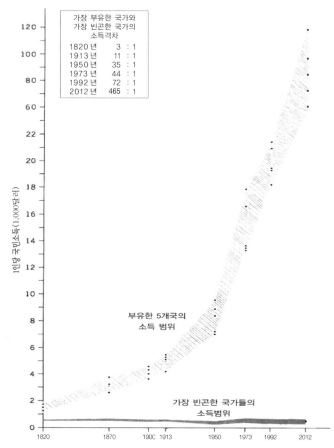

자료: Dicken(2003: 513); 矢野恒太記念會(2014: 129~131)에 의거하여 필자 자성.

〈표 14-1〉 지역별 절대빈곤 인구비율

단위: %

지역	1981년	2008년
동아시아	77.2	14.3
남아시아	61.1	36.0
유럽	1.9	0.5
서남아시아·북부 아프리카	9.6	2.7
사하라 사막 이남 아프리카	51.5	47.5
카리브해, 남아메리카	11.9	6.5
세계	52.2	22.4

자료: World Bank(2011).

악할 수 있다. 국내 총생산은 해외에서의 소득, 지출을 제외한 순수한 국내에서의 경제활동에서 1년 동안 생산된 재화·서비스의 총 가치를 말하는 것으로, 그 국가의 인구로 나누면 1인당 국민소득이 된다. 2012년을 기준으로 주요 국가의 1인당 국민총소득을 살펴 보면 카타르, 싱가포르, 산마리노, 스위스, 노르웨이, 모나코, 리히텐슈타인, 룩셈부르크, 미국, 캐나다, 오스트레일리아는 5만 달러 이상의 높은 국민소득을 올린 국가이지만 아프가니스탄, 캄보디아, 북한, 방글라데시, 많은 아프리카 국가, 아이티는 1,000달러 미만으로 국민소득이 매우 낮은 국가들이다. 1820~1992년 사이에 가장 소득이 높은 5개 국과 가장 소득이 낮은 국가들 간의 소득격차를 보면 1820년에 3배 이던 것이 제2차 세계대전이 끝난 1950년에 35배, 1992년에 72배, 2012년 약 465배의 차이를 나타냈다(〈그림 14-2〉).[1]

이와 같은 국가 간 소득격차는 절대빈곤[2]층의 영향도 크게 받는데, 세계의 지역별 1일 생활비가 1.25달러 미만인 절대빈곤층의 인구를 해당 지역 총인구비율로 나타낸 것이 〈표 14-1〉이다. 1981년 세계평균 절대빈곤층의 비율이 52.2%였던 것이 2008년에는 22.4%로 줄어들었는데, 사하라 사막 이남의 아프리카와 남아시아

1) 한 국가 내에서의 소득 격차는 40~80배 차이가 정상이다.
2) 론트리(S. Rowntree)는 신체적인 능률을 유지하기 위해 기본적인 필수품을 구입하기에 총수입이 부족한 상태를 1차적 빈곤이라 했다. 한국에서의 빈곤은 절대적 빈곤방식으로 '국민기초생활보장법' 제2조 제6항에서 최저생계비를 국민이 건강하고 문화적인 생활을 유지하기 위해 소요되는 최소한의 비율이라고 제시했다. 여기서 최저생계비에 근거해 대표적인 공적부조정책이 기초생활보장 수급제도가 시행되게 되었다.

〈그림 14-3〉 한국의 절대빈곤율과 상대빈곤율의 변화

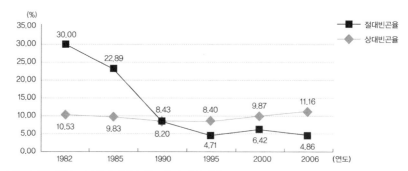

자료: 보건복지부(2008)의 보도자료 참고하여 필자 작성.

의 경우 아직도 세계평균보다 높은 비율을 나타냈다.

한국에서 절대빈곤이란 최저생계 이하를 말하는데, 1982년에 30.0%에서 1990년에 8.4%로 떨어진 이후 2006년 현재는 4.9%로 감소한 반면, 전 인구 대비 중위소득의 50% 이하 인구의 비율을 상대빈곤이라 하는데, 상대빈곤율은 1982년에 10.5%에서 2006년에 11.2%로 오히려 증가했다(〈그림 14-3〉).

한국의 빈곤지역은 읍·면·동 단위로 '국민기초생활보장법'에 의한 기초생활보장 수급가구 수를 그 지역의 가구 수로 나눠 백분율로 산출해 나타낸 것으로 〈그림 14-4〉와 같다. 전국적으로 수도권과 부산시 주변지

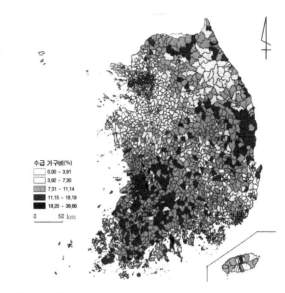

〈그림 14-4〉 한국의 빈곤층 지역분포(2011년)

수급 가구비(%)
0.00 - 3.91
3.92 - 7.30
7.31 - 11.14
11.15 - 18.19
18.20 - 38.66

0   50 km

자료: 이영아(2015: 49).

역이 상대적으로 수급가구비율이 낮게 나타났고, 전라도와 강원도 북부 및 남부, 경북 북부와 동부지역이 수급가구비율이 높은 지역으로 주로 농촌지역에서 많이 나타났다. 대도시의 경우 도심과 외곽지역에서 많이 나타났는데, 이들 지역은 노후주택지역과 영구임대 아파트 단지가 분포해 빈곤층 밀집지역으로 나타났다.

다음으로 영국의 경제학자 클라크(C. G. Clark)와 피셔(A. G. B. Fisher)의 경제부문 모델(economic-sector model)에 의해 역사적인 경제발전 단계를 측정할 수 있다. 또한 뢰쉬(A. Lösch)와 후버(E. Hoover)의 입지론과 관련지은 발전 단계 모델(development-stage model)에 의해서도 측정될 수 있다. 이 모델은 경제부문 모델과 관련을 맺는데 각 단계는 다음과 같다. ① 자급자족 경제단계(stage of self-sufficient subsistence economy)는 원시적 수렵채취의 경제활동에서 정주 경작에 걸쳐 있는 단계로 취락의 기본적인 형태는 농가와 촌락이다. ② 교통기관의 개선으로 1차산업 경제활동에서 전문화된 생산과 지역 간의 교역을 통한 성장 단계로, 이 시기에 소규모 시장 도시가 나타난다. ③ 농산물 가공을 주로 하는 2차산업발달의 초기 단계로, 대부분의 제조업은 소규모이고, 국지적으로 분포해 있다. 생산물이 수출입되므로 항구에 규모

〈그림 14-5〉 국가별 경제성장 단계

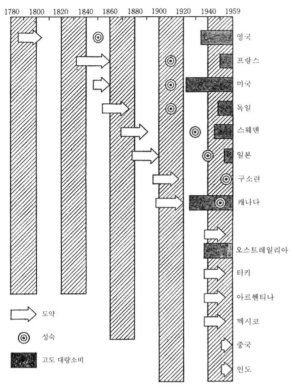

주: 캐나다, 오스트레일리아 등은 성숙에 도달하기 이전에 고도 대량소비
의 단계에 들어가 있는 점을 주의할 것.
자료: 木村健康·久保まち子·村上泰亮 共譯(1962: 15).

가 큰 공업이 발달하게 된다. ④ 이 단계는 농·임산물 가공공장과 광업, 섬유·피혁공업 등의 분공장의 집중에서, 내적으로 공업적 연관과 소득 향상을 바탕으로 공업의 다양화로 바뀌며, 또 도시에 공업이 집중되며, 특정 공업의 집중 및 공업 간의 관련이 증대된다. ⑤ 3차산업 중에서 특정한 업종의 특화가 나타나는 단계로, 저개발지역으로 자본·인력, 서비스 등이 수출된다. 이 단계는 거대한 업무지구를 가진 도시가 출현한다. 그것은 3차산업이 2차산업보다 공간적으로 더 집중하는 현상이 있기 때문이다. ⑥ 마지막 단계로 4차산업이 발달하고, 정교한 아이디어와 가공의 특화지역이 나타난다.

다음으로 로스토(W. W. Rostow)는 자유민주주의의 원리에 충실하고, 그 역사나 현대의 자원 사정과 관계없이 자유 시장체제를 육성하는 모든 국가는 경제성장의 5단계를 거쳐 독립적으로 발전해갈 것이라고 주장했다. 오랜 기간에 걸쳐 경제성장을 이룩한 15개 자본주의국가를 대상으로 5단계의 경제성장 단계를 제시했다. 즉, 제1단계는 전통사회(traditional society), 제2단계는 도약을 위한 선행 조건기(preconditions for take-off), 제3단계는 도약(take-off), 제4단계는 성숙으로의 전진(drive to maturity), 제5단계는 고도 대량소비시대(the age of high mass-consumption)가 그것이다. 각 국가의 경제성장 단계를 나타낸 것이 〈그림 14-5〉이다.

각 단계의 특징을 보면 먼저 전통사회는 농업생산이 주종을 이루고 상업경제가 발달하지 않았으며, 공동체는 주로 자급자족의 생활을 하고, 인구의 국지적 이동이 이루어지며, 교통망의 규모는 작으며 많은 서브 그래프(sub-graph)로 구성되어 있고, 정보의 확산은 서서히 이룩되는 단계이다. 도약을 위한 선행 조건기는 근대사에서 선진사회로부터 외적(外的) 침입으로 야기되는 것이 일반적인데, 사회에 영향을 미치는 요소에 의해 경제적 변화를 가져오며, 국위, 개인의 이익, 더 좋은 생활방법으로서의 확신으로 근대화를 추구하는 단계이다. 또 1인당 국민소득은 서서히 증대되나 사회의 대부분은 전통사회로 남아 있는 단계이다. 도약의 단계는 가장 중요한 단계로 근대 사회의 생활에서 분수령을 나타내며, 생산 투자율의 증대, 경제부문에서 주도산업으로 공업이 출현하고, 정치·사회제도가 경제성장에 대응해 변형되는 단계이다. 성숙으로의 전진단계는 무역량이 증대되고 급속한 공업화·도시화 현상이 나타나며, 기술의 혁신 확산이 이 단계에서 매우 중요하다. 또 교통망이 확대되고 통신의 대중 전달 매체가 발달하며, 직업의 전문화가 이룩된다. 마지막으로 고도 대량소비시대는 미국이 가장 좋은 예가 되는 국가로 자가용 자동차의 확산이 가장 특징적이며, 이미 개발된 기술은 생산부문에 응용되어 소비부문에 새로운 기술개발이 이룩되고, 생산부문의 투자는 계속되지만 교육부문의 투자, 복지와 보호, 여가시간에 압도적인 관심을 갖는 단계로, 후 2자(者)의 단계는 소위 선진국들이 이에 속한다.

〈표 14-2〉 베네수엘라의 경제성장 단계

단계	주요 경제부문	로스토의 경제성장 단계	해당 근사 연도	총인구 (백만 명)	인구비		산업별 인구구성비			
					농촌	도시	1차 산업	2차 산업	3차 산업	4차 산업
1a	수렵업, 어업, 자급 자족 농업(인디오)	-	1500 이전	?	100	-	100	-	-	-
1b	광업(금, 은, 동, 진주)	전통사회	1500~1600	?	?	?	?	?	?	?
1c	상업적 농업(설탕, 담배, 동물 가죽, 카카오, 커피)		1600~1920/5	2.8	85	15	75	10	13	2
2	석유	도약을 위한 선행 조건기	1920~1925 1945~1950	5.0	60	40	45	18	31	6
3	소비재(수입대체) 중화학공업(강철, 석유화학, 전력, 자동차공업, 조립공업)	도약	1945~1950 1965~1970	10.0	40	60	30	20	40	10
4	수출산업(생산재)	성숙으로의 전진	1965~1970 1990~2000	20.0	30	70	25	25	35	15
5	4차산업	고도대량 소비시대	1990~2000 2050 ?	50.0	5	95	10	20	45	25

자료: Friedmann(1966: 128).

이와 같은 경제성장 단계를 프리드먼(J. Freedman)은 베네수엘라의 경제성장을 통해 실증했다(〈표 14-2〉). 즉, 베네수엘라는 1920년까지 전통사회였으며, 1920년부터 석유 개발로 도약을 위한 선행 조건기에 들어갔다. 그리고 도약의 단계는 제2차 세계대전이 끝난 1945년 중화학공업이 발달하면서부터이다. 성숙으로의 전진 단계는 1965년 이후이고, 고도 대중 소비시대는 1990년에 도달할 것이라고 예측했다.

이 이론은 경제·산업 진화의 모든 것에 해당하며 비공산주의적 틀을 제공함과 동시에 그 응용에서 이 이론의 제창자는 개발도상국의 경우 먼저 농산품이나 천연 자원의 수출에 초점을 두고 이러한 상품의 판매에서 얻은 이익으로 도시를 기반으로 한 제조 거점을 성장시켜야 한다고 주장했다. 이에 대해 급진주의파 연구자들은 로스토의 이론이 개발도상국에 대한 식민주의나 제국주의, 현대의 지정학적 여러 관계를 무시한 것이라고 이의를 제기했다.

다음으로 세계은행의 『성장보고서(Growth Report)』는 유능한 정부와 신뢰받는 지도자의 리더십, 수출 등을 통해 성장을 할 수 있는 우호적인 세계경제, 안정적인 국내 거시경제, 높은 저축·투자율, 정부간섭이 적은 시장경제체제 등 5가지 요인이 경제성장에 영향을 미친다고 지적했다. 세계은행은 제2차 세계대전 이후 고도성장을 이룬 한국을 비롯한 일본, 중국, 홍콩차이나, 타이완, 타이, 싱가포르, 말레이시아, 인도네시아, 오만, 보츠와나, 몰타, 브라질 13개 국가를 분석한 결과 이들 국가

〈표 14-3〉 제2차 대전 이후 고도경제성장을 이룬 국가들

국가	고도성장기	고도성장기의 1인당 GDP 변화(달러)
한국	1960~2001	1,100→13,200
일본	1950~1983	3,500→39,600
중국	1961~2005	105→1,400
홍콩차이나	1960~1987	3,100→29,900
타이완	1965~2002	1,500→16,400
타이	1960~1997	330→2,400
싱가포르	1967~2002	2,200→25,400
말레이시아	1967~1997	790→4,400
인도네시아	1966~1997	200→900
오만	1960~1999	950→9,000
보츠와나	1960~2005	210→3,800
몰타	1963~1994	1,100→9,600
브라질	1950~1980	960→4,000

자료: 세계은행보고서(2008) 자료 참고하여 필자 작성.

는 최소 25년 동안 연평균 약 7% 이상의 경제성장을 이루었다고 했다(〈표 14-3〉). 그러나 한국, 일본, 중국, 홍콩차이나, 싱가포르, 타이완 등 6개국은 경제성장을 지속적으로 달성하면서 이미 선진국 수준에 도달했거나 그 과정에 있지만 나머지 국가들은 1980년대와 1990년대 고도성장을 이룬 후 최근에는 그 추진력을 상실한 상태라고 분석했다. 이에 따라 세계은행은 이들 국가의 1인당 국민소득이 선진국(OECD 회원국) 수준을 따라잡기 위해서는 앞으로도 상당한 시간이 걸릴 것으로 내다보았다. 그래서 중국은 23년, 타이는 45년, 말레이시아는 35년, 인도는 50년이 걸려야 선진국 수준에 도달할 것이라고 전망했다.

2) 장기 파동 이론

1980년대 이후 자본주의의 발전은 '콘드라티예프(N. Kondratiev)의 5단계', '제2의 산업분수령', '후기 포드주의', '유연성 축적' 등 다양하게 불리고 있다. 세계 자본주의 발달은 산업혁명 이후 섬유공업이 주도적인 산업이었던 시기는 산업 자본주의, 산업 자본주의에 의해 형성된 대공업지대에서 중화학공업이 발달해 대기업의 성장을 촉진시켜 독점 자본주의를 등장시켰으며, 그 후 3차산업의 급속한 성장으로 산업구성에서 이 부문의 비율이 가장 높은 성숙 자본주의의 발달을 가져왔다.

이와 같은 자본주의의 발전과정에서 경제는 성장과 쇠퇴를 거듭해오면서 발전해왔는데, 이러한 성장과 쇠퇴의 반복은 특정 체제나 특정 생산양식 간의 차이의 정도에 의해 이룩되는 것이라고 조절론자들은 주장하고 있다. 그러나 좀 더 장기적으로 보면 경제발전이 체제와 생산양식의 출현이나 결합에 의한 것이라기보다는 일정주기를 가지면서 그 주기의 내부에서, 그리고 외부에서 작용하는 특정 요인들에 의해 파동을 보여 주었다. 이러한 장기 파동 학자(콘드라티예프 주기 학자)들은 20~50년 동안의 장기간에 걸쳐 성장과 쇠퇴의 과정을 보이면서 자생적으로 그 위기를 극복하고 좀 더 발전된 경제발전의 형태로 나아간다고 논하고 있다. 역사적으로 볼 때 위기가 나타난 시기는 1814~1815년, 1864~1865년, 1919~1920년, 1980~1981년이고, 혁신적인 정점 시기는 1764년, 1825년, 1886년, 1935년 이라고 규명하고 있다.

장기 파동 이론(long waves in economic life)은 1970년까지 주목을 받아오지 못하

〈표 14-4〉 콘드라티예프의 장기 파동 성장 단계

구분	I단계 (1770~1830년)	II단계 (1820~1890년)	III단계 (1880~1945년)	IV단계 (1935~1995년)	V단계 (1985~2050년)
성장 부문	수력, 선박, 운하	석탄, 철도, 증기 에너지, 기계, 방직업	자동차, 트럭, 전차, 화학공업, 야금업	전력, 석유, 비행기, 라디오·TV, 기계·조절	가스, 원자핵, 정보, 텔레콤, 인공위성, 레이저콤
기술 발달	기계, 석탄, 증기 에너지	전기, 내연기관, 전보, 증기선	전자, 제트엔진, 항공운송	원자핵, 컴퓨터, 가스, 텔레콤	생물기술, 인공지능, 인공위성콤과 운송
경영 원리		규모경제	행정적 경영	전문적 경영	참여적·상호 연결적 체계 경영
산업 조직 원리	사업체 개념, 노동분업	대량생산 개념	경영구조 개념	분산화 개념	체계구조 개념
노동 과정의 발전	절대적 잉여가치, 산업 노동자 계급, 성장, 제조업	상대적 잉여가치, 자동화, 임금노동, 기계에 의한 생산(machino-facture)	집중 노동분업, 대량소비, 포드주의	대량소비 개념, 확산, 포드주의	소비자 변화, 가치 중심, 유연적 전문화
지역 형성 및 발전	해안 지역의 항구도시	철도 주변의 항구도시	산업지대 형성	산업도시·교외화	새로운 산업공간·오래된 산업도시의 재구조

자료: Grubler and Nowotny(1990: 437); Marshall(1987: 99); Borchert(1963: 324).

3) 슘페터는 오스트리아 출생으로 하버드대학에서 교수를 역임했으며, 1939년 Business Cycles을 저술하면서 기술혁신의 관점에서 성장의 순환적 패턴을 설명했다.

다가 1980년대에 들어오면서 재조명되기 시작했다. 장기 파동 이론을 처음으로 주창한 콘드라티예프는 모스크바 응용경제연구소장으로, 이 이론을 1924년에 출간했고 1926년에 독일어로, 1935년에는 영어로 번역되었다. 그는 마르크스의 논리에 따라 자본주의의 경제발전은 평균 50년 주기로 절정(peak)－골(tough)－절정의 규칙적인 주기를 갖는다고 했다.

〈표 14-4〉는 콘드라티예프와 슘페터(J. A. Schumpeter)[3]를 따르는 이론가들의 장기 파동에 입각한 자본주의 경제발전 단계의 특징을 요약한 것이다. 장기 파동 이론은 정치경제학적 논점에 관심을 갖는 많은 학자들에 의해 지지를 받고 있으며, 세계적 또는 국가적 차원에서 경제발전에 의한 지역 간의 불균등한 발전을 설명해주는 역할을 한다.

2. 경제적 건전성

경제적 건전성(economic health)은 지역의 경제가 어떠한 상황에서 활동하고 있는가를 생활수준[4]이나 실업, 지역 경제성장의 변동 등 공간적 변동을 통해 지역의 경제를 종합적으로 진단하는 것이며, 당시의 경제적 번영 정도와 미래의 성취 가능성을 포함한 생활의 질(quality of life)[5] 또는 경제적 환경의 건전성을 상대적으로 파악하는 것이다.

지역경제가 건전하다는 것은 경제의 번영이 현재뿐 아니라 예측 가능한 장래에서도 계속되는 것을 의미하고 있다. 거꾸로 말하면 지역경제가 불건전할 경우 지역에서 불황이나 실업이 나타나고 국가나 지방자치단체에 의해 이에 맞는 정책이 실행되지 않으면 안 된다. 이러한 경제적 건전성은 가장 바람직한 상태에서 가장 바람직하지 못한 상태까지 연속적으로 나타나고 있다. 그중에서 바람직하지 못한 상태(경제적 불건전)의 지역은 문제지역(problem region), 불황지역(distress area)이라 불리어 공공투자나 지역 진흥계획이 실시되어야 한다. 경제적 건전성이 현재와 장래의 두 측면을 포함하고 있기 때문에 이것을 구체적으로 예측하는 경우 여러 가지 문제가 발생한다. 지역경제의 현상은 경제생활의 수준을 통해서 예측된다. 이에 대해 지역경제의 장래에 대해서는 예측하기 어렵다. 보통 과거에서 현재까지 경제성장의 추세를 측정하는 것으로 대신할 수 있다. 따라서 경제적 건전성은 경제활동의 수준과 경제성장의 추세 두 측면에서 측정해야 한다.

경제적 건전성을 측정할 때 중요하다고 생각되는 지표는, 첫째로 소득이다. 지역 내에서 경제적 성장의 공간적 변동은 주민의 소득변동에 반영된다. 소득은 보통 1인당 소득 또는 일정 기간의 1인당 소득성장이란 형태로 측정된다. 후자는 경제의 공간적 격차가 확대되고 있는지 축소되고 있는가를 파악할 때 사용된다. 둘째는 인구이다. 특히 인구이동은 경제적·사회적 기회에 대한 사람들의 반응을 나타내고 있기 때문에 잘 이용되는 지표이다. 또 도시지역에는 경제성장이 높기 때문에 이 지역에 거주하는 인구의 비율 등도 이용되고 있다. 셋째는 고용이다. 지역의 경제가 성장함에 따라 고용도 증대되기 때문에 고용의 변화는 경제성장의 유력한 지표가 된다. 특히 국가 전체의 고용증대와 비교해서 지역의 고용변화를 분석하는 것은 유효하다. 넷째는 실업이다. 지역에서 실업이 발생하는 이유는 여러 가지가 있다. 예를

4) 생활수준(level of living)은 사람들의 생활의 실제 상태를 측정하기 위한 개념으로, 종래에는 경제성장에 따른 소득과 실업률이라는 경제적 지표로 사용해왔다. 그러나 선진 공업국가에서는 1960년대 후반 이후 도시문제의 발생, 현대사회의 가치관 변화 등에 의해 생활수준이란 반드시 물질적인 윤택이라는 단순한 함수관계에 의해서만 성립되는 것이 아니었다. 현대사회에서 '윤택의 역설(逆說)'로서 건강, 복지, 생활환경 등의 비경제적 지표로 생활의 질의 측면을 연구하는 경우가 많아지고 있다. 영국 이코노미스트연구소(Economist Intelligence Unit: EIU)가 전 세계 111개국을 대상으로 성 평등·자유도·가족·공동생활의 수준과, 소득·건강·실업률·기후·정치적 안정성·직업 안정성에 대해 각각의 종합점수로 순위를 매긴 결과 그 순위는 다음과 같다. 1위 아일랜드, 2위 스위스, 3위 노르웨이, 4위 룩셈부르크, 5위 스웨덴, 6위 오스트레일리아, 7위 아이슬란드, 8위 이탈리아, 9위 덴마크, 10위 에스파냐, 11위 싱가포르, 12위 핀란드, 13위 미국, 14위 캐나다, 15위 뉴질랜드, 16위 네덜란드, 17위 일본, 18위 홍콩차이나, 19위 포르투갈, 20위 오스트리아, 21위 중국, 22위 그리스, 23위 키프로스, 24위 벨기에, 25위 프랑스, 26위 독일, 27위 슬로베니아, 28위 몰타, 29위 영국, 30위 한국이었다.

5) 생활의 질은 다음과 같이 구분할 수 있다.
(1) 사람들의 생활환경 – 주택의 질, 넓이
① 도로 포장 상태, 하수도의 보급률 등 도시의 하부구조의 현황
② 상점, 서비스 시설, 고용기회 등의 접근성
(2) 사람 자신의 속성 – 소득수준, 사회적 지위, 교육수준 등 사람 자신이 (계속)

〈표 14-5〉 10개 변수 간의 순위상관계수 행렬

겸비한 고유의 특성으로, 이 중 지리학은 (1)을 연구 대상으로 하고 있다. 그리고 생활의 질에서 접근성을 고려할 필요가 있다고 주장한 사람은 프레드(A. Pred)와 녹스(P. L. Knox)이다. 프레드는 도시·지역의 생활의 질은 고용기회, 교육·의료시설, 공공사회서비스 등으로의 접근성과 관련하여 설명했고, 녹스는 도시 인자생태 연구에서 생활의 질에 대한 연구를 하였을 경우에 접근성에 대한 배려가 없다는 점을 지적했다.

변수	①	②	③	④	⑤	⑥	⑦	⑧	⑨	⑩
①	1.00	0.88	0.45	0.61	0.74	0.61	0.40	0.14	0.68	0.69
②	0.88	1.00	0.33	0.52	0.69	0.46	0.29	0.09	0.74	0.50
③	0.45	0.33	1.00	0.94	0.60	0.65	0.96	0.26	0.40	0.53
④	0.61	0.52	0.94	1.00	0.70	0.66	0.93	0.16	0.57	0.54
⑤	0.74	0.69	0.60	0.70	1.00	0.67	0.57	0.17	0.77	0.48
⑥	0.61	0.46	0.65	0.66	0.67	1.00	0.69	0.38	0.43	0.58
⑦	0.40	0.29	0.96	0.93	0.57	0.69	1.00	0.22	0.42	0.50
⑧	0.14	0.09	0.26	0.16	0.17	0.38	0.22	1.00	-0.11	0.39
⑨	0.68	0.74	0.40	0.57	0.77	0.43	0.42	-0.11	1.00	0.28
⑩	0.69	0.50	0.53	0.54	0.48	0.58	0.50	0.39	0.28	1.00

주 1: 변수의 번호는 본문의 변수 번호와 일치함.
주 2: 진하게 표시한 숫자는 신뢰수준 95%에서 유의적임(t-검정).
자료: Lloyd and Dicken(1978: 233).

들면, 지역경제의 큰 부분을 차지하고 있는 산업의 쇠퇴나 기술변화가 노동수요에 미치는 영향 등도 있다. 어떤 이유이든 지역에 많은 실업자가 존재하는 것은 지역사회로서는 마이너스이기 때문에 문제지역을 식별하는 단일지표로써 가장 널리 이용되고 있다. 다섯째는 교육이다. 일반적으로 지역에서 교육수준은 장래의 기술이나 능력을 축적시키고 경제를 개선해 지역성장의 원동력이 된다고 생각한다.

이상 5개의 지표는 지역의 경제적 건전성을 구성하는 가장 기본적인 것이다. 위와 같은 경제활동의 수준이나 경제성장의 추세를 파악하기 위해서는 특정 연도나 일정 기간의 변화율로서 분석해야 한다.

1960년경 미국의 주별(州別) 경제적 건전성의 분석을 사례로 보면 다음과 같다. 먼저 경제적 건전성의 파악을 위한 10개 변수는 ① 1인당 소득, ② 1950~1965년 사이의 1인당 소득의 증가, ③ 1950~1960년 동안의 인구성장률, ④ 1950~1960년 사이의 순인구 이동률, ⑤ 1960년 도시 인구비율, ⑥ 25세 이상 인구 중 4년제 대학 졸업자의 인구비율, ⑦ 1950~1960년 사이의 고용 증가율, ⑧ 1958~1962년 사이의 평균 실업률, ⑨ 1960년 1차산업 취업자 비율, ⑩ 1960년의 남자 취업자율이다. 이들 10개 변수는 경제적 건전성을 나타낸다고 인정되는 변수로서, 이들 변수 간의 순위상관계수를 구해(〈표 14-5〉) 상관행렬을 작성하고, 이 상관행렬을 이용해 주성

<그림 14-6> 경제적 건전성의 지역적 분포 변화

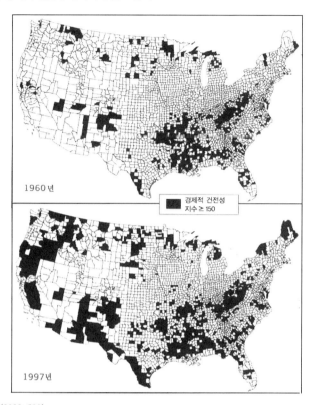

자료: Dicken(2003: 533).

<표 14-6> 경제적 건전성의 성분부하량

번호	변수	성분 I (성장성분)	성분 II (소득-도시성분)	성분 II (실업성분)
①	1965년의 1인당 소득	0.226	- 0.890	0.265
②	1950~1965년 사이의 1인당 소득의 증대	0.107	- 0.927	0.132
③	1950~1960년 사이의 인구성장비	0.944	- 0.189	0.187
④	1950~1960년 사이의 순인구 이동율	0.880	- 0.409	0.093
⑤	1960년의 도시 인구비율	0.483	- 0.742	0.107
⑥	25세 이상 인구 중 4년제 대학 졸업자의 인구비율	0.591	- 0.420	0.438
⑦	1950~1960년 사이의 고용 증가율	0.964	- 0.167	0.142
⑧	1958~1962년 사이의 평균 실업률	0.110	- 0.065	0.895
⑨	1960년의 1차산업 취업자 비율	0.319	- 0.834	- 0.230
⑩	1960년의 남자 취업자 비율	0.331	- 0.460	0.625
분산(%)		36	34	16

자료: Lloyd and Dicken(1978: 234).

분 분석을 행한 결과 3개의 성분이 추출되었다(〈표 14-6〉). 제I성분은 인구와 고용 증대, 제II성분은 소득과 도시화, 제III성분은 실업으로 나타났다. 1960·1997년의 경제적 건전성의 지역적 분포 변화를 나타낸 것이 〈그림 14-6〉으로, 1960년 미국의 북동부, 남서부, 중서부의 여러 주가 경제적 건전성이 높으며, 남동부 및 북서부의 여러 주의 경제적 건전성은 낮다. 특히 애팔래치아 산맥과 미시시피 강 삼각주 지역이 가장 낮으며, 나머지 건전성이 낮은 지역은 분산적이다. 1997년의 경우 건전성 지수가 낮은 지역이 증가해 애팔래치아 산맥과 미시시피 강 삼각주 지역 이외에도 서부와 남부의 주변지역이 낮은 건전성을 보였다.

3. 지역의 사회복지 수준

지역의 경제적 건전성에 관한 연구에 대한 주요한 비판은 그 개념이 한정적이라는 성격에 있다. 경제적 건전성을 개선하는 것은 목적을 위한 수단이고 목적 자체는 아니다. 공공정책을 실시하기 위해 문제지역을 설정할 때 경제적인 기준에 집중하는 것은 좀 더 기본적인 사회적 병리의 존재를 간과할 위험성을 갖는다. 그래서 지역에서 하나하나의 불만족한 상태에 대해 진단의 틀(frame)로서 사회적 건전성이나 사회복지와 같은 좀 더 넓은 개념을 사용하는 것이 적절하다.

복지지리학(welfare geography)이란 삶의 기회의 불평등의 패턴을 설명하고 좀 더 나은 복지 패턴을 예측하거나 계획하기 위해 그러한 불평등을 발생시키는 권력관계에 주목하는 것이다. 복지지리학은 대개 과학적 접근으로 공간을 분석하지만 결과로서의 지리적 다양성의 패턴은 정의와 평등의 문제로 귀결시킨다.

스미스(D. M. Smith)는 국가의 발전이 최종적으로는 국민의 복지 또는 생활의 질의 향상을 목표로 하지 않으면 안 된다고 생각하고 미국에서 사회복지의 수준을 분석했다. 그리고 사회복지의 지역적 수준에 큰 차이가 있다고 인정하고 이러한 불평등을 시정할 필요가 있다는 것을 제안했다.

스미스는 먼저 사회복지를 정의하기 위해 〈표 14-7〉에 나타난 바와 같이 7개의 주요한 기준을 밝혔다. 수입, 재산 및 고용은 오늘날 물질적인 재화뿐 아니라 건강이나 교육을 획득하기 위한 중요한 수단이 되고 있다. 또 연금이나 사회보장 급부

<표 14-7> 미국에서 사회복지의 일반적 기준

1. 수입, 재산 및 고용	5. 사회질서(무질서)
① 수입과 재산	① 개인의 병리
② 고용상의 지위	② 가족의 붕괴
③ 수입의 보충	③ 범죄와 비행
2. 생활환경	④ 공중의 질서와 안전
① 주택	6. 사회적 귀속(소외와 참가)
② 근린	① 민주주의
③ 자연환경	② 범죄의 처벌
3. 신깅	③ 인종차별
① 육체적 건강	7. 보양과 오락
② 정신적 건강	① 보양시설
4. 교육	② 문화와 예술
① 학력	③ 오락
② 교육연수와 질	

자료: Smith(1977: 269).

<그림 14-7> 미국에서 사회복지의 주성분 분포 패턴

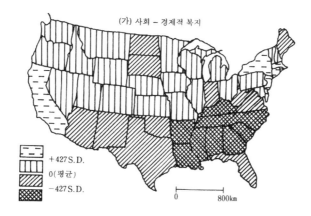

(가) 사회 – 경제적 복지

+427 S.D.
0(평균)
−427 S.D.

0   800km

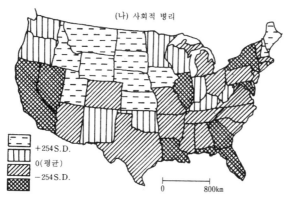

(나) 사회적 병리

+254 S.D.
0(평균)
−254 S.D.

0   800km

자료: Smith(1977: 277).

는 수입이나 재산에 대한 중요한 보충이 된다. 생활환경은 다음 세 가지 공간적 규모에서 생각할 수 있다. 주택은 가정으로서 기본적인 보호와 상징적인 기능의 역할을 한다. 근린은 집 주위의 직접적인 환경이 매력적인가 매력적이지 않은가 또는 안전한가에 관한 문제와 관련된다. 좀 더 넓은 의미의 자연환경은 대기와 수질의 오염 등의 측면과 관련된다. 건강은 교육과 더불어 완전한 인간성을 향수(享受)하기 위해 중요하다. 교육은 또 고용이나 수입 등을 획득하기 위한 수단도 된다. 사회질서는 개인이나 집단을 위협하는 사회적 혼란을 없애는 것과 관련되고, 사회적 귀속은 개개인이 사회에서의 역할을 충분히 행할 수 있을까 여부와 관련된다. 보양과 오락은 비노동활동이지만 그 중요성이 인식되어져야 하고 그것을 향수하기 위한 접근을 포함해야 한다. 이들 기준은 언제나 지역 내의 사회적 복지의 수준이 향상됨과 동시에 상승하게 된다.

사회복지의 이들 기준에 관해 47개의 변수를 선정해 미국의 주(州)별 사회복지수준의 지역적 변동을 파악하기 위해 주성분분석을 행했다. 그 결과 세 개의 성분이 식별되었다. 제1성분은 '전반적인 사회·경제적 복지'로 전 분산의 38.65%를 설명하고 있다. 이 성분은 1인당 소득의 변수가 최고의 부하량을 갖고 그 외에 수입의 보충이나 교육 관계 변수의 부하량이 높다. 제2성분은 사회질서나 사회적 귀속에 관한 변수의 부하량이 높아 '사회적 병리'의 의미를 가지는데, 그 설명량은 13.74%이다. 제3성분은 '정신적 건강'으로 11.98%의 설명량을 갖는다.

〈그림 14-7〉 (가)는 전반적인 사회·경제적 복지(제1성분)의 공간적 패턴을 나타낸 것이다. 음의 높은 성분득점을 나타낸 주는 남부 루이지애나 주에서 노스캐롤라이나 주에 이르는 지역으로 복지수준이 낮은 주들이다. 한편 양의 높은 성분득점을 나타내는 주, 즉 복지수준이 높은 지역은 동부와 태평양 연안에서 나타나며 최고값을 나타내는 주는 뉴욕 주이다. 또 중앙의 산악부와 중서부의 북부도 높은 양의 값을 나타내고 있다. 〈그림 14-7〉 (나)는 사회적 병리(제2성분)의 공간적 패턴을 나타낸 것이다. 음의 성분득점이 큰 주(州)는 병리발생이 높은 지역으로, 최고는 뉴욕주와 캘리포니아 주이며 그 다음으로 루이지애나 주, 네바다 주, 플로리다 주의 순이다. 양의 성분득점을 나타내는 사회적 병리가 낮은 지역은 북서부에서 중서부의 북부로, 최고값은 사우스다코타 주, 노스다코타 주, 아이다 주, 아이오 주 같은 농업이 발달한 주이다.

〈그림 14-8〉 사회복지의 주성분분석에 의한 주의 분류

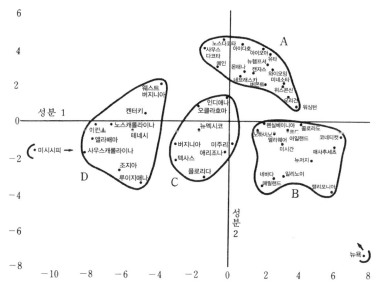

자료: Smith(1975: 336).

이들 두 성분을 바탕으로 이차원의 그래프를 그려 각 주를 묘사한 것이 〈그림 14-8〉이다. 그리고 성분득점의 유사성에 의한 연쇄수(連鎖樹, dendrogram)를 보면 각 주를 A~D의 4개 유형으로 구분할 수 있으며(〈그림 14-9〉), 이들 4개 그룹을 나타 낸 것이 〈그림 14-10〉이다. 유형 A는 사회·경제적 복지와 사회적 병리가 모두 양호 한 지역으로 태평양 연안 북부에서 오대호, 그리고 뉴잉글랜드지방까지 뻗힌 지역 이다. 유형 B는 사회−경제적 복지는 높지만, 사회적 병리가 악화된 지역이다. 이 지역은 농업적 특징을 나타내는 유형 A에 비해 고도의 도시화, 공업화가 이룩된 지 역으로 콜로라도, 캘리포니아, 네바다 주와, 동부 공업지대를 포함한다. 유형 C는 사회·경제적 복지 및 사회적 병리가 모두 악화된 지역으로 텍사스를 중심으로 한 5 개 주와 인디애나, 버지니아, 플로리다 주가 이에 속한다. 유형 D는 유형 C에 비해 좀 더 사회·경제적 복지가 낮은 지역으로 남부의 여러 주가 이에 해당된다.

이 사회복지의 분석은 앞에서 서술한 경제적 건전성 분석에 비해 좀 더 폭이 넓 은 것으로, 사회복지의 성분 중 사회·경제적 복지는 지역의 경제적 수준을 포함하 고 있기 때문에 경제적 건전성과 대응하는 것이라 생각할 수 있다. 이에 대해 사회 적 병리는 경제적 건전성에서는 파악될 수 없는 새로운 차원의 내용이다. 사회복지

〈그림 14-9〉 성분득점의 유사성에 의한 주의 연쇄 수

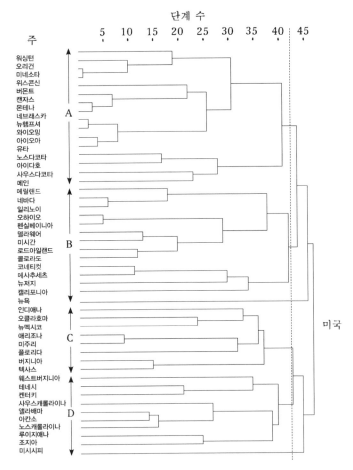

자료: Smith(1975: 337).

의 분석에 의한 뉴욕 주가 제1성분은 1위인데 대해 제2성분은 최하위이다. 또 캘리 포니아 주는 4위, 47위, 일리노이 주는 10위와 44위로 사회·경제적 복지와 사회적 병리는 표리일체가 되는 현상이다. 이러한 점에서 지역의 경제적 건전성만을 분석 하는 것은 그 배후에 숨어 있는 사회적 병리현상을 파악하지 못하는 경우가 된다.

지역격차는 오래전부터 연구가 진행되었으나 1950년대 후반부터 1970년대 초 까지 활발히 논의되어 그 연구가 크게 진전되었다. 이런 연구에서 한 나라의 지역 격차를 시계열적으로 보면 역U자형의 곡선(inverted U-shape)으로 나타나고 윌리엄 슨의 가설[6]이 기본적인 것으로 지지를 받았다.

6) 경제발전과 소득분배 상태 사이에는 일정한 관 계가 있다는 가설로, 종축 에 소득분배의 불균등도, 횡축에 경제발전 단계 또 는 1인당 국민소득을 나 타내면 역U자 모양으로 나타나는 데, 이것을 역U 자 가설이라 한다.

<그림 14-10> 미국에서 사회 복지수준의 분포패턴

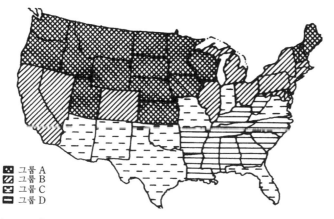

그룹 A
그룹 B
그룹 C
그룹 D

자료: Smith(1975: 339).

　지역격차에 관한 기본적인 관점은 립쉬츠(G. Lipshitz)가 지적한 바와 같이 지역
격차와 경제성장과의 관계에서 크게 균형(equilibrium)론과 불균형(disequilibrium)
론으로 나누고 이 두 가지를 절충한 이행론(移行論)을 부가해 나눌 수가 있다. 균형
론은 기본적으로 경제성장과 더불어 지역격차는 해소된다는 틀을 갖고 있다. 그 대
표적인 연구가 신고전학파에 의한 것으로, 이 학파의 연구는 경제성장과 더불어 자
본과 노동이란 생산요소가 작동함에 따라 지역 간 관계는 균형을 이룬다고 생각하
는 것이다. 현실적으로는 지역격차가 존재한다 해도 그것은 시장의 실패에 의한 격
차를 파악하고 있는 것이다. 정부에 의한 개입에 대해서는 그것이 시장의 움직임을
왜곡시키고 있다고 비판하고 있다.

　한편 불균형론은 뮈르달(K. G. Myrdal)의 누적 인과관계(cumulative causation)론
이 그 대표이다. 이 입장에 의하면 시장의 힘(market force)에 의한 경제성장은 지역
간에 균등하게 전개되지 않고 지역적인 불균형이 나타나게 된다. 이행론은 허쉬먼
(A. O. Hirschman)이나 윌리엄슨의 관점에서 발전 단계의 시기에 따라 경제성장과
지역격차의 관계는 변동한다는 것이다. 즉, 발전 단계 초기에는 지역격차는 크지만
후기에는 축소된다는 틀을 갖고 있다.

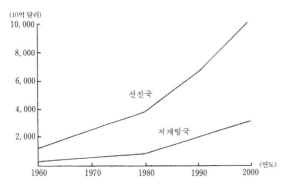

〈그림 14-11〉 선진국가와 저개발국가의 국민 총생산

(10억 달러)

선진국

저개발국

(연도)

주: 1971년 기준.
자료: de Souza and Foust(1990: 466).

4. 저개발 지역

저개발(underdevelopment)은 개발과 상대되는 용어로서, 1960년대 말부터 서부 유럽 학자들에 의해 관심을 불러일으키게 되었으며, 1970년대에 들어와서는 제3세계에 대한 관심이 더욱 높아졌다. 이와 같이 제3세계에 대한 관심이 높아진 것은 이들 국가에서 인구의 증가, 경제 침체에 따른 저소득, 실업 등의 현상이 더욱 높아졌기 때문이다. 그래서 서부 유럽 학자들은 제3세계의 저개발 원인을 제3세계의 내재적 요인에 있다고 주장하고 있다. 그러나 제3세계의 발전론자들은 세계 자본주의국가의 성장이 선진국과 후진국의 차이를 더욱 촉진시키고 있다고 주장하고 있다. 특히 국제무역의 불균등화 등이 그 원인이라고 주장하고 있다.

저개발이란 상대적인 용어로써 시간과 장소에 따라 다르다. 즉, 완전한 개발이란 존재하지 않으며 다른 지역에 비해 국민들의 요구수준을 어느 정도 충족시켜 주느냐의 정도의 차이이다. 이와 같은 요구는 의식주와 보건위생, 교육, 사회보장 등을 말한다.

국가별 개발의 차는 크게 나타나고 있다. 선진국의 경우 그 개발의 속도가 빨라 국민들의 요구수준을 충족시켜 주고 있는 대해, 개발도상국의 경우는 개발의 속도가 늦어 선진국에 비해 상대적인 저개발로 인식되며, 또 국민들의 요구수준도 만족시켜주지 못한다(〈그림 14-11〉).

1) 저개발국가의 특성

저개발국가의 특성은 학자들 사이에 다양한 견해를 나타내고 있다. 그중에서 라이벤슈타인(H. Leibenstein)의 견해는 가장 포괄적인 내용 중의 하나이다. 그는 경제적·인구적·문화·정치적·기술적 다양성의 면에서 그 특징을 제시하고 있다.

Ⅰ. 경제적인 특징

  ㉮ 일반적인 면

    1. 농업 종사자 수가 70~90%로 높다.

    2. 농업 종사자 수의 절대적 과잉인구

    3. 위장실업이 많으며 농업 이외 부문의 취업기회 부족

    4. 1인당 자본부족과 낮은 국민소득

    5. 많은 국민의 저축이 거의 0에 가깝다.

    6. 저축은 지주계급에서만 가능하다.

    7. 농업의 생산은 주로 곡물 위주이고, 또 1차 원료로 구성되어 단백질 생산량이

       적다.

    8. 식량 및 생활필수품의 소비율이 높다.

    9. 식량과 원료 수출 위주이다.

    10. 1인당 무역액이 적다.

    11. 신용과 유통시설의 부족

    12. 주택부족

  ㉯ 농업의 기본적인 특징

    1. 농지에 대한 낮은 자본화와 비경제적인 이용과 자본의 소규모

    2. 농업기술수준이 극도로 낮고, 도구나 시설이 제한되어 있으며 원시적이다.

    3. 대지주가 토지를 소유하고 있으며, 하부구조의 미발달로 상업농업이 불가능하

       고 외국시장 지향의 작물이 소규모로 재배되고 있다.

    4. 기상에 대한 영세농, 소작농의 무능

    5. 자산과 소득에 비해서 높은 부채가 존재

    6. 국내시장에 대한 생산방법은 일반적으로 구식이고 비효율적이다.

    7. 농지에 대한 열망이 높다.

Ⅱ. 인구적인 특징

    1. 40‰ 이상의 높은 출생률

    2. 높은 사망률과 짧은 평균수명

    3. 부적절한 영양과 식량부족

        4. 공중 위생시설의 미비

        5. 농촌과 과잉인구

    Ⅲ. 문화·정치적인 특징

        1. 교육시설의 미비와 높은 문맹률

        2. 아동 노동력의 이용

        3. 중산층의 미비와 부재

        4. 낮은 여성지위

        5. 많은 전통적인 습관의 존재

    Ⅳ. 기술과 다양한 특징

        1. 단위 면적당 낮은 생산량

        2. 기술자 기사(技師)의 훈련과 훈련시설의 부재

        3. 농촌지역에 교통·통신시설의 미발달

        4. 미숙한 기술

2) 저개발 원인

앞의 특징들을 기초로 해 제3세계에서 저개발의 공통적인 원인을 스젠티스(T. Szentes)는 인구, 기후와 자원, 자본과 노동력, 빈곤의 악순환에 대해 고찰을 했다.

(1) 급속한 인구성장
인구성장은 저개발국가에서 아무런 이득이 되지 못한다. 급속한 인구성장은 실제 경제성장을 낮추게 한다. 저개발 지역에서의 인구성장은 최근에 나타났는데, 서부 유럽으로부터의 의학과 공중 보건시설의 도입에 의해 사망률이 저하됨에 따라 나타났다. 스젠티스는 인구성장이 저개발의 원인이 아니고 저개발의 중요한 징후라고 결론을 내렸다.

(2) 기후와 자원

오늘날 제3세계의 저개발은 자연환경, 특히 불리한 기후조건과 관련지울 수 있다. 저개발국가의 자연환경은 매우 다양하다. 적도 부근의 저개발국가는 고온다습하며, 중위도 고압대에 속하는 국가는 건조하다. 그러나 동아시아의 저개발국가 중에는 온대기후의 영향을 받고 있는 국가도 있다. 또 토양의 비옥도가 인도네시아와 같이 화산토로 비옥한 국가도 있으나, 인도와 같이 척박한 국가도 있다. 그리고 탄자니아와 같이 광물자원의 잠재력이 낮은 국가도 있고, 자이르와 나이지리아와 같이 광물자원의 잠재력이 높은 국가도 있다.

이상에서 제3세계의 국가들은 대부분 기온과 습도가 높아 농업 노동자, 공업 노동자에게 불리한 자연조건을 제공해준다. 그러나 자연환경의 조건이 유리한 제3세계도 있으며, 자연환경의 조건이 불리한 선진국도 있다. 따라서 불리한 기후조건과 자원으로 저개발국가가 되었다는 점은 단지 저개발국가의 일면만을 설명한 것이라 하겠다.

(3) 자본과 노동력

스젠티스는 자본의 부족과 낮은 노동 생산성이 저개발의 주요한 장애요인이라고 지적하고 있다. 여기에서 저개발국가의 비생산 노동력을 선진국과 비교해 보자. 킴블(G. Kimble)의 연구에 의하면 미국의 농민 한 사람은 24명의 비농업 종사자의 식량을 생산하는 데 대해, 아프리카의 농민 한 사람은 2~10명의 식량 공급량을 생산하고 있다. 이와 같이 제3세계 국가의 노동 생산성이 낮은 이유는 소규모 경영, 노동자의 낮은 노동의 질, 자본의 부족 또는 부재(不在)이다. 스젠티스는 자본의 부족과 낮은 노동 생산성은 저개발국가의 일반적인 특징이라고 지적하고 있다. 그러나 이것이 저개발의 원인은 아니다. 무엇보다도 저개발국가에서 자본축적과 노동 생산성의 개선을 막는 역사적인 인자가 무엇인가를 찾아내는 것이 중요하다.

(4) 빈곤의 악순환

미국의 국제경제학자 넉시(R. Nurkse)는 국제적인 지역격차, 특히 후진국 개발문제에 초점을 두고 후진국에서 '빈곤한 국가를 빈곤한 상태에 머무르게 하는 방법으로, 서로 작용해 반발하는 경향을 갖는 한 무리의 순환적인 힘'이라고 표현하는 빈

〈그림 14-12〉 빈곤의 악순환

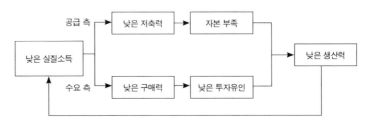

자료: 矢田俊文 編(1990: 196).

곤의 악순환(vicious cycle of poverty)에 대해 논했다.

그는 빈곤의 악순환=저개발균형을 〈그림 14-12〉에 나타낸 것과 같이 저소득이 공급 측면에서 보면 낮은 소득 → 낮은 저축력 → 자본부족 → 낮은 생산력이라는 인과관계에 따라 낮은 생산력을 가져오고, 수요 측면에서 보면 낮은 소득 → 낮은 구매력 → 낮은 투자유인 → 낮은 생산력이라는 인과관계가 작용해 역시 낮은 생산력을 초래해 이것들이 다시 낮은 소득의 원인이 된다는 논리로 설명했다.

저개발국가에서 빈곤의 악순환은 여러 가지 원인에 의해서 강조된다. 그 원인은 저개발국가를 방해하는 야망 부족, 전문성 부족, 낮은 1인당 생산량, 인구문제, 정치문제가 아니고 개발을 방해하는 인자들의 결합에 의한 것이다.

이러한 저개발국가가 저개발균형에서 벗어나 균형성장의 길로 나아가기 위해서는 지금까지의 저개발국가가 채택한 수출지향형 부분으로의 집중투자에 의한 공업화에 그 출발점을 둘 것이 아니라, 광범위한 다른 업종에도 동시에 투자하는 동시 다발형 투자를 할 수 밖에 없는 전략을 제기했다. 이러한 전략은 다른 업종에서 각각 서로의 시장을 제공할 수 있고, 그것에 따라 종래의 낮은 구매력에 의한 좁은 시장, 낮은 투자유인이라는 문제를 한 번에 극복하며 시장규모를 확대해 투자유인을 높이고, 생산의 확대, 생산성의 상승에 의한 생산력의 확대를 가져와 한층 시장의 확대 → 생산력의 확대라는 균형성장의 궤도로 올라가게 된다. 이 경우 빈곤의 악순환으로 고민하던 후진국은 저개발균형에서 벗어나 광범위한 다른 업종으로 적지만 동시에 자본을 사용하는 데 초기의 자본을 어떻게 조달할 것인가가 이 균형성장 노선의 전환에 요점이 된다.

당연히 넉시도 이 자본의 내부 조달 검토를 두고 고심했다. 넉시는 저개발지역

〈그림 14-13〉 넉시의 위장실업과 잠재적 저축

자료: 矢田俊文 編(1990: 197).

에서 자본 형성의 잠재적인 국내 원천에 대해 인구과잉국과 인구과소국으로 나누어 고찰했다. 이 중 동남아시아를 모델로 한 인구과잉국에 대해 농촌의 실업 중 숨겨진 잠재적 저축력의 동원에 대해 검토했다. 그에 따르면 농촌에는 노동의 한계생산력 0을 넘는 노동력이 종사하고, 그 부분을 위장실업이라고 부르며, 이들 농민을 부양하는 소득은 그 밖의 농민에 의해 형성된 잉여부분으로서, 그것은 잠재적 저축력이 된다. 따라서 위장실업 농민을 농촌에서 유인해 새로운 공업생산의 노동력으로 동원하는 한편 농촌에서 이 사람들을 부양해왔던 잠재적 저축부분을 공업부문 투자의 원천으로 조달할 수 있다는 특이한 논점을 제시했다. 이것을 이른바 마르크스경제학적으로 이해하면 〈그림 14-13〉과 같다.

즉, l만큼의 농민 노동에 의해 $v+m$의 소득을 형성하는 생산력에 도달하는 데도 실질적으로는 $l+\triangle l$의 농민이 노동에 종사해 겉보기에 $v+m$의 소득을 발생시키는 현상을 나타낸다. 따라서 실질의 생산성은 $(v+m)/l$인데도, 겉으로는 $(v+m)/(l+\triangle l)$과 같이 생산성이 낮다. 이 $\triangle l$의 농민이 위장실업으로 l의 농민이 생산한 잉여가치 m, 즉 잠재적 저축부분에 기생하는 것이 된다. 여기에서 $\triangle l$의 농민을 농촌에서 유인해내면 잠재적 저축력이 생기고, 이것을 어떤 힘으로 농촌으로부터 끌어올려 공업부문의 투자재원으로 할 수 있다. 이것이 광범위한 다른 업종의 투자로 국내 원천이 되고 위장실업자가 그 노동력원이 된다.

인구희박국의 경우 이러한 위장실업부분이 적기 때문에 잠재적 저축력도 작으므로, 먼저 농경상의 기술개선을 최우선으로 하고 생산성 향상으로 농업취업인구의 해방과 잉여가치의 증가에 의한 자본 형성=국내저축의 증대가 불가결하다고 지적했다.

어쨌든 넉시의 후진국 개발론은 재래공업과는 단절된 형태로, 또 기존의 농수산업, 광업 등의 원료가공을 축으로 한 공업화 등에 그치지 않고 갑자기 광범위한 다른 업종을 동시다발적 대규모 투자를 지향하는 것으로, 허쉬먼은 '여러 빈곤을 한꺼번에 훌쩍 넘기는 것', '1회의 발작적 투자 노력', '한 번의 대규모 강제수용', '단기간 독재정치'라는 노선이라고 하며 그 비현실성을 지적했다.

이러한 문제점이 넉시의 후진국 개발론에 존재하는 것과 같이 이것을 국내 후진지역의 개발 전략에 적용하게 되면 새로운 문제점이 생기게 된다.

분명히 한 국가의 후진지역에 넉시가 지적한 빈곤의 악순환이 존재하는 것은 확실하지만 여기에서 탈출하는 방법으로 동시다발적 투자 전략의 유효성에는 한층 강한 제한이 따라다닌다. 국민경제가 단일시장으로 형성되고, 그 일부분에 지나지 않는 후진지역에 투자된 부문은 다른 지역에서 가동하는 다른 부문과 산업연관을 하는 경우가 일반적인 것은 말할 필요도 없고, 지역 내에서 봉쇄적인 상호의존 시장이 형성되는 경우는 드물기 때문이다. 그만큼 물자·사람·화폐의 지역 간 이동이 자유롭고, 지역 간 경쟁이 심하기 때문이다. 하물며 국내의 자본원천의 형성에 구애되는 필연성은 약하다. 국가가 심각하게 생각하는 후진지역 대책으로서 한꺼번에 이러한 광범위한 다른 업종에 동시다발적으로 대규모 투자를 실시하는 경우에만 있을 수 있는 전략이고, 그 경우에도 지역 내 기존 산업과의 단절성은 여전히 남

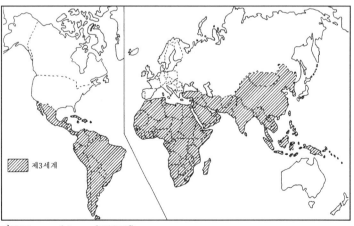

〈그림 14-14〉 제3세계 국가의 분포

자료: Knox and Agnew(1998: 16).

아 있을 것이다.

제3세계에 속하는 국가들은 〈그림 14-14〉와 같이 지구의 남반부에 많이 위치해 있다. 제3세계는 르 티에흐 몽드(le tiers monde)를 번역한 것으로 프랑스의 인구학자 소비(A. Sauvy)가 1952년에 처음 사용했다. 그는 후진국을 프랑스 혁명 당시의 제3신분(le tiers etat)과 비교한다는 뜻에서 이와 같은 새로운 용어를 사용했다. 그러나 제3세계는 우연히도 후진 상태에 있는 3대륙과 공간적으로 일치하기도 하며, 자본수의와 사회주의·공산주의 블록에 대한 상대적인 개념으로 빈번하게 사용되었다.

5. 저개발이론

본 절에서는 저개발이론으로서 내재적 요인에 의해 저개발이 이룩된다고 고찰하는 이론과 상호작용에 의해 저개발이 전개된다는 이론으로 나누어 살펴보기로 한다.

1) 내재적 장애요인을 바탕으로 한 이론

(1) 저개발의 사회학적 이론

저개발의 사회학적 이론은 정체·전통사회의 관념과 사회·경제적 이중구조의 관념에 의해 설명되어질 수 있다. 먼저 정체·전통사회의 관념에 의해 설명하면 다음과 같다. 서부 유럽 사회과학자들에 의한 후진국가의 사회적 특성은 자질, 성질, 의욕, 선진 자본주의 사회로부터의 자극이 결여되어 있다고 주장하고 있다. 라이벤슈타인은 저개발국가에서 개발을 이룩하기 위해서는, 첫째, 이윤을 추구하려고 하는 강한 자극, 둘째, 기업의 측면에서 위험을 감수하려는 의지, 셋째, 산업 직종에 대한 훈련을 받으려는 열망, 넷째, 과학적·기술적 진보를 촉진시키고 종사하려는 열망이 필요하다고 주장하고 있다. 그의 견해에 따르면 선진국은 기업가의 창조, 생산 기법의 확대, 생산 지식의 증대를 위해 매우 자극적인 특징을 갖고 있는데 대해, 저개발국가들은 기존의 경제적 특권을 유지하려는 태도가 뚜렷하다. 따라서 잠재적으로 확대되는 경제기회에 대한 억제와 단축, 변화에 대한 보수적인 행동과 새로운 관념에 대한 저항을 갖고 있다.

저개발에 대한 사회학적·심리학적으로 가장 알려진 이론은 하겐(E. Hagen)과 맥클레랜드(D. McClelland)에 의한 것이다. 그들은 저개발국가에서 경제적 상태를 바탕으로 정체적·전통적 사회가 개발의 결핍을 가져오는 것이라고 설명할 수 없다고 했다. 결국 한 때 가난한 여러 국가들이 선진국으로 된 국가를 사례로 해 설명하려 했다. 즉, 사회 구성원의 개성, 행동, 가치관과 욕구의 표현, 사회에서 개개인의 역할 등의 변수를 고려해야 비로소 저개발을 설명할 수 있다고 보았다.

하겐은 식민지 시대를 경험한 주민들의 가치관, 성격, 태도 등을 분석한 결과 그 지역 주민들의 대부분이 개발을 위해 요구되는 창조성, 진취성은 거의 나타나지 않고 있으며, 은둔성, 후퇴성, 의존성 등이 지배적인 것으로 나타났다고 지적했다. 맥클레랜드는 개발이란 기업가정신과 관련되어 있다고 보았고, 또 실패에 도전하면서 각종 모험을 통해 목표를 성취하려는 의욕에 있다고 했다.

다음으로 사회·경제적 이중구조의 관념을 보면 다음과 같다. 이중적 사회이론은 독일의 경제학자 뵈케(J. Boeke)에 의해 전개되었다. 그의 문화적 설명에 따르면 사회의 이중구조는 전통 사회와 새로 들어온 사회체계의 부조화가 만들어낸 것이다. 대부분 새로 들어온 사회체계는 고도의 자본주의 사회로 서부 유럽에서 들어온 것이다.

히긴스(B. Higgins)는 뵈케의 이론을 패배주의라고 공격했다. 그는 어느 국가나 이중구조가 존재하며 정도의 차이가 있을 뿐이라고 주장했다. 또 그는 전통사회에서 서부 유럽 사회의 침투와 도전은 항상 나타난다고 주장했다. 그러나 히긴스는 사회적 이중구조보다 자본집약적·노동집약적 부문의 차이에서 야기되는 기술적·경제적 이중구조가 더 중요하다고 주장했다. 그는 후진적인 노동집약적 부문은 기술적 지원을 하는 서부 유럽 자본주의의 점진적 확산에 의해 변형된다고 결론지었다. 즉, 그는 이러한 점이 효율적이냐 비효율적이냐에 초점을 맞추어 고찰했다.

(2) 저개발의 역사적 설명

사회·경제발전의 역사적 모델은 서부 유럽 학자들에 의해 나타났다. 그들이 만들어 낸 이 모델은 식민지 세력구조의 붕괴, 새로운 사회체제의 등장, 냉전에 의한 세계경제의 팽창과 통합의 빠른 변화에 대응한 것일 뿐 아니라 마르크스주의자들의 자본주의 세계의 비판적인 분석에 반대해 제시된 것이다. 이 모델은 저개발국가의 경우 미래는 선진국의 상태로 변화해 갈 것이라는 서부 유럽의 자유주의 철학에 토대를 둔 것이다.

이 모델의 가장 대표적인 것이 로스토의 경제성장 5단계 학설이다. 여기에서 로스토는 경제성장의 최고 단계는 사회주의가 아닌 발전된 자본주의임을 밝혔다.

(3) 저개발과 근대화에 관한 지리학자의 관점

지리학자들은 저개발국가의 후진상태는 내적 장애, 서부 유럽 사회로부터의 자연에 의한 고립, 세계 정치·경제의 본질에 의한다고 생각하고 있다.

발전이란 근대화와 동의어로 볼 수 있으며, 근대화 과정이란 서부 유럽의 사상과 제도가 전통사회에 확산되어 가는 과정으로, 지리학자들이 주장하는 확산모델에 의해 저개발을 설명하고 있다. 즉, 리델(J. B. Riddell), 굴드(P. R. Gould), 소자(E. Soja) 등은 근대화 물결은 핵심지로부터 교통로를 따라 확산되고 있다고 주장하고 주요 결절점과의 접근성에 의해 개발의 정도의 차이가 나타난다고 주장했다. 따라서 교통망의 발달과정은 바로 근대화 과정이라고 간주하고 공간조직의 통합화 정도가 저개발과 개발을 결정짓는 중요한 요인이라는 점을 밝혔다.

굴드가 탄자니아의 근대화 과정을 도로, 철도, 전화, 우체국, 병원, 학교, 관공서의 확산 경향면으로 설명하고 있다(〈그림 14-15〉). 즉, 식민지 통치기간 동안에 근대화가 진전된 지역으로부터 그 주변지역으로 점차 근대화가 확산되어 가며, 대도시는 모든 변화와 혁신의 기원지로서의 기능을 갖고 있어 대도시에서 멀어질수록 근대화의 속도가 늦은 지역으로 나타난다.

그러나 근대화의 확산모델은 전통사회와 현대사회의 이중구조를 단순화시켜 놓고, 근대화의 확산과정을 통해 전통사회가 현대사회로 변화하는 과정에서 지역이 발전된다는 이론이다. 따라서 실제로 근대화가 혼재되어 있는 저개발국가에서는 그 적용이 어렵고, 저개발 지역의 역사적 사실을 너무 경시한 단선적인 사회 진화과정으로서 근대화의 확산에 따라 개발이 진행된다는 개발 전략의 일면만을 보여주고 있다는 비판도 있다. 더욱이 근대화의 개념자체가 서부 유럽인의 가치관과 서구인의 자기 민족 중심주의(ethnocentrism)에 입각해 이루어진 점을 고려해 볼 때

<그림 14-15> 탄자니아의 근대화 확산과정

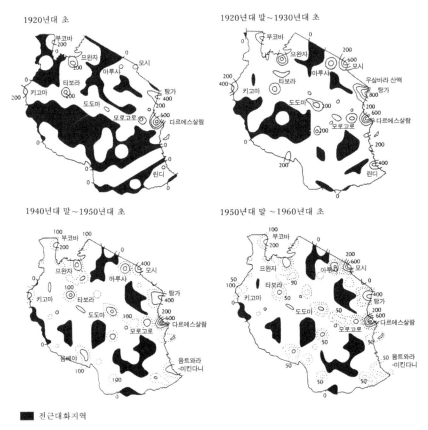

■ 전근대화지역

자료: de Souza and Foust(1990: 432).

과연 그 가치체계가 다른 저개발국가들에서도 적용될 수 있는지는 상당히 의문시되고 있다.

2) 외부와의 상호작용에 바탕을 둔 이론

(1) 변증법적 역사적 관점

1960년대 이후 공간조직의 분석이 지리학의 핵심적인 내용으로 등장하면서 일부 지리학자들이 근대화, 개발 등에 관해 변증법적인 견해로 분석하는 경향이 나타났다. 이들은 제3세계의 저개발 상태에 대해 부분적으로는 역사적 변증법에 기초를 두고 분석했으며, 또 부분적으로는 문화, 기술, 사회구조, 세계 권력구조에 대한

〈그림 14-16〉 미국의 해외자본에 대한 수입(1960년)

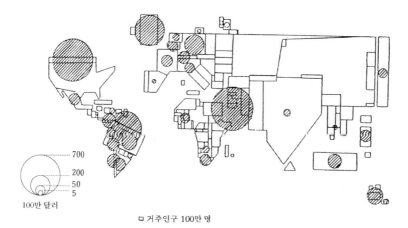

700
200
50
5
100만 달러

□ 거주인구 100만 명

자료: de Souza and Foust(1990: 498).

급진적 관점에서 분석했다.

저개발국가에 대한 급진적 접근방법에 의한 초기의 연구로서 1964년 뷰캐넌(K. Buchanan)에 의한 「제3세계의 윤곽(Profiles of the third world)」이 있다. 그는 저개발의 핵심적 사실이 편재되어 있는 것을 일련의 지도로 나타냈다. 예를 들면, 동물성 단백질의 하루 섭취량의 부족으로 제3세계의 굶주림과 영양실조는 환경의 악조건 때문이 아니라 서부 유럽세력의 침투에 의한 왜곡된 식민지 경제 때문이라 주장했다. 또 그는 선진국들이 제3세계에 대해 어떻게 저개발 시키고 있는지를 미국이 해외투자로부터 얻고 있는 수익을 파악해 분석했다(〈그림 14-16〉). 즉, 미국은 제3세계에 투자를 한 후 얻는 수입부분을 다시 환원해가고 있으며, 특히 라틴아메리카 여러 나라로부터 얻는 수익은 매우 많다. 이와 같은 선진국의 해외투자는 제3세계의 경제발전에 고용기회의 증대를 가져오도록 하지만 이보다 더 많은 이윤이 투자한 선진국으로 되돌아간다는 점이다.

변증법적 접근방법의 주요한 연구 주제는 저개발국가의 국민이 선진국에 그 종속성이 더욱 증가되는 데 초점을 맞추고 있다. 또한 저개발국가 국민들은 선진국에 너무 의존한 채 점점 주변적이 되어간다는 점도 강조하고 있다. 이와 같은 관계를 나타낸 것이 〈그림 14-17〉이다. 즉, 세계경제가 발전하면 선진국과 저개발국가와의 관계에서 저개발국가는 더욱 저개발화된다. 그리고 가난해 세계 여러 나라의 자

제14장 경제발전과 지역개발 773

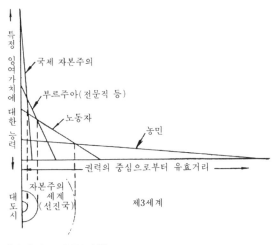

〈그림 14-17〉 세계의 계층화된 사회

특정 잉여가치에 대한 능력

국제 자본주의

부르주아(전문직 등)

노동자

농민

권력의 중심으로부터 유효거리

대도시

자본주의 세계(선진국)

제3세계

자료: de Souza(1990: 448).

원을 사용하거나 통제할 수 있는 힘이 없는 계층이나 국가일수록 권력의 중심지로부터 외곽에 위치한다. 한편 내부의 중심에는 자원의 이용에 따른 잉여가치를 많이 활용할 수 있는 능력을 가진 국제 자본주의나 부르주아 계층이 입지한다는 가설적인 모델이 이 것이다.

6. 지역개발이론

1) 개발의 의미

개발계획의 원년은 1848년 2월 혁명 직후 파리 근대도시 계획 때부터이다. 지역개발의 의미는 시대에 따라 변화해왔다. 1950년대의 개발은 경제성장을 의미했다. 그리고 그 의미는 현재도 계속되고 있다. 그러나 1970년대를 전후해 지역개발은 경제성장보다는 소득분배에 더 많은 의미를 부여했다. 또한 1970년대 전반기에는 삶의 질이 개발의 새로운 의미로 등장했다.

이와 같이 개발의 의미는 첫째, 경제성장을 이룩해 주민들의 경제적 지위를 높이고, 둘째, 소득의 공정한 분배를 통해 모든 사람들이 자립(self-reliance)해 살 수 있도록 하며, 셋째, 인간생활의 질적 개선을 강조하는 방향으로 변천되었다. 이를 좀 더 구체적으로 보면 다음과 같다.

(1) 경제성장

지역개발은 제2차 세계대전 직후부터 활발하게 이룩되었다. 그 이유는 전쟁이 끝난 후의 전후 복구사업과 전쟁 후 많은 국가가 식민지 통치로부터 독립을 쟁취하기 시작했기 때문이다. 그 당시의 지역개발은 경제성장을 이룩하는 것에 주안점을 두었다. 따라서 개발은 곧 경제성장을 의미해 1인당 국민소득을 향상시키는 경제의 양적 팽창을 꾀했다. 그래서 경제의 발전과정에서 성장의 효율성만을 강조하고 분배의 공평성은 관심을 두지 않았다. 그것은 성장의 효율성을 달성하게 되면 그 과정에서 분배의 공평성은 저절로 성취되는 것이라고 생각했기 때문이다. 그러나 지역의 발전은 경제의 양적 증가로만 이루어지지 않는다. 지역의 발전은 지역의 경제성장과 사회구조의 질적 변화에 따라 이루어진다. 이와 같은 자각과 함께 학자들은 지역개발에 대한 기존의 의미를 재평가하기 시작했다.

(2) 소득 재분배

시어스는 개발이란 소득의 재분배와 자립을 이룩하는 것이라고 주장했고, 또 그는 경제성장과 더불어 자립을 이룩해야 하며 그러기 위해서는 외국으로부터 수입을 줄이고 국내의 소비구조를 바꾸어야 한다고 했다. 그리고 그는 물질적인 자립뿐 아니라 문화적인 자립도 이룩해야 하는데, 이를 위해 모국어 사용을 강조하고 향토문화를 존중하며 교육내용을 무비판적으로 서구화해서는 안 된다고 했다.

(3) 삶의 질

아이사드(W. Isard)는 개발을 성장이라고 했다. 성장이란 물질적인 측면과 비물질적인 측면을 갖고 있는데, 여기에서 물질이란 소득을 의미하며, 비물질이란 복지를 의미한다. 따라서 개발이란 물질적인 소득이 증가하면서 비물질적인 복지가 확충되어가는 것을 말한다. 한편 프리드먼은 개발을 경제성장의 효율성, 공평성, 환경보전, 생활의 질(quality of life) 개선 등을 다루는 것이라고 했다.

2) 지역개발이론

지역은 변화한다. 그러나 그 지역자체가 변화하지 않더라도 주위가 변화하면 상대적으로 지역도 변화한다. 이러한 지역의 변화를 예측하는 것과 더불어 나쁜 영향을 미치는 것을 방지하면서 창조적인 지역설계도 진행해 나가는 것이 지역개발이다. 이러한 지역개발에 대한 관심은 1950년대 후반부터로, 지역개발은 경제개발을 주로 하면서 그 목적인 인간개발을 하게 된다.

지역개발을 촉진하는 인자는 두 가지가 있는데 내적·외적 인자가 그것이다. 내적 인자는 그 지역의 인구증가나 감소, 주민의 욕망 증가 및 변질, 산업의 근대화

〈표 14-8〉 지역개발이론의 구성

지역개발 실증이론	· 지역성장의 균형이론	· 고전주의 균형이론 · 신고전주의 균형이론	
	· 지역성장의 불균형이론	· 성장거점이론 · 역사적 발전이론(로스토의 경제성장 단계) · 지역 간 소득 불균등이론 · 종속이론 · 마르크스의 불균형발전이론	
지역개발 전략이론	· 국가발전 전략이론	· 발전이론 · 국가발전 전략이론	
	· 지역개발 전략이론	· 공간전략이론	· 균형개발 전략 · 불균형개발 전략
		· 추진전략이론	· 집행 전략이론 (상향식·하향식 전략개발) · 자원활용 전략이론 (내·외부 의존 개발 전략)
	· 대안적 지역개발 전략이론	· 유연적 생산체제와 개발 전략 · 지속적 개발 전략	

자료: 김용웅(1999: 56)을 재구성.

등이며, 외적 인자는 자연재해, 인구이동, 다른 지역과의 경쟁, 국방, 무역의 자유
화가 이에 속한다.

지역개발의 정책, 즉 개발계획의 내용은 산업의 국제적 수준화, 복지사회의 건
설, 국민소득의 증대, 벽지의 해소, 취업기회의 증대, 주택정비, 건강증진, 교육의
충실, 교통혼잡의 완화 등이 있는데, 이러한 지역개발의 규모는 국제적 차원의 지
역개발, 국가적 차원(국토계획), 지방적 차원(지역계획)으로 나누어진다.

지역개발 이론은 경제성장의 공간적인 현상을 설명하고, 이를 의도적으로 달성
할 수 있는 전략과 관련된 다양한 논리적 체계와 방법론을 포함한다. 이와 같은 맥
락에서 볼 때, 지역개발이론은 크게 두 가지로 나눌 수 있는데, 하나는 사회경제적
활동이 공간적으로 조직화되고 변화되는가를 설명하는 공간조직이론이고, 다른 하
나는 경제성장이 공간적으로 구체화되는 과정을 설명하거나, 지역개발 목표를 달
성하도록 하는 전략을 다루는 지역개발이론이다(〈표 14-8〉). 전자의 내용은 각 산
업활동의 공간이론의 내용으로 앞부분에서 다루었기 때문에 생략하고, 여기에서는
후자의 지역개발 실증이론 중 지역성장 불균형 이론을 중심으로 기술하기로 한다.

지역개발 전략이론의 추진전략이론에서 집행 전략이론은 크게 두 가지로 구분
할 수 있다. 하나는 하향식 개발(development from above)이고, 다른 하나는 상향식

개발(development from below)이다. 하향식 개발이론은 다음과 같은 몇 가지 성격을 가지고 있다. 첫째, 기존의 개발이론들은 대개 이 이론에 속한다. 둘째, 자본주의적 경제성장 이론에 근거를 두고 있다. 셋째, 개발은 한두 군데의 중심지나 한 두 개의 동적 산업(dynamic industry)에 의해 이룩된다. 그리고 일정한 시간이 지나면 개발이 이룩된 중심지 또는 산업으로부터 다른 지역 또는 다른 산업으로 개발의 여파가 파급된다. 넷째, 개발은 외부적 수요(external demand)와 외부의 혁신적 자극(innovative impulse)에 의해 발생된다. 다섯째, 개발의 중심지는 도시를 의미하고, 동적 산업은 제조업을 의미한다. 여섯째, 개발은 도시산업, 자본집약, 고도의 기술, 기능중심, 대규모 사업 등을 통해 이룩된다.

한편 상향식 개발의 성격은 첫째, 새로운 개발이론이다. 둘째, 지역주민의 기본수요를 중시한다. 셋째, 각 지역은 그 지역 내의 자연, 인간, 시설 등의 자원을 최대한 활용한다. 넷째, 개발은 주로 영세민이나 문제지역을 대상으로 한다. 다섯째, 개발정책은 관계되는 주민들에 의해서 입안되고 그들에 의해서 관리된다. 여섯째, 개발은 농촌 개발, 노동집약, 적절한 기술, 영토 중심, 소규모 사업 등을 통해서 이룩된다.

이런 면에서 볼 때 하향식 개발은 주로 현대화, 산업화, 도시화, 성장 거점, 불균형 성장 등의 이론과 관련되고, 상향식 개발은 지방화, 탈종속화, 균형 성장, 기본수요, 도농 개발 등의 이론과 관련된다. 하향식 개발이론으로는 성장거점이론(growth pole theory), 중심-주변 이론, 순환·누적 인과관계가 있고, 상향식 개발이론으로는 종속이론(dependency theory) 등이 있다.

(1) 성장거점이론

성장거점이론은 사회의 발전을 산업, 공간, 시간이란 다원적 배경 속에서 종합적으로 파악하고, 지리학과 경제학을 중심으로 많은 이론을 그 속에 포함시키고 있다. 성장거점이론은 경제발전의 불평등 발생과정을 설명하는 대표적인 불평등화 모델로 오늘날 지역개발을 생각할 때 사용되는 기본적인 이론이다.

성장극이란 용어를 처음으로 사용한 사람은 1955년 프랑스의 경제학자 페루(F. Perroux)이다. 그는 경제발전이 특정 부문에 집중하는 경향이 있다는 점에 주목해 주위의 지역보다 경제가 급속히 확대하고 있는 지점을 성장극이라 불렀다. 이 성장극의 개념에다 그 내부적 성장 메커니즘과 주변지역과의 관계를 덧붙임에 따라 성장극 이론은 성립된다. 성장극의 내부적 성장 메커니즘에 관해 페루는 먼저 선도산업(leading industries)을 정의하고 있다. 선도산업이란 첫째, 진보된 기술수준을 갖고 활기에 찬 새로운 산업으로 지역의 성장을 촉진하고, 둘째, 제품은 전국의 시장에 판매되어 소득변화에 대한 수요의 탄력성이 높고, 셋째, 다른 산업과 강력한 산업적 연계관계를 가지고 있는 것이다. 이러한 선도산업의 성장은 극내(極內)에서 생긴 외부경제에 의해 다른 관련 산업을 끌어들여 투입 - 산출 관계를 통해 관련 산업의 성장을 가져오게 한다. 이러한 내부적 성장 메커니즘을 통해 성장극은 전체적으로 확대를 계속한다. 이 성장극은 경제적인 이론상의 개념으로 지리적인 실체를 수반하고 있지 않다. 따라서 지리적 공간 내에 입지하며 경제적 추진력을 갖는 결절점에 대해서는 일반적으로 성장거점(growth center, development pole, growth point)이라는 용어가 사용된다. 이러한 성장극 개념을 처음으로 공간상에 적용하려고 시도한 사람은 이탈리아 메조지오르노(Mezzogiorno)의 보리-타란토(Bori-Taranto) 산업단지를 연구한 부드빌(J. R. Boudeville)이다. 그는 도시구조를 관찰해 극화된 공간(polarized space)을 착상하게 되었다. 극화된 공간의 여러 조건들을 공간상에서 기능 변형을 시켜 거점으로서 그 입지에 대한 여러 조건들과 연결시키려고 시도했다.

성장거점이론에는 불평등한 경제발전이 진전되는 장소로서 경제적인 여러 힘이 발산·집중하고 있는 극을 가진 경제공간을 상정(想定)한다. 그 공간에 작용하는 여러 힘으로서 허쉬먼은 극화(polarization)와 누적(trickle down)의 두 효과가 있다고 주장했다. 이들은 각각 뮈르달의 역류효과(backwash effect), 파급효과(spread effect)에 대응되는 것으로 거의 동일한 개념이다. 다만 뮈르달의 개념은 지역 간의 불평등성의 증대를 설명하기 위해 이데올로기적 색채가 강한 데 대해, 허쉬먼의 연관효과 개념은 정치적인 것을 포함하지 않는 내용으로 되어 있다. 극화란 경제발전이 특정 부문이나 지점에 선택적으로 집중하는 과정을 나타내는 것이다. 경제의 부문적 극화는 선도산업의 급격한 성장이 생산물, 기술, 소득 등을 통해 다른 경제 부문을 야기하는 발전과정을 의미하고 있다. 이러한 발전이 결절점 등에 공간적으로 한정되는 경우는 지역적 극화라고 부른다. 이러한 극화과정은 집적경제와 밀접한 관계를 갖고 있다. 극화의 결과 주변지역에는 뮈르달이 주장한 역류효과가 발생해 노동력, 자본 등이 성장거점으로의 집중이 발생된다. 누적효과는 경제발전이 주변지

〈그림 14-18〉 핵심과 주변 사이의 불균등의 변화

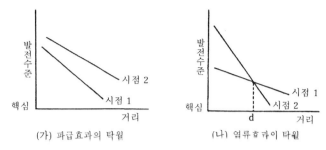

(가) 파급효과의 탁월   (나) 역류효과이 타월

자료: Bradford and Kent(1978: 170).

〈그림 14-19〉 파급·역류효과의 시간적 변화

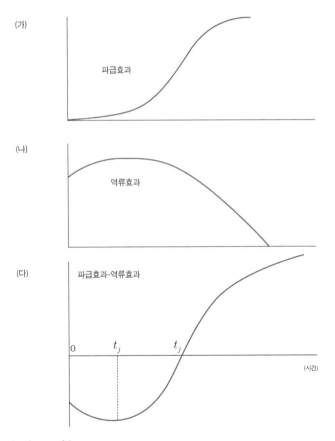

자료: Richardson(1978: 168).

역에 물방울로 떨어지는 것과 같은 작용을 의미하며 파급효과와 동일하다.

성장거점이론은 이들 두 효과를 통해 성장거점과 그 주변지역 간의 관계를 논하고 있다. 〈그림 14-18〉에서 가로축에는 성장 중심지로부터의 거리, 세로축에는 발전수준을 나타냈다. 〈그림 14-18〉 (가)는 파급효과가 전체적으로 탁월한 경우로 시간이 경과함에 따라 발전의 평등화가 진행되고 있다. 따라서 경제발전은 성장거점을 중심으로 원심적 확대를 하고 있다는 것을 알 수 있다. 〈그림 14-18〉 (나)는 역류효과가 탁월한 경우를 나타낸 것으로 시점 1에서 시점 2로 시간이 경과함에 따라 거리 d보다 바깥쪽인 곳의 경제가 하강하고 있다. 또 거리 d 이내의 지역에서는 파급효과가 탁월해 경제가 상승과정에 있다. 따라서 이러한 상태의 지역에서는 경제발전의 불평등이 진전되고 있다.

그러나 불균형발전론을 옹호하는 리처드슨(H. Richardson)은 지역격차의 '수렴가설'을 주장하며 핵심지역이 주변지역에 비해 차별적으로 성장하더라도, 일정한 시간이 지나면 파급효과가 역류효과보다 더 커져서 지역 균형발전이 이루어진다고 주장했다. 그는 파급효과가 혁신이론에서 새로운 정보의 수용이 시간에 경과함에 따라 변화하는 패턴과 유사하다고 생각해 확산의 원리에 따라 로지스틱 곡선의 패턴을 보인다고 했다. 역류효과는 시간이 지날수록 지가상승과 같은 집적의 불이익이 확대되어 결국 t시점을 지나면 그 크기가 점점 작아진다고 주장했다. 파급효과와 역류효과가 시간이 경과한 후 그 효과가 어떻게 나타나는지를 보인 것이 〈그림 14-19〉이다. t_j까지 역류효과가 강하게 작용해 지역격차가 확대되지만, t_j를 지나면 파급효과가 크게 효과를 나타내 격차가 해소되고 수렴해가게 된다는 것이다.

윌리엄슨(J. G. Williamson)도 국민경제발전의 초기 단계에는 자본·노동력의 이동에 관해 역류효과가 강하게 작용하기 때문에 국내의 지역 간 격차는 확대경향에 도달하고, 어느 단계에서 전환점(tuning point)을 넘으면 집중지역에서 외부불경제 발생이나 지역 간 평등정책의 발동 등에 의해 축소경향을 나타낸다는 것을 논했다.

오히려 여기에서는 왜 초기 단계에 역류효과가 좀 더 강하게 작용하고, 후기단계에 파급효과가 좀 더 강하게 효과를 나타내는지가 중요하다고 할 수 있다. 이 점에 관해서 충분한 해명이 이루어지지 않았지만 국민경제통합의 정도, 교통·통신체계의 정비 상황, 도시 시스템 또는 도시 간 연결정도가 조밀한지 소원한지, 외부불경제의 크기, 재정이전(transfer) 등 정책적 대응의 문제 등을 요인으로 들 수 있다.

성장거점이론에서 야기된 문제는 성장거점의 선정문제, 선도산업의 선정문제, 배후지의 성장, 파급효과를 최대화하기 위한 방안과 더불어 성장거점의 적정 수, 규모, 간격, 입지, 투자량 등인데, 이에 대한 상당한 논란이 있다.

한국의 국토개발계획을 보면 제1차 국토종합개발계획(1972~1981년)의 기본 목표는 도시와 농촌지역의 균형 잡힌 발전과 농공병진을 꾀할 수 있도록 모든 산업을 조화롭게 배치해 국민의 생활수준 향상을 도모할 수 있는 국토구조와 환경을 개선하는 데 있다. 이러한 국토이용 구조회의 환경의 개선이란 기본 목표는 국토이용 관리의 효율화, 개발기반의 확충, 국토 포장자원(包藏資源) 개발과 자연의 보호·보전, 국민 생활환경의 개선이다. 이러한 기본 목표를 실행하기 위한 개발정책은 한정된 투자 재원의 효율성을 높이기 위해 개발 잠재력이 높은 지역을 집중 개발하는 거점 개발방식을 주된 수단으로 선택했다. 이들 개발거점에 대규모 사업을 우선적으로 추진해 집적이익을 높이는 한편, 그 사업의 효과가 전국에 상호 연쇄적으로 파급되도록 했다. 그러나 실제 거점을 선정하고 개발할 때 필요한 기술과 지식·정보가 충분히 마련되지 못한 채 시행되었다. 한국의 성장거점 전략은 주로 공업성장에 역점을 둔 것으로 입지 우위성에 우선을 둔 산업단지의 조성이라고 볼 수 있다. 그러나 산업단지 조성에 의한 해당 지역주민의 고용기회 저하, 대도시로부터의 노동력 유입 등으로 성장거점 도시의 파급효과는 기대한 것만큼 많지 않았으며, 또한 지역의 기존 산업들과의 상호의존에 의한 승수효과도 매우 적었다. 이 개발계획은 노턴(R. D. Norton)과 우드(M. K. Wood)에 의해 이룩된 것으로, 한국 4대강 유역(한강 유역권, 금강 유역권, 영산강 유역권, 낙동강 유역권)을 중심으로 한 4대권과 도 단위의 행정구역을 중심으로 한 8중권(수도권, 태백권, 충청권, 전주권, 광주권, 대구권, 부산권, 제주권)으로 구성되었다. 그리고 8~10개 군 단위가 모여 경제권 형성이 가능한 배후지와 중심도시를 감안한 17개 소권(서울권, 춘천권, 강릉권, 원주권, 천안권, 청주권, 대전권, 전주권, 광주권, 목포권, 순천권, 대구권, 안동권, 포항권, 부산권, 진주권, 제주권)

〈그림 14-20〉 제1차 국토종합개발계획의 개발권역

자료: 國土開發硏究院(1972).

4대권	8중권			17소권		
	권역	면적(km²)	인구(천 명)	권역	면적(km²)	인구(천 명)
1. 한강 유역권	(1) 수도권	12,496	10,995	① 서울권	12,496	10,995
	(2) 태백권	18,649	2,289	② 춘천권	6,349	467
				③ 강릉권	3,993	700
				④ 원주권	8,307	1,122
2. 금강 유역권	(3) 충청권	13,190	3,837	⑤ 천안권	4,708	1,357
				⑥ 청주권	3,410	817
				⑦ 대전권	5,072	1,663
	(4) 전주권	7,157	2,330	⑧ 전주권	7,157	2,330
3. 영산강 유역권	(5) 광주권	13,348	4,252	⑨ 광주권	3,812	1,538
				⑩ 목포권	4,622	1,388
				⑪ 순천권	4,914	1,326
	(6) 제주권	1,820	412	⑫ 제주권	1,820	412
4. 낙동강 유역권	(7) 대구권	19,805	4,859	⑬ 대구권	7,870	2,809
				⑭ 안동권	7,748	1,190
				⑮ 포항권	4,187	860
	(8) 부산권	12,342	5,734	⑯ 부산권	6,410	4,510
				⑰ 진주권	5,932	1,224

자료: 國土開發硏究院(1972).

으로 구성되었다(〈그림 14-20〉). 각 권역의 면적과 인구를 보면 유역면적으로는 낙동강 유역권이 가장 넓으며, 그 다음이 한강, 금강, 영산강 유역권의 순이다. 그러나 인구규모는 한강 유역권이 가장 많으며, 그 다음이 낙동강 유역권, 금강 유역권, 영산강 유역권의 순이다(〈표 14-9〉).

8개 중권의 권역별 개발정책을 보면 수도권은 정치·경제·사회·문화의 중추관리 기능을 담당하는 지역으로, 산업 및 인구의 집중과 다양성을 특색으로 했을 뿐 아니라 여러 가지 사회 간접자본도 집중 투자된 권역이다. 태백권은 관광자원의 개발, 북평·단양·제천 일대의 산업지역의 개발, 고속도로의 건설, 산업전철의 건설, 묵호·삼척·속초항의 개발, 소양강 댐 건설, 설악산 국립공원의 개발 등이 포함되었다.

충청권은 서해안의 간척사업, 대청·충주 댐의 건설과 관광지 개발 및 문화재 보전, 고속도로의 건설이 개발정책이었다. 전주권은 군산의 외항건설, 철도 복선화 사업, 호남고속도로의 건설 등이 개발정책이었다. 광주권은 영산강 하구언 건설, 여천 중화학 산업기지의 건설, 여천 신도시 개발, 고속도로의 건설, 장성·담양·나주·광주 댐의 건설, 다도해 국립공원의 지정 등이 개발정책이었다.

대구권은 구마고속도로의 건설, 포항 산업단지 및 항만건설, 안동 댐 건설, 낙동강 연안개발과 농지조성 등이 주요 개발정책이었다. 부산권의 개발정책은 울산 정유소, 미포조선소, 창원 기계공업단지, 거제 조선소 조성, 창원 신도시 건설, 고속도로 및 부산 국제공항의 건설, 부산항 확장개발 등이었다. 제주권은 제주항의 확장개발, 국제공항의 확장, 국제 관광단지의 조성, 제주도 관광 종합개발 추진 등이 주요 개발정책이었다.

이러한 점을 보완한 제2차 국토종합개발 계획 (1982~1991년)은 다음과 같은 특성을 갖고 있다. 첫째, 개발의 기본이념을 경제적 효율성과 형평성, 그리고 생활의 질 개선 등에 두고 있다. 이전까지는 투자효과의 극대화란 측면에서 경제성장의 효율성만을 강조했으나, 본 계획에서는 소득의 재분배와 국민 생활환경의 개선에 역점을 두었다. 둘째, 개발의 기본이념을 달성하기 위한 개발 전략으로 생활권 구상이라는 새로운 방안을 모색하고 있다. 즉, 전국을 28개 생활권으로 구분하고 각 생활권에 거점도시를 지정해 그곳을 집중 개발함으로써 그 효과가 생활권내에 고루 미치도록 하는 것이다. 셋째, 이와 같은 개발의 이념과 전략을 통해 전국적으로 지방화 시대를 전개하는 것이다.

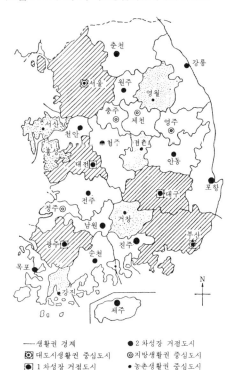

〈그림 14-21〉 제2차 국토종합개발계획의 생활권

―― 생활권 경계
◉ 대도시생활권 중심도시
▣ 1 차성장 거점도시
● 2 차성장 거점도시
◎ 지방생활권 중심도시
• 농촌생활권 중심도시

자료: 國土開發院(1981: 54).

제2차 국토종합개발계획의 주요 내용은 첫째, 정주체계와 인구배치, 둘째, 국민 거주환경의 정비, 셋째, 자원개발의 보전, 넷째, 국토의 기반시설 확충, 다섯째, 국토의 효율적인 이용과 관리가 그것이다. 제2차 국토종합개발계획의 28개 생활권을 나타낸 것이 〈그림 14-21〉로 대도시 생활권의 중심도시는 서울과 부산이며, 제1차 성장거점 도시는 대전, 광주, 대구이고, 제2차 성장거점 도시는 춘천, 원주, 강릉, 청주, 천안, 전주, 남원, 목포, 순천, 안동, 진주, 제주이다. 여기에서 제1차 성장거점 도시는 광역 거점개발 도시로서 국토공간의 다핵심적 개발방식에 의한 것으로 서울의 성장을 견제함과 동시에 지방 중심도시를 육성하는데 있다. 이와 같은 지역개발 정책은 지역별 성장과정과 그 발전유형 및 이런 유형을 형성한 성장 결정인자에 대한 정확한 분석과 개발에 따르는 문제점의 이해가 선행되어야 했다.

(2) 중심-주변 이론

성장극에 대한 경제성장 논리를 실제 공간발전에 적용시킨 성장거점이론의 공간효과는 주로 중심-주변 이론(center-periphery theory)으로 설명된다. 이 모델에서는 공간발전과정을 '구심력'과 '원심력' 사이의 상반된 힘의 작용으로 설명하고 있다. 전자는 성장이 어떤 중심지에 집중되어 주변지역의 경제를 잠식하는 힘을 말하고, 후자는 중심지역이 성장함에 따라 그 효과가 주변지역으로 파급되는 것을 말한다. 이 이론은 1963년 프리드먼이 크리스탈러(W. Christaller)와 뢰쉬의 이론을 수용하고 로스토의 경제성장 단계이론에 기초를 둔 것으로, 중심과 주변 간에 시장경제(수요와 공급)가 계속되면 이들 지역 간의 균형이 이룩되어 최후에 통합될 것이라는 것이다. 여기에서 중심이란 성장 중심이며, 주변이란 파급·역류효과가 발산·집중하는 지역이다.

프리드먼의 핵심과 주변의 통합과정을 나타낸 것이 〈그림 14-22〉로, 제1단계는 전형적인 전산업화(前産業化) 사회로 중심지의 계층구조가 없는 비교적 독립된 국지적 중심지가 전국적으로 산재되어 있어 안정된 상태를 나타내며, 상품교환이 없는 사회이다. 제2단계는 전형적인 초기 산업화 시기(period of incipient industrialization)로 종주도시[宗主都市(primate city)]가 나타나 주변지역의 자원을 착취하면서 집적경제의 이익으로서 누적인과 과정에 의해 성장한다. 이 단계에서 파급효과보다 역류효과가 좀 더 강하고 중심은 계속 성장해 이중 경제구조가 존재한다. 제3단계는 다핵심구조로 점진적으로 변화해가는 단계로, 다핵심구조는 주변지역 중에서 유리한 지역이 개발됨으로써 형성된다. 이들 유리한 지역들은 다음과 같이 개발을 위해 정치적으로 배려된 중심도시로부터 고립된 대규모 지방시장(regional market), 중요한 천연자원, 특별한 쾌적도(amenity)와 기후를 가진 지역이다. 그리고 파급효과가 전국적으로 일어나지만 지역 내에서의 역류효과는 파급효과를 초과해 지역 내의 성장은 공간적으로 집중된다. 제4단계는 완전한 공간조직 단계로 대도시 사이의 주변지역은 대도시 경제에 흡수되며, 국지적·전국적 역류효과와 파급효과는 균형상태가 되어 어느 정도 이상적인 단계가 된다. 이 개발모델에서 경제발전의 공간적 패턴은 4개 유형으로 나눌 수 있다. 즉, 핵심지역(core region), 경제 상승권(upward transitional area),

〈그림 14-22〉 프리드먼의 개발 모델

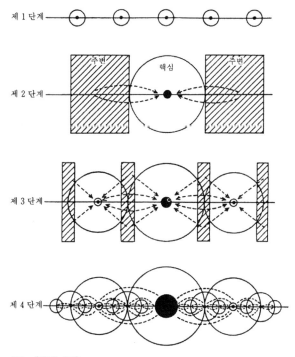

자료: Bradford and Kent(1978: 171).

경제 하강권(downward transitional area), 자원 미개발지역(resource frontier region), 특별 문제지역(special problem region)이 그것이다. 핵심지역은 경제성장에 대한 높은 잠재력을 가진 대도시지역으로 중심-주변 이론의 중심에 해당된다. 그리고 새로운 산업, 혁신의 묘상이 된다. 경제 상승권은 핵심지역에 인접해 있으며, 농업생산력 투자의 증대, 인구의 증가 등 파급효과가 탁월한 권이다. 경제 상승권의 외측에는 경제 하강권이 분포하며, 경제기반이 되는 농촌경제가 정체 또는 하강하는 경향으로 인구전출, 낮은 평균수명, 낮은 생활수준 등 역류효과가 탁월한 권이다. 가장 외측에는 역류·파급효과가 아직 미치지 않는 자원 미개발 지역이 분포한다. 이러한 프리드먼의 중심-주변 모델은 단순하지만, 경제발전과정과 그 공간적 패턴에 내재된 불평등 모델의 한 예이다.

프리드먼은 베네수엘라를 사례로 들어 중심-주변 이론을 설명했다. 즉, 그는 1936~1961년 사이를 연구대상으로 해, 1936년 당시 베네수엘라에는 소규모의 도

〈그림 14-23〉 베네수엘라의 도시 인구분포(1936년)

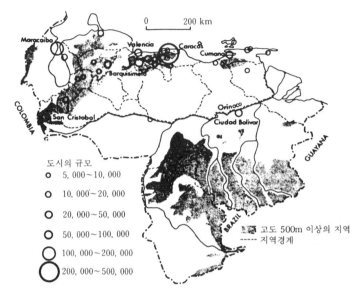

자료: Bradford and Kent(1978: 173).

시가 몇 개밖에 없었으며 이들 또한 산재되어 있었다(〈그림 14-23〉). 1936년 카라카
스 인구는 10만 명을 넘었고, 마라카이보는 7만 5,000명의 인구를 가진 도시였다.
이 당시는 베네수엘라의 역사에서 볼 때 개발 모델의 제1단계에 해당된다고 하겠
다. 그 후 석유가 개발됨에 따라 카라카스 지역은 베네수엘라의 유일한 국가적 핵
심지역으로 나타났으며, 주변지역으로부터의 인구전입과 역류효과가 나타났다(제
2단계)(〈표 14-10〉). 핵심에서는 누적 성장과정이 시작되었고 정부의 투자, 상·공업
의 입지, 이민에 의한 인구이입과 은행망의 확대로 경제·사회적 연결의 패턴을 창

〈표 14-10〉 베네수엘라의 국내 인구이동(1936~1950년)

지역	이출 인구(천 명)	이입 인구(천 명)	순 국내 인구이동(천 명)
웨스턴 오일 주(Western Oil States)	57	95	38
마운틴 주(Mountain States)	119	17	-102
웨스트 센트럴 주(West Central States)	76	14	-62
이스트 센트럴 주(East Central States)	112	274	161
야노(Llanos)	45	43	-2
이스턴 오일 주(Eastern Oil States)	29	79	50
이스트 코스탈 주(East Coastal States)	69	2	-67
기이아나(Guayana)	25	8	-17

자료: Friedman(1966: 141).

〈그림 14-24〉 베네수엘라의 도시 인구분포(1961년)

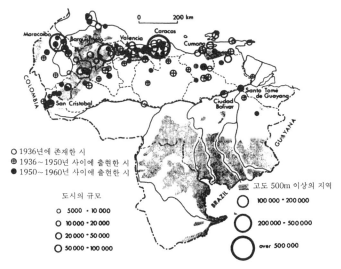

자료: Bradford and Kent(1978: 174).

〈그림 14-25〉 중심-주변 모델에 의한 영남지방의 유형 분포

자료: Park(1973: 92).

출했다. 또한 소비재에 대한 전국적인 시장이 핵심지역에 집중되었다. 석유가 개발됨에 따라서 핵심지역인 마라카이보, 바르키시메토(Barquisimeto), 발렌시아 등이 성장하게 되었고, 또한 이들 주변으로부터 인구이동이 이루어짐(제3단계)과 동시에 카라카스로부터의 파급효과가 공업 확대를 가져와 인접한 발렌시아 분지에서도 이와 같은 현상이 나타나기 시작했다. 1958년 정부는 새로운 도시 산토 토메 디 기이아나(Santo Tomé de Guayana)를 지역개발 정책으로 개발하기 시작했다. 이와 같이 25년이라는 세월이 흘러감에 따라 〈그림 14-24〉와 같이 도시 간에는 복잡하고 상호 의존적인 체계가 나타나게 되었는데, 이는 동서 방향의 도로건설에 기인된 것으로, 경제 하강권에 해당한 서부의 산지지역은 경제 상승권으로 나타났으며, 동부의 가이아나 지방은 철강개발로 자원 개발지역으로 대두되었다.

영남지방을 대상으로 중심-주변 모델의 연구 예를 나타낸 것이 〈그림 14-25〉로, 중심-주변 모델의 분석 지표는 인구잠재력, 도로 결합력 분석(connectivity analysis), 농가수의 비, 도·소매 업체수의 입지계수 등이다.

(3) 순환·누적 인과관계

스웨덴의 경제학자 뮈르달은 1957년 순환·누적 인과관계(circular and cumulative causation)를 밝혔다. 그는 자유 시장경쟁에서 시간이 흐름에 따라 지역 간의 불균형 격차는 줄어드는 것이 아니다 라고 주장했다. 즉, 그는 기존의 경제적 불균형은 성장지역의 부와 기술이 누적되어 성장지역은 성장이 지속되는가 하면, 빈곤지역은 빈곤하기 때문에 생산인자를 누적적으로 빼앗겨 지속적인 빈곤을 면치 못할 것이라고 했다. 〈그림 14-26〉은 기존의 성장지역이 어떻게 지속적인 성장이 가능한가의 순환·누적 인과관계를 나타낸 것이다. 반대로 주변지역은 생산인자가 계속해서 성장지역으로 흘러 들어가는 역류효과가 나타나 자유시장에 맡겨두면 중심과 주변의 관계는 영구화될 것이라 경고하면서 적절한 시기에 정부의 간섭이 필요함을 강조했다. 순환·누적인과관계는 승수효과(multiplier effect)를 포함한다. 한 지역 내의 새로운 경제활동이나 경제활동의 규모 확대는 초과된 고용과 총구매력의 증대를 창출하고, 초과인구와 더 큰 구매력은 주택, 학교, 소비재, 서비스에 대한 수요를 증대시켜 더 큰 고용을 창출한다는 것이다. 이와 같은 영향을 받은 프레드는 1966년 지역 경제성장을 통찰했는데, 그는 새롭고 규모가 큰 산업은 초창기에 산

〈그림 14-26〉 뮈르달의 순환·누적 인과관계

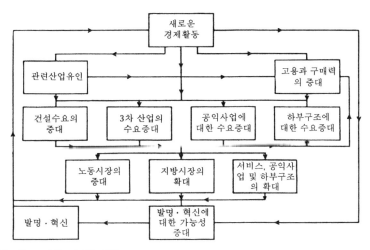

자료: Bradfort and Kent(1978: 168).

업이 입지한 곳이나 그 부근에서 발생할 가능성이 크다고 주장했다. 즉, 국지지역에 새로운 산업이 출현함에 따라 고용의 증대, 구매력의 증대, 전입인구의 증가 등의 직접적이고 즉각적인 국지경제의 변화가 일어나게 된다. 또한 소매·서비스업의 노동력을 간접적으로 창출하고, 이와 더불어 새로운 산업은 증가된 인구에 대해 서비스를 공급·지지해주기 위해 승수효과를 창출한다. 그리고 새로운 산업이 설립되었을 때 새롭고 개선된 기술의 개발 가능성은 같은 산업 내에서 발생되기 쉬우며, 또한 공간적으로 기존 산업 가까이에 접근하기 쉽다. 따라서 발명과 혁신은 초창기 산업이 입지한 곳의 가까이에 집중하는 경향이 강하다. 그리고 가장 전형적인 발명과 혁신은 더 큰 산업의 효과를 발휘하고, 저렴한 생산비, 판매량의 증가, 이윤의 증대를 가져오는 것을 뜻한다. 그리고 이와 같은 기술의 발명과 혁신은 대규모 산업체에서 발생하기 쉽다. 그것은 대규모 산업체에서 연구활동을 하고 있기 때문이며, 이것은 근대 산업국가에서 고도로 훈련된 수많은 연구자에 의해 새롭고 개선된 기술방안이 탐색되고 있다. 이러한 새롭고 개선된 기술은 필요로 하는 정보의 접근성에 의하는데, 이러한 특정 산업의 정보원은 특정 산업이 입지한 가까이에 집중해 있는 것이 전형적이다. 일반적으로 도시는 정보 제공자이다. 프레드는 지역경제 성장은 자본투자, 수출범람, 1인당 소득증대뿐 아니라 기본적으로는 경제적 의사결정에 사용되는 정보와 산업의 혁신과 발명에 사용되는 정보의 접근성의 역할에 기인된다고 인식했다. 그리고 정보는 지리적으로 거의 불균등하게 파급되며 성장거점이나 그 가까이에 한정되는 것이 원칙적인데, 이것은 세계적 규모에서도 마찬가지이다. 이와 같은 정보의 접근성 측정은 1인당 전화기 보유대수, 라디오 수신기 보유대수, 일간신문 구독자 수, 대학생 수 등의 지표에 의할 수 있다.

(4) 종속이론

① 종속이론의 등장과 비판

다른 지역이나 국가는 계속해서 풍요로워지는데 어떤 지역이나 국가는 만성적인 빈곤상태에 그대로 머물러 있는 이유가 무엇일까? 지난 1세기 동안 이러한 불평등은 확대되고 있고, 개발도상국이 그들의 경제를 건실한 상태로 성장시켜 좀 더 산업화시키는 것이 어려운가? 이러한 의문에 대해 중심 - 주변개념은 국가경제나 지역경제가 다른 지역이나 장소와 일정 정도의 관계성을 통해 발전하고 있다는 것을 이해하는 틀로 제공된다. 경제지리학자는 급진적 정치경제학의 발상을 원용해 이러한 개념을 확장해 선진국인 중심과 개발도상국가인 주변 사이의 구조적 불평등이 시간과 더불어 어떻게 전개되었고, 유지되어왔는가를 설명해왔다. 이 접근방법은 계급관계나 불평등발전에 관한 고전적인 마르크스주의론에 의하며, 또 이런 조류의 연구는 1950년대와 1960년대에 경제성장과 근대화에 관한 주류파 이론, 이를테면 로스토의 성과를 비판함으로써 시작되었다.

각종 경제활동은 집적경제(agglomeration economies)의 이익이 발생하는 국가의 수위도시를 중심으로 한 핵심지역에 집중되며, 반면에 나머지 주변지역의 경제는 정체 또는 쇠퇴하게 된다. 따라서 한 국가 내에서 국민 총생산과 경제성장률이 상승하더라도 그 영향은 지역 간, 계급 간에 불균등하게 이루어지며, 분극화된 성장격차와 심화된 국토공간의 이중적 구조는 지역 간 사회·경제·정치적 수준에서의 긴장감을 한층 더 고조시키는 결과를 초래한다.

이와 같은 불균등한 발전이란 어느 국가, 어느 사회를 막론하고 나타나는 현상이지만 오늘날 개발도상국에서 경험하고 있는 지역 간 성장격차는 선진국보다 더욱 심각하게 나타나고 있다. 이와 같은 현상이 더욱 문제시되는 것은 지역 간 불균등한 발전이 더욱 심화되고 있다는 사실이다. 고도의 경제성장을 이룩하고 있는 국가라 하더라도 불평등, 실업, 빈곤 등이 감소되지 않는다면 진정한 의미의 발전이 이루어지고 있다고는 결코 볼 수 없다.

급속도로 발전해가는 핵심지역과 상대적으로 저개발화되어가는 주변지역의 이중구조는 단지 개발도상국 내부에 존재하는 구조적 완고성에 의해서라기보다는 개발도상국들이 세계 자본주의 경제체제와 통합되어가는 과정에서 유래된다는 종속론적 주장이 점차 대두되고 있다. 원래 종속이론은 국제적 차원에서 제3세계의 저개발 원인을 규명하려는 이론이지만 국가적인 치원에서도 적용될 수 있는 저개발 이론이라고도 볼 수 있다.

프랭크(A. G. Frank)로부터 시작된 종속이론은 제2차 세계대전 이후 남아메리카의 수입대체 산업화 전략의 실패, 권위주의 정부의 출현, 빈부격차 및 국제적 격차 심화에 대한 현실인식을 해명하기 위해 등장했다. 이 이론은 근대화이론과 대립되는 관점에서 제3세계가 가진 저개발의 원인을 분석·규명하려는 이론이다. 즉, 종속이론에서 본 제3세계의 경제는 현재의 국제분업체계에서 선진국과 불평등한 교역조건하에서 항상 가격의 불안정, 외국자본의 대량침투, 선진 공업국의 기술도입 등으로 경제적 대외 의존도가 높아져 가고 있다. 이런 면에서 볼 때 개발도상국은 경제적으로 독립되었다기보다는 새로운 형태의 내적 식민주의화(internal colonialism)가 이루어지고 있다고 인식할 수 있다. 또 제3세계에서 이와 같은 경제의 식민지화는 제3세계가 갖고 있는 전통적인 제도와 가치관에서 나타나는 현상이라기보다는 오히려 자본주의적 세계경제에 통합되는 과정에서 나타나는 세계 자본축적의 산물이라는 것이다. 즉, 자본주의의 발전과 세계 시장의 발전은 양면적인 과정으로서 제3세계의 저개발 과정은 선진국의 발전과정의 산물 또는 결과라는 입장이 종속이론의 주된 관점이다. 종속이론에 의하면 저개발은 자본주의의 역사적 발전과정 그 자체에 의해 생겨났으며 아직도 만들어져 가고 있다는 주장이다.

종속이론은 1960년대에 라틴 아메리카의 사회과학자들에 의해 주장된 이론이다. 이는 국제 경제질서 하에서 중·남아메리카 자본주의가 선진국을 중심으로 한 국제 자본주의에 예속된 데서 나타나는 모순을 시정하고 종속에 수반되는 정치·경제·사회적인 병리현상을 설명함으로써 탈종속의 대안을 제시하려는 것에서 비롯된 이론이라고 볼 수 있다.

종속이론가들이 주장하는 종속이론의 기본적인 가설은 다음과 같다. 저개발국들은 주로 1차 산품을 수출하며 그 대신 선진국의 공산품을 수입한다. 이들 양자 사이의 교역은 불평등 교환조건에서 진행되기 때문에 장기적으로 볼 때 저개발국 들의 대선진국(對先進國) 교역조건은 악화되는 경향을 보이게 된다. 이와 같은 상황 하에서 개발도상국이 무역, 자본교역, 기술이전 등의 형태로 국제경제에의 참여도 를 높이면 높일수록 외부경제에 대한 의존도는 더욱 높아지며, 이에 따라 승수효과 의 감소나 자본의 역류현상 등이 야기됨으로써 개발도상국의 경제발전은 점차로 둔화되며 결국 선·후진국 사이의 소득격차는 더욱 확대된다는 것이다. 이렇게 외 부경제에 대한 의존도가 높고 외국인들의 직접투자가 많은 개발도상국일수록 그 경제는 외국인의 지배하에 들어가게 되고, 국내적으로는 소득분배가 더욱 불공평 하게 되며 자본이 지속적으로 역류하는 등 선진국의 부속물로 되는 종속의 내·외부 상황이 형성된다는 것이다. 더 나아가 이러한 구조적 관계 하에서는 저개발국의 경 제는 선진국의 요구에 부합될 수 있는 방향으로 왜곡되어 자립적 발전의 잠재력을 잃어버리게 되는 결과를 초래하게 되어 후진국의 빈곤이 바로 선진국의 풍요라는 인과론적인 해석까지 내려진다.

이와 같은 종속이론에 대한 연구가 활발하게 이루어짐에 따라 1970년대에 들어 와서 이 이론에 대한 비판적인 견해들도 제기되고 있다. 첫째, 종속이론은 저개발 의 한 면만을 설명하는 것이지 발전이론은 되지 못한다는 것이다. 이 이론은 지나 치게 반자본주의적이고 결정론적 입장을 취하고 있으며, 단지 정치적·관념적 확신 에 근거를 둔 것으로 아직까지는 통합적인 체계를 가진 이론이라고 보기는 어렵다. 둘째, 발전을 저해하는 장애물을 극복하는 데 당면한 많은 문제들 대신에 저개발의 짐을 단순히 서부 유럽 식민지 또는 신식민지화에 돌리고 있다. 셋째, 오늘날 선진 자본주의국가들과 긴밀한 관계를 맺고 있는 개발도상국들 가운데 어떤 국가들은 급속한 성장을 하고 있는 반면에 어떤 국가들은 발전하지 못하고 있는 점과, 반주 변지역, 주변지역들의 출현 등 다양한 발전경로를 설명하지 못하고 있다는 점이다. 넷째, 개발도상국의 저개발을 단순히 중심 - 주변의 이중적 구조 속에서 개발도상 국 자체를 국제체제의 종속변수로만 간주할 뿐 발전의 동인(動因)으로서 국가의 자 력 의지를 무시하고 있다는 점이다.

이상에서 발전과 저개발의 상황은 경제적인 요인에 의해서 나타나는 현상만이 아니라 사회, 문화, 제도 등의 요인들이 복합적으로 상호작용하는 가운데에서 나타나고 있는 과정이라고 본다면 확실히 종속이론은 한정적이고 불완전한 이론이라 평가할 수 있다. 따라서 종속이론은 저개발의 원인을 설명하려는 이론이라기보다는 자본주의하에서 필연적으로 나타나게 되는 저개발 상황을 종합화한 것이라고 보는 것이 더 적합하다고 할 수 있겠다.

② 종속성과 지역개발

대부분의 개발도상국은 경제성장을 촉신하기 위해 공업화 정책을 실시하고 있다. 이런 공업화 정책은 주변지역의 성장을 위해 선정된 몇 개의 도시에 집중적으로 투자해 그 투자효과를 주변으로 확대시키고자 시도하는 것이다. 그러나 대부분의 경우 선정된 도시들은 주변 농촌지역의 성장의 희생 위에서 급격하게 공업화가 진행되며, 또한 핵심지역과의 관계가 더욱 밀접해지면서 핵심지역의 필요에 부응하는 방향으로 생산방식이나 기술구조도 바뀌게 된다. 그 결과 저개발 지역은 공업화로 인한 생산성의 증대로부터 아무런 혜택을 받지 못하고 대부분의 이윤은 핵심지역으로 유출되는 동시에 자본과 기술 등 핵심지역에 대한 의존도가 점점 높아져 가는 결과를 초래하고 있다. 이와 같이 자립적인 발전 전략으로서 시도된 저개발 지역의 공업화는 그 지역 자체의 미래 발전 가능성까지도 제약받게 되는 저발전의 생산구조로 악화되어 가는 것이다. 또 핵심지역에 과도하게 집중된 공장을 주변지역으로 이전시킴에 따라 제3세계에서 다국적 기업을 유치시킴에 따라 나타나는 현상은 그 지역의 경제가 핵심지역의 영향을 받게 되며, 주변지역의 공업화는 결국 발전이 없는 종속적인 성장으로 유도된다. 그리고 공업화에 의해 얻어진 이윤도 그 지역에 재투자되지 못하고 일반적으로 유출되는 경향이 많다. 또한 다국적 기업과 결탁한 지역의 소수 엘리트 계급들은 그 지역의 공업화가 이룩됨에 따라 얻어지는 경제적 잉여를 소유하게 되어 불평등한 소득분배가 야기되고 지속된다.

이와 같은 종속적인 지역개발에서 벗어나기 위해서 종속이론은 저개발 지역의 자립적인 전략을 수립하는데 공헌한 이론이라고 볼 수 있다. 즉, 지역개발은 지역주민의 요구에 부합되고 지역경제가 활성화될 수 있는 것이어야 하는데 그것은 지역주민이 자기의사에 의해서 그 지역의 최대복지를 위한 최적수단과 최적방법이 무엇인가를 추구해 시행해 나가도록 해야 한다. 이를 위해 개발계획의 수립과정부터 정책결정 및 그 시행에 이르는 일련의 개발과정 권한을 이관시켜야 한다. 즉, 지역주민들이 그들의 특수성과 여건에 맞추어 자신들의 발안(發案)과 인력으로 개발과정을 이끌어나가고 관리·운영하게끔 해야 한다. 저개발 지역과 그 지역 주민이 갖고 있는 생산성과 잠재능력을 발휘하도록 하기 위해서는 핵심지역의 성장을 위해 쓰인 것과 똑같은 정도로 기회의 균등 또는 그러한 기회로의 접근성을 동등하게 부여하는 것이 우선적이라고 하겠다.

(5) 지역 불균형발전이론

지역격차문제를 국제적 차원에서 벗어나 지역 간 불균형문제로 해명하기 위한 것으로는 내부 식민지론, 가치의 지리적 이전론, 시소(seesaw)이론 등이 있다. 먼저 내부 식민지론은 헥터(M. Hechter)가 1975년 저술한 『내부 식민지론(Internal Colonialism: The Celtic Fringe in British National Development 1536~1966』에서 시작되는데, 국민국가의 기반으로서의 민족은 다수종족의 집합으로 지배종족의 지역을 핵심으로 하고 피지배종족지역을 주변으로 하는 한 국가 내의 지역 관계가 성립한다는 것이다. 통일국가의 엘리트 충원, 기간 생산시설에 대한 취업 및 문화적 차이에 기반을 둔 승진제한 등의 방식으로 주변의 발전은 제약을 받는 것이다. 이 이론은 민족적 차이가 뚜렷하지 않는 국가에는 적용하기가 어려우며, 적용하더라도 불균등 발전을 출신지역인으로 설명하기에는 미흡한 점이 있다.

다음으로 지리학자 하지미차리스(C. Hajimichalis)가 제기한 가치의 지리적 이전론(Geographical transfer of value)은 에마뉘엘(A. Emmanuel)의 불평등 교환(unequal exchange) 개념에 공간 항으로서 기타 요인을 추가한 간접적 가치의 지리적 이전론과 조세나 공공투자 등 이윤 재분배방식을 통한 직접적 가치의 지리적 이전론으로 불균형발전을 설명한 것이다. 이 이론에서 중심지역은 고정자본이 많을 뿐 아니라 교통·통신시설과 같은 자본 회전속도 완화시설과 병원과 같은 노동력 재생산 시설의 비중이 높기 때문에 가치의 생산가격으로서의 전형과정에서 주변으로부터 더 많은 가치를 이전받는다는 것이다. 리피즈(A. Lipietz)의 지역적 불평등 교환론에 직접적인 가치이전과정으로서의 조세와 공공투자를 도입했다는 점에서, 또 불균형 메커니즘에 정치-정책요소까지 아우르고 있다는 점에서 이 이론은 매우 중요하다. 다만, 생산시설의 입지과정에 개입하는 정부—정책—제도의 변화를 사회 내 여러 세력 간의 역학수준에서 섬세하게 포착하지 못함으로써 지역격차의 변화를 설명하지 못하는 점이 있다.

　다음으로 스미스(N. Smith)의 시소이론은 좀 더 추상적으로 지역 불균형발전을 자본주의 축적의 내재적인 공간법칙으로 규정한 것이다. 이 이론에 의하면 자본축적은 이윤율이 높은 지역으로 집중하는데, 이는 이윤율 저하를 초래하고 결국 위기를 공간적으로 돌파하기 위해 주변지역으로 시설을 이전해 이윤율을 회복한다는 것이다. 그는 이 논리로 미국의 선벨트(Sun Belt)와 스노벨트(Snow Belt) 지역의 산업의 지역 변동을 설명하고, 대도시 산업의 교외화 현상도 설명했다. 그러나 선벨트 지역의 기업성장을 기존 스노벨트 지역 축적지역의 부정적 요인으로만 설명하는 데는 '왜 하필 남서부냐'라는 문제에 대답을 제공할 수 없는 것과 같이 자본의 운동이 시소운동을 한다면 지역불균형 현상 자체를 설명하기가 어렵다.

3) 지역개발방식

(1) 환경친화적 지역개발

　종래의 개발방식이 개발과 보전이라는 양면성을 띠었고, 자연과 인간의 관계에 대한 윤리의 측면에서 보면 그 윤리적 기반은 사회·경제적 차원에 국한된 것이라 해도 과언이 아니다. 그리고 지역개발의 목적이 공공성을 띠고 있었기 때문에 이 시행과정에서 수반되는 시장기능에 대한 간섭이나 사적 행위에 대한 제한이 정당화 될 수 있다는, 또는 반대로 그만한 공공성을 확보함으로써 도덕적 설득력을 갖추어야 한다는 것이 전부였던 것이다. 그러나 이러한 지역개발의 기본 윤리는 개인-집단, 집단-집단 간의 사회적 관계보다는 인간-자연이라는 좀 더 근본적인 관계에 기초하지 않으면 안 된다. 이러한 것이 환경윤리(environmental ethics)로, 최근 인간이 자연환경에 영향을 미치는 것은 지대하다고 할 수 있다. 이러한 개념은 레오폴드(A. Leopold)의 「땅의 논리(the land ethics)」에서 시작되었지만 이에 대한 연구는 1970년대 이후에 나타났다.

　환경윤리는 그 기준이 되는 도덕적 공동체(moral community)의 넓고 좁음의 범위에 따라 〈표 14-11〉과 같이 나눌 수 있다. 여기에서 인류 중심적 환경윤리 중 자기 중심적 환경윤리에 가까울수록 도덕적 공동체의 범위가 좁으며, 생태 중심적 환경윤리에 가까울수록 그 범위가 넓어진다.

〈표 14-11〉 환경윤리의 구분

```
        ┌── 인류 중심적 환경윤리      ┌── 자기 중심적 환경윤리
        │                         │   인간 중심적 환경윤리
        │                         └
        │
        └── 비인류 중심적 환경윤리    ┌── 동물의 권리
                                  │   생물 중심적 환경윤리
                                  └   생태 중심적 환경윤리
```

자료: 柳佑益(1992: 31)의 자료를 참고하여 필자 작성.

인류 중심적 환경윤리는 인간이 모든 가치의 척도로, 기계론적 물리학에 기초를 두고 있으며, 자연환경은 도구적 가치만을 갖는다. 따라서 환경을 보전해야 하는 이유는 인간의 안녕과 행복을 위해서이다. 이와 같은 환경윤리 중 자기중심적 환경윤리는 개인의 선(善)에 초점을 맞추어 개인의 당위를 규정하는 것으로, 개인에게 좋은 것은 사회에도 좋으며, 개인의 선은 그 필연적인 결과인 사회의 선에 우선한다는 것이다. 한편, 인간 중심적 환경윤리는 사회에 기초를 두고, 기독교적인 관점을 강하게 내포하고 있으며, 인간은 자연을 다른 종이 아닌 인류의 복리를 위해 사용해야 한다는 것이다. 비인류 중심적 환경윤리는 인간에 중심을 두지 않고 그 기초를 우주에 두고 있는데, 생태 중심적 환경윤리는 전체론적 형이상학에 뿌리를 두고 있다. 현대의 생태 중심적 환경윤리는 1930년대와 1940년대에 레오폴드에 의해 처음으로 구성되었는데, 생물과 그 환경 간의 관계를 생명의 가치라는 차원에서 인식함으로써 자연도 도덕적 권리를 갖는다고 인정하는 데서 출발했다. 따라서 자연은 인간을 위해서만이 아니라 그 자체로서 존재할 가치와 권리를 갖고 있기 때문에 마땅히 보전되어야 하며, 인간이 이를 자신의 이익에 따라 판단함은 옳지 못하다는 것이다.

지역개발에서 환경 친화적인 생태 지향적 개발은 지금까지 소홀히 다루어 온 환경문제를 1980년대에 주로 논의하기 시작했는데, 지역개발의 목표체계를 자연공간의 기능에 좀 더 큰 비중을 두도록 변화시키는 경관 생태학적 입장의 수동적인 의미와, 환경보전이라는 목표를 달성하기 위해 지역개발의 잠재력을 환경보전 정책에 투입함으로써 새로운 수단을 개발하는 능동적 의미가 있다. 이 중 후자는 지금 논의가 막 시작된 단계이다. 환경 친화적 개발방식을 생태 지향적 개발이라 할 때 다음 5가지의 전제조건이 필요하다. 첫째, 인간의 생존적 수요를 우선시해야 한다. 둘째, 생태적 원리에 따라 자연을 보전해야 한다. 셋째, 자연 공간, 즉 녹지에 대한 개발을 최소한 제한해야 한다. 넷째, 환경에 대한 파괴를 최소화하는 개발수단을 채택해야 한다. 다섯째, 문화경관을 지역의 생태적 특성과 연관을 지워 보전해야 한다.

이러한 전제조건하에서 생태 지향적 개발방식이 지향해야 할 10가지 원칙을 보면 다음과 같다. 첫째, 기술적 환경보전 정책과의 보완관계를 정립해야 한다. 둘째, 계획기법상의 연역적 접근방법이어야 한다. 셋째, 지역의 생태적 수용능력에 따른 기능을 입지시켜야 한다. 넷째, 환경매체의 동화능력을 높여야 한다. 다섯째, 관련 제도의 지역적 통합을 추진해야 한다. 여섯째, 환경정보의 지리적인 체계화를 시도해야 한다. 일곱째, 자연 공간보전과 경관개발을 연계시켜야 한다. 여덟째, 장기적으로 공간구조 개선계획을 수립해야 한다. 아홉째, 생태적 부담을 내실화시키는 발전지표를 개발해야 한다. 열 번째, 개발의 부작용에 대해 정직한 보상을 해야 한다.

(2) 지속가능한 발전

최근 지구 환경오염과 자원고갈 등의 환경문제가 심각해짐에 따라 지속가능한 발전의 이념이 선·후진국을 막론하고 중요한 개발과제로 부각되고 있다. 지속가능한 발전은 '미래 우리 후손의 욕구를 충족시킬 수 있는 능력과 여건을 저해하지 않으면서 현 세대의 욕구를 충족시키는 개발'로 정의되는데, '환경적으로 건전하고 지속가능한 발전(environmentally sound and sustainable development)'을 의미한다. 즉, 환경 시스템을 지속시키면서 개발이 이루어져야 함을 말한다.

개발에 따른 환경적 지속가능성의 문제는 이미 19세기말부터 거론되어왔으며, 또한 1970년대 들어 지속가능한 발전이란 용어가 사용되기 시작했다. 지속가능한 발전의 기원은 레오폴드(A. Leopold), 카슨(R. Carson), 메도스(D. Meadows), 슈마허 (E. F. Schumacher) 등 초기의 환경운동가나 과학자로 거슬러 올라가 개념을 더듬은 많은 연구자에 의해 상술되어졌다. 이들 사상가들은 산업화나 소비주의 속도, 스케일 및 결과를 고찰해 소비의 삭감, 산업 활동에서 환경부하의 저감, 인구규모의 억제 등을 통해 글로벌 사회가 자연과 물질적인 관계에 의해 효과적인 균형을 만들어내는 것만으로 인류의 장기간에 걸친 생존이 가능하다는 것을 주장했다. 지속가능한 발전 개념은 1980년대까지는 주요 국가의 정부나 개발기관에서 처음으로 빌려 1987년 유엔의 환경과 개발에 관한 세계위원회[(World Commission on Environment and Development: WCED) 브룬트란트 위원회(Brundtland Commission)]가 펴낸『우리 공동의 미래(Our Common Future)』라는 보고서를 통해 지속가능한 발전의 패러다임이 널리 알려지게 되었다. 그리고 1992년 브라질의 리우데자네이루에서 열린 유엔 환경개발 회의(the United Nations Conference on Environment and Development)의 의제 21(agenda 21)이 주 의제가 되면서 전 세계의 관심사가 되었다. WCED에 의해 정의된 지속가능한 발전이란 사회가 자연자원이나 생태계의 질을 유지하고, 또 이들로부터 은혜를 유지할 필요성과 경제·산업발전의 이익을 최대화하려는 욕망과 균형을 취하지 않으면 안 된다는 것을 의미한다. WCED의 정의는 자원이용이나 사회경제의 공평성에 대해 세 가지 견해를 강조했다. 첫째, 재생가능자원은 자연의 재생속도보다 늦은 속도만으로 소비될 수밖에 없다. 둘째, 재생불능자원은 최적 단기간의 사회적 이익을 목표로 해 효율적으로 사용할 예정이어야 하고, 기술진보나 새로운 발견을 통해 대체자원이 창출되어야 하는 것으로 이해하는 것이다. 셋째, 세대 간 공평성이 지속가능한 정책의 원리를 이끌어내지 않으면 안 된다. 현세대의 물질적 요구가 현세대와 동등 또는 좀 더 좋은 기회를 가질 수밖에 없는 장래 세대의 능력을 희생시켜 만족하지 않으면 안 된다는 것을 의미한다. 이들 목표를 달성하기 위해 WCED는 모든 국가가 지속가능성에 공헌하지 않으면 안 되고, 다국적 기관이나 환경보전에 관한 국제조약의 참가를 통해 달성하는 것이 가능하다고 주장한다. 이 보고서는 인류 장래를 위협하는 주요 요소로 첫째, 대중적인 빈곤, 둘째, 인구성장, 셋째, 지구 온난화와 기후변화, 넷째, 환경질의 파괴 등 4가지를 들고 있다.

지속가능한 발전이란 생태학적·사회적·경제적 관심을 물질상, 사회상, 환경상의 후생에 관한 세대 간 평등한 확보를 목표로 한 하나의 발전 모델과 결부된 것이다. 그래서 개발과 환경보존의 차이를 연결하는 절충적 의미의 용어이다. 그리고 환경적 고려뿐 아니라 사람을 위한 개발과 변화까지도 포함하는 광범위한 개념이다. WCED에 의한 개념 정의를 살펴보면 '지속가능한 발전이란 미래세대의 욕구를 충족시켜줄 수 있는 능력을 위태롭게 하지 않고 지금 세대의 욕구를 충족시키는 개발'을 의미한다. 지속가능한 발전에 관한 개념은 생태 중심적이냐 기술 중심적이냐의 관점에 따라 다른데, 생태적 측면이 좀 더 강조되면 강한 의미의 지속가능성(strong sustainable)이고, 재생가능한 자원을 가능한 한 사용하고 환경에 우수한 기술이 개발되는 기술적 측면이 강조되면 약한 의미의 지속가능성(weak sustainable)이라 한다. 또 인적 자본, 자연자본, 또는 물적 자본 등, 이를테면 형태의 자본에 대해 인류가 최소한 또는 생존 가능한 수준을 유지하므로 경제성장은 환경에 대해 유해한 영향을 따르지 않는다고 주장한다. 지속가능한 발전에 관한 정의는 다양한데 환경보전과 삶의 질이라는 두 가지 측면에 주로 초점을 맞춰 약한 지속가능성 발전을 평가하고 있다. 약한 지속가능성의 논의는 자연자원, 에너지의 흐름이나 생태계 서비스가 신고전학파의 경제발전 모델 위에 놓여 있다는 근본적인 제약에 주목을 돌리지 못했다는 점에서 비판을 받아왔다. 그러나 강한 지속가능성 지지자들은 끊임없이 인구증가와 자원소비가 비참한 생태학적·사회경제적인 결과를 이끌어낸다고 논의한 맬서스적인 입장에 좀 더 충실하다.

그러나 지속가능한 발전의 개념은 여러 학자들에 의해 다양하게 정의되고 있다. 처음 이 개념을 제시한 『우리 공동의 미래』에서 지속가능한 발전은 '미래 우리 후손의 욕구를 충족시킬 수 있는 능력과 여건을 저해하지 않으면서 지금 세대의 욕구를 충족시키는 발전'이라고 정의했다. 특히 이러한 정의는 미래 우리 후손의 환경 이용권을 강조할 뿐 아니라 현재에도 환경개발은 생태계의 수용능력, 즉 환경용량을 초과하지 않는 범위 내에서 빈곤한 사람들과 국가의 기본적 필요를 충족시키기 위해 이루어져야 한다는 점을 함의하고 있다. 그러나 지속가능한 발전의 개념이 환경정책에 일반적으로 응용되면서 이 개념은 환경보전보다는 경제발전이 여전히 우선되면서 단지 지속가능한 경제성장을 위해서 환경이 부차적으로 보호되어야 한다는 논리로 이해되기도 한다. 그리고 또 다른 비판으로 지속가능한 발전은 모순을 내포하면서 사용되는 용어로 그것도 다의적(多義的)이고, 본질적으로는 끝이 없는 성장이라는 신고전적 패러다임이 손을 대지 않는 경제 근대화의 새로운 형태의 하나이다.

지속가능한 발전의 개념 속에 내포된 이러한 문제점을 보완하기 위해 최근에는 '환경정의(environmental justice)'의 개념이 강조되기도 한다. 이 개념은 지속가능한 발전의 개념 속에 이미 함의되어 있었지만 간과되어왔던 개념으로, '인간의 필요에 부응하고 삶의 질(경제적 평등, 보건의료, 주거, 인권, 종의 보전 및 민주주의)을 향상시키며 자원을 지속가능하게 사용하는 방향으로 사회적 전환'을 도모하기 위한 것이다. 이 개념은 지속가능한 발전의 개념에 비해 다소 추상적인 것으로 인식되지만, 다른 한편으로 좀 더 윤리적인 내용을 강조하고 있다.

굿랜드(R. Goodland)는 지속성의 요소로 사회적 지속성, 경제적 지속성, 환경적 지속성을 제안하고 있다. 사회적 지속성은 인간의 기본수요의 충족, 사회적 공평성·

<그림 14-27> 지속가능한 발전의 실현과정

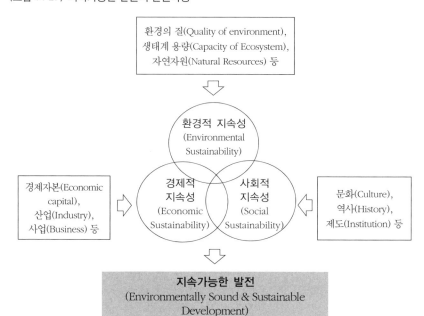

자료: 변병설(2005: 494).

정의를 증대시키는 방향으로 자원의 사용을 유도하는 것, 경제적 지속성은 인공적·
사회적 자본을 유지하는 것, 그리고 환경적 지속성은 자연이 흡수할 수 있는 범위
내에서 폐기물의 배출을 억제하고 자연의 재생산능력의 범위 내에서 자연자원의 이
용으로 인류의 복지를 향상시키는 것으로 개념을 정립하고 있다(<그림 14-27>).

　지방환경 선도를 위한 국제협의회(International Council for Local Environmental
Initiatives)는 지속가능한 발전이란 생태적인 존립과 공동체에 위협을 주지 않으면
서 기본적인 환경·사회·경제 서비스를 모두에게 제공하는 것으로 정의하고 있다.
환경적으로 지속가능한 발전은 이제 전 인류공동의 윤리규범으로 명분을 지니게
되었으며, 세계 경제흐름을 주도할 중요한 인자로 자리를 잡고 있다.

　지속가능한 발전의 근본원리는 인류와 국가사회의 성장을 위해서는 경제발전이
필요함을 인정하면서 개발행위가 환경의 수용능력을 초과해서는 안 된다는 점을
강조하고 있다. 지속가능한 발전을 실현하기 위한 방안이 많은 문헌에서 다양하게
제시되고 있지만 크게 사회적 지속가능성, 경제적 지속가능성, 환경적 지속가능성
세 가지로 요약할 수 있다.

사회적 지속가능성은 인간의 역사 속에서 형성된 질서와 도덕, 윤리, 복지, 제조 및 법 등의 역사 문화와 풍속의 지속성을 의미한다. 이러한 사회적 지속가능성이 보장되기 위해서는 재화와 서비스의 공급에서 사회적 정의, 기회균등, 사회적 불이익으로부터의 보호, 미래세대의 발전 가능성, 계층 간의 형평성이 강조되어야 한다. 경제적 지속가능성은 자연환경과 사회를 바탕으로 생산과 소비과정을 통해 이루어지는 발전(development) 또는 성장(growth)의 지속성을 의미한다. 경제적 지속가능성은 충분하고 다양한 고용기회를 제공하고 장기적으로 경쟁력이 있는 경제구조를 이루어 생활의 질 향상을 추구하는 것을 강조하는 것이다. 마지막으로 환경적 지속가능성은 자연환경의 생명유지 체계의 지속성을 의미하는 것으로 생태적 능력을 유지할 수 있는 개발과 생물다양성의 보호, 환경용량의 제약, 천연자원의 보전 등의 제약을 중시하는 개념이다.

한국의 환경정책도 이러한 지속가능한 발전의 개념에 기초를 두고 있다. 한국의 환경정책은 환경을 보전하면서도 경제개발을 이룩해 국민의 복지를 향상시키는 지속가능한 발전을 추구하고 있으며, 특히 환경과 경제 간의 연관성 확대, 즉 환경과 경제의 통합을 절실히 강조한다. 이에 따라 종래의 이원적으로 파악했던 환경과 경제를 일원적으로 파악하고, 첫째, 환경과 경제의 상호의존성을 결정하는 주요 요소에 대한 파악과 활용, 둘째, 경제정책과 환경정책 목표를 동시에 달성할 수 있는 대안의 발굴과 활용, 셋째, 동시에 달성할 수 있는 경우, 경합하는 목표 간의 우선순위 평가활용 등을 필요로 한다는 점을 제시했다.

경제지리학에서는 로컬, 글로벌 쌍방의 스케일에서 경제활동이 어떻게 환경에 영향을 미치는가를 좀 더 주의 깊고, 비판적으로 연구하는 동기부여를 하게 되었다. 경제지리학과의 관련을 나타내는 지속가능성에 관한 세 가지 관점은 첫째, 어떻게 하면 산업이 좀 더 지속가능해질 수 있을까? 둘째, 어떻게 하면 도시나 농촌생활이 좀 더 효과적으로 지속가능한 발전을 실천할 수 있을까? 셋째, 글로벌 기후변동, 경제의 글로벌화가 사회경제 취약성과 관련성이 있는데 이를 어떻게 해결해나가는가이다.

(3) 지역혁신체제

혁신이란 발명이나 새로운 아이디어 혹은 기술[일단(一團)의 지식]의 상품화를 이룩해 개혁의 성공으로 새로운 경제활동 전개나 지역경제 성장에 공헌하는 마케팅의 발생을 동반하는 것이다. 이 혁신의 정의는 해마다 넓어지고 있다. 예를 들면, 과거에는 전구의 발명과 같은 기술적 돌파구(break through)만을 가리켰지만 현재에는 생산 혁신(product innovation)이나 프로세스 혁신(예를 들면, 자동차 생산에서 현시점 즉시 판매방식 도입), 디자인 혁신(기존 기술에 의한 신규 상품개발), 돌파구로 향하는 점진적 혁신, 서비스 혁신(패스트푸드에 의한 기존 제품의 새로운 판매방법)이라는 다양한 형태의 혁신이 인식되고 있다. 덧붙여 세계수준에서의 혁신과 지역수준에서의 혁신의 구별도 있다. 지역수준의 혁신은 최근의 지리학 문맥에서는 기존의 아이디어 적용에 해당하는 것으로, 이것은 혁신이 아니고 기술이전으로 풀이하는 것이다. 혁신의 원동력은 수요 견인형과 기술 추진형으로 나눌 수 있는데, 수요 견인형은 시장의 여러 가지 힘이 주요 원동력이 되는 것을 나타내는 것이고, 기술 추진형은 기술이 지식주도로 반자율적으로 나타나는 것이라고 상정하고 있다.

이러한 혁신에 대해 1990년대 말부터 국가혁신체제의 경쟁력 양상이 혁신 클러스터를 통한 경쟁방식으로 변화하고 있는 것으로 인식될 만큼 경쟁력을 갖춘 혁신 클러스터의 조성이 국가경제에서 갖는 중요성이 증대되고 있다.

국가혁신체제의 아래에 위치하는 지역혁신체제(Regional Innovation System: RIS)란 논자에 따라 다양한 개념으로 정의를 지을 수 있으나 일반적으로 제한된 지리적 공간 안에 집적된 혁신 주체들 간의 네트워크를 통해 상호작용적 학습을 수행하고, 이를 통해 지역의 특화된 능력을 축적하며 이를 근거로 경쟁우위를 창출할 수 있는 시스템을 말한다. 또 어세임과 쾌넨(B. T. Asheim and L. Coenen)은 지역혁신체제를 지역의 생산구조 가운데 혁신을 지탱하는 제도적 하부구조라고 정의했다. 지역혁신체제는 국가혁신체제의 하부 시스템으로 국가혁신체제의 이해가 선행되어야 한다. 지역혁신체제는 글로벌화의 진전, 경제주체들의 재구조화 경향, 기술혁신 패턴의 변화와 관련을 맺고 이 개념이 등장했다.

먼저 글로벌화 현상의 진전은 1990년대 이후 지속적으로 진행되고 있는 추세로 국민국가의 역할이 축소되고 지역이 경제발전의 중심단위로 각광을 받게 됨에 따라 지역을 학습과 혁신의 중심단위로 파악하는 지역혁신체제 개념이 전 세계적 수준에서 등장했다. 글로벌 경쟁의 구축은 각국이 기술적 또는 절대적 우위를 가지고 있는 수출제품에 특화하는 현상을 초래하고 있으며, 대부분 그러한 수출지향적인 절대 우위산업은 국가경제 범위 내의 특정지역에 집적되어 있는 경향을 보이고 있다. 이는 지역적으로 볼 때 특정 산업이 특정지역에 집적되는 모자이크 현상을 가져오고 있으며 국가적으로 볼 때는 국가의 전략산업부분에 특화된 국가 대표 혁신 클러스터가 출현하는 현상으로 나타나고 있다. 지역 중심의 국가경제가 형성됨에 따라 인프라, 네트워킹, 사업능력 등에 근거한 상호보완성, 외부효과 등의 육성을 통해 지역발전을 지원하게 되는 경향성이 나타나고 이것이 지역혁신체제 또는 지역혁신 클러스터 개념이 부각되는 중요한 계기로 작용하고 있다.

둘째, 경제주체들의 재구조화(restructuring) 경향이다. 글로벌 수준의 경쟁적 환경의 확산으로 인해 경제활동의 다양성, 혁신의 속도, 우연성 등에 대한 요구가 강해짐에 따라 경제주체들의 재구조화 경향이 나타나고 있다. 즉, 경제주체들이 지역여건에 맞게 스스로를 반자율적 단위의 네트워크 결합체로서 변화시킬 필요성이 높아지고 있다는 것이다. 이러한 경향성은 공공부문에서도 마찬가지로 변화의 압력이 높아지고 있다. 즉, 민간부문과의 협력수요가 증대함에 따라 대규모 민영화나 하위 지방자치단체로의 권력이양 등의 현상이 나타나고 있다는 것이다. 따라서 글로벌 경제의 진전이 국가적으로 볼 때는 다양한 경제주체들과 공공부문들 간의 네트워크 집적지로서의 지역혁신 클러스터를 형성하도록 하는 압박으로 작용한다는 것이다.

셋째, 개방형 혁신(open innovation)[7]으로의 기술혁신 패턴의 변화를 들 수 있다. 기술변화의 큰 방향성으로서 체스브로(H. Chesbrough)는 폐쇄형 혁신(closed innovation)[8]으로부터 개방형 혁신으로의 변화를 주장하고 있다. 폐쇄형은 통제를 근간으로 하고 단일 조직 내에서 기획, 개발, 서비스 등의 모든 활동이 수행되는데 대해, 개방형은 단위 조직 내·외부의 지식원천으로부터 기술적 지식을 구해 제품설계와 시스템에 반영되는 특징을 가지고 있다.

이러한 기술변화 패턴의 바뀜은 기술혁신체제의 변화를 초래하는 요인으로 작용한다. 즉, 폐쇄형 혁신은 중앙 집중형 시스템에 의해 작동되던 것에 대해 개방형 혁신은 분권형 시스템에 의해 작동된다는 것이다. 예를 들면, 기업 간의 관계에서 폐쇄형 혁신은 시장이나 수직통합 대기업과 같은 계층적 조직에 의존하는 반면, 개방형 혁신은 기업 간 네트워크와 같은 새로운 조직형태에 의해 추진되는 특징을 보인다. 이러한 중앙 집중형과 분권형 시스템의 요소별 비교는 〈표 14-12〉와 같다.

7) 기업이 더 적극적으로 외부의 아이디어와 기술을 비즈니스에 활용하며(아웃사이드 인), 내부적으로 활용되지 않는 아이디어는 다른 기업이 활용할 수 있도록 만드는 전략(인사이드 아웃)을 말하는데, '혁신의 분업화'라고도 한다. 즉, 누군가 참신한 아이디어를 고안해 내면, 다른 조직이 이를 활용할 비즈니스 모델을 만들고, 또 다른 누군가의 자본과 유통망을 이용해 상품화해서 시장에 출시한다는 것이다. 개방형 혁신으로 혁신을 하면 비록 성과는 누군가와 나누어 하지만 저렴하고 빠르며 덜 위험하게 혁신할 수 있다는 장점이 있다.

8) 폐쇄형 혁신은 크리스텐센(C. Christensen)이 주장했다.

<표 14-12> 중앙 집중형과 분권형의 혁신 시스템 비교

시스템 구성요소	중앙 집중형 시스템	분권형 시스템
기업 간 관계	· 시장 또는 계층적 조직 · 권위주의적 관계 · 경쟁의 강조 · 시장을 통한 공급-수요자 관계	· 네트워크 경제 · 혁신원천으로서의 공급사슬 · 협력과 신뢰
지식 하부구조	· 공식적 연구개발(R&D)조직 · 공정(工程) 연구개발에 초점 · 중앙 연구개발 기관 · 국방의 강조	· 대학 연구 · 신제품 연구개발 · 지식의 외부원천 · 지방 분산적 연구개발 확산
공공부문과 커뮤니티	· 중앙 수준에서의 강조 · 규제 · 계층적 관계	· 지역수준에서의 강조 · 공공-민간부문 간 파트너십 · 커뮤니티, 협력, 신뢰관계
기업의 내부조직	· 기계적·권위적 내부조직 · 혁신과 생산의 분리	· 유기적 조직 · 지속적 혁신 · 매트릭스 조직
금융제도	· 공식적 저축과 투자 · 공식 금융부문	· 벤처자본 · 비공식금융부문
물리적 하부구조	· 국가지향 · 물리적 하부구조	· 세계지향 · 웹 기반의 전자 데이터 교환
기업전략, 구조 및 경쟁체제	· 신기업 창업이 어려움 · 신지식으로의 접근이 어려움 · 기업가정신의 부재	· 신기업 창업의 용이 · 지식의 접근용이 · 기업가정신 중요

자료: Chesbrough(2003)을 수정.

이러한 지역혁신체제는 지역차원에서 자생적으로 구축된 지역혁신체제인 상향식 접근과 국가혁신체제 구축의 일환으로 지역차원에서 외생적으로 구축된 하향식 접근으로 구분된다. 반면 하신크(R. Hassink)는 하향적 측면에서 구축된 혁신체제를 지방화된 국가혁신체제라 보고, 이는 지역혁신체제와 상이한 것으로 간주하고 있다. 그러나 상향식 측면에서 볼 때 국가혁신체제는 개별적 지역혁신체제의 통합·연계적 형태로 추진되는 것이 바람직할 것이다. 그러므로 지역혁신체제는 국가혁신체제의 하위개념인 동시에 국가혁신체제의 주요 구성요소라고 할 수 있다. 국가혁신체제 개념을 처음 주장한 학자는 영국의 프리먼(C. Freeman)으로 1987년 그는 국가혁신체제를 '새로운 기술을 획득하고 개량하며 확산시키기 위해 관련된 기술혁신 주체 간의 상호 교류하는 공공 및 민간조직 간의 네트워크'로 보았다.

지역혁신체제란 개념을 주장하고 그에 대한 이론을 정립하는데 크게 기여한 사람은 영국 웨일스 대학 쿠크(P. Cooke)이다. 1992년 그는 지역혁신체제를 '제품과 생산공정, 그리고 지식의 상업화에 기여하는 기업과 제도들의 네트워크'라고 정의하고, 그 구성요소를 크게 하부구조(infra-structure)와 상부구조(super-structure)로 구분했다. 하부구조란 도로, 공항, 통신망과 같은 물리적 하부구조와 대학, 연구소, 금융기관, 교육훈련기관, 지방정부 등과 같은 제도적인 하부구조로 구분된다. 상부구조는 지역의 조직과 문화, 분위기, 규범 등을 의미한다.

쿠크의 지역혁신체제론은 슘페터가 주장한 진화론적 경제학 요소를 다분히 갖고 있는 국가혁신체제론에 계획학, 지리학 등에서 흔히 사용되는 공간, 지역에 대한 개념을 접목시켜 발전시킨 것이다.

지역혁신체제의 유형은 지역의 기술이전 양식에 관련된 시원세도를 중심으로 기술이전이 초기에 어떻게 시작되는지, 자금조달은 지방차원에서 이루어지는지 아니면 국가차원에서 이루어지는지는, 그 과정을 조정하는 것이 중앙과 지방정부 중 어디에서 이루어지는지 등을 기준으로 풀뿌리(grassroots) 형태, 네트워크 형태, 그리고 통제적(dirigiste=dirigisme) 형태 등으로 구분할 수 있다. 풀뿌리 형태에서 연구활동은 시장(market)주도의 응용형이고, 통제적 형태는 지역을 초월한 규모로 기업수요에 대응한 기초연구형이며, 네트워크 형태는 위 두 가지 형태의 혼합형이다. 또한 지역유형 구분의 두 번째 차원을 지역 내에 소재한 기업 간 상호교류의 공간적 영역에 따라 지방적(localist=localism)·상호작용적(interactive)·글로벌화된(globalized) 지역혁신체제로 구분했다. 지방적 혁신체제는 지방 대기업의 지배정도와 외부통제의 정도가 낮고 기업의 혁신범위도 크지 않으며 공공의 혁신자원이 부족하고, 상호교류의 대부분은 기업 내부 또는 기업 간에 이루어진다. 상호작용적 지역혁신체제는 중소기업과 대기업, 공공부문과 사적 부문이 조화를 이루며, 혁신주체들 간에는 협력문화가 존재한다. 이 체제는 지방과 지역산업 네트워크, 포럼과 클럽을 중심으로 한 협력주의(associationalism)가 존재한다. 글로벌화된 지역혁신체제에서는 다국적 대기업이나 대기업에 종속된 중소기업들로 구성되어 있으며, 혁신과정이 기업 내부에서 이루어지고, 공공부문의 역할이 상대적으로 미약하다. 여기에서 중소기업을 지원하기 위한 혁신 인프라도 존재하지만 부차적인 역할을 할 뿐이다. 이들 지역혁신체제의 유형을 행렬로 작성해 사례지역을 나타낸 것이 〈표 14-13〉이다.

어세임과 쿼넨은 지역혁신체제를 분석적(과학)인가 종합적(공학)인가라는 혁신체제 속에서 가져온 지식유형의 차이에 따라 영역적으로 착근된 혁신체제, 지역적으로 네트워크화된 혁신체제, 혹은 지역화된 국가적 혁신체제로 분류했다. 이러한 영역적인 것에 기초한 혁신의 견해는 정책입안자가 혁신정책에 지리적인 구성요소

〈표 14-13〉 지역혁신체제의 행렬

구분		기업혁신의 지원 거버넌스*의 기초 구조		
		풀뿌리형 (시장주도형 연구)	네트워크형 (혼합형)	통제형 (기초연구)
비즈니스의 상부구조	지방형(대기업이 존재하지 않음)	이탈리아 투스카니 (Tuscany) 지방	핀란드 탐페레(Tampere), 덴마크	슬로베니아, 일본 도호쿠 지방
	상호작용형(혼합형)	에스파냐 카탈루냐(Cataluña)	독일 바덴 뷔르템베르크(Baden- Württemberg)	경기도, 캐나다 퀘벡
	글로벌화형(다국적 기업이 우위)	캐나다 온타리오, 미국 캘리포니아, 네덜란드 브라반트(Brabant)	독일 북(Nord) 라인 - 베스트파렌(Westfalen)	프랑스 몽펠리에(Montpellier), 싱가포르

* 시장에도, 국가에도 바탕을 두지 않는 관리조정방식이며, 시민사회-시장+지역적 정치운동으로 정의됨.
자료: 水野眞彦(2005: 212).

를 편입하는 것을 작동시킨 것일 것이다.

지역혁신체제론은 기업의 학습 및 혁신능력에 산업의 집적이 어떻게 작용하는 지를 규명하기 위해 제도적 접근방법을 채택함으로써 공간에서 경제주체들과 그들 간의 네트워크 역할을 좀 더 확실하게 개념화했다. 국가 간, 지역 간 경쟁이 어느 때보다 치열해지고 있는 21세기에 접어들어 거의 모든 국가나 지역이 경제구조를 고도화시키지 않으면 안 된다는 전제 아래 지역혁신체제론은 다른 개발이론보다 경제에서 연구개발 등 기술적인 측면을 중시하고 있고, 어느 특정 주체가 아니라 여러 주체들 간의 관계를 통해 기술혁신을 하려고 하는 차원에서 설득력을 갖는다.

지역혁신체제론에서 주요한 혁신요인은 정부, 기업, 연구기관, 기술집약적 기업체 및 그들의 단체 등으로 요약되고, 성공적인 혁신체제는 그들 간의 긴밀하고 협력적인 관계로 특징지어지는 것이다. 지역혁신체제란 일정한 동질성을 갖추고 있는 지역을 대상으로 기술변화를 촉진시키기 위한 유기적 개방체제인 동시에 지역의 다양한 주체가 밀접하게 상호협력하고 공동학습(collective learning)하는 제도적 장치, 즉 조밀한 네트워크(dense network)이다. 이러한 지역혁신체제는 혁신이 잘 이루어지는 지역뿐 아니라 그렇지 못한 지역에도 존재한다. 다만 역동적인 지역혁신체제인가 아닌가의 문제이다.

한편 지역혁신체제의 주요 기능은 새로운 기술의 확산을 장려하고, 고등교육기관 또는 중소기업을 위한 공공연구기관으로부터 새로운 기술 확산을 비롯해 중소기

<표 14-14> 지역혁신체제와 신산업집적과의 비교

구분	지역혁신체제	신산업지구	클러스터	혁신지역과 학습지역
공통점	· 유기적인 접근을 취하는 측면에서 유사			-
차이점	· 중간적 관점에서 제도적 네트 워크를 강조 · 혁신지역과 학습지역의 특성 을 가짐.	· 미시적 관점에서 혁신주체 간의 상호관계만 강조		· 지역혁신체제에 비해 정보 인프라를 강조함.

<그림 14-28> 지역혁신체제의 모델

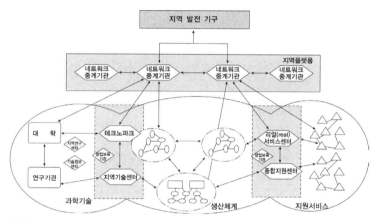

자료: 김선배(2001b: 93).

업과 대기업 간의 기술교류를 통해 지역의 내생적 잠재력을 강화하는 것이다. 따라서 지역혁신체제는 지역의 학연산 네트워킹을 통해 지역발전을 유도하는 기능을 수행한다. 〈표 14-14〉는 지역혁신체제와 앞에서 서술한 신산업집적을 비교한 것이다.

지역혁신체제는 지역 내의 다양한 경제주체들이 지역의 생산과정이나 새로운 기술과 지식의 창출·확산·활용과정에서 역동적으로 상호작용하고 협력함으로써 형성되는 일정한 지역 내 경제주체와 경제주체 간 연결구조인 네트워크체제로 볼 수 있다. 이에 따라 지역혁신체제의 기본 모델 〈그림 14-28〉은 특정 서비스를 제공하면서 직접적 연계 기능을 수행할 시스템 연계기관, 중개기능을 통해 간접적 연계 기능을 담당할 지역 플랫폼(platform), 지역의 자율적 기획·조정기능을 수행할 지역발전기구(Regional Development Agency)를 핵심 구성요소로 한다.

지역혁신체제론에는 '지역 내부의 역동적 메커니즘', '제도적 학습', '상호작용관계', '상호학습' 그리고 '지역 내부의 역동성'과 같은 행위자 간의 역동적인 상호작용을 강조한다. 이러한 상호작용은 지역혁신체제론이 다른 지역개발이론과 차별화 되는 내부적 메커니즘이라고 볼 수 있다. 상호작용을 강조하는 이유는 지식경제하에서 '학습'과 '지식', 특히 암묵적 지식의 중요성과 연관되어 있다고 볼 수 있다.

지역혁신체제의 함축된 가치는 첫째, 지역 간 불균형 해소와 개별지역의 혁신적 발전, 둘째 지역주의, 셋째 지역 내 행위주체 사이의 신뢰관계이다. 그러나 지역혁신체제론의 한계를 보면 첫째 모호한 지리적 경계, 둘째 지역혁신체제론의 이론과 현실과의 괴리, 셋째 행위자 간 상호작용관계에서 나타나는 긴장관계를 간과하는 점, 넷째 미시적 분석기초의 부족을 들 수 있다. 그리고 문제점으로서는 첫째, 지역의 범위를 어떻게 파악하는가의 대상지역의 공간적 규모(scale)가 불명확하다. 둘째, 지역혁신체제에 관한 실태분석에서 깊이 있는 분석이 부족하다는 점이다.

7. 제3·4차 국토종합(개발)계획

1) 제3차 국토종합개발계획

한국의 제3차 국토종합개발계획(1992~2001년)은 하향식 개발이면서 그 성격이 그 이전과는 많은 차이를 나타내고 있다. 즉, 제3차 국토종합개발계획은 첫째, 국토공간의 균형적 발전, 둘째, 신산업지대와 광역 개발권 설정, 셋째, 종합적인 고속교통망의 구축, 넷째, 쾌적한 국토환경 조성을 목표로 한다.

먼저 국토공간의 균형적 발전은 지역차가 심화되어가는 현재 국토 공간구조의 불균형을 시정하기 위해 수도권의 기능 집중 억제와 재배치 및 지방 정주체계의 확립을 추진하는 것이다. 지방 정주체계를 확립하기 위해 도농 통합시 및 부산·대구·인천·광주·대전시를 중심으로 광역 도시권을 설정하고, 대도시와 그 주변의 중소 도시 및 농어촌 간에 기능적 보완관계를 유지하게 해 국토 전체의 질서가 있는 성장을 유도한다. 그리고 산간 오지나 광산지역 등 낙후지역과 휴전선 일대의 남북 접경지역을 개발 특수지역으로 지정해 개발·관리한다. 한편 기존의 경부축 외에도 연안 개발축과 동서 개발축 등 신국토축을 형성해 국토공간의 균형적인 발전을 도모한다.

둘째, 신산업지대와 광역 개발권의 설정은 국제화, 지방화 시대를 맞이해 국가 경쟁력을 강화하기 위한 공간구조의 개편이다. 이 때문에 아산만~대전~청주, 군산·장항~익산~전주, 광양만~광주~목포를 잇는 신산업 지대를 육성하며 지역의 균형발전을 도모하고 이들 신산업 지대와 대도시를 중심으로 7개 광역권을 지정해 체계적으로 개발함으로써 국토공간의 경쟁력을 강화한다.

수도권의 기능을 분담하는 아산만 광역권, 환태평양 경제권 진출을 위한 국제무역 중심지로 개발되는 부산 광역권, 중국 진출의 교두보로 육성되는 군산~경항 광역권, 영남내륙과 환동해 경제권의 거점으로서 대구~포항 광역권, 서남권 경제 중심지로서의 광주~목포 광역권, 중화학공업기지로서의 광양만 광역권, 서울의 중앙행정 분담과 과학교육 중심지로 개발되는 대전 광역권 등 7개 광역권 개발계획은 수도권과 동남권을 중심으로 경부축에 집중된 인구와 산업을 전국으로 분산, 확대시키는 효과가 있다.

셋째, 종합적인 고속 교통망은 도로의 경우 남북축과 동서축을 균형 있게 개발해 사다리꼴 모양의 간선 도로망을 형성시키는 한편, 서울·부산·대구·광주·대전시 등 대도시를 중심으로 방사 순환형 간선도로망을 구축시킨다. 대구~춘천을 잇는 중앙고속도로와 서해안 고속도로 건설은 그 예이다. 경부선, 호남선, 영동선 등의 간선철도를 단계적으로 전철화하고, 남북교류와 통일에 대비해 경의선, 경원선, 금강산선 등을 복구하고, 시베리아 횡단철도 및 중국 횡단철도와 연계된 수송체계 구축에 대비한다.

국제화 시대의 중추공항으로서 영종도에 인천국제공항을 건설하고, 국토의 균형발전과 대북방 교역 및 서해안 시대에 대비해 인천항, 동해항 등을 확충하고 평택항, 군산항 등을 국제교역 항만으로 개발한다. 대도시 광역 교통체계를 전철, 지하철, 도시 고속도로를 중심으로 구축하고, 중소도시와 배후 농어촌과의 교통망을 확충한다. 그리고 초고속 정보 통신망을 형성해 국내 각 지역 간은 물론, 동아시아 정보 통신의 중심을 이루게 한다.

넷째, 쾌적한 국토환경 조성은 산업단지, 에너지 시설 설치에 환경오염 방지대책을 의무화하고, 폐기물 처리를 감독하는 등 환경오염을 체계적·종합적으로 관리해 생태계 파괴를 줄일 수 있는 환경보전과 개발이 조화를 이루도록 하는 것이 특색이다. 이러한 생태적 국토개발을 통해 쾌적한 국토환경을 유지할 수 있을 뿐 아

〈그림 14-29〉 제3차 국토종합개발계획(1992~2001년)

자료: 國土開發硏究院(1995).

니라 국제환경협약에 신속히 대응할 수도 있다. 또 해양·산악자원을 토대로 국민
여가지대를 조성하고, 도시의 주택난 해소를 위한 대규모 주택건설 계획도 쾌적한
국토환경의 일환으로 추진된다(〈그림 14-29〉).

2) 제4차 국토종합계획

(1) 수정계획의 배경과 기본 목표

제4차 국토종합계획(2000~2020년)은 국내외의 여건변화로 수정했는데, 그 주요 변화를 살펴보면 다음과 같다. 첫째, 정부의 국가경영 패러다임이 매우 혁신적으로, 행정중심복합도시 건설과 국가 중추기능의 지방 분산, 지역혁신체제 구축 등으로 국토공간구소의 변화를 국토계획에 반영하기 위해서이다. 둘째, 주 40시간 근무제 시행, 정보화 사회, 고속철도의 개통 등으로 국민의 삶의 질을 높일 수 있는 방안을 마련할 필요가 있다는 점을 들 수 있다. 셋째, 지역 간 갈등과 사회의 분절화 현상에 대응한 지역 간, 계층 간 통합과 상생발전의 방향을 제시할 필요가 있기 때문이다. 넷째, 글로벌화로 미래지향적이고 개방적인 교통기반을 구축해야 할 필요성이 커졌기 때문이다. 마지막으로 남북교류협력을 한 차원 더 심화시키고 국토통일을 염두에 둔 한반도 차원의 국토구상을 마련하기 위해서이다.

이러한 필요성으로 수정된 국토종합계획의 수정계획은 약동하는 통합국토로 세방화(世方化) 시대에 대응해 국토균형발전과 개방형 통합국토 구축에 역점을 두었다. 즉, 약동하는 통합국토는 두 가지 이념이 담겨 있는데, 첫째 국가의 도약과 지역의 혁신을 유도하는 약동적 국토를 실현하는 것이다. 저비용 고효율의 국토를 조성해 대외적으로 세계 일류국가로 도약할 수 있는 기반을 구축하고, 대내적으로 지

〈그림 14-30〉 제4차 국토종합계획 수정계획의 기본적인 틀

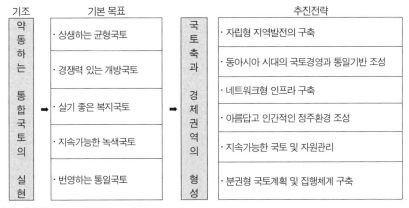

자료: 대한국토·도시계획학회(2006: 6).

역별로는 특색이 있는 전략산업의 육성과 혁신 주도형 지역발전기반을 조성해 자립형 지방화를 촉진하려고 한다. 둘째는 지역 간 균형발전과 남북이 상생하는 통합국토를 실현하는 것이다. 이는 지방 분산 및 분권을 통해 지역균형발전을 도모하고 선택과 집중을 병행하는 국토발전체계를 구축해 국토이용의 효율성을 증대하는 한편, 남북 및 동아시아 국가와의 상생적 협력을 선도하는 초국경적 국토경영 기반을 구축하려고 한다. 그 기본 목표는 21세기 통합국토의 실현을 위해 균형국토, 녹색국토, 개방국토, 통일국토로 개방형 통합국토축 형성, 지역별 경쟁력 고도화, 건강하고 쾌적한 국토환경 조성, 고속교통·정보망 구축, 남북한 교류협력 기반 조성을 개발 전략 및 정책으로 삼고 있다. 그리고 특징을 보면 개방형의 π형 연안 국토축과 10대 광역권을 개발해 지역균형개발을 촉진하고, 국토환경의 적극적인 보전을 위해 개발과 환경의 조화로운 전략을 제시하는 것이다(〈그림 14-30〉).

(2) 약동하는 통합국토 구조

약동하는 통합국토의 구조에 대해 국토구조 형성, 개방형 국토축, 다핵 연계형 국토구조에 대해 살펴보면 다음과 같다. 먼저 국토구조 형성의 기본 틀로서 3개의 국토축과 7+1의 경제권역을 설정했다. 개방형 국토축은 미래의 국가 성장동력 창출과 지역통합의 기반으로서 대외적 개방과 국내 지역 간 연계를 지향하는 새로운 국토구조를 구축하기 위한 것으로, 남해안축, 서해안축, 동해안축이 역할을 분담해 유라시아 대륙과 환태평양을 지향하는 개방형(π)형 국토발전축을 형성하게 된다. 7+1의 경제권역은 대내적으로 자립형 지방화와 지역 간 상생을 촉진하는 다핵 연계형 국토구조를 구축하기 위한 것으로, 수도권, 강원권, 충청권, 전북권, 광주권, 대구권, 부산권, 제주도로 구분된다. 이들 경제권역은 경쟁력 있는 특화산업을 기반으로 자립형 지방화와 지역의 국제경쟁을 위한 기본단위로 육성한다.

다음으로 개방형 국토축은 환태평양, 환황해경제권, 환동해경제권으로 뻗어가는 연안 국토축으로 한반도의 전략적 장점을 살려 한국이 동아시아의 중심으로 도약하는 데 중추적인 역할을 담당한다. 3개의 연안 국토축은 기능을 분담해 특색이 있게 개발한다. 먼저 남해안축은 환태평양 진출을 위한 해양물류 및 산업경쟁력 강화에 역점을 두어 중국과 일본, 환태평양 등 해양지향적인 국토의 관문으로 도약하기 위한 산업·물류·관광기반의 국제교류지대로 육성한다. 서해안축은 동아시아를

〈그림 14-31〉 약동하는 통합국토의 구도

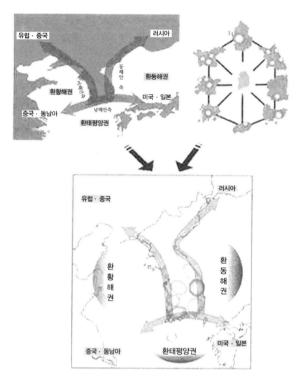

자료: 대한국토·도시계획학회(2006: 7).

향한 국제물류·비즈니스·신산업·문화관광 분야를 특화하며, 특히 중국의 성장에 대응해 환황해경제권에서 중심적인 역할을 수행할 수 있도록 관련 기능을 육성한다. 동해안축은 유라시아 진출 및 남북교류의 거점지대로 육성하며, 남북교류 및 동아시아 개발협력의 전진기지로 육성하기 위해 기간교통망을 확충하고 광역 관광, 생태 네트워크를 구축한다(〈그림 14-31〉).

마지막으로 다핵 연계형 국토구조는 7+1의 경제권역이 각자 독립적인 기능을 수행하면서 상호 보완적인 연계를 통해 특색이 있고 균형 있게 발전하는 모습을 의미한다. 현재의 수도권 일극 중심의 국토구조가 야기하는 비효율을 극복하고 이들이 상호 연계되는 국토구조를 만들어야 한다. 수도권에 대응하는 지방의 자립형 경제권역으로서 지방의 대도시와 중소도시 및 배후지를 통합하는 경제공간을 형성하면서, 이들 지방의 경제권역이 기능적으로 연계되어 공동발전이 가능하도록 한다

〈그림 14-32〉 도시체계 구축의 기본 개념

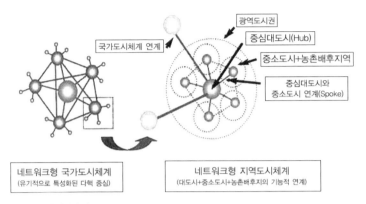

자료: 대한국토·도시계획학회(2006: 11).

(〈그림 14-32〉).

　권역별 발전방향은 먼저 수도권은 서울시와 인천시 및 서울시 주변의 대도시를 중심으로 공간구조를 재편하고 질적 고도화를 통해 국제물류 및 금융·비즈니스·지식기반산업 중심지로 위상을 재정립한다. 강원권은 춘천·원주·강릉·속초시 등이 역할을 분담하면서 연계되는 다중심 도시 네트워크 형태의 경제권역을 형성하며, 자연생태자원 및 접경지역을 활용한 국제(남북)관광 및 청정·건강산업지대로 육성한다.

　충청권은 대전·청주·행정중심복합도시를 연결하는 광역도시권을 핵으로 하는 경제권역을 형성하며, 경제기반으로서 연구개발 및 바이오산업, 행정중심복합도시와 연계한 교육·연구·물류 및 지식기반을 특화 육성한다. 전북권은 전주·군산·익산시 등을 연담도시권으로 연결해 친환경지향의 농업·생명산업의 고도화와 자동차, 기계 및 에너지 관련 산업 중심의 신산업지대를 구축한다. 광주시와 전남을 포함하는 광주권은 광산업, 에너지 등 첨단 미래산업을 육성하고 자연자원·친환경농업·향토문화를 연계한 문화관광산업지대로 육성한다.

　대구시와 경북을 포함하는 대구권은 전자정보산업과 한방산업을 육성하고 역사문화·교육자원의 활용 극대화로 지역의 성장 잠재력을 증진한다. 부산·울산시·경남을 포함하는 부산권은 자동차산업, 조선, 기계 등 주력산업의 고도화와 동아시아 해양물류 및 영상산업의 중심지로 위상을 강화한다. 제주도는 특화된 지역자원을 이용해 국제자유도시 개발을 중심으로 세계적인 관광휴양·교류거점으로 육성한다.

이와 같은 국토구조 축의 발전을 위해 자립형 지역발전 기반을 구축하고, 동아시아 시대의 국토경영과 통일기반을 조성하고, 네트워크형 인프라를 구축하며, 아름답고 인간적인 정주환경을 조성하며, 지속가능한 국토 및 자원관리를 하며, 분권형 국토계획 및 집행체계 구축을 위한 6대 추진전략을 수행한다.

참고문헌

姜淳兀. 1989. 「機船權現網 漁業의 勞動市場과 勞動者 供給圈構造에 관한 硏究: 統營郡 閑山面 機船權現網 漁業의 事例硏究」. 서울대학교 대학원 석사학위논문.

고태경. 1994. 「경제발전의 주기와 공간변화」. ≪國土計劃≫, 제29권(제3호), 317~334쪽.

곽수정. 2013. 「서울시 창조계층의 입지특성」. ≪한국도시지리학회≫, 제16권(제2호), 49~62쪽.

구문모·임상오·김재준. 2000. 『문화산업의 발전방안』. 서울: 산업연구원.

구양미. 2008. 「한국 고령친화산업의 행위주체 네트워크 연구: 형성과정과 구조적·공간적 특성」. 서울대학교 대학원 박사학위논문.

_____. 2012. 「서울디지털산업단지의 진화와 역동성」. ≪한국지역지리학회지≫, 제18권, 283~297쪽.

권상철. 1995. 「미국 대도시 지역 노동시장의 특성과 취업 노동자의 개인소득: 백인, 흑인, 동양인과 남미인」. ≪대한지리학회지≫, 제30권, 169~187쪽.

권영섭. 2000. 「지식기반산업육성을 위한 지역혁신 시스템 구축방향」. ≪국토≫, 제8권, 58~68쪽.

권오혁. 2000. 『신산업지구』. 서울: 한울.

권오혁·정병순. 2002 「제3이탈리아 프라토지역의 산업전문화와 산업지구 발전」. ≪지방행정연구≫, 제16권(제1호), 1~20쪽.

國土開發硏究院. 1972. 『제1차 國土綜合開發計劃의 評價分析』.

國土開發硏究院. 1982. 『제2차 國土綜合開發計劃』.

國土開發硏究院. 1995. 『제3차 國土綜合開發計劃의 評價分析』.

김갑성·김경환·남기범·주성재·황주성. 2002. 「지식기반산업의 입지행태와 정책 방향」. ≪地域硏究≫, 제18권(제1호), 25~47쪽.

金庚星·朴英漢. 1977. 「Economic Health의 地域的 不均衡性에 關한 硏究」. ≪地理學≫, 第16號, 11~23쪽.

金光植 외 14인. 1973. 『韓國의 氣候』. 서울: 一志社.

김대영. 2000. 「서울시 고차 생산자 서비스업의 입지와 생산 네트워크의 공간적 특성: 광고 관련 산업을 중심으로」. 서울대학교 대학원 박사학위논문.

김덕현. 1996. 「장소성과 장소구축」. ≪사회과학연구≫(경상대학교), 제14집, 61~83쪽.

김동주·권영섭·황주성·김선배·이정협. 2002. 「우리나라 지역산업군집의 형성과 발전에 관한 연구」. ≪地域硏究≫, 제18권(제3호), 49~74쪽.

816

김문환. 1997. 『문화경제론』. 서울: 서울대학교출판부.

金芙聲. 1986. 「地理學에서의 刷新과 擴散硏究: 槪念, 發達, 問題點에 관하여」. ≪地理學論叢≫, 第13號, 17~28쪽.

金相昊. 1976. 『地理學槪論』. 서울: 一潮閣.

김석관. 2012. 「경제의 세계화와 국제분업에 관한 이론적 쟁점: 통합적 분석 틀의 모색」. ≪地域硏究≫, 제28권(제2호), 95~127쪽.

김선배. 2001a. 「산업의 지식집약화를 위한 혁신체제 구축 방향」. ≪한국경제지리학회지≫, 제4권, 61~76쪽.

_____. 2001b. 「지역혁신체제 구축을 위한 산업정책 모형」. ≪地域硏究≫, 제17권(제2호), 79~97쪽.

김성주·임정덕·이종호. 2008. 「한국 신발산업의 진화 동태성과 쇠퇴 요인」. ≪한국경제지리학회지≫, 제11권, 509~526쪽.

김세연. 1997. 「지역 연구의 새로운 접근법: 조절이론적 시도」. ≪유럽연구≫, 통권 제16호, 213~236쪽.

김숙진. 1999. 「장소 마케팅을 통한 지역활성화에 관한 연구」. ≪대한지리학회지≫, 제34권, 209~225쪽.

김숙진. 2010. 「행위자-연결망 이론(Actor-Network Theory)을 통한 과학과 자연의 재해석」. ≪대한지리학회지≫, 제45권, 461~477쪽.

金永聲. 1980. 「韓國 都市의 社會的 福利에 對한 主成分 및 變化分析」. ≪地理學叢≫, 第8號, 35~51쪽.

_____. 1996. 「국토의 시공간 수렴: 1890년대~1990년대(서울-부산 간 여행시간 변천을 중심으로)」. ≪地理學硏究≫, 第27輯, 37~53쪽.

김용웅. 1999. 『지역개발론』. 서울: 法文社.

김유미·이금숙. 2001. 「문화산업의 입지적 특성 분석: 음반사업을 중심으로」. ≪한국경제지리학회지≫, 제4권, 37~60쪽.

김재범. 2005. 『문화산업의 이해』. 서울: 서울경제경영.

김지현·정창무. 2011. 「스토리텔링 마케팅 기법을 활용한 지역자원 활성화 연구: 강원도 정선군을 대상으로」. ≪국토계획≫, 제46권(제5호), 321~330쪽.

김지희. 2004. 「장소정체성의 형성 메커니즘에 관한 연구: 서울 테헤란밸리를 사례로」. ≪地理學論叢≫, 제44호, 1~28쪽.

김현. 2001. 「우리나라 인터넷 정보유동의 공간구조와 특성에 관한 연구」. 서울대학교 대학원 석사학위논문.

南綮佑. 1985. 「서울에 있어서 거리 파라메터의 분포패턴: 重力모델과 엔트로피 最大化모델의 比較」. ≪地理學硏究≫, 第9輯, 363~376쪽.

남영우·이희연·최재헌. 2000. 『경제·금융·도시의 세계화』. 서울: 다락방.

남재걸. 2007. 「지역혁신체제론의 전개과정에서 나타난 함축적 가치와 이론적 한계」. ≪한국지역지리학회지≫, 제13권, 254~270쪽.

대한국토·도시계획학회. 2006. 「제4차 국토종합계획 수정계획(2006~2020)의 기조와 추진전략」. ≪도시정보≫, No. 1, 3~17쪽.

류주현. 2005. 「서울시 사업 서비스업의 공간적 분포 특성」. ≪한국경제지리학회지≫, 제8권, 337~350쪽.

_____. 2008. 「부정적 장소자산을 활용한 관광 개발의 필요성」. ≪한국도시지리학회지≫, 제11권(제3호), 67~79쪽.

문희정. 1998. 「도시내부지역 장소 마케팅의 지역적 파급효과: 인사동 '문화의 거리'를 사례로」. 서울대학교 대학원 석사학위논문.

박경숙. 2005. 「대구 문화 콘텐츠산업 가치사슬의 공간성과 경영특성」. 경북대학교 대학원 석사학위논문.

朴東昂. 1964. 『經濟地理』. 서울: 一潮閣.

박배균. 2009. 「초국가적 이주와 정착을 바라보는 공간적 관점에 대한 연구: 장소, 영역, 네트워크, 스케일의 4가지 공간적 차원을 중심으로」. ≪한국지역지리학회≫, 제15호, 616~634쪽.

朴杉沃. 1983. 「工業立地硏究의 動向」. 石泉 李燦博士 華甲紀念論集 刊行委 編. 『地理學의 課題와 接近方法』. 서울: 敎學社.

_____. 1983. 「韓國 工業地理學에서 工業立地 硏究의 動向과 爭點」. ≪地理學論叢≫, 第10號, 54~70쪽.

_____. 1996. 「한국 경제지리학 반세기」. ≪대한지리학회지≫, 제31권, 160~190쪽.

박삼옥·최지선. 2000. 「성장촉진을 위한 지식기반산업의 발전: 이론과 정책과제」. ≪地域硏究≫, 제16권(제2호), 1~25쪽.

박상헌·김정빈. 2013. 「생활폐기물 처리과정에서의 도시 공간적 불균형 현상 연구: 서울 시 음식물쓰레기 처리시설을 중심으로」. ≪서울도시연구≫, 제14권(제4호), 141~155쪽.

박수경. 2015. 「원격진료의 지역적 차별성과 정보격차에 관한 연구」. ≪대한지리학회지≫, 제59권, 325~338쪽.

朴秀秉. 1977. 「매스 미이디아의 空間擴散에 관한 硏究: 1945~1977」. ≪地理學≫, 第16號, 55~78쪽.

박순호. 1997. 「농촌지역 쓰레기 매립장 입지선정에 관한 연구: 경상북도 영양군을 사례로」. ≪한국지역지리학회지≫, 제3권(제1호), 63~80쪽.

박영한·이정록·안영진. 2002. 『노동시장의 지리학』. 서울: 한울.

박원석. 1990. 「空間的 分業과 地方 勞動市場의 特性에 관한 硏究: 龜尾工業團地 纖維·電氣電子産業을 中心으로」. ≪地域硏究≫, 第6卷, 11~38쪽.

박유민·김영호. 2012. 「환경적·사회적 영향을 고려한 태양광발전소의 기존 입지 타당성 평가 및 지속가능한 입지 제안」. ≪한국경제지리학회지≫, 제15권, 437~455쪽.

朴鐘澈·朴大奭. 1985. 「國民學校 通學區域 設定에 관한 硏究」. ≪國土計劃≫, 第20卷(第1號), 154~170쪽.

박종화·박양춘·이철우. 1997. 「고형 폐기물 관리 주체별 역할과 한계」. ≪國土計劃≫, 제

32권(제2호), 159~176쪽.

박지윤. 2006. 「기업부설연구소의 공간적 입지유형」. ≪대한지리학회지≫, 제41권, 58~72쪽.

Park, Chan Suk. 1973. "The Function of the City and Regional Development." ≪文理學叢≫(慶北大學校 文理科大學), 第1輯, pp. 75~98.

朴贊石. 1974. 「地域開發의 理論的 接近: Center-Periphery Model」. ≪文理學叢≫(慶北大學校 文理科大學), 第2輯, 101~110쪽.

_____. 1982. 「地域開發의 理論的 接近 II」. ≪社會科學≫(慶北大學校 社會科學大學), 第1輯, 115~129쪽.

변병설. 2005. 「지속가능한 생태도시계획」. ≪地理學研究≫, 제39권, 491~500쪽.

손동원. 2002. 『사회 네트워크 분석』. 서울: 경문사.

서민철. 2005. 「지역불균형 관련 담론들의 비판적 검토: 신고전 성장론에서 조절이론까지」. ≪한국도시지리학회지≫, 제8권(제3호), 85~102쪽.

徐贊基. 1975. 「韓國 農業에 있어서 土地生産力의 分布와 그 要因」. ≪慶北大學校 論文集≫, 第20輯, 213~226쪽.

_____. 1980. 「韓國의 經濟地域」. ≪地理學≫, 第22號, 23~40쪽.

_____. 1998. 「轉換期의 經濟地理學」. ≪地理教育≫(慶北大學校 師範大學 地理教育科), 第10卷, 1~121쪽.

徐贊基·李中雨. 1978. 「韓國의 農業地帶 區分」. 文教部 政策課題 研究報告.

설동훈. 1999. 『외국인 노동자와 한국사회』. 서울: 서울대학교 출판부.

_____. 2000. 『노동력의 국제이동』. 서울: 서울대학교 출판부.

宋贊植. 1973. 『朝鮮後期 手工業에 관한 研究』. 서울: 서울대학교 출판부.

신동호. 2014. 「독일 루르지역의 지역재생정책: 추진과정과 성과에 대한 경로이론적 접근」. ≪한국경제지리학회지≫, 제17권, 200~213쪽.

신동호·박은병. 2003. 「독일 Dortmund市의 지역혁신체제」. ≪國土計劃≫, 제38권(제2호), 175~189쪽.

신정엽. 2005. 「상이한 공간 스케일의 효과와 유의한 작동 스케일(operation scale)에 대한 경험적 탐색 연구: 미국 도시 중심지와 인구 간 상관관계를 사례분석으로」. ≪한국도시지리학회지≫, 제8권(제2호), 91~105쪽.

신창호. 2000. 『서울시 문화산업 육성방안(영상·게임산업을 중심으로)』. 서울: 서울시정개발연구원.

沈基汀. 1993. 「서울 市民의 通勤패턴에 관한 研究: 女性을 中心으로」. 서울대학교 대학원 석사학위논문.

심상민. 2002. 『콘텐츠 비즈니스의 새 흐름과 대응전략』. 서울: 삼성경제연구소.

阿部和俊. 2006. 「經濟的中樞管理機能からみた韓國の都市體系の變遷(1985-2002)」. 『2006년 한국지역지리학회 동계학술대회 발표집』, pp. 30~36.

梁玉姬. 1979. 「相互作用 分析에 의한 都市體系 研究」. ≪地理學과 地理教育≫, 第9輯, 203~223쪽.

양진우·박해식. 2003. 「경로분석을 이용한 생활폐기물 분리배출 및 재활용 행동의 영향요 인에 관한 인과구조분석」. ≪國土計劃≫, 제38권(제3호), 233~244쪽.

유성은. 1992. 「한국가정 폐기물의 배출실태와 그 재활용에 관한 연구」. 상명대학교 대학 원 석사학위논문.

劉榮峻. 1995. 「情報關聯 活動의 空間分析」. 建國大學校 大學院 博士學位論文.

柳佑益. 1972. 「韓國의 定期市場에 關한 地理學的 研究」. ≪駱山地理≫, 第2號, 1~14쪽.

_____. 1983. 「韓國 地理學의 地域政策의 爭點」. ≪地理學論叢≫, 第10號, 87~106쪽.

_____. 1984. 「國土開發에 있어서 農村開發의 意義」. ≪地理學≫, 第30號, 28~40쪽.

_____. 1992. 「지역개발에 있어 환경윤리의 문제」. ≪地理學≫, 第27卷, 29~45쪽.

陸芝修. 1959. 『經濟地理學』. 서울: 서울考試學會.

李琦錫. 1984. 「産業都市의 人口成長과 雇傭構造 變換에 관한 研究: 蔚山市를 事例로」. ≪地 理學≫, 第30號, 14~27쪽.

李琦錫·李玉熙·柳然澤. 1995. 「國土開發을 위한 圈域設定에 관한 研究」. ≪地理敎育論集≫, 第34輯, 19~36쪽.

伊藤 悟. 2006. 「韓國の都市群システムにおける鐵道およびバス交通ネットワークの變容」. 『2006 년 한국지역지리학회 동계 학술대회 발표집』, pp. 16~22.

이무용. 2002. 「도시마케팅 전략에 대한 문화적 재고찰: 도시공간의 문화적 가치 강화를 위한 장소 마케팅 전략을 중심으로」. ≪도시정보≫, No. 247, 3~15쪽.

_____. 2006. 「장소 마케팅 전략의 문화적 개념과 방법론에 관한 고찰」. ≪대한지리학회 지≫, 제39권, 39~57쪽.

이병민. 2005. 「문화산업을 통한 지역경제의 발전전략과 정책과제」. ≪地理學研究≫, 제 39권, 399~420쪽.

이선지. 2000. 「소화물 일관수송 영업소의 입지분석과 배송권역 설정」. ≪한국도시지리 학회지≫, 제3권(제2호), 39~56쪽.

이성근·박상철·이관률. 2004. 「지역혁신체제 구축과 테크노파크의 역할」. ≪國土計劃≫, 제39권(제2호), 255~270쪽.

이영아. 2015. 「한국의 빈곤층 밀집지역 분포 및 형성과정 고찰」. ≪한국도시지리학회지≫, 제18권(제1호), 45~56쪽.

이용균. 2013a. 「초국가적 이주 연구의 발전과 한계: 발생학적 이해와 미래 연구 방향」. ≪한국도시지리학회지≫, 제16권(제1호), 37~55쪽.

_____. 2013b. 「이주자의 주변화와 거주공간의 분리: 주변화된 이주자에 대한 서발턴 관 점의 적용 가능성 탐색」. ≪한국도시지리학회지≫, 제16권(제3호), 87~100쪽.

_____. 2014. 「공정무역의 가치와 한계: 시장 의존성과 생산자 주변화에 대한 비판을 중 심으로」. ≪한국도시지리학회지≫, 제17권(제3호), 99~117쪽.

이용우. 1998. 「폐기물 배출량의 지역 간 차이에 관한 분석」. ≪대한지리학회지≫, 제33 권, 209~224쪽.

李廷冕. 1956. 「서울市의 소채 및 연료에 관한 地理學的 考察」. 서울大學校 大學院 碩士學

位論文.

李楨錄. 1984. 「韓國 近代化의 空間擴散에 關한 研究」. 全南大學校 大學院 碩士學位論文.

李定妍. 1990. 「企業附設研究所의 分布特性에 관한 研究」. ≪地理教育論集≫, 第24輯, 68~85쪽.

이종호. 2014. 「창조경제와 지역발전에 대한 경제지리학적 검토」. ≪한국경제지리학회지≫, 제17권, 624~631쪽.

이진. 2001. 「서울시 게임산업의 집적과 학습지역 형성에 관한 연구」. ≪地理學論叢≫, 第37號, 67~85쪽.

이채문. 2004. 「시베리아 송유관 건설의 정치경제학적 고찰」. ≪한국지역지리학회지≫, 제10권, 110~131쪽.

李哲雨. 1991. 「農村地場産業に關する經濟地理學的研究」. 名古屋大學 大學院 博士學位論文.

李淸一. 1985. 「韓國 傳統 手工業의 歷史的 背景」. ≪東國地理≫, 第6號, 41~51쪽.

李喜演. 1983. 「地域開發 過程에 있어서의 相互依存的 體系」. ≪地理學≫, 第28號, 18~34쪽.

_____. 1984. 「成長據點 理論과 開發戰略」. ≪地理學會報≫, 第21號, 1~11쪽.

_____. 1985. 「종속이론과 지역개발」. 『地方의 再發見』. ≪社會科學叢書≫, 11, 90~111쪽.

_____. 1990. 「生産者서비스 産業의 差別的 成長과 空間的 分業化에 관한 研究」. ≪地域研究≫, 제6권(제2호), 123~147쪽.

_____. 1991. 『地理學史』. 서울: 法文社.

_____. 1993. 「우리나라 情報關聯 職種의 空間的 分布와 地域的 隔差에 관한 研究」. ≪地域研究≫, 第9卷, 3~24쪽.

_____. 2000. 「공공시설물 입지선정에 있어서 다기준 평가기법의 활용에 관한 연구: 쓰레기 소각장을 사례로」. ≪대한지리학회지≫, 제35권, 437~454쪽.

_____. 2002. 「사이버스페이스의 공간적 분석과 지도화」. ≪대한지리학회지≫, 제37권, 203~221쪽.

이희연·김홍주. 2006. 「서울대도시권의 통근 네트워크 구조 분석」. ≪한국도시지리학회지≫, 제9권, 91~111쪽.

이희연·이종용. 2002. 「도시 간 인터넷 정보 인프라 격차분석에 관한 연구」. ≪國土計劃≫, 제37권(제5호), 187~203쪽.

Lee, Hee Yeon. 1990. "The Growth and Spatial Distribution of Service Industries in Korea." ≪國土計劃≫, 제25권(제3호), pp. 201~225.

Lee, Hee Yeon and Lee, Yong Gyun. 2004. "Analysis on the Spatial Dimension of the Commercial Domains: The Case of Seoul, Korea." *Journal of the Korean Geographical Society,* Vol. 39, pp. 195~211.

임대환. 2001. 「부천시 금형산업의 공간적 연계와 노동시장 형성에 관한 연구」. ≪地理學論叢≫, 第37號, 87~111쪽.

임석준. 2005 「소비자 정치와 기업의 사회적 책임: 나이키 글로벌 상품사슬을 중심으로」. ≪한국정치학회보≫, 제39권, 237~255쪽.

임석회·송주연. 2010 「우리나라 외국인 전문직 이주자 현황과 지리적 분포 특성」. ≪한국지역지리학회지≫, 제10권, 275~194쪽.

林永大. 1986. 「韓國 都市工業의 空間配置와 立地變動: 釜山市의 경우」. 경북대학교 대학원 박사학위논문.

임은선. 2001. 「생활폐기물 관리를 위한 공간적 의사결정 지원 시스템 구축에 관한 연구: 폐기물 수거경로 계획과 소각시설 입지선정을 사례로」. 건국대학교 대학원 박사학위논문.

林貞順. 1998. 「성별 분업의 공간적 특색에 관한 연구: 수도권을 사례로」. ≪地理教育論集≫, 第39輯, 94~115쪽.

張美花·韓柱成. 2009. 「충북 음성군 접목선인장의 글로벌 상품사슬」. ≪대한지리학회지≫, Vol. 44, 56~76쪽.

정수열. 1998. 「국내 외국인 노동자의 이주 및 적응형태」. ≪地理學論叢≫, 제32호, 75~101쪽.

鄭恩淑. 2002. 「생활정보신문 사업체의 지역적 전개와 배포지역의 특성」. 충북대학교 교육대학원 석사학위논문.

정준호. 2015. 「글로벌 생산 네트워크」. 허우긍·손정렬·박배균. 『네트워크의 지리학』. 서울: 푸른길, 197~218쪽.

정현주. 2008. 「이주, 젠더, 스케일: 페미니스트 이주 연구의 새로운 지형과 쟁점」. ≪대한지리학회지≫, 제43권, 894~913쪽.

_____. 2009. 「경계를 가로지르는 결혼과 여성의 에이전시: 국제결혼이주연구에서 에이전시를 둘러싼 이론적 쟁점에 대한 비판적 고찰」. ≪한국도시지리학회지≫, 제12권, 100~121쪽.

조대헌. 2004. 「공간적 형평성(spatial equity)의 평가방법에 대한 연구: 도시 공공서비스에의 접근성을 중심으로」. ≪地理教育論集≫, 第48輯, 100~120쪽.

曺勝鉉. 1983. 「咸平 莞草工業의 存立形態와 地域構造」. ≪教育研究≫(全南大學校), 第8輯, 147~171쪽.

陳玉華. 1992. 「地域別 生活指標 分析을 통한 地域特性 研究」. ≪地理教育論集≫, 第27輯, 54~93쪽.

진원형·이재하. 1998. 「대도시의 지속가능한 개발을 위한 도시형태와 지표설정에 관한 연구」. ≪國土計劃≫, 제33권(제2호), 205~221쪽.

崔炳斗. 1981. 「地域 社會福祉와 그 改善策에 關한 研究: 經驗的 考察」. ≪地理學≫, 第24號, 57~78쪽.

_____. 1988. 「人文地理學 方法論의 새로운 地平」. ≪地理學≫, 第38號, 15~36쪽.

_____. 2006. 「동북아 에너지 흐름의 정치경제지리」. 『한국지역지리학회 학술대회 발표집』, 89~94쪽.

_____. 2006. 「정보통신기술의 발달이 사회공간에 미치는 영향」. ≪한국지역지리학회지≫, 제12권, 245~264쪽.

_____. 2014. 「창조도시와 창조계급: 개념적 논제들과 비판」. ≪한국지역지리학회지≫, 제20권, 49~69쪽.

최운섭. 1997. 「서울시 쓰레기 수거의 공간조직」. ≪地理學論叢≫, 第29號, 131~162쪽.

최은영. 1999. 「실업에 대한 지리학적 연구동향 및 과제」. ≪대한지리학회지≫, 제34권, 337~351쪽.

崔在憲. 1987. 「韓國의 都市體系에 關한 硏究: 금융의 공간구조 분석을 통해」. ≪地理敎育論集≫, 第18輯, 94~123쪽.

_____. 1999. 「금융 재구조화의 공간적 의의」. ≪대한지리학회지≫, 제34권, 265~279쪽.

Choi, Jae-Heon. 1995. "Institutional Approaches Geography: Institutional Changes in the Korean Financial System." *Journal of the Korean Geographical Society*, Vol. 30, pp. 364~388.

Choi, Ji-Sun. 2003. "*Public B2B Electronic Marketplaces: A Spatial Perspective*." The Graduate School, Seoul National University.

최창규·김흥순. 2006. 「공간과 관계의 개념을 중심으로 살펴 본 사이버 공간」. ≪國土計劃≫, 제41권, 제3호, 163~179쪽.

Hassink, R. 1999. "What does the Learning Region Mean for Economic Geography?" ≪地域硏究≫, 제15권(제1호), pp. 93~116.

한국경제신문. 2012. 『2013 한경기업총람: 상장기업 투자분석 1000』. 서울.

한국공정무역연합 역. 2010a. 『공정무역: 시장이 이끄는 윤리적 소비』. 서울: 책으로 보는 세상.

_____. 2010b. 『소비자와 생산자와 기업 모두에게 좋은 공정무역의 힘』. 서울: 시대의 창.

_____. 2011. 『공정무역은 세상을 어떻게 바꿀 수 있을까?』. 서울: 수이북스.

한국문화경제학회. 2001. 『문화경제학 만나기』. 서울: 김영사.

한국지역학회. 1992. 「정보통신망의 혁신과 도시체계의 구조적 변화에 관한 연구」. 한국지역학회 '92 통신학술연구과제.

한동철. 2003. 『공급사슬관리』. 서울: Sigma Insight.

韓柱成. 1985. 『交通流動의 地域構造』. 서울: 寶晋齋出版社.

_____. 1996. 『交通地理學』. 서울: 法文社.

_____. 1997. 「케이블TV 放送局의 立地와 空間組織」. ≪대한지리학회지≫, 제32권, 141~153쪽.

_____. 2001. 「농협 연쇄점의 물류체계와 판매활동의 공간적 특성」. ≪대한지리학회지≫, 제36권, 258~277쪽.

_____. 2003. 『유통지리학』. 서울: 한울.

_____. 2004. 「재생용 사업의 입지적 특성」. ≪한국지역지리학회지≫, 제10권, 775~786쪽.

_____. 2004. 「재활용 생활계 폐기물의 수거경로와 지역적 특성」. ≪대한지리학회지≫, 제39권, 88~101쪽.

_____. 2007. 「한국경제지리학 반세기의 연구틀 조류」. ≪한국경제지리학회지≫, 제10권, 355~376쪽.

_____. 2009. 「상품·교통·공급사슬개념과 관련된 지리학의 연구와 과제」. ≪대한지리학

회지≫, 제44권, 723~744쪽.

_____. 2011. 「한국경제지리학의 발전 성과와 미래를 위한 준비」. ≪한국경제지리학회지≫, 제14권, 241~262쪽.

_____. 2012. 「한국경제지리학 접근방법의 체계화」. ≪한국경제지리학회지≫, 제15권, 457~463쪽.

_____. 2012. 「「대한지리학회지(地理學)」에 게재된 인문지리학 논문의 문헌 인용빈도 분석」. ≪대한지리학회지≫, 제47권, 975~992쪽.

함창학·김대영. 2004. 「인천시 생활폐기물의 공간적 특성과 수거에 관한 연구」. ≪地理學硏究≫, 第38卷, 405~416쪽.

허동숙. 2013. 「미국 수도권 IT서비스산업 집적지의 진화: 페어팩스 카운티를 사례로」. ≪한국경제지리학회지≫, 제16권, 567~584쪽.

허우긍. 2003. 「인터넷 하이퍼링크로 본 도시 네트워크」. ≪대한지리학회지≫, 제38권, 518~534쪽.

邢基柱. 1976. 「經濟地理學」. ≪地理學≫, 第13號, 28~35쪽.

_____. 1977. 「韓國의 經濟地理學 硏究動向」. ≪地理學硏究≫, 第3號, 43~54쪽.

_____. 1985. 「都市工業의 立地와 育成方案: 아파트 工業建設의 事例-」. ≪地理學硏究≫, 第10輯, 363~372쪽.

_____. 1993. 「韓國 工業地域과 地域循環의 可能性」. 『轉換期의 韓國地理』. 서울: 敎學社, 365~388쪽.

Hyong, Kie Joo. 1986. "Locational Dynamics of Manufacturing Industries in the Inner Area of Seoul." 『地理學』, 제34호, pp. 47~66.

洪慶姬. 1981. 『都市地理學』. 서울: 法文社.

황수철. 2000. 「일본 푸드시스템의 전개와 과제: 식품산업의 구조변화를 중심으로」. ≪농촌사회≫, 제10호, 233~260쪽.

黃注性. 2000. 「소프트웨어 산업의 입지와 산업지구에 관한 연구」. ≪대한지리학회지≫, 제35권, 121~139쪽.

황혜란. 2005. 「혁신시스템 관점에서의 대덕연구개발특구 설계」. 한국경제지리학회 2005년 추계 정기학술대회 발표논문집, 75~96쪽.

加藤和暢. 2000. 「M. ポーター: 國と地域の競爭優位」. 矢田俊文·松原宏 編. 『現代經濟地理學: その潮流と地域構造論』. 京都: ミネルヴァ, pp. 240~259.

_____. 2003. 「經濟地理學の「理論」について: その位置づけをめぐる省察」. ≪經濟地理學年報≫, Vol. 49, pp. 429~444.

_____. 2005. 「經濟地理學小考」. ≪釧路公立大學紀要: 社會科學硏究≫, Vol. 17, pp. 7~23.

加茂浩靖. 2004. 「勞動市場の地域構造: 日本における勞動市場の地域的構成硏究の課題」. ≪人文地理≫, 第56卷, pp. 491~508.

江崎洋平. 2012. 「産業集積地域における技術學習とその特性」. ≪人文地理≫, 第64卷, pp. 416~433.

岡本耕平. 1998.「行動地理學の歷史と未來」.≪人文地理≫, 第50卷, pp. 23~42.

岡野武雄. 1975.『地下資源』. 東京: 共立出版.

犬井 正. 1982.「武藏野台地北部における平地林の利用形態」.≪地理學評論≫, 第55卷, pp. 549~565.

兼子 純. 2005.「衣料品チェーンのローコスト・オペレーションとその空間特性」.≪經濟地理學年報≫, Vol. 51, pp. 56~72.

鎌倉夏來. 2014.「研究開發機能の空間的分業と企業文: 纖維系化學企業の事例」.≪人文地理≫, 第66卷, pp. 38~59.

高橋伸夫. 1983.『金融の地域構造』. 東京: 大明堂.

高橋伸夫・橋本雄一・鹿嶋 洋. 1994.「茨城縣における地方財政の空間構造」.≪地理學評論≫, Vol. 67(A), pp. 289~310.

高柳長直. 2006.『フードシステムの空間構造論: グローバル化の中の農産物産地振興』. 東京: 筑波書房.

高野岳彦. 1985.「漁船員の地域集團性からみた漁業勞働市場の地域的開放・閉鎖性の分析: 三陸地方の主要漁港と例として」.≪地理學評論≫, 第58卷, pp. 80~96.

_____. 1987.「八戶港におけるイカ釣り船員の編成形態と勞働市場の地域的分立性について」.≪人文地理≫, 第39卷, pp. 97~111.

高阪宏行. 1977.「經濟基盤理論と都市モデル」.≪人文地理學研究≫, Ⅰ, pp. 73~86.

_____. 1978.「名古屋大都市圈內における經濟發展・衰退の時空間的パターン」.≪人文地理學研究≫, Ⅱ, pp. 17~41.

_____. 1979.「空間的相互作用モデルとその展開」.≪人文地理學研究≫, Ⅲ, pp. 1~13.

_____. 1984.『地域經濟分析』. 東京: 高文堂出版社.

國松久弥. 1970.『小賣商業の立地』. 東京: 古今書院.

_____ 譯. 1973.『商業・卸賣業の立地』. 東京: 大明堂(Vance, J. E. Jr. 1970. *The Merchant's World: the Geography of Wholesaling*. New Jersey: Prentice-Hall).

_____. 1979.『經濟地理學說史』. 東京: 古今書院.

菊池慶之. 2010.「オフィス機能の立地に關する研究の動向と課題: 分散と再集中の視點を中心に」.≪地理學評論≫, Vol. 83, pp. 402~417.

宮本憲一・横田 茂・中村剛治郎 編. 1991.『地域經濟學』. 東京: 有斐閣.

宮町良廣. 2008.「グローカル化」時代におけるグローバル都市のネトワーク」.≪経済地理学年報≫, Vol. 54, pp. 269~284.

根田克彦. 1997.「釧川路市における小賣業の地域構造: その晝間と朝・夜間との比較」.≪地理學評論≫, Vol. 70, pp. 69~91.

今井敏信. 1985.「耕境に関する研究について」.≪東北地理≫, 第37卷, pp. 279~292.

吉田 宏. 1970.「廣域中心都市におる支店等事業所の集積について」.≪地理學評論≫, 第43卷, pp. 183~189.

吉田容子. 1993.「女性就業に關する地理學的 研究: 英語圈諸國の研究動向とわが國における研究課題」.≪人文地理≫, 第45卷, pp. 44~67.

金在珖. 1983. 「韓國家畜市場の機能と市場圏」. ≪東北地理≫, 第35卷, pp. 99~109.

内藤博夫. 1980. 「工業常用勞働者數の地域別推定」. ≪東北地理≫, 第32卷, pp. 102~109.

能美誠. 1992. 「組合セ分析法の考察と新方法の提示」. ≪経済地理学年報≫, Vol. 38, pp. 179~193.

大友篤. 1982. 『地域分析入門』. 東京: 東洋経済新聞社.

桐村喬. 2006. 「遺傳的アルゴリズムによる小學校通學區域の設定」. ≪地理學評論≫, Vol. 79, pp. 154~171.

藤目節夫. 1981. 「確率的商圏設定モデルの構造に關する研究」. ≪地理學評論≫, 第54卷, pp. 22~33.

_____. 1997. 「近接性を考慮したQOLの評價」. ≪地理學評論≫, Vol. 70(A), pp. 235~254.

藤田直晴. 1980. 「大銀行資本の店鋪網展開と資本の地域的循環」. ≪経済地理學年報≫, Vol. 26, pp. 92~105.

_____. 1987. 「本邦主要企業本社の立地展開」. ≪経済地理學年報≫, Vol. 33, pp. 45~56.

藤田直晴・村山祐司 監譯. 1992. 『商業環境と立地戰略』. 東京: 大明堂(Jones, K. and J. Simmons. 1990. *The Retail Environment*. New York: Routledge).

藤田和文. 2007. 「「知識・學習」からみた試作開發型中小企業の發展とその地域的基盤: 長野縣 諏訪地域を事例として」. ≪地理學評論≫, Vol. 80, pp. 1~19.

藤川昇悟. 1999. 「現代資本主義における空間集積に關する一考察」. ≪経済地理學年報≫, Vol. 45, pp. 21~39.

木内信藏. 1968. 『地域概論』. 東京: 東京大學出版會.

木村健康・久保まち子・村上泰亮 共譯. 1962. 『経済成長の諸段階: 一つの非共産主義宣言-』. 東京: タ イヤモンド社(Rostow, W. W. 1960. *The Stages of Economic Growth: A Non-Communist Manifesto*. Cambridge Univ. Press: London).

美崎皓. 1979. 『現代勞働市場論: 勞働市場の階層構造と農民分解』. 東京: 農産漁村文化協會.

尾留川正平 編. 1976. 『地域調査』. 東京: 朝倉書店.

朴倧玄. 1998. 「國際通話量から見た韓日間の國際的都市システム」. ≪地理學評論≫, Vol. 71, pp. 600~614.

半澤誠司. 2001. 「東京におけるアニメーション産業集積の構造と變容」. ≪経済地理學年報≫, Vol. 47, pp. 288~302.

_____. 2005. 「家庭用ビデオゲーム産業の分業形態と地理的特性」. ≪地理學評論≫, Vol. 78, pp. 607~633.

白浜兵三. 1966. 「農業タイポロジーの研究について」. ≪経済地理学年報≫, Vol. 12, pp. 70~78.

富田和暁. 1991. 『経済立地の理論と実際』. 東京: 大明堂.

富田和暁・本間一江. 1990. 「宅配便流通による空間の組織化の分析: 神奈川県の事例を中心と して」. ≪人文地理≫, 第42卷, pp.66~81.

北田晃司. 1996. 「植民地時代の朝鮮の主要都市における中樞管理機能の立地と都市類型」. ≪地理 學評論≫, Vol. 69, pp. 651~669.

北村嘉行·寺阪昭信 編. 1979. 『流通·情報の地域構造』. 東京: 大明堂.

北村嘉行·矢田俊文 編. 1977. 『日本工業の地域構造』. 東京: 大明堂.

北村嘉行·寺阪昭信·富田和曉 編. 1989. 『情報社會の地域構造』. 東京: 大明堂.

北村嘉行·上野和彦·小俣利男 監譯. 1984. 『工業地理學入門』. 東京: 大明堂(Bale, J. 1981. *The Location of Manufacturing Industry: An Introductory Approach*. Oliver & Boyd).

山崎 建. 1984. 「オフィス立地研究の動向と課題」. ≪人文地理≫, 第36號, pp. 22~38.

山崎 敏. 1963. 「三大勞働市場おける吸引勞働力の地域構造」. ≪地理學評論≫, 第36卷, pp. 481~493.

Yamasaki, A. 2005. "Japan's Industrial Cluster Plan: Background and Characteristics." *Annals of the Japan Association of Economic Geographers*, Vol. 51, pp. 483~498.

山名伸作. 1972. 『経済地理学』. 東京: 同文館.

山本健兒. 2003. 「知識創造と産業集積: マスケル & マルムベルイ説の批判的檢討」. ≪人文地理≫, 第55卷, pp. 554~573.

_____. 2013. 「經濟地理學の「本質」とは何か?」. ≪經濟地理學年報≫, Vol. 59, pp. 377~393.

山本大策. 2012. 「地域格差研究の再定立: 地理的政治經濟派の視點」. ≪經濟地理學年報≫, Vol. 58, pp. 227~236.

山本正三·市南文一·植嶋卓已. 1983. 「農業土地生産性からみた関東地方の農業空間構造」. ≪地理学評論≫, 第50卷, pp. 607~623.

山野明男. 1981. 「愛知縣稲澤市を中心とする植木栽培の立地配置」. ≪人文地理≫, 第33卷, pp. 444~457.

山野正彦. 1979. 「空間構造の人文主義的 解讀法: 今日の人文地理學の時角」. ≪人文地理≫, 第31卷, pp. 46~68.

山田銳夫. 1991. 『レギュラシオン·アプローチ』. 東京: 藤原書店.

山田晴通. 1986. 「地理學におけるメディア研究の現段階: 「情報地理學」構築のために」. ≪地理學評論≫, 第59卷, pp. 67~84.

山川充夫. 1979. 「經濟地域の中層構造とその設定: 最近の經濟地理學の動向から」. ≪經濟地理學年報≫, Vol. 25, pp. 1~13.

山川充夫·柳井雅也 編. 1993. 『企業空間とネットワーク』. 東京: 大明堂.

三矢 誠. 1981. 「再生資源卸賣業の動向」. ≪經濟地理學年報≫, Vol. 27, pp. 31~43.

森 正人. 2009. 「言葉と物: 英語圏人文地理學における文化論的轉回以後の展開」. ≪人文地理≫, 第61卷, pp. 1~22.

杉野國明. 1971. 「經濟地理學における「經濟地域」について」. ≪立命館經濟學≫, 第20卷(第3號), pp. 348~405.

森川 洋. 1980. 『中心地論(I, II)』. 東京: 大明堂.

_____. 2006. 「テリトリーおよびテリトリー性と地域的アイデンテイテイに關する研究」. ≪人文地理≫, 第58卷, pp. 145~165.

森川 洋·成俊鏞. 1982. 「韓國忠清南道付近の中心地システムと定期市」. ≪地理學評論≫, 第55卷,

pp. 757~778.

Morikawa, H. and Sung, Jun Yong. 1985. "Central Places and Periodic Markets in the Southeastern Part of the Surrounding Area of Seoul." *Geographical Review of Japan*, Vol. 58(B), pp. 95~114.

杉浦芳夫. 1976. 「空間的擴散研究の動向: 情報の傳播とイノベーションの採用を中心として」. ≪人文地理≫, 第28卷, pp. 33~67.

_____. 1978. 「爲替流動からみた明治期おけるわが國の機能地域」. 中村和郎 編. 『理論地理 學 ノート'78』. 空間の理論研究會, pp. 30~52.

_____. 1985. 「擴散現象」. 坂本英夫・浜谷正人 編. 『最近の地理學』. 東京: 大明堂, pp. 118~132.

_____. 1989. 『立地と空間的行動』. 東京: 古今書院.

_____. 2003a. 「地理空間分析論の社会史: ThünenからGISまで」. 高橋伸夫 編. 『21世紀の人 文地理学展望』. 東京: 古今書院, pp. 30~41.

_____. 2003b. 「ワイマール期ドイツのクリスタラー: 中心地理論誕生前史」. ≪人文地理≫, 第55卷, pp. 407~427.

_____ 編. 2004. 『空間の經濟地理』. 東京: 朝倉書店.

桑原靖夫. 1992. 『國境を越える勞動者』. 東京: 岩波新書.

生田眞人. 1991. 『大都市消費者行動論: 消費者は發達する』. 東京: 古今書院.

西岡久雄. 1976. 『經濟地理學分析』. 東京: 大明堂.

_____. 1978. 「經濟地理學の基本的課題」. ≪經濟地理學年報≫, Vol. 24, pp.1~10.

西岡久雄・鈴木安昭・奥野隆史 譯. 1972. 『小賣業サービス業の地理學: 市場センターと小賣流通』. 東 京: 大明堂(Berry, B. J. L. 1967. *Geography of Market Centers and Retail Distribution*. New Jersey: Prentice-Hall).

西村睦男・春日茂男・末尾至行・藤森勉. 1967. 『經濟地理 II』. 東京: 大明堂.

石光 亨. 1964. 「資源論へのアフロチ」. ≪人文地理≫, 第16卷, pp. 515~537.

石水照雄・大友 篤・磯部邦昭. 1976. 「地域傾向面の意義・適用事例おとび問題點」. ≪地理學評 論≫, 第49卷, pp. 455~469.

石原潤. 1987. 『定期市の研究: 機能と構造』. 名古屋: 名古屋大學出版會.

石川義孝. 1981. 「空間的相互作用モデルにおける 「地圖パターン」問題について」. ≪地理學評 論≫, 第54卷, pp. 621~636.

石丸哲史. 1989. 「地理學におけるサービス業の定義・分類とその問題點」. ≪地理科學≫, Vol. 44, pp. 107 ~113.

_____. 1989. 「事業所サービスに關する實證的研究の動向と課題」. ≪經濟地理學年報≫, Vol. 41, pp. 243~264.

小谷眞千代. 2014. 「業務請負業者の事業戰略と日系ブラジル人勞働市場: 岐阜縣美濃加茂市を 中心に」. ≪人文地理≫, 第66卷, pp. 332~351.

篠原泰三. 1968. 『レッシュ經濟立地論』. 東京: 大明堂(Lösch, A. 1940. *Die räumliche Ordnung der Wirtschaft*. Stuttgart: Gustav Fischer Verlag).

小田宏信·加藤秋人·遠藤貴美子·小室 讓 譯. 2014. 『經濟地理學キーコンセプト』. 東京: 古今書院(Aoyama, Y., J. T. Murphy and S. Hanson. 2011. *Key Concepts in Economic Geography*. London: Sage).

松永裕己. 2004. 「重化學工業の集積と環境産業の創出」. ≪經濟地理學年報≫, Vol. 50, pp. 325~340.

Matsunaga, H. 2005. "Development of the Recycling Industry and Restructuring of the Old Industrial Complex: A Study on the Relationship between the New Environmental Industries and the Agglomeration of the Existing Heavy and Chemical Industries in Kitakyushu, Japan." *Annals of the Japan Association of Economic Geographers*, Vol. 51, pp. 483~498.

松原 宏. 1995. 「資本の國際移動と世界都市東京」. ≪經濟地理學年報≫, Vol. 41, pp. 293~307.

_____. 1999. 「集積論系譜「新産業集積」」. 『人文地理学研究』(東京大学 人文地理学教室), 第13号, pp. 83~110.

_____ 編. 2002. 『立地論入門』. 東京: 古今書院.

_____. 2006. 『經濟地理學: 立地·地域·都市の理論』. 東京: 東京大學出版會.

_____. 2007. 「知識の空間的流動と地域的イノベーションシステム」. ≪人文地理學研究≫(東京大學), Vol. 18, pp. 22~43.

_____ 編. 2013. 『現代の立地論』. 東京: 古今書院.

松田松男. 1979. 「勞働市場の階層構造についての分析視角」. ≪經濟地理學年報≫, Vol. 25, pp. 195~201.

水野眞彦. 2005. 「イノベーションの地理學の動向と課題: 知識, ネットワーク, 近接性」. 經濟地理學年報, Vol. 51, pp. 205~224.

_____. 2007. 「經濟地理學における社會ネットワーク論の意義と展開方向: 知識に關する議論を中心に」. 地理學評論, Vol. 80, pp. 481~498.

_____. 2013. 「經濟地理學における制度·文化的視點, ネットワーク視點, 關係論的視點」. ≪經濟地理學年報≫, Vol. 59, pp. 454~467.

水野 勳. 1987. 「定期市の市日配置のシミュレーション·モデル: 韓國忠淸南道の定期市を例に」. ≪人文地理≫, 第39卷, pp. 487~504.

_____. 1994. 「農村市場システムの近代的變化(再編)モデル: 地域不均衡理論の試み」. ≪地理學評論≫, Vol. 67, pp. 236~256.

市南文一·星 紳一. 1983. 「消費者の社會經濟的屬性と買物行動の關係: 茨城縣莖崎村と事例として」. ≪人文地理≫, 第35卷, pp. 193~209.

矢田俊文. 1979. 『産業配置と地域構造』. 東京: 大明堂.

_____. 1981. 「石油資源論」. ≪地域≫, 第6·7·8·10號, pp. 98~103, 77~83, 64~70, 68~76.

_____. 1982a. 「産業配置と地域構造·序說: 經濟地理學の體系化プラン」. ≪經濟地理學年報≫, Vol. 28, pp. 76~98.

_____. 1982b. 『産業配置と地域構造』. 東京: 大明堂.

_____ 編. 1990.『地域構造の理論』. 京都: ミネルヴァ書房.

_____. 2003. 「前後日本の經濟地理學の潮流: 經濟地理學會50周年によせて」. ≪經濟地理學年報≫, Vol. 49, pp. 395~414.

矢田俊文·松原宏 編. 2000.『現代經濟地理學: その潮流と地域構造論』. 京都: ミネルヴァ.

神谷浩夫. 1982. 「消費者空間選擇の研究動向」. ≪經濟地理學年報≫, Vol. 28, pp. 1~18.

神谷浩夫·岡本耕平·荒井良雄·川口太郎. 1990. 「長野縣下諏訪町における既婚女性の就業に關する時間地理學的分析」. ≪地理學評論≫, Vol. 63(A), pp. 766~783.

Kamiya, H and E. Ikeya. 1994. "Women's Participation in the Labour Force in Japan: Trends and Regional Pattern." *Geographical Review of Japan*, Vol. 67, pp. 15~35.

氏原正治郎. 1966.『日本勞働問題研究』. 東京: 東京大出版部.

阿部和俊. 1973. 「わが國主要都市の經濟的中樞管理機能に關する研究」. ≪地理學評論≫, 第46卷, pp. 92~106.

_____. 1975. 「經濟的中樞管理機能による日本主要都市の管理領域の變遷: 廣域中心都市の成立を含めて」. ≪地理學評論≫, 第48卷, pp. 108~127.

_____. 1976. 「經濟的中樞管理機能の都心立地の史的考察: 東京·大阪·名古屋市を例として」. ≪經濟地理學年報≫, Vol. 22, pp. 20~37.

_____. 1977. 「民間企業の本社, 支所からみた經濟的中樞管理機能の集積について」. ≪地理學評論≫, 第50卷, pp. 362~369.

_____. 1987. 「先進資本主義國におけるオフィス機能研究について: アメリカ合衆國とイギリスの場合」. ≪經濟地理學年報≫, Vol. 33, pp. 18~34.

_____. 1988. 「經濟的中樞管理機能からみた現代韓國の都市體系」. ≪經濟地理學年報≫, Vol. 34, pp. 42 ~55.

_____. 1991.『日本の都市體系研究』. 京都: 地人書房.

Abe, K. 1984. "Head and Branch Offices of Big Private Enterprises in Major Cities of Japan." *Geographical Review of Japan*, Vol. 57(B), pp. 43~67.

岩間英夫. 1983. 「日立鑛工業地域における鑛山衰退に伴う鑛業勞働者の對立」. ≪地理學評論≫, 第56卷, pp. 808~818.

岩男康郎. 1982. 「研究開發活動のあり方」. ≪産業立地≫, 第21卷(第7號), pp. 46~53.

野尻亘. 2013. 「進化経済地理学とは何か」. ≪人文地理≫, 第65卷, pp. 397~417.

野木大典. 2002. 「インキュベータ施設による創業支援事業の現狀と課題: ソフトピアジャパンを事例として」. ≪經濟地理學年報≫, Vol. 48, pp. 162~178.

野上道男·杉浦芳夫. 1986.『パソコンによる數理地理學演習』. 東京: 古今書院.

野原敏雄·森龍建一郎 編. 1975.『戰後日本資本主義の地域構造』. 東京: 汐文社.

若林芳樹. 1985. 「行動地理學の現象と問題點」. ≪人文地理≫, 第37卷, pp. 148~166.

_____. 2009. 「日本における知覺·行動地理學の回顧と展望」. ≪人文地理≫, 第61卷, pp. 266~281.

桜井明久. 1973. 「因子分析法および数値分類法による関東中央部の農家地域区分」. ≪地理学評論≫, 第46卷, pp. 826~849.

與倉 豊. 2006. 「産業集積論を巡る主流經濟學および經濟地理學における議論の檢討: 新しい空間經濟學の成果を中心に」. ≪經濟地理學年報≫, Vol. 52, pp. 283~296.

_____. 2008. 「經濟學地理學および關連諸分野におけるネットワークをめぐる議論」. ≪經濟地理學年報≫, Vol. 54, pp. 40~62.

_____. 2009. 「イノベーションの空間性と産業集積の繼續期間」. ≪地理科學≫, Vol. 64, pp. 78~95.

_____. 2010. 「日本企業によるグローバルなネットワーク形成と知識結合」. ≪地理學評論≫, Vol. 83, pp. 600~617.

_____. 2011. 「地方開催型見本市における主體間の關係性構築: 諏訪圏工業メッセを事例として」. ≪經濟地理學年報≫, Vol. 54, pp. 221~238.

奧野隆史. 1977. 『計量地理學の基礎』. 東京: 大明堂.

奧野隆史·鈴木安昭·西岡久雄 譯. 1992. 『小賣業立地の理論と應用』. 東京: 大明堂(Berry, B. J. L., B. Epstein, A. Ghosh, R. H. T. Smith and J. B. Parr. 1988. *Market Centers and Retail Location*. New Jersey: Prentice-Hall).

外川健一. 2001. 「現代日本の廢棄物·リサイクルに關する地域政策」. ≪經濟地理學年報≫, Vol. 47, pp. 258~271.

_____. 2002. 「環境問題: リサイクル事業の立地」. 松原 宏 編. 『立地論入門』. 東京: 古今書院, pp. 118~129.

外枦保大介. 2008. 「進化經濟地理學の可能性: 企業城下町の實證研究をふまえて」. ≪經濟地理學年報≫, Vol. 54, pp. 373~374.

友澤和夫. 2000. 「生産システムから學習システムへ: 1990年代の歐米における工業地理學の研究動向」. ≪經濟地理學年報≫, Vol. 46, pp. 323~336.

栗島英明. 2001. 「松本地域における廢棄物處理の地理學的考察」. ≪地域調査報告≫(筑波大學地球科學系), 第23號, pp. 99~111.

_____. 2002a. 「名古屋圏における家庭系一般廢棄物收集サービスと市町村の地域特性」. ≪地理學評論≫, Vol. 75, pp. 69~87.

_____. 2002b. 「長野縣における一般廢棄物處理と廢棄物移動」. ≪經濟地理學年報≫, Vol. 48, pp. 71~89.

_____. 2004. 「東京都, 埼玉縣における一般廢棄物の處理圏とその再編動向」. ≪季刊地理學≫, Vol. 56, pp. 1~18.

_____. 2009. 「ごみの行く末をたどる」. ≪地理≫, Vol. 54(No. 8), pp. 60~71.

元木理壽. 2009. 「環境の時代の「ごみ」問題へのアプローチ」. ≪地理≫, Vol. 54(No. 8), pp. 43~51.

伊藤久秋. 1976. 『ウェーバー工業立地論入門』. 東京: 大明堂.

伊藤達也·內藤博夫·山口不二雄 編. 1979. 『人口流動の地域構造』. 東京: 大明堂.

伊藤 悟. 1982. 「東京都市圏における空間的相互作用モデルの距離パラメータの地域的分析」. ≪地理學評論≫, 第55卷, pp. 673~689.

伊藤 悟·南縈佑. 1982. 「空間的相互作用モデルにおける距離パラメータの地域的パターンおよびそれに關連する社會·經濟的特性: ソウルの事例」. ≪東北地理≫, 第34號, pp. 236~245.

伊藤郷平·浮田典良·山本正三 編. 1977.『經濟地理 Ⅰ』. 東京: 大明堂.

Ishikawa, Y. 1986. "A Note on the Application of Spatial Interaction Model to Japanese Exchange Flows in 1899." *Geographical Review of Japan,* Vol. 59(B), pp. 31~42.

日野正輝. 1979. 「大手家電メ-カ-の販賣網の空間的形態の分析」. ≪經濟地理學年報≫, Vol. 25, pp. 83~100.

_____. 1983. 「複寫機メ-カ-の販賣網の空間的形態」. ≪經濟地理學年報≫, Vol. 29, pp. 69~87.

_____. 1996. 『都市發展と支店立地: 都市の據點性』. 東京: 古今書院.

林周二·中西睦 編. 1980. 『現代の物的流通』. 東京: 日本経済新聞社.

立見淳哉. 2000. 「'地域的レギュラシオン'の視點からみた寒天産業の動態的發展プロセス: 岐阜 寒天産業と信州寒天産業を事例として」. ≪人文地理≫, 第52卷, pp. 552~574.

_____. 2004. 「産業集積の動態と關係性資産: 兒島アパレル産地の'生産の世界'」. ≪地理學評論≫, Vol. 77, pp. 159~182.

_____. 2007. 「産業集積への制度論的アプロ―チ: イノベーティブ・ミリュー論と「生産の世界」論」. ≪經濟地理學年報≫, Vol. 53, pp. 369~393.

Tatemi, J. 2005. "Toward a Conventionalist Approach to the Theory of Industrial Agglomeration: Through the Experience of Kojima Industrial District in Japan." *Annals of the Japan Association of Economic Geographers*, Vol. 51, pp. 465~482.

Yin, Guanwen. 2014. "The Strategy of 'Scale' in Policy-Making Process: A Case Study of Eco-Town Project, Kitakyushu City." *Geographical Review of Japan*, Series B Vol. 87(1), pp. 15~26.

長岡 顯·中藤康俊·山口不二雄 編. 1978. 『日本農業の地域構造』. 東京: 大明堂.

長谷川典夫. 1983. 『流通地域論』. 東京: 大明堂.

長尾謙吉. 1993. 「カナダにおける地域間所得格差の變化」. ≪人文地理≫, 第45卷, pp. 559~580.

田京淑. 1982. 「韓國忠淸北道地域における定期市の變容に關する研究」. ≪地理學評論≫, 第55卷, pp. 292~312.

除野信道. 1979. 『新體系經濟地理學』. 東京: 古今書院.

朝野洋一·寺阪昭信·北村嘉行. 1988. 『地域の概念と地域構造』. 東京: 大明堂.

佐藤 仁. 2009. 「資源論の再檢討: 1950年代から1970年代の地理學の貢獻を中心に」. ≪地理學評論≫, Vol. 82, pp. 571~587.

佐々木緑. 2009. 「現代日本のごみ」. ≪地理≫, Vol. 54(No. 8), pp. 25~33.

竹内啓一. 1980. 「ラディカル地理學運動と「ラディカル地理學」」. ≪人文地理≫, 第32卷, pp. 428~451.

中島 淸. 1989. 「研究所立地論の體系化に關する考察: 文獻ス-ベイを中心として」. ≪經濟地理學年報≫, Vol. 35, pp. 181~200.

_____. 2008. 「工業立地論の方法論轉換: 新古典經濟學から進化經濟學へ」. ≪經濟地理學年報≫, Vol. 54, p.373.

中澤高志. 2012. 「「勞働の地理學」の成立とその展開」. ≪地理學評論≫, Vol. 83, pp. 80~103.

_____. 2014. 『勞働の經濟地理學』. 東京: 日本經濟評論社.

中澤高志·荒井良雄. 2003. 「九州におけるインターネット關聯産業の動向と從業員のキャリア」. ≪經濟地理學年報≫, Vol. 49, pp. 218~229.

川端基夫. 2001a. 「小売業の国際化問題: 資本と技術の国際移転」. ≪人文地理≫, 第53巻, p. 82.

_____. 2001b. 「アジアの流通業の最新動向: 各国の構造変化と外資の進出」. ≪流通とシステム≫, No. 109, pp. 29~36.

川島哲郎. 1955. 「經濟地域について: 經濟地理學の方法論的反省との關連において」. ≪經濟地理學年報≫, Vol. 2, pp. 1~17.

_____ 編. 1986. 『經濟地理學』. 東京: 朝倉書店.

千葉立也·藤田直晴·矢田俊文·山本健兒. 1988. 『所得·資金の地域構造』. 東京: 大明堂.

青山裕子. 2003. 「グローバライゼーションの理論化: 經濟地理學展望」. ≪經濟地理學年報≫, Vol. 49, pp. 467~481.

村山祐司. 1990. 『地域分析: 地域の見方·讀み方·調べ方』. 東京: 古今書院.

村田喜代治. 1978. 「經濟地理學における立地論的アプローチ」. ≪經濟地理學年報≫, Vol. 24, pp. 16~28.

秋山道雄. 2001. 「開發理念の進化と環境管理」. ≪經濟地理學年報≫, Vol. 47, pp. 233~246.

春日茂男. 1967. 「經濟地域論」. 幸田清喜 編. 『經濟地理學 II』. 東京: 朝倉書店. pp. 238~258.

_____. 1981. 『立地の理論(上, 下)』. 東京: 大明堂.

_____. 1986. 『經濟地理學の生成』. 京都: 地人書房.

太田 勇. 1973. 「英語文獻を中心にしてみた成長の極理論」. ≪地理學評論≫, 第46巻, pp. 684~693.

Oda, H. 2005. "Alternative Dimensions between Marshallian and Fordist Spaces in the Japanese Manufacturing Development: A Historical Geography of Mass Production Systems." *Annals of the Japan Association of Economic Geographers,* Vol. 51, pp. 443~464.

土井喜久一. 1970. 「ウィーバーの組合せ分析法の再検討と修正」. ≪人文地理≫, 第22巻, pp. 485~502.

樋口節夫. 1977. 『定期市』. 東京: 學生社.

波江彰彦. 2004. 「ごみの排出とリサイクルにみられる地域間差異: 福井縣を事例に」. ≪人文地理≫, 第56巻, pp. 170~175.

坂本英夫·浜谷正人 編. 1985. 『最近の地理學』. 東京: 大明堂.

平 篤志. 2005. 「多國籍企業に關する地理學的研究の動向と課題」. ≪地理學評論≫, Vol. 78, pp. 28~47.

河島伸子. 2011. 「都市文化政策における創造産業: 發展の系譜と今後の課題」. ≪經濟地理學年報≫, Vol. 57, pp. 295~306.

韓柱成. 1989. 「韓國における自動車の地域的流通體系」. ≪經濟地理學年報≫, Vol. 35, pp. 110~129.

幸田清喜 編. 1967. 『經濟地理學 II』. 東京: 朝倉書店.

脇田武光. 1983. 『立地論讀本』. 東京: 大明堂.

荒木一視. 2007. 「商品連鎖と地理學: 理論的檢討」. ≪人文地理≫, 第59巻, pp. 151~171.

_____ 編. 2013. 『食料の地理學の小さな教科書』. 京都: ナカニシヤ出版.

荒木一視·高橋 誠·後藤拓也·池田眞志·岩間信之·伊賀聖屋·立見淳哉·池口明子. 2007. 「食料の地理 學における新しい理論的潮流: 日本に關する展望」. *E-Journal GEO*, Vol. 2(1), pp. 43~59.

荒井良雄. 2003. 「情報の地理學」は成立したか?」. 高橋伸夫 編. 『21世紀の人文地理學展望』. 東京: 古今書院, pp. 254~270.

_____. 2005. 「情報化社會とサイバースペースの地理學: 研究動向と可能性」. ≪人文地理≫, 第57卷, pp. 47~67.

荒井良雄·箸本建二. 2004. 『日本の流通と都市空間』. 東京: 古今書院.

荒井良雄·箸本建二·中村廣幸·佐藤英人. 1998. 「企業活動における情報技術利用の研究動向」. ≪人文地理≫, 第50卷, pp. 550~570.

橫山淳一. 1994. 「『孤立国』における農業立地論の再檢討」. ≪人文地理≫, 第46卷, pp. 42~65.

後藤譽之助·小島慶三·黒澤俊一 譯. 1954. 『世界の資源と産業』. 東京: 時事通信社(Zimmermann, E. W. 1951. *World Resources and Industries: A Functional, Appraisal of the Availability of Agricultural and Industrial Material*. New York: Harper & Brothers).

黒田彰三譯. 1986. 『都市の立地と經濟』. 東京: 大明堂.

Abler, R. F. 1974. "The Geography of Communications." in M. E. E. Hurst(ed.). *Transportation Geography: Comments and Readings*. New York: McGraw-Hill.

Abler, R. F., J. S. Adams and P. Gould. 1971. *Spatial Organization: The Geographers View of the World*. New Jersey: Prentice-Hall.

Adams, P. C. 1997. "Cyberspace and Virtual Places." *The Geographical Review*, Vol. 87, pp. 155~171.

_____. 1998. "Network Topologies and Virtual Place." *Annals of the Association of American Geographers*, Vol. 88, pp. 88~106.

Aksoy, M. 1992. "Mapping the Information Business: Integration for Flexibility." in K. Robins(ed.). *Understanding Information: Business, Technology and Geography*. London: Belhaven Press, pp. 43~60.

Alcaly, R. E. 1967. "Aggregation and Gravity Models: Some Empirical Evidence." *Journal of Regional Science*, Vol. 7, pp. 61~73.

Alexander, J. W., E. Brown and R. E. Dahlberg. 1958. "Freight Rates: Selected Aspects of Uniform and Nodal Regions." *Economic Geography*, Vol. 34, pp. 1~18.

Alexander, J. W. and L. J. Gibson. 1979. *Economic Geography*. New Jersey: Prentice-Hall.

Allix, A. 1922. "The Geography of Fairs: Illustrated by Old World Examples." *The Geographical Review*, Vol. 12, pp. 532~569.

Amin, A. 2000. "Industrial districts." in E. Sheppard and T. Barnes(eds.). 2000. *A Companion to Economic Geography*. Oxford: Blackwell Publisher, pp. 149~168.

Armstrong, R. B. 1972. *The Office Industry: Patterns of Growth and Location*. Cambridge: The M.I.T. Press.

Asheim, B. T. 1996. "Industrial Districts as 'Learning Regions': A Condition for Prosperity." *European Planning Studies*, Vol. 4, pp. 379~401.

_____(ed.). 2003. *Regional Innovation Policy for Small-Medium Enterprises*. Cheltenham: Edward Elgar.

Asheim, B. T., L. Coenen and J. Vang. 2007. "Face-to-Face, Buzz, and Knowledge Bases: Sociospatial Implications for Learning Innovation, and Innovation Policy." *Environment and Planning C*, Vol. 25, pp. 655~670.

Atkinson, J. 1987. "Flexibility or Fragmentation? the United Kingdom Labour Market in the Eighties." *Labour and Society*, Vol. 12.

Bach, L. 1980. "Locational Models for Systems of Private and Public Facilities based on Concepts of Accessibility and Access Opportunity." *Environment and Planning A*, Vol. 12, pp. 301~320.

Bailey, A. 2001. "Turning Transnational: Notes on the Theorisation of International Migration." *International Journal of Population Geography*, Vol. 7, pp. 413~428.

Bale, J. 1981. *The Location of Manufacturing Industry: An Introductory Approach*. Oliver & Boyd(北村嘉行·上野和彦·小俣利男 監譯. 1984. 『工業地理學入門』. 東京: 大明堂).

Barnes, T. J. 2003. "The Place of Locational Analysis: A Selective and Interpretive History." *Progress in Human Geography*, Vol. 27, pp. 69~95.

Bathelth, H. 2008. "Knowledge-Based Clusters: Regional Multiplier Models and the Role of 'Buzz' and 'Pipelines'. in C. Karlsson(ed.). *Handbook of Research on Cluster Theory*. Cheltenham: Edward Elgar, pp. 78~92.

Bathelth, H. and J. Glückler. 2003. "Toward a Relational Economic Geography." *Journal of Economic Geography*, Vol. 3, pp. 117~144.

Bathelth, H., A. Malmberg and P. Maskell. 2004. "Clusters and Knowledge: Local Buzz, Global Pipelines and the Process of Knowledge Creation." *Progress in Human Geography*, Vol. 28, pp. 31~56.

Batty, M. 1997. "Virtual Geography." *Futures*, Vol. 29, pp. 337~352.

Benedikt, M.(ed.). 1991. *Cyberspace: First Steps*. Cambridge: MIT Press.

Benko, G. 1998. "From the Regulation of Space to the Space of Regulation." *Geo Journal*, Vol. 44, pp. 275~281.

Benko, G. and A. Lipietz(eds.). 1992. *Les Regions qui Gagnent*. Paris: PUF.

Bennett, D. C. 1973. "Segregation and Racial Interaction." *Annal of the Association of American Geographers*, Vol. 63, pp. 48~57.

Berg, L. van den and E. Braun. 1999. "Urban Competitiveness, Marketing and the

Need for Organizing Capacity." *Urban Geography*, Vol. 36(5·6), pp. 987~999.

Berry, B. J. L. 1970. "The Geography of the United States in the Year 2000." *Transactions of the Institute of British Geographers*, No. 51, pp. 21~53.

_____.(ed.). 1978. *The Nature of Change in Geographical Ideas*. Dekalb: Northern Illinois Univ. Press.

_____. 1987. *Economic Geography: Resources Use, Locational Choices, and Regional Specialization in the Global Economy*. New Jersey: Prentice-Hall.

Berry, B. J. L., E. C. Conkling and D. M. Ray. 1976. *The Geography of Economic Systems*. New Jersey: Prentice-Hall.

Berry, B. J. L., J. B. Parr, B. J. Epstein, A. Ghosh and R. H. T. Smith. 1988. *Market Center and Retail Location*. New Jersey: Prentice-Hall.

Berstein, H. 1996. "The Political Economy of the Maize Filières." *Journal of Peasant Studies*, Vol. 23(No. 2/3), pp. 120~145.

Bird, J. 1977. *Centrality and Cities*. London: Routledge and Kegan Paul.

Black, W. R. 1972. "Interregional Commodity Flows: Some Experience with the Gravity Model." *Journal of Regional Science*, Vol. 12, pp. 107~118.

Boesler, K. A. 1974. "Geography and Capital." *Geoforum*, Vol. 19, pp. 3~8.

Boggs, J. 2009. "Cultural Industries and the Creative Economic-Vague but Useful Concepts." *Geography Compass*, Vol. 3, pp. 1483~1498.

Borchert, J. R. 1963. "American Metropolitan Evolution." *The Geographical Review*, Vol. 57, pp. 301~332.

Boschma, R. A. and D. Fornahl. 2011. "Cluster Evolution and a Roadmap for Future Research." *Regional Studies*, Vol. 45, pp. 1295~1298.

Boschma, R. A. and R. Martin. 2010. "The Aims and Scope of Evolutionary Economic Geography." in R. A. Boschma and R. Martin. *Handbook on Evolutionary Economic Geography*, Cheltenham: Edward Elgar, pp. 3~39.

Bowler, I. and B. Ilbery. 1987. "Redefining Agricultural Geography." *Area*, Vol. 19, pp. 327~332.

Boyce, R. R. 1978. *The Bases of Economic Geography*. New York: Holt, Rinehart and Winston.

Bradford, M. G. and W. A. Kent. 1978. *Human Geography: Theories and their Applications*. Oxford: Oxford Univ. Press.

Brenner, T. and C. Schlump. 2011. "Policy Measures and their Effects in the Different Phases of the Cluster Life Cycle." *Regional Studies*, Vol. 45, pp. 1363~1386.

Bridge, G. 2008. "Environmental Economic Geography: A sympathetic Critique." *Geoforum*, Vol. 39, pp. 76~81.

Brown, S. E. and C. E. Trott. 1968. "Grouping Tendencies in an Economic Regionalization of Poland." *Annals of the Association of American Geographers*, Vol. 58, pp. 327~342.

Brush, J. E. and H. L. Gauthier, Jr. 1968. "Service Centers and Consumer Trips: Studies on the Philadelphia Metropolitan Fringe." *Univ. of Chicago, Dept. of Geography, Research Paper*, No. 113.

Bryson, J. R., P. W. Daniels, N. Henrey and J. Pollard(eds.). 2000. *Knowledge, Space, Economy*. London: Routledge.

Bruce, N. K. 2010. *Population Geography: Tools and Issues*. Rowman & Littlefield Publishers: Lanham.

Bunge, W. 1962. *Theoretical Geography*. Lund Studies in Geography, Series, No. 1(西村嘉助 譯. 1970. 『バンジ理論地理學』. 東京: 大明堂).

Burghardt, A. 1971. "A Hypothesis about Gateway Cities." *Annals of the Association of American Geographers*, Vol. 61, pp. 269~285.

Burns, L. S. 1977. "The Location of the Headquarters of Industrial Companies: A Comment." *Urban Studies*, Vol. 14, pp. 211~214.

Burton, I. 1972. "The Quantitative Revolution and Theoretical Geography." in W. K. D. Davies(ed.). *The Conceptual Revolution in Geography*. London: Univ. of London Press, pp. 140~156.

Butler, J. H. 1980. *Economic Geography: Spatial and Environmental Aspects of Economic Activity*. New York: John Wiley.

Camagni, R. 1991. "Local 'Milieu', Uncertainty and Innovation Networks." in R. Camagni (ed.). *Innovation Networks: Spatial Perspective*. London: Belhaven Press.

Castree, N. 2001. "Commodity Fetishism, Geographical Imagination and Imaginative Geographies." *Environment and Planning A*, Vol. 33, pp. 1519~1525.

Chesbrough, H. 2003. *Open Innovation: The New Imperative for Creating and Profiting from Technology*. Boston: Harvard Business School Press.

Cheshire, P. C. 1979. "Inner Areas as Spatial Labour Markets: A Critique of the Inner Area Studies." *Urban Studies*, Vol. 16, pp. 29~43.

Chisholm, M. 1962. *Rural Settlement and Land Use*. New York: John Wiley.

_____. 1966. *Geography and Economics*. London: Bell.

Christaller, W. 1966. *Central Places in Southern Germany*. New Jersey: Prentice-Hall (江澤讓爾 譯. 1969. 『クリスタラー都市の立地と發展』. 東京: 大明堂).

Clark, G. L. 1982. "Dynamics of Interstate Labor Migration." *Annals of the Association of American Geographers*, Vol. 72, pp. 297~313.

_____. 2005. "Money Flows Like Mercury: The Geography of Global Finance." *Geografiska Annaler*, Vol. 87 *B*, pp. 99~112.

Clark, G. L., M. Feldman and M. Gertler(eds.). 2000. *The Oxford Handbook of*

Economic Geography. Oxford: Oxford Univ. Press.

Clark, W. A. V. and G. Rushton. 1970. "Models of Intra-Urban Consumer Behavior and their Implications for Central Place Theory." *Economic Geography,* Vol. 46, pp. 486~497.

Clarke, J. I. 1972. *Population Geography.* Oxford: Pergamon Press.

Coe, N. M., M. Hess, H. W. C. Yeong, P. Dicken and J. Henderson. 2004. "'Globalizing' Regional Development: A Global production Network Perspective." *Transactions of the British Geographer*, Vol. 29, pp. 468~484.

Coe, N. M., P. Dicken and M. Hess. 2008. "Introduction: Global Production Networks-Debates and Challenges." *Journal of Economic Geography*, Vol. 8, pp. 267~269.

Coe, N. M., P. F. Kelly and H. W. Yeung. 2007. *Economic Geography: A Contemporary Introduction.* Bruce Springsteen: Blackwell Publishing.

Cohen, B. J. 1998. *The Geography of Money.* Ithaca: Cornell University Press.

Cohen, R. B. 1981. "The New International Division of Labor, Multi-National Corporations and Urban Hierarchy." in M. Dear and A. J. Scott(eds.). *Urbanization and Urban Planning in Capitalist Society.* London: Methuen, pp. 287~315.

Conzen, M. P. 1975. "Capital Flows and the Developing Urban Hierarchy: State Bank Capital in Wisconsin." *Economic Geography*, Vol. 51, pp. 321~338.

Cooke, P. 1983. "Labour Market Discontinuity and Spatial Development." *Progress in Human Geography*, Vol. 7, pp. 543~566.

_____. 1998. "Introduction: Origins of the Concept." in H. J. Braczyke, P. Cooke and M. Heidenreich(eds.). *Regional Innovation System.* London: UCL Press, pp. 2~25.

Cooke, P. and K. Morgan. 1998. *The Associational Economy: Firms, Regions and Innovation.* Oxford: Oxford University Press.

Cooke, P. and D. Schwartz(eds.). 2007. *Creative Regions: Technology, Culture and Knowledge Entrepreneurship.* London: Routledge.

Cooke, P., M. G. Uranga and G. Exebarria. 1998. "Regional System of Innovation: An Evolutionary Perspective." *Environment and Planning A*, Vol. 30, pp. 1563~1584.

Coombes, M. G. 1995. "The Impact of International Boundaries on Labour Market Area Definitions." *Area*, Vol. 27, pp. 46~52.

Coppock, J. T. 1964. "Crop, Livestock, and Enterprise Combinations in England and Wales." *Economic Geography*, Vol. 40, pp. 65~81.

Daniels, P. 1982. *Service Industries: Growth and Locations.* Cambridge: Cambridge Univ. Press.

_____. 1985. *Service Industries A Geographical Appraisal.* London: Methuen.

_____. 2000. "Export of Services or Servicing Exports?" *Geografiska Annaler B,* Vol.

82, pp. 1~15.

Daniels, P., A. Leyshon, M. Bradshaw and J. Beaverstock(eds.). 2007. *Geographies of the New Economy: Critical Reflections,* London: Routledge.

Davis, R. L. 1976. *Marketing Geography.* London: Methuen.

De Souza, A. R. 1990. *A Geography of World Economy.* Columbus: Merrill Publishing Co.

De Souza, A. R. and J. B. Foust. 1990. *World Space-Economy.* Columbus: A Bell & Howell Co.

Dicken, P. 1992. *Global Shift: Industrial Change in a Turbulent World.* Cambridge: Harper & Row.

_____. 2003. *Global Shift: Reshaping the Global Economic Map in the 21st Century*(4th ed.). New York: The Guilford Press.

Dicken, P. and P. E. Lloyd. 1990. *Location in Space*(3rd ed.). London: Harper & Row.

Dickinson. R. E. 1938. "The Economic Regions of Germany." *The Geographical Review,* Vol. 28, pp. 609~626.

Dodge, M. 1998. "The Geographies of Cyberspace: A Research Note." *NETCOM,* Vol. 12, pp. 383~396.

Dodge, M. and R. Kitchin. 2001. *Mapping Cyberspace.* New York: Routledge.

Duncan, J. and D. Ley. 1982. "Structural Marxism and Human Geography: A Critical Assessment." *Annals of the Association of American Geographers*, Vol. 73, pp. 30~59.

Duncan, O. D. and B. Duncan. 1955. "A Methodological Analysis of Segregation Indexes." *American Sociological Review*, Vol. 20, pp. 210~217.

Dunn, E. S. 1954. *The Location of Agricultural Production.* Gainsville: Univ. of Florida Press.

Dunning, J. H. 1988. *Explaining International Production.* London: Unwin Hyman.

_____(ed.). 2000. *Regions, Globalization and the Knowledge-Based Economy.* Oxford: Oxford University Press.

Duranton, G. and A. Rodríquez-Pose. 2005. "Guest Editorial: When Economics and Geographers Collide, or the Tale of the Three Lions and the Butterflies." *Environment and Planning A*, Vol. 37, pp. 1695~1705.

Eighmg, T. H. 1972. "Rural Periodic Markets and the Expansion of an Urban System: A Western Nigeria Example." *Economic Geography*, Vol. 48, pp. 299~315.

Ekinsmyth, C., A. Hallsworth, S. Leonard and M. Taylor. 1995. "Stability and Instability: The Uncertainty of Economic Geography." *Area*, Vol. 27, pp. 289~299.

Estall, R. C. and R. O. Buchanan. 1961. *Industrial Activity and Economic Geography.* New York: John Wiley.

Ettlinger, N. 2003. "Cultural Economic Geography and a Relational and Microscope Approach to Trusts, Rationalities, Networks, and Change in Collaborative Workplace." *Journal of Economic Geography,* Vol. 3, pp. 145~172.

Ettlinger, N. and S. Kwon. 1994. "Comparative Analysis of U.S. Urban Labor Markets: Asian Immigrant Groups in New York and Los Angeles." *Tijdschrift voor Economische en Sociale Geografie*, Vol. 85, pp. 417~433.

Fagg, J. J. 1980. "A Re-Examination of the Incubator Hypothesis: A Case Study of Greater Leicester." *Urban Studies*, Vol. 17, 35~44.

Featherstone, M. and R. Burrows(eds.). 1995. *Cyberspace/ Cyberbodies/ Cyberpunk: Cultures of Technological Embodiment.* London: Sage.

Fischer, M. M. 1986. "Why Spatial Labour Market Research?." *Environment and Planning A,* Vol. 18, pp. 1417~1420.

Florida, R. 1995. "Towards the Learning Region." *Futures*, Vol. 27, pp. 527~536.

_____. 2005. *Cities and the Creative Class.* New York: Routledge.

Forster, J. J. H. and A. C. Brummell. 1984. "Multi-Purpose Trips and Central Place Theory." *Australian Geographer*, Vol. 16, pp. 120~126.

Found, W. C. 1971. *A Theoretical Approach to Rural Land-Use Patterns.* London: Edward Arnold.

Freeman, C. and L. Soete(eds.). 1997. *The Economics of Industrial Innovation*(3rd ed.). Cambridge: The M.I.T. Press.

Friedmann, J. R. 1966. *Regional Development Policy: A Case Study of Venezuela.* Cambridge: M.I.T. Press.

_____. 1986. "The World City Hypothesis." *Development and Change*, Vol. 17, pp. 69~83.

Fröbel, F., J. Heinrichs and O. Kreye. 1977. "The Tendency Towards a New International Division of Labor: The Utilization of a World-Wide Labor Force for Manufacturing Oriented to the World Market." *Review*, Vol. 1, pp. 79~80.

Fujita, M., P. Krugman and A. J. Venables. 1999. *The Spatial Economy: Cities, Regions, and International Trade.* Cambridge Mass.: The MIT Press.

Gereffi, G., J. Humphrey and T. Sturgeon. 2005. "The Governance of Global Value Chains." *Review of International Political Economy*, Vol. 12, pp. 78~104.

Gereffi, G. and M. Korzeniewicz(eds.). 1994. *Commodity Chains and Global Capitalism.* London: Praeger.

Gertler, M. S. 1984. "Regional Capital Theory." *Progress in Human Geography*, Vol. 8, pp. 50~81.

_____. 1988. "The Limits to Flexibility: Comments on the Post-Fordist Vision of Production and its Geography." *Transactions of Institute of British Geographers*

NS, Vol. 13, pp. 419~432.

Gibson-Graham, J. K. 2006. *The End of Capitalism(As We Knew It), A Feminist Critique of Political Economy*, Minneapolis: University of Minnesota Press.

Glasmeier, A. 1992. "The Role of Merchant Wholesalers in Industrial Agglomeration Formation." *Annals of the Association of American Geographers,* Vol. 80, pp. 394~417.

Goddard, J. B. and I. J. Smith. 1978. "Changes in Corporate Control in the British Urban System, 1972-1977." *Environment and Planning A,* Vol. 10, pp. 1073~1084.

Gold, J. R. 1980. *An Introduction to Behavioural Geography.* Oxford: Oxford Univ. Press.

Goodwin, W. 1965. "The Management Center in the United States." *The Geographical Review,* Vol. 55, pp. 1~16.

Goss, J. 2006. "Geographies of Consumption: The Work of Consumption." *Progress in Human Geography,* Vol. 30, pp237~249.

Gould, P. R. 1963. "Man Against his Environment: A Game Theoretic Framework." *Annals of the Association of American Geographers*, Vol. 53, pp. 290~297.

Graham, S. 1998. "The End of Geography or the Explosion of Place? Conceptualizing Space, Place and Information Technology." *Progress in Human Geography*, Vol. 22, pp. 165~185.

Graham, S. and S. Marvin. 1998. *Telecommunication and the City: Electronic Spaces, Urban Places.* London: Routledge.

Gregory, D. 1978a. *Ideology, Science and Human Geography.* London: Hutchinson.

_____. 1978b. "Human Agency and Human Geography." *Transaction, Institute of British Geographers NS*, Vol. 6, pp. 1~16.

_____. 1994. *Geographical Imaginations.* Oxford: Blackwell.

Grigg, D. B. 1965. "The Logic of Regional Systems." *Annals of the Association of American Geographers*, Vol. 55, pp. 465~491.

_____. 1967. "Regions, Models and Classes." in R. J. Chorley and P. Haggett(eds.). *Models in Geography.* London: Methuen, pp. 461~510.

_____. 1974. *The Agricultural System of the World.* Cambridge: Cambridge Univ. Press.

Grubesic, T. H. and M. E. O'Kelly. 2002. "Using Points of Presence to Measure Accessibility to the Commercial Internet." *The Professional Geographer*, Vol. 54, pp. 259~278.

Grubler, A. and H. Nowotny. 1990. "The fifth Kondratiev Upswing: An Emerging New Growth Phase." *International Journal of Technology and Management*, Vol. 5, pp. 430~440.

Guarnizo, I. and M. Smith. 1998. "The Locations of Transnationalism." I. Guarnizo and

M. Smith(ed.). *Transnationalism from Below*. New Brunswick: Transaction Publishers, pp.3~34.

Hägerstrand, T. 1967. *Innovation Diffusion As a Spatial Process*. Chicago: Univ. of Chicago Press.

Haggett, P. 1965. "Changing Concepts in Economic Geography." in R. J. Chorley and P. Haggett(eds.). *Frontiers of Geographical Teaching*. London: Methuen, pp. 101~117.

_____. 1972. *Geography: A Modern Synthesis*. New York: Harper & Row.

Haggett, P. and R. J. Chorley. 1969. *Network Analysis in Geography*. London: Edward Arnold.

Haggett, P., A. D. Cliff and A. Frey. 1977. *Locational Analysis in Human Geography*. London: Edward Arnold.

Haller, A. O. 1982. "A Socioeconomic Regionalization of Brazil." *The Geographical Review*, Vol. 72, pp. 450~464.

Hamilton, F. E. I. 1976. "Multinational Enterprise and European Economic Community." *Tijdschrift voor Economische en Social Geografie*, Vol. 67, pp. 258~278.

Harrington, J. M. and P. Daniels(eds.). 2006. *Knowledge-Based Services, Internationalization and Regional Development*. Hampshire: Ashgate.

Harris, D. R. 1969. "The Ecology of Agricultural Systems." in R. U. Cooke and J. H. Johnson(eds.). *Trends in Geography: An Introductory Survey*. Oxford: Pergamon Press, pp. 133~142.

Harvey, D. W. 1966. "Theoretical Concepts and the Analysis of Agricultural Land-Use Patterns in Geography." *Annals of the Association of American Geographers*, Vol. 56, pp. 361~374.

_____. 1973. *Social Justice and the City*. London: Edward Arnold.

_____. 1985. *The Urbanization of Capital: Studies in the History and Theory of Capitalist Urbanization*. Baltimore: Johns Hopkins University Press.

Hay, A. 1973. *Transport for the Space Economy*. London: Macmillan.

Hayter, R. 1998. *The Dynamics of Industrial Location: the Factory, the Firm and the Production System*. Chichester: John Wiley & Sons.

Hayter, R. and M. D. Watts. 1983. "The Geography of Enterprise: A Reappraisal." *Progress in Human Geography*, Vol. 7, pp. 157~181.

Healey, M. J. and B. W. Ilberry. 1990. *Location & Change: Perspectives on Economic Geography*. New York: Oxford University Press.

Henderson, J., P. Dicken, M. Hess, N. Coe and H. W. Yeung. 2002. "Global Production Networks and the Analysis of Economic Development." *Review of International Political Economy*, Vol. 9, pp.436~464.

Hepworth, M. E. 1989. *Geography of the Information Economy.* London: Belhaven Press.

Heron, R. Le and J. W. Harrington(ed.). 2005. *New Economic Spaces: New Economic Geographies.* Cornwall: Ashgate.

Hill, K. 1996. "A Geography of the Eye: The Technologies of Virtual Reality." in R. Shields(ed.). *Cultures of Internet: Virtual Spaces, Real Histories, Living Bodies.* London: Sage, pp. 70~98.

Holcomb, B. 1984. "Women in the City." *Urban Geography,* Vol. 5, pp. 247~254.

Holling, C. H. 2001. "Understanding the Complexity of Economic, Ecological, and Social Systems." *Ecosystems,* Vol. 4, pp. 390~405.

Hoover, E. M. 1963. *The Location of Economic Activity.* New York: McGraw-Hill.

Hopkins, T. K. and I. Wallerstein. 1986. "Commodity chains in the World-Economy Prior to 1800." *Review,* Vol. 10, pp.157~170.

Huff, D. L. 1963. "A Probabilitic Analysis of Shopping Centre Trade Areas." *Land Economics,* Vol. 39, pp. 81~90.

Huggett, R. 1980. *System Analysis in Geography.* Oxford: Clarendon Press.

Huggett, R. and I. Meyer. 1980. *Agriculture Geography: Theory in Practice.* London: Harper & Row.

Hughes, A. and S. Reimer(eds.). 2004. *Geographies of Commodity Chains.* London: Routledge.

Ilbery, B. W. 1985. *Agricultural Geography: A Social and Economic Analysis.* Oxford: Oxford Univ. Press.

Ilbery, B. W. and M. Kneafsey. 1999. "Niche Markets and Regional Speciality Food Products in Europe: Towards a Research Agenda." *Environment and Planning A,* Vol. 31, pp. 2307~2322.

Isard, W. 1956. *Location and Space-Economy.* Cambridge: The M.I.T. Press.

_____. 1960. *Methods of Regional Analysis: An Introduction to Regional Science.* New York: John Wiley.

Jackson, P. 1999. "Commercial Cultures: The Traffic in Things." *Transactions of Institute of British Geographers NS,* Vol. 24, pp. 95~108.

_____. 2002. "Commercial Cultures: Transcending the Cultural and the Economic." *Progress in Human Geography,* Vol. 26, pp. 3~18.

Janelle, D. G. 1969. "Spatial Reorganization: A Model and Concept." *Annals of the Association of American Geographers,* Vol. 59, pp. 348~364.

Jaffe, R. 1989. "Real Effects of Academic Research." *American Economic Review,* Vol. 79, pp. 957~970

Johnston, R. J. 1978. *Multivariate Statistical Analysis in Geography.* London: Longman.

_____. 1979. *Geography and Geographers: Anglo-American Human Geography since 1945*. London: Edward Arnold.

_____. 1983. *Philosophy and Human Geography: An Introduction to Contemporary Approach*. London: Edward Arnold.

Jonasson, O. 1925. "Agricultural Regions of Europe." *Economic Geography*, Vol. 1, pp. 277~314.

Jones, H. R. 1981. *A Population Geography*. London: Harper & Row.

Jones, K. and J. Simmons. 1987. *Location, Location, Location: Analyzing the Retail Environment*. New York: Methuen.

Jones, S. G.(ed.). 1994. *Cybersociety: Computer-mediated Communication and Community*. London: Sage.

_____.(ed.). 1997. *Virtual Culture: Identity and Communication in Cybersociety*. London: Sage.

Jordan, T. G and L. Rowntree. 1982. *The Human Mosaic: A Thematic Introduction to Cultural Geography*(3rd ed.). New York: Harper & Row.

Kansky, K. 1963. "The Structure of Transportation Network." *Univ. of Chicago, Dept. of Geography, Rresearch Paper*, No. 84.

KEA European Affairs. 2006. *The Economy of Culture in Europe*. European Commission.

Kearns, G. and C. Philo. 1993. *Selling Places: The City as Cultural Capital, Past and Present*. Oxford: Pergmon Press.

Kellerman, A. 1984. "Telecommunications and the Geography of Metropolitan Areas." *Progress in Human Geography*, Vol. 8, pp. 222~246.

_____. 2002. *The Internet on Earth*. Chichester: John Wiley & Sons.

King, L. J. 1979. "Alternatives to a Positive Economic Geography." in S. Gale and G. Olsson(eds.). *Philosophy in Geography*. Dordrecht: Reidel, pp. 187~214.

King, R. 1976. "The Evolution of International Labour Migration Movements Concerning the EEC." *Tijdschrift voor Economische en Sociale Geografie*, Vol. 67, pp. 62~82.

Kitchin, R. M. 1998. "Towards Geographies of Cyberspace." *Progress in Human Geography*, Vol. 22, pp. 386~406.

Knox, P. L. and J. Agnew. 1998. *The Geography of the World Economy*(3rd eds.). London: Edward Arnold.

Kojima, K. 2000. "The Flying Geese Model of Asian Economic Development: Origin, Theoretical Extensions, and Regional Policy Implication." *Journal of Asian Economics,* Vol. 11, pp. 375~401.

Krugman, P. 1991. *Geography and Trade*. London: M.I.T. Press.

_____. 1995. *Development, Geography, and Economic Theory*. Cambridge: The

M.I.T. Press.

Krumme, G. 1969. "Towards a Geography of Enterprise." *Economic Geography,* Vol. 45, pp. 30~40.

Kwan, M-P. 2002. "Time, Information Technologies, and the Geographies of Everyday Life." *Urban Geography,* Vol. 23, pp. 471~482.

Lagendijk, A. 1997. "From New Industrial Spaces to Regional Innovation Systems and Beyond: How and from Whom should Industrial Geography Learn?" *EUNIT Discussion Paper*, No. 10, CURDS, Newcastle upon Tyne.

Lambooy, J. G. 2004. "The Transmission of Knowledge, Emerging Network, and the Role of Universities: An Evolutionary Approach." *European Planning Studies*, Vol. 12, pp. 643~657.

Lawson, C. and E. Lorenz. 1999. "Collective Learning, Tacit Knowledge and Regional Innovation Capacity." *Regional Studies*, Vol. 33, pp. 305~317.

Leborgne, D. and A. Lipietz. 1988. "New Technologies, New Mode of Regulation: Some Spatial Implications." *Environmental and Planning D*, Vol. 6, pp. 263~280.

Leinbach, T. R. and S. D. Brunn(ed.). 2001. *Worlds of E-Economy: Economic, Geographical and Social Dimensions.* Chichester: John Wiley & Sons.

Leone, R. A. and R. Struyk. 1976. "The Incubator Hypothesis: Evidence from Five SMSAs." *Urban Studies,* Vol. 13, pp. 325~331.

Leslie, D. and S. Reimer. 1999. "Spatializing Commodity Chains." *Progress in Human Geography*, Vol. 23, pp. 401~420.

Lever, W. F. 1979. "Industry and Labour Markets in Great Britain." in F. E. I. Hamilton and G. J. R. Linge(eds.). *Spatial Analysis: Industry and the Industrial Environment.* Vol. 1. New York: John Wiley & Sons.

Ley, D. and M. S. Samuels(eds.). 1978. *Humanistic Geography.* London: Croom Helm.

Leyshon, A. 1995. "Geographers of Money and Finance I." *Progress of Human Geography*, Vol. 19, pp. 531~543.

_____. 1997. "Geographers of Money and Finance II." *Progress of Human Geography,* Vol. 21, pp. 381~392.

Lieberson, S. and K. P. Schwirian. 1962. "Banking Functions As an Index of Inter-City Relations." *Journal of Regional Science*, Vol. 4, pp. 69~81.

Lloyd, P. E. and P. Dicken. 1978. *Location in Space: A Theoretical Approach to Economic Geography.* New York: Harper & Row.

Loo, B. P. Y. 2012. *The E-Society.* New York: Nova Science Publishers, Inc.

Lösch, A. 1969. "The Nature of Economic Region." in J. Friedmann, and W. Alonso(eds.). *Regional Development and Planning: A Reader.* Cambridge: M.I. T. Press.

Lowe, J. C. and S. Moryadas. 1975. *The Geography of Movement*. Boston: Houghton Mifflin.

Lundvall, B-Å. 1996. "The Social Dimension of the Learning Economy. *DRUID Working Paper*, No. 96-1.

Lundvall, B-Å. and B. Johnson. 1994. "The Learning Economy." *Journal of Industrial Studies*, Vol. 1·2, pp. 23~42.

Malecki, E. J. 1979. "Locational Trends in R & D by Large U.S. Corporations, 1965~1977." *Economic Geography*, Vol. 55, pp. 309~323.

_____. 1998. *Technology and Economic Development: The Dynamics of Local, Regional and National Competitiveness*(2nd ed.). London: Longman.

Malmberg, A. and P. Maskell. 1999. "Guest Editorial: Localized Learning and Regional Economic Development." *European Urban and Regional Studies*, Vol. 6, pp. 5~8.

Malmberg, A., O. Solvell and I. Zander. 1996. Spatial Clustering, Local Accumulation of Knowledge and Firm Competitiveness. *Geografiska Annaler B*, Vol. 78, pp. 85~97.

Maoh, H. and P. Kanaroglou. 2007. "Business Establishment Mobility Behavior in Urban Areas: A Microanalytical Model for the City of Hamilton in Ontario, Canada." *Journal of Geographical System*, Vol. 9, pp. 229~252.

Markusen, A. 1996. "Sticky Places in Slippery Space: A Typology of Industrial Districts." *Economic Geography*, Vol. 72, pp. 293~313.

_____. 2006. "Urban Development and the Politics of a Creative Class: Evidence from a Study of Artists." *Environment and Planning A*, Vol. 38, pp. 1921~1940.

Marsden, T. and A. Arce. 1995. "Constructing Quality: Emerging Food Networks in the Rural Transition." *Environment and Planning A*, Vol. 27, pp. 1261~1279.

Marshall, M. 1987. *Long Wave of Regional Development*. New York: St. Martin's Press.

Martin, R. 1986. "Getting the Labour Market into Geographical Perspective." *Environment and Planning A*, Vol. 18, pp. 569~572.

_____. 2000. "Institutional approaches in economic geography." in E. S. Sheppard and T. J. Barnes(eds.). *A Companion to Economic Geography*. Oxford: Blackwell, pp. 77~94.

_____. 2010a. "Rethinking Regional Path Dependence: Beyond Lock-in to Evolution." *Economic Geography*, Vol. 86, pp. 1~27.

_____. 2010b. "The Place of Path Dependence in an Evolutionary Perspective on the Economic Landscape." in R. A. Boschma and R. Martin. *Handbook on Evolutionary Economic Geography*. Cheltenham: Edward Elgar, pp. 62~92.

_____. 2011. "Conceptualizing Cluster Evolution: Beyond the Life Cycle Model?"

Regional Studies, Vol. 45, pp. 1299~1318.

Martin, R. and P. Sunley. 2006. "Path Dependence and Regional Economic Evolution." *Journal of Economic Geography*, Vol. 6, pp. 395~437.

Marx, K. 1967. *Capital: Vol. I ~III*. New York: International Publishers.

Maskell, P. 1996. "Localized Low-Tech Learning in the Furniture Industry." *DRUID Working Paper*, No. 96-11.

_____. 1999. "Localized Learning and Industrial Competitiveness." *Cambridge Journal of Economics*, Vol. 23, pp. 167~185.

Maskell, P. and A. Malmberg. 1999. "The Competitiveness of Firms and Regions, 'Ubiquitification' and the Importance of Localized Learning." *European Urban and Regional Studies*, Vol. 6, pp. 9~25.

Massey, D. 1984. *Spatial Divisions of Labour*. London: Macmillan.

_____. 1995. *Spatial Division of Labour: Social Structure and the Geography of Production*(2nd ed.). New York: Routledge,

McCarty, H. H. 1959. "Toward a more General Economic Geography." *Economic Geography*, Vol. 35, pp. 283~289.

McCarty, H. H. and J. B. Lindberg. 1966. *A Preface to Economic Geography*. New Jersey: Prentice-Hall.

McDavid, J .C. 1985. "The Canadian Experience with Privatizing Residential Solid Wastes Collection Services." *Public Administration Review*, Vol. 45, pp. 602~608.

McDonald, J. R. 1969. "Labour Immigration in France: 1946-1965." *Annals of the Association of American Geographers*, Vol. 59, pp. 116~134.

McKim, W. 1972. "The Periodic Market System in Northeastern Ghana." *Economic Geography*, Vol. 48, pp. 333~344.

McNee, R. B. 1959. "The Changing Relationship of Economics and Economic Geography." *Economic Geography*, Vol. 35, pp. 189~198.

_____. 1960. "Towards a more Humanistic Economic Geography: The Geography of Enterprise." *Tijdschrift voor Economische en Social Geografie*, Vol. 51, pp. 201~205.

Megee, M. 1965. "Economic Factors and Economic Regionalization in the United States." *Geografiska Annaler B*, Vol. 47, pp. 125~137.

Menzel, M.-P. and D. Fornahl. 2009. "Cluster Life Cycles: Dimensions and Rationales of Cluster Evolution." *Industrial and Corporate Change*, Vol. 19, pp. 205~238.

Mitchell, B. 1989. *Geography and Resource Analysis*. Harlow: Longman.

Mitchell, W. J. 1995. *City of Bits: Space, Place, and the Infobahn*. Cambridge: MIT Press.

Mitchelson, R .L. and J. O. Wheeler. 1995. "The Flow of Information in a Global

Economy: The Role of the American Urban System in 1990." *Annals of the Association of American Geographer,* Vol 84, pp. 87~107.

Morgan, K. 1997. "The Learning Region: Institutions, Innovation and Regional Renewal." *Regional Studies,* Vol. 31, pp. 491~503.

Mossberger, K., C. J. Tolbert and M. Stansbury. 2003. "Preface." In K. Mossberger, C. J. Tolbert and M. Stansbury(eds.). *Virtual Inequality beyond the Digital Divide.* Washington, D.C.: Georgetown Univ. Press.

Mossberger, K., C. J. Tolbert and W. W. Franko. 2013. *Digital Cities-The Internet and the Geography of Opportunity.* New York: Oxford Univ. Press.

Munton, R. J. C. 1969. "The Economic Geography of Agriculture." in R. U. Cooke, and J. H. Johnson(eds.). *Trends in Geography: An Introductory Survey.* Oxford: Pergamon Press, pp. 143~152.

Murdoch J., T. Marsden and J. Bank. 2000. "Quality, Nature, and Embeddedness: Some Theoretical Considerations in the Context of the Food Sector." *Economic Geography,* Vol. 76, pp. 107~124.

Murphy, R. E. 1954. "Development of Economic Geography in America." in P. E. James and C. F. Jones(eds.). *American Geography: Inventory and Prospect.* Syracuse: Syracuse Univ. Press, pp. 241~245.

Murray, W. E. 2006. *Geographies of Globalization.* London: Routledge.

Nanoka, I. and H. Takeuchi. 1995. *The Knowledge-Creating Company.* Oxford: Oxford University Press.

Nooteboom, B. 1999. "Innovation, Learning and Industrial Organization." *Cambridge Journal of Economics,* Vol. 23, pp. 127~150.

Oberhauser, A. M. 1991. "The International Mobility of Labor." *The Professional Geographers,* Vol. 43, pp. 431~445.

Olsson, G. 1965. "Distance and Human Interaction: A Migration Study." *Geografiska Annaler,* Vol. 47, B pp. 3~43.

Owen, D. W. and A. E. Green. 1989. "Labour Market Accounts for Travel-Work Areas, 1981-1984." *Regional Studies,* Vol. 23.

Pacione, M. 1983. "Neighborhood Communities in the Modern City, Some Evidence from Glasgow." *Scottish Geographical Magazine,* Vol. 99, pp. 169~181.

Page, B. 2000. "Agriculture." in E. Sheppard. and T. J. Barnes(eds.). *A Companion to Economic Geography.* Oxford: Blackwell, pp. 242~258.

Palm, R. and D. Caruso. 1972. "Factor Labelling in Factorial Ecology." *Annal of the Association of American Geographers,* Vol. 62, pp. 123~133.

Park, Sam Ock. 2001. "Regional Innovation Strategies in the Knowledge-Based Economy." *GeoJournal,* Vol. 53, pp. 29~38.

Park, Sam Ock and A. Markusen. 1994. "Generalizing New Industrial Districts: A Theoretical Agenda and an Application from a Non-Western Economy." *Environment and Planning A*, Vol. 27, pp. 81~104.

Park, Siyoung. 1981. "Rural Development in Korea: The Role of Periodic Market." *Economic Geography,* Vol. 57, pp. 113~126.

Parr, J. B. 1973. "Structure and Size in the Urban System of Lösch." *Economic Geography*, Vol. 49, pp. 185~212.

Patterson, A. and S. Pinch. 1995. "'Hollowing out' the Local State: Compulsory Competitive Tendering and the Restructuring of British Public Sector Services." *Environment and Planning A*, Vol. 27, pp. 1437~1461.

Peach, C. 1980. "Ethnic Segregation and Intermarriage." *Annal of the Association of American Geographers*, Vol. 70, pp. 371~381.

Peck, J. 1992. "Labour and Agglomeration." *Economic Geography,* Vol. 68, pp. 325~347.

Peck, K. and K. Olds. 2007. "Report: The Summer Institute in Economic Geography." *Economic Geography*, Vol. 83, pp. 309~318.

Peet, J. R. 1969. "The Spatial Expansion of Commercial Agricultural in the Nineteenth Century: A von Thünen Interpretation." *Economic Geography,* Vol. 45, pp. 238~301.

_____. 1977. *Radical Geography: Alternative Viewpoint on Contemporary Social Issues.* London: Methuen.

Perroux, F. 1964. "Economic Space: Theory and Applications." in J. Friedmann and W. Alonso(eds.). *Regional Development and Planning: A Reader.* Cambridge: M.I.T. Press, pp. 21~36.

Peter, G. L. and R. P. Larkin. 1999. *Population Geography: Problem, Concept, and Prospects*(6th ed.). Dubuque: Kendall/Hunt.

Pinch, S. 1985. *Cities and Services: The Geography of Collective Consumption.* London: Routledge.

_____. 1987. "The Changing Geography of Preschool Services in England between 1977 and 1983." *Environment and Planning C,* Vol. 5, pp. 469~480.

_____. 1992. "Labour-Market Dualism: Evidence from a Survey of Households in the Southampton City-Region." *Environment and Planning A,* Vol. 24, p.571.

Pinch, S. and A. Storey. 1992. "Flexibility, Gender and Part-Time Work: Evidence from a Survey of the Economically Active." *Transaction of the Institute of British Geographers NS,* Vol. 17, pp. 198~214.

Piore, M. E. and C. F. Sabel. 1984. *The Second Industrial Divide.* New York: Basic Books Inc.

Poon, J. and K. Pandit. 1996. "The Geographic Structure of Cross-National Trade Flows and Region States." *Regional Studies,* Vol. 30, pp. 273~285.

Porter, M. E. 1985. *Competitive Advantage of Nations.* New York: Free Press.

———. 1990. *The Competitive Advantage of Nations.* London: Macmillan.

———. 1998. *On Competition.* Boston: Harvard Business School Publishing.

Pratt, A. C. 1997. "The Cultural Industries Production System: A Case Study of Employment Change in British 1984-1991." *Environment and Planning A*, Vol. 29, pp. 1953~1974.

———. 2000. "New Media, the New Economy and New Spaces." *Geoforum*, Vol. 31, pp. 425~436.

Pred, A. 1977. *City-Systems in Advanced Economies.* London: Hutchinson.

Proudfoot, M. 1937. "City Retail Structure." *Economic Geography,* Vol. 13, pp. 425~428.

Relph, E. 1976. *Place and Placelessness.* London: Pion.

Richardson, J. W. 1978. *Regional and Urban Economics.* Harmondsworth: Penguin.

Riddell, J. B. 1974. "Periodic Markets in Sierra Leone." *Annals of the Association of American Geographers*, Vol. 64, pp. 541~548.

Rigby, D. L. and M. J. Webber. 1996. *The Golden Age Illusion: Rethinking Postwar Capitalism.* New York: Guilford Press.

Rimmer, P. J. 1967. "Recent Changes in the Status of Seaports in the New Zealand Coastal Trade." *Economic Geography*, Vol. 43, pp. 231~243.

———. 1967. "The Changing Status of New Zealand Seaports." *Annals of the Association of American Geographers*, Vol. 57, pp. 88~100.

Rodrigue, J. P., C. Comtois and B. Slack. 2006. *The Geography of Transport System.* London: Routledge.

Rushton, G. 1969. "The Scaling of Locational Preferences." in K. R. Cox and R. G. Golledge(eds.). *Behavioral Problems in Geography: A Symposium.* Studies in Geography, No. 17, Dept. of Geography, Northwestern University, pp. 197~227.

Rutherford, B. M. and G. R. Wekerle. 1988. "Captive Rider, Captive Labor: Spatial Constrains and Women's Employment." *Urban Geography,* Vol. 9, pp. 116~137.

Sagers, M. J. and M. B. Green. 1985. "The Fright Rate Structure on Soviet Rail Roads." *Economic Geography*, Vol. 61, pp. 305~322.

Santos, M. 1979. *The Shared Space.* London: Methuen.

Schaefer, F. K. 1953. "Exceptionalism in Geography: A Methodological Examination." *Annals of the Association of American Geographers,* Vol. 43, pp. 226~249.

Scott, A. J. 1996. "The Craft, Fashion, and Cultural-Products Industries of Los Angeles." *Annals of the Association of American Geographers*, Vol. 86, pp. 306~323.

———. 1997. "The Cultural Economy of Cities." *International Journal of Urban and Regional Research*, Vol. 21, pp. 323~339.

———. 1999. "The Cultural Economy: Geography and the Creative Field." *Media,*

Cultural and Society, Vol. 21, pp. 807~817.

_____. 2000. *The Cultural Economy of Cities.* London: Sage.

_____. 2006. "Creative Cities: Conceptual Issues and Policy Questions." *Journal of Urban Affairs*, Vol. 28, pp. 1~17.

_____. 2010. "Cultural Economy and the Creative Field of the City." *Geografiska Annaler B*, Vol. 92, pp. 115~130.

Scott, E. P. 1970. *Geography and Retailing.* London: Hutchinson & Co. Ltd.

_____, 1972. "The Spatial Structure of Rural Northern Nigeria: Farmers, Periodic Markets, and Villages." *Economic Geography*, Vol. 48, pp. 316~332.

Semple, R. K. 1973. "Recent Trends in the Spatial Concentration of Corporate Headquarters." *Economic Geography*, Vol. 49, pp. 309~318.

Semple, R. K. and A. G. Phipps. 1982. "The Spatial Evolution of Corporate Headquarters within an Urban System." *Urban Geography,* Vol. 3, pp. 258~279.

Sheppard, E. 2011a. "Geography, Nature, and the Question of Development." *Dialogues in Human Geography*, Vol. 1, pp. 46~75.

_____. 2011b. "Geographical Political Economy." *Journal of Economic Geography*, Vol. 11, pp. 319~331.

Sheppard, E. and T. J. Barnes. 1990. *The Capitalist Space Economy: Geographical Analysis After Ricardo, Marx and Sraffa.* London: Unwin Hyman.

Sheppard, E. and T. Barnes(eds.). 2000. *A Companion to Economic Geography.* Oxford: Blackwell Publisher.

Shin, D.-H. and R. Hassink. 2011. "Cluster Life Cycles: The Case of the Shipbuilding Industry Cluster in South Korea." *Regional Studies*, Vol. 45, pp. 1387~1402.

Silk, J. 1979. *Statistical Concepts in Geography.* London: George Allen & Unwin.

Simon, H. A. 1957. *Models of Man, Social and Rational: Mathematical Essay on Rational Human Behavior in Social Setting.* London: Chapman & Hall.

Sinclair, R. 1967. "Von Thünen and Urban Sprawl." *Annals of the Association of American Geographers,* Vol. 57, pp. 72~87.

Sinka, R. 2009. "The Appearance of a New Phenomenon in Geographic Thinking: The Influence if ICT." *NERCOM*, Vol. 23(No. 1·2), pp.111~124.

Skiner, B. J. 1969. *Earth Resources.* New Jersey: Prentice-Hall.

Smidt, M. D. 1984. "Office Location and the Urban Functional Mosaic: A Comparative Study of Five Cities in the Netherlands." *Tijdschrift voor Economische en Sociale Geografie,* Vol. 75, pp. 110~122.

Smith, A., A. Rainnie, M. Dunford, J. Hardy, R. Hudson and D. Sadler. 2002. "Networks of Value, Commodities and Regions: Reworking Divisions of Labour in Macro-Regional Economies." *Progress in Human Geography*, Vol. 26, pp.

41~63.

Smith, D. M. 1966. "A Theoretical Framework for Geographical Studies of Industrial Location." *Economic Geography,* Vol. 42, pp. 95~113.

_____. 1975. *Patterns in Human Geography: An Introduction to Numerical Methods.* Newton Abbot: David & Charles.

_____. 1977. *Human Geography: A Welfare Approach.* New York: St. Martin's Press.

_____. 1981. *Industrial Location: An Economic Geographical Analysis.* New York: John Wiley.

Smith, R. H. T. 1964. "Toward a Measure of Complementarity." *Economic Geography,* Vol. 40, pp. 1~8.

_____. 1979. "Periodic Market: Places and Periodic Marketing Review and Prospect." *Progress in Human Geography,* Vol. 3, pp. 471~505.

Spooner, D. J. and F. J. Calzonetti. 1984. "Geography and the Coal Revival: Anglo-America Perspectives." *Progress in Human Geography,* Vol. 8, pp. 1~25.

Sternlieb, G. and J. W. Hughes(eds.). 1988. *America's New Market Geography: Nation, Region and Metropolis.* New Jersey: Rutgers.

Stine, J. H. 1962. "Temporal Aspects of Tertiary Production Elements in Korea." in F. R. Pitts(ed.). *Urban Systems and Economic Development.* Eugene: The School of Business Administration, Univ. of Oregon, pp. 68~88.

Storper, M. and A. J. Scott. 1990. "Work Organization and Local Labour Markets in an Era of Flexible Production." *International Labour Review,* Vol. 129, pp. 573~591.

Storper, M. and A. J. Venables. 2004. "Buzz: Face to Face Contact and Urban Economy." *Journal of Economic Geography,* Vol. 4, pp. 351~370.

Storper, M. and R. Walker. 1983. "The Theory of Labour and the Theory of Location." *International Journal of Urban and Regional Research,* Vol. 7, pp. 1~41.

Stouffer, S. A. 1940. "Intervening Opportunities: A Theory Relating Mobility and Distance." *Sociological Review,* Vol. 5, pp. 845~867.

Strauss, K. 2008. "Re-Engaging with Rationality in Economic Geography: Behavioural Approaches and the Importance of Context in Decision-Making." *Journal of Economic Geography,* Vol. 8, pp. 137~156.

Strickland, D. and M. Alken. 1984. "Corporate Influence and the German Urban System: Headquarters Location of German Industrial Corporations 1950-1982." *Economic Geography,* Vol. 60, pp. 38~54.

Sturgeon, T., J. van Biesebroeck and G. Gereffi. 2008. "Value Chains, Networks and Clusters: Reframing the Global Automotive Industry." *Journal of Economic Geography,* Vol. 8, pp. 297~321.

Susman, G. I. and R. B. Chase. 1986. "A Sociotechnical Analysis of the Integrated

Factory." *The Journal of Applied Behavioral Science*, Vol. 22, pp. 257~270.

Swyngedouw, E. 2000. "Elite power, global forces and the political economy of 'glocal' development." in G. Clark, M. Feldman and M. Gertler(eds.). *The Oxford Handbook of Economic Geography*. Oxford: Oxford University Press, pp. 541~558.

Symons, L. 1978. *Agricultural Geography*. London: Bell and Hyman.

Taaffe, E. J. 1962. "The Urban Hierarchy: An Air-Passenger Definition." *Economic Geography*, Vol. 38, pp. 1~14.

_____. 1974. "The Spatial View in Context." *Annals of the Association of American Geographers*, Vol. 64, pp. 1~16.

Taaffe, E. J. and H. L. Gauthier, Jr. 1973. *Geography of Transportation*. New Jersey: Prentice-Hall(奥野隆史 譯. 1975. 『地域交通論』. 東京: 大明堂).

Taaffe, E. J. and H. L. Gauthier, Jr. and M. E. O'Kelly. 1996. *Geography of Transportation*. New Jersey: Prentice-Hall.

Taaffe, E. J., R. L. Morrill and P. R. Gould. 1963. "Transport Expansion in Underdeveloped Countries." *The Geographical Review*, Vol. 53, pp. 503~529.

Talbot, J. M. 2002. "Tropical Commodity Chains, Forward Integration Strategies and International Inequality: Coffee, cocoa and Tea." *Review of International Political Economy*, Vol. 9, pp. 701~734.

Taylor, M. J. 1981. "Spatial Variation in Australian Enterprise: The Case of Large Firms Headquartered in Melbourne and Sydney." *Environment and Planning A*, Vol. 13, pp. 137~146.

Taylor, M. J. and N. J. Thrift. 1980. "Large Corporations and Concentrations of Capital in Australia: A Geographical Analysis." *Economic Geography*, Vol. 56, pp. 261~280.

Taylor, P. J. 1977. *Quantitative Methods in Geography: An Introduction to Spatial Analysis*. Boston: Houghton Mifflin.

_____. 2001. "Specification of World City Network." *Geographical Analysis*, Vol. 33, pp. 181~194.

Thoman, R. S. and P. B. Corbin. 1974. *The Geography of Economic Activity*. New York: McGraw-Hill.

Thomas, D. 1963. *Agriculture in Wales during the Napoleonic Wars*. Cardiff: Univ. of Wales Press.

Thomas, R. W. and R. J. Huggett. 1980. *Modelling in Geography: A Mathematical Approach*. London: Harper & Row.

Thompson, J. H. 1966. "Some Theoretical Considerations for Manufacturing Geography." *Economic Geography*, Vol. 42, pp. 356~365.

Thompson, J. H., S. C. Sufrin, P. R Gould and M. A. Buck. 1964. "Toward a Geography of Economic Health: A Case of New York State." in J. Friedmann and W. Alonso(eds.). *Regional Development and Planning: A Reader.* Cambridge: M.I.T. Press, pp. 187~206.

Thrift, N. 1996. "New Urban Eras and Old Technological Fears: Reconfiguring the Goodwill of Electronic Things." *Urban Studies,* Vol. 33, pp. 1463~1493.

Tickell, A., E. Sheppard, J. Peck and T. Barnes(eds.). 2007. *Politics and Practice in Economic Geography.* Los Angeles: Sage.

Tobler, W. R. 1981. "A Model of Geographical Movement." *Geographical Analysis,* Vol. 13, pp. 1~20.

Törnqvist, G. 1974. "Flows of Information and the Location of Economic Activities." in M. E. E. Hurst(ed.). *Transportation Geography: Comments and Readings.* New York: McGraw-Hill, pp. 346~357.

Troughton, M. J. 1986. "Farming Systems in the Modern World." M. Pacione(ed.). *Progress in Agricultural Geography.* London: Croom Helm, pp. 93~123.

Ullman, E. L. 1980. *Geography as Spatial Interaction.* Seattle: Univ. of Washington Press.

UNCTAD. 2010. *Creative Economy Report 2010.*

Van Klink, A. and P. de Langen. 2001. "Cycles in Industrial Cluster: The Case of the Shipbuilding Industry in the Northern Netherlands." *Tijdschrift voor Economische en Sociale Geografie*, Vol. 92, pp. 449~463.

Vernon, R. 1966. "International Investment and International Trade in the Product Cycle." *Quarterly Journal of Economics,* Vol. 80, pp. 190~207.

Vernon, R. and E. M. Hoover. 1959. *Anatomy of a Metropolis.* Cambridge: Harvard University Press.

Vertova, G.(ed.). 2006. *Changing Economic Geography of Globalization: Reinventing Space.* London: Routledge.

Ward, S. K. 1994. "Trends in the Location of Corporate Headquarters, 1969-1989." *Urban Affairs Quarterly,* Vol. 29, pp. 468~478.

Warf, B. and J. Cox. 1993. "The U.S.-Canada Free Trade Agreement and Commodity Transportation Services among U.S. States." *Growth and Change,* Vol. 24, pp. 341~364.

Watts, H. D. 1987. *Industrial Geography.* New York: Longman.

Weaver, J. C. 1954. "Crop-Combination Regions in Middle West." *The Geographical Review,* Vol. 44, pp. 175~200.

Webb, M. J. 1961. "Economic Geography: A Framework for a Disciplinary Definition." *Economic Geography,* Vol. 37, pp. 254~257.

Wekerle, G. R. and B. M. Rutherford. 1989. "The Mobility of Capital and Immobility of Female Labor: Responses to Economic Restructuring." in J. Wolch and M. Dear(eds.). *The Power of Geography: How Territory Shapes Social Life.* Boston: Unwin Hyman, pp. 139~172.

Werner, C. 1968. "The Law of Refraction in Transportation Geography: Its Multivariate Extension." *Canadian Geographer,* Vol. 12, pp. 28~40.

Westaway, J. 1974. "The Spatial Hierarchy of Business Organizations and its Implications for the British Urban System." *Regional Studies,* Vol. 18, pp. 145~155.

Whatmore, S. 2002. "From Farming to Agribusiness: Global Agri-Food Networks." in R. J. Johnston, J. Taylor and M. J. Watts(eds.). *Geographies of Global Change.* Oxford: Blackwell, pp. 57~67.

Wheeler, D. C. and M. E. O'Kelly. 1999. "Network Topology and City Accessibility of the Commercial Internet." *The Professional Geographer,* Vol. 51, pp. 327~339.

Wheeler, J. O. and P. O. Muller. 1981. "Intra-Metropolitan Locational Changes in Manufacturing: The Atlanta Metropolitan Area, 1958 to 1976." *South Eastern Geographer,* Vol. 21, pp. 10~25.

Wheeler, J. O., P. O. Muller, G. I. Thrall and T. J. Fik. 1998. *Economic Geography.* New York: John Wiley.

White, H. P. and M. L. Senier. 1983. *Transport Geography.* London: Longman.

Whittlesey, D. S. 1936. "Major Agricultural Regions of the Earth." *Annals of the Association of American Geographers,* Vol. 26, pp. 199~240.

_____. 1954. "The Regional Concept and the Regional Method." in P. E. James and C. F. Jones(eds.). *American Geography: Inventory & Prospects.* Syracuse: Syracuse Univ. Press, pp. 19~68.

Williamson, J. G. 1965. "Regional Inequality and the Process of National Development." *Economic Development and Cultural Change,* Vol. 7(No. 4), pp. 3~84.

Wolpert, J. 1964. "The Decision-Making Process in a Spatial Context." *Annals of the Association of American Geographers,* Vol. 54, pp. 537~558.

World Bank. 2011. *World Development Indicators: Poverty data.*

Wrigley, N. and M. Lowe(eds.). 1996. *Retailing, Consumption and Capital: Towards the New Retail Geography.* Essex: Longman.

Yeates, M. 1974. *An Introduction to Quantitative Analysis in Human Geography.* New York: McGraw-Hill.

Yeung, H. W. C. 1994. "Critical reviews of geographical perspectives on business organizations and organization of production: Towards a network approach." *Progress in Human Geography,* Vol. 18, pp. 460~490.

_____. 2005. "Rethinking relational economic geography." *Transactions of the Institute of British Geographers*, Vol. 30, pp. 37~51.

Zook, M. A. 2000. "The Web of Production: The Economic Geography of Commercial Internet Content Production in the United States." *Environment and Planning A*, Vol. 32, pp. 411~426.

〈통계자료〉

국제에너지기구. 2001. www.iea.org.

경제기획원 조사통계국. 1985. 「인구 및 주택 센서스 보고」. 서울.

내무부. 1995. 『한국도시연감』. 서울.

산업통상자원부(http://www.motie.go.kr).

에너지관리공단. 2002. www.energy.or.kr.

에너지경제연구원. 2013. 「에너지통계연보」(http://www.keei.re.kr).

울산시. 2008·2013. 「사업체 기초 통계조사보고서」.

통계청(http://kosis.kr/statisticsList).

한국지질자원연구원. 2014. 「2013년도 광업·광산물 통계연보」. 대전.

古今書院. 2005. 『世界と日本の地理統計(2005/2006年版)』. 東京.

國勢社. 1995. 『世界國勢圖會』. 東京.

矢野恒太記念會 編. 2005. 『世界國勢圖會』. 東京.

_____. 2008. 『世界國勢圖會』. 東京.

_____. 2014. 『世界國勢圖會(20014/15)』. 東京.

二宮書店. 2014. 『地理統計要覽』. 東京.

UNCTAD(국제연합 무역개발회의).

찾아보기

|인명|

ㄱ

가나로그로우(P. S. Kanaroglou)　425
가너(B. J. Garner)　457
가와구치(川口清利)　287
가와니시(川西正鑑)　35
가와지마(川島哲郎)　737
개리슨(W. L. Garrison)　562
개릿센(H. Garretsen)　27
거틀러(M. S. Gertler)　677
게데스(P. Geddes)　423
게틀러(M. S. Gertler)　49
고다드(J. B. Goddard)　570
고트만(J. Gottmann)　28, 436
골드(P. R. Gould)　332
골리지(R. G. Golledge)　618
과니조((I. Guarnizo)　222
관(M.-P. Kwan)　662
괴츠(W. Götz)　21, 31
괼케(L. T. Guelke)　42
구니마츠(國松久弥)　737
굴드(P. R. Gould)　271, 771
굿랜드(R. Goodland)　800
굿룬트(S. Godlund)　494
권오혁　74
그라노베터(M. Granovetter)　67
그라노베터(M. S. Granovetter)　386
그라드만(R. Gradmann)　439
그라버(G. E. Grabher)　69
그레고리(D. Gregory)　43
그레이엄(S. Graham)　657, 661, 672

그룬트페스트(E. Gruntfest)　208
그리고리예프(A. A. Grigoriyev)　31
그리크러(J. Glückler)　71
그린필드(H. I. Greenfield)　557
그린헛(M. L. Greenhut)　336
글래스맨(J. Glassman)　227
기든스(A. Giddens)　40, 47
기어(S. de Geer)　414
김기혁　74
김재광　74
깁슨(W. Gibson)　659

ㄴ

나이(J. S. Nye Jr.)　688
남기범　74
남영우　74
넉시(R. Nurkse)　765
네스(A. Naess)　709
넬슨(R. Nelson)　58
노나타(I. Nonaka)　674
노턴(R. D. Norton)　781
녹스(P. L. Knox)　377
뉴턴(I. Newton)　618
니시오카(西岡久雄)　739
니체(F. Nietzsche)　48

ㄷ

다니엘스(P. Daniels)　585
다니엘스(P. W. Daniels)　554
다임러(G. Daimler)　106

리(R. Lee) 21
리그리(N. Wrigley) 424
리델(J. B. Riddell) 771
리비어(P. Revere) 591
리처드슨(H. Richardson) 780
리카도(D. Ricardo) 185, 500, 411, 501
리커트(Rickert) 41
리터(C. Ritter) 248, 738
리피즈(A. Lipietz) 52, 201, 203, 206, 794
리히트호펜(F. von Richthofen) 37
린드버그(J. B. Lindberg) 239
림머(P. J. Rimmer) 606

ㅁ

마르쿠젠(A. R. Markusen) 705
마르크스(K. Marx) 39, 162, 185, 693
마빈(S. Marvin) 657, 672
마셜(A. Marshall) 378
마오(H. F. Maoh) 425
마치(J. G. March) 344
마틴(R. Martin) 57, 59, 63, 197, 412
마흐럽(F. Machlup) 668
매시(D. Massey) 46, 80, 353
매카시(H. H. McCarty) 239
매켄지(S. Mackenzie) 208
매키넌(A. C. Mckinnon) 526
맥니(R. B. McNee) 24, 350
맥클레랜드(D. McClelland) 770
맨스필드(E. Mansfield) 632
맬레키(E. J. Malecki) 575
머디(R. A. Murdie) 454
먼턴(R. J. C. Munton) 243
메도스(D. Meadows) 797
멘젤(M.-P. Menzel) 397
멩거(C. Menger) 439
모건(W. B. Morgan) 243
모리슨(P. S. Morrison) 193

모리카와(森川 洋) 573
모펫(C. B. Moffat) 538
몽테스키외(B. B. Montesquieu) 34
무스(R. F. Muth) 252
문순철 75
뮈르달 761, 778, 788
미드(W. R. Mead) 241, 260
미첼(G. Mitchell) 114
미셸(W. J. Mitchell) 660
미첼(W. S. Mitchell) 56
미칠(H. E. Michl) 416
밀(J. S. Mill) 192, 501

ㅂ

바쉬(L. Basch) 222
바이벨(L. Waibel) 241, 252
바텔트(H. Bathelt) 681
박동묘 73
박삼옥 74
박영한 74
박인성 75
반스(J. E. Vance) 433, 436
발라사(B. Balassa) 426
발라스(M. E. L. Walras) 325
발로우(J. P. Barlow) 659
배델트(H. Bathelth) 71
버그만(Bergmann) 315
버넌(R. Vernon) 360
버지(C. Berge) 595
버턴(I. Burton) 40
번하드(H. Bernhard) 241
베너블스(A. J. Venables) 682
베네딕트(M. Benedikt) 660
베렌스(T. Behrens) 436
베르그만(G. Bergmann) 40
베리(B. J. L. Berry) 21, 459, 460, 467, 475,
    478, 618

|용어|

ㄱ

기타

지은이

한주성

대구 출생(1947년생)
경북대학교 사범대학 지리교육과 졸업
경북대학교 대학원 지리학과 졸업(문학석사)
일본 도호쿠(東北) 대학교 대학원 이학연구과 지리학교실 졸업(이학박사)
일본 도호쿠 대학교 대학원 객원 연구원
미국 웨스턴 일리노이(Western Illinois) 대학교 방문교수(visiting professor)
대한지리학회 편집위원장 및 부회장, 한국경제지리학회장
현재 충북대학교 명예교수

주요 저서

『사회』 1, 3(금성출판사, 공저)
『사회과부도』(금성출판사, 공저)
『한국지리』(금성출판사, 공저)
『세계지리』(금성출판사, 공저)
『지리부도』(금성출판사, 공저)
『交通流動의 地域構造』(寶晉齋出版社)
『經濟地理學』(教學研究社)
『人間과 環境: 地理學的 接近』(教學研究社)
『流通의 空間構造』(教學研究社)
『유통지리학』(도서출판 한울, 2004년 대한민국학술원 기초학문분야 우수학술도서)
개정판 『경제지리학의 이해』(도서출판 한울)
『교통지리학의 이해』(도서출판 한울, 2011년 대한민국학술원 기초학문분야 우수학술도서)
『다시 보는 아시아지리』(도서출판 한울)
제2개정판 『인구지리학』(도서출판 한울)

한울아카데미 1829
경제지리학의 이해(제2개정판)

ⓒ 한주성, 2015

지은이 | 한주성
펴낸이 | 김종수
펴낸곳 | 도서출판 한울

편집책임 | 배유진
편집 | 신유미

초판 1쇄 발행 | 2006년 10월 17일
개정판 1쇄 발행 | 2009년 9월 30일
제2개정판 1쇄 발행 | 2015년 10월 26일

주소 | 10881 경기도 파주시 광인사길 153(문발동) 한울시소빌딩 3층
전화 | 031-955-0655
팩스 | 031-955-0656
홈페이지 | www.hanulbooks.co.kr
등록번호 | 제406-2003-000051호

Printed in Korea.
ISBN 978-89-460-5829-3 93980

* 책값은 겉표지에 있습니다.